Gerd Möller

Geotechnik
Grundbau

3. Auflage

3. Auflage

Geotechnik

Grundbau

Gerd Möller

Professor Dr.-Ing. Gerd Möller
Fregestr. 37
12161 Berlin

Titelbilder
Gründungsarbeiten in Dubai – Fa. Keller
Quartier HC 34, Überseequartier HafenCity, Hamburg, Baugrubenverbau mit aufgelöster und überschnittener Bohrpfahlwand
Gründung mit Teilverdrängungsbohrpfählen – Franki Grundbau GmbH & Co. KG
Ankerungsarbeiten für das königliche Schloß in Madrid – Porr Bau GmbH
Bauvorhaben „Pionierpark Mühlheim am Main“ – Stump Spezialtiefbau GmbH

Bibliografische Information der Deutschen Nationalbibliothek
Die Deutsche Nationalbibliothek verzeichnet diese Publikation in der Deutschen Nationalbibliografie; detaillierte bibliografische Daten sind im Internet über http://dnb.d-nb.de abrufbar.

Umschlaggestaltung: stilvoll, Werbe- und Projektagentur, Waldulm
Herstellung: pp030 – Produktionsbüro Heike Praetor, Berlin
Satz: Beltz Bad Langensalza GmbH, Bad Langensalza
Druck und Verarbeitung: CPI Group (UK) Ltd, Croydon, CR0 4YY

C9783433031728_020425

Bevollmächtigter Vertreter des Herstellers gemäß EU-Produktsicherheitsverordnung ist die Wiley-VCH GmbH, Boschstr. 12, 69469 Weinheim, Deutschland, E-Mail: Product_Safety@wiley.com.

3. Auflage

Print ISBN: 978-3-433-03172-8
ePDF ISBN: 978-3-433-60798-5
oBook ISBN: 978-3-433-60799-2

Für Susanne

Vorwort

Mit der bauaufsichtlichen Einführung von DIN 054:2005-01 wurde, auch in der Geotechnik, das Konzept der globalen Sicherheiten durch das der Teilsicherheiten abgelöst. Für die Bauordnungen der Bundesländer der Bundesrepublik Deutschland gilt dies ausschließlich seit dem Jahr 2007. Außerdem wurden in diesen Ordnungen seit 2012 die rein nationalen Normen durch europäische Normen ersetzt. Nationale Normen dienen seitdem insbesondere der Ergänzung der europäischen Normen. In der aktuellen (2016) „Muster-Liste der Technischen Baubestimmungen“ sind von den für den Grundbau aufgeführten elf Normen fünf Europäische Normen, ergänzt durch fünf Deutsche Normen. Nur eine Norm (DIN 4123) ist eine rein Deutsche Norm.

Für die in der Praxis tätigen Ingenieurinnen und Ingenieure war und ist all dies verbunden mit dem Kennenlernen vieler neuer Normen. Außerdem sind nun zur gleichen Thematik oftmals gleichzeitig mehrere Normen zu berücksichtigen, was als wenig anwenderfreundlich anzusehen ist. 2011 wurden deshalb für die Geotechnik zwei Normen-Handbücher veröffentlicht, mit denen das Arbeiten mit den Normen erleichtert werden soll. Der Band 1 (Allgemeine Regeln) enthält DIN EN 1997-1, DIN EN 1997-1/NA und DIN 1054 als ergänzende deutsche Norm. Im Band 2 (Erkundung und Untersuchung) finden sich DIN EN 1997-2, DIN EN 1997-2/NA sowie DIN 4020 als ergänzende deutsche Norm. Grundsätzlich zu bemerken ist, dass der Seitenumfang der im jeweiligen Anwendungsfall zu berücksichtigenden Normen enorm zugenommen hat und die entsprechenden Normen immer wieder erneuert oder ergänzt werden. Als Beispiel sei die im Dezember 2015 erschienene Neuauflage von Band 1 erwähnt, die, wegen der inzwischen erschienenen Ergänzungen für DIN 1054, erforderlich wurde. Die seit März 2014 in überarbeiteter Form vorliegende DIN EN 1997-1 wurde in der Neuauflage allerdings nicht berücksichtigt.

Das vorliegende Buch soll den Umgang mit dem neuen Regelwerk erleichtern. Neben einer Vielzahl von Formeln, Tabellen, Grafiken, Bildern und Verweisen auf zu beachtende Textstellen in Normen finden sich zusätzliche Anwendungsbeispiele, da auch im Berufsleben stehende Ingenieure Neues gern anhand von Fallbeispielen erlernen.

Trotz des nicht unerheblichen Umfangs des Buches waren, auch aus Kostengründen, Einschränkungen bezüglich der Auswahl und der Behandlung der einzelnen Themengebiete erforderlich. Wegen des damit verbundenen teilweisen Verzichts auf Vollständigkeit bzw. Ausführlichkeit wird an vielen Stellen auf weitergehende Literatur verwiesen.

Anregungen und kritische Stellungnahmen meiner Leser begrüße ich sehr, denn erst durch das Infragestellen und neue Überdenken eröffnen sich Wege zur Verbesserung des Erreichten.

Berlin im Mai 2016

Gerd Möller

Inhaltsverzeichnis

1 Zum Normen-Handbuch Eurocode 7

1.1 Allgemeines

Die Fassungen von DIN EN 1997-1:2009-03 [108], DIN 1054:2010-12 [44] und DIN EN 1997-1/NA:2010-12 [109] wurden in dem Normen-Handbuch „Geotechnische Bemessung“ [245] zusammengeführt, um die Verwendung dieser Normen für den Nutzer (Bauherren, Planer, Unternehmer und Verwaltungen) anwenderfreundlicher zu gestalten. Alle drei Normen basieren auf dem Teilsicherheitskonzept und regeln den Entwurf, die Berechnung und Bemessung in der Geotechnik sowie die geotechnischen Einwirkungen bei Gebäuden und Ingenieurbauwerken sowohl auf europäischer als auch auf nationaler Ebene.

Hinweise: 1. Die aktuelle Version DIN EN 1997-1:2014-03 [107] vom Teil 1 des Eurocode 7 ist weitestgehend mit der Version DIN EN 1997-1:2009-09 [108] identisch. Die vorgenommenen Änderungen betreffen die

- Einarbeitung der Änderungen DIN EN 1997-1/A1:2013,
- Verbesserung der deutschen Übersetzung an mehreren Stellen.

2. Bezüglich der Aktualisierung von DIN 1054:2010-12 ist nachdrücklich auf die Änderungen DIN 1054/A1 [46] und DIN 1054/A2 [47] zu verweisen.

Während die in DIN EN 1997-1 zu findenden Regeln europaweit gelten, beinhalten DIN EN 1997-1/NA und DIN 1054 nur für Deutschland geltende Bestimmungen. Der Nationale Anhang (DIN EN 1997-1/NA) enthält Verfahren, Werte und Empfehlungen mit Hinweisen, die gemäß DIN EN 1997-1 der nationalen Festlegung vorzubehalten sind (Näheres z. B. im Vorwort von DIN EN 1997-1). Da DIN 1054 ausschließlich ergänzende Regelungen zu DIN EN 1997-1 beinhaltet, ist sie nur in Verbindung mit DIN EN 1997-1 und DIN EN 1997-1/NA anwendbar.

Bei den einzelnen Regelungen in DIN EN 1997-1 ist zwischen „Grundsätzen“ und „Anwendungsregeln“ zu unterscheiden. Die Grundsätze betreffen

- allgemeine Feststellungen und Begriffsbestimmungen, zu denen es keine Alternative gibt,
- Anforderungen und Berechnungsmodelle, von denen ohne ausdrückliche Zustimmung nicht abgewichen werden darf.

Grundsätze sind daran zu erkennen, dass ihnen der Buchstabe P vorangestellt ist.

Bezüglich der Anwendungsregeln gilt, dass sie

- Beispiele anerkannter Regeln sind, die den Grundsätzen entsprechen,
- durch alternative Regeln ersetzt werden dürfen, wenn diese
  - den einschlägigen Grundsätzen entsprechen,
  - in Bezug auf Sicherheit, Gebrauchstauglichkeit und Dauerhaftigkeit Ergebnisse erwarten lassen, die mindestens den Ergebnissen gleichwertig sind, die bei Anwendung der Eurocode-Regeln zu erwarten sind.

Die in DIN 1054 zu findenden nationalen Ergänzungen zu DIN EN 1997-1 sind Anwendungsregeln. Ein Beispiel hierfür ist die Einteilung der Bemessungssituationen.

In den folgenden Abschnitten wird auf einige Punkte eingegangen, die zur geotechnischen Bemessung auf der Basis von Berechnungen gehören (DIN EN 1997-1, 2.4).

Geotechnik-Grundbau. 3. Auflage. Gerd Möller.

Der Vergleich der oben aufgeführten Normen mit DIN 1054:2005-01 [45] zeigt eine Vielzahl von Änderungen, die insbesondere auch die geotechnischen Bemessungen auf der Basis von Berechnungen betreffen (DIN EN 1997-1, 2.4 und DIN 1054, 2.4). Hierfür werden u. a. Angaben zu

- Einwirkungen und ihren Kombinationen,
- Beanspruchungen,
- geotechnischen Kenngrößen,
- Widerständen,
- Grenzzuständen,
- Bemessungssituationen

benötigt, auf die in den nachstehenden Abschnitten näher eingegangen wird.

Zuvor sei allerdings noch darauf hingewiesen, dass das Deutsche Institut für Normung e. V. (DIN) über das Internet u. a. Antworten auf Auslegungs-Anfragen zu DIN-Normen des Bauwesens zusammengestellt hat, mit deren Hilfe sich das Verständnis aktueller Normen vertiefen lässt. Der entsprechende Zugang ist kostenlos und erfolgt über http://www.din.de (Homepage des DIN), verbunden mit den aufeinanderfolgenden Mouseclicks auf den Button „Normen erarbeiten", den Button „Normenausschüsse", den Button „NA 005 Normenausschuss Bauwesen (NABau)", den Button „Aktuelles", den Button „Auslegungen zu DIN-Normen" und schließlich den Button „Antworten zu Auslegungs-Anfragen". Am Ende der so aufgerufenen Seite finden sich eine Reihe von Normen, zu denen entsprechende Informationen vorliegen. Mit einem Mouseclick auf z. B. „Auslegungen zu DIN 1054" öffnet sich eine weitere Seite, an deren Ende über „Auslegungen zu DIN 1054" ein entsprechendes pdf-File geöffnet und auch heruntergeladen werden kann. Es enthält neben Antworten zu Auslegungs-Anfragen auch Berichtigungen.

1.2 Einwirkungen, geotechnische Kenngrößen, Widerstände

Nach DIN EN 1997-1, 1.5.2 und DIN EN 1990 [98], 1.5.1 ist ein

- Bauwerk (Tragwerk) die planmäßige Anordnung miteinander verbundener Bauteile (einschließlich während der Bauausführung vorgenommener Auffüllungen) zum Zweck der Lastabtragung und zur Erzielung ausreichender Steifigkeit,
- Bauteil ein physisch unterscheidbarer Teil eines Tragwerks (z. B. Stütze, Träger, Deckenplatte, Gründungspfahl usw.).

Bei der Führung der in DIN EN 1997-1 geforderten Sicherheitsnachweise muss u. a. die Größe der Einwirkungen und Beanspruchungen, der geotechnischen Kenngrößen und der Widerstände bekannt sein.

Die nachstehenden Bezeichnungen sind DIN EN 1990 [98], 1.5.3 und DIN EN 1997-1 entnommen.

Einwirkung (F) Sammelbegriff für

- eine Gruppe von Kräften (Lasten), wie z. B. Eigenlasten sowie Wind-, Schnee- und Verkehrslasten, die auf ein Tragwerk einwirken (direkte Einwirkung),
- eine Gruppe aufgezwungener Verformungen oder Beschleunigungen (physikalisch oder chemisch verursacht), wie sie durch Temperaturänderungen, Feuchtigkeitsänderungen, Quellen oder Schrumpfen des Bodens, ungleiche Setzungen, Erdbeben usw. hervorgerufen werden können (indirekte Einwirkung).

geotechnische Einwirkung eine Einwirkung, die über den Baugrund, eine Auffüllung, ein Gewässer oder Grundwasser auf das Bauwerk übertragen wird.

Kombination von Einwirkungen erfasst alle gleichzeitig auftretenden Einwirkungen bezüglich ihrer Bemessungswerte, wie sie für den Nachweis der Tragwerkszuverlässigkeit für einen Grenzzustand benötigt werden.

Auswirkung von Einwirkungen (E) durch Einwirkungen hervorgerufene

- Beanspruchungen von Bauteilen, wie z. B. Schnittkräfte, Momente, Spannungen und Dehnungen oder
- Reaktionen des Gesamtbauwerks, wie z. B. Durchbiegungen und Verdrehungen.

Zu den weiteren Begriffen in Verbindung mit der „Einwirkung" gehören nach DIN EN 1990, 1.5.3 [98] u. a.

- *ständige Einwirkung* (G),
- *veränderliche Einwirkung* (Q),
- *statische Einwirkung,*
- *dynamische Einwirkung,*
- *quasi-statische Einwirkung,*
- *charakteristischer Wert einer Einwirkung* (F_k),
- *Bemessungswert einer Einwirkung* (F_d),
- *repräsentativer Wert einer Einwirkung* (F_{rep}).

In DIN EN 1997-1, 1.5.2.7 findet sich die Definition für

Widerstand als mechanische Eigenschaft eines Bauteils oder Bauteil-Querschnitts, Einwirkungen ohne Versagen zu widerstehen (z. B. Widerstand des Baugrunds, Scherfestigkeiten, Steifigkeiten oder auch Biege-, Eindring-, Erd-, Herauszieh-, Knick-, Scher-, Seiten-, Sohl- und Zugwiderstand).

1.2.1 Einwirkungen

Einwirkungen können bezüglich ihrer anzusetzenden zahlenmäßigen Größen den verschiedenen Teilen von DIN EN 1991 entnommen werden. Die auszuwählenden Werte der geotechnischen Einwirkungen sind ggf. Schätzwerte, die sich im Zuge der Berechnung noch ändern können.

Für geotechnische Bemessungen sollten u. a. nach Abschnitt 2.4.2 von DIN EN 1997-1 und DIN 1054 als Einwirkungen berücksichtigt werden

- geotechnische Einwirkungen wie
  - Eigenlasten von Boden, Fels und Wasser,
  - Spannungen im Untergrund,
  - Erddrücke,
  - Wasserdrücke aus offenen Gewässern (inclusive der Wellendrücke) und aus Grundwasser,
  - Strömungsdrücke,
  - Eislasten,
  - durch die Vegetation, das Klima oder Feuchtigkeitsänderungen hervorgerufenes Schwellen oder Schrumpfen von Bodenmaterial,
  - Bewegungen infolge kriechender, rutschender oder sich setzender Bodenmassen,
  - Baugrundverformungen infolge Herstellung und Nutzung des Bauwerks sowie infolge von Belastungen benachbarten Bodens,

  - weiträumige Baugrundbewegungen (z. B. infolge untertägiger Massenentnahme beim Berg- oder Tunnelbau,
  - Temperatureinwirkungen (einschließlich der Frostwirkung),
  - Auflasten (z. B. Auffüllungen),
  - Entlastungen (z. B. durch Bodenaushub),
  - Bodenbewegungen infolge von Entfestigung, Suffosion (Abtransport feiner Bodenteilchen durch strömendes Wasser; hierfür besonders anfällig sind weitgestufte Böden), Zerfall, Eigendichtung und chemische Lösungsvorgänge,
  - Bewegungen und Beschleunigungen durch Erdbeben, Explosionen, Schwingungen und dynamische Belastungen,
  - Vorspannung von Bodenankern oder Steifen,
  - auf Pfähle wirkende Seitendrücke,
  - abwärts gerichteter Zwang (z. B. negative Mantelreibung),
  - Verkehrslasten;
- Einwirkungen aus Bauwerken (Gründungslasten) wie z. B.
  - ruhende und eingeprägte Bauwerkslasten aus einem aufliegenden Tragwerk, die sich aus dessen statischer Berechnung ergeben (Eigenlasten, Verkehrslasten, Wind, Schnee usw.),
  - Pollerzugkräfte,

  die im Regelfall in Höhe der Oberkante der Gründungskonstruktion anzugeben sind.

1.2.2 Geotechnische Kenngrößen

Nach DIN EN 1997-1, 2.4.3 sind für rechnerische Nachweise charakteristische geotechnische Kenngrößen zahlenmäßig zu ermitteln, mit deren Hilfe die Eigenschaften der Boden- und Felsbereiche zu erfassen sind, die für die Berechnungen bedeutsam sind. Die Ermittlung dieser Zahlenwerte kann z. B. durch Versuche auf direktem Wege oder über Korrelationen erfolgen. Der letztendlich zu wählende charakteristische Wert soll eine vorsichtige Schätzung des im Grenzzustand wirkenden Wertes darstellen. Bei der Festlegung des jeweiligen Werts sind auch vergleichbare Erfahrungen zu berücksichtigen.

1.2.3 Widerstände

Widerstände von Boden und Fels sind Schnittgrößen bzw. Spannungen, die im oder am Tragwerk oder auch im Baugrund wirken können und sich infolge der Festigkeit bzw. der Steifigkeit der Baustoffe oder des Baugrunds ergeben. Gemäß DIN 1054, Tabelle A 2.3 (identisch mit Tabelle 1-3) können sie auftreten als

- Scherfestigkeiten,
- Sohlwiderstände (Grundbruch- bzw. Gleitwiderstand),
- Erdwiderstände (Relativbewegung zwischen Konstruktion und Boden beachten),
- Eindring- und Herauszieh-Widerstände von Pfählen, Zuggliedern oder Ankerkörpern.

1.3 Charakteristische und repräsentative Werte

1.3.1 Charakteristische Werte

Für die Bemessung geotechnischer Bauwerke sind in einem ersten Schritt charakteristische Werte (Kennzeichnung mit dem Index „k“) festzulegen. Sie betreffen

- Einwirkungen F_k und Beanspruchungen E_k,

- geotechnische Kenngrößen M_k,
- Widerstände R_k.

Die Werte charakteristischer Einwirkungen sind nach DIN EN 1997-1, 2.4.5.1 gemäß DIN EN 1990 [98] und den verschiedenen Teilen von DIN EN 1991 festzulegen.

Handelt es sich um charakteristische Werte von geotechnischen Kenngrößen, sind bei deren Wahl u. a. (vgl. Abschnitt 2.4.5.2 von DIN EN 1997-1 und DIN 1054)
- geologische und zusätzliche Informationen (wie z. B. Projekterfahrungen),
- Streuungen von Messgrößen,
- der Umfang der Feld- und Laboruntersuchungen sowie die Art und Anzahl der Bodenproben,
- die Ausdehnung des Baugrundbereichs, der das Verhalten des geotechnischen Bauwerks maßgeblich beeinflusst,
- die Möglichkeit, dass das geotechnische Bauwerk Lasten aus weicheren in festere Baugrundbereiche umlagert

zu beachten. Darüber hinaus sind die charakteristischen Werte anhand der Ergebnisse und abgeleiteter Werte aus Labor- und Feldversuchen zu wählen, wobei auch vergleichbare Erfahrungen zu berücksichtigen sind. Als charakteristischer Wert einer geotechnischen Kenngröße ist eine vorsichtig geschätzte Größe des Wertes zu vereinbaren, der im Grenzzustand wirkt. Handelt es sich bei der geotechnischen Kenngröße um die Scherfestigkeit, darf diese als vorsichtig geschätzter Mittelwert festgelegt werden, wenn sich der Boden ausreichend duktil verhält. Dies ist dann der Fall, wenn sich ein Verlust der Tragfähigkeit durch große Verformungen ankündigt. Nicht duktil verhalten sich z. B. wassergesättigte Böden mit sehr großen Porenzahlen n, die schon bei einer geringen Störung flüssig werden können (insbesondere zum Setzungsfließen neigende Sande oder Quicktone). Bei der Festlegung der charakteristischen Scherparameter ist zu beachten, dass die Werte der Kohäsion c' stärker streuen als die Werte des Reibungswinkels φ'.

Nach [45], 5.3, sind charakteristische Bodenkenngrößen grundsätzlich so festzulegen, dass die Ergebnisse der damit durchgeführten Berechnungen auf der sicheren Seite liegen.

1.3.2 Repräsentative Werte

Repräsentative Werte sind in den Normen DIN 1054, DIN EN 1990 [98] und DIN EN 1997-1 mit Einwirkungen verbunden. Zu ihrer Kennzeichnung wird der Index „rep“ verwendet.

Nach DIN EN 1997-1, 2.4.6.1 berechnet sich der repräsentative Wert einer Einwirkung mit dem charakteristischen Wert F_k der Einwirkung und dem Kombinationsbeiwert ψ zu

$$F_{rep} = \psi \cdot F_k \qquad \text{mit} \quad \psi \leq 1 \qquad \text{Gl. 1-1}$$

Handelt es sich bei F_k um eine ständige Einwirkung oder um die Leiteinwirkung der veränderlichen Einwirkungen (dominierende Einwirkung), gilt nach DIN 1054, 2.4.6.1

$$F_{rep} = F_k \qquad \text{Gl. 1-2}$$

In Fällen, in denen mehrere veränderliche und voneinander unabhängige charakteristische Einwirkungen $Q_{k,i}$ gleichzeitig auftreten können, sind diese in einer „Kombination“ zusammenzufassen. Dies setzt allerdings Tragwerke voraus, die linear-elastisch berechnet werden können, da nur dann das Superpositionsprinzip gültig ist. Nachdem eine dieser Einwirkungen als Leiteinwirkung $Q_{k,1}$

festgelegt ist, ergibt sich der repräsentative Wert dieser Kombination mit $Q_{k,1}$ sowie den übrigen veränderlichen Einwirkungen $Q_{k,i}$ und den ihnen zuzuordnenden Kombinationsbeiwerten $\psi_{0,i}$ zu

$$Q_{rep} \text{ "=" } Q_{k,1} \text{ "+" } \sum_{i>1} \psi_{0,i} \cdot Q_{k,i} \qquad \text{Gl. 1-3}$$

Die Zeichenkombination "=" hat darin die Bedeutung „ergibt sich aus“ und die Kombination "+" die Bedeutung „in Verbindung mit“. Bezüglich der Größe der zu wählenden Kombinationsbeiwerte ist auf DIN EN 1990 [98] sowie auf die für Hochbauten geltende Tabelle A 1.1 in DIN EN 1990/NA [99] hinzuweisen. In der Geotechnik ist nach DIN 1054, A 2.4.6.1.1 A (3) der Wert $\psi_0 = 0{,}8$ zu verwenden.

1.4 Grenzzustände

Mit Grenzzuständen wird mögliches Versagen des Bauwerks oder des Baugrunds oder auch gleichzeitiges Versagen von Bauwerk und Baugrund erfasst. Zu entsprechenden Nachweisen gehörende Anforderungen hinsichtlich der Festigkeit, Standsicherheit und Gebrauchstauglichkeit von Bauwerken sind in DIN EN 1997-1 und DIN 1054 zu finden. Für rechnerische Nachweise benötigte Teilsicherheitsbeiwerte, die zu

- Einwirkungen und Beanspruchungen,
- geotechnischen Kenngrößen,
- Widerständen

gehören, lassen sich der jeweiligen Tabelle in DIN 1054 entnehmen (siehe Abschnitt 1.5).

Bei den Grenzzuständen ist zwischen dem Grenzzustand der

- Gebrauchstauglichkeit SLS (**S**erviceability **l**imit **s**tate) und
- Tragfähigkeit ULS (**U**ltimate **l**imit **s**tate)

zu unterscheiden. Der Grenzzustand SLS erfasst den Zustand von Bauwerken oder Bauteilen, in dem deren Nutzung nicht mehr zulässig ist, obwohl ihre Tragfähigkeit noch nicht verloren ging (die zu erwartenden Verschiebungen und Verformungen sind mit dem Zweck des Bauwerks oder Bauteils nicht mehr vereinbar). Bei entsprechenden Nachweisen werden ausschließlich zu Einwirkungen und Beanspruchungen gehörende Teilsicherheitsbeiwerte benötigt, die zum Grenzzustand SLS gehören (vgl. Tabelle 1-2). Der bei Tragfähigkeitsnachweisen (Festigkeit und Standsicherheit) zu beachtende Grenzzustand ULS gliedert sich hingegen in die Grenzzustände

- HYD (**hyd**raulic failure, Grenzzustand des Versagens durch hydraulischen Grundbruch), er betrifft das Versagen infolge Strömungsgradienten im Boden (Beispiele: hydraulischer Grundbruch, innere Erosion und Piping) und ist, bezüglich der Teilsicherheitsbeiwerte, mit Einwirkungen, Beanspruchungen und geotechnischen Kenngrößen verbunden (vgl. Abschnitt 1.5),
- UPL (**upl**ift, Grenzzustand des Verlustes der Lagesicherheit des Bauwerks oder Baugrunds infolge von Aufschwimmen), er betrifft den Gleichgewichtsverlust von Bauwerk oder Baugrund infolge Aufschwimmen durch Wasserdruck (Auftrieb) oder anderer vertikaler Einwirkungen und ist, bezüglich der Teilsicherheitsbeiwerte, mit Einwirkungen, Beanspruchungen und geotechnischen Kenngrößen verbunden (vgl. Abschnitt 1.5),
- EQU (**equ**ilibrium, Grenzzustand des Verlustes der Lagesicherheit), er betrifft den Gleichgewichtsverlust des als starrer Körper angesehenen Tragwerks oder des Baugrunds (für den Widerstand sind dabei die Festigkeit der Baustoffe und des Baugrunds ohne Bedeutung) und ist, bezüglich der Teilsicherheitsbeiwerte, mit Einwirkungen und Beanspruchungen verbunden (vgl. Abschnitt 1.5),

- STR (**str**ucture failure, Grenzzustand des Versagens von Bauwerken und Bauteilen), er betrifft das innere Versagen oder sehr große Verformungen des Bauwerks oder seiner Bauteile, einschließlich der Fundamente, Pfähle, Kellerwände usw. (für den Widerstand ist dabei die Festigkeit der Baustoffe und des Baugrunds entscheidend) und ist, bezüglich der Teilsicherheitsbeiwerte, mit Einwirkungen, Beanspruchungen und Widerständen verbunden (vgl. Abschnitt 1.5),
- GEO (**geo**technic failure, Grenzzustand des Versagens von Baugrund), er betrifft das innere Versagen oder sehr große Verformungen des Baugrunds (für den Widerstand ist dabei die Festigkeit der Locker- und Festgesteine entscheidend) und ist, bezüglich der Teilsicherheitsbeiwerte, mit Einwirkungen, Beanspruchungen, geotechnischen Kenngrößen und Widerständen verbunden (vgl. Abschnitt 1.5),
- GEO-2 (Grenzzustand des Versagens von Baugrund, bei dem das Nachweisverfahren 2 anzuwenden ist), er betrifft das innere Versagen oder sehr große Verformungen des Baugrunds (für den Widerstand ist dabei die Festigkeit der Locker- und Festgesteine entscheidend),
- GEO-3 (Grenzzustand des Versagens von Baugrund durch den Verlust der Gesamtstandsicherheit, bei dem das Nachweisverfahren 3 anzuwenden ist), er betrifft das innere Versagen oder sehr große Verformungen des Baugrunds (für den Widerstand ist dabei die Festigkeit der Locker- und Festgesteine entscheidend).

Bezüglich des zum Grenzzustand GEO-2 gehörenden Nachweisverfahrens 2 bzw. des zum Grenzzustand GEO-3 gehörenden Nachweisverfahrens 3 sei auf DIN EN 1997-1, 2.4.7.3.4.3 bzw. 2.4.7.3.4.4 sowie die zugehörigen Anmerkungen von DIN 1054 hingewiesen.

Zur Erleichterung des Verständnisses der neuen Grenzzustandsdefinitionen wird nachstehend noch ein Vergleich mit Grenzzuständen gemäß DIN 1054:2005-01 vorgenommen (vgl. hierzu *Schuppener* (Beitrag in [287], Tabelle B 2.2)). Dem bisherigen Grenzzustand

- GZ 1A (Grenzzustand des Verlustes der Lagesicherheit) entsprechen die „neuen“ Grenzzustände EQU, UPL und HYD ohne Einschränkung,
- GZ 1B (Grenzzustand des Versagens von Bauwerken und Bauteilen) entspricht der Grenzzustand STR ohne Einschränkung als „innere“ Tragfähigkeit (Materialfestigkeit); hinzu kommt der Grenzzustand GEO-2 in Zusammenhang mit der „äußeren“ Bemessung von Gründungselementen (z. B. „äußere“ Pfahltragfähigkeit),
- GZ 1C (Grenzzustand des Verlustes der Gesamtstandsicherheit) entspricht der Grenzzustand GEO-3 in Zusammenhang mit der Inanspruchnahme der Scherfestigkeit beim Nachweis der Sicherheit gegen Böschungsbruch und Geländebruch.

1.5 Bemessungssituationen und Teilsicherheitsbeiwerte

Im Zuge von Berechnungen zum Nachweis der Tragfähigkeit bzw. der Gebrauchstauglichkeit werden für Einwirkungen und Beanspruchungen sowie für geotechnische Kenngrößen und Widerstände Bemessungswerte benötigt (vgl. Abschnitt 1.6), deren Größe u. a. mit Hilfe von Teilsicherheitsbeiwerten (vgl. Abschnitt 1.5.2) zu bestimmen ist. Aus den Tabellen des Abschnitts 1.5.2 geht hervor, dass die Zahlenwerte der Teilsicherheitsbeiwerte neben anderen Aspekten auch von der jeweils anzunehmenden Bemessungssituation (BS) abhängig sind.

1.5.1 Bemessungssituationen

Gemäß DIN EN 1997-1/NA sind grundsätzlich vier Bemessungssituationen zu unterscheiden, die im Folgenden erläutert werden (vgl. DIN 1054, 2.2 A (4)):

- BS-P ständige Situationen (**P**ersistent situations), die den üblichen Nutzungsbedingungen des Tragwerks entsprechen. Zu berücksichtigen sind ständige Einwirkungen und veränderliche Einwirkungen, die während der Funktionszeit des Bauwerks regelmäßig auftreten.
- BS-T vorübergehende Situationen (**T**ransient situations), die sich auf zeitlich begrenzte Zustände beziehen, wie etwa
  - Bauzustände bei der Bauwerksherstellung,
  - Bauzustände an einem bestehenden Bauwerk (z. B. bei Reparaturen oder infolge von Aufgrabungs- oder Unterfangungsarbeiten),
  - Baumaßnahmen für vorübergehende Zwecke (z. B. Baugrubenböschungen und Baugrubenkonstruktionen, soweit für Steifen, Anker und Mikropfähle nichts anderes festgelegt ist).

  Außer den vorübergehenden Einwirkungen erfasst die Bemessungssituation BS-T auch die ständigen Einwirkungen der Situation BS-P.
- BS-A außergewöhnliche Situationen (**A**ccidental situations), die sich auf außergewöhnliche Gegebenheiten des Tragwerks oder seiner Umgebung beziehen. Hierzu gehören z. B.
  - Feuer oder Brand,
  - Explosion,
  - Anprall,
  - extremes Hochwasser,
  - Ankerausfall.

  Neben den außergewöhnlichen Einwirkungen erfasst diese Bemessungssituation aber auch ständige und regelmäßig auftretende veränderliche Einwirkungen, so wie das in den Bemessungssituationen BS-P und BS-T der Fall ist.

  Als außergewöhnlich sind auch Situationen zu betrachten, bei denen gleichzeitig mehrere voneinander unabhängige seltene Einwirkungen zu berücksichtigen sind, wie etwa
  - eine ungewöhnlich große Einwirkung oder
  - eine planmäßige einmalige Einwirkung.
- BS-E für Erdbebeneinwirkungen geltende Bemessungssituationen (**E**arthquake situations).

Bei den Bemessungssituationen BS-A oder BS-E lässt sich nicht ausschließen, dass das jeweilige Bauwerk nach Eintritt einer solchen Situation den Anforderungen an die Gebrauchstauglichkeit nicht mehr genügt und außerdem in entsprechender Weise geschädigt ist. Zur Vermeidung solcher Schäden sind Maßnahmen zu empfehlen, mit denen die Gebrauchstauglichkeit nachgewiesen werden kann.

Bei Baumaßnahmen, die Baugrubenkonstruktionen betreffen, darf in besonderen Situationen gemäß EAB, EB 24, Absatz 4 [140] die Bemessungssituation BS-T mit abgeminderten Teilsicherheitsbeiwerten unter der Bezeichnung BS-T/A eingefügt werden (vgl. hierzu DIN 1054, 2.2 A (6) und EAB, EB 79 [140]). Bei den veränderlichen Einwirkungen, die dabei neben den Lasten des Regelfalls zusätzlich zu berücksichtigen sind, handelt es sich um

- Fliehkräfte, Bremskräfte und Seitenstoß (z. B. bei Baugruben neben oder unter Eisen- oder Straßenbahnen),
- selten auftretende Lasten und unwahrscheinliche oder selten auftretende Kombinationen von Lastgrößen und Lastangriffspunkten,
- Wasserdruck infolge von Wasserständen, die über den vereinbarten Bemessungswasserstand hinausgehen können (z. B. Wasserstände, bei deren Eintreten die Baugrube überflutet wird oder geflutet werden muss),

– Temperaturwirkungen auf Steifen (z. B. bei Stahlsteifen aus I-Profilen ohne Knickhaltung oder bei schmalen Baugruben in frostgefährdetem Boden).

In EAB, EB 24 [140] finden sich auch Beispiele für ständige, regelmäßig auftretende veränderliche Einwirkungen sowie für Lasten, die ggf. neben den Lasten des Regelfalls zu berücksichtigen sind.

Zum schnelleren Verständnis der neuen Bemessungssituationen sei auf ihre Beziehung mit den Lastfällen aus DIN 1054:2005-01 hingewiesen (vgl. hierzu EA-Pfähle, 1.2.2 [141]). Dem bisherigen Lastfall

- LF 1 entspricht die Bemessungssituation BS-P,
- LF 2 entspricht die Bemessungssituation BS-T,
- LF 3 entspricht die Bemessungssituation BS-A.

Zu diesen drei Fällen kommt noch die „neue“ Bemessungssituation BS-E hinzu.

1.5.2 Teilsicherheitsbeiwerte

In den nachstehenden Tabellen werden Teilsicherheitsbeiwerte angegeben, die bei der Berechnung der Bemessungswerte von

- Einwirkungen und Beanspruchungen (Tabelle 1-2),
- Widerständen (Tabelle 1-3),
- geotechnischen Kenngrößen (Tabelle 1-1)

zu verwenden sind und deren zahlenmäßige Größen abhängen von der jeweils anzusetzenden Bemessungssituation (BS-P oder BS-T oder BS-A) bzw. von dem jeweils zu betrachtenden Grenzzustand (HYD oder UPL oder EQU oder STR und GEO-2 oder GEO-3 oder SLS).

Tabelle 1-1 Teilsicherheitsbeiwerte γ_M (Materialeigenschaft M im Einzelfall) für geotechnische Kenngrößen; nach DIN 1054, Tabelle A 2.2

Einwirkung bzw. Beanspruchung	Formelzeichen	Bemessungssituation		
		BS-P	BS-T	BS-A
HYD und UPL: Grenzzustand des Versagens durch hydraulischen Grundbruch und Aufschwimmen				
Reibungsbeiwert tan φ' des dränierten Bodens und Reibungsbeiwert tan φ_u des undränierten Bodens	$\gamma_{\varphi'}$, $\gamma_{\varphi u}$	1,00	1,00	1,00
Kohäsion c' des dränierten Bodens und Scherfestigkeit c_u des undränierten Bodens	$\gamma_{c'}$, γ_{cu}	1,00	1,00	1,00
GEO-2: Grenzzustand des Versagens von Bauwerken, Bauteilen und Baugrund				
Reibungsbeiwert tan φ' des dränierten Bodens und Reibungsbeiwert tan φ_u des undränierten Bodens	$\gamma_{\varphi'}$, $\gamma_{\varphi u}$	1,00	1,00	1,00
Kohäsion c' des dränierten Bodens und Scherfestigkeit c_u des undränierten Bodens	$\gamma_{c'}$, γ_{cu}	1,00	1,00	1,00
GEO-3: Grenzzustand des Versagens durch Verlust der Gesamtstandsicherheit				
Reibungsbeiwert tan φ' des dränierten Bodens und Reibungsbeiwert tan φ_u des undränierten Bodens	$\gamma_{\varphi'}$, $\gamma_{\varphi u}$	1,25	1,15	1,10
Kohäsion c' des dränierten Bodens und Scherfestigkeit c_u des undränierten Bodens	$\gamma_{c'}$, γ_{cu}	1,25	1,15	1,10

Anmerkung zu Tabelle 1-1: In der Bemessungssituation BS-E werden nach DIN EN 1990 [98] keine Teilsicherheitsbeiwerte angesetzt.

Es sei hier noch darauf hingewiesen, dass die Einführung des Teilsicherheitskonzepts einen über mehrere Jahrzehnte gehenden Prozess darstellte, in dessen Verlauf sich die Ansätze der Herangehensweise erheblich veränderten. Hierzu gehört u. a., dass dieses neue Sicherheitskonzept an dem alten „globalen" Sicherheitskonzept „geeicht" wurde (vgl. hierzu z. B. *Weißenbach* [316]). Bezüglich der Festlegung der Zahlenwerte für die verschiedenen Teilsicherheitsbeiwerte führte das zu der Forderung, dass die sich im Rahmen des Teilsicherheitskonzepts ergebenden Sicherheiten des Bauwerks bzw. Bauteils möglichst weitgehend den Sicherheiten entsprechen sollten, die sich bei der Anwendung von „Globalsicherheitsbeiwerten" („altes" Sicherheitskonzept) ergeben.

Tabelle 1-2 Für Einwirkungen und Beanspruchungen geltende Teilsicherheitsbeiwerte γ_F (Einwirkung *F* im Einzelfall) bzw. γ_E (Beanspruchung *E* im Einzelfall); nach Tabelle A 2.1 von DIN 1054 und DIN 1054/A2

Einwirkung bzw. Beanspruchung	Formelzeichen	Bemessungssituation BS-P	BS-T	BS-A
HYD und UPL: Grenzzustand des Versagens durch hydraulischen Grundbruch und Aufschwimmen				
destabilisierende ständige Einwirkungen [a]	$\gamma_{G,dst}$	1,05	1,05	1,00
stabilisierende ständige Einwirkungen	$\gamma_{G,stb}$	0,95	0,95	0,95
destabilisierende veränderliche Einwirkungen	$\gamma_{Q,dst}$	1,50	1,30	1,00
stabilisierende veränderliche Einwirkungen	$\gamma_{Q,stb}$	0	0	0
Strömungskraft bei günstigem Untergrund	γ_H	1,45	1,45	1,25
Strömungskraft bei ungünstigem Untergrund	γ_H	1,90	1,90	1,45
EQU: Grenzzustand des Verlusts der Lagesicherheit				
ungünstige ständige Einwirkungen	$\gamma_{G,dst}$	1,10	1,05	1,00
günstige ständige Einwirkungen	$\gamma_{G,stb}$	0,90	0,90	0,95
ungünstige veränderliche Einwirkungen	γ_Q	1,50	1,25	1,00
STR und GEO-2: Grenzzustand des Versagens von Bauwerken, Bauteilen und Baugrund				
Beanspruchungen aus ständigen Einwirkungen allgemein [a]	γ_G	1,35	1,20	1,10
Beanspruchungen aus günstigen ständigen Einwirkungen [b]	$\gamma_{G,inf}$	1,00	1,00	1,00
Beanspruchungen aus ständigen Einwirkungen aus Erdruhedruck	$\gamma_{G,E0}$	1,20	1,10	1,00
Beanspruchungen aus ungünstigen veränderlichen Einwirkungen	γ_Q	1,50	1,30	1,10
Beanspruchungen aus günstigen veränderlichen Einwirkungen	γ_Q	0	0	0
GEO-3: Grenzzustand des Versagens durch Verlust der Gesamtstandsicherheit				
ständige Einwirkungen [a]	γ_G	1,00	1,00	1,00
ungünstige veränderliche Einwirkungen	γ_Q	1,30	1,20	1,00
SLS: Grenzzustand der Gebrauchstauglichkeit				
ständige Einwirkungen bzw. Beanspruchungen	γ_G		1,00	
veränderliche Einwirkungen bzw. Beanspruchungen	γ_Q		1,00	

[a] einschließlich ständigem und veränderlichem Wasserdruck.
[b] nur im Sonderfall nach DIN 1054, 7.6.3.1 A (2).

Anmerkungen zu Tabelle 1-2:

1) Zur Beibehaltung des bisherigen Sicherheitsniveaus sind, in Abweichung von DIN EN 1990 [98], die Teilsicherheitsbeiwerte γ_G und γ_Q für Beanspruchungen aus ständigen und ungünstigen veränderlichen Einwirkungen für die Bemessungssituation BS-A von $\gamma_G = \gamma_Q = 1{,}00$ auf $\gamma_G = \gamma_Q = 1{,}10$ angehoben worden.
2) Die Teilsicherheitsbeiwerte $\gamma_{G,\,E0}$ sind gegenüber den Teilsicherheitsbeiwerten γ_G herabgesetzt worden, weil der Erdruhedruck bereits bei geringen Entspannungsbewegungen auf einen geringeren Erddruck, im Grenzfall auf den wesentlich kleineren aktiven Erddruck absinkt.
3) In der Bemessungssituation BS-E werden nach DIN EN 1990 [98] keine Teilsicherheitsbeiwerte angesetzt.

Tabelle 1-3 Teilsicherheitsbeiwerte γ_R (Widerstand *R* im Einzelfall) für Widerstände (nach DIN 1054, Tabelle A 2.3)

Widerstand	Formelzeichen	Bemessungssituation		
		BS-P	BS-T	BS-A
STR und GEO-2: Grenzzustand des Versagens von Bauwerken, Bauteilen und Baugrund				
Bodenwiderstände				
Erdwiderstand und Grundbruchwiderstand	$\gamma_{R,e}, \gamma_{R,v}$	1,40	1,30	1,20
Gleitwiderstand	$\gamma_{R,h}$	1,10	1,10	1,10
Pfahlwiderstände aus statischen und dynamischen Pfahlprobebelastungen				
Fußwiderstand	γ_b	1,10	1,10	1,10
Mantelwiderstand (Druck)	γ_s	1,10	1,10	1,10
Gesamtwiderstand (Druck)	γ_t	1,10	1,10	1,10
Mantelwiderstand (Zug)	$\gamma_{s,t}$	1,15	1,15	1,15
Pfahlwiderstände auf der Grundlage von Erfahrungswerten				
Druckpfähle	$\gamma_b, \gamma_s, \gamma_t$	1,40	1,40	1,40
Zugpfähle (nur in Ausnahmefällen)	$\gamma_{s,t}$	1,50	1,50	1,50
Herauszieh-Widerstände				
Boden- bzw. Felsnägel	γ_a	1,40	1,30	1,20
Verpresskörper von Verpressankern	γ_a	1,10	1,10	1,10
flexible Bewehrungselemente	γ_a	1,40	1,30	1,20
GEO-3: Grenzzustand des Versagens durch Verlust der Gesamtstandsicherheit				
Scherfestigkeit				
siehe Tabelle 1-1				
Herauszieh-Widerstände				
siehe STR und GEO-2				

Anmerkungen zu Tabelle 1-3:

1) Der Teilsicherheitsbeiwert für den Materialwiderstand des Stahlzugglieds aus Spannstahl und Betonstahl ist in DIN EN 1992-1-1/NA [104], Tabelle 2.1DE für die Bemessungssituationen BS-P und BS-T sowie für die Grenzzustände GEO-2 und GEO-3 mit $\gamma_M = 1{,}15$ angegeben; für die Bemessungssituation BS-A gilt $\gamma_M = 1{,}0$.
2) Der Teilsicherheitsbeiwert für den Materialwiderstand von flexiblen Bewehrungselementen ist für die Grenzzustände GEO-2 und GEO-3 in EBGEO [146] angegeben.
3) In der Bemessungssituation BS-E werden nach DIN EN 1990 [98] keine Teilsicherheitsbeiwerte angesetzt.

1.6 Bemessungswerte

Bemessungswerte, die für die Bemessung geotechnischer Bauwerke erforderlich sind, basieren auf entsprechenden charakteristischen Werten (Bild 1-1) und sind als

- Einwirkungen F_k und Beanspruchungen E_k,
- geotechnische Kenngrößen M_k,
- Widerstände R_k

zu ermitteln. Bezüglich der charakteristischen Werte und insbesondere der zu geotechnischen Kenngrößen gehörenden Werte sei auf Abschnitt 1.3.1 verwiesen.

Bemessungswerte sind mit dem Index „d“ zu kennzeichnen.

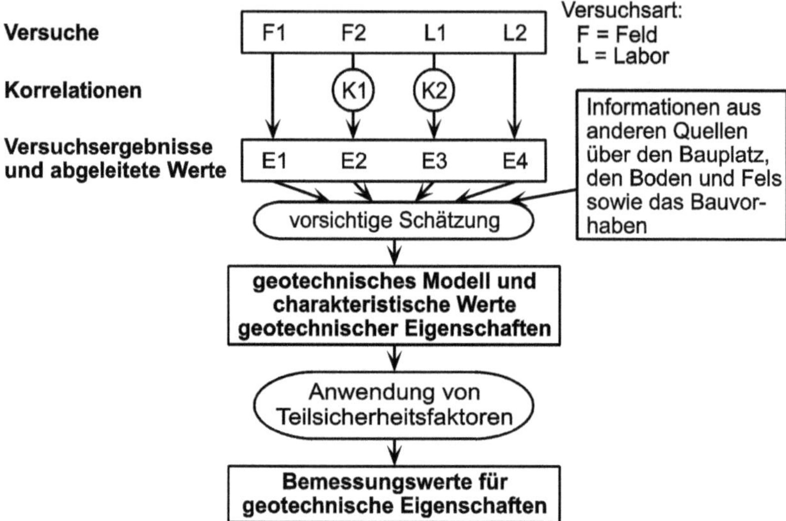

Bild 1-1 Flussdiagramm für die Ermittlung von Bemessungswerten geotechnischer Eigenschaften (nach DIN EN 1997-2 [110])

1.6.1 Bemessungswerte von Einwirkungen

Gemäß DIN EN 1997-1, 2.4.6.1 ist der Bemessungswert F_d einer Einwirkung nach DIN EN 1990 [98] zu bestimmen. Der Wert ist entweder direkt festzulegen oder aus repräsentativen Werten mittels

$$F_d = \gamma_F \cdot F_{rep} = \gamma_F \cdot \psi \cdot F_k \qquad \text{Gl. 1-4}$$

zu bestimmen (mit Teilsicherheitsbeiwerten γ_F aus Tabelle 1-2). Handelt es sich um eine ständige Einwirkung oder um eine Leiteinwirkung (nach DIN EN 1990, 1.6 [98]: maßgebende veränderliche Einwirkung), gilt

$$F_d = \gamma_F \cdot F_k \qquad \text{Gl. 1-5}$$

Bezüglich der Ermittlung des repräsentativen Werts einer Kombination von mehreren veränderlichen und voneinander unabhängigen charakteristischen Einwirkungen sei auf Abschnitt 1.3.2 hingewiesen. In Fällen der direkten Festlegung von Bemessungswerten von geotechnischen Einwirkungen dienen Teilsicherheitsbeiwerte γ_F als Orientierungsgrößen für das anzustrebende Sicherheitsniveau.

Bemessungswerte von Einwirkungen, die im Rahmen eines Nachweises der Sicherheit gegen Aufschwimmen (Grenzzustand UPL) oder gegen hydraulischen Grundbruch (Grenzzustand HYD) benötigt werden, berechnen sich nach DIN 1054, 2.4.6.1.1 für die Bemessungssituationen BS-P, BS-T und BS-A mit Hilfe von Teilsicherheitsbeiwerten γ_F der Tabelle 1-2 zu

$$F_d = F_k \cdot \gamma_F \quad \text{bzw.} \quad F_d = \sum_{i \geq 1} F_{k,i} \cdot \gamma_{F,i} \qquad \text{Gl. 1-6}$$

Kombinationsbeiwerte sind dabei nicht zu berücksichtigen.

1.6.2 Bemessungswerte von geotechnischen Kenngrößen

Gemäß DIN EN 1997-1, 2.4.6.2 sind Bemessungswerte X_d von geotechnischen Kenngrößen entweder direkt festzulegen oder mit Hilfe von charakteristischen Werten X_k und Teilsicherheitsbeiwerten γ_M aus Tabelle 1-1 sowie der Gleichung

$$X_d = \frac{X_k}{\gamma_M} \qquad \text{Gl. 1-7}$$

zu berechnen. Werden Bemessungswerte direkt festgelegt, sind die Teilsicherheitsbeiwerte γ_M als Orientierungsgrößen für das anzustrebende Sicherheitsniveau zu verstehen.

Bemessungswerte von Scherfestigkeiten, die bei Gesamtstandsicherheitsnachweisen (Grenzzustand GEO-3) verwendet werden, sind nach DIN 1054, 2.4.6.2 A (4) mit den Gleichungen

$$\tan\phi'_d = \frac{\tan\phi'_k}{\gamma_{\phi'}} \quad \text{bzw.} \quad \tan\phi_{u;d} = \frac{\tan\phi_{u,k}}{\gamma_{\phi u}}$$

und $\qquad$ Gl. 1-8

$$c'_d = \frac{c'_k}{\gamma_{c'}} \quad \text{bzw.} \quad c_{u;d} = \frac{c_{u,k}}{\gamma_{cu}}$$

zu berechnen (s. auch DIN 1054/A1). Darin stehen die charakteristischen Größen für den Reibungsbeiwert $\tan\varphi'$ und die Kohäsion c' des dränierten Bodens sowie den Reibungsbeiwert $\tan\varphi_u$ und die Kohäsion c_u des undränierten Bodens. Diese Größen sind verknüpft mit den entsprechenden Teilsicherheitsbeiwerten aus Tabelle 1-1.

1.6.3 Bemessungswerte von Bauwerkseigenschaften

Nach DIN EN 1997-1, 2.4.6.4 sind ggf. erforderliche Bemessungswerte für Festigkeitseigenschaften von Baustoffen und für Bauteilwiderstände nach den Normen DIN EN 1992 bis DIN EN 1996 sowie DIN EN 1999 zu ermitteln.

1.7 Rechnerische Nachweisführung der Tragsicherheit

Gemäß DIN EN 1997-1, 2.4.1 müssen bei rechnerischen Nachweisen die grundsätzlichen Anforderungen und speziellen Regeln von DIN EN 1990 [98] berücksichtigt werden. Die Nachweisführung kann mit Hilfe von

– analytischen Verfahren,

- halbempirischen Verfahren (berücksichtigte empirische Beziehungen müssen für die vorherrschenden Baugrundverhältnisse gelten),
- numerischen Verfahren (Beispiele: Finite-Elemente-Methode (FEM), Steifemodulverfahren, Bettungsmodulverfahren)

erfolgen.

Nach DIN EN 1997-1, 2.4.7.1 ist im Allgemeinen nachzuweisen, dass ausreichende Sicherheit gegeben ist gegen

- den Verlust der Lagesicherheit des als starrer Körper angesehenen Bauwerks oder des Baugrunds (Grenzzustand EQU),
- inneres Versagen oder gegen sehr große Verformung des Bauwerks oder seiner Bauteile, einschließlich der Fundamente, Pfähle, Kellerwände usw. (Grenzzustand STR),
- das Versagen oder gegen sehr große Verformungen des Baugrunds (Grenzzustand GEO),
- den Verlust der Lagesicherheit des Bauwerks oder des Baugrunds infolge Aufschwimmen (Auftrieb) oder anderer vertikaler Einwirkungen (Grenzzustand UPL),
- hydraulischen Grundbruch, innere Erosion und Piping im Boden (Grenzzustand HYD).

1.7.1 Verlust der Lagesicherheit (EQU)

Der rechnerische Nachweis, dass das Gleichgewicht des als starrer Körper angesehenen Tragwerks bzw. des Baugrunds eingehalten werden kann, lässt sich mit der Einhaltung der Ungleichung

$$E_{\text{dst, d}} \leq E_{\text{stb, d}} + T_{\text{d}} \quad \text{bzw.} \quad \mu = \frac{E_{\text{dst, d}}}{E_{\text{stb, d}} + T_{\text{d}}} \leq 1 \qquad \text{Gl. 1-9}$$

führen. Die in den Beziehungen verwendeten vier Größen sind

$E_{\text{dst, d}}$ Bemessungswert der Resultierenden der destabilisierenden Beanspruchungen,

$E_{\text{stb, d}}$ Bemessungswert der Resultierenden der stabilisierenden Beanspruchungen,

T_{d} Bemessungswert der Resultierenden des gesamten mobilisierbaren Scherwiderstands in einer Fuge zwischen Baugrund und Bauwerk oder des gesamten Scherwiderstands, der sich an einen Bodenblock mobilisieren lässt, welcher z. B. eine Zugpfahlgruppe enthält,

μ Ausnutzungsgrad.

Nach DIN EN 1997-1, 2.4.7.2 betrifft der Grenzzustand EQU vorwiegend die innere Bemessung des Tragwerks. In der Geotechnik erfolgen somit Nachweise in diesem Grenzzustand eher selten (Beispiel: starre Gründung auf Fels), da mit EQU weder die Gesamtstandsicherheit noch die Sicherheit gegen Aufschwimmen erfasst wird.

1.7.2 Versagen im Tragwerk und im Baugrund (STR und GEO)

Die Sicherheit gegen das Auftreten von Brüchen oder sehr großen Verformungen in einem Tragwerk, einem Tragwerksteil oder im Baugrund lässt sich mit den Bemessungswerten der Beanspruchungen E_{d} und der Widerstände R_{d} sowie mit der Erfüllung der Ungleichung

$$E_{\text{d}} \leq R_{\text{d}} \quad \text{bzw.} \quad \mu = \frac{E_{\text{d}}}{R_{\text{d}}} \leq 1 \qquad \text{Gl. 1-10}$$

nachweisen (vgl. DIN EN 1997-1, 2.4.7.3). In der zweiten der beiden Ungleichungen ist μ der Ausnutzungsgrad. Nach DIN 1054, 2.4.7.3.2 sind die Bemessungswerte stets in den maßgebenden

Schnitten durch das Bauwerk und den Baugrund sowie in den Berührungsflächen zwischen Bauwerk und Baugrund zu ermitteln.

Im allgemeinen Fall sind die Bemessungswerte der Beanspruchungen für die Bemessungssituationen BS-P und BS-T mit Hilfe von

$$E_{\mathrm{d}} = E\left(\sum_{j\geq 1}\gamma_{\mathrm{G,j}}\cdot G_{\mathrm{k,j}}\text{"+"}\gamma_{\mathrm{P}}\cdot P_{\mathrm{k}}\text{"+"}\gamma_{\mathrm{Q,1}}\cdot Q_{\mathrm{k,1}}\text{"+"}\sum_{i\geq 2}\gamma_{\mathrm{Q,i}}\cdot\psi_{0,\mathrm{i}}\cdot Q_{\mathrm{k,i}}\right) \qquad \text{Gl. 1-11}$$

für die Bemessungssituation BS-A mit Hilfe von

$$E_{\mathrm{d}} = E\left(\begin{array}{l}\sum_{j\geq 1}\gamma_{\mathrm{G,j}}\cdot G_{\mathrm{k,j}}\text{"+"}\gamma_{\mathrm{P}}\cdot P_{\mathrm{k}}\text{"+"}A_{\mathrm{d}}\text{"+"}\gamma_{\mathrm{Q,1}}\cdot(\psi_1 \text{ oder } \psi_2)\cdot Q_{\mathrm{k,1}}\text{"+"}\\ \sum_{i>1}\gamma_{\mathrm{Q,i}}\cdot\psi_{2,\mathrm{i}}\cdot Q_{\mathrm{k,i}}\end{array}\right) \qquad \text{Gl. 1-12}$$

und für die Bemessungssituation BS-E mit Hilfe von

$$E_{\mathrm{d}} = E\left(\sum_{j\geq 1}G_{\mathrm{k,j}}\text{"+"}P_{\mathrm{k}}\text{"+"}A_{\mathrm{Ed}}\text{"+"}\sum_{j>1}\psi_{2,\mathrm{j}}\cdot Q_{\mathrm{k,j}}\right) \qquad \text{Gl. 1-13}$$

zu berechnen. In den drei Gleichungen hat die Zeichenkombination "+" die Bedeutung „in Verbindung mit“. Die einzelnen Größen der Gleichungen sind:

$G_{k,j}$ j-te ständige charakteristische Einwirkung ($j \geq 1$),
$\gamma_{G,j}$ Teilsicherheitsbeiwert γ_G für $G_{k,j}$,
P_k charakteristische Einwirkung aus Vorspannung,
γ_P Teilsicherheitsbeiwert für P_k,
$Q_{k,1}$ Leiteinwirkung der veränderlichen charakteristischen Einwirkungen,
$\gamma_{Q,1}$ Teilsicherheitsbeiwert für $Q_{k,1}$,
$Q_{k,i}$ i-te begleitende veränderliche charakteristische Einwirkung ($i \geq 2$),
$\gamma_{Q,i}$ Teilsicherheitsbeiwert für $Q_{k,i}$,
$\psi_{0,i}$ Kombinationswert ψ_0 für $Q_{k,i}$,
A_d Bemessungswert einer außergewöhnlichen Einwirkung,
ψ_1 Kombinationswert zum Festlegen des häufigen Werts von $Q_{k,1}$,
ψ_2 Kombinationswert zum Festlegen des quasi-ständigen Werts von $Q_{k,1}$,
$\psi_{2,i}$ Kombinationswert ψ_2 zum Festlegen des quasi-ständigen Werts von $Q_{k,i}$,
A_{Ed} Bemessungswert einer Erdbebeneinwirkung nach DIN EN 1990, Tabelle A.1.3 [98],
$Q_{k,j}$ j-te veränderliche charakteristische Einwirkung ($j \geq 1$),
$\psi_{2,j}$ Kombinationswert ψ_2 zum Festlegen des quasi-ständigen Werts von $Q_{k,j}$.

Bezüglich des „häufigen Werts“ und des „quasi-ständigen Werts“ einer veränderlichen Einwirkung sei auf DIN 1990 [98], 1.5.3.17 und 1.5.3.18 hingewiesen. Im Hochbau ist der häufige Wert der Wert, der in ≥ 1 % des Bezugszeitraums überschritten wird; bei der Verkehrsbelastung von Straßenbrücken ist er der Wert mit einer Wiederkehrperiode von einer Woche. Beispiele für den quasiständigen Wert einer veränderlichen Einwirkung sind z. B. die Größe von Stapellasten unter Berücksichtigung eines mittleren Beschickungsgrads oder die Größe von Nutzlasten auf einer Decke, die in ≥ 50 % des Bezugszeitraums überschritten wird, oder der Mittelwert von Wind- bzw. Verkehrslasten, der zu einem bestimmten Zeitintervall gehört.

Bei der Indizierung von Kombinationsbeiwerten gilt generell, dass der Index
0 zu einem Kombinationsbeiwert veränderlicher Einwirkungen,
1 zu einem Kombinationsbeiwert für häufige Werte veränderlicher Einwirkungen,
2 zu einem Kombinationsbeiwert für quasi-ständige Werte veränderlicher Einwirkungen

gehört. Bezüglich der Größe der zu wählenden Kombinationsbeiwerte ist auf DIN EN 1990 [98] sowie auf die für Hochbauten geltende Tabelle A 1.1 in DIN EN 1990/NA [99] hinzuweisen. In der Geotechnik sind nach DIN 1054, 2.4.6.1.1 A (3) die Werte $\psi_0 = 0{,}8$, $\psi_1 = 0{,}7$ und $\psi_2 = 0{,}5$ zu verwenden.

Zur Ermittlung des Bemessungswerts der Widerstände R_d aus Gl. 1-10 werden Teilsicherheitsbeiwerte benötigt, die bei der Berechnung von R_d auf Baugrundeigenschaften (X) oder auf Widerstände (R) oder auch auf Baugrundeigenschaften und Widerstände angewendet werden können. Hinsichtlich weitergehender Ausführungen sei auf DIN EN 1997-1, 2.4.7.3.3 verwiesen.

1.7.3 Versagen durch Aufschwimmen (UPL)

Der Nachweis der Sicherheit gegen das Aufschwimmen von Bauwerken oder Bauwerksteilen wird nach DIN EN 1997-1, 2.4.7.4 mit Hilfe des Bemessungswerts der

- Kombination von destabilisierenden ständigen ($G_{dst,d}$) und veränderlichen ($Q_{dst,d}$) vertikalen Einwirkungen $V_{dst,d}$,
- Summe der ständigen stabilisierenden vertikalen Einwirkungen $G_{stb,d}$ (z. B. Eigenlast von Tragwerk und Bodenschichten),
- Summe zusätzlicher ständiger Widerstände gegen Aufschwimmen R_d (z. B. Wandreibungskräfte T_d und Ankerkräfte P_d),
- Summe der destabilisierenden veränderlichen vertikalen Einwirkungen $Q_{dst,d}$

geführt. Mit der Gültigkeit der Ungleichung (μ = Ausnutzungsgrad)

$$V_{dst,d} \le G_{stb,d} + R_d \qquad \text{mit} \qquad V_{dst,d} \le G_{dst,d} + Q_{dst,d}$$

bzw.

$$\mu = \frac{V_{dst,d}}{G_{stb,d} + R_d} \le 1 \qquad \text{Gl. 1-14}$$

gilt der Nachweis als erbracht. Da zusätzliche Widerstände gegen Aufschwimmen behandelt werden dürfen wie stabilisierende ständige vertikale Einwirkungen und die Bemessungswerte der Einwirkungen ohne Berücksichtigung von Kombinationsbeiwerten berechnet werden dürfen (vgl. Abschnitt 1.6.1), kann die Ermittlung aller Bemessungswerte der Gl. 1-14 ausschließlich mit Teilsicherheitsbeiwerten aus Tabelle 1-2 erfolgen.

1.7.4 Versagen durch hydraulischen Grundbruch (HYD)

Beim Nachweis der Sicherheit gegen das Versagen durch hydraulischen Grundbruch ist nach 2.4.7.5 von DIN EN 1997-1 und DIN 1054 zu zeigen, dass für jedes untersuchte Bodenprisma die Ungleichung

$$S_{dst,d} \le G'_{stb;d} \qquad \text{bzw.} \qquad \mu = \frac{S_{dst,d}}{G'_{stb,d}} \le 1 \qquad \text{Gl. 1-15}$$

gilt. Die darin verwendeten Größen sind:

$S_{dst,d}$ destabilisierende Strömungskraft in dem Bodenprisma,

$G'_{stb,d}$ stabilisierende Eigengewichtskraft des Bodenprismas unter Auftrieb,

μ Ausnutzungsgrad.

Die Ermittlung aller Bemessungswerte der Gl. 1-15 kann ausschließlich mit Teilsicherheitsbeiwerten aus Tabelle 1-2 erfolgen (vgl. auch Abschnitt 1.6.1).

1.8 Beobachtungsmethode

Ist das Verhalten des Baugrunds einer geplanten Baumaßnahme mit vorab durchgeführten Baugrunduntersuchungen und entsprechenden Berechnungen nicht hinreichend zuverlässig prognostizierbar, kann es sinnvoll sein, die „Beobachtungsmethode" anzuwenden. Diese Methode kombiniert übliche geotechnische Untersuchungen und Berechnungen (Prognosen) mit laufenden messtechnischen Kontrollen des Baugrunds und des Bauwerks während dessen Herstellung (ggf. auch in dessen Nutzungszeit). Auf dieser Basis lassen sich die Prognoseunsicherheiten durch fortlaufende Anpassungen des Entwurfs an die tatsächlichen Verhältnisse weitestgehend verringern.

Als Sicherheitsnachweis ist die Beobachtungsmethode ungeeignet, wenn davon ausgegangen werden muss, dass ein mögliches Versagen nicht frühzeitig zu erkennen ist bzw. dass es sich nicht rechtzeitig ankündigt.

Lassen sich aus den Messungen Gegebenheiten ableiten (z. B. geotechnische Kenngrößen und hydrogeologische Verhältnisse), die günstiger sind als erwartet, dürfen die Bemessung und der weitere Bauablauf mit Hilfe der Beobachtungsmethode optimiert werden.

Im Zuge der Anwendung der Beobachtungsmethode ist nach DIN EN 1997-1, 2.7 noch vor dem Beginn der Baumaßnahmen dafür zu sorgen, dass

- für das Verhalten des Bauwerks zulässige Grenzen festgelegt werden,
- die Schwankungsbreite des möglichen Bauwerksverhaltens bewertet wird und dass gezeigt wird, dass das tatsächlich eintretende Verhalten mit hinreichender Wahrscheinlichkeit innerhalb der festgelegten zulässigen Grenzen liegen wird,
- ein Konzept für die Messungen erstellt wird, mit dem sich feststellen lässt, ob die Schwankungen des Bauwerksverhaltens im Toleranzbereich bleiben bzw. diesen überschreiten,
- die Messungen ein mögliches Überschreiten des Toleranzbereichs so früh anzeigen, dass entsprechende Gegenmaßnahmen noch erfolgreich vorgenommen werden können,
- für diese Gegenmaßnahmen und ihre mögliche Anwendung eine Planung vorliegt, die zur Anwendung kommen kann, wenn der Toleranzbereich überschritten wurde,
- die Reaktionszeiten der Messgeber sowie die Zeitspannen für die Ergebnisaus- und -bewertung in Bezug auf die Geschwindigkeit möglicher Systemveränderungen ausreichend kurz sind.

Hinsichtlich der Umsetzung dieser Forderungen empfiehlt DIN 1054, 2.7 die Beteiligung von Bauherrschaft, geotechnische Beratung, Tragwerksplanung, Bauausführung und Bauaufsicht. Darüber hinaus verlangt die DIN, dass der Schwankungsbereich des Bauwerksverhaltens auf der Basis vorliegender Erkundungsergebnisse rechnerisch ermittelt wird und dass zum Nachweis der Gebrauchstauglichkeit eine rechnerische Prognose erstellt wird, die insbesondere dazu dient

- das Baugrund- und Bauwerksverhalten in den Hauptmerkmalen zu verstehen,
- zu prüfen, ob sich vorab festgelegte Anforderungen an die Gebrauchstauglichkeit in den maßgebenden Bauzuständen einhalten lassen,
- das Messprogramm sinnvoll planen zu können,

- die Wirkungsweise bautechnischer Maßnahmen beurteilen zu können, die für den Fall einer Überschreitung von Gebrauchstauglichkeitskriterien vorgesehen sind.

Nach DIN 1054, 2.7 kann die Anwendung der Beobachtungsmethode insbesondere bei Baumaßnahmen zweckmäßig sein, die in die geotechnische Kategorie GK 3 (Maßnahmen mit hohem Schwierigkeitsgrad) einzuordnen sind und

- mit ausgeprägten Wechselwirkungen zwischen Bauwerk und Baugrund verbunden sind (z. B. Gründungsplatten oder nachgiebig verankerte Stützkonstruktionen),
- durch erhebliche und veränderliche Wasserdruckeinwirkungen gekennzeichnet sind (z. B. Trogbauwerke oder Ufereinfassungen im Tidegebiet),
- bei denen Baugrund, Baugrubenkonstruktion und angrenzende Bebauung in komplexer Weise miteinander in Wechselwirkung stehen,
- bei denen Porenwasserdrücke die Standsicherheit vermindern können,
- an Hängen zur Ausführung kommen.

2 Frost im Baugrund

2.1 Allgemeines und Regelwerke

2.1.1 Allgemeines

Sinkt die Lufttemperatur in unmittelbarer Bodennähe auf Werte unter 0 °C, beginnt sich im Baugrund Bodenfrost auszubreiten. Der so anfangende Vereisungsvorgang des im Boden befindlichen Porenwassers pflanzt sich in die Tiefe des Bodens fort. Die Eindringtiefe des Frostes (auch „Frosttiefe“ genannt) ist umso größer, je

- länger die niedrigen Temperaturen anhalten,
- tiefer die Temperaturen sinken,
- größer die Wärmeleitfähigkeit des Bodens (z. B. abhängig von der mineralischen Beschaffenheit) ist.

Im Verkehrsbau ist der Bodenfrost von besonderer Bedeutung, da z. B. Straßen- und Flugplatzbefestigungen nicht frostfrei gegründet werden.

Auf die Thematik der künstlichen Bodenvereisung („Gefrierverfahren“) wird hier nicht eingegangen. Ausführungen hierzu sind z. B. bei *Jessberger/Jagow-Klaff* [178], Kap. 2.4 oder *Orth* [179], Kap. 2.5 zu finden.

2.1.2 Regelwerke

Empfehlungen zur frostfreien Lage der Gründungssohle, zur Klassifizierung der Frostempfindlichkeit von Bodenarten und zur Verhinderung von Frostschäden sind zu finden in

- den Normen DIN 1054 [44], DIN 18196 [83], DIN EN 1997-1 [107] und E DIN EN 16907-4 [128],
- dem von der Forschungsgesellschaft für Straßen- und Verkehrswesen (FGSV) herausgegebenen Merkblatt für die Verhütung von Frostschäden an Straßen [232],
- und in den ZTV E-StB 09 [331].

2.2 Homogener und nicht homogener Bodenfrost

Homogener Bodenfrost tritt bei Böden mit geringer Kapillarwirkung auf (z. B. bei Kiesen und Sanden). Der Wassergehalt w in der Frostzone dieser Böden bleibt konstant.

Bei feuchten Sanden gefriert die die Körner umhüllende Wasserschicht und dehnt sich bei weiter absinkenden Temperaturen in den luftgefüllten Porenraum aus.

Nicht homogener (geschichteter) Bodenfrost setzt Böden mit höherer Kapillarwirkung voraus (bindige Böden). Das Wasser kann durch diese Wirkung aus der Umgebung (geschlossenes System) oder von einem Wasservorrat (offenes System) angesaugt werden. Als Wasservorrat dient anstehendes Grundwasser und/oder örtlich versickerndes Oberflächenwasser.

Das Ansaugen von Wasser in die Frostzone erhöht dort den Wassergehalt w in unregelmäßiger Form und führt zur Bildung von Eisbändern und Eislinsen (Bild 2-1), deren Größe, abhängig vom Wassernachschub, zwischen einigen Millimetern und einigen Dezimetern schwanken kann. In ihrem Bereich erreicht der Wassergehalt Spitzenwerte.

Geotechnik-Grundbau. 3. Auflage. Gerd Möller.

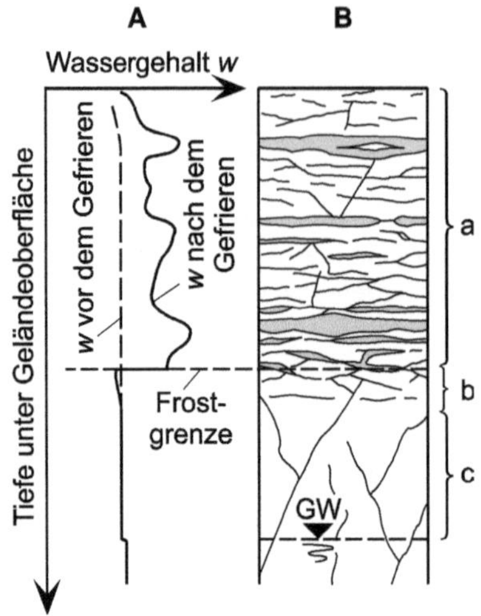

Bild 2-1 Wassergehalt *w* bei nicht homogenem Bodenfrost (nach [11])

A Linie des Wassergehalts der Schichten a, b, c vor und nach dem Gefrieren

B Querschnitt durch den Frostboden (von Rissen durchzogener Ton)

a Boden oberhalb der Frostgrenze (mit Eislinsen und Eisbändern)

b Übergangsbereich mit reduziertem Wassergehalt unterhalb der Frosttiefe

c Boden mit unverändertem Wassergehalt unterhalb der Frosttiefe

2.3 Frostkriterien

Im Allgemeinen ist Baugrund bezüglich der Frosteinwirkungen dann als unproblematisch einzustufen, wenn seine durch den Frost hervorgerufenen Hebungen und periodischen Tragfähigkeitsverminderungen so klein sind, dass keine Schäden an dem jeweiligen Bauwerk zu befürchten sind. Für Kriterien wie „frostsicher“ und „frostgefährdet“ existieren keine klaren Grenzen, da die zu charakterisierenden Böden sich zum Teil sehr stark voneinander unterscheiden (z. B. bezüglich ihrer Körnungslinien). Aus diesen Gründen sind die im Folgenden angegebenen Frostkriterien auch nicht einheitlich. Insbesondere hinsichtlich der Kriterien von *Casagrande* und *Schaible* ist darauf hinzuweisen, dass mit der Reduzierung auf Sieblinienkriterien vor allem der Einfluss der mineralischen Zusammensetzung des Feinkornanteils vernachlässigt wird (vgl. hierzu auch [20] und [153]). Bezüglich weiterer Frostkriterien sei z. B. auf [201] verwiesen.

2.3.1 Frostempfindliche Böden nach *Casagrande*

Nach *Casagrande* sind Böden als frostempfindlich einzustufen, wenn (vgl. z. B. [153])

- ungleichkörnige Böden (Böden mit Ungleichförmigkeitszahlen $U > 15$) mehr als 3 % Kornanteil der Korngröße $d < 0{,}02$ mm aufweisen (Hinweis: 0,02 mm ist die maximale Korngröße von Mittelschluff),
- gleichkörnige Böden (Böden mit Ungleichförmigkeitszahlen $U < 5$) mehr als 10 % Kornanteil der Korngröße $d < 0{,}02$ mm besitzen.

Hinsichtlich der Unschärfen dieses Kriteriums sei z. B. auf [201] verwiesen.

2.3.2 Frostkriterien nach *Schaible*

Im Gegensatz zu *Casagrande* werden von *Schaible* [271] nicht nur die Tone und Schluffe, sondern auch die Mehlsande (Korngruppe mit Korngrößen zwischen 0,02 mm und 0,1 mm) in den Bereich der frostempfindlichen Böden aufgenommen.

Die im Rahmen eines mehrjährigen Forschungsauftrages für das Bundesverkehrsministerium gewonnenen Frostkriterien sind in Bild 2-2 wiedergegeben (vgl. auch [271]).

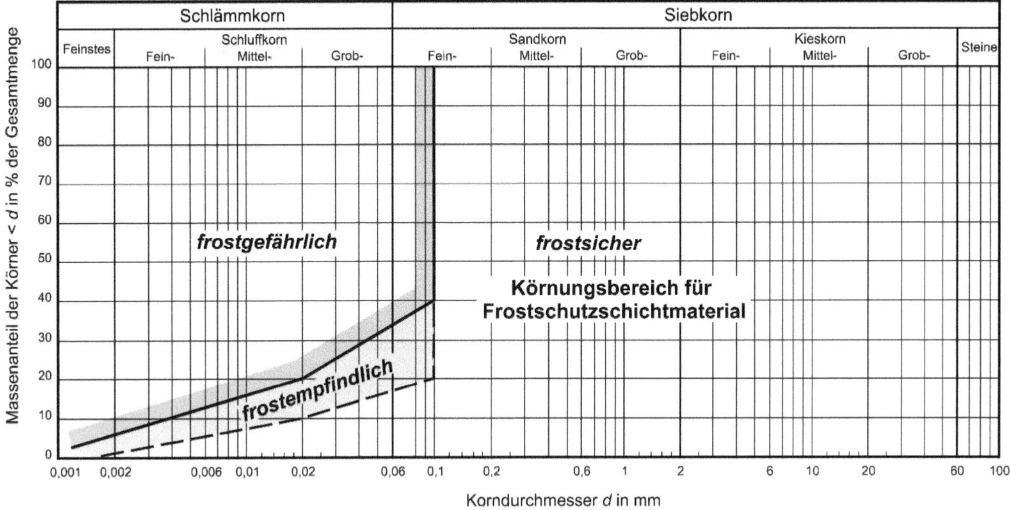

Bild 2-2 Frostkriterien nach *Schaible* [271]

Liegt die Körnungslinie eines Bodens außerhalb der von *Schaible* als „frostgefährlich" bzw. „frostempfindlich" bezeichneten Bereiche, sind keine Schäden durch Bodenfrost zu erwarten.

2.3.3 Klassifikation der Frostempfindlichkeit nach DIN 18196

Die Frostempfindlichkeit von Bodenarten wird in DIN 18196 klassifiziert mit den Begriffen

- sehr groß,
- groß,
- groß bis mittel,
- mittel,
- gering bis mittel,
- sehr gering,
- vernachlässigbar klein.

Nach Tabelle 4 dieser DIN gehören z. B. zur Gruppe der durch sehr große Frostempfindlichkeit gekennzeichneten Böden

- gemischtkörnige Böden mit Feinkorn-Massenanteilen (≤ 0,063 mm) von > 15 % und ≤ 40 % wie
  - Kies-Schluff-Gemische (GU*), z. B. Verwitterungskies,
  - Sand-Schluff-Gemische (SU*), z. B. Auelehm und Sandlöss,
- feinkörnige Böden mit Massenanteilen an Feinkorn (≤ 0,063 mm) von > 40 % wie
  - leicht plastische Schluffe (UL), z. B. Löss und Hochflutlehm,
  - leicht plastische Tone (TL), z. B. Geschiebemergel und Bänderton,
  - mittelplastische Schluffe (UM), z. B. Seeton und Beckenschluff,
- organogene Schluffe und Schluffe mit organischen Beimengungen, die zur Gruppe OU zählen und Massenanteile an Feinkorn von >40 % aufweisen, wie z. B. Mutterboden, Kieselgur und Seekreide,
- organische Böden, wie zersetzte Torfe (HZ) und Schlamme (F).

Nach der Norm ist die Frostempfindlichkeit von Böden vernachlässigbar klein, wenn sie als grobkörnig einzustufen sind und damit Massenanteile an Feinkorn (≤ 0,063 mm) von < 5 % aufweisen (z. B. Kiese, Sande, vulkanische Schlacke, Terrassenschotter und Granitgrus).

2.3.4 Klassifikation der Frostempfindlichkeit nach ZTV E-StB 09

In den ZTV E-StB 09 werden drei Frostempfindlichkeitsklassen unterschieden (Tabelle 2-1). Die Einteilung zeigt die mögliche Frostempfindlichkeit für die Fälle, in denen Wasser

- in der Gefrierzone vorkommt,
- der Gefrierzone zufließt,
- vom Boden in die Gefrierzone nachgesaugt wird.

In ZTV E-StB 09, 3.1.3.1 wird ausdrücklich darauf hingewiesen, dass von der Einteilung in Tabelle 2-1 abgewichen werden kann, wenn andere regionale Erfahrungen vorliegen.

Tabelle 2-1 Klassifikation der Frostempfindlichkeit von Bodengruppen nach ZTVE-StB 09, 3.1.3

	Frostempfindlichkeit	Bodengruppen (nach DIN 18196)
F1	nicht frostempfindlich	GW, GI, GE SW, SI, SE
F2	gering bis mittel frostempfindlich	TA OT, OH, OK ST[1)], GT[1)] SU[1)], GU[1)]
F3	sehr frostempfindlich	TL, TM UL, UM, UA OU ST*, GT* SU*, GU*

Anmerkung:

[1)] zu F1 gehörig bei einem Anteil an Korn unter 0,063 mm von 5,0 M-% bei $C_U \geq 15{,}0$ oder 15,0 M-% bei $C_U \leq 6{,}0$.

Im Bereich $6{,}0 < C_U < 15{,}0$ kann der für eine Zuordnung zu F1 zulässige Anteil an Korn unter 0,063 mm gemäß Bild 2-3 linear interpoliert werden.

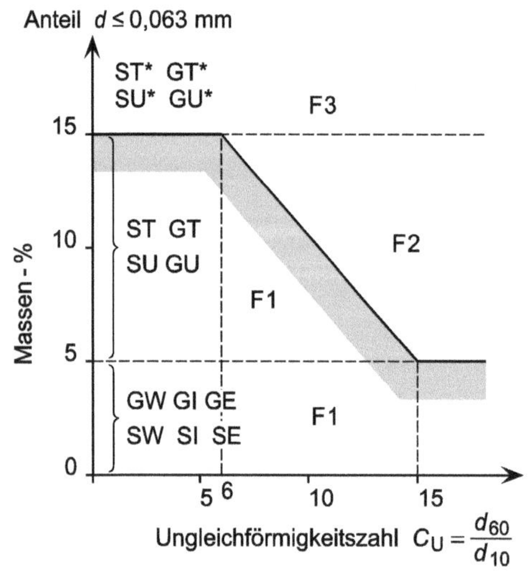

Bild 2-3 Abgrenzung der Frostempfindlichkeitsklasse F1 von F2 in Abhängigkeit von der Ungleichförmigkeitszahl C_U und dem Feinkornanteil der Böden (nach ZTVE-StB 09)

Anwendungsbeispiel

Für die Körnungslinie eines schluffigen Kieses (GU) wurde als Ungleichförmigkeitszahl der Wert $C_U = 12$ ermittelt. Welche Grenzwerte für den Massenprozent-Anteil der Kornfraktion $d \leq 0{,}063$ mm müssen bei diesem Kies eingehalten sein, wenn er gemäß ZTV E-StB 09 als

a) zur Frostempfindlichkeitsklasse F1,

b) zur Frostempfindlichkeitsklasse F2

gehörend eingestuft werden soll?

Lösung

Gemäß der Anmerkung zu Tabelle 1 der ZTV E-StB 09 (Tabelle 2-1) ist schluffiger Kies der Frostempfindlichkeitsklasse F1 (nicht frostempfindlich) zuzuordnen, wenn bis zu 5,0 Massen-% seines Korns zur Fraktion $d \leq 0{,}063$ mm gehören und für seine Ungleichförmigkeitszahl $C_U \geq 15{,}0$ gilt. Die gleiche Zuordnung gilt auch bei bis zu 15,0 Massen-% Kornanteilen der Fraktion $d \leq 0{,}063$ mm und Ungleichförmigkeitszahlen $C_U \leq 6{,}0$. Für den Ungleichförmigkeitszahl-Bereich $6{,}0 < C_U < 15{,}0$ kann der für die Zuordnung zu F1 zulässige Anteil an Korn unter 0,063 mm gemäß Bild 2-3 (gehört zu Tabelle 2-1) linear interpoliert werden.

Durch die Interpolation ergibt sich, dass schluffige Kiese mit einer Ungleichförmigkeitszahl $C_U = 12$ zu F1 gehören, wenn für ihre Massenanteile an Korn $d \leq 0{,}063$ mm die Ungleichung

$$\text{M-\%} \leq 5 + \frac{(15-5)\cdot(15-12)}{15-6} = 5 + \frac{10\cdot 3}{9} = 8{,}33$$

zutrifft.

Somit gilt für den schluffigen Kies mit der Ungleichförmigkeitszahl $C_U = 12$, dass er bei

a) $\leq 8{,}33$ M-% an Korn $d \leq 0{,}063$ mm zur Frostempfindlichkeitsklasse F1 gehört,

b) $> 8{,}33$ M-% an Korn $d \leq 0{,}063$ mm zur Frostempfindlichkeitsklasse F2 gehört.

2.4 Frosttiefen und frostfreie Gründungen

Tabelle 2-2 enthält Ergebnisse von Messungen, die in den Jahren 1957 bis 1971 an unterschiedlichen Orten der Bundesrepublik Deutschland durchgeführt wurden. Die Größen stellen die minimalen und maximalen Jahreswerte der Frosttiefen dar, die sich während der Messperiode ergaben. Die letzte Spalte enthält den Mittelwert aller Jahreshöchstwerte. Weitere Beispiele für gemessene Frosttiefen sind z. B. in [284] zu finden.

Die Zahlen der Tabelle zeigen, dass die Forderung nach der frostfreien Anordnung der Gründungssohlen von Flächengründungen durch die in DIN 1054, 6.4 A (2) diesbezüglich verlangte Sohllagentiefe von mindestens 0,8 m unter Gelände nicht immer erfüllt wird. Bei der Festlegung der Sohltiefe sind deshalb auch entsprechende örtliche Erfahrungs- oder Messwerte zu beachten.

In [45] wird die Sohllagentiefe von mindestens 0,8 m u. a. nicht für Bauwerke von untergeordneter Bedeutung (z. B. Einzelgaragen, einstöckige Schuppen, Bauwerke für vorübergehende Zwecke usw.) und geringer Flächenbelastung gefordert. Selbstverständlich sind auch solche Bauwerke den bodenphysikalischen Bedingungen bei Frosteinwirkung unterworfen, das damit verbundene Risiko wird in diesen Fällen aber bewusst dem Bauherrn überlassen (vgl. [48]).

Tabelle 2-2 Größte jährliche Frosttiefen unter schneefrei gehaltenen 15 cm dicken Betonplatten (nach [149])

Gebiet	Messstelle	Messstellen-höhe über N.N. (in m)	Frosttiefe (in cm)		
			min.	max.	Mittel
Nordseeküste	Husum	3	40	100	50
Weser-Aller-Gebiet	Braunschweig-Völkenrode	81	40	140	60
Oberes Leine-Bergland	Göttingen	150	40	130	56
Münsterland	Oelde	111	40	100	50
Niederrheinische Bucht	Köln-Raderthal	51	30	120	50
Lahngebiet	Gießen-Liebighöhe	185	45	85	55
Thüringisch-Fränkisches Mittelgebirge	Hof-Hohensaas	566	45	145	75
Moselgebiet	Trier-Petrisberg	265	45	100	55
Nördl. Oberrhein-Tiefland	Karlsruhe	115	47	115	65
Oberes Neckarland	Stuttgart-Hohenheim	401	45	85	55
Oberbayerisches Hügelland	Weihenstephan	467	45	140	75*)

*) Errechnetes Mittel nur aus den Jahren 1957 bis 1962

Müssen Gerüste, fliegende Bauten u. a. ihre Funktion nur außerhalb der Frostperiode erfüllen, kann auf die Beachtung der Regeln für ihre frostfreie Gründung verzichtet werden.

2.5 Frostschäden und Maßnahmen zu ihrer Vermeidung

Zu den Voraussetzungen von möglichen Frostschäden gehört, dass

- Frost in den Boden eindringt und sich dadurch eine Gefrierzone ausbildet (Frosttiefe),
- frostempfindliches Bodenmaterial im Bereich der Gefrierzone ansteht,
- zusätzliches Wasser der Gefrierzone zutritt,
- der Wassergehalt der frostempfindlichen Böden während der Frostperiode erhöht wird durch Eislinsen bzw. Eisbänder, die das nach ihrer Entstehung zutretende Wasser sammeln und sich dadurch weiter vergrößern,
- beim Tauen der Eislinsen und Eisbänder der Boden aufgeweicht wird,
- ein aus Baukonstruktion und bereichsweise aufgeweichtem Baugrund bestehendes System belastet wird (z. B. durch Verkehr belastete Straße).

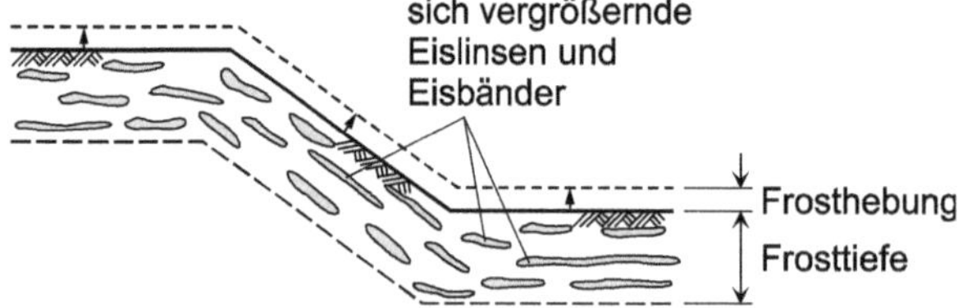

Bild 2-4 Hebung des Bodens infolge sich vergrößernder Eislinsen und Eisbänder

Treffen die genannten Bedingungen für frostempfindliche Böden zu, sind Schäden zu erwarten. Sie gehören zur Kategorie der

- Hebungsschäden (hervorgerufen durch die sich vergrößernden Eislinsen bzw. Eisbänder, verbunden mit einer entsprechenden Auflockerung des Bodengefüges (Bild 2-4)) oder der
- Senkungs- bzw. Rutschungsschäden (als Folge der Erhöhung des Wassergehalts im Boden durch die getauten Eislinsen bzw. Eisbänder).

2.5.1 Straßenbau und Flugplatzbefestigungen

Im Gegensatz zu Bauten mit beschränkter Grundfläche (z. B. Hochbauten und Brücken), wird bei Straßen und Flugplatzbefestigungen aus Wirtschaftlichkeitsgründen auf eine frostfreie Gründung verzichtet. Daher werden sie auch besonders stark durch ihre Wechselwirkung mit dem dem Frost ausgesetzten Baugrund beeinflusst. Bild 2-5 und Bild 2-6 zeigen die wesentlichen Problemfälle für Frostschäden im Straßenbau, die der Hebung und der Tausenkung.

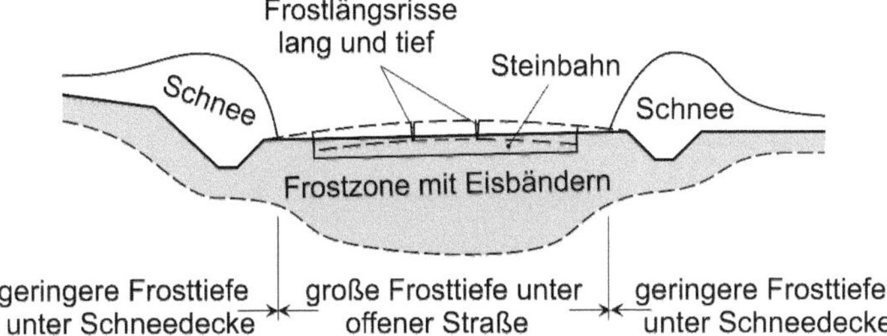

Bild 2-5 Frosthebung einer Packlagendecke bei frostempfindlichem Untergrund (nach [271])

Hebungen betreffen nach *Schaible* [271] nur den kleineren Teil der Frostschäden (10 %). Sie bilden sich im Laufe der Frostperiode in Form von Frostwellen, Frostbeulen, Frostrissen oder auch Frostspalten aus (vgl. [149]). Ihr Maximum ist erreicht, wenn sich die größte Wassermenge in Eislinsen und Eisbändern unter der Fahrbahndecke angesammelt hat. Nach der Auftauperiode gehen die Hebungen zwar zurück, die sich nicht mehr ganz schließenden Risse stellen jedoch Ansatzpunkte für Schadenserweiterungen dar.

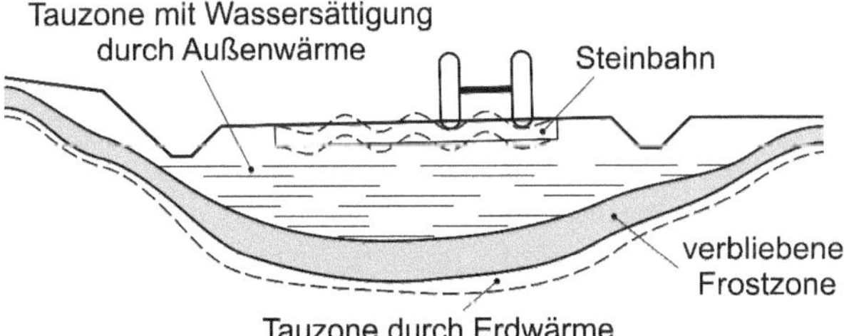

Bild 2-6 Tausenkung unter Verkehrseinfluss bei frostempfindlichem Untergrund (nach *Schaible* [271])

Bei Straßen wesentlich bedeutsamer sind die Tausenkungsschäden (nach *Schaible* [271] 90 % der Frostschäden). Sie treten in der Tauperiode ein und sind mit dem in Bild 2-6 skizzierten Ablauf des Auftauvorgangs verbunden. Der Boden weicht durch das Schmelzen der Eislinsen und -bänder so stark auf, dass er keine nennenswerte Tragfähigkeit mehr besitzt. Darüber hinaus wird er durch die noch vorhandene Eisbarriere an seiner Entwässerung gehindert. Über solchen, sich in kurzer Zeit bildenden „Schlammlöchern" treten rasch große Verformungen biegeweicher Straßen- und Flugplatzbefestigungsdecken auf. Biegesteifere Decken brechen ein, wenn sie durch Verkehr belastet werden und ihre Tragfähigkeit nicht mehr zur Lastaufnahme ausreicht. Als Schadensformen entstehen engmaschige Risse (Elefantenhaut) und Schollen, wobei Verkehr die Schäden durch „Pumpen" vergrößert; der Schadensumfang kann sich bis zur völligen Zerstörung der Fahrbahnbefestigung (Frostaufbrüche) entwickeln. Der Vorgang wird beeinflusst durch die

- Größe der Verkehrslast,
- Querschnittsbeschaffenheiten der Decke,
- Flächengröße der aufgeweichten Zone (begrenzte Fähigkeit der Decke, die aufzunehmenden Verkehrslasten auf noch tragfähige Bodenbereiche zu verteilen).

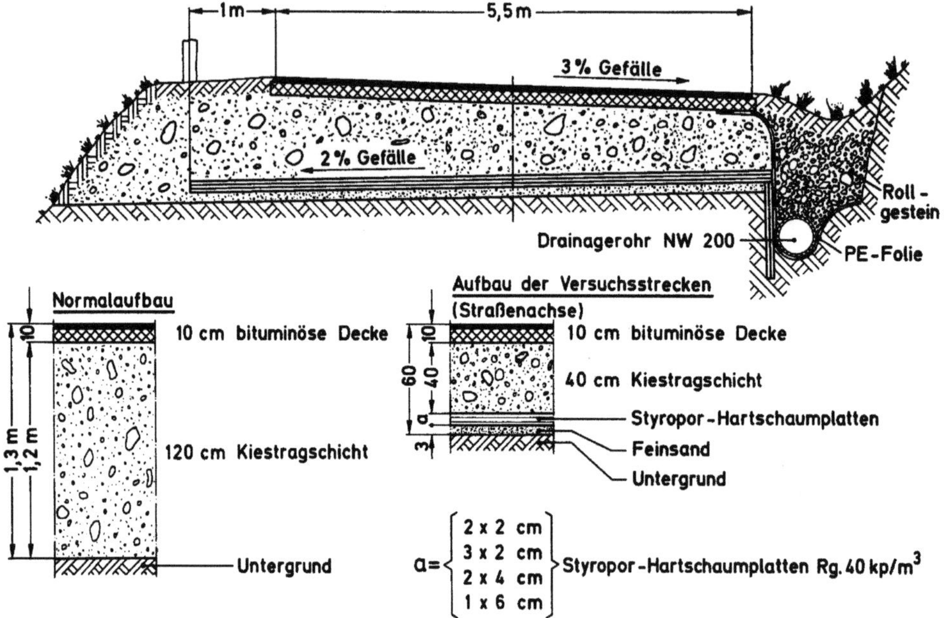

Bild 2-7 Aufbau der Versuchsstrecke Silvretta-Hochalpenstraße, Österreich, in herkömmlicher und in wärmegedämmter Bauweise (aus [196])

Die beschriebenen Frostschäden können vermieden werden durch die Beseitigung der Voraussetzungen für ihre Entstehung. Entsprechende Maßnahmen sind z. B.

- die Verhinderung des Zutritts von zusätzlichem Wasser in den Bereich der Gefrierzone (z. B. durch Dränagemaßnahmen),
- das Auskoffern des frostempfindlichen Bodens im Bereich der Gefrierzone und sein Ersatz durch frostsicheres Material („Frostschutzschicht"),
- die Verfestigung anstehender frostempfindlicher Böden durch Zugabe von Bindemitteln wie Kalk, Zement oder hydraulischen Bindemitteln (nach [234] geeignet bei ländlichen Wegen, Rad- und Gehwegen, Flugplätzen, Industrieflächen, Container-Abstellflächen usw.; zur Verfestigung mit Kalk und/oder hydraulischen Bindemitteln sei auch auf E DIN EN 16907-4 hingewiesen),
- die Verstärkung der frostsicheren Tragschicht,
- der Einbau einer Wärmedämmschicht, wie z. B. in Bild 2-7 gezeigt (weitere Konstruktionsbeispiele sowie Ausführungen zu Aspekten wie Baugrundsätze, Einbau, Anforderungen an die Dämmschicht und Prüfungen sind in [228] zu finden),
- die Verkehrsbeschränkung in der Tauperiode, bis hin zum Fahrverbot.

Zum Einsatz von Wärmedämmschichten und den damit verbundenen erforderlichen Dicken des Unterbaus von Fahrbahnen siehe z. B. [295].

Die Dicken von Frostschutzschichten können unter Rückgriff auf die RStO 01 [263] festgelegt werden. Entsprechende Werte von Tabelle 2-3 lassen erkennen, dass die jeweils anzusetzende Größe sowohl von der Frostempfindlichkeitsklasse gemäß ZTV E-StB 09 als auch von der Bauklasse (Klasse SV bzw. Klasse VI gelten für > 32 Mio. bzw. ≤ 0,1 Mio. äquivalente 10-t-Achsübergänge in 30 Jahren) der zu bauenden Straße abhängig ist. Gemäß den RStO 01 sind die Werte aus Tabelle 2-3, in Abhängigkeit von den örtlichen Verhältnissen, ggf. zu vergrößern oder auch zu verkleinern (siehe RStO 01, 3.2.3).

Tabelle 2-3 Ausgangswerte für die Bestimmung der Mindestdicke des frostsicheren Straßenaufbaues (nach RStO 01 [263])

Frostempfindlichkeitsklasse	Dicke bei Bauklasse		
	SV/I/II	III/IV	V/VI
F2	55 cm	50 cm	40 cm
F3	65 cm	60 cm	50 cm

Im Straßenbau ist, außer auf die dargestellten möglichen Schadensformen an Straßenbefestigungen, auch noch auf Frostschäden hinzuweisen, die an Böschungen von Dämmen und Einschnitten auftreten können, welche aus Bodenmaterial der Frostempfindlichkeitsklassen F2 oder F3 bestehen. Die Schäden reichen vom Kriechen des Bodens über Rutschungen bis hin zum Böschungsbruch. Verursacht werden sie vor allem durch die

- verminderte Scherfestigkeit des auftauenden Bodens, dessen Wassergehalt sich durch die Bildung von Eislinsen und Eisbändern erhöht hat,
- Vorzeichnung von Gleitflächen durch Eislinsen und Eisbänder, die parallel zur Böschungsoberfläche entstehen.

Mögliche Maßnahmen zur Schadensvermeidung sind z. B.

- eine rechtzeitig aufzubringende Begrünung, deren Durchwurzelung u. a. die frostbedingte Entfestigung des Bodens ausgleicht (Bepflanzung muss mit hinreichend tiefer Durchwurzelung verbunden sein),
- die gute Verdichtung des Bodens bei der Herstellung von Dammböschungen (Vermeidung einer übermäßigen Erhöhung des Wassergehalts des Bodens),
- die Entwässerung der Straßenoberfläche bei Dammlagen einer Straße (Verhinderung der Wasseranreicherung im Dammkörper),
- die unterhalb der Frosteindringtiefe vorzunehmende Entwässerung wasserführender Schichten von Einschnittsböschungen (Verhinderung von Wasserstau in diesen Schichten und der damit verbundenen Standsicherheitsverringerung der Böschung).

2.5.2 Hochbau

Im Hochbau sind Frostschäden oft auf nicht ausreichende Gründungstiefen zurückzuführen. Die in der gefrierenden Zone liegenden Bauteile werden dabei durch ständig wachsende Eislinsen und Eisbänder angehoben, gedreht und zur Seite geschoben. Zu den Folgeerscheinungen gehören die Standsicherheitsgefährdung durch Risse in der Baukonstruktion sowie die Gefahr des Einsturzes von Gebäudeteilen oder gar des gesamten Gebäudes. Auf solche Probleme ist besonders bei Rohbauten zu achten, die z. B. noch nicht hinterfüllt sind und/oder bei denen der Frost durch noch nicht geschlossene Maueröffnungen (Fenster, Türen usw.) in die Kellerräume eindringen kann. Als Beispiel sei der in [249] beschriebene Fall einer unzureichenden Gründungstiefe im Bereich eines Kellereingangs erwähnt. Diese führte zu Frosthebungen, einer damit verbundenen Sattellage der Kellergründung und schließlich zu gravierenden Bauwerksschäden.

Bild 2-8 zeigt zwei mögliche Problemfälle, die durch zu geringe Einbindetiefen und die Verwendung von falschem Hinterfüllmaterial entstehen können.

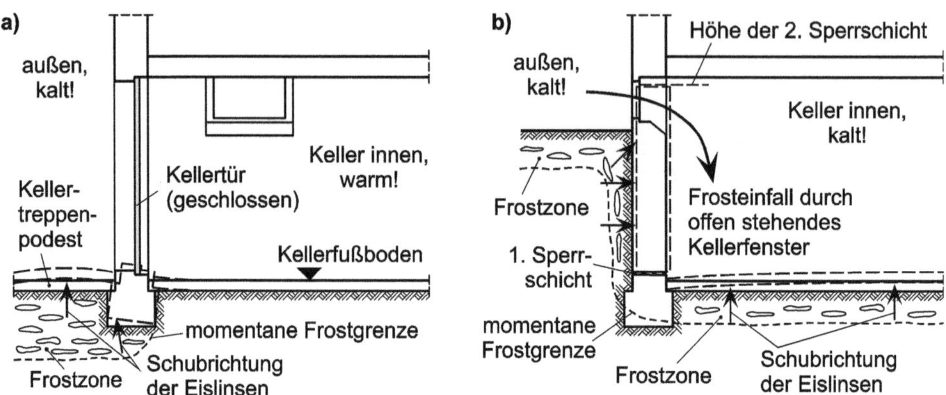

Bild 2-8 Einwirkungen des Bodenfrostes auf Fundamente und Wände in nicht frostsicherem Baugrund (nach [1])
a) Fundamentdrehung bei nicht frostfrei gegründeter Kellertür
b) Wandverschiebung bei offenem Kellerfenster

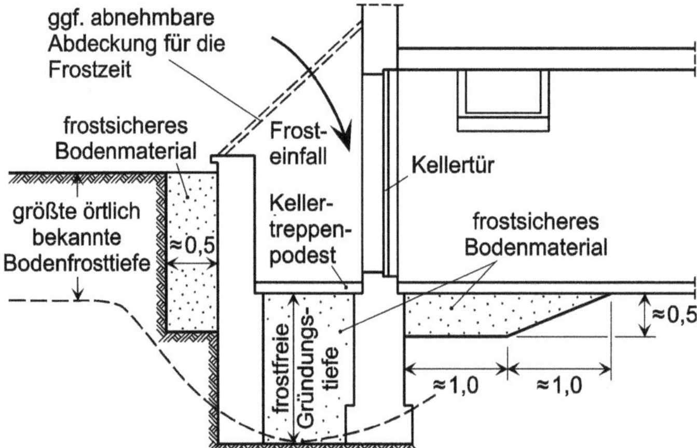

Bild 2-9 Ausbildung eines Kellereingangs mit Außentreppe zur Vermeidung von Frostschäden; alle Maße in m (nach [1])

Zur Vermeidung von Frostschäden im Hochbau dienen Maßnahmen wie

- Sicherstellung der frostsicheren Gründungstiefe (mindestens 0,8 m unter Gelände gemäß DIN 1054, 6.4 A (2)) durch
  - Hinterfüllen von Rohbauten vor Eintritt der Frostperiode,

- Verhinderung des Frosteintritts in Kellerräume durch offene oder schlecht isolierte Fenster und Türen,
- Ersatz von frostempfindlichem durch frostsicheres Material,
- Verhinderung des Zutritts von zusätzlichem Wasser in den Frostbereich,
- Einbau von Wärmedämmschichten (vor allem unter Kühlhäusern).

Die Umsetzung solcher Maßnahmen für den Bereich eines Kellereingangs zeigt Bild 2-9.

2.5.3 Bei Baugruben und Böschungen

Die Bildung von Eislinsen und -bändern verursacht bei Baugruben eine Ausdehnung des Frostbodens und damit eine Bewegung der Baugrubenwandflächen in Richtung der Baugrube (Bild 2-10). Handelt es sich um ausgesteifte Baugruben, verursacht diese Bodenausdehnung in Achsrichtung der Steifen eine zusätzliche Druckbelastung. Das kann u. U. ein Versagen der Steifen durch Knicken und damit einen möglichen Baugrubeneinsturz herbeiführen.

Bei Böschungen entsteht durch Bildung von Eislinsen bzw. Eisbändern eine „Schichtung“ parallel zur Geländeoberfläche. Taut das Eis (von der Bodenoberfläche aus), kann das Tauwasser nicht durch die restliche Frostzone versickern; der Boden wird breiig und kann auf der verbliebenen Frostzone abrutschen.

Zur Vermeidung von Frostschäden bei Baugruben und Böschungen gehört es z. B.,
- ausgesteifte Baugruben während der Frostperiode nicht offen stehen zu lassen,
- den Boden vor Eintritt des Frostes zu entwässern (gilt besonders für Böschungen).

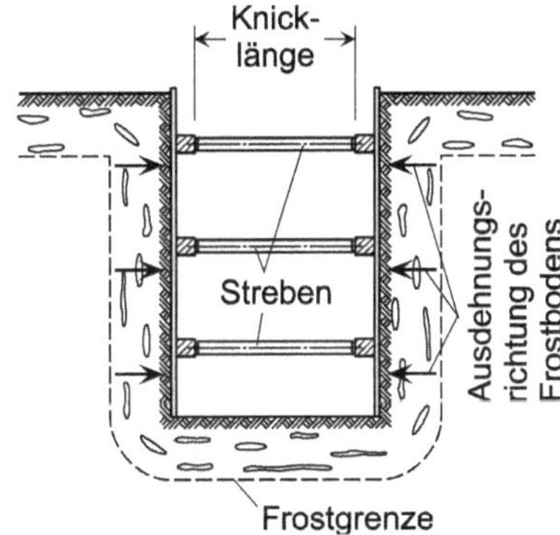

Bild 2-10 Frosteinwirkung bei mit einem verstrebten Verbau gestützten Baugrubenwänden

3 Baugrundverbesserung

3.1 Allgemeines und Regelwerke

3.1.1 Allgemeines

Erfüllen die Eigenschaften von anstehen-dem Boden nicht die Bedingungen, die sich aus der Forderung nach

- Standsicherheit, Schadensfreiheit und dauerhafter Funktionstüchtigkeit,
- kostengünstiger Errichtung und wirtschaftlichem Betrieb

eines Bauwerks ergeben, ist u. a. zu prüfen, ob sich eine Baugrundverbesserung als sinnvolle Maßnahme anbietet. Mit den dabei einzusetzenden Verfahren lässt sich

- die Tragfähigkeit des Baugrunds verbessern und
- die Durchlässigkeit des Baugrunds verringern.

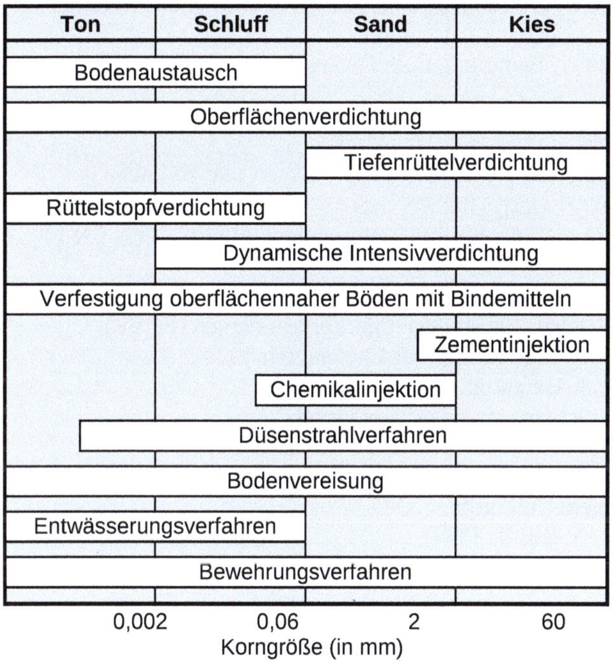

Ton | Schluff | Sand | Kies

Bodenaustausch

Oberflächenverdichtung

Tiefenrüttelverdichtung

Rüttelstopfverdichtung

Dynamische Intensivverdichtung

Verfestigung oberflächennaher Böden mit Bindemitteln

Zementinjektion

Chemikalinjektion

Düsenstrahlverfahren

Bodenvereisung

Entwässerungsverfahren

Bewehrungsverfahren

0,002 | 0,06 | 2 | 60

Korngröße (in mm)

Bild 3-1 Einsatzmöglichkeiten von Methoden der Baugrundverbesserung in Abhängigkeit von der Bodenart (nach [283])

Als Methoden zur Baugrundverbesserung stehen u. a. zur Verfügung

- mechanische Verdichtung (Reduzierung des Porenraums),
- Bodenaustauschverfahren,
- Injektionsverfahren,
- Düsenstrahlverfahren,
- Tiefreichende Bodenstabilisierung,
- Verfestigung durch Entwässerung,
- elektrochemische Bodenverfestigung,

Geotechnik-Grundbau. 3. Auflage. Gerd Möller.

- thermische Verbesserung bindiger Böden,
- Bodenverfestigung und -verbesserung im Straßenbau.

Welches Verfahren jeweils zur Anwendung kommt, hängt vor allem von der zu verbessernden Bodenart ab (Bild 3-1). Darauf Einfluss haben aber auch Fragen wie etwa die nach der Nachbarbebauung, deren Standsicherheit und Gebrauchstauglichkeit, die durch die auszuführenden Arbeiten nicht gefährdet werden dürfen (z. B. durch Entwässerungsmaßnahmen oder Erschütterungen aus dynamischen Verdichtungsarbeiten). Weitere Randbedingungen für die Findung des technisch und wirtschaftlich sinnvollsten Verfahrens sind z. B.

- die Abmessungen des zu verbessernden Baugrundbereichs (Fläche, Mächtigkeit, Volumen),
- die Nutzungsart des Baugrunds,
- Art, Größe und Ort von zu erwartenden Einwirkungen auf den Baugrund,
- zur Verfügung stehendes Gerät und Personal (insbesondere mit Kenntnissen hinsichtlich des zur Auswahl stehenden Verfahrens) sowie Material,
- Zugänglichkeit und Belastbarkeit (durch Verdichtungsgeräte) des zu verdichtenden Baugrundbereichs,
- Umweltschutzbedingungen (Grundwasser, Baugrund, Luft, Geräusche, Erschütterungen).

3.1.2 Regelwerke

Empfehlungen zu verschiedenen, den Baugrund verbessernde Maßnahmen sind zu finden in

- den Normen DIN 4093 [68], DIN 18321 [88], DIN EN 1997-1 [107], DIN EN 12715 [114], DIN EN 12716 [115], DIN EN 14679 [124], DIN EN 14679 Berichtigung 1 [125], DIN EN 14731 [126], DIN EN 15237 [127] und DIN SPEC 18187 [133],
- den EAU 2012 [142],
- den Merkblättern der Forschungsgesellschaft für Straßen- und Verkehrswesen (FGSV)
  - für Bodenverfestigungen und Bodenverbesserungen mit Bindemitteln [234],
  - für die Untergrundverbesserung durch Tiefenrüttler [229],
  - für die Untersuchung von Bodenverdichtern (Standard-Gerätetest) [230],
  - für die Verdichtung des Untergrundes und Unterbaues im Straßenbau [231],
  - über flächenverdichtende dynamische Verfahren zur Prüfung der Verdichtung im Erdbau [237],
  - über Straßenbau auf wenig tragfähigem Untergrund [238],
- den ZTV E-StB 09 [331] und den ZTV V-StB 81 [330].

3.2 Verdichtung von Böden

Die Bodenverdichtung dient vor allem der dauerhaften Gewährleistung der Gebrauchsfähigkeit und Tragfähigkeit (Schadensfreiheit) eines Bauwerks. So können z. B. zu erwartende Setzungen durch Vorwegnahme der Zusammendrückung bzw. der Verringerung des Porenanteils des Bodens auf ein zulässiges Maß reduziert werden. Die Verdichtung des Bodens führt außerdem zu einer Erhöhung des Steifemoduls E_s und des Winkels φ der inneren Reibung.

Grob- oder gemischtkörnige Böden dürfen keine zu hohe Kohäsion aufweisen, wenn sie durch Rüttlung verdichtet werden sollen; ihr Tonanteil sollte deshalb < 5 % und ihr Schluffanteil < 20 % der Körnungslinie sein. Solche Böden werden im Weiteren als „nichtbindige Böden“ bezeichnet.

Die Verdichtungsfähigkeit bindiger Böden (Böden mit höheren Feinkornanteilen als bei den angegebenen nichtbindigen Böden) wird vor allem beeinflusst von

- ihrem Wassergehalt und dem zugehörigen Sättigungsgrad,
- ihrer Plastizität,
- ihrer Kornzusammensetzung.

Grenzen der Verdichtbarkeit ergeben sich, neben wirtschaftlichen Aspekten, auch durch die Leistungsfähigkeit der verfügbaren Verdichtungsgeräte. Mit zunehmender Korngröße des zu verdichtenden Bodenmaterials sind nämlich entsprechend größer werdende Kräfte zu erzeugen, um die Reibung der Bodenkörner untereinander zeitweise aufzuheben und unter dem Einfluss der Schwerkraft ihre Umordnung in eine dichtere Lage herbeizuführen.

Bei der Auswahl von Maschinen für Oberflächenverdichtungen ist nach [179], Kap. 2.1 zu beachten, dass für

- grobkörnige Böden Vibrationswalzen und -platten mit Amplituden von bis zu 1,5 mm und Frequenzen von 30 bis 100 Hz eingesetzt werden sollten (bei kleineren Frequenzen kommt es zur Entmischung des zu verdichtenden Bodens),
- fein- und gemischtkörnige Böden der Einsatz stampfender Geräte (z. B. Vibrationsstampfer, Schaffuß- und Stampffußwalzen) mit großer Eigenlast, Amplituden von > 1,5 mm und Frequenzen von 8 bis 35 Hz zu empfehlen ist; statische Linienlasten von Walzen sollten > 30 kN/m sein und damit dreimal größer als bei nichtbindigen Böden.

3.2.1 Oberflächenverdichtung nichtbindiger Böden

Besonders im Verkehrsbau ist der Boden meistens nicht bis in große Tiefen zu verdichten, was auch die Verdichtungsanforderungen der ZTV E-StB 09, 4.3.2 zeigen (Tabelle 3-1).

Tabelle 3-1 Anforderungen an das 10 %-Mindestquantil[1)] für den Verdichtungsgrad D_{Pr} bzw. an das 10 %-Höchstquantil[2)] für den Luftporenanteil n_a für Böden gemäß DIN 18196 [83] (nach ZTVE-StB09, 4.3.2)

	Bereich	Bodengruppen	D_{Pr} in %	n_a in Vol.-%
1	Planum bis 1,0 m Tiefe bei Dämmen und bis 0,5 m Tiefe bei Einschnitten	GW, GI, GE SW, SI, SE GU, GT, SU, ST	100	–
2	1,0 m unter Planum bis Dammsohle	GW, GI, GE SW, SI, SE GU, GT, SU, ST	98	–
3	Planum bis Dammsohle und bis 0,5 m Tiefe bei Einschnitten	GU*, GT*, SU*, ST* U, T, OU[3)], OT[3)]	97	12[4)]

Anmerkungen:

1) Die Anforderungen an das 10 %-Mindestquantil für den Verdichtungsgrad D_{Pr} bedeuten z. B., dass höchstens 10 % aller im Prüflos ermittelten D_{Pr}-Werte die Größe D_{Pr} = 98 % unterschreiten dürfen bzw. dass mindestens 90 % aller im Prüflos ermittelten Verdichtungsgrade den Wert D_{Pr} = 98 % überschreiten müssen (siehe hierzu auch [37]).

2) Die Anforderungen an das 10 %-Höchstquantil für den Luftporenanteil n_a bedeuten z. B., dass höchstens 10 % aller im Prüflos ermittelten n_a-Werte die Größe n_a = 12 % überschreiten dürfen

bzw. dass mindestens 90 % aller im Prüflos ermittelten Luftporenanteile den Wert $n_a = 12$ % unterschreiten müssen.

3) Für Böden der Gruppen OU und OT gelten die Anforderungen nur dann, wenn ihre Eignung und ihre Einbaubedingungen gesondert untersucht und im Einvernehmen mit dem Auftraggeber festgelegt wurden.

4) Wenn die Böden nicht verfestigt oder qualifiziert verbessert werden (siehe hierzu ZTVE-StB09, Abschnitt 12), empfiehlt sich beim Einbau wasserempfindlicher gemischt- und feinkörniger Böden eine Anforderung an das 10%-Höchstquantil für den Luftporenanteil von $n_a = 8$ %, beim Einbau veränderlicher fester Gesteine eine Anforderung von $n_a = 6$ %. Diese Anforderungen sind in der Leistungsbeschreibung festzulegen.

Die Anforderungen von Tabelle 3-1 für grobkörnige Böden gelten auch für Korngemische aus gebrochenem Gestein mit jeweils entsprechender Kornzusammensetzung. Die Anforderungen der Tabelle gelten auch für Böden und Baustoffe mit ≤35 M.-% an Körnern 63 mm < d < 200 mm.

In solchen Fällen ist es aus wirtschaftlichen und technischen Erwägungen ausreichend, den Baugrund von seiner Oberfläche aus zu verdichten (Oberflächenverdichtung) und dafür entsprechend geeignete Geräte einzusetzen.

Da solche Geräte (Beispiele in Bild 3-2) eine eher geringe Tiefenwirkung erzielen (nach [179], Kap. 2.2 ist z. B. die Wirkungstiefe leistungsfähiger Oberflächenrüttler auf etwa 80 cm begrenzt; bei statischer Verdichtung mit Walzen beträgt die Tiefenwirkung nach [179], Kap. 2.1 nur etwa 20 cm), sind sie aufgrund ihrer Wirkprinzipien geeignet zur

- lagenweisen Verdichtung eingebauter Schüttungen im Straßen- und Eisenbahnbau, bei Bauwerkshinterfüllungen, Leitungsgräben usw. (Verdichtungserfolg hängt auch vom Verformungsverhalten der Schüttungsunterlage ab; vgl. hierzu [231]),
- Verdichtung des durch Erdarbeiten und sonstige Baumaßnahmen in Höhe der Gründungssohle aufgelockerten Baugrunds.

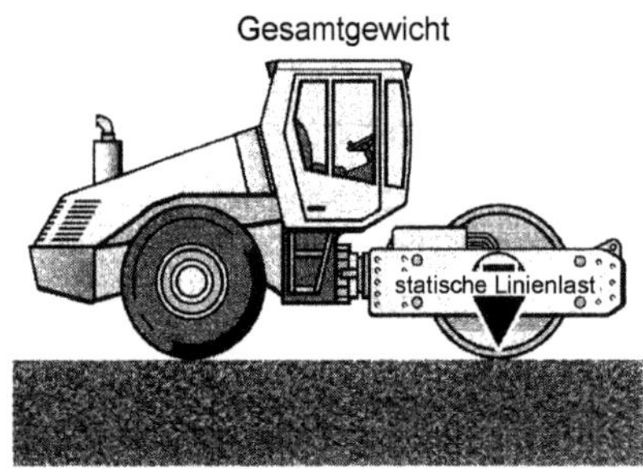

Walzenzug mit Glattmantelbandage

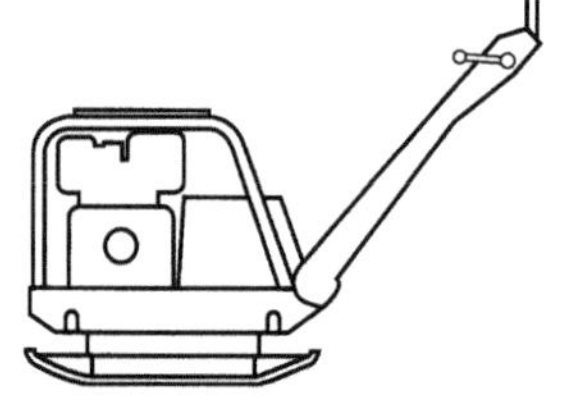

Vibrationsplatte, lenkbar und reversierbar (vor- und rückwärts)

Vibrationsstampfer

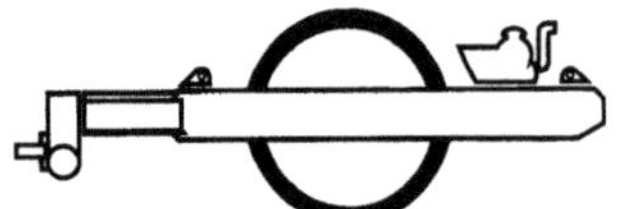

Anhängewalze mit Glattmantelbandage

Bild 3-2 Geräte zur Oberflächenverdichtung nichtbindiger Böden (nach [231])

Zu dieser Gerätegruppe gehören z. B.

- Vibrations- bzw. Schnellschlagstampfer,
- Vibrationsplatten,
- handgeführte Walzen,
- Walzenzüge,
- Anhängewalzen (Einsatz nur noch in Sonderfällen, zunehmende Verdrängung durch Walzenzüge),

deren Verdichtungserfolge nicht nur beeinflusst werden durch die Eigenschaften des zu verdichtenden Bodens (Kornform, Kornrauigkeit, Korngrößenverteilung, Wassergehalt), sondern auch durch

- das für das jeweilige Verdichtungsgerät gewählte Wirkprinzip (statisch oder dynamisch), die Amplitude und Frequenz (bei dynamischer Verdichtung), sein Betriebsgewicht, die statische Linienlast und seine Arbeitsgeschwindigkeit,
- die Anzahl der Übergänge,
- die Schütthöhe des Bodens.

Bezüglich der Auswahlkriterien von Verdichtungsgeräten siehe auch Seite 33.

3.2.2 Tiefenverdichtung nichtbindiger Böden mit dem Rütteldruckverfahren

Tiefenverdichtungen sind zu empfehlen, wenn zulässige Sohlnormalspannungen erhöht, Setzungen verringert oder Reibungswinkel nichtbindiger Böden vergrößert werden sollen und wenn solche Forderungen Bodenschichten betreffen, die bis in größere Tiefen anstehen.

Zu den diesbezüglichen Verfahren gehört u. a. das von der Fa. *Keller Grundbau* [F 16] schon im Jahre 1933 zum Patent angemeldete und in der Folgezeit auch im Ausland weiterentwickelte „Rütteldruckverfahren" (vgl. Beitrag von *Kirsch* in [148] und Bild 3-3). Es ist ein dynamisches Verfahren, bei dem ein mehrere Meter langer Tiefenrüttler (Außendurchmesser ca. 30 bis 40 cm) mit statischer Vorlast und Spülhilfe in den zu verdichtenden Boden versenkt wird. Durch Unwuchtwirkung um die vertikale Antriebsachse des Rüttlers wird der Boden in der Rüttlerumgebung in Schwingungen versetzt, eine Umordnung des Bodengefüges herbeigeführt und auf diesem Wege eine Erhöhung der Lagerungsdichte des Bodens bewirkt. Die mit der Verdichtung des Bodens einhergehende Reduzierung des von ihm eingenommenen Volumens ist durch Zugabe von geeignetem Bodenmaterial zu kompensieren. Am Ende des Verdichtungsvorgangs verbleibt ein säulenförmig verdichteter Bodenbereich, der bis in die größte Arbeitstiefe des Rüttlers reicht. Nach Abschluss der Tiefenverdichtungsarbeiten ist die Oberfläche zu ebnen und mit einem Oberflächenverdichter nachzuverdichten.

Da die einzelnen Verdichtungsvorgänge von Ansatzpunkten aus durchgeführt werden, die im Grundriss rasterförmig angeordnet sind (Rasterabstände etwa 1,5 bis 3 m, vgl. z. B. [229]), lassen sich verdichtete Erdkörper mit praktisch beliebiger horizontaler Ausdehnung herstellen. Dies gilt auch für Böden unter Wasser, die von schwimmenden Plattformen aus verdichtet werden können (siehe [211]).

Nach *Kirsch* [211] sind die technischen Anwendungsgrenzen des Rütteldruckverfahrens z. B. bei Sanden dann erreicht, wenn diese einen Schluffanteil von mehr als 15 % aufweisen. Die wirtschaftlichen Anwendungstiefen des Verfahrens liegen zwischen 2 und 25 m.

Die durch die Tiefenrüttlung bewirkte dynamische Lasteintragung gefährdet vorhandene Nachbarbebauung nicht, wenn diese einen Abstand von > 10 m aufweist (vgl. [229]).

Absenkung des Rüttlers auf die gewünschte Verdichtungstiefe, unterstützt durch Vibration und Wasserspülung. Dabei kann bereits Füllmaterial zugegeben werden. In Absetztiefe werden die unteren Wasserspüldüsen abgeschaltet.

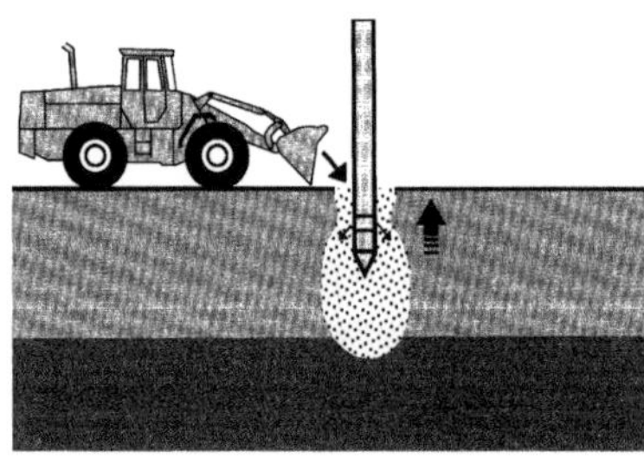

Das Wasser fließt aus den oberen Spüldüsen und unterstützt dadurch den Transport des Nachfüllmaterials zur Rüttelspitze.

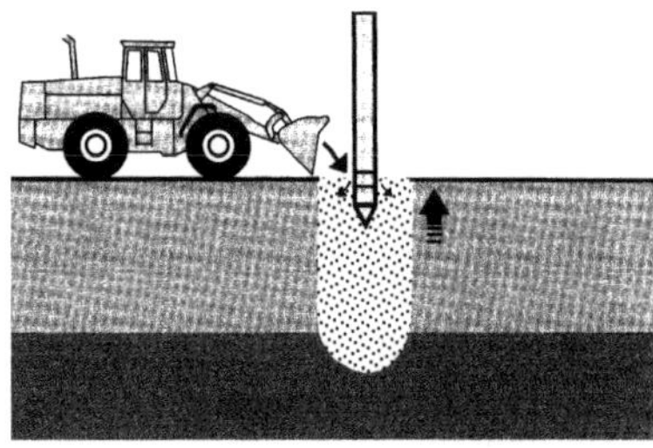

Der Rüttler wird stufenweise gezogen und erzeugt dabei einen verdichteten Bodenkörper von 2 bis 4 m Durchmesser.

Bild 3-3 Arbeitsgänge beim Rütteldruckverfahren (aus Prospekt der Fa. *Franki Grundbau* [F 12])

Bild 3-4 Typischer Setzungstrichter bei einer Rütteldruckverdichtung in hydraulisch aufgespültem Grob- bis Feinsand (Bild von der Fa. *BAUER Spezialtiefbau* [F 3])

3.2.3 Oberflächenverdichtung bindiger Böden

Sind bindige Böden nur bis in geringe Tiefen zu verdichten, kann die Verdichtung von der Bodenoberfläche aus erfolgen. Da die hierzu einsetzbaren Geräte eher geringe Tiefenwirkungen aufweisen, ist ihr Einsatz u. a. sinnvoll, wenn lagenweise eingebauter bindiger Boden zu verdichten ist (z. B. bei Basisabdichtungen von Deponien). Die Geräte (eine Auswahl zeigt Bild 3-5) wirken entweder statisch, wie z. B.

- Gummiradwalzen (kneten den Boden zusätzlich),
- vibrationslos arbeitende handgeführte Walzen und Anhängewalzen mit den Boden zusätzlich knetenden Stampffuß- oder Schaffußbandagen (Bild 3-6),
- vibrationslos arbeitende Walzenzüge mit Stampffuß- oder Schaffußbandagen, die den Boden zusätzlich kneten,
- schnelllaufende Bodenverdichter (Kompaktoren) mit hohen Druck-, Schlag- und Knetkräften,

oder sie weisen eine dynamische Wirkung auf, wie z. B. im Vibrationsbetrieb arbeitende

- handgeführte Walzen,
- Walzenzüge,
- Anhängewalzen (zunehmend durch Walzenzüge verdrängt),

die, bei Ausrüstung mit Stampffußbandagen, eine zusätzliche Knet- und Stoßwirkung erzeugen, die zur Porenverringerung und zur Zerkleinerung von Bodenklumpen führt, und, bei Ausrüstung mit Schaffußwalzen, eine gute Verdrängungs- und Knetwirkung bewirken.

Die Verdichtungserfolge dieser Geräte hängen somit nicht nur ab von den Eigenschaften des zu verdichtenden Bodens (wie z. B. Wassergehalt, Konsistenzgrenzen), sondern auch von

- dem für das jeweilige Verdichtungsgerät gewählten Wirkprinzip (statisch oder dynamisch), der Bandagenart, der Amplitude und Frequenz (bei dynamischer Verdichtung), seinem Betriebsgewicht, der statischen Linienlast und seiner Arbeitsgeschwindigkeit,
- der Anzahl der Übergänge,
- der Schütthöhe des Bodens und der Tragfähigkeit der Unterlage der Schüttung.

Bezüglich weiterer Kriterien bei der Auswahl von Verdichtungsgeräten siehe auch Seite 33.

Bild 3-5 Geräte zur Oberflächenverdichtung bindiger Böden (aus [231])

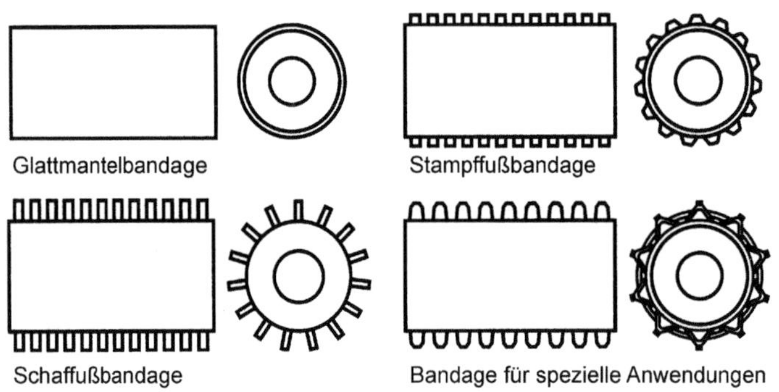

Bild 3-6 Bandagenarten (nach [231])

3.2.4 Verdichtung durch Vorbelastung

Als statische Methode dient die Vorbelastung zur Verdichtung wenig tragfähiger bindiger oder organischer Böden. Durch vorübergehend aufgebrachte Lasten (Überschüttungen) werden dabei zu erwartende Setzungen vorweggenommen bzw. die Gesamtsetzung auf „Restsetzungen" reduziert, die sich nach der Wegnahme der Vorbelastung noch einstellen (Bild 3-7). Die Verdichtung geht einher mit der durch die Auflast bewirkten Auspressung von Porenwasser. Die Überlast sollte so lange aufrechterhalten werden, bis die zu verdichtenden Bodenschichten hinreichend konsolidiert sind.

Sinnvoll ist die Anwendung des Verfahrens vor allem bei großflächigen Bauwerken wie Straßen, Flugplätzen, Dämmen usw.; es empfiehlt sich besonders bei Böden, bei denen mit einem baldigen Erreichen des Konsolidationszustands zu rechnen ist. Zu seinen Nachteilen gehört insbesondere die meist erhebliche Liegezeit der Vorbelastung, die sich aber durch den Einsatz von Konsolidierungshilfen erheblich verkürzen lässt.

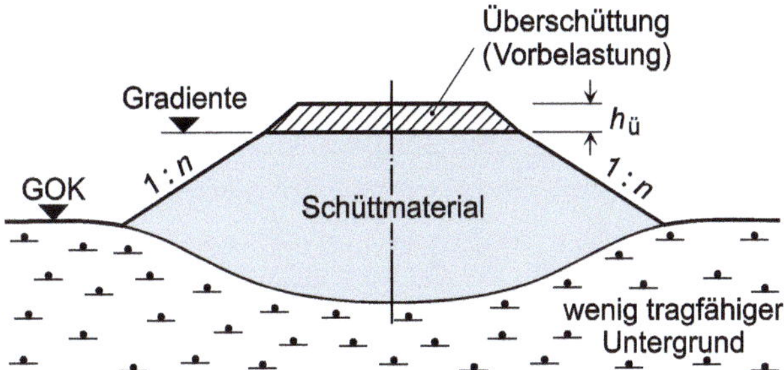

Bild 3-7 Vorbelastung eines Straßendamms zur Vorwegnahme der Setzungen aus Oberbau und Verkehrslasten (nach [238])

Das Verfahren kann somit sowohl

- ohne Konsolidierungshilfe als auch
- mit Konsolidierungshilfe (Dräns, Elektroosmose usw.)

angewendet werden. In der Regel werden als Konsolidierungshilfe Vertikaldräns eingebaut, die die Funktion von „Setzungsbeschleunigern" übernehmen, da sie die Abflusswege für das ausgepresste Porenwasser in dem bindigen Material verkürzen und so die Entwässerung beschleunigen (Bild 3-8). Ihr Einsatz ist daher bei größeren Schichtmächtigkeiten bzw. in Fällen mit nur kurzen realisierbaren Vorbelastungszeiten sehr vorteilhaft. Von der Beschleunigung unberührt bleiben allerdings die Sekundärsetzungen, da diese nicht auf die Änderung des Porenwasserdrucks, sondern auf das Kriechen des Bodenmaterials zurückzuführen sind. Die Dicke der in Bild 3-8 dargestellten horizontalen Dränageschicht sollte nach [179], Kap. 2.2 nicht geringer sein als 0,3 bis 0,5 m.

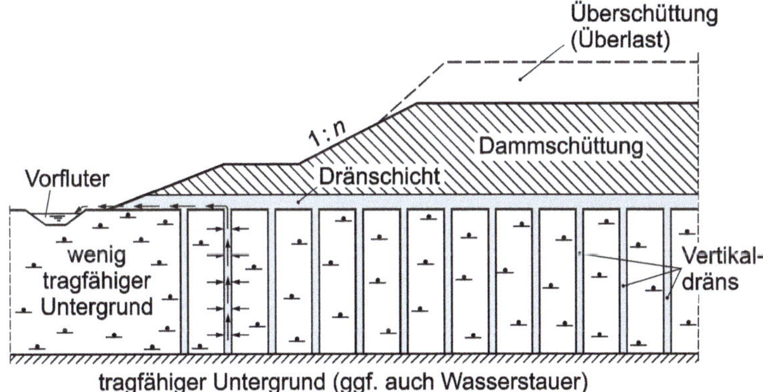

Bild 3-8 Setzungsbeschleunigung infolge der durch Vertikaldräns bewirkten Verkürzung der Abflusswege für das auszupressende Porenwasser (nach [238])

Wie stark sich z. B. der Einsatz von Sanddräns auf das Zeitsetzungsverhalten auswirken kann, ist Bild 3-9 zu entnehmen. Es zeigt Zeitsetzungslinien, wie sie sich ohne und mit eingesetzten Vertikaldräns beim Bau einer Kaianlage im Elbehafen Brunsbüttelkoog eingestellt haben (siehe [189]).

Vertikaldräns werden von verschiedenen Firmen hergestellt (vgl. Zusammenstellung in [177], Kap. 2.1). Neben dem ältesten Dräntyp, den schon erwähnten Sanddräns, werden u. a. auch Flachdräns aus Kunststoff, Dochtdräns aus Vliesstoff und Rohrdräns aus flexiblen Kunststoffrohren angeboten. Ihr Einbau (eingedrückt, eingerüttelt, eingespült) erfolgt in der Regel mit Hilfe von mäklergeführten Speziallanzen (siehe auch die ausführlichen Ausführungen über Vertikaldräns in E 93 der EAU und in [238]). Zur Ausführung, Prüfung, Bauaufsicht und Überwachung von Projekten mit Vertikaldräns (inkl. Anforderungen an Bemessung, Dränmaterial und Einbauverfahren) siehe DIN EN 15237.

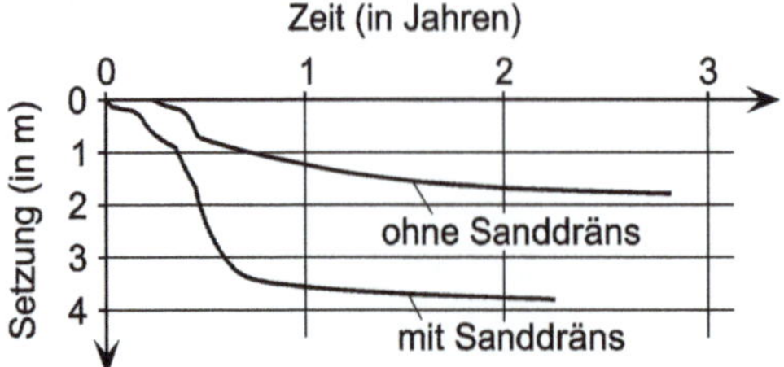

Bild 3-9 Zeitsetzungslinien mit und ohne Sanddräns bei einer Baumaßnahme im Elbehafen Brunsbüttelkoog (nach [189])

Der Effekt der „Setzungsbeschleunigung“ lässt sich auch durch die Überhöhung von Überschüttungen (Vergrößerung der Auflasten) erzielen. Dies führt darüber hinaus auch zur Reduzierung der sekundären Setzungen (vgl. [270] und [204]). Grundsätzlich zu beachten ist aber, dass die Verdichtung des Untergrunds dessen Durchströmbarkeit reduziert.

3.2.5 Vakuumkonsolidierung

Auch bei der Vakuumkonsolidierung handelt es sich um ein statisches Verfahren zur Verdichtung durch Vorbelastung. Allerdings wird bei diesem Verfahren die Vorbelastung nicht durch eine Überschüttung, sondern durch das Anlegen eines Vakuums erzeugt. Bild 3-10 zeigt das Funktionsprinzip.

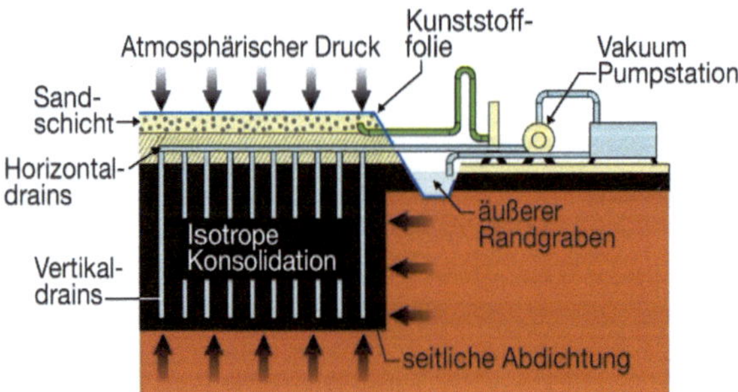

Bild 3-10 Funktionsprinzip der Vakuumkonsolidierung nach dem System Ménard (Bild von der Fa. *BVT DYNIV* [F 8])

Aus dem Bild geht hervor, dass der über die Dränageelemente zu erzeugende Unterdruck das Vorhandensein einer Abdichtung der Oberfläche (mittels einer meist 1 mm dicken Kunststofffolie) des zu verdichtenden Bodenbereichs gegen die Atmosphäre verlangt. Ggf. erforderliche seitliche Abdichtungen (vgl. Bild 3-10) werden im Regelfall in Form von äußeren Randgräben und in Sonderfällen in Form von eingefrästen Bentonitwänden mit eingestellter Dichtung ausgeführt.

Das angelegte Vakuum erzeugt gegenüber dem atmosphärischen Druck einen isotropen (allseitigen) Unterdruck im zu verdichtenden Bodenbereich, der bei $\approx 0{,}7$ bis 0,8 bar (70 bis 80 kN/m^2 bzw.

70 bis 80 kPa) liegt und damit einer Auflast entspricht, wie sie durch eine ≈ 3,9 bis 4,4 m dicke Schicht aus mitteldichtem Sand mit $\gamma = 18$ kN/m³ erzeugt wird (eine solche Auflast würde allerdings den Druck in dieser Größe nicht allseitig, sondern nur in vertikaler Richtung erzeugen). Grundsätzlich lässt es das Verfahren zu, den Druck durch zusätzliche Auflasten weiter zu erhöhen.

Das Verfahren der Vakuumkonsolidierung wurde insbesondere für die Verbesserung von Böden mit weicher bis flüssiger Konsistenz und Durchlässigkeiten von $k < 10^{-7}$ bis $k < 10^{-10}$ m/s entwickelt. Solche Böden weisen bei Maßnahmenbeginn hohe Wassergehalte w bzw. kleine Konsistenzzahlen I_C auf. In dieser Phase ist, selbst bei fetten Tonen, nur ein geringer Teil des Porenwassers durch elektrostatische Kräfte der Wassermoleküle an die Bodenteilchen gebunden. In der Regel kann davon ausgegangen werden, dass durch den Einsatz dieses Verfahrens eine steife Konsistenz der Böden erreicht wird.

Zu den Vorteilen der Vakuumkonsolidierung gegenüber der herkömmlichen Vorbelastung durch Überschüttung gehören

- eine beschleunigte Entwässerung (Unterdruckentwässerung) bzw. Konsolidation und damit auch eine Zeitersparnis,
- die Beschaffung von Schüttmaterial für die Auflast und für Böschungen entfällt (deutliche Kostenreduktion),
- während der Konsolidierungsphase besteht keine Gefahr von Böschungs- oder Grundbrüchen in dem zu verdichtenden Bodenbereich (zurückzuführen auf den isotropen Unterdruck und besonders wichtig bei weichen Böden),
- infolge des isotropen Unterdrucks herrscht über die gesamte Fläche die Vorbelastungsspannung in vollem Umfang und in alle Richtungen; somit kann mit dem Verfahren auch direkt neben bestehender Bausubstanz ohne Wirkungsverluste konsolidiert werden.

Beispiele für die Ausführung von Vakuumkonsolidierungsmaßnahmen sind z. B. in [19], [225], [275] und auch in [261] zu finden.

3.2.6 Verdichtung durch Grundwasserabsenkung

Dieses statische Verfahren basiert auf der Auftriebsbeseitigung und der damit verbundenen Erhöhung der effektiven Baugrundspannungen. Diese führen zu Setzungen sowie zu erhöhten Lagerungsdichten und vergrößerten Winkeln der inneren Reibung des Bodens.

Bei der Anwendung dieser Methode auf z. B. locker gelagerte Feinsande erfolgt die Wasserbewegung nur aufgrund der Schwerkraft. Die Absenkung wird üblicherweise mit Hilfe von Dränagen realisiert. In Sonderfällen kann das Wasser auch in tiefer liegende, wasserführende Schichten abgesenkt werden.

Bei feinkörnigen Böden und Durchlässigkeitsbeiwerten von $k \leq 10^{-4}$ m/s (z. B. Schluff, Löss, Lehm, Ton) reicht zur Entwässerung die Schwerkraft allein nicht aus, da wesentliche Teile des Grundwassers durch Kapillarwirkung bzw. Adsorption (z. B. bei Böden mit hohem Tonanteil) gebunden sind. Deshalb muss die Absenkung bei k-Werten zwischen 10^{-4} und 10^{-7} m/s durch zusätzlichen Unterdruck (Vakuumabsenkung) und bei Werten von $k \leq 10^{-7}$ m/s durch Elektroosmose bewirkt werden (siehe hierzu auch Abschnitt 3.2.5).

Bei jeder Verdichtungsmaßnahme ist zu prüfen, ob die Grundwasserabsenkung Schäden an benachbarten Gebäuden hervorrufen oder die Bodennutzung durch Austrocknung beeinträchtigen kann (z. B. Pflanzenwuchs in Parkanlagen).

3.2.7 Dynamische Intensivverdichtung

Die Dynamische Intensivverdichtung geht in der heutigen Form, die vor allem durch den französischen Ingenieur Louis Ménard entwickelt wurde, auf den Anfang der 1970er Jahre zurück. Sie dient zur Tiefenverdichtung nichtbindiger und bindiger Böden. Auch Aufschüttungen (z. B. Müll) und unter Wasser liegende Böden lassen sich damit verdichten (vgl. z. B. [156] und [305]). Bei Böden mit Durchlässigkeitsbeiwerten $k < 10^{-7}$ m/s ist die Methode wegen geringer Wirksamkeit nicht mehr zu empfehlen.

Bild 3-11 Dynamische Intensivverdichtung unter den Landebahnen des Dubai International Airport (aus Prospekt der Fa. *BAUER Spezialtiefbau* [F 3])

Die Verdichtung erfolgt durch Stoßwellen, die der Aufprall schwerer Fallplatten (Bild 3-11) auslöst. Die Platten werden aus großen Höhen (10 bis 40 m) wiederholt fallengelassen (bis zu fünfmal), ihre Masse liegt meistens bei 10 bis 40 t (größte bisher gewählte Masse betrug 200 t, vgl. [170]). Die Stoßwellen bewirken eine Bodenverdichtung, die auf der Erzeugung eines bleibenden Verspannungszustands mit begleitendem Porenwasserüberdruck (bei bindigen Böden) im Baugrund basiert. Die erzielbare Tiefenwirkung hängt ab vom anstehenden Bodenmaterial und der eingetragenen Schlagenergie (Angabe in t · m/Schlag = Fallmasse × Hubhöhe/Schlag). Zu üblichen Fallenergien von 400 bis 700 t · m gehören Einwirkungstiefen von ca. 9 bis 14 m; Einflusstiefen bis etwa 30 m sind bei Spezialmaßnahmen mit Schlagenergien von bis zu 4000 t · m erreichbar.

Nichtbindige Böden lagern sich schnell in dichteres Korngefüge um. In bindigen Böden bauen sich die Porenwasserüberdrücke durch Konsolidationsprozesse langsamer ab; bei der Lasteintragung sich bildende temporäre Risse wirken ähnlich wie Vertikaldränagen und beschleunigen den Abbau des Porenwasserüberdrucks.

Nach Angaben der Fa. *BVT DYNIV* [F 8] ist der Einsatz des Verfahrens sinnvoll bei zu verdichtenden Flächen ab ca. 3000 m^2 und Tiefen bis zu ca. 15 m. Abhängig vom Geräteeinsatz lassen sich pro Tag etwa 300 bis 800 m^2 verdichten, als Rasterabstände für die Aufprallstellen von meist mehreren (in der Regel 2) gegeneinander versetzten Ausführungsrastern sind Längen zwischen 4 und 15 m zu empfehlen.

Das Verfahren verlangt u. a. mehrere Verdichtungsübergänge; ihre erforderliche Anzahl nimmt mit dem Grad der Feinkörnigkeit des Bodens sowie größerer erforderlicher Tiefenwirkung zu. Zwischen den einzelnen Übergängen sind zum Abbau der Porenwasserüberdrücke Ruhezeiten einzuhalten.

Sollen Einsätze in der Nähe vorhandener Bausubstanz durchgeführt werden, ist vorher zu prüfen (ggf. durch Kontrollmessungen), ob die Auswirkungen der bei den Arbeiten ausgelösten Erschütterungen in tolerablen Grenzen liegen (übliches Beurteilungskriterium ist die Schwinggeschwindigkeit).

Zu den Weiterentwicklungen des Verfahrens gehört u. a. die Herstellung von Steinsäulen, mit denen Moorböden, weiche Tonböden usw. verbessert werden können. Die Säulen werden durch den weichen Boden bis zur tragfähigen Schicht gestampft, indem die Fallplatte wiederholt auf aufgeschüttetes grobkörniges Bodenmaterial fallengelassen wird; die so entstandenen Schlagtrichter werden in einem weiteren Arbeitsgang mit dem grobkörnigen Material aufgefüllt und das Füllmaterial durch weitere Schläge wiederum eingestampft. Der Vorgang ist bis zur Fertigstellung der Säulen zu wiederholen. Den Abschluss der Arbeiten bilden eine letztmalige Auffüllung und eine Schlussverdichtung (Bild 3-12).

Erwähnt sei auch noch das „Free Fall System“, das von der Fa. *Ménard* entwickelt wurde. Mit ihm lassen sich deutlich höhere Energieeinträge erzielen, da die Fallplatte nicht bis zum Aufprall an einem Seil geführt wird (Verminderung der Aufprallenergie), sondern in großer Höhe „ausgeklinkt“ werden und danach frei fallend aufschlagen kann (Erhöhung der Aufprallenergie gegenüber der Seilführung: bis zu 40 %). Beim „Free Fall System“ werden im Regelfall Fallplatten mit einer Masse von > 35 t und Hebegeräte mit Hubhöhen von > 40 m (Ausklinkhöhe: 20 bis 30 m) eingesetzt, mit denen Aufprallenergien von > 1000 t · m erreichbar sind. Gegenüber der Seilführung weist das „Free Fall System“ eine größere Sicherheit beim Geräteeinsatz auf.

Besonders gut eignet sich dieses Verfahren z. B. in Fällen großer geforderter Verdichtungstiefen oder beim Einsatz in aktiven Erdfallgebieten (siehe [33]). Bei letzterem geht es zum einen darum, mögliche Gewölbe in festen Schichten und ggf. vorhandene Hohlräume zum Einsturz zu bringen, und zum anderen um die Verdichtung und Konsolidierung ausgelaugter Bereiche (vgl. hierzu [195]).

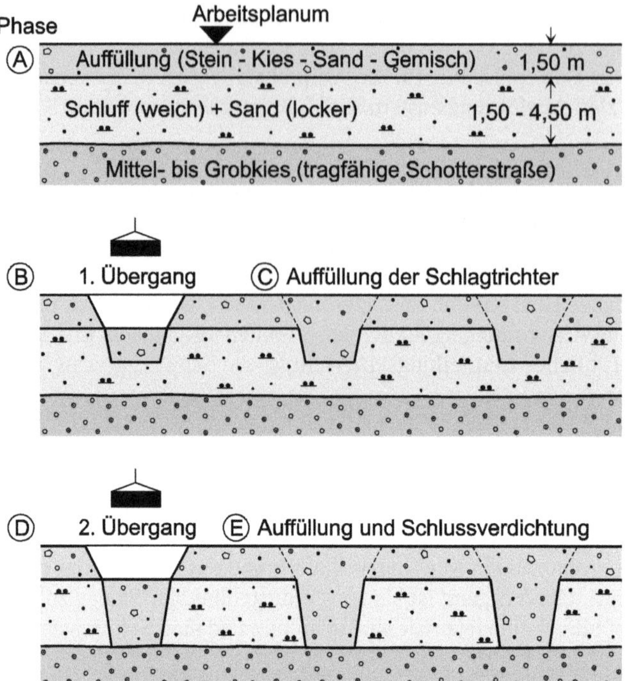

Bild 3-12 Herstellung von Steinsäulen für die Bundesstraße B30 bei Ravensburg (nach Prospekt der Fa. *BVT DYNIV* [F 8])

3.3 Bodenaustauschverfahren

Durch vollständigen oder teilweisen Bodenaustausch wurde Baugrund schon vor dem 19. Jahrhundert verbessert (vgl. [265]). Dieses Verfahren kann wirtschaftlich vertretbar sein, wenn z. B.

– nicht tragfähiger Boden als oberflächennahe Schicht ansteht,
– sich das auszutauschende Bodenmaterial unproblematisch deponieren lässt,
– geeigneter Ersatzboden preisgünstig beschafft, eingebaut und verdichtet werden kann.

Anwendung findet das Bodenaustauschverfahren in Form von

– Bodenteilersatz wie z. B.
  • Polsterschicht (auch „Pufferschicht" genannt),
  • Schottersäulen,
  • Kalkzementpfähle,
– Bodenvollersatz wie z. B.
  • Trockenbaggern (Aushub mit Baggern oder Schubraupen),
  • Nassbaggern (z. B. Aushub mit Eimerkettenbaggern),
  • Statische Verdrängung (Auflast bewirkt seitliche Verdrängung des auszutauschenden Bodens durch erzwungenen Grundbruch),
  • Moorsprengung (siehe hierzu z. B. [165] und [241]).

Die Geometrie des auszutauschenden Bodenbereichs ist u. a. so zu planen, dass die auf dem ausgetauschten Bodenmaterial zu gründenden Fundamente ihre Last sicher in den tragfähigen Boden abtragen können (Bild 3-13). Die Böschungsneigung des verbleibenden nicht tragfähigen Bodens ist so zu wählen, dass für die Zeit bis zur Verfüllung mit Austauschmaterial eine ausreichende Standsicherheit besteht (siehe hierzu DIN 4124, 4.1 und 4.2 [74] sowie [238]).

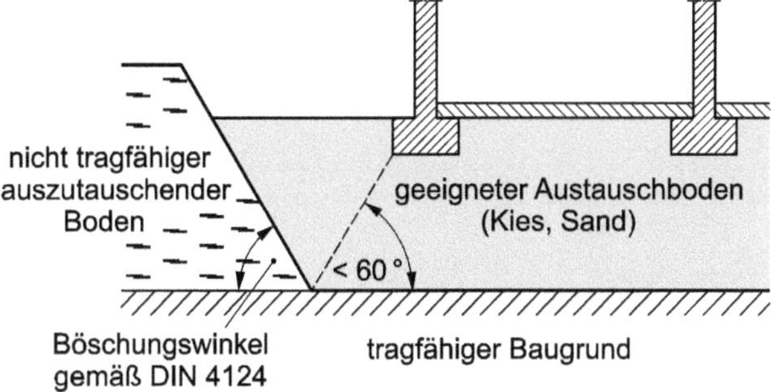

Bild 3-13 Berücksichtigung der Spannungsausbreitung bei der Festlegung des auszutauschenden Bodenbereichs (nach [177], Kap. 2.1)

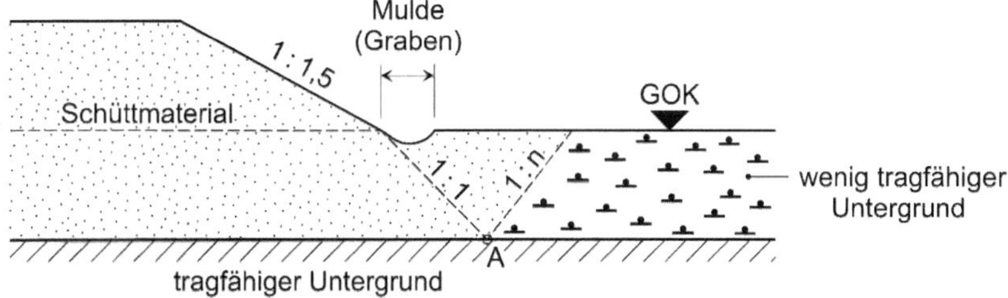

Bild 3-14 Bodenersatz unter einem Straßendamm (nach [238])

Wird im Bereich einer Grundwasserabsenkung als Austauschmaterial erdfeuchter Sand verwendet, ist zu beachten, dass nach Abschluss der Austauscharbeiten und Abschaltung der Grundwasserhaltung das wieder ansteigende Grundwasser die scheinbare Kohäsion des Sandes aufhebt. Dies führt zu Verdichtungseffekten (sogenannten „Sackungen“), die auch bei dichten Sanden noch 1 % der Schichtdicke erreichen können (vgl. [265]).

Hinsichtlich der Ausführung von Bodenaustauschmaßnahmen bei Ufereinfassungen sei auf EAU, E 109 hingewiesen.

3.3.1 Polstergründung (Bodenteilersatz)

Bei Polstergründungen wird nur der oberste Teil der nicht tragfähigen Schicht ausgetauscht. Diese Vorgehensweise ist sinnvoll, wenn sich durch Setzungsberechnungen zeigen lässt, dass die nach dem Aushub eingebaute „Polster-“ oder „Pufferschicht“ die zu erwartenden Setzungen hinreichend verringert und vergleichmäßigt (Bild 3-15).

Zu den Nachteilen von Polstergründungen gehört es, dass ihre Herstellung im Grundwasserbereich in der Regel mit Wasserhaltungsmaßnahmen verbunden ist und dass der Ersatz von gering durchlässigem, bindigem Bodenmaterial durch nichtbindigen Boden die Durchströmbarkeit des Baugrunds verändert.

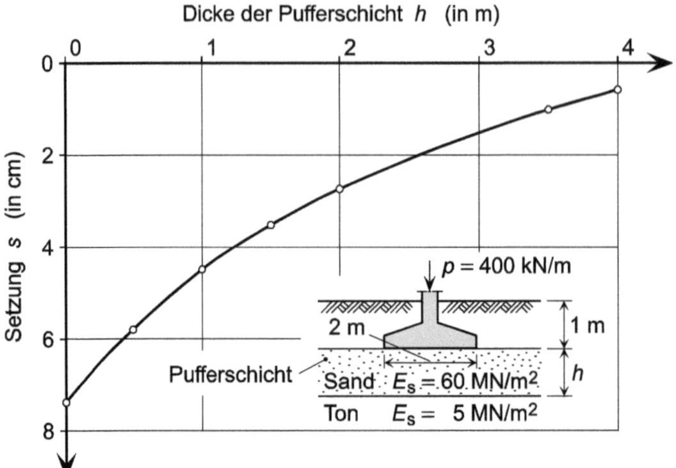

Bild 3-15 Rechenbeispiel für den setzungsmindernden Einfluss einer Pufferschicht (nach [177], Kap. 2.1)

3.3.2 Tiefenverdichtung mittels Rüttelstopfverdichtung

Böden, die sich wegen ihres hohen Feinkornanteils nicht mehr mit dem Rütteldruckverfahren (vgl. Abschnitt 3.2.2) verdichten lassen, sind in ihren bodenmechanischen Eigenschaften ggf. durch die „Rüttelstopfverdichtung" verbesserbar (Bild 3-16). Bei diesem Verfahren, das seit ca. 1960 angewendet wird (vgl. [211]), werden Tiefenrüttler eingesetzt.

In [177], Kap. 2.1 wird diese Methode als Bodenaustauschverfahren eingestuft, da der anstehende Boden durch den heute üblichen Einsatz von Schleusenrüttlern (Bild 3-17 a)) vor allem seitlich verdrängt und durch geeigneteres Material ersetzt wird. In [179], Kap. 2.2 hingegen wird sie zur Baugrundverbesserung durch Bewehren gezählt.

Der beim Absenken des Rüttlers (nach [179], Kap. 2.2: Durchmesser ≈ 35 bis 50 cm, Länge bis 4,5 m, übliche Leistung 50 bis 150 kW) entstehende Hohlraum wird mit grobkörnigem Material (Kies oder Schotter) verfüllt, das ggf. auch vermörtelt ist. Das an der Rüttlerspitze unter Druckluft austretende Material wird durch den Rüttelvorgang gleichzeitig verdichtet und mit dem anstehenden Boden verzahnt; am Ende eines Arbeitsgangs verbleibt eine über die ganze Arbeitstiefe reichende Kies- bzw. Schottersäule („Stopfsäule").

Durch Wiederholung dieses Arbeitsgangs entsteht ein System aus Schottersäulen und dazwischenliegendem bindigem Boden, dessen Oberfläche nach der Einebnung nachzuverdichten ist (Bild 3-17 c)). Solche Systeme dienen z. B. zur verformungsarmen Aufnahme vertikaler Einzel- und Flächenlasten (etwa bei Plattengründungen) sowie zur Böschungssicherung durch Verdübelung möglicher Versagensflächen im Böschungsfußbereich (siehe z. B. [23]). Hinsichtlich der Bemessung dieser Systeme sei z. B. auf die Diagramme von *Priebe* [252] bis [255] und *Brauns* [24] hingewiesen.

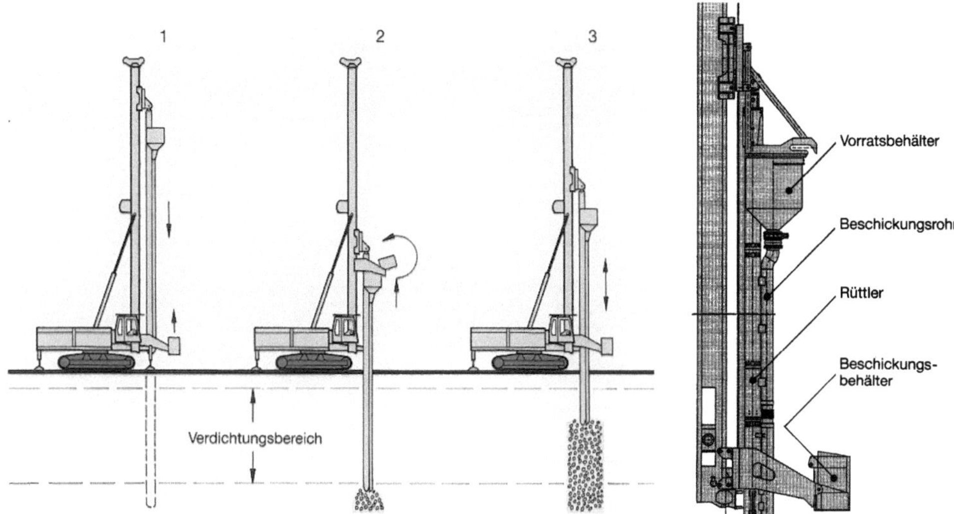

Bild 3-16 Herstellvorgang und Gerät bei der Rüttelstopfverdichtung (aus Prospekt der Fa. *BAUER Spezialtiefbau* [F 3])

1) Rüttler auf dem Arbeitsplanum aufsetzen. Beschickungsrohr und Vorratsbehälter mit Zugabematerial füllen.
2) Rüttler auf erforderliche Tiefe absenken. Rüttler ca. 0,5 m hochziehen: Zugabematerial tritt an der Spitze aus.
3) Wiederabsenken des Rüttlers, dabei Verdichten des Zugabematerials. Wiederholen des Vorgangs bis zur Sättigung.

Bezüglich der Größe des zu verbessernden Erdkörpers und der möglichen Gefährdung benachbarter Bausubstanz gelten die Ausführungen aus Abschnitt 3.2.2. Sinnvolle Stopfsäulenabstände liegen zwischen 1,2 und 2,5 m. Die Länge ausgeführter Stopfsäulen beträgt bis zu 20 m.

Da unvermörtelte Säulen für die Lastaufnahme die Stützung des Säulenmaterials durch den umgebenden Boden benötigen, muss dieser eine hinreichend große undränierte Scherfestigkeit c_u besitzen. Sie sollte nach [229] größer sein als 15 bis 25 kN/m², was in der Regel bei Böden dann nicht angenommen werden kann, wenn diese nach DIN 18196 [83] zu einer der Gruppen UL, UM, TL, TM, TA, OU und OT gehören und ihre Konsistenz als flüssig oder breiig einzustufen ist (Konsistenzzahlen I_C von 0 bis 0,5). Werden diese Böden nicht durch tragfähigeres Material ersetzt, sind die Säulen in diesen Bodenbereichen zu vermörteln.

Bei Böden mit undränierten Scherfestigkeiten von $c_u \geq 70$ kN/m² ist nach [229] die Anwendung der Rüttelstopfverdichtung aus technischen und wirtschaftlichen Gründen nicht mehr zu empfehlen (nach [178], Kap. 2.1 gilt dies schon für $c_u > 50$ kN/m²).

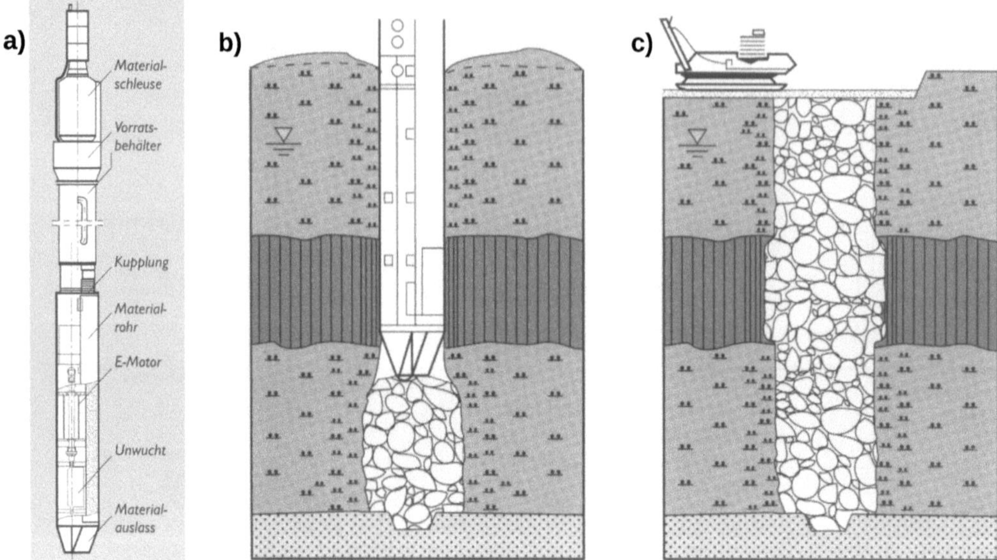

Bild 3-17 Schleusenrüttler und Arbeitsgänge bei der Rüttelstopfverdichtung (aus Prospekt der Fa. *Keller Grundbau* [F 16])
a) Schleusenrüttler
b) Verfüllen, seitliches in den Boden drücken und verdichten des Zugabematerials im Pilgerschrittverfahren
c) Abschließendes Herrichten des Feinplanums mit Nachverdichtung der Sohle nach Abschluss der Verfüllung

3.3.3 Geokunststoffummantelte Sandsäulen

Sind Gründungsmaßnahmen auf Böden mit geringer undränierter Scherfestigkeit (z. B. Weichschichten im Watt) geplant, bietet sich seit einigen Jahren auch die Anwendung des Verfahrens „Geokunststoffummantelte Sandsäulen“ (GEC, Geotextile-Encased Columns) an. Dieses Verfahren erfordert die im Folgenden aufgeführten Ausführungsschritte für die Säulenherstellung (siehe Bild 3-18).

1) Der Boden wird durch ein einzurüttelndes, mit Doppelfußklappen versehenes Stahlrohr (Verdrängungsrohr, in der Regel mit 80 cm Durchmesser) zur Seite verdrängt.
2) Nach Beendigung des Einrüttelvorgangs wird eine vorkonfektionierte rundverwebte Geokunststoffhülle in das Stahlrohr eingebracht und mit Sand (ggf. aber auch mit Kies, Brechkorngemischen, Recyclingmaterial usw.) gefüllt.
3) Im Bedarfsfall wird im Fußbereich ein Dichtungspfropfen aus Bentonit-Sand-Gemisch zusätzlich eingebaut, um so einen Wasseraustausch mit dem unterlagernden Aquifer durch vertikalen Wassertransport in der Säule und der Geokunststoffumhüllung mit ausreichender Sicherheit zu verhindern.
4) Das Verdrängungsrohr wird bei geöffneter Fußklappe gezogen, wobei der aufgesetzte Rüttler eine Verdichtung der im Boden verbleibenden geokunststoffummantelten Sandsäule bewirkt.

Die in einem Dreiecks-Raster eingebrachten Säulen sind für die Lastabtragung mit einer Polsterschicht zu überdecken, die ggf. durch Geogitterlagen zu verstärken ist.

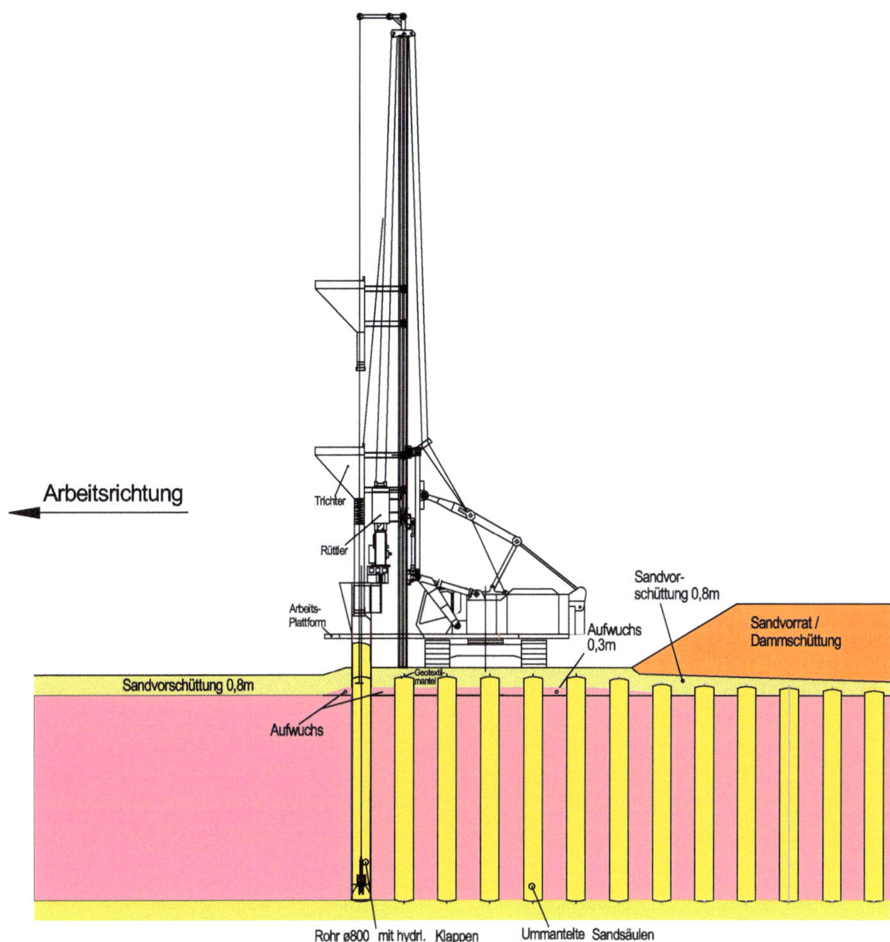

Bild 3-18 Herstellung geokunststoffummantelter Sandsäulen (aus Informationsmaterial der Fa. *Möbius* [F 16])

Bei anschließenden Belastungen (z. B. Dammlasten, Überschüttungen, Verkehrseinwirkungen, sonstige Bauwerkslasten) des so entstandenen Tragsystems werden die Geokunststoffhüllen der Säulen gegen die angrenzende Weichschicht gepresst, was zu Ringzugkräften in den Hüllen führt.

Statt im oben dargestellten „Verdrängungsverfahren“ sind geokunststoffummantelte Sandsäulen auch im „Aushubverfahren“ herstellbar. Dieses ist bei Böden mit hohen Eindringwiderständen bzw. in Fällen zu bevorzugen, in denen Auswirkungen auf angrenzende Bausubstanz zu vermeiden sind. Dabei sind Säulendurchmesser bis 1,50 m (in Sonderfällen bis 2,00 m) ausführbar. Der Boden wird bei diesem Verfahren nicht verdrängt, sondern entnommen.

Zu den Vorteilen des Gründungssystems GEC gehört es u. a., dass

– es auch in Weichschichten mit Werten der undränierten Kohäsion von ca. $1\,\text{kN/m}^2 < c_u \leq 15\,\text{kN/m}^2$ einsetzbar ist,

- es unmittelbar nach Fertigstellung in vollem Umfang belastbar ist (ohne Grundbruchgefahr lassen sich damit große Dammhöhen in kurzer Zeit herstellen),
- keine bautechnisch unbrauchbaren und ggf. kontaminierten Aushubböden anfallen, wenn es im „Verdrängungsverfahren" hergestellt wird,
- zu seiner Herstellung keine Maßnahmen zur Grundwasserhaltung erforderlich sind.

Ein dem „Geokunststoffummantelte Sandsäulen" ähnelndes Verfahren ist das „Geogitterummantelte Mineralstoffsäulen" siehe z. B. [188]).

Ausführungen zu „Geokunststoffummantelte Sandsäulen" unter mit Geokunststoffen bewehrten Erdkörpern sind z. B. in den EBGEO [146] zu finden.

3.4 Injektionsverfahren

Eine weitere Gruppe von Verfahren der Baugrundverbesserung ist die der Injektionen. Bei der Anwendung dieser Verfahren, deren Anfänge bis in das Jahr 1802 zurückreichen (vgl. Beitrag von *Kutzner* in [148]), werden Hohlräume

- im Untergrund (Klüfte, Spalten, Risse und Poren),
- im Übergang von Bauwerken zum Baugrund (Sohlfugen) oder auch
- in schadhaften Gründungskörpern

durch Einpressen von Lösungen, Suspensionen, Emulsionen und Pasten aufgefüllt bzw. aufgebrochen (siehe Bild 3-19). Ziele dieser Maßnahmen sind die

- Abdichtung und/oder Verfestigung,
- Verdrängung (Herbeiführung von Verformungen im Boden).

Zu den Anwendungsfällen der Abdichtung gehören z. B.

- die Herstellung von Sohlen wasserdichter Baugruben, die Unterbindung von Unter- oder Umläufigkeiten von Stauwasser bei Talsperren oder Dämmen und die Beseitigung von Leckagen in wasserdichten Baugruben,

zu den Anwendungsfällen der Verfestigung z. B.

- die Unterfangung von Gebäuden und die Sicherung des Vortriebs bei Tunneln oder Stollen,

und zu den Anwendungsfällen der Verdrängung z. B.

- die Kompensation von Baugrundverlusten und die Anhebung von Baukonstruktionen (Fundamente, Fahrbahnplatten usw.).

Injektionsmaßnahmen, die insbesondere die Bodenverfestigung zum Ziel haben, werden mehr und mehr durch das Düsenstrahlverfahren (siehe Abschnitt 3.5) ersetzt.

Sollen die Kluft- und Porensysteme nur aufgefüllt werden, sind geringe Einpressdrücke (Injektionsdrücke) aufzubringen. Im Talsperrenbau liegen Verpressdrücke nach [177], Kap. 2.2 meist zwischen 5 bis 30 bar (0,5 bis 3 MN/m^2). Sind die Hohlräume von Lockergestein auszufüllen, ist bei Drücken bis 20 bar nicht mit einer Veränderung des natürlichen Korngerüstes zu rechnen (vgl. [6]). Soll der Untergrund aufgebrochen werden, sind die Einpressdrücke in entsprechender Weise zu erhöhen.

Tabelle 3-2 Einsatzmöglichkeiten von Einpressgut in Lockergestein (nach [69], Tabelle 1)

Hohlräume in	Bodenarten nach [63]	Durchlässigkeits-beiwert k_f in m/s	Einpressgut	Einpresszweck (Abdichtung A Verfestigung V)
Kies Grobsand Kies, sandig	G gS G, s	$> 5 \cdot 10^{-3}$	Zementsuspension	V
			Tonzementsuspension	A, V
			Tonsuspension	A
			Tonzementsuspension und Silikatgel	A, V
Sand Sand, schluffig	S S, u	$5 \cdot 10^{-3}$ bis $5 \cdot 10^{-6}$	Tonsuspension	A
			Silikatgel	A, V
			Kunstharz	A, V
Feinsand Grobschluff	fS gU	$5 \cdot 10^{-4}$ bis $1 \cdot 10^{-7}$	Silikatgel	A, V
			Kunstharz	A, V

Hinweis: [63] wurde inzwischen zurückgezogen und durch DIN EN ISO 14688-1 [129] ersetzt.

Zur problemlosen Auffüllung der Hohlräume muss das Einpressgut so kleine Korngrößen haben, dass es in die Hohlräume eindringen kann, ohne dabei abgefiltert zu werden (Tabelle 3-2 für Einsatzfälle in Lockergestein und Tabelle 3-3 für Einsatzfälle in Fels). Als Basis dienen

- Zemente,
- Tone,
- Silikatgele,
- Kunstharze.

Für Verdrängungsinjektionen sind nach DIN EN 12715, Tabelle 3 Suspensionen auf Zementbasis und Mörtel als Injektionsgut zu verwenden.

Tabelle 3-3 Einsatzmöglichkeiten von Einpressgut in Fels (nach [69], Tabelle 2)

Öffnungsweiten s der Hohlräume	Einpressgut	Einpresszweck (Abdichtung A Verfestigung V)
kavernöse Strukturen, Klüfte und Störungszonen $s > 10$ mm	Zementmörtel, Zementpaste, Zementsuspension, Tonzementsuspension, Kunstharz	A, V
Klüfte und Risse 100 mm $> s >$ 0,1 mm	Zementsuspension, Tonzementsuspension, Tonzementsuspension und Silikatgel, Kunstharz	A, V
Klüfte und Risse $s <$ 0,1 mm	Silikatgel, Kunstharz	A, V

3.4.1 DIN-Normen

Empfehlungen zu Planung, Ausführung und Prüfung von Injektionen in den Untergrund sind in

- DIN EN 12715 und
- DIN 4093

zu finden. Die Normen beinhalten auch Anforderungen an die Ausgangsstoffe wie Zement und Silikatgel und das Einpressgut.

3.4.2 Begriffe

Die folgenden Definitionen stellen eine Auswahl der in DIN EN 12715 und DIN 4093 aufgeführten Begriffe dar (siehe auch Bild 3-19).

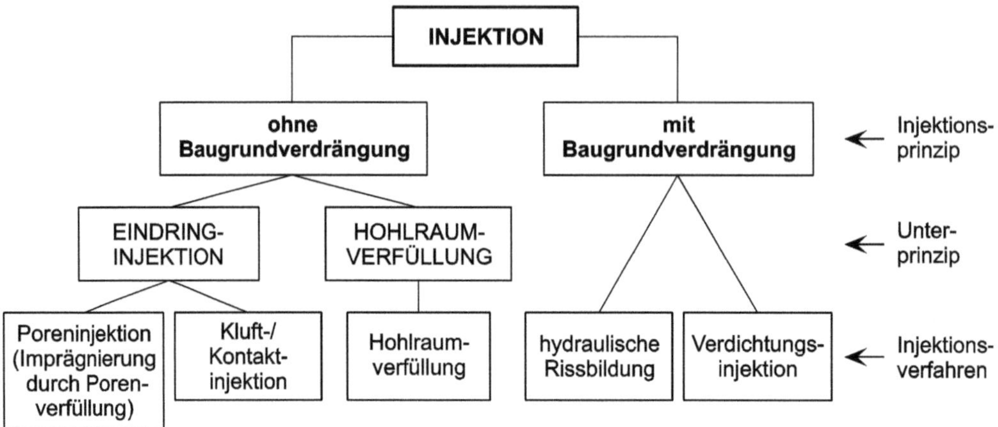

Bild 3-19 Injektionsprinzipien und -verfahren nach DIN EN 12715, Bild 2

Hohlraum dient als Oberbegriff für alle natürlichen und künstlichen Hohlraumstrukturen, in die Injektionsgut eingepresst werden kann. Der Begriff steht z. B.

- bei Fels und bei festen Tonböden für Klüfte, Spalten, Risse, Poren und kavernöse Strukturen,
- bei Lockergestein für Poren,
- zwischen Bauwerk und Untergrund für die Kontaktfuge,
- bei Gründungskörpern für durch Schäden oder Ausführungsmängel entstandene Risse, Poren usw.

Einpressgut (*Injektionsgut*) pumpbares Material (Suspension, Lösung, Emulsion oder Mörtel), das sich zum Füllen der Hohlräume eignet und nach dem Einpressen in das Locker- oder Festgestein ansteift und erhärtet.

Einpressen Einbringung von Einpressgut unter Druck in Hohlräume des Untergrunds, von Fundamentkörpern usw.

Einpresskörper betrifft das Volumen im Untergrund, in dem die beabsichtigte Verfestigung und/ oder Abdichtung gemäß den Anforderungen erreicht wurde.

Einpress-Reichweite von der Einpressstelle aus radial gemessene Entfernung, bis zu der das verwendete Einpressgut vordringt.

Poreninjektion (*Abdichtungsinjektion, Imprägnation durch Porenfüllung*) Verdrängung von Porenwasser und/oder -gas aus einem porösen Injektionskörper durch Injektion bei Injektionsdrücken, die so gering sind, dass keine Baugrundverformungen auftreten.

Kluftinjektion Einbringung von Injektionsgut in Klüfte, Fugen, Spalten und Diskontinuitäten, insbesondere in Festgestein.

Hohlraumverfüllung Einbringung von Injektionsgut mit hohem Feststoffgehalt, um große Hohlräume zu füllen.

Hydraulische Rissbildung (*Frac-Behandlung, hydraulische Spaltenbildung, hydraulische Hebung, Claquage*) Einbringung von Injektionsgut oder Wasser unter einem Druck, der die örtliche Zugfestigkeit und den Begrenzungsdruck des Baugrunds überschreitet und somit ein Aufbrechen des Untergrunds bewirkt.

Verdichtungsinjektion (*Kompaktionsinjektion*) Injektionsverfahren, bei dem der Baugrund durch Einpressen von Mörtel mit hoher innerer Reibung verdrängt wird, um so den Boden zu verdichten, ohne ihn dabei aufzubrechen.

Kontaktinjektion Einbringung von Injektionsgut in den Raum zwischen Bauwerk und Baugrund (Kontaktfläche).

Spalteninjektion Einbringung von Injektionsgut in Spalten, Fugen, Risse und Unstetigkeitsflächen, besonders in Felsgestein.

3.4.3 Erforderliche Baugrunduntersuchungen

Tabelle 3-4 Zur Planung von Einpressmaßnahmen erforderliche Vorkenntnisse über die Untergrundverhältnisse (nach [69], Tabelle 3)

Vorkenntnisse	Lockergestein und Grundwasserverhältnisse	Fels		
		Gestein	Gebirge	Wasserverhältnisse
es müssen bekannt sein oder bestimmt werden:	- Schichtenfolge und Raumstellung der Schichten - Korngrößenverteilung und Porenanteil - Lagerungsdichte - Grundwasserstand (Schwankungen) - chemische Grundwasserzusammensetzung (Angriffe auf Gestein und Einpressgut), wenn der Verfestigungskörper im Grundwasser ist	- Art (Korngröße), Mineralbestand - Verwitterungszustand	- Gesteinsgrenzen - Trennflächen (Streichen, Einfallen, Häufigkeit (Abstand), Ausbildung, Verlauf und Kluftweite, Füllung, Belag) - Hohlräume - Durchlässigkeit	- Grundwassersysteme (Vorkommen, Verbreitung, Druckhöhe) - Grundwasserspiegel (Schwankungen) - chemische Zusammensetzung des Grundwassers (Angriffe auf Gestein und Einpressgut)
es sollten bekannt sein:	- Wassergehalt - Wasserdurchlässigkeit - Strömungsrichtung und -geschwindigkeit	- Kornbindung, Raumausfüllung - Zerfall (Luft, Wasser, Frost) - Durchlässigkeit - Festigkeit, Verformbarkeit	- Festigkeit, Verformbarkeit	- Wasserbewegung (Richtung und Geschwindigkeit) - Wassermenge - hydraulische Einflüsse auf das Gebirge infolge der Einpressung - Grundwassertemperatur

Im Zuge der Planung von Injektionsmaßnahmen sind die örtlichen Baugrundverhältnisse, unter Beachtung der entsprechenden DIN-Normen, zu erkunden (vgl. hierzu auch [243]); die Ergebnisse sind in einem geotechnischen Bericht darzulegen. Zu den wesentlichen Zielen der Untersuchungen gehört es dabei

- die Aufnahmefähigkeit des Baugrunds für das Injektionsgut festzulegen,
- Grundlagen für die Auswahl des Injektionsguts zur Verfügung zu stellen.

Nach [69] sind die in Tabelle 3-4 zusammengestellten Eigenschaften von Lockergestein und/oder Fels zu ermitteln.

Bezüglich der bereitzustellenden Angaben für die Ausführung der Injektionsarbeiten sei auf DIN EN 12715, 4 verwiesen.

3.4.4 Einpresstechnik und Injektionsgeräte

Abhängig von den Eigenschaften des zu behandelnden Untergrunds und der Bauaufgabe sowie des gewählten Einpressguts erfolgt das Einpressen

- in ungestützte Bohrlöcher in standfestem Untergrund (z. B. Fels),
- durch Rammlanzen oder Bohrgestänge in nicht standfestem Untergrund (Lockergestein oder nicht standfestes Gebirge),
- über ein gesondert in ein Bohrloch eingeführtes Einpressrohr (z. B. Manschettenrohr, auch „Ventilrohr“ genannt), hauptsächlich im Lockergestein.

Das Einpressen nach den beiden erstgenannten Verfahren erfolgt in der Regel abschnittsweise von „unten nach oben“ und nur in Sonderfällen (z. B. wenn gebirgsbedingte Umläufigkeiten vermieden werden sollen oder kein standfestes Bohrloch hergestellt werden kann) von „oben nach unten“. Letzteres ist vergleichsweise aufwändig, da der obere injizierte Abschnitt nach der Verfestigung des Einpressguts wieder aufzubohren ist, um so Zugang zu dem darunterliegenden und noch zu injizierenden Abschnitt zu schaffen.

Bei der Planung sind Abstand, Tiefe und Richtung von Bohrungen so zu wählen, dass sich die einzelnen Einpress-Reichweiten überlappen und so ein lückenloser Einpresskörper entsteht. Dabei ist unbedingt zu berücksichtigen, dass Bohrungen „verlaufen“ (Lageabweichung von tatsächlich erreichter zu geplanter Bohrlochsohle). Darüber hinaus ist zu beachten, dass diese Abweichungen im Bereich von ≤ 3 % der Bohrtiefe liegen sollen; nach [177], Kap. 2.2 kann dies erreicht werden mit

- der Drehbohrung mit Vollkrone (≤ 3 %),
- dem Tieflochhammer (≤ 2 %),
- der Kernbohrung (≤ 1 %),
- der Seilkernbohrung (≤ 0,5 %).

In Lockergestein sind die Bohrungen umso enger zu setzen, je

- geringer die Durchlässigkeit des Untergrunds,
- größer die Zähigkeit (Viskosität) des Einpressguts,
- niedriger der zulässige Einpressdruck

ist.

Die Herstellung der Bohrlöcher kann mit oder ohne Verrohrung erfolgen. Zu beachten ist dabei, dass mit großen Bohrlochdurchmessern mehr Eintrittsöffnungen für das Einpressgut „geöffnet“ werden als mit kleinen. Deshalb sind in Fels, bei Bohrungen über 10 m Tiefe, Bohrdurchmesser ≥ 45 mm zu empfehlen.

Nach Abteufung der Bohrungen bzw. Einrammung der Einpresslanzen beginnt das Einpressen. Der Vorgang ist beendet, wenn ein zuvor ermittelter Enddruck erreicht ist und ein auf die Bodenverhältnisse abgestimmtes Einpressvolumen pro Zeiteinheit unterschritten wird.

Im Lockergestein mit stark unterschiedlichen Hohlraumgrößen werden zuerst die größeren Hohlräume des Untergrunds mit dickflüssigem Einpressgut und, nach dessem Erhärten, anschließend die feineren Poren mit dünnflüssigerem Einpressgut gefüllt.

Tritt im Fels trotz des Einpressens des vorgegebenen Volumens bzw. des Ablaufs einer vorgegebenen Einpresszeit während des Einpressens kein Druckanstieg ein, ist das Einpressgut zu verdicken.

Für die Einpressung werden in der Regel aus Kunststoff oder Metall gefertigte Manschettenrohre („Ventilrohre") verwendet (in Lockerböden nahezu ausschließlich), die u. a. die Möglichkeit bieten
- nachzuverpressen,
- alle Bohrlöcher im Voraus herzustellen, da die Technik der Manschettenrohre Übertritte des Injektionsguts von einem Bohrloch in ein benachbartes ausschließt (vgl. [219]).

Sie besitzen Innendurchmesser von 40 bis 60 mm und Lochungen in regelmäßigen Abständen (standardmäßig 33 cm), die mit Gummimanschetten (Ventilen) überdeckt sind. Die Manschetten dichten das Rohr von außen nach innen ab und dehnen sich unter dem Injektionsdruck (Innendruck) derart, dass sie dem Injektionsgut den Weg in die Umgebung freigeben. Um den Austritt des Einpressguts entlang des Rohres zur Geländeoberfläche hin zu verhindern, wird der Ringraum zwischen Rohr und Bohrlochwandung mit einem Sperrmittel (z. B. Ton-Zement-Suspension) ausgefüllt, welches zudem das Bohrloch stabilisiert und das Ventilrohr fixiert.

Der Einsatz von Doppelpackern, die in den Manschettenrohren in Längsrichtung verschoben werden können, ermöglicht (Bild 3-20)
- den Abschluss des Rohres in einem bestimmten Abschnitt nach unten und oben sowie
- das gezielte seitliche Auspressen des Injektionsmittels in einen begrenzten Verpressbereich (z. B. wichtig beim Verpressen unterschiedlicher Materialien über die Manschettenrohrlänge).

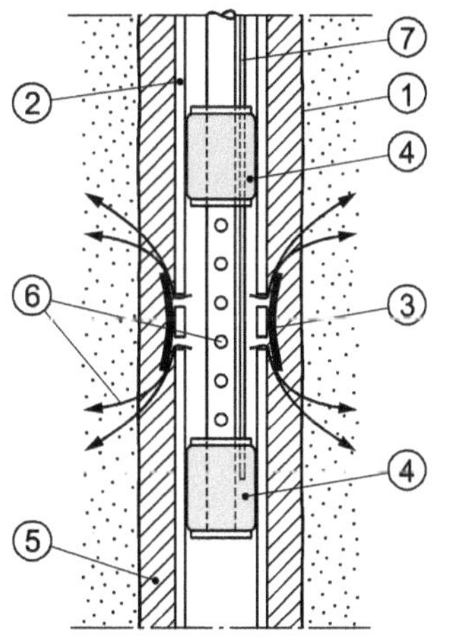

Bild 3-20 Funktionsweise eines Manschettenrohrs mit Doppelpacker (nach [219])
1 Bohrlochwand
2 Ventilrohr
3 geöffnetes Ventil
4 Doppelpacker
5 Sperrmittel
6 Verpressrohr und austretendes Injektionsgut
7 Rohr zum Expandieren des Packers

Für geringere Tiefen werden heute noch gelegentlich Rammlanzen eingesetzt (glatte oder gelochte Stahlrohre), die zur Erleichterung des Rammens mit Spitzen versehen sind. Aufgesteckte (verlorene) Spitzen lösen sich aus dem Rohr, wenn die Lanze, nach dem Erreichen der Endtiefe, gezogen wird; durch die frei werdende Öffnung kann das Injektionsgut in den Hohlraum der Umgebung gepresst werden. Bei perforierten Lanzenrohren wird das Einpressmittel durch die Lochungen oberhalb der fest mit dem Rohr verbundenen Spitze ausgepresst. Zu den Nachteilen von Rammlanzen gehört es, dass der Untergrund nur einmal injiziert werden kann und dass Undichtigkeiten entlang der Rohrwand den Druckaufbau be- oder gar verhindern können.

3.4.5 Verpressvorgang

Der Verpressvorgang beginnt mit der Auffüllphase, bei der die Hohlräume mit Einpressgut gefüllt werden. Die Injektionsrate ist in dieser Phase sehr groß, wobei der Injektionsdruck *P* (Verpressdruck) mit zunehmendem Aktionsradius *R* (Reichweite) des Injektionsmittels bis zum vorgegebenen Höchstdruck gesteigert und in der Endphase konstant gehalten wird. Mit dem Erreichen des größten *R*-Wertes ist auch eine gegen Null konvergierende Injektionsrate verbunden und das Gesamtverpressvolumen *V* weist nur noch entsprechend geringe Steigerungen auf (Bild 3-21).

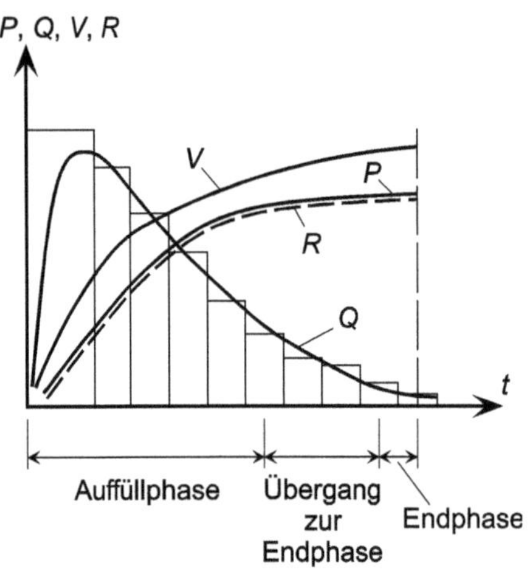

Bild 3-21 Zusammenhang zwischen Injektionsdruck *P* (in Pa), Injektionsgeschwindigkeit (Verpressmenge je Zeiteinheit) *Q* (in m^3/s), gesamtes Injektionsvolumen *V* des Arbeitsganges (in m^3), Reichweite *R* (in m) und Injektionszeit *t* (in s) bei einer Auffüllinjektion (nach [219])

3.4.6 Zementinjektionen

Zementinjektionen kommen zum Einsatz bei Bodenverfestigungen (erreichte Druckfestigkeiten enggestufter Sande bis 10 MN/m^2 und mehr, vgl. [219]), bei der Abdichtung von Fels und nichtbindigen Böden sowie bei Verdrängungsinjektionen. Bei Böden mit aggressivem Grundwasser sind entsprechend widerstandsfähige Zemente zu verwenden; in bindigen Böden ist dieses Verfahren nicht einsetzbar.

Abhängig von der Größe der Öffnungsweite der Hohlräume wird das Injektionsgut als Flüssigmörtel, stabile Suspension (auch als „Paste“ bezeichnete Mischungen mit Wasserzementwerten von 0,5 bis 1,0) oder instabile Suspension (Zementanteil sedimentiert) injiziert. Den Mischungen aus Zement und Wasser (bei Mörtel auch Sand) werden u. U. Füllstoffe wie Gesteinsmehl oder gemahlene Hochofenschlacke und Zusatzmittel wie z. B. Bentonit (zur Suspensionsstabilisierung) und Abbindebeschleuniger bzw. -verzögerer hinzugefügt.

Tabelle 3-5 Eigenschaften und Anwendungsmöglichkeiten der wichtigsten Injektionsmischungen (nach *Donel* [138])

Typ der Mischung			Druckfestigkeit	Relativer Preis für 1 m	Hauptanwendungsgebiet	Besonderheiten bei der Injektion
Suspensionen	instabile Mischungen	– Zement-Wassersuspensionen (+ Sand) Z/W 1/10 bis 1/1 oder 1,5/1	mit Beton vergleichbar	4,2	Klüfte in Fels oder Mauerwerk	Mengen nicht begrenzt, aber Beachten des Sättigungsdrucks
Suspensionen	stabile Mischungen	– aktivierte Zemente und aktivierter Mörtel: Prepakt, Termocol, Colcrete	mit Beton vergleichbar		Verfüllen großer Hohlräume	Mengen begrenzt
Suspensionen	Dekantation von einigen %	– Ton-Zement (+ Sand)	0,1 – 5,0 MN/m²	1	große Spalten + Sand und Kies $k > 5 \cdot 10^{-4}$ m/s	Mengen begrenzt
Suspensionen	Dekantation von einigen %	– behandelter Ton	< 0,1 kN/m²	1,1	große Spalten + Sand und Kies $k > 5 \cdot 10^{-4}$ m/s	Mengen begrenzt
flüssige Mischungen	harte Gele	– Natrium- + $CaCl_2$ + Äthylacetat	1 – 2 MN/m²	10,7	$k > 10^{-4}$ m/s	– zweimalige Injektionen – eine Injektionsmischung
flüssige Mischungen	harte Gele	– Lignosulfit + Bichromat	30 kN/m²	6,5 bis 8	$k > 5 \cdot 10^{-5}$ m/s	
flüssige Mischungen	plastische Gele	– Natriumsilikat + Reagenzmittel	5 kN/m²	2 bis 4	$k > 10^{-5}$ m/s	
flüssige Mischungen	plastische Gele	– entflockter Bentonit	1 – 2 kN/m²	1,8	$k > 10^{-4}$ m/s	
chemische Produkte	organische Harze	– AM 9	< 0,1 MN/m²	50 bis 130	für laufende Injektionen	Mengen begrenzt
chemische Produkte	organische Harze	– Resorcin-Formol	1 – 10 MN/m²	50 bis 130	für laufende Injektionen	Mengen begrenzt
chemische Produkte	organische Harze	– Harnstoff-Formol	2 – 10 MN/m²	10 bis 40	$k > 10^{-6}$ m/s	Mengen begrenzt
chemische Produkte	organische Harze	– Präkondensierte Polymere (epoxy)	Druck 100 MN/m², Zug 30 MN/m²	150 bis 500	Klebeinjektion im Beton	Mengen begrenzt
chemische Produkte	Hydro-karbonat-Verbindungen	– Bitumen- + Silikatemulsionen + Resorcin	10 kN/m²	6 / 12	$k > 10^{-5}$ m/s	Mengen begrenzt
chemische Produkte	Hydro-karbonat-Verbindungen	– heißes Bitumen	sehr viskose Flüssigkeiten		starke Wasserbewegungen	Mengen begrenzt

Einpressungen unter Verwendung von normal gemahlenem Zement mit

- einer spezifischen Oberfläche von $\geq 3000\ cm^2/g$,
- maximalen Korngrößen von $100\ \mu m = 0{,}1\ mm$

sind bei Rissen im Fels mit der Dicke < 0,1 mm und bei Sandböden mit < 0,8 mm Korngröße nicht mehr möglich, da die Zementkörner abgefiltert werden und sich vor der zu behandelnden Bodenschicht ablagern.

3.4.7 Silikatgelinjektionen

Die bei Silikatgelinjektionen verwendeten chemischen Injektionsmittel sind echte Lösungen mit besonders großer Eindringfähigkeit. Sie bestehen aus mehreren Komponenten, die miteinander chemisch reagieren und so verfestigende oder abdichtende Stoffe bilden.

Zur Bildung von Silikatgelen wird in Wasser gelöstes Natriumsilikat (Wasserglas) mit organischen (z. B. Essigsäure und Formamid und Gemische verschiedener Ester) oder anorganischen (z. B. Natriumaluminat) Härtern gemischt.

Im Allgemeinen verbleibt das angemischte Injektionsmittel noch eine gewisse Zeit im fließfähigen (pumpbaren) Zustand und beginnt dann relativ rasch zu gelieren. Die Gelierzeit (auch „Kippzeit“ genannt, da bis dahin das in einen Becher gefüllte Injektionsmittel beim Kippen des Bechers wie eine Flüssigkeit ausfließt) liegt in der Regel zwischen ca. 20 und 60 Minuten. Diese eher langsame chemische Reaktion erlaubt es, die Komponenten vor dem Verpressen anzumischen, wie das z. B. beim *Monosolverfahren* der Fall ist. Bei diesem für Abdichtungszwecke eingesetzten Verfahren wird stark mit Wasser verdünntes Natriumsilikat mit Natriumaluminat vermischt und injiziert; es erstarrt in regelbarer Zeit unter Beibehaltung des Volumens zu einer Gallerte aus Aluminiumsilikat.

Im Sonderfall des seit 1925 bekannten *Joosten*-Verfahrens, das zur Verfestigung eingesetzt wird, führt die Vermischung von konzentriertem Wasserglas mit einer Salzlösung (Chlorkalzium) zu einer extrem schnellen Reaktion. Deshalb sind die Komponenten getrennt einzupressen, um so ein möglichst spätes Vermischen zu erreichen (Vermischung im Boden). Als Ergebnis entsteht ein Gel mit sehr hoher Festigkeit (bis zu $5{,}0\ MN/m^2$).

3.4.8 Kunstharzinjektionen

Kunstharzinjektionen sind, wie die Silikatgelinjektionen, chemische Injektionen. Bei ihnen wird Einpressgut mit einer hohen Eindringfähigkeit verwendet. Es kann vor dem Verpressen angemischt werden, da sich seine Reaktionszeit durch den Zusatz von Katalysatoren gut regeln lässt. Nach dem Anmischen kommt es zur Bildung von Makromolekülen, welche die dauerhafte Dichtung bzw. Verfestigung bewirken.

3.4.9 Anwendungsbeispiele

Zu der Vielzahl möglicher Anwendungen von Injektionen gehören auch Schirminjektionen. Sie können angewendet werden

- zu Abdichtungszwecken (z. B. gegen zu starkes Entweichen von Druckluft bei Tunnelvortrieb im Grundwasserbereich),
- zur Lastverteilung (Vergleichmäßigung der Bodenpressung).

Bild 3-22 zeigt eine Schirminjektion, die den Boden zwischen Tunnel und Gebäudefundamenten zum Teil verfestigt und so die Gebäudelast verteilt und Schäden am unterfahrenen Gebäude (durch Setzungen) und an der Tunnelröhre vermeidet. Die Injektionen werden von einem Schacht aus durchgeführt.

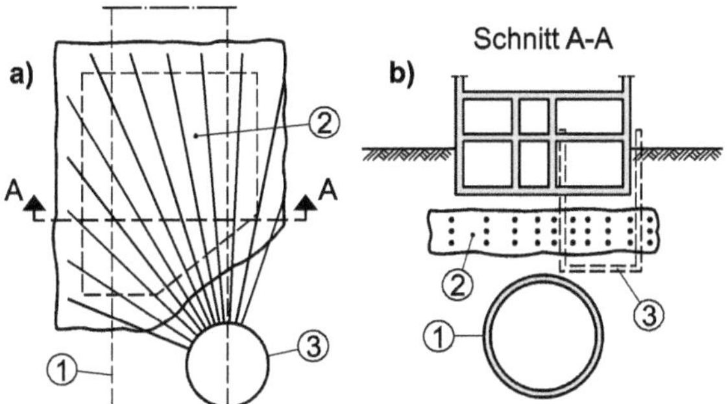

Bild 3-22 Beispiel für eine Bauwerksunterfahrung (nach *Jessberger* [202])
1 U-Bahn
2 Injektionsschirm
3 Schacht für Verpressarbeiten

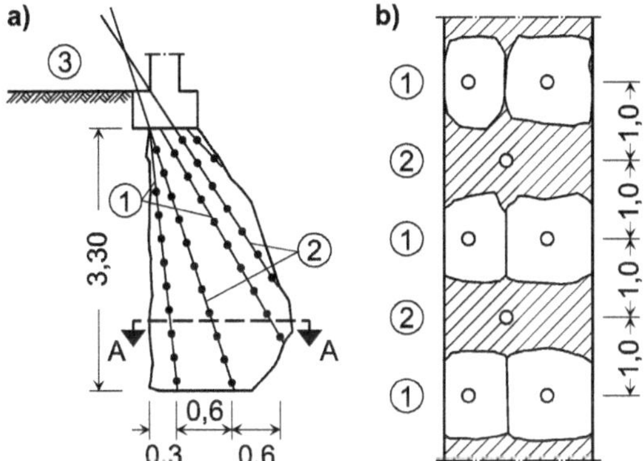

Bild 3-23 Beispiel für die Ventilanordnung bei einem Unterfangungskörper; alle Maße in m (nach [219])
a) Vertikalschnitt
b) Horizontalschnitt A–A
1 Ventilrohrfächer 1, ≈100 Liter Verpressgut/Ventil
2 Ventilrohrfächer 2, ≈200 Liter Verpressgut/Ventil
3 Arbeitsebene

Ein zweites Einsatzgebiet für Injektionen sind Unterfangungskörper bei Bauwerksunterfangungen, die z. B. bei der Freischachtung von Fundamenten erforderlich sein können (etwa bei der Sicherung tiefer Baugruben neben bestehender Bausubstanz). Die Abmessungen sowie die Festigkeitseigenschaften (Schub- und Druckfestigkeiten) solcher Verpresskörper sind nach den jeweils vorliegenden Gegebenheiten festzulegen und statisch nachzuweisen (vgl. [219] und [266]). Bei der Herstellung dieser Körper ist dafür zu sorgen, dass keine nennenswerten Fehlstellen entstehen, was eine entsprechend enge Anordnung der Bohrlöcher und Verpressventile erforderlich macht (Bild 3-23).

Zu den weiteren Anwendungsgebieten von Injektionen zählen z. B. Dichtungsschürzen unter Staudämmen, Staumauern und Wehren, mit denen die Unter- und Umläufigkeit solcher Konstruktionen reduziert wird.

Bei dem Beispiel in Bild 3-24 handelt es sich um die Dichtungsschürze des Staudamms am Sylvenstein, bei deren Herstellung eine Ton-Zement-Suspension eingepresst wurde. Nach *Lorenz* [223] ergaben sich u. a. die nachstehenden Bauwerksdaten:

Fläche der Dichtungsschürze in der Talauffüllung	≈ 5 200 m^2
theoretisches Volumen der Dichtungsschürze	≈ 70 000 m^3
injizierte Suspensionsmenge	≈ 37 000 m^3
Gesamtlänge der erforderlichen Bohrlöcher	≈ 9 400 m
Bauzeit zur Herstellung der Dichtungsschürze	≈ 2½ Jahre

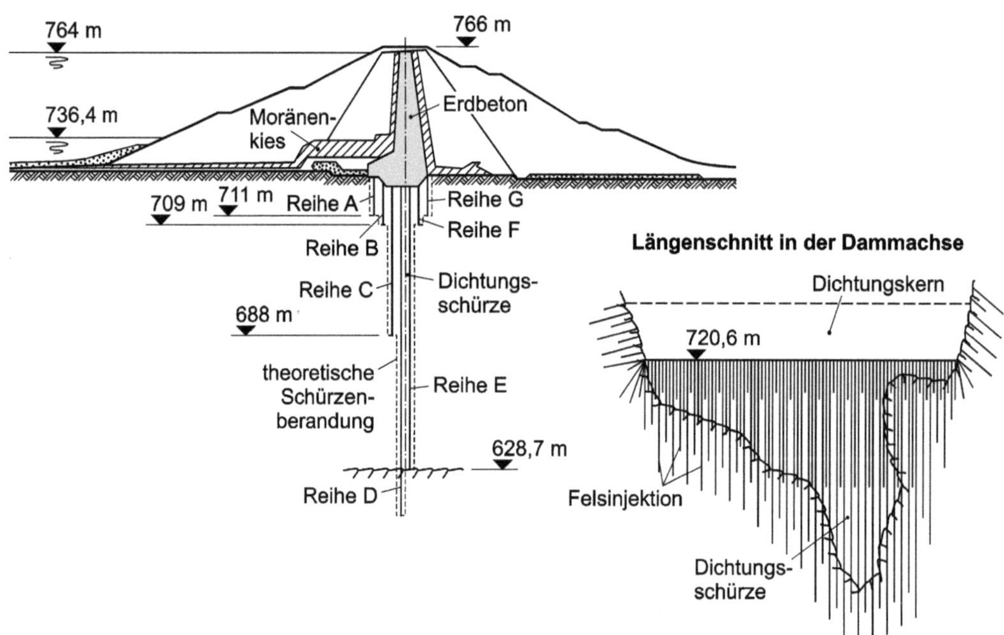

Bild 3-24 Mit Ton-Zement-Einpressungen hergestellte Dichtungsschürze des Staudamms am Sylvenstein (nach [223])

3.4.10 Prüfung und Überwachung

Nach DIN 4093, DIN EN 12715 und [69] ist vor Beginn, während der Durchführung und nach Abschluss der Injektionsarbeiten eine Reihe von Kontrollen und Prüfungen durchzuführen. Hierzu gehören u. a.

- vor Beginn der Einpressarbeiten die
  - Prüfung der Verträglichkeit des vorgesehenen Einpressguts mit dem Untergrund,

  - Kontrolle der Ausgangsstoffe des Einpressguts (wie Anmachwasser, Zuschläge und Zusatzstoffe) bezüglich ihrer einzuhaltenden Eigenschaften,
  - Prüfung des festgelegten Mischungsverhältnisses des Einpressguts,
- Labor- und Feldversuche zur Prüfung hergestellter Einpresskörper hinsichtlich ihrer
  - zeitlichen Beständigkeit,
  - Festigkeit und Maßhaltigkeit (bei Verfestigungen),
  - Kraftschlüssigkeit (z. B. bei Unterfangungskörpern),
  - Durchlässigkeit, Erosionsbeständigkeit und ihres Schwindmaßes (bei Abdichtungen),
  - erreichten Größe und Qualität.

Detailliertere Angaben zu den einzelnen Prüfungen (Grundsatz-, Eignungs- und Kontrollprüfungen) und den dabei einzusetzenden Methoden sind DIN 4093, DIN EN 12715 und [69] zu entnehmen.

Ist davon auszugehen, dass bei dem Versagen einer injizierten Dichtung die Standsicherheit des Baukörpers verloren gehen kann (z. B. beim Versagen von Dichtungsschleiern unter Staudämmen), ist eine ständige Überwachung der Wasserstände bzw. Druckhöhen durchzuführen.

3.4.11 Standsicherheit von Einpresskörpern im Lockergestein nach DIN 4093

Für die äußeren Standsicherheitsnachweise von Einpresskörpern (Grundbruch, Gleiten, Kippen usw.) gelten die üblichen Regeln von DIN 1054 [44].

Einpresskörper, für die Nachweise der inneren Standsicherheit zu führen sind, dürfen nach DIN 4093 nicht knickgefährdet sein. Dies ist gewährleistet, wenn der jeweilige Körper vollständig im Boden eingebettet ist oder, bei seiner Freilegung, keine Schlankheit $\lambda > 15$ aufweist. Bei einer Mindestdicke von 0,5 m wird die Schlankheit definiert durch

$$\lambda = \frac{s_k}{i} \qquad \text{Gl. 3-1}$$

s_k repräsentiert darin die Knicklänge des Einpresskörpers, und i berechnet sich mit

$$i = \sqrt{\frac{I_V}{A_V}} \qquad \text{Gl. 3-2}$$

wobei I_V das Flächenmoment 2. Grades (Flächenträgheitsmoment) des kleinsten Verfestigungsquerschnitts und A_V dessen Querschnittsfläche ist.

Bei den für die innere Standsicherheit zu berechnenden Normalspannungen im Einpresskörper dürfen Zugspannungen nicht in Ansatz gebracht werden. Zu einer Querkraft Q gehörende Schubspannungen sind nach [69] im Allgemeinen mit Hilfe von

$$\tau = \frac{Q \cdot S}{I \cdot b} \qquad \text{Gl. 3-3}$$

zu berechnen. Darin steht S für das Flächenmoment 1. Grades (statisches Moment), I für das Flächenmoment 2. Grades (Flächenträgheitsmoment) und b für die Breite der wirksamen Querschnittsfläche. Bei Querschnitten mit klaffender Fuge darf die Fläche im Bereich der Klaffung nicht in Rechnung gestellt werden. Bezüglich der zulässigen Bemessungswerte von Normal- und Schubspannungen ist auf DIN 4093, 4.4.4 zu verweisen.

Weitere Ausführungen können DIN 4093 entnommen werden.

3.5 Düsenstrahlverfahren

3.5.1 Allgemeines

Beim Düsenstrahlverfahren (vgl. Bild 3-1) wird der Boden durch einen mit Drücken bis zu 600 bar (60 MN/m² bzw. 60 MPa) erzeugten Düsenstrahl gezielt „aufgeschnitten", was selbst in Tonen möglich ist. Als Suspensionen werden ausschließlich Zementsuspensionen (ggf. mit Zusatzmitteln und Zusatzstoffen) verwendet. Deshalb ist das Verfahren insbesondere bei feinkörnigen Böden preisgünstig einsetzbar.

Das Bauverfahren stammt aus Japan, wo 1970 ein Patent „zum Herstellen von unterirdischen Säulen" angemeldet wurde; in Europa kam es erstmals 1974 in Italien zur Anwendung (vgl. [216] und [299]). In Deutschland erfolgte seine Einführung im Jahre 1979 durch die Fa. *Keller Grundbau* [F 16], die im Jahre 1978 eine entsprechende Lizenz aus Japan erwarb. Ihr wurde im Jahre 1986 der erste bauaufsichtliche Zulassungsbescheid durch das *Deutsches Institut für Bautechnik* (*DIBt*) [F 10] ausgestellt (vgl. hierzu Musterbauordnung, §18 [199]). Inzwischen ist das Verfahren auch unter Bezeichnungen wie etwa „Soilcrete" (eingetragenes Warenzeichen der Fa. *Keller Grundbau* [F 16]), „HDI" (Bezeichnung in der allgemeinen bauaufsichtlichen Zulassung des Düsenstrahlverfahrens der Fa. *BAUER Spezialtiefbau* [F 3]) oder „Jet Grouting" bekannt geworden.

Empfehlungen zur Ausführung, Prüfung und Überwachung von Düsenstrahlarbeiten sind zu finden in

- DIN EN 12716.

3.5.2 Begriffe nach DIN EN 12716

Düsenstrahlelement Bodenvolumen, das durch den energiereichen Flüssigkeitsstrahl von einem einzelnen Bohrloch aus erfasst wird. Die gebräuchlichsten Düsenstrahlelemente sind

- Düsenstrahlsäule (zylinderförmiges Element),
- Düsenstrahllamelle (flächenförmiges Element).

Düsenstrahlkörper Anordnung von teilweise oder vollständig miteinander verbundenen Düsenstrahlelementen. Die gebräuchlichsten Düsenstrahlkörper sind

- Düsenstrahldichtwand (Wand aus einzelnen Düsenstrahlelementen, z. B. Düsenstrahlsäulen oder -lamellen),
- Düsenstrahlsohle (im Wesentlichen aus vertikal hergestellten Düsenstrahlelementen bestehender horizontaler Körper),
- Düsenstrahlgewölbe (besteht aus horizontalen oder flach geneigten Düsenstrahlsäulen),
- Düsenstrahlblock (dreidimensionaler Körper).

Bohr- und *Düsgerät* Drehbohranlage mit automatischer Regelung für die Drehzahl und die Ziehgeschwindigkeit des Gestänges und des Düsenträgers.

Bohr- und *Düsgestänge* Gestänge, das einen, zwei oder drei innere Spülkanäle enthält (abhängig vom jeweils ausgewählten System).

Düsenträger Werkzeug mit Düse (bzw. mit Düsen), das am unteren Ende des Düsgestänges angebracht ist und das Einbringen der Flüssigkeit (bzw. der Flüssigkeiten, einschließlich Luft) ermöglicht.

Reichweite des Düsenstrahls von der Düsenträgerachse aus gemessene Strecke, auf der eine effektive Auflösung des Bodengefüges durch den Düsenstrahl erreicht wird.

Düsenstrahlparameter diese Parameter sind
- Druck der Flüssigkeit (einschließlich Luft) im Düsgestänge,
- Durchflussrate der Flüssigkeit (einschließlich Luft) im Düsgestänge,
- Zusammensetzung der zementhaltigen Mischung,
- Drehgeschwindigkeit des Düsgestänges,
- Zieh- oder Eindringgeschwindigkeit des Düsgestänges.

Frisch-in-frisch-Herstellungsabfolge unmittelbar nacheinander erfolgende Herstellung der Düsenstrahlelemente, bei der das Erhärten der zementhaltigen Mischung mit den überlappenden Elementen nicht abgewartet wird (Bild 3-25 a)).

Herstellung im Pilgerschrittverfahren Arbeitsablauf, bei dem die Herstellung eines überlappenden Düsenstrahlelementes erst erfolgt, nachdem die benachbarten, zuvor hergestellten Elemente eine bestimmte Zeit erhärtet sind oder eine bestimmte Festigkeit erreicht haben (Bild 3-25 b)).

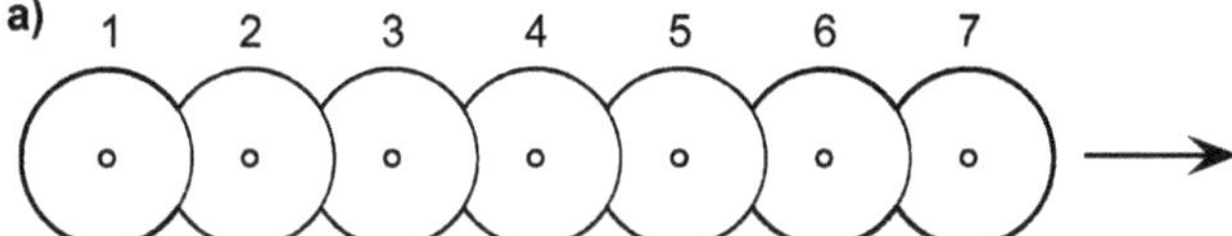

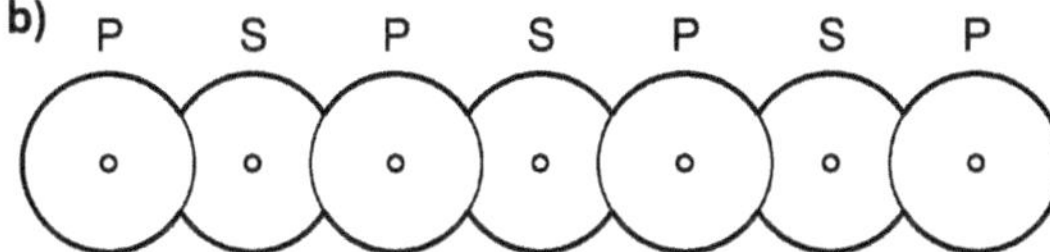

Bild 3-25 Herstellung von Düsenstrahlelementen
a) unmittelbar aufeinander folgende Herstellung benachbarter Elemente (frisch-in-frisch)
b) zeitlich versetztes Düsen benachbarter Elemente (Pilgerschrittverfahren) P = Primärelement, S = Sekundärelement

3.5.3 Herstellungsweise und Eigenschaften von Düsenstrahlelementen

Zur Herstellung der in der Regel säulenförmigen Düsenstrahlelemente aus vermörteltem Boden wird mit einer Drehbohranlage (Bild 3-26) ein Rohr bis zur Endteufe in den Baugrund gebohrt (im Regelfall mit Wasserspülung), das am unteren Ende mit seitlichen Düsen versehen ist. Beim Ziehen des Gestänges, das in der Regel mit einer gleichzeitigen Drehung verbunden ist, wird durch die Düsen im unteren Teil des Düsgestänges unter Hochdruck eine Zementsuspension ausgepresst, die in der einfachsten Verfahrensversion den Boden in der Umgebung aufschneidet und sich mit den Teilchen des aufgelösten Bodengefüges vermischt. Dabei entweicht das als „Rückfluss" bezeichnete überschüssige Zement-Wasser-Boden-Gemisch (je nach Boden das 1,1- bis 2,5fache des Elementvolumens, vgl. *Kluckert* [216]) kontrolliert über den Bohrlochringraum zum Bohrlochmund hin und kann ggf. in aufbereiteter Form wiederverwendet werden (vgl. [297]). Die Durchmesser so entstehender Düsenstrahlelemente sind u. a. abhängig von

- den Bodengegebenheiten (insbesondere der Lagerungsdichte der nichtbindigen bzw. der Konsistenz der bindigen Böden),

– der Höhe des Pumpendrucks (siehe Tabelle 3-6),
– dem Düsendurchmesser (1,5 bis 4,0 mm),
– der Ziehgeschwindigkeit des Gestänges (8,5 bis 50 cm/min) und
– der Drehfrequenz des Gestänges (5 bis 60 Umdrehungen/min).

Wird das Gestänge beim Ziehen nicht gedreht, entstehen statt kreisförmiger Säulenquerschnitte wandscheibenförmige Düsenstrahlelemente (Düsenstrahllamellen).

Tabelle 3-6 Bandbreiten der Düsenstrahlparameter (nach DIN EN 12716, Anhang B)

Düsenstrahlparameter	1-Phasensystem	2-Phasensystem (Zementsuspension + Luft)	2-Phasensystem (Wasser + Zementsuspension)	3-Phasensystem
Pumpdruck der Zementsuspension (in MPa)	30 bis 50	30 bis 50	>2	> 2
Durchflussrate der Zementsuspension (in Liter/min)	50 bis 450	50 bis 450	50 bis 200	50 bis 200
Wasserdruck (in MPa)	n. a.	n. a.	30 bis 60	30 bis 60
Durchflussrate des Wassers (in Liter/min)	n. a.	n. a.	50 bis 150	50 bis 150
Luftdruck (in MPa)	n. a.	0,2 bis 1,7	n. a.	0,2 bis 1,7
Durchflussrate der Luft (in m^3/min)	n. a.	3 bis 12	n. a.	3 bis 12

n. a. = nicht anwendbar

1 MPa = 1 MN/m^2 = 10 bar

Hinweise:

Das Maß der Auflösung des Bodengefüges hängt ab von der Geschwindigkeit des Schneidstrahls, die wiederum hauptsächlich vom Druck der Schneidstrahlflüssigkeit beeinflusst wird, und zwar: der Zementsuspension im 1-Phasensystem und im 2-Phasensystem (Zementsuspension + Luft), des Wassers im 3-Phasensystem und im 2-Phasensystem (Wasser + Zementsuspension).

Beim 1-Phasensystem und beim 2-Phasensystem (Zementsuspension + Luft) können, abweichend von den Tabellenwerten, auch Drücke ≤10 MPa eingesetzt werden (z. B. bei Düsenstrahlsäulen mit kleinem Durchmesser in sehr lockerem Boden).

Mit den derzeit neuesten Pumpeinrichtungen sind Drücke von bis zu 70 MPa und Durchflussraten von bis zu 650 Liter/min erreichbar.

In Abhängigkeit vom Typ des anstehenden Bodens und dem Anwendungszweck stehen etwa beim HDI-Verfahren der Fa. *BAUER Spezialtiefbau* [F 3] gemäß der bauaufsichtlichen Zulassung vom Januar 2014 (Zulassungsgegenstand: „BAUER (HDI)“) unterschiedliche Anwendungsformen zur Auswahl. Ihre Charakteristika sind

– ein unter Hochdruck stehender Bindemittelsuspensionsstrahl, mit dem die Bodenstruktur aufgeschnitten und vermörtelt wird (Verfahren 1, entspricht dem 1-Phasensystem gemäß DIN EN 12716, 3.4),
– das Lösen des Bodens mit einem Hochdruckwasserstrahl aus einer Düse und die Verfüllung mit Zementsuspension bei geringerem Druck über separate Düsen (Verfahren 2, entspricht dem 2-Phasensystem gemäß DIN EN 12716, 3.6),

- das gleichzeitige Einpressen eines Bindemittelsuspensionsstrahls und eines koaxialen Druckluftstrahls durch zwei separate Düsen (Verfahren 3, entspricht dem 2-Phasensystem gemäß DIN EN 12716, 3.5); die Druckluftzugabe vergrößert die Reichweite des Düsenstrahls,
- die analog zum Verfahren 2 erfolgende Vergrößerung der Schneidwirkung des Wasserstrahls durch zusätzlich ihn ummantelnde Druckluft und die Verfüllung mit Zementsuspension bei geringerem Druck über separate Düsen (Verfahren 4, entspricht dem 3-Phasensystem gemäß DIN EN 12716, 3.7).

Während das Verfahren 1 hauptsächlich bei nichtbindigen Böden zum Einsatz kommt, wird das Verfahren 2 vorwiegend bei Maßnahmen in bindigen Böden verwendet. Vergleichbare Varianten des Düsenstrahlverfahrens werden selbstverständlich auch von anderen Firmen angeboten.

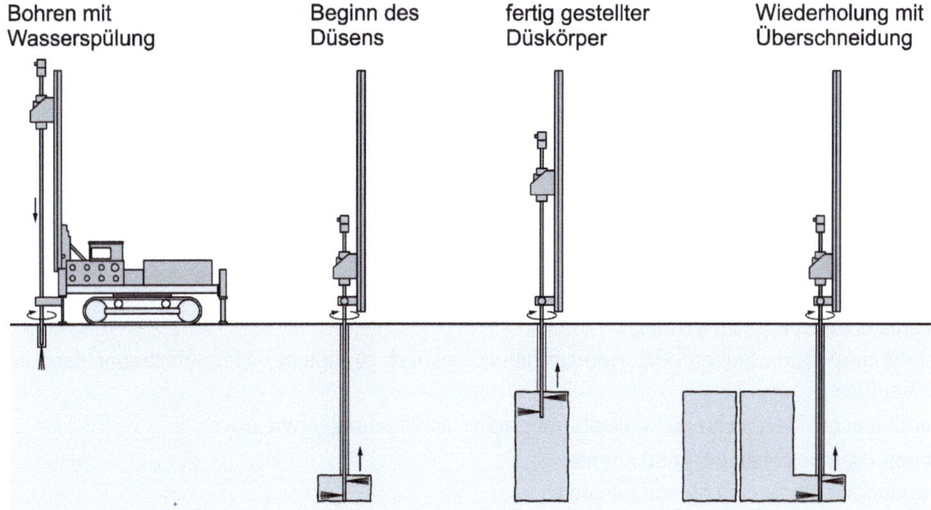

Bild 3-26 Herstellung von verfestigten Bodenkörpern mit dem Düsenstrahlverfahren

Da sich das Bohr- und Düsgestänge unproblematisch verlängern lässt, können Düsenstrahlelemente bzw. -körper bis in große Tiefen hergestellt werden.

Die an Bohrkernen nachweisbaren Festigkeiten der vermörtelten Elemente nehmen mit kleiner werdender Korngröße ab. Bei Kiesen sind Werte bis zu 25 MN/m^2 und bei organischen Böden Werte von ca. 3 MN/m^2 erreichbar.

Auch die Wasserdurchlässigkeitsbeiwerte k der Elemente sind abhängig von der Art des anstehenden Bodens. Sie liegen zwischen 10^{-7} und 10^{-9} m/s.

Hinsichtlich der Fehler, die bei der Ausführung des Düsenstrahlverfahrens auftreten können (zu kleine oder zu große Säulendurchmesser, zu geringe Säulenlängen, Abweichungen der Säulenachsen von der Sollneigung usw.) und der Möglichkeiten zu ihrer Beseitigung sei auf [216] verwiesen. Ausführungen zur Bauüberwachung sowie zu Prüfungen und Kontrollen sind in DIN EN 12716 zu finden.

3.5.4 Anwendungsmöglichkeiten

Mit dem Düsenstrahlverfahren lassen sich sowohl säulenförmige als auch lamellenartige Elemente einzeln oder in Gruppen herstellen (Bild 3-27). Sie können unterschiedliche Längen (Höhen) besitzen und sich auch miteinander verzahnen. Die Neigung der einzelnen Elemente ist beliebig wählbar.

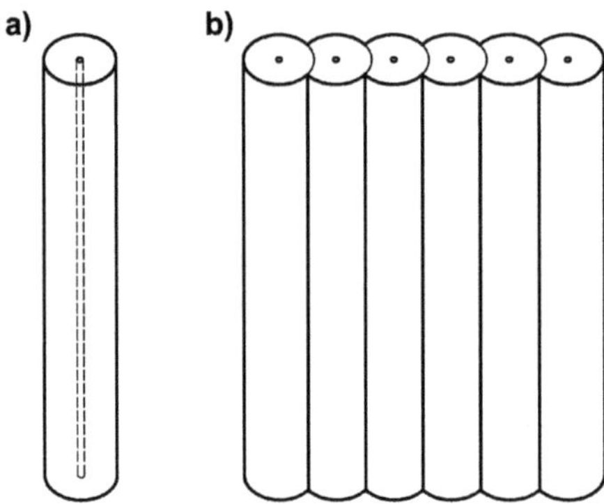

Bild 3-27 a) Düsenstrahlsäule,
b) Beispiel für Düsenstrahldichtwandsystem

Wegen der großen Variabilität des Verfahrens und der unproblematischen Möglichkeit zur Aneinanderreihung einzelner Elemente lassen sich z. B.

- Wände aus überschnittenen Säulen (Bild 3-27),
- Körper aus überschnittenen Säulen,
- überschnittene Wandscheiben oder Bodenscheiben aus sich in gleicher Tiefe überschneidenden Säulenscheiben

herstellen. Damit eröffnet sich eine Vielzahl möglicher Anwendungen wie etwa

- Unterfangungen bestehender Fundamente,
- Tiefgründungen für zu errichtende Gebäude,
- Abdichtungen (Dichtwände oder -sohlen),
- Baugrundverbesserungen,
- Schachtherstellung.

In Bild 3-28 sind solche Anwendungsmöglichkeiten dargestellt.

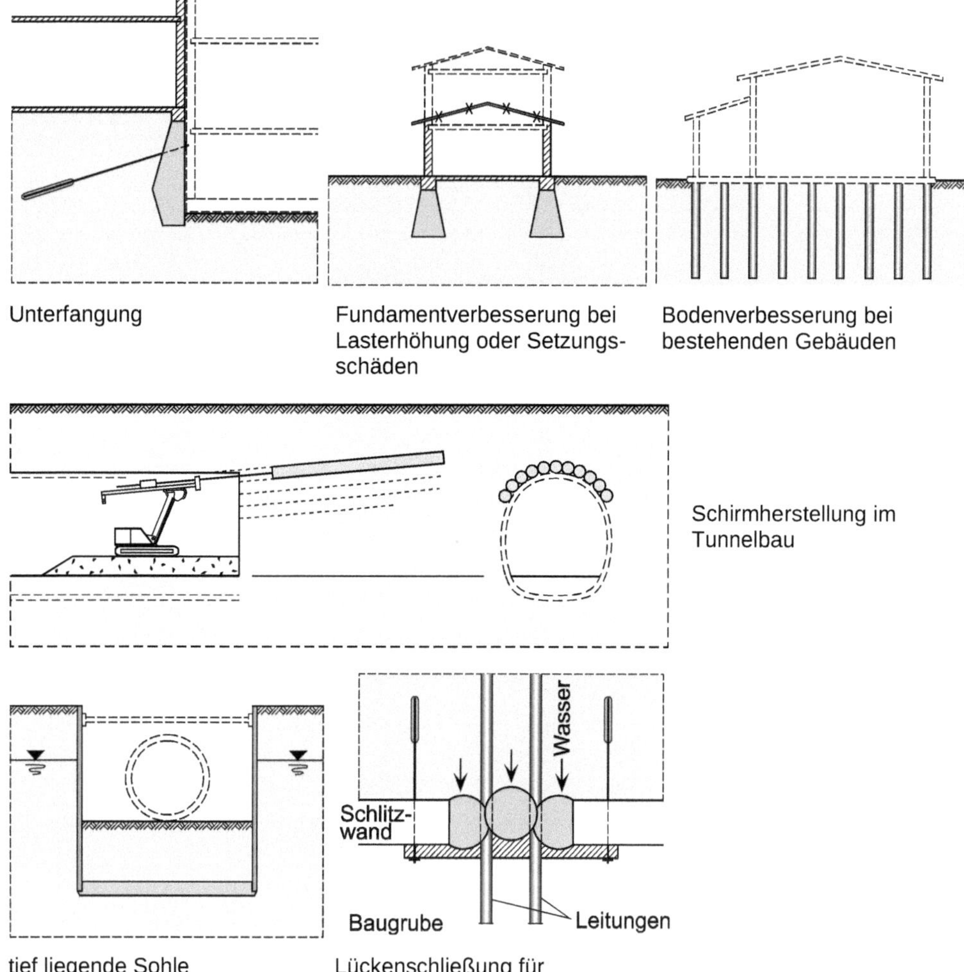

Bild 3-28 Anwendungsmöglichkeiten des Düsenstrahlverfahrens (nach Prospekt der Fa. *BAUER Spezialtiefbau* [F 3])

4 Flachgründungen

4.1 Allgemeines und Normen

4.1.1 Allgemeines

Grundbauwerke dienen vor allem zur Übertragung von Bauwerkslasten (Eigenlasten, Nutzlasten usw.) auf den tragfähigen Baugrund. In den tragenden Bauteilen (hergestellt aus Stahl, Stahlbeton, Mauerwerk usw.), die diese Lasten übernehmen, werden Spannungen in Größenordnungen erzeugt, die sich in aller Regel nicht direkt auf den Boden abtragen lassen. Deshalb werden diese Spannungen bei der Abtragung von Wand- und Stützenlasten auf den Baugrund durch die Vergrößerung der Abtragungsfläche reduziert. Konstruktive Realisierungsmöglichkeiten hierfür sind „Flächengründungen" oder „Pfahlgründungen".

Abhängig von der Lage der tragfähigen Bodenschicht werden Flächengründungen als „Flachgründungen", „Tiefgründungen" und „schwimmende Gründungen" ausgeführt. Welche der Varianten im Einzelfall in Frage kommt, hängt ab von Kriterien wie z. B. der

- Größe der Belastungen,
- Standsicherheit (ggf. auch der anderer baulicher Anlagen),
- Größe der zu erwartenden Setzungen,
- Wirtschaftlichkeit.

Gründungskonstruktionen, die z. B.

- als ausgedehnte Plattengründungen auf einem Boden herzustellen sind, der im Grundriss unterschiedliche Steifigkeitsverhältnisse aufweist,
- als Kombinierte Pfahl-Plattengründungen (KPP) auszuführen sind,
- besonders hohe Lasten aufzunehmen haben (z. B. Einzellasten über 10 MN),
- neben bestehenden Gründungen herzustellen sind, ohne dass die Voraussetzungen von DIN 4123, 7.1, 8.1 und 9.1 [73] zutreffen,
- teils als Flach- oder Flächengründung, teils als Tiefgründung ausgeführt werden sollen,
- zu hohen Türmen (z. B. Sendemaste) und Industrieschornsteinen gehören,

sind in der Regel der Geotechnischen Kategorie GK 3 zuzuordnen (vgl. DIN 1054, A 6.1.2).

4.1.2 DIN-Normen

Empfehlungen zur Berechnung der Sohldruckverteilung unter Flächengründungen können, einschließlich Erläuterungen und Berechnungsbeispielen,

- DIN 4018 [54], DIN 4018 Beiblatt 1 [55]

entnommen werden. Den Setzungs- und Standsicherheitsberechnungen (Gleiten, Kippen, Grundbruch, Geländebruch) von Einzel- und Streifenfundamenten sowie den geotechnischen Untersuchungen sind

- DIN 1054 [44] nebst DIN 1054/A2 [47], DIN 4017 [51], DIN 4017 Beiblatt 1 [52], DIN 4019 [56], DIN 4019-1 Beiblatt 1 [58], DIN 4019-2 Beiblatt 1 [60], DIN 4020 [61], DIN 4020 Beiblatt 1 [62], DIN 4084 [66], DIN EN 1997-1 [107], DIN EN 1997-1/NA [109], DIN EN 1997-2 [110] und DIN EN 1997-2/NA [111]

zugrunde zu legen. In den aufgeführten Beiblättern dieser Normen sind Erläuterungen und Berechnungsbeispiele enthalten.

Bei der Bemessung der Beton- und Stahlbetonfundamente sind die Bestimmungen von

- DIN 1045-3 [42], DIN EN 1992-1-1 [102], DIN EN 1992-1-1/A1 [103] und DIN EN 1992-1-1/NA [104]

zu berücksichtigen.

4.2 Begriffe und Grundlagen

4.2.1 Begriffe

Flächengründung die Lasten (Bauwerkslasten plus Eigenlast des Grundbauwerks) werden durch Gründungskörper beliebiger Einbindetiefe überwiegend über deren horizontale oder wenig geneigte große Sohlflächen (Aufstandsflächen) in den Baugrund eingeleitet. Auf diese Weise sind senkrechte, geneigte, zentrische oder exzentrische Kräfte übertragbar. Die sich dabei einstellenden, vorwiegend vertikalen Bodenreaktionen in der Sohlfläche werden „Sohlspannungen" genannt. Nach DIN 4018, 3 sind Flächengründungen Gründungsplatten und Gründungsstreifen, bei denen ein Nachweis der Biegemomente erforderlich ist.

Pfahlgründung die Bauwerkslasten werden durch Pfähle aufgenommen und von diesen, über Spitzendruck und/oder Mantelreibung, in den sie umgebenden Baugrund abgetragen.

Gründungstiefe (*Einbindetiefe*) senkrechter Abstand zwischen Geländeoberfläche bzw. Kellersohle und Gründungssohle.

Flachgründung Flächengründungen mit geringen Gründungstiefen (Einzelfundamente, Streifenfundamente, Gründungsbalken, Gründungsplatten und Trägerrostfundamente), bei denen die Gebäudelasten überwiegend in den Gründungssohlen auf den direkt unter dem Bauwerk anstehenden tragfähigen Baugrund übertragen werden.

Kombinierte Pfahl-Plattengründung (*KPP*) geotechnische Verbundkonstruktion, bei der die Übertragung von Bauwerkslasten in den Baugrund gemeinsam von Fundamentplatten und Pfählen übernommen wird.

Tiefgründung besitzt der Baugrund eine tragfähige Schicht, die weit unterhalb des Bauwerks liegt, wird die Last auf diese Schicht in der Regel durch Pfähle übertragen. In Fällen, in denen dennoch eine Flächengründung gewählt wird, ist dies meist mit dem Einsatz eines besonderen Gründungsverfahrens, wie z. B. dem der Senkkastengründung, verbunden.

Schwimmende Gründung sehr selten vorkommende Gründungsmethode, die ggf. realisiert wird, wenn tragfähiger Baugrund nicht mit wirtschaftlich vertretbaren Maßnahmen erreichbar ist. Das Grundbauwerk wird dann als Hohlkasten ausgebildet, dessen erforderliches Volumen sich aus der Forderung ergibt, dass die Last aus der ursprünglichen Erdauflast gleich ist der Last aus Hohlkastenlast und Bauwerkslast (inkl. Verkehrslasten). Da wegen der geringen Tragfähigkeit des den Hohlkasten umgebenden Baugrunds mit Verkantungen der Gründungskonstruktion zu rechnen ist, sind Vorrichtungen (z. B. Pressen) zu installieren, mit denen sich das Bauwerk im Bedarfsfall nachrichten lässt.

4.2.2 Untersuchungen des Baugrunds

Bei den Baugrunduntersuchungen ist nach DIN EN 1997-2, 2.2 zwischen Vor- und Hauptuntersuchungen zu unterscheiden. Voruntersuchungen sind vor allem bezüglich der Standortwahl und der Vorplanung des zu errichtenden Bauobjekts erforderlich. Hauptuntersuchungen dienen als Grundlage für den Entwurf, die Ausführungsplanung, die Ausschreibung und die Baudurchführung.

Der Aufwand der Untersuchungen hängt ab von dem Schwierigkeitsgrad der Konstruktion, den Baugrundverhältnissen und der Wechselwirkung zwischen Bauwerk und Umgebung, die nach den geotechnischen Kategorien 1, 2 oder 3 unterschieden werden. Kleine, einfache Bauobjekte gehören zur Kategorie 1, Objekte der Kategorie 3 sind als schwierig einzustufen und verlangen für ihre Bearbeitung besondere Kenntnisse und Erfahrungen auf speziellen Gebieten der Geotechnik. Hinsichtlich der erforderlichen Maßnahmen siehe z. B. [243].

4.2.3 Konstruktionen bei großen zu erwartenden Setzungsunterschieden

Große Setzungsunterschiede sind bei Baukonstruktionen zu erwarten, die z. B. stark unterschiedliche Bauhöhen einzelner Bauwerksteile aufweisen und damit entsprechend unterschiedlich große Belastungen in den Baugrund abtragen. Auch stark unterschiedliche Zusammendrückbarkeiten des Baugrunds im Bereich der Lasteintragung können die Ursache für solche Setzungsunterschiede sein.

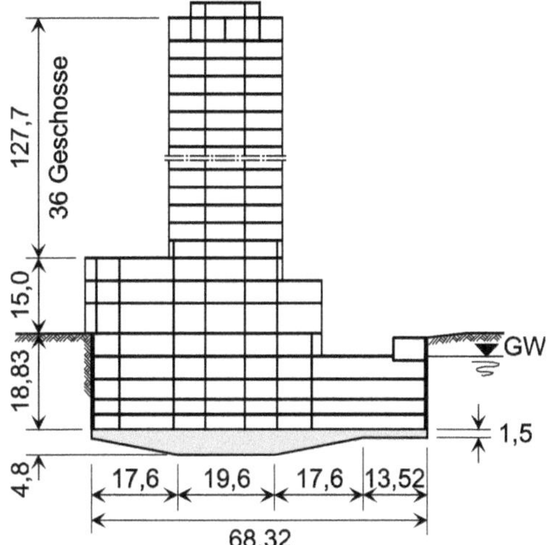

Bild 4-1 Auf einer gemeinsamen Sohlplatte gegründetes BfG-Hochhaus in Frankfurt/Main; alle Maße in m (nach [15])

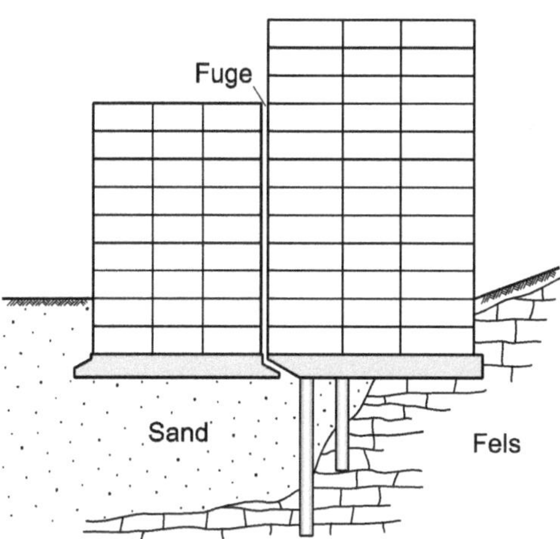

Bild 4-2 Anordnung einer Bewegungsfuge zur Trennung von Bauteilen mit einem großen zu erwartenden Setzungsunterschied (nach [293])

Zur Vermeidung von Schäden bzw. der Beeinträchtigung der Gebrauchsfähigkeit des Bauwerks lassen sich

- mehrere Bauwerksteile auf einer gemeinsamen Platte gründen (Bild 4-1),
- einzelne Bauwerksteile durch Bewegungsfugen trennen (Bild 4-2),
- unterschiedliche Bauwerksteile durch Gelenkplatten (Schlepp-Platten) bzw. Gelenkketten verbinden (Bild 4-3),
- Gründungsbereiche durch Anordnung von Trägerrosten aussteifen (vgl. Abschnitt 4.7.6).

Als Beispiel für die Gründung auf einer gemeinsamen Sohlplatte zeigt Bild 4-1 das BfG-Hochhaus in Frankfurt/Main. Die unterschiedlichen Plattendicken stellen Steifigkeitsverhältnisse her, die zu einer Minimierung der Schrägstellung des Hochhauses führen.

In Bild 4-3 ist ein Detailschnitt des Hotels *Maritim* in Travemünde dargestellt. Die Gründungskonstruktion zwischen dem 41-geschossigen Hochhaus und den gleichzeitig erstellten angrenzenden Flachbauten wurde so gestaltet, dass sie die zu erwartenden Setzungsunterschiede von bis zu 20 cm ausgleicht und sich gleichzeitig an die Setzungsmulde des Hochhauses anpasst.

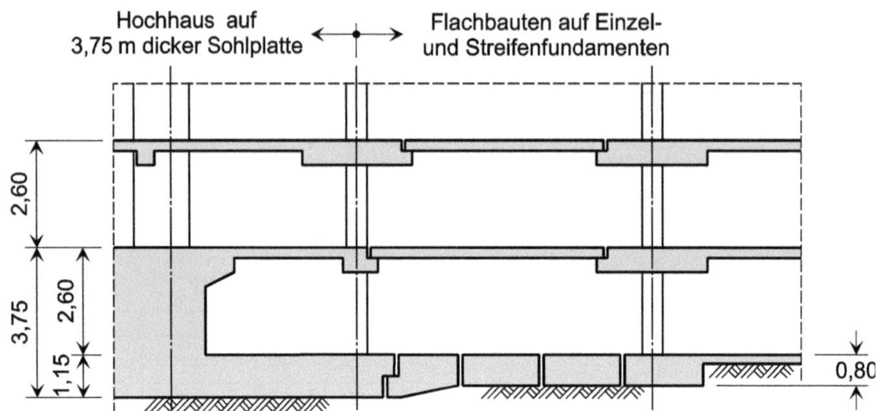

Bild 4-3 Detailschnitt des Hotels *Maritim* in Travemünde mit dem Anschluss Hochhaus-Flachbauten in Form von Gelenkketten zum Ausgleich von Setzungsunterschieden (nach [205])

4.2.4 Dehnfugen

Bei ausgedehnten Baukörpern aus Beton können

- Temperaturänderungen,
- unterschiedliche Setzungen benachbarter Bauteile,
- Kriechen und Schwinden des Betons

so große Zwänge hervorrufen, dass in der Konstruktion unkontrollierbare Risse auftreten. Zur Vermeidung solcher Risse können Gebäude durch Dehnfugen unterteilt werden. Sie müssen durch das ganze Bauwerk einschließlich der Bekleidung und des Daches gehen. Ihre Anzahl ist aus technischen und wirtschaftlichen Gründen auf das unbedingt erforderliche Mindestmaß zu begrenzen. Besonderen Anforderungen sind die Dehnfugen in Bauwerken oder Bauwerksteilen unterworfen, die im Grundwasserbereich liegen.

Der Abstand und die Breite der Fugen sind so zu wählen, dass

- die Spannungen in den Bauteilen die zulässigen Größen nicht überschreiten,
- das Dichtungsmaterial in den Fugen seine Funktion dauerhaft erfüllen kann.

Nach [169] können bei unterirdischen Linienbauwerken (z. B. Tunneln) als Anhaltswerte

- ca. 10 bis 15 m bei Bauwerken aus wasserundurchlässigem Beton,
- ca. 25 bis 30 m bei Bauwerken mit Hautabdichtung

verwendet werden. Weitere Anhaltswerte für Fugenabstände und Fugenbreiten können Tabelle 4-1 und [212] entnommen werden.

Bezüglich der Gründung von Doppelstützen bzw. Doppelwänden, die durch Dehnfugen getrennt sind, sei auf Bild 4-4 verwiesen. Es zeigt eine Fuge, die üblicherweise an der Fundamentoberkante endet. Die Weiterführung solcher Dehnfugen durch das Fundament ist nicht sinnvoll, da in den

Sohlfugen relative Horizontalverschiebungen praktisch nicht auftreten können. Darüber hinaus würde eine durchgehende Fuge Setzungssprünge im Fugenbereich zulassen.

Tabelle 4-1 Anhaltswerte für Fugenabstände und Fugenbreiten bei Tiefbauwerken aus Ortbeton (nach [168] und [212])

Art des Bauwerks	Fugenabstand (in m)	Fugenbreite *) (in cm)
Verkehrstunnel, für normale Bewegungen	15 bis 30	1,5 bis 3,0
Verkehrstunnel, im Bergsenkungsgebiet üblich	8 bis 10	5,0
unbewehrter Massenbeton	4 bis 10	0 bis 2,0
massive bewehrte Baukörper (z. B. Schleusen, Wehre, Kraftwerksbauten)	15 bis 30	2,0 bis 3,0
Stütz- und Futtermauern (normal bewehrt, auf bindigem oder nichtbindigem Untergrund)	10 bis 15	2,0
bewehrte Staumauern	15 bis 20	0 bis 2,0
Straßen und Flugplätze (unbewehrte Platten)	5 bis 7,5	0

*) 0 cm = Schein- bzw. Pressfuge (Scheinfuge: nur teilweise durchtrennter Betonquerschnitt mit ganz oder teilweise durchlaufender Bewehrung, Pressfuge: gegeneinander betonierte Bauteile oder Bauabschnitt mit unterbrochener Bewehrung)

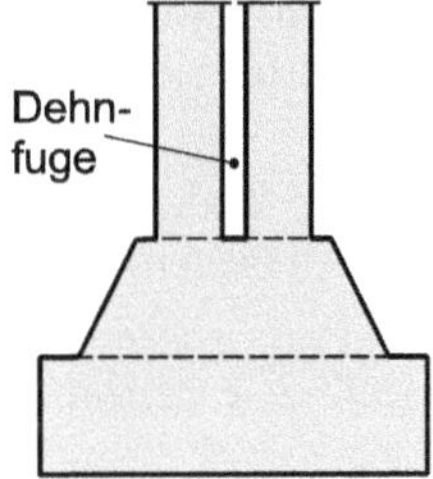

Bild 4-4 Fundament unter Dehnfuge

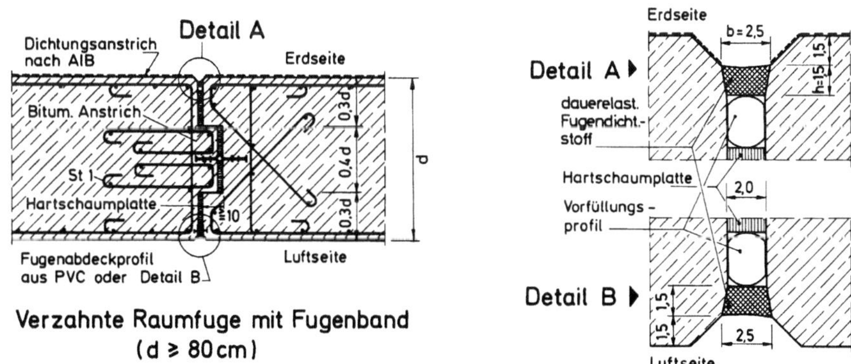

Bild 4-5 Raumfugenausbildung mit möglicher Querkraftübertragung bei Stütz- und Widerlagerwänden (aus *Klawa/Haack* [212])

In Fällen, in denen z. B. die Gegeneinanderbewegung von Bauteilen in ihrer Querrichtung zu verhindern ist, die durch eine Fuge getrennt sind oder in denen Setzungssprünge im Fugenbereich vermieden werden sollen, können die Fugen so ausgestaltet werden, dass eine Querkraftübertragung möglich wird. Bild 4-5 zeigt das Beispiel einer Raumfuge mit verdübelnder Wirkung bei Stütz- oder

Widerlagerkonstruktionen. Die eingezeichnete Bewehrung wird nur erforderlich, wenn große Querkräfte zu übertragen sind.

Dass es u. U. sinnvoll ist, auch die Gründungskonstruktion selbst durch die Anordnung einer Dehnfuge zu trennen, zeigt Bild 4-2. Bei der dargestellten Konstruktion kann an der Fuge ein Setzungssprung auftreten, da für die beiden Bauteile unterschiedlich große Setzungen zu erwarten sind. Die Größe dieses Sprungs lässt sich verringern, indem zuerst der Gebäudeteil hergestellt wird, für den die größeren Setzungen zu erwarten sind (beim Fall aus Bild 4-2: der linke Teil).

4.3 Entwurf, Auswahl und konstruktive Forderungen

4.3.1 Entwurfsgrundlagen

Für den Entwurf von Flachgründungen sind u. a. sowohl Angaben zu dem zu gründenden Bauwerk (Form, Größe, Belastung, Funktionalität usw.) als auch die Kenntnis der Baugrundgegebenheiten erforderlich. Wegen der starken wechselseitigen konstruktiven Beeinflussung von Gründung und Bauwerk ist es zweckmäßig, zu Beginn der Planung einen Vorentwurf aufzustellen, der im Zuge der weiteren Planung zu vervollständigen und ggf. zu modifizieren ist.

Ist das zu planende Bauwerk der geotechnischen Kategorie 2 oder 3 zuzuordnen (siehe hierzu DIN 1054, A 2.1.2 sowie DIN 4020, A 2.2.2, A 2.2.3 und A Anhang AA), muss für den Vorentwurf mindestens eine stichprobenhafte Beschreibung und Bewertung der Kenngrößen und Eigenschaften des vor Ort anstehenden Baugrunds vorliegen. Hierzu gehören

- Bodenprofile mit Informationen zu den Schichtdicken, Schichtgrenzenverläufen, Bodenarten, Grundwasserständen (einschließlich den zu ihren Schwankungen führenden Ursachen) und Grundwasserbeschaffenheiten (Aggressivität).

Weitere zu beachtende Gesichtspunkte für Voruntersuchungen sind in DIN EN 1997-2, 2.3 zusammengestellt.

Außerdem sind Angaben zur allgemeinen Bauwerksbeschreibung erforderlich, wie z. B. Nutzungsbeschreibung, Lageplan, Geschosspläne und Schnitte sowie die sich daraus ergebenden

- Lasten, die über die Gründungskonstruktionen in den Baugrund abzutragen sind (unter Berücksichtigung ihrer Aufteilung in ständige und nicht ständige Einwirkungen gemäß der Bemessungssituationen BS-P, BS-T und BS-A von DIN 1054).

Anzugeben sind auch besondere Bedingungen, wie z. B.

- bauaufsichtliche Auflagen,
- aus der Nachbarbebauung sich ergebende Forderungen,
- die Lage vorhandener oder geplanter unterirdischer Leitungen,
- einzuhaltende Maßgrößen für die Anordnung der Gründungskonstruktion,
- einzuhaltende Grenzwerte für Setzungen, Verschiebungen und Neigungen,
- spezielle Forderungen hinsichtlich der Baugrube (Wasserhaltung, Dichtigkeit von Trogbauwerken usw.),
- besondere Termine, die bei der Bauausführung zu beachten sind,
- zu erwartende Einschränkungen der geplanten Bauabläufe (z. B. durch Frost, Verkehr, Wasserstandsschwankungen, andere Baumaßnahmen usw.).

4.3.2 Auswahlkriterien

Die Frage, ob eine Flachgründung des geplanten Bauwerks aus technischer und wirtschaftlicher Sicht sinnvoll ist oder ob z. B. eine Tiefgründung bevorzugt werden soll, ist schon beim Vorentwurf zu beantworten. Da Flachgründungen eine unmittelbar unter der Gründungssohle anstehende ausreichend mächtige und tragfähige Schicht verlangen, ist ggf. auch zu prüfen, ob sich ein solcher Zustand mit Maßnahmen der Bodenverbesserung (z. B. Bodenverdichtung) herstellen lässt. Zur Klärung dieser Problemstellungen werden die zur Auswahl stehenden Gründungsversionen für die ungünstigste Lastfallkombination dimensioniert und danach miteinander verglichen. Dabei sind durch den Planungsstand bedingte Unwägbarkeiten, wie etwa denkbare oder geplante Nutzungsänderungen usw., in den Lastannahmen durch „vorsorgliche" Lasterhöhungen zu berücksichtigen.

Bezüglich der technischen Realisierbarkeit ist u. a. zu untersuchen, ob

- bei der Verwendung von Einzel- oder Streifenfundamenten die erforderlichen Standsicherheiten gegeben und die zu erwartenden Setzungen und Setzungsdifferenzen noch akzeptabel sind oder eine Plattengründung erforderlich wird,
- die Wirkung der absoluten Setzungen durch die geeignete Gestaltung des Zeitablaufs der Baumaßnahmen abgeschwächt werden kann (Vorwegnahme eines Teils der Setzungen).

Die Wirtschaftlichkeit wird durch den Vergleich verschiedener technisch in Frage kommender Fundamente geprüft. Zusammenzustellen sind dabei u. a. die jeweils anfallenden Personal-, Material- und Gerätekosten für

- den Aushub, den Abtransport und die Deponierung von sowie die Wiederverfüllung mit Bodenmaterial,
- die Schalung, den Beton, die Bewehrung, Dichtung und Isolierung,
- Bodenverdichtungsarbeiten,
- Maßnahmen zur Wasserhaltung und Baugrubensicherung,
- Fugenkonstruktionen,
- die ggf. erforderliche Sicherung benachbarter Bausubstanz (z. B. Unterfangungen).

4.3.3 Konstruktive Forderungen

Bei Flachgründungen ist sicherzustellen, dass der Baugrund in der Sohlfläche nicht durch strömendes Wasser ausgewaschen oder aufgelockert wird. Steht bindiger Boden an, darf dieser während der Bauzeit weder aufweichen noch auffrieren.

Lageveränderungen fertiggestellter Bauwerke durch Gefrieren oder Auftauen des Bodens (und ggf. damit verbundene Schäden bzw. Einschränkungen der Gebrauchstauglichkeit) sind durch frostfreie Gründungen zu verhindern. Die Gründungssohlen müssen deshalb unterhalb der Gefrierzone liegen (nach DIN 1054, 6.4 A (2) mindestens 0,8 m unter Gelände, vgl. auch Abschnitt 2.4). Nicht frostfrei gegründete Fundamente im Inneren von noch nicht fertiggestellten oder noch nicht genutzten Bauwerken sind in den Wintermonaten vor eindringendem Frost zu schützen.

Da beim Baugrubenaushub der Boden in Gründungssohlenhöhe in der Regel gelockert wird, ist er, besonders bei höher belasteten Fundamenten, vor der Fundamentherstellung zu verdichten.

Soll ein Fundament oder eine Gründungsplatte aus Stahlbeton unmittelbar auf dem Baugrund hergestellt werden, ist dieser, gemäß DIN 1045-3, Zu 6.2 NA Anmerkung 2, zuvor mit einer mindestens 5 cm dicken Sauberkeitsschicht (Magerbetonschicht) abzudecken, sofern keine anderen Maßnahmen zur Sicherung der Mindestbetondeckung getroffen werden. Diesbezügliche Regelungen zur

Betondeckung finden sich in DIN EN 1992-1-1, 4.4. Nach ihnen ergibt sich das Nennmaß der Betondeckung zu

$$c_{nom} = c_{min} + \Delta c_{dev} \qquad \text{Gl. 4-1}$$

c_{min} bzw. Δc_{dev} sind die Mindestbetondeckung (dient zur Sicherstellung des Schutzes der Bewehrung und der Übertragung von Verbundkräften) bzw. das Vorhaltemaß (berücksichtigt unplanmäßige Abweichungen), deren Größe abhängig ist von der Expositionsklasse des Bauteils (vgl. nachstehendes Anwendungsbeispiel).

Anwendungsbeispiel

Zu bestimmen ist das Nennmaß c_{nom} der Betondeckung eines schlaff zu bewehrenden und in einer nassen, selten trockenen Umgebung herzustellenden Fundaments aus Normalbeton C25/30 für eine Nutzungsdauer von 50 Jahren. Die Stabdurchmesser der Betonstahlbewehrung haben die Größe $\varphi = 18$ mm.

Lösung

Nach DIN EN 1992-1-1, Tabelle 4.1 ist dem Fundament die Expositionsklasse XC2 zuzuordnen (nasse bzw. selten trockene Umgebung). Wegen des für das Fundament verwendeten Betons C25/30 ergibt sich nach Tabelle 4.4DE und Tabelle 4.3DE von DIN EN 1992-1-1/NA als Mindestbetondeckung (zur Nutzungsdauer von 50 Jahren gehört die Anforderungsklasse S3)

$$c_{min} = 20 - 5 = 15 \text{ mm}$$

Da nach DIN EN 1992-1-1, Tabelle 4.2 außerdem

$$c_{min} \geq \phi = 18 \text{ mm}$$

gefordert wird, ergibt sich die Mindestbetondeckung zu $c_{min} = 18$ mm. Das Vorhaltemaß hat nach DIN EN 1992-1-1/NA, NPD Zu 4.4.1.3 (1)P die Größe $\Delta c_{dev} = 15$ mm und muss, gemäß 4.4.1.3 (4) von DIN EN 1992-1-1 und DIN EN 1992-1-1/NA, bei Vorhandensein einer Sauberkeitsschicht um mindestens $k_1 = 20$ mm und bei der Herstellung unmittelbar auf dem Baugrund um mindestens $k_2 = 50$ mm erhöht werden. Damit ergeben sich als Nennmaße

$$c_{nom} = c_{min} + \Delta c_{dev} = 18 + (15 + 20) = 53 \text{ mm} \qquad \text{(mit Sauberkeitsschicht)}$$

$$c_{nom} = c_{min} + \Delta c_{dev} = 18 + (15 + 50) = 83 \text{ mm} \qquad \text{(ohne Sauberkeitsschicht)}$$

4.4 Einwirkungen und Widerstände

4.4.1 Einwirkungen

Die Nachweise der Tragfähigkeit (ULS) und der Gebrauchstauglichkeit (SLS) von Flach- und Flächengründungen setzen die Kenntnis der resultierenden Beanspruchungen in deren Sohlflächen voraus. Diese ergeben sich aus (Bild 4-6)

- Gründungslasten aufliegender Bauwerke gemäß DIN 1054, A 2.4.2.3 A (1), die in der Regel als Schnittgrößen an der Oberkante der Gründungskörper wirken (zur Ermittlung der Gründungslasten siehe DIN 1054, A 2.4.2.3 A (2)),
- geotechnischen Einwirkungen gemäß DIN EN 1997-1, 2.4.2 (4) und DIN 1054, A 2.4.2.2 (z. B. Eigenlast des Gründungsbauwerks, Erddruck, Wasserdruck, dynamische Einwirkungen usw.),
- ggf. zu berücksichtigenden Bodenreaktionen an den Stirnseiten der Gründungskörper.

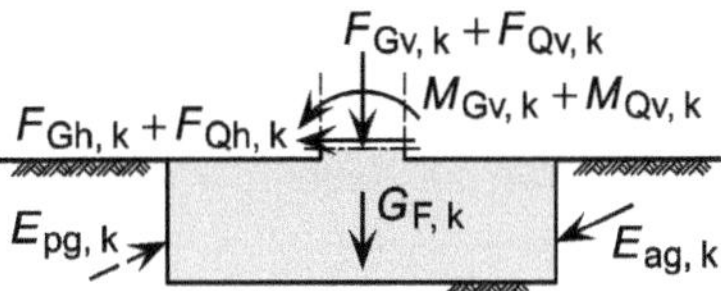

Bild 4-6 Charakteristische Beanspruchungen (*F*, *M*) und Einwirkungen (*G*, *E*) eines Einzelfundaments

Statt der charakteristischen Einwirkungen aus Bild 4-6 können auch die statisch äquivalenten Kräfte $V_{G,k}$ (ständiger Anteil) und $V_{Q,k}$ (ungünstiger veränderlicher Anteil), die rechtwinklig zur Sohlfläche und im Allgemeinen exzentrisch angreifen, sowie die entsprechenden, parallel zur Sohlfläche angreifenden Kräfte $H_{G,k}$ und $H_{Q,k}$ betrachtet werden. Die Multiplikation dieser Kräfte mit den Teilsicherheitsbeiwerten γ_G (ständige Einwirkungen) und γ_Q (ungünstige veränderliche Einwirkungen) gemäß

$$V_d = V_{G,k} \cdot \gamma_G + V_{Q,k} \cdot \gamma_Q \quad \text{und} \quad H_d = H_{G,k} \cdot \gamma_G + H_{Q,k} \cdot \gamma_Q \qquad \text{Gl. 4-2}$$

liefert die Bemessungswerte V_d und H_d der Beanspruchung (Bild 4-7). Zu beachten ist dabei, dass die Zahlenwerte von γ_G und γ_Q in ihrer Größe von dem jeweils zu behandelnden Grenzzustand abhängen.

In Fällen, in denen mehrere veränderliche und voneinander unabhängige charakteristische Einwirkungen $N_{Q,k,i}$ bzw. $T_{Q,k,i}$ gleichzeitig auftreten können, sind diese in einer „Kombination" zusammenzufassen (siehe hierzu Abschnitt 1.3.2).

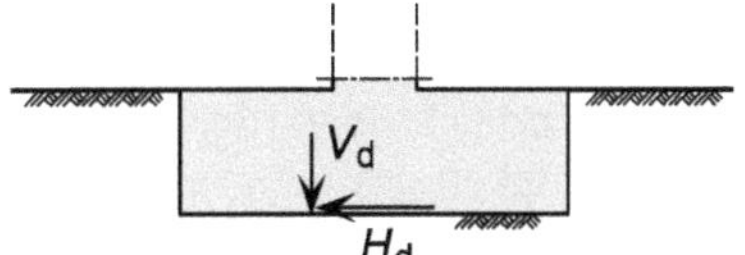

Bild 4-7 Zu Bild 4-6 gehörende Bemessungswerte der Beanspruchung in der Sohlfuge

4.4.2 Widerstände des Baugrunds

Die am Gründungsbauwerk anzusetzenden Widerstände des Baugrunds sind abhängig von der zu betrachtenden Versagensform. Sie wirken parallel oder normal zur Sohlfläche und ggf. auch an der Stirnfläche des Fundaments.

Zu unterscheiden sind die Fälle

- Gleiten (in der Sohlfläche ist der Gleitwiderstand R_h und an der Fundamentstirnseite ggf. der Erdwiderstand R_p als Schnittlast anzusetzen; Weiteres siehe Abschnitt 6.5.3 von DIN EN 1997-1 und DIN 1054),
- Grundbruch (als Schnittlast anzusetzen ist der normal zur Sohlfläche wirkende Grundbruchwiderstand R_v, die ggf. an der Fundamentstirnseite anzusetzende Bodenreaktion *B* ist nach DIN 1054, 6.5.2.2 A (10) als Einwirkung zu behandeln; Weiteres siehe Abschnitt 6.5.2 von DIN EN 1997-1 und DIN 1054).

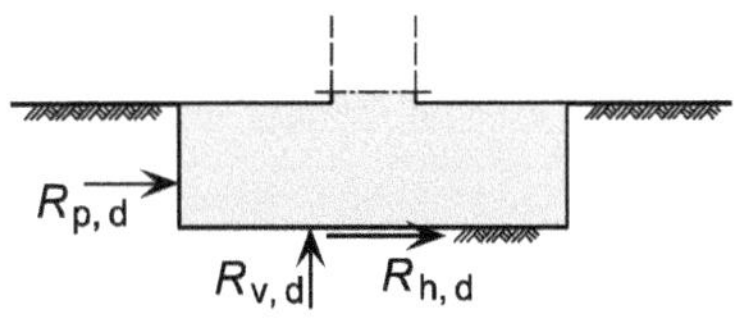

Bild 4-8 Mögliche Lage der Bemessungsgrößen der Widerstände des Baugrunds bei einem Einzelfundament

Eine mögliche Lage der Bemessungswerte der einzelnen Widerstandsgrößen zeigt Bild 4-8. Mit den zum Grenzzustand GEO-2 gehörenden Teilsicherheitsbeiwerten $\gamma_{R,h}$ (Gleitwiderstand), $\gamma_{R,e}$ (Erdwiderstand) und $\gamma_{R,v}$ (Grundbruchwiderstand) berechnen sich ihre Größen aus denen der entsprechenden charakteristischen Werte mittels

$$R_{h,d} = \frac{R_{h,k}}{\gamma_{R,h}} \qquad R_{p,d} = \frac{R_{p,k}}{\gamma_{R,e}} \qquad R_{v,d} = \frac{R_{v,k}}{\gamma_{R,v}} \qquad \text{Gl. 4-3}$$

4.5 Äußere Tragfähigkeit und Gebrauchstauglichkeit

Nach Abschluss der Vorbemessung des Fundaments mit einer geschätzten Fundamenteigenlast und einer geschätzten Erdauflast können die endgültigen Nachweise seiner Tragfähigkeit und seiner Gebrauchstauglichkeit geführt werden. Dabei sind die nachstehenden Punkte zu bearbeiten.

– Bei stark exzentrisch belasteten Gründungen (Ausmittigkeit der Lastresultierenden bei Rechteckfundamenten > $^1/_3$ der Seitenlänge und bei Kreisfundamenten > 0,6facher Radius) auf nichtbindigen und bindigen Böden müssen gemäß DIN EN 1997-1, 6.5.4 besondere Maßnahmen getroffen werden. Nach DIN 1054, 6.5.4 A (3) bedeutet dies, dass die Sicherheit gegen Gleichgewichtsverlust durch Kippen (Grenzzustand EQU) nachzuweisen ist. Der Kippnachweis darf mit Hilfe von

$$E_{dst,d} \leq E_{stb,d} \quad \text{bzw.} \quad \mu = \frac{E_{dst,d}}{E_{stb,d}} \leq 1 \qquad \text{Gl. 4-4}$$

geführt werden. Darin sind $E_{dst,d}$ bzw. $E_{stb,d}$ die Bemessungswerte der destabilisierenden bzw. stabilisierenden Einwirkungen (Momente) um eine fiktive Kippkante am Fundamentrand und μ der Ausnutzungsgrad. Da die tatsächliche „Kippkante" in der Fundamentfläche liegt (ihr Abstand von der fiktiven Kippkante hängt ab von der Steifigkeit und Scherfestigkeit des Baugrunds), ist der Nachweis mittels Gl. 4-4 um die Nachweise der Gebrauchstauglichkeit gemäß DIN 1054, A 6.6.5 zu ergänzen. Hierzu ist für die Bemessungssituation BS-P und ggf. auch für BS-T die maßgebende Sohldruckresultierende zu ermitteln (weist die größte Ausmittigkeit auf). Sie ergibt sich aus der ungünstigsten Kombination der charakteristischen bzw. repräsentativen Einwirkungen und darf,

  - bei ausschließlich ständigen Einwirkungen, nicht außerhalb der 1. Kernweite liegen, da sonst ein Klaffen der Sohlfuge auftritt,
  - bei ständigen und veränderlichen Einwirkungen, nicht außerhalb der 2. Kernweite liegen, da sonst die Klaffung der Gründungssohle über den Sohlflächenschwerpunkt hinausgeht (die Gründungssohle des Fundaments bleibt nicht mehr bis zu ihrem Schwerpunkt durch Druck belastet).

  Angaben zur 1. und 2. Kernweite sowie zulässige Ausmittigkeiten sind in DIN 1054, A 6.6.5 zu finden.

– Zur Gewährleistung ausreichender Sicherheit gegen Grundbruch ist für den Grenzzustand GEO-2 die Einhaltung der Bedingung

$$V_d \leq R_{v,d} \qquad \text{Gl. 4-5}$$

nachzuweisen (zu den verwendeten Größen siehe Abschnitt 4.4). Einzelheiten zur Nachweisführung sind in DIN EN 1997-1, 6.5.2, DIN 1054, 6.5.2 und DIN 4017 sowie DIN 4017 Beiblatt 1 zu finden.

- Um ausreichende Sicherheit gegen Gleiten nachzuweisen, ist zu zeigen, dass für den Grenzzustand GEO-2 die Bedingung

$$H_{\mathrm{d}} \leq R_{\mathrm{h,d}} + R_{\mathrm{p,d}} \qquad \text{Gl. 4-6}$$

  erfüllt ist (zu den verwendeten Größen siehe Abschnitt 4.4). Einzelheiten zur Nachweisführung sind in Abschnitt 6.5.3 von DIN EN 1997-1 und DIN 1054 zu finden. Bezüglich der zulässigen Verschiebungen beim Nachweis der Gebrauchstauglichkeit (Grenzzustand SLS) ist auf DIN 1054, A 6.6.6 zu verweisen.
- Setzungen sind nach DIN EN 1997-1, 6.6.2 und DIN 1054, 6.6.2 A(3) im Rahmen der Gebrauchstauglichkeit (Grenzzustand SLS) und unter Berücksichtigung von DIN 4019 (nebst DIN 4019-1 Beiblatt 1 und DIN 4019-2 Beiblatt 1) sowohl als Sofortsetzungen als auch als Konsolidations- und Kriechsetzungen zu ermitteln. Sollen sie bei der Bemessung des Tragwerks berücksichtigt werden, sind sie nach DIN 1054, 6.6.2 A (20) als charakteristische Werte anzugeben
  - in Form vorsichtiger Schätzwerte des Mittelwerts (wahrscheinliche Setzungen) als auch
  - als kleinste und größte zu erwartende (mögliche) Setzungen.

  Bezüglich der Fundamentbewegungen ist auf DIN EN 1997-1, 2.4.8 und insbesondere auf DIN EN 1997-1, 2.4.9 hinzuweisen. Hinsichtlich gerade noch verträglicher Verformungen, Verdrehungen und Verschiebungen von Flächengründungen wird in DIN 1054, 2.4.9 (1)P auf [182], Kapitel 3.1, Abschnitt 3.2.12 verwiesen. Ist davon auszugehen, dass ungleichmäßige Setzungen der Gründung bzw. von Gründungsteilen zu Schäden am Bauwerk oder in dessen Umgebung führen können, sind, nach DIN 1054, A 6.6.5 A (5), die Verdrehungen in Anlehnung an Abschnitt 6.6.2 (nicht 6.6.3) von DIN EN 1997-1 und DIN 1054, A 6.6.5 zu ermitteln.
- Liegen einfache Fälle gemäß DIN 1054, A 6.10 vor, dürfen die Nachweise für die Grenzzustände Grundbruch und Gleiten sowie der Gebrauchstauglichkeit (Setzungsnachweise) ersetzt werden durch die Verwendung von Erfahrungswerten des Bemessungswerts $\sigma_{\mathrm{R,d}}$ des Sohlwiderstands (vgl. nachstehendes Anwendungsbeispiel). Ergibt sich mit dem Bemessungswert $\sigma_{\mathrm{E,d}}$ der Sohldruckbeanspruchung und dem Ausnutzungsgrad μ

$$\sigma_{\mathrm{E,d}} \leq \sigma_{\mathrm{R,d}} \quad \text{bzw.} \quad \mu = \frac{\sigma_{\mathrm{E,d}}}{\sigma_{\mathrm{R,d}}} \leq 1 \qquad \text{Gl. 4-7}$$

  dürfen die Nachweise der Grundbruch- und Gleitsicherheit entfallen. Auch auf die Berechnung der zu erwartenden Setzungen und Setzungsunterschiede kann verzichtet werden, wenn die diesbezüglichen zulässigen Größen die in DIN 1054, A 6.10.2 (nichtbindiger Boden) und DIN 1054, A 6.10.3 (bindiger Boden) angegebenen ungefähren Setzungswerte nicht unterschreiten.
- Taucht der Gründungskörper in das Grundwasser ein bzw. liegt der Grundwasserspiegel oberhalb der Gründungssohle, ist ggf. nachzuweisen, dass eine ausreichende Sicherheit gegen Aufschwimmen (Grenzzustand des Versagens durch Aufschwimmen, UPL) vorliegt (vgl. hierzu DIN 1054, A 6.10.2.3).
- Dient das Fundament als Gründungskörper eines turmartigen Bauwerks, sind Stabilitätsnachweise im Sinne der Theorie 2. Ordnung zu führen (siehe hierzu auch [182], Kapitel 3.1, Abschnitt 3.2.6).
- Ist das Fundament
  - in der Nähe oder gar auf einer Böschung,
  - neben einer Baugrube oder einem Stützbauwerk,
  - neben einem Fluss, einem See, einem Kanal, einem Staubecken oder am Meeresufer,
  - in der Nähe von Bergbauten oder von unterirdischen Bauwerken

angeordnet, ist der Nachweis der Gesamtstandsicherheit (Grenzzustand GEO-3) gemäß DIN EN 1997-1, 11 und DIN 4084 zu führen.

Anwendungsbeispiel

Nach DIN 1054, A 6.10 ist zu prüfen, ob die zur Bemessungssituation BS-P gehörenden Belastungen des Einzelfundaments aus Bild 4-9 unter der Voraussetzung zulässig sind, dass die Setzungen Werte von ungefähr 2 cm überschreiten. Der Setzungswert gehört, gemäß DIN 1054, A 6.10.2.1, zu Erfahrungswerten des Bemessungswerts $\sigma_{R,d}$ des Sohlwiderstands nach DIN 1054, Tabelle A 6.2 (Bemessungswerte $\sigma_{R,d}$ unter Berücksichtigung einer Begrenzung der Setzungen).

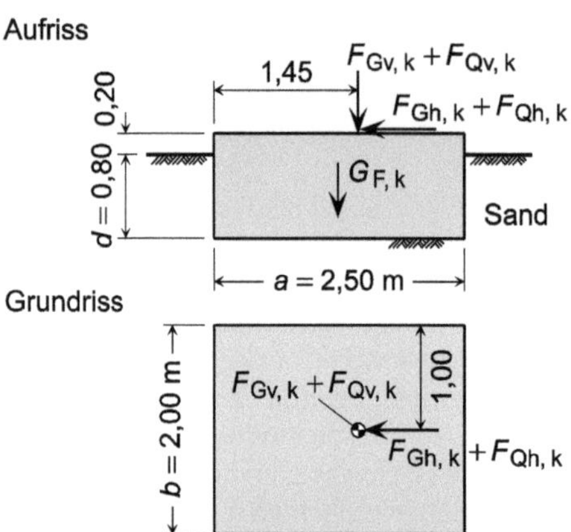

Bild 4-9 Einzelfundament mit den charakteristischen Beanspruchungen und Einwirkungen für den Sohlspannungsnachweis nach DIN 1054

Ergebnisse von Bodenaufschlüssen und Laboruntersuchungen zeigen, dass der Baugrund ein enggestufter Sand (SE, gemäß DIN 18196) ist, dessen Ungleichförmigkeitszahl $C_U = 4{,}5$ und dessen Lagerungsdichte $D = 0{,}65$ (nach DIN 18126 [81]) beträgt.

Für den Nachweis sind als Fundamentbelastungen

$$F_{Gv,k} = 700 \text{ kN}$$

$$F_{Qv,k} = 500 \text{ kN}$$

$$F_{Gh,k} = 100 \text{ kN}$$

$$F_{Qh,k} = 100 \text{ kN}$$

und als Wichte des Fundamentbetons

$$\gamma_{b,k} = 25{,}0 \text{ kN/m}^3$$

anzusetzen.

Lösung

Mit der charakteristischen Eigenlast des Fundaments

$$G_{F,k} = 2{,}50 \cdot 2{,}00 \cdot 1{,}00 \cdot \gamma_{b,k} = 5{,}00 \cdot 25{,}0 = 125 \text{ kN}$$

ergeben sich als charakteristische Belastungen in der Sohlfuge des Fundaments

$$V_{G,k} = F_{Gv,k} + G_{F,k} = 700 + 125 = 825 \text{ kN}$$
$$V_{Q,k} = F_{Qv,k} = 500 \text{ kN}$$
$$H_{G,k} = F_{Gh,k} = 100 \text{ kN}$$
$$H_{Q,k} = F_{Qh,k} = 100 \text{ kN}$$

und

$$V_k = V_{G,k} + V_{Q,k} = 825 + 500 = 1325 \text{ kN}$$
$$H_k = H_{G,k} + H_{Q,k} = 100 + 100 = 200 \text{ kN}$$

deren vertikale Komponente V_k zum Sohlflächenmittelpunkt die Exzentrizität

$$e_k = \frac{(F_{Gv,k} + F_{Qv,k}) \cdot (1{,}45 - 1{,}25) - (F_{Gh,k} + F_{Qh,k}) \cdot 1{,}00}{V_k} = \frac{1200 \cdot 0{,}2 - 200 \cdot 1{,}0}{1325} = 0{,}03 \text{ m}$$

aufweist.

Aus den obigen charakteristischen Belastungsgrößen ergeben sich mit den zum Grenzzustand GEO-2 und zur Bemessungssituation BS-P gehörenden Teilsicherheitsbeiwerten $\gamma_G = 1{,}35$ und $\gamma_Q = 1{,}50$ (vgl. Tabelle 1-2 bzw. DIN 1054, Tabelle A 2.1) die Bemessungswerte

$$F_{Gv,d} = F_{Gv,k} \cdot \gamma_G = 700 \cdot 1{,}35 = 945 \text{ kN}$$
$$G_{F,d} = G_{F,k} \cdot \gamma_G = 125 \cdot 1{,}35 = 168{,}75 \text{ kN}$$
$$V_{G,d} = F_{Gv,d} + G_{F,d} = 945 + 168{,}75 = 1113{,}75 \text{ kN}$$
$$V_{Q,d} = F_{Qv,k} \cdot \gamma_G = 500 \cdot 1{,}5 = 750 \text{ kN}$$
$$V_d = V_{G,d} + V_{Q,d} = 1113{,}75 + 750 = 1863{,}75 \text{ kN}$$
$$H_{G,k} = F_{Gh,k} \cdot \gamma_G = 100 \cdot 1{,}35 = 135 \text{ kN}$$
$$H_{Q,k} = F_{Qh,k} \cdot \gamma_Q = 100 \cdot 1{,}5 = 150 \text{ kN}$$
$$H_d = H_{G,d} + H_{Q,d} = 135 + 150 = 285 \text{ kN}$$

und mit ihnen die Exzentrizität der vertikalen Komponente V_d zum Sohlflächenmittelpunkt

$$e_d = \frac{(F_{Gv,d} + V_{Q,d}) \cdot (1{,}45 - 1{,}25) - H_d \cdot 1{,}00}{V_d} = \frac{1695 \cdot 0{,}2 - 285 \cdot 1{,}0}{1863{,}75} = 0{,}03 \text{ m}$$

die reduzierte Sohlfläche

$$A' = (a - e_d) \cdot b = (2{,}50 - 0{,}03) \cdot 2{,}00 = 4{,}94 \text{ m}^2$$

und der zu diesen Größen gehörende Bemessungswert der Sohldruckbeanspruchung

$$\sigma_{E,d} = \frac{V_d}{A'} = \frac{1863{,}75}{4{,}94} = 377{,}3 \text{ kN/m}^2$$

Nach Tabelle A 6.2 von DIN 1054 (gilt für ausreichende Grundbruchsicherheit und eine Setzungsbegrenzung auf ungefähr 2 cm bei Fundamentbreiten $b > 1{,}50$ m) berechnet sich der Bemessungswert $\sigma_{E,d}$ des Sohlwiderstands des vorliegenden Falles mittels linearer Interpolation zu

$$\sigma_{R,d} = 390 + \frac{430 - 390}{1{,}00 - 0{,}50} \cdot 0{,}30 = 414 \text{ kN/m}^2$$

Sein Vergleich mit der Sohldruckbeanspruchung $\sigma_{E,d}$

$$\sigma_{E,d} = 377{,}3\ \text{kN/m}^2 < \sigma_{R,d} = 414{,}0\ \text{kN/m}^2 \qquad \mu = \frac{\sigma_{E,d}}{\sigma_{R,d}} = \frac{377{,}3}{414{,}0} = 0{,}91 < 1{,}0$$

zeigt, dass die Belastungen des Einzelfundaments aus Bild 4-9 zulässig sind.

Die Nachweisführung ist erlaubt, da die diesbezüglichen Bedingungen aus DIN 1054, A 6.10 erfüllt sind. Hierzu gehört u. a., dass

- der anstehende, zur Bodengruppe SE gehörende Sand mit der Ungleichförmigkeitszahl $C_U = 4{,}5$ eine mittlere Lagerungsdichte von $D \geq 0{,}65$ aufweisen muss (vgl. DIN 1054, Tabelle A 6.4),
- für die Neigung der resultierenden charakteristischen Beanspruchung in der Sohlfläche die Bedingung $H_k/V_k \leq 0{,}2$ erfüllt sein muss; im vorliegenden Fall gilt

$$\frac{H_k}{V_k} = \frac{200}{1350} = 0{,}148 < 0{,}2$$

- die zu ständigen und veränderlichen Einwirkungen gehörende Sohldruckresultierende der charakteristischen Beanspruchung innerhalb der 2. Kernweite liegt; im vorliegenden Fall bedeutet das

$$e_k = 0{,}03\ \text{m} < \frac{b}{3} = \frac{2{,}50}{3} = 0{,}833\ \text{m}$$

- die Sohldruckresultierende der aus ständigen Einwirkungen sich ergebenden charakteristischen Beanspruchung innerhalb der 1. Kernweite liegt; im vorliegenden Fall bedeutet das

$$e_k = \frac{F_{Gv,k} \cdot (1{,}45 - 1{,}25) - F_{Gh,k} \cdot 1{,}00}{F_{Gv,k} + G_{F,k}} = \frac{700 \cdot 0{,}2 - 100 \cdot 1{,}00}{700 + 125} = 0{,}05\ \text{m} < \frac{b}{6} = \frac{2{,}50}{6} = 0{,}417\ \text{m}$$

4.6 Einzelfundamente

Einzelfundamente dienen zur Abtragung von Lasten aus Konstruktionen wie Stützen, Treppenhauskernen, Türmen und Schornsteinen auf Baugrund mit ausreichender Tragfähigkeit.

Da Baugrund in der Regel geringere Beanspruchungen aufnehmen kann als das Material der lastabtragenden Konstruktion, muss das Fundament die Funktion eines „Spannungstransformators“ erfüllen. Es übernimmt die Konstruktionslast gemäß Bild 4-10 e) über eine vergleichsweise kleine Kontaktfläche A_K (hohe Spannungen) und überträgt sie über eine größere Fläche A_S (Sohlfläche) auf den Baugrund (kleine Spannungen). Solche „Konstruktionsverbreiterungen“ werden üblicherweise aus unbewehrtem Beton oder Stahlbeton hergestellt. In früheren Zeiten wurden sie auch als Mauerwerkfundamente ausgeführt; heute ist, wegen der hohen Lohn- und Materialkosten, diese Ausführungsform nicht mehr üblich.

Bei den in Bild 4-10 b) und Bild 4-10 c) dargestellten Fundamentversionen reduziert sich gegenüber der Rechteckform zwar der Betonbedarf, gleichzeitig ergibt sich aber ein erhöhter Schalungsaufwand (besonders bei dem Fall aus Bild 4-10 c)), bei dem noch das Problem des aufwärts gerichteten Schalungsdrucks infolge des Auftriebs des frischen Betons zu berücksichtigen ist). Beide Aspekte sind bei entsprechenden Wahlmöglichkeiten gegeneinander abzuwägen, wobei auf eine Zusatzschalung im angeschrägten Bereich verzichtet werden kann, wenn der entsprechende Neigungswinkel den Wert von etwa 25° nicht überschreitet.

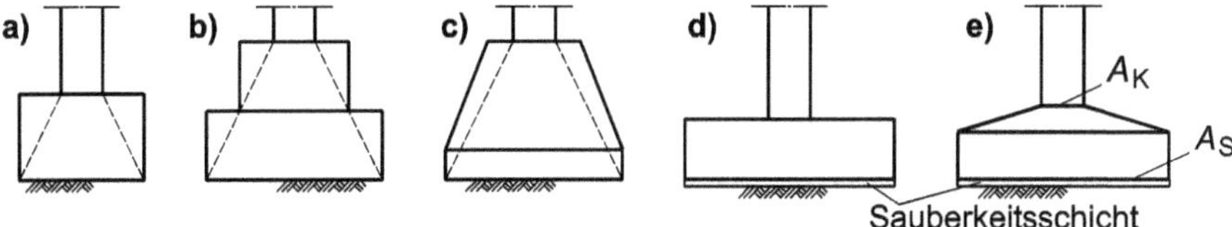

Bild 4-10 Ansichten von Einzelfundamenten
Unbewehrter Beton: a) rechteckig, b) abgetreppt, c) abgeschrägt
Stahlbeton: d) rechteckig, e) abgeschrägt

4.6.1 Unbewehrte Betonfundamente

Unbewehrte Betonfundamente können direkt auf der ausgehobenen Sohlfläche hergestellt werden, eine Sauberkeitsschicht kann entfallen. Sofern hinreichend standfester Boden ansteht, kann direkt gegen die abgestochenen Seitenwände betoniert werden.

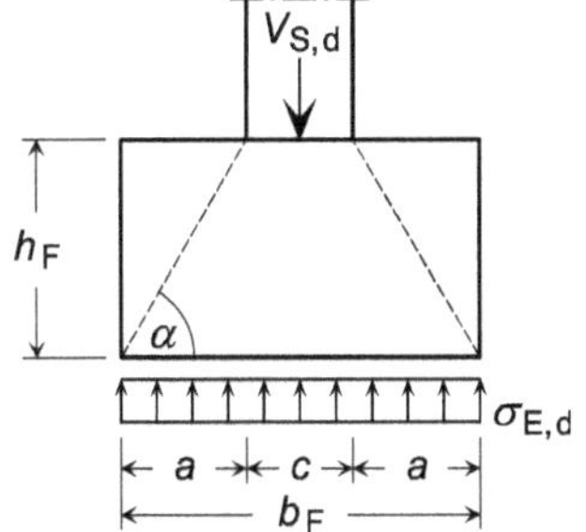

Bild 4-11 Einzelfundament mit Belastungen und geometrischen Abmessungen

Bei der Dimensionierung von zentrisch belasteten Fundamenten aus unbewehrtem Beton ist die Größe des Winkels α, unter dem sich der Bemessungswert $V_{S,d}$ der Last aus der Konstruktion in das Fundament ausbreitet, von maßgeblicher Bedeutung, da er einerseits die Zugspannungen an der Fundamentunterseite erheblich beeinflusst und andererseits solche Fundamente nur geringe Zugspannungen aufnehmen können. Der letztlich zulässige tan-Wert (Verhältnis der Fundamenthöhe h_F zur Auskragungslänge a, Bild 4-11) ist abhängig von der aus $V_{S,d}$ sich ergebenden Druckspannung $\sigma_{E,d}$ in der Sohlfuge und von der Festigkeitsklasse des zu verwendenden Betons bzw. dem Bemessungswert der Zugfestigkeit des Betons nach DIN EN 1992-1-1, 12.3.1 (2) sowie DIN EN 1992-1-1/NA, NDP Zu 12.3.1 (1)

$$f_{\text{ctd, pl}} = \frac{\alpha_{\text{ct, pl}} \cdot f_{\text{ctk, 0,05}}}{\gamma_C} = \frac{0{,}7 \cdot f_{\text{ctk, 0,05}}}{\gamma_C} \qquad \text{Gl. 4-8}$$

In der Gleichung erfasst $f_{\text{ctk, 0,05}}$ den charakteristischen Wert des 5 %-Quantils der zentrischen Betonzugfestigkeit und γ_C den Teilsicherheitsbeiwert des Betons. Wegen der geringen Verformungsfähigkeit des unbewehrten Betons ist nach DIN EN 1992-1-1/NA, Tabelle NA.2.1 für ständige und vorübergehende Bemessungssituationen $\gamma_C = 1{,}5$ und für außergewöhnliche Bemessungssituationen $\gamma_C = 1{,}3$ anzusetzen. Nach DIN EN 1992-1-1/NA, NCI Zu 12.6 darf für den Beton rechnerisch keine höhere Festigkeitsklasse als C35/45 oder LC20/22 angesetzt werden.

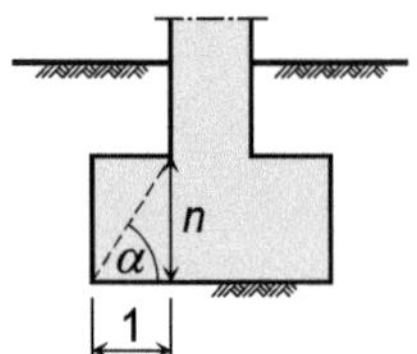

Bild 4-12 Normiertes Abmessungsverhältnis bei einem Einzelfundament

Für die Bemessung solcher unbewehrter Betonbauteile darf nach DIN EN 1992-1-1, 12.9.3 für die zulässigen n-Werte der Lastausbreitung die Gleichung

$$\operatorname{zul} n = \operatorname{zul} \tan\alpha = \frac{h_F}{a} \geq \frac{1}{0{,}85} \cdot \sqrt{\frac{3 \cdot \sigma_{E,d}}{f_{ctd,pl}}} \qquad \text{Gl. 4-9}$$

verwendet werden (die Bemessungswerte der Bodenpressung $\sigma_{E,d}$ und der Betonzugfestigkeit $f_{ctd,pl}$ sind in der gleichen Dimension einzusetzen). Bei der Wahl normierter Fundamentabmessungsverhältnisse gemäß Bild 4-12 steht n für die Höhe des Fundaments. Statt Gl. 4-9 darf gemäß DIN EN 1992-1-1, 12.9.3 vereinfachend auch

$$n \geq 2 \qquad \text{Gl. 4-10}$$

angesetzt werden. Wird ein Fundament breiter ausgeführt (n-Wert unterschreitet den zulässigen Wert), ist es für Biegung zu bemessen und der Nachweis gegen Durchstanzen zu führen.

Mit Gl. 4-9 bzw. Gl. 4-10 ergibt sich für die Mindesthöhe des Fundaments mit konstanten Bemessungswerten der Sohlspannungen $\sigma_{E,d}$

$$\operatorname{erf} h_F \geq a \cdot \operatorname{zul} n = \frac{a}{0{,}85} \cdot \sqrt{\frac{3 \cdot \sigma_{E,d}}{f_{ctd,pl}}} \quad \text{bzw.} \quad \operatorname{erf} h_F \geq 2 \cdot a \qquad \text{Gl. 4-11}$$

bzw. für den größten zulässigen Überstand von der Stütze an

$$\operatorname{zul} a \leq \frac{h_F}{\operatorname{zul} n} = \frac{0{,}85 \cdot h_F}{\sqrt{\dfrac{3 \cdot \sigma_{E,d}}{f_{ctd,pl}}}} \quad \text{bzw.} \quad \operatorname{zul} a \leq \frac{h_F}{2} \qquad \text{Gl. 4-12}$$

In Bild 4-13 wird für Normalbeton der Festigkeitsklassen C12/15 bis C35/45 der Verlauf der unteren Begrenzungslinien für zulässige n-Werte dargestellt (vgl. auch Anwendungsbeispiel auf Seite 101). Die Begrenzung auf $n \geq 1$ wird von *Litzner* [222] empfohlen.

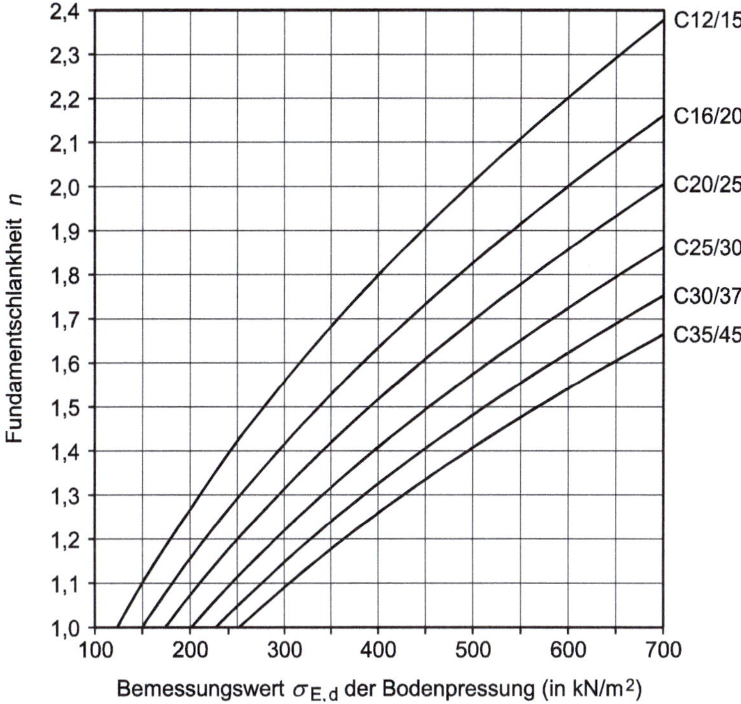

Bild 4-13 Zulässige Fundamentschlankheiten n für unbewehrte Einzelfundamente aus Normalbeton sowie ständige und vorübergehende Bemessungssituationen ($\gamma_C = 1{,}5$)

4.6.2 Stahlbetonfundamente

Der Einsatz von Stahlbetonfundamenten wird in der Regel erforderlich, wenn große Kräfte und Momente abzutragen sind (Bild 4-14).

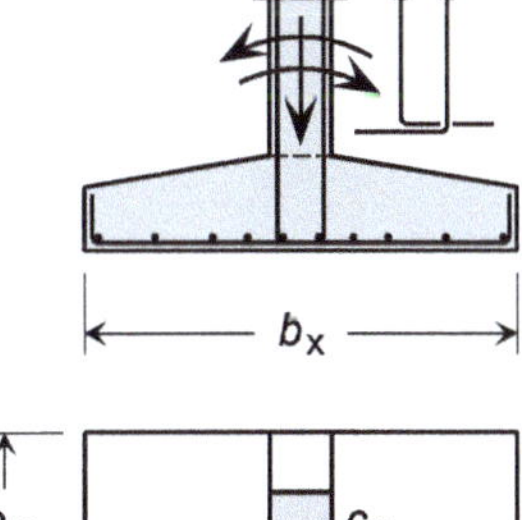

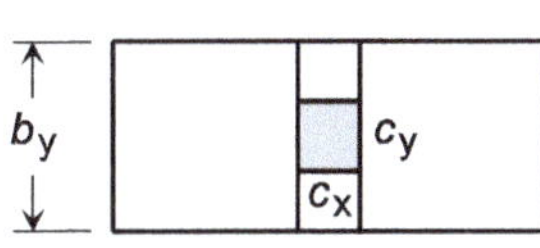

Bild 4-14 Schnitt und Draufsicht eines Einzelfundaments zur Aufnahme von Stützenkräften und zusätzlichen Momenten (nach [221])

Da bei Fundamenten dieses Typs die Biegezugspannungen nicht vom Beton, sondern durch die Bewehrung aufgenommen werden, erfordern sie im Vergleich zu gleich stark belasteten unbewehrten Betonfundamenten eine deutlich geringere Konstruktionshöhe und damit einen geringeren Aushub und Betonbedarf. Von Vorteil ist die geringere Aushubtiefe auch in den Fällen, in denen Wasserhaltungsmaßnahmen erforderlich sind, da sie weniger große Absenktiefen verlangt und damit zu geringeren Fördermengen führt (vgl. auch Abschnitt 8.10).

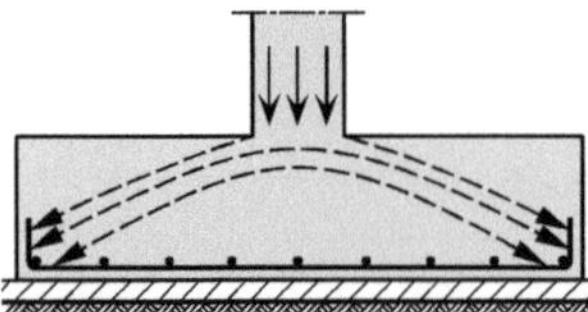

Bild 4-15 Lastabtragung über „Sprengwerk mit Zugband"

Bei sehr mangelhaftem oder gar fehlendem Verbund von Beton und Bewehrung (z. B. infolge starker Verschmutzung der Bewehrung vor dem Betonieren) bildet sich im Beton ein Gewölbe aus, das in Verbindung mit der Bewehrung wie ein „Sprengwerk mit Zugband" wirkt (Bild 4-15). Da sich solche Effekte nicht gänzlich vermeiden lassen, ist die erforderliche Biegezugbewehrung über die gesamte Fundamentlänge grundsätzlich ungestaffelt anzuordnen und am Ende entsprechend zu verankern (zur Verankerung siehe DIN EN 1992-1-1, 8.4).

In der Regel werden Einzelfundamente mit rechteckigem oder quadratischem Grundriss und kreuzweiser Bewehrung ausgeführt. Bei höheren Belastungen sind, zur Rissbreitenverringerung, achteckige Grundrissformen mit auf vier Lagen verteilter Bewehrung vorteilhaft (Bild 4-16).

Unterliegt ein Einzelfundament einer ständigen exzentrischen Beanspruchung (Beanspruchungskomponenten *V*, *H* und *M* am Stützenfuß), ist seine relative Lage zur Einleitungsstelle der Beanspruchung möglichst so zu wählen, dass die Resultierende *R* der Beanspruchung durch den Schwerpunkt der Sohlfläche des Fundaments verläuft (Bild 4-17). Die mögliche Anordnung der Bewehrung eines solchen Fundaments zeigt Bild 4-18.

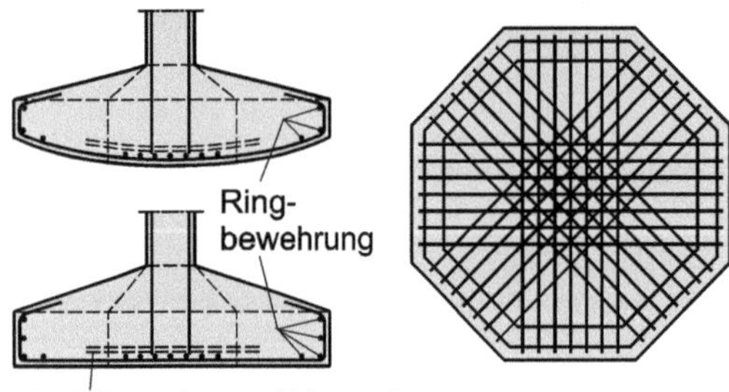

Bild 4-16 Achteckiges Fundament bei großen Abmessungen und hoher Belastung mit Ringbewehrung für Wirkung als Kreisplatte (nach [221])

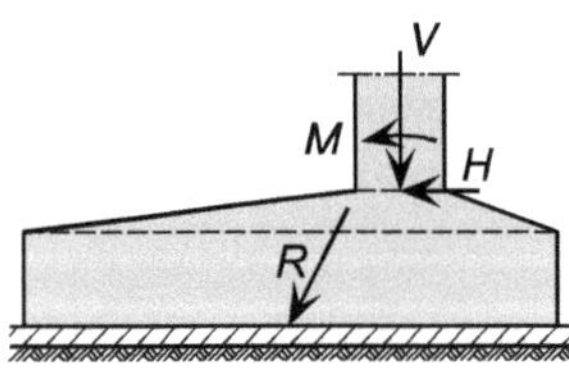

Bild 4-17 Anordnung eines Fundaments bei ständig ausmittiger Beanspruchung

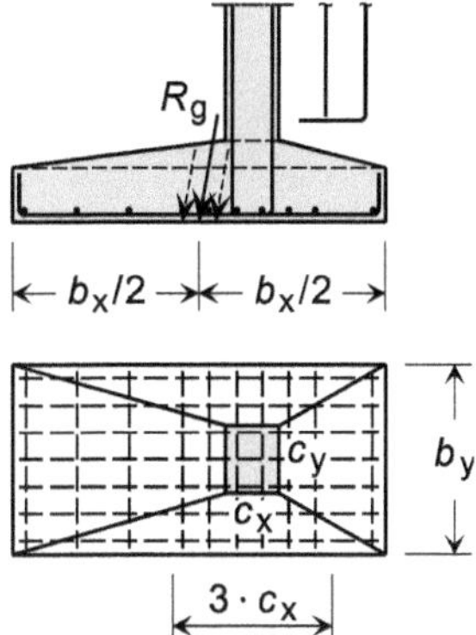

Bild 4-18 Bewehrung eines ausmittig belasteten Fundaments (nach [221])

4.6.3 Gestaltung

Die Gestaltung eines Einzelfundaments wird vor allem bestimmt durch die Aufgabe, Beanspruchungen aus der Überbaukonstruktion aufzunehmen und an den Baugrund weiterzuleiten. Deshalb sind die Grundriss- und Querschnittsform des Fundaments so zu wählen, dass

- die vertikale Komponente der Resultierenden der Beanspruchung in der Sohlfläche des Fundaments im Inneren des Kernbereichs der Sohlfläche wirkt und eine möglichst kleine Exzentrizität aufweist (Minimierung der Momentenwirkung durch Wahl einer Fundamentgrundrissfläche mit entsprechend großer Kernweite),
- die horizontale Komponente der Beanspruchungsresultierenden möglichst weit oberhalb der Sohlfuge aufgenommen wird (z. B. durch Bodenplatte oder Anker).

Darüber hinaus sollte, auch aus Herstellungsgründen, ein möglichst einfacher Grundriss (doppelsymmetrische Formen bevorzugen!) und ein möglichst einfacher Querschnitt so gewählt werden, dass sich eine gleichmäßige Steifigkeit des Fundaments ergibt und auf dieser Basis eine einfache und wirklichkeitsnahe Berechnung der Sohlspannungen und Schnittlasten des Fundaments erfolgen kann (Bild 4-19).

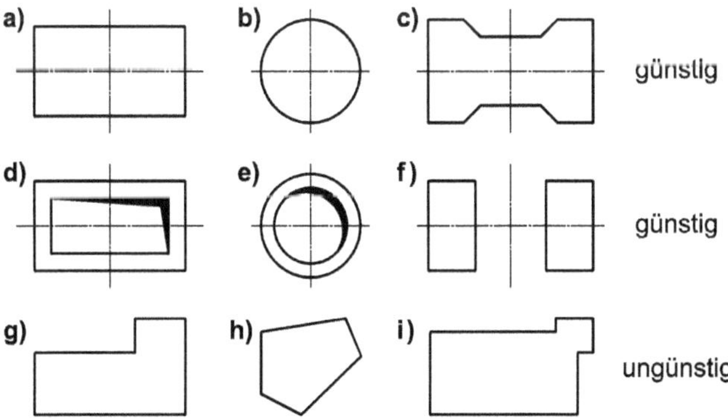

Bild 4-19 Bewertung von Fundament-Grundrissformen (nach [180], Kap. 3.1)
a, b: Regelformen; d, e: günstige Kernweiten zur Vermeidung klaffender Fugen;
c, f: überwiegende Momentenwirkung um eine Achse; g, h, i: Verkantungen zu erwarten

Zur Verdeutlichung der Bedeutung der Grundrissgeometrie sei auf das nachstehende Anwendungsbeispiel des Gebrauchstauglichkeitsnachweises eines Einzelfundaments verwiesen.

Anwendungsbeispiel

Das Einzelfundament aus Bild 4-20 ist auf mitteldicht gelagertem nichtbindigem Boden herzustellen. Für seine Gebrauchstauglichkeit (SLS) gemäß DIN 1054, 6.6 ist nachzuweisen, dass die Lage der zu der charakteristischen ständigen Beanspruchung gehörenden Sohldruckresultierenden nach DIN 1054, A 6.6.5 zulässig ist.

Hinweis: die in Bild 4-20 eingetragene charakteristische Größe $F_{G,k}$ enthält auch die Eigenlast des Fundaments mit den gewählten Seitenlängen $a = b = 2$ m und der Grundrissfläche $A = a \cdot b = 2 \cdot 2 = 4\,m^2$.

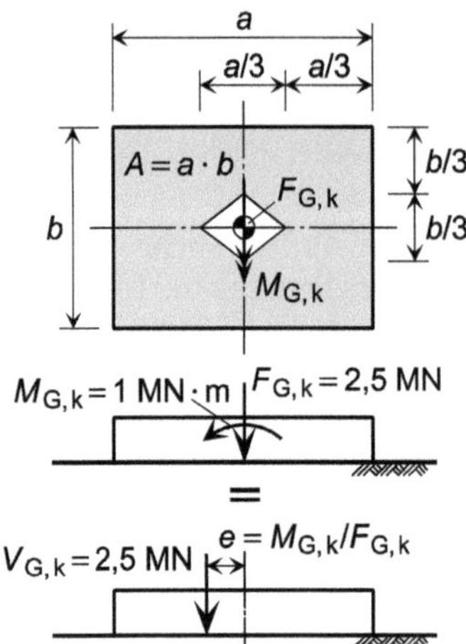

Bild 4-20 Einzelfundament mit den charakteristischen Werten der ständigen Normalkraft- und Momentenbeanspruchung

Lösung

Die Exzentrizität der im unteren Teil von Bild 4-20 dargestellten statisch äquivalenten Beanspruchung $V_{G,k}$ beträgt

$$e = \frac{M_{G,k}}{F_{G,k}} = \frac{1\,MN \cdot m}{2{,}5\,MN} = 0{,}4\,m$$

Mit der Beziehung

$$\frac{a}{6} = \frac{2\,m}{6} = 0{,}33\,m < 0{,}4\,m$$

für die halbe 1. Kernweite des gewählten quadratischen Fundaments (Bild 4-20, oberer Teil) zeigt sich, dass die zu der charakteristischen ständigen Beanspruchung gehörenden Sohldruckresultierende $V_{G,k}$ außerhalb der 1. Kernweite liegt und somit ein Klaffen der Sohlfuge bewirkt. Dies ist gemäß DIN 1054, A 6.6.5 A (2) bei charakteristischen Beanspruchungen aus ständigen Einwirkungen nicht zulässig.

Um dennoch eine zulässige Lage der Sohldruckresultierenden zu erhalten, wird als Ersatz ein im Grundriss flächengleiches rechteckiges Fundament mit den Seitenlängen $a = 2{,}5$ m und $b = 1{,}6$ m gewählt (Grundrissfläche $A = a \cdot b = 2{,}5 \cdot 1{,}6 = 4\,m^2$), für dessen halbe Kernweite

$$\frac{a}{6} = \frac{2{,}5\,\text{m}}{6} = 0{,}417\,\text{m} > 0{,}4\,\text{m}$$

gilt. Damit ist die Lage der Sohldruckresultierenden $V_{G,k}$ nach DIN 1054, A 6.6.5 A (2) zulässig, da die Normalkraft $F_{G,k}$ jetzt innerhalb der 1. Kernweite liegt und kein Klaffen der Sohlfuge hervorruft.

4.6.4 Sohldruckverteilung

Bei genaueren Untersuchungen kann die Sohldruckverteilung nach der Halbraumtheorie berechnet werden, wobei das Fundament als elastisch gebetteter Körper modelliert wird. Im Zuge dieser Berechnungen treten vor allem in den Randzonen relativ steifer Fundamente Plastizierungsvorgänge im Boden auf. Sie verhindern eine Konzentration der Sohldruckverteilung in diesen Bereichen und müssen mit Hilfe von Bruchbedingungen und Gleichgewichtsbetrachtungen erfasst werden.

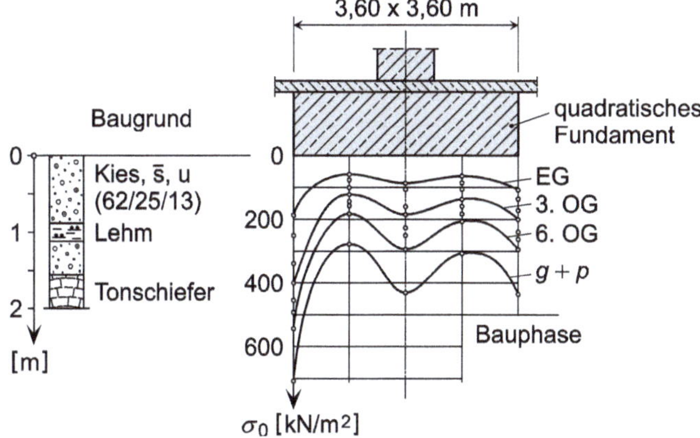

Bild 4-21 Unter einem Einzelfundament gemessene Sohldruckverteilung (nach [180], Kap. 3.1)

Dass die bei vielen praktischen Aufgabenstellungen getroffene und in der Regel auch ausreichende Annahme geradlinig verlaufender Sohldruckverteilungen eine mehr oder weniger grobe Vereinfachung darstellt, lässt sich z. B. anhand von Messungen (Bild 4-21) zeigen. Das Schema der qualitativen Veränderungen der Sohlspannungsverteilung bei steigender Belastung ist in Bild 4-22 dargestellt. Hinsichtlich des Vergleichs von Mess- und Berechnungsergebnissen der zu Bild 4-21 gehörenden Sohldruckverteilungen sei auf [174] verwiesen.

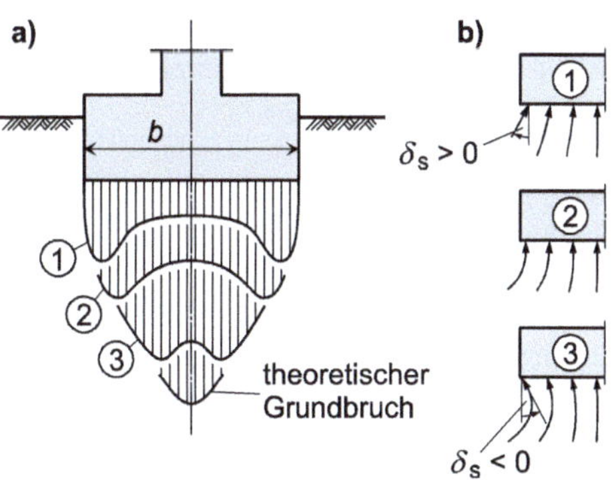

Bild 4-22 Schema der Sohlspannungsentwicklung unter einem Fundament bei Laststeigerung bis zum Grundbruch (nach [181], Kap. 3.1)
a) Verteilung
b) Spannungstrajektorien

Bei enger benachbarten Fundamenten ist die gegenseitige Beeinflussung bei der Lastabtragung und den damit verbundenen Setzungen und Standsicherheiten zu beachten. Besitzen die Fundamente sehr unterschiedliche Größen, ist das große vor dem kleinen herzustellen, da das große Fundament insbesondere das Setzungsverhalten des kleinen bestimmt.

4.6.5 Biegebemessung von Stahlbetonfundamenten

Das Gesamtmoment, das als Bemessungsmoment zur Ermittlung der Biegebewehrung von Einzelfundamenten nach den Regeln aus DIN EN 1992-1-1 und Heft 240 des DAfStb [172] erforderlich ist, ergibt sich zu

$$M_{\mathrm{E,d}} = \frac{V_{\mathrm{E,d}} \cdot b}{8} \cdot \left(1 - \frac{c}{b}\right) \qquad \text{Gl. 4-13}$$

Der Gleichung liegt, gemäß Bild 4-23, die Annahme zugrunde, dass die Stützenkraft

$$V_{\mathrm{E,d}} = \gamma_{\mathrm{G}} \cdot V_{\mathrm{G,k}} + \gamma_{\mathrm{Q}} \cdot V_{\mathrm{Q,k}} \qquad \text{Gl. 4-14}$$

gleichmäßig über den Stützenquerschnitt, und die zugehörige Sohldruckspannung gleichmäßig über die Sohlfläche verteilt ist (γ_{G} und γ_{Q} sind die zu den charakteristischen Stützenlasten $V_{\mathrm{G,k}}$ und $V_{\mathrm{Q,k}}$ gehörenden Teilsicherheitsbeiwerte).

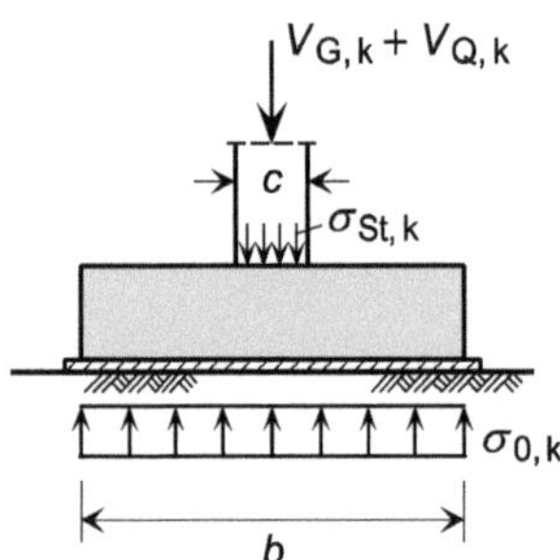

Bild 4-23 Spannungsverteilung in der Stütze und in der Sohlfuge für die Herleitung des Bemessungsmoments

Damit ergibt sich die Herleitung der Gleichung des Bemessungsmoments in der Stützenmitte nach den Regeln der Statik

$$M_{\mathrm{E,d}} = \frac{V_{\mathrm{E,d}}}{2} \cdot \frac{b}{4} - \frac{V_{\mathrm{E,d}}}{2} \cdot \frac{c}{4} = \frac{V_{\mathrm{E,d}}}{8} \cdot (b - c) = \frac{V_{\mathrm{E,d}} \cdot b}{8} \cdot \left(1 - \frac{c}{b}\right) \qquad \text{Gl. 4-15}$$

In Bild 4-24 ist für das Beispiel des Gesamtmoments $M_{\mathrm{E,d,x}}$ der Momentenverlauf über die Seitenlänge b_{x} dargestellt. Darüber hinaus wird die Verteilung von $M_{\mathrm{E,d,x}}$ im Schnitt A–A angegeben; sie kann als Empfehlung verstanden werden, wie die zu $M_{\mathrm{E,d,x}}$ gehörende und parallel zur Seitenlänge b_{x} zu verlegende Biegebewehrung über die Seitenlänge b_{y} zu verteilen ist.

Untersuchungen an quadratischen Stahlbetonfundamenten wurden von *Dieterle* und *Rostásy* [41] auf der Basis der klassischen Theorie dünner Platten durchgeführt. Die auch durch Versuche untermauerten Ergebnisse zeigen, dass wirklichkeitsnähere Schnittlasten unter der Annahme ermittelt werden können, dass die Übertragung der Stützenkraft V_{St} nicht durch gleichmäßig über den Stützenquerschnitt verteilte Spannungen, sondern durch vier Einzellasten erfolgt, die in den Eckpunkten der Stütze anzusetzen sind (Bild 4-25). Die Gründe hierfür liegen in der Durchbiegung der Platte, der die sehr viel steifere Stütze nicht in gleichem Maße folgen kann (sie stützt sich gewissermaßen nur noch in ihren Ecken auf der verformten Platte ab) sowie in den Kraftanteilen der Stützenlängsbewehrung, die in den Stützenecken eingeleitet werden.

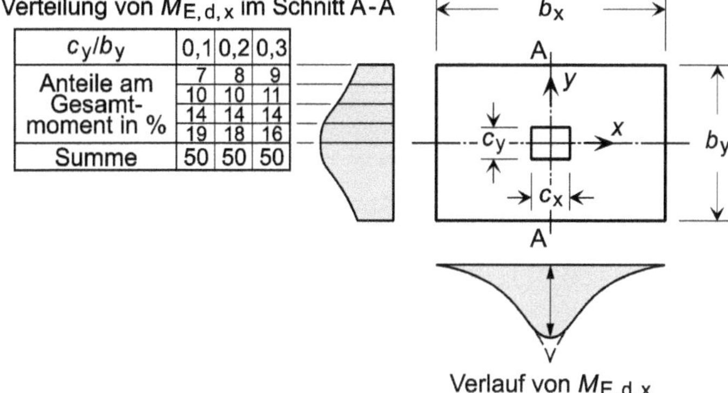
Verteilung von $M_{E,d,x}$ im Schnitt A-A

c_y/b_y	0,1	0,2	0,3
Anteile am Gesamtmoment in %	7	8	9
	10	10	11
	14	14	14
	19	18	16
Summe	50	50	50

Bild 4-24 Verlauf und Verteilung des für die Fundamentbemessung anzusetzenden Gesamtbiegemoments $M_{E,d,x}$ (erzeugt Normalspannungen in x-Richtung) für mittig belastete rechteckige Fundamente (nach [172])

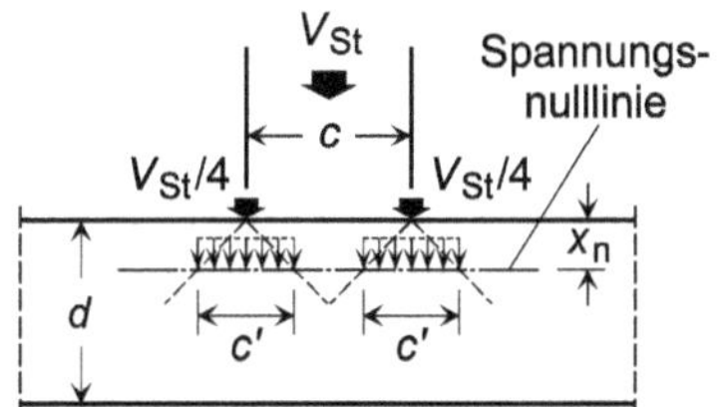

Bild 4-25 Idealisierter Kräfteübergang von der Stütze in die Platte für die Schnittlastenberechnung (nach [40])

Bleibt vereinfachend die Verteilung der vier Teilkräfte gemäß Bild 4-25 unberücksichtigt ($c' = 0$), ergibt sich aus dem Momentengleichgewicht das Gesamtbiegemoment in der Fundamentmitte

$$M_{\text{(Mitte)}} = \frac{V_{St}}{2} \cdot \frac{b}{4} - \frac{V_{St}}{2} \cdot \frac{c}{2} = \frac{V_{St}}{8} \cdot (b - 2 \cdot c) = \frac{V_{St} \cdot b}{8} \cdot \left(1 - \frac{2 \cdot c}{b}\right) \qquad \text{Gl. 4-16}$$

Die Größe dieses Moments wird überschritten durch die des Gesamtmoments am Stützenrand, das sich mittels

$$\max M = \frac{V_{St}}{b} \cdot \left(\frac{b}{2} - \frac{c}{2}\right) \cdot \frac{1}{2} \cdot \left(\frac{b}{2} - \frac{c}{2}\right) = \frac{V_{St} \cdot b}{8} \cdot \left(1 - \frac{c}{b}\right)^2 \qquad \text{Gl. 4-17}$$

als für die Bemessung ausschlaggebendes Moment berechnen lässt.

Wie sich dieses Moment, das sich durch die Integration der Momente m über die Fundamentseitenlänge b ergibt, in Abhängigkeit von dem Verhältnis c/b über die Tiefe (y-Richtung) des quadratischen Fundaments verteilt, zeigt der rechte Teil von Bild 4-26 für den Fall des Moments M_x (ergibt sich aus der Integration der Momente m_x). Im linken Teil des Bildes ist der Verlauf von m_x über die Koordinate x dargestellt.

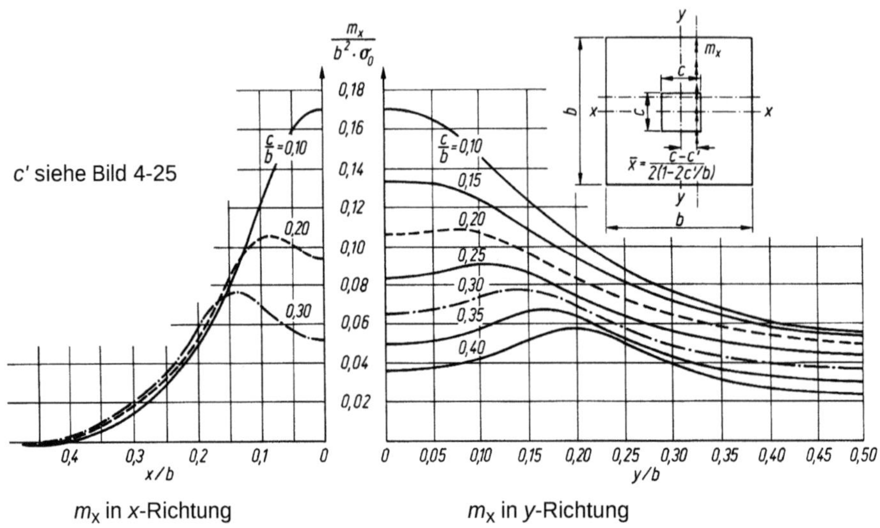

Bild 4-26 Verlauf der Biegemomente *mx* (Moment pro Längeneinheit) in Abhängigkeit von *c*/*b* (nach [180], Kap. 3.1)

4.6.6 Nachweis gegen Durchstanzen bei Stahlbetonfundamenten

Auf das Problem des Durchstanzens von Einzelfundamenten mit Biegebewehrung wird u. a. in [38] eingegangen. Als mögliche Ursachen für dieses lokale, spröde Bauteilversagen unter konzentriert angreifenden Vertikallasten kommen danach in Frage

- die Überschreitung der Betonzugfestigkeit,
- ein Versagen der Betondruckzone,
- ein lokales Verbundversagen der Biegezugbewehrung,
- die unzureichende Verankerung der Durchstanzbewehrung.

In 6.4 von DIN EN 1992-1-1 und DIN EN 1992-1-1/NA werden Modelle für die Bemessung beim Durchstanzen verwendet (siehe auch DIN EN 1992-1-1/A1), wie sie in Bild 4-27 für die Fälle der Lasteinleitung über kreisrunde bzw. quadratische Stützen gezeigt sind. Für den Abstand a_{crit} des kritischen Rundschnitts vom Stützenrand gilt dabei in Abhängigkeit von der Fundamentschlankheit

$$\lambda = \frac{a_\lambda}{d} \qquad \text{Gl. 4-18}$$

(*d* steht für die mittlere statische Nutzhöhe des Fundaments und ist der Mittelwert der statischen Nutzhöhen in *x*- und *y*-Richtung), dass bei Schlankheiten von $\lambda > 2$ der Rundschnittabstand mit

$$a_{\text{crit}} = 1{,}0 \cdot d \qquad \text{Gl. 4-19}$$

vereinbart werden darf (DIN EN 1992-1-1/NA, NCI Zu 6.4.4 (2)). Bei Fundamenten mit Schlankheiten $\lambda \leq 2$ ist a_{crit} iterativ zu ermitteln (mit der Iteration ist der Rundschnittabstand zu ermitteln, zu dem der kleinste Wert des Querkraftwiderstands ohne Querkraftbewehrung $V_{\text{R,d,c}}$ gehört, vgl. hierzu z. B. die Berechnungen für ein Blockfundament in [9]).

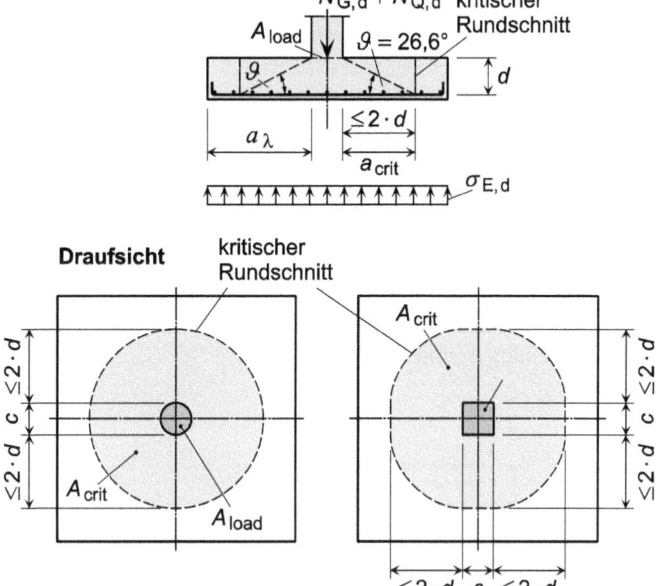

Bild 4-27 Bemessungsmodelle von DIN EN 1992-1-1 für den Nachweis gegen Durchstanzen von Einzelfundamenten

Für die in Bild 4-27 dargestellten Fälle der Lasteinleitung über eine kreisrunde bzw. eine quadratische Stütze berechnen sich die Lasteinleitungsfläche A_{load} und die innerhalb des kritischen Rundschnitts liegende Fläche A_{crit} gemäß

$$A_{\text{load}} = \frac{\pi \cdot c^2}{4} \quad \text{und} \quad A_{\text{crit}} \leq \pi \cdot \left(\frac{c}{2} + a_{\text{crit}}\right)^2 \qquad \text{(kreisrunde Stütze)}$$

$$A_{\text{load}} = c^2 \quad \text{und} \quad A_{\text{crit}} \leq c^2 + 4 \cdot c \cdot a_{\text{crit}} + \pi \cdot a_{\text{crit}}^2 \qquad \text{(quadratische Stütze)} \qquad \text{Gl. 4-20}$$

Für den Umfang des kritischen Rundschnitts ergeben sich

$$u \leq 2 \cdot \left(\frac{c}{2} + a_{\text{crit}}\right) \cdot \pi \qquad \text{(kreisrunde Stütze)}$$

$$u \leq 4 \cdot c + 2 \cdot a_{\text{crit}} \cdot \pi \qquad \text{(quadratische Stütze)} \qquad \text{Gl. 4-21}$$

Bezüglich der Abmessungen des kritischen Rundschnitts bei anderen Stützenquerschnittsformen sei auf 6.4.2 von DIN EN 1992-1-1 und DIN EN 1992-1-1/NA verwiesen.

Für Fundamente mit Schlankheiten $\lambda > 2$ ergeben sich als kritische Flächen

$$A_{\text{crit}} = \pi \cdot \left(\frac{c}{2} + d\right)^2 \qquad \text{(kreisrunde Stütze)}$$

$$A_{\text{crit}} = c^2 + 4 \cdot c \cdot d + \pi \cdot d^2 \qquad \text{(quadratische Stütze)} \qquad \text{Gl. 4-22}$$

und als Umfänge der kritischen Rundschnitte

$$u = 2 \cdot \left(\frac{c}{2} + d \right) \cdot \pi \qquad \text{(kreisrunde Stütze)}$$

$$u = 4 \cdot c + 2 \cdot d \cdot \pi \qquad \text{(quadratische Stütze)}$$ Gl. 4-23

Für die Nachweisführung werden Versagensformen vorausgesetzt, wie sie Bild 4-28 zeigt (vgl. hierzu auch [38]). Die zu a) und c) gehörenden Formen gelten für gedrungene Fundamente ($\lambda \leq 2$) und die zu b) und d) gehörenden für schlanke Fundamente ($\lambda > 2$). Während die Stanzkegelneigung der schlanken Fundamente mit $\vartheta = 45°$ angenommen werden darf, muss sie bei gedrungenen Fundamenten, wie oben angegeben, iterativ ermittelt werden (Neigungswinkel des Stanzkegels $\vartheta \geq 26{,}6°$). In dem Bild wurde, zur besseren Unterscheidung von Einwirkung und Querkraftwirkung, für die Einwirkung statt der sonst üblichen Bezeichnung $V_{\mathrm{E,\,d}}$ die Bezeichnung $N_{\mathrm{E,\,d}}$ verwendet. Zu erwähnen ist noch, dass in [41] dokumentierte Versuche an Fundamenten zu Stanzkegelneigungswinkeln von $\approx 45°$ geführt haben (Darstellung b) und Bild 4-29).

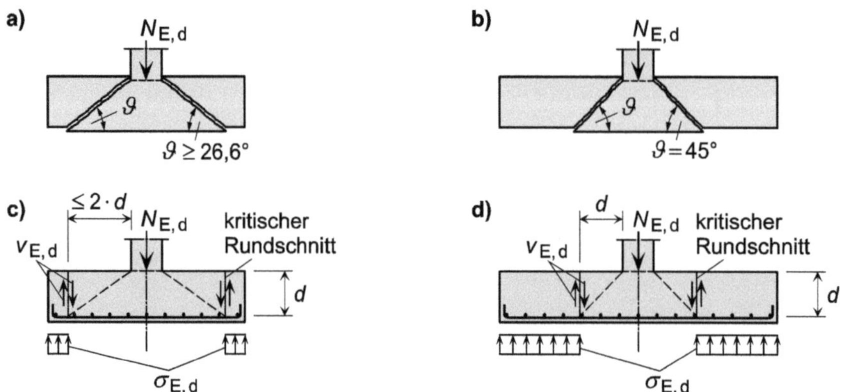

Bild 4-28 Zu gedrungenen Fundamenten (a) und c)) und schlanken Fundamenten (b) und d)) gehörende Bruchmodelle für den Durchstanznachweis gemäß DIN EN 1992-1-1/NA

Bei dem Bemessungsverfahren für Durchstanzen aus DIN EN 1992-1-1, 6.4.3 wird eine gleichmäßig verteilte Bodenpressung $\sigma_{\mathrm{E,\,d}}$ angenommen. Das Verfahren basiert auf einem räumlichen Fachwerkmodell und ist für den kritischen Rundschnitt (Bild 4-27 und Bild 4-28) oder affin zu ihm verlaufende Nachweisschnitte zu führen. Dabei wird unterschieden zwischen Fundamenten ohne und mit Durchstanzbewehrung.

Für den Fall, dass die Durchstanznachweise nach 6.4.3 (2) von DIN EN 1992-1-1 und DIN EN 1992-1-1/NA entlang des kritischen Rundschnitts u_1 geführt werden, ist die im Rundschnitt wirkende Querkraft mit

$$V_{\mathrm{E,\,d,\,red}} = \beta \cdot (V_{\mathrm{E,\,d}} - \Delta V_{\mathrm{E,\,d}})$$ Gl. 4-24

anzusetzen. Die dabei verwendeten Größen sind der Faktor (siehe DIN EN 1992-1-1/NA, NCI Zu 6.4.4 (2))

$$\beta = 1{,}10$$ Gl. 4-25

die einwirkende Querkraft (in kN)

$$V_{\mathrm{E,\,d}} = N_{\mathrm{E,\,d}}$$ Gl. 4-26

und die nach oben gerichtete und durch die Sohlspannung hervorgerufene Querkraftkomponente

$$\Delta V_{E,d} = A_{crit} \cdot \sigma_{E,d} \qquad \text{Gl. 4-27}$$

Bei der Berechnung von $\sigma_{E,d}$ bleibt die Eigenlast des Fundaments unberücksichtigt, da diese, bei linear verlaufender Sohlspannungsverteilung, in dem Fundament keine Schnittlasten bewirkt.

Bild 4-29 Form eines aus der Fundamentplatte herausgestanzten Bruchkörpers; Ansicht in Diagonalenrichtung (aus [41])

Die in der Fläche des kritischen Rundschnitts (Schnittlänge und -höhe u und d) wirkende Schubspannung ergibt sich somit zu

$$v_{E,d} = \frac{V_{E,d,red}}{u \cdot d} \qquad \text{Gl. 4-28}$$

Die eigentliche Nachweisführung erfolgt mit den Bemessungswerten der in DIN EN 1992-1-1, 6.4.3 definierten Durchstanzwiderstände (in kN/m²)

- $v_{R,d,c}$ (für Fundamente ohne Durchstanzbewehrung, nach DIN EN 1992-1-1, Gl. 6.47),
- $v_{R,d,cs}$ (für Fundamente mit Durchstanzbewehrung),
- $v_{R,d,max}$ (maximaler Widerstand).

Ob bei dem jeweils betrachteten Fundament eine Durchstanzbewehrung erforderlich ist oder nicht, ergibt sich aus dem Vergleich der Einwirkung $v_{E,d}$ mit dem Widerstand $v_{R,d,c}$. Gilt

$$v_{E,d} \leq v_{R,d,c} \qquad \text{Gl. 4-29}$$

ist keine Durchstanzbewehrung erforderlich (weitere Einzelheiten siehe DIN EN 1992-1-1, 6.4.4). In Fällen mit

$$v_{E,d} > v_{R,d,c} \qquad \text{Gl. 4-30}$$

wird Durchstanzbewehrung erforderlich. Zu diesbezüglichen Einzelheiten sei auf Abschnitt 6.4.5 von DIN EN 1992-1-1, DIN EN 1992-1-1/A1 und DIN EN 1992-1-1/NA sowie auf [151] und [9] hingewiesen.

In Fällen, in denen Durchstanzbewehrung erforderlich wäre, ist zu empfehlen, die Fundamentdicke und die Materialgüte so zu wählen, dass auf die Bewehrung verzichtet werden kann (vgl. hierzu [172]). Zu Vorschlägen zur Anordnung von Durchstanzbewehrung siehe DIN EN 1992-1-1 und Bild 4-30.

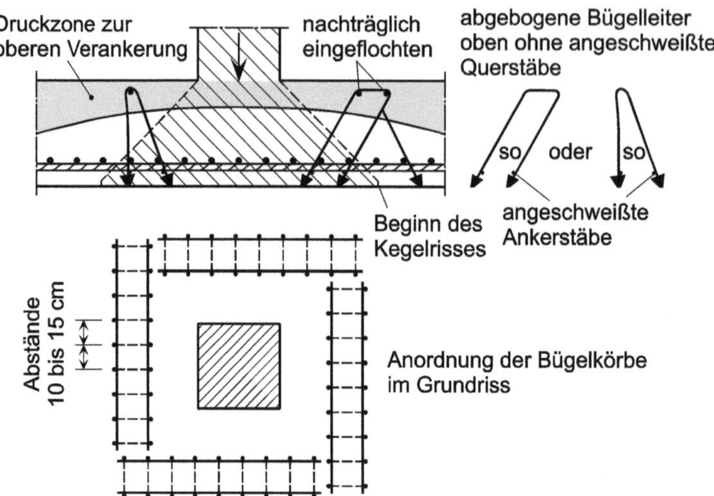

Bild 4-30 Vorschlag für Bewehrung zur Sicherung gegen Durchstanzen (nach [221])

4.6.7 Gebrauchstauglichkeitsnachweise nach DIN EN 1992-1-1

Bei nach DIN EN 1992-1-1 und DIN EN 1992-1-1/NA zu bemessenden Einzelfundamenten muss auch die Gebrauchstauglichkeit nachgewiesen werden, entsprechende Regeln finden sich in Abschnitt 7 von DIN EN 1992-1-1 und DIN EN 1992-1-1/NA. Danach ist das nutzungsgerechte und dauerhafte Verhalten eines Bauwerks dadurch zu gewährleisten, dass durch

- die Einhaltung von Spannungsgrenzen für den Beton und die Betonstahlbewehrung, die übermäßige Schädigung des Betongefüges (Längsrisse, Mikrorisse) sowie nichtelastische Verformungen (nichtlineares Kriechen) vermieden werden (nach DIN EN 1992-1-1/NA können diese Nachweise bei nicht vorgespannten Tragwerken des üblichen Hochbaus ggf. entfallen),
- eine entsprechende Begrenzung der Breite von Rissen (infolge Biegung, Querkraft, Torsion, Zugkräften) die ordnungsgemäße Nutzung des Tragwerks, sein Erscheinungsbild und seine Dauerhaftigkeit nicht beeinträchtigt werden (zur Rissbreitenbeschränkung gehört u. a. eine Mindestbewehrung),
- die Begrenzung der auftretenden Verformungen weder das Erscheinungsbild noch die ordnungsgemäße Funktion der Gründungskonstruktion selbst oder daran angrenzender Bauteile beeinträchtigt werden.

Weitere Einzelheiten hierzu sind z. B. DIN EN 1992-1-1, DIN EN 1992-1-1/NA und dem Heft 525 des DAfStb [38] zu entnehmen.

4.6.8 Vorgefertigte Einzelfundamente

Nicht zuletzt wegen ihres Gewichts und ihrer Abmessungen werden Einzelfundamente in der Regel als Ortbetonkonstruktionen ausgeführt. Insbesondere im industriellen Hallenbau kommen aber auch vorgefertigte Stahlbetonfundamente zur Gründung von Fertigteilstützen zum Einsatz. In Bild 4-31 sind hierfür vier Beispiele gezeigt (vgl. auch [7]).

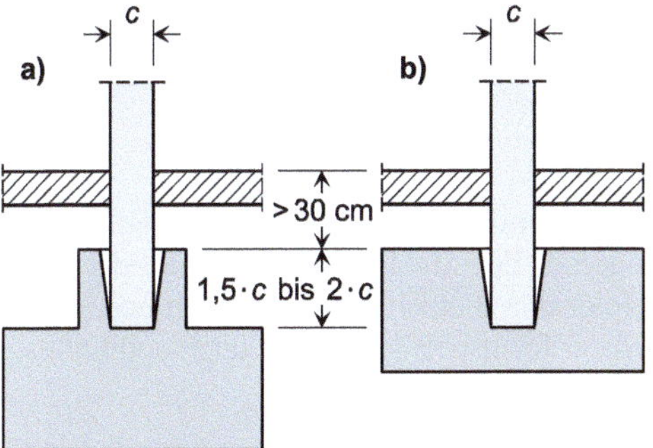

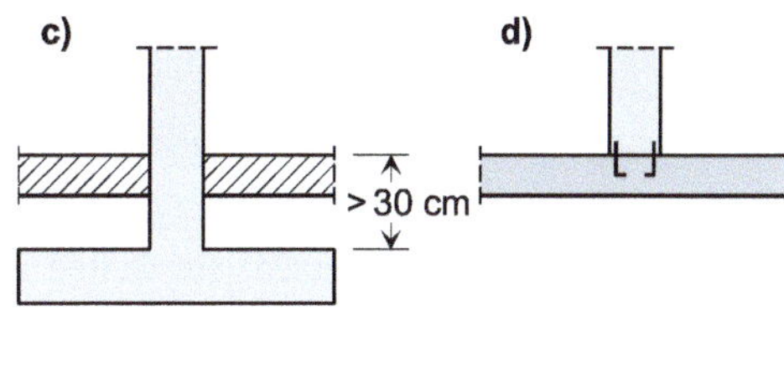

Bild 4-31 Fertigteilfundamente (nach [7])

Bild 4-32 „Baustellenbilder" von Fertigteilfundamenten (Bildmaterial der Fa. *Bachl* [F 2]); Stütze-Fundament-System (links), Stützenfußanschluss (rechts)

Bild 4-31 a) zeigt das „klassische" Köcherfundament, das schalungs- und bewehrungstechnisch recht aufwändig ist und darüber hinaus eine große Bauhöhe und damit eine tiefliegende Gründungssohle aufweist (Nachteil bei hohen Grundwasserständen). Dessen Fortentwicklung ist das wirtschaftlicher herzustellende Blockfundament (Bild 4-31 b)), das außerdem eine geringere Bauhöhe und damit eine weniger tief liegende Fundamentsohle besitzt. Bei der in Bild 4-31 c) zu sehenden Variante sind Fundament und Stütze von vornherein miteinander verbunden. Diesem Vorteil, der auch mit einer verkürzten Bauzeit verbunden ist, und der noch höher liegenden Gründungssohle steht allerdings die „Sperrigkeit" der Konstruktion gegenüber (vgl. Bild 4-32, links), die sich insbesondere beim Transport als Nachteil erweist (u. a. ist die Fundamentabmessung in einer Richtung im Regelfall auf 3 m begrenzt). Beim Fertigteiltyp von Bild 4-31 d) ist innerhalb des Verbindungsbereichs zwar erheblich mehr Stahl erforderlich als bei den drei anderen Formen, doch steht dem die einfache Herstellung der Bodenplatte als Vorteil gegenüber, ergänzt durch die geringe Konstruktionshöhe bzw. die geringe Tiefenlage der Fundamentsohle. Eine mögliche konstruktive Gestaltung des Stützenfußanschlusses zeigt Bild 4-32, rechts mit einer im Stützenfuß eingebauten Stahlplatte, die über Ankerbolzen gegen die Bodenplatte verschraubt wird.

4.6.9 Vorgefertigte Köcherfundamente

Köcherfundamente (auch „Becherfundamente“ oder „Hülsenfundamente“ genannt) dienen zur Gründung von Fertigteilstützen; sie stellen einen Sonderfall der Stahlbetonfundamente dar. Die Zentrierung der in den Köcher eingesetzten Stützen erfolgt durch einen unteren Dollen und Holzkeile am oberen Köcherrand. Nach der Zentrierung wird der Ringspalt zwischen Stütze und Fundament mit steifem Rüttelbeton verfüllt.

Da die Lastabtragung der Stützenschnittlasten in das Fundament und damit die Fundamentbewehrung stark beeinflusst werden durch das Zusammenwirken von Stütze und Köcherwänden, kommt der Rauigkeit der Wandflächen von Stütze und Köcher hohe Bedeutung zu (vgl. z. B. [221] und [226]). Während bei rauen bzw. profilierten Wandflächen eine monolithische Verbindung von Stütze und Fundament angenommen werden darf, muss bei glatten Wandflächen davon ausgegangen werden, dass die Stützenlasten durch Druck- und Reibungskräfte über den Füllbeton auf das Fundament übertragen werden (vgl. DIN EN 1992-1-1, 10.9.6).

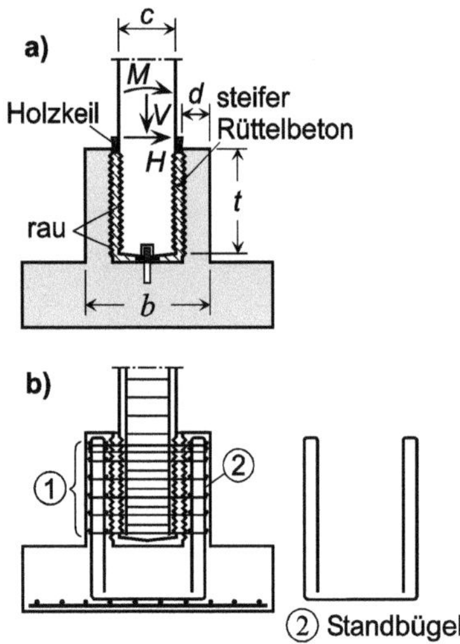

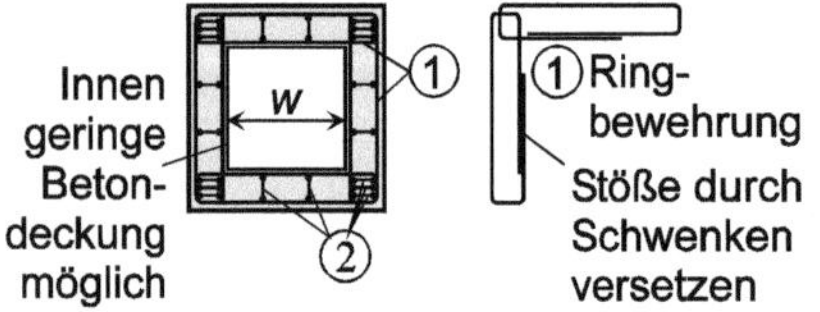

Bild 4-33 Bewehrungsführung nach *Leonhardt* [221] für Becherfundamente mit rauen Schalungsflächen und größerer Ausmittigkeit

a) System mit Belastung

b) Bewehrungsführung

In Bild 4-33 ist ein Vorschlag für die Bewehrung von Köcherfundamenten gezeigt, wie er von *Leonhardt* in [221] gemacht wird. Er gilt für Fundamente mit rauen Schalungsflächen und größerer Ausmittigkeit. Als größere Ausmittigkeit gilt

$$\frac{M}{V \cdot c} > 15 \qquad \text{Gl. 4-31}$$

wobei M und V auf die Becheroberkante bezogen sind.

Für den Fall, dass bei solchen Fundamenten ein vollständiges Zusammenwirken von Stütze und Fundament gewährleistet sein soll, sind nach *Leonhardt* die Abmessungen so zu wählen, dass für die Wanddicke d des Bechers

$$d \geq \frac{w}{3}$$ Gl. 4-32

und für die Einbindetiefe t der Stütze

$$t \geq 1{,}2 \cdot c \qquad \text{für} \qquad \frac{M}{V \cdot c} \leq 0{,}15$$

$$t \geq 2{,}0 \cdot c \qquad \text{für} \qquad \frac{M}{V \cdot c} = 2{,}00$$ Gl. 4-33

gelten. In Gl. 4-33 dürfen Zwischenwerte interpoliert werden. Hinsichtlich weiterer Empfehlungen für Bewehrungsführungen sei auf [226] verwiesen.

4.6.10 Verankerung von Stahlstützen

Wird die Last aus einer Stahlstütze über ein Einzelfundament in den Baugrund abgetragen, ist die Stütze so in dem Fundament zu verankern, dass die Schnittlasten der Stütze sicher in das Fundament eingeleitet werden.

Bild 4-34 zeigt zwei Versionen für mögliche konstruktive Problemlösungen. Dabei ist die im oberen Abbildungsteil zu sehende und inzwischen veraltete Variante als zu arbeitsaufwändig einzustufen. Außerdem ist die Herstellung eines sauberen Verbundes zwischen der gesamten Oberfläche der Ankerbarren und dem sie umhüllenden Beton eher problematisch. Dies gilt nicht für die im unteren Abbildungsteil gezeigte Konstruktionsvariante, bei der sowohl glatte als auch gerippte Ankerstäbe in die gewellten Hüllrohre eingebaut werden können. Nach der Aushärtung des Füllbetons übertragen sie die auf sie entfallenden Zugkräfte problemlos in den Fundamentkörper. Bei größeren Zugkräften sollten die Ankerbolzen in ihrem oberen Bereich (nach [221] auf einer Länge von etwa dem 20fachen Bolzendurchmesser) mit einem plastischen und gleichzeitig korrosionsschützenden Anstrich versehen werden, mit dem eine Verbindung zwischen Ankerstäben und Beton sowie ein Herausbrechen des Betons im oberen Bolzenbereich verhindert werden.

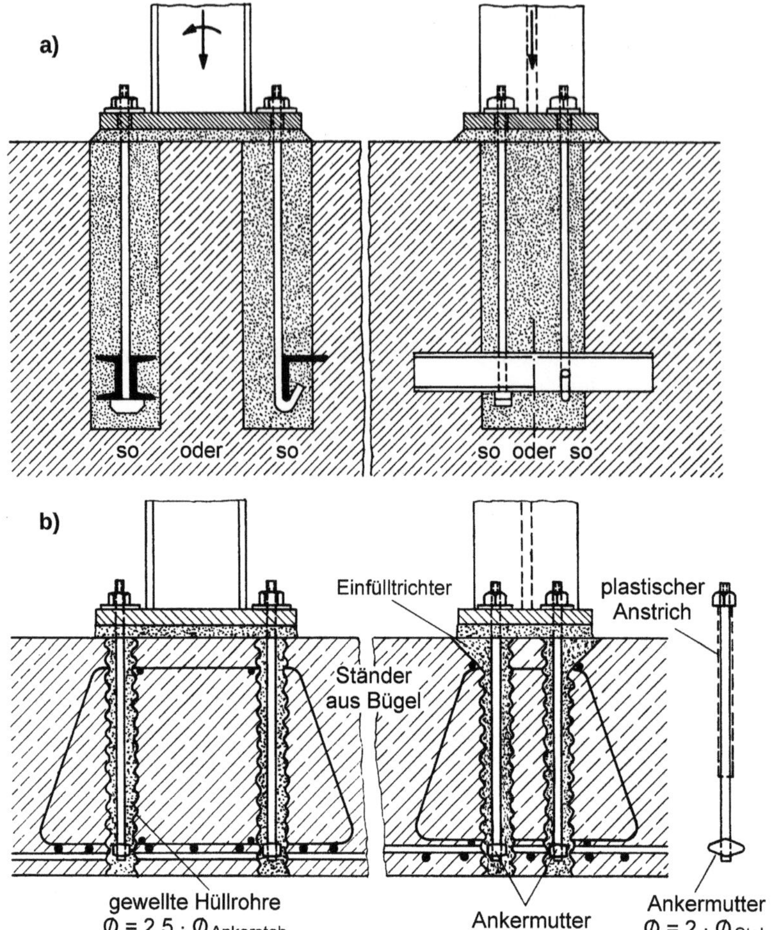

Bild 4-34 Verankerung von Stahlstützen in Fundamenten (nach [221])

a) veraltete Verankerungsart mit Ankerbarren, Aussparungen und Hammerkopfschrauben

b) einfache und betongerechte Verankerung unter Verwendung gewellter Hüllrohre

4.7 Streifenfundamente

Bei hinreichend tragfähigem Baugrund sind Streifenfundamente die üblichen Gründungskörper zur Abtragung von Linienlasten aus Wänden. Wie bei Einzelfundamenten gilt auch bei ihnen, dass die zulässige Beanspruchung des Baugrunds in der Regel geringer ist als die des Wandmaterials, und dass deshalb die Wandlast (Übertragung in der Kontaktfläche A_K, Bild 4-35) durch das Fundament auf eine größere Fläche (Sohlfläche A_S, Bild 4-35) übertragen werden muss. Streifenfundamente werden, wiederum analog zu den Einzelfundamenten, als Stahlbeton- oder unbewehrte Betonfundamente ausgeführt. Wegen der hohen Lohn- und Materialkosten werden sie heute nicht mehr in Mauerwerk hergestellt.

Die in Bild 4-35 angedeuteten Wände können in den Fällen d) und e) auch biegesteif mit den Stahlbetonfundamenten verbunden sein. Bei solchen Konstruktionen ist eine entsprechende Bewehrung erforderlich.

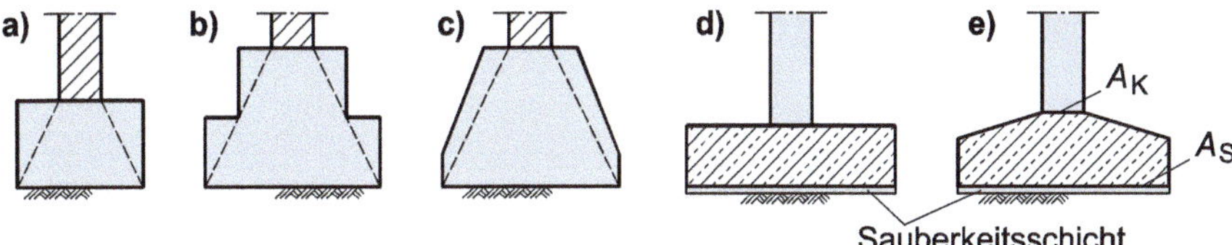

Bild 4-35 Querschnitte von Streifenfundamenten
Unbewehrter Beton: a) rechteckig, b) abgetreppt, c) abgeschrägt
Stahlbeton: d) rechteckig, e) abgeschrägt

4.7.1 Unbewehrte Betonfundamente

Dieser Fundamenttyp stellt für Wände kleinerer Hochbauten die „normale" Gründungsform dar, da bei diesen Bauten die Wandlasten in der Regel klein sind und somit Fundamente erfordern, die, bezogen auf die Wanddicke, nur geringfügig verbreitert werden müssen.

Hinsichtlich der zu berücksichtigenden Kriterien zur Lastausbreitung (n-Werte) können die Betrachtungen zu den Einzelfundamenten aus Abschnitt 4.6.1 sinngemäß angewendet werden.

Anwendungsbeispiel

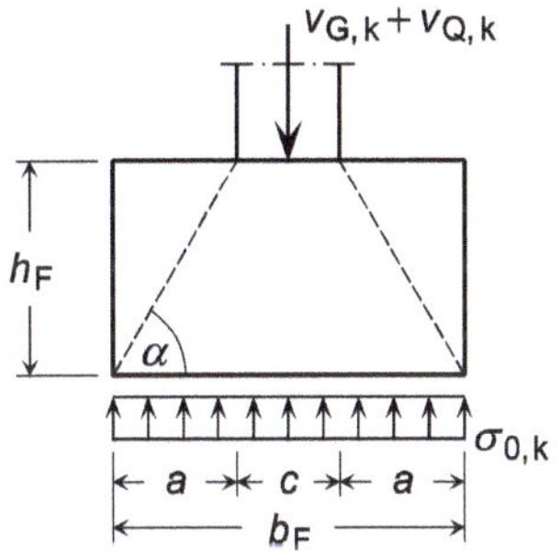

Bild 4-36 Streifenfundament mit den charakteristischen Beanspruchungen $v_{G,k}$ und $v_{Q,k}$

Das unbewehrte Streifenfundament aus Bild 4-36 ist aus Beton der Festigkeitsklasse C16/20 herzustellen. Gemäß DIN EN 1992-1-1 ist für die Abmessungen $b_F = 1{,}0$ m und $c = 0{,}24$ m die Höhe h_F des Fundaments unter den Voraussetzungen zu ermitteln, dass in der Bemessungssituation BS-P die charakteristischen Beanspruchungen $v_{G,k} = 170$ kN/lfdm und $v_{Q,k} = 120$ kN/lfdm anzusetzen sind und dass dazu eine gleichmäßig verteilte charakteristische Sohlspannung $\sigma_{0,k}$ gehört.

Lösung

Mit den charakteristischen Werten der Fundamentbeanspruchung und den zum Grenzzustand STR gehörenden Teilsicherheitsbeiwerten γ_G und γ_Q aus Tabelle 1-2 ergibt sich der Bemessungswert der Fundamentbeanspruchung

$$v_{E,d} = v_{G,k} \cdot \gamma_G + v_{Q,k} \cdot \gamma_Q = 170 \cdot 1{,}35 + 120 \cdot 1{,}50 = 409{,}5 \text{ kN/lfdm}$$

Zu ihr gehört der Bemessungswert der Druckspannung in der Sohlfuge

$$\sigma_{E,d} = \frac{v_{E,d}}{b_F} = \frac{409{,}5}{1{,}0} = 409{,}5\ \text{kN/m}^2$$

mit dem sich aus Bild 4-13 für die Festigkeitsklasse C16/20 des zu verwendenden Betons die Größe der zulässigen Fundamentschlankheit $n = 1{,}65$ ergibt. Damit berechnet sich mit der Länge

$$a = \frac{b_F - c}{2} = \frac{1{,}0 - 0{,}24}{2} = 0{,}38\ \text{m}$$

die gesuchte Mindesthöhe des Fundaments zu

$$h_F = n \cdot a = 1{,}65 \cdot 0{,}38 = 0{,}63\ \text{m}$$

In Bereichen, in denen die lasteintragenden Wände über durchgehenden unbewehrten Streifenfundamenten unterbrochen sind (z. B. bei Wandöffnungen für Kellertüren), werden die Fundamente nur durch die Sohlfugenpressungen belastet und wirken somit in diesen Bereichen wie von unten belastete eingespannte Träger, die erhebliche Biegezug- und Schubspannungen aufnehmen müssen und dafür zu bewehren sind. Eine Möglichkeit zur entsprechenden konstruktiven Ausgestaltung zeigt Bild 4-37.

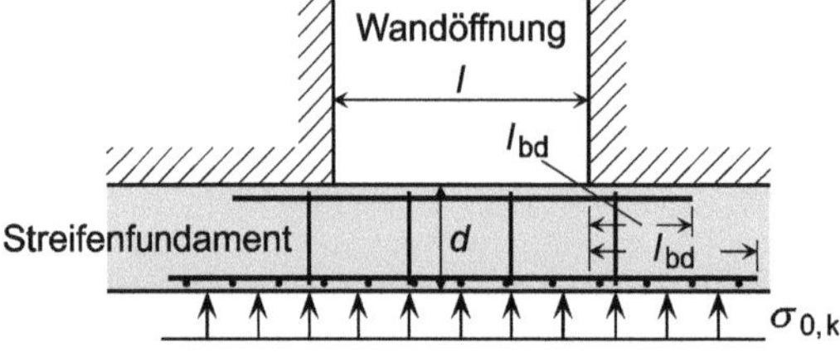

Bild 4-37 Bewehrung von Streifenfundamenten im Bereich von Wandöffnungen (nach [221])

Nach [221] ist für die Bemessung der oberen Bewehrung als charakteristisches Moment (Feldmoment)

$$M_{o,k} = \frac{1}{16} \cdot \sigma_{0,k} \cdot l^2 \quad (\text{in kN} \cdot \text{m/m}) \qquad \text{Gl. 4-34}$$

und für die Bemessung der unteren Bewehrung als charakteristisches Moment (Stützmoment)

$$M_{u,k} = \frac{1}{10} \cdot \sigma_{0,k} \cdot l^2 \quad (\text{in kN} \cdot \text{m/m}) \qquad \text{Gl. 4-35}$$

pro m Fundamentbreite anzusetzen.

Bei der Wahl der in Bild 4-37 angegebenen Verankerungslängen l_{bd} (Bemessungswerte) sind die Bestimmungen von DIN EN 1992-1-1, 8.4 und die zugehörigen Ausführungen von DIN EN 1992-1-1/NA zu beachten.

4.7.2 Stahlbetonfundamente

Streifenfundamente aus Stahlbeton können im Vergleich zu entsprechenden unbewehrten Fundamenten wesentlich schlanker, d. h. weniger hoch ausgeführt werden. Da die von der Bewehrung aufgenommenen Biegezugspannungen auf der Unterseite der Fundamente auftreten, ist zur Verhinderung der Verschmutzung der Stahleinlagen eine mindestens 5 cm dicke Sauberkeitsschicht erforderlich, sofern keine anderen Maßnahmen zur Sicherung der Mindestbetondeckung getroffen werden (vgl. hierzu Abschnitt 4.3.3).

Das in Bild 4-38 dargestellte Fundament zeigt, wie durch Abschrägung der Fundamentoberfläche die Lagerung der Kellerbodenplatte so verbessert werden kann, dass kein Reißen der Bodenplatte befürchtet werden muss. Abschrägungen dieser Art sind ohne obere Schalung bis zu einem Winkel von etwa 20° möglich, wenn der Beton steif eingebaut wird.

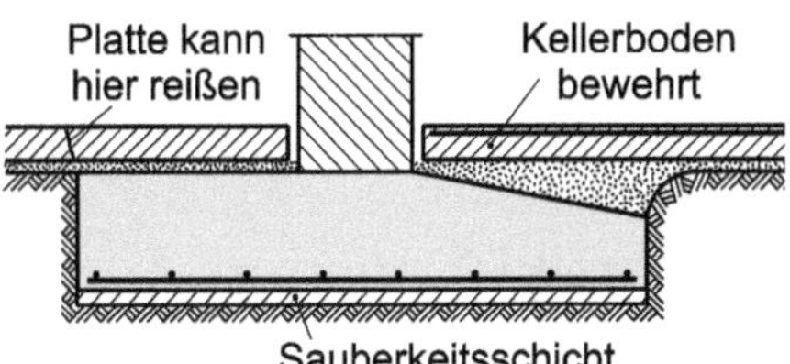

Bild 4-38 Ausbildung von Streifenfundamenten und überdeckenden Bodenplatten (nach [221])

Im nachstehenden Anwendungsbeispiel wird gezeigt, wie im Rahmen einer Planung die erforderliche Mindestbreite eines Streifenfundaments ermittelt werden kann.

Anwendungsbeispiel

Für das in Bild 4-39 gezeigte Streifenfundament ist die Fundamentbreite b zu ermitteln (in m), die nach DIN 1054 mindestens erforderlich ist, wenn

- die zur Bemessungssituation BS-P gehörende charakteristische Belastung gegeben ist durch

$$v_{\mathrm{G,k}} = 300 \text{ kN/lfdm}$$

$$v_{\mathrm{Q,k}} = 80 \text{ kN/lfdm}$$

$$m_{\mathrm{G,k}} = 27 \text{ kN}\cdot\text{m/lfdm}$$

$$m_{\mathrm{Q,k}} = 10 \text{ kN}\cdot\text{m/lfdm}$$

- das Fundament auf halbfestem Geschiebemergel gegründet wird,
- das Fundament eine charakteristische Wichte aufweist von

$$\gamma_{\mathrm{F,k}} = 24 \text{ kN/m}^3$$

- auf einen gesonderten Nachweis der Setzung und der Grundbruchsicherheit verzichtet werden soll, wobei Setzungen von bis zu 4 cm als zulässig betrachtet werden dürfen.

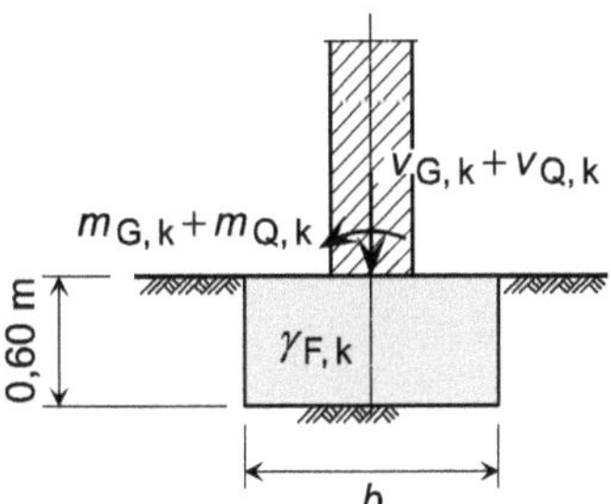

Bild 4-39 Streifenfundament mit Belastung (Querschnitt)

Lösung

Nach Tabelle A 6.6 von DIN 1054 (gilt für ausreichende Grundbruchsicherheit und zu erwartende Setzungen von bis zu 4 cm) berechnet sich, bei der Einbindetiefe von 0,60 m und halbfester

Konsistenz des Geschiebemergels, als Bemessungswert $\sigma_{E,d}$ des Sohlwiderstands der linear interpolierte Wert

$$\sigma_{R,d} = 310 + \frac{390-310}{0,5} \cdot 0,10 = 326 \text{ kN/m}^2$$

Mit der charakteristischen Eigenlast des Fundaments

$$g_{F,k} = V_F \cdot \gamma_{F,k} = b \cdot 0,60 \cdot 1,00 \cdot 24 = b \cdot 14,4 \text{ kN/lfdm}$$

und den zum Grenzzustand GEO-2 und den zur Bemessungssituation BS-P gehörenden Teilsicherheitsbeiwerten $\gamma_G = 1,35$ und $\gamma_Q = 1,50$ (vgl. Tabelle 1-2 bzw. DIN 1054, Tabelle A 2.1) ergeben sich die Bemessungswerte

$$v_d = v_{G,k} \cdot \gamma_G + v_{G,k} \cdot \gamma_Q + g_{F,k} \cdot \gamma_G = (300 + b \cdot 14,4) \cdot 1,35 + 80 \cdot 1,5$$
$$= (525 + b \cdot 19,44) \text{ kN/lfdm}$$

und

$$m_d = m_{G,k} \cdot \gamma_G + m_{Q,k} \cdot \gamma_Q = 27 \cdot 1,35 + 10 \cdot 1,5 = 51,45 \text{ kN} \cdot \text{m/lfdm}$$

sowie die Exzentrizität dieser Belastung

$$e = \frac{m_d}{v_d} = \frac{51,45}{525 + b \cdot 19,44} \text{ m}$$

und die zugehörige reduzierte Sohlflächenbreite (auf ihr wirkt die Sohldruckbeanspruchung $\sigma_{E,d}$)

$$b' = b - 2 \cdot e = b - \frac{2 \cdot 51,45}{525 + b \cdot 19,44} = b - \frac{102,9}{525 + b \cdot 19,44} \text{ m}$$

Die Resultierende des zu dieser Breite gehörenden Sohldruckwiderstands $\sigma_{R,d}$ (und damit auch die Resultierende der zulässigen Sohldruckbeanspruchung $\sigma_{E,d}$) hat dann die Größe

$$\text{zul}\, v_d = \sigma_{R,d} \cdot b' \cdot 1,00 = 326 \cdot \left(b - \frac{102,9}{525 + b \cdot 19,44}\right) \cdot 1,00 \text{ kN/lfdm}$$

Mit der Gleichgewichtsbedingung der vertikalen Kräfte

$$v_d - g_{F,d} = 326 \cdot \left(b - \frac{102,9}{525 + b \cdot 19,44}\right) \cdot 1,00 - b \cdot 19,44 = 300 \cdot 1,35 + 80 \cdot 1,5 = 525 \text{ kN/lfdm}$$

ergibt sich die quadratische Gleichung

$$5960 \cdot b^2 + 150738 \cdot b - 242080 = 0$$

aus der sich als erforderliche Fundamentbreite

$$\text{erf}\, b = \frac{1}{2 \cdot 5960} \cdot \left(-150738 + \sqrt{150738^2 + 4 \cdot 5960 \cdot 242080}\right) = 1,52 \text{ m}$$

ergibt. Die auszuführende Fundamentbreite wird mit $b = 1,55$ m gewählt.

Die vorstehende Nachweisführung ist erlaubt, da die diesbezüglichen Bedingungen aus DIN 1054, A 6.10 erfüllt sind. Hierzu gehört u. a., dass

- die Fundamentsohle und die Geländeoberfläche annähernd waagerecht verlaufen,
- der Baugrund aus halbfestem Geschiebemergel besteht,

- die zu ständigen und veränderlichen Einwirkungen gehörende Sohldruckresultierende der charakteristischen Beanspruchung innerhalb der 2. Kernweite liegt; im vorliegenden Fall bedeutet das

$$e_{\text{k, gesamt}} = \frac{m_{\text{G,k}} + m_{\text{Q,k}}}{v_{\text{G,k}} + v_{\text{Q,k}} + g_{\text{F,k}}} = \frac{27+10}{300+80+14{,}4 \cdot 1{,}55} = 0{,}09\ \text{m} < \frac{b}{3} = \frac{1{,}55}{3} = 0{,}517\ \text{m}$$

- die zu ständigen Einwirkungen gehörende Sohldruckresultierende der charakteristischen Beanspruchung innerhalb der 1. Kernweite liegt; im vorliegenden Fall bedeutet das

$$e_{\text{k, ständig}} = \frac{m_{\text{G,k}}}{v_{\text{G,k}} + g_{\text{F,k}}} = \frac{27}{300+14{,}4 \cdot 1{,}55} = 0{,}08\ \text{m} < \frac{b}{6} = \frac{1{,}55}{6} = 0{,}258\ \text{m}$$

4.7.3 Einseitige Fundamente

An Grundstücksgrenzen ist oft eine zentrische Anordnung der Fundamente unter den Wänden und damit eine entsprechende Lasteinleitung der Wandlasten in die Fundamente nicht möglich. Stattdessen sind einseitige Fundamente (auch „Stiefelfundamente" genannt) zur Lastabtragung auf den Baugrund erforderlich (z. B. Bild 4-40), was zu recht ungünstigen Verteilungen der Sohldruckspannungen führen kann.

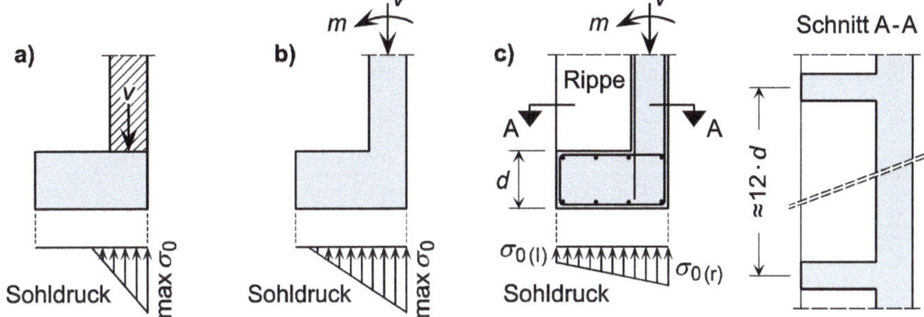

Bild 4-40 Einseitige Streifenfundamente und Sohldruckverteilungen
a) Fundament ohne Verbund mit aufsitzender Wand
b) Fundament mit biegesteif angeschlossener Wand
c) Fundament mit biegesteif angeschlossener Wand und aussteifenden Rippen

Der in Bild 4-40 a) dargestellte Lasteintrag über eine Wand, die ohne Verbund auf dem Fundament aufsitzt, führt zu einer relativ starken Verkantung des Fundaments und zu einer besonders ungünstigen Sohlspannungsverteilung. Als vergleichsweise günstiger erweist sich eine mit dem Fundament biegesteif verbundene Wand, wie sie in Bild 4-40 b) zu sehen ist. Die konstruktive Möglichkeit der Aussteifung mit Rippen (Bild 4-40 c)) führt einerseits zwar zu einer noch weitergehenden Verbesserung der Sohlspannungsverteilung, erfordert aber andererseits die Anordnung von Torsionsbewehrung.

4.7.4 Bemessungsmomente für Stahlbetonfundamente

Im Rahmen der Bemessung von Streifenfundamenten aus Stahlbeton sind Nachweise in den Grenzzuständen der Tragfähigkeit zu führen. Sie betreffen sowohl die Biegung als auch die Querkraft.

Für die Ermittlung der erforderlichen Biegezugbewehrung gemäß DIN EN 1992-1-1, 6.1 wird u. a. angenommen, dass

- die Querschnitte eben bleiben,
- ein starrer Verbund zwischen Beton und mit ihm in Verbund liegender Bewehrung gegeben ist,
- die Zugfestigkeit des Betons bei bewehrten Fundamenten unberücksichtigt bleiben kann.

Bezüglich weiterer Einzelheiten des Nachweises sei auf die Bestimmungen von DIN EN 1992-1-1 hingewiesen.

Bei Fundamenten unter der zentrischen Belastung (pro lfdm)

$$v_{E,d} = \gamma_G \cdot v_{G,k} + \gamma_Q \cdot v_{Q,k} \quad \text{Gl. 4-36}$$

und bei konstanter Sohlspannungsverteilung $\sigma_{E,d}$ sind nach *Leonhardt* und *Mönnig* [221] für die Bemessung Biegemomente anzusetzen, deren Größe von dem verwendeten Wandmaterial abhängt. So ergibt sich als Bemessungsmoment unter einer Wand aus Mauerwerk die Größe

$$m_{E,d\,(\text{Wandmitte})} = \frac{\sigma_{E,d} \cdot b \cdot (b-c)}{8} = \frac{v_{E,d} \cdot (b-c)}{8} \quad \text{Gl. 4-37}$$

in Wandmitte (Bild 4-41). Die in Gl. 4-36 verwendeten Teilsicherheitsbeiwerte γ_G und γ_Q sind dem Grenzzustand STR zuzuordnen und können Tabelle 1-2 entnommen werden.

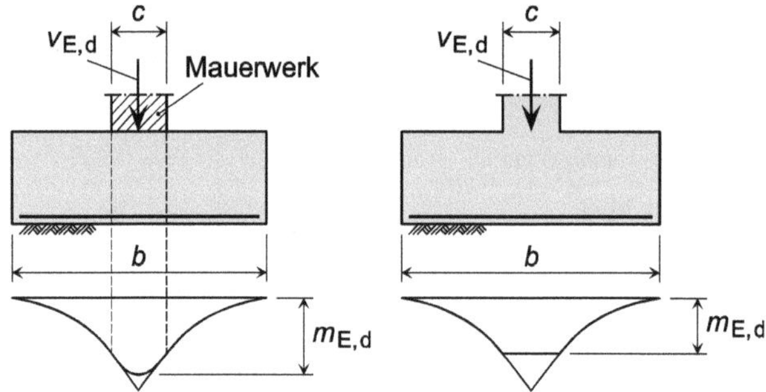

Bild 4-41 Maßgebende Biegemomente für die Fundamentbewehrung bei zentrischer Belastung $v_{E,d}$ (pro lfdm) und konstanter Sohlspannungsverteilung $\sigma_{E,d}$ (nach [221])

Bei einer aufgehenden Stahlbetonwand ergibt sich das Bemessungsmoment

$$m_{E,d\,(\text{Wandrand})} = \frac{\sigma_{E,d} \cdot (b-c)^2}{8} = \frac{v_{E,d} \cdot (b-c)^2}{8 \cdot b} \quad \text{Gl. 4-38}$$

am Wandrand und ist deshalb von der Spannungsverteilung im Bereich der Wanddicke unabhängig.

Die Größe der angegebenen Bemessungsmomente basiert auf der in Bild 4-42 dargestellten vereinfachten (konstanten) Verteilung der Spannungen in der Wand und in der Sohlfuge.

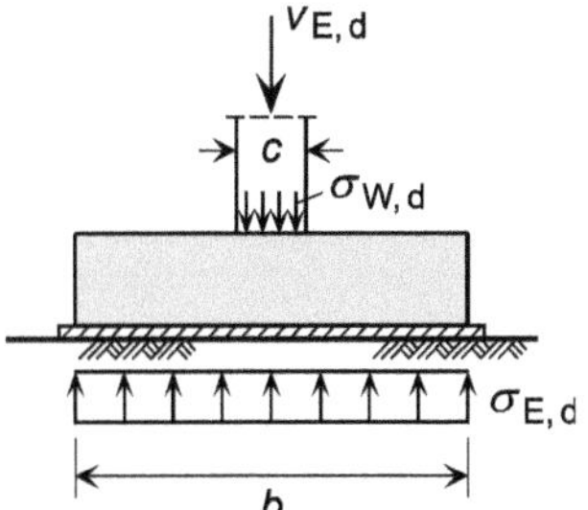

Bild 4-42 Spannungsverteilung in der Wand und der Sohlfuge für die Herleitung der Bemessungsmomente

Mit ihnen lassen sich nach den Regeln der Statik und unter Beachtung der Beziehung (pro lfdm)

$$\sigma_{E,d} \cdot b \cdot 1{,}0 = \sigma_{W,d} \cdot c \cdot 1{,}0 = v_{E,d} \qquad \text{Gl. 4-39}$$

Gl. 4-37 und Gl. 4-38 herleiten. In der Gleichung bleibt die Eigenlast des Fundaments unberücksichtigt, da sie bei linear verlaufender Sohlspannungsverteilung keine Biegemomente bewirkt.

So ergibt sich für das Bemessungsmoment in der Systemmitte (Bemessungsmoment unter Mauerwerkswand, Gl. 4-37)

$$m_{E,d\,(\text{Wandmitte})} = \sigma_{E,d} \cdot \frac{b}{2} \cdot \frac{b}{4} - \sigma_{W,d} \cdot \frac{c}{2} \cdot \frac{c}{4} = \frac{\sigma_{E,d} \cdot b}{8} \cdot b - \frac{\sigma_{W,d} \cdot c}{8} \cdot c = \frac{v_{E,d}}{8} \cdot (b-c) \qquad \text{Gl. 4-40}$$

und für das Bemessungsmoment am Wandrand (Bemessungsmoment bei aufgehender Stahlbetonwand, Gl. 4-38)

$$m_{E,d\,(\text{Wandrand})} = \sigma_{E,d} \cdot \left(\frac{b}{2} - \frac{c}{2}\right)^2 \cdot \frac{1}{2} = \sigma_{E,d} \cdot \frac{(b-c)^2}{8} = \frac{v_{E,d}}{b} \cdot \frac{(b-c)^2}{8} \qquad \text{Gl. 4-41}$$

4.7.5 Nachweis der Tragfähigkeit für Querkraft

Die Belastung von Streifenfundamenten durch die Sohlspannung erzeugt neben den Biegemomenten auch Querkräfte in dem Fundament. Wird der zu diesen Querkräften gehörende Nachweis der Tragfähigkeit gemäß DIN EN 1992-1-1, 6.2 geführt, gelten als Bemessungswerte der mobilisierbaren Querkraftwiderstände (pro lfdm des Fundaments)

- $V_{R,d,c}$ (für Bauteile ohne Querkraftbewehrung),
- $V_{R,d,s}$ (für durch die Fließgrenze der Querkraftbewehrung begrenzter Querkraftwiderstand).

In Fällen, in denen für den Bemessungswert $V_{E,d}$ der in einem Fundamentquerschnitt wirkenden Querkraft

$$V_{E,d} \leq V_{R,d,c} \qquad \text{Gl. 4-42}$$

gilt, ist für diesen Querschnitt rechnerisch keine Querkraftbewehrung erforderlich. Überschreitet der Bemessungswert $V_{E,d}$ die Größe $V_{R,d,c}$ in einem Querschnitt, ist eine Querkraftbewehrung gemäß DIN EN 1992-1-1, 6.2 vorzusehen. Darüber hinaus sind die Regeln für die erforderliche Mindestquerkraftbewehrung nach DIN EN 1992-1-1/NA, NDP Zu 9.2.2 (5) und NCI Zu 9.3.2 (2) zu berücksichtigen.

Die Größe des Bemessungswerts $V_{E,d}$ berechnet sich gemäß Bild 4-43 zu (zur besseren Unterscheidung von Einwirkung und Querkraftwirkung wurde für die Einwirkung statt der sonst üblichen Bezeichnung $v_{E,d}$ die Bezeichnung $n_{E,d}$ verwendet)

$$V_{E,d} = \frac{n_{E,d} - \sigma_{E,d} \cdot (c + 2 \cdot d)}{2} \qquad \text{Gl. 4-43}$$

wobei die Sohlspannung ohne Berücksichtigung der Fundamenteigenlast zu ermitteln ist, da diese bei linear verlaufender Sohlspannungsverteilung in dem Fundament keine Schnittlasten bewirkt. Der Schubnachweis erfolgt in den Schnitten mit dem Abstand (c/2 + d) von der Fundamentmitte.

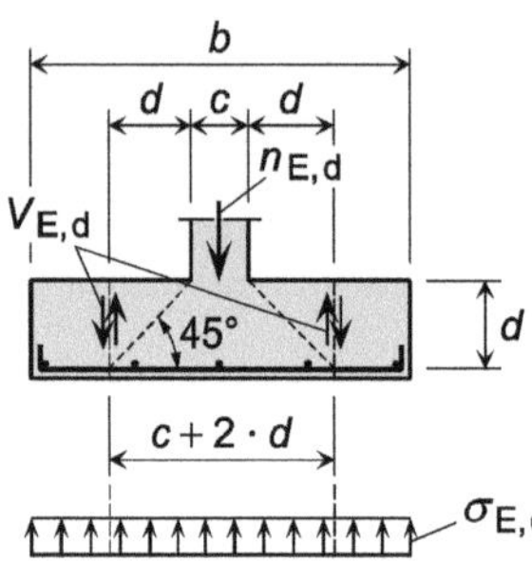

Bild 4-43 Modell zur Ermittlung des Bemessungswerts $V_{E,d}$ der Querkraft (pro lfdm) für den Tragfähigkeitsnachweis

Zwei Varianten für die Anordnung von ggf. erforderlicher Schubbewehrung zeigt Bild 4-44. Die Bewehrung ist in Form von zusätzlichen aufgebogenen Matten oder Bügelreihen am Beginn der wahrscheinlichen, unter 45° verlaufenden Schubrissausbildung einzubauen.

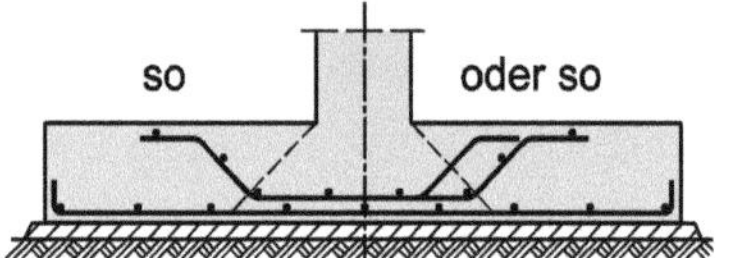

Bild 4-44 Flaches Streifenfundament mit zwei Anordnungsvarianten für erforderliche Schubbewehrung (nach [221])

4.7.6 Stahlbetonträgerroste

Sind unter den Teilbereichen von zu gründenden Bauwerken stark unterschiedliche Setzungen zu erwarten, bietet sich zu deren Egalisierung u. a. die Anordnung von Stahlbetonträgerrosten an. Solche Konstruktionen sind gekennzeichnet durch einen rostartigen Verbund der einzelnen in Stahlbeton herzustellenden Streifenfundamente und damit durch mehr oder weniger hohe Steifigkeiten der entsprechenden Gründungskonstruktionsbereiche. In Abhängigkeit von der erreichten Steifigkeit wird, ähnlich wie beim Einsatz massiver Gründungsplatten (vgl. Bild 4-1), ein Verhalten der sich setzenden Baukonstruktion erzwungen, das bei hohen Steifigkeiten praktisch dem eines Starrkörpers entspricht. Die auftretenden Setzungen nehmen dann einen geradlinigen Verlauf an, Setzungssprünge werden mit solchen Konstruktionen verhindert. Bild 4-45 zeigt als Beispiel einen Stahlbetonrost unter einem Industriebau, dessen besonders hohe Steifigkeit durch den konstruktiven Verbund der Stahlbetonfundamente und der bewehrten aufgehenden Wände bewirkt wird.

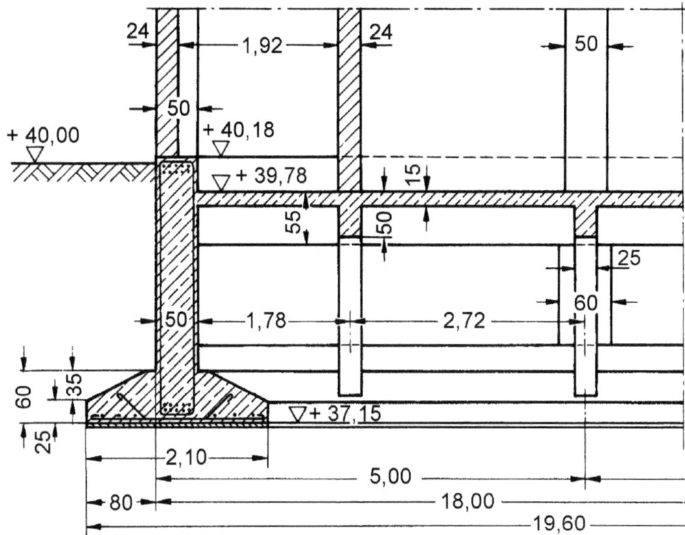

Bild 4-45 Stahlbetonrost unter einem Industriebau (nach [293])

4.8 Gründungsbalken

Dieser Fundamenttyp (auch „Fundamentbalken", „Gurtbalken" oder „Gründungsstreifen" genannt) ist mit dem Streifenfundament vergleichbar, wird aber nicht durch Wände (Eintragung von Linienlasten) sondern durch Stützen (Eintragung von Einzellasten) belastet (Bild 4-46). Deshalb ist bei ihm, im Gegensatz zum Streifenfundament, eine statisch nachzuweisende Längsbewehrung erforderlich.

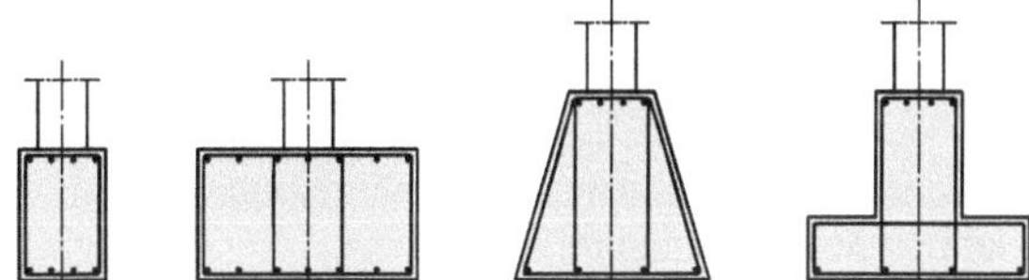

Bild 4-46 Beispiele für Querschnittsformen von Gründungsbalken

Nach den Regeln der Statik ist ein auf deformierbarem Baugrund kontinuierlich gelagerter Gründungsbalken ein „gebetteter Balken". Die Größe und der Verlauf seiner Schnittgrößen sind in starkem Maße von der Verteilung der Sohlspannungen abhängig, die nach DIN 4018 mit Hilfe verschiedener Verfahren berechnet werden kann. Hierzu gehört, neben dem Bettungsmodulverfahren (siehe Abschnitt 4.9.7) und dem Steifemodulverfahren (siehe Abschnitt 4.9.8), auch das Spannungstrapezverfahren. Mit ihm können auf statisch bestimmtem Weg geradlinig begrenzte Bodenpressungen in der Sohlfuge berechnet werden (siehe nachstehendes Anwendungsbeispiel und Bild 4-48).

Anwendungsbeispiel 1

Für den Gründungsbalken aus Bild 4-47 sind die sich infolge der eingeprägten Einzellasten und der Eigenlast des Gründungsbalkens ergebenden Sohlspannungen nach dem Spannungstrapezverfahren zu berechnen.

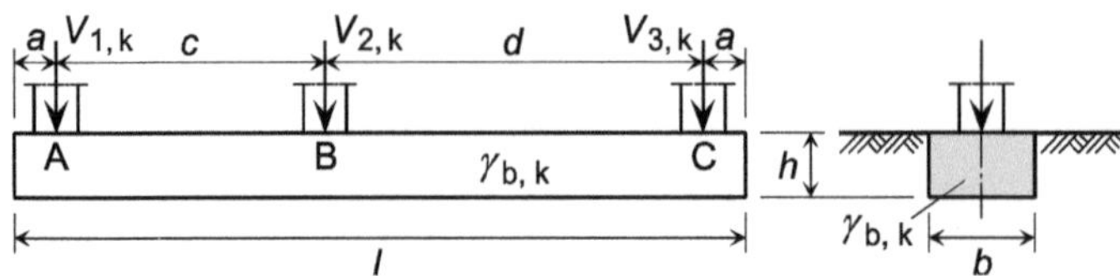

Bild 4-47 Gründungsbalken mit Abmessungen und Belastung (Ansicht und Querschnitt)

Für die Berechnung sind als charakteristische Belastungen

$V_{1,k} = 350\ \text{kN} \qquad V_{2,k} = 410\ \text{kN} \qquad V_{3,k} = 380\ \text{kN}$

als Abmessungen

$a = 0{,}40\ \text{m} \qquad c = 2{,}60\ \text{m} \qquad d = 3{,}60\ \text{m} \qquad h = 0{,}60\ \text{m} \qquad b = 1{,}00\ \text{m}$

und als Wichte des Gründungsbalkenmaterials

$\gamma_{b,k} = 24\ \text{kN/m}^3$

anzusetzen.

Lösung

Die Sohlspannungen $\sigma_{0,l,k}$ und $\sigma_{0,r,k}$ am linken und rechten Balkenrand lassen sich mit

$$\sigma_{0,l,k} = \frac{V_k}{A} + \frac{M_{M,k}}{W} \qquad \text{und} \qquad \sigma_{0,r,k} = \frac{V_k}{A} - \frac{M_{M,k}}{W}$$

berechnen. Verwendet werden darin die Sohlfläche

$$A = b \cdot l = 1{,}00 \cdot (2 \cdot 0{,}40 + 2{,}60 + 3{,}60) = 1{,}00 \cdot 7{,}00 = 7{,}00\ \text{m}^2$$

die Resultierende der charakteristischen Einzellasten und der Gründungsbalkeneigenlast

$$V_k = V_{1,k} + V_{2,k} + V_{3,k} + b \cdot h \cdot l \cdot \gamma_{b,k} = 350 + 410 + 380 + 1{,}0 \cdot 0{,}6 \cdot 7{,}0 \cdot 24 = 1240{,}8\ \text{kN}$$

das Widerstandsmoment der Sohlfläche

$$W = \frac{b \cdot l^2}{6} = \frac{1{,}00 \cdot 7{,}00^2}{6} = 8{,}167\ \text{m}^3$$

und das gegen den Uhrzeigersinn drehende charakteristische Moment um den Mittelpunkt M der Sohlfläche (Gründungsbalkeneigenlast liefert keinen Momentenanteil)

$$M_{M,k} = V_{1,k} \cdot (3{,}5 - 0{,}4) + V_{2,k} \cdot (3{,}5 - 0{,}4 - 2{,}6) - V_{3,k} \cdot (3{,}5 - 0{,}4)$$
$$= 350 \cdot 3{,}1 + 410 \cdot 0{,}5 - 380 \cdot 3{,}1 = 112\ \text{kN} \cdot \text{m}$$

Die einzelnen Größen der in Bild 4-48 gezeigten Sohlspannungsverteilung ergeben sich dann mit den nachstehenden Gleichungen.

Mit den ermittelten Zahlenwerten ergeben sich aus den beiden ersten Gleichungen die Randspannungen

$$\sigma_{0,l,k} = \frac{1\,240{,}8}{7{,}00} + \frac{112}{8{,}167} = 191{,}0\ \text{kN/m}^2 \qquad \text{und} \qquad \sigma_{0,r,k} = \frac{1\,240{,}8}{7{,}00} - \frac{112}{8{,}167} = 163{,}5\ \text{kN/m}^2$$

Die übrigen Spannungsordinaten unter den Einzellasten und in der Mitte des Gründungsstreifens (Punkt M) berechnen sich dann zu

$$\sigma_{0,\mathrm{A,k}} = 163{,}5 + \frac{(191{,}0 - 163{,}5) \cdot (7{,}0 - 0{,}4)}{7{,}0} = 189{,}4\ \mathrm{kN/m^2}$$

$$\sigma_{0,\mathrm{B,k}} = 163{,}5 + \frac{(191{,}0 - 163{,}5) \cdot (7{,}0 - 0{,}4 - 2{,}6)}{7{,}0} = 179{,}2\ \mathrm{kN/m^2}$$

$$\sigma_{0,\mathrm{M,k}} = 163{,}5 + \frac{(191{,}0 - 163{,}5) \cdot (7{,}0 - 3{,}5)}{7{,}0} = 177{,}3\ \mathrm{kN/m^2}$$

$$\sigma_{0,\mathrm{C,k}} = 163{,}5 + \frac{(191{,}0 - 163{,}5) \cdot (7{,}0 - 0{,}4 - 2{,}6 - 3{,}6)}{7{,}0} = 165{,}1\ \mathrm{kN/m^2}$$

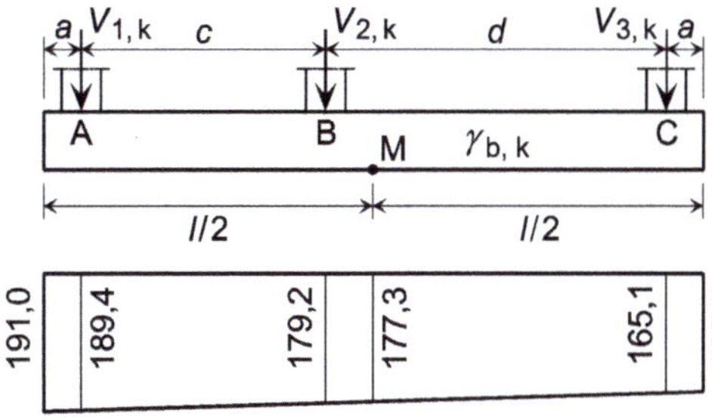

Bild 4-48 Gründungsbalken mit Belastung und zugehöriger Sohlspannungsverteilung nach dem Spannungstrapezverfahren (in kN/m²)

Anwendungsbeispiel 2

Für den in Bild 4-49 gezeigten Gründungsbalken aus Stahlbeton sind für die drei charakteristischen Einzellasten

$$V_{1,\mathrm{k}} = 0{,}4 \cdot V_{2,\mathrm{k}} = V_{3,\mathrm{k}} = 350\ \mathrm{kN}$$

und für die charakteristische Wichte

$$\gamma_{\mathrm{b,k}} = 24\ \mathrm{kN/m^3}$$

anzusetzen.

Zu berechnen sind die Größe und der Verlauf der auftretenden charakteristischen Sohldruckspannungen nach dem Spannungstrapezverfahren sowie die charakteristischen Querkräfte und die charakteristischen Extremalmomente, die für die Bemessung des Gründungsbalkens verwendet werden können.

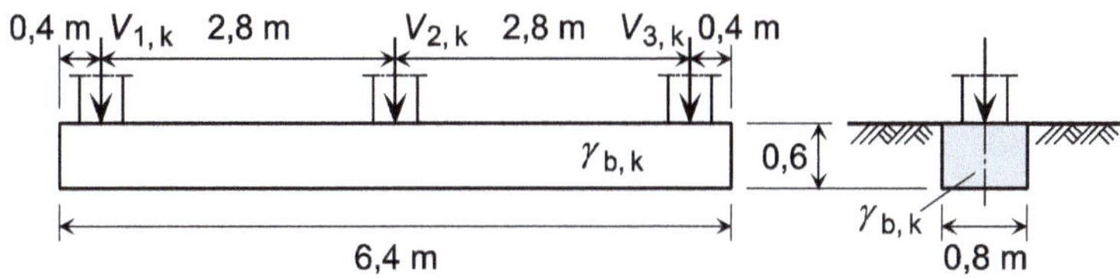

Bild 4-49 Gründungsbalken mit Abmessungen und Belastung (Ansicht und Querschnitt)

Lösung

Für den vorliegenden Fall der aus $V_{1,k}$, $V_{2,k}$ und $V_{3,k}$ bestehenden symmetrischen Belastung, liefert das Spannungstrapezverfahren einen über die Länge des Gründungsbalkens konstanten Verlauf des für die Bemessung des Gründungsbalkens anzusetzenden Anteils der charakteristischen Sohlspannungen (die Eigenlast des Gründungsbalkens liefert keinen Schnittlastenanteil, da sie sich mit dem von ihr hervorgerufenen Sohldruckspannungsanteil kompensiert).

Mit der Summe der Einzelkräfte

$$V_k = V_{1,k} + V_{2,k} + V_{3,k} = (2 + \frac{1}{0,4}) \cdot 350 = 1575 \text{ kN}$$

und der Sohlfläche

$$A = b \cdot l = 6,4 \cdot 0,8 = 5,12 \text{ m}^2$$

ergibt sich als Wert des Sohlfugenspannungsanteils

$$\sigma_{0V,k} = \frac{V_k}{A} = \frac{1575}{5,12} = 307,62 \text{ kN/m}^2$$

Die tatsächlich auftretenden charakteristischen Normalspannungen in der Sohlfuge des Gründungsbalkens (bei Setzungsberechnung verwenden) verlaufen ebenfalls konstant und haben die Größe

$$\sigma_{0,k} = \sigma_{0V,k} + \gamma_{b,k} \cdot d = 307,62 + 24 \cdot 0,6 = 322,02 \text{ kN/m}^2$$

Als für die Gründungsbalkenbemessung zu verwendende charakteristische Querkraftgrößen (vgl. Bild 4-50) ergeben sich links und rechts der einwirkenden Einzellasten (Antimetrie des Querkraftverlaufs beachten)

$$Q_{1,l,k} = \sigma_{0V,k} \cdot b \cdot 0,4 = 307,62 \cdot 0,8 \cdot 0,4 = 98,44 \text{ kN}$$

$$Q_{1,r,k} = Q_{1l,k} - V_{1,k} = 98,44 - 350 = -251,56 \text{ kN}$$

$$Q_{1,l,k} = Q_{1r,k} + \sigma_{0V,k} \cdot b \cdot 2,8 = -251,56 + 307,62 \cdot 0,8 \cdot 2,8 = 437,5 \text{ kN}$$

Die extremalen charakteristischen Momente, die für die Gründungsbalkenbemessung zu verwenden sind, treten an den Nullpunkten der charakteristischen Querkraft auf. Sie liegen im vorliegenden Fall an den Angriffspunkten der drei Einzellasten und in der Entfernung

$$e = \frac{V_{1,k}}{\sigma_{0V,k} \cdot 0,8} = \frac{350}{307,62 \cdot 0,8} = 1,422 \text{ m}$$

vom linken bzw. rechten Gründungsbalkenrand.

Wegen des symmetrischen Momentenverlaufs werden nur die Momente unter den Einzelkräften $V_{1,k}$ und $V_{2,k}$ und im Abstand e vom linken Gründungsbalkenrand berechnet.

$$M_{1,k} = \sigma_{V,k} \cdot 0,8 \cdot 0,40 \cdot \frac{0,40}{2} = 307,62 \cdot 0,8 \cdot 0,08 = 19,69 \text{ kN} \cdot \text{m} \qquad \text{(Zugspannung unten)}$$

$$M_{M,k} = \sigma_{V,k} \cdot 0,8 \cdot 3,00 \cdot \frac{3,00}{2} - V_{1,k} \cdot 2,6 = 307,62 \cdot 0,8 \cdot 4,5 - 350 \cdot 2,6$$

$$= 197,42 \text{ kN} \cdot \text{m} \qquad \text{(Zugspannung unten)}$$

$$M_{e,k} = \sigma_{V,k} \cdot 0{,}8 \cdot e \cdot \frac{e}{2} - V_{1,k} \cdot (e - 0{,}4) = 307{,}62 \cdot 0{,}8 \cdot \frac{1{,}422^2}{2} - 350 \cdot (1{,}422 - 0{,}4)$$

$$= -108{,}89 \text{ kN} \cdot \text{m} \qquad \text{(Zugspannung oben)}$$

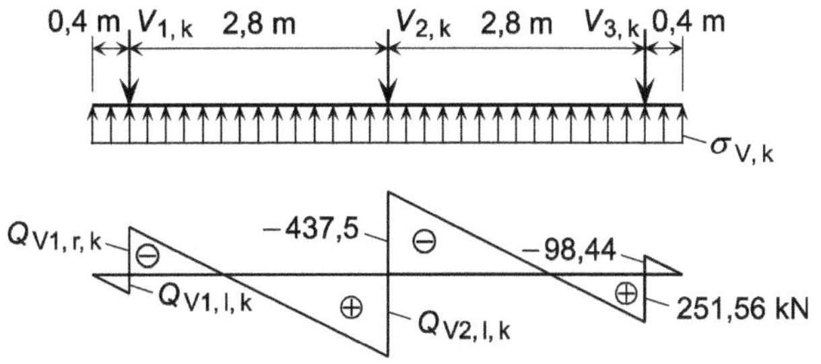

Bild 4-50 Statisches Modell des Gründungsbalkens mit charakteristischer Belastung für seine Bemessung (oben) und zugehörigem charakteristischem Querkraftverlauf (unten)

4.9 Gründungsplatten

4.9.1 Allgemeines

Die Entscheidung für die Ausführung einer Plattengründung kann auf unterschiedlichen Aspekten beruhen. Hierzu gehören

- die Tragfähigkeit des Baugrunds, die ggf. so gering ist, dass die Übertragung der Bauwerkslast mittels Einzel- oder Streifenfundamenten nicht möglich ist oder so große Abmessungen verlangt, dass sich eine Plattengründung ohnehin anbietet. Dem Nachteil, u. U. mehr Kubikmeter Beton einbauen zu müssen, stehen dabei als Vorteile gegenüber
  - einfachere Aushubarbeiten,
  - geringerer Aufwand für die Schalung,
  - konstruktiv wesentlich einfachere Bewehrung (z. B. Matten statt Einzelstäbe),
- die Beständigkeit der Baugrubensohle gegen Witterungseinflüsse, die durch den ebenen Aushub auch bei Böden gegeben ist, die empfindlich sind gegen strömendes Wasser,
- die Abdichtung gegen aufsteigendes Grundwasser, die durch die weitgehend fugenlos ausgeführten Gründungsplatten erleichtert wird,
- die Abdichtung gegen drückendes Grundwasser mit Gründungsplatten, die z. B. als Böden von „weißen Wannen“ wirksam werden,
- das Verhindern großer Setzungsunterschiede, die, bezogen auf die größte Setzung, bei Plattengründungen um ca. 30 % kleiner sind als bei aufgelösten Gründungen, zwischen denen der Boden eine unbehinderte Verformungsmöglichkeit hat,
- die schadlose Überbrückung von „Schwachstellen“ bei der Lastabtragung in den Baugrund. Sie erfolgt bei Plattengründungen, wegen ihrer räumlichen Tragwirkung, in stärkerem Maße als bei Einzel- oder Streifenfundamenten.

Gründungsplatten werden in der Regel mit durchgehend konstanter Dicke ausgeführt. In Sonderfällen können sie aber auch durch Balken oder Vouten verstärkt werden (Bild 4-51).

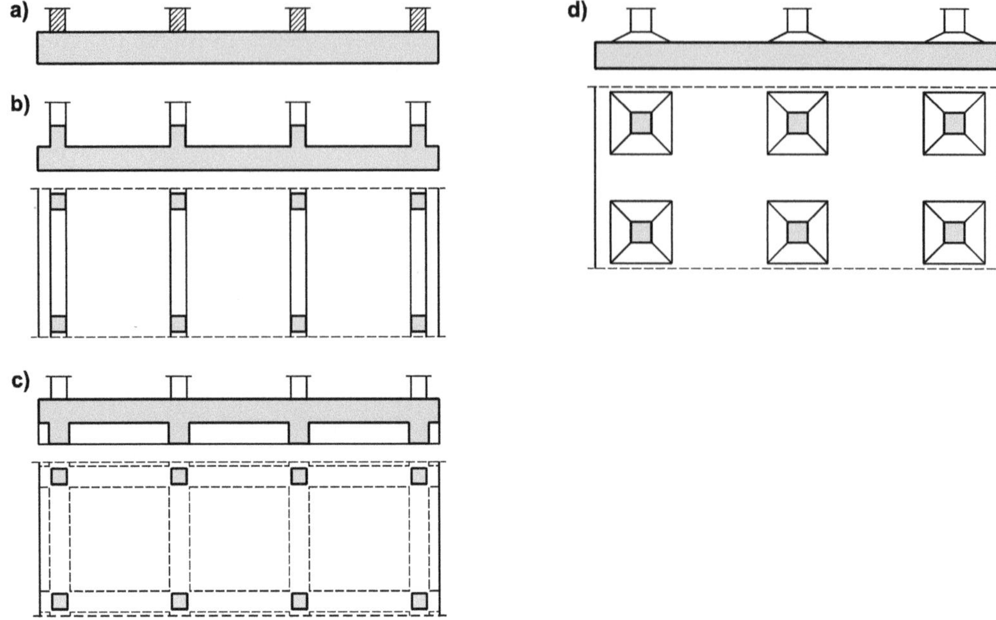

Bild 4-51 Querschnitte und Draufsichten von Gründungsplatten
a) Platte gleichbleibender Dicke
b) durch obere Rippen verstärkte Platte
c) durch untere Rippen (kreuzweise Anordnung) verstärkte Platte
d) Verstärkung der Platte unter den Stützen

4.9.2 Platten konstanter Dicke und örtlich verstärkte Platten

Platten konstanter Dicke werden am häufigsten ausgeführt, da ihre Herstellung und auch ihre Berechnung (konstantes Widerstandsmoment) unproblematisch sind. Ausgeführt werden sie mit einfacher und doppelter Bewehrung, wobei bei weichen Platten meistens eine durchgehende obere Bewehrung und eine untere Bewehrung unter den Wänden bzw. Stützen genügen.

Bei großen Spannweiten kann die Platte durch Rippen (Balken) verstärkt werden, die oben oder unten angeordnet sein können. Ausführungen solcher Verstärkungen sind sowohl kreuzweise als auch nur in einer Richtung möglich (Bild 4-51). In großen Räumen mit Pilzdecken wird die Gründungsplatte häufig als „umgekehrte Pilzdecke" ausgeführt.

4.9.3 Berechnungsverfahren für Gründungsbalken und -platten

Die Ermittlung der Schnittgrößen eines flächenhaft gelagerten Gründungsbauwerks, die zu seiner Bemessung bekannt sein müssen, setzt die Kenntnis der Spannungsverteilung in der Kontaktfuge zwischen Bauwerk und Baugrund voraus. Die wirklichkeitsnahe Berechnung dieser Sohlspannungsverteilung erfordert bei Gründungsbalken und Gründungsplatten die Lösung hochgradig statisch unbestimmter Probleme (gebettete Systeme). Für die rechnerische Behandlung in der Praxis schlägt DIN 4018 Verfahren vor, die auf

- vorgegebenen Sohldruckverteilungen,
- verformungsabhängigen Sohldruckverteilungen

basieren.

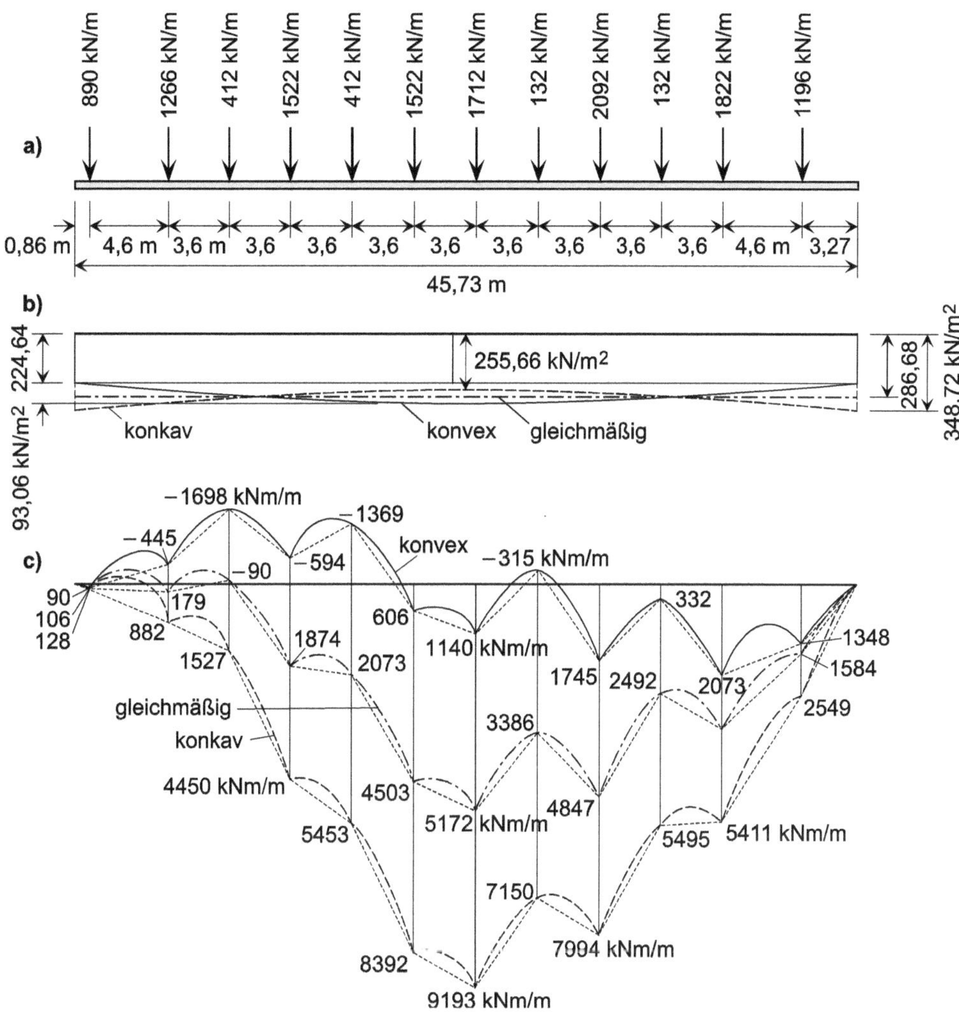

Bild 4-52 Einfluss geringer Veränderungen einer angenommenen Sohldruckverteilung auf die Biegemomente (nach Beiblatt 1 zu DIN 4018)
a) Belastung einer Gründungsplatte, b) Sohldruckverteilung, c) Momentenfläche

Zur ersten Gruppe gehören

- das Spannungstrapezverfahren (Anwendung bei leichten Bauwerken mit hinreichend gleichmäßiger Lastverteilung),
- die Sohldruckverteilung nach *Boussinesq* (Anwendung bei sehr biegesteifen Bauwerken, die auf tiefreichenden Bodenschichten mit konstanten Steifemodulen E_S gegründet sind),
- die belastungsgleiche Verteilung (Anwendung bei sehr weichen Baukörpern),

und zur zweiten Gruppe

- das Bettungsmodulverfahren (Baugrund wird als Federsystem modelliert),
- das Steifemodulverfahren (Baugrund wird durch Halbraum repräsentiert),

– die kombinierten Verfahren (Beschreibung des Baugrunds mit Kombinationen aus Feder- und Halbraummodellen.

In Ergänzung ist als Berechnungsmethode die heute sehr häufig angewendete

– Methode der finiten Elemente (FEM)

zu benennen. Bei ihr werden Baugrund und Bauwerk bezüglich ihrer Geometrie und ihres Materialverhaltens durch zusammengefügte Elemente endlicher Abmessungen (finite Elemente) modelliert (siehe hierzu z. B. [250] und [251]).

Die Bedeutung einer wirklichkeitsnahen Erfassung der Sohldruckverteilung für die Bemessung der Gründungsplatte verdeutlicht der Fall aus Bild 4-52. Er zeigt, dass der für die Plattenbemessung maßgebende Biegemomentenverlauf auf kleine Änderungen der Sohldruckverteilung empfindlich reagiert. Damit wird die Problematik erkennbar, die mit den Vereinfachungen (Abweichungen von der Wirklichkeit) der Baugrundmodelle einhergeht, welche für die Berechnung verwendet werden.

4.9.4 Spannungstrapezverfahren, vorgegebene Sohldruckverteilung

Bei diesem Verfahren, das sich zur Anwendung auf leichte Bauwerke mit weitgehend gleichmäßiger Lastverteilung eignet, werden weder für das Gründungsbauwerk noch für den Baugrund Formänderungsbetrachtungen angestellt. Überlegungen bezüglich der Steifigkeitsrelationen zwischen Baugrund und Bauwerk entfallen somit. Bei der Ermittlung der als eben begrenzt angenommenen Bodenpressungen muss nur nachgewiesen werden, dass die Gleichgewichtsbedingungen $\Sigma V = 0$ und $\Sigma M = 0$ erfüllt sind. Belastungen, die bezüglich der Grundrissgeometrie des Fundaments symmetrisch sind, erzeugen konstante Sohlspannungsverteilungen. Bei allen anderen Belastungen entstehen keilförmige Sohlspannungskörper.

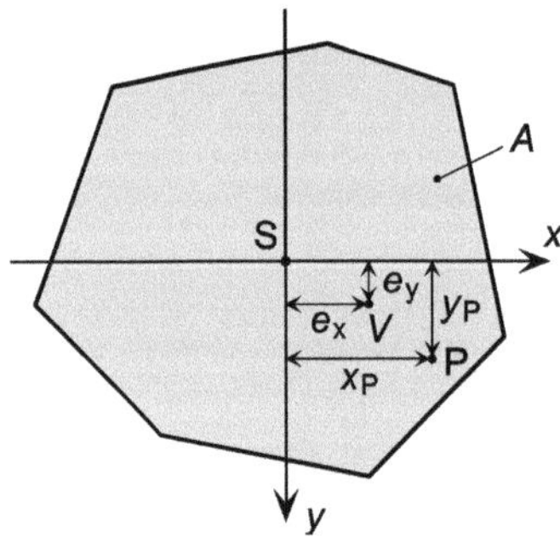

Bild 4-53 Sohlfläche mit unregelmäßiger Form (Flächeninhalt *A*, Flächenschwerpunkt S), kartesisches *x*,*y*-Koordinatensystem (Ursprung in S), Vertikallast *V* und Spannungspunkt P

Besitzt ein Gründungskörper eine Sohlfläche von unregelmäßiger Form, wie sie z. B. Bild 4-53 zeigt, und ruft eine Vertikalkraft *V* in dieser Sohlfläche nur Druckspannungen hervor, so entsteht im Spannungspunkt P die Sohlnormalspannung

$$\sigma_{0(\mathrm{P})} = \frac{V}{A} + \frac{V \cdot e_\mathrm{x} \cdot I_\mathrm{x} - V \cdot e_\mathrm{y} \cdot I_\mathrm{xy}}{I_\mathrm{x} \cdot I_\mathrm{y} - I_\mathrm{xy}^2} \cdot x_\mathrm{P} + \frac{V \cdot e_\mathrm{y} \cdot I_\mathrm{y} - V \cdot e_\mathrm{x} \cdot I_\mathrm{xy}}{I_\mathrm{x} \cdot I_\mathrm{y} - I_\mathrm{xy}^2} \cdot y_\mathrm{P} \qquad \text{Gl. 4-44}$$

Die in der Gleichung verwendeten Größen I_x und I_y sind die Trägheitsmomente, und I_xy ist das Zentrifugalmoment der Sohlfläche (sind die *x*- und die *y*-Achse Hauptachsen der Fundamentfläche, gilt $I_\mathrm{xy} = 0$). Die Vorzeichen der Abstände e_x und e_y der Vertikalkraft *V* und der Abstände x_P und

y_P des Spannungspunkts P zum Flächenschwerpunkt S sind abhängig von der jeweiligen Quadrantenlage im beliebig gedrehten kartesischen x, y-Koordinatensystem.

Anwendungsbeispiel

Zwei im Querschnitt rechteckige Gründungsbalken, die einmal als biegeweich und einmal als starr behandelt werden können und die die Höhe h sowie die mittlere Wichte γ_{GB} besitzen, werden jeweils durch gleiche Einzellasten belastet.

Es ist zu erläutern, warum die Eigenlast bei beiden Balken nicht in deren Bemessung eingeht, wenn die Sohlspannungsverteilung nach dem Spannungstrapezverfahren ermittelt wird!

Lösung

Die konstante Höhe des jeweiligen Gründungsbalkens über seine Breite führt zur konstanten Flächenbelastung

$$g_{GB} = \gamma_{GB} \cdot h$$

aus der Balkeneigenlast, zu der nach dem Spannungstrapezverfahren sowohl bei starren als auch bei biegeweichen Gründungskörpern entgegengesetzt wirkende Sohlspannungen $\sigma_{0,G}$ gleicher Größe gehören (siehe auch Bild 4-58), da bei diesem Verfahren keinerlei Formänderungsbetrachtungen angestellt werden. Damit kompensieren sich die jeweils gleich großen und entgegengesetzt gerichteten Größen g_{GB} und $\sigma_{0,G}$ in ihrer statischen Wirkung und rufen somit keine Schnittlasten in den Gründungsbalken hervor, was dazu führt, dass die Eigenlasten der Balken auch nicht in deren Bemessung eingehen.

4.9.5 Verteilung nach *Boussinesq*, vorgegebene Sohldruckverteilung

Diese Verteilung des Sohldrucks (Bild 4-54) ergibt sich nach den Gleichungen von *Boussinesq* (siehe z. B. [17], [18], [152] und [243]). Sie kann bei sehr biegesteifen Gründungsbauwerken auf einer tiefreichenden zusammendrückbaren Bodenschicht (Schichtdicke $>$ Fundamentbreite) mit konstantem Steifemodul E_s angesetzt werden. Mit abnehmender Dicke der Bodenschicht nähert sich die Verteilung der Sohldruckspannungen einer Gleichverteilung, was vor allem für ausgedehnte Gründungsflächen gilt.

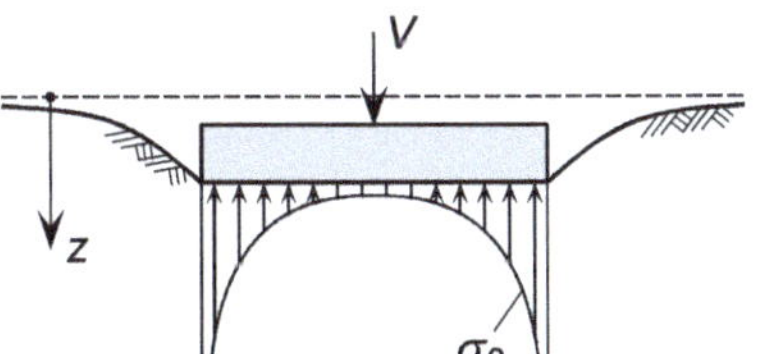

Bild 4-54 Nach *Boussinesq* sich ergebende Sohldruckspannungen σ_0 unter starrer Fundamentplatte

4.9.6 Belastungsgleiche Verteilung, vorgegebene Sohldruckverteilung

Gründungskörper mit Steifigkeiten, die im Vergleich zur Steifigkeit des Baugrunds sehr klein sind (weiche Gründungskörper), entsprechen näherungsweise dem Grenzfall des schlaffen Bauwerks, bei dem eingeprägte Flächenlasten und die dazugehörenden Sohldrücke gleich groß sind. Analog dazu ist auch die Größe der sich unter den Lasten einstellenden Biegeverformungen solcher Bauwerke gleich der Größe der zugehörigen Setzungen (Bild 4-55).

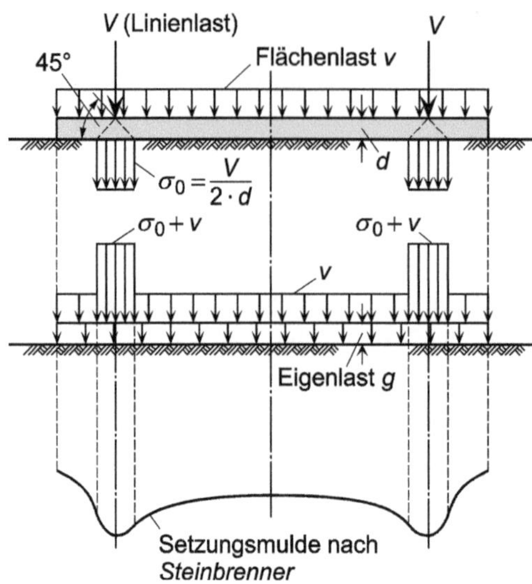

Bild 4-55 Setzungsmulde unter einem schlaffen Bauwerk (nach Beiblatt 1 zu DIN 4018)

4.9.7 Bettungsmodulverfahren, verformungsabhängige Sohldruckverteilung

Die Grundlagen dieses Verfahrens wurden im Jahre 1867 von *Winkler* formuliert. Er ging davon aus, dass sich unter einem beliebigen prismatischen Balken, der auf einer elastischen Unterlage ruht, an einer Stelle x ein Sohldruck $\sigma_0(x)$ einstellt, der proportional ist zur Einsenkung $s(x)$ an dieser Stelle. Diese Annahme wird üblicherweise in der Form

$$\sigma_0(x) = k_s(x) \cdot s(x) \qquad \Rightarrow \qquad k_s(x) = \frac{\sigma_0(x)}{s(x)} \qquad \text{Gl. 4-45}$$

dargestellt, wobei k_s einen Proportionalitätsfaktor repräsentiert.

Die Definition von Gl. 4-45 für den „Bettungsmodul" k_s gilt für eine beliebige Stelle der Sohlfläche des Gründungskörpers. Sie macht deutlich, dass der Modul in der gesamten Gründungssohle verschieden große Werte annehmen kann, da in der Regel nicht nur der Sohldruck, sondern auch die Setzungen ungleichmäßig verteilt sind. Aus der Definition geht weiterhin hervor, dass k_s keine reine Bodenkonstante ist, sondern als Funktion von Sohldruck und Setzung gleichzeitig auch von der jeweiligen Schichtung des Baugrunds und der Geometrie des Fundamentgrundrisses beeinflusst wird und damit von den Bedingungen eines jeden Einzelfalls abhängt.

Für den Fall, dass z. B. bei der Berechnung eines Fundamentkörpers der Breite b ein konstanter Bettungsmodul anzusetzen ist, kann die in der Praxis bewährte Näherungsberechnung benutzt werden, bei der die zum charakteristischen Punkt gehörende Setzung

$$s = \frac{\sigma_0 \cdot b}{E_m} \cdot f \qquad \text{Gl. 4-46}$$

mit dem mittleren Steifemodul E_m und dem Einflusswert f berechnet wird (vgl. hierzu z. B. [243]). Durch Gleichsetzung dieser Setzungsgröße mit $s = \sigma_0 / k_s$ ergibt sich für den Bettungsmodul

$$k_s = \frac{E_m}{b \cdot f} \qquad \text{Gl. 4-47}$$

Das zum Bettungsmodulverfahren gehörende Baugrundmodell verkörpert mechanisch ein System vertikal angeordneter Federn, die axial belastbar sind und sich unabhängig voneinander zusammendrücken lassen. Dem Bettungsmodul k_s kommt dabei die Funktion einer Federkonstanten zu, die z. B. als konstante Größe oder auch über die Auflagerfläche veränderlich vereinbart werden kann (Bild 4-56). Bei diesem einfachen Baugrundmodell, das in der Literatur auch als „*Winkler*'scher Halbraum" bezeichnet wird, bleiben die Einflüsse benachbarter Sohldrücke unberücksichtigt bzw. können durch das Modell nicht erfasst werden.

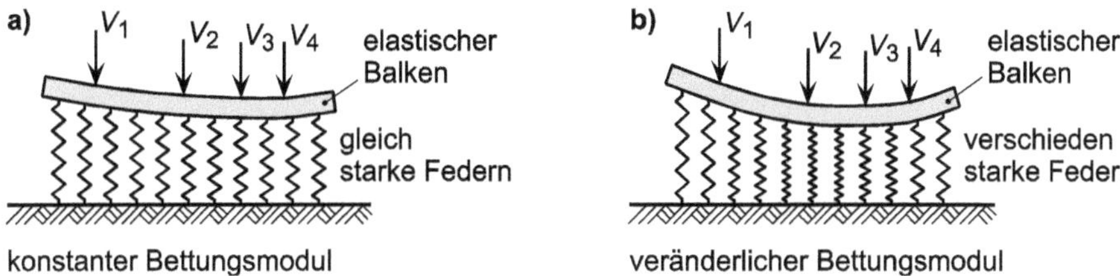

Bild 4-56 Baugrundmodelle des Bettungsmodulverfahrens (nach *Graßhoff/Kany* [180], Kap. 3.2)

Für die Modellierung elastischer Flächengründungen wird beim Bettungsmodulverfahren im Allgemeinen die Gültigkeit der *Hooke*'schen Formänderungsgesetze vorausgesetzt.

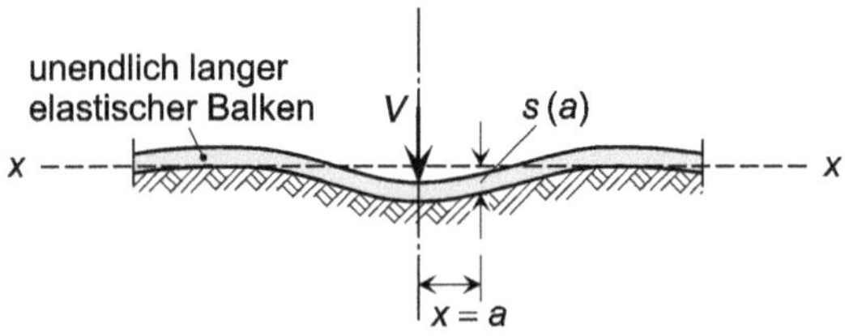

Bild 4-57 Verformungen eines mit einer Einzellast belasteten, unendlich langen, elastischen Gründungsbalkens auf dem Halbraum von *Winkler* (nach *Graßhoff/Kany* [180], Kap. 3.2)

Für einen unendlich langen und linear-elastischen Gründungsbalken der Breite b, der auf dem Halbraum von *Winkler* gelagert ist und durch eine Einzellast V belastet wird (Bild 4-57), gelten für die Biegelinie $s(x)$ und das Biegemoment $M(x)$ die Differenzialgleichungen

$$\frac{d^2M}{dx^2} = \sigma_0(x) \cdot b \qquad \text{Gl. 4-48}$$

und

$$M(x) = -E_b \cdot I \cdot \frac{d^2s}{dx^2} \qquad \text{Gl. 4-49}$$

Die Größen E_b und I stehen dabei für den Elastizitätsmodul des Balkenmaterials und das Trägheitsmoment des Balkenquerschnitts. Mit

$$E_b \cdot I \cdot \frac{d^4s}{dx^4} = -\sigma_0(x) \cdot b \qquad \text{Gl. 4-50}$$

und Gl. 4-45 ergibt sich daraus die endgültige Differenzialgleichung 4. Ordnung für die Setzung (Durchbiegung) des elastisch gelagerten Balkens

$$E_b \cdot I \cdot \frac{d^4 s}{dx^4} = -k_s \cdot s(x) \cdot b \qquad \text{Gl. 4-51}$$

Als Lösungen von Gl. 4-51, mit der die Setzung des elastisch gelagerten Balkens erfasst wird, ergeben sich mit der als „elastische Länge" bezeichneten Konstanten

$$L = \sqrt[4]{\frac{4 \cdot E_b \cdot I}{k_s \cdot b}} \qquad \text{Gl. 4-52}$$

für den Sohldruck an der Stelle *x*

$$\sigma_0(x) = \frac{V}{2 \cdot L \cdot b} \cdot e^{-x/L} \cdot \left(\cos\frac{x}{L} + \sin\frac{x}{L} \right) = \frac{V}{L \cdot b} \cdot \zeta \qquad \text{Gl. 4-53}$$

das Biegemoment an der Stelle *x*

$$M(x) = \frac{V \cdot L}{4} \cdot e^{-x/L} \cdot \left(\cos\frac{x}{L} - \sin\frac{x}{L} \right) = V \cdot L \cdot \eta \qquad \text{Gl. 4-54}$$

und die Querkraft an der Stelle *x*

$$Q(x) = \frac{V}{2} \cdot e^{-x/L} \cdot \cos\frac{x}{L} = V \cdot \varepsilon \qquad \text{Gl. 4-55}$$

Die Einflusswerte ζ für den Sohldruck, η für das Biegemoment und ε für die Querkraft sind in zahlreichen Veröffentlichungen tabellarisch und in Form von Diagrammen zu finden (siehe z. B. [173] und [324]).

Die Lösungen basieren auf der Voraussetzung, dass im gesamten Gründungsflächenbereich Druckspannungen übertragen werden, bzw. dass weder Fugenklaffungen (Abhebungen) noch Zugspannungen auftreten.

Das Bettungsmodulverfahren führt nach DIN 4018, 6.3.1 zu „hinreichend genauen Ergebnissen bei langen biegsamen Gründungsbalken und ausgedehnten biegsamen Gründungsplatten mit jeweils wenigen Einzellasten, deren Angriffspunkte in ihrer Höhenlage gegeneinander verschieblich sind, sowie bei mit der Tiefe linear von Null zunehmendem Steifemodul oder bei dünnen weichen Schichten auf harter Unterlage."

Die Anwendung des Verfahrens erfolgt heute in aller Regel unter Verwendung von Computerprogrammen, wobei sie insbesondere bei FEM-Programmen (FEM = Methode der finiten Elemente) zum Tragen kommt, in deren Elementkatalog sowohl Balken- als auch Plattenelemente mit elastischer Bettung bereitgestellt werden (vgl. hierzu u. a. *Kany* [177], Kap. 2.16 und *Graßhoff/Kany* [180], Kap. 3.2).

4.9.8 Steifemodulverfahren, verformungsabhängige Sohldruckverteilung

Die Berechnung der Bauwerksverformung mit Hilfe des Steifemodulverfahrens verlangt, dass im Sohlfugenbereich die sich unter der Last $v(x, y)$ einstellende Form der Biegefläche des Gründungskörpers (Biegelinie bei einem Gründungsbalken) mit der Form der zugehörigen Setzungsmulde übereinstimmt. Dies ist gleichbedeutend damit, dass die Differenz der Durchbiegung des Gründungskörpers Δw an zwei beliebigen Punkten seiner Sohlfläche gleich sein muss der Differenz der Setzungen dieser Punkte

$$\Delta s = \Delta w \qquad \text{Gl. 4-56}$$

Für das Beispiel eines Gründungsbalkens mit konstanter Biegesteifigkeit $E \cdot I$ ergibt sich als Gleichung der elastischen Linie die Differenzialgleichung 4. Ordnung

$$\frac{\mathrm{d}^4 w(x)}{\mathrm{d}x^4} = \frac{1}{E \cdot I} \cdot [\, v(x) - \sigma_0(x)] \qquad \text{Gl. 4-57}$$

Da die Form der Setzungsmulde des Baugrunds auch durch benachbarte Sohldrücke beeinflusst wird, ging die Entwicklung des Steifemodulverfahrens von der Behandlung des elastisch-isotropen Halbraums aus. Diese Vorgehensweise bietet, im Gegensatz zum Bettungsmodulverfahren, die Möglichkeit, die Einflüsse benachbarter Sohldrücke auf die Setzungen zu berücksichtigen. Sie führt nach den bisherigen Erfahrungen im Grundbau zu Ergebnissen, die in der Regel die wirklichen Spannungs- und Deformationsverhältnisse des Gesamtsystems Bauwerk – Baugrund besser erfassen als die Resultate des Bettungsmodul- und insbesondere des Spannungstrapezverfahrens, mit dem Spannungsspitzen in den Randzonen der Fundamente nicht berechnet werden können und das für solche Fälle zu kleine Bemessungsmomente liefert (Bild 4-58).

Die Berechnung der Setzungsmuldenform auf der Basis des elastisch-isotropen Halbraums beruht auf der für den Fall der Einzellast V geltenden Gleichung von *Boussinesq*

$$w(x,y,z) = \frac{V \cdot (1+\nu)}{2 \cdot \pi \cdot E \cdot R} \cdot \left[2 \cdot (1-\nu) + \frac{z^2}{R^2} \right] \qquad \text{Gl. 4-58}$$

mit der Größe

$$R = \sqrt{x^2 + y^2 + z^2} \qquad \text{Gl. 4-59}$$

der Querkontraktionszahl ν und dem Elastizitätsmodul E. Für die Halbraumoberfläche ($z = 0$) ergibt sich aus Gl. 4-58

$$w(x,y) = \frac{V \cdot (1-\nu^2)}{\pi \cdot E \cdot r} \qquad \text{mit} \qquad r = \sqrt{x^2 + y^2} \qquad \text{Gl. 4-60}$$

Für den Fall, dass in dem $l \times b$ großen Rechteckbereich des Gründungsbalkens eine nur in Richtung der x-Koordinate veränderliche Flächenbelastung $\sigma_0(x)$ wirkt (ebenes Problem), ergibt sich für die Setzung an der Stelle x (Bild 4-59) nach *Schultze* [285]

$$s(x) = w(x) = \frac{(1-\nu^2)}{\pi \cdot E} \cdot \int_{u=-l/2}^{u=+l/2} \sigma_0(u) \cdot f(u,x)\,\mathrm{d}u \qquad \text{Gl. 4-61}$$

mit dem Ausdruck

$$f(u,x) = \int_{e=-b/2}^{e=+b/2} \frac{\mathrm{d}e}{\sqrt{(u-x)^2 + e^2}} \qquad -\frac{l}{2} \le x \le \frac{l}{2} \qquad \text{Gl. 4-62}$$

der in der Mathematik „Kernfunktion“ und in der Statik „Einflusslinie“ genannt wird.

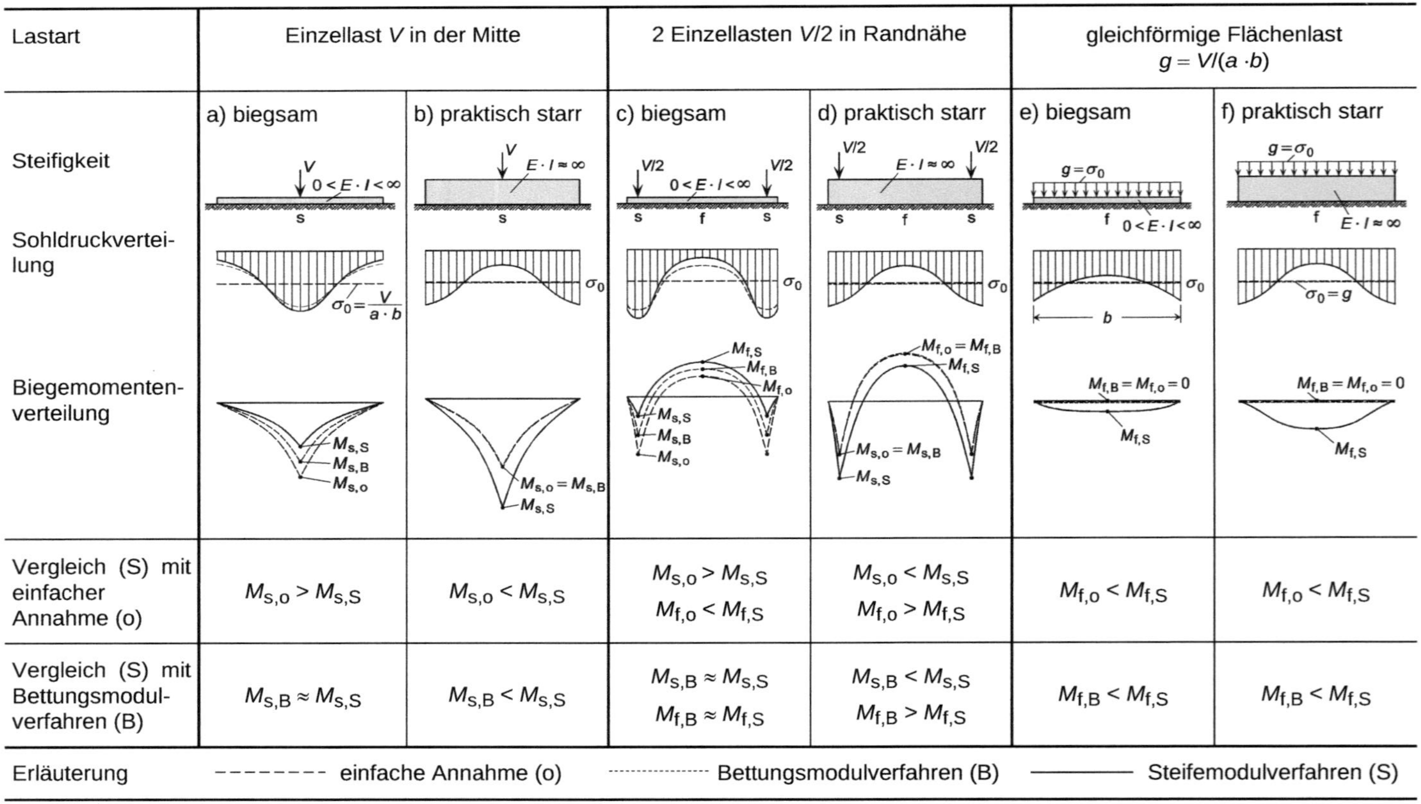

Lastart	Einzellast V in der Mitte		2 Einzellasten $V/2$ in Randnähe		gleichförmige Flächenlast $g = V/(a \cdot b)$	
	a) biegsam	b) praktisch starr	c) biegsam	d) praktisch starr	e) biegsam	f) praktisch starr
Steifigkeit	V; $0 < E \cdot I < \infty$; s	V; $E \cdot I \approx \infty$; s	$V/2$; $0 < E \cdot I < \infty$; s, f, s	$V/2$; $E \cdot I \approx \infty$; s, f, s	$g = \sigma_0$; f; $0 < E \cdot I < \infty$	$g = \sigma_0$; f; $E \cdot I \approx \infty$
Sohldruckverteilung	$\sigma_0 = \frac{V}{a \cdot b}$	σ_0	σ_0	σ_0	σ_0; b	$\sigma_0 = g$
Biegemomentenverteilung	$M_{s,S}$; $M_{s,B}$; $M_{s,o}$	$M_{s,o} = M_{s,B}$; $M_{s,S}$	$M_{f,S}$; $M_{f,B}$; $M_{f,o}$; $M_{s,S}$; $M_{s,B}$; $M_{s,o}$	$M_{f,o} = M_{f,B}$; $M_{f,S}$; $M_{s,o} = M_{s,B}$; $M_{s,S}$	$M_{f,B} = M_{f,o} = 0$; $M_{f,S}$	$M_{f,B} = M_{f,o} = 0$; $M_{f,S}$
Vergleich (S) mit einfacher Annahme (o)	$M_{S,o} > M_{S,S}$	$M_{S,o} < M_{S,S}$	$M_{S,o} > M_{S,S}$ $M_{f,o} < M_{f,S}$	$M_{S,o} < M_{S,S}$ $M_{f,o} > M_{f,S}$	$M_{f,o} < M_{f,S}$	$M_{f,o} < M_{f,S}$
Vergleich (S) mit Bettungsmodulverfahren (B)	$M_{S,B} \approx M_{S,S}$	$M_{S,B} < M_{S,S}$	$M_{S,B} \approx M_{S,S}$ $M_{f,B} \approx M_{f,S}$	$M_{S,B} < M_{S,S}$ $M_{f,B} > M_{f,S}$	$M_{f,B} < M_{f,S}$	$M_{f,B} < M_{f,S}$
Erläuterung	- - - - - - - - einfache Annahme (o)		··········· Bettungsmodulverfahren (B)		———— Steifemodulverfahren (S)	

Bild 4-58 Vergleich der Sohldrücke und Biegemomente bei Anwendung verschiedener Rechenverfahren gegenüber dem Steifemodulverfahren (aus *Graßhoff/Kany* [180], Kap. 3.2)

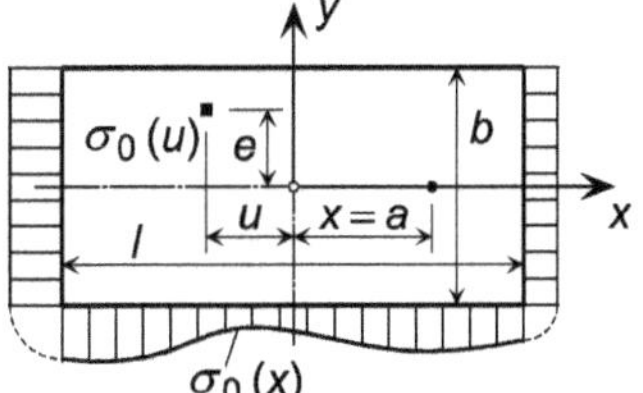

Bild 4-59 Setzung an der Stelle $x = a$ infolge der einachsig verteilten Sohlpressung $\sigma_0(x)$

Das Einsetzen von Gl. 4-61 und Gl. 4-62 in die Differenzialgleichung Gl. 4-57 der elastischen Linie des Gründungsbalkens führt zu einer Gleichung für die Sohldruckverteilung $\sigma_0(x)$. Diese stellt ein gemischtes Randwertproblem des Halbraums dar, bei dem an der Halbraumoberfläche außerhalb der Sohlfuge ein spannungsfreier Zustand herrscht und im Bereich der Sohlfuge die zu bestimmende Sohldruckspannung $\sigma_0(x)$ wirksam ist. Die bei der Lösung dieses Problems auftretenden mathematischen Schwierigkeiten sind, insbesondere bei der Verwendung plattenartiger Gründungskörper, so groß, dass es bisher nur für wenige Fälle gelungen ist, theoretisch strenge Lösungen zu finden (siehe z. B. Zusammenstellung in [285]). Hierzu gehören u. a. die auf Reihenentwicklungen basierenden Lösungen von *Borowicka* [17] für Kreisplatten und Plattenstreifen, die durch Gleich- oder Einzellasten belastet sind. Die erwähnten Schwierigkeiten vergrößern sich, wenn das den Gleichungen zugrunde liegende elastisch-isotrope Materialverhalten eines Halbraums in Hinblick auf reale Baugrundverhältnisse zu erweitern ist. Letzteres ist vielfach erforderlich, da u. a.

- die Steifemodule über die Tiefe des Baugrunds in der Regel nicht konstant sind, sondern meistens mit ihr anwachsen,
- der Baugrund Schichtungen mit unterschiedlichen Materialkennwerten aufweist,
- sehr hohe Spannungen im Baugrund durch Fließen umgelagert werden und somit plastisches Materialverhalten vorliegt.

Um die vorstehenden Betrachtungen dennoch nicht nur auf wenige Spezialfälle, sondern auf beliebige Problemstellungen anwenden zu können, wurden schon früh Näherungsverfahren entwickelt, deren Anwendung allerdings mit erheblichem Rechenaufwand verbunden war. Inzwischen wurden diese Verfahren erweitert und in Rechenprogramme umgesetzt. In dieser Form stehen sie dem Ingenieur heute zur unproblematischen Bearbeitung entsprechender Aufgaben zur Verfügung. (vgl. z. B. [177], Kap. 2.16 und *Graßhoff*/*Kany* [180], Kap. 3.2). In Tabelle 4-2 sind einige Berechnungsmethoden von zur Verfügung stehenden Rechenprogrammen zusammengestellt.

Ob ein Gründungsbauwerk, gemäß Spalte 1 von Tabelle 4-2, zur Kategorie „starr", „biegsam" oder „schlaff" („weich") gehört, wird von dem Verhältnis der Bauwerkssteifigkeit zur Baugrundsteifigkeit bestimmt.

Mit der Beziehung

$$\eta = \frac{c_0}{\alpha} \qquad \text{Gl. 4-63}$$

verknüpft *Kany* in [206] eine von der Belastung und vom Grundriss abhängige Steifigkeitsfunktion c_0 des Baugrunds mit einer Steifigkeitsfunktion α des Bauwerks, die durch dessen konstruktive Gestaltung beeinflusst wird. Weitere Einzelheiten zur Systemsteifigkeit η des aus Baugrund und Bauwerk bestehenden Systems und zur Ermittlung der von ihr abhängigen Größen, wie z. B. Sohldruckverteilung und Biegemomentenverläufe, sind in [206] und [207] zu finden.

Tabelle 4-2 Methoden zur Berechnung von Fundamentplatten mit Einwirkung des Überbaus mit/ohne Interaktion Baugrund/Bauwerk (nach *Graßhoff/Kany* [180], Kap. 3.2)

Gründung	Baugrundtyp Richtung		Überbau					
			schlaffer Überbau (statisch bestimmt)		biegsamer Überbau (statisch unbestimmt)		starrer Überbau (keine Eigenverformung)	
	horizontale Richtung	vertikale Richtung	Berechnungssystem	Verfahren	Berechnungssystem	Verfahren	Berechnungssystem	Verfahren
Spalte 1	2	3	4	5	6	7	8	9
Fall A: weiche Fundamentplatte. Aufteilung als Einzelfundamente unter den Stützen (nur wenn Sohle unter GW-Spiegel) $K_{St} < 0,1$ (Gl. 4-65) $K_B < 0,02$ (Gl. 4-64) $\eta \le 0,02$ (Gl. 4-63)	waagerechte Schichtung	Setzungsempfindl. nur in geringer Tiefe	Stützenlasten aus Überbauberechnung ohne Interaktion	EO ZO	Stützenlasten aus statisch unbestimmter Überbauberechnung mit Interaktion	ET ZO + BE	Einzelfundamente. Stützenlasten ergeben sich aus linearem Verlauf der Setzungsmulde mit Interaktion	ET ZO + BE
		Setzungsempf. auch in großer Tiefe		EO ZD		ET ZD + BE		ET ZD + BE
	ungleich starke und schräge Schichtung	Setzungsempfindl. nur in geringer Tiefe		EO ZO		ET ZO + BE		ET ZO + BE
		Setzungsempf. auch in großer Tiefe		EO ZD		ET ZO + BE		ET ZD + BE
Fall B: biegsame (steife) Fundamentplatte $0,1 \le K_{St} \le 1$ (Gl. 4-65) $0,02 \le K_B \le 0,2$ (Gl. 4-64) $0,02 < \eta < 200$ (Gl. 4-63)	waagerechte Schichtung	Setzungsempfindl. nur in geringer Tiefe	Überbauberechnung mit Stützenlasten ohne Interaktion	FO BO + ST	Fundamentplatte mit Stützenlasten aus statisch unbestimmter Überbauberechnung mit Interaktion	FT B1/ST	Fundamentplatte mit Stützenlasten aus linearem Verlauf der Setzungsmulde mit Interaktion	FT B1/ST
		Setzungsempf. auch in großer Tiefe		FO ST		FT B1/ST		FT B1/ST
	ungleich starke und schräge Schichtung	Setzungsempfindl. nur in geringer Tiefe		FO B1/ST		FT BI/ST		FT B1/ST
		Setzungsempf. auch in großer Tiefe		FO BI/ST		FT BI/ST		FT BI/ST
Fall C: starre Fundamentplatte $K_{St} > 1$ (Gl. 4-65) $K_B > 0,2$ (Gl. 4-64) $\eta \ge 200$ (Gl. 4-63)	waagerechte Schichtung	Setzungen in geringer Tiefe	Überbauberechnung mit Stützenlasten ohne Interaktion	FO B1/ST	Fundamentplatte mit Stützenlasten aus statisch unbestimmter Überbauberechnung und starren Auflagern	LI FO SB/SR	statisch überbestimmter Sohldruckansatz mit Resultierenden aller Lasten für das starre Fundament	LI FO BI/SR
		Setzungen auch in großer Tiefe		FO BI/ST		LI FO SB/SR		LI FO BI/SR
	ungleich starke und schräge Schichtung	Setzungen in geringer Tiefe		FO B1/SR		LI FO BI/SR		LI FO BI/SR
		Setzungen auch in großer Tiefe		FO SB/SR		LI FO SR		LI FO SR

Erläuterungen zu der Tabelle

Annahmen für das Fundamentsystem

EO Berechnung aller Einzelfundamente ohne Rückwirkung auf das Tragwerk
BE In horizontaler Richtung veränderlicher Bettungsmodul unter den Einzelfundamenten
ET Berechnung als Einzelfundamente mit Berücksichtigung der Interaktion
FO Berechnung als Fundamentplatte mit Berücksichtigung der Interaktion
ZO Setzungsberechnung ohne Drucküberschneidung
ZD Setzungsberechnung mit Drucküberschneidung

Berechnungsmodelle für das Fundament

L1 Lineare Verteilung des Sohldrucks (Spannungstrapez) bei kleinen Fundamenten
BO Bettungsmodulverf. mit konstantem Bettungsmodul als Balken od. FE-Platte
B1 Bettungsmodulverf. mit in horizont. Richtung veränderl. Bettungsmodul als Balken oder FE-Platte
BI Bettungsmodulverf. mit iterativer Verbesserung des Bettungsmoduls als Balken oder FE-Platte
SB *Boussinesq*'scher Sohldruckansatz (Elastizitätstheorie)
ST Steifemodulverfahren (verfeinerte Elastizitätstheorie) für biegsame Balken oder Platten (FE)
SR Steifemodulverfahren für starre Balken oder Platten (FE)
K_B Systemsteifigkeit nach dem Bettungsmodulverfahren
K_{St} Systemsteifigkeit nach dem Steifemodulverfahren

Die beiden weiteren Größen, von denen nach Spalte 1 von Tabelle 4-2 die Frage nach der Gründungsbauwerkssteifigkeit abhängt, gelten für den Sonderfall eines Fundamentbalkens mit rechteckförmigem Querschnitt. Es sind die für das Bettungsmodulverfahren geltende Größe

$$K_B = \frac{E_b}{k_s \cdot l} \cdot \left(\frac{d}{l}\right)^3 \qquad \text{Gl. 4-64}$$

und die für das Steifemodulverfahren geltende Größe

$$K_{St} = \frac{E_b}{E_s} \cdot \left(\frac{d}{l}\right)^3 \qquad \text{Gl. 4-65}$$

Die dabei verwendeten Größen sind der Elastizitätsmodul E_b des Betons (für Normalbeton gilt $E_b = E_{cm}$), der Steifemodul E_s des Baugrunds, die Fundamentdicke d und die Länge l des Fundaments. Rechenwerte für den Elastizitätsmodul des Betons können Tabelle 4-3 entnommen werden.

Tabelle 4-3 Ausgewählte Rechenwerte für den mittleren Elastizitätsmodul E_{cm} von Normalbeton (nach DIN EN 1992-1-1, Tabelle 3.1)

Festigkeitsklasse des Betons	C16/20	C20/25	C25/30	C30/37	C35/45	C40/50	C45/55
Elastizitätsmodul E_{cm} in N/mm²	29000	30000	31000	33000	34000	35000	35700

Auf Bezugsgrößen zur Einordnung von Systemsteifigkeiten wird auch in DIN 4018 Bbl 1 eingegangen. Die in Tabelle 4 des Beiblatts für das Steifemodulverfahren angegebenen Systemsteifigkeitsgrößen K_s gelten ebenfalls für Fundamentbalken der Länge l mit rechteckförmigen Querschnitten und werden durch

$$K_s = \frac{E_b}{12 \cdot E_s} \cdot \left(\frac{d}{l}\right)^3 \qquad \text{Gl. 4-66}$$

ermittelt. Für den Fall von Kreisplatten mit dem Durchmesser D ist gemäß DIN 4018 Bbl 1 der Ausdruck

$$K_s = \frac{E_b}{12 \cdot E_s} \cdot \left(\frac{d}{D}\right)^3 \qquad \text{Gl. 4-67}$$

zu verwenden.

Anwendungsbeispiel

Betrachtet wird ein Kreisfundament der Dicke $d = 1{,}5$ m, das aus einem Normalbeton (Dichte: $2000\ \text{kg/m}^3 \le \rho \le 2600\ \text{kg/m}^3$) der Festigkeitsklasse C25/30 herzustellen ist und mit dem die Bauwerkslast auf halbfesten Ton abgetragen werden soll. Als mittlerer Steifemodul des Tons ist $E_s = 19\ \text{MN/m}^2$ ermittelt worden.

Zu berechnen ist die Größe des Durchmessers, den das Fundament maximal haben kann, um bezüglich seiner Systemsteifigkeit K_s gemäß DIN 4018 Bbl 1 noch als „starr" eingestuft werden zu können.

Lösung

Mit dem Rechenwert des zu Beton der Festigkeitsklasse C25/30 gehörenden Elastizitätsmoduls aus DIN EN 1992-1-1, Tabelle 3.1 (entspricht Tabelle 4-3)

$$E_b = E_{cm} = 31000\ \text{N/mm}^2 = 31000\ \text{MN/m}^2$$

der Gleichung für die Systemsteifigkeit des Fundaments (Gl. 4-67)

$$K_s = \frac{E_b}{12 \cdot E_s} \cdot \left(\frac{d}{D}\right)^3$$

und der Mindestgröße für starre Fundamente gemäß Tabelle 4 aus DIN 4018 Bbl 1

$$\min K_s = 0{,}1$$

ergibt sich die gesuchte Durchmessergröße

$$\max D = d \cdot \sqrt[3]{\frac{E_b}{12 \cdot E_s \cdot \min K_s}} = 1{,}5 \cdot \sqrt[3]{\frac{31\,000}{12 \cdot 19 \cdot 0{,}1}} = 16{,}62 \text{ m}$$

5 Pfähle

5.1 Allgemeines und Regelwerke

5.1.1 Allgemeines

Bauwerkslasten wie z. B. Eigen- und Nutzlasten können über Flächengründungen oder Pfahlgründungen auf tragfähigen Baugrund übertragen werden. In Abhängigkeit von der Lage der tragfähigen Bodenschicht erfolgt die Lastübertragung mit Flachgründungen, Tiefgründungen oder schwimmenden Gründungen (vgl. auch Abschnitt 4.1).

Liegt die tragfähige Gründungsschicht weit unterhalb des Bauwerks und erweist sich eine Verbesserung des sie überlagernden Baugrunds als nicht sinnvoll (aus technischen und/oder wirtschaftlichen Gründen), bzw. ist das Bauwerk über freiem Wasser herzustellen (z. B. küstennahe Offshore-Bauwerke), erfolgt die Lastübertragung auf diese Schicht in der Regel durch Pfähle (Bild 5-1). Diese neben der Flachgründung älteste Gründungsform ist der am häufigsten angewendete und vielseitigste Tiefgründungstyp, mit dem sich die Bauwerkslasten auch durch freies Wasser (z. B. bei Seebrücken) übertragen lassen. Die Abtragung der Pfahllasten auf den Boden erfolgt durch den Spitzendruck und/oder die Mantelreibung.

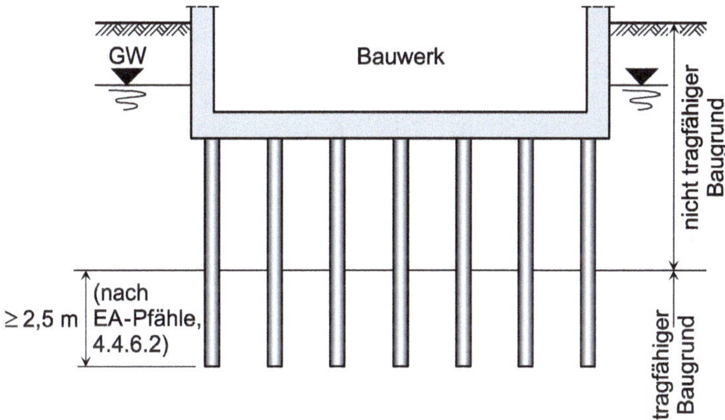

Bild 5-1 Pfahlgründung zur Abtragung der Bauwerkslasten in tragfähigen Baugrund mit Hilfe von Bohrpfählen (Prinzipskizze)

Pfahlgründungen sind gemäß DIN 1054, A 7.1.2 ([245], S.117) entweder der Geotechnischen Kategorie GK 2 oder der Geotechnischen Kategorie GK 3 zuzuordnen. Zu GK 2 gehört in der Regel eine Pfahlgründung,

- wenn sie aus Druckpfählen besteht, deren Pfahlwiderstände aus Erfahrungswerten ermittelt werden (vgl. auch Abschnitt 5.8.6),
- die üblichen zyklischen, dynamischen oder stoßartigen Einwirkungen unterliegt (aus Regellasten oder aus Baubetrieb),
- mit quer zur Pfahlachse gerichteten Einwirkungen an den Pfahlköpfen (aktive Beanspruchungen, vgl. auch Abschnitt 5.9.1),
- auf deren Pfähle negative Mantelreibung einwirkt.

Zu GK 3 gehört in der Regel eine Pfahlgründung,

Geotechnik-Grundbau. 3. Auflage. Gerd Möller.

- die erheblichen zyklischen, dynamischen oder stoßartigen Einwirkungen unterliegt (z. B. Anprall, infolge Stoß durch Aufprall, durch Maschinen hervorgerufene Schwingungen, Erdbebenwirkung usw.),
- die als Zugpfahlgruppe ausgebildet wird,
- bei der Zugpfähle mit einer Neigung flacher als 45° herzustellen sind,
- die als Verankerungselement aus verpressten Mikropfählen oder verpressten Verdrängungspfählen besteht,
- deren Pfahlwiderstände auf Zug aus Erfahrungswerten ermittelt werden (vgl. Abschnitt 5.8.6),
- die aus hochausgelasteten Pfählen besteht und gleichzeitig sehr geringe zulässige Setzungen aufweist,
- deren Pfähle infolge Seitendruck oder Setzungsbiegung quer zur Pfahlachse beansprucht werden (vgl. auch Abschnitt 5.9.2),
- mit mantel- und/oder fußverpressten Pfählen,
- die als Kombinierte Pfahl-Platten-Gründung auszuführen ist.

5.1.2 Regelwerke

Empfehlungen zum Entwurf von Pfahlgründungen sowie zur Herstellung, Bemessung und zur Ermittlung der zulässigen Belastung von Pfählen (Bohr-, Ramm-, Verdrängungs-, Verpress- und Mikropfählen) können den DIN-Normen

- DIN 1054 [44] nebst DIN 1054/A2 [47], DIN 4020 [61], DIN 4020 Beiblatt 1 [62], DIN 4126 [76], DIN 4126 Beiblatt 1 [78], DIN EN 1536 [94], DIN EN 1538 [97], DIN EN 1993-5 [105], DIN EN 1993-5/NA [106], DIN EN 1997-1 [107], DIN EN 1997-1/NA [109], DIN EN 1997-2 [110], DIN EN 1997-2/NA [111], DIN EN 12699 [113], DIN EN 12794 [116], DIN EN 12794 Berichtigung 1 [117], DIN EN 14199 [118], DIN SPEC 18140 [132], DIN SPEC 18538 [135] und DIN SPEC 18539 [136]

sowie z. B. den

- EAU 2012 [142],
- EA-Pfähle [141]

entnommen werden.

5.2 Einteilungen der Pfähle

Pfähle können nach unterschiedlichsten Kriterien in Gruppen eingeteilt werden. Im Folgenden werden einige dieser Einteilungsmöglichkeiten angegeben.

5.2.1 Nach der Art ihrer vorwiegenden Lastabtragung

Bauwerkslasten werden von Pfählen in der Regel über Normalkräfte aufgenommen. Die Abtragung dieser Kräfte auf den Baugrund erfolgt in Form von Spitzendruck und/oder Reibung.

Spitzendruckpfähle tragen die Bauwerkslasten auf tiefer liegende, tragfähige Bodenschichten vorwiegend durch den Spitzendruck σ ab (Bild 5-2 a)). Bewegen sich Teilbereiche des den Pfahl umgebenden Bodens relativ zum Pfahl nach unten (z. B. bei starker Zusammendrückung weicher Schichten infolge zusätzlicher Auflasten), kehrt sich die Wirkungsrichtung der Reibung in diesen Bereichen um; es tritt dann den Pfahl zusätzlich belastende „negative Pfahlmantelreibung“ auf.

Reibungspfähle tragen die Bauwerkslasten auf die tragfähigen Bodenschichten vorwiegend durch Reibung im Bereich der Pfahlmantelfläche (Pfahlmantelreibung τ) ab; die Abtragung von Zugkräften erfolgt ausschließlich über Mantelreibung (Bild 5-2 c)).

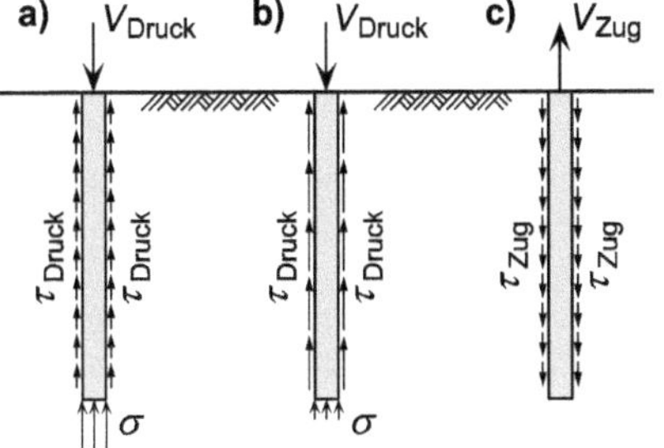

Bild 5-2 Pfahlarten
a) Spitzendruckpfahl, stehender Pfahl
σ = Spitzendruck
τ = Mantelreibung
b) Reibungspfahl, schwebender Pfahl
c) Reibungspfahl, Zugpfahl

5.2.2 Nach der Lage der tragfähigen Schicht bei Druckpfählen

Von den Pfählen aufgenommene Lasten werden dort auf den Baugrund übertragen, wo hinreichend tragfähige Schichten diese Lasten in Form von Spitzendruck und/oder Reibung aufnehmen können.

Stehende Pfähle übertragen Bauwerkslasten auf tiefer liegende, tragfähige Bodenschichten.

Schwebende (schwimmende) Pfähle bei der Abtragung von Bauwerkslasten erreichen sie mit ihrer Spitze keine tragfähige Schicht, da eine solche bis in große Tiefen nicht ansteht oder mit der Pfahlspitze nur mit unvertretbar hohem Aufwand erreichbar ist. Die sich aufbauenden Spitzendrücke sind daher sehr klein (Bild 5-2 b)). Der Einsatz dieser Pfähle sollte möglichst vermieden werden bzw. nur erfolgen, wenn tragfähiger Baugrund so tief unter bindigen zusammendrückbaren Schichten liegt, dass er mit wirtschaftlich vertretbarem Aufwand von den Pfahlspitzen nicht erreicht werden kann. Da bindige Schichten mit zunehmender Tiefe in der Regel fester werden, kann davon ausgegangen werden, dass die bei dieser Pfahlgründungsart zu erwartenden Bauwerkssetzungen geringer ausfallen als bei Flächengründungen im gleichen Baugrund.

5.2.3 Nach ihrem Baustoff

Technische und wirtschaftliche Gründe haben dazu geführt, dass Pfähle aus unterschiedlichen Baustoffen hergestellt werden. Zu unterscheiden ist zwischen

- Holzpfählen,
- Betonpfählen,
- Stahl- und Spannbetonpfählen,
- Stahlpfählen.

Vor- und Nachteile von Holz-, Stahl- und Stahlbetonpfählen sind in Tabelle 5-1 zusammengestellt.

Tabelle 5-1 Die wesentlichen Vor- und Nachteile verschiedener Pfahlarten bei deutschen Verhältnissen (nach [180] und [209])

Pfahlart		Vorteile	Nachteile
Verdrängungspfähle aus Holz		- leicht zu handhaben und abzuschneiden - relativ billig - gute Rammfähigkeit - hohe Elastizität	- dauernd haltbar nur unter Wasser - bei Luftzutritt schnelle Zerstörung durch Fäulnis - Länge und Tragfähigkeit begrenzt - empfindlich gegen hartes Rammen und andere Beschädigungen - in schweren Böden nicht rammbar
Verdrängungspfähle aus Stahl		- leicht zu handhaben, abzuschneiden und zu verlängern - verfügbar in allen Größen und Längen (unterschiedliche Profile) - verwendbar für harte Rammungen - bequemer Anschluss an Stahl-Überbaukonstruktionen - Fußverstärkung mit Flügeln möglich - hohe Festigkeit und Elastizität - Schrägneigung bis 1:1	- Sandschliff im freien Wasser und Korrosion erfordern besondere Schutzmaßnahmen - I-Profile neigen beim Rammen zum aus der Achse laufen bzw. zum sich verdrehen - relativ teuer
Stahlbetonpfähle	a) vorgefertigte, gerammte Verdrängungspfähle	- beständig in fast jeder Umgebung - bequemer Anschluss an Stahlbeton-Überbaukonstruktionen - hohe Tragfähigkeit - gute Bodenverdichtung beim Rammen - Schrägneigung bis 1:1	- empfindlich beim Aufnehmen, Transportieren und Rammen (Rissgefahr) - Probleme bei Rammhindernissen - schwierig zu kürzen und noch schwieriger zu verlängern - stärkere Erschütterungen und Lärmbelästigung beim Rammen - empfindlich gegen Querkräfte
	b) gerammte Ortbetonverdrängungspfähle	- gegenüber Fertigpfählen entfällt Lagerhaltung und Transport - Pfahlfußaufweitung möglich - Pfahllänge lässt sich den Erfordernissen anpassen - gute Verdichtung des den Pfahl umgebenden Bodens - hohe Tragfähigkeit - geringe Setzungen	- stärkere Erschütterungen und Lärmbelästigung beim Rammen - Nachbarpfähle mit frischem Beton können beschädigt werden - Qualität hängt von geschulter Mannschaft ab, insbesondere bei hohem Grundwasserüberdruck in grobkörnigen Böden - Schrägstellung begrenzt (bis ca. 4:1) - Probleme bei Rammhindernissen - empfindlich gegen Querkräfte
	c) Ortbeton-Bohrpfähle	- wie bei a) - erforderliche Pfahllänge muss erst beim Herstellen endgültig festgelegt werden - Bohrhindernisse sind notfalls durch Meißeln oder Felsbohrmethoden zu überwinden - erschütterungs- und lärmarme Herstellung - je nach Bohrsystem geringerer Platzbedarf bei Pfahlherstellung - Fußaufweitung möglich	- Bohren lockert Baugrund in Pfahlumgebung auf (zeitabhängig!), Tragverhalten wird verschlechtert - Qualität sehr von Herstellungsverfahren und Schulung der Mannschaft abhängig - Schrägstellung begrenzt - beim Bohren ohne Verrohrung (in nicht standfesten Böden mit Suspensionsstützung) Gefahr des Nachbruches aus der Bohrpfahlwand, besonders beim Einfahren eines Bewehrungskorbes in unverrohrt hergestellten Bohrungen

5.2.4 Nach ihrer Lage im Boden

Lasten können von ganz oder nur zum Teil im Boden stehenden Pfählen in den Baugrund übertragen werden.

Grundpfähle stehen in ihrer ganzen Länge im Boden.

Langpfähle (*frei stehende Pfähle*) stehen nur mit ihrem unteren Ende im Boden, mit dem oberen hingegen stehen sie frei und werden deshalb auch auf Knicken beansprucht (z. B. Pfähle, welche die Lasten durch freies Wasser in den Untergrund übertragen).

5.2.5 Nach ihrer Herstellung und der Art ihres Einbaus

Aspekte wie die Anzahl der einzubringenden Pfähle, auf der Baustelle vorhandener Platz, Entfernung der Nachbarbebauung usw. beeinflussen nicht nur die Frage nach der Art der Herstellung, sondern auch nach der Art des Einbaus der Pfähle.

Fertigpfähle werden in ihrer vollständigen Länge oder in Teillängen vor Ort hergestellt oder in vorgefertigter Form angeliefert. An ihrem Einsatzort können sie in den Baugrund gerammt, gespült, gerüttelt, gepresst, geschraubt oder in vorbereitete Bohrlöcher eingestellt werden.

Ortpfähle Pfähle dieses Typs werden an Ort und Stelle in einem Hohlraum des Baugrunds hergestellt, der z. B. gebohrt, gerammt oder eingepresst wurde. Abhängig von der Art der Hohlraumherstellung sind Bohr-, Ramm-, Ortbeton-Ramm-, Pressrohr- oder Rüttelpfähle zu unterscheiden.

Bohrpfähle Ortbetonpfähle, die in einem in den Baugrund gebohrten Hohlraum durch Einbringen von Beton, ggf. mit Bewehrung, hergestellt werden. Im Zuge der Hohlraumherstellung kann u. U. der den jeweiligen Pfahl umgebende Boden aufgelockert werden (insbesondere grobkörniger Boden).

Verdrängungspfähle Pfähle, die in der Regel ohne Bohren oder Aushub von Bodenmaterial in den Baugrund eingebracht werden und dabei den sie umgebenden Boden verdrängen und verdichten.

Einpresspfähle werden als Fertigpfähle in den Baugrund gedrückt oder, wie z. B. beim *Franki*-Pressrohrpfahl, als stahlrohrummantelter Ortpfahl verwendet (das Stahlrohr wird dabei schussweise in den Boden eingepresst und nach jedem Schuss ausbetoniert).

5.2.6 Nach der Art ihrer Beanspruchung

Verläuft die Wirkungslinie der auf den Einzelpfahl einwirkenden Lastresultierenden nicht durch die Pfahlachse, wird der Pfahl auch auf Biegung beansprucht.

Axial beanspruchte Zugpfähle übertragen die Pfahlzugkraft durch Mantelreibung auf den Baugrund (Einsatzbeispiele: Auftriebssicherung von Docksohlen, Aufnahme der Seilkräfte abgespannter Konstruktionen).

Axial beanspruchte Druckpfähle mit ihnen werden die Pfahldruckkräfte durch Mantelreibung und/oder Spitzendruck auf den Baugrund abgetragen.

Auf Biegung beanspruchte Pfähle tragen nur normal zu ihrer Achse wirkende Lasten ab. Ein Anwendungsbeispiel ist die Stabilisierung von Böschungen mit zu geringer Böschungsbruchsicherheit durch Verdübelungs- oder Pflugwirkung (Bild 5-3). Einige grundsätzliche Ausführungen zu durch Pfahldübel stabilisierte Kriechhänge und zur Bemessung der Verdübelung sind in [183] zu finden.

Axial und auf Biegung beanspruchte Pfähle werden z. B. unter Brückenwiderlagern angeordnet, wo sie sowohl die vertikalen Brückenlasten als auch die horizontal wirkenden Erddruckkräfte aufnehmen.

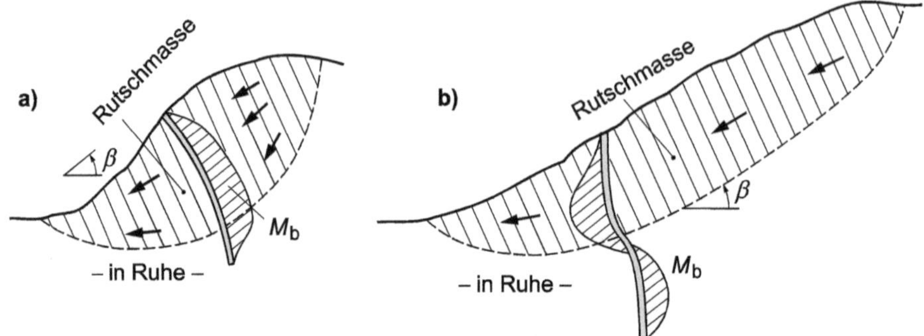

Bild 5-3 Stabilisierung von Böschungen (Böschungswinkel β) mit Pfählen als Dübel (nach [180], Kap. 3.4)
a) bei plastizierter Rutschmasse
b) bei starrer Rutschmasse

5.3 Verdrängungspfähle

5.3.1 Begriffe, Einteilung und Herstellgenauigkeit nach DIN EN 12699

Verdrängungspfähle sind vorgefertigte Pfähle, Ortbetonpfähle oder eine Kombination davon, die ohne Aushub oder Entfernen von Bodenmaterial (Ausnahmen: Hebungs- und/oder Erschütterungsbegrenzungen sowie Hindernisentfernung oder Einbringhilfe) im Boden hergestellt werden. Die Pfähle werden durch

- Rammen,
- Einrütteln,
- Einpressen,
- Eindrehen,
- Kombinationen der genannten Verfahren

in den Baugrund eingebracht.

Vorgefertigte Verdrängungspfähle (*Fertigpfähle*) werden vor dem Einbringen in einem Stück (Pfahl) oder in Pfahlschüssen (Pfahlelementen) hergestellt.

Ortbeton-Verdrängungspfähle bei ihnen wird durch Einbringung eines am Ende verschlossenen Vortreibrohrs ein Hohlraum erzeugt, der mit bewehrtem oder unbewehrtem Beton verfüllt wird.

Zusammengesetzte Pfähle sie bestehen aus ≥ 2 Teilen, die miteinander verbunden werden.

Schraubpfähle sind Pfähle, die am unteren Pfahlende bzw. Vortreibrohrende Schraubgänge aufweisen und die durch eine Kombination von Drehen und vertikalem Vorschub eingebracht werden. Beim Eindreh- und ggf. auch beim Ausdrehvorgang verdrängen die Pfähle den Boden im Wesentlichen zur Seite hin, ein Aushub findet dabei praktisch nicht statt.

Eingepresste Pfähle sind durch statische Kräfte in den Boden eingepresste Pfähle.

Verpresste Pfähle sind mit vergrößerten Pfahlfüßen versehen, die entlang eines Teils oder der gesamten Länge der Pfähle Hohlräume bilden, welche während der Pfahleinbringung mit Verpressmörtel, Zementmörtel/Feinkornbeton oder mit einem Gemisch aus Verpressmörtel und Boden verfüllt oder verpresst werden; zu Beispielen für verpresste Pfähle siehe DIN EN 12699, Bild A.11.

Nachverpresste Pfähle nach ihrem Einbringen wird über Verpressrohre (im Pfahl eingebaut oder entlang des Pfahls befestigt) Mörtel im Pfahlmantel- und/oder Pfahlfußbereich eingepresst (Mantel- und/oder Fußverpressung); zu Beispielen für nachverpresste Pfähle siehe DIN EN 12699, Bild A.12.

Werden keine anderen Vereinbarungen getroffen, sind nach DIN EN 12699, 8.2.1 die nachstehenden Grenzen der geometrischen Abweichungen bei der Pfahlherstellung an Land einzuhalten.

Für die Lageabweichungen in Höhe der Arbeitsebene vertikaler und schräger Pfähle

$e \leq 0{,}1\ \mathrm{m}$

für den Tangens i des Neigungswinkels zwischen der geplanten und tatsächlichen Achse von vertikalen und schrägen Pfählen

$i \leq i_{max} = 0{,}04\ \mathrm{m/m}$.

und für die Richtung schräger Pfähle eine Abweichung von

$\leq 2°$.

Sind die Pfähle über Wasser herzustellen, dürfen nach DIN EN 12699, 8.2.2 andere Herstellungsabweichungen angesetzt werden.

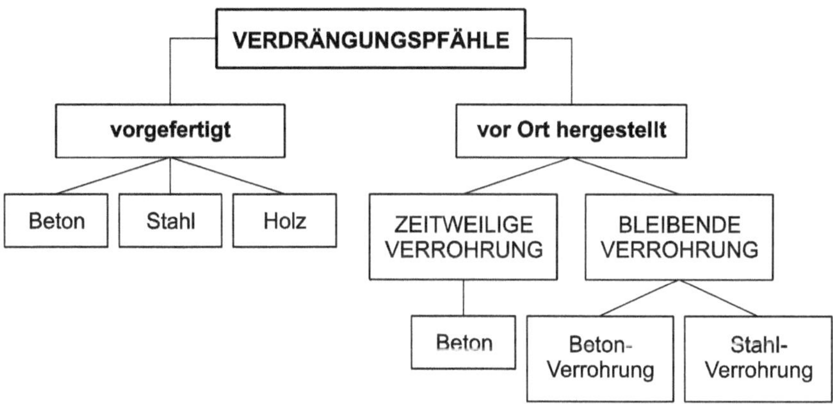

Bild 5-4 Einteilung von Verdrängungspfählen nach Herstellungsart und Baustoff gemäß DIN EN 12699, Bild A.1

5.3.2 Reihenfolge des Einbringens, Pfahlabstände und -neigungen

Die vorab festzulegende Reihenfolge des Einbringens sollte u. a. dazu führen, dass

- sich die Tragfähigkeit bereits hergestellter Pfähle nicht wesentlich vermindert,
- durch die Einbringung eines Pfahls der Baugrund in dessen Umgebung nicht so stark verdichtet wird, dass die einwandfreie Einbringung weiterer Pfähle nicht mehr gewährleistet werden kann,
- Erschütterungen, die bei der Einbringung von Ortbetonpfählen auftreten, keinen schädigenden Einfluss haben auf benachbarte frisch betonierte Pfähle oder auf den bereits abbindenden Beton benachbarter Pfähle.

Auch die Festlegung der Pfahlabstände und Pfahlneigungen sollte so erfolgen, dass eine nennenswerte Wechselwirkung der Pfähle vermieden wird.

Liegen zu den aufgeführten Aspekten örtliche oder vergleichbare Erfahrungen vor, sollten diese bezüglich der Reihenfolge des Einbringens sowie der zu wählenden Pfahlneigungen und Pfahlabstände berücksichtigt werden.

Zur Vermeidung schädlicher Rückwirkungen auf benachbarte Pfähle oder Bauten ist nach [64] und DIN SPEC 18538 die Einhaltung der Mindestabstände gemäß Bild 5-5 erforderlich, wenn es sich bei den Pfählen um vorgefertigte gerammte Verdrängungspfähle (Rammpfähle) handelt.

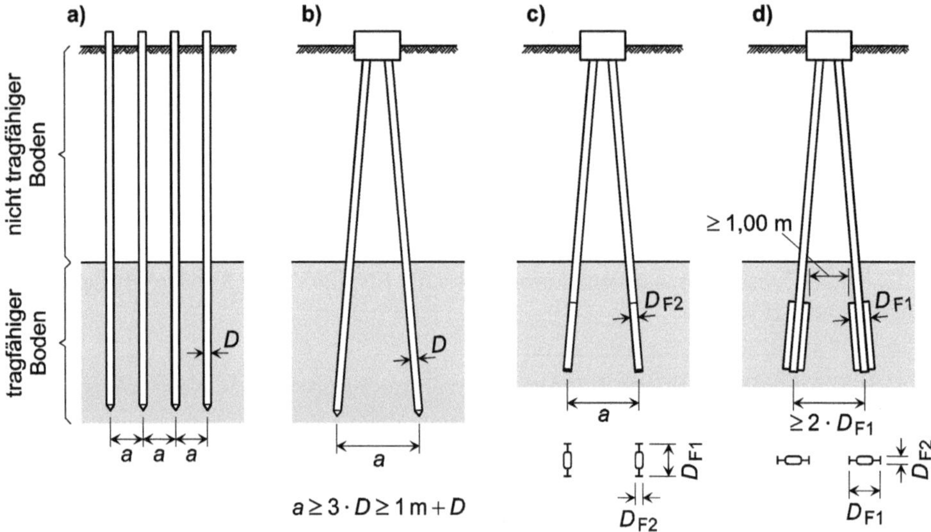

Bild 5-5 Mindestabstände von Rammpfählen gemäß [64] und DIN SPEC 18538
a) gleichgerichtete Pfähle, b) gespreizte Pfähle
c) + d) gespreizte Pfähle mit angeschweißten Flügeln als Fußverstärkung

5.3.3 Holzpfähle

Verdrängungspfähle aus Holz (Bild 5-6) werden heute meist nur noch bei untergeordneten Bauwerken (z. B. Lagerhallen) oder bei Bauhilfsmaßnahmen wie der Gründung von Lehrgerüsten oder Kranbahnen verwendet. Ihr Einsatz bei Bauwerken mit großer Lebensdauer ist in der Regel dann zweckmäßig, wenn sie unter der Fäulnisgrenze enden und Holzschädlinge nicht einwirken können. Nach DIN EN 12699, 7.4.4 sind unbehandelte und dauerhaft eingesetzte Holzpfähle unterhalb des tiefsten anzunehmenden Wasserspiegels (Grundwasser bzw. freies Wasser) einzubauen. Beim Einbau im Grundwasser ist daher zu prüfen, ob dessen Spiegel etwa durch Bauarbeiten, Flussregulierungen usw. sinken oder schwanken kann. Zu Vor- und Nachteilen von Holzpfählen siehe auch Tabelle 5-1.

Für zugerichtete Holzpfähle gilt nach DIN EN 12699, 6.2.4 und DIN SPEC 18538, A 6.2.3.2, dass sie gleichmäßig und konisch sein müssen und dass sich ihre Querschnittsmaße maximal um 1,5 cm pro lfdm Pfahllänge ändern sollten. Das größte zulässige Maß der Auslenkung aus der Pfahllängsachse beträgt 1 % der Pfahllänge. Werden Pfähle eingerammt, muss das Zerfasern/Aufsplittern des

Pfahlkopfs durch Maßnahmen wie etwa die Anordnung eines Pfahlrings (Bild 5-6) verhindert werden (vgl. DIN EN 12699, 8.6.4.1). Darüber hinaus sollte die beim Rammen erzeugte maximale Druckspannung nicht größer werden als der 0,8fache Wert der charakteristischen Druckfestigkeit des Pfahlholzes in Faserrichtung (vgl. DIN EN 12699, 7.6.4.1).

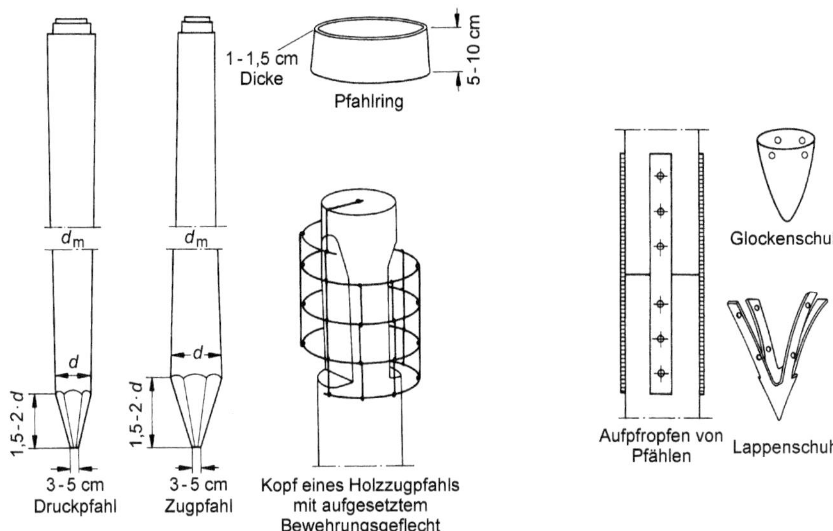

Bild 5-6 Verdrängungspfähle aus Holz (nach [157])

Der auf der halben Pfahllänge zu messende mittlere Pfahldurchmesser von Holzpfählen ist nach [64] auf die Pfahllänge l abzustimmen. Für seine Größe (in cm) gilt

$25\,\text{cm} \pm 2\,\text{cm}$ bei $l < 6\,\text{m}$

$20\,\text{cm} + 0{,}01 \cdot l\,(\text{in cm}) \pm 2\,\text{cm}$ bei $l \geq 6\,\text{m}$

Der Kopfdurchmesser der Pfähle sollte nach DIN SPEC 18538, A 6.2.3.2 mindestens 20 cm betragen. Lieferlängen von Holzpfählen sind in der Regel auf 22 bis 23 m begrenzt (vgl. [2]).

Insbesondere für den Einsatz in schwer rammbaren Böden (z. B. Kies) können die Pfahlspitzen durch Pfahlschuhe geschützt werden (bei größerer Anzahl einzubringender Pfähle aus Kostengründen vorher mit beschuhten und unbeschuhten Pfählen probieren). Es ist dafür zu sorgen, dass sich die Pfahlschuhe während des Rammens nicht lösen können. Werden die Pfähle in weichen Boden eingebracht, ist normalerweise kein Schutz ihrer Pfahlfüße erforderlich.

Die Vorteile von Holzpfählen liegen u. a. in ihrem geringen Gewicht, ihrer hohen Elastizität und ihrer Langlebigkeit in Fällen, in denen sie vollständig und dauerhaft in Wasser stehen und vor Befall durch Holzschädlinge wie Bohrmuschel und Bohrassel geschützt sind. Gefährdet sind gerammte Holzpfähle, wenn festere Bodenschichten durchrammt werden müssen bzw. Pfähle in festere Böden einzurammen sind. Dies zeigen die Bilder von freigelegten Holzpfahlrosten (Bild 5-7 und Bild 5-8). Zu den weiteren Vorteilen zählen nach [157]

- ihre Belastbarkeit unmittelbar nach dem Einbringen,
- die Prüfung der Tragfähigkeit des Baugrunds durch den „Sondierungseffekt" bei der Rammung (Pfahl wirkt als „Sonde").

Abhängig vom Baugrund sowie den Pfahlquerschnitten und -längen liegen charakteristische Pfahlwiderstände im Gebrauchszustand (vgl. Abschnitt 5.8.13) von Fertigrammpfählen nach den EA-Pfähle, 2.2.2.4 etwa zwischen 100 und 600 kN.

Bild 5-7 Schwer gestauchter Holzpfahl (aus [2])

Bild 5-8 Abgerammter Holzpfahl (aus [2])

5.3.4 Allgemeines zu Betonfertigpfählen

Die früher ausschließlich eingesetzten Holzpfähle wurden im Laufe der Zeit u. a. durch vorgefertigte Stahl- und Spannbetonpfähle mehr und mehr vom Markt verdrängt. Während heute die Funktionstüchtigkeit von Holzpfählen meistens nur für relativ kurze Zeit zu gewährleisten ist, müssen Stahlbeton- und Spannbetonpfähle dazu geeignet sein, im Zusammenwirken mit langlebigen Bauwerken die ihnen zugeordneten Aufgaben dauerhaft und ohne Einschränkungen zu erfüllen.

Stahl- und Spannbetonpfähle kommen sowohl als Massiv- als auch als Hohlpfähle zur Anwendung. Ihre Querschnitte können dabei quadratisch, rechteckig, dreieckig, vieleckig, kreisförmig oder gegliedert sein (Bild 5-9). Die Pfähle müssen die Beanspruchungen beim Transport und beim Rammen schadlos aufnehmen können, wobei die Beförderung so sorgfältig durchzuführen ist, dass Beschädigungen vermieden werden (nicht ruckweise kanten oder anheben und nicht werfen).

Nach DIN EN 12699, 6.2.1 müssen die Baustoffe und die Herstellung der Betonfertigpfähle der für vorgefertigte Gründungspfähle geltenden DIN EN 12794 entsprechen (u. a. ist danach für Stahl- oder Spannbetonpfähle mindestens ein Beton der Festigkeitsklasse C35/45 zu verwenden; DIN EN 12794, 4.2.2.1). Außerdem ist beim Rammen, bei dem der Pfahlkopf mit einem Pfahlfutter geschützt sein sollte, nach DIN EN 12699, 7.6.2.1 dafür zu sorgen, dass bei Pfählen unter

- Druckbeanspruchung (einschließlich ggf. vorhandener Vorspannung) die erzeugten maximalen Druckspannungen nicht größer werden als der 0,8fache Wert der Betondruckfestigkeit,
- Zugbeanspruchung die erzeugten maximalen Zugkräfte die Größe

$$0{,}9 \cdot f_{yk} \cdot A \qquad \text{Gl. 5-1}$$

abzüglich der ggf. vorhandenen Vorspannkraft nicht überschreiten (f_{yk} = charakteristische Streckgrenze der Bewehrung, A = Querschnittsfläche der Bewehrung).

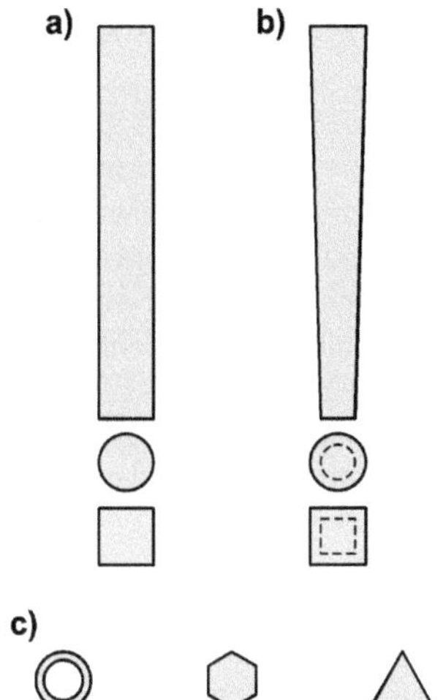

Bild 5-9 Beispiele für vorgefertigte Betonpfähle (nach DIN EN 12699, Anhang A)
a) Pfahlschaft gerade, runder oder quadratischer Querschnitt
b) Pfahlschaft konisch, runder oder quadratischer Querschnitt
c) weitere mögliche Querschnittsformen

Um zu verhindern, dass beim Einbringen der Pfähle in deren Fußbereich Schäden auftreten, können die Pfähle im Bedarfsfall mit Pfahlschuhen versehen werden. Bei vorgefertigten Stahl- oder Spannbetonpfählen sollte der Pfahlfuß so bemessen sein, dass er das Rammen in harten Fels, auf einer geneigten Felsoberfläche, in vermutetes Festgestein oder in einen Baugrund mit Blöcken schadlos übersteht. Beispiele für die Ausbildung von Pfahlfüßen sind in DIN EN 12699, Bild A.4 zu finden.

Zu den Vorteilen gerammter Betonfertigpfähle zählen u. a.
- ihre Belastbarkeit unmittelbar nach dem Einbringen,
- die Möglichkeit, sie bis zum Verhältnis 1:1 schräg zu neigen,
- die gute Bodenverdichtung beim Rammen,
- die „Güteprüfung“ des Pfahlmaterials durch den Rammvorgang,
- die Prüfung der Tragfähigkeit des Baugrunds durch den „Sondierungseffekt“ bei der Rammung (Pfahl wirkt als „Sonde“).

Hinsichtlich der Länge von Fertigpfählen sind insbesondere bedeutsam
- der Transport der Pfähle,
- das Anheben der Pfähle (aus der Schalung heben, Be- und Entladen des Transportfahrzeugs).

Bezüglich des Transports der Pfähle sind Pfähle mit Längen bis zu 15 m in der Regel als „unproblematisch“ anzusehen. Bei Längen von > 15 m können Probleme auftreten, die mit einem erhöhten logistischen Aufwand und ggf. längeren Transportwegen verbunden sein können oder gar den Transport vollständig unmöglich machen (es sind die Wege zu wählen, auf denen auch entsprechend lange Fahrzeuge fahren können; Strecken mit zu engen Kurven sind zu umgehen).

Die beim Anheben bzw. Absetzen der Pfähle auftretenden Belastungen quer zur Pfahllängsachse rufen erhebliche Biegemomente hervor. Damit verbunden ist eine entsprechende Bewehrung, die mit zunehmender Pfahllänge aufwändiger wird und dazu führt, dass lange Pfähle meist unwirtschaftlicher sind als kürzere. Ggf. ist es deshalb kostengünstiger, eine größere Anzahl kürzerer Pfähle als eine geringere Anzahl längerer Pfähle einzusetzen, da auch die Pfahlrammgerüste bei kürzeren Pfählen nicht so aufwändig sein müssen und darüber hinaus der Einbringvorgang unproblematischer ist (z. B. können bei hohen Rammgerüsten ungünstige Windverhältnisse den Einbringvorgang erheblich stören).

5.3.5 Vorgefertigte Stahlbetonpfähle

Für Hochbaugründungen werden in der Regel quadratische Stahlbetonfertigrammpfähle verwendet, wobei die Querschnittsabmessungen 35 cm × 35 cm am häufigsten zu finden sind. Als obere Grenze für massive Stahlbetonpfähle ist in aller Regel der 40 cm × 40 cm-Pfahl für Größtlängen von ca. 25 m zu betrachten. Nach DIN EN 12794, 4.3.1.2 darf der Formfaktor (Verhältnis von Pfahllänge bzw. Pfahlsegmentlänge zu kleinstem Pfahlschaftquerschnittsmaß), der die Schlankheit eines Pfahls erfasst, bei Pfählen, die mit mehreren Stäben bewehrt sind (Pfahlklasse 1), den Wert 75 nicht überschreiten. Bei einer aus einem einzelnen Stab bestehenden Bewehrung (Pfahlklasse 2) gilt der Wert 20 (DIN EN 12794, C.4.3.1.2) und bei Spannbetonpfählen (Pfahlklasse 1) der Wert 100.

Der für die Pfahlherstellung zu verwendende Beton muss nach DIN EN 12794, 4.2.2.1 mindestens zur Festigkeitsklasse C35/45 gehören. Die vor dem Transport zum Einsatzort und die vor dem Einbau zu erreichende Mindestdruckfestigkeit des Pfahls ist festzulegen (Näheres siehe DIN EN 12794).

Die Bewehrungsführung bei Pfählen entspricht derjenigen bei Stützen. Wegen der dynamischen Druckbeanspruchung des Pfahls beim Rammen soll die Querbewehrung die Längsbewehrung straff umschließen.

Nach DIN EN 12794, Anhang B.9.5.2 sind für die Längsbewehrung Stäbe mit Durchmessern ≥ 8 mm zu verwenden. Bei Pfählen mit

- polygonalem Querschnitt ist in jeder Polygonecke mindestens ein Stab einzubringen,
- kreisförmigem Querschnitt sind mindestens sechs Stäbe gleichmäßig auf den Kreisumfang zu verteilen.

An der Pfahlkopfoberseite und der Pfahlspitze müssen die Bewehrungsstäbe von einer mindestens 10 bis 50 mm dicken Betonschicht bedeckt sein (DIN EN 12794, 4.3.1.1).

Für die Querbewehrung sind, gemäß DIN EN 12794, Anhang B.9.5.3, Stähle mit Nenndurchmessern ≥ 4 mm zu verwenden, wenn das Quermaß des Pfahls kleiner ist als 300 mm, bei Quermaßen von ≥ 300 mm sind Stähle mit Nenndurchmessern ≥ 5 mm einzubauen. Eine Querbewehrung ist im

- Pfahlkopfbereich über eine Länge von mindestens 50 cm einzubringen; in diesem Bereich müssen mindestens neun Bügel angeordnet werden,
- Pfahlfußbereich von Pfählen, deren Pfahlfuß in Schwemmablagerungen eingebracht wird, über eine Länge von mindestens 20 cm einzubringen; in diesem Bereich müssen mindestens fünf Bügel angeordnet werden,
- Pfahlfußbereich von Pfählen, die auf Hartgestein oder auf Moränenschichten stehen, über eine Länge von mindestens 50 cm einzubringen; in diesem Bereich ist die Bügelanzahl entsprechend anzupassen.

Die angegebenen Bedingungen für die Querbewehrung gelten nicht für Pfähle oder Pfahlsegmente der Klasse 2 (Bewehrung mit einem einzelnen, mittig angeordneten Stab). An deren Kopf und Fuß ist jeweils ein Rissring anzubringen.

Abhängig von den Pfahlquerschnitten und dem Baugrund sind bei Fertigrammpfählen nach den EA-Pfähle, 2.2.2.2 charakteristische Pfahlwiderstände im Gebrauchszustand (vgl. Abschnitt 5.8.13) etwa zwischen 0,5 und 2 MN zu erwarten.

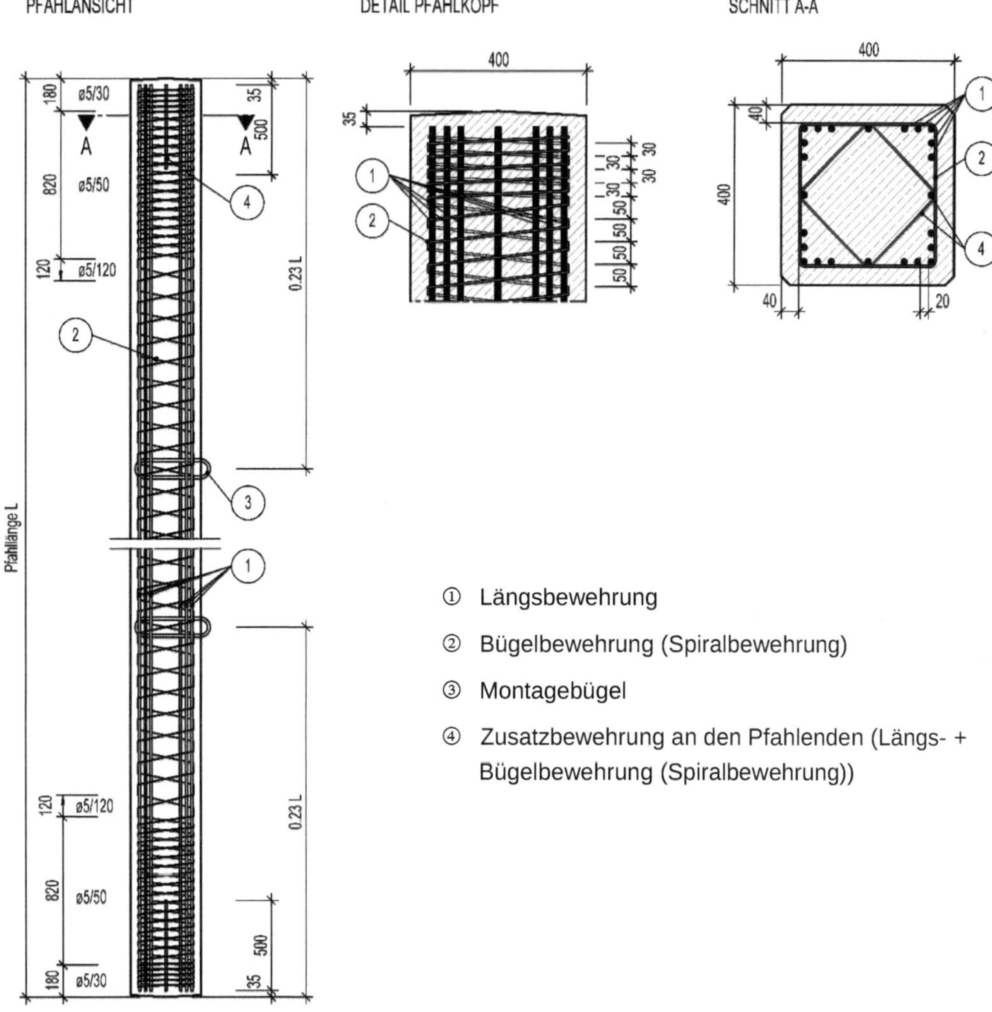

Bild 5-10 Ausschnitte des Bewehrungsplans für einen „Standardpfahl“ (Stahlbetonfertigteilpfahl) der Fa. *CentrumPfahl* [F 9]; Maße in mm

In Bild 5-10 sind Bewehrungsplanausschnitte für einen „Standardpfahl“ der Fa. *CentrumPfahl* [F 9] gezeigt. Gut zu erkennen sind

– die beim Transport benötigten Montagebügel und insbesondere

- die verkleinerten Wendelhöhen der Spiralbewehrung (Bügelbewehrung) im Bereich von Pfahlkopf und Pfahlfuß, mit deren Hilfe den hohen Spaltzugkräften begegnet wird, die in diesen Pfahlbereichen während der Pfahleinbringung auftreten,
- die Symmetrie bezüglich Form und Bewehrung des Pfahls (vereinfacht die Einbringung, da beide Pfahlenden die Funktion des Pfahlkopfes bzw. des Pfahlfußes übernehmen können).

Der „Standardpfahl" ist ein Rammpfahl gemäß DIN EN 12699 und kann in Längen zwischen 6 m und 18 m gefertigt werden. Der quadratische Querschnitt kann Abmessungen zwischen 20 cm × 20 cm und 45 cm × 45 cm haben (Abstufung in 5 cm-Sprüngen). Werden Pfahllängen von mehr als 18 m erforderlich, können die Standardpfähle mit Kupplungselementen bestückt und so in mehreren, miteinander zu kuppelnden Segmenten eingebracht werden (zusammengesetzter Pfahl). Dies gilt in analoger Weise auch für Fälle, in denen z. B. bis zu 18 m lange Pfähle nicht transportiert werden können.

Es ist noch darauf hinzuweisen, dass *CentrumPfähle* [F 9] auch Sonderpfähle anbietet; ein Beispiel ist der „Energiepfahl", der für die effektive Nutzung der Geothermie entwickelt wurde.

5.3.6 Spannbetonpfähle

Geht die Länge l der Pfähle über ein gewisses Maß hinaus (nach [213] über 12 m und bei schwierigen Rammungen, und nach [293] über 15 bis 20 m), werden sie oft vorgespannt. Durch die Vorspannung σ_V (nach [213] sollten Werte zwischen 3,0 und 5,5 MN/m^2 gewählt werden) wird die Gefahr der Rissbildung beim Anheben und beim Transport verringert. Darüber hinaus zeichnen sich die Spannbetonpfähle gegenüber den Stahlbetonpfählen u. a. aus durch

- einen geringeren Bewehrungsanteil (Tabelle 5-2),
- geringere Querschnittsgrößen und geringeres Gewicht,
- größere mögliche Pfahllängen,
- eine größere Unempfindlichkeit beim Rammen (beim Einbringen mit höheren Rammenergien setzt dies allerdings Querbewehrung zur Aufnahme der beim Rammen auftretenden Spaltzugkräfte voraus); nach DIN EN 12794, B.9.5.4 sind gebündelte Spannglieder nicht zulässig; der gewählte Spanngliedabstand muss das zufriedenstellende Einbringen und Verdichten des Betons sowie den guten Verbund zwischen Beton und Spanngliedern ermöglichen.

Tabelle 5-2 Mindestwerte für Spannstahlbewehrungsgrade (Anteil der Spannstahlquerschnittsfläche an Querschnittsfläche des Pfahlschafts) bei Spannbetonpfählen (nach DIN EN 12794, Tabelle B.1)

Pfahllänge L in m	Erforderlicher Bewehrungsgrad in %
≤ 10	0,1
$10 < L \leq 20$	$0{,}01 \cdot L$
> 20	0,2

Wird zusätzlich zum Spannstahl der Einbau einer Längsbewehrung erforderlich, dürfen nicht mehr als 4 Stäbe in derselben Ebene enden. Beim Einbau von Querbewehrung sind die zu den Stahlbetonpfählen gemachten Angaben zu berücksichtigen (beachte DIN EN 12794 Berichtigung 1). Zu beachten ist, dass die Querbewehrung insbesondere bei schwerem Rammen bedeutsam wird, da dann vor allem im Pfahlkopf- und Pfahlfußbereich große Spaltzugkräfte auftreten. Gleichzeitig ist darauf hinzuweisen, dass zusätzliche schlaffe Bewehrung nicht unerhebliche Kostensteigerungen mit sich bringt.

Bezüglich der mindestens erforderlichen Festigkeitsklasse des zur Pfahlherstellung verwendeten Betons sowie der vor dem Transport zum Einsatzort und vor dem Einbau zu erreichenden Mindestdruckfestigkeit des Pfahls sei auf Abschnitt 5.3.5 verwiesen. Die dort zu findenden Angaben gelten auch für Spannbetonpfähle.

5.3.7 Stahlpfähle

Verdrängungspfähle aus Stahl sind gegenüber Holz- und Stahlbetonpfählen verhältnismäßig teuer und werden deshalb hauptsächlich in Fällen verwendet, in denen Eigenschaften zu fordern sind, die andere Pfahlarten nicht in gleich hohem Maße aufweisen. Hierzu gehören z. B.
- die Sicherheit gegen Schädlingsbefall, Fäulnis und aggressive Wässer,
- gute Rammbarkeit auch in Böden mit nicht zu schweren Hindernissen wie Mauerreste, dünne Felsplatten u. Ä.,
- geringes Gewicht bei gleichzeitig hohen Werten für Tragkraft, Festigkeit und Elastizität sowie große Widerstandsfähigkeit beim Rammen,
- gute Eignung zur Aufnahme von Biegebeanspruchungen im eingebauten Zustand wie auch beim Transport,
- nahezu beliebige Länge (bisher bis zu 34 m).

Stahlrammpfähle (Bild 5-11) können bezüglich ihrer Querschnittsform als Rohre (Rohrpfähle), IPB-Träger (Trägerpfähle), Spundwand- und Spezialprofile ausgebildet sein, wobei z. B. die Spundwandprofile an ihren Schlössern verschweißt sein können (Kastenpfähle).

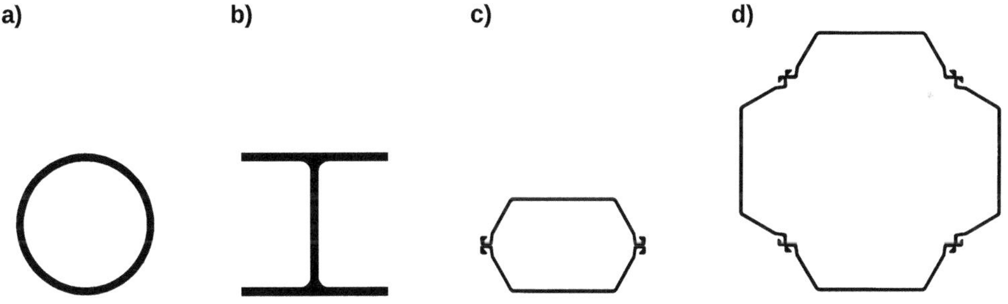

Bild 5-11 Mögliche Querschnittsformen von Stahlpfählen
a) Stahlrohr, b) I-Profil,
geschweißte LARSSEN-Spundbohlen: c) LP-Pfahl, d) LV-Pfahl

Stahlpfähle mit Z-Profil (Z-Pfähle) sind als Zugpfähle besonders wirtschaftlich, da sie im Vergleich zum Gewicht eine große Umfangsfläche besitzen (Bild 5-12).

Nach DIN EN 12699, 6.2.2.1 müssen die Baustoffe und die Herstellung der Stahlpfähle mindestens den Normen
- DIN EN 1993-1 und DIN EN 1993-5 (Pfähle und Spundwände),
- DIN EN 10210 oder DIN EN 10219 oder DIN EN ISO 11960 (beim Einsatz von Hohlprofilen wie z. B. Rohren),
- DIN EN 10025 (beim Einsatz warmgewalzter Erzeugnisse wie z. B. H-Profile),

entsprechen. Werden die Pfähle gerammt, sollte der Pfahlkopf mit einer festsitzenden Schlaghaube aus Stahl versehen werden und die für den Rammvorgang berechnete höchste Spannung in den Pfählen das 0,9fache des charakteristischen Werts der Streckgrenze des Stahls nicht überschreiten.

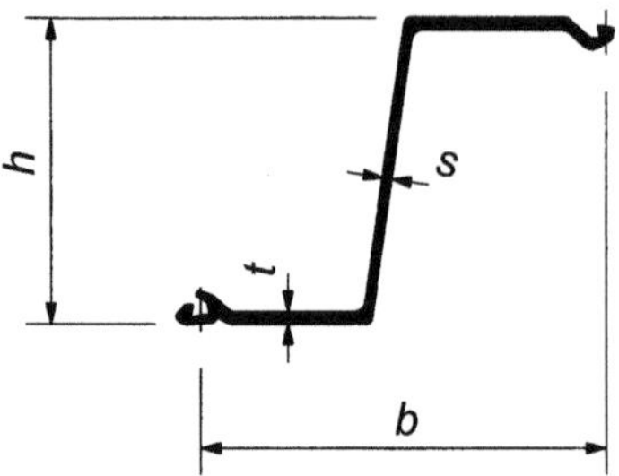

Bild 5-12 Stahlzugpfahl als Z-Profil, z. B. HOESCH-Profil 3600 n mit $b/h = 675/485$ mm (aus Informationsmaterial der Fa. *HSP* [F 15])

Tabelle 5-3 Dickenverluste infolge Korrosion bei Stahlpfählen und Stahlspundbohlen in Böden, mit und ohne Grundwasser (empfohlene Werte nach DIN EN 1993-5, Tabelle 4-1)

Bodengegebenheiten	Geforderte planmäßige Nutzungsdauer				
	5 Jahre	25 Jahre	50 Jahre	75 Jahre	100 Jahre
ungestörte natürlich gewachsene Böden (Sand, Schluff, Ton, Schiefer, ...)	0,00 mm	0,30 mm	0,60 mm	0,90 mm	1,20 mm
verunreinigte natürliche Böden und industrielle Standorte	0,15 mm	0,75 mm	1,50 mm	2,25 mm	3,00 mm
aggressive natürliche Böden (Sumpf, Marsch, Torf, ...)	0,20 mm	1,00 mm	1,75 mm	2,50 mm	3,25 mm
unverdichtete nicht-aggressive Auffüllungen (Ton, Schiefer, Sand, Schluff, ...)	0,18 mm	0,70 mm	1,20 mm	1,70 mm	2,20 mm
unverdichtete und aggressive Auffüllungen (Asche, Schlacke, ...)	0,50 mm	2,00 mm	3,25 mm	4,50 mm	5,75 mm

Anmerkungen:

1) Korrosionsraten in verdichteten Auffüllungen sind niedriger als in unverdichteten. Bei verdichteten Böden sollten die Werte in dieser Tabelle halbiert werden.
2) Den Werten für 5 Jahre und 25 Jahre liegen Messungen zugrunde, während die anderen Werte extrapoliert sind.

In Abhängigkeit von der Aggressivität der die Pfähle umgebenden Medien sind Maßnahmen gegen Korrosion zu treffen, sofern ein nennenswerter Verlust der Stahldicke zu erwarten ist. Hierzu können gehören (vgl. auch DIN EN 1993-5, 4.1 (3))

- die Wahl größerer Stahldicken als Korrosionsreserve (zu Korrosionsraten für die Bemessung siehe z. B. Tabelle 5-3 und Tabelle 5-4),
- die Schaffung statischer Reserven durch Maßnahmen wie die Verwendung größerer Querschnitte oder höherer Stahlgüten,
- Schutzbeschichtungen bei frei stehenden Pfählen (gewöhnlicher Anstrich, Epoxidharzanstrich, Verpressmörtel oder Verzinken),
- kathodischer Schutz, mit oder ohne Schutzbeschichtungen,
- Schutz aus Beton, Mörtel oder Suspensionen in Bereichen hoher Korrosion.

Sollte die Wirkungsdauer des Schutzes kürzer sein als die geforderte Nutzungsdauer der Pfähle, ist, bezüglich der Tragfähigkeit und Gebrauchstauglichkeit der Pfähle, der in der restlichen Nutzungsdauer zu erwartende Blechdickenverlust zu berücksichtigen.

Tabelle 5-4 Dickenverluste infolge Korrosion bei Stahlpfählen und Stahlspundbohlen in Süß- und Salzwasser (empfohlene Werte nach DIN EN 1993-5, 4.4, Tabelle 4-2)

Wassergegebenheiten	Geforderte planmäßige Nutzungsdauer				
	5 Jahre	25 Jahre	50 Jahre	75 Jahre	100 Jahre
allgemeines Süßwasser (Fluss, Schiffskanal, ...) im Bereich hohen Angriffs (Wasserspiegel)	0,15 mm	0,55 mm	0,90 mm	1,15 mm	1,40 mm
sehr verunreinigtes Süßwasser (Abwasser, Industrieabwasser, ...) in der Zone hohen Angriffs (Wasserspiegel)	0,30 mm	1,30 mm	2,30 mm	3,30 mm	4,30 mm
Seewasser in gemäßigtem Klima im Bereich hohen Angriffs (Niedrigwasser und Spritzzone)	0,55 mm	1,90 mm	3,75 mm	5,60 mm	7,50 mm
Seewasser in gemäßigtem Klima im Bereich, der ständig unter Wasser ist, oder in der Wasserwechselzone	0,25 mm	0,90 mm	1,75 mm	2,60 mm	3,50 mm

Anmerkungen:

1) Die höchste Korrosionsrate ist in der Regel in der Spritzwasserzone oder bei Gezeiten in der Niedrigwasserzone zu finden. In den meisten Fällen befinden sich jedoch die höchsten Biegespannungen in der Zone, die ständig unter Wasser liegt, siehe DIN EN 1993-5, Bild 4-1
2) Den Werten für 5 Jahre und 25 Jahre liegen Messungen zugrunde, während die anderen Werte extrapoliert sind.

Stahlpfähle können durch geschweißte Stumpfstöße oder auch durch Stöße mit aufgeschweißten Laschen verlängert werden.

Große Hohlpfähle können durch eine angeschweißte Spitze oder Fußplatte verschlossen werden. Bei Pfählen mit kleineren Querschnitten und ohne Verschluss verdichtet und verspannt sich der in den Pfahlhohlraum eindringende Boden beim Rammen u. U. so, dass er von dem Pfahl mit in die Tiefe genommen wird und die Spitzendruckfläche des Pfahls auf die dem Vollquerschnitt entsprechende Fläche vergrößert.

Abhängig von den Pfahlquerschnitten und dem Baugrund liegen charakteristische Pfahlwiderstände im Gebrauchszustand (vgl. Abschnitt 5.8.13) von Fertigrammpfählen nach EA-Pfähle, 2.2.2.3 etwa zwischen 0,5 und 2 MN.

5.3.8 Ortbetonpfähle

Ortbetonpfähle werden hergestellt durch Einrammung oder Einrüttlung eines den Boden verdrängenden Stahlrohrs mit geschlossener Spitze (Vortreib- bzw. Mantelrohr), das nach Erreichen der Solltiefe mit einem Bewehrungskorb versehen und ausbetoniert wird. Das Vortreibrohr wird dabei entweder wiedergewonnen (gezogen) oder es verbleibt, z. B. als Schutz gegen betonschädigende Bodenbestandteile, im Baugrund (Rohrpfähle).

Die Rammung erfolgt als Kopframmung auf eine auf der Rohroberkante sitzende Rammhaube oder als Freifall-Innenrammung mit einem Fallbären auf einen Betonpfropfen im Rohrfuß (geringere Lärmentwicklung und Rammerschütterung).

Bei der Kopframmung ist das Rammrohr durch eine verlorene Spitze bzw. Platte (Bild 5-13) oder durch eine Fußkappe nach unten verschlossen. Beim Rammen bildet sich vor Stahlplatten eine Spitze verdichteten Bodens aus, weshalb die erforderliche Rammarbeit bei Rohren mit Platte oder Spitze etwa gleich groß ist. Wegen des geringeren Preises von Stahlplatten werden diese bevorzugt bei weichen oder mittelharten Böden verwendet; bei schweren Böden (eingelagerte Gerölle oder Felsbänder) werden sie durch kreuzweise aufgeschweißte Stahlbleche spitzenartig verstärkt.

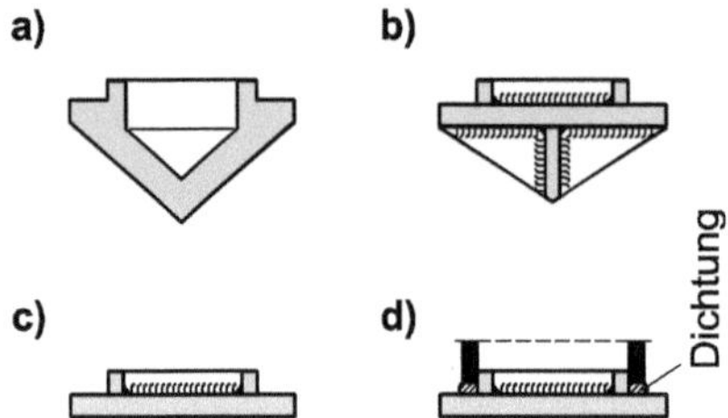

Bild 5-13 Verlorene Spitzen für Ortbetonrammpfähle (nach [293])
a) gegossene Stahlspitze
b) spitzenartig verstärkte Stahlplatte
c) Stahlplatte
d) Abdichtung der Fuge zwischen Spitze und Vortreibrohr (z. B. mit Teerstrick)

In Bild 5-14 sind die Herstellungsphasen des *Franki*-Pfahls der Fa. *Franki Grundbau* [F 12] dargestellt. Zu erkennen ist u. a., dass dieser Ortbetonpfahl durch Innenrammung eingebracht wird und einen aufgeweiteten Pfahlfuß besitzt. Die Achsen von *Franki*-Pfählen können sowohl lotrecht als auch geneigt (Neigung bis 4:1) ausgeführt werden.

Zu Bild 5-14 sei ergänzend vermerkt, dass
- das Vortreibrohr Durchmesser zwischen 42 und 61 cm aufweist (Ausnahme: „Megapfahl" mit 71 cm Durchmesser und charakteristischen Pfahlwiderständen $R_{c,k}$ bis 12 000 kN),
- die Höhe des angestampften, erdfeuchten Betonpfropfens etwa dem 3fachen des Vortreibrohrdurchmessers entspricht,
- als Fallhöhe des Freifallbären, bei einer Masse von etwa 2 bis 6 t, ca. 6 bis 10 m üblich sind,
- nach dem Erreichen der Solltiefe die Ausbildung des aufgeweiteten Pfahlfußes (Pfahlfußfläche > Querschnittsfläche des Pfahlschafts) erfolgt,
- der fertige Pfahl einen an die Baugrundverhältnisse und die Pfahllast angepassten Pfahlfuß und einen rauen Pfahlschaft besitzt.

Beim Einbringen von zeitweilig verrohrten Ortbeton-Verdrängungspfählen sind die Pfahlabstände und die Reihenfolge des Einbringens der Pfähle so zu wählen, dass durch die Verdichtungs- und Verdrängungswirkung beim Einbringen keine schädlichen Rückwirkungen auf benachbarte Pfähle bzw. Bauwerke auftreten können. Gemäß DIN EN 12699, 8.7.1 muss der Achsabstand benachbarter Pfähle ohne bleibende Verrohrung mindestens dem 6fachen des Pfahldurchmessers entsprechen, solange der Beton keine ausreichende Festigkeit erreicht hat bzw. keine anderen Erfahrungen vorliegen. Bei Baugrund mit undränierten Scherfestigkeiten von $c_u < 50$ kPa (entspricht 50 kN/m^2) sollte der Mindestachsabstand zwischen frisch hergestellten Pfählen gemäß Bild 5-15 vergrößert werden. Eine Halbierung dieser Achsabstandswerte ist zulässig, wenn die Pfahlschäfte mit erdfeuchtem, verdichtetem Beton hergestellt werden.

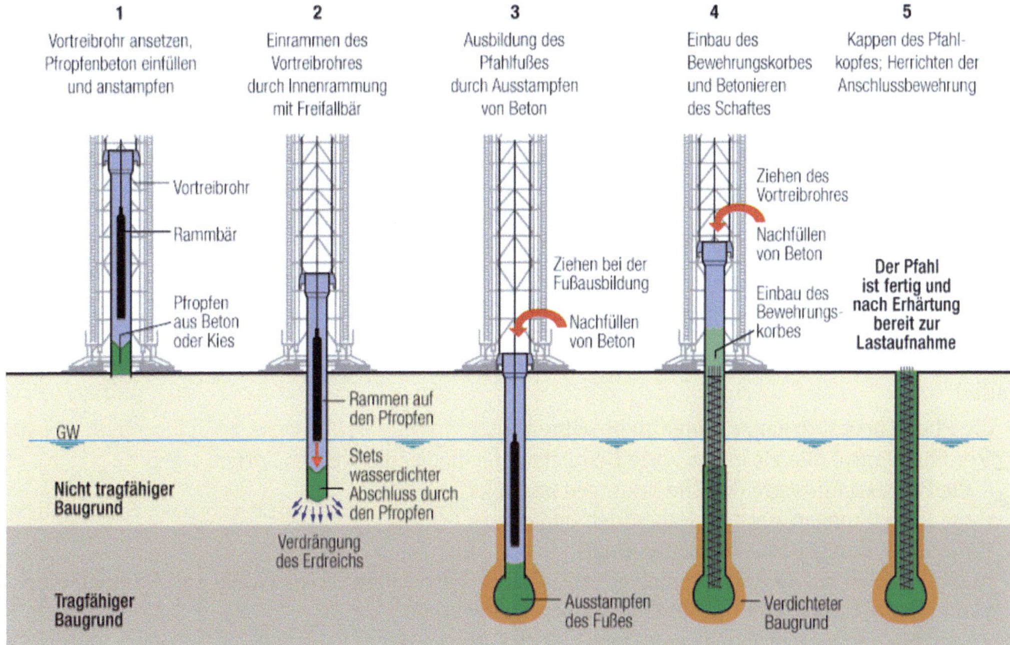

Bild 5-14 Herstellungsverfahren beim *Franki*-Pfahl (aus Prospekt der Fa. *Franki Grundbau* [F 12])

Tabelle 5-5 Äußere Tragfähigkeiten von *Franki*-Pfählen, charakteristische Pfahlwiderstände $R_{c,k}$ (Druckpfähle) und $R_{t,k}$ (Zugpfähle) nach Informationen der Fa. *Franki Grundbau* [F 12]; siehe auch Abschnitt 5.8.9

Vortreibrohr ∅	Druckpfähle ($R_{c,k}$)				Zugpfähle ($R_{t,k}$)			
	in nichtbindigen Böden		in halbfesten bindigen Böden		in nichtbindigen Böden		in halbfesten bindigen Böden	
	mit Norm-Rammarbeit	mit Fußbemessung	mit Norm-Rammarbeit	mit Fußbemessung	mit Norm-Rammarbeit	mit Fußbemessung	mit Norm-Rammarbeit	mit Fußbemessung
mm	kN	kN	kN	kN	kN	kN	kN	kN
420	1700	3600	2700	2800	800	1400	800	1000
510	3200	4400	3200	3600	1000	1800	1000	1400
560	4000	5600	4000	4400	1260	2000	1260	1600
610	4800	7000	4800	5200	1420	2200	1420	1800

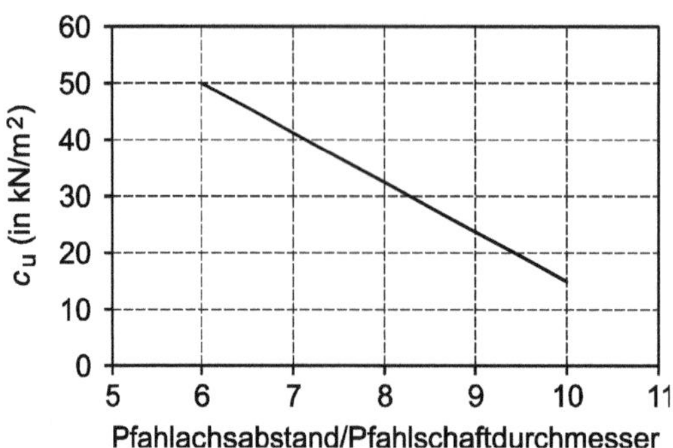

Bild 5-15 Mindestachsabstand frisch hergestellter Ortbeton-Verdrängungspfähle ohne bleibende Verrohrung in weichen Böden (nach DIN EN 12699, Bild 1)

Hinsichtlich der Bewehrung von Ortbetonpfählen gilt nach DIN EN 12699, 7.7.2 u. a., dass im Regelfall

- die Pfähle über ihre ganze Länge zu bewehren sind,
- Verdrängungspfähle als unbewehrte Betonelemente bemessen werden dürfen, wenn
  - die Bemessungswerte der Einwirkungen und/oder
  - die Einwirkungen aus dem Baubetrieb und/oder
  - die Einwirkungen aus dem Untergrund

  in den Pfählen nur Druckspannungen erzeugen und die unbewehrten Pfähle zur Aufnahme unplanmäßiger Lasten im Pfahlkopfbereich bewehrt werden,
- Zugpfähle immer über ihre ganze Länge zu bewehren sind,
- die Pfähle im Bereich weicher oder lockerer Böden zu bewehren sind,
- bei erforderlicher Bewehrung die Längsbewehrung
  - bei Betonquerschnittsflächen $A_c < 0{,}5\ m^2$ mindestens 0,5 % von A_c betragen muss (zu weiteren Abmessungen siehe DIN EN 12699, Tabelle 1),
  - aus mindestens vier Stäben mit einem Durchmesser von 12 mm oder einem gleichwertigen zentralen Bewehrungsstab, einer bleibenden Verrohrung oder einem Stahlprofil bestehen muss,
- der lichte Abstand zwischen den Längsbewehrungsstäben
  - beim Betonieren unter Wasser ≥ 100 mm betragen muss (≥ 80 mm bei Zuschlägen mit einer Korngröße von $d \leq 20$ mm),
  - bei trockenen Bedingungen mindestens das 3fache des Größtkorns der verwendeten Gesteinskörnung, aber nicht weniger als 50 mm betragen muss

  (im Bereich von Bewehrungsstößen dürfen diese Abstände verringert werden),
- bei erforderlicher Bewehrung die Querbewehrung
  - Nenndurchmesser der Bewehrungsstäbe von ≥ 5 mm aufweisen muss,
  - Mindestabstände zwischen den Bewehrungsstäben aufweisen muss, wie sie für die Längsbewehrung gefordert werden.

Als Betondeckung bewehrter Ortbetonpfähle fordert DIN EN 12699, 7.7.2.14 mindestens

- 50 mm für Pfähle mit zeitweiliger Verrohrung,
- 75 mm in Fällen, in denen das Bewehren nach dem Einbringen des Betons erfolgt,
- 40 mm zur Innenfläche einer bleibenden Verrohrung oder eines Mantelrohrs.

5.3.9 Schraubpfähle

Schraubpfähle (Vollverdrängungsbohrpfähle), die auch unter der Bezeichnung „Vollverdränger" bekannt sind,

- sind Ortbetonpfähle,
- werden unter Verwendung von Vortreibrohren hergestellt, die durch Drehen und gleichzeitigen vertikalen Vorschub abgeteuft werden und dabei den für den Ortbetonpfahl erforderlichen Hohlraum schaffen (der Boden wird dabei vollständig seitlich verdrängt und damit auch verdichtet),
- besitzen eine verlorene Pfahlspitze, die das wiedergewinnbare Vortreibrohr nach unten wasserdicht verschließt (beim *Atlas*-Pfahl (Bild 5-17) ist sie mit dem am Stahlrohr angebrachten Schneidkopf verbunden; beim *Fundex*-Pfahl (Bild 5-18) dient die gusseiserne Spitze außerdem als Schraubspitze, die gegenüber dem nachlaufenden Vortreibrohr, je nach Rohrdurchmesser (38 oder 44 cm), einen Überstand von bis zu 6,0 cm hat),
- haben Tragfähigkeiten, die vergleichbar sind mit den Tragfähigkeiten von Ortbetonrammpfählen entsprechender Durchmesser (nach EA-Pfähle, 2.2.4 liegt die Größenordnung der charakteristischen Pfahlwiderstände im Gebrauchszustand – vgl. Abschnitt 5.8.13 – von *Atlas*-Pfählen zwischen 0,5 und 1,7 MN und von *Fundex*-Pfählen zwischen 0,5 und 1,5 MN),
- lassen sich erschütterungsfrei und unter normalem Baulärmpegel herstellen.

Da bei der Herstellung des *Atlas*-Pfahls, wie auch bei der des in Bild 5-18 gezeigten *Fundex*-Pfahls, das Drehmoment gemessen und mit den Ergebnissen der Baugrundaufschlüsse verglichen werden kann, lassen sich Rückschlüsse auf die äußere Tragfähigkeit des jeweiligen Pfahls ziehen.

In Bild 5-16 sind zwei ausgegrabene *Atlas*-Pfähle dargestellt. Die Herstellphasen dieser Pfähle zeigt Bild 5-17.

Bild 5-16 Ausgegrabene *Atlas*-Pfähle (aus Informationsmaterial der Fa. *Franki Grundbau* [F 12])

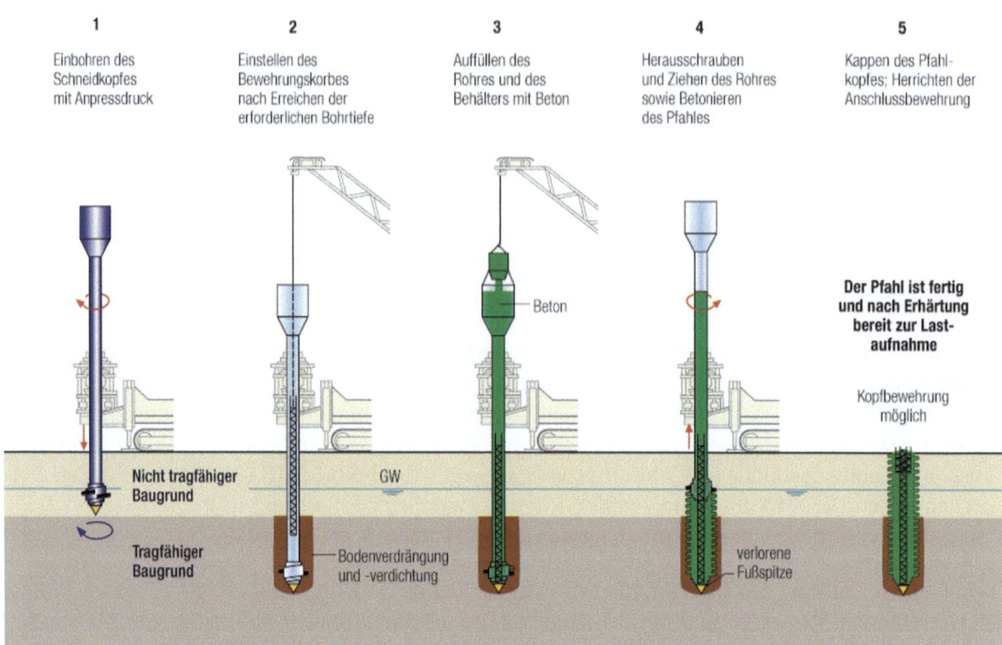

Bild 5-17 Herstellungsphasen des *Atlas*-Pfahls (aus Informationsmaterial der Fa. *Franki Grundbau* [F 12])

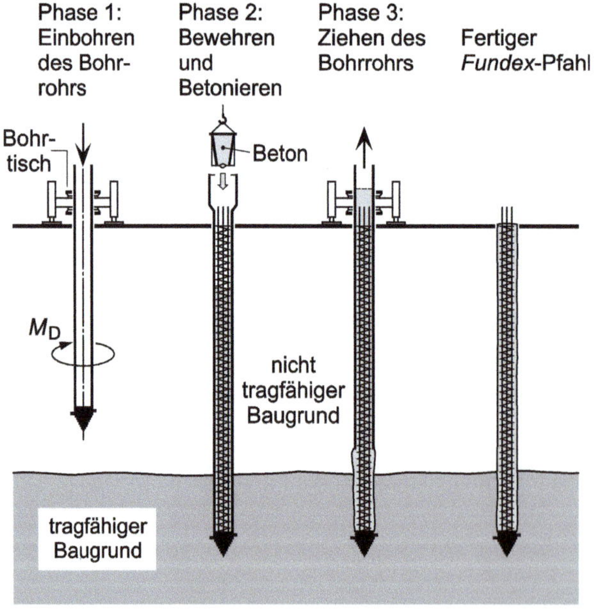

Bild 5-18 Herstellungsphasen des *Fundex*-Pfahls (nach Prospekt der Fa. *Hammers* [F 14])

5.3.10 Presspfähle

Die Herstellung von Presspfählen erfolgt durch schussweises Einpressen, wobei

- der Boden durch die Pfähle vollständig verdrängt wird,
- Erschütterungen und Lärmentwicklungen vermieden werden,
- nur geringe Bauhöhen erforderlich sind.

Als Widerlager zur Abtragung der Pressendrücke dienen, wenn möglich, in der Regel Gebäudeteile wie etwa Kellerdecken, Stürze usw. Die Länge der bei den einzelnen Schüssen einzubringenden Pfahlsegmente lässt sich unproblematisch an die vorhandenen Arbeitsraumhöhen anpassen.

Wegen der kompakten Bauweise und ihrer oben aufgeführten Eigenschaften werden Presspfähle vorwiegend eingesetzt bei Nachgründungen, und da zu Zwecken wie der

- Stabilisierung abgängiger Bauwerke bzw. Bauwerksteile,
- Rückstellung eingetretener Setzungen durch Hebung,
- Erhöhung der Tragfähigkeit bei erhöhten Lasteintragungen, wie sie z. B. bei Umbauten auftreten können.

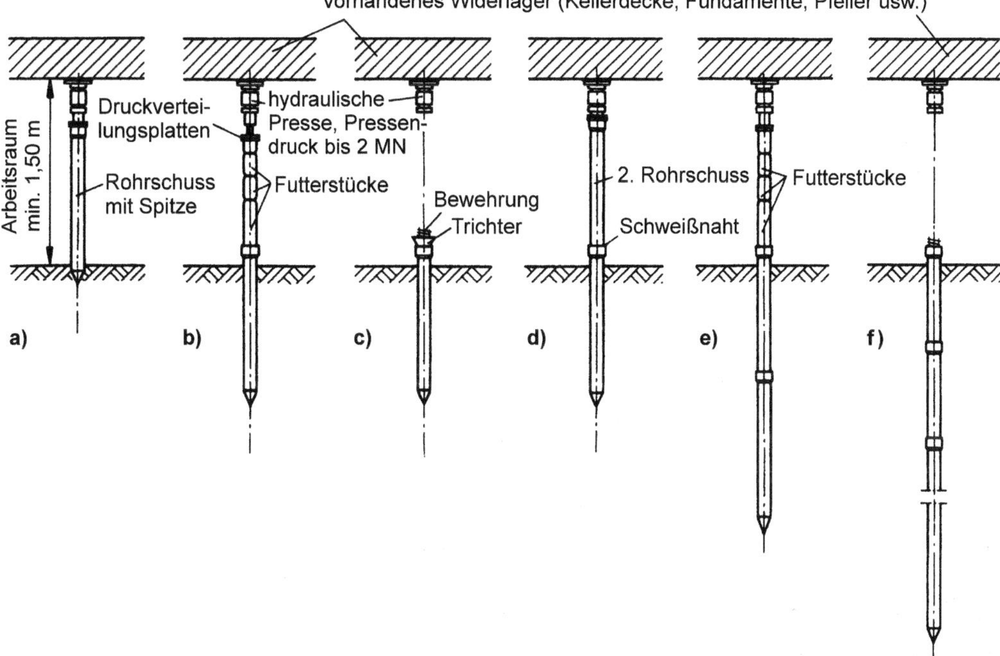

Bild 5-19 Herstellung des *Franki*-Presspfahls

a) + b) Eindrücken von erstem Rohrschuss mittels hydraulischer Presse und unter Verwendung von Futterstücken

c) Ausbetonieren des Rohrschusses (mit oder ohne Bewehrung bzw. mit oberer Anschlussbewehrung)

d) Aufsetzen von weiterem Rohrschuss und Verschweißung mit vorhergehendem

e) + f) Fortführung der Schritte a) bis d) bis zum Erreichen der endgültigen Tiefe (Richtwert: Einpresskraft= doppelte Nutzlast)

Bild 5-19 zeigt die Herstellungsphasen des Pressrohrpfahls der Fa. *Franki* [F 12]. In Bild 5-20 sind drei Beispiele für die Anwendung von Presspfählen dargestellt.

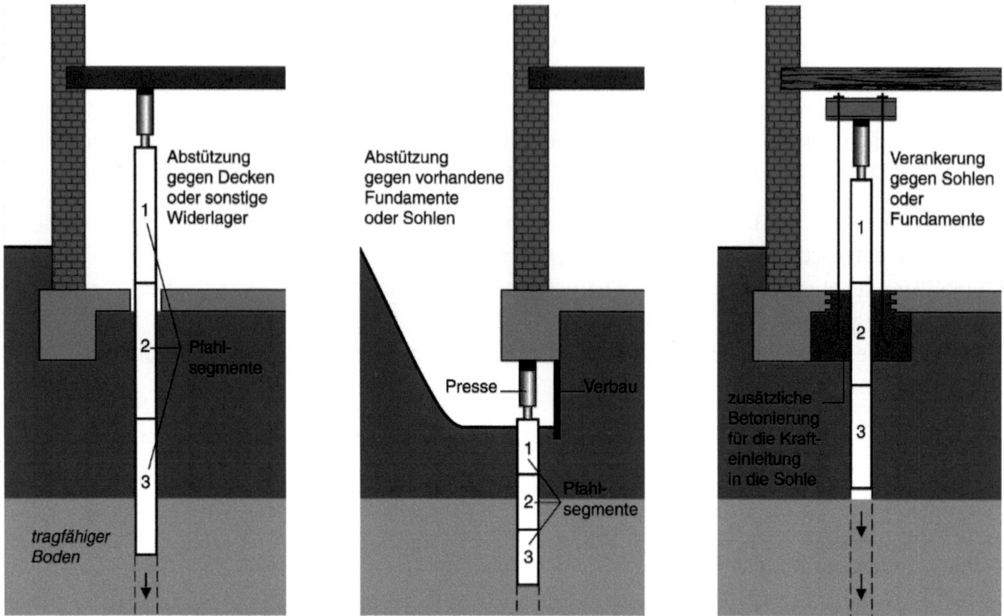

Bild 5-20 Beispiele für den Einsatz von Presspfählen in schematischer Darstellung (aus Informationsmaterial der Fa. *Franki Grundbau* [F 12])

5.4 Bohrpfähle

5.4.1 Definitionen und Anwendungsbereiche

Bohrpfähle nach DIN EN 1536

- sind Ortbetonpfähle, die durch Einbringen von Beton oder Stahlbeton in vorher ausgehobenen Hohlräumen im Baugrund hergestellt werden (Festigkeitsklasse des Pfahlbetons liegt nach DIN EN 1536, 6.3.1.3 in der Regel zwischen C20/25 und C45/55),
- die Hohlraumerzeugung darf verrohrt, unverrohrt, unverrohrt mit Stützflüssigkeit oder unverrohrt mit durchgehender Bohrschnecke erfolgen (Volumen des ausgehobenen Bodenmaterials ≤ Volumen des Pfahls),
- haben Schaftdurchmesser D mit $0{,}3\,\text{m} \leq D \leq 3\,\text{m}$, die bei verrohrtem Bohren dem äußeren Durchmesser der Bohrrohre und bei unverrohrtem Bohren dem größten Durchmesser der Bohrwerkzeuge entsprechen,
- sind nicht flacher als 4:1 geneigt (bei bleibender Verrohrung nicht flacher als 3:1),
- besitzen im tragfähigen Baugrund eine Mindestlänge von 5 m oder dem 5fachen Pfahldurchmesser (maßgebend ist der jeweils größere Wert),
- können, wenn sie den genannten Bedingungen genügen, auch einen nichtkreisförmigen Querschnitt aufweisen, wie z. B. Schlitzwandelemente nach DIN 4126 und DIN EN 1538 (Bild 5-21),

– müssen bei Schlitzwandelementausführung als kleinsten Seitenwert $W_i \geq 0{,}4$ m und als Verhältnis von größter Wandlänge L_i zu kleinstem Seitenwert W_i die Größe $L_i/W_i \leq 6$ aufweisen (Bild 5-21).

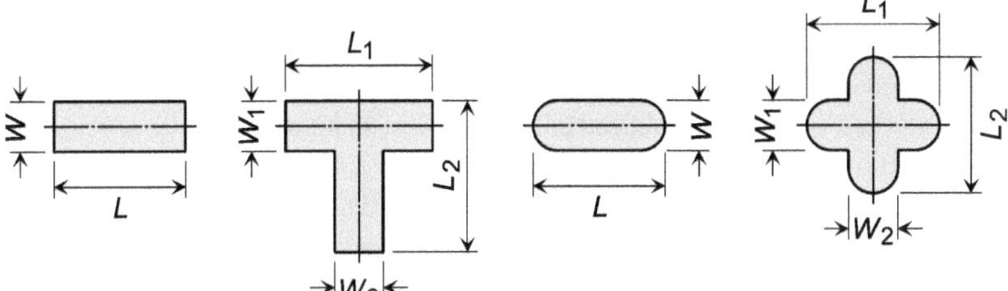

Bild 5-21 Beispiele für Querschnitte von Schlitzwandelementen (Barette); nach DIN EN 1536, Bild 2

Bei bewehrten Bohrpfählen gelten nach DIN EN 1536, 7.7 für die Mindestbetondeckung (Abstand zwischen der Oberfläche des Bewehrungskorbes und der nächstgelegenen Betonoberfläche) die Maße

- 75 mm bei Schlitzwandelementen,
- 60 mm bei Pfählen mit $D > 0{,}6$ m,
- 50 mm bei Pfählen mit $D < 0{,}6$ m.

Zu Abweichungen von diesen Maßen siehe DIN EN 1536, 7.7.

Bohrpfähle sind insbesondere dann einzusetzen, wenn

- Erschütterungen und Lärmbelästigungen, wie sie beim Rammen entstehen, vermieden werden müssen,
- Rammhindernisse und/oder Rammerschwernisse zu erwarten sind,
- große Pfahldurchmesser gefordert werden.

Bohrpfähle mit Schaftdurchmessern < 0,5 m sind meist teurer als Fertigrammpfähle aus Stahlbeton und Rammortpfähle gleicher Abmessungen, da der Boden beim Bohrvorgang entspannt und sogar aufgelockert wird, wodurch sich die Tragfähigkeit gebohrter Pfähle im Vergleich zu den Verdrängungspfählen reduziert.

5.4.2 Verrohrtes und ungestütztes Bohren

Beim verrohrten und auch beim ungestützten Bohren ist dafür zu sorgen, dass Boden und/oder Wasser nicht unkontrolliert in das Bohrloch eindringen, da dies z. B. dazu führen kann, dass der Boden auflockert (auch im tragfähigen Bereich), Störzonen im Betonierbereich entstehen oder die Lastabtragung benachbarter Gründungen durch Bodenentzug beeinträchtigt wird.

Zur Verhinderung dieses Eindringens ist das Bohrloch ggf. durch

- Verrohrung,
- stützende Flüssigkeit (z. B. Bentonitsuspension),
- Verwendung durchgehender Bohrschnecken

zu stützen.

Durch die Festlegung der Reihenfolge der Pfahlherstellung ist sicherzustellen, dass benachbarte Pfähle oder Bauwerke unbeschädigt bleiben.

Eine Verrohrung ist beim Bohren (verrohrtes Bohren)

- erforderlich, wenn durch die Verrohrung Auflockerungen in der Umgebung des Bohrpfahls beim Bohren eingeschränkt werden sollen,
- in der Regel erforderlich, wenn es sich bei den Pfählen um Schrägpfähle mit Neigungswinkeln gegenüber der Horizontalen von ≤ 86° (Neigungsverhältnisse ≤ 15 : 1) handelt,
- zwingend erforderlich, wenn der zu durchbohrende Boden auch bei Verwendung von stützender Flüssigkeit nicht standsicher ist und mit Ausbrüchen gerechnet werden muss.

Die Verrohrung muss dabei dem Bohrfortschritt in der Regel voreilen, um zu verhindern, dass während des Bohrvorgangs Auflockerungen des Bodens eintreten, die bis unter die Bohrung reichen. Das dabei zu berücksichtigende Voreilmaß sollte bis zu einem halben Rohrdurchmesser betragen und bei zu befürchtendem Sohleintrieb noch größer gewählt werden.

Ohne Stützung darf gebohrt werden (ungestütztes Bohren), wenn

- der Boden beim Bohren standfest bleibt und mit einem Einbrechen von Boden in das Bohrloch nicht zu rechnen ist (DIN EN 1536, 8.2.6.1) und
- der obere Teil der Bohrung (im Bereich des Bohrlochmundes) zur Führung des Bohrwerkzeugs und wegen des Einflusses des Baubetriebs im Regelfall durch ein Schutzrohr gesichert wird.

Die Bohrung ist mit Bohrwerkzeugen durchzuführen, die raue Bohrungswände erzeugen und somit die größtmögliche Mantelreibung sicherstellen.

Sind beim ungestützten Bohren Bodenschichten zu durchfahren, die nicht standfest sind, muss die Bohrlochwand in diesen Bereichen durch Flüssigkeitsüberdruck gestützt werden. Dabei ist sicherzustellen, dass der Spiegel der Stützflüssigkeit zu keiner Zeit bis zur Schutzrohrunterkante bzw. bis zu einer Tiefe von weniger als 1,5 m über dem Grundwasserspiegel sinkt.

Werden ungestützte Bohrungen mit durchgehender Schnecke ausgeführt, sind der Vorschub und die Drehzahl so auf die Bodenverhältnisse abzustimmen, dass die seitliche Stützung der unverrohrten Bohrlochwand durch das Material auf den Schneckengängen gewährleistet ist. Das Ziehen der Bohrschnecke erfolgt entweder ohne Drehung oder mit einer Drehung, deren Drehsinn dem beim Bohren entspricht.

5.4.3 Aufnahme großer konzentrierter Lasten

Sind große konzentrierte Lasten aufzunehmen, wie etwa unter Brückenpfeilern oder Stützenkonstruktionen von Industriebauten (z. B. Kranbahnlasten), ist es oft wirtschaftlicher, Bohrpfähle mit Schaftdurchmessergrößen von mehr als 0,5 m und Tragkräften von mehr als 3 MN einzusetzen, statt Gruppen kleinerer Ramm- oder Bohrpfähle zu verwenden. Dies gilt vor allem dann, wenn die Lasten direkt in die Pfähle abgetragen werden. In solchen Fällen kann auf entsprechende lastverteilende Kopfplatten verzichtet werden, in denen Kräfte bei der Lastabtragung unwirtschaftlich „spazierengeführt“ werden müssen (Bild 5-22).

Um die Anzahl der erforderlichen Pfähle klein zu halten bzw. um möglichst hohe Traglasten für die einzelnen Bohrpfähle zu erreichen, können z. B. Mantelverpressungen durchgeführt werden (vgl. [218]). Dies erfolgt über Rohre mit Manschettenventilen, die am Bewehrungskorb befestigt und nach beginnendem Erhärten des Pfahlbetons mit Zementsuspension ausgepresst werden; für gezieltes und ggf. mehrmaliges Nachverpressen sind Verpresssysteme mit Spülmöglichkeit einzusetzen (siehe [244]). Das über die Pfahloberfläche sich verteilende Auspressgut vergrößert die Pfahlabmessungen; beim Beispiel aus Bild 5-23 wurde der die Pfähle umgebende kiesige Sand in einer Dicke von 10 bis 15 cm flächenhaft vermörtelt. Bei gleichen Setzungen lassen sich mit Mantel- und Fußverpressungen (sind über eine Injektionskammer und ein Schottergerüst im Pfahlfußbereich ausführbar) Traglasterhöhungen von 50 bis 100 % erreichen (vgl. [278]).

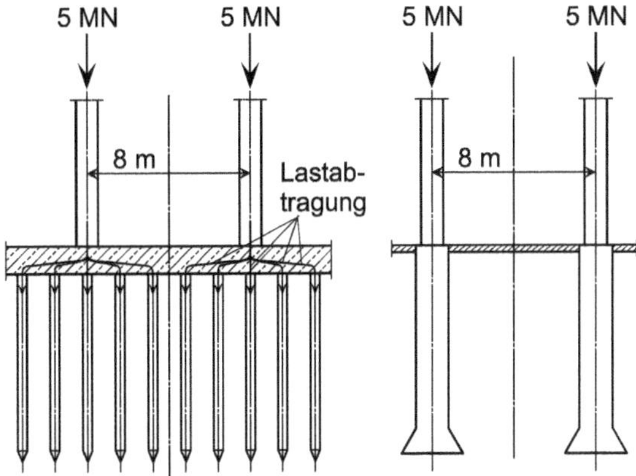

Bild 5-22 Abtragung großer diskreter Lasten mit Pfählen unterschiedlich großer Durchmesser; erforderliche Anpassungen zwischen Lasten und Pfählen bei Gruppe kleinerer Pfähle und wirtschaftlicherer Einsatz von Bohrpfählen mit großem Durchmesser (nach [157])

Bild 5-23 Freigelegte mantel- und fußverpresste Bohrpfähle der Fa. *Bilfinger Berger*; Durchmesser 120 cm (Foto der Fa. *Bilfinger SE* [F 6])

5.4.4 Schneckenbohrpfähle

a)

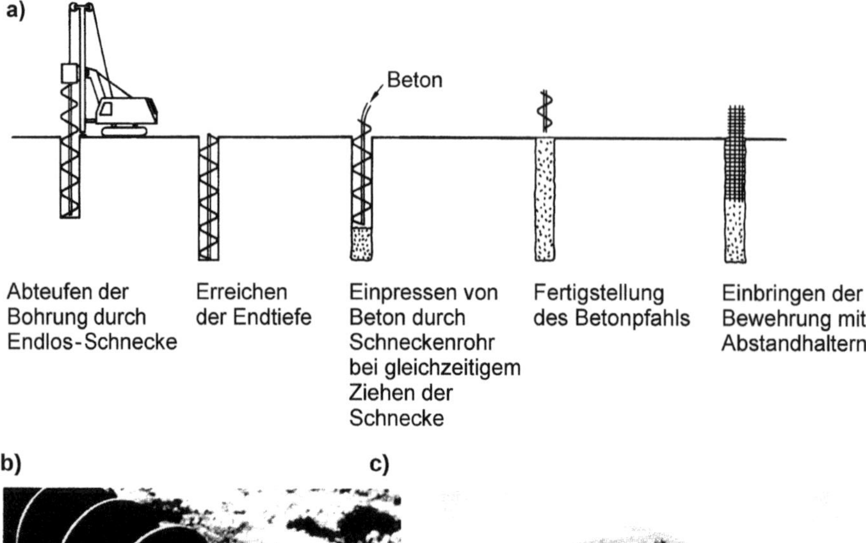

b)

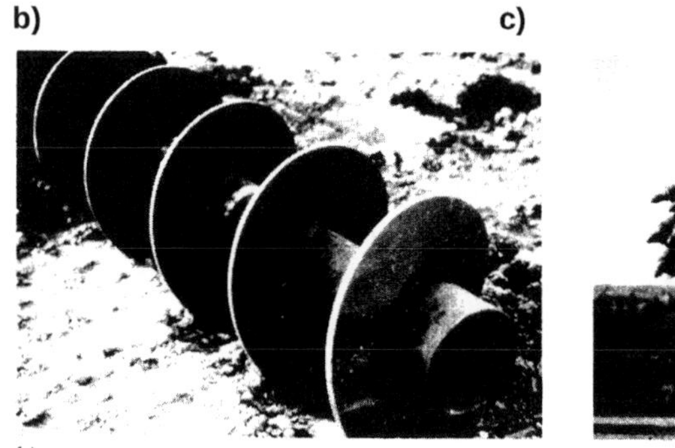

c)

Bild 5-24 Schneckenbohrpfähle (aus [157])
a) Schema der Herstellung
b) Endlos-Schneckenbohrer mit kleinem Innenrohr
c) Endlos-Schneckenbohrer mit großem Innenrohr

Die auch als „Teilverdränger" bezeichneten Schneckenbohrpfähle sind Pfähle, die mittels einer durchgehenden Schnecke mit Seelenrohr hergestellt werden. Nach dem Erreichen der Endteufe wird das Rohr wieder gezogen, wobei durch das Seelenrohr Beton oder Mörtel gepumpt wird (Bild 5-24). Schneckenbohrpfähle

- werden ohne Verrohrung hergestellt, da davon ausgegangen wird, dass der Boden auf den Bohrschneckenwindungen die Bohrlochwand hinreichend stützt,
- weisen in der Pfahlumgebung verdichteten Boden auf, da der im Bohrloch anstehende Boden durch das Seelenrohr (Innenrohr), das beim Bohren unten verschlossen ist, nach außen verdrängt wird; das Maß dieser Verdrängung ist dabei abhängig von der Größe des Seelenrohrdurchmessers,
- dürfen nach DIN EN 1536, 8.2.5.2 nur mit Neigungswinkeln gegenüber der Horizontalen von > 84° (Neigungsverhältnisse > 10 : 1) ausgeführt werden, wenn keine besonderen Maßnahmen zur Einhaltung der Bohrungsrichtung und der richtigen Lage der Bewehrung getroffen werden,
- dürfen bei anstehenden instabilen Bodenschichten mit Mächtigkeiten von jeweils mehr als dem Pfahldurchmesser nach DIN EN 1536, 8.2.5.4 nur dann ausgeführt werden, wenn die Machbarkeit

der Herstellung vorher durch Probebelastungen oder örtliche Erfahrungen nachgewiesen wurde; als instabil einzustufen sind dabei

- gleichförmige ($d_{60}/d_{10} < 1{,}5$) nichtbindige Böden im Grundwasser,
- lockere nichtbindige Böden mit Lagerungsdichten $D < 0{,}3$ bzw. entsprechenden Ergebnissen aus Pressiometersondierungen,
- Tone mit hoher Empfindlichkeit,
- weiche bindige Böden mit einer Kohäsion von $c_u \leq 15$ kPa (entspricht 15 kN/m^2) im undränierten Zustand,

– sind so herzustellen (Abstimmung von Vorschub und Drehzahl), dass die seitliche Standfestigkeit der Bohrlochwand erhalten und der Mehraushub begrenzt bleibt.

Wie in Bild 5-24 zu sehen, können Bohrschnecken mit kleinen oder großen Seelenrohren eingesetzt werden. Übliche Verhältnisse von Seelenrohrdurchmesser D_i zu Außendurchmesser D_a der Bohrschnecke sind nach EA-Pfähle, 2.2.1.4 < 0,4 bei kleinen Seelenrohren und > 0,6 bei großen. Die Größe von D_a liegt dabei zwischen 0,4 und 1,2 m. Abhängig vom Pfahldurchmesser und den Baugrundverhältnissen ist bei Schneckenbohrpfählen ein charakteristischer Pfahlwiderstand im Gebrauchszustand zwischen ≈ 0,5 und 2 MN zu erwarten.

5.5 Mikropfähle

5.5.1 Definitionen und Anwendungsbereiche

Mikropfähle im Sinne von DIN EN 14199 sind

– gebohrte Pfähle (nach DIN EN 14199, Anhang A: Spül- oder Schlagbohrung, Bohren mit segmentierter Hohlbohrschnecke oder Bohrverfahren mit Greifern bzw. Meißeln) mit Schaftdurchmessern $D < 300$ mm (Außendurchmesser der Verrohrung bei verrohrt und größter Bohrkopfdurchmesser bei unverrohrt hergestellten Pfählen; DIN EN 14199, 3.3),
– entgegen früheren Versionen von DIN EN 14199 keine Verdrängungspfähle (durch Rammung, Pressen, Vibrieren, Schrauben usw. eingebracht) mit Schaftdurchmessern bzw. Querschnittsbreiten von maximal 150 mm (zu deren Herstellung wird in DIN EN 14199, 1.1 ausdrücklich auf DIN EN 12699 [113] verwiesen).

Die Mantel- und Fußwiderstände dieser Pfähle können z. B. durch Verpressen erhöht werden.

Mikropfähle, die auch „Wurzelpfähle" genannt werden und z. B. als Einzelpfähle, Pfahlgruppen oder Pfahlwände eingesetzt werden können (Bild 5-25),

– sind Ortbeton- und Verbundpfähle; als Bestandteil der Pfähle verwendeter Beton sowie Verpress- oder Zementmörtel müssen mindestens der Festigkeitsklasse C25/30 genügen,
– weisen relativ hohe axiale Tragfähigkeiten, aber nur geringe Biegesteifigkeiten auf und sind deshalb zur Aufnahme axial wirkender Belastungen, nicht aber von quer zur Pfahlachse gerichteten Beanspruchungen sehr geeignet,
– übertragen ihre Lasten bei Ausführungen mit Fußaufweitung (Pfahlfußfläche > Querschnittsfläche des Pfahlschafts) vollständig über Spitzendruck und in den übrigen Fällen vor allem über Mantelreibung auf den Baugrund,
– können in praktisch allen Baugrundsituationen eingesetzt werden, wobei feste bzw. felsartige Böden wirtschaftliche und technische Grenzen setzen,
– kommen als Druck- oder Zugpfähle u. a. zum Einsatz

  - bei der Gründung neuer Bauwerke (nicht ausreichend tragfähiger Baugrund, stark inhomogener Baugrund, unterschiedliche Gründungstiefen wie etwa bei Teilunterkellerungen usw.),
  - zur Verbesserung der Lastabtragung bestehender Bauwerke (z. B. bei Unterfangungen, vgl. etwa [178], Kapitel 2.3),
  - als Verstärkung bei der Aufnahme zusätzlicher Gründungslasten bestehender Bauwerke, die sich etwa durch Umnutzung oder Erweiterung (z. B. Aufstockung) ergeben,
  - zur Verringerung von Setzungen und/oder Verschiebungen,
  - zur Verbesserung der Standsicherheit von Böschungen bzw. Geländesprüngen,
  - zur Herstellung von Stützwänden,
  - als Bewehrung von Baugrund zur Sicherstellung von dessen Stütz- bzw. Tragwirkung,
  - zur Sicherung von Bauwerken gegen Aufschwimmen (z. B. bei Trogbauwerken, Schwimmbecken, Trockendocks, Schleusen),
- können auch unter sehr beengten Verhältnissen (z. B. in Kellerräumen) ausgeführt werden,
- unterliegen hinsichtlich ihrer Länge, ihrer Achsenneigung, ihres Schlankheitsgrades oder auch bezüglich Fuß- und Mantelaufweitungen keinen Beschränkungen.

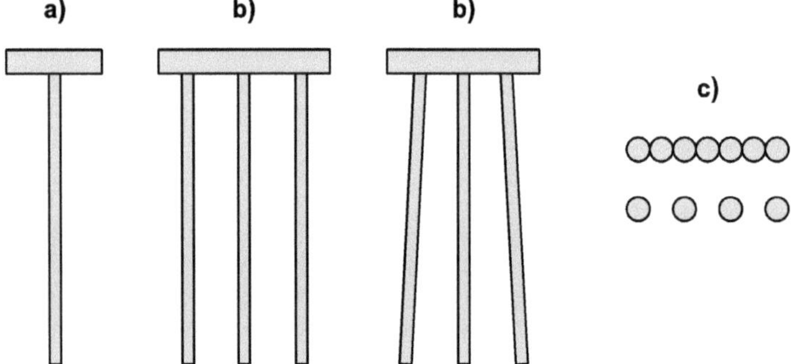

Bild 5-25 Beispiele für Mikropfahltragwerke (nach DIN EN 14199, Bild 6)
a) einzelner Mikropfahl
b) Mikropfahlgruppe
c) Mikropfahlwände

Mit Mikropfählen wirtschaftlich erreichbare Tiefen liegen in praktisch allen Böden bei ca. 30 m. Abhängig von den Pfahlquerschnitten und dem Baugrund sind mit diesen Pfählen nach den EA-Pfähle, 2.2.6 charakteristische Pfahlwiderstände im Gebrauchszustand (vgl. Abschnitt 5.8.13) von ≈ 0,7 MN erreichbar.

5.5.2 Systeme

Im folgenden Bild 5-26 werden ein Ortbeton-Verpresspfahl und ein Verbund-Verpresspfahl (Stab-Verpresspfahl, GEWI-Pfahl) mit einfachem und doppeltem Korrosionsschutz gegenübergestellt. Das Tragglied (GEWI-Stahl, handelsübliche Bezeichnung für Gewindestahl) des Verbundpfahls weist Durchmesser bis zu 63,5 mm auf und besteht ggf. auch aus mehreren GEWI-Stählen (bis zu drei).

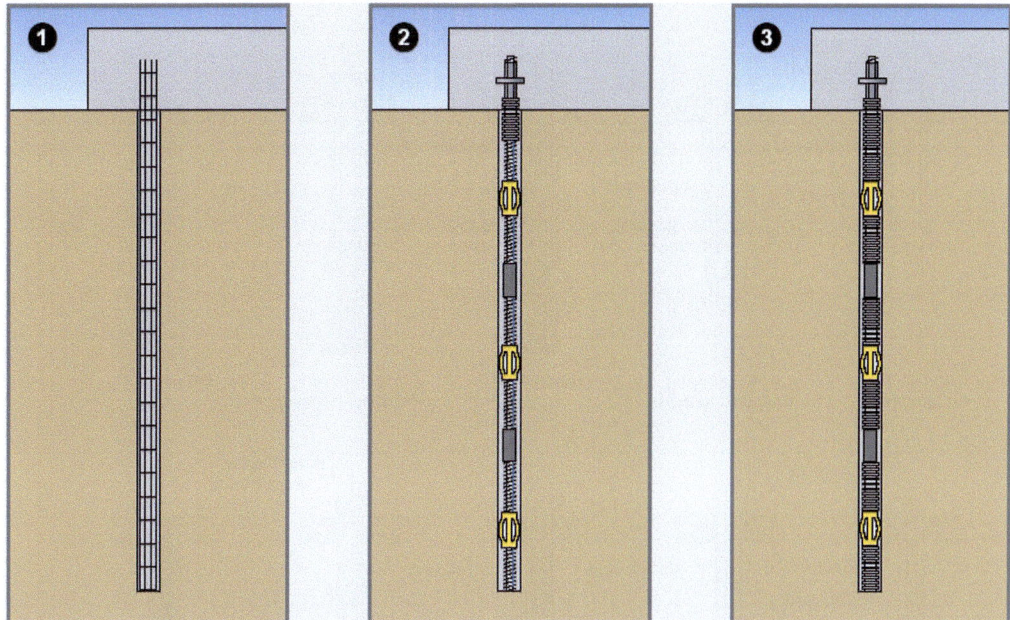

Bild 5-26 Ortbeton-Verpresspfahl (1) und GEWI-Pfahl (Verbund-Verpresspfahl) mit einfachem (2) und doppeltem (3) Korrosionsschutz (Bild der Fa. *Brückner Grundbau* [F 7])

Verschiedene Systeme von Mantelreibungs-Mikropfählen, die durch Verpressen aufgeweitet werden, sind in Bild 5-27 dargestellt.

Die Fußaufweitung („Kugelfuß") des vorspannbaren Stab-Verpresspfahls aus Bild 5-28 erfolgt durch Aufpumpen mit Zementsuspension.

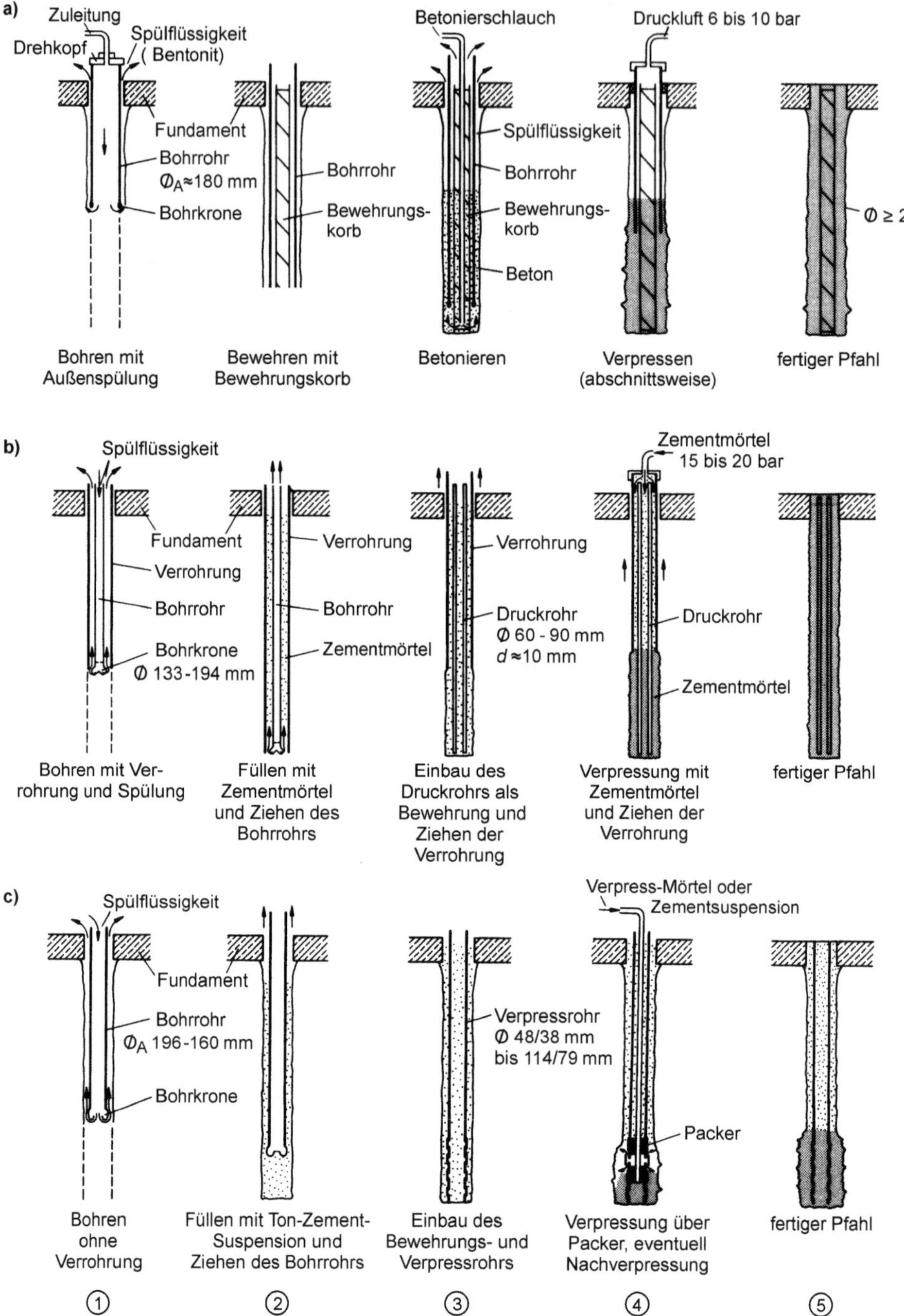

Bild 5-27 Systeme von Mantelreibungs-Mikropfählen, die durch Verpressen aufgeweitet werden (nach [157])
a) Stahlbetontyp, b) Anker-Typ, c) Mehrfach-Injektionspfahl

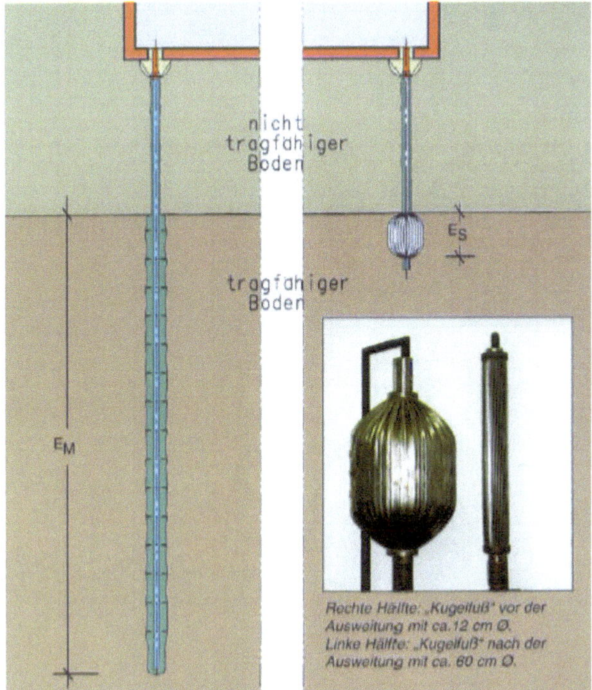

Bild 5-28 Vorspannbare Stab-Verpresspfähle ohne (links) und mit (rechts) Fußaufweitung (aus Informationsmaterial der Fa. *BAUER Spezialtiefbau* [F 3])

5.6 Pfahlkopfanschlüsse

Die Art der von den Pfählen auf den Baugrund abzutragenden Bauwerkslasten verlangt unterschiedliche konstruktive Ausgestaltungen im Verbindungsbereich der Konstruktion und den sie tragenden Pfählen. Dort ist für eine unproblematische und dauerhaft funktionierende Übertragung der entsprechenden Kräfte und Momente zu sorgen. Zu beachten ist dabei, dass Schnittlasten nicht nur von der Konstruktion auf die Pfähle, sondern ggf. auch von den Pfählen auf die Konstruktion übertragen werden, wie es z. B. bei Systemen der Fall sein kann, deren Pfähle einer passiven Horizontalbelastung durch horizontale Bodenbewegungen unterworfen sind (siehe Abschnitt 5.9.2).

Bild 5-29 zeigt Beispiele zur konstruktiven Gestaltung von Pfahlkopfanschlüssen für die Übertragung von Druck- bzw. Zugkräften.

Handelt es sich bei der Pfahlgründung um einen Pfahlrost (vgl. Abschnitt 6.1), ist die Rostplatte über den Pfählen so dick auszuführen, dass ein unproblematischer Pfahlanschluss möglich ist. Für Holz- und Stahlpfähle bedeutet das eine Mindestdicke von 0,6 m und für Stahlbetonpfähle von 0,5 m (vgl. [157]).

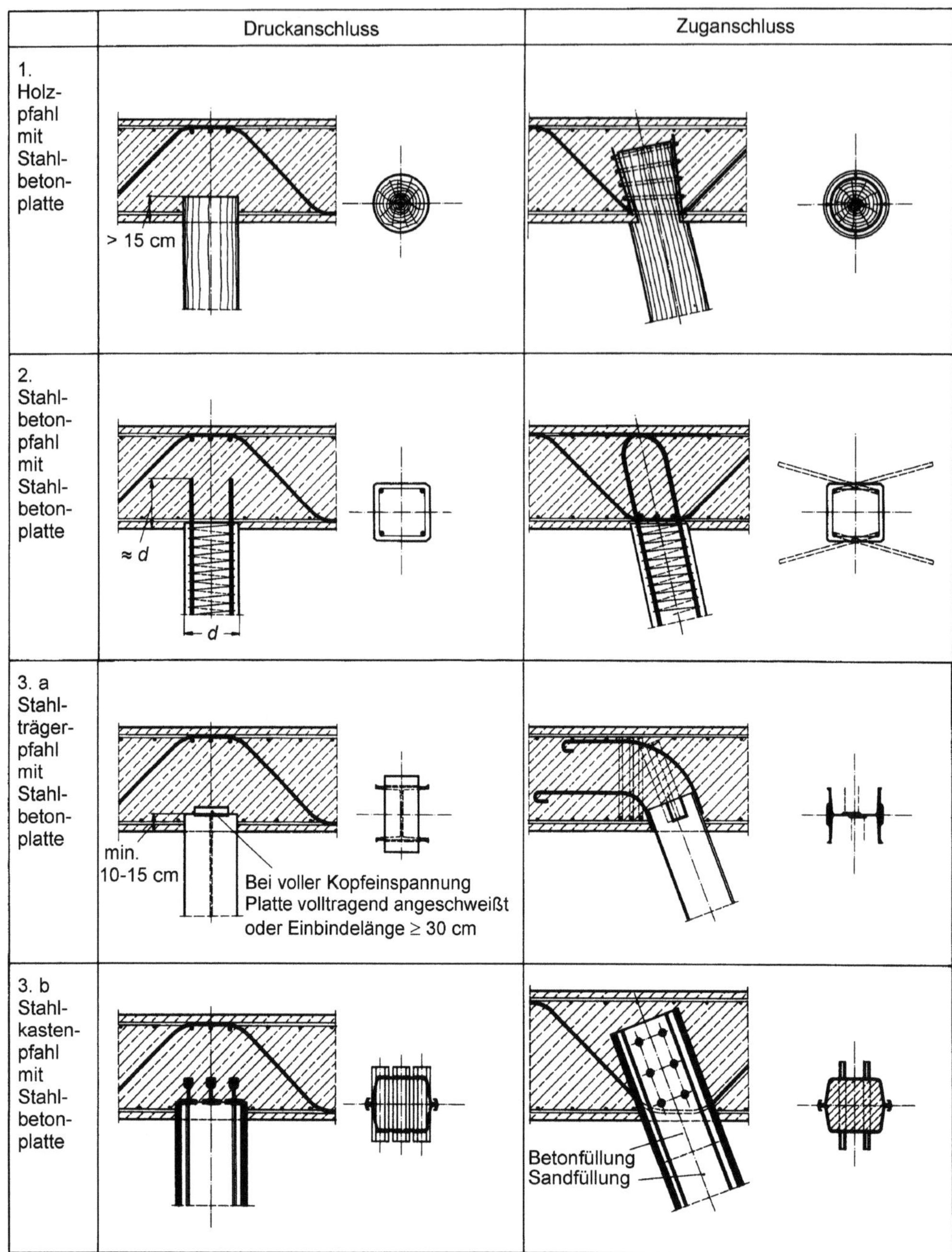

Bild 5-29 Druck- und Zuganschlüsse von Pfählen (nach [157])

5.7 Tragverhalten von Pfählen

Beim Tragverhalten von Pfählen ist zwischen ihrem inneren und ihrem äußeren Tragverhalten zu unterscheiden.

5.7.1 Inneres Tragverhalten

Das innere Tragverhalten von Pfählen wird durch deren konstruktive Gestaltung bestimmt. Die Abmessungen und Baustoffeigenschaften sind so zu wählen, dass die Pfähle schadensfrei transportiert (Fertigteilpfähle) und in den Baugrund eingebracht werden können. Ohne Schaden zu nehmen, müssen sie darüber hinaus in der Lage sein, die auf sie entfallenden Bauwerkslasten dauerhaft und mit hinreichenden Sicherheiten aufzunehmen, d. h., dass ihr innerer Widerstand (innere Tragfähigkeit) ausreichend groß sein muss. Der Nachweis der inneren Tragfähigkeit gemäß DIN EN 1997-1 (vgl. z. B. Abschnitt 5.8.12) nimmt Bezug auf den Grenzzustand der Tragfähigkeit (STR), bei dem das Pfahlmaterial (Holz, Beton, Stahlbeton, Spannbeton, Stahl) versagt (Bauteilversagen).

5.7.2 Äußeres Tragverhalten

Das äußere Tragverhalten von Pfählen wird durch ihren äußeren Widerstand beschrieben. Hervorgerufen wird dieser in dem den einzelnen Pfahl umgebenden Boden, wenn der Pfahl Einwirkungen aus dem Bauwerk übernimmt und diese auf den Baugrund abträgt. Der Widerstand muss dabei so groß sein, dass keine unzulässig großen Setzungen bzw. Hebungen und auch keine Bruchzustände eintreten. Diese Widerstandsgröße ist vor allem abhängig von

- den Eigenschaften des den Pfahl umgebenden Bodens,
- den Grundwasserverhältnissen,
- der Einbindetiefe des Pfahls in die tragfähigen Schichten und deren Mächtigkeit,
- der Form und der Querschnittsflächengröße des Pfahls,
- dem Pfahlbaustoff,
- der Beschaffenheit der Pfahlmantelfläche und der Ausbildung des Pfahlfußes,
- der Pfahlstellung und dem Abstand zwischen den Pfählen,
- der Einbringungsart der Pfähle,
- der Mächtigkeit und Festigkeit der Deckschichten.

Im Gegensatz zum Fall des inneren Widerstands gibt es für die Erfassung des äußeren Widerstands keine allgemeinen Bemessungsregeln, da bisher keine Theorien gefunden wurden, mit denen er sich befriedigend vorausberechnen lässt. Die derzeit verfügbaren Methoden, einschließlich der Methode der finiten Elemente (FEM), erfordern eine versuchsgestützte Anpassung an die verschiedenen Wechselwirkungsmöglichkeiten zwischen den Pfahl- und Bodenarten. Wesentliche Gründe hierfür sind u. a., dass

- sich beim Einbringen der Pfähle in den Baugrund (Rammen, Bohren usw.) die ursprünglich vorhandenen Bodeneigenschaften vor allem in der Pfahlumgebung in schwer erfassbarer Weise verändern,
- unter Pfählen Pfahlspitzendrücke bis 2 MN/m^2 und mehr auftreten können, die in grobkörnigen Böden ggf. schon Kornzertrümmerung und damit eine Verstärkung der Bodenzusammendrückbarkeit hervorrufen, was bei zunehmender Belastung zu einer Abnahme der Reibungswinkel φ' unter den Pfählen führt,

– die Pfahlbelastung durch die Wechselwirkung zwischen Spitzendruck σ_s und Mantelreibung τ_m eine Bodenverspannung gemäß Bild 5-30 bewirkt.

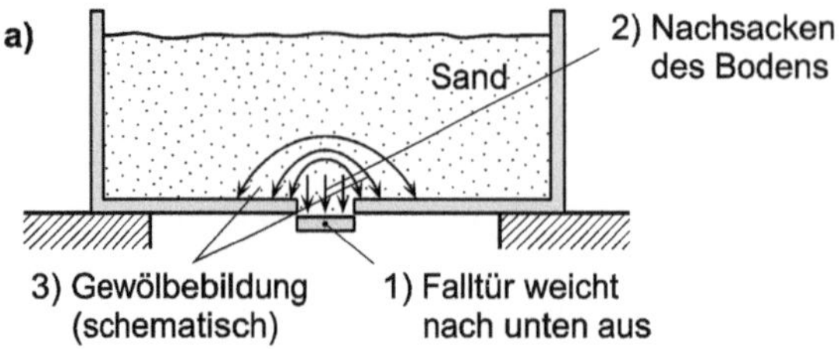

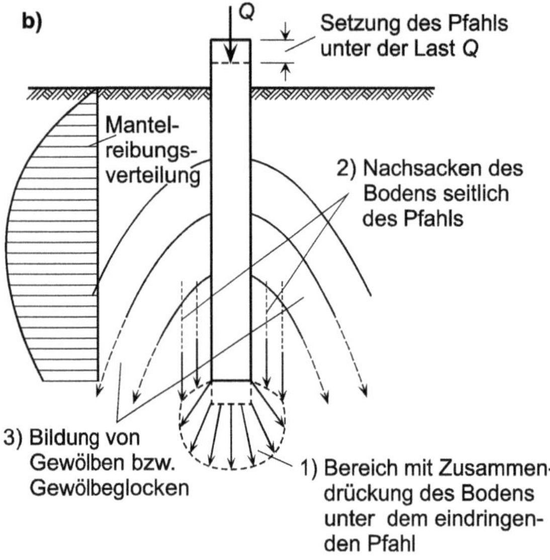

Bild 5-30 a) Falltüreffekt in mit Sand gefülltem Versuchskasten (nach [157])
b) „Gewölbe“-Wirkung in der Pfahlumgebung und etwa parabolische Mantelreibungsverteilung infolge Falltüreffekt durch Bodenzusammendrückung bzw. seitliche Verquetschung des Bodens unter dem Pfahlfuß (nach [157])

Wie stark die natürliche Lagerung des Bodens durch das Einrammen von Pfählen ggf. verändert wird, zeigt das Beispiel des eingerammten Stahlbetonpfahls in Bild 5-31.

Da die Lastübertragung der Pfähle auf den Baugrund durch die Wahl des anzuwendenden Herstellungsverfahrens stark beeinflusst wird, ist z. B. bei den Angaben charakteristischer axialer Pfahlwiderstände aus Erfahrungswerten gemäß EA-Pfähle zu unterscheiden zwischen
– Bohrpfählen,
– gerammten Verdrängungspfählen und
– verpressten Mikropfählen
(vgl. hierzu auch Abschnitte 5.8.6 bis 5.8.10).

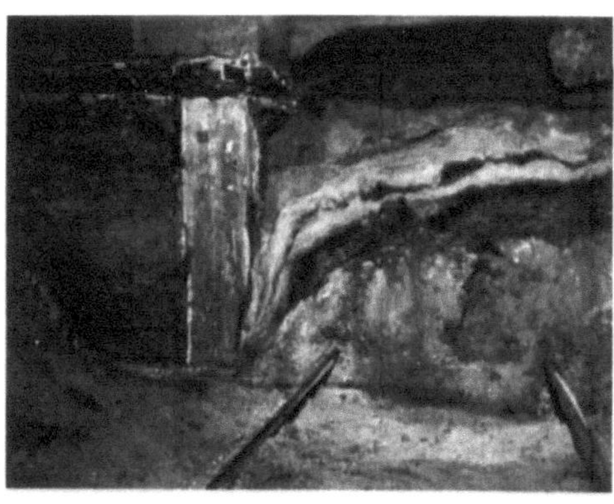

Bild 5-31 Mitziehen von Bodenschichten beim Rammen eines Stahlbetonpfahls (aus [2])

5.8 Tragverhalten von Pfählen gemäß DIN EN 1997-1

5.8.1 Allgemeines

Die Ausführungen von DIN EN 1997-1 und DIN 1054 zum Tragverhalten von Pfählen gelten für Gründungen aus

- Bohrpfählen nach DIN EN 1536,
- Verdrängungspfählen nach DIN EN 12699,
- vorgefertigten Gründungspfählen aus Beton nach DIN EN 12794,
- Pfählen mit kleinen Durchmessern (Mikropfähle) nach DIN EN 14199.

Obwohl pfahlähnliche Gründungselemente wie etwa Betonrüttelsäulen, vermörtelte Stopfsäulen, „Mixed in Place"-Säulen (MIP) oder nach dem Düsenstrahlverfahren hergestellte säulenförmige Elemente in DIN EN 1997-1 und DIN 1054 nicht behandelt werden, können nach den EA-Pfähle, 2.3 die für Pfahlgründungen angegebenen Nachweise auf diese Gründungstypen übertragen werden. Dies gilt nicht, wenn in der bauaufsichtlichen Zulassung des jeweiligen Gründungselements andere Nachweise gefordert werden. Insbesondere dürfen die in EA-Pfähle, 5.4 angegebenen Erfahrungswerte für die Tragfähigkeit von Pfahlgründungen auf diese Gründungselemente nicht angewendet werden.

Zur Erfassung des Tragverhaltens der Pfahlgründungen müssen einerseits die Einwirkungen und Beanspruchungen, und andererseits die Widerstände der Pfahlkonstruktionen bekannt sein.

5.8.2 Einwirkungen und Beanspruchungen

Mögliche Einwirkungen bzw. Beanspruchungen von Pfählen sind

- aus der statischen Berechnung des aufliegenden Tragwerks sich ergebende Gründungslasten in Form charakteristischer und repräsentativer Beanspruchungen für die Grenzzustände der Tragfähigkeit (ULS) und Gebrauchstauglichkeit (SLS) (weitere Einzelheiten siehe EA-Pfähle, 4.2),
- negative Mantelreibung gemäß EA-Pfähle, 4.4 (ständige Einwirkung infolge einer Relativverschiebung zwischen Pfahl und Boden in axialer Richtung, bei der die Bodenverschiebung größer ist als die des Pfahls (Boden „hängt" sich an Pfahl an)). Sie ist in Form von Schubkräften auf die Mantelflächen des im Boden eingebetteten Pfahls anzusetzen. Näherungsweise darf nach EA-Pfähle, 4.4.2 als charakteristischer Wert der negativen Mantelreibung die totale Spannung

$$\tau_{n,k} = \alpha \cdot c_{u,k} = 1{,}0 \cdot c_{u,k} \qquad \text{Gl. 5-2}$$

bei bindigen Böden und die effektive Spannung

$$\tau_{n,k} = K_0 \cdot \tan\phi'_k \cdot \sigma'_v = \beta \cdot \sigma'_v \qquad \text{Gl. 5-3}$$

bei bindigen und nichtbindigen Böden angenommen werden ($c_{u,k}$ = charakteristische Scherfestigkeit des undränierten bindigen Bodens, σ'_v = effektive Vertikalspannung, K_0 = Erdruhedruckbeiwert, φ'_k = charakteristischer Wert des Reibungswinkels, β = Faktor, der bei nichtbindigen Böden oftmals mit 0,25 bis 0,30 angesetzt wird); negative Mantelreibung kann schon bei Relativverschiebungen von wenigen Millimetern zwischen Pfahl und Boden auftreten,

- Seitendruck, der bei vertikalen Pfählen infolge waagerechter Bodenbewegungen und bei Schrägpfählen auch infolge von Setzungen oder Hebungen des Bodens (Setzungsbiegung) auftreten kann und dessen Größe gemäß EA-Pfähle, 4.5 und 4.6 mit charakteristischen Bodenkenngrößen zu ermitteln ist als
  - Resultierende der Differenz der auf gegenüberliegende Flächen eines Bauteils einwirkenden Erddrücke (vgl. Bild 5-50),
  - Fließdruck des plastifizierten Bodens als Folge des Vorbeifließens des Bodens an einem Bauteil bei voll ausgeschöpfter Scherfestigkeit

  (maßgebend ist der kleinere der beiden berechneten Werte),
- Hebungen gemäß DIN EN 1997-1, 7.3.2.3 und EA-Pfähle, 4.4.4 (z. B. infolge von Entlastung, Aushub, Frosteinwirkung oder Rammung benachbarter Pfähle),
- übliche zyklische, dynamische oder stoßartige Einwirkungen auf den Baugrund, die aus Regellasten auf Verkehrsflächen und Bauwerke oder aus Baubetrieb resultieren; sie dürfen als veränderliche statische Einwirkungen berücksichtigt werden (siehe auch DIN 1054, A 2.4.2.1 A (8a) und EA-Pfähle, 4.1),
- erhebliche zyklische, dynamische oder stoßartige Einwirkungen auf Bauteile infolge von Stößen durch Auf- und Anprall sowie durch Druckwellen in Luft oder Wasser oder z. B. durch Maschinen hervorgerufene Schwingungen; hier ist die Frage zu prüfen, ob diese Lasten durch statische Ersatzlasten berücksichtigt werden dürfen oder ob besondere Untersuchungen zur Erfassung von Trägheits- und Entfestigungseffekten notwendig sind (siehe auch DIN 1054, A 2.4.2.1 A (8a) und EA-Pfähle, 4.1),
- Eigenlasten von Grundbauwerken,
- Erd- und Wasserdrücke,
- veränderliche statische Einwirkungen auf das Grundbauwerk, z. B. infolge von Nutzlasten, Wind, Schnee, Eis und Wellengang,
- weiträumige Baugrundverformungen, wie sie etwa durch untertägige Massenentnahmen (Bergbau), Tektonik (innere Bewegungen der Erdkruste) oder Hangkriechen hervorgerufen werden können.

Zu untersuchen sind die vermutlich maßgebenden Kombinationen aus ständigen und veränderlichen Einwirkungen. Nach EA-Pfähle, 6.3.1 dürfen dabei die Eigenlasten von Druckpfählen außer Acht gelassen werden. Bei Zugpfählen hingegen darf die Pfahleigenlast als gleichzeitig wirkende Druckbeanspruchung gemäß EA-Pfähle, 8.1.2 (2) angesetzt werden.

5.8.3 Bemessungswerte der Einwirkungen und Beanspruchungen

Die Bemessungswerte der charakteristischen Einwirkungen F_k (axial), H_k (quer zur Pfahlachse) und M_k (Moment) bzw. Beanspruchungen E_k auf die Pfähle, die im Grenzzustand des Versagens von Bauwerken, Bauteilen und Baugrund (STR und GEO-2) anzusetzen sind, berechnen sich gemäß EA-Pfähle, 6.2 mit

$$F_{d} = F_{G,k} \cdot \gamma_{G} + F_{Q,rep} \cdot \gamma_{Q}$$
$$H_{d} = H_{G,k} \cdot \gamma_{G} + H_{Q,rep} \cdot \gamma_{Q}$$
$$M_{d} = M_{G,k} \cdot \gamma_{G} + M_{Q,rep} \cdot \gamma_{Q} \qquad \text{Gl. 5-4}$$
$$E_{d} = E_{G,k} \cdot \gamma_{G} + E_{Q,rep} \cdot \gamma_{Q}$$

Für γ_G und γ_Q sind dabei die jeweiligen Teilsicherheitsbeiwerte aus Tabelle 1-2 zu verwenden. Insbesondere gilt für Druckpfähle

$$F_{c,d} = F_{c,G,k} \cdot \gamma_{G} + F_{c,Q,rep} \cdot \gamma_{Q}$$
$$E_{c,d} = E_{c,G,k} \cdot \gamma_{G} + E_{c,Q,rep} \cdot \gamma_{Q} \qquad \text{Gl. 5-5}$$

und für nur auf Zug beanspruchte Zugpfähle

$$F_{t,d} = F_{t,G,k} \cdot \gamma_{G} + F_{t,Q,rep} \cdot \gamma_{Q}$$
$$E_{t,d} = E_{t,G,k} \cdot \gamma_{G} + E_{t,Q,rep} \cdot \gamma_{Q} \qquad \text{Gl. 5-6}$$

Für Zugpfähle, bei denen für die Bemessungswertermittlung auch eine gleichzeitig wirkende charakteristische Druckbeanspruchung aus günstigen ständigen Einwirkungen bzw. Beanspruchungen zu berücksichtigen ist, gilt, mit dem Teilsicherheitsbeiwert $\gamma_{G,inf}$ aus Tabelle 1-2, gemäß DIN 1054, 7.6.3.1

$$F_{t,d} = F_{t,G,k} \cdot \gamma_{G} + F_{t,Q,rep} \cdot \gamma_{Q} - F_{c,G,k} \cdot \gamma_{G,inf}$$
$$E_{t,d} = E_{t,G,k} \cdot \gamma_{G} + E_{t,Q,rep} \cdot \gamma_{Q} - E_{c,G,k} \cdot \gamma_{G,inf} \qquad \text{Gl. 5-7}$$

Hinsichtlich der Ermittlung der Bemessungswerte der Beanspruchungen von Zugpfahlgruppen, die weder infolge des Herausziehens der Einzelpfähle im Grenzzustand GEO-2 noch infolge des Abhebens der Pfahlgruppe als Bodenblock im Grenzzustand UPL versagen dürfen, gelten die Ausführungen der EA-Pfähle, 8.1.2.

Für den Nachweis der Gebrauchstauglichkeit (SLS) dürfen nach EA-Pfähle, 6.4 die zu den charakteristischen und repräsentativen Beanspruchungen $E_{G,k}$ und $E_{Q,rep}$ gehörenden Bemessungswerte angesetzt werden mit

$$E_{d} = E_{G,k} + E_{Q,rep} \qquad \text{Gl. 5-8}$$

5.8.4 Pfahlwiderstände, Allgemeines

Bei den Widerständen von Einzelpfählen, die zur Erfassung des äußeren Tragverhaltens der Pfähle bekannt sein müssen, ist zu unterscheiden zwischen den Widerständen

- in Richtung der Pfahlachse (axiale Pfahlwiderstände),
- quer zur Pfahlachse,

und bezüglich der axialen Pfahlwiderstände zwischen solchen aus

- Ergebnissen statischer Pfahlprobebelastungen (EA-Pfähle, 5.2 und 9),
- dynamischen Pfahlprobebelastungen bzw. Stoßversuchen (EA-Pfähle, 5.3 und 10),
- Erfahrungswerten (EA-Pfähle, 5.4).

Die in axialer Richtung wirksamen Pfahlwiderstände R_c (Druckpfähle) und R_t (Zugpfähle) sind abhängig von den axialen Pfahlkopfverschiebungen s; für sie gilt (abweichend von der Definition in

DIN EN 1997-1, 1.6 wird R_c hier nicht als Druckwiderstand im Grenzzustand der Tragfähigkeit, sondern nur als von der Pfahlkopfsetzung abhängiger Druckwiderstand verstanden)

$$R_c = R_c(s) \quad \text{und} \quad R_t = R_t(s) \qquad \text{Gl. 5-9}$$

Die Verschiebung s ist bei Druckpfählen eine Pfahlkopfsetzung und bei Zugpfählen eine Pfahlkopfhebung. Im Grenzzustand der Tragfähigkeit (GEO-2) tritt bei Pfahlkopfverschiebungen s_{ult} und Pfahlwiderständen

$$R_{c,k} = R(s_{ult}) = R(\text{ULS}) \qquad \text{Gl. 5-10}$$

ein Versagen ein, das durch den Tragfähigkeitsverlust des Bodens in der Pfahlumgebung herbeigeführt wird. Die Größe $R_{c,k}$ entspricht der Definition des Grenzzustandswiderstands in DIN EN 1997-1, 7.6.2 und die Größen s_{ult} und $R(\text{ULS})$ den Definitionen in den EA-Pfähle, 3.1.1 (6).

In Querrichtung zur Pfahlachse wird das äußere Tragverhalten angegeben durch den Pfahlwiderstand

$$R_{tr} = R_{tr}(y) \qquad \text{Gl. 5-11}$$

in Abhängigkeit von der horizontalen Pfahlkopfverschiebung y oder durch den Widerstand

$$R_{tr} = R_{tr}(\alpha) \qquad \text{Gl. 5-12}$$

in Abhängigkeit von einer entsprechenden Pfahlkopfverdrehung α.

Für die zum Grenzzustand der Gebrauchstauglichkeit (SLS) gehörenden Nachweise sind die Pfahlwiderstände $R = R_{SLS}$ anzusetzen (vgl. Abschnitt 5.8.13 und EA-Pfähle, 5.2.1 (6); gegenüber den EA-Pfähle ist die Schreibweise leicht verändert).

5.8.5 Axiale Widerstände aus Ergebnissen statischer Pfahlprobebelastungen

Nach DIN 1054, 7.6.1.1 A (1) sind axiale Widerstände von Einzelpfählen durch Widerstands-Setzungs-Linien (WSL, bei Druckpfählen) bzw. Widerstands-Hebungs-Linien (WHL, bei Zugpfählen) zu beschreiben. Die Festlegung dieser Linien sollte sich auf die Ergebnisse statischer Probebelastungen (siehe hierzu Abschnitt 5.12) stützen, bzw. auf die Erfahrungen mit anderen Probebelastungen, die unter vergleichbaren Bedingungen durchgeführt wurden. Zu berücksichtigen ist dabei auch das Kriechen unter konstanter Last.

Der Aufwand bei der Vorbereitung und Durchführung von statischen Pfahlprobebelastungen ist abhängig von den geforderten Messergebnissen. Nach EA-Pfähle, 9.2.2.4 ist dabei zu unterscheiden zwischen

- grundsätzlichen Anforderungen,
- erhöhten Anforderungen,
- hohen Anforderungen.

Bei grundsätzlichen Anforderungen wird der Pfahlwiderstand durch die Messung der Pfahlkopfverschiebung, der aufgebrachten Belastung und der Zeit erfasst. Bei erhöhten Anforderungen wird zusätzlich die Messung des mobilisierten Pfahlspitzendrucks q_b verlangt, mit dem sich, außer dem Pfahlfußwiderstand R_b, auch der Pfahlmantelwiderstand R_s berechnen lässt (Differenz von Gesamtpfahl- und Pfahlfußwiderstand). Bei hohen Anforderungen wird, neben den schon angegebenen Messungen, auch die Messung der Pfahldehnung in über die Pfahllänge verteilten Querschnitten verlangt, um so zusätzlich die Verteilung der Pfahlmantelreibung über die Pfahllänge erfassen zu können.

Erhöhte bzw. hohe Anforderungen sind an die Messungen zu stellen, wenn z. B.

- die Mantelreibung nach der Überschreitung eines Höchstwerts auf einen geringeren Restwert abfallen könnte,
- der anstehende Baugrund stark geschichtet ist,
- größere negative Mantelreibung zu erwarten ist,
- die Köpfe der Probepfähle aus versuchstechnischen Gründen wesentlich höher liegen als die der Bauwerkspfähle,
- besondere Anforderungen an die Begrenzung der Verformungen gestellt werden.

Eine Widerstands-Setzungs-Linie, wie sie sich nach EA-Pfähle bei Belastungsversuchen mit grundsätzlichen Anforderungen ergeben kann, ist in Bild 5-32 zu sehen. Die Belastungsstufen und -geschwindigkeiten, die zum Erreichen der Prüflast P_p erforderlich sind, zeigt Bild 5-33. Nach EA-Pfähle, 9.2.2.3 ist P_p so groß zu wählen, dass der Grenzzustand der Tragfähigkeit GEO-2 erreicht werden kann; Angaben zur Berechnung von P_p finden sich z. B. in DIN 1054, 7.5.2.1 A (5).

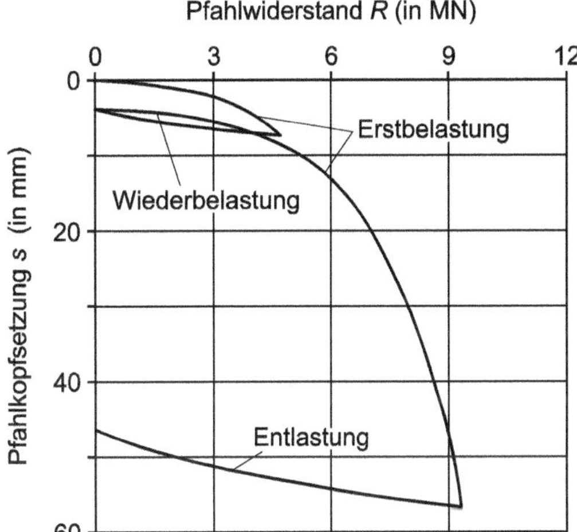

Bild 5-32 Widerstands-Setzungs-Linie eines Belastungsversuchs mit grundsätzlicher Anforderung (nach EA-Pfähle, 9.2.6)

Wie oben ausgeführt, liefern zu grundsätzlichen Anforderungen gehörende axiale Pfahlprobebelastungen ausschließlich von der axialen Pfahlkopfverschiebung s abhängige Pfahlwiderstände $R(s)$. Die bei erhöhten Anforderungen verlangte Bestimmung von Pfahlfußwiderstand $R_b(s)$ und Pfahlmantelwiderstand $R_s(s)$ erfordert eine aufwändigere Instrumentierung (vgl. EA-Pfähle, 9.2).

Zur Auswertung von Pfahlprobebelastungsergebnissen bezüglich des charakteristischen Pfahlwiderstands $R_{c,k}$ bzw. $R_{t,k}$ im Grenzzustand der Tragfähigkeit (GEO-2) sei auf DIN EN 1997-1, 7.6.2 bzw. 7.6.3 verwiesen.

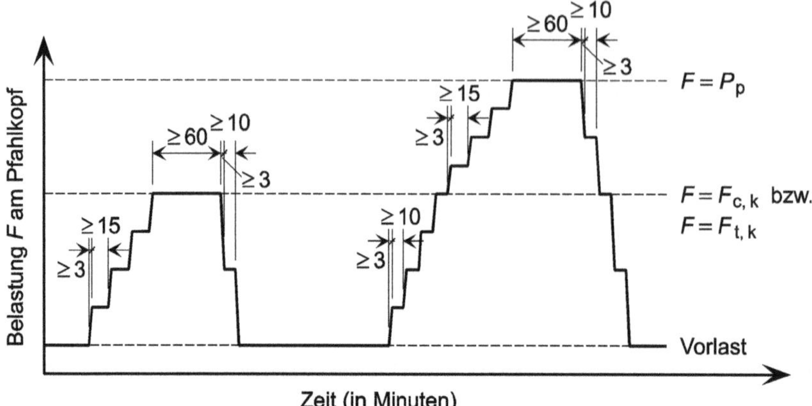

Bild 5-33 Belastungsstufen und -geschwindigkeiten bei mittleren und höheren Versuchsanforderungen (nach EA-Pfähle, 9.2.5.1); P_p = Prüflast

5.8.6 Axiale Pfahlwiderstände aus Erfahrungswerten, Allgemeines

In Fällen, in denen auf eine Probebelastung verzichtet wird (z. B. aus Wirtschaftlichkeitsgründen), dürfen die charakteristischen axialen Pfahlwiderstände von Einzelpfählen nach DIN 1054, 7.6.1.1 mit Widerstands-Setzungs-Linien beschrieben werden, die auf der Basis von Erfahrungen mit Pfahlprobebelastungen festgelegt werden. Voraussetzung hierfür ist es, dass die Verhältnisse dieser Pfahlprobebelastungen mit denen des zu bemessenden Pfahls vergleichbar sind (Baugrundgegebenheiten, Pfahltyp usw.).

Bei Zugpfählen (Widerstands-Hebungs-Linien) dürfen solche Erfahrungswerte nur in Ausnahmefällen verwendet werden. Der Verzicht auf Pfahlprobebelastungen bei Zugpfählen und die Festlegung ihrer Widerstandswerte auf der Basis von Erfahrungswerten erfordert geotechnische Sachkunde und Erfahrung (siehe DIN 1054, 7.6.3.3 A (1) und EA-Pfähle, 5.4.1 (5)). Handelt es sich bei den Pfählen um Mikropfähle nach DIN EN 14199, sieht die Norm sowohl für Zug- als auch für Druckpfähle als Regelfall die statische Probebelastung vor und beschränkt die Verwendung von Erfahrungswerten auf zu begründende Ausnahmefälle (DIN 1054, 7.6.2.3 A (8c) und 7.6.3.3 A (1)).

In DIN 1054, 7.6.2.3 A (8a) wird darauf hingewiesen, dass die in EA-Pfähle aufgeführten Erfahrungswerte für die unterschiedlichen Pfahlarten verwendet werden dürfen (s. auch DIN 1054/A2). Die Größe der dort angegebenen charakteristischen Werte für den mobilisierbaren Pfahlspitzendruck ($q_{b,k}$) und die mobilisierbare Pfahlmantelreibung ($q_{s,k}$) hängt im Regelfall ab von dem mittleren Spitzenwiderstand q_c der Drucksonde (nichtbindige Böden) bzw. der charakteristischen Scherfestigkeit $c_{u,k}$ des undränierten Bodens (bindige Böden). Für die Anwendung dieser Erfahrungswerte auf den Einzelfall verlangt die Norm eine Begründung auf der Basis geotechnischer Sachkenntnis und Erfahrung.

5.8.7 Axiale Widerstände aus Erfahrungswerten für Bohrpfähle

Die folgenden Ausführungen gelten für Einzelpfähle, die gemäß EA-Pfähle, 3.1.1 (1) weder über den Baugrund noch über einen Überbau mit anderen Pfählen in Interaktion treten bzw. zu anderen Pfählen in vernachlässigbar geringer Wechselwirkung stehen.

Die Berechnung der charakteristischen axialen Pfahlwiderstände von durch Druck beanspruchten Bohrpfählen erfolgt nach EA-Pfähle, 5.4.6 unter Verwendung von Widerstands-Setzungs-Linien (Bild 5-34). Die Berechnung basiert auf der Annahme, dass sich der von der Pfahlkopfsetzung s abhängige Widerstand $R_c(s)$ aus den unabhängig voneinander ermittelbaren Anteilen des Pfahlfußwiderstands (base resistance) $R_b(s)$ und des Pfahlmantelwiderstands (shaft resistance) $R_s(s)$ nach der Gleichung

$$R_c(s) = R_b(s) + R_s(s) = q_{b,k} \cdot A_b + \sum_{i=1}^{n} q_{s,k,i} \cdot A_{s,i} \qquad \text{Gl. 5-13}$$

ermitteln lässt. Die weiteren Größen in Gl. 5-13 sind

- der Nennwert A_b der Pfahlfußfläche und der mobilisierbare charakteristische Pfahlspitzendruck $q_{b,k}$ (Tabelle 5-6),
- der Nennwert $A_{s,i}$ der Pfahlmantelfläche und der charakteristische Wert $q_{s,k,i}$ der mobilisierbaren Pfahlmantelreibung (Tabelle 5-7) in der i-ten der n berücksichtigten Schichten.

Nach EA-Pfähle, 5.4.6.5 (1) dürfen bei Bohrpfahl- und Schlitzwänden nur im Kontaktbereich zum Boden wirkende Nettoflächen für A_b und $A_{s,i}$ angesetzt werden. Diese Nettoflächen ergeben sich anhand von im Grundriss flächengleichen rechteckförmigen Ersatzwänden.

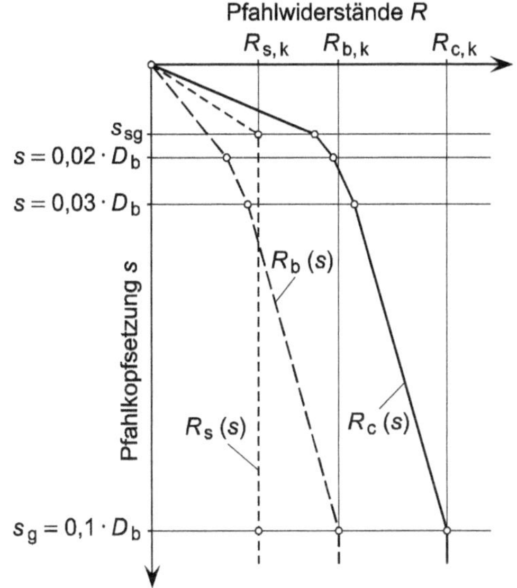

Bild 5-34 Widerstands-Setzungs-Linie eines Bohrpfahls als Druckpfahl; Ermittlung nach EA-Pfähle, unter Verwendung von Tabelle 5-6 (Pfahlspitzendruck) und Tabelle 5-7 (Pfahlmantelreibung); bei Pfählen ohne Fußaufweitung ist D_b durch D_s zu ersetzen (siehe Bild 5-35)

Welcher Durchmesser D des berechneten Pfahls für die Ermittlung der in Bild 5-34 eingetragenen Grenzsetzung s_g (Setzung beim Versagen eines Pfahls; wird auch als „Bruchsetzung" bezeichnet) zu verwenden ist, geht aus Bild 5-35 hervor.

Nach EA-Pfähle, 5.4.1 (4) ist durch einen Sachverständigen für Geotechnik oder einen geotechnischen Fachplaner zu bestätigen, dass die Erfahrungswerte für Bohrpfähle im Rahmen einer entsprechenden Baumaßnahme angewendet werden dürfen (vgl. auch DIN 1054, 7.6.2.3 A (8a) und DIN 1054/A2).

Zur Berechnung des Pfahlfuß- ($R_b(s)$) und Pfahlmantelwiderstands ($R_s(s)$) von in nichtbindige und bindige Böden eingebrachten Bohrpfählen können Tabelle 5-6 und Tabelle 5-7 verwendet werden (für Bohrpfähle in Fels siehe Tabelle 5-12).

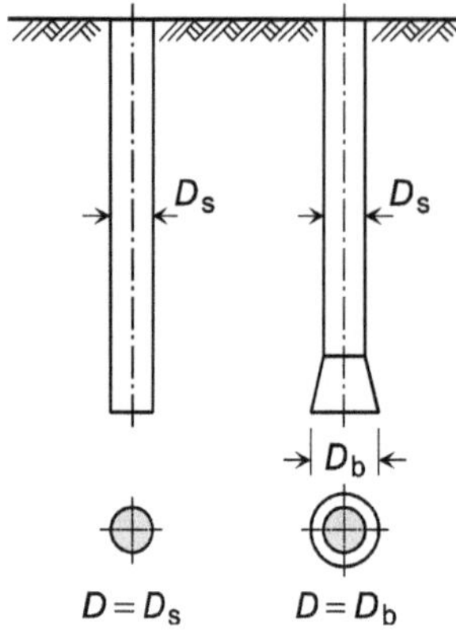

Bild 5-35 Definition des für die Grenzsetzung sg (vgl. Bild 5-34) maßgebenden Pfahldurchmessers gemäß EA-Pfähle, Bild 9.2

Tabelle 5-6 Erfahrungswertspannen für mobilisierbare charakteristische Pfahlspitzendrücke $q_{b,k}$ von Bohrpfählen in nichtbindigen und bindigen Böden, abhängig von der auf den Pfahlschaft- bzw. Pfahlfußdurchmesser bezogenen Pfahlkopfsetzung s/D_s bzw. s/D_b und dem mittleren Spitzenwiderstand q_c der Drucksonde bzw. der charakteristischen Scherfestigkeit $c_{u,k}$ nichtbindiger bzw. bindiger Böden (nach EA-Pfähle, 5.4.6.2); D_b ist bei Pfählen mit Fußaufweitung zu verwenden

Bezogene Pfahlkopfsetzung s/D_s bzw. s/D_b	Pfahlspitzendruck $q_{b,k}$ für nichtbindige Böden (in kN/m^2)			Pfahlspitzendruck $q_{b,k}$ für bindige Böden (in kN/m^2)		
	bei mittlerem Spitzenwiderstand q_c der Drucksonde (in MN/m^2)			bei Scherfestigkeit $c_{u,k}$ des undränierten Bodens in (kN/m^2)		
	7,5	15	7,5	100	150	250
0,02	550– 800	1050–1400	1750–2300	350– 450	600– 750	950–1200
0,03	700–1050	1350–1800	2250–2950	450– 550	700– 900	1200–1450
0,10 (≙ s_g)	1600–2300	3000–4000	4000–5300	800–1000	1200–1500	1600–2000

Zwischenwerte dürfen geradlinig interpoliert werden.
Bei Bohrpfählen mit Fußverbreiterung sind die Werte auf 75% abzumindern.

Die beiden Tabellen gelten für Bohrpfähle und Schlitzwandelemente (Barette) bzw. Bohrpfahlwände und Schlitzwände, die

- mindestens 2,50 m in eine tragfähige Schicht einbinden,
- Pfahlschaftdurchmesser D_s bzw. Pfahlfußdurchmesser D_b von 0,3 bis 3,0 m aufweisen.

Für die Anwendung der charakteristischen Pfahlspitzenwerte aus Tabelle 5-6 wird vorausgesetzt, dass unterhalb der Pfahlsohle eine tragfähige Schicht ansteht, deren

- Mächtigkeit mindestens drei Pfahldurchmesser bzw. 1,5 m beträgt,

– Tragfähigkeit bei nichtbindigem Boden durch Spitzenwiderstände $q_c \geq 7{,}5\ \text{MN/m}^2$ der Drucksonde und bei bindigem Boden durch charakteristische Werte $c_{u,k} \geq 100\ \text{kN/m}^2$ der Kohäsion des undränierten Bodens nachgewiesen ist.

Unabhängig von diesen Forderungen wird in EA-Pfähle, 5.4.6.2 empfohlen, dass der Boden in dem Bereich unterhalb der Pfahlfüße Widerstände $q_c \geq 10\ \text{MN/m}^2$ aufweist.

Tabelle 5-7 Erfahrungswertspannen für mobilisierbare charakteristische Bruchwerte der Pfahlmantelreibung $q_{s,k}$ von Bohrpfählen in nichtbindigen und bindigen Böden; abhängig vom mittleren Spitzenwiderstand q_c der Drucksonde und der charakteristischen Scherfestigkeit $c_{u,k}$ des undränierten Bodens (nach EA-Pfähle, 5.4.6.2)

Mittlerer Spitzenwiderstand q_c der Drucksonde (in MN/m²)	Bruchwert $q_{s,k}$ der Pfahlmantelreibung für nichtbindige Böden (in kN/m²)
7,5	55– 80
15	105–140
≥ 25	130–170
Zwischenwerte dürfen geradlinig interpoliert werden.	

Scherfestigkeit $c_{u,k}$ des undränierten Bodens (in kN/m²)	Bruchwert $q_{s,k}$ der Pfahlmantelreibung für bindige Böden (in kN/m²)
60	30–40
150	50–65
≥ 250	65–85
Zwischenwerte dürfen geradlinig interpoliert werden.	

In Fällen, in denen die genannten Schichtdicken nicht erreicht werden, ist nachzuweisen, dass eine hinreichende Sicherheit gegen das Durchstanzen des jeweiligen Pfahls gegeben ist und dass der darunterliegende Boden das Setzungsverhalten nicht maßgeblich beeinträchtigt. Weitere Hinweise sind in den EA-Pfähle, 5.4.6.2 und 5.3.4 zu finden.

In Tabelle 5-6 und Tabelle 5-7 werden die charakteristischen Pfahlspitzendrücke und Pfahlmantelreibungswerte angegeben, die zu

– nichtbindigen Böden (abhängig von einem mittleren Spitzenwiderstand q_c der Drucksonde),
– bindigen Böden (abhängig von der Scherfestigkeit $c_{u,k}$ des undränierten Bodens)

gehören. Nach DIN 1054, 7.6.2.3 A (8a) dürfen statt der Drucksonde auch andere Sondenarten eingesetzt werden, wenn dafür abgesicherte Korrelationen zu den Ergebnissen der Drucksonde vorliegen. Solche Funktionen finden sich z. B. in DIN 4094-2 [70] und [71]; mit ihnen können die zu anderen Sondenarten gewonnenen Ergebnisse in q_c-Werte umgerechnet werden (Bild 5-36 und Bild 5-37). Die $c_{u,k}$-Werte dürfen mit Laborversuchen, aber auch mit Flügelsondierungen gemäß DIN 4094-4 [72] bestimmt werden.

Es ist hier darauf hinzuweisen, dass sich über viele Jahre auch die Beziehung

$$q_c \approx N_{10} \qquad \text{Gl. 5-14}$$

bewährt hat, mit der N_{10}-Werte (Anzahl der Schläge pro 10 cm Eindringung), die mit der schweren Rammsonde DPH nach DIN EN ISO 22476-2 [130] ermittelt wurden, näherungsweise in q_c-Werte (in MN/m²) umgerechnet werden können. Diese Beziehung kann nach [50], 7.1.2 verwendet werden, wenn der sondierte Boden gemäß DIN 18196 [83] als grobkörnig einzustufen ist und weniger als 10 % der Körner Durchmesser von $d > 20$ mm aufweisen.

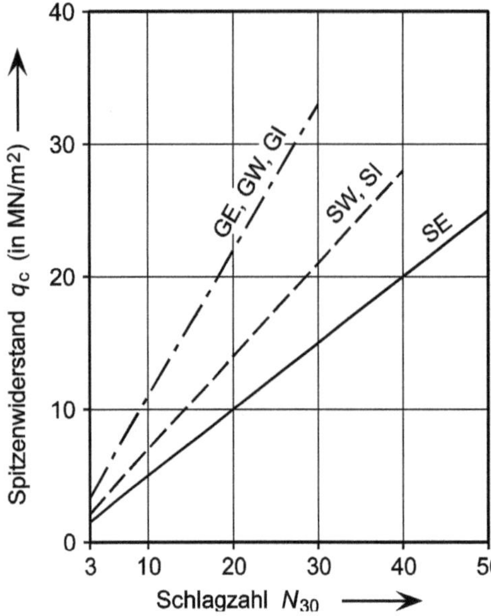

SE: $q_c = 0{,}5 \cdot N_{30}$ $(3 \leq N_{30} \leq 50)$
SW, SI: $q_c = 0{,}7 \cdot N_{30}$ $(3 \leq N_{30} \leq 40)$
GE, GW, GI: $q_c = 1{,}1 \cdot N_{30}$ $(3 \leq N_{30} \leq 30)$

Bild 5-36 Korrelationen zwischen der Anzahl N_{30} der Schläge für 30 cm Eindringung der Bohrlochrammsonde und dem Spitzenwiderstand q_c der Drucksonde CPT für grobkörnige Böden (Ungleichförmigkeitszahl $C_U \geq 2$) über Grundwasser (nach DIN 4094-2 [70])

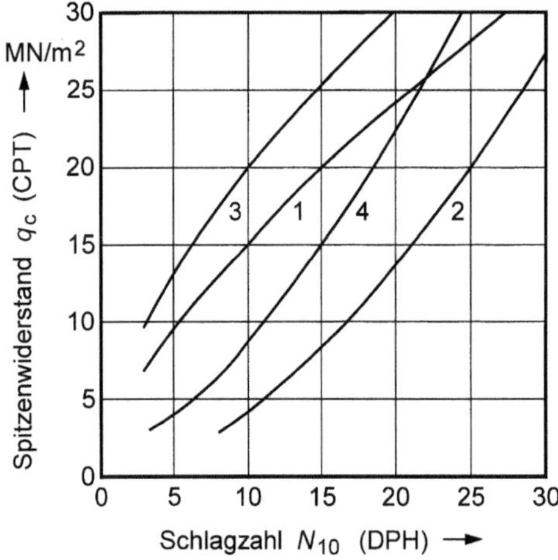

1 SE über Grundwasser
2 SW/GW über Grundwasser
3 SE im Grundwasser
4 SW/GW im Grundwasser

Bild 5-37 Korrelationen zwischen N_{10} (Schläge pro 10 cm Eindringung) der schweren Rammsonde (DPH) und dem Spitzenwiderstand q_c der Drucksonde CPT für enggestufte Sande SE (Ungleichförmigkeitszahl $C_U \leq 3$) sowie Sand-Kies-Gemische SW/GW mit weitgestuften ($C_U \geq 6$) Sanden SW und Kiesen GW (nach [71])

Neben den Korrelationen gemäß Bild 5-36 und Bild 5-37 werden in [143], E 88 für Ton auch Korrelationen zwischen dem maximalen Scherwiderstand c_{fv} beim erstmaligen Abscheren mit der Flügelsonde gemäß DIN 4094-4 [72] und dem Spitzenwiderstand q_c von Drucksonden angegeben. Die Beziehungen haben die Form

$$c_{fv} \approx \frac{1}{14} \cdot q_c \quad \text{(Ton)}$$

$$c_{fv} \approx \frac{1}{20} \cdot q_c \quad \text{(überkonsolidierter Ton)} \qquad \text{Gl. 5-15}$$

$$c_{fv} \approx \frac{1}{12} \cdot q_c \quad \text{(weicher Ton)}$$

Die Korrelationen von Tabelle 5-8 und Tabelle 5-9 wurden EA-Pfähle entnommen. Sie sind als Orientierungswerte zu verstehen.

Tabelle 5-8 Orientierungswerte für Korrelationen zwischen Lagerungsdichte und Sondierwiderständen bei nichtbindigen Böden über dem Grundwasser für die Anwendung bei Pfahlgründungen (nach EA-Pfähle, Tabelle 3.1)

Lagerungsdichte D	Bezogene Lagerungsdichte I_D	Lagerung	Sondierwiderstand		
			q_c (in MN/m²) CPT	N_{30} BDP	N_{10} DPH
< 0,15	< 0,15	sehr locker	< 5,0	< 7	< 4
0,15 bis 0,30	0,15 bis 0,35	locker	5,0 bis 7,5	7 bis 15	4 bis 9
0,30 bis 0,50	0,35 bis 0,65	mitteldicht	7,5 bis 15,0	14 bis 30	8 bis 18
0,50 bis 0,70	0,65 bis 0,85	dicht	15,0 bis 25,0	23 bis 50	14 bis 30
> 0,7	> 0,85	sehr dicht	> 25,0	> 50	> 25

Tabelle 5-9 Orientierungswerte zur Umrechnung zwischen dem Spitzenwiderstand q_c (in MN/m²) der Drucksonde (CPT) und der Schlagzahl N_{30} der Bohrlochrammsonde (BDP) für die Anwendung bei Pfahlgründungen (nach EA-Pfähle, Tabelle 3.2)

Bodenart	q_c/N_{30} (in MN/m²)
Fein- bis Mittelsand oder leicht schluffiger Sand	0,3 bis 0,4
Sand oder Sand mit etwas Kies	0,5 bis 0,6
weitgestufter Sand	0,5 bis 1,0
sandiger Kies oder Kies	0,8 bis 1,0

Werden die $c_{u,k}$-Werte auf der Basis von Flügelsondierungen gemäß DIN 4094-4 [72] im Feld bestimmt, sind im Rahmen des Flügelscherversuchs zunächst die maximalen Scherwiderstände c_{fv} (in MN/m²) zu ermitteln. Aus ihnen ergeben sich die undränierten Flügelscherfestigkeiten mit

$$c_{fu} = \mu \cdot c_{fv} = c_{u,k} \qquad \text{Gl. 5-16}$$

Der in der Gleichung verwendete Korrekturfaktor μ ist abhängig von den vorliegenden Bodengegebenheiten und kann unterschiedlich große Werte annehmen. Bild 5-38 bzw. Tabelle 5-10 bieten Möglichkeiten zur Festlegung der Größe von μ für weichen erstbelasteten Ton bzw. weiche erstbelastete bindige Böden. Ein entsprechendes Diagramm für vorbelastete Tone ist in DIN 4094-4, Anhang C [72] zu finden (es wurde, wie auch das Diagramm von Bild 5-38, DIN EN 1997-2, Anhang I entnommen). Die mit Bild 5-38 ermittelbaren μ-Werte ergeben sich in Abhängigkeit vom Wassergehalt w_L an der Fließgrenze, die μ-Werte der Tabelle 5-10 sind abhängig von der Größe der Plastizitätszahl I_p.

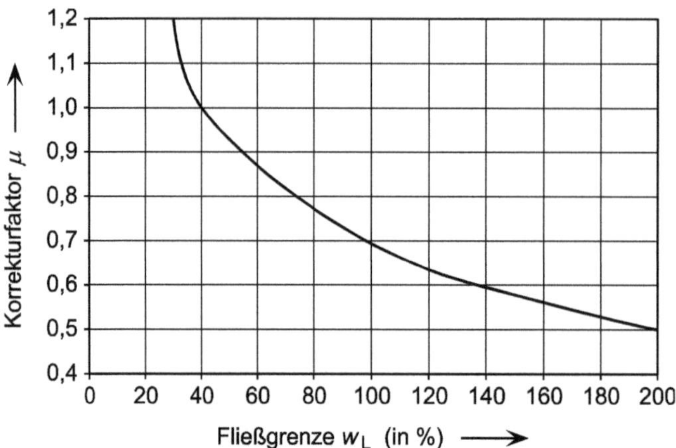

Bild 5-38 Diagramm zur Festlegung von Korrekturfaktoren μ für weiche erstbelastete Tone (nach DIN EN 1997-2, Anhang I)

Tabelle 5-10 Von der Plastizitätszahl I_p abhängige Korrekturfaktoren μ für weiche, erstbelastete Böden (nach [143], E88)

I_P	0	30	60	90	120
μ	1,0	0,8	0,65	0,575	0,50

Die Beziehungen zwischen der Konsistenzzahl I_c und der Scherfestigkeit c_u des undränierten Bodens aus Tabelle 5-11 wurden EA-Pfähle entnommen. Sie sind als Orientierungswerte zu verstehen.

Tabelle 5-11 Orientierungswerte für Korrelationen zwischen Konsistenz und Scherfestigkeit des undränierten Bodens bei bindigen Böden (nach EA-Pfähle, Tabelle 3.3)

Konsistenzzahl I_c	Konsistenz	Scherfestigkeit des undränierten Bodens c_u (in kN/m^2)
0,50 bis 0,75	weich	15 bis 50
0,75 bis 1,00	steif	50 bis 100
> 1,00	halbfest, fest	> 100

Erfüllt ein Einzelpfahl bzw. ein wandartiges Bohrpfahlelement und der ihn umgebende Boden die oben angegebenen Bedingungen, kann der zum Widerstand $R_c(s)$ des Pfahls (hier eines Druckpfahls) beitragende Pfahlfußwiderstand $R_b(s)$ nach den EA-Pfähle durch eine polygonzugartig verlaufende Funktion beschrieben werden. Die Berechnung der Eckpunkte des Polygonzugs (vgl. Bild 5-34), der vom Nullpunkt der Widerstands-Setzungs-Linie ausgeht, kann mit Hilfe von Tabelle 5-6 erfolgen (vgl. auch nachstehendes Anwendungsbeispiel). Bezüglich der unter dem Pfahlfuß anstehenden tragfähigen Schicht ist dabei zwischen nichtbindigem und bindigem Boden zu unterscheiden.

Zur Festlegung der bilinear ansetzbaren Funktion des Pfahlmantelwiderstands $R_s(s)$ des Einzelpfahls (vgl. Bild 5-34) sind die zu den einzelnen Baugrundschichten gehörenden charakteristischen Werte $q_{s,k,i}$ der mobilisierbaren Mantelreibung erforderlich. Ihre zahlenmäßige Ermittlung darf mit Hilfe von Tabelle 5-7 erfolgen, wobei zu unterscheiden ist zwischen bindigem und nichtbindigem

Boden, der den Pfahl im Bereich des Pfahlschafts umgibt (vgl. auch nachstehendes Anwendungsbeispiel). Ausgehend vom Nullpunkt der Widerstands-Setzungs-(Hebungs-)Linie, liefern diese Werte eine Funktion, die bis zum Maximalwert des Widerstands linear verläuft.

Die Vorgehensweise bei der Konstruktion der Widerstands-Setzungs-Linie $R_c(s)$ des Gesamtpfahls auf der Grundlage der Zahlenwerte der Tabellen für die charakteristischen Pfahlspitzendrücke (Tabelle 5-6) und der charakteristischen Werte der Pfahlmantelreibung (Tabelle 5-7) zeigt Bild 5-34. Aus ihm geht hervor, dass sich $R_c(s)$ aus der Summation der Widerstands-Setzungs-Linien $R_b(s)$ des Pfahlfußwiderstands und $R_s(s)$ des Pfahlmantelwiderstands gemäß Gl. 5-13 ergibt.

Die zum Grenzzustand der Tragfähigkeit (GEO-2) gehörenden charakteristischen Widerstände $R_{b,k}(s)$ und $R_{s,k}(s)$ treten bei unterschiedlich großen Grenzsetzungen auf. Die Grenzsetzung im Bruchzustand, die zum

– charakteristischen Widerstand der Pfahlmantelreibung $R_{s,k}$ gehört, kann
  - bei Druckpfählen, gemäß den EA-Pfähle 5.4.6.1, mit (Angabe in cm)

    $$s_{sg} = 0{,}5 \cdot R_{s,k} + 0{,}5 \leq 3\,\text{cm} \qquad \text{Gl. 5-17}$$

  - bei Zugpfählen, gemäß den EA-Pfähle 5.4.10, mit (Angabe in cm)

    $$s_{sg,t} = 1{,}30 \cdot s_{sg} \qquad \text{Gl. 5-18}$$

  berechnet werden; die in MN einzusetzende Größe (vgl. Gl. 5-13)

  $$R_{s,k} = R_s(s_{sg}) = \sum_{i=1}^{n} q_{s,k,i} \cdot A_{s,i} \qquad \text{Gl. 5-19}$$

  des Bruchzustands ist unter Verwendung von Tabelle 5-7 zu ermitteln (über jeden der gewählten n Pfahlschaftabschnitte ist der Mittelwert des Spitzenwiderstands q_c der Drucksonde bzw. der Scherfestigkeit $c_{u,k}$ des undränierten Bodens zu bestimmen; vgl. auch nachstehendes Anwendungsbeispiel),

– charakteristischen Pfahlfußwiderstand $R_{b,k}$ und zum charakteristischen Widerstand $R_{c,k}$ des Gesamtpfahls (Grenzsetzung s_g) gehört, lässt sich, gemäß den EA-Pfähle 5.4.6.1, mit den Beziehungen

  $$s_g = 0{,}1 \cdot D_s \quad \text{bzw.} \quad s_g = 0{,}1 \cdot D_b \qquad \text{Gl. 5-20}$$

  ermitteln; D_s und D_b stehen darin für den Pfahlschaftdurchmesser und den Pfahlfußdurchmesser. Die zur Setzung s_g gehörenden charakteristischen Widerstände des Pfahlfußes bzw. des Gesamtpfahls im Grenzzustand der Tragfähigkeit (GEO-2) sind

  $$R_{b,k} = R_b(s_g) \quad \text{bzw.} \quad R_{c,k} = R_c(s_g) \qquad \text{Gl. 5-21}$$

Die Polygonzüge der einzelnen Widerstände verlaufen ab deren jeweiliger Grenzsetzung senkrecht nach unten weiter (vgl. Bild 5-34).

Wie groß der Unterschied zwischen der durch eine Probebelastung gewonnenen und der zugehörigen, nach DIN 1054 berechneten Widerstands-Setzungs-Linie ausfallen kann, lässt Bild 5-39 erkennen.

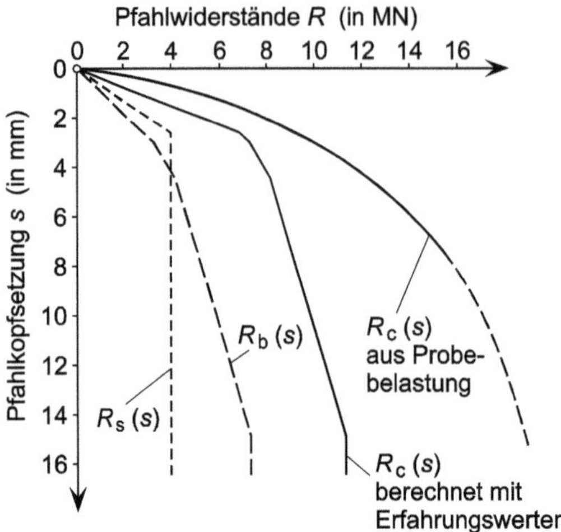

Bild 5-39 Nach DIN 1054 berechnete und durch Probebelastung gewonnene Widerstands-Setzungs-Linien R_c (s) (nach [8])

Die bisherigen Ausführungen gelten im Grundsatz auch für Bohrpfähle, die nicht in Lockergestein, sondern in Fels und felsähnlichen Böden (Halbfestgestein) hergestellt werden. Die vergleichsweise geringe Zahl bisher durchgeführter Probebelastungen in Fels und Halbfestgestein verhindert allerdings eine verlässliche statistische Ableitung entsprechender Erfahrungswerte. Es ist deshalb besonders zu empfehlen, beim Einbinden von Bohrpfählen in solche Baugrundformationen Pfahlprobebelastungen durchzuführen (siehe EA-Pfähle, 5.4.6.3). Die in Tabelle 5-12 angegebenen Erfahrungswerte sollten aus diesen Gründen nur dazu verwendet werden, die Spannweite der jeweils zu erwartenden Pfahltragfähigkeit abzuschätzen.

Tabelle 5-12 Erfahrungswertspannen für den mobilisierbaren charakteristischen Pfahlspitzendruck $q_{b,k}$ und die mobilisierbare charakteristische Pfahlmantelreibung $q_{s,k}$ von Bohrpfählen in Fels (nach EA-Pfähle, 5.4.6.3)

Einaxiale Druckfestigkeit $q_{u,k}$ in MN/m²	Bruchwert $q_{b,k}$ des Pfahlspitzendrucks in kN/m²	Bruchwert $q_{s,k}$ der Pfahlmantelreibung in kN/m²
0,50	1500– 2500	70– 250
5,00	5000– 2500	500–1000
20,00	10000–20500	500–2000
Zwischenwerte dürfen geradlinig interpoliert werden.		

Hinsichtlich der Verwendung der charakteristischen Werte des Pfahlspitzendrucks und der Pfahlmantelreibung aus Tabelle 5-12 wird vorausgesetzt, dass

– die Bohrpfähle bei einer einaxialen Druckfestigkeit der Gesteinsproben von
  - $q_{u,k} \geq 5{,}0$ MN/m² mindestens 0,5 m,
  - $q_{u,k} \leq 0{,}5$ MN/m² mindestens 2,5 m

  in den Fels eingebunden sind,
– der Fels gleichförmig ist und in ausreichender Mächtigkeit ansteht,

- durch die räumliche Orientierung der Felsoberfläche und des Trennflächengefüges keine Bruchers cheinungen begünstigt werden,
- kein offenes oder mit leicht verformbarem Material gefülltes Trenngefüge vorhanden ist,
- der Bohrvorgang keine Verminderung der Festigkeit des Felses bewirkt (z. B. durch Wasser bei Tongestein oder Mergelstein).

Hinsichtlich der Mantelreibung überlagernder Bodenschichten ist im Einzelfall zu prüfen, ob deren Ansatz durch die zu erwartende Pfahlsetzung im Fels gerechtfertigt ist. Im Zweifelsfall ist diese Mantelreibung außer Acht zu lassen.

Bezüglich weiterer Voraussetzungen sowie weiterer Orientierungswerte für die charakteristischen Bruchwerte $q_{b,k}$ des Pfahlspitzendrucks und $q_{s,k}$ der Pfahlmantelreibung ist auf EA-Pfähle, 5.4.6.3 zu verweisen.

Anwendungsbeispiel

Für den vertikal beanspruchten und verrohrt herzustellenden Bohrpfahl (Druckpfahl) aus Bild 5-40 ist die Widerstands-Setzungs-Linie auf der Basis von Erfahrungswerten zu ermitteln. Das Bild zeigt neben der Pfahlgeometrie (Pfahllänge = 10,2 m, Pfahldurchmesser = 0,9 m) auch das Bodenprofil und das Sondierdiagramm, die der Berechnung zugrunde zu legen sind.

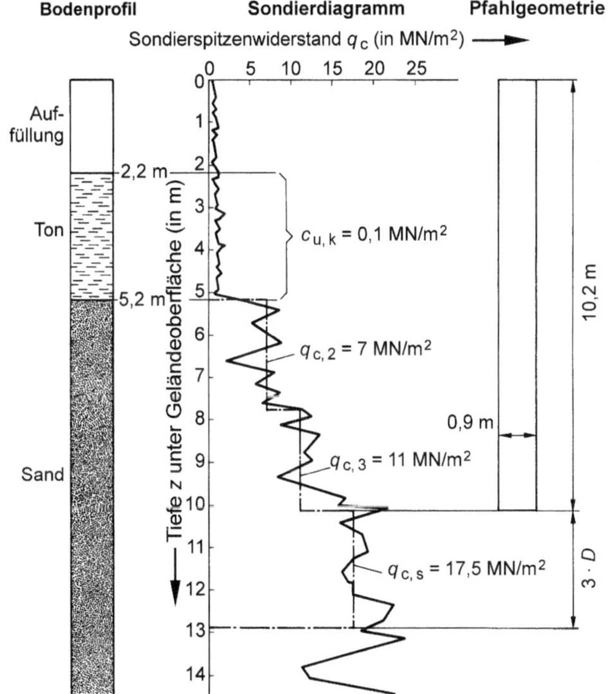

Bild 5-40 Bodenprofil, Sondierdiagramm und Maße für das Anwendungsbeispiel zur Ermittlung der Widerstands-Setzungs-Linie (nach [50])

Lösung

Für die Berechnung bleibt der Widerstand der Auffüllung im Bereich bis 2,2 m unter Geländeoberfläche wegen der sehr geringen Sondierspitzenwiderstände unberücksichtigt. Für die Tonschicht ist die Kohäsion im undränierten Zustand c_u maßgebend ($c_{u,k} = 0{,}1$ MN/m²). Zur Bestimmung der Bodenfestigkeit im Bereich der Sandschicht wird der Sondierwiderstandsverlauf nach Bild 5-40 in drei Abschnitte mit bereichsweise konstantem „vorsichtig geschätztem" Mittelwert unterteilt.

1. Charakteristischer Pfahlmantelwiderstand $R_{s,k}$

Mit der Kohäsion $c_{u,k} = 0{,}1$ MN/m² = 100 kN/m² der Tonschicht im undränierten Zustand ergibt sich nach Tabelle 5-7 für bindige Böden eine Wertespanne der charakteristischen mobilisierbaren Mantelreibung von $q_{s,k} = 38{,}9 - 51{,}1$ kN/m², von der der kleinste Wert (38,9) für die weitere Berechnung verwendet wird. Im Bereich des Sandes führen für die einzelnen Abschnitte i die gemittelten Sondierspitzenwiderstände $q_{c,i}$ in Verbindung mit dem für nichtbindige Böden geltenden Teil von Tabelle 5-7 zu den charakteristischen Werten $q_{s,k,i}$ der mobilisierbaren Mantelreibung.

Für den i-ten Bodenabschnitt liefert die Multiplikation von $q_{s,k,i}$ mit der zugehörigen Pfahlumfangsfläche $A_{s,i}$ den entsprechenden charakteristischen Pfahlmantelwiderstand $R_{s,k,i}$. Die Addition der $n = 3$ Pfahlmantelwiderstände führt zum charakteristischen Wert $R_{s,k} = R_s(s_{sg})$ des Pfahlmantelwiderstands vom Gesamtpfahl im Grenzzustand der Tragfähigkeit (GZ 1B) (Tabelle 5-13).

Tabelle 5-13 Grenzwert des charakteristischen Pfahlmantelwiderstands $R_{s,k}$ für den Bohrpfahl (als $q_{s,k,i}$-Werte wurden die kleinsten der jeweiligen Spanne gewählt)

Schicht i (in m)	$A_{s,i}$ (in m²)	$c_{u,k,i}$ bzw. $q_{c,i}$ (in kN/m²)	$q_{s,k,i}$ (in kN/m²)	$R_{s,k,i}$ (in kN)
2,2 bis 5,2	8,48	100	38,9	329,9
5,2 bis 7,7	7,07	7000	51,3	362,7
7,7 bis 10,2	7,07	11000	78,3	553,6

$R_{s,k} = R_s(s_{sg}) = 1246{,}1$ kN

Die zum charakteristischen Wert $R_{s,k} = R_s(s_{sg})$ des Pfahlmantelwiderstands des Gesamtpfahls gehörende Pfahlmantelreibung ruft nach EA-Pfähle die Setzung (Angabe in cm) des Pfahlkopfs (Gl. 5-17)

$$s_{sg} = 0{,}5 \cdot R_s(s_{sg}) + 0{,}5 \leq 3 \text{ cm}$$

hervor. Mit dem in MN anzugebenden charakteristischen Wert $R_s(s_{sg}) = 1{,}2461$ MN ergibt sich ihre Größe zu

$$s_{sg} = 0{,}5 \cdot 1{,}2461 + 0{,}5 = 1{,}1 \text{ cm} \leq 3 \text{ cm}$$

2. Charakteristischer Pfahlfußwiderstand $R_b(s)$

Zur Ermittlung des Pfahlfußwiderstands $R_b(s)$ wird im Bereich von $3 \cdot D$ unter dem Pfahlfuß (im vorliegenden Fall: $3 \cdot 0{,}9 = 2{,}7$ m) eine mittlere Bodenfestigkeit angesetzt. Das Sondierdiagramm aus Bild 5-40 liefert für diesen Bereich den mittleren Sondierspitzenwiderstand $q_c = 17{,}5\ \mathrm{MN/m^2}$, mit dem, unter Verwendung des für nichtbindige Böden geltenden Teils von Tabelle 5-6, die mobilisierbaren charakteristischen Pfahlspitzendrücke $q_{b,k}$ für drei bezogene Setzungen berechnet werden. Die Multiplikation dieser Werte mit der Pfahlfußfläche

$$A_b = \frac{\pi \cdot 0{,}9^2}{4} = 0{,}636\ \mathrm{m}^2$$

ergibt die entsprechenden, in Tabelle 5-14 aufgeführten Pfahlfußwiderstände R_b (s).

Tabelle 5-14 Pfahlfußwiderstände R_b des Bohrpfahls (als $q_{b,k}$-Werte wurden die kleinsten der jeweiligen Spanne gewählt)

Bezogene Setzung s/D_s	$q_{b,k}$ (in kN/m²)	R_b (in kN)
0,02	1225	779,1
0,03	1575	1001,7
0,1	3250	2067,0

3. Pfahlwiderstand $R_c(s)$

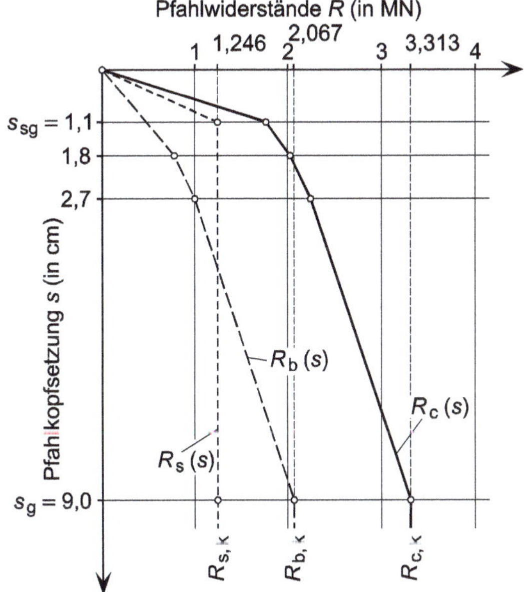

Bild 5-41 Widerstands-Setzungs-Linien des Anwendungsbeispiels

Mit der Annahme, dass zwischen den getrennt ermittelten Funktionsverläufen des Pfahlmantelwiderstands R_s (s) und des Pfahlfußwiderstands R_b (s) keine Wechselwirkung besteht, ergibt sich der Pfahlwiderstand R_c (s) des Druckpfahls aus der Addition von R_s (s) und R_b (s). Da die Verläufe von R_s (s) und R_b (s) durch Polygonzüge beschrieben werden, ergibt sich auch für den Pfahlwiderstand R_c (s) eine polygonzugförmige Funktion (Bild 5-41). Hinsichtlich der einzelnen bezogenen Setzungswerte liefert die Addition diskrete Werte des von der Pfahlkopfsetzung abhängigen Pfahlwiderstands R_c (s) (Tabelle 5-15). In das Bild 5-41 ebenfalls eingetragen sind die zum Grenzzustand der Tragfähigkeit (GEO-2) gehörenden und Tabelle 5-15 entnehmbaren charakteristischen Widerstände $R_{s,k} = R_s(s_{sg}) = 1246{,}1$ kN der Pfahlmantelreibung, $R_{b,k} = R_b(s_g) = 2067{,}0$ kN des Pfahlfußwiderstands und $R_{c,k} = R_c(s_g) = 3313{,}1$ kN des Gesamtpfahls.

Tabelle 5-15 Pfahlwiderstände des Bohrpfahls in Abhängigkeit von der Pfahlkopfsetzung

Bezogene Setzung s/D_s	Pfahlkopfsetzung (in cm)	R_s (in kN)	R_b (in kN)	R_c (in kN)
	$s_{sg} = 1{,}1$	1246,1	519,4	1765,5
0,02	1,8	1246,1	779,1	2025,2
0,03	2,7	1246,1	1001,7	2247,8
0,10	$s_g = 9{,}0$	1246,1	2067,0	3313,1

Bezüglich weiterer Berechnungen zu diesem Pfahl sei auf die Anwendungsbeispiele auf den Seiten 188 und 190 hingewiesen.

5.8.8 Axiale Widerstände aus Erfahrungswerten für Fertigrammpfähle

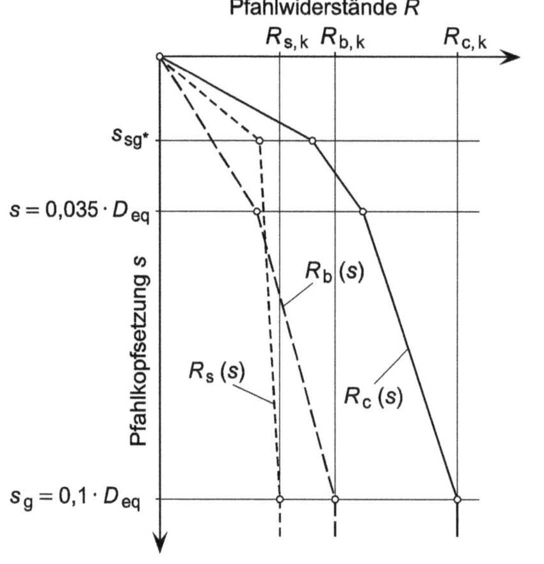

Bild 5-42 Widerstands-Setzungs-Linie eines Fertigrammpfahls als Druckpfahl; Ermittlung nach EA-Pfähle, unter Verwendung von Tabelle 5-16 (Pfahlspitzendruck) und Tabelle 5-17 (Pfahlmantelreibung)

Axiale Pfahlwiderstände aus Erfahrungswerten dürfen für Fertigrammpfähle (vorgefertigte Verdrängungspfähle) im Grenzzustand GEO-2 entsprechend den EA-Pfähle, 5.4.4.1 mit der Gleichung

$$R_c(s) = R_b(s) + R_s(s) = \eta_b \cdot q_{b,k} \cdot A_b + \sum_{i=1}^{n} \eta_s \cdot q_{s,k,i} \cdot A_{s,i} \qquad \text{Gl. 5-22}$$

ermittelt werden (ausgenommen sind Holz- und Gusseisenpfähle; Näheres hierzu siehe EA-Pfähle, 5.4.4.1). Gl. 5-22 gilt für Einzelpfähle; die in ihr verwendeten Größen sind

- die von der Pfahlkopfsetzung s abhängigen Werte R_c (s) des Pfahlwiderstands, R_b (s) des Pfahlfußwiderstands und R_s (s) des Pfahlmantelwiderstands,

- der charakteristische Wert des mobilisierbaren Pfahlspitzendrucks $q_{b,k}$ (Tabelle 5-16) und der Nennwert A_b der Pfahlfußfläche,
- der charakteristische Wert der mobilisierbaren Pfahlmantelreibung $q_{s,k,i}$ (Tabelle 5-17) und der Nennwert $A_{s,i}$ der Pfahlmantelfläche in der i-ten der n berücksichtigten Schichten,
- der Modellfaktor η_b des Pfahlspitzendrucks (Tabelle 5-18),
- der Modellfaktor η_s der Pfahlmantelreibung (Tabelle 5-18).

Zur Berechnung gehören, wie bei Bohrpfählen (Abschnitt 5.8.7), Widerstands-Setzungs-Linien (Bild 5-42). Der Vergleich von Bild 5-42 mit Bild 5-34 zeigt u. a., dass die Stützstellenzahl der zu den beiden Pfahltypen gehörenden Polygonzüge nicht übereinstimmt und der Pfahlmantelwiderstand $R_s(s)$ bei Fertigrammpfählen nicht mehr durch eine bilineare Funktion beschrieben wird.

Aus Bild 5-42 geht hervor, dass die zum Grenzzustand der Tragfähigkeit (GEO-2) gehörenden charakteristischen Widerstände $R_{b,k}$ und $R_{s,k}$ bei der gleichen Grenzsetzung s_g auftreten. Dies ist ein weiterer Unterschied zu Bohrpfählen, bei denen die beiden Widerstände zu unterschiedlich großen Grenzsetzungen gehören. Zu den Setzungsgrößen, die bei der Konstruktion der Polygonzüge der Widerstände von Fertigrammpfählen (hier von Druckpfählen) bekannt sein müssen, gehören

- die zu allen charakteristischen Widerständen der Pfähle gehörende Grenzsetzung s_g, die sich, gemäß den EA-Pfähle, 5.4.4.1, mit

  $$s_g = 0{,}1 \cdot D_{eq} \qquad \text{Gl. 5-23}$$

  ermitteln lässt; D_{eq} steht darin für den äquivalenten Pfahlfußdurchmesser. Die zu s_g gehörenden charakteristischen Widerstände eines Fertigrammpfahls im Grenzzustand der Tragfähigkeit (GEO-2) sind

  $$R_{s,k} = R_s(s_g) \quad \text{(Mantelreibung)}$$
  $$R_{b,k} = R_b(s_g) \quad \text{(Pfahlfuß)} \qquad \text{Gl. 5-24}$$
  $$R_{c,k} = R_c(s_g) \quad \text{(Gesamtpfahl)}$$

  Der äquivalente Pfahldurchmesser D_{eq} darf gemäß EA-Pfähle, 5.4.4.1 bei quadratischen Pfahlquerschnitten (Seitenlänge a) mit Hilfe von

  $$D_{eq} = 1{,}13 \cdot a \qquad \text{Gl. 5-25}$$

  und bei rechteckigen Pfahlquerschnitten (a_s = kurze und a_l = lange Seitenlänge) mittels

  $$D_{eq} = 1{,}13 \cdot a_s \cdot \sqrt{\frac{a_l}{a_s}} \qquad \text{Gl. 5-26}$$

  berechnet werden. Bezüglich der Ermittlung von D_{eq} bei Stahlprofilpfählen sei auf die EA-Pfähle, 5.4.4.1 verwiesen,
- die bei den Widerständen $R_s(s)$ des Pfahlmantels und dem Pfahlmantelreibungswiderstand $R_{s,k}$ zu berücksichtigende Setzung s_{g*}, die, gemäß den EA-Pfähle, 5.4.4.1, mit Hilfe von

  $$s_{sg*} = 0{,}5 \cdot R_{s,k} \leq 1\,\text{cm} \qquad \text{Gl. 5-27}$$

  zu berechnen ist (Angabe in cm). Die in MN einzusetzende Größe

  $$R_{s,k} = R_s(s_{sg*}) = \sum_{i=1}^{n} \eta_s \cdot q_{s,k,i} \cdot A_{s,i} \qquad \text{Gl. 5-28}$$

  des Bruchzustands ist unter Verwendung von Tabelle 5-17 zu ermitteln (Berechnung mit den zu s_{g*} gehörenden $q_{s,k}$-Werten und den über jeden der gewählten n Pfahlschaftabschnitte bestimmten Mittelwerten des Spitzenwiderstands q_c der Drucksonde bzw. der Scherfestigkeit $c_{u,k}$ des undränierten Bodens).

Tabelle 5-16 Erfahrungswertspannen für mobilisierbare charakteristische Pfahlspitzendrücke $q_{b,k}$ von Fertigrammpfählen in nichtbindigen und bindigen Böden, abhängig von der auf den äquivalenten Pfahlfußdurchmesser bezogenen Pfahlkopfsetzung s/D_{eq} und dem mittleren Spitzenwiderstand q_c der Drucksonde bzw. der charakteristischen Scherfestigkeit $c_{u,k}$ (nach EA-Pfähle, 5.4.4.2)

Bezogene Pfahlkopfsetzung s/D_{eq}	Pfahlspitzendruck $q_{b,k}$ für nichtbindige Böden (in kN/m²)			Pfahlspitzendruck $q_{b,k}$ für bindige Böden (in kN/m²)		
	bei mittlerem Spitzenwiderstand q_c der Drucksonde (in MN/m²)			bei Scherfestigkeit $c_{u,k}$ des undränierten Bodens in (kN/m²)		
	7,5	15	25	100	150	250
0,035	2200–5000	4000– 6500	4500– 7500	350–450	550– 700	800– 950
0,10 ($\hat{=}$ s_g)	4200–6000	7600–10200	8750–11500	600–750	850–1100	1150–1500

Zwischenwerte dürfen geradlinig interpoliert werden.

Hinweis: Die Tabelle gilt nicht für Holz- und Gusseisenpfähle, Näheres hierzu: EA-Pfähle, 5.4.4.1.

Tabelle 5-17 Erfahrungswertspannen für mobilisierbare charakteristische Pfahlmantelreibungen $q_{s,k}$ von Fertigrammpfählen in nichtbindigen bzw. bindigen Böden; abhängig von dem mittleren Spitzenwiderstand q_c der Drucksonde bzw. der charakteristischen Scherfestigkeit $c_{u,k}$ undränierten Bodens (nach EA-Pfähle, 5.4.4.2)

Pfahlkopfsetzung	Pfahlmantelreibung $q_{s,k}$ für nichtbindige Böden (in kN/m²)			Pfahlmantelreibung $q_{s,k}$ für bindige Böden (in kN/m²)		
	bei mittlerem Spitzenwiderstand q_c der Drucksonde (in MN/m²)			bei Scherfestigkeit $c_{u,k}$ des undränierten Bodens in (kN/m²)		
	7,5	15	25	60	150	250
$s_{sg}{}^*$	30–40	65– 90	85–120	20–30	35–50	45–65
$s_g = 0{,}1 \cdot D_{eq}$ ($\hat{=}$ s_{sg})	40–60	95–125	125–160	20–35	40–60	55–80

Zwischenwerte dürfen geradlinig interpoliert werden.

Hinweis: Die Tabelle gilt nicht für Holz- und Gusseisenpfähle; Näheres hierzu: EA-Pfähle, 5.4.4.1.

Zur Berechnung der Stützstellen von den in Bild 5-42 gezeigten Polygonzügen für R_s(s), R_b(s) und R_c(s) und damit auch zur Berechnung der charakteristischen Widerstände $R_{s,k}$, $R_{b,k}$ und $R_{c,k}$ sind Tabelle 5-16 und Tabelle 5-17 heranzuziehen. Darüber hinaus sind die Angaben aus Tabelle 5-18 zu berücksichtigen (vgl. hierzu Gl. 5-22).

Die in Tabelle 5-16 und Tabelle 5-17 zusammengestellten charakteristischen Werte gelten nach den EA-Pfähle, 5.4.4.2

- insbesondere für vorgefertigte Rammpfähle aus Stahl- und Spannbeton mit äquivalenten Pfahldurchmessern D_{eq} = 0,25 bis 0,50 m,
- für geschlossene Stahlrohrpfähle mit Durchmessern bis 800 mm,
- für offene Stahlrohr- und Hohlkastenpfähle mit Durchmessern von 300 bis 1600 mm,

- für Stahlträgerprofilpfähle mit Flanschbreiten von 300 bis 500 mm und Profilhöhen von 290 bis 1000 mm,
- für Kastenpfähle.

Alle Pfähle müssen mindestens 2,50 m in eine tragfähige Schicht einbinden. Diese Schicht

- muss unterhalb der Pfahlfußfläche noch eine Mächtigkeit von $\geq 5 \cdot D_{eq}$ und $\geq 1{,}50$ m aufweisen, innerhalb derer ein Spitzenwiderstand der Drucksonde von $q_c \geq 7{,}5$ MN/m² bzw. eine charakteristische Scherfestigkeit des undränierten Bodens von $c_{u,k} \geq 100$ kN/m² nachgewiesen wurde.

Unabhängig von der letzten Forderung wird in EA-Pfähle, 5.4.4.2 empfohlen, dass der Boden in dem Bereich unterhalb der Pfahlfüße Widerstände $q_c \geq 10$ MN/m² aufweist.

In Fällen, in denen die genannten Schichtdicken nicht erreicht werden, ist nachzuweisen, dass eine hinreichende Sicherheit gegen das Durchstanzen des jeweiligen Pfahls gegeben ist und dass der darunterliegende Boden das Setzungsverhalten nicht maßgeblich beeinträchtigt. Weitere Hinweise sind in den EA-Pfähle, 5.4.4.2, 5.3.4, 5.4.4.3 (offene Stahlrohre und Hohlkästen) und 5.4.4.4 (Fertigpfähle in Fels und sehr dichten bzw. verkitteten Böden) zu finden.

Tabelle 5-18 Modellfaktoren η_b bzw. η_s für Pfahlspitzendruck und Pfahlmantelreibung von Fertigrammpfählen bei Verwendung der Werte aus Tabelle 5-16 und Tabelle 5-17 (nach EA-Pfähle, 5.4.4.2)

Pfahltyp		η_b	η_s
Stahlbeton und Spannbeton		1,00	1,00
Stahlträgerprofil 1) ($h \leq 0{,}50$ m, $h/b_F \leq 1{,}5$ m)	$s = 0{,}035 \cdot D_{eq}$	$0{,}61 - 0{,}30 \cdot h/b_F$	0,60
	$s = 0{,}10 \cdot D_{eq}$	$0{,}78 - 0{,}30 \cdot h/b_F$	
doppeltes Stahlträgerprofil		0,25	0,60
offenes Stahlrohr und Hohlkasten ($0{,}3\text{ m} \leq D_b \leq 1{,}6$ m)		$0{,}95 \cdot e^{-1{,}2 \cdot D_b}$	$1{,}1 \cdot e^{-0{,}63 \cdot D_b}$
geschlossenes Stahlrohr ($D_b \leq 0{,}8$ m)		0,80	0,60

1) h = Höhe des Stahlträgerprofils, b_F = Flanschbreite des Stahlträgerprofils

5.8.9 Axiale Widerstände aus Erfahrungswerten für Ortbetonrammpfähle

In den EA-Pfähle, 5.4.5 werden für den „Simplexpfahl" und den *Franki*-Pfahl (siehe Abschnitt 5.3.8) Erfahrungswerte für die Berechnung der axialen Widerstände angegeben. Axiale Pfahlwiderstände aus Erfahrungswerten dürfen für diese Ortbetonrammpfähle analog zu denen von Fertigteilpfählen ermittelt werden. Hierzu gehören insbesondere die Funktionsverläufe der Pfahlwiderstände und somit auch Bild 5-42 (gilt so nicht für den *Franki*-Pfahl). Entsprechend ist die Setzung s_g im Grenzzustand der Tragfähigkeit (GEO-2) und die Setzung s_{sg*} auch bei Ortbetonrammpfählen mit Gl. 5-23 und Gl. 5-27 zu berechnen. Als äquivalenter Pfahldurchmesser (Gl. 5-23) ist bei *Franki*-Pfählen der Durchmesser D_s des Vortreibrohrs zu verwenden.

Der charakteristische Widerstand eines als *Franki*-Pfahl ausgeführten einzelnen Druckpfahls (für als Zugpfähle einzusetzende Ortbetonrammpfähle geben die EA-Pfähle keine Erfahrungswerte an) ist mit Hilfe von

$$R_{c,k} = R_c(s_g) = R_{b,k} + R_{s,k} = \cdot q_{b,k} \cdot A_b + \sum_{i=1}^{n} \cdot q_{s,k,i} \cdot A_{s,i} \qquad \text{Gl. 5-29}$$

zu berechnen. Für die Berechnung von $R_{s,k}$ sind nur Bodenschichten zu berücksichtigen, die mehr als 0,8 m über der Rammtiefe liegen, da von einem Rohrhub für die Fußherstellung von 0,8 m ausgegangen wird; der maßgebende Durchmesser ist der des Vortreibrohrs (D_s). Die charakteristischen Größen $q_{s,k,i}$ sind Tabelle 5-19 zu entnehmen.

Tabelle 5-19 Erfahrungswertspannen für mobilisierbare charakteristische Bruchwerte der Pfahlmantelreibung $q_{s,k}$ von *Franki*-Pfählen in nichtbindigen und bindigen Böden; abhängig vom mittleren Spitzenwiderstand q_c der Drucksonde und der charakteristischen Scherfestigkeit $c_{u,k}$ undränierten Bodens (nach EA-Pfähle, 5.4.6.2)

Mittlerer Spitzenwiderstand q_c der Drucksonde (in MN/m²)	Bruchwert $q_{s,k}$ der Pfahlmantelreibung für nichtbindige Böden (in kN/m²)
7,5	70– 95
15	115–150
≥ 25	135–180
Zwischenwerte dürfen geradlinig interpoliert werden.	

Scherfestigkeit $c_{u,k}$ des undränierten Bodens (in kN/m²)	Bruchwert $q_{s,k}$ der Pfahlmantelreibung für bindige Böden (in kN/m²)
60	35–45
150	55–70
≥ 250	70–90
Zwischenwerte dürfen geradlinig interpoliert werden.	

Bezüglich des charakteristischen Pfahlfußwiderstands $R_{b,k}$ werden in den EA-Pfähle, 5.4.5.3 Nomogramme bereitgestellt, aus denen sich entsprechende obere und untere Erfahrungswerte für nichtbindige und bindige Böden sowie für Geschiebemergel ermitteln lassen. Die Pfahlfußwiderstandsgrößen sind dabei abhängig von

- dem Volumen V (in m³) des ausgestampften Pfahlfußes (Widerstand nimmt mit größer werdendem Volumen zu),
- dem Norm-Rammarbeit-Anteil W (Widerstand nimmt mit größer werdendem Anteil zu),
- dem in MN/m² angegebenen Sondierspitzenwiderstand (Fußwiderstand des Pfahls nimmt mit größer werdendem Spitzenwiderstand zu).

Eine Abhängigkeit von der Pfahlkopfsetzung s wird nicht angegeben. In Bild 5-43 und Bild 5-44 sind zwei der sechs Nomogramme aus den EA-Pfähle gezeigt. Sie gelten für nichtbindige Böden und gestatten die Ermittlung von unteren (Bild 5-43) und oberen (Bild 5-44) Erfahrungswerten für den charakteristischen Pfahlfußwiderstand $R_{b,k}$.

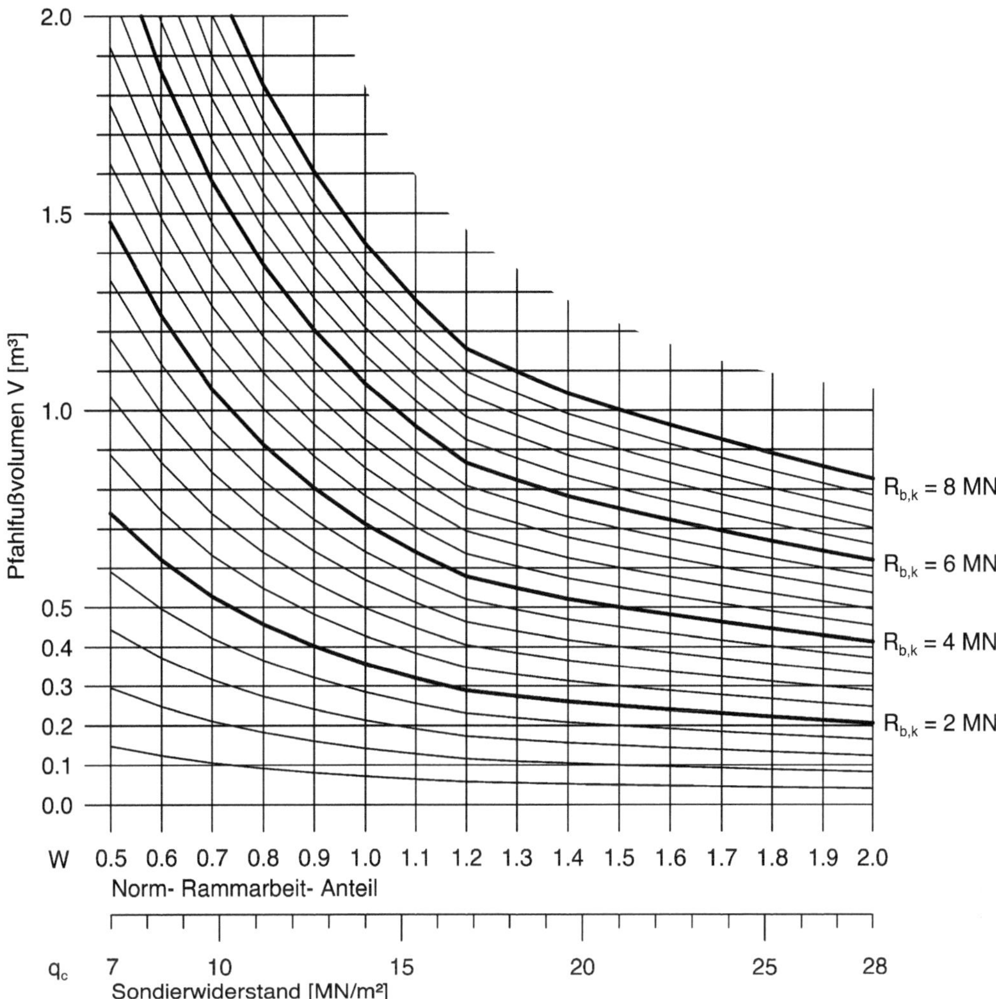

Bild 5-43 Untere Erfahrungswerte $R_{b,k}$ für Pfahlfußwiderstände und erforderliche Fußvolumen von *Franki*-Pfählen in nichtbindigen Böden (aus EA-Pfähle, Bild 5.6)

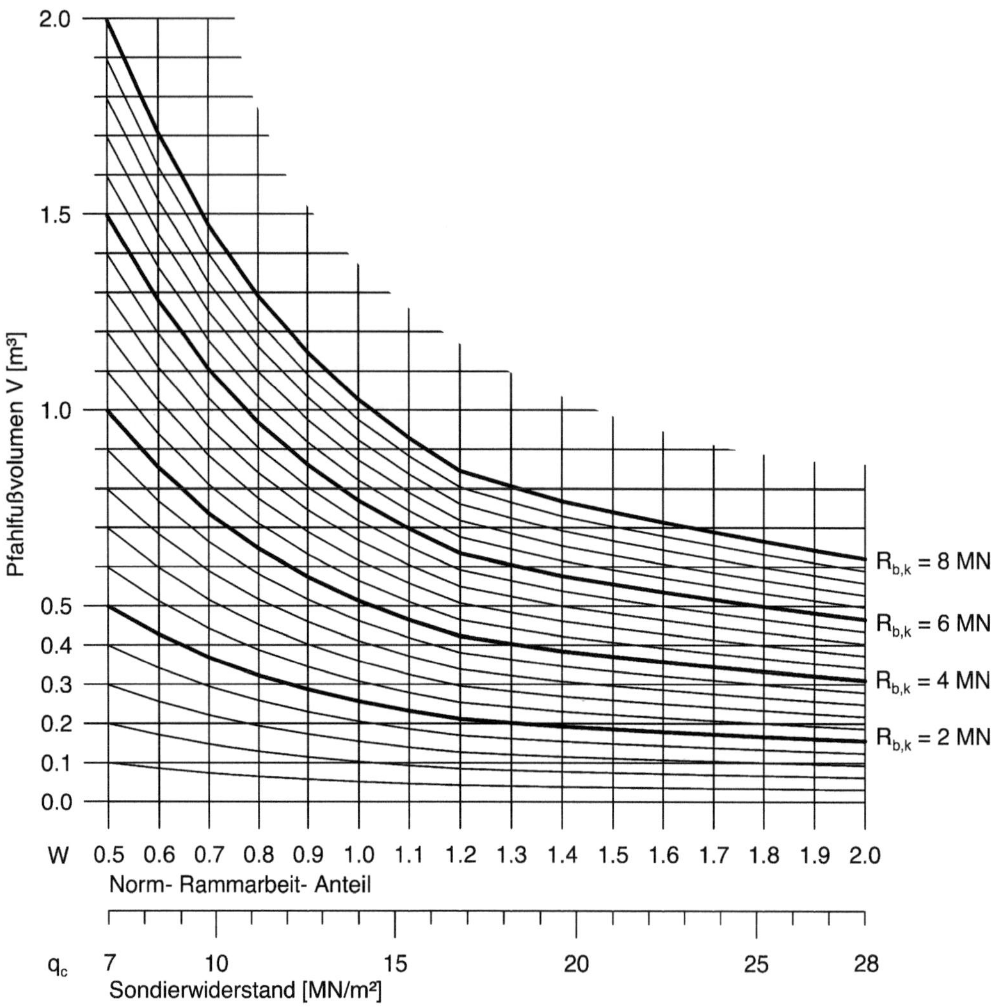

Bild 5-44 Obere Erfahrungswerte $R_{b,k}$ für Pfahlfußwiderstände und erforderliche Fußvolumen von *Franki*-Pfählen in nichtbindigen Böden (aus EA-Pfähle, Bild 5.7)

5.8.10 Axiale Widerstände aus Erfahrungswerten für verpresste Mikropfähle

Werden für verpresste Mikropfähle (Pfahlschaftdurchmesser $D_S \leq 30$ cm) in Ausnahmefällen keine Probebelastungen durchgeführt (vgl. Abschnitt 5.8.6), dürfen deren axiale Pfahlwiderstände im Grenzzustand GEO-2 für Druck- und Zugpfähle mit Hilfe der Gleichung (vgl. EA-Pfähle, 5.4.9.1)

$$R_{c,k} = R_{t,k} = R_{s,k} = \sum_{i=1}^{n} q_{s,k,i} \cdot A_{s,i} \qquad \text{Gl. 5-30}$$

berechnet werden (gemäß DIN 1054, 7.6.2.3 A (8c) werden die Pfahlmantelwiderstände, nicht aber die Pfahlfußwiderstände in Ansatz gebracht). Gl. 5-30 gilt für Einzelpfähle; die in ihr verwendeten Größen sind

- der Nennwert $A_{s,i}$ der Pfahlmantelfläche und der charakteristische Wert $q_{s1,k,i}$ der Pfahlmantelreibung in der i-ten der n berücksichtigten Schichten,
- der charakteristische Pfahlmantelwiderstand $R_{s,k}$ und der charakteristische Widerstand des Gesamtpfahls $R_{c,k}$ (Druck) bzw. $R_{t,k}$ (Zug) für den Grenzzustand GEO-2.

Zur zahlenmäßigen Festlegung der charakteristischen Pfahlmantelreibungswerte ist Tabelle 5-20 heranzuziehen (beachte auch EA-Pfähle, 5.4.9.4). Grundsätzliche Hinweise zu Mikropfählen sind in DIN 1054, 7.6.2.3 A (8c) sowie 7.6.3.3 A (1) und Hinweise für Zugpfähle in den EA-Pfähle, 5.4.10 zu finden.

Tabelle 5-20 Erfahrungswertspannen für mobilisierbare charakteristische Bruchwerte der Pfahlmantelreibung $q_{s,k}$ von verpressten Mikropfählen ($D_s \leq 30$ cm) in nichtbindigen und bindigen Böden; abhängig von dem mittleren Spitzenwiderstand q_c der Drucksonde und der charakteristischen Scherfestigkeit $c_{u,k}$ undränierten Bodens (nach EA-Pfähle, 5.4.9.4)

Mittlerer Spitzenwiderstand q_c der Drucksonde (in MN/m²)	Bruchwert $q_{s,k}$ der Pfahlmantelreibung für nichtbindige Böden (in kN/m²)
7,5	135–175
15	215–280
≥ 25	255–315

Zwischenwerte dürfen geradlinig interpoliert werden.

Scherfestigkeit $c_{u,k}$ des undränierten Bodens (in kN/m²)	Bruchwert $q_{s,k}$ der Pfahlmantelreibung für bindige Böden (in kN/m²)
60	55– 65
150	95–105
≥ 250	115–125

Zwischenwerte dürfen geradlinig interpoliert werden.

5.8.11 Bemessungswerte der axialen Pfahlwiderstände

Ermittelte charakteristische Pfahlwiderstände $R_{c,k}$ bzw. $R_{t,k}$ (z. B. gemäß den Abschnitten 5.8.4 bis 5.8.10) lassen sich für den Grenzzustand GEO-2 mit

$$R_{c,d} = \frac{R_{c,k}}{\gamma_t} \quad \text{bzw.} \quad R_{t,d} = \frac{R_{t,k}}{\gamma_{s,t}} \qquad \text{Gl. 5-31}$$

in entsprechende Bemessungswerte überführen. Die Teilsicherheitsbeiwerte γ_t und $\gamma_{s,t}$ sind der Tabelle 1-3 zu entnehmen. Dabei ist zu beachten, dass diese Werte, abhängig von der Art der Pfahlwiderstandsermittlung (Probebelastung oder Erfahrungswerte), unterschiedlich groß sind.

Im Grenzzustand der Gebrauchstauglichkeit (SLS) gilt für den charakteristischen Pfahlwiderstand und den zugehörigen Bemessungswert die Beziehung

$$R_{c,d} = R_{c,k} \quad \text{bzw.} \quad R_{t,d} = R_{t,k} \qquad \text{Gl. 5-32}$$

5.8.12 Nachweis der Tragfähigkeit axial belasteter Einzelpfähle

Nach DIN EN 1997-1, 7.6.2.1 und 7.6.3.1 ist der Nachweis einer ausreichenden Sicherheit gegen das Versagen durch Bruch des Bodens in der Pfahlumgebung (GEO-2) erbracht, wenn die Beziehungen

$$E_{c,d} \leq R_{c,d} \quad \text{bzw.} \quad \mu = \frac{E_{c,d}}{R_{c,d}} \leq 1$$

$$E_{t,d} \leq R_{t,d} \quad \text{bzw.} \quad \mu = \frac{E_{t,d}}{R_{t,d}} \leq 1 \qquad \text{Gl. 5-33}$$

gelten. $E_{c,d}$ (Druck) sowie $E_{t,d}$ (Zug) sind darin die Bemessungswerte der Beanspruchung (vgl. Abschnitt 5.8.3) und $R_{c,d}$ (Druck) sowie $R_{t,d}$ (Zug) die Bemessungswerte des Widerstands (vgl. Abschnitt 5.8.11) eines Einzelpfahls. Mit μ wird der Ausnutzungsgrad erfasst.

Steht ein Druckpfahl teilweise frei oder bindet er in sehr weichen Boden mit einer charakteristischen Scherfestigkeit im undränierten Zustand $c_{u,k} \leq 10$ kN/m² ein, ist zusätzlich seine Knicksicherheit nachzuweisen (vgl. EA-Pfähle, 5.10.3). Bei Mikropfählen kann allerdings ein Knicken auch bei Böden mit Scherfestigkeiten von $c_{u,k} > 10$ kN/m² nicht ausgeschlossen werden.

Die Sicherheit gegen Materialversagen von Pfählen ist gemäß EA-Pfähle, 6.3.3 durch

$$E_{d} \leq R_{M,d} \quad \text{bzw.} \quad \mu = \frac{E_{d}}{R_{M,d}} \leq 1 \qquad \text{Gl. 5-34}$$

nachzuweisen. E_d ist darin der maßgebende Bemessungswert der Beanspruchung und μ der Ausnutzungsgrad. Bei der Ermittlung des Bemessungswerts des Pfahlwiderstands $R_{M,d}$ (Bauteilwiderstand) sind die zur jeweiligen Pfahlbauart gehörenden Normen zu berücksichtigen.

Anwendungsbeispiel

Für den axial belasteten Bohrpfahl (Druckpfahl) aus dem Anwendungsbeispiel von Seite 177 ist gemäß DIN 1054 die Tragfähigkeit für die Bemessungssituation BS-P nachzuweisen. Als charakteristische Beanspruchung sind anzusetzen

$E_{c,G,k} = 1{,}05$ MN (ständig)

$E_{c,Q,k} = 0{,}60$ MN (ungünstig veränderlich)

Lösung

Mit den zur Bemessungssituation BS-P gehörenden Teilsicherheitsbeiwerten aus Tabelle 1-2

$\gamma_G = 1{,}35$ und $\gamma_Q = 1{,}50$

ergibt sich der Bemessungswert der Beanspruchung

$$E_{c,d} = E_{c,G,k} \cdot \gamma_G + E_{c,Q,k} \cdot \gamma_Q = 1{,}05 \cdot 1{,}35 + 0{,}6 \cdot 1{,}50 = 2{,}32 \text{ MN}$$

und mit dem zur Bemessungssituation BS-P gehörenden Teilsicherheitsbeiwert aus Tabelle 1-3

$\gamma_t = 1{,}40$

der zu Erfahrungswerten (vgl. Tabelle 5-15) gehörende Bemessungswert des Widerstands

$$R_{c,d} = \frac{R_{c,k}}{\gamma_t} = \frac{R_c(s_g)}{1{,}40} = \frac{3{,}313}{1{,}40} = 2{,}37 \text{ MN}$$

Der Vergleich der Bemessungswerte gemäß Gl. 5-33

$$E_{c,d} = 2{,}32 < 2{,}37 = R_{c,d} \quad \text{bzw.} \quad \mu = \frac{E_{c,d}}{R_{c,d}} = \frac{2{,}32}{2{,}37} = 0{,}99 < 1$$

zeigt, dass der Bohrpfahl eine ausreichende Sicherheit gegen das Versagen durch Bruch des Bodens in der Pfahlumgebung (GEO-2) besitzt.

Bezüglich weiterer Berechnungen zu diesem Pfahl sei auf das Anwendungsbeispiel auf Seite 190 hingewiesen.

5.8.13 Nachweis der Gebrauchstauglichkeit axial belasteter Pfähle

Ergibt sich durch Prüfung, dass die Verformungen einer Pfahlgründung eine nennenswerte Auswirkung auf das Gesamtbauwerk haben, ist nachzuweisen, dass eine ausreichende Sicherheit gegen den Verlust der Gebrauchstauglichkeit (SLS) besteht. Der entsprechende Nachweis hat gemäß EA-Pfähle, 6.4.1 (1) die Form (gegenüber EA-Pfähle ist die Schreibweise leicht verändert; in DIN 1054:2005-01 wurde als Index nicht SLS sondern 2 verwendet)

$$E_{\text{SLS, d}} = E_{\text{SLS, k}} \leq R_{\text{SLS, d}} = R_{\text{SLS, k}} \quad \text{bzw.} \quad \mu = \frac{E_{\text{SLS, d}}}{R_{\text{SLS, d}}} = \frac{E_{\text{SLS, k}}}{R_{\text{SLS, k}}} \leq 1 \qquad \text{Gl. 5-35}$$

und darf auch in der Form

$$\text{vorh.}s_{\text{k}} \leq \text{zul.}s_{\text{k}} \quad \text{bzw.} \quad \mu = \frac{\text{vorh.}s_{\text{k}}}{\text{zul.}s_{\text{k}}} \leq 1 \qquad \text{Gl. 5-36}$$

geführt werden. In Gl. 5-36 ist zul. s_{k} eine aus der Tragwerksplanung kommende zulässige Setzung unter charakteristischen Beanspruchungen im Gebrauchszustand.

Kommen Pfahlsysteme zum Einsatz, die im Gebrauchslastbereich nur geringe Setzungen aufweisen, darf pauschal davon ausgegangen werden, dass die Gebrauchstauglichkeit dieser Pfähle mit erbrachtem Tragfähigkeitsnachweis ebenfalls nachgewiesen ist (vgl. EA-Pfähle, 6.4.1 (1)).

Die in EA-Pfähle, 6.4.1 (2) zu findenden Ausführungen zur Ermittlung von $R_{\text{SLS, k}}$ setzen zunächst ein Einzelpfahlverhalten der Pfahlgründung voraus (Veränderung des Tragverhaltens durch Gruppenwirkung wird vernachlässigt). Im Weiteren werden

- geringe Setzungsdifferenzen und
- erhebliche Setzungsdifferenzen

zwischen den Einzelpfählen der Gründung unterschieden, die sich z. B. infolge von Inhomogenitäten des Baugrunds und/oder der Pfahlherstellung ergeben können. Im Fall geringer Setzungsdifferenzen ist $R_{\text{SLS, k}}$ unter Vorgabe einer aufnehmbaren charakteristischen Setzung s_{k} gemäß dem linken Teil von Bild 5-45 abzuleiten. Diese Vorgehensweise entspricht nach [208] der bisher ausgeübten Praxis, bei der die Ableitung mit einer aus der Tragwerksplanung als zulässig vorgegebenen Setzung (hier zul. s_{k}) erfolgt.

Sind erhebliche Differenzen der Setzungen zwischen den Einzelpfählen oder Pfahlgruppen zu erwarten, gilt für den Einzelpfahl bzw. die Pfahlgruppe zunächst die schon beschriebene Vorgehensweise. Darüber hinaus ist zusätzlich die mögliche Setzungsdifferenz

$$\Delta s_{\text{k}} = \kappa \cdot s_{\text{k}} \qquad \text{Gl. 5-37}$$

abzuschätzen, die sich im Bereich des Pfahlwiderstands $R_{\text{SLS, k}}$ ergeben kann und die im aufgehenden Tragwerk ggf. Zwängungen erzeugt. Der dafür zu verwendende Faktor κ ist abhängig von der Pfahlherstellung, der Baugrundschichtung und der Stellung der Pfähle innerhalb der Gründung.

Beim Verzicht auf weitergehende Untersuchungen könnte er nach [208] mit $\kappa = 0{,}15$ vereinbart werden.

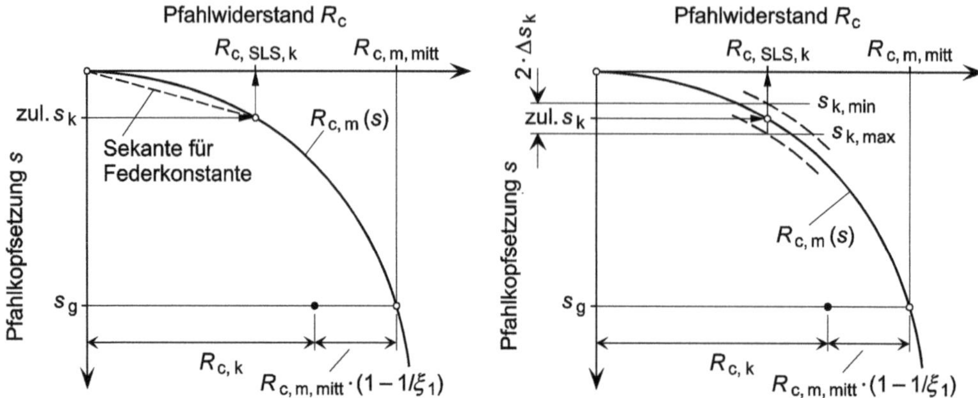

Bild 5-45 Mögliche Ableitung des charakteristischen Pfahlwiderstands $R_{SLS,k}$ eines Einzelpfahls (Druckpfahl) im Gebrauchszustand aus Versuchs- bzw. Messwerten von Widerstands-Setzungs-Linien, abhängig von vorgegebenen Setzungen zul. s_k bzw. Δs_k (nach EA-Pfähle, 6.4.1); zu $R_{c,m,mitt}$ und ξ_1 siehe auch DIN EN 1997-1, 7.6.2.2 (der Mittelwert $R_{c,m,mitt}$ der gemessenen Werte $R_{c,m}$ wird dort mit $(R_{c;m})_{mitt}$ bezeichnet)
links: bei zu erwartenden geringen Setzungsdifferenzen zwischen den Einzelpfählen der Gründung
rechts: bei zu erwartenden erheblichen Setzungsdifferenzen zwischen den Einzelpfählen der Gründung

Mit Δs_k sind gemäß dem rechten Teil von Bild 5-45 mögliche obere ($s_{k,max}$) und untere ($s_{k,min}$) Grenzwerte der Setzung s_k zu ermitteln. Außerdem ist zu beachten, dass Δs_k einen Grenzzustand der Tragfähigkeit oder der Gebrauchstauglichkeit durch Zwangsbeanspruchungen im aufgehenden Tragwerk hervorrufen kann.

Sind benachbarte bauliche Anlagen (Gebäude, Rohreinführungen usw.) vorhanden, ist im Rahmen der Nachweisführung zu prüfen, ob die Verformungen der Einzelpfähle oder der Pfahlgruppen, die für den Gebrauchszustand erwartet werden, an diesen Anlagen einen Grenzzustand der Tragfähigkeit oder der Gebrauchstauglichkeit hervorrufen können.

Weitere Ausführungen zu Gebrauchstauglichkeitsnachweisen sind z. B. in den EA-Pfähle und in [182], Kapitel 3.2 zu finden.

Anwendungsbeispiel

Für den axial belasteten Bohrpfahl aus dem Anwendungsbeispiel von Seite 177 ist gemäß den EA-Pfähle die Gebrauchstauglichkeit nachzuweisen (SLS).

Für den Nachweis ist die Größe zul. $s_k = 2$ cm zu verwenden, die sich aus der Tragwerksplanung als zulässige charakteristische Setzung ergab.

Lösung

Wird die zulässige charakteristische Setzung zul. $s_k = 2$ cm gemäß Bild 5-45 in Bild 5-41 eingetragen, führt das zu Bild 5-46. Mit den Zahlenwerten für die zu $s = 1{,}8$ cm und $s = 2{,}7$ cm gehörenden charakteristischen Pfahlwiderstände aus Tabelle 5-15 berechnet sich der charakteristische Pfahlwiderstand durch lineare Interpolation zu

$$R_{c,SLS,k} = R_c(1{,}8\text{ cm}) + [R_c(2{,}7\text{ cm}) - R_c(1{,}8\text{ cm})] \cdot \frac{\text{zul. } s_k - 1{,}8}{2{,}7 - 1{,}8}$$

$$= 2{,}025 + (2{,}248 - 2{,}025) \cdot \frac{2{,}0 - 1{,}8}{2{,}7 - 1{,}8} = 2{,}075\text{ MN}$$

Mit der zu ständigen Einwirkungen gehörenden Schnittgröße $E_{c,G,k} = 1{,}05$ MN und der zu ungünstigen veränderlichen Einwirkungen gehörenden Schnittgröße $E_{c,Q,k} = 0{,}60$ MN aus dem Anwendungsbeispiel von Seite 188 ergibt sich nach Gl. 5-35

$$E_{c,k} = E_{c,G,k} + E_{c,Q,k} = 1{,}05 + 0{,}60 = 1{,}65\text{ MN}$$

Die Beziehungen

$$E_{c,k} = 1{,}65\text{ MN} \le R_{c,SLS,k} = 2{,}075\text{ MN} \qquad \text{bzw.} \qquad \mu = \frac{E_{c,k}}{R_{c,SLS,k}} = \frac{1{,}65}{2{,}075} = 0{,}8 \le 1$$

zeigen, dass für den vorliegenden Bohrpfahl auch die Gebrauchstauglichkeit nachgewiesen ist.

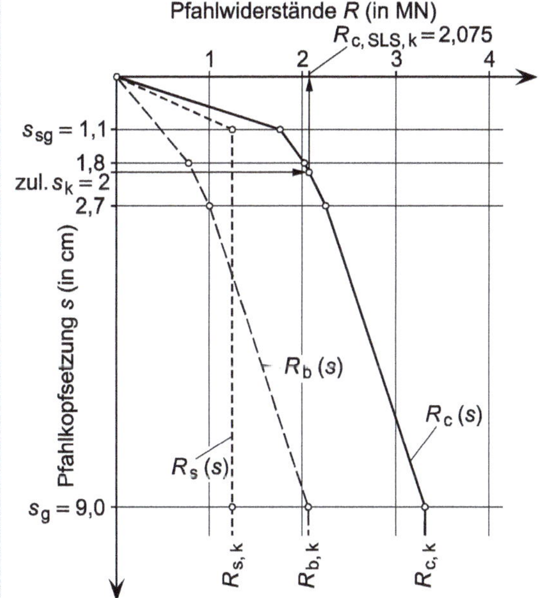

Bild 5-46 Ermittlung des charakteristischen Pfahlwiderstands $R_{c,SLS,k}$

5.9 Horizontalbelastungen von Pfählen

5.9.1 Aktive Horizontalbelastung

Vertikale Pfähle bzw. leicht geneigte Pfähle, die durch am Pfahlkopf angreifende Momente und horizontale Kräfte (ggf. die Horizontalkomponenten schräg angreifender Kräfte) beansprucht werden, unterliegen einer „aktiven" Horizontalbelastung (Bild 5-47). Die Belastung beansprucht den Pfahlschaft auf Biegung und wird über dessen seitliche Bettung auf den Baugrund abgetragen.

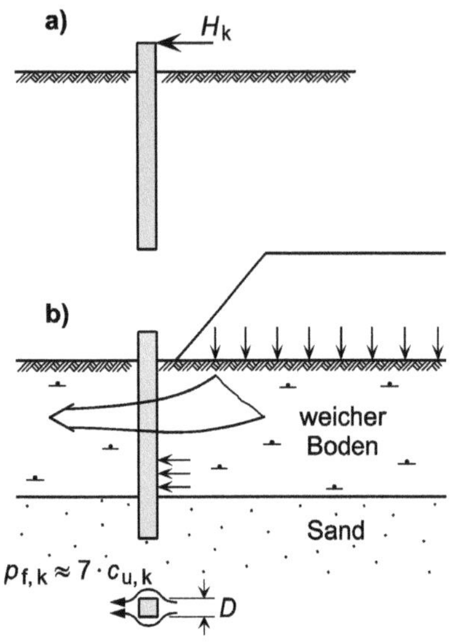

Bild 5-47 Charakteristische Horizontalbelastungen von Pfählen nach *de Beer* (nach [157])
a) „aktive" Horizontalbelastung (am Pfahlkopf angreifende Horizontallast H_k)
b) „passive" Horizontalbelastung (Fließdruckspannungen $p_{f,k}$ infolge Bodenbewegung um den Pfahlschaft

5.9.2 Passive Horizontalbelastung

Horizontale Belastungen, die auf vertikale oder leicht geneigte Pfähle einwirken und vorwiegend auf horizontale Bodenbewegungen zurückzuführen sind (Bild 5-48), werden als „passive" Horizontalbelastungen bezeichnet.

Solche Bodenbewegungen, die die Pfähle zusätzlich auf Biegung beanspruchen, werden im Regelfall durch die Aufbringung ungleichmäßig großer Flächenlasten auf eine weiche, oberhalb des tragfähigen Baugrunds liegende Bodenschicht hervorgerufen. Auf die weiche Schicht einwirkende Lasten sind z. B. Belastungen in Form von Aufschüttungen neben einer Pfahlgründung oder auch Entlastungen durch seitlichen Aushub (Bild 5-48).

Dass die horizontale Kriechbewegung s_h des Bodens zu einer mit der Zeit sich um ΔE_a vergrößernden Erddruckkraft und damit zu Veränderungen ΔQ der in den Pfählen wirkenden Längskräfte führen kann, wird in Bild 5-49 gezeigt.

Zur Berechnung des auf die Pfahllänge bezogenen Fließdrucks (Bild 5-47) ist gemäß [235] für einen Einzelpfahl pro lfdm die Beziehung

$$p_{f,k} = 7 \cdot c_{u,k} \cdot b \text{ (in kN/m)} \qquad \text{Gl. 5-38}$$

zu verwenden. Darin sind $c_{u,k}$ die Kohäsion des Baugrunds im undränierten Zustand und b die Pfahlbreite (ggf. Pfahldurchmesser) senkrecht zur Fließrichtung. Weitere Einzelheiten, wie etwa die Belastung der Pfähle in Pfahlgruppen, können z. B. [235] und EA-Pfähle, 4.5.3 entnommen werden.

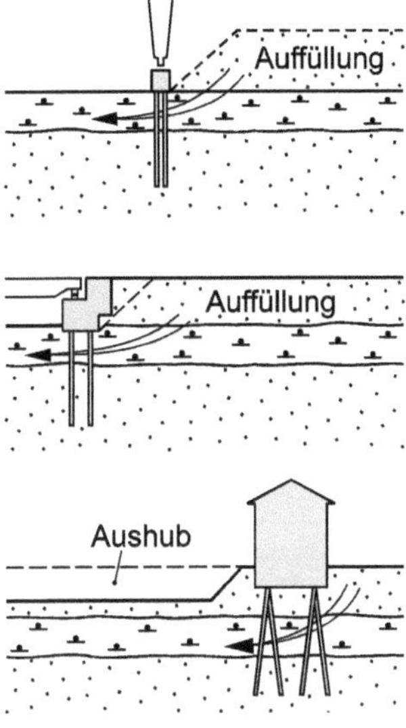

Bild 5-48 Beispiele für den Lastfall „Seitendruck auf Pfähle“ (nach *Fedders* [150])

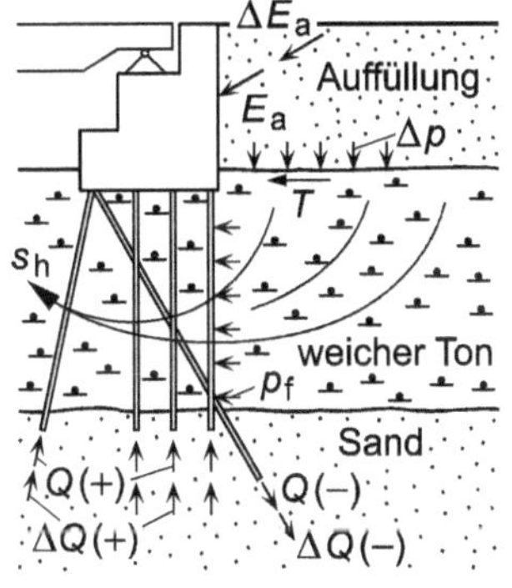

Bild 5-49 Auffüllung Δp kann im Laufe der Zeit mit Bewegungen s_h Schubkraft T verursachen; T hat Erhöhung der Erddruckkraft um ΔE_a und der Pfahlkräfte um ΔQ zur Folge (nach [157])

Neben dem Fließdruck ist auch der resultierende Erddruck zu ermitteln. Er erfasst die Differenz der Erddrücke, die auf die lastzugewandte und die lastabgewandte Seite der Pfähle oder Pfahlgruppen wirken (Bild 5-50). In [235] wird davon ausgegangen, dass die aus dem Fließdruck resultierende Horizontalkraft nicht größer werden kann als die resultierende Erddruckkraft. Nach den EA-Pfähle, 4.5.2 sind sowohl der Fließdruck als auch der resultierende Erddruck zu ermitteln; als Belastung anzusetzen ist der kleinere der beiden Werte.

Gemäß [235] berechnet sich der charakteristische resultierende Erddruck zu

$$\Delta e_{k} = e_{a,k} - e_{p,k} \qquad \text{Gl. 5-39}$$

und die auf den Einzelpfahl entfallende horizontale Belastung zu

$$E_{h,k} = a \cdot \Delta e_{k} \qquad \text{Gl. 5-40}$$

deren Größe abhängig ist von der Belastungsbreite a. Nach [235] darf a nicht größer werden als

- der mittlere Pfahlabstand quer zur Kraftrichtung,
- die dreifache Pfahlbreite b,
- die Dicke der den Seitendruck ausübenden Bodenschicht,
- die gesamte Breite der Pfahlgruppe (in diesem Fall ist der für diese Breite errechnete Erddruck durch die Anzahl aller Pfähle der Gruppe zu teilen).

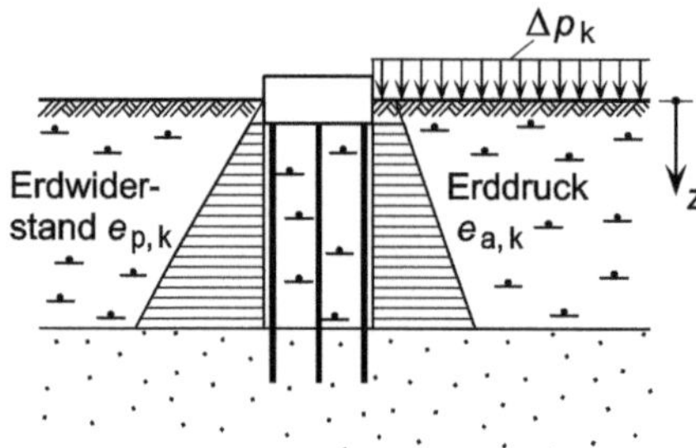

Bild 5-50 Rechnerischer Erddruckansatz (nach [235])

Franke weist in [157] darauf hin, dass die Berechnungen zur Erfassung der passiven Horizontallasten nicht allzu genau sind. Er empfiehlt deshalb, mögliche konstruktive Maßnahmen, mit denen der Seitendruck überhaupt verhindert bzw. wesentlich vermindert werden kann, auf ihre Ausführbarkeit und Wirtschaftlichkeit hin zu prüfen. Nach [235] und [280] kommen hierfür als Maßnahmen in Frage

- Bodenaustausch, ganz oder teilweise,
- Bodenverbesserung, z. B. durch Einbringung von Kalk- oder Schotterpfählen vor der Herstellung der Pfahlgründung,
- Abtragung der Flächenlast durch Tiefgründung (Bild 5-51),
- Schutz der Pfähle durch Abschirmkonstruktionen,
- Ausführung der Aufschüttungen möglichst lange vor dem Einbringen der Pfähle,
- Vorbelastung des Bodens durch vorzeitige Überschüttungen zur Vorwegnahme der Horizontalverschiebungen und Beschleunigung der Konsolidation (z. B. mit Hilfe von Vertikaldräns),
- Gestaltung flacher Böschungen,
- Beachtung der Rammfolge bei Pfählen in Böschungen (sollte vom Damm zur Böschung hin erfolgen), um zu verhindern, dass durch die Bodenverdrängung beim Rammen des Nachbarpfahls keine unvorhergesehene Biegebeanspruchung auftritt.

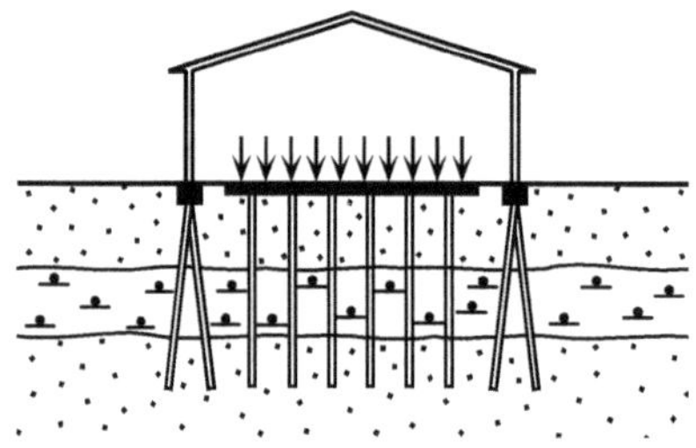

Bild 5-51 Abtragung einer Flächenlast durch eine Tiefgründung (nach [280])

Zur Frage, ob die Notwendigkeit einer Pfahlbemessung auf Seitendruck überhaupt besteht, sei auf die EA-Pfähle, 4.5.2 und DIN 1054, 7.7.1 A (3a) verwiesen.

In den obigen Ausführungen wurde der Seitendruck auf vertikale Pfähle infolge waagerechter Bodenbewegungen beschrieben. Schrägpfähle können darüber hinaus durch Seitendruck beansprucht werden, der auf vertikale Bodenbewegungen (Setzungen oder Hebungen) zurückzuführen ist (vgl. hierzu EA-Pfähle, 4.6).

5.9.3 Berechnungsmethoden für Einzelpfähle mit Horizontalbelastung

Zur Berechnung des Verhaltens von Einzelpfählen unter Horizontalbelastung stehen in der Praxis

- Verfahren zur Berechnung von Dalben, die als Anlege- oder Vertäudalben unterhalb der Gewässersohle eingespannt sind (vgl. z. B. EAU, E 218 und [157]),
- das Bettungsmodulverfahren und
- die Elastizitätstheorie

zur Verfügung. Bei allen drei Methoden muss das Bodenverhalten durch empirisch gewonnene Parameter erfasst werden, da auch für horizontal belastete Pfähle bisher keine Theorie vorliegt, mit der sich die Veränderungen im Boden genügend genau erfassen lassen, die durch das Einbringen der Pfähle bewirkt werden.

Das Ziel der Pfahlberechnungen ist es, die zur Pfahlbemessung erforderlichen Schnittlastenverläufe sowie die zu erwartenden Pfahlkopfverschiebungen und -verdrehungen zu ermitteln.

5.9.4 Bettungsmodulverfahren bei Einzelpfählen

Dieses Verfahren kann nach DIN 1054, 7.7.1 A (1) auch für den Nachweis der Tragfähigkeit quer zur Pfahlachse belasteter Pfähle verwendet werden. Es setzt voraus, dass die charakteristische horizontale Pressung $\sigma_{\mathrm{h,k}}$ zwischen Pfahlschaft und Boden proportional ist der seitlichen Verschiebung w des Pfahls. Allgemein gilt in der Tiefe z

$$\sigma_{\mathrm{h,k}}(z) = k_{\mathrm{s,k}}(z) \cdot w(z) \qquad \text{Gl. 5-41}$$

Für den als „Bettungsmodul" bezeichneten charakteristischen Proportionalitätsfaktor $k_{\mathrm{s,k}}$ gibt es eine Vielzahl von Vorschlägen, mit denen sein Verlauf über die Tiefe z erfasst werden kann (vgl. hierzu [277]); eine dieser Funktionen ist die von *Titze* angegebene Parabel

$$k_{\mathrm{s,k}}(z) = k_{\mathrm{s,k}}(d) \cdot \sqrt{\frac{z}{d}} \qquad \text{Gl. 5-42}$$

nach der $k_{\mathrm{s,k}}$ mit zunehmender Tiefe z auf den größten Wert $k_{\mathrm{s,k}}(d)$ anwächst, der zur Einbindetiefe d des Pfahls gehört.

Nach den EA-Pfähle, 6.3.2 und DIN 1054, 7.7.3, A (3) können die charakteristischen Werte der Bettungsmoduln der beteiligten Schichten bei Kenntnis der entsprechenden charakteristischen Werte der Steifemoduln $E_{\mathrm{s,k}}$ näherungsweise mittels

$$k_{\mathrm{s,k}} = \frac{E_{\mathrm{s,k}}}{D_{\mathrm{s}}} \qquad \text{Gl. 5-43}$$

berechnet werden, wenn es lediglich um die Schnittlastenermittlung des Pfahls geht. In DIN 1054, 7.7.3, A (3) wird die Anwendung von Gl. 5-43 auf Fälle mit rechnerischen charakteristischen Horizontalverschiebungen von ≤ 2 cm oder $\leq 0{,}03 \cdot D_{\mathrm{s}}$ beschränkt (maßgebend ist der kleinere Wert). Ist die Verformung der Pfahlgründung für das Tragverhalten des Bauwerks von Bedeutung und liegen keine Erfahrungen vor, müssen die Größe und die Verteilung des charakteristischen Bettungsmodulwerts $k_{s,k}$ längs des Pfahls im Boden durch Probebelastungen ermittelt werden. Bei der Behandlung stoßartiger horizontaler Einwirkung in Form von Anprall darf bei trockenen und erdfeuchten Böden näherungsweise mit den gleichen Bettungsmodulwerten wie bei statischen Einwirkungen gerechnet werden, wenn die Berechnung mit statischen Ersatzlasten durchgeführt wird (vgl. EA-Pfähle, 13.6.3; bezüglich weitergehender Betrachtungen siehe z. B. EA-Pfähle und [182], Kapitel 3.2).

Querwiderstände dürfen nach DIN 1054, 7.7.1, A (1) nur für Pfähle angesetzt werden, für deren Schaftdurchmesser $D_s \geq 0{,}3$ m bzw. deren Kantenlängen $a_s \geq 0{,}3$ m gilt.

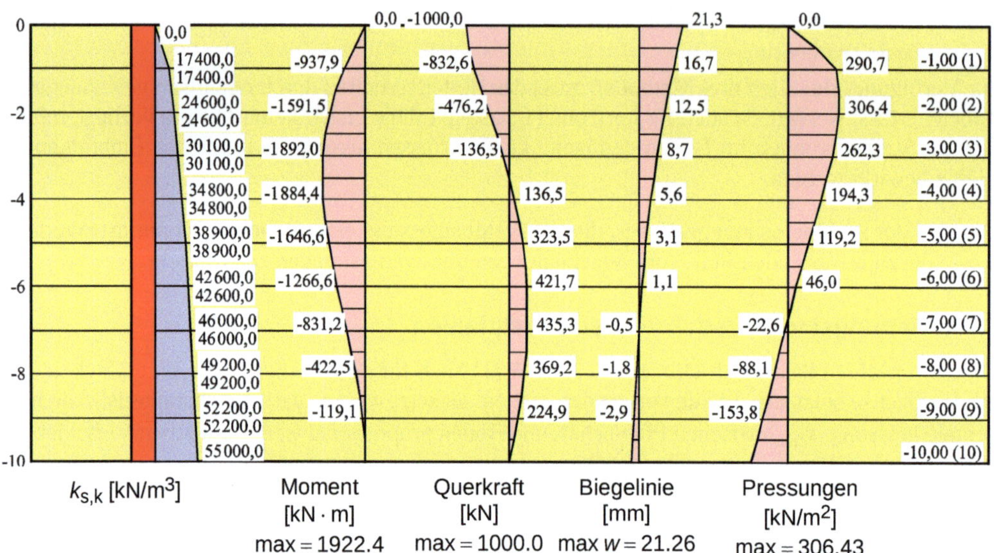

Bild 5-52 Verläufe der Momente, Querkräfte, Horizontalverformungen und Pressungen eines 10 m langen, durch eine Horizontalkraft von 1 MN am Pfahlkopf belasteten Vertikalpfahls bei einer Verteilung des charakteristischen Bettungsmoduls $k_{s,k}$ nach *Titze*

Bild 5-52 zeigt die Ergebnisse der Lösung der Differenzialgleichung 4. Ordnung

$$E \cdot I \cdot \frac{d^4 w(z)}{dz^4} = -k_{s,k}(z) \cdot w(z) \qquad \text{Gl. 5-44}$$

für einen Pfahl mit dem Durchmesser 1,2 m und den Fall der Verteilung des charakteristischen Bettungsmoduls $k_{s,k}$ nach *Titze*. Zur Lösung dieses Problems wurde das Programm „Pfahl“ der Fa. *GGU* [F 13] verwendet.

Einzelheiten zum Nachweis der Tragfähigkeit quer zur Pfahlachse belasteter langer, biegeweicher sowie kurzer, starrer Pfähle gemäß DIN 1054 sind in den EA-Pfähle, 6.3.2 zu finden. Der Nachweis kann bei langen, biegeweichen Pfählen entfallen, wenn diese vollständig im Boden eingebettet sind und die waagerechte charakteristische Beanspruchung in der Bemessungssituation BS-P ≤ 3 % bzw. in der Bemessungssituation BS-T ≤ 5 % der lotrechten Beanspruchung erreicht.

5.10 Axial belastete Vertikalpfahlgruppen, äußeres Tragverhalten

5.10.1 Wechselwirkung zwischen Einzelpfählen in Pfahlgruppen

Ob bei einer Gruppe axial belasteter Vertikalpfähle, die über eine Kopfplatte miteinander verbunden sind, eine Wechselwirkung (Gruppenwirkung) zwischen den einzelnen Pfählen eintritt, hängt u. a. ab von

- dem Achsabstand a der Pfähle,
- dem Pfahlschaftdurchmesser D bzw. dem Pfahlfußdurchmesser D_b,
- der Pfahllänge l,
- der Dehnsteifigkeit $E \cdot F$ der Pfähle,
- dem Verhältnis des Pfahlmantelwiderstands zum Pfahlfußwiderstand.

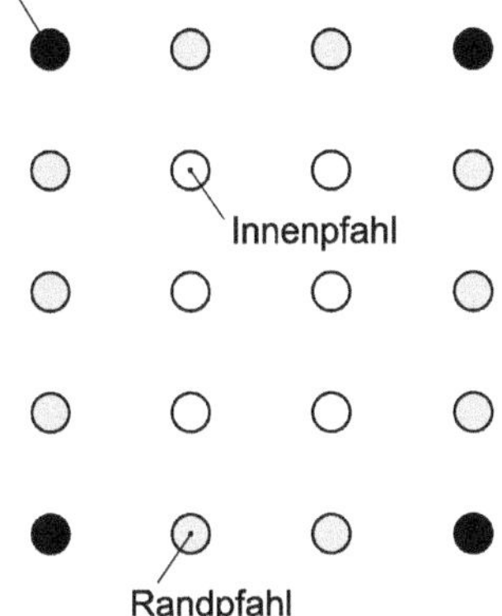

Bild 5-53 Bezeichnung von Pfählen in einer Gruppe (nach EA-Pfähle, 3.1.3 (3))

Nach [157] ist von einer Wechselwirkung auszugehen, wenn bei Pfahlgruppen in ungeschichteten Böden die Werte der Verhältnisse a/D bzw. a/D_b Größen unter 6 bis 8 annehmen.

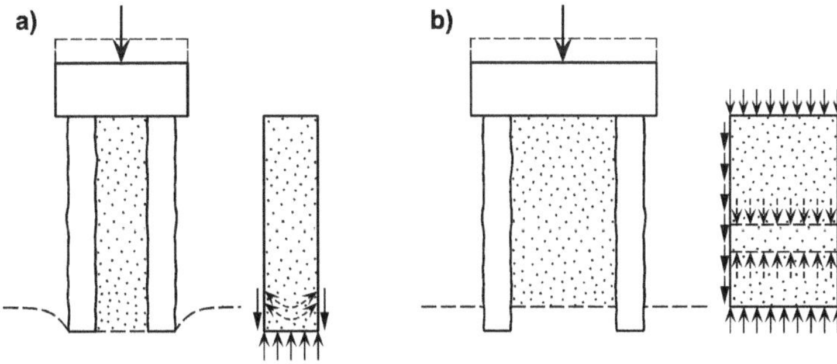

Bild 5-54 Modelle zur Wechselwirkung zwischen den Pfählen einer Gruppe und dem von ihnen eingeschlossenen Boden (nach [278])
a) Mitnahme der Bodensäule infolge Verspannung zwischen den Pfahlfüßen
b) Stauchung der Bodensäule durch Pfahlkopfplatte und Mantelreibung infolge des Einstanzens der Pfahlfüße in die Aufstandsebene

5.10.2 Tragfähigkeits- und Gebrauchstauglichkeitsnachweise nach DIN EN 1997-1

Bezüglich der Tragfähigkeitsnachweise wird in DIN EN 1997-1, 7.6 zwischen Druck- und Zugpfahlgruppen unterschieden.

Druckpfahlgruppen

Bei axial belasteten Druckpfahlgruppen und Pfahlrosten ist die Pfahlkopfplatte bzw. der Überbau so zu bemessen, dass ein unterschiedliches Widerstands-Setzungs-Verhalten der Einzelpfähle innerhalb der Gruppe ausgeglichen wird und sich die Lasten dementsprechend umlagern können (weitere Einzelheiten hierzu in EA-Pfähle, 8.3.1.2).

Die Tragfähigkeit im Grenzzustand GEO-2 ist, nach DIN EN 1997-1, 7.6.2.1 (3)P, für Druckpfahlgruppen in zweierlei Form nachzuweisen, nämlich als

- ausreichender Widerstand der Einzelpfähle,
- ausreichender Widerstand der Pfähle und des dazwischen vorhandenen Bodens als Block.

Der erste Nachweis kann gemäß den bisherigen Ausführungen zur Tragsicherheit von Einzelpfählen erfolgen. Für den zweiten Nachweis werden in den EA-Pfähle, 8.3.1.1 (2) die Ungleichungen

$$E_{c,d} \leq \Sigma R_{c,d,i} \quad \text{bzw.} \quad \mu = \frac{E_{c,d}}{\Sigma R_{c,d,i}} \leq 1 \qquad \text{Gl. 5-45}$$

oder

$$E_{c,d} \leq R_{c,d,G} = \frac{R_{c,k,G}}{\gamma_t} \quad \text{bzw.} \quad \mu = \frac{E_{c,d}}{R_{c,d,G}} = \frac{E_{c,d} \cdot \gamma_t}{R_{c,k,G}} \leq 1 \qquad \text{Gl. 5-46}$$

angegeben. Darin erfassen die Bemessungswertausdrücke

- $\Sigma R_{c,d,i}$ die n Einzelpfahlwiderstände der Gruppe, die sich auf die Grenzsetzung $s_g = 0{,}1 \cdot D$ des einzelnen Gruppenpfahls beziehen (deren Berechnung kann z. B. gemäß EA-Pfähle, 8.2.1 erfolgen),
- $R_{c,d,G}$ den Gruppenwiderstand in Form eines großen Ersatzpfahls,

μ ist der jeweilige Ausnutzungsgrad (der Bemessung zugrunde zu legen ist jeweils der Nachweis, zu dem der größere μ-Wert gehört). In Gl. 5-46 stehen γ_t für den zum Grenzzustand GEO-2 gehörenden Teilsicherheitsbeiwert aus Tabelle 1-3 und der charakteristische Widerstand $R_{c,k,G}$ für

$$R_{c,k,G} = q_{b,k} \cdot \Sigma A_{b,i} + \Sigma q_{s,k,j} \cdot A^*_{s,j} \qquad \text{Gl. 5-47}$$

mit dem charakteristischen Wert $q_{b,k}$ des Pfahlspitzendrucks im Bruchzustand für den Einzelpfahl, den Nennwerten $A_{b,i}$ der Einzelpfähle, den charakteristischen Pfahlmantelreibungen $q_{b,k,j}$ im Bruchzustand der Einzelpfähle in der Schicht j, bezogen auf die abgewickelte Mantelfläche $A^*_{s,j}$ dieser Schicht im Bereich des Ersatzeinzelpfahls (Bild 5-55).

Zu weiteren Einzelheiten der Nachweise siehe EA-Pfähle, 8.3.1.1.

Hinsichtlich der Gebrauchstauglichkeit (SLS) ist bei überwiegend aus Spitzendruckpfählen bestehenden Pfahlgruppen die Setzung gemäß Abschnitt 5.8.13 nachzuweisen. Die gegenüber dem Einzelpfahl größere Gesamtsetzung der Pfahlgruppe ergibt sich dabei aus der Setzung

- des Gründungsbauwerks insgesamt (im Sinne einer tiefliegenden Flächengründung) und
- der einzelnen Pfähle.

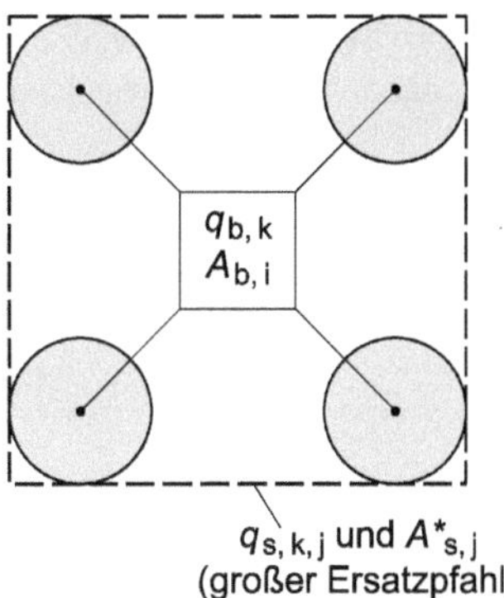

Bild 5-55 Beispiel für den Ansatz der Widerstandsanteile einer Pfahlgruppe als großer Ersatzeinzelpfahl (nach EA-Pfähle, 8.3.1.1 (6))

Zur Erfassung des Setzungsverhaltens von Pfahlgruppen existieren verschiedene Verfahren (vgl. hierzu [182], Kapitel 3.2). Eines davon ist ein Näherungsverfahren, das davon ausgeht, dass der zum Gründungsbauwerk insgesamt gehörende Setzungsanteil in der Pfahlfußebene auftritt und auf der Basis einer Lastebene gemäß Bild 5-56 ermittelt werden darf (vgl. z. B. [45]). Zu der Pfahlgruppe gehörende Schrägpfähle sind bei der Berechnung nur dann zu berücksichtigen, wenn der nach außen zeigende Abstand ihrer Spitzen von den Spitzen der vertikalen Randpfähle nicht größer ist als der mittlere Achsabstand der Lotpfähle.

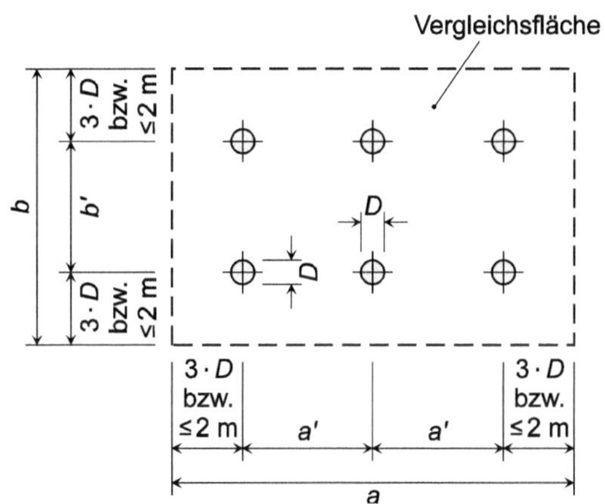

Bild 5-56 Beispiel für eine Vergleichsfläche zur Ermittlung der Setzung des Gesamtbauwerks bei einer Gruppe axial belasteter Vertikalpfähle gemäß [45]

Das Setzungsverhalten von Pfahlgruppen, die überwiegend aus Reibungspfählen bestehen, wird in starkem Maße von der Zusammendrückung des Bodens zwischen und neben den Pfählen mitbestimmt, die sich aus der Pfahlmantelreibung ergibt. Diese Setzung ist abzuschätzen und zu dem zum Gründungsbauwerk insgesamt gehörenden Setzungsanteil (siehe oben) hinzuzufügen.

Weitere Ausführungen zu dem Thema sind [45] und [182], Kapitel 3.2 zu entnehmen.

Zugpfahlgruppen

Bei der Führung des Tragfähigkeitsnachweises von Systemen, die mit Zugpfählen im Untergrund verankert werden, sind generell zwei Fälle zu behandeln. Sie gehen von der Annahme aus, dass

- sich jeder Pfahl wie ein Einzelpfahl verhält und als solcher für den Grenzzustand GEO-2 eine ausreichende Sicherheit gegen Herausziehen aufweisen muss (siehe auch Abschnitt 5.8.12),

– die Pfähle als Gruppe sich so mit dem Boden verbinden, dass sich ein geschlossener Bodenblock bildet, der für den Grenzzustand UPL eine ausreichende Sicherheit gegen Abheben aufweisen muss.

Im zweiten Fall (Abheben eines unter Einwirkung von Zugkräften stehenden Gründungskörpers oder Bauwerks) ist der Tragfähigkeitsnachweis nach DIN 1054, 7.6.3.1 A (4a) mit der Ungleichung

$$G_{\text{dst, k}} \cdot \gamma_{\text{G, dst}} + Q_{\text{dst, rep}} \cdot \gamma_{\text{Q, dst}} \leq (G_{\text{stb, k}} + G_{\text{E, k}}) \cdot \gamma_{\text{G, stb}} \qquad \text{Gl. 5-48}$$

zu erbringen. Die darin verwendeten Größen sind die charakteristischen bzw. repräsentativen Werte der

– ständigen, destabilisierenden, senkrecht nach oben gerichteten Einwirkungen $G_{\text{dst, k}}$,
– veränderlichen, destabilisierenden senkrecht nach oben gerichteten Einwirkungen $Q_{\text{dst, rep}}$,
– ständigen, stabilisierenden senkrecht nach unten gerichteten Einwirkungen $G_{\text{stb, k}}$ (unterer Wert),
– Gewichtskraft des an der Zugpfahlgruppe angehängten Bodens $G_{\text{E, k}}$ (zu ihrer Ermittlung ist Gleichung A (7.12c) von DIN 1054 zu verwenden)

sowie die Teilsicherheitsbeiwerte für destabilisierende ständige ($\gamma_{\text{G, dst}}$), destabilisierende veränderliche ($\gamma_{\text{Q,dst}}$) und stabilisierende ständige ($\gamma_{\text{G, stb}}$) Einwirkungen im Grenzzustand UPL (siehe Tabelle 1-2). Alternativ zu Gl. 5-48 lässt sich der Nachweis auch über den Ausnutzungsgrad μ führen

$$\mu = \frac{G_{\text{dst, k}} \cdot \gamma_{\text{G, dst}} + Q_{\text{dst, rep}} \cdot \gamma_{\text{Q, dst}}}{(G_{\text{stb, k}} + G_{\text{E, k}}) \cdot \gamma_{\text{G, stb}}} \leq 1 \qquad \text{Gl. 5-49}$$

Werden beim Abheben in Form einer Blockhebung auch Scher- bzw. Reibungskräfte mobilisiert (um einen Bodenblock, in dem eine Zugpfahlgruppe wirkt, oder in einer Fuge zwischen Bauwerk und Baugrund), die den abhebenden Kräften entgegenwirken, dürfen diese als charakteristische Scher- bzw. Reibungswiderstände T_{k} berücksichtigt werden. Nach DIN 1054, 7.6.3.1 A (6) darf der Tragfähigkeitsnachweis mit T_{k}, den oben definierten Größen und der Ungleichung

$$G_{\text{dst, k}} \cdot \gamma_{\text{G, dst}} + Q_{\text{dst, rep}} \cdot \gamma_{\text{Q, dst}} \leq (G_{\text{stb, k}} + G_{\text{E, k}} + T_{\text{k}}) \cdot \gamma_{\text{G, stb}} \qquad \text{Gl. 5-50}$$

geführt werden.

5.11 Horizontal belastete Vertikalpfahlgruppen, Einwirkungen und Widerstände

Bei horizontal belasteten Pfahlgruppen, die aus vertikalen Pfählen bestehen (vgl. Bild 5-53) und bei denen die Horizontalverschiebungen aller Pfahlköpfe näherungsweise gleich groß sind, beteiligen sich nicht alle Pfähle in gleichem Maße an der Aufnahme der auf die Gruppe wirkenden Horizontallast. Für doppelsymmetrische Gruppen mit n gleichen Pfählen (Beispiel in Bild 5-57) gilt nach den EA-Pfähle, 8.2.3 das Verhältnis

$$\frac{H_{\text{i}}}{H_{\text{G}}} = \frac{\alpha_{\text{i}}}{\sum_{i=1}^{n} \alpha_{\text{i}}} \quad \text{bzw.} \quad H_{\text{i}} = H_{\text{G}} \cdot \frac{\alpha_{\text{i}}}{\sum_{i=1}^{n} \alpha_{\text{i}}} \qquad \text{Gl. 5-51}$$

zwischen der auf die aus n Pfählen bestehenden Gruppe wirkenden gesamten Einwirkung H_G und dem davon auf den i-ten Pfahl entfallenden Anteil H_i. Die Abminderungsfaktoren α_i ergeben sich aus dem Produkt

$$\alpha_i = \alpha_L \cdot \alpha_Q \qquad \text{Gl. 5-52}$$

der Abminderungsfaktoren α_L und α_Q, die u. a. abhängig sind von dem Pfahlachsabstand a_L in Richtung der Kraft H_G, dem Achsabstand a_Q quer zur Kraftrichtung und der Lage des i-ten Bohrpfahls innerhalb der Gruppe (Bild 5-57).

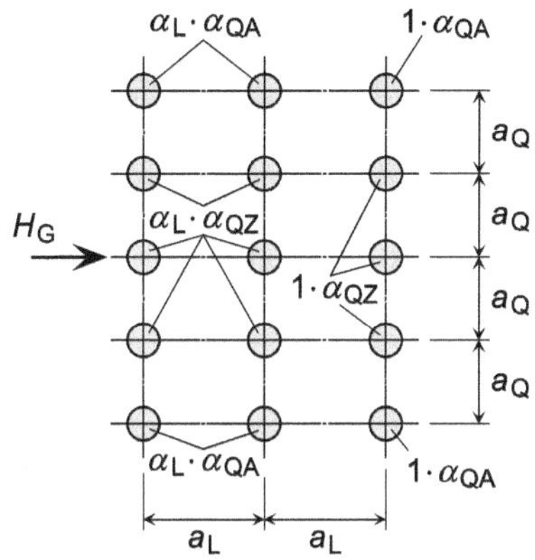

Bild 5-57 Gruppe aus doppelsymmetrisch angeordneten vertikalen Pfählen mit Abminderungsfaktoren αi in Abhängigkeit von der Lage der Pfähle innerhalb der Gruppe (nach EA-Pfähle, 8.2.3 (1))

Mit den Faktoren α_L wird die Beeinflussung der Lastabtragung von in Richtung der Kraft H_G hintereinander angeordneten Pfählen erfasst (davon betroffen sind nur die Pfähle ab der 2. Reihe) und mit den Faktoren α_Q die gegenseitige Beeinflussung der Lastabtragung von Pfählen, die in Pfahlreihen quer zur Lastabtragungsrichtung angeordnet sind (der Lastabtragungsbereich eines „Außenpfahls" überschneidet sich mit dem Lastabtragungsbereich von nur einem benachbarten „Innenpfahl", der Lastabtragungsbereich eines „Innenpfahls" überschneidet sich mit den Lastabtragungsbereichen von zwei „Nachbarpfählen"; daher gilt $\alpha_{QA} \geq \alpha_{QZ}$ (Bild 5-58)).

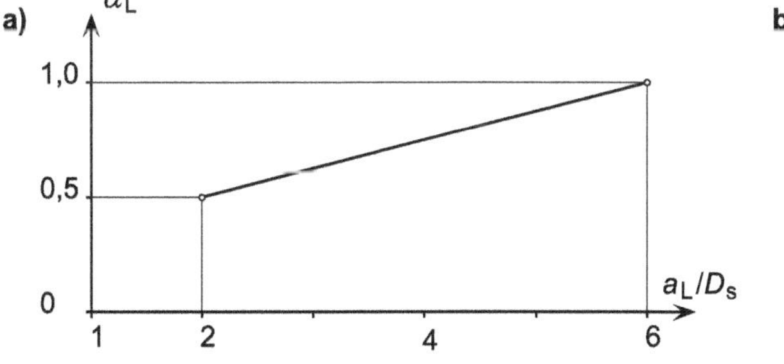

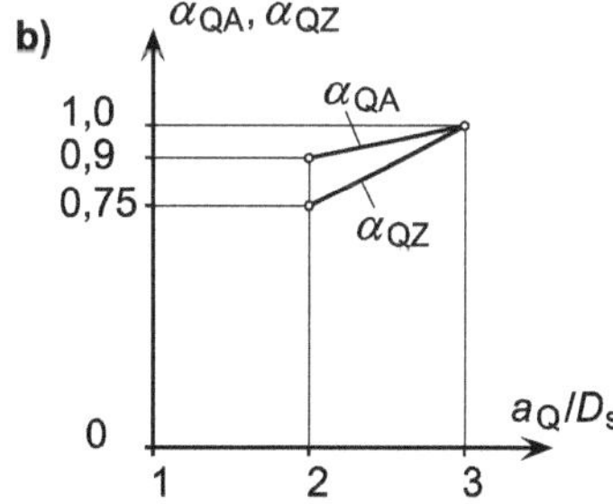

Bild 5-58 Abminderungsfaktoren zur Erfassung des auf die Einzelpfähle einer horizontal belasteten Pfahlgruppe entfallenden Lastanteils (nach EA-Pfähle, 8.2.3 (1))

a) Abminderungsfaktor α_L für das Verhältnis Pfahlachsenabstand a_L in Kraftrichtung zum Pfahlschaftdurchmesser D_s

b) Abminderungsfaktoren α_{QA} und α_{QZ} für das Verhältnis Pfahlachsenabstand a_Q quer zur Kraftrichtung zum Pfahlschaftdurchmesser Ds (für $a_Q/D_s < 2$ gelten die Bedingungen einer durchgehenden Wand; siehe z. B. DIN 4085 [67])

Da die Größe der gegenseitigen Lastabtragungsbeeinflussung mit sich verkleinernden Pfahlachsabständen bzw. sich vergrößerndem Pfahlschaftdurchmesser zunimmt, sind die Größen der Abminderungsfaktoren α_L und α_Q auch abhängig von den Verhältnissen der entsprechenden Pfahlachsabstände und dem Pfahlschaftdurchmesser D_s. Die Größe der Abminderungsfaktoren α_L werden durch die Achsabstände a_L und die Größe der Abminderungsfaktoren α_Q durch die Achsabstände a_Q bestimmt (Bild 5-58).

Bezüglich der Lastaufnahmen H_i bei unregelmäßig verteilten Pfählen sei auf die EA-Pfähle, 8.2.3 (7) hingewiesen.

Sollen Schnittlasten und Verformungen von Pfählen mit Hilfe des Bettungsmodulverfahrens berechnet werden, kann der Bettungsmodul mit Formeln aus EA-Pfähle, 8.2.3 (3) und (4) berechnet werden. Die Gleichungen erfassen einen mit der Tiefe z linear zunehmenden und einen über die Tiefe konstanten Bettungsmodul.

Für den charakteristischen Wert des linear mit der Tiefe z zunehmenden Bettungsmoduls, der als Näherung für Bohrpfähle angenommen werden kann, die in normal konsolidierten bindigen und in nichtbindigen Bodenarten hergestellt werden, gilt die Beziehung

$$k_{s,k}(z) = k_{hE,k} \cdot \frac{z}{D_s} \qquad \text{Gl. 5-53}$$

$k_{hE,k}$ steht darin für den charakteristischen Wert des Bettungsmoduls des Einzelpfahls in der Tiefe D_s (D_s = Pfahlschaftdurchmesser).

Mit der Biegesteifigkeit $E \cdot I$ eines Einzelpfahls einer horizontal belasteten Pfahlgruppe ergibt sich dessen elastische Länge zu

$$L_E = \sqrt[5]{\frac{E \cdot I}{k_{hE,k}}} \qquad \text{Gl. 5-54}$$

Von ihrem Verhältnis zur Länge L (Einbindetiefe) des Einzelpfahls i wird die Größe des charakteristischen Werts des Bettungsmoduls in der Tiefe D_s, die dem i-ten Pfahl zuzuordnen ist

$$k_{hi,k} = \alpha_i^{1,67} \cdot k_{hE,k} \quad \text{für } \frac{L}{L_E} \geq 4$$

$$k_{hi,k} = \alpha_i \cdot k_{hE,k} \quad \text{für } \frac{L}{L_E} \leq 2 \qquad \text{Gl. 5-55}$$

abhängig gemacht (für $4 > L/L_E > 2$ darf zwischen den $k_{hi,k}$-Größen linear interpoliert werden). Der in Gl. 5-55 verwendete Ausdruck α_i ist mit Gl. 5-52 zu berechnen.

Der in der Tiefe z anzusetzende charakteristische Wert des Bettungsmoduls des Pfahls i berechnet sich gemäß Gl. 5-53.

Für den Fall des über die Tiefe z konstanten Bettungsmoduls, der als obere Grenze für Pfähle in überkonsolidierten bindigen Böden zu betrachten ist, gelten

$$k_{s,k}(z) = k_{s,k} = \text{const.} \qquad \text{Gl. 5-56}$$

und (für den i-ten Einzelpfahl der Länge L)

$$k_{\mathrm{si,k}} = \alpha_{\mathrm{i}}^{1,33} \cdot k_{\mathrm{sE,k}} \qquad \text{für } \frac{L}{L_{\mathrm{E}}} \geq 4$$

$$k_{\mathrm{si,k}} = \alpha_{\mathrm{i}} \cdot k_{\mathrm{sE,k}} \text{ für } \frac{L}{L_{\mathrm{E}}} \leq 2 \qquad \text{Gl. 5-57}$$

Darin werden wieder die mit Gl. 5-52 zu berechnende Größe α_{i} des Einzelpfahls und seine elastische Länge

$$L_{\mathrm{E}} = \sqrt[4]{\frac{E \cdot I}{k_{\mathrm{sE,k}} \cdot D_{\mathrm{s}}}} \qquad \text{Gl. 5-58}$$

verwendet. Auch in diesem zweiten Fall darf für $4 > L/L_{\mathrm{E}} > 2$ zwischen den $k_{\mathrm{hi,k}}$-Größen linear interpoliert werden.

Es ist darauf hinzuweisen, dass alle Gleichungen dieses Abschnitts sowohl für Pfähle gelten, deren Köpfe gelenkig an eine Kopfplatte angeschlossen sind, als auch für teilweise oder voll in eine Kopfplatte eingespannte Pfähle (EA-Pfähle, 8.2.3 (5)).

Sind Pfahlgruppen zu betrachten, deren n Einzelpfähle unterschiedliche Biegesteifigkeiten aufweisen, darf der auf den Einzelpfahl i entfallende Anteil H_{i} der Einwirkung H_{G} auf die gesamte Pfahlgruppe gemäß EA-Pfähle, 8.2.3 (8) näherungsweise berechnet werden mit den α-Werten (Bild 5-58) und mit Hilfe von

$$\frac{H_{\mathrm{i}}}{H_{\mathrm{G}}} = \frac{C_{\mathrm{i}}}{\sum_{i=1}^{n} C_{\mathrm{i}}} \quad \text{bzw.} \quad H_{\mathrm{i}} = H_{\mathrm{G}} \cdot \frac{C_{\mathrm{i}}}{\sum_{i=1}^{n} C_{\mathrm{i}}} \qquad \text{Gl. 5-59}$$

mit

$$C_{\mathrm{i}} = \frac{H_0}{y_0} \qquad \text{Gl. 5-60}$$

Die in Gl. 5-60 verwendeten Größen sind eine beliebige horizontale Einwirkung H_0 (Einheitslast) am Pfahlkopf des Einzelpfahls und die zugehörige Pfahlkopfverschiebung y_0. Die Berechnung der C_{i}-Werte kann mit den Bettungsmoduln aus Gl. 5-55 bzw. Gl. 5-57 erfolgen, wobei der Einspanngrad bzw. die Verformungsbedingungen am Pfahlkopf zu berücksichtigen sind.

Anwendungsbeispiel

Für die Pfahlgruppe aus Bild 5-59 sind die Größen der zulässigen horizontalen charakteristischen Horizontallasten $H_{\mathrm{I,k}}$ und $H_{\mathrm{II,k}}$ unter der Voraussetzung zu ermitteln, dass diese Lasten unabhängig voneinander auf das System einwirken.

Hinweis: Für die Berechnung ist von einer zu einem Einzelpfahl gehörenden charakteristischen Last $H_{\mathrm{E,k}}$ auszugehen, die im Zuge seiner Probebelastung für eine vorgegebene zulässige horizontale Kopfpunktverschiebung ermittelt wurde.

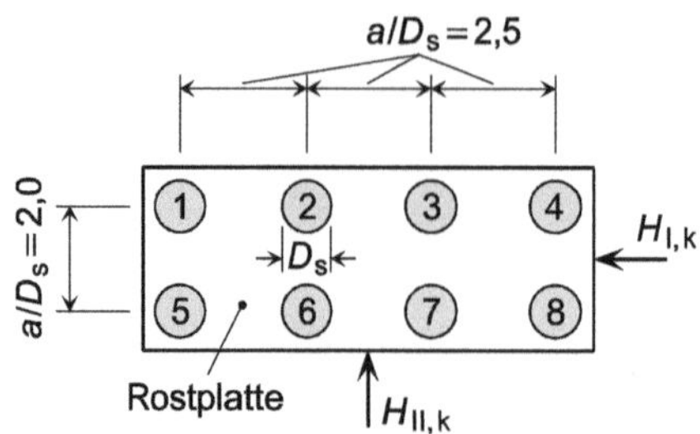

Bild 5-59 Pfahlgruppe mit Horizontalbelastungen $H_{I,k}$ und $H_{II,k}$

Lösung

1. Ermittlung der zulässigen Belastung $H_{I,k}$

Nach EA-Pfähle gilt

für $a_L/D = 2{,}5$ ergibt sich aus Bild 5-58 a) $\alpha_L = 0{,}5 + 0{,}5 \cdot 0{,}5/4{,}0 = 0{,}5625$

für $a_Q/D = 2$ ergibt sich aus Bild 5-58 b) $\alpha_{QA} = 0{,}9$

Gemäß Bild 5-57 nehmen damit die Pfähle 1 und 5 die charakteristischen Horizontalkräfte

$$H_{1,k} = H_{5,k} = H_{E,k} \cdot 1{,}0 \cdot \alpha_{QA} = H_{E,k} \cdot 1{,}0 \cdot 0{,}9 = 0{,}9 \cdot H_{E,k}$$

und die Pfähle 2, 3, 4, 6, 7 und 8 die charakteristischen Horizontalkräfte

$$H_{2,k} = H_{3,k} = H_{4,k} = H_{6,k} = H_{7,k} = H_{8,k}$$
$$= H_{E,k} \cdot \alpha_L \cdot \alpha_{QA} = H_{E,k} \cdot 0{,}5625 \cdot 0{,}9 = 0{,}5063 \cdot H_{E,k}$$

auf. Die zulässige charakteristische Horizontalkraft des Gesamtsystems hat somit die Größe

$$\text{zul}\, H_{I,k} = (H_{1,k} + H_{5,k}) + (H_{2,k} + H_{3,k} + H_{4,k} + H_{6,k} + H_{7,k} + H_{8,k})$$
$$= 2 \cdot 0{,}9 \cdot H_{E,k} + 6 \cdot 0{,}5063 \cdot H_{E,k} = 4{,}84 \cdot H_{E,k}$$

2. Ermittlung der zulässigen Belastung $H_{II,k}$

Nach EA-Pfähle gilt

für $a_L/D = 2$ ergibt sich aus Bild 5-58 a) $\alpha_L = 0{,}5$

für $a_Q/D = 2{,}5$ ergibt sich aus Bild 5-58 b) $\alpha_{QA} = 0{,}95$

für $a_Q/D = 2{,}5$ ergibt sich aus Bild 5-58 b) $\alpha_{QZ} = 0{,}875$

Gemäß Bild 5-57 nehmen damit die Pfähle 1 und 4 die charakteristischen Horizontalkräfte

$$H_{1,k} = H_{4,k} = H_{E,k} \cdot 1{,}0 \cdot \alpha_{QA} = H_{E,k} \cdot 1{,}0 \cdot 0{,}95 = 0{,}95 \cdot H_{E,k}$$

die Pfähle 2 und 3 die charakteristischen Horizontalkräfte

$$H_{2,k} = H_{3,k} = H_{E,k} \cdot 1{,}0 \cdot \alpha_{QZ} = H_{E,k} \cdot 1{,}0 \cdot 0{,}875 = 0{,}875 \cdot H_{E,k}$$

die Pfähle 5 und 8 die charakteristischen Horizontalkräfte

$$H_{5,k} = H_{8,k} = H_{E,k} \cdot \alpha_L \cdot \alpha_{QA} = H_{E,k} \cdot 0{,}5 \cdot 0{,}95 = 0{,}475 \cdot H_{E,k}$$

und die Pfähle 6 und 7 die charakteristischen Horizontalkräfte

$$H_{6,k} = H_{7,k} = H_{E,k} \cdot \alpha_L \cdot \alpha_{QA} = H_{E,k} \cdot 0{,}5 \cdot 0{,}875 = 0{,}4375 \cdot H_{E,k}$$

auf. Die zulässige charakteristische Horizontalkraft des Gesamtsystems hat somit die Größe

$$\text{zul}\,H_{\text{II, k}} = (H_{1,\text{k}} + H_{4,\text{k}}) + (H_{2,\text{k}} + H_{3,\text{k}}) + (H_{5.\text{k}} + H_{8,\text{k}}) + (H_{6,\text{k}} + H_{7,\text{k}})$$

$$= 2 \cdot (0{,}95 + 0{,}875 + 0{,}475 + 0{,}4375) \cdot H_{\text{E, k}} = 5{,}48 \cdot H_{\text{E, k}}$$

Die Berechnungsergebnisse zeigen, dass sich für die gegebene Pfahlanordnung zwei unterschiedlich große zulässige charakteristische Horizontalbelastungen zul $H_{\text{I, k}}$ und zul $H_{\text{II, k}}$ ergeben.

5.12 Probebelastung von Pfählen

5.12.1 Allgemeines

Da derzeit keine anerkannten Verfahren vorliegen, mit deren Hilfe sich Pfahlwiderstände genügend genau berechnen lassen, verlangt z. B. DIN 1054, dass die Widerstände von Pfählen in der Regel mit Hilfe von Probebelastungen ermittelt werden. Ihre Berechnung auf der Basis von Erfahrungswerten stellt Ausnahmefälle dar, die letztendlich aber auch auf den Ergebnissen von Pfahlprobebelastungen beruhen. Die Berechnung ist u. a., wie z. B. im Falle von Zugpfählen, durch einen Sachverständigen für Geotechnik zu bestätigen. Liegen hinsichtlich des Pfahltyps und der Baugrundverhältnisse vergleichbare statische Probebelastungen vor, ist es nach DIN 1054, 7.6.2.2 A (15) gestattet, diese wie am Standort ausgeführte Probebelastungen zu behandeln, sofern sich dies auf der Basis von Sachkunde und Erfahrung auf dem Gebiet der Geotechnik bestätigen lässt.

In DIN EN 1997-1 und DIN 1054 wird generell zwischen

- statischen Pfahlprobebelastungen und
- dynamischen Pfahlprobebelastungen

unterschieden (Einzelheiten siehe z. B. Abschnitt 7.5 von DIN EN 1997-1 und DIN 1054 sowie EA-Pfähle, 9 und 10). Gegenüber analytischen Verfahren haben diese Belastungen den wesentlichen Vorteil, dass sie neben den Baugrundverhältnissen auch die Ergebnisse der Pfahlherstellung (den Pfahl selbst und die Veränderung des Bodengefüges) wirklichkeitsnah erfassen.

Mit den Probebelastungen wird das Ziel verfolgt, an Probepfählen zuverlässig die charakteristischen Widerstände der für das jeweilige Bauwerk tatsächlich verwendeten Pfähle zu ermitteln. Deshalb ist dafür zu sorgen, dass die Probepfähle

- an Stellen eingebracht werden, an denen die repräsentativen Baugrundverhältnisse für das Baugelände vorliegen und charakteristische Versuchsergebnisse zu erwarten sind,
- den Bauwerkspfählen so weit wie möglich entsprechen (gleiche Pfahlart, gleiches Herstellungsverfahren, gleiche Ausführungsbedingungen und Herstellungsfristen, gleiche geometrische Abmessungen; zu Abweichungen vom Maßstab 1:1 siehe EA-Pfähle, 9.2.1 (5)).

Aus den genannten Gründen ist es für die Probebelastungen ggf. sinnvoll, statt spezieller Probepfähle entsprechende Bauwerkspfähle heranzuziehen. Nach DIN 1054, 7.5.2.3 A (3) ist in solchen Fällen nachzuweisen, dass das durch die Pfahlprobebelastung veränderte Verformungsverhalten der Bauwerkspfähle für das Bauwerk unschädlich ist und dass sie unter der Prüflast keine Einbuße ihrer Tragfähigkeit erlitten haben. Nach EA-Pfähle, 9.2.2.1 (3) ist bezüglich des späteren Trag- und Verschiebungsverhaltens dieser Pfähle der Einfluss der Vorbelastung durch den Versuch zu berücksichtigen.

5.12.2 Widerstands-Setzungs-Linien und Pfahlkopfbewegungen

Axiale Probebelastungen liefern Widerstands-Setzungs-(Hebungs)-Linien und von der Belastung abhängige Zeitsetzungs- bzw. -hebungslinien. Widerstands-Setzungs-Linien, die zu Druckpfählen mit überwiegendem Pfahlmantelwiderstand gehören, weisen eine ausgeprägte Krümmung auf; der zum Grenzzustand der Tragfähigkeit (GEO-2) gehörende Pfahlwiderstand $R_{c,m}$ eines einzelnen Pfahls wird schon bei geringen Pfahlkopfverschiebungen erreicht. Im Gegensatz hierzu sind die Widerstands-Setzungs-Linien von Spitzendruckpfählen schwächer gekrümmt, was dazu führt, dass sich aus ihnen meistens kein eindeutiges Versagen ablesen lässt. Nach den EA-Pfähle, 5.2.2 (3) wird in solchen Fällen das Versagen und damit der Pfahlwiderstand $R_{c,m}$ dem Setzungsmaß

$$s_g = 0{,}10 \cdot D_b \qquad \text{Gl. 5-61}$$

zugeordnet (D_b ist der Pfahlfußdurchmesser).

Horizontale Probebelastungen von Pfählen liefern zu Verschiebungen und Verdrehungen der Pfahlköpfe (siehe hierzu auch [10]) gehörende Last-Verformungs-Linien und ggf. auch Biegelinien und Biegemomente über die Pfahllänge. Handelt es sich bei den zu untersuchenden Pfählen um Stahlbetonpfähle, sollten diese nach [279] einen Durchmesser von $D > 0{,}5$ m aufweisen (bei anderen Pfahlmaterialien sind entsprechende Trägheitsmomente erforderlich). Mit dieser Forderung wird eine hinreichend große Biegesteifigkeit der Pfahlschäfte erreicht; nach DIN 1054, 7.7.1 A (1) dürfen Querwiderstände nur für Pfähle mit Pfahlschaftdurchmessern $D_s \geq 0{,}30$ m bzw. Kantenlängen $a_s \geq 0{,}30$ m angesetzt werden. Die Länge eines Probepfahls braucht nach [279] nicht größer zu sein als

$$L_{max} = 4 \cdot L_E \qquad \text{Gl. 5-62}$$

da sich eine Vergrößerung der Länge des Pfahls über L_{max} hinaus nicht mehr auf sein Tragverhalten auswirkt. Die in der Gleichung verwendete elastische Länge L_E kann, abhängig von den Bodengegebenheiten bzw. dem angenommenen Verlauf des Bettungsmoduls über die Einbindetiefe, mit Gl. 5-54 (mit der Tiefe linear zunehmender Bettungsmodul) bzw. Gl. 5-58 (über die Tiefe konstanter Bettungsmodul) berechnet werden.

Wird die Probebelastung z. B. an speziell für sie hergestellten Pfählen durchgeführt, können diese bis zur Erreichung des Bruchzustands beansprucht werden. Für entsprechende Untersuchungen herangezogene Bauwerkspfähle unterliegen hingegen der Einschränkung, dass es im Zuge der Probebelastungen zu keinen Pfahlschäden bzw. zu keiner Beeinträchtigung der Verwendbarkeit der Pfähle für das Bauwerk kommen darf.

Probepfähle sind an Stellen einzubringen, an denen die charakteristischen Baugrundverhältnisse für das Baugelände vorliegen. Dabei ist darauf zu achten, dass sich die Einbringungsorte in unmittelbarer Nähe von einer oder mehreren Aufschlussbohrungen befinden; wo dies nicht möglich ist, muss nahe bei dem jeweiligen Probepfahl eine neue Bohrung niedergebracht werden.

5.12.3 Anzahl der Probepfähle

Die Anzahl und Verteilung der zu belastenden Probepfähle hängt u. a. von der Pfahlkonstruktion und der Baugrundbeschaffenheit ab. Nach EA-Pfähle, 9.2.2.2 ist für jede Pfahlart und jede geotechnisch einheitliche Baugrundsituation mindestens ein Probepfahl vorzusehen. Darüber hinaus

- ist die Anzahl der Probepfähle mit einem geotechnischen Sachverständigen festzulegen,
- sind bei Bauwerken mit mehr als 100 Pfählen mindestens zwei Probebelastungen durchzuführen.

Probebelastungen an Mikropfählen sollten mindestens an ≥ 2 Pfählen und an mindestens ≥ 3 % aller Pfähle erfolgen (vgl. DIN 1054, 7.6.2.2 A (1a) und 7.6.3.2 A (3a)).

5.12.4 Zeitpunkt der Probebelastung

Generell sind die Untersuchungen so zu terminieren, dass aufgrund der Ergebnisse erforderlich werdende Änderungen des Gründungsentwurfs noch sinnvoll umgesetzt werden können.

Nach den EA-Pfähle, 9.2.1 (7) und 9.3.3.1 (10) dürfen statische Probebelastungen von Verdrängungspfählen niemals unmittelbar nach derem Einbringen vorgenommen werden. In nichtbindigen Böden sollen die Belastungen frühestens drei Tage, in bindigen Böden frühestens drei Wochen nach dem Einbringen, besser aber noch später begonnen werden. Bei Ortbetonpfählen ist das Erreichen der für die Belastungen vorgesehenen Betonfestigkeit abzuwarten (die Probebelastung sollte in der Regel nicht früher als 10 Tage nach der Pfahlherstellung erfolgen). Bei der Untersuchung von Verdrängungspfählen in bindigem Boden muss nach [279] der durch die Pfahlherstellung bewirkte Porenwasserüberdruck abgebaut sein, bevor mit den Probebelastungen begonnen werden darf; der Zeitpunkt für den Untersuchungsbeginn kann somit anhand von Porenwasserdruckmessungen bestimmt werden.

In diesem Zusammenhang sei darauf hingewiesen, dass sich bei gerammten Pfählen, deren Tragvermögen wesentlich durch die Mantelreibung beeinflusst wird, die Tragfähigkeit noch längere Zeit nach der Einbringung vergrößern kann. Dies gilt besonders für Pfähle in feinsandigen, schluffigen und tonigen Böden.

5.12.5 Belastungseinrichtungen für axiale Probebelastungen

Über die Belastungseinrichtung ist die Belastung mittels Pressen so aufzubringen, dass sie genau in der Pfahllängsachse wirkt, während des Versuchs nicht schwankt und gegen Kippen gesichert ist. Steigerungen und auch Reduzierungen der Kraft sind langsam und vorsichtig vorzunehmen. Als Widerlager für die Pressenlasten können Traversen, Belastungsstühle oder auch sogenannte „Totlasten“ (können bei kleineren Lasten ggf. noch wirtschaftlich sein) eingesetzt werden (Bild 5-60).

Bei der Auslegung der Belastungsvorrichtung ist darauf zu achten, dass mit ihr die zu erwartende Grenzlast des Pfahls sicher erreicht werden kann. Konstruktionselemente, wie z. B. Verankerungen, sind so anzuordnen, dass das Lastabtragungsverhalten des Probepfahls durch sie nicht nennenswert beeinflusst wird (Bild 5-60).

Ein Beispiel für die Gestaltung einer Belastungsvorrichtung für auf Druck und Zug belastete Pfähle zeigt Bild 5-61.

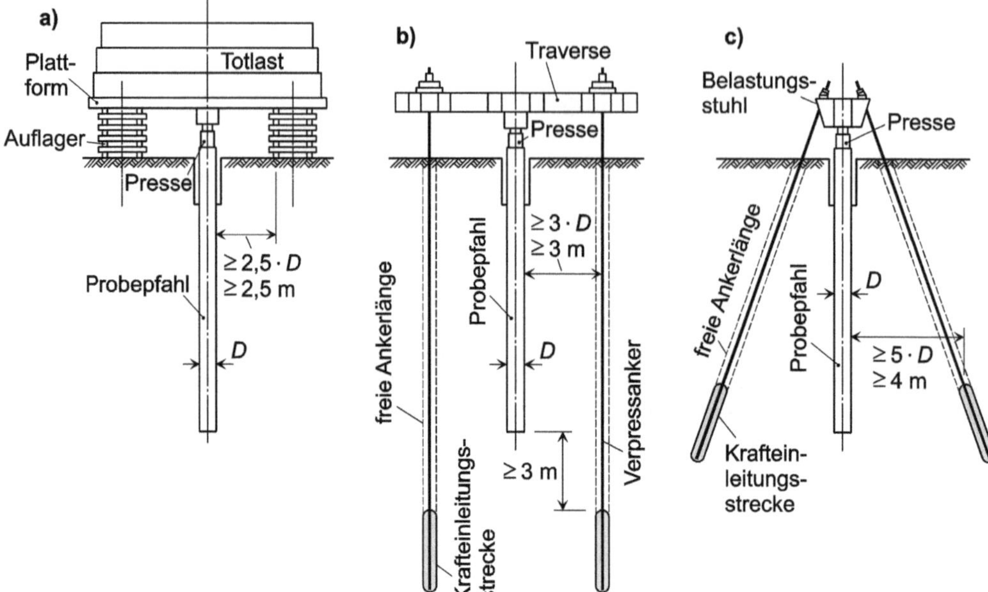

Bild 5-60 Mindestabstände zwischen Belastungseinrichtung und Probepfahl (nach EA-Pfähle, 9.2.3)
a) Auflager von Totlasten
b) parallel zum Probepfahl angeordnete Verpressanker mit tief liegenden Krafteinleitungsstrecken
c) sternförmig angeordnete, gespreizte Verpressanker mit hoch liegenden Krafteinleitungsstrecken

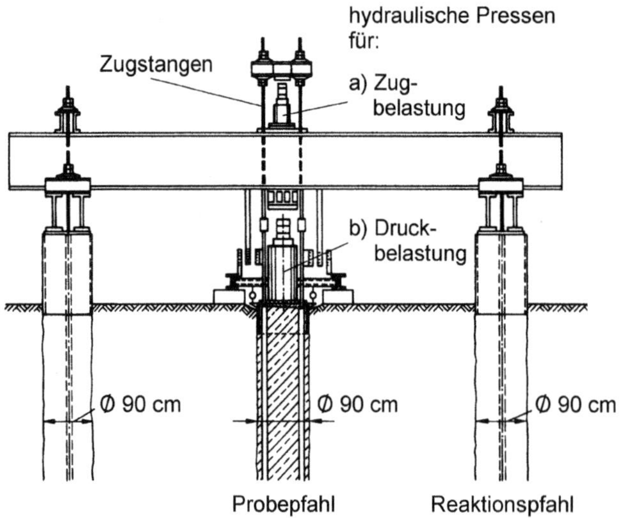

Bild 5-61 Vorrichtung für eine Druck-Zug-Wechselbelastung (nach [291])

Dass Probebelastungen von Ortbetonpfählen auch ohne Pressenwiderlager ausführbar sind, kann dem Bild 5-62 entnommen werden. Die dargestellten Vorrichtungen erlauben es, die Traganteile von Mantelreibung und Spitzenwiderstand getrennt zu erfassen.

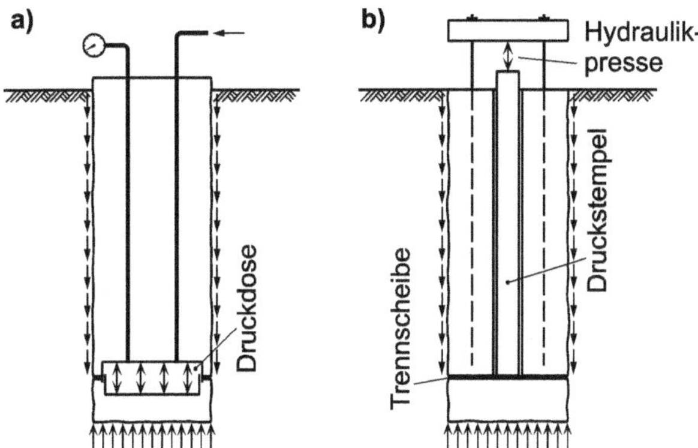

Bild 5-62 Vorrichtungen zur Probebelastung von Ortbetonpfählen ohne Pressenwiderlager
a) mit Druckdose
b) mit Druckstempel mit Trennscheibe

Ein weiteres Verfahren zur getrennten Erfassung von Widerständen des Pfahlfußes und der Mantelreibung von Bohrpfählen ist das von *Osterberg*. Bei seiner Anwendung werden eine oder mehrere hydraulische Pressen (*Osterberg*-Pressen) in den Pfahl eingebaut, der so in zwei oder mehr Segmente aufgeteilt wird. Das Verfahren eignet sich u. a. bei beengten Einsatzbedingungen, da es keine Widerlagerkonstruktionen erfordert.

Bild 5-63 zeigt eine Pfahlprobebelastung als „Single-Level Test", bei der nur eine *Osterberg*-Presse eingebaut wird. Die beiden Pfahlsegmente werden in entgegengesetzte Richtungen belastet, wobei am oberen Segment Zugwiderstand, und am unteren Segment Druckwiderstand mobilisiert wird.

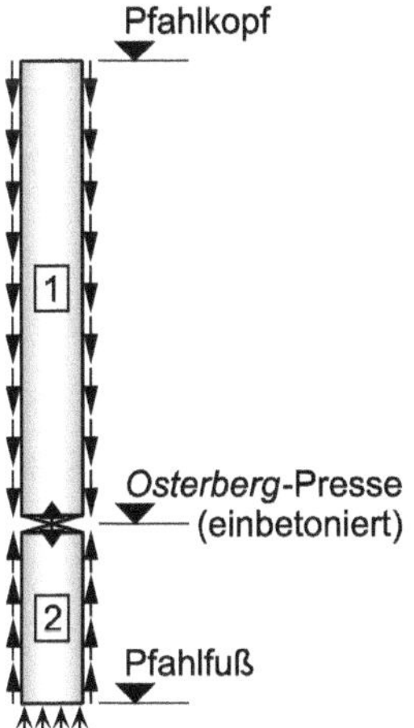

Bild 5-63 Pfahlprobebelastung nach dem *Osterberg*-Verfahren als „Single-Level Test", mit einer Presse und zwei Pfahlsegmenten (nach EA-Pfähle, 9.2.3.4 (4))

Aus Bild 5-64 geht hervor, dass der Einbau von zwei Pressen (kleinste Anzahl beim „Multi-Level Test") und das Aktivieren oder Starrschalten die Untersuchung von drei Belastungs- und vier Widerstandsvarianten zulässt. Diese Varianten ermöglichen es z. B.,

- hauptsächlich den Spitzendruck des Pfahls (Phase 1),
- die Mantelreibung des Pfahlsegments 2 (Phase 2a),
- die Mantelreibung des Pfahlsegments 1 (Phase 2b)

zu erfassen. Die Phase 3 zeigt einen einaxialen Druckversuch, mit dem die Steifigkeit des Pfahlsegments 2 überprüft werden kann.

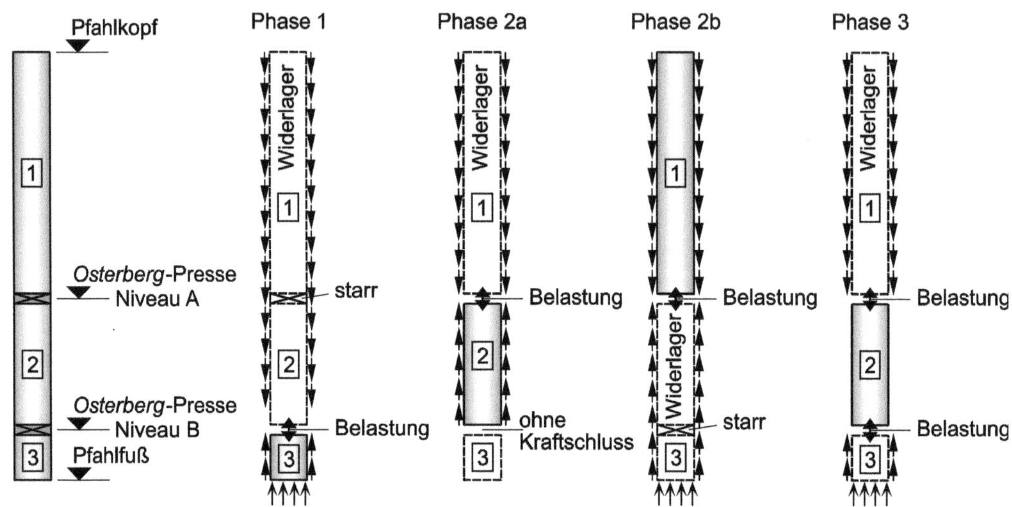

Bild 5-64 Pfahlprobebelastung nach dem *Osterberg*-Verfahren als „Multi-Level Test", mit zwei Pressen und drei Pfahlsegmenten (nach EA-Pfähle, 9.2.3.4 (4))

Ausführungen zu weiteren Untersuchungsverfahren sind z. B. in den EA-Pfähle, 9.2.3 zu finden.

5.12.6 Belastungseinrichtungen für horizontale Probebelastungen

Probepfähle für horizontale Probebelastungen brauchen, im Gegensatz zu Pfählen bei Vertikalbelastungen, nach [279] nur in einer maximalen Länge von

$$L_{max} = 4 \cdot L_E \qquad \text{Gl. 5-63}$$

hergestellt zu werden, die ggf. kleiner ist als die Länge der geplanten Bauwerkspfähle (die elastische Länge L_E kann mit Gl. 5-54 bzw. Gl. 5-58 berechnet werden, vgl. auch Abschnitt 5.12.2).

Eine Versuchseinrichtung mit einfacher Messvorrichtung, wie sie für horizontale Probebelastungen zum Einsatz kommen kann, ist in Bild 5-65 wiedergegeben. Die Darstellung zeigt zwei benachbarte Pfähle, die mittels einer hydraulischen Presse gegeneinander belastet werden können, sodass keine besonderen Widerlager zur Aufnahme der Reaktionskräfte erforderlich sind.

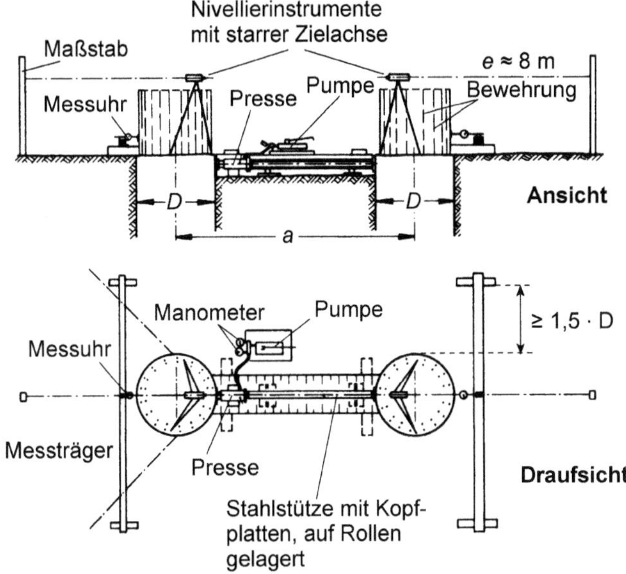

Bild 5-65 Versuchseinrichtungen für eine horizontale Probebelastung an Bauwerkspfählen mit einfacher Messvorrichtung (nach [291])

5.12.7 Instrumentierung und Messverfahren

Die Instrumentierung eines Probepfahls ist gekoppelt mit dem Ziel des Versuchs. Sie ist in Abstimmung mit oder von einem Sachverständigen für Geotechnik festzulegen. Da sie von den Anforderungen an die zu erreichende Qualität der Belastungsergebnisse abhängt, ist sie auf diese abzustimmen. Dabei ist nach EA-Pfähle, 9.2.2.4 (1) zu unterscheiden zwischen

- grundsätzlichen Anforderungen,
- erhöhten Anforderungen,
- hohen Anforderungen.

Bei grundsätzlichen Anforderungen genügt es, die Pfahlkopfverschiebung in Abhängigkeit von der aufgebrachten Belastung und die Zeit zu messen. Solche Anforderungen liegen z. B. vor, wenn für den Pfahl nur nachzuweisen ist, dass er unter Gebrauchslast keine unzulässig großen Verschiebungen erreicht.

Erhöhte Anforderungen liegen vor, wenn sowohl Pfahlfuß- (R_b) als auch Pfahlmantelwiderstände (R_s) zu erfassen sind. Zu messen sind die aufgebrachte Belastung, die Pfahlkopfverschiebung s, der mobilisierte Pfahlspitzendruck q_b und die Zeit. Aus den Messwerten lassen sich dann der Gesamtwiderstand $R_c(s)$ und der Pfahlfußwiderstand $R_b(s)$ (aus q_b) berechnen. Mit diesen Größen ergibt sich der Pfahlmantelwiderstand zu

$$R_s(s) = R_c(s) - R_b(s) \qquad \text{Gl. 5-64}$$

Die Messungen erfordern insbesondere eine entsprechende Instrumentierung am Pfahlfuß.

Soll außer dem im Versuch mobilisierten Pfahlfußwiderstand noch die Pfahlmantelreibung längs des Pfahlschafts hinsichtlich ihrer Größe und Verteilung erfasst werden, liegen hohe Anforderungen vor. Zu messen sind die aufgebrachte Belastung, die Pfahlkopfverschiebung s, der Pfahlspitzendruck

q_b, die Pfahldehnung in mehreren, längs der Pfahllänge festgelegten Querschnitten und die Zeit. Die Messungen erfordern insbesondere eine entsprechende Instrumentierung am Pfahlfuß sowie entlang des Pfahlschafts.

Erhöhte oder hohe Anforderungen sind zu stellen

- bei Baugrund mit starker Schichtung,
- bei zu erwartender größerer negativer Mantelreibung,
- wenn die Köpfe der Probepfähle wegen versuchstechnischer Bedingungen wesentlich höher liegen als die Köpfe der Bauwerkspfähle,
- wenn die Mantelreibung nach Überschreitung eines Spitzenwertes auf einen geringeren Restwert abfallen kann,
- wenn besondere Anforderungen an die Verformungsbegrenzung gestellt werden.

Die Lagen der für die Setzungs- und Hebungsmessungen (axial belastete Pfähle) bzw. Verschiebungs- und Verdrehungsmessungen (horizontal belastete Pfähle) eingesetzten Geräte und der zum Vergleich benutzten Festpunkte dürfen durch die Probepfahlbelastung nicht verändert werden. Für die Messungen sind Geräte mit genügend großem Messbereich zu verwenden, um so ein Umsetzen während des Versuchs zu vermeiden. Bei axial belasteten Pfählen sind die Messungen der Pfahlkopfverschiebungen nach den EA-Pfähle, 9.2.4.1 (5) mit einer Genauigkeit von mindestens ± 0,2 mm durchzuführen. Für horizontal belastete Pfähle wird in [279] eine Genauigkeit für die Pfahlkopfverschiebungen von mindestens 0,1 mm (in EA-Pfähle, 9.3.5.1 (5) sind es ± 0,2 mm) und für die Pfahlkopfverdrehungen von mindestens 0,05 ‰ verlangt.

Für die Kraftmessungen am Pfahlkopf sind nach den EA-Pfähle, 9.2.4.2 (1) grundsätzlich Kraftmessdosen einzusetzen. Die Registrierung hydraulischer Pressendrücke dient dabei ausschließlich der Kontrolle.

Die bei den Versuchen verwendeten Messeinrichtungen an den Pfahlköpfen sind u. a. auch gegen Witterungseinflüsse zu schützen. Während bei Versuchen von kurzer Dauer oder mit geringeren Anforderungen Abschirmungen für die Messeinrichtung und das Referenzsystem ausreichend sind, ist bei erhöhten oder hohen Anforderungen eine Einhausung (Zelt) des gesamten Versuchsaufbaus zu empfehlen (vgl. z. B. EA-Pfähle, 9.2.4.7).

Hinsichtlich weiterer Einzelheiten zu den einsetzbaren Messgeräten und -verfahren (wie etwa die Messung der Pfahlbiegelinie mittels Inklinometern) sei auf die EA-Pfähle, 9 verwiesen.

5.12.8 Verlauf der Probebelastung

Die Laststeigerung hat stufenweise zu erfolgen, wobei die Laststufen so zu wählen sind, dass eine einwandfreie Darstellung der Last-Setzungslinie bzw. Last-Hebungslinie möglich ist. Für axiale Probebelastungen wird in den EA-Pfähle, 9.2.5.1 die Lastaufbringung in mindestens zwei Zyklen und in mindestens acht Laststufen gefordert (vgl. Bild 5-32 und Bild 5-33). Nach der Aufbringung jeder Laststufe ist die erreichte Last so lange zu halten, bis der Pfahl praktisch zur Ruhe gekommen ist. In Fällen von erhöhten oder hohen Versuchsanforderungen bedeutet dies nach den EA-Pfähle, 9.2.5.1 (6), dass bis zum Erreichen von $F_{c,k}$ oder $F_{t,k}$ (vgl. Bild 5-33) die Last während der einzelnen Laststufen so lange aufrecht zu halten ist, bis die Verschiebungsgeschwindigkeit auf 0,1 mm pro 20 Minuten abgeklungen ist. Für die noch folgenden Laststufen gilt 0,1 mm pro 5 Minuten. Zur Vermeidung eines zu schnellen Absinkens des Pfahls bei wachsender Belastung sind die Laststufen zu verkleinern, sobald die Setzungen größer werden. Nach Möglichkeit ist die Probebelastung bis zur Erreichung der Grenzlast zu steigern.

Damit bleibende Setzungen des Probepfahls erfasst werden können, sind mehrere Zwischenentlastungen durchzuführen.

Zu weiteren Aspekten von Pfahlprobebelastungen siehe EA-Pfähle, 9 sowie Abschnitt 7 von DIN EN 1997-1 und DIN 1054.

5.13 Dynamische Integritätsprüfung bei Pfählen

Die Prüfung des Pfahlmaterials auf seine ausreichende Festigkeit (Materialversagen) ist nicht das eigentliche Ziel, sondern vielmehr ein Nebeneffekt statischer Probebelastungen. Der erhebliche Kostenaufwand solcher Belastungen wäre nicht vertretbar, wenn in dieser Weise alle Pfähle auf ihre Unversehrtheit bzw. auf Schadstellen hin überprüft werden sollten.

Während Rammpfähle durch die Inaugenscheinnahme vor dem Einbau (Erkennung von Herstellungsmängeln, wie z. B. Betonierfehler und Risse) und die Einbringung selbst (Stoßkraft durch Rammschlag und die damit verbundene Eindringung in den Boden) geprüft werden können, ist die Entdeckung von Fehlerquellen bei Ortpfählen wesentlich schwieriger. Dies gilt insbesondere auch in Hinblick auf die Erschwernisse bei der Herstellung von Ortbetonpfählen bezüglich der Einhaltung der geplanten Schaftgeometrie (z. B. Gefahr der Querschnittseinschnürung des Pfahls durch aus der Bohrlochwand nachbrechendes Bodenmaterial) und des Vermeidens von Betonierfehlern (z. B. Bildung von Kiesnestern; besonders bei der Herstellung von Unterwasserbeton).

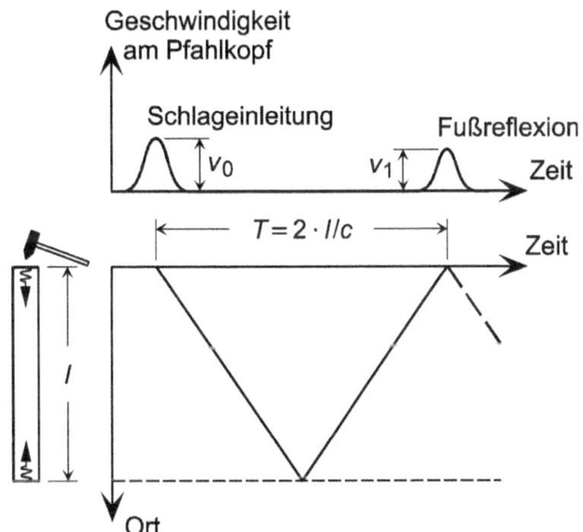

Bild 5-66 Grundlegendes Prinzip der Integritätsprüfung mit der Hammerschlagmethode (nach [214])

Um solche Abweichungen gegenüber den Sollwerten durch zerstörungsfreie Prüfungen zu entdecken, kann als seismisches Verfahren die „Low-strain-Methode“ (auch „Hammerschlagmethode“, „Impact-Echo-Methode“ oder „TNO-Methode“ genannt) herangezogen werden (zu weiteren Verfahren vgl. z. B. [290] und EA-Pfähle, 12). Das grundlegende Prinzip dieser indirekten Methode ist die Reflexion einer sich in Pfahllängsrichtung (eindimensional) ausbreitenden Stoßwelle (siehe Bild 5-66). Die meist durch einen Handhammerschlag (etwa 500 g schwerer Hammer mit Plastikeinsatz) auf den Pfahlkopf ausgelöste Stoßwelle läuft durch den Pfahl und wird am Pfahlfuß, aber auch an Schadstellen (Bild 5-67), mehr oder weniger stark reflektiert. Die zu diesem Vorgang gehörende

Stoßwellengeschwindigkeit und Reflexionsintensität werden in Form von zeitabhängigen Pfahlkopfbewegungen gemessen und aufgezeichnet.

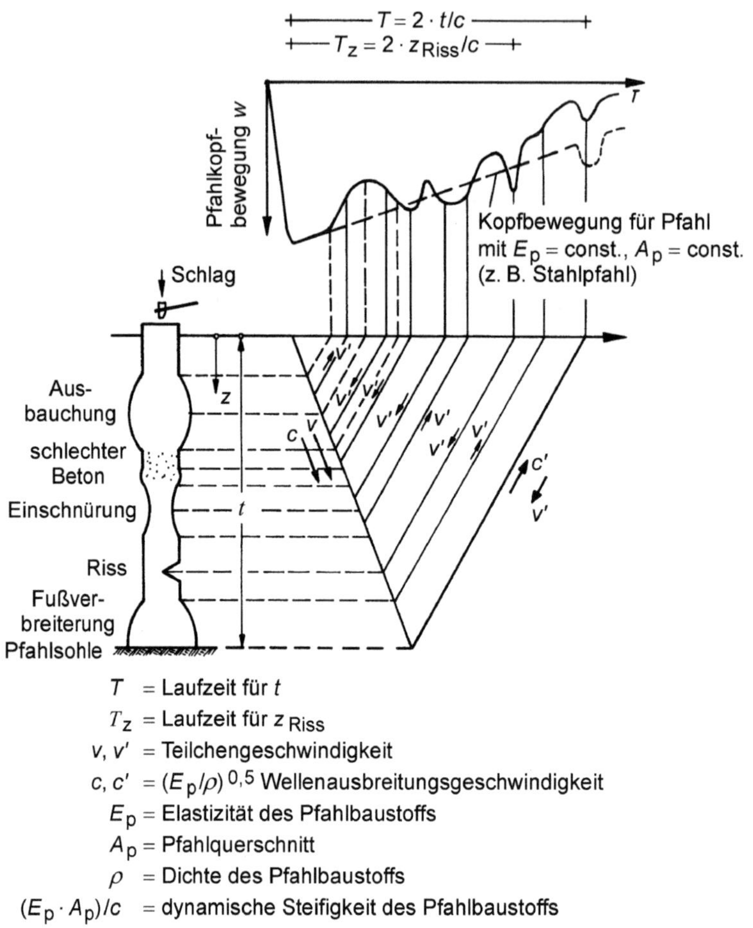

Bild 5-67 Schematische Darstellung der schadenanzeigenden Wellenreflexionen am Pfahlkopf bei Schlagprobebelastung (nach [157])

Es sei hier darauf hingewiesen, dass in den EA-Pfähle, 12.2 ausführlich auf die Low-strain-Methode eingegangen wird.

Der Einsatz der Low-strain-Methode ist insbesondere dann zu empfehlen, wenn das Versagen eines einzelnen Pfahls für die Standsicherheit des Bauwerkes entscheidend sein kann.

Gemäß den EA-Pfähle, 12.2.2 ist die Anzahl der zu prüfenden Pfähle abhängig von der Gesamtzahl der Pfähle. So sollten bei

- kleineren Pfahlgründungen (≤ 20 Pfähle) alle Pfähle,
- größeren Pfahlgründungen (> 20 Pfähle) mindestens 20 Pfähle plus 10 % der Pfähle bzw. ≥ 3 Pfähle eines Pfahltyps

geprüft werden.

Mit diesem, auch in DIN EN 1997-1, 7.9 6(P) erwähnten Verfahren, das in der Regel für die Integritätsprüfung an in Lockerböden eingebrachter, freistehender Ortbetonpfähle mit Längen von 5 bis 25 m eingesetzt wird (aber auch zur Prüfung von Beton-Fertigteil-Rammpfählen auf Rammschäden), lassen sich schnell und ohne hohe Kosten viele Pfähle pro Tag prüfen. Die Durchführung und Auswertung einer solchen dynamischen Integritätsprüfung erfordert den Einsatz von Fachleuten, die über ausreichende theoretische Kenntnisse und Erfahrungen auf diesem Gebiet verfügen (siehe z.B. [160]).

Die Auswertung der mit Beschleunigungsaufnehmern gewonnenen Messschriebe der Pfahlkopfbeschleunigung, -geschwindigkeit und -verschiebung liefert Informationen über den Zustand des untersuchten Pfahls, die u. U. erkennen lassen, dass

- der Pfahl ordnungsgemäß hergestellt wurde,
- in eindeutiger Form auf Fehlstellen geschlossen werden kann.

Wegen der Komplexität der möglichen Untersuchungsgegebenheiten kann es allerdings auch zu Aussagen wie

- Fehlstellen lassen sich nicht ausschließen,
- das Ergebnis ist nicht deutbar

kommen (vgl. [160]).

In welcher Form sich Pfahlimperfektionen wie Ausbauchungen, bereichsweise schlechte Betonqualität, Einschnürungen und Risse auf die Stoßwellenreflexion auswirken können, wird schematisch in Bild 5-67 gezeigt.

Mögliche Schlussfolgerungen, die sich aus bestimmten Verlaufsformen der gemessenen Pfahlkopfbewegung ziehen lassen, können Tabelle 5-21 entnommen werden.

Sehr detaillierte Ausführungen zur Signalinterpretation (auch an Fallbeispielen gezeigt) sind z. B. in [160] und [278] zu finden. Danach basiert die Beurteilung der Pfähle aufgrund der Geschwindigkeits-Zeit-Verläufe der Pfahlkopfbewegungen auf Kriterien wie

- der Form des Signals und insbesondere der Schärfe und Intensität der Fußreflexion,
- der Laufzeit bzw. der bezogenen Laufzeit (Wellengeschwindigkeit) in Abhängigkeit von der Standzeit der Pfähle; die Wellengeschwindigkeit gilt als Qualitätsindikator,
- der vorzeitigen Reflexion (Hinweis auf Fehlstellen).

In [278] wird auch auf die Möglichkeit eingegangen, die Auswertung in Verbindung mit einer vollständigen Computersimulation durchzuführen. Darüber hinaus wird anhand von Versuchsergebnissen gezeigt, dass die Genauigkeit der Prüfung mit zunehmendem Alter der Pfähle zunimmt; bei Pfählen, die jünger sind als sieben Tage, sollten keine allzu großen Genauigkeitsanforderungen gestellt werden.

Tabelle 5-21 Schematische Zuordnung von Schäden bzw. Querschnittsänderungen eines Pfahls und den am Pfahlkopf angezeigten Bewegungen dw (nach [157])

Art des Schadens		Änderung der Steifigkeit $A_p \cdot E_p$	Überlagerte Welle mit c' und v'	Auslenkung relativ zur Grundlinie $dw = v' \cdot dt$
Ausbauchung:	Anfang	A_p nimmt zu	Druckwelle	< 0
	ab Mitte	A_p nimmt ab	Zugwelle	> 0
Einschnürung:	Anfang	A_p nimmt ab	Zugwelle	> 0
	ab Mitte	A_p nimmt zu	Druckwelle	< 0
Riss		A_p nimmt ab	Zugwelle	> 0
Fußverbreiterung		A_p nimmt zu	Druckwelle	< 0
schlechter Beton		A_p nimmt ab	Zugwelle	> 0

Anwendungsgrenzen des Verfahrens liegen nach [160] in der

- Längenbestimmung, die nur mit einer Genauigkeit bis etwa 5 % möglich ist,
- auf etwa 15 bis 20 m begrenzten Länge der untersuchbaren Pfähle,
- die mögliche Messlänge reduzierenden Wirkung von
  - anstehenden felsartigen Böden,
  - Diskontinuitäten in den oberen Pfahlmetern,
- begrenzten Möglichkeit zu unterscheiden, ob Querschnitts- oder Materialveränderungen vorliegen.

Weitere Hinweise hierzu finden sich in [290]. Darin wird auch von veröffentlichten Untersuchungsergebnissen verschiedener Forscher berichtet.

6 Pfahlroste

6.1 Allgemeines

Pfahlroste sind Tiefgründungen. Ihr charakteristisches Merkmal ist die sogenannte „Rostplatte", mit der jeweils mehrere Pfähle oder Pfahlgruppen zur Gesamtkonstruktion „Pfahlrost" verbunden werden. Das zu gründende Bauwerk wird auf der Rostplatte errichtet, die somit die Bauwerkslasten aufzunehmen und auf die einzelnen Pfähle des Pfahlrostes zu übertragen hat.

6.2 Einteilungen von Pfahlrosten

6.2.1 Tiefe und hohe Pfahlroste

Pfahlroste werden u. a. nach „tiefen" und „hohen" Pfahlrosten unterschieden. Mit diesen Begriffen wird die relative Lage der Rostplatte des Pfahlrostes zur Bodenoberfläche erfasst.

Bei einem „tiefen Pfahlrost" (Bild 6-1) liegt der tiefste Punkt der Oberfläche des Bodens, in dem das Bauwerk gegründet ist, nicht tiefer als die Rostplatte. Da die Pfähle somit auf ihrer ganzen Länge in den Boden einbinden (Grundpfähle), sind sie auch nicht knickgefährdet. Tiefe Pfahlroste dienen als Gründungskonstruktion von Hochhäusern, Türmen, Brückenpfeilern, Trockendocks, Ufermauern, Unterwassertunneln usw.

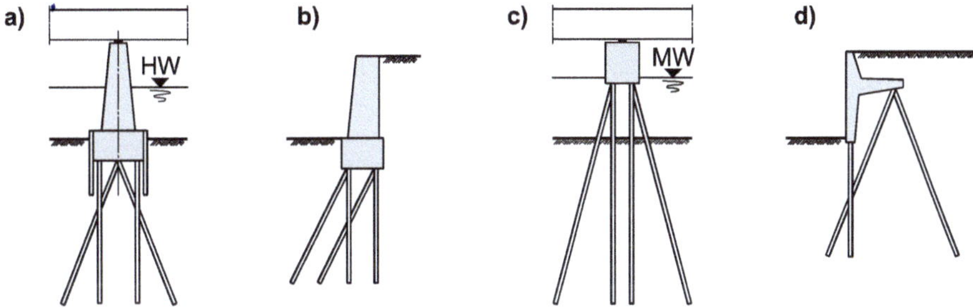

Bild 6-1 Tiefe und hohe Pfahlroste (nach [180], Kap. 3.4)
a) und b) tiefe Pfahlroste
c) und d) hohe Pfahlroste

Bei einem „hohen Pfahlrost" (Bild 6-1) liegt mindestens ein Teil der Pfahlköpfe höher als die ursprüngliche Geländeoberfläche oder sie liegen über dem Spiegel des Niedrigwassers. Sofern die Pfähle frei stehenbleiben, sind sie im überstehenden Teil knicksicher auszubilden. Hohe Pfahlroste liegen auch vor, wenn der Raum zwischen den Pfählen hoch aufgefüllt wird oder wenn dicht daneben ein tiefer Geländesprung durch Abbaggerung geschaffen wird. Hohe Pfahlroste finden sich u. a. bei Kaimauern, Anlegebrücken und Kranbahnen.

6.2.2 Statisch bestimmte Pfahlroste

Bei statisch bestimmten ebenen oder räumlichen Pfahlrosten wird angenommen, dass die Pfähle die Belastung des Systems nur über Normalkräfte (axiale Zug- oder Druckkräfte) auf den Baugrund übertragen. Deshalb können die Pfähle aus statischer Sicht als Stäbe mit Gelenken an den Stabenden (Pendelstäbe) behandelt werden (Bild 6-2).

Geotechnik-Grundbau. 3. Auflage. Gerd Möller.

Ein Pfahlrost,

- bei dem die Achsen der Pfähle alle in einer Ebene liegen und
- der nur belastet wird durch in dieser Ebene liegende Kräfte und/oder Momente um normal zu dieser Ebene stehende Achsen,

stellt einen „ebenen Pfahlrost" dar (Bild 6-2). Solche Pfahlroste sind statisch bestimmt, wenn sie drei Pfähle besitzen, die so angeordnet sind, dass

- sich höchstens zwei Pfahlachsen in einem Punkt schneiden,
- höchstens zwei Pfahlachsen zueinander parallel angeordnet sind.

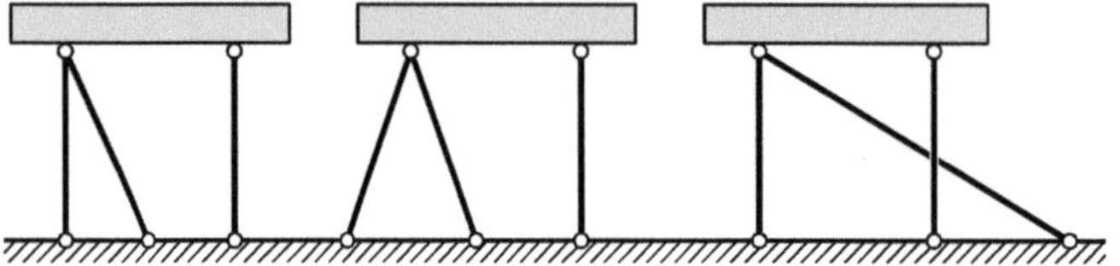

Bild 6-2 Statisch bestimmte ebene Pfahlroste

Statisch bestimmte Pfahlroste besitzen im allgemeinen dreidimensionalen Fall („räumliche Pfahlroste") sechs Pfähle (Bild 6-3). Diese müssen so angeordnet sein, dass

- sich höchstens drei Pfahlachsen in einem Punkt schneiden,
- höchstens drei Pfahlachsen zueinander parallel angeordnet sind,
- die Pfahlachsen in mindestens drei verschiedenen Ebenen liegen.

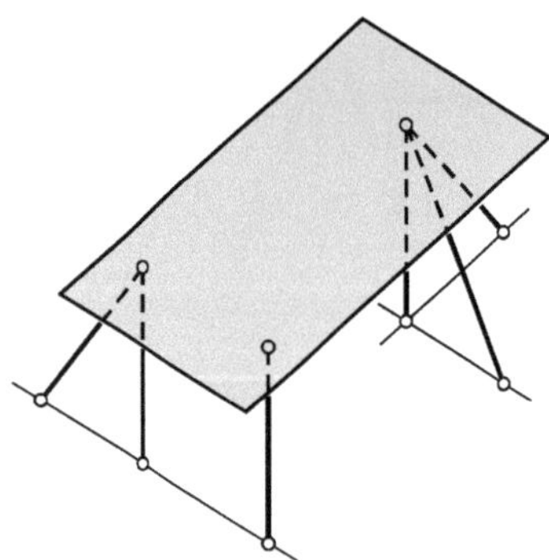

Bild 6-3 Statisch bestimmter räumlicher Pfahlrost

6.2.3 Statisch unbestimmte Pfahlroste

Im Unterschied zu statisch bestimmten Pfahlrosten gilt für die Ermittlung von zu beliebigen Lasten gehörenden Pfahlkräften statisch unbestimmter Pfahlroste (Bild 6-4 und Bild 6-5), dass hierzu

- die Gleichgewichtsbedingungen allein nicht ausreichen,
- zusätzlich Last-Verformungsbedingungen zu berücksichtigen sind.

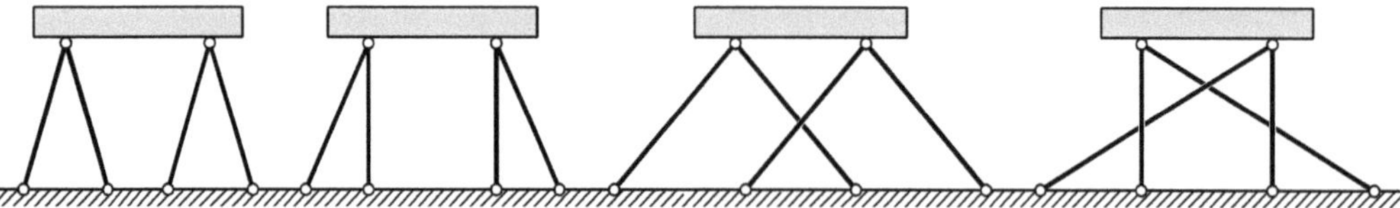

Bild 6-4 Einfach statisch unbestimmte ebene Pfahlroste

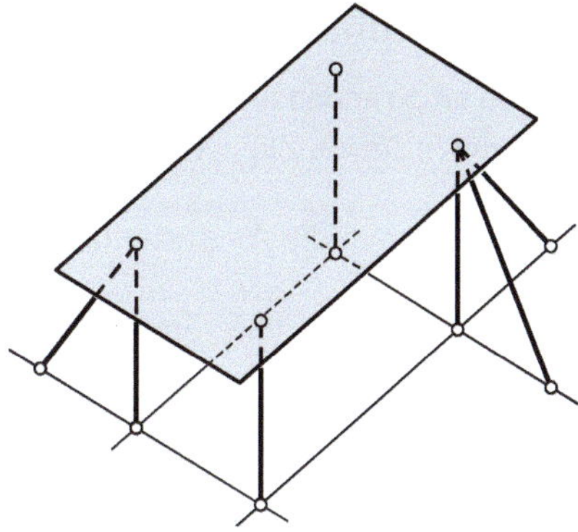

Bild 6-5 Einfach statisch unbestimmter räumlicher Pfahlrost

6.2.4 Kinematisch unbestimmte Pfahlroste

Bei kinematisch unbestimmten Pfahlrosten werden die Bedingungen, die von statisch bestimmten Pfahlrosten zu erfüllen sind, nicht eingehalten. Diese beiden Gruppierungen unterscheiden sich vor allem dadurch, dass an kinematisch unbestimmten Pfahlrosten

- zwängungsfreie Verschiebungen und/oder Drehungen möglich sind (Bild 6-6 und Bild 6-7), für die
- durch Pfahlnormalkräfte allein kein Gleichgewicht erzielt werden kann.

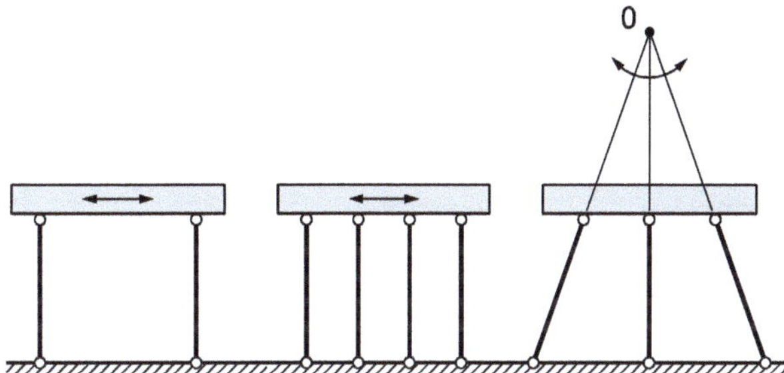

Bild 6-6 Kinematisch einfach unbestimmte ebene Pfahlroste mit der Eintragung der zwängungsfreien Bewegungsmöglichkeiten

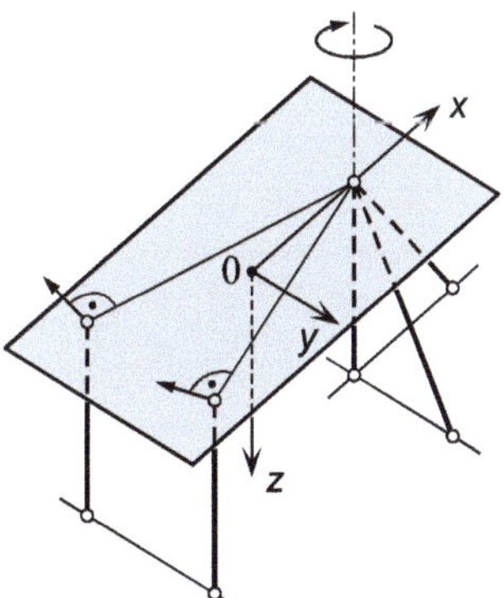

Bild 6-7 Kinematisch einfach unbestimmter räumlicher Pfahlrost mit der Eintragung der zwängungsfreien Bewegungsmöglichkeit

6.3 Kriterien zur Wahl und Anordnung der Pfahlrostpfähle

Bei der Wahl der Pfähle, die für Pfahlroste verwendet werden, sind als Kriterien u. a. zu beachten

- die Belastung hinsichtlich Größe und Art (Pfahlbeanspruchung durch Druck, Zug, Wechselbelastung, Biegung),
- die geplante Nutzungszeit der Konstruktion (kann z. B. wesentlich durch die Aggressivität von Wasser und Boden sowie Schädlingsbefall beeinflusst werden),
- die Baugrundverhältnisse (ausschlaggebend für die Art der Lastabtragung über Spitzendruck und/oder Pfahlmantelreibung),
- die Höhenlage des Grundwasserspiegels oder des Spiegels von freiem Wasser während der Bauausführung bzw. der Bauwerksnutzung,
- die Länge, der Abstand und die Neigung der einzubauenden Pfähle (senkrecht, schräg, Neigungsgröße und -richtung),
- die Lage der eingebrachten Pfähle im Boden (in ganzer Länge im Baugrund stehende Grund- oder frei stehende Langpfähle),
- die Art, Nähe, Tiefe und der Zustand benachbarter Gründungen (Entscheidung, ob Bohr-, Ramm- oder Einpresspfähle),
- mögliche, auch spätere, Veränderungen im Umfeld des Bauwerks wie z. B. Grundwasserabsenkungen (Gefährdung von Holzpfählen), Bodenaushub oder Auffüllung (können passive Horizontalbelastungen bewirken) usw.,
- die mechanischen Beanspruchungen (Schiffsstöße, Sandschliff, Eisschub usw.),
- der Pfahleinbau (vom Land oder vom Wasser aus),
- die Gegebenheiten für den Geräteeinsatz (örtliche Raumverhältnisse, Bauablauf usw.),
- die realisierbaren Leistungen in Verbindung mit den einzuhaltenden Terminen,
- die mit den gewählten Pfählen verbundenen Kosten.

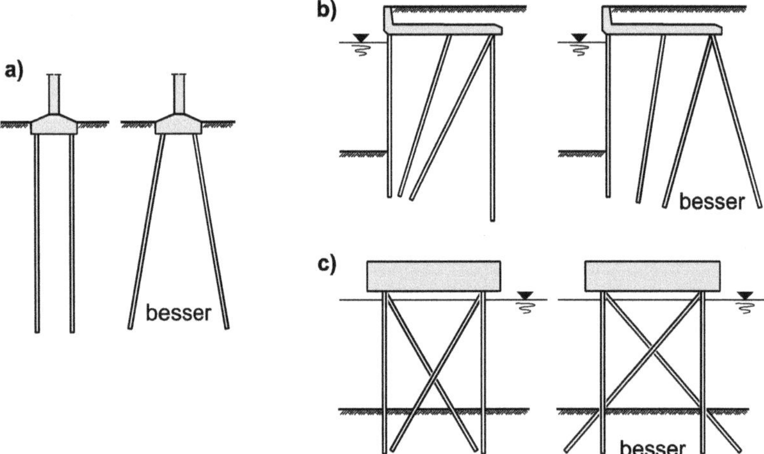

Bild 6-8 Schlechtere und bessere Pfahlanordnungen (nach [180], Kap. 3.4)

Zu den Gesichtspunkten, die bei der Anordnung der Pfähle von Pfahlrosten zu berücksichtigen sind, gehören

- die Vermeidung unwirtschaftlicher Kraftumleitungen durch möglichst dichte Anordnung der Pfähle am Kraftangriffsort (bei Einzellasten sind die Pfähle direkt unter der lasteintragenden

Konstruktion anzuordnen, unter großen Einzellasten können Pfahlgruppen zum Einsatz kommen),

- die gleichmäßige Verteilung der Pfähle unter Streifen- oder Flächenlasten (bei regelmäßigen Systemen sind gleiche Pfahlabstände zu empfehlen),
- die möglichst gleichmäßige und großflächige Übertragung der Pfahllasten in den Untergrund (größere Pfahlfußabstände wählen, Bild 6-8).

6.4 Pfahlkraftermittlung statisch bestimmter ebener Pfahlroste

Die Ermittlung der Pfahlkräfte (auch Pfahlwiderstände) statisch bestimmter ebener Pfahlroste mit Hilfe der Gleichgewichtsbedingungen kann z. B. nach den üblichen Formeln der Statik erfolgen (vgl. nachstehendes Anwendungsbeispiel).

Anwendungsbeispiel

Für den ebenen Pfahlrost von Bild 6-9 sind die Pfahlkräfte mit Hilfe der Gleichgewichtsbedingungen zu berechnen.

Hinweis: die Eigenlast der Rostplatte ist bei der Pfahlkraftberechnung nicht zu berücksichtigen.

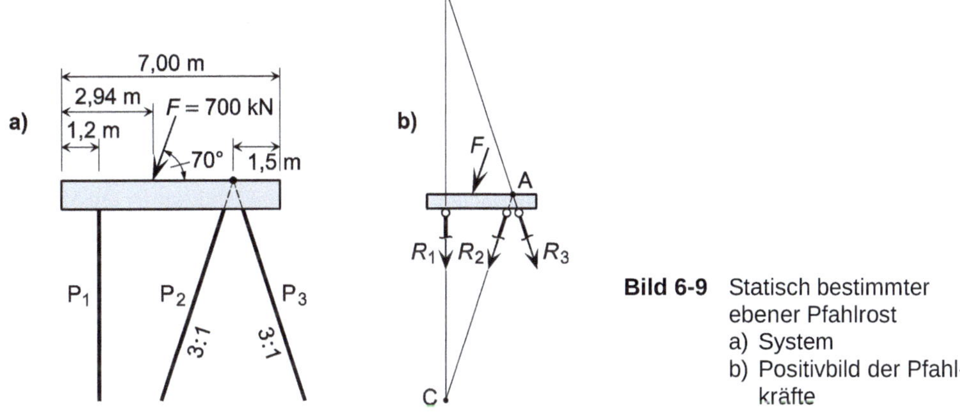

Bild 6-9 Statisch bestimmter ebener Pfahlrost
a) System
b) Positivbild der Pfahlkräfte

Lösung

Bei dem System von Bild 6-9 ergibt sich die Bestimmungsgleichung für die Pfahlkraft R_1 aus dem Momentengleichgewicht um den Schnittpunkt A der Wirkungslinien von den Pfahlkräften R_2 und R_3 des Positivbildes (alle in der Abbildung eingetragenen Schnittkräfte der Pfähle sind als positive Zugkräfte dargestellt) zu

$$R_1 = \frac{-F \cdot \sin 70° \cdot (7{,}00 - 2{,}94 - 1{,}50)}{7{,}00 - 1{,}20 - 1{,}50} = \frac{-700 \cdot \sin 70° \cdot 2{,}56}{4{,}30} = -391{,}6 \text{ kN} \quad \text{(Druck)}$$

Die Bestimmungsgleichung für die Pfahlkraft R_2 des 3:1 geneigten Pfahls P_2 (Neigungswinkel gegenüber der Horizontalen 71,57°) liefert das Momentengleichgewicht um den Schnittpunkt B der Pfahlkraftwirkungslinien der Pfähle P_1 und P_3 des Positivbildes

$$R_2 = \frac{-F \cdot [(2{,}94-1{,}2)\cdot \sin 70° + (7{,}0-1{,}2-1{,}5)\cdot 3 \cdot \cos 70°]}{(7{,}0-1{,}2-1{,}5)\cdot(\sin 71{,}57° + 3\cdot \cos 71{,}57°)} = -518{,}9\ \text{kN} \qquad \text{(Druck)}$$

Das Momentengleichgewicht um den Schnittpunkt C der Pfahlkraftwirkungslinien der Pfähle P_1 und P_2 des Positivbildes führt zu der Bestimmungsgleichung für die Pfahlkraft R_3 des 3:1 geneigten Pfahls P_3 (Neigungswinkel gegenüber der Horizontalen 71,57°)

$$R_3 = \frac{F \cdot [(7{,}0-1{,}2-1{,}5)\cdot 3 \cdot \cos 70° - (2{,}94-1{,}2)\cdot \sin 70°]}{(7{,}0-1{,}2-1{,}5)\cdot(\sin 71{,}57° + 3\cdot \cos 71{,}57°)} = 238{,}3\ \text{kN} \quad \text{(Zug)}$$

Eine Alternative zu der in dem Anwendungsbeispiel gezeigten Pfahlkraftermittlung mit Hilfe der formelmäßigen Anwendung der Gleichgewichtsbedingungen besteht in der grafischen Lösung von *Culmann*. Sie ist für den Fall des Momentengleichgewichts um den Punkt D (Schnittpunkt der Wirkungslinie von F und der Achse des Pfahls P_1) in Bild 6-10 gezeigt.

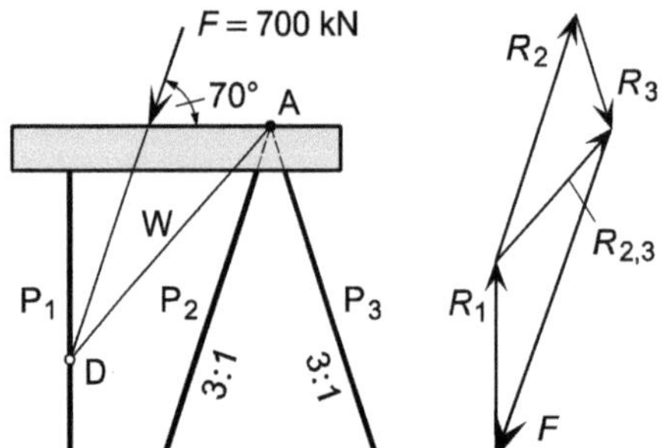

Bild 6-10 Pfahlkraftermittlung an einem statisch bestimmten ebenen Pfahlrost nach *Culmann* (Momentengleichgewicht um Punkt D)

Da bei der Lösung der Abbildung weder die einwirkende Kraft F noch die Pfahlkraft R_1 ein Moment um den Punkt D erzeugt, darf, wegen des geforderten Momentengleichgewichts um diesen Punkt, auch die Resultierende $R_{2,3}$ der Pfahlkräfte R_2 und R_3 kein Moment um D erzeugen. Diese Forderung wird erfüllt, wenn die Wirkungslinie der Resultierenden durch den Punkt D verläuft. Die Lage der Wirkungslinie W ist damit festgelegt, da die Resultierende außerdem auch durch den Punkt A (Schnittpunkt der Achsen der Pfähle P_1 und P_2) verlaufen muss.

Wegen dieser Überlegungen ist es möglich, zunächst ein geschlossenes Krafteck (Kräftegleichgewicht in horizontaler und vertikaler Richtung) aus der Kraft F, der Pfahlkraft R_1 und der Resultierenden von R_2 und R_3 (in der Abbildung durch den Kraftvektor $R_{2,3}$ repräsentiert) zu konstruieren. Danach kann die Zerlegung von $R_{2,3}$ in die Kraftkomponenten R_2 und R_3 (statisches Äquivalent) vorgenommen werden, womit sowohl die Größe als auch die Wirkungsrichtung der gesuchten drei Pfahlkräfte bestimmt ist. Aus dem Krafteck lassen sich dann die Pfahlkräfte $R_1 = 392$ kN (Druck), $R_2 = 522$ kN (Druck) und $R_3 = 241$ kN (Zug) ablesen. Der Vergleich mit den analytisch ermittelten Pfahlkräften zeigt eine gute Übereinstimmung.

Es sei darauf hingewiesen, dass die Bearbeitung der Aufgabe mit dem *Culmann*'schen Verfahren in analoger Weise auch für den Schnittpunkt der Kraft F mit einer der anderen beiden Pfahlachsen möglich ist.

Anwendungsbeispiel

Für den statisch bestimmten ebenen Pfahlrost von Bild 6-11 sind die Pfahlkräfte, die sich pro lfdm infolge der Belastung f und der Eigenlast der Rostplatte ergeben, grafisch nach *Culmann* zu ermitteln.

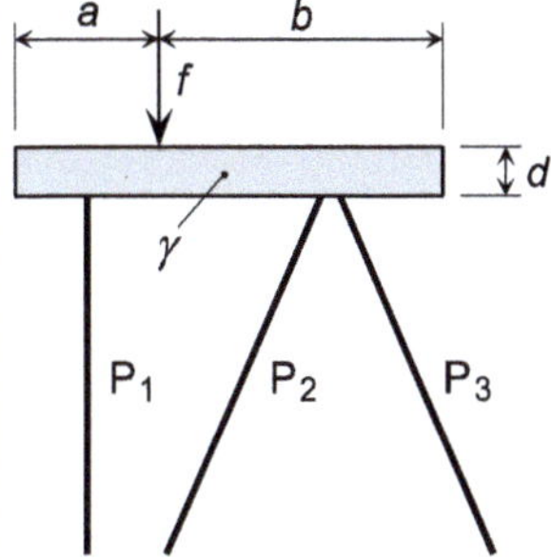

Bild 6-11 Ebener Pfahlrost mit Belastung

Der Pfahlkraftermittlung sind bezüglich der Belastung f

Lastgröße	$f = 48{,}75$ kN/lfdm
Lastabstand	$a = 1{,}50$ m
Lastabstand	$b = 3{,}00$ m

und bezüglich der Stahlbetonrostplatte

Plattendicke	$d = 0{,}50$ m
Wichte des Plattenmaterials	$\gamma = 25{,}0$ kN/m^3

zugrunde zu legen.

Lösung

Mit der La$f_{ges} = f + g = 48{,}75 + 56{,}25 = 105{,}0$ kN/lfdmst f und der Eigenlast der Rostplatte

$$g = (a+b)\cdot d \cdot 1{,}0 \cdot \gamma = (1{,}50+3{,}00)\cdot 0{,}5\cdot 1{,}0\cdot 25 = 56{,}25 \text{ kN/lfdm}$$

ergibt sich die Gesamtlast

die im Abstand

$$c = \frac{48{,}75\cdot 1{,}50 + 56{,}25\cdot 2{,}25}{105{,}0} = 1{,}90 \text{ m}$$

vom linken Rostplattenrand wirkt. Wird die Lage von f_{ges} in die Zeichnung eingetragen, können, auf der Basis der Gleichgewichtsbedingung $\Sigma m = 0$ um den Schnittpunkt von f_{ges} und der Achse von P_3 (Punkt A), die gesuchten Pfahlkräfte nach *Culmann* ermittelt werden (Bild 6-12).

Durch Ablesung aus dem Krafteck ergeben sich die gesuchten Pfahlkräfte

$r_1 = 58{,}1$ kN/lfdm (Druck)

$r_2 = 25{,}7$ kN/lfdm (Druck)

$r_3 = 25{,}7$ kN/lfdm (Druck)

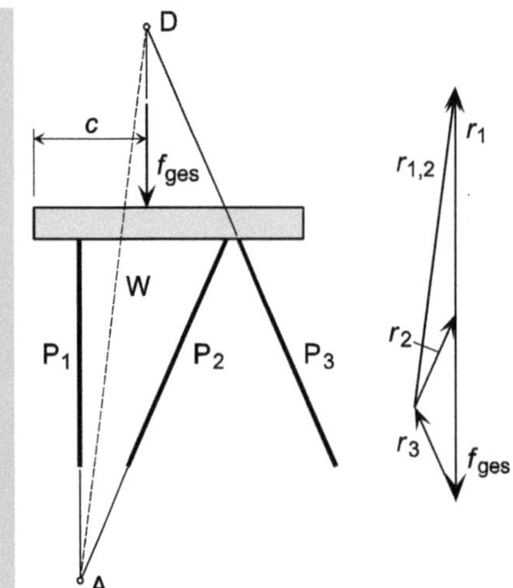

Bild 6-12 Pfahlkraftermittlung nach *Culmann*

6.5 Berechnung statisch unbestimmter Pfahlroste

6.5.1 Allgemeines

Für die Berechnung der Schnittlasten und Deformationen von Pfahlrosten wird in der Regel von einem linear-elastischen Verhalten des Systems ausgegangen. Im Einzelnen wird für solche Systeme angenommen, dass

- die Pfähle ein linear-elastisches Materialverhalten (Last-Verformungsverhalten) besitzen,
- die Pfähle hinreichend tief in tragfähigem und unverschieblichem Baugrund eingebunden sind (Grundlage für die Annahme, dass die Pfahlfußpunkte unverschieblich sind),
- die Pfähle nur axial und nicht in Querrichtung belastet werden, sodass sie weder Biegemomente noch Querkräfte, sondern nur Druck- oder Zugkräfte als Schnittlasten aufnehmen müssen und als Pendelstäbe (Stäbe mit Gelenken an den Stabenden) behandelt werden können,
- sich die Rostplatten wie starre Körper verhalten.

Muss die Annahme der Unverschieblichkeit der Pfahlfußpunkte entfallen, z. B. wegen sich einstellender bleibender Setzungen, kann nicht mehr von einem linear-elastischem Systemverhalten ausgegangen werden.

Die Annahme, dass sich die Rostplatte des Pfahlrostes wie ein Starrkörper verhält, darf getroffen werden, wenn die Rostplattenverformungen klein sind gegenüber den Stauchungen der Pfähle und deshalb vernachlässigt werden können. Das ist nach [180], Kap. 3.4 dann der Fall, wenn das Steifigkeitsverhältnis

$$m = \frac{6 \cdot E \cdot I}{s \cdot a^3} \qquad \text{Gl. 6-1}$$

hinreichend groß ist. In der Gleichung stehen $E \cdot I$ für die Steifigkeit des Überbaus, a für den Pfahlabstand und s für die Pfahlsteifigkeit.

In Fällen, in denen die Rostplatte gegenüber den Pfählen nicht steif genug ist, muss die Platte z. B. als Trägerrost oder mit Hilfe der Methode der finiten Elemente (FEM) berechnet werden.

Im Folgenden wird die Berechnung von Pfahlrosten in Matrizenform dargestellt.

6.5.2 Geometrie der axial belasteten Pfähle

Zur Pfahlrostberechnung ist u. a. die Kenntnis der geometrischen Lage der Pfähle, die Richtung der Pfahlkräfte und die Größe der Momentenwirkungen der Pfahlkräfte erforderlich. Bild 6-13 zeigt den Einheitsvektor $\mathbf{n}_i = \{n_{xi}, n_{yi}, n_{zi}\}$, der in Richtung der Achse des im Punkt A beginnenden i-ten Pfahls eines Pfahlrostes weist. Bezogen auf ein globales x, y, z-Koordinatensystem, dessen Ursprung in der Rostplatte liegt, wird mit dem Vektor $\mathbf{n}_i$ die Wirkungsrichtung von jeder Pfahlnormalkraft (Zugkraft) des i-ten Pfahls festgelegt. Mit dem Richtungswinkel ω_i (rechtsdrehend = positiv) und dem Winkel der Pfahlneigung ϑ_i (positiv gegen die Vertikale) ergeben sich die einzelnen Komponenten von $\mathbf{n}_i$ zu

$$n_{xi} = \sin\vartheta_i \cdot \cos\omega_i \qquad n_{yi} = \sin\vartheta_i \cdot \sin\omega_i \qquad n_{zi} = \cos\vartheta_i \qquad \text{Gl. 6-2}$$

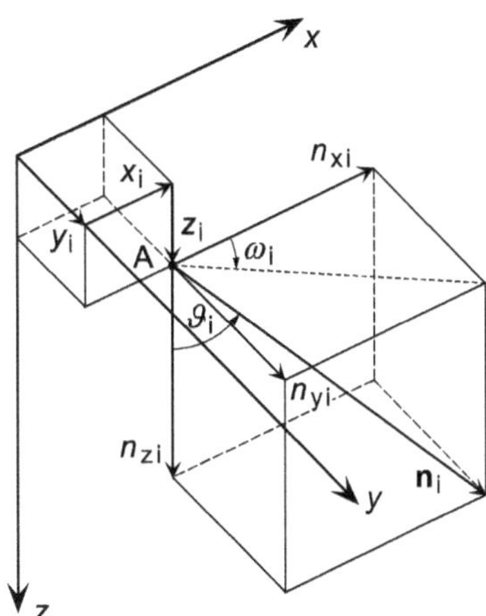

Bild 6-13 In der Achse des i-ten Pfahls eines Pfahlrostes liegender Einheitsvektor $\mathbf{n}_i$

Mit dem Ortsvektor $\mathbf{a}_i = \{x_i, y_i, z_i\}$ des Pfahlkopfs (Punkt A) lässt sich die Momentenwirkung der in Richtung von $\mathbf{n}_i$ wirkenden normierten Pfahlnormalkraft bezüglich der x-, y- und z-Achse des globalen Koordinatensystems durch das Vektorprodukt

$$\mathbf{m}_i = \mathbf{a}_i \times \mathbf{n}_i \qquad \text{Gl. 6-3}$$

angeben. Die Komponenten des Vektors $\mathbf{m}_i = \{m_{xi}, m_{yi}, m_{zi}\}$ haben dann die Größen

$$m_{xi} = y_i \cdot n_{zi} - z_i \cdot n_{yi}$$

$$m_{yi} = z_i \cdot n_{xi} - x_i \cdot n_{zi} \qquad \text{Gl. 6-4}$$

$$m_{zi} = x_i \cdot n_{yi} - y_i \cdot n_{xi}$$

Die vollständige Transformation in das globale System wird für die Pfahlkraft des einzelnen Pfahls durch den Vektor $\mathbf{s}_i$ (im Folgenden als Spaltenmatrix dargestellt) und für das aus n Pfählen bestehende Gesamtsystem durch die Matrix $\mathbf{S}$ beschrieben

$$\mathbf{s}_i = \begin{Bmatrix} n_{xi} \\ n_{yi} \\ n_{zi} \\ m_{xi} \\ m_{yi} \\ m_{zi} \end{Bmatrix}, \qquad \mathbf{S} = [\mathbf{s}_1, \ldots, \mathbf{s}_i, \ldots, \mathbf{s}_n] = \begin{bmatrix} n_{x1} & \cdots & n_{xi} & \cdots & n_{xn} \\ n_{y1} & \cdots & n_{yi} & \cdots & n_{yn} \\ n_{z1} & \cdots & n_{zi} & \cdots & n_{zn} \\ m_{x1} & \cdots & m_{xi} & \cdots & m_{xn} \\ m_{y1} & \cdots & m_{yi} & \cdots & m_{yn} \\ m_{z1} & \cdots & m_{zi} & \cdots & m_{zn} \end{bmatrix} \qquad \text{Gl. 6-5}$$

6.5.3 Einwirkungen auf das System

Neben der Geometrie der Pfähle sind auch alle Einwirkungen eindeutig zu erfassen. Nach der Zusammenfassung zur Resultierenden F lassen sie sich darstellen als Vektor $\mathbf{v}_F = \{F_x, F_y, F_z\}$. Die Komponenten dieses Vektors beziehen sich auf das mit seinem Ursprung in der Rostplatte liegende globale x, y, z-Koordinatensystem. Da die Wirkungslinie der Resultierenden F im Allgemeinen nicht durch den Koordinatenursprung verläuft, und zum Angriffspunkt von F der Ortsvektor $\mathbf{a}_F = \{x_F, y_F, z_F\}$ gehört, lässt sich der Vektor der von F erzeugten Momente um die Koordinatenachsen durch das Vektorprodukt

$$\mathbf{v}_M = \mathbf{a}_F \times \mathbf{v}_F \qquad \text{Gl. 6-6}$$

bestimmen. Die Komponenten des Vektors $\mathbf{v}_M = \{M_x, M_y, M_z\}$ berechnen sich dann zu

$$\begin{aligned} M_x &= y_F \cdot F_z - z_F \cdot F_y \\ M_y &= z_F \cdot F_x - x_F \cdot F_z \\ M_z &= x_F \cdot F_y - y_F \cdot F_x \end{aligned} \qquad \text{Gl. 6-7}$$

Die im Ursprung des globalen Koordinatensystems wirkenden Kräfte und Momente lassen sich somit in dem Vektor der Einwirkungen (Belastungsvektor) zusammenfassen, der in Matrizenschreibweise die Form

$$\mathbf{f}^t = \{F_x, F_y, F_z, M_x, M_y, M_z\} \qquad \text{Gl. 6-8}$$

besitzt.

6.5.4 Steifigkeiten der axial belasteten Einzelpfähle

Da bei der Berechnung statisch unbestimmter Pfahlroste auch Last-Verformungsbedingungen zu berücksichtigen sind, müssen die Steifigkeiten der deformierbaren Systemelemente (alle einzelnen Pfähle) bekannt sein. Bei dem für die Pfähle unterstellten linear-elastischen Materialverhalten (*Hooke*'sches Gesetz) hat ein axial belasteter Pfahl i mit konstanten Materialeigenschaften und Querschnittsabmessungen (bei abschnittsweiser Veränderlichkeit siehe z. B. [180], Kap. 3.2) die Steifigkeit (Dimension z. B. in MN/m)

$$k_i = \frac{E_i \cdot A_i}{l_i} \qquad \text{Gl. 6-9}$$

Die in der Gleichung verwendeten Größen des Pfahls sind sein Elastizitätsmodul E_i (in MN/m²), seine Querschnittsfläche A_i (in m²) und seine Länge l_i (in m).

6.5.5 Steifigkeitsmatrix des Pfahlrostes

Die Steifigkeiten k_i aller n Einzelpfähle des Pfahlrostes werden zusammengefasst in der $n \times n$ großen Diagonalmatrix

$$\mathbf{D}_k = \begin{bmatrix} k_1 & 0 & \dots & 0 \\ 0 & k_2 & \dots & 0 \\ \vdots & \vdots & \ddots & \vdots \\ 0 & 0 & \dots & k_n \end{bmatrix} \qquad \text{Gl. 6-10}$$

Durch Linksmultiplikation mit der $6 \times n$ Matrix $\mathbf{S}$ und durch anschließende Rechtsmultiplikation mit der Transponierten $\mathbf{S}^t$ von $\mathbf{S}$ ergibt sich aus ihr die um ihre Hauptdiagonale symmetrische 6×6 Steifigkeitsmatrix des Gesamtsystems ($k_{ij} = k_{ji}$)

$$\mathbf{K} = \mathbf{S} \cdot \mathbf{D}_k \cdot \mathbf{S}^t = \begin{bmatrix} k_{xx} & k_{xy} & k_{xz} & k_{x\alpha} & k_{x\beta} & k_{x\gamma} \\ & k_{yy} & k_{yz} & k_{y\alpha} & k_{y\beta} & k_{y\gamma} \\ & & k_{zz} & k_{z\alpha} & k_{z\beta} & k_{z\gamma} \\ & & & k_{\alpha\alpha} & k_{\alpha\beta} & k_{\alpha\gamma} \\ & \text{sym.} & & & k_{\beta\beta} & k_{\beta\gamma} \\ & & & & & k_{\gamma\gamma} \end{bmatrix} \qquad \text{Gl. 6-11}$$

Die mechanische Bedeutung der 21 unterschiedlichen Elemente der Steifigkeitsmatrix bezieht sich ausnahmslos auf das mit seinem Ursprung in der Rostplatte liegende x, y, z-Koordinatensystem. Es sind z. B.

- k_{xy} in der x-Achse wirkende resultierende Reaktionskraft des Pfahlrostes (kN/m), hervorgerufen durch eine der starren Rostplatte eingeprägte Verschiebung $v_y = 1$,
- $k_{x\beta}$ in der x-Achse wirkende resultierende Reaktionskraft des Pfahlrostes (kN), hervorgerufen durch eine der starren Rostplatte eingeprägte Drehung $\varphi_y = 1$ um die y-Achse,
- $k_{\alpha\beta}$ um die x-Achse wirkendes resultierendes Reaktionsmoment des Pfahlrostes (kN · m), hervorgerufen durch eine der starren Rostplatte eingeprägte Drehung $\varphi_y = 1$ um die y-Achse.

6.5.6 Gleichungssystem des Pfahlrostes

Die durch die Belastung des Pfahlrostes (Vektor $\mathbf{f}$) hervorgerufene Bewegung der starren Rostplatte kann erfasst werden durch den Vektor (dargestellt als einspaltige Matrix)

$$\mathbf{u}^t = \{v_x, v_y, v_z, \phi_x, \phi_y, \phi_z\} \qquad \text{Gl. 6-12}$$

Seine Elemente sind die Rostplatten-Translationen v in x-, y- und z-Richtung und die Rostplatten-Rotationen φ um die x-, y- und z-Achse. Das Gleichungssystem des Pfahlrostes hat dann die Form

$$\mathbf{K} \cdot \mathbf{u} = \mathbf{f} = \begin{bmatrix} k_{xx} & k_{xy} & k_{xz} & k_{x\alpha} & k_{x\beta} & k_{x\gamma} \\ & k_{yy} & k_{yz} & k_{y\alpha} & k_{y\beta} & k_{y\gamma} \\ & & k_{zz} & k_{z\alpha} & k_{z\beta} & k_{z\gamma} \\ & & & k_{\alpha\alpha} & k_{\alpha\beta} & k_{\alpha\gamma} \\ & \text{sym.} & & & k_{\beta\beta} & k_{\beta\gamma} \\ & & & & & k_{\gamma\gamma} \end{bmatrix} \cdot \begin{Bmatrix} v_x \\ v_y \\ v_z \\ \phi_x \\ \phi_y \\ \phi_z \end{Bmatrix} = \begin{Bmatrix} F_x \\ F_y \\ F_z \\ M_x \\ M_y \\ M_z \end{Bmatrix} \qquad \text{Gl. 6-13}$$

6.5.7 Berechnung der Pfahlkopfbewegungen und der Pfahlkräfte

Sind die Steifigkeitsmatrix **K** des Systems und der Belastungsvektor **f** bekannt, lässt sich die Rostplattenbewegung (Vektor **u**) unter Verwendung der Inversen $\mathbf{K}^{-1}$ der Steifigkeitsmatrix **K** durch

$$\mathbf{u} = \mathbf{K}^{-1} \cdot \mathbf{f} \qquad \text{Gl. 6-14}$$

ermitteln.

Mit dem so berechneten Vektor **u** lassen sich die in dem Vektor (einspaltige Matrix)

$$\mathbf{w}^{t} = \{ w_1, \ldots, w_i, \ldots, w_n \} \qquad \text{Gl. 6-15}$$

zusammengefassten Kopfpunktbewegungen w_i in Richtung der Pfahlachsen (Längenänderungen) aller n Pfähle des Pfahlrostes mit Hilfe der Matrizenmultiplikation

$$\mathbf{w} = \mathbf{S}^{t} \cdot \mathbf{u} \qquad \text{Gl. 6-16}$$

berechnen. Für die Verschiebung des Kopfpunkts des i-ten Einzelpfahls in Richtung seiner Achse gilt die Beziehung

$$w_i = \mathbf{s}_i^{t} \cdot \mathbf{u} \qquad \text{Gl. 6-17}$$

Stellen die noch zu bestimmenden n Pfahlkräfte R_i die Elemente des Vektors (Spaltenmatrix)

$$\mathbf{r}^{t} = \{ R_1, \ldots, R_i, \ldots, R_n \} \qquad \text{Gl. 6-18}$$

dar, lässt sich dieser mit dem schon berechneten Vektor **w** durch

$$\mathbf{r} = \mathbf{D}_k \cdot \mathbf{S}^{t} \cdot \mathbf{u} = \mathbf{D}_k \cdot \mathbf{w} \qquad \text{Gl. 6-19}$$

ermitteln.

Die Kraft in dem i-ten Einzelpfahl besitzt die Größe

$$R_i = k_i \cdot \mathbf{s}_i^{t} \cdot \mathbf{u} = k_i \cdot w_i \qquad \text{Gl. 6-20}$$

Anwendungsbeispiel

Für das in Bild 6-14 gezeigte System eines als ebener Pfahlrost behandelbaren Falls sind die nachstehenden Punkte zu bearbeiten.

1. Herleitung des für statisch unbestimmte und in der x, z-Ebene liegende ebene Pfahlroste geltenden allgemeinen Gleichungssystems aus den Gleichungen des dreidimensionalen Falls.
2. Herleitung des allgemeinen Gleichungssystems statisch unbestimmter und in der x, z-Ebene liegender ebener Pfahlroste, die zur z-Achse symmetrisch sind.
3. Aufstellung und Lösung des Gleichungssystems und Ermittlung der Pfahlkräfte für den gegebenen Pfahlrost.

Der Berechnung sind als

Pfahlquerschnittsfläche	$A = 0{,}3 \times 0{,}3 = 0{,}09\ \text{m}^2$
Elastizitätsmodul der Pfähle	$E = 34000\ \text{MN/m}^2$
Resultierende Kraft (inkl. Rostplatteneigenlast)	$F = 450\ \text{kN/lfdm}$
Neigungswinkel von F	$\alpha = 62{,}5°$

zugrunde zu legen. Darüber hinaus ist ein Pfahlabstand in Fundamentlängsrichtung (y-Richtung) von 1,8 m anzunehmen.

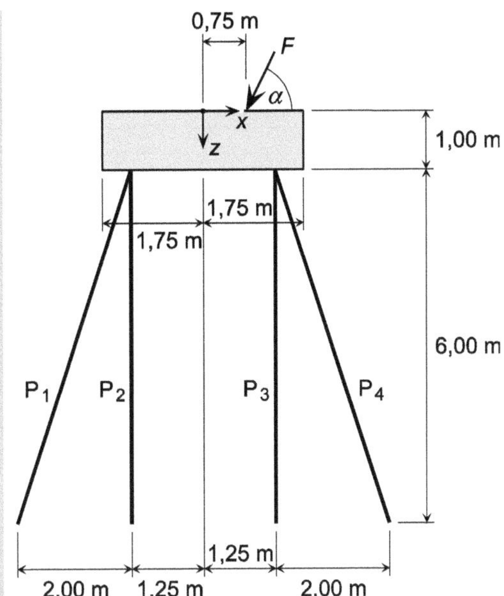

Bild 6-14 System, Abmessungen und Belastung eines auf Pfählen gegründeten streifenförmigen Gründungskörpers

Lösung

1. Allgemeines Gleichungssystem für statisch unbestimmte und in der *x*, *z*-Ebene liegende ebene Pfahlroste

1.1 Ermittlung der Vektoren $\mathbf{n}_i$ und der Vektoren $\mathbf{m}_i$

In einem ebenen und in der *x*, *z*-Ebene liegenden Pfahlrost können als Richtungswinkel

$$\omega_i = 0° \quad \Rightarrow \quad \cos\omega_i = +1 \quad \text{und} \quad \sin\omega_i = 0$$

oder

$$\omega_i = 180° \quad \Rightarrow \quad \cos\omega_i = -1 \quad \text{und} \quad \sin\omega_i = 0$$

auftreten. Damit ergeben sich die Komponenten des Einheitsvektors $\mathbf{n}_i$ für den *i*-ten Pfahl des allgemeinen dreidimensionalen Falls mit den Gleichungen (Gl. 6-2) zu

$$n_{xi} = \cos\omega_i \cdot \sin\vartheta_i = \pm 1 \cdot \sin\vartheta_i = \pm\sin\vartheta_i \quad (\text{positiv bei } \omega_i = 0, \text{negativ bei } \omega_i = 180°)$$

$$n_{yi} = \sin\omega_i \cdot \sin\vartheta_i = 0 \cdot \sin\vartheta_i = 0$$

$$n_{zi} = \cos\vartheta_i$$

Mit diesen Ausdrücken lassen sich unter Berücksichtigung der für ebene Systeme geltenden Bedingung

$$y_i = 0$$

die Komponenten des Vektors $\mathbf{m}_i$ ermitteln, der die Momentenwirkung der Pfahlnormalkraft des *i*-ten Pfahls um die globalen Koordinatenachsen erfasst (Gl. 6-3 und Gl. 6-4).

$$m_{xi} = y_i \cdot n_{zi} - z_i \cdot n_{yi} = 0 \cdot n_{zi} - z_i \cdot 0 = 0$$

$$m_{yi} = z_i \cdot n_{xi} - x_i \cdot n_{zi} = \pm z_i \cdot \sin\vartheta_i - x_i \cdot \cos\vartheta_i$$

$$m_{zi} = x_i \cdot n_{yi} - y_i \cdot n_{xi} = x_i \cdot 0 - 0 \cdot n_{xi} = 0$$

1.2 Besetzung der Transformationsvektoren $\mathbf{s}_i$ und der Transformationsmatrix **S**

Mit den bisher ermittelten Größen haben die Transformationsvektoren $\mathbf{s}_i$ und die Transformationsmatrix **S** die Besetzung (Gl. 6-5)

$$\mathbf{s}_i = \begin{Bmatrix} n_{xi} \\ n_{yi} \\ n_{zi} \\ m_{xi} \\ m_{yi} \\ m_{zi} \end{Bmatrix} = \begin{Bmatrix} \pm\sin\vartheta_i \\ 0 \\ \cos\vartheta_i \\ 0 \\ \pm z_i \cdot \sin\vartheta_i - x_i \cdot \cos\vartheta_i \\ 0 \end{Bmatrix}, \qquad \mathbf{S} = [\mathbf{s}_1, \ldots, \mathbf{s}_i, \ldots, \mathbf{s}_n] = \begin{bmatrix} n_{x1} & \ldots & n_{xi} & \ldots & n_{xn} \\ 0 & \ldots & 0 & \ldots & 0 \\ n_{z1} & \ldots & n_{zi} & \ldots & n_{zn} \\ 0 & \ldots & 0 & \ldots & 0 \\ m_{y1} & \ldots & m_{yi} & \ldots & m_{yn} \\ 0 & \ldots & 0 & \ldots & 0 \end{bmatrix}$$

1.3 Besetzung der Matrix $\mathbf{D}_k$ und Ermittlung der Matrix **K**

Aus der Diagonalmatrix $\mathbf{D}_k$ der Steifigkeiten der Einzelpfähle (Gl. 6-9 und Gl. 6-10)

$$\mathbf{D}_k = \begin{bmatrix} k_1 & 0 & \ldots & 0 \\ 0 & k_2 & \ldots & 0 \\ \vdots & \vdots & \ddots & \vdots \\ 0 & 0 & \ldots & k_n \end{bmatrix} \qquad \text{mit} \qquad k_i = \frac{E_i \cdot A_i}{l_i}$$

ergibt sich, nach Linksmultiplikation mit der Matrix **S** und Rechtsmultiplikation mit der Transponierten $\mathbf{S}^t$ von **S**, die Steifigkeitsmatrix (Gl. 6-11)

$$\mathbf{K} = \mathbf{S} \cdot \mathbf{D}_k \cdot \mathbf{S}^t = \mathbf{H}_k \cdot \mathbf{S}^t$$

Ihre Komponenten berechnen sich nach dem Matrizenmultiplikationsschema von *Falk* (vgl. z. B. [327]) zu

$$\begin{bmatrix} k_1 & 0 & \cdots & 0 \\ 0 & k_2 & & 0 \\ \vdots & \vdots & \ddots & \vdots \\ 0 & 0 & \cdots & k_n \end{bmatrix}$$

$$\begin{bmatrix} n_{x1} & n_{x2} & \ldots & n_{xn} \\ 0 & 0 & \ldots & 0 \\ n_{z1} & n_{z2} & \ldots & n_{zn} \\ 0 & 0 & \ldots & 0 \\ m_{y1} & m_{y2} & \ldots & m_{yn} \\ 0 & 0 & \ldots & 0 \end{bmatrix} \begin{bmatrix} n_{x1} \cdot k_1 & n_{x2} \cdot k_2 & \ldots & n_{xn} \cdot k_n \\ 0 & 0 & \ldots & 0 \\ n_{z1} \cdot k_1 & n_{z2} \cdot k_2 & \ldots & n_{zn} \cdot k_n \\ 0 & 0 & \ldots & 0 \\ m_{y1} \cdot k_1 & m_{y2} \cdot k_2 & \ldots & m_{yn} \cdot k_n \\ 0 & 0 & \ldots & 0 \end{bmatrix} = \mathbf{H}_k$$

und

$$\begin{bmatrix} n_{x1}\cdot k_1 & n_{x2}\cdot k_2 & \dots & n_{xn}\cdot k_n \\ 0 & 0 & \dots & 0 \\ n_{z1}\cdot k_1 & n_{z2}\cdot k_2 & \dots & n_{zn}\cdot k_n \\ 0 & 0 & \dots & 0 \\ m_{y1}\cdot k_1 & m_{y2}\cdot k_2 & \dots & m_{yn}\cdot k_n \\ 0 & 0 & \dots & 0 \end{bmatrix} \begin{bmatrix} n_{x1} & 0 & n_{z1} & 0 & m_{y1} \\ n_{x2} & 0 & n_{z2} & 0 & m_{y2} \\ \vdots & \vdots & \vdots & \vdots & \vdots \\ n_{xn} & 0 & n_{zn} & 0 & m_{yn} \end{bmatrix} = \begin{bmatrix} \sum_{i=1}^{n} n_{xi}^2\cdot k_i & 0 & \sum_{i=1}^{n} n_{xi}\cdot k_i\cdot n_{zi} & 0 & \sum_{i=1}^{n} n_{xi}\cdot k_i\cdot m_{yi} & 0 \\ 0 & 0 & 0 & 0 & 0 & 0 \\ \sum_{i=1}^{n} n_{xi}\cdot k_i\cdot n_{zi} & 0 & \sum_{i=1}^{n} n_{zi}^2\cdot k_i & 0 & \sum_{i=1}^{n} n_{zi}\cdot k_i\cdot m_{yi} & 0 \\ 0 & 0 & 0 & 0 & 0 & 0 \\ \sum_{i=1}^{n} n_{xi}\cdot k_i\cdot m_{yi} & 0 & \sum_{i=1}^{n} n_{zi}\cdot k_i\cdot m_{yi} & 0 & \sum_{i=1}^{n} m_{yi}^2\cdot k_i & 0 \\ 0 & 0 & 0 & 0 & 0 & 0 \end{bmatrix} = \mathbf{K}$$

1.4 Vektor **f** der Einwirkungen und Vektor **u** der Rostplattenbewegung

Durch Zusammenfassung der äußeren Lasten und Momente zu den Resultierenden F_X, F_Z und M_Y ergibt sich, unter Berücksichtigung der für den ebenen Fall geltenden Größen

$$F_y = 0, \qquad M_x = 0, \qquad M_z = 0$$

der transponierte Vektor der Einwirkungen (Belastungsvektor, Gl. 6-8)

$$\mathbf{f}^t = \{F_x, 0, F_z, 0, M_y, 0\}$$

In analoger Weise ergibt sich mit den Bewegungsgrößen der Rostplatte im ebenen Fall

$$v_y = 0, \qquad \phi_x = 0, \qquad \phi_z = 0$$

der transponierte Vektor der Rostplattenbewegungen (Verschiebungsvektor, Gl. 6-12)

$$\mathbf{u}^t = \{v_x, 0, v_z, 0, \phi_y, 0\}$$

1.5 Gleichungssystem von in der x, z-Ebene liegenden ebenen Pfahlrosten

Mit den bisher ermittelten Größen ergibt sich das allgemeine Gleichungssystem statisch unbestimmter und in der x, z-Ebene liegender ebener Pfahlroste (Gl. 6-13).

$$\begin{bmatrix} k_{xx} & 0 & k_{xz} & 0 & k_{x\beta} & 0 \\ 0 & 0 & 0 & 0 & 0 & 0 \\ k_{zx} & 0 & k_{zz} & 0 & k_{z\beta} & 0 \\ 0 & 0 & 0 & 0 & 0 & 0 \\ k_{\beta x} & 0 & k_{\beta z} & 0 & k_{\beta\beta} & 0 \\ 0 & 0 & 0 & 0 & 0 & 0 \end{bmatrix} \cdot \begin{Bmatrix} v_x \\ 0 \\ v_z \\ 0 \\ \phi_y \\ 0 \end{Bmatrix} = \begin{Bmatrix} k_{xx}\cdot v_x + k_{xz}\cdot v_z + k_{x\beta}\cdot\phi_y \\ 0 \\ k_{zx}\cdot v_x + k_{zz}\cdot v_z + k_{z\beta}\cdot\phi_y \\ 0 \\ k_{\beta x}\cdot v_x + k_{\beta z}\cdot v_z + k_{\beta\beta}\cdot\phi_y \\ 0 \end{Bmatrix} = \begin{Bmatrix} F_x \\ 0 \\ F_z \\ 0 \\ M_y \\ 0 \end{Bmatrix}$$

$$\mathbf{K} \cdot \mathbf{u} = \mathbf{f}$$

Die gleichen Ergebnisse für die Komponenten $\neq 0$ des Belastungsvektors **f** liefert

$$\begin{bmatrix} k_{xx} & k_{xz} & k_{x\beta} \\ k_{zx} & k_{zz} & k_{z\beta} \\ k_{\beta x} & k_{\beta z} & k_{\beta\beta} \end{bmatrix} \cdot \begin{Bmatrix} v_x \\ v_z \\ \phi_y \end{Bmatrix} = \begin{Bmatrix} k_{xx} \cdot v_x + k_{xz} \cdot v_z + k_{x\beta} \cdot \phi_y \\ k_{zx} \cdot v_x + k_{zz} \cdot v_z + k_{z\beta} \cdot \phi_y \\ k_{\beta x} \cdot v_x + k_{\beta z} \cdot v_z + k_{\beta\beta} \cdot \phi_y \end{Bmatrix} = \begin{Bmatrix} F_x \\ F_z \\ M_y \end{Bmatrix}$$

$$\mathbf{K}_e \cdot \mathbf{u}_e = \mathbf{f}_e$$

Diese Beziehung stellt die übliche Form des allgemeinen Gleichungssystems statisch unbestimmter und in der x, z-Ebene liegender ebener Pfahlroste dar.

2. Allgemeines Gleichungssystem statisch unbestimmter und in der x, z-Ebene liegender ebener Pfahlroste, die zur z-Achse symmetrisch sind

2.1 Ermittlung der Transformationsvektoren $\mathbf{s}_{ej(l)}$ und $\mathbf{s}_{ej(r)}$

Bei allen ebenen Pfahlrosten, die in der x, z-Ebene liegen, zur z-Achse symmetrisch sind und Pfähle aufweisen, deren Achsen nicht parallel zur z-Achse angeordnet sind, gibt es zu allen nicht in der Symmetrieachse selbst liegenden Pfählen ein symmetrisches „Gegenstück“. Zu diesen „Pfahlpaaren“ gehören die beiden Transformationsvektoren

$$\mathbf{s}_{ej(l)} = \begin{Bmatrix} n_{xj(l)} \\ n_{zj(l)} \\ m_{yj(l)} \end{Bmatrix} = \begin{Bmatrix} \pm \sin \vartheta_{j(l)} \\ \cos \vartheta_{j,l} \\ \pm z_{j(l)} \cdot \sin \vartheta_{j(l)} - x_{j(l)} \cdot \cos \vartheta_{j(l)} \end{Bmatrix}$$

$$\mathbf{s}_{ej(r)} = \begin{Bmatrix} n_{xj(r)} \\ n_{zj(r)} \\ m_{yj(r)} \end{Bmatrix} = \begin{Bmatrix} \mp \sin \vartheta_{j(l)} \\ \cos \vartheta_{j(l)} \\ \mp z_{j(l)} \cdot \sin \vartheta_{j(l)} + x_{j(l)} \cdot \cos \vartheta_{j(l)} \end{Bmatrix}$$

des j-ten „Pfahlpaares“, von denen $\mathbf{s}_{ej(l)}$ zum links und $\mathbf{s}_{ej(r)}$ zum rechts neben der Symmetrieachse liegenden Pfahl gehört.

Aus den beiden Vektoren lassen sich als Beziehungen ablesen

$$n_{xj(l)} = -n_{xj(r)}$$

$$n_{zj(l)} = +n_{zj(r)}$$

$$m_{yj(l)} = -m_{yj(r)}$$

2.2 Ermittlung der Steifigkeitsmatrix $\mathbf{K}_e$ der symmetrischen Pfahlroste

Die Beziehungen des Abschnitts 2.1 und die Bedingungen für in der z-Achse liegende Pfähle

$$n_{xi} = 0 \qquad \text{und} \qquad m_{yi} = 0$$

führen zu den Gleichungen

$$k_{xz} = k_{zx} = \sum_{i=1}^{n} n_{xi} \cdot k_i \cdot n_{zi} = 0 \qquad \text{und} \qquad k_{z\beta} = k_{\beta z} = \sum_{i=1}^{n} n_{zi} \cdot k_i \cdot m_{yi} = 0$$

und damit zu der Steifigkeitsmatrix des ebenen und zur z-Achse symmetrischen Pfahlrostes

$$\mathbf{K}_e = \begin{bmatrix} \sum_{i=1}^{n} n_{xi}^2 \cdot k_i & 0 & \sum_{i=1}^{n} n_{xi} \cdot k_i \cdot m_{yi} \\ 0 & \sum_{i=1}^{n} n_{zi}^2 \cdot k_i & 0 \\ \sum_{i=1}^{n} n_{xi} \cdot k_i \cdot m_{yi} & 0 & \sum_{i=1}^{n} m_{yi}^2 \cdot k_i \end{bmatrix} = \begin{bmatrix} k_{xx} & 0 & k_{x\beta} \\ 0 & k_{zz} & 0 \\ k_{\beta x} & 0 & k_{\beta\beta} \end{bmatrix}$$

2.3 Gleichungssystem von zur z-Achse symmetrischen ebenen Pfahlrosten

Mit den bisher ermittelten Größen ergibt sich das allgemeine Gleichungssystem statisch unbestimmter und in der x, z-Ebene liegender ebener Pfahlroste, die zur z-Achse symmetrisch sind.

$$\begin{bmatrix} k_{xx} & 0 & k_{x\beta} \\ 0 & k_{zz} & 0 \\ k_{\beta x} & 0 & k_{\beta\beta} \end{bmatrix} \cdot \begin{Bmatrix} v_x \\ v_z \\ \phi_y \end{Bmatrix} = \begin{Bmatrix} k_{xx} \cdot v_x + k_{x\beta} \cdot \phi_y \\ k_{zz} \cdot v_z \\ k_{\beta x} \cdot v_x + k_{\beta\beta} \cdot \phi_y \end{Bmatrix} = \begin{Bmatrix} F_x \\ F_z \\ M_y \end{Bmatrix}$$

$$\mathbf{K}_e \cdot \mathbf{u}_e = \mathbf{p}_e$$

6.5.8 Pfahlroste mit senkrechten axial belasteten Pfählen

Pfahlroste, die ausschließlich vertikal angeordnete und axial belastete Pfähle besitzen (Bild 6-15), können nur vertikale Kräfte F_Z sowie Momente M_X und M_Y aufnehmen. Zur Aufnahme horizontaler Kräfte F_X und F_Y bzw. Momente M_Z sind sie nicht in der Lage, da sie in Richtung dieser Belastungen zwängungsfreie Verschiebungen bzw. Drehungen ausführen können (kinematische Unbestimmtheit).

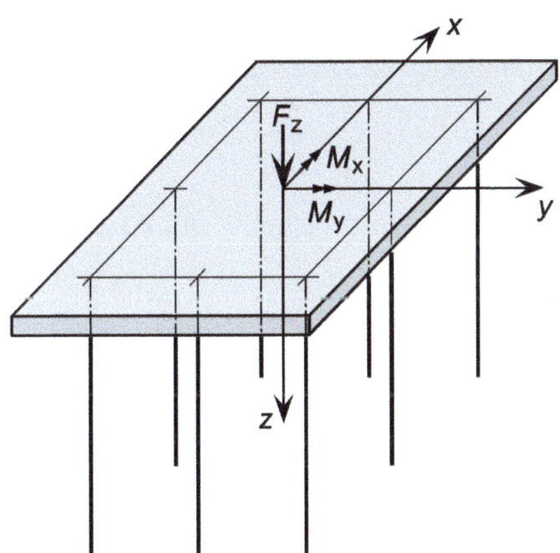

Bild 6-15 Pfahlrost mit ausschließlich vertikalen und axial belasteten Pfählen

Die geometrischen Gegebenheiten der n einzelnen Pfähle führen zu der Matrix

$$\mathbf{S} = \begin{bmatrix} 0 & \dots & 0 & \dots & 0 \\ 0 & \dots & 0 & \dots & 0 \\ n_{z1} & \dots & n_{zi} & \dots & n_{zn} \\ m_{x1} & \dots & m_{xi} & \dots & m_{xn} \\ m_{y1} & \dots & m_{yi} & \dots & m_{yn} \\ 0 & \dots & 0 & \dots & 0 \end{bmatrix} \qquad \text{Gl. 6-21}$$

des Pfahlrostes und damit zu der Steifigkeitsmatrix

$$\mathbf{K} = \mathbf{S} \cdot \mathbf{D}_k \cdot \mathbf{S}^t = \begin{bmatrix} 0 & 0 & 0 & 0 & 0 & 0 \\ & 0 & 0 & 0 & 0 & 0 \\ & & k_{zz} & k_{z\alpha} & k_{z\beta} & 0 \\ & & & k_{\alpha\alpha} & k_{\alpha\beta} & 0 \\ & \text{sym.} & & & k_{\beta\beta} & 0 \\ & & & & & 0 \end{bmatrix} \qquad \text{Gl. 6-22}$$

des zu berechnenden Systems. Das Gleichungssystem des Pfahlrostes mit ausschließlich vertikal angeordneten und axial belasteten Pfählen reduziert sich somit auf die Form

$$\mathbf{f}_r = \mathbf{K}_r \cdot \mathbf{u}_r = \begin{Bmatrix} F_z \\ M_x \\ M_y \end{Bmatrix} = \begin{bmatrix} k_{zz} & & \text{sym.} \\ k_{\alpha z} & k_{\alpha\alpha} & \\ k_{\beta z} & k_{\beta\alpha} & k_{\beta\beta} \end{bmatrix} \cdot \begin{Bmatrix} v_z \\ \phi_x \\ \phi_y \end{Bmatrix} \qquad \text{Gl. 6-23}$$

Bei einem Pfahlrost mit den Steifigkeiten k_i der n Einzelpfähle sowie den globalen Koordinaten x_i und y_i der Pfahlachsen ergibt sich die reduzierte Steifigkeitsmatrix

$$\mathbf{K}_r = \begin{bmatrix} \sum_{i=1}^{n} k_i & & \text{sym.} \\ \sum_{i=1}^{n} k_i \cdot y_i & \sum_{i=1}^{n} k_i \cdot y_i^2 & \\ -\sum_{i=1}^{n} k_i \cdot x_i & -\sum_{i=1}^{n} k_i \cdot x_i \cdot y_i & \sum_{i=1}^{n} k_i \cdot x_i^2 \end{bmatrix} \qquad \text{Gl. 6-24}$$

Der reduzierte Vektor der Rostplattenbewegung kann mit Hilfe von

$$\mathbf{u}_r = \mathbf{K}_r^{-1} \cdot \mathbf{f}_r \qquad \text{Gl. 6-25}$$

berechnet werden. Mit ihm lassen sich der Vektor der Pfahlkopfbewegungen durch

$$\mathbf{w} = \mathbf{S}_r^t \cdot \mathbf{u}_r = \begin{Bmatrix} w_1 \\ \vdots \\ w_i \\ \vdots \\ w_n \end{Bmatrix} = \begin{bmatrix} n_{z1} & m_{x1} & m_{y1} \\ \vdots & \vdots & \vdots \\ n_{zi} & m_{xi} & m_{yi} \\ \vdots & \vdots & \vdots \\ n_{zn} & m_{xn} & m_{yn} \end{bmatrix} \cdot \begin{Bmatrix} v_z \\ \phi_x \\ \phi_y \end{Bmatrix} \qquad \text{Gl. 6-26}$$

und der Vektor der Pfahlkräfte durch

$$\mathbf{r} = \mathbf{D}_k \cdot \mathbf{w} \qquad \text{Gl. 6-27}$$

ermitteln.

6.5.9 Symmetrische Pfahlroste mit senkrechten axial belasteten Pfählen

Bei Pfahlrosten mit ausschließlich senkrecht angeordneten und axial belasteten Pfählen (vgl. Bild 6-15), die bezüglich ihrer Geometrie und Steifigkeit symmetrisch zur globalen x, z-Ebene oder y, z-Ebene sind, vereinfacht sich das Gleichungssystem des allgemeinen Falls (Gl. 6-23) in Abhängigkeit von der Lage der Symmetrieebene.

Bei symmetrischen Systemen, deren Symmetrieebene durch die x, z-Ebene repräsentiert wird (Bild 6-16), gilt für die Elemente $k_{z\alpha}$ und $k_{\alpha z}$ der Steifigkeitsmatrix

$$k_{z\alpha} = k_{\alpha z} = \sum_{i=1}^{n} k_i \cdot y_i = 0 \qquad \text{Gl. 6-28}$$

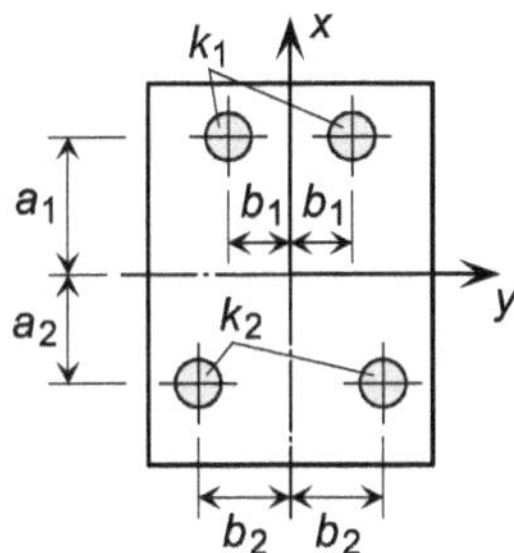

Bild 6-16 Grundriss eines symmetrischen Pfahlrostes mit der x, z-Ebene als Symmetrieebene

Das Gleichungssystem aus Gl. 6-23 vereinfacht sich damit zu

$$\mathbf{f}_r = \mathbf{K}_r \cdot \mathbf{u}_r = \begin{Bmatrix} F_z \\ M_x \\ M_y \end{Bmatrix} = \begin{bmatrix} k_{zz} & & \text{sym.} \\ 0 & k_{\alpha\alpha} & \\ k_{\beta z} & k_{\beta\alpha} & k_{\beta\beta} \end{bmatrix} \cdot \begin{Bmatrix} v_z \\ \phi_x \\ \phi_y \end{Bmatrix} \qquad \text{Gl. 6-29}$$

Symmetrische Systeme mit der y, z-Ebene als Symmetrieebene (Bild 6-17) weisen als Null-Elemente der Steifigkeitsmatrix die Größen

$$k_{z\beta} = k_{\beta z} = -\sum_{i=1}^{n} k_i \cdot x_i = 0 \qquad \text{Gl. 6-30}$$

auf. Das Gleichungssystem aus Gl. 6-23 erhält somit die Form

$$\mathbf{f}_r = \mathbf{K}_r \cdot \mathbf{u}_r = \begin{Bmatrix} F_z \\ M_x \\ M_y \end{Bmatrix} = \begin{bmatrix} k_{zz} & & \text{sym.} \\ k_{\alpha z} & k_{\alpha\alpha} & \\ 0 & k_{\beta\alpha} & k_{\beta\beta} \end{bmatrix} \cdot \begin{Bmatrix} v_z \\ \phi_x \\ \phi_y \end{Bmatrix} \qquad \text{Gl. 6-31}$$

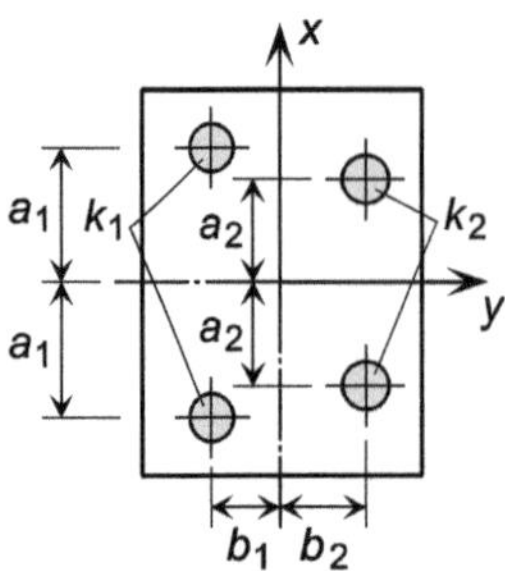

Bild 6-17 Grundriss eines symmetrischen Pfahlrostes mit der y, z-Ebene als Symmetrieebene

Bei Pfahlrosten, die bezüglich ihrer Geometrie und Steifigkeit sowohl zur x, z-Ebene als auch zur y, z-Ebene symmetrisch sind (Doppelsymmetrie, Bild 6-18), werden alle Nebendiagonalelemente der Steifigkeitsmatrix zu Null-Elementen. Da nur noch die Hauptdiagonalelemente Größen $\neq 0$ besitzen, ergibt sich für diese Systeme das vollständig entkoppelte Gleichungssystem

$$\mathbf{f}_r = \mathbf{K}_r \cdot \mathbf{u}_r = \begin{Bmatrix} F_z \\ M_x \\ M_y \end{Bmatrix} = \begin{bmatrix} k_{zz} & 0 & 0 \\ 0 & k_{\alpha\alpha} & 0 \\ 0 & 0 & k_{\beta\beta} \end{bmatrix} \cdot \begin{Bmatrix} v_z \\ \phi_x \\ \phi_y \end{Bmatrix} \qquad \text{Gl. 6-32}$$

Die unbekannten Bewegungsgrößen können in doppelsymmetrischen Fällen mittels

$$v_z = \frac{F_z}{k_{zz}} \qquad \phi_x = \frac{M_x}{k_{\alpha\alpha}} \qquad \phi_y = \frac{M_y}{k_{\beta\beta}} \qquad \text{Gl. 6-33}$$

berechnet werden. Die Pfahlkopfverschiebung des i-ten Pfahls ergibt sich damit zu

$$w_i = v_z + y_i \cdot \phi_x - x_i \cdot \phi_y \qquad \text{Gl. 6-34}$$

und dessen Pfahlkraft zu

$$R_i = k_i \cdot w_i \qquad \text{Gl. 6-35}$$

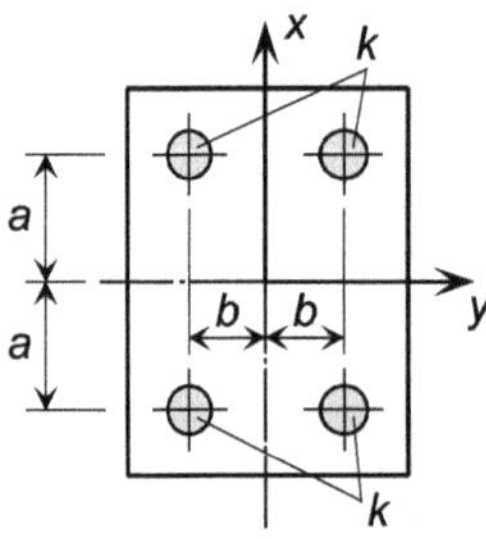

Bild 6-18 Grundriss eines doppelsymmetrischen Pfahlrostes mit der x, z-Ebene und der y, z-Ebene als Symmetrieebene

Anwendungsbeispiel

Für den Pfahlrost von Bild 6-19 sind die zu der Belastung F_Z gehörenden Pfahlkräfte sowie, in Abhängigkeit der gleich großen Steifigkeit $E \cdot A/l$ der vier Pfähle, die größte Drehung der als starr anzunehmenden Rostplatte zu berechnen.

Grundriss

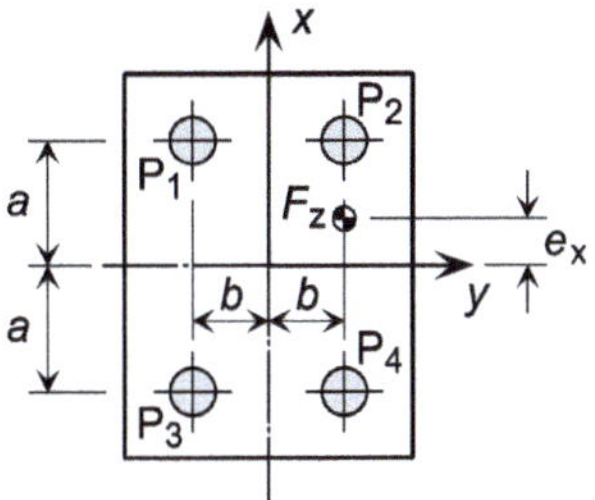

Bild 6-19 Pfahlrost mit Belastung

Für die Berechnung sind anzusetzen

Lastgröße	$F_Z = 2{,}00$ MN
Lastabstand	$e_X = 1{,}00$ m
Pfahlabstand	$a\ = 2{,}00$ m
Pfahl- und Lastabstand	$b\ = 1{,}50$ m

Lösung

Da der zu betrachtende Pfahlrost ein doppelsymmetrisches System darstellt, ergibt sich ein entkoppeltes Gleichungssystem des Typs (Gl. 6-32)

$$\mathbf{f}_\mathrm{r} = \mathbf{K}_\mathrm{r} \cdot \mathbf{u}_\mathrm{r} = \begin{Bmatrix} F_\mathrm{z} \\ M_\mathrm{x} \\ M_\mathrm{y} \end{Bmatrix} = \begin{bmatrix} k_\mathrm{zz} & 0 & 0 \\ 0 & k_{\alpha\alpha} & 0 \\ 0 & 0 & k_{\beta\beta} \end{bmatrix} \cdot \begin{Bmatrix} v_\mathrm{z} \\ \phi_\mathrm{x} \\ \phi_\mathrm{y} \end{Bmatrix}$$

Mit der Einzellast

$$F_\mathrm{z} = 2\ \mathrm{MN}$$

den Momenten

$$M_\mathrm{x} = F_\mathrm{z} \cdot b \ = 2 \cdot 1{,}5 \quad = \quad 3{,}0\ \mathrm{MN \cdot m}$$

$$M_\mathrm{y} = F_\mathrm{z} \cdot e_\mathrm{x} = 2 \cdot (-1{,}0) = -2{,}0\ \mathrm{MN \cdot m}$$

und den Systemsteifigkeiten

$$k_\mathrm{zz} = \sum_{\mathrm{i}=1}^{4} k_\mathrm{i} = 4 \cdot \frac{E \cdot A}{l}$$

$$k_{\alpha\alpha} = \sum_{\mathrm{i}=1}^{4} k_\mathrm{i} \cdot y_\mathrm{i}^2 = 4 \cdot \frac{E \cdot A}{l} \cdot b^2 = 9 \cdot \frac{E \cdot A}{l}$$

$$k_{\beta\beta} = \sum_{\mathrm{i}=1}^{4} k_\mathrm{i} \cdot x_\mathrm{i}^2 = 4 \cdot \frac{E \cdot A}{l} \cdot a^2 = 16 \cdot \frac{E \cdot A}{l}$$

ergeben sich mit dem obigen entkoppelten Gleichungssystem die Verschiebung der Rostplatte in z-Richtung und ihre Drehungen um die x- und y-Achse zu

$$v_z = \frac{F_z}{k_{zz}} = \frac{2{,}0}{4 \cdot \frac{E \cdot A}{l}} = \frac{1{,}0 \cdot l}{2 \cdot E \cdot A}$$

$$\phi_x = \frac{M_x}{k_{\alpha\alpha}} = \frac{3{,}0}{9 \cdot \frac{E \cdot A}{l}} = \frac{1{,}0 \cdot l}{3 \cdot E \cdot A}$$

$$\phi_y = \frac{M_y}{k_{\beta\beta}} = \frac{-2{,}0}{16 \cdot \frac{E \cdot A}{l}} = \frac{-1{,}0 \cdot l}{8 \cdot E \cdot A}$$

Die gesuchte größte Rostplattenbewegung berechnet sich dann als Resultierende der Vektoren φ_x und φ_y in Bogenmaß zu

$$\max \phi = \sqrt{\phi_x^2 + \phi_y^2} = \sqrt{\left(\frac{1{,}0 \cdot l}{3 \cdot E \cdot A}\right)^2 + \left(\frac{-1{,}0 \cdot l}{8 \cdot E \cdot A}\right)^2} = 0{,}356 \cdot \frac{l}{E \cdot A}$$

und in Altgrad zu

$$\max \phi = 0{,}356 \cdot \frac{l}{E \cdot A} \cdot \frac{180}{\pi} = 20{,}4 \cdot \frac{l}{E \cdot A}$$

In den beiden Ausdrücken ist die Größe der Steifigkeit in der Dimension MN/m einzusetzen.

Mit den zu den Pfählen P_1 bis P_4 gehörenden Matrizen (vgl. Abschnitt 6.5.2 und Gl. 6-21)

$$\mathbf{S}_r = \begin{bmatrix} 1{,}0 & 1{,}0 & 1{,}0 & 1{,}0 \\ -b & b & -b & b \\ -a & -a & a & a \end{bmatrix} = \begin{bmatrix} 1{,}0 & 1{,}0 & 1{,}0 & 1{,}0 \\ -1{,}5 & 1{,}5 & -1{,}5 & 1{,}5 \\ -2{,}0 & -2{,}0 & 2{,}0 & 2{,}0 \end{bmatrix}$$

und (vgl. Abschnitt 6.5.5)

$$\mathbf{D}_k = \begin{bmatrix} k_1 & 0 & 0 & 0 \\ 0 & k_2 & 0 & 0 \\ 0 & 0 & k_3 & 0 \\ 0 & 0 & 0 & k_4 \end{bmatrix} = \begin{bmatrix} \frac{l}{E \cdot A} & 0 & 0 & 0 \\ 0 & \frac{l}{E \cdot A} & 0 & 0 \\ 0 & 0 & \frac{l}{E \cdot A} & 0 \\ 0 & 0 & 0 & \frac{l}{E \cdot A} \end{bmatrix}$$

sowie dem Vektor der Rostplattenbewegung

$$\mathbf{u}_r^t = \{v_z,\ \phi_x,\ \phi_y\} = \left\{ \frac{1{,}0 \cdot l}{2 \cdot E \cdot A},\quad \frac{1{,}0 \cdot l}{3 \cdot E \cdot A},\quad \frac{1{,}0 \cdot l}{8 \cdot E \cdot A} \right\}$$

ergibt sich mit Gl. 6-27 als Vektor der gesuchten Pfahlkräfte (alle Kräfte sind Druckkräfte)

$$\mathbf{r}_r = \mathbf{D}_k \cdot \mathbf{S}_r^t \cdot \mathbf{u}_r \quad \text{bzw.} \quad \mathbf{r}_r^t = \{0{,}042\ \text{MN},\quad 0{,}708\ \text{MN},\quad 0{,}292\ \text{MN},\quad 0{,}958\ \text{MN}\}$$

6.5.10 Ebene Pfahlroste mit axial belasteten Pfählen

Statisch unbestimmte Pfahlroste mit axial belasteten Pfählen, die ausschließlich in der globalen x, z-Ebene liegen, können allenfalls Kräfte F_x und F_z sowie Momente M_y aufnehmen. Zur Aufnahme von Kräften F_y bzw. Momenten M_x und M_z sind sie nicht geeignet, da sie in Richtung dieser Belastungen Verschiebungen bzw. Drehungen zwängungsfrei ausführen können (kinematische Unbestimmtheit).

Die geometrische Lage der n Einzelpfähle führt im allgemeinen Fall (alle Pfahlkopfkoordinaten y_i und alle Richtungswinkel ω_i sind Null) zu der reduzierten Matrix

$$\mathbf{S}_r = \begin{bmatrix} n_{x1} & \cdots & n_{xi} & \cdots & n_{xn} \\ n_{z1} & \cdots & n_{zi} & \cdots & n_{zn} \\ m_{y1} & \cdots & m_{yi} & \cdots & m_{yn} \end{bmatrix} \qquad \text{Gl. 6-36}$$

des Pfahlrostes und damit zu der reduzierten Steifigkeitsmatrix

$$\mathbf{K}_r = \mathbf{S}_r \cdot \mathbf{D}_k \cdot \mathbf{S}_r^t = \begin{bmatrix} k_{xx} & k_{xz} & k_{x\beta} \\ & k_{zz} & k_{z\beta} \\ \text{sym.} & & k_{\beta\beta} \end{bmatrix} \qquad \text{Gl. 6-37}$$

des zu berechnenden Systems. Das Gleichungssystem des ebenen Pfahlrostes mit ausschließlich in der x, z-Ebene liegenden Pfählen reduziert sich somit auf die Form

$$\mathbf{f}_r = \mathbf{K}_r \cdot \mathbf{u}_r = \begin{Bmatrix} F_x \\ F_z \\ M_y \end{Bmatrix} = \begin{bmatrix} k_{xx} & & \text{sym.} \\ k_{zx} & k_{zz} & \\ k_{\beta x} & k_{\beta z} & k_{\beta\beta} \end{bmatrix} \cdot \begin{Bmatrix} v_x \\ v_z \\ \phi_y \end{Bmatrix} \qquad \text{Gl. 6-38}$$

Bei einem Pfahlrost mit den Steifigkeiten k_i der n Einzelpfähle, den globalen Koordinaten x_i und z_i der Pfahlköpfe sowie den Pfahlneigungswinkeln ϑ_i (positiv gegen die Vertikale) ergeben sich die Elemente der Steifigkeitsmatrix zu

$$\begin{aligned}
k_{xx} &= \sum_{i=1}^{n} k_i \cdot \sin^2 \vartheta_i \\
k_{xz} = k_{zx} &= \sum_{i=1}^{n} k_i \cdot \sin \vartheta_i \cdot \cos \vartheta_i \\
k_{x\beta} = k_{\beta x} &= \sum_{i=1}^{n} k_i \cdot (z_i \cdot \sin^2 \vartheta_i - x_i \cdot \sin \vartheta_i \cdot \cos \vartheta_i) \\
k_{zz} &= \sum_{i=1}^{n} k_i \cdot \cos^2 \vartheta_i \\
k_{z\beta} = k_{\beta z} &= \sum_{i=1}^{n} k_i \cdot (z_i \cdot \sin \vartheta_i \cdot \cos \vartheta_i - x_i \cdot \cos^2 \vartheta_i) \\
k_{\beta\beta} &= \sum_{i=1}^{n} k_i \cdot (x_i^2 \cdot \cos^2 \vartheta_i + z_i^2 \cdot \sin^2 \vartheta_i - 2 \cdot x_i \cdot z_i \cdot \sin \vartheta_i \cdot \cos \vartheta_i)
\end{aligned} \qquad \text{Gl. 6-39}$$

6.5.11 Ebene symmetrische Pfahlroste mit axial belasteten Pfählen

Statisch unbestimmte Pfahlroste, deren Pfahlachsen ausschließlich in der globalen x, z-Ebene liegen und für die die z-Achse sowohl hinsichtlich ihrer Geometrie als auch ihrer Steifigkeiten eine Symmetrieachse ist (Bild 6-20), können weder Kräfte F_y noch Momente M_x und M_z aufnehmen, da sie in Richtung dieser Belastungen zwängungsfreie Verschiebungen bzw. Drehungen ausführen können.

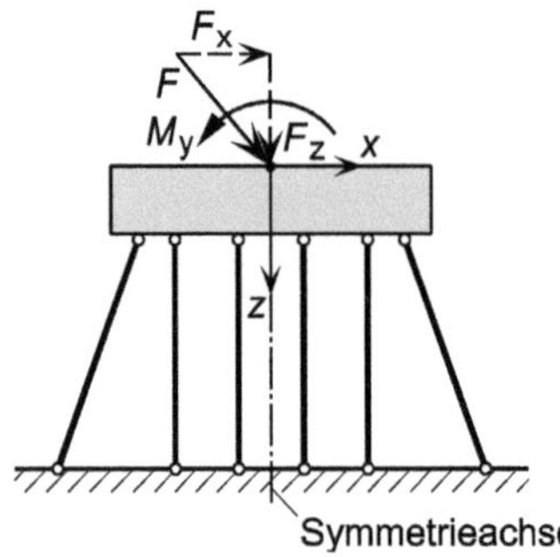

Bild 6-20 Statisch unbestimmter und zur z-Achse symmetrischer ebener Pfahlrost

Während für symmetrische Systeme im allgemeinen Fall die Matrix aus Gl. 6-36 gilt, vereinfacht sich das Gleichungssystem von Gl. 6-38 zu der teilweise entkoppelten Beziehung

$$\begin{Bmatrix} F_x \\ F_z \\ M_y \end{Bmatrix} = \begin{bmatrix} k_{xx} & & \text{sym.} \\ 0 & k_{zz} & \\ k_{\beta x} & 0 & k_{\beta\beta} \end{bmatrix} \cdot \begin{Bmatrix} v_x \\ v_z \\ \phi_y \end{Bmatrix} \qquad \text{Gl. 6-40}$$

Die Gleichung zeigt, dass die Verschiebung v_x nur mit der Drehung φ_y gekoppelt ist; die Verschiebung v_z ist lediglich von F_z abhängig. Die Größen der Hauptdiagonalelemente und der Elemente $k_{\beta x} = k_{x\beta}$ sind nach den Formeln von Gl. 6-39 zu berechnen.

6.5.12 Ebene Pfahlroste mit senkrechten axial belasteten Pfählen

Sonderfälle statisch unbestimmter ebener Pfahlroste mit ausschließlich senkrecht angeordneten und axial belasteten Pfählen, die z. B. in der globalen x, z-Ebene liegen, können nur Kräfte F_z und Momente M_y aufnehmen.

Die ausschließlich vertikale Anordnung der n Einzelpfähle führt zu der reduzierten Matrix

$$\mathbf{S}_r = \begin{bmatrix} n_{z1} & \cdots & n_{zi} & \cdots & n_{zn} \\ m_{y1} & \cdots & m_{yi} & \cdots & m_{yn} \end{bmatrix} \qquad \text{Gl. 6-41}$$

des Pfahlrostes und damit zu der reduzierten Steifigkeitsmatrix

$$\mathbf{K}_r = \mathbf{S}_r \cdot \mathbf{D}_k \cdot \mathbf{S}_r^{\,t} = \begin{bmatrix} k_{zz} & k_{z\beta} \\ \text{sym.} & k_{\beta\beta} \end{bmatrix} \qquad \text{Gl. 6-42}$$

des zu berechnenden Systems. Das Gleichungssystem des ebenen Pfahlrostes mit ausschließlich in der x, z-Ebene liegenden senkrechten Pfählen reduziert sich somit auf die Form

$$\mathbf{f}_r = \mathbf{K}_r \cdot \mathbf{u}_r = \begin{Bmatrix} F_z \\ M_y \end{Bmatrix} = \begin{bmatrix} k_{zz} & \text{sym.} \\ k_{\beta z} & k_{\beta\beta} \end{bmatrix} \cdot \begin{Bmatrix} v_z \\ \phi_y \end{Bmatrix} = \begin{bmatrix} \sum\limits_{i=1}^{n} k_i & \text{sym.} \\ -\sum\limits_{i=1}^{n} k_i \cdot x_i & \sum\limits_{i=1}^{n} k_i \cdot x_i^2 \end{bmatrix} \cdot \begin{Bmatrix} v_z \\ \phi_y \end{Bmatrix} \qquad \text{Gl. 6-43}$$

Liegt der Ursprung des globalen x, y, z-Koordinatensystems auf der elastischen Schwerachse der Pfähle (Bild 6-21), gilt für die Nebendiagonalelemente der Steifigkeitsmatrix $\mathbf{K}_r$

$$k_{z\beta} = k_{\beta z} = 0 \qquad \text{Gl. 6-44}$$

Zu Systemen dieses Typs gehört somit das vollständig entkoppelte Gleichungssystem

$$\begin{Bmatrix} F_z \\ M_y \end{Bmatrix} = \begin{bmatrix} k_{zz} & 0 \\ 0 & k_{\beta\beta} \end{bmatrix} \cdot \begin{Bmatrix} v_z \\ \phi_y \end{Bmatrix} = \begin{bmatrix} \sum\limits_{i=1}^{n} k_i & 0 \\ 0 & \sum\limits_{i=1}^{n} k_i \cdot x_i^2 \end{bmatrix} \cdot \begin{Bmatrix} v_z \\ \phi_y \end{Bmatrix} \qquad \text{Gl. 6-45}$$

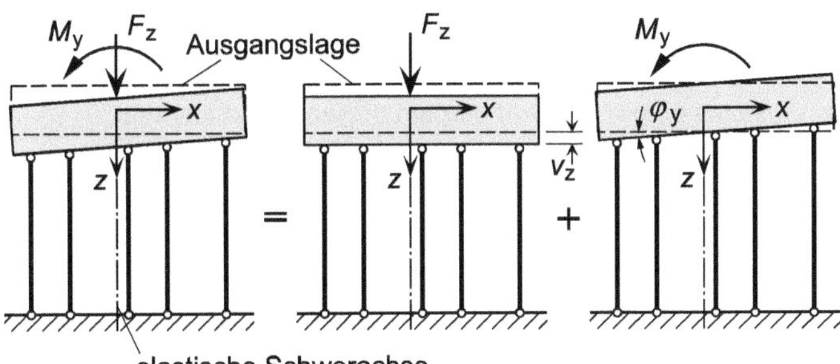

Bild 6-21 Verformungsentkopplung bei auf der elastischen Schwerachse liegendem globalem Koordinatenursprung

Damit ergeben sich die unbekannten Bewegungsgrößen zu

$$v_z = \frac{F_z}{k_{zz}} = \frac{F_z}{\sum\limits_{i=1}^{n} k_i} \qquad \phi_y = \frac{M_y}{k_{\beta\beta}} = \frac{M_y}{\sum\limits_{i=1}^{n} k_i \cdot x_i^2} \qquad \text{Gl. 6-46}$$

und die Pfahlkraft des i-ten der n Pfahlrostpfähle zu

$$R_i = k_i \cdot w_i = \frac{k_i \cdot F_z}{\sum\limits_{j=1}^{n} k_j} - \frac{k_i \cdot x_i \cdot M_y}{\sum\limits_{j=1}^{n} k_j \cdot x_j^2} \qquad \text{Gl. 6-47}$$

Liegt der Ursprung eines x, z-Koordinatensystems nicht auf der elastischen Schwerachse, lässt sich die Bestimmungsgleichung für deren x-Koordinate

$$x_S = -\frac{k_{\beta z}}{k_{zz}} = \frac{\sum\limits_{i=1}^{3} k_i \cdot x_i}{\sum\limits_{i=1}^{3} k_i} \qquad \text{Gl. 6-48}$$

(vgl. hierzu Gl. 6-43) unproblematisch aus dem Gleichungssystem

$$\begin{Bmatrix} 1 \\ -1 \cdot x_S \end{Bmatrix} = \begin{bmatrix} k_{zz} & \text{sym.} \\ k_{\beta z} & k_{\beta\beta} \end{bmatrix} \cdot \begin{Bmatrix} v_z \\ 0 \end{Bmatrix} \qquad \text{Gl. 6-49}$$

herleiten, das zu einem Pfahlrost gehört, der durch eine in der elastischen Schwerachse wirkende Vertikalkraft der Größe 1 belastet ist.

6.5.13 Ebene Pfahlroste mit zwei unter α_1 und α_2 geneigten Pfahlgruppen

Von ebenen Systemen, die zwei Pfahlgruppen mit zwei unterschiedlichen Pfahlrichtungen besitzen, können alle in der Systemebene einwirkenden Kräfte und alle einwirkenden Momente mit normal zu dieser Ebene stehenden Vektoren aufgenommen werden.

Zur rechnerischen Behandlung des Pfahlrostes ist es sinnvoll, die Resultierende F der eingeprägten äußeren Belastung des Systems auf den Punkt „0“ zu beziehen, der sich als Schnittpunkt der elastischen Schwerachsen der beiden Pfahlachsen ergibt (Bild 6-22) und als „elastischer Schwerpunkt“ oder „System-Nullpunkt“ bezeichnet wird. Nach *Trostel* [304] ist dieser Punkt dadurch charakterisiert, dass die starre Rostplatte bei einer

- reinen Momentenbelastung M des Systems eine reine Drehung um diesen Punkt ausführt,
- beliebigen in diesem Punkt angreifenden Kraft F eine rein translatorische Bewegung mitmacht.

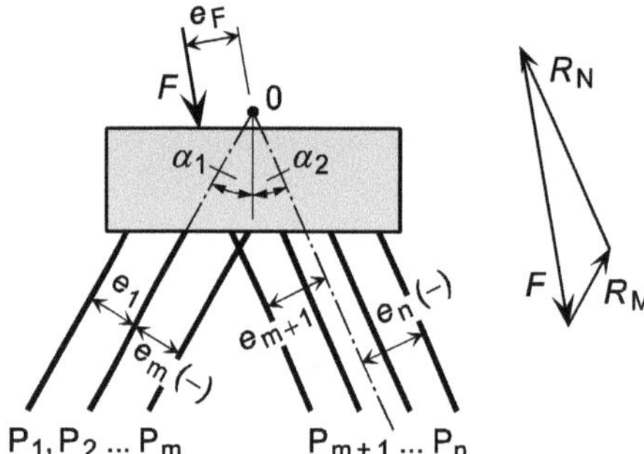

Bild 6-22 Kraftteck aus Belastungsresultierender F und den Resultierenden R_M und R_N der Pfahlkräfte der beiden Pfahlgruppen (nach [180], Kap. 3.4)

Liegen die Pfähle des ebenen Pfahlrostes alle in der x, z-Ebene eines kartesischen Koordinatensystems, können die Koordinaten x_0 und z_0 des elastischen Schwerpunkts mit Hilfe der Gleichungen

$$x_0 = \frac{k_{xz} \cdot k_{x\beta} - k_{xx} \cdot k_{z\beta}}{k_{xx} \cdot k_{zz} - k_{xz}^2} \qquad z_0 = \frac{k_{x\beta} \cdot k_{zz} - k_{xz} \cdot k_{z\beta}}{k_{xx} \cdot k_{zz} - k_{xz}^2} \qquad \text{Gl. 6-50}$$

ermittelt werden. Für die Herleitung dieser Gleichungen wird auf Gl. 6-38 zurückgegriffen. Die Annahme, dass zum Angriffspunkt der Resultierenden F der Ortsvektor $\mathbf{a}_F = \{x_0, z_0\}$ gehört, führt dazu, dass keine Drehung φ_y der Rostplatte eintritt, da das System nur durch eine im elastischen Schwerpunkt angreifende Kraft belastet ist. Die Gleichung für x_0 lässt sich mit $F = F_z = 1$ problemlos aus dem Gleichungssystem

$$\begin{Bmatrix} F_x \\ F_z \\ M_y \end{Bmatrix} = \begin{Bmatrix} 0 \\ 1 \\ -1 \cdot x_0 \end{Bmatrix} = \begin{bmatrix} k_{xx} & & \text{sym.} \\ k_{zx} & k_{zz} & \\ k_{\text{âx}} & k_{\text{âz}} & k_{\text{ââ}} \end{bmatrix} \cdot \begin{Bmatrix} v_x \\ v_z \\ 0 \end{Bmatrix} \qquad \text{Gl. 6-51}$$

gewinnen. Die Gleichung für z_0 ergibt sich mit $F = F_x = 1$ aus dem Gleichungssystem

$$\begin{Bmatrix} F_x \\ F_z \\ M_y \end{Bmatrix} = \begin{Bmatrix} 1 \\ 0 \\ 1 \cdot z_0 \end{Bmatrix} = \begin{bmatrix} k_{xx} & & \text{sym.} \\ k_{zx} & k_{zz} & \\ k_{\text{âx}} & k_{\text{âz}} & k_{\text{ââ}} \end{bmatrix} \cdot \begin{Bmatrix} v_x \\ v_z \\ 0 \end{Bmatrix} \qquad \text{Gl. 6-52}$$

Zur Ermittlung der einzelnen Pfahlkräfte in den beiden Pfahlgruppen werden zuerst die in den elastischen Schwerachsen der Pfahlgruppen wirkenden Pfahlkraftresultierenden R_M und R_N ermittelt. Danach lässt sich, mit den Steifigkeiten k_i der Einzelpfähle sowie der auf die elastische Schwerachse der jeweiligen Pfahlgruppe bezogenen Exzentrizität e_i der entsprechenden Pfahlachse, die Pfahlkraft

$$R_i = \frac{k_i \cdot R_M}{\sum_{j=1}^{m} k_j} + \frac{k_i \cdot F \cdot e_F}{\sum_{j=1}^{n} k_j \cdot e_j^2} \cdot e_i \qquad i = 1, \ldots, m \qquad \text{Gl. 6-53}$$

für den i-ten Pfahl der linken Pfahlgruppe und die Pfahlkraft

$$R_i = \frac{k_i \cdot R_N}{\sum_{j=m+1}^{n} k_j} + \frac{k_i \cdot F \cdot e_F}{\sum_{j=1}^{n} k_j \cdot e_j^2} \cdot e_i \qquad i = m+1, \ldots, n \qquad \text{Gl. 6-54}$$

für den i-ten Pfahl der rechten Pfahlgruppe berechnen.

Für die Herleitung der obigen Gleichungen wird als Beispiel ein System betrachtet, bei dem die erste Pfahlgruppe aus vertikal angeordneten Pfählen besteht und dessen Belastungsresultierende F zum elastischen Schwerpunkt die Exzentrizität e_F aufweist. Für die folgenden Betrachtungen wird diese Systembelastung ersetzt durch die in den elastischen Schwerpunkt verschobene Resultierende R und das Moment $M = F \cdot e_F$.

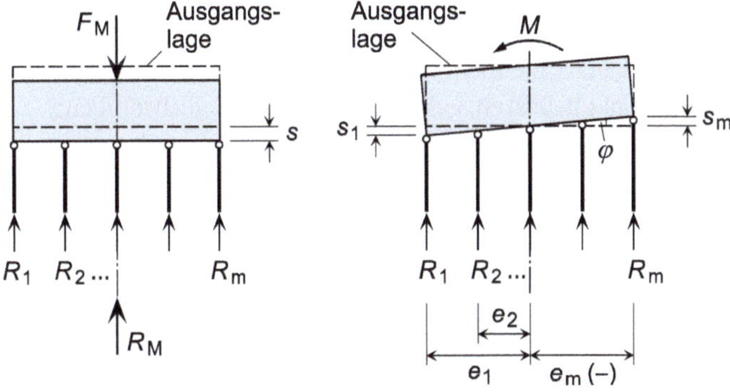

Bild 6-23 Entkoppelte Pfahlverformungszustände für die erste Pfahlgruppe

Die im elastischen Schwerpunkt angreifende Kraft F bewirkt eine translatorische Starrkörperbewegung der Rostplatte mit der vertikalen Komponente s, zu der die m Pfahlkräfte

$$R_i = k_i \cdot s \qquad i = 1, ..., m \qquad \text{Gl. 6-55}$$

der ersten Pfahlgruppe gehören (Bild 6-23). Die Größen k_i erfassen dabei die Steifigkeiten der einzelnen Pfähle.

Verkörpert F_M die Komponente von F, deren Wirkungslinie in der elastischen Schwerachse der ersten Pfahlgruppe verläuft, liefert die Gleichgewichtsbedingung zwischen der äußeren Belastung F_M und der Resultierenden der Pfahlkräfte R_M die Gleichung

$$F_M = R_M = R_1 + R_2 + ... + R_m = \sum_{j=1}^{m} (k_j \cdot s) = s \cdot \sum_{j=1}^{m} k_j \qquad \text{Gl. 6-56}$$

aus der sich durch Umstellung der Ausdruck

$$s = \frac{R_M}{\sum_{j=1}^{m} k_j} \qquad \text{Gl. 6-57}$$

und damit die Beziehung

$$R_i = s \cdot k_i = \frac{k_i \cdot R_M}{\sum_{j=1}^{m} k_j} \qquad i = 1, ..., m \qquad \text{Gl. 6-58}$$

für die Berechnung der einzelnen Pfahlkräfte der ersten Pfahlgruppe ergibt, die identisch ist mit dem ersten Summanden von Gl. 6-53.

Mit der sich infolge des Moments $M = F \cdot e_F$ einstellenden rotatorischen Deformation φ der Rostplatte ergeben sich für die m Pfähle der ersten Pfahlgruppe die vertikalen Pfahlkopfbewegungen

$$s_i = \phi \cdot e_i \qquad i = 1, ..., m \qquad \text{Gl. 6-59}$$

Mit ihnen und mit den Steifigkeiten k_i der Pfähle der ersten Pfahlgruppe berechnen sich die Pfahlkräfte dieser Gruppe zu

$$R_i = k_i \cdot s = k_i \cdot \phi \cdot e_i \qquad i = 1, ..., m \qquad \text{Gl. 6-60}$$

Zu dem äußeren Moment M und den Momenten, die die zugehörigen n Pfahlkräfte R_i der beiden Pfahlgruppen um den elastischen Schwerpunkt bewirken, gehört die Gleichgewichtsbedingung

$$M = R_1 \cdot e_1 + R_2 \cdot e_2 + ... + R_n \cdot e_n = \phi \cdot \sum_{j=1}^{n} k_j \cdot e_j^2 \qquad \text{Gl. 6-61}$$

aus der sich durch Umstellung der Ausdruck

$$\varphi = \frac{M}{\sum_{j=1}^{n} k_j \cdot e_j^2} \qquad \text{Gl. 6-62}$$

und damit die Beziehung

$$R_i = k_i \cdot \phi \cdot e_i = \frac{k_i \cdot M}{\sum_{j=1}^{n} k_j \cdot e_j^2} \cdot e_i = \frac{k_i \cdot F \cdot e_F}{\sum_{j=1}^{n} k_j \cdot e_j^2} \cdot e_i \qquad i = 1, \ldots, m \qquad \text{Gl. 6-63}$$

für die Berechnung der einzelnen Pfahlkräfte der ersten Pfahlgruppe ergibt, die identisch ist mit dem zweiten Summanden von Gl. 6-53.

Anwendungsbeispiel

Für den ebenen Pfahlrost von Bild 6-24 sind, pro lfdm Pfahlrost, die Kräfte r_1 bis r_4 der Pfähle P_1 bis P_4 für den Fall der reinen Horizontalbelastung durch $f_h = 150$ kN/lfdm zu berechnen.

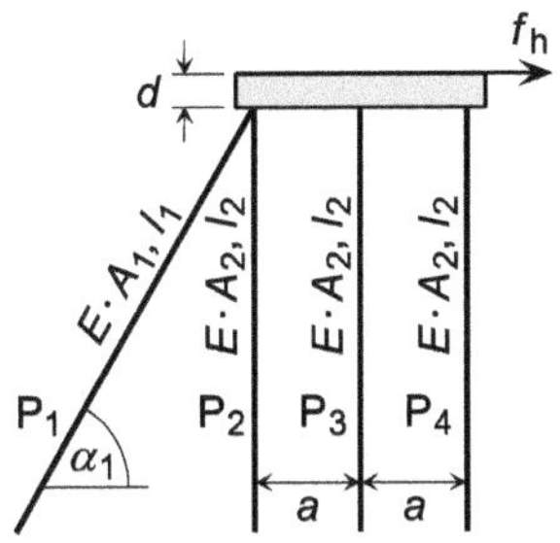

Bild 6-24 Ebener Pfahlrost im Querschnitt

Für die Berechnung sind die geometrischen Größen

$a = 2{,}50$ m
$d = 0{,}80$ m
$l_1 = 11{,}50$ m
$l_2 = 10{,}00$ m
$\alpha_1 = 60°$

und die Pfahlgrößen

$E \cdot A_1 = 3450$ MN/lfdm
$E \cdot A_2 = 5000$ MN/lfdm

zu verwenden.

Lösung

Das vorliegende System ist ein ebener Sonderfall eines statisch unbestimmten Pfahlrostes mit zwei Pfahlgruppen und den Pfahlneigungen $\alpha_1 = 60°$ und $\alpha_2 = 90°$ gegenüber der Horizontalen. Die elastischen Schwerachsen der beiden Pfahlgruppen sind durch die Achsen der Pfähle P_1 (1. Gruppe, 1 Pfahl) und P_3 (2. Gruppe, 3 Pfähle) gegeben und schneiden sich im elastischen Schwerpunkt (Punkt 0 in Bild 6-25), der

$$a \cdot \tan\alpha_1 - d = 2{,}50 \cdot \tan 60° - 0{,}80 = 3{,}53 \text{ m}$$

über der Oberkante der Rostplatte liegt.

Mit den Steifigkeiten der Pfähle pro lfdm Pfahlrost

$$k_1 = \frac{E \cdot A_1}{l_1} = \frac{3450}{11{,}50} = 300 \, \frac{\text{MN/m}}{\text{lfdm}} \quad \text{und} \quad k_2 = k_3 = k_4 = \frac{E \cdot A_2}{l_2} = \frac{5000}{10} = 500 \, \frac{\text{MN/m}}{\text{lfdm}}$$

sowie den Exzentrizitäten der Pfahlkräfte der Pfähle P_2 und P_4 zum Punkt 0

$e_2 = 2{,}50\ \text{m}$ und $e_4 = -2{,}50\ \text{m}$

ergeben sich die Summationswerte für die Berechnung der Pfahlkräfte

$$Sk = \sum_{i=2}^{4} k_i = 3 \cdot 500 = 1500\ \frac{\text{MN/m}}{\text{lfdm}}$$

$$Ske = k_2 \cdot e_2^2 + k_4 \cdot e_4^2 = 2 \cdot 500 \cdot 2{,}5^2 = 6250\ \text{MN} \cdot \text{m/lfdm}$$

Mit ihnen, dem Moment der äußeren Belastungen um den elastischen Schwerpunkt (Punkt 0)

$$m = f_h \cdot 3{,}35 = 150 \cdot 3{,}53 = 529{,}5\ \text{kN} \cdot \text{m/lfdm}$$

sowie den Resultierenden der Pfahlkräfte der beiden Pfahlgruppen

$$r_M = -\frac{f_h}{\cos\alpha_1} = -\frac{150}{\cos 60°} = -300{,}0\ \text{kN/lfdm}$$

und

$$r_N = f_h \cdot \tan\alpha_1 = 150 \cdot \tan 60° = 259{,}8\ \text{kN/lfdm}$$

berechnen sich die gesuchten Pfahlkräfte zu (Gl. 6-54 und Bild 6-25)

$$r_1 = r_M = -300{,}0\ \text{kN/lfdm} \quad \text{(Zug)}$$

$$r_2 = \frac{k_2 \cdot r_N}{Sk} + \frac{k_2 \cdot m \cdot e_2}{Ske} = 500 \cdot \left(\frac{259{,}8}{1500} + \frac{529{,}5 \cdot 2{,}5}{6250} \right) = 192{,}5\ \text{kN/lfdm} \quad \text{(Druck)}$$

$$r_3 = \frac{k_3 \cdot r_N}{Sk} = 500 \cdot \frac{259{,}8}{1500} = 86{,}6\ \text{kN/lfdm} \quad \text{(Druck)}$$

$$r_4 = k_4 \cdot \left(\frac{r_N}{Sk} + \frac{m \cdot e_4}{Ske} \right) = 500 \cdot \left(\frac{150}{1500} + \frac{255 \cdot (-2{,}5)}{6250} \right) = -1{,}0\ \text{kN/lfdm} \quad \text{(Zug)}$$

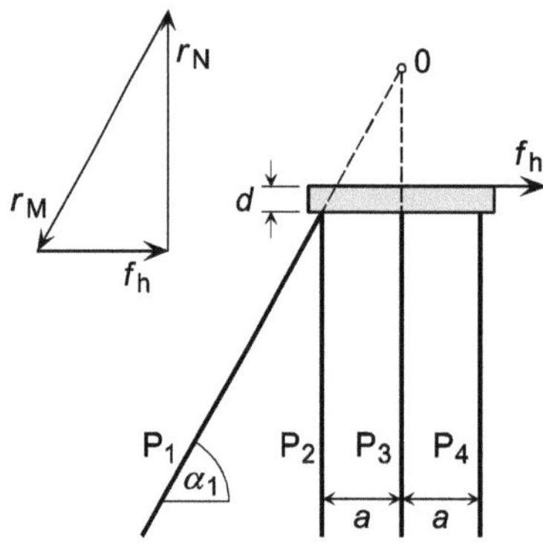

Bild 6-25 Lage des Schnittpunkts 0 der Schwerachsen der beiden Pfahlgruppen und Krafteck zur Bestimmung von r_M und r_N

6.6 Geländebruch bei Stützkonstruktionen mit Pfahlrosten

Bei Pfahlrosten, die als Teile von Bauwerken zur Stützung von Geländesprüngen fungieren, muss die Sicherheit gegen Geländebruch gemäß DIN 4084 [66] nachgewiesen werden. Dabei ist, unabhängig von dem angenommenen Bruchmechanismus, zwischen den beiden Fällen zu unterscheiden, bei denen die kritische Bruchfläche

- die Pfähle nicht schneidet (Bild 6-26 a)),
- einzelne Pfähle schneidet (Bild 6-26 b)).

Wird in den in Bild 6-26 dargestellten Fällen der Nachweis der Geländebruchsicherheit gemäß den Ausführungen von DIN 4084 [66] geführt, muss bei der Ermittlung der Widerstände sowohl im Fall a) als auch im Fall b) die Wirkung der Reibungskräfte in der Gleitfuge in Ansatz gebracht werden. Im Fall b) des Bildes kommt noch der „Pflug“- oder Scherwiderstand (maßgebend ist der geringere Wert) des Pfahls hinzu, der die Gleitfläche durchdringt.

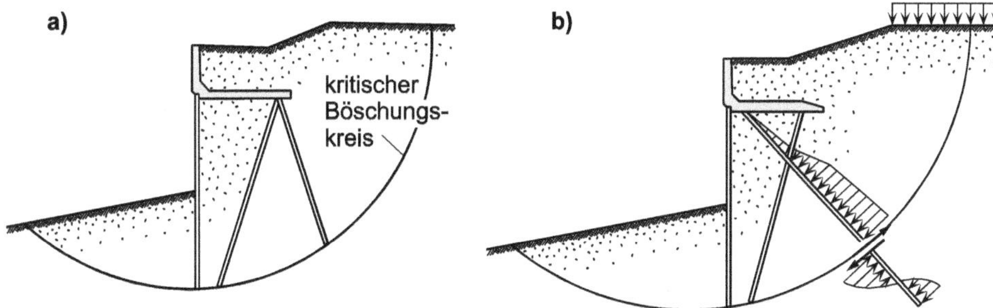

Bild 6-26 Geländebruch bei Stützkonstruktionen mit Pfahlrosten (nach [180], Kap. 3.4)
a) kritische Bruchfläche schneidet die Pfähle nicht
b) kritische Bruchfläche schneidet einzelne Pfähle

6.7 Ausführungsbeispiele für Pfahlroste

Bild 6-27 zeigt die als hoher Pfahlrost ausgeführte Kaimauer des Niedersachsenkais im „Neuen Fischereihafen“ in Cuxhaven. Die Lasten aus der Winkelstützmauer werden hier nicht nur von den Pfählen, sondern auch von einer vorderen Spundwand abgetragen. Der Vorteil dieser Spundwandanordnung besteht u. a. in dem Schutz der hinter ihr angeordneten Pfähle des Pfahlrostes gegen Schiffsstöße. Wie solche Kaimauern ggf. hergestellt werden, ist in der Prinzipdarstellung von Bild 6-28 gezeigt.

Tiefe Pfahlroste sind u. a. unter Pfeilern von Sperrwerken oder Wehren zu finden; die Ausführung eines solchen Pfahlrostes wird in Bild 6-29 am Beispiel des Eidersperrwerkes gezeigt. Da die Belastungen solcher Konstruktionen hauptsächlich in Stromrichtung (Pfeilerlängsachse) auftreten, ist es naheliegend solche Pfahlroste als Bockpfahlsysteme auszuführen, die in entsprechender Weise ausgerichtet sind. Da im Falle des Eidersperrwerkes die Horizontalkraft (Wasserdruck) sowohl von der Außen-Eider als auch von der Tide-Eider her wirksam werden kann, mussten in beide Richtungen Schrägpfähle angeordnet werden.

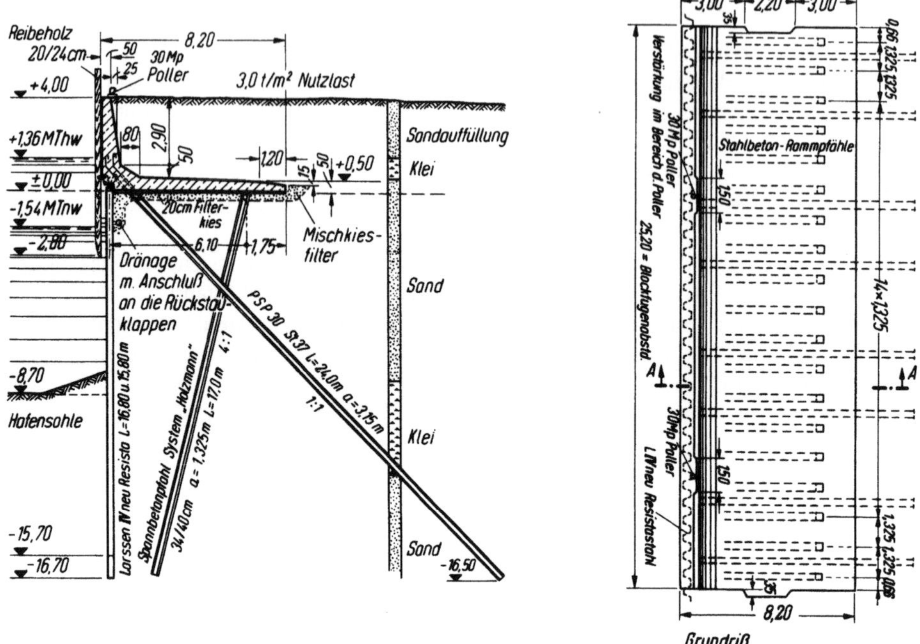

Bild 6-27 Schnitt A-A und Grundriss der Kaimauer „Neuer Fischereihafen" in Cuxhaven (aus [273])

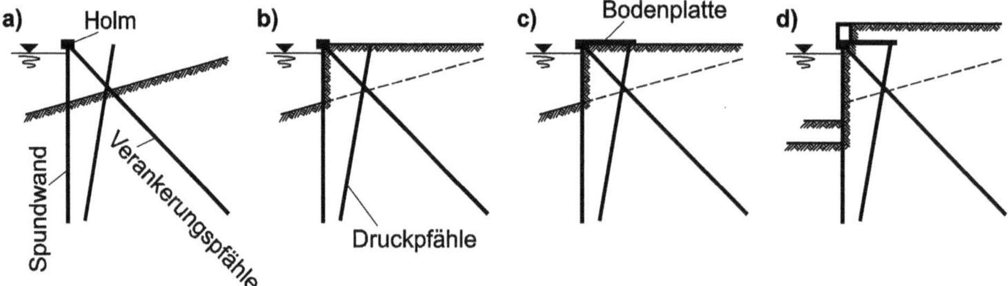

Bild 6-28 Herstellungsphasen einer Kaimauer (Prinzip, nach [272])

a) Schwimmende Rammung der Druckpfähle, Spundbohlen und Verankerungspfähle sowie Betonieren eines Stahlbetonholms

b) Bodenhinterfüllung bis Unterkante Platte

c) Herstellung der Stahlbeton-Bodenplatte auf dem hinterfüllten Boden

d) Betonieren der Mauer mit Versorgungskanal und Resthinterfüllung

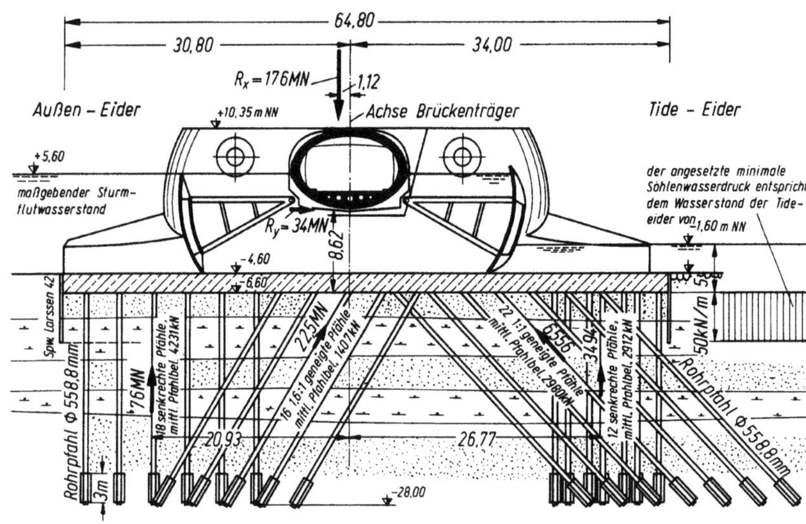

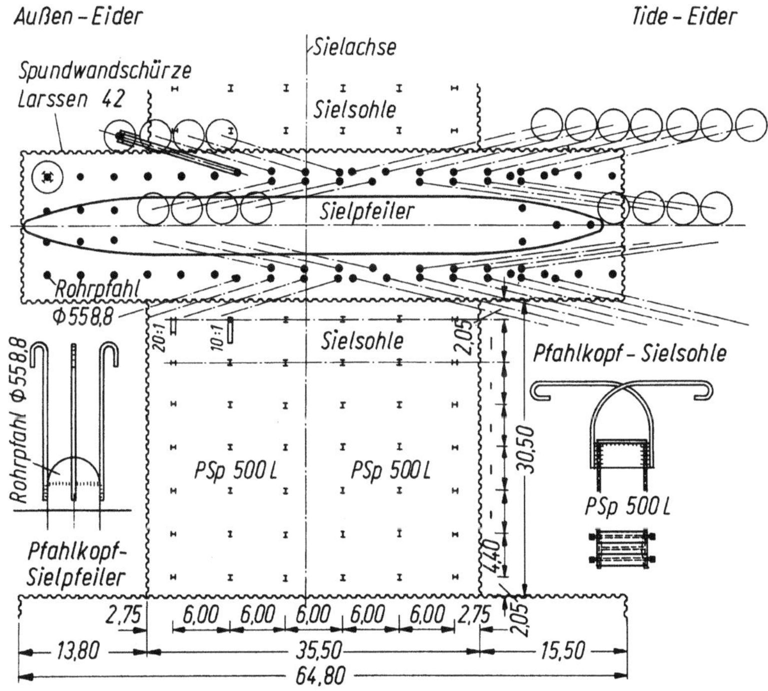

Bild 6-29 Längsschnitt und Grundriss der Wehrpfeilergründung des 1968 bis 1971 erbauten Sperrwerks an der Eider (aus [273])

7 Verankerungen

7.1 Allgemeines und Regelwerke

7.1.1 Allgemeines

In früheren Zeiten wurde z. B. der Verbau von Baugruben im Regelfall durch Steifen (ggf. auch Schrägsteifen) gesichert. Dies führte u. a. zu erheblichen Behinderungen der Bauarbeiten und zu aufwändigen Aussteifungskonstruktionen bei breiten Baugruben.

Die Entwicklung der heute weit verbreiteten Verpressankertechnik beendete solche Missstände. In Deutschland nahm sie ihren Anfang im Jahre 1958 mit der Sicherung einer Baugrube des Bayerischen Rundfunks in München, die von der Fa. *BAUER Spezialtiefbau* [F 3] ausgeführt wurde (vgl. Beitrag von *Ostermayer* in [148]). Durch die Verpressanker abgelöst wurden aber nicht nur Steifen, sondern auch aufwändigere Verankerungsmethoden wie etwa Horizontal-Bohrpfähle und Seilanker (vgl. [31]).

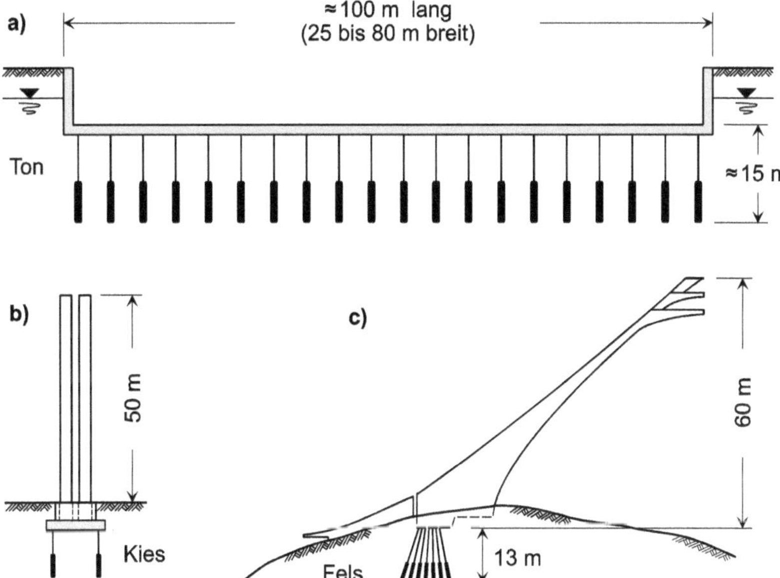

Bild 7-1 Anwendungsbeispiele von Verpressankern (Dauerankern) in Boden und Fels
a) Auftriebssicherung eines Grundwassertrogs in München (nach [247])
b) Erhöhung der Kippsicherheit bei einer Gruppe von vier Schornsteinen (nach *Ostermayer* [178], Kap. 2.5)
c) Anlaufturm der Skiflugschanze in Oberstdorf (nach [247])

Inzwischen sind Verpressanker bei Baugruben unverzichtbar, vor allem bei tiefen und breiten Baugruben kommt diese Technik fast ausschließlich zum Einsatz. Auch in einer Reihe anderer Bereiche des Spezialtiefbaus hat sie ihren Einzug gefunden. So werden Verpressanker z. B. eingesetzt

- zur Auftriebssicherung bei Trogbauwerken (Kompensation der zu geringen Eigenlast),
- bei der Abtragung von Zugkräften aus Zeltdachkonstruktionen sowie abgespannten Hallendächern (Flugzeughangar) oder Brücken,
- zur Sicherung von Böschungen und Hängen oder zum Verspannen von Fangedämmen;

Geotechnik-Grundbau. 3. Auflage. Gerd Möller.

weitere Beispiele sind u. a. in Bild 7-1 dargestellt. Zur inzwischen erreichten Verbreitung der Methode seien noch zwei Zahlen erwähnt. Im Jahre 1969 wurden in Deutschland Anker mit einer Gesamtlänge von etwa 6 km hergestellt, Ende des vergangenen Jahrhunderts ereichte die Gesamtlänge der weltweit eingebauten Anker ≈ 6000 km pro Jahr (vgl. [323]).

Ergänzend ist darauf hinzuweisen, dass auch schon vor dem Jahre 1958 vorgespannte Anker zum Einsatz kamen. Es handelte sich dabei um Felsanker, deren erste Anwendung 1935 bei der Erhöhung der Staumauer von Cheurfas (Algerien) erfolgte (nach *Ostermayer*, in [148]).

7.1.2 Regelwerke

Empfehlungen zum Entwurf sowie zur Bemessung, Ausführung, Prüfung und Überwachung von Verpressankern sind zu finden in

- DIN 1054 [44], DIN EN 1997-1 [107], DIN EN 1997-1/NA [109], DIN EN 1537 [95], E DIN EN ISO 22477-5 [131] und DIN SPEC 18537 [134].

Hierzu gehören u. a. Baustoffe und Bauprodukte, Einwirkungen und Widerstände, ihre konstruktive Ausbildung, ihre Herstellung und die Prüfungen wie Grundsatz- und Abnahmeprüfung (in [96], Anhang E sind ausführliche Informationen über drei Beispiele für Ankerprüfverfahren zu finden).

Empfehlungen zu Gebirgsankern, die sich für den Bergbau und den Tunnelbau eignen, enthalten

- DIN 21521-1 [90] und DIN 21521-2 [91].

Behandelt werden u. a. Anwendungsbereich und Zweck, Begriffe und Benennungen sowie Prüfungen zum Nachweis der Brauchbarkeit und zur Güteüberwachung.

Zu weiteren Regelwerken für Verankerungen gehören

- EAB [140] und
- EAU 2012 [142].

7.2 Abtragung von Verankerungskräften

Die Abtragung der Verankerungskraft vom Ankerzugglied auf den Boden kann über

- Ankerelemente, wie z. B. eine Ankerwand (auch „toter Mann“ genannt),
- die Bohrlochwand

erfolgen.

7.2.1 Abtragung über Ankerelemente

Werden Ankerelemente zur Abtragung der Ankerkräfte verwendet, ist deren unproblematischer Einbau dann zu erwarten, wenn ihre Zugglieder möglichst unmittelbar auf der Erdoberfläche oder in Schlitzen verlegt werden. Soll die Verlegung allerdings in gebohrten oder gespülten Ankerlöchern erfolgen, muss wegen der möglichen Bohrkanalabweichung von der geplanten Lage (Verlaufen der Bohrung) mit Erschwernissen beim Einbau gerechnet werden.

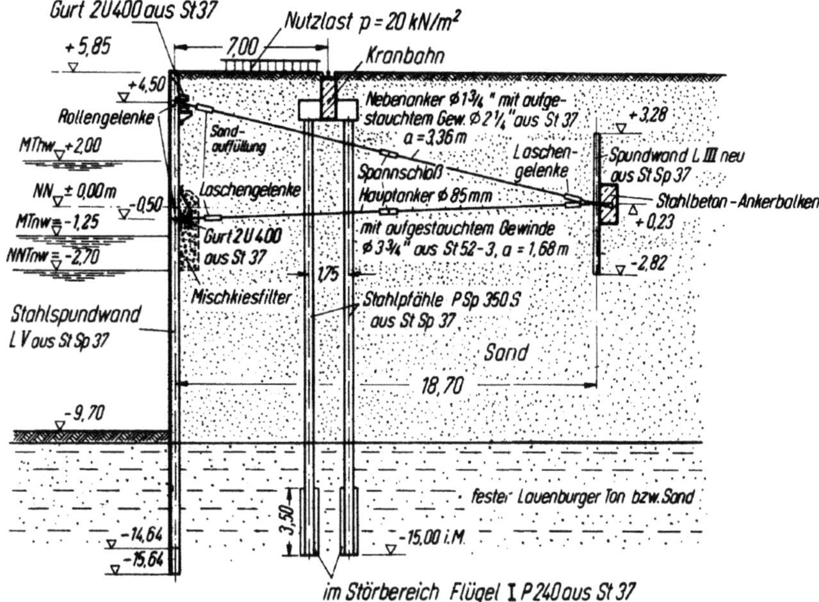

Bild 7-2 Ausführungsbeispiel einer verankerten Spundwand (aus [278])

7.2.2 Abtragung über Bohrlochwand

In Bohrlöcher eingebaute Anker übertragen ihre Verankerungskraft vom Ankerzugglied auf die Bohrlochwand. Sie können ausgeführt werden als

- mechanisch wirkende Anker (verkrallen sich im Bereich eines Spreizmechanismus punktförmig in einem für die Verankerung herzustellenden Bohrloch),
- Klebeanker (werden am Ankerfuß oder über die ganze Ankerlänge, z. B. durch Kunststoff oder Zementmörtel, mit dem Gebirge verklebt),
- Verpressanker.

Die in DIN 21521-1 beschriebenen mechanisch wirkenden Anker und Klebeanker (Bild 7 3) kommen ausschließlich zur Verhinderung der Auflockerungen von Fels zum Einsatz.

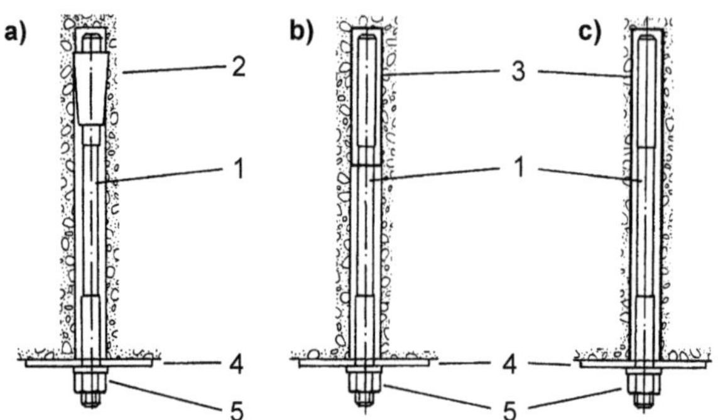

Bild 7-3 Ausbildung und Bezeichnungen bei mechanisch wirkenden Ankern (a) und Klebeankern (b und c) (nach [34])

7.3 Begriffe für Verpressanker

Verpressanker ausschließlich auf Zug beanspruchtes Bauteil, das aus einem Ankerkopf, einer freien Ankerlänge und einer Krafteintragungslänge besteht und eine aufgebrachte Zugkraft auf eine tragfähige Baugrundschicht abträgt. Durch Einpressen von Verpressmörtel um den hinteren Teil eines in den Baugrund eingebrachten Stahlzugglieds wird ein Verpresskörper hergestellt, der über das Stahlzugglied und den Ankerkopf mit dem zu verankernden Bauteil oder Gebirgsteil verbunden ist. Die vom Anker aufzunehmende Last wird im Bereich des Verpresskörpers in den Baugrund abgetragen. Die Tragfähigkeit des Verpressankers wird durch Spannen überprüft.

7.3.1 Ankerarten

Die folgenden Definitionen für Ankerarten sind DIN EN 1537 und [75] entnommen (siehe auch Tabelle 7-1).

Verpressanker im Boden Verpressanker, dessen Krafteinleitungslänge in nichtbindigem oder in bindigem Boden liegt.

Verpressanker im Fels Verpressanker, dessen Krafteinleitungslänge im Fels liegt.

Kurzzeitanker Verpressanker, der nur für die Nutzung von bis zu zwei Jahren (vorübergehende Nutzung) geplant ist (gehört nach DIN 1054, A 8.1.4 A (2) zur Geotechnischen Kategorie GK 2).

Daueranker (Permanentanker) Verpressanker, der für die Nutzung von mehr als zwei Jahren (dauernde Nutzung) geplant ist (gehört nach DIN 1054, A 8.1.4 A (3) zur Geotechnischen Kategorie GK 3).

Verbundanker vom luftseitigen Ende der Verankerungslänge aus wird bei ihm die Ankerkraft vom Stahlzugglied unmittelbar auf den Verpresskörper übertragen (Bild 7-4 a)); der Verpresskörper wird somit auf Zug beansprucht.

Druckrohranker über ein Stahldruckrohr, das am Ankerfuß mit dem Stahlzugglied verbunden ist, wird bei ihm die Ankerkraft des Stahlzuggliedes vom Ankerfuß aus auf den Verpresskörper übertragen (Bild 7-4 b)); der Verpresskörper wird somit auf Druck beansprucht.

Einzelstabanker Verpressanker, bei dem das Zugglied aus einem Rundstahl (mit warm aufgewalzten Gewinderippen) besteht.

Mehrstabanker (Bündelanker) Verpressanker, bei dem das Zugglied aus mehreren runden, gerippten, vergüteten Spannstählen besteht.

Litzenanker Anker mit Stahlzugglied, das aus mehreren Litzen besteht, welche durch Verseilung von je sieben glatten Einzelspanndrähten hergestellt werden.

Freispielanker Verpressanker, dessen Längsbeweglichkeit in der freien Stahllänge über die vorgesehene Nutzungsdauer erhalten bleibt.

Blockierter Anker Verpressanker, der, nach dem Vorspannen und Prüfen, im Bereich der freien Stahllänge mit einem erhärtenden Material so verfüllt wird, dass sich das Stahlzugglied nicht mehr unbehindert dehnen kann.

Tabelle 7-1 Bauarten von Verpressankern (nach [179], Kap. 2.6)

		Charakteristika
Art der Krafteinleitung in den Baugrund	Verbundanker	Krafteinleitung vom Verpresskörper in den Baugrund von der Luftseite her
	Druckrohranker	Krafteinleitung vom Verpresskörper in den Baugrund von der Bergseite her
	Anker mit aufweitbarem Verpresskörper	Krafteinleitung durch Formschluss über einen mit Zementsuspension aufgeweiteten Metallbalg
Art des Stahlzuggliedes	Einstabanker	Spannstähle Ø 26,5 mm, 32 mm, 36 mm, 40 mm
	Mehrstabanker (Bündelanker)	3 bis 12 Stäbe Ø 12 mm
	Litzenanker	2 bis 22 Litzen Ø 0,6″ bzw. 0,62″
vorgesehene Einsatzzeit	≤ 2 Jahre	Kurzzeitanker mit einfachem Korrosionsschutz
	> 2 Jahre	Daueranker mit doppeltem Korrosionsschutz

Bei dem in Bild 7-4 a) dargestellten Verbundanker werden die Ankerkräfte in den Zementstein des Verpresskörpers und von dort in den Baugrund übertragen. Durch die großen Kräfte und die damit einhergehenden Dehnungen im Stahlzugglied entstehen im Verpresskörper Querrisse in seiner Längsrichtung (Bild 7-5), die dazu führen, dass dem Korrosionsschutz des Stahlzuggliedes in diesem Bereich besondere Beachtung zukommen muss.

Druckrohranker gemäß Bild 7-4 b) ermöglichen es, das Stahlzugglied im Bereich des Verpresskörpers durch ein geripptes Stahlrohr bis zu einer stählernen Bodenplatte zu führen, in die es einzuschrauben ist. Dass sich ein so geführtes Zugglied durchgehend mit einem Hüllrohr versehen lässt, wirkt sich günstig auf seinen Korrosionsschutz aus. Da die Ankerkraft über die stählerne Bodenplatte in das Stahlrohr und von dort in den Verpresskörper eingeleitet wird, entstehen in diesem hauptsächlich Druckspannungen. Querrisse im Verpresskörper, wie sie beim Verbundanker infolge der Zugspannungen auftreten können (Bild 7-5), werden somit vermieden.

Da Druckrohranker aufwändiger und daher teurer sind als Verbundanker, werden sie meistens als Daueranker eingesetzt.

In Tabelle 7-2 sind ausgewählte technische Daten von bauaufsichtlich zugelassenen Dauerankern aufgeführt. Weitere Einzelheiten zu den jeweiligen Ankern sind in den entsprechenden Zulassungsbescheiden zu finden, die bei den einzelnen Firmen (oft aus dem Internet herunterladbar) sowie beim *DIBt* [F 10] (gegen Entgelt) zu erhalten sind.

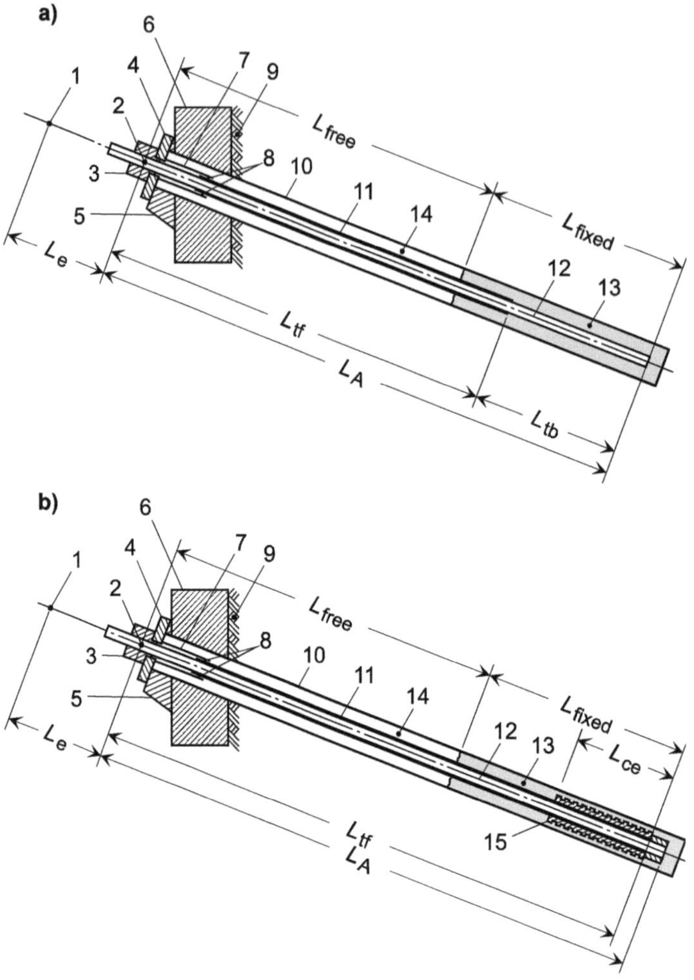

1 Verankerungspunkt an der Spannpresse während des Spannens
2 Verankerungspunkt am Ankerkopf im Gebrauchszustand
3 Spannelement am Ankerkopf
4 Ankerplatte
5 Auflagerkonstruktion
6 Teil des Bauwerks
7 Übergangsrohr
8 Abdichtung
9 Boden/Fels
10 Bohrlochwandung
11 Hüllrohr
12 Zugglied
13 Verpresskörper
14 ggf. Bohrlochverfüllung im Bereich der freien Ankerlänge
15 Druckrohr
L_A Ankerlänge
L_{ce} Druckrohrlänge
L_e überstehende Länge des Zuggliedes (Abstand der Verankerungspunkte 1 und 2)
L_{fixed} Krafteintragungslänge
L_{free} freie Ankerlänge
L_{tb} Verankerungslänge des Zuggliedes
L_{tf} freie Stahllänge

Bild 7-4 Schematische Darstellungen von Verbund- und Druckrohranker; ohne Details der Ankerköpfe und deren Korrosionsschutz (nach DIN EN 1537)
a) Verbundanker, b) Druckrohranker

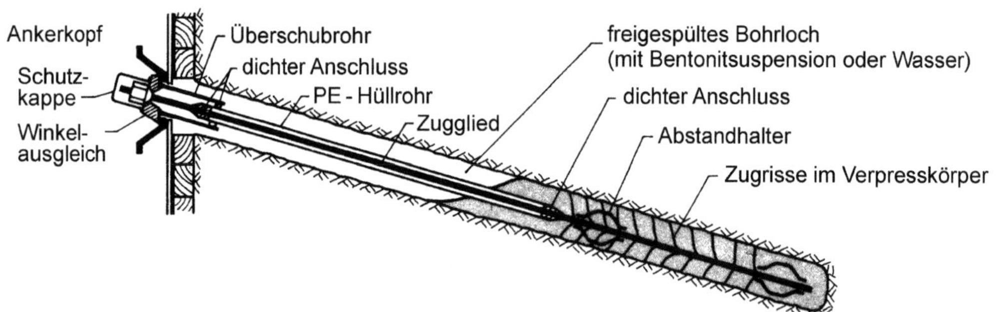

Bild 7-5 Verbundanker mit Zugrissen in Längsrichtung (nach *Ostermayer* [178], Kap. 2.5)

Tabelle 7-2 Auswahl technischer Daten von bauaufsichtlich zugelassenen Dauerankern (Stand: Februar 2016)

Stahlzugglied			Ankertyp	Widerstand	Prüfkraft P_p	Firma mit Zulassung	
Durchmesser	Anzahl	Stahlgüte	K = Kurzzeit D = Dauer	$R_{t,d}$ des Stahlzugglieds		Boden (nichtbindig od. bindig)	Fels
in mm	–	in N/mm2	–	in kN	in kN	–	–
7drähtige Litze 0,6″ (140 mm²)	2–12	St 1570/1770	D	365-2191	396-2379	[F 3]	[F 3]
	2– 9	St 1570/1770	D	365-1643	396-1784	[F 4]	[F 4]
	2–15	St 1570/1770	D	365-2739	396-2974	[F 4]	[F 4]
	2–15	St 1660/1860	D	390-2922	417-3125	[F 4]	[F 4]
	2–12	St 1570/1770	D	365-2191	396-2379	[F 11]	[F 11]
	11–12	St 1570/1770	K	2009-2191	2180-2379	[F 11]	[F 11]
	1–22	St 1570/1770	D	183-4017	198-4361		[F 11]
	11–22	St 1570/1770	K	2009-4017	2180-4361		[F 11]
	1–22	St 1570/1770	D	183-4017	198-4361		[F 23]
	11–22	St 1570/1770	K	2009-4017	2181-4361		[F 23]
	2–10	St 1570/1770	D	365-1826	396-1982	[F 23]	
	2–12	St 1570/1770	D	365-2191	396-2379		[F 23]
	11–12	St 1570/1770	K	2009-2191	2181-2379		[F 23]
7drähtige Litze 0,62″ (150 mm²)	2–12	St 1570/1770	D	391-2348	425-2549	[F 3]	[F 3]
	2–12	St 1660/1860	D	417-2504	446-2678	[F 3]	[F 3]
	2–15	St 1570/1770	D	391-2935	425-3186	[F 4]	[F 4]
	2–15	St 1660/1860	D	417-3130	446-3348	[F 4]	[F 4]
	2–12	St 1570/1770	D	391-2348	425-2549	[F 11]	[F 11]
	11–12	St 1570/1770	K	2152-2348	2336-2549	[F 11]	[F 11]
	1–22	St 1570/1770	D	225-4304	212-4673		[F 11]
	11–22	St 1570/1770	K	2152-4304	2336-4673		[F 11]
	1–22	St 1570/1770	D	450-4304	212-4673		[F 23]
	11–22	St 1570/1770	K	2152-4304	2336-4673		[F 23]
	2–10	St 1570/1770	D	391-1957	425-2124	[F 23]	
	2–12	St 1570/1770	D	391-2348	425-2549		[F 23]
	11–12	St 1570/1770	K	2152-2348	2336-2549		[F 23]
26,5	1	St 950/1050	D	456	463	[F 11]	[F 11]
	1	St 950/1050	D	456	463	[F 22]	[F 22]
32,0	1	St 950/1050	D	664	676	[F 11]	[F 11]
	1	St 950/1050	D	664	676	[F 22]	[F 22]
36,0	1	St 950/1050	D	841	855	[F 11]	[F 11]
	1	St 950/1050	D	841	855	[F 22]	[F 22]
40,0	1	St 950/1050	D	1038	1056	[F 11]	[F 11]
	1	BSt 500 S-GEWI	D	546	553	[F 11]	[F 11]
	1	St 950/1050	D	1038	1056	[F 22]	[F 22]
50,0	1	BSt 500 S-GEWI	D	854	864	[F 11]	[F 11]
63,5	1	S 555/700-GEWI	D	1528	1670	[F 11]	[F 11]

Hinweise: 1. Die Firmenkennzeichnungen weisen auf das Firmenverzeichnis hin (Seite 583 ff).
2. Die Zahlenwerte für den Widerstand $R_{d,k}$ bzw. die Prüfkraft P_p wurden mit Gl. 7-5 bzw. Gl. 7-8 und unter Verwendung der Werte von $f_{t,0.1,k}$, $f_{t,0.2,k}$ und $f_{t,k}$ aus Tabelle 7-3 ermittelt.

In Tabelle 7-2 sind nahezu ausschließlich Daueranker aufgeführt. Dies ist dem Umstand geschuldet, dass es zukünftig nur für Daueranker eine Zulassung als Verpressankersystem geben wird. Solche

„Systemzulassungen“, die sowohl für Daueranker als auch für Kurzzeitanker gelten, laufen in den nächsten zwei Jahren aus. Für Kurzzeitanker wird in Zukunft ausschließlich verlangt, dass für die zum Ankersystem gehörenden und zum Einsatz kommenden Elemente

- Ankerkopf und
- Zugglied

bauaufsichtliche Zulassungen existieren. Diese können sowohl in separater Form (Zulassung für Ankerkopf und Zulassung für Zugglied) als auch in Form von Dauerankerzulassungen (Zulassung für Ankerkopf und Zugglied) vorliegen.

Zu Einstab- und Mehrstabankern gehörende Beispiele für Ankerkopfausführungen zeigt Bild 7-6.

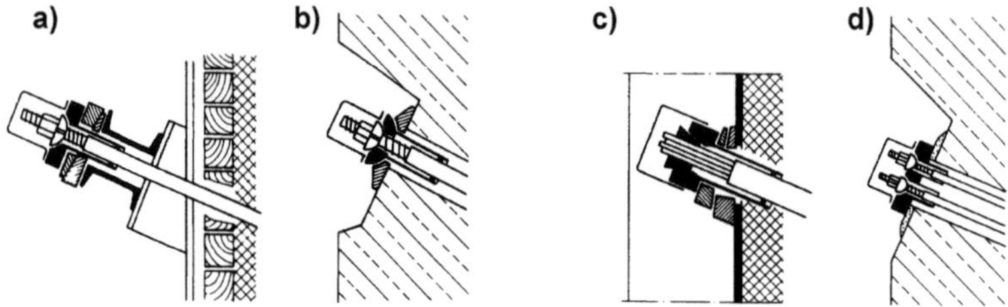

Bild 7-6 Schemata für die Ausführung von Ankerköpfen von Kurzzeit- und Dauerankern (nach *Ostermayer* [178], Kap. 2.5)
a) Einstabanker bei Bohlträgerwand (Mutter und Keilscheiben)
b) Einstabanker bei Betonwand (Mutter und Kugelkalotte)
c) Mehrstabanker bei Spundwand (Keilverankerung und Keilscheiben)
d) Mehrstabanker bei Betonwand (Muttern und Auflagerplatte mit Mörtelausgleich)

7.3.2 Längen

Bezüglich der bei Verpressankern zu berücksichtigenden Längen ist gemäß DIN EN 1537 und [75] zwischen den nachstehenden Größen zu unterscheiden (Bild 7-4):

Ankerlänge L_A erfasst den Abstand zwischen dem Verankerungspunkt des Zuggliedes am Ankerkopf und dem Ankerfuß (Bild 7-4).

Freie Ankerlänge L_{free} gibt den Abstand zwischen dem Verankerungspunkt des Zuggliedes am Ankerkopf und dem Anfang der Krafteintragungslänge an (Bild 7-4).

Rechnerische freie Stahllänge L_{app} Zuggliedlänge, die vom umgebenden Verpressmörtel als vollständig entkoppelt abgeschätzt (DIN EN 1537, 9.8.2) und aus der Linie der elastischen Verschiebungen rechnerisch ermittelt werden kann.

Freie Stahllänge L_{tf} Abstand zwischen dem Verankerungspunkt am Ankerkopf und dem Anfang der Verankerungslänge des Zuggliedes (Bild 7-4). Die vorgesehene freie Stahllänge L_{tf} kann von der rechnerischen freien Stahllänge abweichen ($L_{tf} \neq L_{app}$).

Krafteintragungslänge L_{fixed} planmäßige Länge eines Verpressankers, in der die Ankerkraft über einen Verpresskörper in den ihn umgebenden Baugrund abgetragen wird.

Verankerungslänge des Zugglieds L_{tb} Teil des Zugglieds, in dem dieses direkt mit dem Verpresskörper verbunden ist und die aufgebrachte Ankerkraft auf den Verpresskörper übertragen kann (Bild 7-4 a).

Druckrohrlänge L_{ce} Länge des Stahldruckrohrs eines Druckrohrankers, über das die Ankerkraft auf den Verpresskörper übertragen wird (Bild 7-4b).

Überstehende Länge des Zugglieds L_e Abstand zwischen dem Verankerungspunkt an der Spannpresse während des Spannens und dem Verankerungspunkt am Ankerkopf im Gebrauchszustand (Bild 7-4).

7.3.3 Kräfte

Zu den Kräften, die für die Prüfung sowie den Trag- und den Gebrauchstauglichkeitsnachweis eines Ankers anzusetzen sind, gehören:

Charakteristische Ankerkraft (in DIN 1054: *Ankerbeanspruchung*) P_k aus Einwirkungen (z. B. Gründungslasten, Erddrücke, Wasserdrücke) resultierende Beanspruchung (Schnittgröße).

Charakteristischer Herauszieh-Widerstand (*charakteristischer äußerer Herauszieh-Widerstand*) $R_{a,k}$ durch Versuche zu ermittelnde kleinste Ankerkraft, die ein Kriechmaß von $k_s = 2$ mm hervorruft (vgl. Abschnitt 7.6.3).

Charakteristischer Widerstand des Stahlzugglieds (*charakteristischer innerer Ankerwiderstand*) $R_{t,k}$ Kraft, die eine bleibende Dehnung des Stahlzugglieds von 0,1 % (Spannstahl-Zugglied) bzw. 0,2 % (Betonstahl-Zugglied) hervorruft (vgl. Abschnitt 7.6.3).

Charakteristischer Ankerwiderstand R_k kleinerer Wert der Widerstände $R_{a,k}$ und $R_{t,k}$.

Prüfkraft P_p maximale Kraft, die bei Untersuchungs-, Eignungs- oder Abnahmeprüfungen auf einen Anker aufgebracht wird (vgl. Abschnitt 7.6.3).

Festlegekraft P_0 unmittelbar nach dem Spannen auf den Ankerkopf aufgebrachte Kraft.

Kritische Kriechkraft P_c Ankerkraft, die zum Ende des ersten geradlinigen Astes des Diagramms „Kriechmaß über Ankerkraft" gehört (vgl. Bild 7-19).

7.4 Korrosionsschutz für Verpressanker

Die Gefahr, dass an den unter Spannung stehenden Stahlelementen von Verpressankern Schäden durch Korrosion auftreten, wird durch eine Vielzahl von Faktoren beeinflusst. Dazu zählen u. a. die
- Aggressivität von Wasser, Boden und Atmosphäre,
- Höhenlage des Grundwasserspiegels (im Allgemeinen zeitveränderlich),
- Durchlässigkeit des Untergrunds,
- chemische Zusammensetzung und Festigkeit der für die Anker verwendeten Stähle.

Wegen dieser Faktoren kommt bei Verpressankern dem Korrosionsschutz besondere Bedeutung zu. Dies gilt vor allem für Daueranker.

Generell ist während der gesamten Nutzungsdauer von Verpressankern der Schutz ihrer Stahlelemente gegen Korrosionsschäden sicherzustellen.

7.4.1 Kurzzeitanker, Verankerungslängen

Nach DIN EN 1537, Tabelle C.1 kann der Korrosionsschutz im Bereich der Verankerungslänge z. B. erreicht werden durch eine Zementmörtelüberdeckung aller eingebauten Stahlzugglieder gegen die

Bohrlochwand von mindestens 10 mm. Sollten aggressive Baugrundgegebenheiten vorliegen, empfiehlt es sich ggf., das Zugglied zusätzlich durch ein geripptes Hüllrohr zu schützen. Die 10 mm messende Mindestüberdeckung von Stahlzuggliedern und Korrosionsschutzumhüllungen kann nach DIN EN 1537, 6.2.5.2 durch die Anordnung von Abstandhaltern oder Zentrierteilen gewährleistet werden.

Eingesetzte Abstandhalter dürfen den Verpressmörtelfluss nicht behindern. Sie sind mit dem Stahlzugglied unverschieblich zu verbinden und so anzuordnen, dass die richtige Lage des Zugglieds im Bohrloch sichergestellt ist, die Mindestanforderungen an die Mörteldeckung eingehalten werden und das offene Volumen vollständig mit Verpressmörtel verfüllt wird. Bewährt haben sich u. a. aufgelöste Abstandhalter mit mindestens sechs Armen (Bild 7-7).

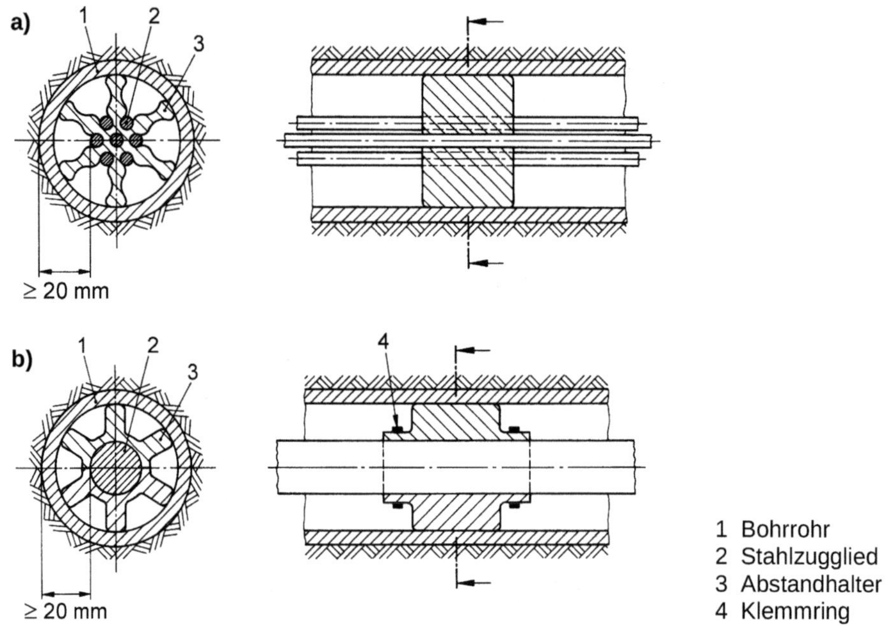

Bild 7-7 Beispiel für nicht federnde Abstandhalter bei Kurzzeitankern (nach [75])
a) Mehrstabanker, b) Einstabanker

7.4.2 Kurzzeitanker, freie Stahllängen

Nach den in DIN EN 1537, Tabelle C.1 aufgeführten Korrosionsschutzbeispielen für Kurzzeitanker muss das Schutzsystem im Bereich der freien Stahllänge die Bewegung des Zugglieds im Bohrloch zulassen und geringe Reibeigenschaften besitzen. Zu den möglichen Schutzsystemen gehören

- ein Kunststoffhüllrohr um jedes einzelne Zugglied, das am erdseitigen Ende verschlossen ist (Verhinderung von Wasserzutritt),
- ein vollständig mit einer Korrosionsschutzmasse gefülltes Kunststoffhüllrohr um jedes einzelne Zugglied (für Einsatz in aggressiver Umgebung geeignet),
- ein Hüllrohr aus Kunststoff oder Stahl um alle Zugglieder, das am erdseitigen Ende verschlossen ist (Verhinderung von Wasserzutritt).

Die Kunststoffrohre müssen wasserundurchlässig sein. Außerdem müssen sie beständig sein gegen Alterssprödigkeit und gegen Schäden durch UV-Strahlung während ihrer Lagerung, ihres Transports und ihres Einbaus. Nach DIN EN 1537, 6.5.1 müssen außen liegende gerippte Hüllrohre um ein Zugglied oder mehrere Zugglieder (Sammelhüllrohr) eine Mindestwanddicke von

- 1,0 mm bei Innendurchmessern ≤ 80 mm,
- 1,5 mm bei Innendurchmessern > 80 mm und ≤ 120 mm,
- 2,0 mm bei Innendurchmessern > 120 mm

besitzen. Die Mindestwanddicken außen liegender glatter Sammelhüllrohre müssen 1 mm größer sein als die gerippter Hüllrohre. Die Wanddicken innen liegender glatter und gerippter Hüllrohre müssen ≥ 1 mm betragen.

7.4.3 Kurzzeitanker, Ankerkopfbereich

In DIN EN 1537, Tabelle C.1 wird beim Korrosionsschutz zwischen dem Ankerkopf und dem Übergang zwischen Ankerkopf und freier Stahllänge (innerer Ankerkopf) unterschieden.

Im Bereich des inneren Ankerkopfs darf danach z. B.
- die Verrohrung der freien Stahllänge dicht an der Auflagerplatte bzw. am Ankerkopf angeschlossen werden,
- ein Rohrstutzen aus Stahl oder ein Kunststoffrohr an die Auflagerplatte angeschweißt bzw. mit ihr dicht verbunden werden; der Rohrstutzen muss die Verrohrung der freien Stahllänge überlappen (Bild 7-8).

Bei aggressiven Bedingungen ist der Rohrstutzen mit Korrosionsschutzmasse, Zement oder Harz zu verfüllen und an seinem unteren Ende abzudichten (Bild 7-8).

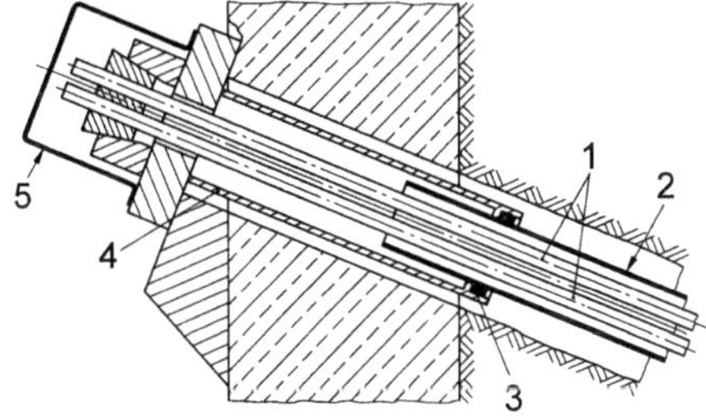

Bild 7-8 Beispiel für den Korrosionsschutz im Ankerkopfbereich bei Kurzzeitankern (nach [75])
1 Stahlzugglied
2 Hüllrohr
3 Abdichtung
4 Übergangsrohr
5 Schutzkappe

Bezüglich des Korrosionsschutzes des Ankerkopfs sind die Fälle zu betrachten, bei denen der Ankerkopf für Überwachungsmaßnahmen zugänglich bleibt bzw. der Ankerkopf für diese Maßnahmen nicht zugänglich ist.

Im ersten Fall ist es z. B. zulässig, den Ankerkopf mittels
- einer Beschichtung aus nicht flüssiger Korrosionsschutzmasse,
- der Umwicklung mit einer mit Korrosionsschutzmasse getränkten Binde

zu schützen.

Im Falle der Unzugänglichkeit ist eine Schutzkappe aus Metall oder Kunststoff anzubringen (Bild 7-8). Bei erweiterter Einsatzdauer bzw. beim Vorhandensein aggressiver Bedingungen ist diese zusätzlich mit Korrosionsschutzmasse zu verfüllen.

Nach *Ostermayer* [178], Kap. 2.5 darf auf die angegebenen Schutzmaßnahmen verzichtet werden, wenn als Zugglieder Vollstäbe mit einem Mindestdurchmesser von 28 mm oder Rohre mit einer Mindestwanddicke von 8 mm zum Einsatz kommen, die aus Beton- oder Baustahl bestehen und für die ein Abrostungszuschlag von 1,0 mm berücksichtigt wurde.

7.4.4 Daueranker, Allgemeines

Wegen der langen Einsatzdauer ist für Daueranker ein lückenloser und dauerhafter Korrosionsschutz mit einem zusätzlichen mechanischen Schutz gefordert. Sind die Anker konstruktiver Bestandteil eines Bauwerks, müssen sie im Regelfall während der geplanten Funktionsdauer des Bauwerks (bei Stahl- oder Stahlbetonbauwerken mindestens 80 bis 100 Jahre; vgl. [318]) funktionstüchtig bleiben.

7.4.5 Daueranker, Verankerungslängen und freie Stahllängen

Das Zugglied (die Zugglieder bei Mehrstab- oder Litzenankern) von Dauerankern muss nach DIN EN 1537, 6.3.3 mindestens mit einer ununterbrochenen Schicht eines Korrosionsschutzmaterials umhüllt werden. Diese Schicht muss ihre Funktion während der gesamten geplanten Lebensdauer des Ankers erfüllen.

Bezüglich der Korrosionsschutzsysteme gemäß DIN EN 1537, Tabelle C.2 sind das

- einzelne System mit nur einer Schutzhülle,
- doppelte System mit zwei Schutzhüllen, bei dem die äußere Hülle dem Schutz der inneren Hülle gegen mögliche Beschädigungen während der Handhabung und dem Einbau des Zuggliedes dient,

zu unterscheiden.

Zu den Schutzschichtvarianten im Bereich der Verankerungslänge gehören gemäß DIN EN 1537, Tabelle C.2

- ein einzelnes, das Zugglied (die Zugglieder) umschließendes geripptes Kunststoffhüllrohr, das mit Zementmörtel verpresst ist (die Zementmörtelüberdeckung zwischen Hüllrohr und Stabzugglied muss mindestens 5 mm betragen, das Zugglied muss dabei eine durchlaufend gerippte Oberfläche besitzen, Bild 7-9),
- zwei konzentrische, das Zugglied umschließende gerippte Hüllrohre, die vor dem Einbau im Ringraum zwischen den Hüllrohren und innerhalb des Kerns mit Zement oder Harz voll zu verfüllen sind,
- ein geripptes, das eingefettete Stahlzugglied eng umschließendes Stahlhüllrohr (Druckrohr); das Hüllrohr und die Kunststoffkappe an der Befestigungsmutter des Hüllrohres sind durch sie umhüllenden Zementmörtel zu schützen, dessen Dicke mindestens 10 mm beträgt (Bild 7-10).

Da Zugglieder von Druckrohrankern (Bild 7-10), im Gegensatz zu denen von Verbundankern (Bild 7-9), im Bereich der Verankerungslänge keine Verbundspannungen zu übertragen haben, können sie auf ihrer ganzen Länge beschichtet und durch glatte Kunststoffhüllrohre zusätzlich mechanisch geschützt werden. Darüber hinaus können auch plastische Korrosionsschutzmittel zwischen Stahlzugglied und Hüllrohr eingepresst werden.

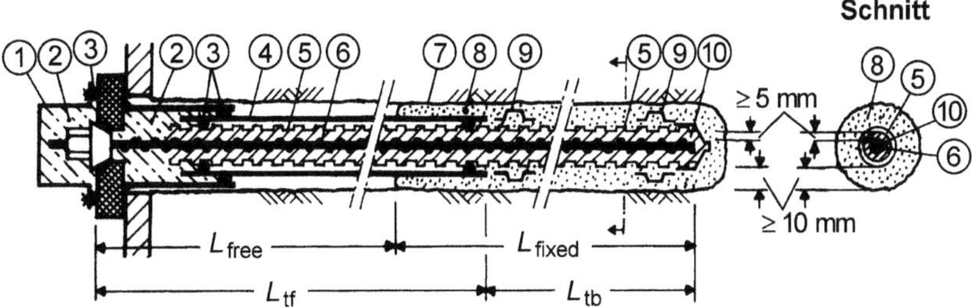

Bild 7-9 Schema eines Dauerankers als Verbundanker mit einem Kunststoff-Ripprohr (nach [178], Kap. 2.5)
1 Schutzkappe, 2 Korrosionsschutzmasse, 3 Dichtung, 4 Kunststoff-Glattrohr, 5 Kunststoff-Ripprohr, 6 Zugglied (Einstabspannglied), 7 Bohrloch, 8 Verpresskörper, 9 Abstandhalter, 10 Zementmörtel im Kunststoff-Ripprohr

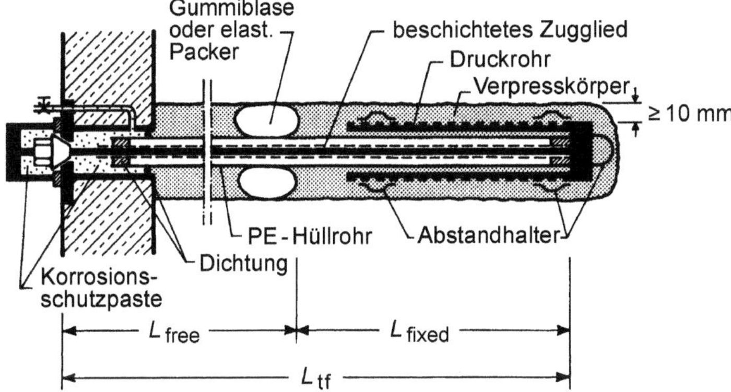

Bild 7-10 Schema eines Dauerankers als Druckrohranker (nach [178], Kap. 2.5)

Im Bereich der freien Stahllänge muss das verwendete Korrosionsschutzsystem die freie Beweglichkeit des Zugglieds im Bohrloch zulassen. Dies wird z. B. gewährleistet durch Kunststoffhüllrohre, die jedes einzelne Zugglied bzw. Zuggliedbündel umschließen und vollständig gefüllt sind mit

- flexibler Korrosionsschutzmasse bzw.
- Zementmörtel.

Hinsichtlich der Aufbringung des Korrosionsschutzes im Bereich der freien Stahllänge und der Verankerungslänge des Zugglieds wird in DIN EN 1537, 6.6.2 u. a. verlangt, dass

- die Zugglieder vor der Aufbringung des Korrosionsschutzsystems frei sein müssen von Lochfraßkorrosion (leichter Oberflächenrost vor dem Aufbringen von Zementmörtel oder Korrosionsschutzmasse ist zulässig),
- das Verfüllen der Hüllrohre von ihrem unteren Ende aus erfolgt, wobei dieser Vorgang nicht unterbrochen werden darf.

Zum Nachweis der Wirksamkeit des jeweils aufgebrachten Korrosionsschutzsystems ist dieses mindestens einer Systemprüfung zu unterziehen. Die Prüfungsergebnisse sind zu dokumentieren (vgl. DIN EN 1537, 6.12).

7.4.6 Daueranker, Ankerkopfbereich

Auch bei Dauerankern wird in DIN EN 537, Tabelle C.2 zwischen dem Ankerkopf und dem Übergang zwischen Ankerkopf und freier Stahllänge unterschieden.

Im Bereich des Übergangs vom Ankerkopf zur freien Stahllänge
- ist ein beschichtetes, verpresstes oder einbetoniertes Hüllrohr aus Stahl oder ein feststehendes Kunststoffrohr mit dem Ankerkopf zu verschweißen bzw. mit ihm dicht zu verbinden,
- danach ist dieses Hüllrohr gegen das Hüllrohr der freien Stahllänge abzudichten und z. B. mit Korrosionsschutzmasse, Zementmörtel oder Harz zu füllen.

Von besonderer Wichtigkeit ist der Korrosionsschutz im Bereich des Ankerkopfs selbst, da bisher bekannt gewordene Schäden vor allem in diesem Bereich aufgetreten sind. Der Schutz kann z. B. mit beschichteten und/oder feuerverzinkten Schutzkappen aus Metall (Mindestwandstärke 3 mm) oder steifen Kunststoffkappen (Mindestwandstärke 5 mm) erfolgen, die mit Zementmörtel oder Harz zu füllen sind und mit der Auflagerplatte verbunden werden.

7.5 Herstellung von Verpressankern

7.5.1 Bohrlöcher

Für jeden einzelnen Verpressanker ist die Anordnung (Ansatzpunkt, Richtung und Länge) des Bohrlochs festzulegen, das in der Regel mit einem Durchmesser zwischen ≈ 80 und 150 mm hergestellt wird. Der gewählte Bohrlochdurchmesser muss mindestens 5 mm größer sein als der Durchmesser des geplanten Verpresskörpers.

Nach [75] sollte die Neigung eines Bohrlochs gegen die Horizontale nicht zwischen +10° und −10° liegen.

Bei der Wahl des Bohrverfahrens sind die Gegebenheiten des anstehenden Baugrunds und ggf. vorhandener Nachbarbebauungen zu berücksichtigen. Als Verfahren kommen üblicherweise die
- Dreh- oder Schlagbohrung mit stützendem Bohrrohr und verlorener Spitze (Außenspülung) gemäß Bild 7-11 a),
- „Überlagerungsbohrung" mit stützendem Bohrrohr und innerem Hohlgestänge und Bohrkrone (Innenspülung) gemäß Bild 7-11 b),
- unverrohrte Schneckenbohrung mit oder ohne Hohlschaft für die Spülung gemäß Bild 7-11 c),
- unverrohrte Bohrung mit Hohlgestänge für die Spülung und Vollbohrkrone

zum Einsatz.

Die verrohrt ausgeführte Schlag- oder Drehschlagbohrung und die „Überlagerungsbohrung" gemäß Bild 7-11 a) und Bild 7-11 b) eignen sich nach *Ostermayer* [178], Kap. 2.5 für den Einsatz in bindigen und nichtbindigen Böden. Bei dichter Lagerung nichtbindiger Böden kann mit Wasserspülung gearbeitet werden, wobei das Wasser im Falle der Außenspülung bei der Schlag- oder Drehschlagbohrung durch die Bohrkrone in die Zone zwischen Bohrlochwand und Rohrwand gepresst wird und von dort mit dem Bohrgut abfließt. Bei der „Überlagerungsbohrung" hingegen fließt die Spülflüssigkeit zwischen Gestänge und Bohrrohr zurück (Innenspülung).

Bezüglich möglicher Richtungsabweichungen der hergestellten Bohrlöcher von der Solllage muss bei Schlagbohrungen in nichtbindigen Böden mit bis zu 5 % nach oben und unten gerechnet werden.

Die Abweichungen lassen sich mit dem Doppeldrehbohrverfahren bei bindigen Böden bis auf etwa 1 % reduzieren; bei diesem Verfahren werden das äußere Rohr und das innere Hohlgestänge (Bild 7-11 b)) gegenläufig gedreht (zur Problematik der Zielgenauigkeit von Kleinbohrungen vgl. auch [257]).

Bezüglich des Bohrens gegen drückendes Wasser sei auf entsprechende Ausführungen in [318] verwiesen.

Weitere Hinweise zur Herstellung der Bohrlöcher sind in DIN EN 1537, 8.1 zu finden.

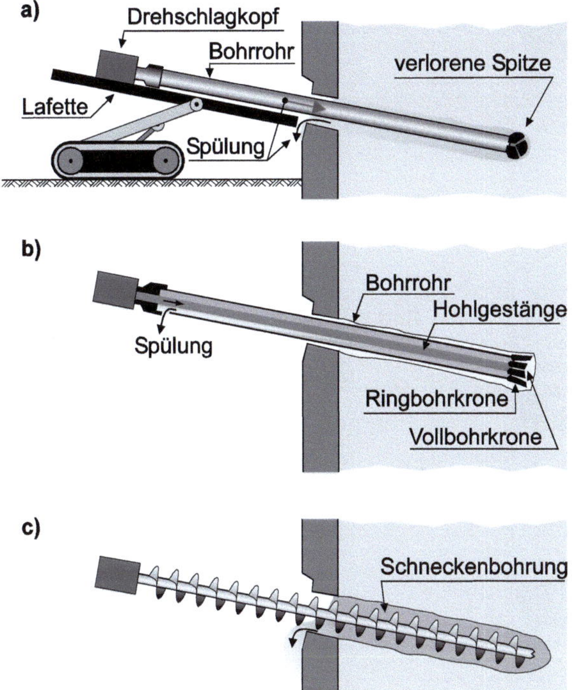

Bild 7-11 Bohrverfahren (Informationsmaterial der Fa. *Keller Grundbau* [F 16])

a) Dreh- oder Drehschlagbohrverfahren mit stützendem Bohrrohr und verlorener Spitze (Außenspülung)

b) „Überlagerungsbohrung" mit stützendem Bohrrohr, innerem Bohrgestänge und Bohrkrone (Innenspülung)

c) unverrohrte Schneckenbohrung mit oder ohne Hohlschaft für Spülung

7.5.2 Einbau, Verpressung und Nachverpressung

Die Arbeitsschritte zum Einbau und Verpressen (auch Nachverpressen) der Anker sind in den Prinzipskizzen von Bild 7-12 zusammengestellt.

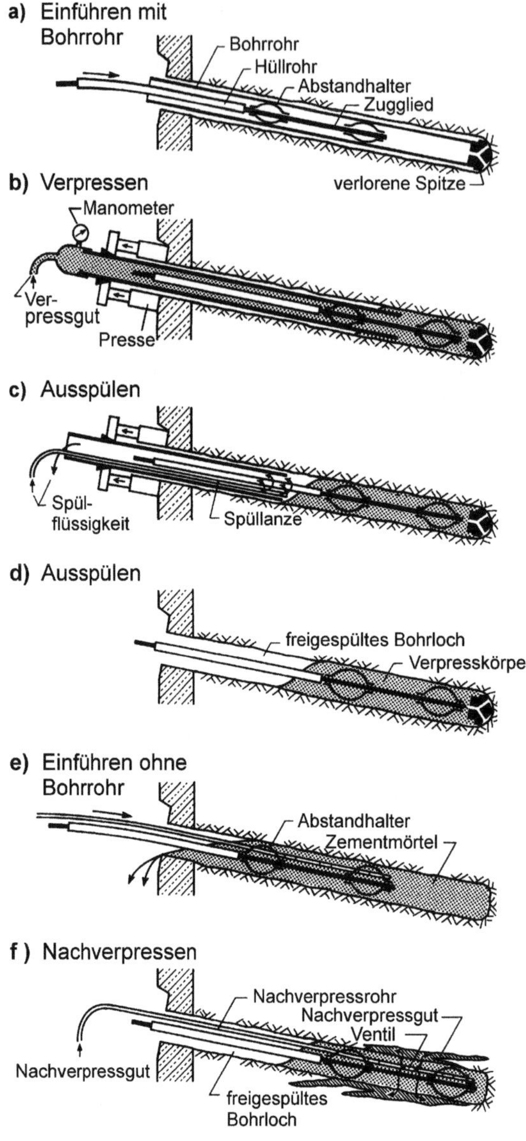

Bild 7-12 Einbau und Verpressen von Ankern (nach [178], Kap. 2.5)

a) Einführen des Zugglieds in das Bohrrohr
b) Verpressen von Zementmörtel und Ziehen des Bohrrohrs
c) Wasser- oder Bentonit-Spülung zur Begrenzung des Verpresskörpers
d) fertiger Anker
e) Einführen des Zugglieds in ein unverrohrt hergestelltes, mit Zementmörtel gefülltes Bohrloch
f) Nachverpressen nach Erhärtung der ersten Bohrlochfüllung

Bild 7-12 a) zeigt, dass nach Fertigstellung des Bohrlochs zunächst das Zugglied in das Bohrrohr eingeführt wird (die Einhaltung der Abstände zur Bohrlochwand wird durch die Abstandhalter gewährleistet). Anschließend erfolgt das Einpressen von Zementmörtel in das Bohrrohr, das dabei Zug um Zug bis zum Ende der geplanten Krafteinleitungslänge L_{fixed} herausgezogen wird (Bild 7-12 b)). Ist das Verpressgut in dem verbliebenen Verrohrungsbereich mit Wasser oder Bentonitsuspension ausgespült (Bild 7-12 c)), besitzt der Verpresskörper seine vorgesehene Länge. Der abschließende Ausbau des Bohrrohrs hinterlässt den fertigen Verpressanker (Bild 7-12 d)).

Die Ankerherstellung bei unverrohrtem Bohrloch (in standfesten bindigen Böden oder in Fels) zeigt Bild 7-12 e). In diesen Fällen wird der Anker in das mit Zementmörtel gefüllte Bohrloch eingeführt, wobei die Beseitigung des überschüssigen Mörtels wieder durch Spülung analog zu Bild 7-12 c) erfolgen kann.

Bei der in Bild 7-12 f) dargestellten Nachverpressung wird der erhärtete Zementmörtel der ersten Bohrlochfüllung durch eingepresste Zementsuspension aufgesprengt und die radial gerichtete Verspannung des Verpresskörpers gegen den ihn umgebenden Boden vergrößert. Damit erhöhen sich gleichzeitig die Scherspannungen, die über die Mantelfläche des Verpresskörpers (wird zusätzlich leicht vergrößert) übertragbar sind. Bei nichtbindigen Böden mit geringer Tragfähigkeit und besonders bei bindigen Böden wird so eine wesentliche Erhöhung der Tragwirkung der fertigen Anker erreicht (vgl. [139] und Bild 7-17). Das Maß dieser Erhöhung ist nicht nur abhängig vom jeweils verwendeten Nachverpresssystem und der Wiederholungshäufigkeit der Nachverpressung, sondern auch von den Randbedingungen, wie etwa den Bodengegebenheiten, die an der einzelnen Baustelle vorliegen ([193]).

In Bild 7-13 sind verschiedene Systeme dargestellt, die beim Nachverpressen zum Einsatz kommen können. Das einfachste von ihnen besteht aus einem oder mehreren Kunststoffschläuchen mit Durchmessern von etwa 15 bis 20 mm und einem Ventil am jeweiligen Schlauchende (Bild 7-13 a) und Bild 7-13 b)). Mit diesem System ist eine einmalige Nachverpressung möglich. Für mehrfaches Nachverpressen ist es erforderlich, den Schlauch nach dem Verpressvorgang auszuspülen, wozu entsprechend große Schlauchdurchmesser zu wählen, bzw. umläufige Nachverpressrohre (Bild 7-13 c)) anzuordnen sind.

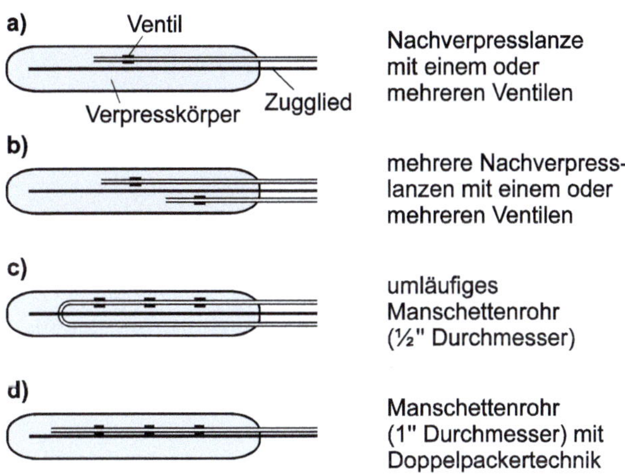

Bild 7-13 Prinzipskizzen von verschiedenen Nachverpresssystemen (nach [193])

Bei den in Bild 7-13 a) bis c) dargestellten Systemen wird der Verpresskörper vorwiegend im Ventilbereich aufgesprengt und nachverpresst, wobei die Hauptwirkung an der schwächsten Stelle eintritt. Eine in allen Ventilbereichen nahezu gleiche Wirkung (und damit eine Vergleichmäßigung der Wirkung über die gesamte Nachverpresslänge) ist möglich, wenn mit Hilfe der Doppelpackertechnik an jedem einzelnen der Ventile gezielt verpresst werden kann, was allerdings einen entsprechenden Durchmesser des Verpressrohres verlangt (Bild 7-13 d)).

Belastbar sind die Verpressanker einige Tage nach ihrer Herstellung, wobei die erforderliche Abbindezeit von dem verwendeten Zement abhängt. So können Anker nach [178], Kap. 2.5 schon nach drei bis vier Tagen belastet werden, wenn z. B. Portlandzement CEM I 32,5 R oder CEM I 42,5 R für den Verpresskörpermörtel verwendet wurde (Mindestdruckfestigkeiten nach zwei Tagen: 10 N/mm^2 bei CEM I 32,5 und 20 N/mm^2 bei CEM I 42,5).

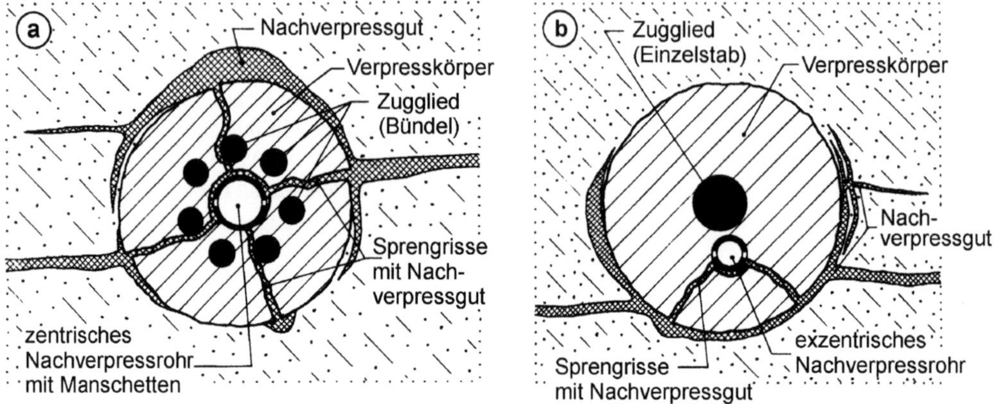

Bild 7-14 Auswirkung des Nachverpressens bei unterschiedlicher Anordnung der Verpressrohre nach *Ostermayer* ([178], Kap. 2.5)
a) gezielte Nachverpressung mit Manschettenrohr und Doppelpacker
b) herkömmliche Nachverpressung ohne Packer

7.6 Verpressankerbemessung und -nachweise

7.6.1 Allgemeines

Gemäß Abschnitt 8.2 von DIN EN 1997-1 und DIN 1054 ist bei Verpressankern ausreichende Sicherheit in den folgenden Grenzzuständen (einzeln und in Kombination) nachzuweisen:

- Materialversagen des Zugglieds oder Ankerkopfs infolge der aufgebrachten Spannungen,
- Versagen infolge Drehung des Ankerkopfs (Nachweis durch allgemeine bauaufsichtliche Zulassung),
- Versagen infolge übermäßigen Nachgebens des Ankerkopfs (Nachweis durch allgemeine bauaufsichtliche Zulassung),
- Korrosionsschutz des Ankerkopfs (Nachweis bei Daueranker durch allgemeine bauaufsichtliche Zulassung),
- Versagen des Verbundes zwischen Verpresskörper und ihn umgebenden Boden,
- Versagen des Verbundes zwischen Zugglied und Verpresskörper (Nachweis bei Daueranker durch allgemeine bauaufsichtliche Zulassung),
- Versagen des Verbundes an den Kontaktflächen zwischen Zugglied, Umhüllung und Verpressmörtel,
- Versagen infolge Ankerkraftverlust durch Kriechen des Verpresskörpers (Nachweis durch Eignungs- und Abnahmeprüfungen),
- Ankerkraftverlust infolge Kriechen und Entspannung,
- übermäßiges Nachgeben des Ankerkopfs infolge Kriechen und Entspannung,
- Versagen oder übermäßige Verformung von Ankerteilen infolge angesetzter Ankerkräfte,

- Versagen oder übermäßige Verformung in gestützten oder angrenzenden Bauteilen infolge der Verankerung (einschließlich der Ankerkraftwirkung),
- Verlust der Geländebruchsicherheit des verankerten Bodens samt Stützbauwerk.

Bei Ankergruppen sind ausreichende Sicherheiten gegen den Grenzzustand des Bruchs des Bodens durch

- Abheben,
- Verlust der Standsicherheit in der kritischsten (tiefen) Gleitfuge

sowie gegen

- Instabilität oder übermäßige Verformung des Bodenbereichs, in den die Zugkräfte einer Ankergruppe übertragen werden sollen,
- Versagen oder übermäßige Verformungen in angrenzenden Bauwerken, die in Wechselwirkung mit Ankergruppen stehen

nachzuweisen.

7.6.2 Einwirkungen und Beanspruchungen

Die charakteristischen Beanspruchungen (charakteristische Schnittkräfte) von Verpresskörpern resultieren aus Einwirkungen (Gründungslasten, grundbauspezifische und dynamische Einwirkungen; vgl. Abschnitt 2.4.2 von DIN EN 1997-1 und DIN 1054) auf die verankerten Bauwerke oder Bauteile. Nach DIN 1054, 8.5.5 A (2) sind solche Beanspruchungen mit P_k zu bezeichnen. Die zugehörigen Bemessungswerte P_d ergeben sich durch Multiplikation von P_k mit den jeweiligen Teilsicherheitsbeiwerten nach Tabelle 1-2.

Die Beanspruchungen der Verpressanker ergeben sich aus den Standsicherheitsnachweisen für das jeweilige verankerte Bauwerk bzw. den jeweiligen Bauteil oder Felskörper. Die zu berücksichtigenden Beanspruchungen werden im Regelfall verursacht durch

- Erddruck in Form von
  - aktivem oder
  - erhöhtem aktivem Erddruck bzw. Erdruhedruck (z. B. bei Baugruben),
- Festlegungen auf der Grundlage felsmechanischer Untersuchungen,
- Wasserdruck,
- Seilkräfte,
- am Ankerkopf angreifende Lasten

oder auch durch die Kombination gleichzeitig möglicher Einwirkungen (Einwirkungskombinationen).

Im Rahmen der Verpressankerbemessung müssen die unterschiedlichen Teilsicherheitsbeiwerte von DIN 1054 beachtet werden, die zu den verschiedenen Einwirkungen gehören. Darüber hinaus ist zwischen den einzelnen Bemessungssituationen zu unterscheiden. So erfasst z. B. bei Baugruben die

- Bemessungssituation BS-P den Vollaushubzustand der Baugrubenkonstruktion,
- Bemessungssituation BS-T alle Vorbauzustände bis zum Erreichen des Vollaushubzustands und alle Rückbauzustände bis zur Wiederverfüllung der Baugrube.

7.6.3 Widerstände

Charakteristische Widerstände eines Verpressankers sind der

- Herauszieh-Widerstand $R_{a,k}$ im Grenzzustand GEO-2 (Widerstand des Verpresskörpers bei der Zugkraftabtragung auf den Boden),
- Widerstand $R_{t,k}$ des Stahlzugglieds.

Die zu diesen Widerständen gehörenden Bemessungswerte ergeben sich mit den Teilsicherheitsbeiwerten γ_a und γ_M der Tabelle 1-3 und der zugehörigen Anmerkung 1 aus

$$R_{a,d} = \frac{R_{a,k}}{\gamma_a} \quad \text{und} \quad R_{t,d} = \frac{R_{t,k}}{\gamma_M} \qquad \text{Gl. 7-1}$$

Herauszieh-Widerstand

Der charakteristische Widerstand $R_{a,k}$ ist nach DIN 1054, 8.7 A (5) auf der Basis einer Eignungsprüfung (nach dem Prüfverfahren 1, siehe [96], E.2 und auch E DIN EN ISO 22477-5, Anhang A) an mindestens drei Ankern zu ermitteln. Diese Anker sind unter Bedingungen herzustellen, die vergleichbar sind mit denen der Bauwerksanker. Bei der Prüfung werden die Anker in mindestens fünf Zyklen von der Vorbelastung aus bis zur Prüfkraft P_p belastet. Für jeden Zyklus sind bei der maximalen Spannkraft die Ankerkopfverschiebungen s über einen festgelegten Zeitraum zu messen. Die erforderliche Größe der Prüfkraft ergibt sich nach DIN 1054, 8.7 A (3) mit dem Bemessungswert P_d der Ankerkraft und dem Teilsicherheitsbeiwert γ_a aus Tabelle 1-3 mittels

$$P_p = \gamma_a \cdot P_d \qquad \text{Gl. 7-2}$$

In DIN 1054, 8.7 A (8) wird als Herauszieh-Widerstand $R_{a,k}$ die kleinste der Kräfte bezeichnet, die in den drei einzelnen Zugversuchen jeweils ein Kriechmaß von $k_s = 2$ mm hervorrufen. Ergeben sich bei den einzelnen Eignungsprüfungen unter der Prüfkraft P_p Kriechmaße $k_s < 2$ mm, ist die Größe des Herauszieh-Widerstands $R_{a,k}$ durch die Prüfkraft P_p selbst festgelegt

$$R_{a,k} = P_p \quad \text{bei} \quad k_s < 2 \text{ mm} \qquad \text{Gl. 7-3}$$

Das Kriechmaß ist definiert durch

$$k_s = \frac{s_b - s_a}{\lg t_b - \lg t_a} = \frac{s_b - s_a}{\lg \frac{t_b}{t_a}} \qquad \text{Gl. 7-4}$$

Die in der Gleichung verwendeten Größen s_a und s_b sind die Ankerkopfverschiebungen, die im Versuch, bei konstanter Ankerkraft, für die Beobachtungszeiten t_a und t_b ($t_a < t_b$) ermittelt wurden (vgl. Bild 7-18).

Widerstand des Stahlzugglieds

Der Bemessungswert des Widerstands des Stahlzugglieds ergibt sich nach DIN 1054, 8.5.4 A Anmerkung zu (2)P aus

$$R_{t,d} = \frac{A_t \cdot f_{t,0.1,k}}{\gamma_M} \quad \text{(Zugglied aus Spannstahl)}$$

$$R_{t,d} = \frac{A_t \cdot f_{t,0.2,k}}{\gamma_M} \quad \text{(Zugglied aus Betonstahl)} \qquad \text{mit} \quad \gamma_M = 1{,}15 \qquad \text{Gl. 7-5}$$

Die darin verwendeten Größen sind die Querschnittsfläche A_t des Stahlzugglieds und die charakteristischen Werte $f_{t,0.1,k}$ bzw. $f_{t,0.2,k}$ der Spannung des Stahlzugglieds bei 0,1 % bzw. 0,2 % bleibender Dehnung des aus Spannstahl bzw. Betonstahl hergestellten Zugglieds. $f_{t,0.2,k}$ wird auch als „Streckgrenze" des Betonstahls bezeichnet. Zu typischen Ankerstählen gehörende Zahlenwerte von $f_{t,0.1,k}$ bzw. $f_{t,0.2,k}$ enthält Tabelle 7-3. Zum Teilsicherheitsbeiwert γ_M siehe auch Anmerkung 1 zu Tabelle 1-3.

7.6.4 Nachweis der Tragfähigkeit und der Gebrauchstauglichkeit

Die Tragfähigkeit eines einzelnen Ankers im Grenzzustand GEO-2 ist durch die Einhaltung der Bedingung

$$P_d \le R_{a,d} \quad \text{bzw.} \quad \mu = \frac{R_{a,d}}{P_d} \le 1 \qquad \text{Gl. 7-6}$$

nachzuweisen. Zu P_d siehe Abschnitt 7.6.2, mit μ wird der Ausnutzungsgrad erfasst. Gehört der Anker zu einer gleichartigen Gruppe bzw. zu einer Verankerungslage, darf jedem dieser Anker als Bemessungswert der Einwirkung P_d die gleiche Größe zugewiesen werden (DIN 1054, A 8.5.6).

Für den Sicherheitsnachweis gegen Bruch des Bodens bei Verpressankergruppen ist der ungünstigste der zu erwartenden Bruchmechanismen heranzuziehen. Nach DIN 1054, A 8.5.6 gilt, dass

- bei stark geneigt oder lotrecht angeordneten Ankern der Nachweis ausreichender Sicherheit gegen Abheben maßgebend ist (vgl. auch Abschnitt 7.6.3.1 von DIN EN 1997-1 und DIN 1054, sowie Abschnitt 7.12.1 dieses Buchs),
- bei wenig geneigt oder waagerecht angeordneten Ankern der Nachweis der Standsicherheit in der tiefen Gleitfuge maßgebend ist (vgl. auch Abschnitt 7.12.2 und DIN 1054, A 9.7.9).

Der Nachweis der „inneren" Tragfähigkeit eines einzelnen Ankers im Grenzzustand STR erfolgt gemäß DIN EN 1997-1, 8.5.4 (1)P mittels der Ungleichung

$$R_{a,d} \le R_{t,d} \quad \text{bzw.} \quad \mu = \frac{R_{a,d}}{R_{t,d}} \le 1 \qquad \text{Gl. 7-7}$$

wobei μ den Ausnutzungsgrad erfasst. In DIN 1054, 8.5.4 A (4) wird außerdem verlangt, dass Stahlzugglieder aus Spann- bzw. Betonstahl so bemessen werden, dass für die Prüfkräfte P_p von Ankern bei Untersuchungs-, Eignungs- oder Abnahmeprüfungen die Bedingungen

$$P_p \le 0{,}80 \cdot A_t \cdot f_{t,k} \quad \text{und}$$

$$P_p \le 0{,}95 \cdot A_t \cdot f_{t,0.1,k} \quad \text{bzw.} \quad P_p \le 0{,}95 \cdot A_t \cdot f_{t,0.2,k} \qquad \text{Gl. 7-8}$$

eingehalten werden; maßgebend ist der jeweils kleinere Wert. Neben den oben schon definierten Größen (Gl. 7-5 nebst entsprechenden Erläuterungen) steht $f_{t,k}$ für den charakteristischen Wert der Zugfestigkeit der Stahlzugglieder (s. Tabelle 7-3).

Tabelle 7-3 Charakteristische Werte der Dehngrenzen $f_{t,0.1,k}$ und $f_{t,0.2,k}$ sowie der Zugfestigkeit $f_{t,k}$ für typische Ankerstähle (nach DIN SPEC 18537, Anhang I)

Stahlgüte	Bezeichnung	$f_{t,0.1,k}$ in N/mm²	$f_{t,0.2,k}$ in N/mm²	$f_{t,k}$ in N/mm²	
BSt 500 S	B500B nach DIN 488-1	–	500	550	Betonstabstahl mit Gewinderippen
S 555/700	–	–	555	700	Stabstahl mit Gewinderippen
St 835/1030	Y1030 nach Normen der Reihe E DIN EN 10138	835	–	1030	Stabspannstahl mit Gewinderippen
St 950/1050	Y1050 nach Normen der Reihe E DIN EN 10138	950	–	1050	
St 1080/1230	Y1230 nach Normen der Reihe E DIN EN 10138	1080	–	1230	
St 1570/1770	Y1770 nach Normen der Reihe E DIN EN 10138	1500 a)	–	1770	Spannstahl-Litzen
St 1660/1860	Y1860 nach Normen der Reihe E DIN EN 10138	1600 a)	–	1860	

a) Für $f_{t,0.1,k}$ werden mindestens die angegebenen Werte erreicht, höhere Werte sind ggf. den jeweiligen für das Einzelprodukt erteilten Zulassungen zu entnehmen.

Hinweis: nach DIN SPEC 18537 können die Tabellenwerte bis zur Einführung von DIN EN 10080 (Betonstahl) bzw. DIN EN 10138 (Spannstahl) verwendet werden, nationale Anwendungsregeln sind ebenfalls zu berücksichtigen.

Die Gebrauchstauglichkeit eines Einzelankers wird nach DIN 1054, 8.6 A (7) durch dessen Abnahmeprüfung gemäß dem Verfahren 1 aus [96] bzw. aus E DIN EN ISO 22477-5, Anhang A nachgewiesen. Bezüglich der Ermittlung von Verschiebungen und Verkantungen eines Bodenblocks, der durch Verpressanker zusammengespannt ist, wird auf die EAB, und bezüglich der Ermittlung der rechnerischen freien Stahllänge auf DIN EN 1537, 9.8 verwiesen.

Nach [96], D.4 gehört zur Ankerbemessung auch die Bestimmung der Festlegekraft P_0. Diese ist so zu wählen, dass für die Ankerkraft P während der gesamten Nutzungsdauer des verankerten Bauwerks

$$P \le 0{,}65 \cdot P_{t,k} \qquad \text{Gl. 7-9}$$

gilt ($P_{t,k}$ ist die charakteristische Bruchkraft des Stahlzugglieds). Die Festlegekraft selbst muss der Bedingung

$$P_o \le 0{,}60 \cdot P_{t,k} \qquad \text{Gl. 7-10}$$

genügen. Werden in der Eignungs- oder in der Abnahmeprüfung das Grenzkriechmaß oder der Grenzkraftabfall überschritten, ist die Festlegekraft auf einen Wert zu begrenzen, bei dem sowohl das Kriech- als auch das Kraftabfallkriterium eingehalten werden.

Bezüglich weiterer Ausführungen zur Bemessung von Verankerungen sei auf [96], Anhang D, die EAB und auch E DIN EN ISO 22477-5, Anhang A hingewiesen.

7.7 Prüfungen von Verpressankern gemäß DIN EN 1537

Nach DIN EN 1537, 9.1 ist bei Belastungsprüfungen auf der Baustelle zwischen

- Untersuchungsprüfung,
- Eignungsprüfung und
- Abnahmeprüfung

zu unterscheiden. Die Überwachung und die Beurteilung dieser Ankerprüfungen dürfen nur durch einen Fachmann erfolgen, der über ausreichende Kenntnisse und Erfahrungen mit Verpressankern verfügt.

In [96], Anhang E werden drei verschiedene Prüfverfahren dargestellt (siehe auch die Anhänge von E DIN EN ISO 22477-5).

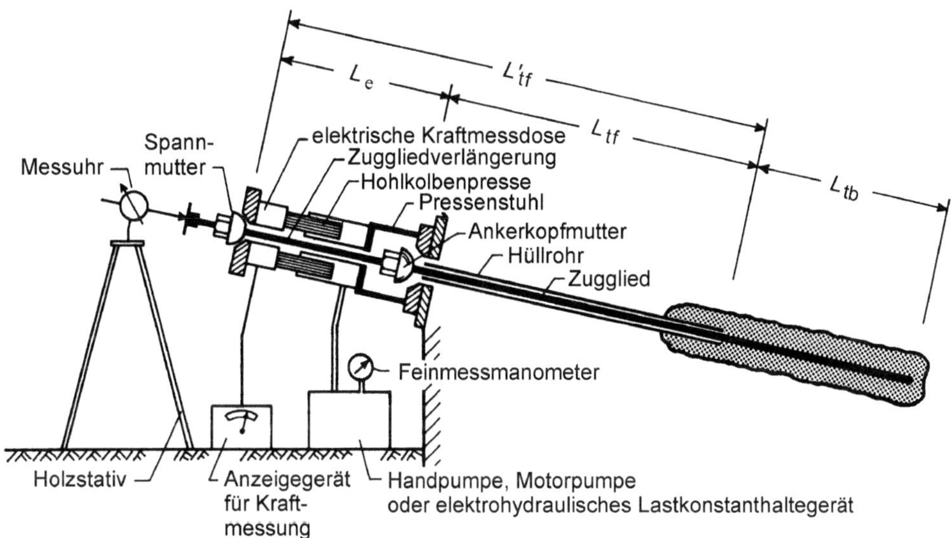

Bild 7-15 Messanordnung bei Zugversuchen (nach [178], Kap. 2.5)

Bei allen Prüfungen sind Zugversuche durchzuführen (Bild 7-15). Bei Berechnungen der theoretischen elastischen Stahldehnungen ist zu berücksichtigen, dass das Zugglied für die Prüfung um das Maß L_e verlängert werden muss. Damit besitzt die freie Stahllänge während der Prüfung die Größe

$$L'_{tf} = L_{tf} + L_e \qquad \text{Gl. 7-11}$$

die der Berechnung zugrunde zu legen ist.

7.7.1 Untersuchungsprüfung

In DIN 1054, A Anmerkung zu 8.1.2.5 werden Untersuchungsprüfungen nach [96] als erweiterte Eignungsprüfungen bezeichnet, die durchzuführen sind, wenn keine Erfahrungen über das Tragverhalten der Anker bei vergleichbaren Baugrundbedingungen vorliegen und die Anker deshalb bis zum Erreichen des maximalen Herauszieh-Widerstands (Versagen im Boden) belastet werden müssen.

Nach DIN EN 1537, 9.5 sind Untersuchungsprüfungen an Verpressankern durchzuführen, bevor diese als Bauwerksanker hergestellt werden. Solche Prüfungen können dazu dienen,

- einen neuen Ankertyp bis zum Versagen an der Baugrund-Verpressmörtel-Grenzfläche zu prüfen,
- den Herauszieh-Widerstand geplanter Anker in Abhängigkeit von den Baugrundbedingungen und den verwendeten Baustoffen zu ermitteln,
- die Fachkompetenz der Ausführenden festzustellen.

Erforderlich werden Untersuchungsprüfungen, wenn die Anker

- in Baugrundverhältnissen zum Einsatz kommen sollen, für die bis dahin keine Untersuchungsprüfungen vorgenommen wurden,
- Gebrauchslasten aufnehmen sollen, die höher sind als bisherige in vergleichbaren Baugrundverhältnissen.

Zu den Ergebnissen von Untersuchungsprüfungen gehören

- der Herauszieh-Widerstand $R_{a,\,Bruch}$ des Verpressankers an der Baugrund-Verpresskörper-Grenzfläche (in DIN EN 1537, 9.1.2 mit R_a bezeichnet),
- die kritische Kriechkraft P_c des Ankersystems,
- das Kriechverhalten des Ankersystems bis zum Bruch,
- der Spannkraftabfall des Ankersystems im Grenzzustand der Gebrauchstauglichkeit,
- die rechnerische freie Stahllänge L_{app}.

Im Rahmen von Untersuchungsprüfungen sind die Anker bis zum Bruch (R_a bzw. $R_{a,\,Bruch}$) oder bis zur Prüfkraft P_p zu belasten. Letztere ist in ihrer Größe begrenzt durch

$$P_p \leq 0{,}80 \cdot P_{t,k} \qquad \text{bzw.} \qquad P_p \leq 0{,}95 \cdot R_{t,k} \qquad \text{Gl. 7-12}$$

(es gilt der jeweils kleinere Wert). $P_{t,\,k}$ erfasst darin die charakteristische Bruchkraft des Stahlzugglieds; zu $R_{t,\,k}$ siehe Gl. 7-5.

7.7.2 Eignungsprüfung

Nach DIN EN 1537, 3.1.20 und [96], 9.6 dienen Eignungsprüfungen dazu, die Eignung der zu prüfenden Ankerkonstruktion für vorhandene Baugrundbedingungen zu klären. Darüber hinaus sollten Eignungsprüfungen erst durchgeführt werden, wenn die Ergebnisse vorliegender Untersuchungsprüfungen genau analysiert wurden. Durchzuführen sind die Prüfungen an mindestens drei Ankern, deren Herstellung unter Ausführungsbedingungen erfolgte, die denen der Bauwerksanker entsprechen.

DIN 1054 verlangt in 8.7 A (1), dass Eignungsprüfungen, mit denen u. a. der charakteristische Herauszieh-Widerstand $R_{a,\,k}$ bestimmt wird, im Falle von Daueranker immer durchzuführen sind. Bei Kurzzeitankern darf auf eine Eignungsprüfung verzichtet werden, sofern Ergebnisse von Eignungsprüfungen vorliegen, die mit dem gleichen Ankersystem, in vergleichbarem Baugrund und mit demselben Herstellungsverfahren durchgeführt wurden.

Im Rahmen von Eignungsprüfungen sollte als Prüfkraft die größere der beiden Kräfte

$$P_p \geq 1{,}25 \cdot P_o \qquad \text{bzw.} \qquad P_p \geq R_d \qquad \text{Gl. 7-13}$$

aufgebracht werden (mit der Festlegekraft P_0 und dem Bemessungswert des Ankerwiderstands R_d). Gleichzeitig sollte das Spannzugglied nicht über $0{,}95 \cdot R_{t,k}$ beansprucht werden.

Für den jeweiligen Bemessungsfall sind mit den Eignungsprüfungen die Ergebnisse der Untersuchungsprüfungen bezüglich

- des Nachweises der Tragfähigkeit bei der Prüfkraft P_p,
- der Einhaltung des zulässigen Kriechmaßes oder des Spannkraftabfalls bei der Prüflast (hängt von dem gewählten Prüfverfahren ab),
- der rechnerischen freien Stahllänge L_{app}

zu bestätigen.

7.7.3 Abnahmeprüfung

Durch die Abnahmeprüfung, die keine Abnahme im Sinne der VOB, sondern eine technische Prüfung ist, werden die Tragfähigkeit und das Verhalten von jedem einzelnen eingebauten Verpressanker überprüft. Dabei ist, nach DIN 1054, 8.8 A (4), das Prüfverfahren 1 aus [96], Anhang E anzuwenden.

Im Zuge der Prüfungen ist die Prüfkraft P_p in mindestens drei gleich großen Stufen aufzubringen. Danach ist der Anker auf die Vorbelastung P_a zu entspannen, um dann auf die Festlegekraft P_0 gespannt und festgelegt zu werden. Für die Prüfkraft sollte

$$P_p \geq 1{,}25 \cdot P_o \qquad \text{bzw.} \qquad P_p \leq 0{,}90 \cdot R_{t,k} \qquad \text{Gl. 7-14}$$

gelten.

Im Einzelnen kann mit den Prüfungen

- nachgewiesen werden, dass die Prüfkraft P_p von dem Anker aufgenommen werden kann (Tragfähigkeitsnachweis),
- die rechnerische freie Stahllänge L_{app} des Ankers ermittelt werden,
- das Kriechmaß des Ankers im Grenzzustand der Gebrauchstauglichkeit (SLS) bestimmt werden.

7.7.4 Nachprüfung

Mit Hilfe einer Nachprüfung wird das Verhalten des verankerten Bauteils bzw. das Tragverhalten des eingebauten Verpressankers nach der Ankerabnahme kontrolliert. Die Beurteilung erfolgt anhand der Ergebnisse von Beobachtungen des Bauwerks und/oder Messungen der Ankerkraft.

Nachprüfungen sind erforderlich, wenn im System Bauwerk – Anker – Baugrund Verformungen zu erwarten sind, die zu Dehnungs- und Kräfteänderungen im Anker führen können, welche sich ungünstig auf das Bauwerk oder die Anker auswirken. Ggf. kann es erforderlich sein, Anker nachzuspannen.

7.8 Herauszieh-Widerstände und Kriechmaß

Zu den Voraussetzungen einer sinnvollen Planung verankerter Konstruktionen nach technischen und wirtschaftlichen Gesichtspunkten gehört u. a., dass die Zahl der für die Baumaßnahme erforderlichen Anker hinreichend genau abgeschätzt werden kann.

7.8.1 Herauszieh-Widerstände beim Bruch in nichtbindigen Böden

Für einwandfrei hergestellte Verpressanker stehen zur Abschätzung von deren Herauszieh-Widerständen beim Bruch in der Grenzfläche zwischen ihren Verpresskörpern und nichtbindigem Baugrund Diagramme zur Verfügung (Bild 7-16). Deren Zahlenwerte basieren auf den Ergebnissen einer größeren Zahl von Untersuchungen. Aus Gründen der Eindeutigkeit wird der Herauszieh-Widerstand beim Bruch im Folgenden mit $R_{a,\,Bruch}$ und nicht, wie in DIN EN 1537, 9.1.2, mit R_a bezeichnet.

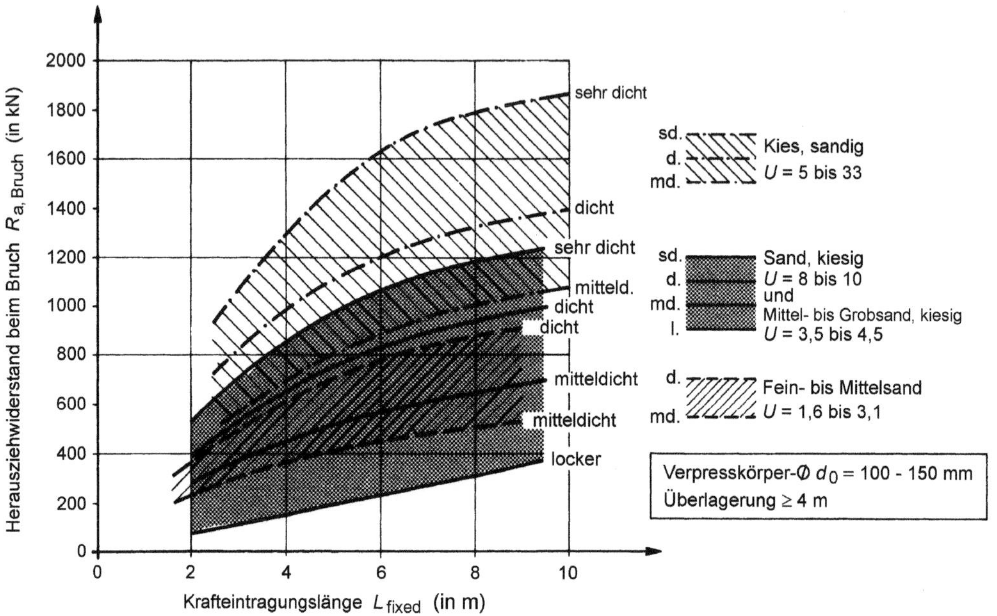

Bild 7-16 Herauszieh-Widerstand von Verpressankern beim Bruch in den Grenzflächen zwischen ihren Verpresskörpern und nichtbindigem Baugrund (nach [178], Kap. 2.5)

Aus dem Diagramm von Bild 7-16 kann abgelesen werden bzw. geht hervor, dass

- der Herauszieh-Widerstand $R_{a,\,Bruch}$ bei einer gegebenen Bodenart mit der Lagerungsdichte stark zunimmt,
- der Herauszieh-Widerstand $R_{a,\,Bruch}$ bei gleicher Lagerungsdichte mit der Ungleichkörnigkeit und dem mittleren Korndurchmesser zunimmt,
- der Herauszieh-Widerstand $R_{a,\,Bruch}$ mit der Krafteintragungslänge L_{fixed} unterproportional zunimmt,
- der Einfluss der Verpresskörperdurchmesser auf den Herauszieh-Widerstand $R_{a,\,Bruch}$ bei den üblichen Durchmessergrößen zwischen 100 und 150 mm vernachlässigbar ist,
- der Einfluss der Bodenüberlagerung auf den Herauszieh-Widerstand $R_{a,\,Bruch}$ ab einem Mindestwert von ca. 4 m vernachlässigbar ist.

Anwendungsbeispiel

Zu ermitteln ist der Herauszieh-Widerstand $R_{a,\,Bruch}$ beim Bruch eines Verpressankers, der mit einer Krafteinleitungslänge $L_{fixed} = 6$ m und einem Verpresskörperdurchmesser $d_0 = 120$ mm in einem mitteldicht gelagerten Mittelsand (Ungleichförmigkeitszahl $C_U = 2{,}0$) herzustellen ist. Der Verpresskörper des Ankers liegt mehr als 4 m unter der Geländeoberfläche.

Lösung

Zur Ermittlung des gesuchten Herauszieh-Widerstands wird das Diagramm von Bild 7-16 verwendet. Unter Berücksichtigung der angegebenen Bedingungen bezüglich der Krafteinleitungslänge und der Baugrundbeschaffenheit lässt sich aus dem Diagramm der Wert

$$R_{a,\,Bruch} = 450\ \text{kN}$$

ablesen (siehe auch Anwendungsbeispiel auf Seite 281).

7.8.2 Herauszieh-Widerstände beim Bruch in bindigen Böden

Analog zu dem Diagramm für nichtbindige Böden existieren auch Diagramme für fachgerecht hergestellte Verpressanker in bindigen Böden, mit deren Hilfe Herauszieh-Widerstände beim Bruch ermittelt werden können. Aus den beiden in Bild 7-17 gezeigten Diagrammen lassen sich z. B. mittlere Mantelreibungswerte $\tau_{M,\,Bruch}$ im Bereich der Verpresskörperoberfläche entnehmen, die zum Herauszieh-Widerstand beim Bruch gehören. Die Diagramme gelten für zweifache Nachverpressung bzw. ohne Nachverpressung.

Aus den Diagrammen von Bild 7-17 kann abgelesen werden bzw. geht hervor, dass die zum Herauszieh-Widerstand beim Bruch gehörenden mittleren Mantelreibungswerte $\tau_{M,\,Bruch}$ im Bereich der Verpresskörperoberfläche

- mit abnehmender Plastizität und mit zunehmender Konsistenz zunehmen; steife, ausgeprägt plastische Tone nehmen geringere, feste verkittete Mergel hohe Werte an,
- bei $\tau_{M,\,Bruch}$-Werten unter $\approx 100\ \text{kN/m}^2$ unabhängig sind von der Krafteinleitungslänge L_{fixed} und bei Werten $> 100\ \text{kN/m}^2$ mit zunehmender Länge L_{fixed} abnehmen,
- bei Verpresskörperdurchmessern zwischen 100 und 150 mm von dem Durchmesser praktisch nicht beeinflusst werden, d. h., der aus dem Produkt von Verpresskörperoberfläche und mittlerer Mantelreibung $\tau_{M,\,Bruch}$ sich ergebende Herauszieh-Widerstand beim Bruch nimmt mit zunehmendem Durchmesser zu,
- durch Nachverpressen erheblich vergrößert werden können.

a)

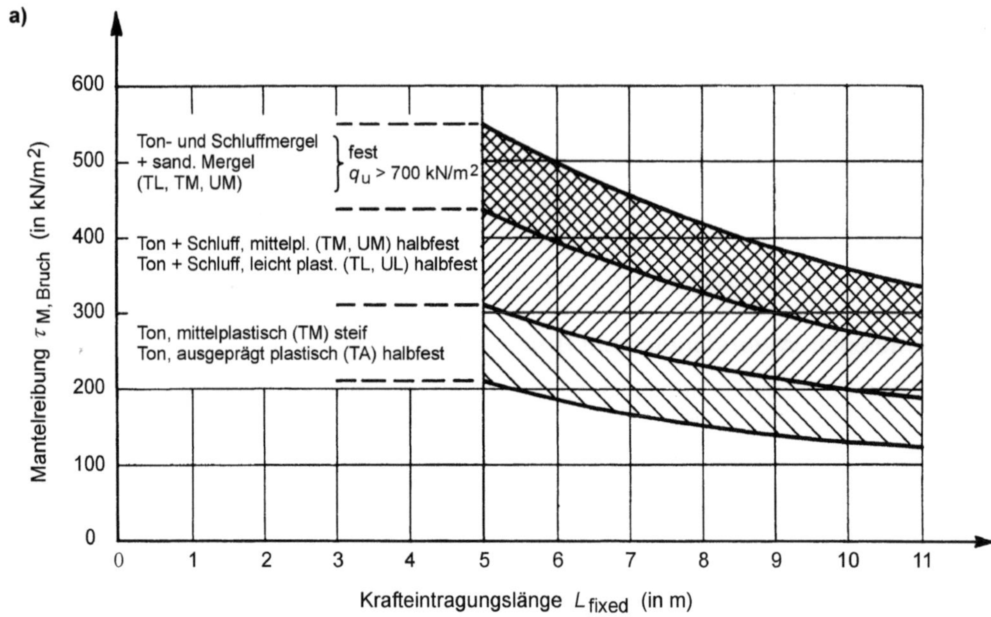

b)

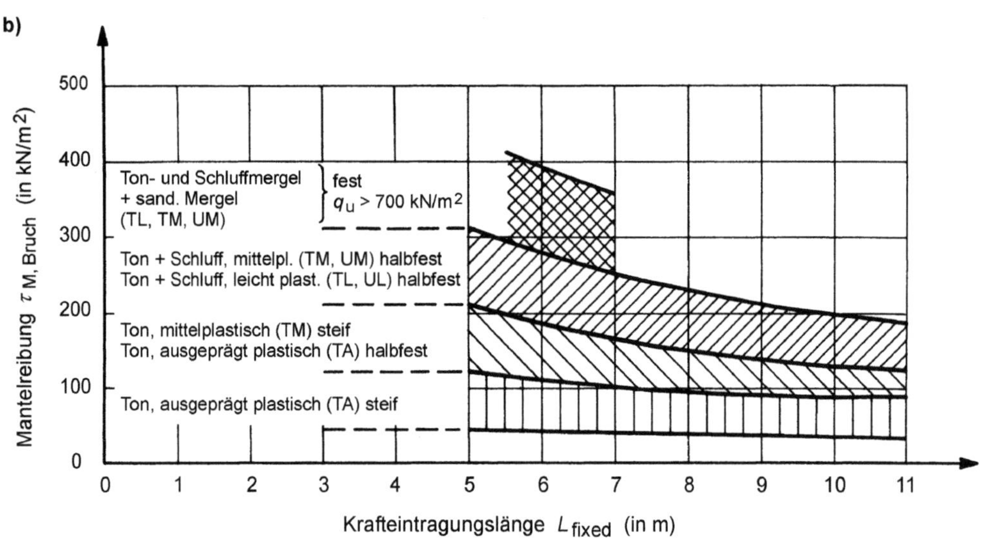

Bild 7-17 Mittlere Mantelreibungswerte $\tau_{M,Bruch}$ im Bereich von Verpresskörperoberflächen mit und ohne Nachverpressung, die zu Herauszieh-Widerständen von Verpressankern beim Bruch zwischen ihren Verpresskörpern und bindigem Baugrund gehören (nach [178], Kap. 2.5)
a) mit zweifacher Nachverpressung ohne Packer
b) ohne Nachverpressung

7.8.3 Herauszieh-Widerstand $R_{a,k}$ und Kriechmaß k_s

Im Zuge von Eignungsprüfungen werden Zeit-Verschiebungslinien ermittelt (Bild 7-18), mit denen das Kriechmaß k_s und, als Ergebnis mehrerer Versuche, der charakteristische Herauszieh-Widerstand $R_{a,k}$ bestimmt werden können (Bild 7-19). Nach DIN 1054, 8.7 A (8) ist $R_{a,k}$ die kleinste der Kräfte, die bei den ausgewerteten Versuchen Kriechmaße von $k_s = 2$ mm verursacht haben. Der Anstieg der Kriechmaße ist im Bereich kleinerer Lasten gering und nahezu linear; ab der in Bild 7-19 eingetragenen „kritischen Kriechkraft“ nimmt er dann aber stark zu (beginnendes Fließen).

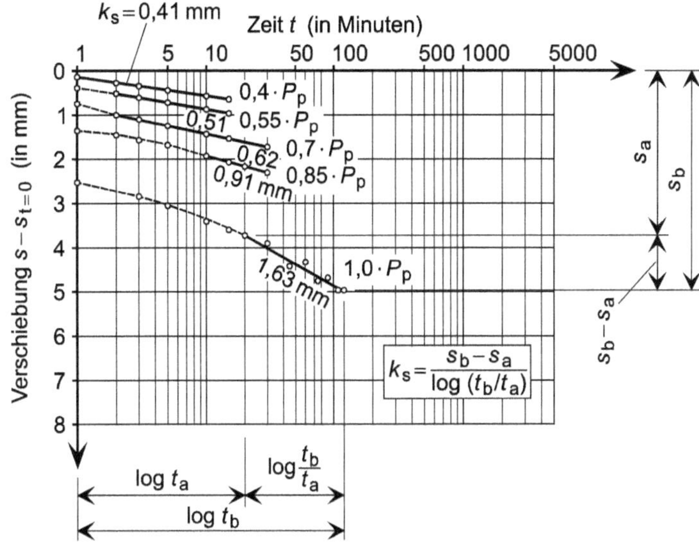

Bild 7-18 Beispiel für Zeit-Verschiebungslinien zur Ermittlung der Kriechmaße k_s eines Dauerankers in nichtbindigem Boden (nach [179], Kap. 2.6)

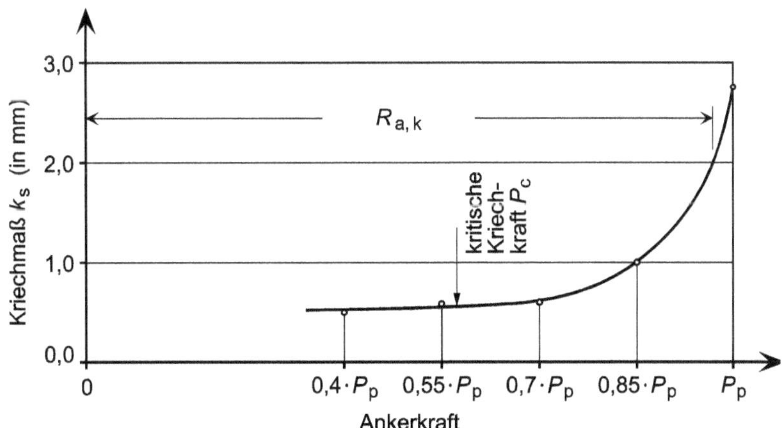

Bild 7-19 Beispiel eines als Funktion der Ankerkraft dargestellten Kriechmaßes k_s von bindigem Boden, mit dem sich u. a. der charakteristische Herauszieh-Widerstand $R_{a,k}$ bestimmen lässt (nach [178], Kapitel 2.5)

Mit den aus den Eignungsprüfungen gewonnenen Kriechmaßen lassen sich auch die zeitabhängigen Bewegungen der Ankerköpfe (und damit des Bauwerks an diesen Stellen) bzw. die Ankerkraftverluste abschätzen, die infolge der zu erwartenden künftigen Kriechverformungen eintreten (siehe nachstehendes Anwendungsbeispiel).

Anwendungsbeispiel

Mit dem aus Eignungsprüfungen an Litzenankern gewonnenen Kriechmaß $k_s = 0{,}6$ mm ist die Kriechverformung dieser Anker abzuschätzen, die für den Zeitraum zwischen 30 Minuten und 50 Jahren nach der Lastaufbringung zu erwarten ist.

Lösung

Durch Extrapolation der Messwerte kann die gesuchte Kriechverformung zu (Gl. 7-4)

$$\Delta s = k_s \cdot \log \frac{t_b}{t_a} = 0{,}6 \cdot \log \frac{50 \cdot 365 \cdot 24 \cdot 60}{30} = 3{,}6 \text{ mm}$$

abgeschätzt werden.

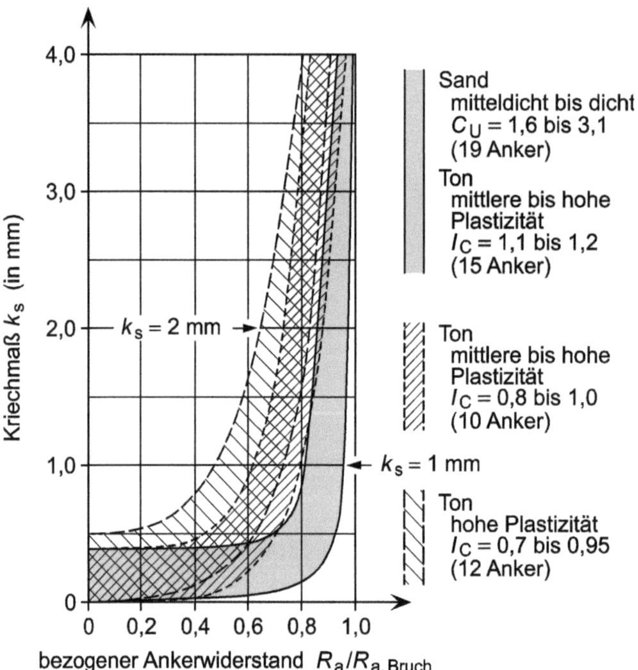

Bild 7-20 Kriechmaß *ks* als Funktion des bezogenen Ankerwiderstands für Tone und Sande (nach [177], Kap. 2.5)

Soll für Entwurfszwecke die Größe des Herauszieh-Widerstands abgeschätzt werden, zu dem im Zugversuch ein Kriechmaß von $k_s = 2$ mm gehört, kann das Diagramm aus Bild 7-20 verwendet werden, wenn es sich bei dem anstehenden Boden um Tone oder Sande handelt. Die gesuchte Größe ist der charakteristische Widerstand $R_{a,k}$, der mit Hilfe des Kriechmaßes $k_s = 2$ mm und dem bezogenen Widerstand $R_a/R_{a,\,Bruch}$ ermittelt werden kann. Der Nenner $R_{a,\,Bruch}$ ist aus anderen Diagrammen zu entnehmen.

Anwendungsbeispiel

Es ist geplant, Verpressanker mit der Krafteinleitungslänge $L_{fixed} = 6$ m in mitteldicht gelagertem Mittelsand (Ungleichförmigkeitszahl $C_U = 2{,}0$) herzustellen. Zur Abschätzung der erforderlichen Anzahl der in der Bemessungssituation BS-P belasteten Anker ist auch die Größe des charakteristischen Bemessungswerts des Herauszieh-Widerstands dieser Anker zu bestimmen.

Lösung

Mit dem im Anwendungsbeispiel auf Seite 276 ermittelten Herauszieh-Widerstand

$$R_{a,\,Bruch} = 450 \text{ kN}$$

und dem aus Bild 7-20 für das Kriechmaß $k_s = 2$ mm ablesbaren Wert des bezogenen Ankerwiderstands

$$\frac{R_a}{R_{a,\,Bruch}} = 0{,}86$$

ergibt sich als charakteristischer Wert des Herauszieh-Widerstands

$$R_{a,\,k} = R_a(k_s = 2 \text{ mm}) = 0{,}86 \cdot 450 = 387 \text{ kN}$$

Der gesuchte zugehörige Bemessungswert in der Bemessungssituation BS-P berechnet sich mit dem Teilsicherheitsbeiwert $\gamma_a = 1{,}1$ aus Tabelle 1-3 zu

$$R_{a,\,d} = \frac{R_{a,\,k}}{\gamma_a} = \frac{387}{1{,}1} = 352 \text{ kN}$$

7.9 Voraussetzungen für die Verwendung von Verpressankern

Zu den Voraussetzungen für die Verwendung von Verpressankern gehört, dass

- in der erforderlichen Tiefe eine zur Aufnahme von Ankerkräften geeignete Boden- oder Felsschicht mit ausreichender Mächtigkeit ansteht, deren Lage und deren mechanische Eigenschaften wie
  - Korngrößenverteilung und Dichte bzw. Plastizität, Konsistenz und Druckfestigkeit der Bodenschicht bzw.
  - Gesteinsart, Abstand und Richtung der Klüfte, Verwitterungsgrad und Festigkeit der Felsschicht

  zuverlässig ermittelt wurden,
- im Bereich des Verpresskörpers anstehendes Grund- oder Schichtwasser nach DIN 4030-1 [65] nicht betonangreifend ist (davon ausgenommen sind Kurzzeitanker bei schwachem Angriffsgrad),
- die Anordnung der Anker geometrisch möglich ist unter Berücksichtigung
  - bestehender Bauwerke (Art und Tiefenlage der Gründung, Gesamtgewicht, baulicher Zustand, Verformungs- und Erschütterungsempfindlichkeit), vorhandener Leitungen usw.,
  - möglicher späterer Baumaßnahmen auf benachbarten Grundstücken wie z. B. Bodenaushub und Erschütterungen,
- Risiken für das Bauwerk, die sich durch die Ankerherstellung ergeben, wie z. B. aus
  - Setzungen durch Bodenentnahme, Spülung oder Erschütterungen,

- Hebungen durch Nachverpressen in bindigen Schichten,
- weitreichender Verpressung durchlässiger Schichten oder Klüfte,
- Verfüllen von Kanälen oder Kellerräumen,

beherrschbar bleiben,

- für Verankerungen im Untergrund des Nachbarn dessen Einwilligung zum Einbau erteilt wird.

7.10 Wahl geeigneter Ankersysteme

Bei der Auswahl geeigneter Ankerbauarten und Ausführungsverfahren für ein Bauwerk sind u. a. zu beachten

- die Einsatzdauer, über die sich Kurzzeit- und Daueranker unterscheiden,
- der maximal ansetzbare Widerstand des Stahlzugglieds,
- die Wahl der günstigsten Art der Kraftübertragung in den Baugrund in Abhängigkeit von der Art des anstehenden Bodens und von der vorgesehenen Ankerbeanspruchung (z. B. Verbund- oder Druckrohranker mit oder ohne Nachverpressung),
- die Möglichkeit zur nachträglichen Tragkrafterhöhung in Form von Nachverpressungen oder der Herstellung von Zusatzankern, wenn z. B. die Abnahmeprüfung eine unzureichende Tragfähigkeit ergibt,
- die Möglichkeit, die Ankerkraft über längere Zeiträume kontrollieren und den Anker im Bedarfsfall nachspannen zu können,
- vorliegende Erfahrungen bezüglich der Tragkraft und der Verformungen des gewählten Ankersystems unter vergleichbaren Bodengegebenheiten,
- die Bedingungen zur Ankerherstellung auf der Baustelle, die z. B. bei beengten Raumverhältnissen die Verwendung flexibler Spanndrähte oder Litzenbündel statt steifer Einzelstäbe erforderlich machen,
- die Eignung des gewählten Bohr- und Verpressverfahrens unter Beachtung örtlicher Verhältnisse wie Bodenauflockerung oder -aufweichung, Erschütterungen, Setzungen oder Hebungen des Baugrunds und deren Wirkungen auf davon betroffene Bauwerke,
- die Dehnfähigkeit des Zugglieds und die damit verbundene Änderung der Ankerkraft infolge Kriechens, die möglichst klein sein sollte,
- die Möglichkeit zum Rückbau (Ausbau) von Ankern (siehe hierzu [167]) nach ihrem Gebrauch, da sie Baumaßnahmen im Verankerungsbereich erheblich behindern können,
- der Zeitbedarf für die Herstellung und die Prüfung der Anker,
- die mit der gewählten Ankerbauart und dem gewählten Ausführungsverfahren verbundenen Kosten.

7.11 Entwurfsregeln für Verpressankerlänge und -anordnung

Die Festlegung der Ankeranordnung erfolgt in der Regel in Abhängigkeit von der Systemgeometrie wie etwa Trägerabstand und Länge von Schlitzwandelementen und auf der Basis einer wirtschaftlich möglichst günstigen Wahl von Ankerabstand und verankerter Konstruktion (Gurte, Träger, Wand- oder Sohlplatten usw.). Dabei hängt die Tragfähigkeit und Verschiebung jedes einzelnen Ankers einer Gruppe sowie ihr Einfluss auf bestehende Bauwerke u. a. ab von der Lage und dem gegenseitigen Abstand der Verpresskörper. Zur Schaffung entsprechender eindeutiger Gegebenheiten dient im Allgemeinen die Einhaltung von Entwurfsregeln wie

- die Gewährleistung der planmäßigen Einleitung der Vorspannkräfte in den Baugrund (Verhinderung des Kraftkurzschlusses von der Erdseite aus in das Widerlager) durch die Wahl einer freien Ankerlänge L_{free} von mindestens 5 m (Bild 7-21 a)),

- eine mindestens 4 m unter der Geländeoberfläche festgelegte Lage der Verpresskörper (Bild 7-21 b)),
- die Vermeidung der Lage der Verpresskörper (Krafteinleitungslänge) in verschiedenen Bodenschichten bzw. die Sicherstellung, dass die Krafteinleitungslängen vollständig in bindigem oder nichtbindigem Boden oder in Fels liegen (Bild 7-21 c)),

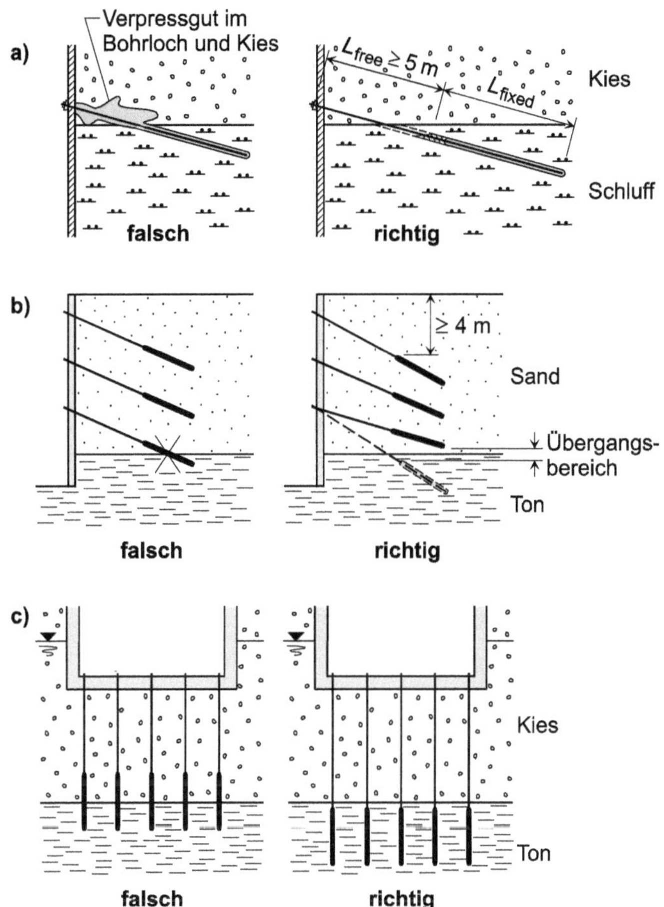

Bild 7-21 Richtige und falsche Anordnungen der Verpresskörper an Schichtgrenzen (nach [178], Kap. 2.5)

- die Vermeidung der gegenseitigen Beeinflussung der Krafteinleitungen infolge möglicher Richtungsabweichungen des Bohrlochs durch die Wahl hinreichend großer planmäßiger Achsabstände der Verpresskörper (bei 15 bis 20 m langen Ankern Mindestwerte von $a = 1{,}5$ m (Bild 7-22 a)),
- die mögliche Erzielung planmäßiger Mindestabstände von 1,5 m durch Spreizung der Anker einer Reihe (Bild 7-22 b)),

- die Einhaltung des planmäßigen Mindestabstands von 3 m zwischen Verpresskörpern und bestehenden Bauwerken oder auch empfindlichen Leitungen; um bei Ankern und verformungsempfindlichen Bauwerken Schäden infolge der konzentrierten Krafteinleitung und Zerrung des Bodens zu verhindern, ist eine Staffelung der Ankerlängen zu empfehlen (Bild 7-22 c)),
- die Wahl von Ankerlängen, die verhindern, dass Verpresskörper unter empfindlichen Bauwerken liegen bzw. verhindern, dass größere Verschiebungen des ganzen, durch die Anker erfassten Bodenblocks in der Nähe empfindlicher Bauwerke auftreten,
- die Festlegung der Ankerneigungen gegenüber der Horizontalen mit mindestens 10°; in Böden mit wechselnden Schichten sollten die Neigungen mindestens 15° bis 20° betragen,
- die Aufrechterhaltung der Standsicherheit der gesamten verankerten Konstruktion oder benachbarter Bausubstanz, die gefährdet sein kann durch Bruch oder Kriechen eines einzelnen Ankers; zu diesbezüglichen Maßnahmen gehören
  - der Einsatz biegesteifer Konstruktionen,
  - die Verwendung durchlaufender Gurte,
  - der Einbau mehrerer Anker anstelle eines einzelnen Hochlastankers,
- die zugfeste Ausbildung von in die Baugrube einspringenden Wandecken (z. B. mit über die Ecke durchlaufenden Gurten) und die Wahl von Ankeranordnungen, die dazu führt, dass
  - die zueinander senkrechten Anker einen ausreichenden Abstand aufweisen,
  - die Verpresskörper nicht im aktiven Gleitkeil der parallel zu den Ankern verlaufenden Wand liegen (Bild 7-23 a)); andernfalls muss ein gegenüber dem aktiven Grenzwert erhöhter Erddruck angesetzt und die Zusatzbelastung der Wand infolge der eingeleiteten Ankerkräfte der Verpresskörper berücksichtigt werden (Bild 7-23 b)).

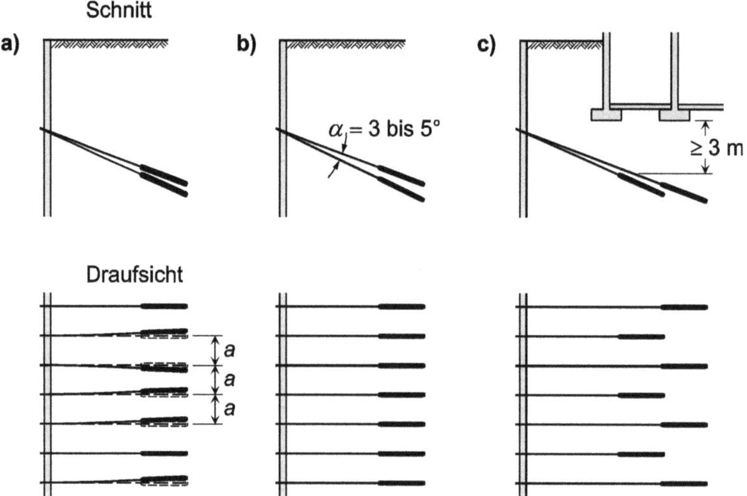

Bild 7-22 Spreizung und Staffelung von Verpressankern (nach [178], Kap. 2.5)

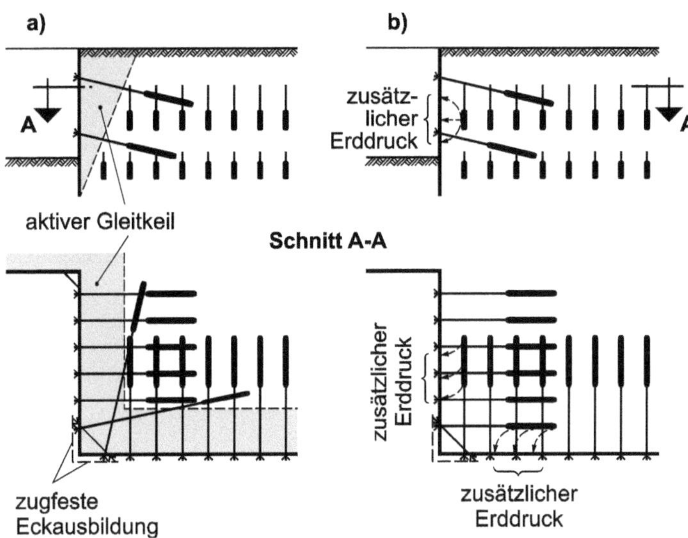

Bild 7-23 Verankerung einer Wandecke, die in die Baugrube einspringt (nach [178], Kap. 2.5) a) verankerte Ecke bei $E = E_a$, b) verankerte Ecke bei $E > E_a$

7.12 Standsicherheit des Gesamtsystems bei Ankergruppen

Beim Einsatz von Verpressankergruppen sind die Richtung und die Länge der in eine Konstruktion einzubauenden Anker so zu wählen, dass sich für das Gesamtsystem (Bauwerk, Anker und der von den Ankern erfasste Boden- oder Felskörper) eine ausreichende Standsicherheit ergibt. In Abhängigkeit von dem angenommenen bzw. zu betrachtenden Versagensmodell (Annahme der Gleitflächen und Sicherheitsdefinitionen) muss mit unterschiedlichen Sicherheitsnachweisen gearbeitet werden.

Nach DIN 1054, A 8.5.6 richtet sich der Sicherheitsnachweis gegen Bruch des Bodens nach dem ungünstigsten Bruchmechanismus. Die Nachweisführung muss bei

- stark geneigten oder lotrechten Ankern gegen Abheben,
- wenig geneigten oder waagerechten Ankern gegen Versagen in der tiefen Gleitfuge (siehe hierzu DIN 1054, A 9.7.9)

erfolgen. In Zweifelsfällen sind beide Nachweise zu führen.

7.12.1 **Verankerung äußerer Lasten**

Zum Nachweis der sicheren Verankerung äußerer Lasten, wie z. B. Auftrieb oder zu Hängebrücken, Flugzeughallen oder Zeltdächern gehörende Abspannkräfte (Seilzugkräfte), können mobilisierbare Körper in vereinfachter Form angenommen werden (Bild 7-24).

Für das in Bild 7-24a) gezeigte System (enger Ankerabstand) ist eine ausreichende Sicherheit gegen Aufschwimmen vorhanden, wenn für den Grenzzustand UPL die Bedingung

$$A_k \cdot \gamma_{G,dst} + Q_k \cdot \gamma_{G,dst} = A_d + Q_d \leq G_{d,stb} + G_{E,d} = (G_{k,stb} + G_{E,k}) \cdot \gamma_{G,stb} \qquad \text{Gl. 7-15}$$

erfüllt ist. Alternativ kann der Nachweis auch mit dem Ausnutzungsgrad μ und der Ungleichung

$$\mu = \frac{G_{\mathrm{d,stb}} + G_{\mathrm{E,d}}}{A_{\mathrm{d}} + Q_{\mathrm{d}}} = \frac{(G_{\mathrm{k,stb}} + G_{\mathrm{E,k}}) \cdot \gamma_{\mathrm{G,stb}}}{A_{\mathrm{d}} \cdot \gamma_{\mathrm{G,dst}} + Q_{\mathrm{d}} \cdot \gamma_{\mathrm{G,dst}}} \leq 1 \qquad \text{Gl. 7-16}$$

geführt werden. Die einzelnen Größen in Gl. 7-15 und Gl. 7-16 sind die Bemessungswerte (charakteristischen Werte) A_{d} (A_{k}) des Auftriebs, Q_{d} (Q_{k}) möglicher ungünstiger veränderlicher, lotrecht aufwärts gerichteter Einwirkungen, $G_{\mathrm{d,stb}}$ ($G_{\mathrm{k,stb}}$) des unteren Werts günstiger ständiger Einwirkungen (stabilisierende Einwirkungen; Index stb) und $G_{\mathrm{E,d}}$ ($G_{\mathrm{E,k}}$) der Eigenlast des „anhängenden" Bodenblocks sowie die Teilsicherheitsbeiwerte $\gamma_{\mathrm{G,dst}}$, $\gamma_{\mathrm{Q,dst}}$ (destabilisierende Einwirkungen; Index dst) und $\gamma_{\mathrm{G,stb}}$ aus Tabelle 1-2.

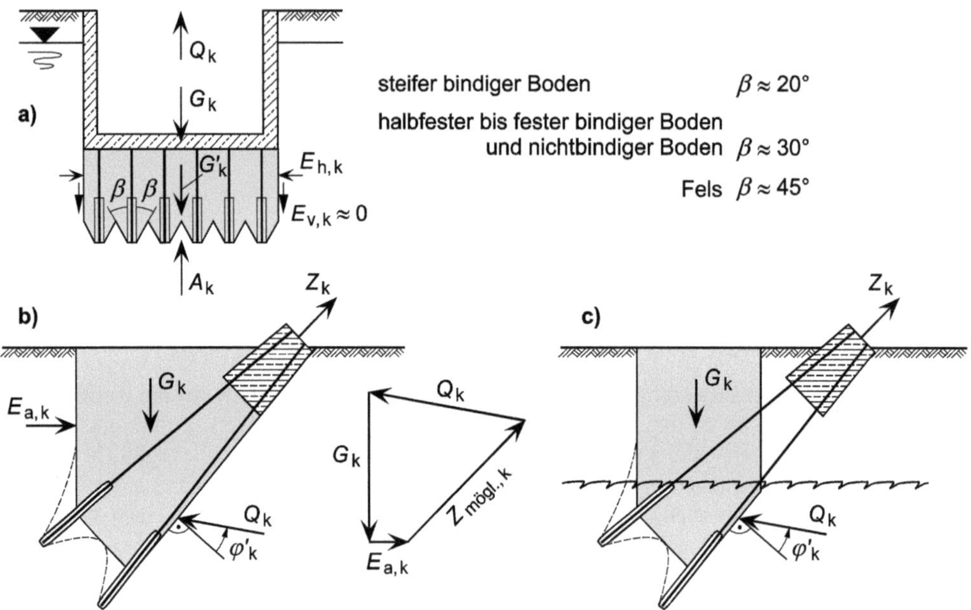

Bild 7-24 Ermittlung der Standsicherheit des Gesamtsystems bei verankerten Bauwerken und äußerer Last (nach [178], Kap. 2.5)
a) Verankerung von Auftriebskräften, b) Verankerung einer Seilzuglast im Boden,
c) Verankerung einer Seilzuglast im Fels

Soll der den Boden erfassende charakteristische Gewichtsanteil G'_{k} nach *Ostermayer* [178], Kap. 2.5 berechnet werden, sind die in Bild 7-24 a) angegebenen Werte des Winkels β zu berücksichtigen. Darüber hinaus ist zu beachten, dass der Boden unterhalb des Grundwasserspiegels liegt (Auftrieb). Wird G'_{k} nach DIN 1054 berechnet, sind die zu Pfahlgruppen gehörenden Festlegungen (siehe Abschnitt 7.6.3.1 von DIN EN 1997-1 und DIN 1054) zu beachten. Dies gilt auch für den Fall der Berücksichtigung von günstig wirkenden Scherkräften.

Bei der Verankerung von Seilzugkräften mit Hilfe von im Boden liegenden Verpresskörpern (Bild 7-24 b)) kann die Tragsicherheit von Systemen, deren Kraftecke aus Kräften bestehen, die ausschließlich zu ständigen Einwirkungen gehören, mittels

$$Z_{\mathrm{G,d}} = Z_{\mathrm{G,k}} \cdot \gamma_{\mathrm{G}} \leq \frac{Z_{\mathrm{mögl,k}}}{\gamma_{\mathrm{R,e}}} = Z_{\mathrm{mögl,d}} \qquad \text{Gl. 7-17}$$

und von Systemen, deren Kraftecke sowohl zu ständigen als auch zu veränderlichen Einwirkungen gehörende Kräfte besitzen, mittels

$$Z_{\mathrm{d}} = Z_{\mathrm{G,k}} \cdot \gamma_{\mathrm{G}} + Z_{\mathrm{Q,k}} \cdot \gamma_{\mathrm{Q}} \le \frac{Z_{\mathrm{mögl,k}}}{\gamma_{\mathrm{R,e}}} = Z_{\mathrm{mögl,d}} \qquad \text{Gl. 7-18}$$

nachgewiesen werden. Alternativ können die Nachweise auch über die Ausnutzungsgrade

$$\mu_{\mathrm{G}} = \frac{Z_{\mathrm{G,d}}}{Z_{\mathrm{mögl,d}}} \le 1 \quad \text{bzw.} \quad \mu = \frac{Z_{\mathrm{d}}}{Z_{\mathrm{mögl,d}}} \le 1 \qquad \text{Gl. 7-19}$$

geführt werden.

Diese Beziehungen gelten im Grundsatz auch für den in Bild 7-24 c) dargestellten Fall. Da bei diesem, nur wenig unter der Felsoberkante liegenden Verpresskörper ein Aufbrechen der oberen Felsschichten zu verhindern ist, muss nur die unmittelbar auf dem möglichen Aufbruchkörper aufliegende Bodenlast (Bild 7-24 c)) berücksichtigt werden.

7.12.2 **Verankerte Baugrubenwände (tiefe Gleitfuge)**

Bei Wänden, die mit Verpressankern verankert sind, kann neben dem Geländebruch ein Bruch in der tiefen Gleitfuge eintreten, wie er in Bild 7-25 dargestellt ist. Hinsichtlich beider Versagensformen sind Tragfähigkeitsnachweise zu führen, wobei für den Nachweis in der tiefen Gleitfuge in den EAB und in [143] eine auf dem Verfahren von *Kranz* [217] beruhende Vorgehensweise empfohlen wird. Bei diesem Verfahren, das für mit Ankerwänden verankerte Spundwandkonstruktionen entwickelt wurde, wird das Kräftegleichgewicht an einem herausgeschnittenen Körper mit ebenen Gleitflächen behandelt (Bild 7-26).

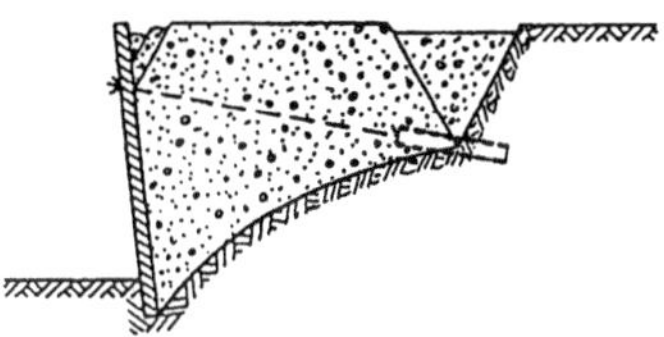

Bild 7-25 Bruch in der tiefen Gleitfuge (aus [140])

Die tiefe Gleitfuge (Bereich D-C in Bild 7-26) beginnt bei freier Auflagerung der Wand im Boden am Wandfußpunkt bzw. im Querkraftnullpunkt des Einspannbereichs, wenn es sich um eingespannte Wände handelt. Da der zwischen Wand und Boden geführte Schnitt (Schnitt A-D) auch den Anker betrifft, wird dessen charakteristische Kraft A_{k} zu einer äußeren Kraft und ist demzufolge bei der Gleichgewichtsbetrachtung zu berücksichtigen (Bild 7-26). Das Kräftegleichgewicht in vertikaler und horizontaler Richtung erfordert ein sich schließendes Krafteck aus

- den charakteristischen Erddruckkräften $E_{1,\mathrm{k}}$ und $E_{\mathrm{a,k}}$ ($E_{\mathrm{a,k}}$ ist ggf. die Resultierende von erhöhtem aktivem Erddruck),
- den charakteristischen Wasserdruckkräften $U_{1,\mathrm{k}}$, $U_{\mathrm{a,k}}$ und U_{k},
- der charakteristischen Gewichtskraft G_{k} des Gleitkörpers,
- der charakteristischen Scherkraft C_{k} in der tiefen Gleitfuge aus Kohäsion (bei kohäsivem Boden zu berücksichtigen),
- der charakteristischen resultierenden Kraft Q_{k} in der tiefen Gleitfuge aus Normalkraft und maximal möglicher Reibungskraft (ist deshalb gegen die Gleitfugennormale unter dem Winkel φ'_{k} geneigt) und
- der möglichen charakteristischen Ankerkraft $A_{\mathrm{mögl,k}}$.

Während die Größe der Kräfte $E_{1,k}$, $U_{1,k}$, G_k, $E_{a,k}$, $U_{a,k}$, C_k und U_k vorher berechnet wird, kann die Größe der zunächst nur hinsichtlich ihrer Wirkungsrichtung bekannten Kräfte Q_k und $A_{\text{mögl},k}$ aus dem geschlossenen Krafteck abgelesen werden. Nach EAB, EB 44 ist die Erddruckkraft $E_{1,k}$ bei Verankerungen mit Verpressankern bzw. Verpresspfählen (Mikropfählen) mit dem Erddruckneigungswinkel $\delta_{a1} = 0°$ (Bild 7-26), und bei Verankerungen mit Ankerwänden und Ankerplatten mit dem Winkel $\delta_{a1} = {}^2/_3\varphi'_k$ zu berechnen; in beiden Fällen ist die Wirkung vorhandener Nutzlasten ggf. zu berücksichtigen (siehe weiter unten).

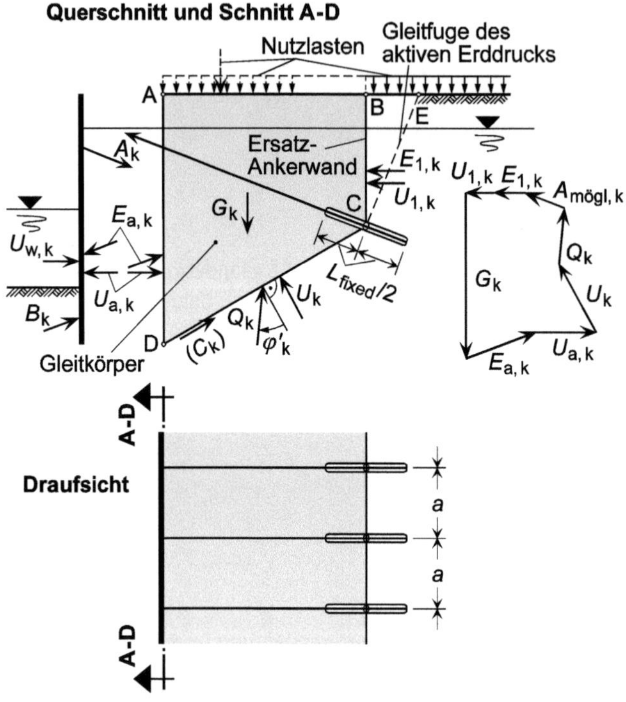

Bild 7-26 Nachweis der charakteristischen möglichen Ankerkraft *A*mögl,k für die „tiefe Gleitfuge" einer einfach verankerten Wand (nach [143], E10)

Mit dem Modellansatz wird vor allem die erforderliche Ankerlänge ermittelt. Trotz wesentlicher Einwände (vgl. z. B. [159] und [200]) führt der Ansatz mit dem gemäß [143], E 10 zu führenden Nachweis für Kraftecke mit Kräften, die ausschließlich zu ständigen Einwirkungen gehören

$$A_{G,d} = A_{G,k} \cdot \gamma_G \leq \frac{A_{\text{mögl},k}}{\gamma_{R,e}} = A_{\text{mögl},d} \qquad \text{Gl. 7-20}$$

bzw. für Kraftecke mit Kräften, die zu ständigen und veränderlichen Einwirkungen gehören

$$A_d = A_{G,k} \cdot \gamma_G + A_{Q,k} \cdot \gamma_Q \leq \frac{A_{\text{mögl},k}}{\gamma_{R,e}} = A_{\text{mögl},d} \qquad \text{Gl. 7-21}$$

zu einer ausreichenden Tragfähigkeit. Die dabei verwendeten Teilsicherheitsbeiwerte γ_G und γ_Q sowie $\gamma_{R,e}$ gehören im Grenzzustand GEO-2 zu den Beanspruchungen aus ständigen (γ_G) ungünstigen veränderlichen (γ_Q) Einwirkungen sowie zu Erdwiderständen (siehe die Tabellen E 0-1 und

E 0-3 der EAU, bzw. die Tabelle 1-2 und die Tabelle 1-3). Alternativ können die Nachweise auch über die Ausnutzungsgrade

$$\mu_G = \frac{A_{G,d}}{A_{\text{mögl},d}} \leq 1 \qquad \text{bzw.} \qquad \mu = \frac{A_d}{A_{\text{mögl},d}} \leq 1 \qquad \text{Gl. 7-22}$$

geführt werden. Veränderliche Lasten, wie etwa die in Bild 7-26 dargestellten Nutzlasten, sind anzusetzen, wenn sich damit eine kleinere mögliche Ankerkraft $A_{\text{mögl},k}$ und damit ein größerer Ausnutzungsgrad ergibt.

Hinsichtlich weiterer Einzelheiten zu dem Standsicherheitsnachweis gemäß Gl. 7-20, Gl. 7-21 und Gl. 7-22, wie etwa die Erfassung von Kohäsionskräften oder von wechselnden Bodenschichten, sei auf die EAB und [143] hingewiesen. Dort finden sich auch Angaben zur Nachweisführung bei Verankerungen der Wände mit mehreren Ankerlagen; nach EAB, EB 44 darf der Standsicherheitsnachweis in solchen Fällen auf der Basis des in [258] vorgeschlagenen Verfahrens geführt werden.

Die Annahme, dass die tiefe Gleitfuge gemäß Bild 7-26 bis zur Mitte der Krafteinleitungsstrecke L_{fixed} reicht, gilt nach *Ostermayer* ([177], Kap. 2.5) für Abstände a bis etwa 4 m der in einer Reihe angeordneten Anker; bei größeren Abständen ist dieser Endpunkt in Richtung der Wand zu verlegen (vgl. auch [159]). Nach [143], E 10 ist die charakteristische mögliche Ankerkraft $A_{\text{mögl},k}$ auf die mögliche Ankerkraft

$$A^*_{\text{mögl},k} = \frac{0{,}5 \cdot L_{\text{fixed}}}{a} \qquad \text{Gl. 7-23}$$

abzumindern, wenn der Ankerabstand a größer ist als $\frac{1}{2} \cdot L_{\text{fixed}}$.

Gemäß [143], E 10 stellt der Standsicherheitsnachweis in der tiefen Gleitfuge eine erhebliche Vereinfachung dar. Für genauere Rechnungen wird deshalb die wesentlich aufwändigere Vorgehensweise nach DIN 4084 empfohlen, bei der die ungünstigste Gleitfuge durch die Variation der Gleitflächen von Bruchmechanismen bestimmt wird, die aus geradlinig begrenzten Gleitkörpern bestehen.

Anwendungsbeispiel

Für die in Bild 7-27 gezeigte einfach verankerte geplante Wand, die nur durch ständige Einwirkungen beansprucht wird, ist der Ausnutzungsgrad μ_G für die tiefe Gleitfuge gemäß EAB und unter Verwendung der charakteristischen vorhandenen Ankerkraft $A_{\text{vorh},k}$ zu ermitteln.

Für die Berechnung sind die der Planung entnommenen Werte anzusetzen:

charakteristische Wichte des Bodens	γ_k	$= 18{,}5\ \text{kN/m}^3$
charakteristischer Reibungswinkel des Bodens	φ'_k	$= 32{,}5°$
Erddruckneigungswinkel	δ_a	$= {}^2/_3 \cdot \varphi'_k = 21{,}67°$
Ankerabstand	l_o	$= 1{,}0\ \text{m}$
Ankerlänge (Horizontalkomponente)	l	$= 7{,}5\ \text{m}$
Ankerneigungswinkel	α	$= 15°$
charakteristische vorhandene Ankerkraft	$A_{\text{vorh},k}$	$= 90{,}0\ \text{kN/lfdm}$
Geländesprunghöhe	H	$= 4{,}30\ \text{m}$
Einbindelänge der Wand	t	$= 1{,}40\ \text{m}$
Wanddicke	d	$= 0{,}20\ \text{m}$

Gleitkörperhöhe links	h	$= 5{,}70$ m
Gleitkörperhöhe rechts	h_1	$= 3{,}06$ m

Hinweis: für den vorliegenden Fall ist anzunehmen, dass der Abstand a der Anker (vgl. Bild 7-22) nicht größer ist als die halbe Krafteinleitungslänge L_{fixed}.

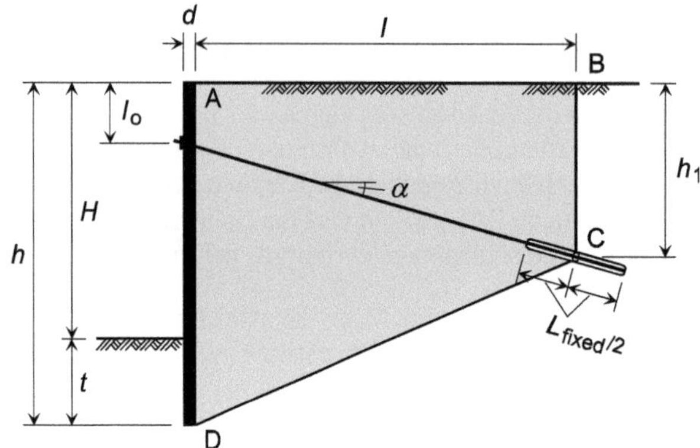

Bild 7-27 System einer einfach verankerten Wand zum Nachweis der Tragfähigkeit für die „tiefe Gleitfuge", gemäß EAB

Lösung

Charakteristische Eigenlast des Erdkörpers ABCD

$$G_{\mathrm{k}} = \frac{h+h_1}{2} \cdot l \cdot \gamma_{\mathrm{k}} = \frac{5{,}70+3{,}06}{2} \cdot 7{,}50 \cdot 18{,}5 = 607{,}7 \text{ kN/lfdm}$$

Mit dem für $\alpha = \beta = 0$ und $\delta_{\mathrm{a}} = {}^2/_3 \cdot \varphi'_{\mathrm{k}} = {}^2/_3 \cdot 32{,}5°$ geltenden Erddruckbeiwert

$K_{\mathrm{agh}} = 0{,}2506$ (Tafelwert aus [243], Tabelle 10-6)

ergeben sich in dem über die Geländesprunghöhe und die Einbindelänge reichenden Kontaktflächenbereich zwischen dem Gleitkörper und der Wand die Erddrucklasten

$$E_{\mathrm{ah,k}} = \frac{h^2}{2} \cdot \gamma_{\mathrm{k}} \cdot K_{\mathrm{agh}} = \frac{5{,}70^2}{2} \cdot 18{,}5 \cdot 0{,}2506 = 75{,}31 \text{ kN/lfdm}$$

$$E_{\mathrm{a,k}} = \frac{E_{\mathrm{ah,k}}}{\cos\delta_{\mathrm{a}}} = \frac{75{,}31}{\cos 21{,}67°} = 81{,}04 \text{ kN/lfdm}$$

Mit dem für $\alpha = \beta = \delta_{\mathrm{a}} = \delta_{\mathrm{a1}} = 0°$ (vgl. EAB, EB 44) geltenden Erddruckbeiwert

$K_{\mathrm{agh1}} = 0{,}301$ (Tafelwert aus [243], Tabelle 10-6)

ergeben sich im Bereich BC die Erddrucklasten

$$E_{1,\mathrm{k}} = E_{1\mathrm{h,k}} = \frac{h_1^2}{2} \cdot \gamma_{\mathrm{k}} \cdot K_{\mathrm{agh1}} = \frac{3{,}06^2}{2} \cdot 18{,}5 \cdot 0{,}301 = 26{,}07 \text{ kN/lfdm}$$

Mit den berechneten Werten sowie den Kräften Q_{k} und $A_{\text{mögl, k}}$, deren Wirkungsrichtungen bekannt sind, lässt sich das Krafteck von Bild 7-28 konstruieren.

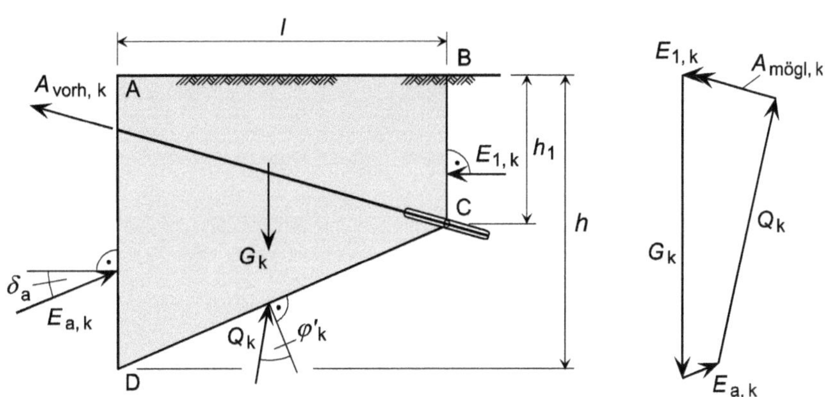

Bild 7-28 Mögliche charakteristische Ankerkraft $A_{\text{mögl,k}}$ für die „tiefe Gleitfuge" der verankerten Wand

Unter Beachtung des Kräftemaßstabes kann aus dem Krafteck von Bild 7-28 die mögliche charakteristische Ankerkraft

$$A_{\text{mögl, k}} \approx 173{,}5 \text{ kN/lfdm}$$

abgelesen werden.

Mit den Teilsicherheitsbeiwerten (Tabelle 1-2, Tabelle 1-3 und Bemessungssituation BS-P)

$$\gamma_G = 1{,}35 \qquad \text{und} \qquad \gamma_{R,e} = 1{,}40$$

ergeben sich die Bemessungsgrößen

$$A_{\text{vorh, d}} = A_{\text{vorh, k}} \cdot \gamma_G = 90{,}0 \cdot 1{,}35 = 121{,}5 \text{ kN/lfdm}$$

und

$$A_{\text{mögl, d}} = \frac{A_{\text{mögl, k}}}{\gamma_{R,e}} = \frac{173{,}5}{1{,}40} = 123{,}9 \text{ kN/lfdm}$$

und damit der Ausnutzungsgrad

$$\mu_G = \frac{A_{\text{vorh, d}}}{A_{\text{mögl, d}}} = \frac{121{,}5}{123{,}9} = 0{,}98 < 1$$

8 Wasserhaltung

8.1 Allgemeines und Regelwerke

Baugruben, deren Sohlen unter den Wasserspiegel von Oberflächen- oder Grundwasser reichen, sind für die Bauzeit in nahezu allen Fällen trocken zu halten, um so z. B.

– die unbehinderte Ausführung der Bauarbeiten zu gewährleisten,
– eine problemlose Bodenverdichtung zu ermöglichen.

Die Trockenlegung der Baugruben wird in der Regel durch Wasserhaltungen erreicht, die in den meisten Fällen die kostengünstigste Lösung darstellen. Erst wenn Aspekte wie etwa die

– mögliche Gefährdung angrenzender Bausubstanz (Setzungen infolge der Grundwasserspiegelabsenkung),
– Begrenzung von Grundwasserspiegelschwankungen im Bereich nahe gelegener Parkanlagen usw. (Gefährdung der Vegetation durch zu schnelles und zu weitgehendes Absenken des Grundwasserspiegels)

zu berücksichtigen sind, kann es sich als sinnvoller erweisen, Methoden anzuwenden, mit denen die Baugruben wasserdicht umschlossen werden (Trogbauwerke).

Baugruben, die in Oberflächenwasser (Flüsse, Seen, Meer) herzustellen sind, können z. B. durch Fangedämme vom offenen Wasser abgeschirmt und danach leergepumpt werden. Fließt den Baugruben Oberflächenwasser nur in geringen Mengen zu, lässt sich dieses z. B. in Gräben, Rohrleitungen oder Tiefensickern (siehe z. B. [240]) sammeln und ableiten (offene Wasserhaltung). Besteht für die Ableitung kein hinreichendes Gefälle, ist das Wasser abzupumpen. Bei Baugruben, die unter den Grundwasserspiegel reichen und nicht als Trogbauwerke ausgeführt werden, ist das Grundwasser vor Aushub über Brunnen abzusenken (geschlossene Wasserhaltung).

Wasserhaltungen können, neben ihrem temporären Einsatz in Baugruben, auch dauerhaft zur Anwendung kommen. So kann mit ihnen z. B. die Sicherung von in das Grundwasser reichenden Bauwerken gegen unerwünscht hohe Grundwasserstände realisiert werden (vgl. z. B. Abschnitt 8.6.3).

Für Wasserhaltungsarbeiten mit Grundwasserabsenkung ist eine behördliche Genehmigung einzuholen (vgl. z. B. [14] und [147]). Dies gilt auch beim Einleiten von anfallendem Wasser in einen Kanal, ein offenes Gewässer oder den Untergrund.

Für von Wasser durchströmte Böden lassen sich Angaben zu Gelände- und Böschungsbruchberechnungen, zu Berechnungen des hydraulischen Grundbruchs sowie Ansätze für Erddrücke und Empfehlungen zur Bestimmung des Wasserdurchlässigkeitsbeiwerts den Normen

– DIN 1054 [44] nebst DIN 1054/A2 [47], DIN 4084 [66], DIN 4085 [67], DIN 18130-1 [82], DIN EN 1997-1 [107] und DIN EN 1997-1/NA [109]

entnehmen. Allgemeine Technische Vertragsbedingungen für Bauleistungen (ATV) finden sich z. B. in den Normen

– DIN 18302 [85] und DIN 18305 [86].

Weitere Regelwerke für Wasserhaltungen und entsprechende bauliche Maßnahmen sind z. B.

– die EAB [140] sowie die EAU 2012 [142].

Geotechnik-Grundbau. 3. Auflage. Gerd Möller.

8.2 Grundwasserströmung

8.2.1 Voraussetzungen und Begriffe

Die genaue Erfassung der in situ vorhandenen Gegebenheiten von strömendem Grundwasser ist, schon wegen der Komplexität des durchströmten Bodengefüges und der zeitveränderlichen Grundwassergegebenheiten, eine praktisch unlösbare Aufgabe. Soll diese Problemstellung dennoch mathematisch dargestellt werden, sind Annahmen zu treffen, die zu vereinfachten Modellen der Realität führen. Im Gegenzug eröffnet sich die Möglichkeit, geplante Maßnahmen anhand von Berechnungen auf ihre technische Realisierbarkeit hin zu überprüfen. Da die Ergebnisse solcher Berechnungen von der Wirklichkeit ggf. stark abweichen können, sind sie immer einer auf Erfahrung beruhenden kritischen Bewertung zu unterziehen.

Zu den Voraussetzungen der mathematischen Behandlung der Wasserbewegung zählt, dass

- die Untergrundverhältnisse annähernd homogen sind und das Grundwasserreservoir so groß ist, dass sich unter einem Gefälleeinfluss eine stationäre Strömung ausbildet,
- der Untergrund wassergesättigt ist,
- die Strömung zwischen den Bodenteilchen laminar ist, d. h., dass jedes Wasserteilchen einer geraden oder gekrümmten Linie folgt, die sich nicht mit anderen Stromlinien überschneidet,
- turbulente Strömung nur auftritt in groben Kiesen, Schotter, Felsklüften oder beim Einströmen des Wassers in einen Brunnen oder Schlitz,
- die Strömung des Wassers keine Bewegung der Bodenteilchen (Körner) bewirkt,
- für die Filtergeschwindigkeit das Gesetz von *Darcy* gilt ($v = k \cdot i$).

Für die Erfassung von Grundwasserbewegungen ist u. a. die Kenntnis der im Folgenden definierten Größen erforderlich (vgl. auch [243]).

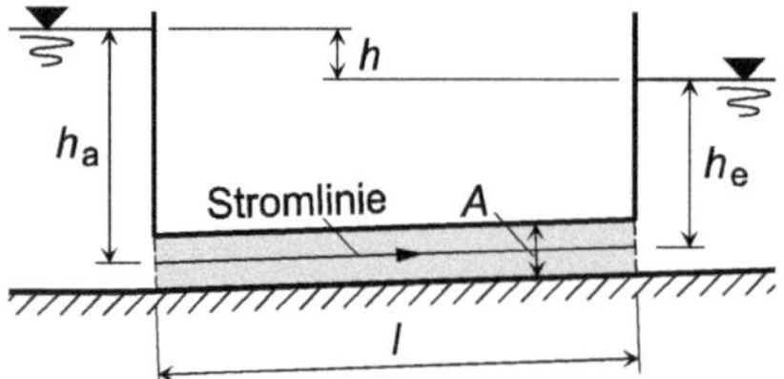

Bild 8-1 Wasserströmung in einem Bodenelement bei dem hydraulischen Höhenunterschied *h*

Durchfluss Q (in m³/s) auf Zeiteinheit bezogenes Wasservolumen V_w, das während der Zeit t aus der senkrecht zur Fließrichtung angeordneten Querschnittsfläche A (Feststoffe + Poren) des durchflossenen Bodenmaterials austritt (Bild 8-1).

$$Q = \frac{V_w}{t} \qquad \text{Gl. 8-1}$$

Filtergeschwindigkeit v (in m/s) Durchfluss Q pro Einheit der Querschnittsfläche A.

$$v = \frac{Q}{A} = \frac{V_w}{A \cdot t} \qquad \text{Gl. 8-2}$$

Hydraulischer Höhenunterschied h (in m) Differenz der hydraulischen Höhen h_a und h_e, die für durchflossenen Boden an zwei Messpunkten ermittelt wurde (Bild 8-1).

Durchströmte Länge l (in m) Länge eines durchströmten Bodenkörpers, die von zwei Messpunkten begrenzt wird, an denen hydraulische Höhen gemessen werden (Bild 8-1).

Hydraulisches Gefälle i Verhältnis des hydraulischen Höhenunterschieds zu der durchströmten Länge.

$$i = \frac{h}{l} \qquad \text{Gl. 8-3}$$

Durchlässigkeitsbeiwerte k_r und k (in m/s) Verhältnis von Filtergeschwindigkeit zu hydraulischem Gefälle eines wassergesättigten (k_r) bzw. teilweise wassergesättigten (k) Bodens, bei dem der Fließvorgang nach dem Gesetz von *Darcy* (Fließgesetz für gleichmäßige, lineare Durchströmung) erfolgt.

$$k_r = \frac{v}{i} = \frac{Q}{A \cdot i} \quad \text{(gesättigter Boden)}$$
$$k = \frac{v}{i} = \frac{Q}{A \cdot i} \quad \text{(teilgesättigter Boden)} \qquad \text{Gl. 8-4}$$

Anmerkung: Es gilt stets $k_r > k$.

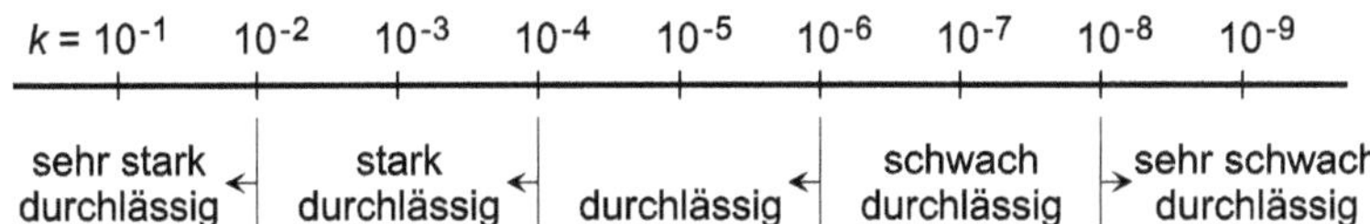

Bild 8-2 Bezeichnungen nach DIN 18130-1 für Durchlässigkeitsbereiche in Abhängigkeit von der Größe der Durchlässigkeitsbeiwerte *k* (in m/s)

Hydrostatischer Überdruck u (in kN/m²) Produkt aus der Wichte γ_w des Wassers und dem vorhandenen hydraulischen Höhenunterschied.

$$u = \gamma_w \cdot h \qquad \text{Gl. 8-5}$$

Spezifische Strömungskraft f_s (in kN/m³) Verhältnis des hydrostatischen Überdrucks zu der durchströmten Länge bzw. Produkt aus der Wasserwichte γ_w und dem vorhandenen hydraulischen Gefälle.

$$f_s = \frac{u}{l} = \gamma_w \cdot i \qquad \text{Gl. 8-6}$$

8.2.2 Strömungsgleichung von *Laplace*

Trotz der üblichen Vereinfachungen bei der mathematischen Behandlung von Sickerströmungen (vgl. Abschnitt 8.2.1) ist die Erfassung räumlicher Problemstellungen sehr schwierig. Deshalb wird in der Regel nur die ebene Strömung behandelt, zumal räumliche Strömungen oft mit genügender Genauigkeit als ebene Fälle betrachtet werden können.

Zur Erfassung der Strömungsvorgänge wird ein Porenraumelement betrachtet, das in einem dreidimensionalen kartesischen x, y, z-Koordinatensystem liegt und die Kantenlängen dx, dy und dz aufweist. Unter der Druckhöhe h_1 tritt Wasser mit der Geschwindigkeit in x-Richtung $v_{x,1}$ in dieses Element ein und verlässt es wieder unter der Druckhöhe h_2 mit der Geschwindigkeit

$$v_{x,2} = v_{x,1} + \frac{\partial v}{\partial x} \cdot \mathrm{d}x \qquad \text{Gl. 8-7}$$

Zu dieser Geschwindigkeitsdifferenz des dreidimensionalen Falls gehört der hydraulische Höhenunterschied

$$\mathrm{d}h = h_1 - h_2 \qquad \text{Gl. 8-8}$$

Entsprechende Beziehungen gelten für die Geschwindigkeiten $v_{y,2}$ und $v_{z,2}$. Wird Unzusammendrückbarkeit des Wassers vorausgesetzt, ergibt sich für die Summe der Geschwindigkeitsdifferenzen

$$\frac{\partial v_x}{\partial x} + \frac{\partial v_y}{\partial y} + \frac{\partial v_z}{\partial z} = 0 \qquad \text{Gl. 8-9}$$

Für den Zustand einer ebenen Strömung im x, y-Koordinatensystem vereinfacht sich Gl. 8-9 zu dem Ausdruck

$$\frac{\partial v_x}{\partial x} + \frac{\partial v_y}{\partial y} = 0 \qquad \text{Gl. 8-10}$$

Aus ihm ergibt sich mit den Beziehungen

$$v_x = k \cdot i_x = k \cdot \frac{\partial h}{\partial x} \quad \text{und} \quad v_y = k \cdot i_y = k \cdot \frac{\partial h}{\partial y} \qquad \text{Gl. 8-11}$$

die Strömungsgleichung von *Laplace* des stationären ebenen Falls

$$\frac{\partial^2 h}{\partial x^2} + \frac{\partial^2 h}{\partial y^2} = 0 \qquad \text{Gl. 8-12}$$

8.2.3 Strömungsnetze

Da die Strömungsgleichung von *Laplace* mit der Grundgleichung der Potenzialtheorie übereinstimmt, lassen sich ihre Lösungen und damit die Wasserbewegung mit zwei Kurvenscharen darstellen, die sich unter rechten Winkeln schneiden. Die eine Schar solcher Grundwasser-Strömungsnetze (Beispiel in Bild 8-3) stellt die „Stromlinien" dar, mit denen in idealisierter Form die Bewegungsbahnen der Wasserteilchen im Boden erfasst werden. Die andere, mit dem Begriff „Äquipotenziallinien" bezeichnete Kurvenschar verkörpert „Höhenlinien" des hydraulischen Potenzials. Auf jeweils einer der Linien ist der Wert des Potenzials konstant und zwischen je zwei benachbarten Linien ergibt sich die gleiche Potenzialdifferenz (gleiche Differenz der „Höhenlagen"). Bewegungen des Grundwassers sind somit berechenbar, wenn die Lösung der zugehörigen *Laplace*'schen Gleichung unter Beachtung der zu dem System gehörenden Randbedingungen ermittelt wird.

Randbedingungen der Gleichung sind bekannte

- Stromlinien, die als Begrenzungen des Grundwasserstroms in Form undurchlässiger Flächen (z. B. Oberflächen von Wasserstauern) und/oder Begrenzungen von Einbauten in das Grundwasser (z. B. Spundwände) wirksam sind,
- horizontal verlaufende Grenzflächen zwischen offenem Wasser und Grundwasser, die als Linien gleicher Standrohrspiegelhöhe Äquipotenziallinien darstellen (z. B. Sohlflächen von Gewässern).

Bei der zeichnerischen Lösung der Gleichung von *Laplace* werden die Strom- und Äquipotenziallinien der zu untersuchenden Strömung so gezeichnet, dass sie im Strömungsbereich krummlinige, einander geometrisch ähnliche Rechtecke (im Idealfall Quadrate) bilden. Durch das gewonnene Strömungsbild sind die Fließ- und Druckverhältnisse im Strömungsbereich bekannt.

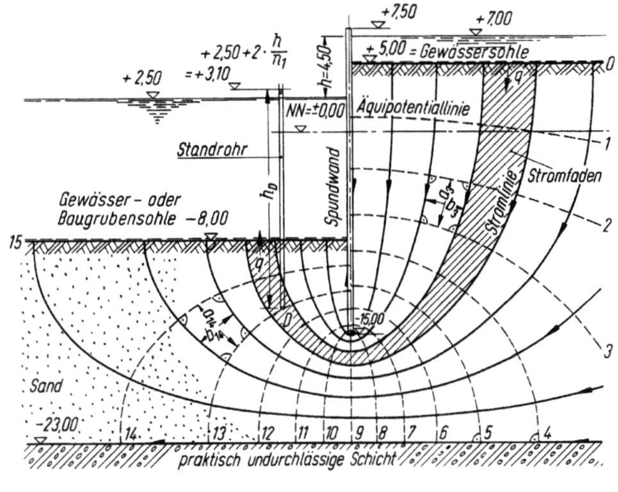

Bild 8-3 Beispiel für Grundwasser-Strömungsnetz (aus [144])

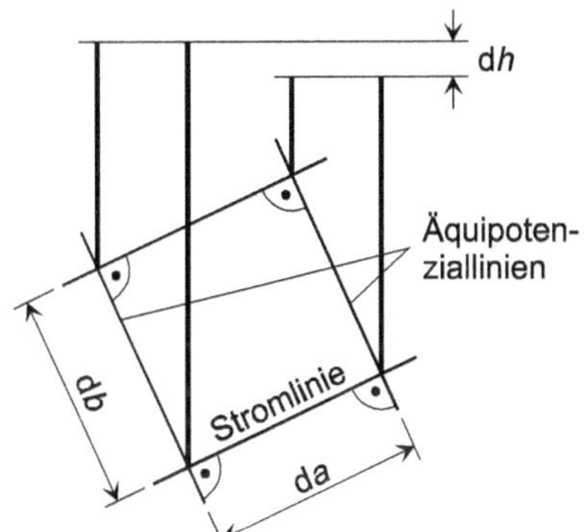

Bild 8-4 Element eines Strömungsnetzes

Besitzt das in Bild 8-4 dargestellte differenziell große Element des Strömungsbereichs die Tiefe 1, erfasst

$$dq = v \cdot db \cdot 1 \qquad \text{Gl. 8-13}$$

die zwischen seinen Stromlinien hindurchfließende Wassermenge. Gl. 8-13 führt mit der Filtergeschwindigkeit

$$v = i \cdot k = \frac{dh}{da} \cdot k \qquad \text{Gl. 8-14}$$

zu der Beziehung

$$dq = \frac{dh}{da} \cdot db \cdot k \cdot 1 \qquad \text{Gl. 8-15}$$

Für endliche Abmessungen in Strömungsnetzen ergibt sich für einen Stromfaden der Tiefe 1,0 m die durchfließende Wassermenge

$$q = \frac{\Delta h}{a} \cdot b \cdot k \cdot 1{,}0 \text{ (in m}^3\text{/s)} \qquad \text{Gl. 8-16}$$

Dabei steht *a* für den Äquipotenziallinienabstand und *b* für die Stromfadenbreite.

Bei einer Unterteilung des gesamten Wasserspiegelhöhenunterschieds *h* (Gesamtpotenzial) in n_1 gleiche (äquidistante) Potenzialschritte bzw. Netzfelder berechnet sich der Standrohrspiegelunterschied je Netzfeld durch

$$\Delta h = \frac{h}{n_1} \qquad \text{Gl. 8-17}$$

Durch das gesamte, n_2 Stromfäden umfassende Strömungsnetz fließt dann die Wassermenge

$$Q = q \cdot n_2 = n_2 \cdot k \cdot \frac{h}{n_1 \cdot a} \cdot b \cdot 1{,}0 \text{ (in m}^3\text{/s)} \qquad \text{Gl. 8-18}$$

Anwendungsbeispiel

Zu berechnen ist die Durchflussmenge *Q* (pro lfdm der Bodenschicht) für die in Bild 8-5 dargestellte durchströmte Bodenschicht (ebenes Problem) mit Hilfe

1) der allgemeinen Fließformel
2) eines Strömungsnetzes mit 4 Stromfäden und 4 Netzfeldern/Stromfaden.

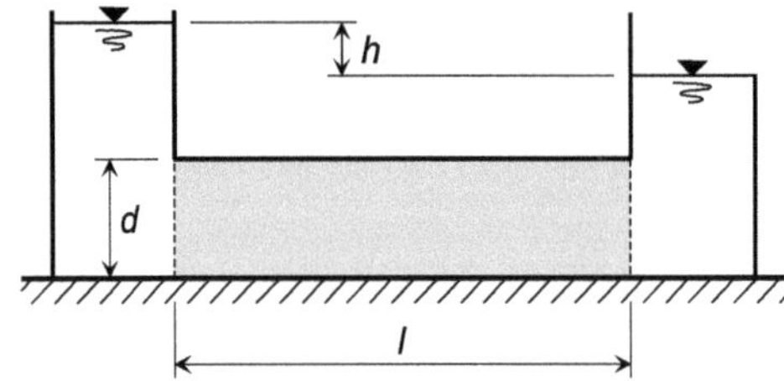

Bild 8-5 Bodenschicht bei ebener Durchströmung

Für die Berechnung sind als Abmessungen

die Länge der durchflossenen Bodenschicht	l = 15,0 m
die Dicke der durchflossenen Bodenschicht	d = 4,0 m
die hydraulische Druckhöhe	h = 1,5 m

und als Materialkennwert

der Durchlässigkeitsbeiwert	$k = 1{,}1 \cdot 10^{-3}$ m/s

zu verwenden.

Lösung

1. Berechnung der Durchflussmenge *Q* mit Hilfe der allgemeinen Fließformel

Mit dem hydraulischen Gefälle

$$i = \frac{h}{l} = \frac{1{,}5}{15{,}0} = 0{,}1$$

und der Querschnittsfläche des durchströmten Bodenmaterials (pro lfdm)

$$A = d \cdot 1{,}0 = 4{,}0 \cdot 1{,}0 = 4{,}0\ \text{m}^2$$

berechnet sich die gesuchte Durchflussmenge zu

$$Q = k \cdot i \cdot A = 1{,}1 \cdot 10^{-3} \cdot 0{,}1 \cdot 4{,}0 = 0{,}00044\ \text{m}^3/\text{s} = 0{,}44\ \text{Liter/s}$$

2. Berechnung der Durchflussmenge *Q* mit Hilfe eines Strömungsnetzes

Zur Gewinnung des Strömungsnetzes des vorliegenden Falls (Bild 8-6) wurde die Dicke der durchflossenen Bodenschicht unterteilt in $n_2 = 4$ Stromfäden mit der jeweiligen Breite

$$b = \frac{d}{n_2} = \frac{4{,}0}{4} = 1{,}0\ \text{m}$$

und die Durchflusslänge l unterteilt in $n_1 = 4$ Netzfelder mit dem Äquipotenziallinienabstand

$$a = \frac{l}{n_1} = \frac{15{,}0}{4} = 3{,}75\ \text{m}$$

Mit dem hydraulischen Höhenunterschied je Netzfeld

$$\Delta h = \frac{h}{n_1} = \frac{1{,}5}{4} = 0{,}375\ \text{m}$$

ergibt sich die Durchflussmenge eines Stromfadens (pro lfdm)

$$q = k \cdot \frac{\Delta h}{a} \cdot b \cdot 1{,}0 = 1{,}1 \cdot 10^{-3} \cdot \frac{0{,}375}{3{,}75} \cdot 1{,}0 \cdot 1{,}0 = 0{,}000\ 11\ \text{m}^3/\text{s} = 0{,}11\ \text{Liter/s}$$

Die gesuchte Gesamtdurchflussmenge berechnet sich dann zu

$$Q = q \cdot n_2 = 0{,}00011 \cdot 4 = 0{,}000\ 44\ \text{m}^3/\text{s} = 0{,}44\ \text{Liter/s}$$

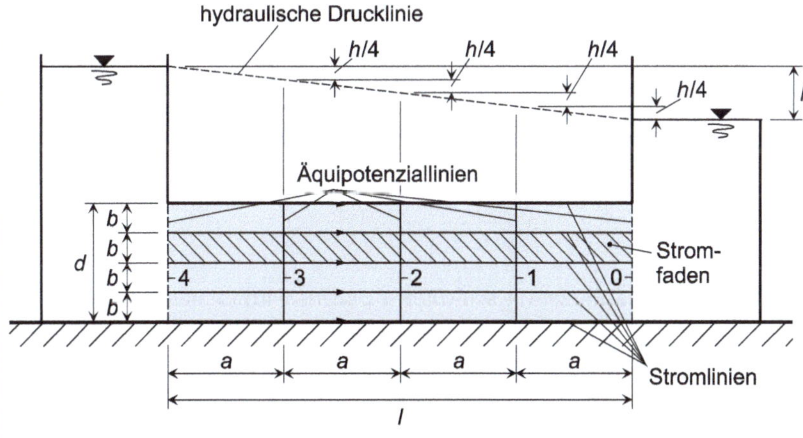

Bild 8-6 Strömungsnetz bei paralleler waagerechter Grundwasserströmung

8.2.4 Grundwasserströmung und Bodenwichte

Strömendes Grundwasser übt auf das Korngerüst eine „Strömungskraft" aus. Ihre Wirkungslinie ist durch die Tangente an die Stromlinie und ihre Wirkungsrichtung durch die Strömungsrichtung gegeben; bezogen auf das Volumen, wird sie als „spezifische Strömungskraft" f_s bezeichnet (vgl. Abschnitt 8.2.1). Diese Kraft addiert sich zu anderen auf den Boden wirkenden Kräften, wie z. B. dessen Gewichtskraft G' unter Auftrieb. Für ein gemäß Bild 8-7 im Grundwasser liegendes Bodenelement mit dem Volumen V und der Wichte γ' unter Auftrieb ergibt sich als Belastung die Resultierende R.

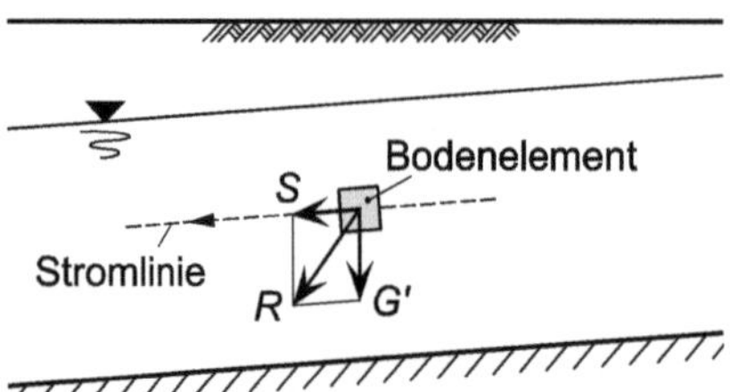

Bild 8-7 Wirkung der Strömungskraft S an einem Bodenelement

Das Beispiel zeigt, dass bei einer nach unten geneigten Strömungsrichtung die vertikale Komponente der Strömungskraft

$$S = V \cdot f_s = V \cdot i \cdot \gamma_w \qquad \text{Gl. 8-19}$$

die Wirkung der Eigenlast G' erhöht. Das Bodenelement besitzt dann eine „wirksame Wichte" $\bar{\gamma}$, die größer ist als die eines vergleichbaren Elements in ruhendem Wasser, da die Wichte unter Auftrieb γ' um die vertikale Komponente von f_s vergrößert wird. Sich so ergebende Belastungsänderungen des Baugrunds können z. B. Setzungen hervorrufen.

Für Standsicherheitsberechnungen ist die wirksame Wichte $\bar{\gamma}$ bei vorwiegend lotrechter Durchströmung von besonderer Bedeutung. Sie errechnet sich bei abwärts gerichteter Strömung (Gewichtskraft G' und Strömungskraft S wirken in gleicher Richtung) mittels

$$\bar{\gamma} = \gamma' + f_s = \gamma' + i \cdot \gamma_w \qquad \text{Gl. 8-20}$$

Bei aufwärts gerichteter Strömung (Gewichts- und Strömungskraft wirken in zueinander entgegengesetzten Richtungen) gilt die Gleichung

$$\bar{\gamma} = \gamma' - f_s = \gamma' - i \cdot \gamma_w \qquad \text{Gl. 8-21}$$

Ein hydraulisches Gefälle, bei dem sich als wirksame Wichte $\bar{\gamma} = 0$ ergibt, wird als „kritisches Gefälle" i_{krit} bezeichnet.

Anwendungsbeispiel

Bei dem in Bild 8-8 dargestellten Fall eines geschichteten Bodens wird im unteren Grundwasserleiter kontinuierlich Grundwasser entnommen, was zu einer Reduzierung des hydraulischen Drucks in diesem Wasserleiter führt. Es ist davon auszugehen, dass vor Beginn der Wasserentnahme die hydraulische Druckhöhe in den durch die Tonschicht voneinander getrennten kiesigsandigen Schichten gleich groß war, und dass die kontinuierliche Wasserentnahme zu einem stationären Zustand führt, in dem die hydraulische Druckhöhe in der unter dem Ton befindlichen Schicht großflächig um $\Delta h = 2$ m reduziert ist.

Zu ermitteln ist die Größe der charakteristischen effektiven Vertikalspannung $\sigma'_{z,k}$ in der Mitte und am unteren Rand der Tonschicht vor und nach der Absenkung und unter Beachtung des eingezeichneten Verlaufs der hydraulischen Druckhöhe nach erfolgter Absenkung.

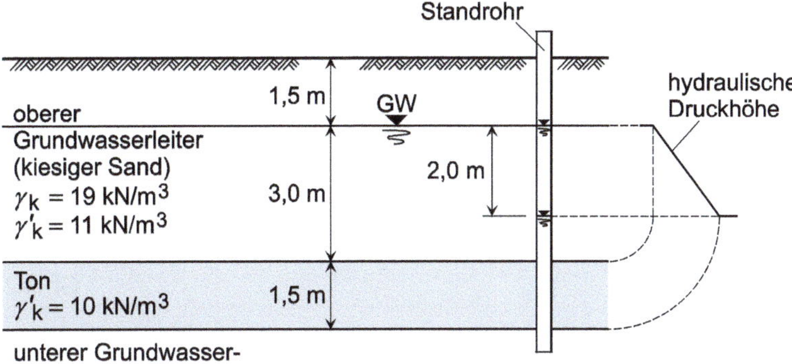

Bild 8-8 Wasserentnahme aus dem unteren Grundwasserleiter eines geschichteten Bodens

Lösung

Vor Beginn der Wasserentnahme haben die effektiven charakteristischen Vertikalspannungen in der Mitte und am unteren Rand der Tonschicht die Größen

$$\sigma'_{\text{z alt, m, k}} = 1{,}5 \cdot \gamma_{\text{Sand, k}} + 3{,}0 \cdot \gamma'_{\text{Sand, k}} + 0{,}75 \cdot \gamma'_{\text{Ton, k}} = 1{,}5 \cdot 19 + 3{,}0 \cdot 11 + 0{,}75 \cdot 10$$
$$= 69{,}0 \text{ kN/m}^2$$
$$\sigma'_{\text{z alt, u, k}} = 1{,}5 \cdot \gamma_{\text{Sand, k}} + 3{,}0 \cdot \gamma'_{\text{Sand, k}} + 1{,}5 \cdot \gamma'_{\text{Ton, k}} = 1{,}5 \cdot 19 + 3{,}0 \cdot 11 + 1{,}5 \cdot 10$$
$$= 76{,}5 \text{ kN/m}^2$$

In der Tonschicht ergibt sich, wegen des konstanten hydraulischen Gefälles

$$i_{\text{Ton}} = \frac{\Delta h}{l} = \frac{2{,}0}{1{,}5} = 1{,}333$$

eine nach unten gerichtete spezifische Strömungskraft

$$f_s = i \cdot \gamma_w = 1{,}333 \cdot 10 = 13{,}33 \text{ kN/m}^3$$

mit der sich als charakteristische wirksame Wichte unter Auftrieb

$$\overline{\gamma}_k = \gamma'_{\text{Ton, k}} + f_s = 10 + 13{,}33 = 23{,}33 \text{ kN/m}^3$$

ergibt.

Die nach der Grundwasserabsenkung in der Mitte und am unteren Rand der Tonschicht gesuchten charakteristischen effektiven Vertikalspannungen haben bei stationärem Strömungszustand somit die Größen

$$\sigma'_{\text{z neu, m, stat, k}} = 1{,}5 \cdot \gamma_{\text{Sand, k}} + 3{,}0 \cdot \gamma'_{\text{Sand, k}} + 0{,}75 \cdot \overline{\gamma}_k = 1{,}5 \cdot 19{,}0 + 3{,}0 \cdot 11{,}0 + 0{,}75 \cdot 23{,}33$$
$$= 79{,}0 \text{ kN/m}^2$$
$$\sigma'_{\text{z neu, u, stat, k}} = 1{,}5 \cdot \gamma_{\text{Sand, k}} + 3{,}0 \cdot \gamma'_{\text{Sand, k}} + 1{,}5 \cdot \overline{\gamma}_k = 1{,}5 \cdot 19{,}0 + 3{,}0 \cdot 11{,}0 + 1{,}5 \cdot 23{,}33$$
$$= 96{,}5 \text{ kN/m}^2$$

Der Vergleich zwischen den zum unteren Rand gehörenden charakteristischen Vertikalspannungswerten zeigt, dass die Strömungskräfte die ursprünglich vorhandene Vertikalspannung von 76,5 kN/m^2 auf 96,5 kN/m^2 und damit um 20,0 kN/m^2 bzw. 26 % vergrößern.

8.3 Hydraulischer Grundbruch

8.3.1 Allgemeines

Der Strömungsdruck von Grundwasserbewegungen bewirkt bei einer aufwärts gerichteten Strömung in einem Bodenelement unterhalb der Baugrubensohle (z. B. bei einer durch Spundwände gesicherten Baugrube) die in Bild 8-9 gezeigte Kräftesituation. Die wirksame Wichte des Bodenelements beträgt in diesem Fall

$$\bar{\gamma} = \gamma' - i \cdot \gamma_w \qquad \text{Gl. 8-22}$$

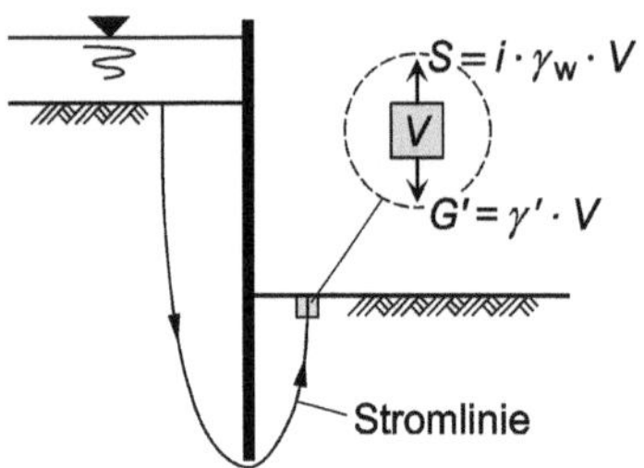

Bild 8-9 Hydraulische Instabilität für $R = G' - S < 0$

Nimmt das hydraulische Gefälle die kritische Größe

$$i_{krit} = \frac{\gamma'}{\gamma_w} \qquad \text{Gl. 8-23}$$

an, ergibt sich als wirksame Wichte $\bar{\gamma} = 0$ und damit die Aufhebung der Eigenlastwirkung der Körner sowie eine damit verbundene Auflockerung des Bodens. Bei noch größeren Werten für den Strömungsdruck (bzw. für das hydraulische Gefälle) werden die Körner vom Wasser mitgerissen – ein Zustand, der als „hydraulischer Grundbruch" bezeichnet wird (Bild 8-10) und der nicht von der Scherfestigkeit des Bodens, sondern vom Gradienten *i* der Grundwasserströmung abhängt. Da Auflockerung und Ausspülung die Bodendurchlässigkeit vergrößern, vor allem aber den Sickerweg verkürzen und damit das hydraulische Gefälle weiter erhöhen, tritt, bei ausreichendem Wassernachschub (z. B. bei Verbindung von Sickerwasser und freiem Wasserspiegel), der hydraulische Grundbruch sehr rasch ein und führt z. B. an Wehren, Baugrubenumschließungen usw. zu großen Schäden.

Zur Vermeidung solcher Schäden ist es erforderlich, bei der Planung eine hinreichende Sicherheit gegen hydraulischen Grundbruch nachzuweisen. Für den Fall von Baugruben mit größerer Längenausdehnung stehen hierzu verschiedene Methoden zur Verfügung. Sie unterscheiden sich, wie im Folgenden gezeigt, im Wesentlichen durch die Form des Bruchkörpers (hydraulischer Grundbruchkörper), welcher der jeweiligen Berechnung zugrunde gelegt wird.

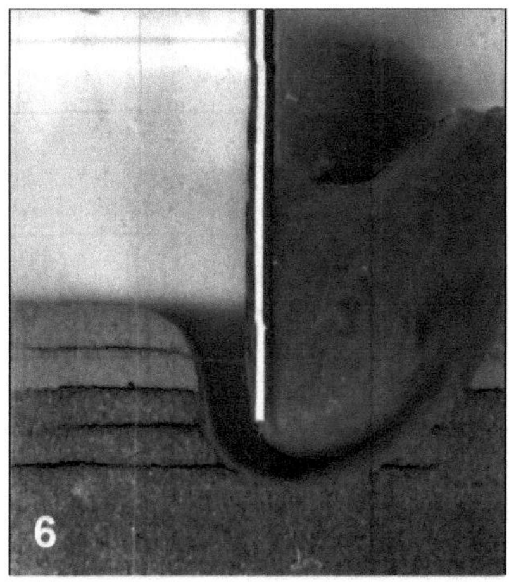

Bild 8-10 Gerade eingetretener hydraulischer Grundbruch bei einem Versuch (aus [322])

8.3.2 Sicherheitsnachweis nach *Baumgart/Davidenkoff*

Um der Entstehung von Schäden durch hydraulische Instabilitäten wie dem hydraulischen Grundbruch vorzubeugen, ist sicherzustellen, dass das Anheben eines Bruchkörpers unter Berücksichtigung entsprechender Teilsicherheitsbeiwerte γ nicht eintreten kann.

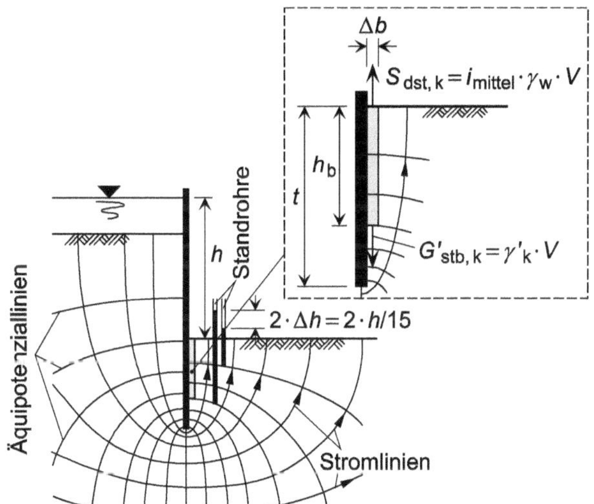

Bild 8-11 Spundwand mit Strömungsnetz und Bruchkörper nach *Baumgart/Davidenkoff* sowie stabilisierende charakteristische Eigenlast $G'_{stb,k}$ unter Auftrieb und destabilisierende charakteristische Strömungskraft $S_{dst,k}$

Die erforderliche Sicherheit gegen hydraulischen Grundbruch kann nach EAB, EB 61 z. B. mit dem Ansatz von *Baumgart/Davidenkoff* [36] in einfacher Form und auf der sicheren Seite liegend nachgewiesen werden. Der entsprechende Sicherheitsnachweis kann dann gemäß den Abschnitten 10.3 und 2.4.7.5 von DIN EN 1997-1 und DIN 1054 für den Grenzzustand HYD (Versagen durch hydraulischen Grundbruch) mit Hilfe von Gl. 8-34 geführt werden (vgl. Abschnitt 8.3.5). Der anzuhebende Bodenkörper ist in diesem Fall der in Bild 8-11 gezeigte sehr schmale prismaförmige Bruchkörper.

Die stabilisierend wirkende charakteristische Eigenlast des unter Auftrieb stehenden Bruchkörpers mit der Höhe h_b und der Breite Δb ergibt sich im ebenen Fall und bei homogenem Boden pro lfdm zu (Schreibweise nach DIN EN 1997-1, 2.4.7.5)

$$G'_{\text{stb, k}} = V \cdot \gamma'_{\text{k}} = h_{\text{b}} \cdot \Delta b \cdot 1{,}0 \cdot \gamma'_{\text{k}} \qquad \text{Gl. 8-24}$$

Unter Beachtung des Strömungsnetzes lässt sich die auf den Bruchkörper destabilisierend wirkende charakteristische vertikale Strömungskraft $S_{\text{dst, k}}$ (Schreibweise nach DIN EN 1997-1, 2.4.7.5) pro lfdm mit Hilfe des Mittelwerts des hydraulischen Gefälles über die Gesamthöhe des Bruchkörpers

$$i_{\text{mittel}} = \frac{n \cdot \Delta h}{h_{\text{b}}} \qquad \text{Gl. 8-25}$$

und des zugehörigen Mittelwerts der spezifischen Strömungskraft

$$fi_{\text{s,mittel}} = {}_{\text{mittel}} \cdot \gamma_{\text{w}} = \frac{n \cdot \Delta h}{h_{\text{b}}} \cdot \gamma_{\text{w}} \qquad \text{Gl. 8-26}$$

durch

$$S_{\text{dst, k}} = f_{\text{s,mittel}} \cdot V = n \cdot \Delta h \cdot \gamma_{\text{w}} \cdot \Delta b \cdot 1{,}0 \qquad \text{Gl. 8-27}$$

berechnen. Die in den Gleichungen verwendeten Größen Δh und n stehen für den hydraulischen Höhenunterschied zwischen zwei Äquipotenziallinien und die Anzahl der Äquipotenziallinienfelder im Bereich des Bruchkörpers (für Bild 8-11 gilt $n = 3$).

Aus Gl. 8-34, Gl. 8-24 und Gl. 8-27 ergibt sich für den Fall homogenen Bodens und unter Beachtung von Gl. 8-23 die Gleichung für den zulässigen Ausnutzungsgrad

$$\mu = \frac{S_{\text{dst, d}}}{G'_{\text{stb, d}}} = \frac{S_{\text{dst, k}} \cdot \gamma_{\text{H}}}{G'_{\text{stb, k}} \cdot \gamma_{\text{G, stb}}} = \frac{i_{\text{mittel}} \cdot \gamma_{\text{w}} \cdot \gamma_{\text{H}}}{\gamma'_{\text{k}} \cdot \gamma_{\text{G, stb}}} = \frac{n \cdot \Delta h \cdot \gamma_{\text{w}} \cdot \gamma_{\text{H}}}{h_{\text{b}} \cdot \gamma'_{\text{k}} \cdot \gamma_{\text{G, stb}}} = \frac{i_{\text{mittel}} \cdot \gamma_{\text{H}}}{i_{\text{krit}} \cdot \gamma_{\text{G, stb}}} \le 1{,}0 \qquad \text{Gl. 8-28}$$

Der Ausnutzungsgrad μ ist umso größer, je größer der Wert von i_{mittel} ist. Wegen des mit der Tiefe größer werdenden hydraulischen Gefälles erreicht i_{mittel} seine maximale Größe bei einem Bruchkörper mit der größten Höhe $h_b = t$ (vgl. Gl. 8-34). Gl. 8-28 nimmt dann die Form

$$\mu = \frac{S_{\text{dst, d}}}{G'_{\text{stb, d}}} = \frac{h_{\text{r}} \cdot \gamma_{\text{w}} \cdot \gamma_{\text{H}}}{t \cdot \gamma'_{\text{k}} \cdot \gamma_{\text{G, stb}}} = \frac{h_{\text{r}} \cdot \gamma_{\text{H}}}{t \cdot i_{\text{krit}} \cdot \gamma_{\text{G, stb}}} \le 1{,}0 \qquad \text{Gl. 8-29}$$

an, in der h_r die Differenz zwischen der Standrohrspiegelhöhe am Spundwandfuß und der Unterwasserspiegelhöhe erfasst („wirksame Potenzialdifferenz“ oder auch „hydraulische Resthöhe“ am Spundwandfuß).

Die in Gl. 8-28 und Gl. 8-29 verwendeten Teilsicherheitsbeiwerte γ_H und $\gamma_{G,dst}$ können Tabelle 1-2 entnommen werden. Aus der Tabelle geht hervor, dass die Zahlenwerte für γ_H insbesondere von den örtlichen Untergrundgegebenheiten abhängig sind. Die entsprechende Unterscheidung in „günstig“ und „ungünstig“ kann DIN 1054, 10.3 A (1b) entnommen werden. Danach ist der Untergrund bei anstehendem

– Kies, Kiessand, mindestens mitteldicht gelagertem Sand mit Korngrößen > 0,2 mm oder mindestens steifem, tonigem, bindigem Boden als günstig,

– locker gelagertem Sand, Feinsand, Schluff und weichem bindigem Boden als ungünstig

einzustufen. Zu erwähnen ist, dass diese Einstufung des Untergrunds mit der aus EAB, EB 61, 8. übereinstimmt.

8.3.3 Näherungsformel von *Kastner*

Ist die durchströmte Bodenhöhe auf der Oberwasserseite des vorwiegend lotrecht umströmten Spundwandbauwerks größer als auf der Unterwasserseite, und liegt kein Strömungsnetz vor, darf die hydraulische Resthöhengröße h_r aus Gl. 8-29 nach E 115 in [144] näherungsweise mit der von *Schultze* erweiterten Formel von *Kastner*

$$h_r = \frac{h}{1 + \sqrt[3]{1 + \frac{h'}{t}}} \qquad \text{Gl. 8-30}$$

ermittelt werden. Die in Metern anzugebenden Größen *h, h'* und *t* stehen dabei für die hydraulische Druckhöhe, die durchströmte Bodenhöhe auf der Oberwasserseite der Spundwand bis zur Gewässersohle und die Rammtiefe der Spundwand (Bild 8-12).

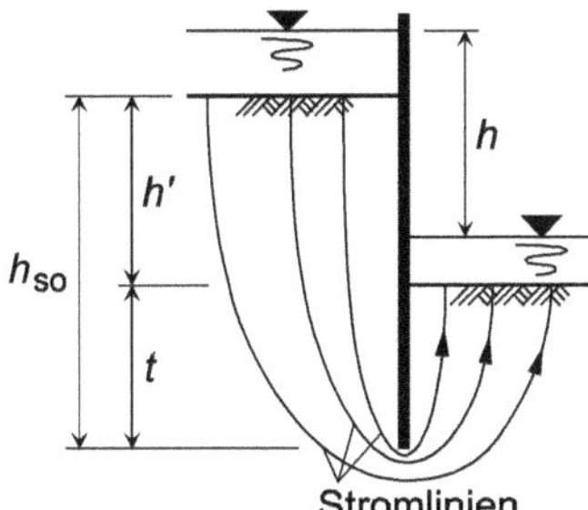

Bild 8-12 Umströmte Spundwand mit Abmessungen

Alternativ zur Formel von *Kastner* darf nach EAU, E 115 auch die Näherungsgleichung nach *Brinch Hansen* [26]

$$h_r = \frac{h \cdot \sqrt{t}}{\sqrt{h_{so}} + \sqrt{t}} \qquad \text{Gl. 8-31}$$

verwendet werden. Ihre einzelnen Größen sind die in Metern anzugebende hydraulische Höhe *h*, die durchströmte Bodenhöhe h_{so} auf der Oberwasserseite der Spundwand und die Rammtiefe *t* der Spundwand (Bild 8-12).

Anwendungsbeispiel

Für die in mitteldichtem Grobsand herzustellende Spundwand aus Bild 8-13 ist die Rammtiefe *t* unter der Bedingung zu ermitteln, dass die Sicherheit gegen hydraulischen Grundbruch nach *Baumgart/Davidenkoff* und gemäß DIN 1054 in der Bemessungssituation BS-P gerade eingehalten wird. Die hydraulische Resthöhe h_r im Bruchkörperbereich ist dabei statt mit einem Strömungsnetz mit Hilfe der Näherungsformel von *Schultze* und *Kastner* zu bestimmen.

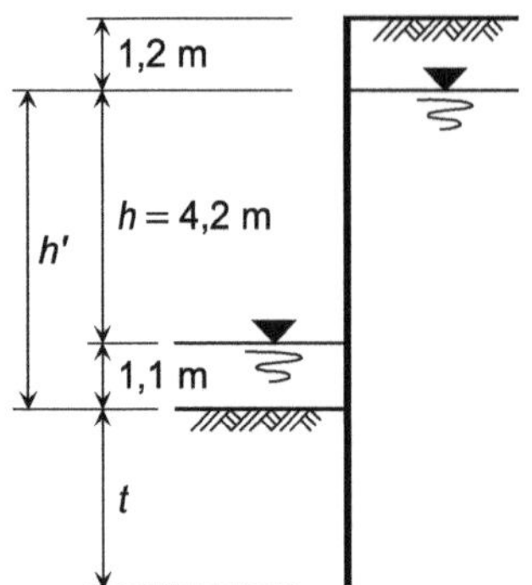

Bild 8-13 Querschnitt mit Abmessungen einer umströmten Spundwand

Als Wichten sind für die Berechnung anzunehmen

$\gamma_W = 10{,}0\ \text{kN/m}^3$ (Wichte des Wassers)

$\gamma'_k = 10{,}8\ \text{kN/m}^3$ (charakteristische Wichte des Bodens unter Auftrieb)

Lösung

1. Definition des Ausnutzungsgrades μ

Für den Ausnutzungsgrad der nachzuweisenden gerade einzuhaltenden Sicherheit gegen hydraulischen Grundbruch gilt (Gl. 8-29)

$$\mu = \frac{S_{\text{dst, d}}}{G'_{\text{stb, d}}} = \frac{h_r \cdot \gamma_H}{t \cdot i_{\text{krit}} \cdot \gamma_{\text{G, stb}}} = 1{,}0$$

Mit dem kritischen hydraulischen Gefälle

$$i_{\text{krit}} = \frac{\gamma'_k}{\gamma_w}$$

und den Teilsicherheitsbeiwerten für die Bemessungssituation BS-P (vgl. hierzu Abschnitt 8.3.2 und Tabelle 1-2)

$\gamma_H = 1{,}45$ (günstiger Untergrund) und $\gamma_{\text{G, stb}} = 0{,}95$

ergibt sich daraus

$$\mu = \frac{h_r \cdot \gamma_w \cdot \gamma_H}{t \cdot \gamma'_k \cdot \gamma_{\text{G, stb}}} = \frac{1{,}45 \cdot 10{,}0 \cdot h_r}{0{,}95 \cdot 10{,}8 \cdot t} = 1{,}41 \cdot \frac{h_r}{t}$$

Die hydraulische Resthöhe im Bereich des Bruchkörpers wird dabei, gemäß der Aufgabenstellung, erfasst durch (Gl. 8-30)

$$h_r = \frac{h}{1 + \sqrt[3]{1 + \frac{h'}{t}}}$$

2 Bestimmung der Rammtiefe *t* der Spundwand

2.1 Bestimmung durch „Probieren“

Die erforderliche Rammtiefe *t* der Spundwand kann z. B. durch „Probieren“ ermittelt werden. Als Wert für die durchströmte Bodenhöhe auf der Oberwasserseite ist dabei

$h' = 4{,}2 + 1{,}1 = 5{,}3\ \text{m}$

zu verwenden.

1. Annahme: $t = 3{,}0$ m

$$h_r = \frac{4{,}2}{1+\sqrt[3]{1+\frac{5{,}3}{3{,}0}}} = 1{,}747 \quad \Rightarrow \quad \mu = 1{,}41 \cdot \frac{1{,}747}{3{,}0} = 0{,}823 < 1{,}0$$

2. Annahme: $t = 2{,}0$ m

$$h_r = \frac{4{,}2}{1+\sqrt[3]{1+\frac{5{,}3}{2{,}0}}} = 1{,}654 \quad \Rightarrow \quad \mu = 1{,}41 \cdot \frac{1{,}654}{2{,}0} = 1{,}169 > 1{,}0$$

3. Annahme: $t = 2{,}5$ m

$$h_r = \frac{4{,}2}{1+\sqrt[3]{1+\frac{5{,}3}{2{,}5}}} = 1{,}707 \quad \Rightarrow \quad \mu = 1{,}41 \cdot \frac{1{,}707}{2{,}5} = 0{,}965 \approx 1{,}0$$

Um eine Sicherheit mit dem Ausnutzungsgrad $\mu = 1{,}0$ gegen hydraulischen Grundbruch zu gewährleisten, muss die Spundwand mindestens 2,40 m tief eingebunden werden.

2.2 Bestimmung mit der grafischen Methode

Die Rammtiefe kann auch auf grafischem Wege bestimmt werden, wenn der Verlauf der Funktion $\mu(t)$ unter Verwendung mehrerer Stützstellenwerte in ein Diagramm eingetragen wird.

In dem Fall von Bild 8-14 wurde der Funktionsverlauf mit den Stützstellenwerten

$t = 2{,}0$ m $\Rightarrow$ $\mu = 1{,}169$

$t = 2{,}5$ m $\Rightarrow$ $\mu = 0{,}965$

$t = 3{,}0$ m $\Rightarrow$ $\mu = 0{,}823$

grafisch dargestellt.

Durch Ablesung für $\mu = 1{,}0$ ergibt sich aus Bild 8-14 die gesuchte Rammtiefe zu

$t = 2{,}40$ m

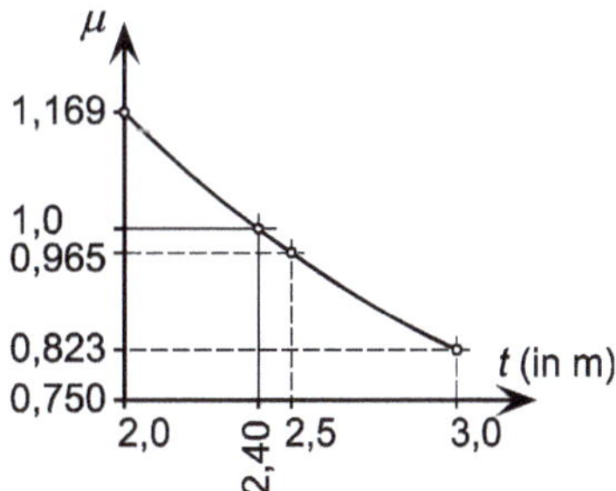

Bild 8-14 Ermittlung der erforderlichen Rammtiefe mit der grafischen Methode

2.3 Bestimmung durch „direkte“ Lösung

Die erforderliche Rammtiefe t der Spundwand kann z. B. auch mit Hilfe von Computern (ggf. Taschenrechnern) ermittelt werden, die für die „direkte“ Lösung entsprechende Programme bereitstellen. Im vorliegenden Fall wurde das Programm *Mathcad* der Fa. *MathSoft* [F 19] in der Version *Mathcad 8* benutzt [227], das für die Lösung des Ausdrucks

$$\frac{\gamma_{w} \cdot \gamma_{H}}{\mu} \cdot \frac{h}{1+\sqrt[3]{1+\frac{h'}{t}}} - \gamma'_{k} \cdot \gamma_{G,stb} \cdot t = \frac{10{,}0 \cdot 1{,}45}{1{,}0} \cdot \frac{4{,}2}{1+\sqrt[3]{1+\frac{5{,}3}{t}}} - 10{,}8 \cdot 0{,}95 \cdot t = 0$$

die Größe

$$t = 2{,}40 \text{ m}$$

liefert. Das Programm arbeitet dabei auf der Basis eines vorgegebenen Schätzwertes der Variablen t. Existieren für die jeweilige Gleichung mehrere Lösungen, müssen diese durch die Wahl mehrerer unterschiedlich großer Schätzwerte erfasst werden.

8.3.4 Sicherheitsnachweis nach *Terzaghi/Peck*

Unter Rückgriff auf die Ergebnisse von Modellversuchen weisen *Terzaghi/Peck* [301] die Sicherheit gegen hydraulischen Grundbruch mit einem im Querschnitt rechteckigen Bruchkörper nach, der die Höhe t und die Breite $t/2$ (Bild 8-15) besitzt. Gegenüber dem Bruchkörper von *Baumgart/Davidenkoff* „erfasst“ er einen viel größeren Bereich des Strömungsnetzes.

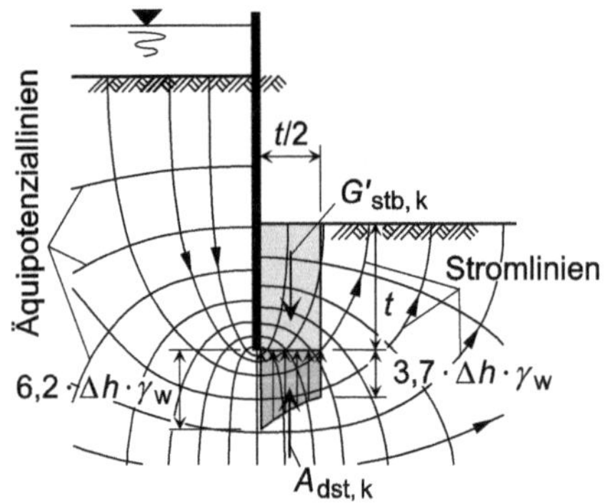

Bild 8-15 Strömungsnetz und möglicher Bruchkörper nach *Terzaghi/Peck* [301] mit den charakteristischen Größen $G'_{stb,k}$ (Eigenlast unter Auftrieb) und $A_{dst,k}$ (Resultierende der Druckfläche) einer umströmten Baugrubenwand

Für den Sicherheitsnachweis verwenden *Terzaghi/Peck* [301] statt der auf den Bruchkörper wirkenden charakteristischen Strömungskraft $S_{dst,k}$ die Resultierende $A_{dst,k}$ einer Druckfläche, die in der Sohlfläche des Bruchkörpers anzusetzen ist. Die Größe $a_{k,i}$ einer Ordinate dieser Druckfläche (von *Terzaghi/Peck* [301] als „hydraulischer Überdruck“ bezeichnet) errechnet sich mit der noch nicht abgebauten Standrohrspiegeldifferenz $h_{r,i}$ zwischen dem Unterwasserspiegel (in Bild 8-15 ist dies die Baugrubensohle) und der Bruchkörpersohlfläche zu

$$a_{k,i} = h_{r,i} \cdot \gamma_{w} \qquad \text{Gl. 8-32}$$

Mit der der Druckflächenresultierenden $A_{dst,k}$ entgegenwirkenden charakteristischen Eigenlast $G'_{stb,k}$ des wassergesättigten Bodenkörpers (Bild 8-15) kann die Sicherheit gegen hydraulischen Grundbruch durch den Ausnutzungsgrad

$$\mu = \frac{A_{dst,d}}{G'_{stb,k}} = \frac{A_{dst,k} \cdot \gamma_H}{G'_{stb,k} \cdot \gamma_{G,stb}} \leq 1{,}0 \qquad \text{Gl. 8-33}$$

erfasst werden. Als Teilsicherheitsbeiwerte γ_H und $\gamma_{G,stb}$ sind zweckmäßigerweise die der DIN 1054 zu verwenden (vgl. Abschnitte 8.3.2 und 8.3.5).

8.3.5 Sicherheitsnachweis nach DIN 1054

In DIN 1054 wird der hydraulische Grundbruch durch den Grenzzustand HYD erfasst. Die diesbezügliche Sicherheit kann nach DIN 1054, 2.4.7.5 A (1) mit

$$S_{dst,d} = S_{dst,k} \cdot \gamma_H \leq G'_{stb,d} = G'_{stb,k} \cdot \gamma_{G,stb} \qquad \text{Gl. 8-34}$$

bzw. über den Ausnutzungsgrad

$$\mu = \frac{S_{dst,d}}{G'_{stb,d}} = \frac{S_{dst,k} \cdot \gamma_H}{G'_{stb,k} \cdot \gamma_{G,stb}} \leq 1 \qquad \text{Gl. 8-35}$$

nachgewiesen werden. Die in dem Ausdruck verwendeten Größen sind die

- destabilisierend wirkende charakteristische Strömungskraft $S_{dst,k}$ auf den durchströmten Bodenkörper (aus Potentialverteilung ermitteln),
- stabilisierend wirkende charakteristische Eigenlast $G'_{stb,k}$ des unter Auftrieb stehenden durchströmten Bodenkörpers,
- Teilsicherheitsbeiwerte γ_H (für die Strömungskraft bei günstigem bzw. ungünstigem Untergrund) und $\gamma_{G,stb}$ (für günstige ständige Einwirkungen).

Wird der Boden vor dem Fuß einer Stützwand von unten nach oben durchströmt, dürfen die Abmessungen des Bodenkörpers in der Regel gemäß Bild 8-16 gewählt werden. Die charakteristische Strömungskraft $S_{dst,k}$ ist durch die Auswertung eines entsprechenden Strömungsnetzes zu ermitteln.

Bezüglich der Zahlenwerte für die Teilsicherheitsbeiwerte γ_H und $\gamma_{G,stb}$ sei auf Tabelle 1-2 hingewiesen. Nach dieser Tabelle werden für γ_H unterschiedliche Werte für als „günstig" und als „ungünstig" bezeichneten Untergrund angegeben. Einstufungen von Bodenarten in diese beiden Untergrundkategorien sind in Abschnitt 8.3.2 bzw. in DIN 1054, 10.3 A (1b) zu finden.

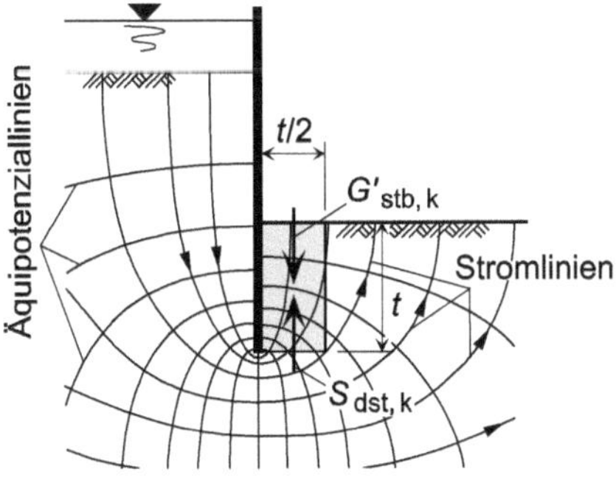

Bild 8-16 In DIN 1054, 10.3 A (1d) empfohlene Abmessungen eines von unten nach oben durchströmten Bodenkörpers vor einer Stützwand

8.3.6 Sicherheitsnachweise nach EAU und EAB

In EAU, E 115 und EAB, EB 61 werden mehrere Möglichkeiten zum Nachweis der Sicherheit gegen hydraulischen Grundbruch angegeben. Die vorgeschlagenen Verfahren entsprechen im Wesentlichen den in den Abschnitten 8.3.2 und 8.3.5 dargestellten Verfahren.

Bei dem nach EAU, E 115 auch anwendbaren Nachweis nach *Terzaghi/Peck* [301] (vgl. Abschnitt 8.3.4) wird die Druckfläche vereinfachend geradlinig begrenzt (Bild 8-17). Deren Resultierende pro lfdm

$$S_{\text{dst, k}} = \gamma_{\text{w}} \cdot \frac{h_{\text{r}} + h_1}{2} \cdot 1{,}0 \qquad \text{Gl. 8-36}$$

erfasst näherungsweise die auf den Bruchkörper wirkende vertikale Strömungskraft von DIN 1054; h_{r} und h_1 sind die hydraulischen Resthöhen an den Rändern der Bruchkörpersohle. Der zugehörige Sicherheitsnachweis ist mit Hilfe von Gl. 8-34 zu führen.

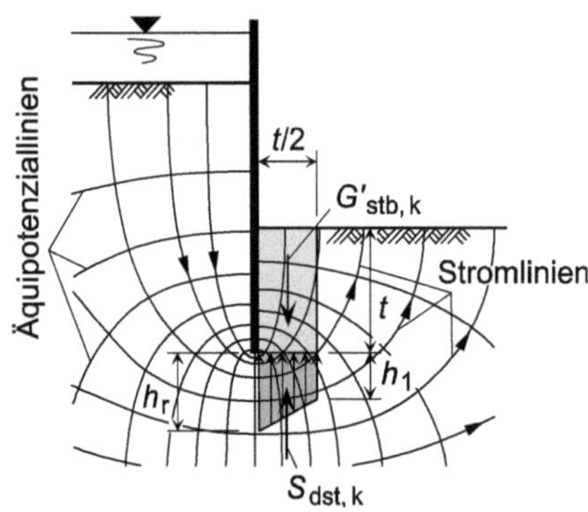

Bild 8-17 Strömungsnetz und möglicher Bruchkörper nach *Terzaghi/Peck* mit den charakteristischen Größen $G'_{\text{stb,k}}$ (Eigenlast unter Auftrieb) und $S_{\text{dst,k}}$ (näherungsweise zu ermittelnde Strömungskraft) einer umströmten Spundwand (nach [143], E115)

Die beiden in EAB, EB 61 vorgeschlagenen Verfahren entsprechen zum einen dem Nachweis von DIN 1054 (vgl. Abschnitt 8.3.5) und zum anderen dem Ansatz von *Baumgart/Davidenkoff* [36] (vgl. Abschnitt 8.3.2). Bezüglich der Berücksichtigung von Reibungskräften zwischen Bruchkörper und Baugrubenwand wird darauf hingewiesen, dass diese nur berücksichtigt werden dürfen, wenn die Ergebnisse besonderer Untersuchungen dies zulassen, und dass dazu Fachkunde und Erfahrung auf dem Gebiet der Geotechnik erforderlich sind.

Bei Baugruben und Gräben bis 5 m Tiefe in homogenem, grundwasserführendem Boden darf nach EAB, EB 61 auf den Sicherheitsnachweis verzichtet werden, wenn mit den Bezeichnungen aus Bild 8-18 die Bedingungen

$$\begin{aligned} &\text{bei } B \geq 2 \cdot h\text{:} \quad t \geq 0{,}4 \cdot h \\ &\text{bei } B \geq h\text{:} \quad t \geq 0{,}5 \cdot h \\ &\text{bei } B \geq 0{,}5 \cdot h\text{:} \quad t \geq 0{,}7 \cdot h \end{aligned} \qquad \text{Gl. 8-37}$$

eingehalten werden (Zwischenwerte sind geradlinig einzuschalten).

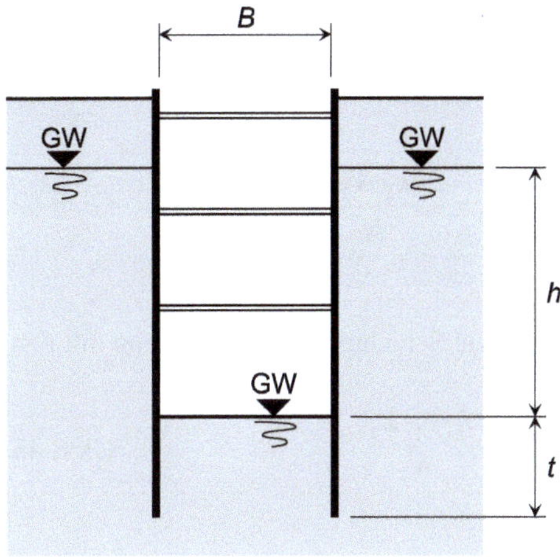

Bild 8-18 Abmessungsgrößen für vereinfachten Nachweis der Sicherheit gegen hydraulischen Grundbruch gemäß EAB

8.3.7 Sicherheitsnachweise für Baugruben mit Bemessungsdiagrammen

Von *Ziegler* u. a. werden in [325] und [326] Sicherheitsnachweise für bei Baugruben mögliche hydraulische Grundbrüche behandelt. Die Autoren zeigen u. a., dass sich die Gestalt der Netze, bei sonst gleichbleibenden Bedingungen (Bodenaufbau, Baugrubentiefe, Einbindetiefe des Baugrubenverbaus), mit der Baugrubenbreite ändert, und zwar so, dass mit abnehmender Baugrubenbreite der Potenzialabbau im innerhalb der Baugrube liegenden Boden zunimmt. Für die Ermittlung der Einbindetiefe des Baugrubenverbaus werden Bemessungsdiagramme zur Verfügung gestellt, mit deren Hilfe die Einbindetiefe sowohl in den mittleren Bereichen der Baugrubenseiten als auch in den Baugrubenecken ermittelt werden kann.

8.3.8 Senkrechte Durchströmung von horizontal geschichtetem Boden

Isotroper und homogener Boden, wie er bei den bisher dargestellten Berechnungsmodellen angesetzt wurde, stellt eher einen Sonderfall des Baugrunds dar. Deshalb werden im Folgenden Beziehungen für horizontal geschichteten Boden angegeben, der in senkrechter Richtung von Grundwasser durchströmt wird. Es wird angenommen, dass dieser Boden eine durchflossene Querschnittsfläche der Größe A besitzt und dass das Filtergesetz von *Darcy* gilt. Bei einem aus drei Schichten bestehenden Boden (Bild 8-19) mit den Schichtdicken l_1, l_2 und l_3 sowie den Durchlässigkeitsbeiwerten k_1, k_2 und k_3 (für Bild 8-19 gilt $k_1 > k_2 > k_3$) ergibt sich, unter Berücksichtigung der Gl. 8-4, die Durchflussmenge

$$Q = k_1 \cdot i_1 \cdot A = k_2 \cdot i_2 \cdot A = k_3 \cdot i_3 \cdot A \qquad \text{Gl. 8-38}$$

und damit

$$k_1 \cdot \frac{h_1}{l_1} = k_2 \cdot \frac{h_2}{l_2} = k_3 \cdot \frac{h_3}{l_3} \qquad \text{Gl. 8-39}$$

Durch Auflösung nach h_2 bzw. h_3 ergibt sich für die gesamte hydraulische Druckhöhe

$$h = h_1 + h_2 + h_3 = h_1 \cdot \left(1 + \frac{k_1 \cdot l_2}{k_2 \cdot l_1} + \frac{k_1 \cdot l_3}{k_3 \cdot l_1}\right) \qquad \text{Gl. 8-40}$$

sodass die Berechnung des Anteils der Schicht 1 an der hydraulischen Druckhöhe mittels

$$h_1 = \frac{h \cdot k_2 \cdot k_3 \cdot l_1}{k_2 \cdot k_3 \cdot l_1 + k_1 \cdot k_3 \cdot l_2 + k_1 \cdot k_2 \cdot l_3} = \frac{h \cdot k_2 \cdot k_3 \cdot l_1}{N} \qquad \text{Gl. 8-41}$$

erfolgen kann. In analoger Weise können die Ausdrücke

$$h_2 = \frac{h \cdot k_1 \cdot k_3 \cdot l_2}{k_2 \cdot k_3 \cdot l_1 + k_1 \cdot k_3 \cdot l_2 + k_1 \cdot k_2 \cdot l_3} = \frac{h \cdot k_1 \cdot k_3 \cdot l_2}{N} \quad \text{und} \quad h_3 = \frac{h \cdot k_1 \cdot k_2 \cdot l_3}{N} \qquad \text{Gl. 8-42}$$

hergeleitet werden.

Die zugehörigen Werte für das hydraulische Gefälle in den drei Schichten lassen sich dann mit den Beziehungen

$$i_1 = \frac{h_1}{l_1} = \frac{h \cdot k_2 \cdot k_3}{N}, \qquad i_2 = \frac{h_2}{l_2} = \frac{h \cdot k_1 \cdot k_3}{N}, \qquad i_3 = \frac{h_3}{l_3} = \frac{h \cdot k_1 \cdot k_2}{N} \qquad \text{Gl. 8-43}$$

berechnen.

Der mittlere Durchlässigkeitsbeiwert aller vertikal durchströmten Bodenschichten, der in

$$\frac{Q}{A} = k_{\text{mittel}} \cdot i_{\text{mittel}} = k_{\text{mittel}} \cdot \frac{h}{l} = k_1 \cdot i_1 = k_2 \cdot i_2 = k_3 \cdot i_3 \qquad \text{Gl. 8-44}$$

verwendet wird, kann berechnet werden mit

$$k_{\text{mittel}} = \frac{l \cdot k_1 \cdot k_2 \cdot k_3}{N} = \frac{l}{\frac{l_1}{k_1} + \frac{l_2}{k_2} + \frac{l_3}{k_3}} \qquad \text{Gl. 8-45}$$

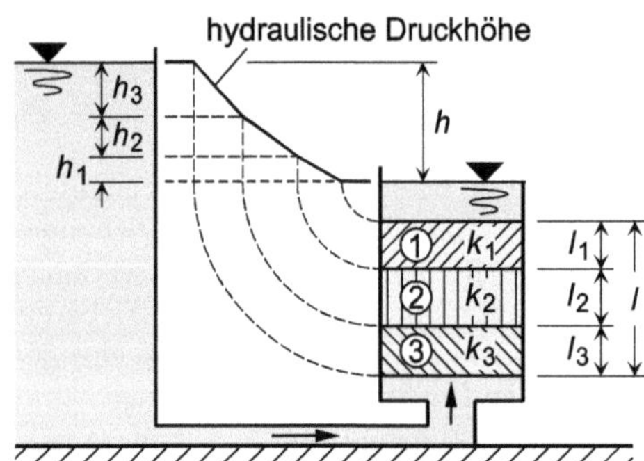

Bild 8-19 Vertikale Durchströmung eines horizontal geschichteten Bodenpakets

8.3.9 Berücksichtigung von Bodenschichtungen

Nach Abschnitt 8.3.8 ist der Druckabfall (hydraulisches Gefälle) in den Schichten mit geringen Durchlässigkeitsbeiwerten größer als in den Schichten mit höheren Beiwerten. Für die Sicherheit gegen hydraulischen Grundbruch ist es deshalb ungünstig, wenn die undurchlässigeren Schichten, wie in Bild 8-20 a), unterhalb der Baugrubensohle anstehen. In solchen Fällen darf gemäß EAB, EB 61 nur der Sickerweg durch die weniger durchlässige Schicht in Rechnung gestellt werden. Wird gemäß Bild 8-20 b) zuerst die undurchlässigere und dann die durchlässigere Schicht durchströmt, darf der damit verbundene günstige Effekt nur bedingt berücksichtigt werden. Dies ist darauf zurückzuführen, dass schon geringe Störungen im Aufbau des Untergrunds die Sicherheit gegen hydraulischen Grundbruch an einzelnen Stellen entscheidend reduzieren können. Außerdem ist die Filterstabilität der undurchlässigeren Schicht nachzuweisen (die Poren des durchlässigeren

Bodens dürfen nicht zugesetzt werden durch ausgeschlämmte Teilchen aus der undurchlässigeren Schicht).

Maßgebend für den Sicherheitsnachweis gegen hydraulischen Grundbruch ist die Absenkkurve, die sich während des jeweiligen Aushubschritts kurzfristig einstellt. Bei geringer Durchlässigkeit des Bodens, insbesondere bei Feinsand und Schluff, ist in der Regel mit dem nicht abgesenkten Grundwasserspiegel zu rechnen.

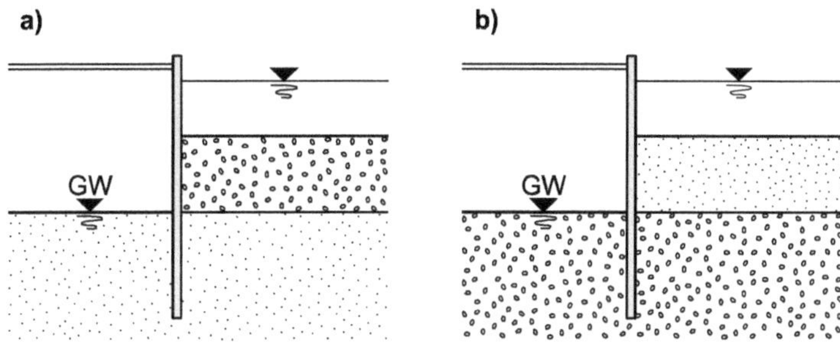

Bild 8-20 Einfluss der Bodenschichtung (nach EAB)

8.3.10 Sicherungsmaßnahmen

Das baldige Eintreten eines hydraulischen Grundbruchs lässt sich ggf. an einer Vernässung des Bodens vor dem Baugrubenverbau erkennen, der Boden verhält sich dann auch weich und federnd. Nach EAU, E 115 sollte in solchen Fällen vor der Wand sofort eine Bodenauflast aus durchlässigem und möglichst filterrichtigem Bodenmaterial aufgebracht und die Baugrube mindestens teilweise geflutet werden. Erst danach können Sanierungsmaßnahmen entsprechend EAU, E 116, Abschnitt 3.2, fünfter Absatz und folgende durchgeführt werden; alternativ kann mit örtlicher Bodenauflast in der Baugrube oder mit einer der im Folgenden beschriebenen Maßnahmen gearbeitet werden.

Zu den Möglichkeiten der Erhöhung der Sicherheit bzw. des Erreichens hinreichender Sicherheit gegen hydraulischen Grundbruch gehören nach *Weißenbach* ([180], Kap. 3.6) vor allem Maßnahmen wie (siehe Bild 8-21)

- die Verlängerung der Baugrubenwand, mit der das hydraulische Gefälle durch Verlängerung des Sickerwegs verkleinert wird,
- die Aufbringung von Belastungsfiltern (unterhalb der Baugrubensohle steht als erstes feuchter und nicht durchströmter Boden an, darunter folgt nach oben durchströmter Boden mit entsprechend abgeminderter Wichte),
- innerhalb der Baugrube angeordnete
  - Überlaufbrunnen, die die Fließrichtung des strömenden Grundwassers umlenken (das Grundwasser fließt nicht mehr senkrecht nach oben, sondern zum Brunnen, wird von dort in Pumpensümpfe geleitet und abgepumpt), sodass eine nach oben gerichtete vertikale Strömungskraftkomponente nahezu vollständig entfällt und somit der unterhalb der Baugrubensohle anstehende Boden nur noch unter Auftrieb steht,

- Pumpbrunnen (unterhalb der Baugrubensohle verbleibt grundwasserfreier Boden; Voraussetzung hierfür ist eine unterbrechungsfreie Pumparbeit)

  (da in diesen Fällen aufwärts gerichtete Strömungskräfte fehlen, kann der Nachweis der Sicherheit gegen hydraulischen Grundbruch entfallen),

– die Herstellung einer undurchlässigen Schicht im Untergrund (sehr teure Maßnahme, bei der die Sicherheit gegen Aufschwimmen nachzuweisen ist),

– die Herstellung einer wasserdichten Baugrubensohle aus Unterwasserbeton (aus Kostengründen wird die Sohle in der Regel verankert; ihre Sicherheit gegen Aufschwimmen ist nachzuweisen).

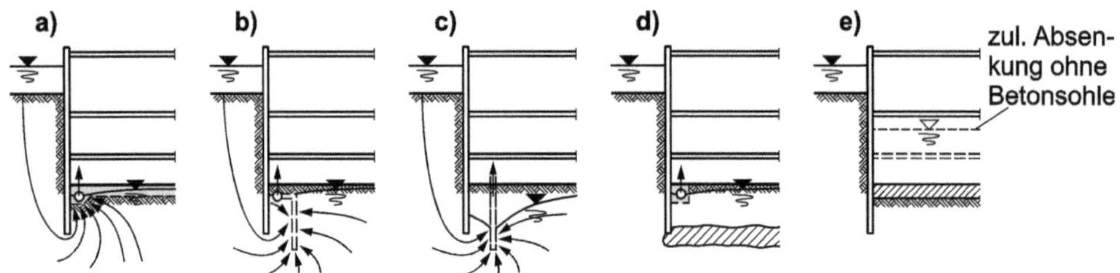

Bild 8-21 Maßnahmen gegen hydraulischen Grundbruch (nach [180], Kap. 3.6)
a) Auflastfilter, b) Überlaufbrunnen, c) Pumpbrunnen, d) undurchlässige Schicht, e) Unterwasserbetonsohle

8.4 Erosionsgrundbruch (Piping)

Zu den Voraussetzungen für die Entstehung eines Erosionsgrundbruchs (in DIN EN 1997-1 als „innere Erosion" bezeichnet) gehören im Baugrund vorhandene Störungen wie

– vorhandene Lockerzonen,
– in schwach bindige Bodenschichten eingelagerte Sandadern,
– durch Bohrungen entstandene Hohlräume usw.

Der Erosionsgrundbruch wird eingeleitet, wenn in einer solchen Störung strömendes Grundwasser, befähigt durch einen großen Gradienten des hydraulischen Gefälles, damit beginnt, Bodenmaterial in Bewegung zu setzen und auszuspülen (z. B. im Bereich einer Baugrubensohle oder einer Gewässersohle). Dies bewirkt eine gegen die Strömung gerichtete Erosion des Bodens, die in Verbindung mit dem dort größer werdenden hydraulischen Gefälle eine rückschreitende Kanalbildung herbeiführt. Erreicht ein solcher Kanal freies Oberwasser, schießt dieses durch den zunächst noch kleinen Kanaldurchmesser. In kurzer Zeit wird dieser Durchmesser durch ständiges Abtragen des Kanalwandmaterials vergrößert und so der endgültige Erosionsgrundbruch herbeigeführt, der bis zum Einsturz des umströmten Bauwerks führen kann. Bild 8-22 zeigt die Entwicklung eines solchen Versagensfalls.

Erosionsgrundbrüche kündigen sich zuerst auf der Unterwasserseite bzw. der Baugrubensohle durch Quellbildung an, bei der Bodenkörner mit hochgerissen werden. Werden sie in diesem Stadium erkannt, können sie noch durch schnell und ausreichend dick aufgebrachte Stufen- oder Mischkiesfilter (verhindern die weitere Bodenausspülung) unter Kontrolle gebracht werden. Ist schon ein Stadium erreicht, bei dem ein baldiger Durchbruch zur Oberwassersohle hin zu befürchten ist, muss ein sofortiger Ausgleich zwischen Ober- und Unterwasserspiegel durch Ziehen von Wehröffnungen, Fluten der Baugrube oder dergleichen herbeigeführt werden. Erst danach lassen sich Sanierungsmaßnahmen vornehmen wie

- der Einbau eines kräftigen Filters auf der Unterwasserseite,
- das Verpressen des erodierten Kanals von der Unterwasserseite aus,
- die Tiefenrüttlung des Bodens im Gefahrenbereich,
- eine Grundwasserabsenkung oder ein dichtes Abdecken der Oberwassersohle weit über den Gefahrenbereich hinaus.

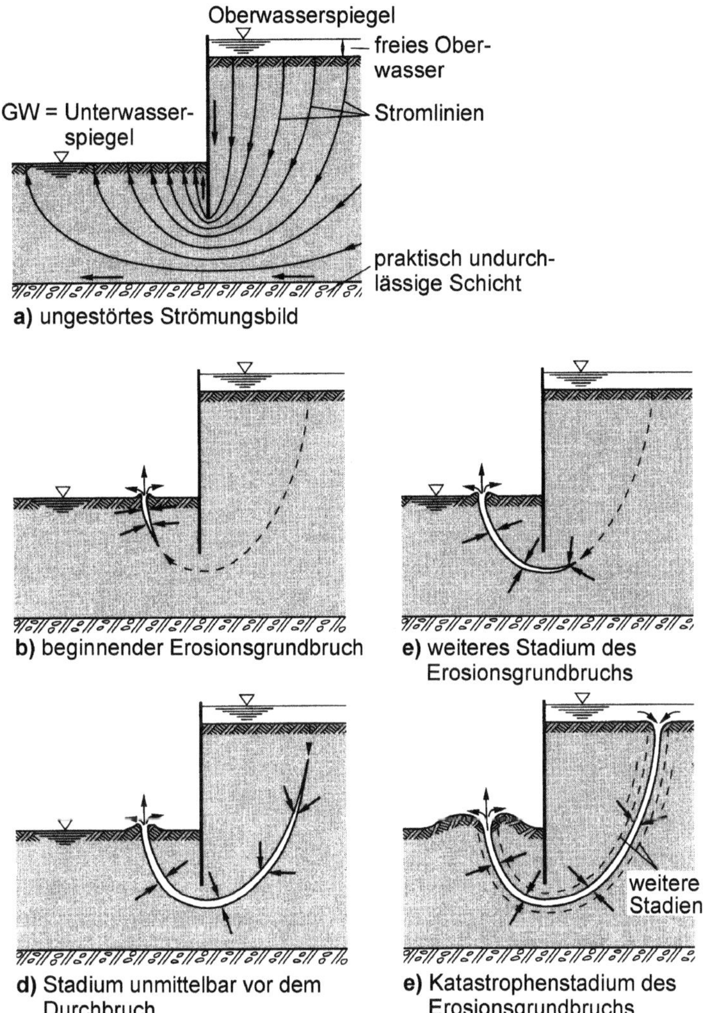

Bild 8-22 Entwicklung eines Erosionsgrundbruchs (nach E116 in [144])

Für die Berechnung einer Sicherheit gegen Erosionsgrundbruch existieren derzeit keine verallgemeinerten Modelle. Auch lassen sich aufgrund der z. T. erheblichen Unterschiede zwischen den Konfigurationen der Bauwerke und den übrigen Randbedingungen auch auf statistischer Ebene keine detaillierten Aussagen machen.

Generell ist davon auszugehen, dass die Gefahr des Erosionsgrundbruchs mit zunehmendem Höhenunterschied zwischen Oberwasser- und Unterwasserspiegel wächst (Vergrößerung des hydraulischen Gradienten). Bei anstehendem nichtbindigen oder schwach bindigen Boden ist die Gefahr umso größer, je lockerer und feinkörniger der Boden ist; dies gilt besonders bei eingelagerten Sandlinsen oder Sandadern. Bei stark bindigem Boden kann in der Regel davon ausgegangen werden, dass die Gefahr eines Erosionsgrundbruchs nicht besteht.

8.5 Verfahren der Wasserhaltung

Wasserhaltungen sind in der Regel zeitlich begrenzte Baumaßnahmen, mit denen nach unterschiedlichen Verfahren der im Grundwasserbereich liegende Teil der Baugrube trockengelegt und -gehalten wird. Dies geschieht durch Abpumpen oder Ableiten des in diesem Bereich vorhandenen und des in der Folgezeit nachfließenden Grundwassers. In Einzelfällen können Wasserhaltungen auch dauerhaft zum Einsatz kommen, wie etwa bei der Abfangung von Spitzen bei zeitlich stark schwankenden Grundwasserständen.

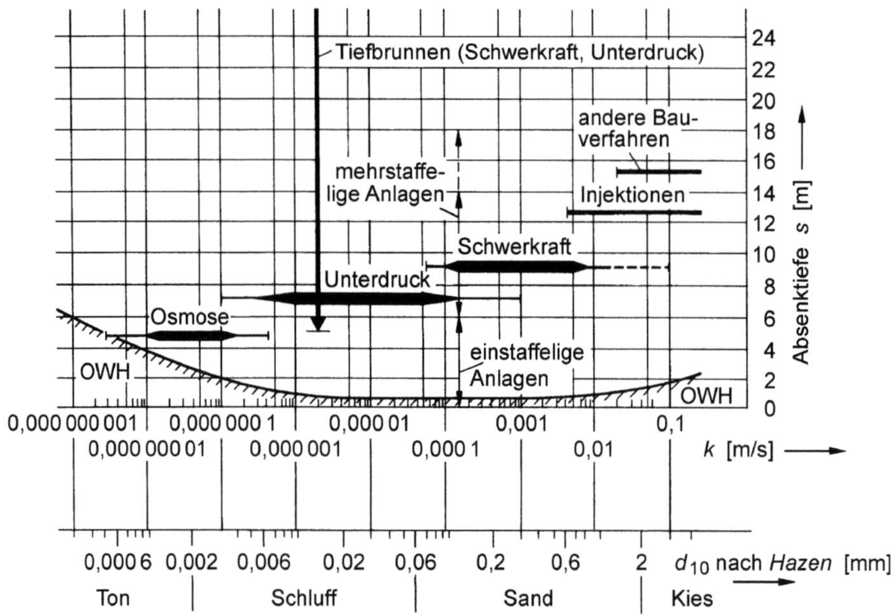

Bild 8-23 Anwendungsbereiche der Wasserhaltungsverfahren (nach [192]).
Bei dem Schwerkraft-, dem Unterdruck- und dem Osmoseverfahren sind die jeweils günstigsten Bereiche besonders hervorgehoben.

Abhängig von der Wasserdurchlässigkeit des anstehenden Bodens entstehen unterschiedlich starke Gefälle zwischen abgesenktem und ungestörtem Wasserspiegel. Wird Boden mit einer großen Durchlässigkeit (grobkörnige Böden mit großem Porenvolumen) durchströmt, ist der Strömungswiderstand gering und das Gefälle schwach (flache Absenktrichter). Bei Böden mit einer geringen Durchlässigkeit (feinkörnige und dichte Böden) ist der Strömungswiderstand hoch und das Gefälle stark (steile Absenktrichter). Diese Durchlässigkeitsunterschiede erfordern Verfahren, die den jeweiligen Gegebenheiten angepasst sind (Bild 8-23). Zur Auswahl stehen die

– Schwerkraftentwässerung,

- Unterdruckentwässerung,
- Elektro-Osmose.

An ihre technischen und wirtschaftlichen Grenzen der Anwendungsmöglichkeit stößt die Wasserhaltung, wenn sie in sehr schwach durchlässigen bindigen Böden oder in groben Kiesen eingesetzt werden soll.

8.6 Schwerkraftentwässerung

8.6.1 Allgemeines

Zur Charakteristik der Schwerkraftentwässerung gehört es, dass die Fließbewegung des Wassers zur Entnahmestelle hin nur durch die Wirkung der Schwerkraft und durch das Gefälle zwischen dem ungestörten und dem abgesenkten Wasserspiegel herbeigeführt wird.

Bild 8-24 zeigt die bei der Schwerkraftentwässerung zu unterscheidenden Verfahren
- der offenen Wasserhaltung,
- der Wasserabsenkung mittels horizontal angeordneter Filter (Dränrohre),
- der Wasserabsenkung mittels vertikal angeordneter Brunnen (Flach- bzw. Tiefbrunnenanlagen).

a)

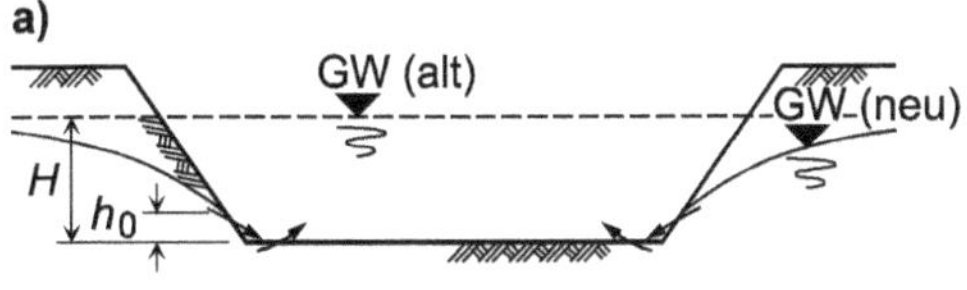

b)

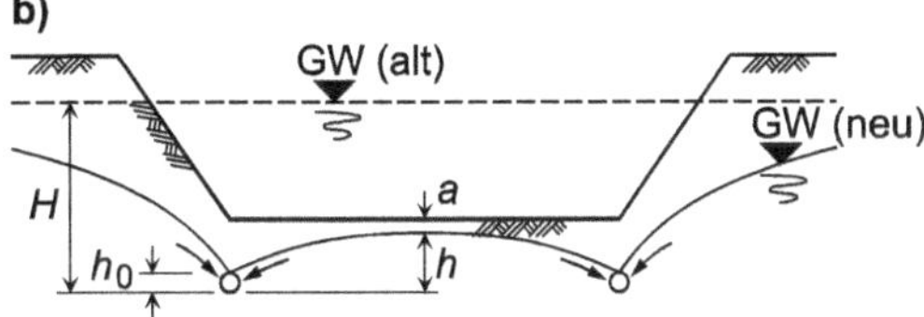

c)

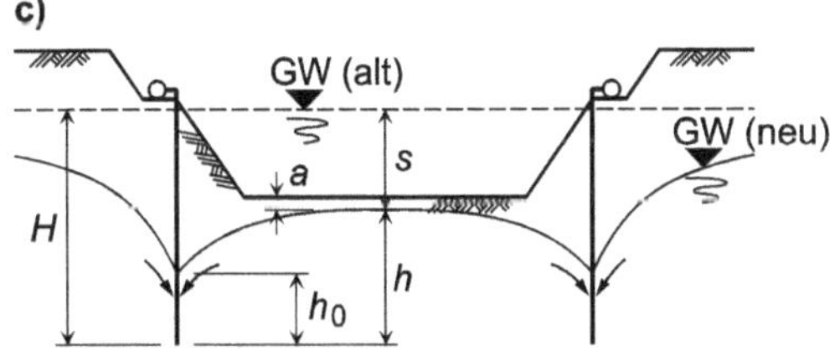

Bild 8-24 Schwerkraftentwässerungen
a) offene Wasserhaltung
b) horizontale Fassungen
c) Wasserabsenkung mit vertikalen Brunnen

8.6.2 Offene Wasserhaltung

Bei der offenen Wasserhaltung erfolgt die Entwässerung gleichzeitig mit dem Baugrubenaushub. Das Wasser, das der Baugrube über Sohle und Böschungen zufließt (Grund- bzw. Schichtenwasser) oder auch als Regen anfällt, wird oberflächlich über offene Gräben und Rinnen gesammelt und in Pumpensümpfe geleitet, von wo aus es ständig oder zeitweise abgepumpt werden kann. Die Bezeichnung „offene Wasserhaltung“ deutet darauf hin, dass das zu entnehmende Grundwasser bei diesem Wasserhaltungsverfahren offen sichtbar wird.

Offene Wasserhaltungen erfordern standfesten Untergrund (bindiger Boden, klüftiger Fels, grober Kies usw.). Ausführungen in sandigen und kiesigen Böden sind unter der Voraussetzung möglich, dass die Strömungskraft des Wassers keine Schwierigkeiten bereitet, was vor allem bei anstehenden Feinsanden problematisch ist.

Bei der Festlegung der Tiefe für eine durchzuführende offene Wasserhaltung ist die Böschungs- bzw. Geländebruchgefahr einschließlich des mit wachsender Tiefe zunehmenden Strömungsdrucks zu berücksichtigen; dieser Druck kann auch das Ausfließen der Böschungen bewirken. Beides führt in der Regel zu geringen zulässigen Tiefen. In Ergänzung zu diesen Einschränkungen gilt, dass mit offenen Wasserhaltungen die Baugrubensohlen nie ganz trockengelegt werden können, was u. a. dazu führt, dass z. B. Abdichtungsarbeiten nur bedingt durchführbar sind.

Bei Erdarbeiten in bindigem oder geschichtetem Baugrund können offene Wasserhaltungen in Ergänzung zu laufenden Grundwasserabsenkungen eingesetzt werden. So lässt sich z. B. das Aufweichen des Bodens beim Baugrubenaushub, das die Arbeiten in der Aushubebene wesentlich erschweren kann, durch ständig angelegte Gräben und Pumpensümpfe vermeiden bzw. reduzieren. Die Wirksamkeit dieser Maßnahmen wird erhöht durch den Aushub in geneigten Flächen, deren Neigung den Wasserzufluss zu den Gräben begünstigt.

8.6.3 Horizontalabsenkung

Führen offene Wasserhaltungen nicht mehr zum Ziel, werden geschlossene Wasserhaltungen erforderlich. In diese Kategorie fallen die Horizontal- und die Brunnenabsenkungen.

Grundsätzlich stellt die horizontale Wasserfassung sowohl zur offenen Wasserhaltung (z. B. bei großem Wasseranfall) als auch zum Einsatz vertikaler Brunnen eine Alternative dar. Letzteres gilt z. B. dann, wenn eine in geringer Tiefe unter der Baugrubensohle liegende undurchlässige Schicht dazu führt, dass das erforderliche Absenkmaß $h + a$ (Bild 8-24) im durchlässigen Teil des Baugrunds nicht mehr zur Verfügung steht. Die Entwässerung erfolgt bei diesem Verfahren durch horizontal verlegte verfilterte Dränagerohre aus Kunststoff, Beton oder korrosionssicherem Stahl mit allseitiger Gummierung, die als Wasserfassung neben oder unter der Baugrube verlegt werden (gegebenenfalls bis 1,0 m unter Bauplanum). Damit sich flache Absenkungskurven zwischen den Sickerschlitzen einstellen, sind die sie verbindenden Flächenfilter aus möglichst grobem Material herzustellen. Während der eigentlichen Bauarbeiten sind diese Filter gegen Verschmutzung von oben zu schützen.

Horizontalabsenkungen sind besonders für ständig laufende Anlagen zu empfehlen, da bei diesem Verfahren ein vorgegebenes Absenkziel mit der kleinsten zu fördernden Wassermenge erreicht wird. Soll diese Methode in wasserführenden Schichten angewendet werden, ist während des Einbaus in der Regel eine Hilfswasserhaltung erforderlich. Die dadurch entstehenden Zusatzkosten sind bei der Prüfung der Wirtschaftlichkeit zu berücksichtigen.

Neben dem temporären Einsatz in Baugruben können horizontale Absenkungen auch dauerhaft zur Anwendung kommen. So kann mit ihnen z. B. die Sicherung von in das Grundwasser reichenden Bauwerken gegen den höchsten Grundwasserstand realisiert werden. Dies kann einhergehen mit dem teilweisen Verzicht auf den Einbau von Abdichtungen des Bauwerks bzw. die Verwendung von wasserdichtem Beton; mit Absenkungen, die das Eintauchen des Bauwerks in das Grundwasser gänzlich verhindern, wird die Möglichkeit zum vollständigen Verzicht auf entsprechende Abdichtungsmaßnahmen geschaffen. Solche wasserrechtlich zu genehmigenden Maßnahmen sind insbesondere dann wirtschaftlich, wenn sich das Wasser ohne weitere Maßnahmen mit natürlicher Vorflut ableiten lässt (natürliche Abflussmöglichkeit für eine Entwässerungseinrichtung). Ist dies nicht der Fall, sind Pumpen einzusetzen, was aber zusätzliche Kosten für die Beschaffung, die Installation und den Betrieb verursacht. Da solche Absenkanlagen als Teil des zu errichtenden Bauwerks zu betrachten sind, ist bei ihrer Planung und Herstellung dafür zu sorgen, dass sie ihre Aufgabe dauerhaft und sicher erfüllen. Zur Gewährleistung eines problemlosen Betriebs gehört u. a., dass in den Sammelschächten außer der Betriebspumpe auch eine Reservepumpe installiert wird und dass die Filterstränge über eine ausreichende Zahl von Revisionsschächten überprüft werden können.

8.6.4 Brunnenabsenkung

Werden Brunnenabsenkungen z. B. bei einer Baugrube eingesetzt, gehört es zu den Zielen, die Arbeiten in der Baugrube im Trockenen und ohne Behinderungen ausführen zu können. Deshalb sind in einem solchen Fall vertikale Brunnen möglichst außerhalb der Baugrube niederzubringen, danach ist der ungestörte Grundwasserspiegel um 0,5 m bis 1 m unter die Aushubsohle abzusenken (Bild 8-25).

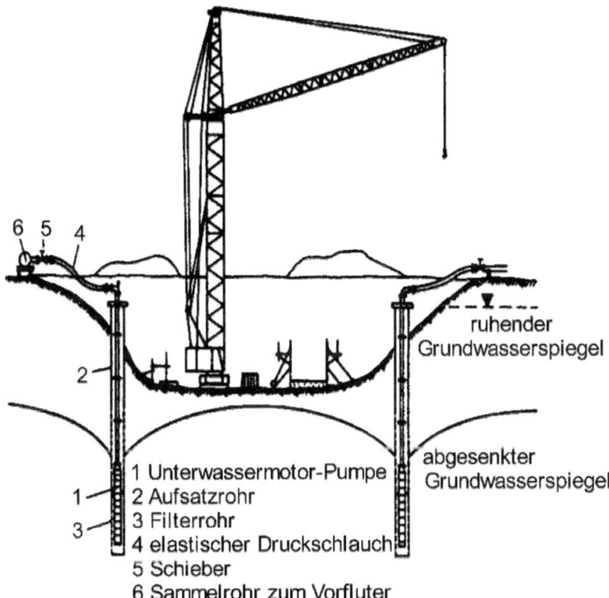

Bild 8-25 Einsatz von Schwerkraftbrunnen für eine Grundwasserabsenkung (nach [215])

Absenkungen mit Brunnen werden vor allem in vorwiegend kohäsionslosen Böden ausgeführt. Bei geschichtetem Baugrund, in dem die einzelnen Schichten unterschiedliche Durchlässigkeitsbeiwerte aufweisen, ist zur Erreichung des Absenkziels oftmals eine Kombination verschiedener Verfahren der Wasserabsenkung erforderlich.

Die Absenkung des Grundwassers wird durch die gemeinsame Wirkung einer mehr oder weniger großen Anzahl von Brunnen erzielt, wobei zwischen dem Einsatz von

- Flachbrunnenanlagen und
- Tiefbrunnenanlagen

zu unterscheiden ist.

8.6.5 Flachbrunnenanlagen

Flachbrunnenanlagen fördern das Grundwasser über Saugleitungen, an die alle einzelnen Brunnen angeschlossen sind. Die Saugwirkung wird durch selbstansaugende Kreiselpumpen erzeugt, deren Saughöhe in der Praxis kaum über 8 m hinausgeht. Die Reibungsverluste in den Leitungsrohren und die Beachtung des Absenkkurvenverlaufs zwischen den Brunnen führen dazu, dass mit Flachbrunnenanlagen Absenktiefen bis ≤ 4 m zu erreichen sind (Bild 8-26). Bei der Planung von „einstaffeligen Anlagen" ist deshalb von Absenkungen bis maximal 4 m auszugehen. Sind größere Absenktiefen zu realisieren, müssen mehrere Anlagen eingesetzt werden, die in der Tiefe gestaffelt sind. Jede hinzukommende Staffel wird im Schutz der Absenkung der vorhergehenden Staffel eingebaut.

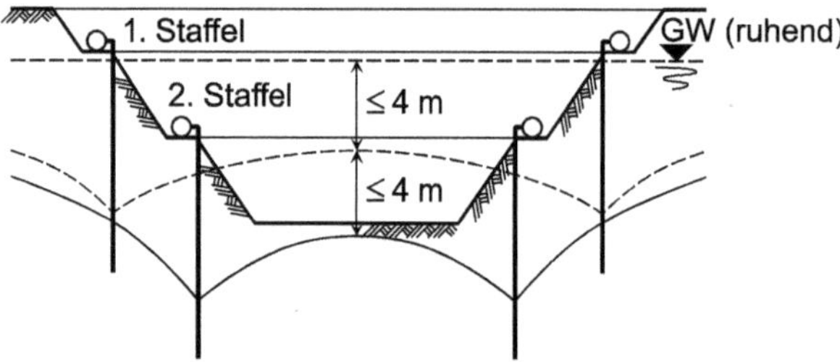

Bild 8-26 Zweistaffelige Absenkungsanlage mit Flachbrunnen (nach *Rappert* [259])

Da bei dem einzelnen Anlagensystem alle Bauteile normiert sind, erweist sich der Einsatz von Flachbrunnen in vielen Fällen als sehr wirtschaftlich. Das gilt auch für Staffelanlagen.

Für die Verwendung von Flachbrunnenanlagen spricht

- die Möglichkeit des schnellen Einbaus, die eine frühe Inbetriebnahme der Anlage möglich macht,
- die unproblematische Anpassbarkeit der Anlage an nicht vorhergesehene bzw. vorhersehbare Baugrundgegebenheiten oder auch Planungsänderungen,
- ihre hohe Wirtschaftlichkeit.

Neben den angegebenen Vorteilen sind als Nachteile zu nennen

- die Bauzeitverlängerung bei mehrstaffeligen Anlagen, die sich ergibt durch
  - einen erforderlichen staffelweisen Erdaushub,
  - den Umstand, dass die Fortführung der Aushubarbeiten an der jeweils nächsten Staffel erst möglich ist, wenn nach Erreichen eines Absenkabschnitts der Einbau der nächsten Brunnenstaffel ausgeführt und mit der anschließenden Absenkung begonnen wurde,
- die Größe der Baugrube, die, insbesondere bei mehrstaffeligen Anlagen, über das für die eigentlichen Baumaßnahmen erforderliche Maß hinausgeht, da zur Brunnenherstellung und Unterbringung der Betriebseinrichtungen pro Staffel eine Berme erforderlich ist,

– dass jede neue Staffel der vorhergehenden das Wasser ganz oder teilweise entzieht, was bedeutet, dass
  • jede Staffel für die gesamte Wassermenge auszubauen ist, die in der von ihr erreichbaren Tiefe anfällt und
  • die Fassungs- und Förderkapazität der vorhergehenden Staffeln erst wieder beim Rückbau der Anlage nutzbar sind,
– dass die umfangreichen Betriebseinrichtungen empfindlich sind, deshalb eine verstärkte Überwachung erfordern und einen zügigen Bauablauf behindern.

Damit z. B. im Falle örtlicher Leitungsschäden möglichst wenig Brunnen ausfallen, sollten die Saugleitungen der Anlagen um die Baugrube verlaufen und in sich geschlossen sein. Ein ausgefallener Teil kann dann, etwa durch Schieberschließung, abgekoppelt und der verbleibende Anlagenteil weiter betrieben werden. Analoges gilt z. B. für den fortschreitenden Aushub größerer Baugruben (Bild 8-27). Bei größeren Baugruben können zusätzliche Brunnen über Stichleitungen angeschlossen werden. Besonders beim Anfall größerer Wassermengen lassen sich die Pumpanlagen auch in mehrere Stationen unterteilen. Um im Wasser enthaltene Luft ableiten zu können, ist die Saugleitung mit einem leichten Anstieg (≈ 1 %) zur Pumpe hin zu verlegen.

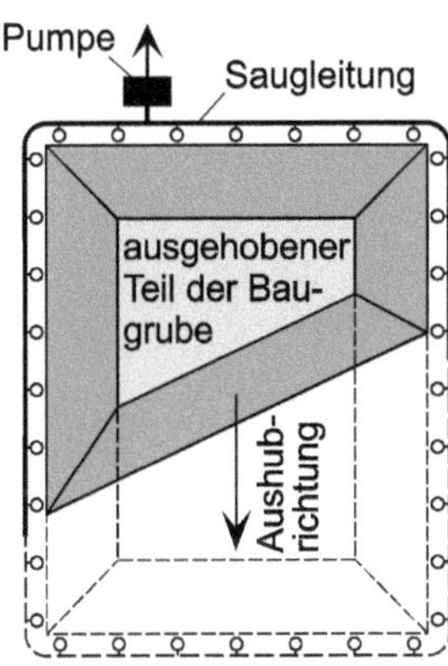

Bild 8-27 Flachbrunnenanlage bei fortschreitendem Baugrubenaushub

Wird das Grundwasser nicht im ganzen Feld, sondern in einem Teilfeld abgesenkt, sind für das Teilfeld, bezogen auf dessen Größe, mehr Brunnen erforderlich als für das ganze Feld. Bei einer abschnittsweisen Absenkung im Rahmen eines fortschreitenden Baugrubenaushubs können die Brunnenabstände in Richtung des Aushubfortschritts ggf. vergrößert werden.

Die Saugleitung von Flachbrunnenanlagen ist durch Auflage auf Bermen oder in anderer Form sicher zu lagern. Außerdem ist dafür Sorge zu tragen, dass der Betrieb der Baustelle möglichst wenigen Einschränkungen unterworfen wird und dass sich insbesondere die Baumaschinen (Bagger, Lkw usw.) unbehindert bewegen können. Hierzu kann die Saugleitung im Bereich von Durchfahrten durch Überdeckung vor Beschädigungen geschützt oder mit Schiebern so unterteilt werden, dass sich die Leitung im gelegentlichen Bedarfsfall in diesem Bereich vorübergehend ausbauen lässt.

Werden mehrstaffelige Anlagen bei Baugruben mit senkrechten Wänden eingesetzt (Bild 8-28), sind die Staffelungen den örtlichen Bedingungen anzupassen; die Leitungen müssen dann in geeigneter Weise gesichert werden.

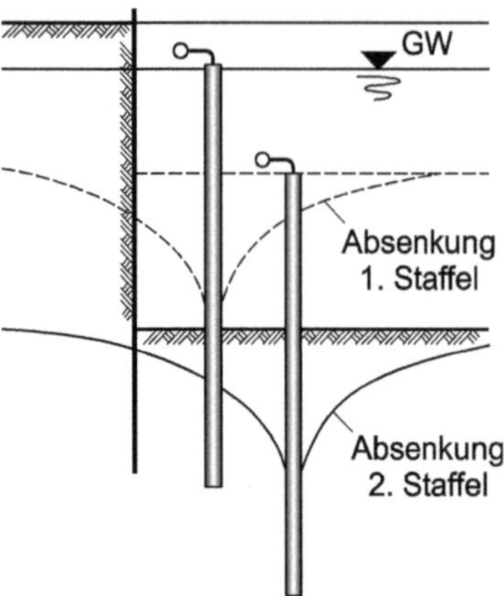

Bild 8-28 Gestaffelte Flachbrunnen für tiefe Baugrube mit senkrechten Wänden (nach [259])

8.6.6 Wellpointanlagen

Flachbrunnenanlagen werden heute meist als Wellpointanlagen (Punktbrunnenanlagen) ausgeführt. Ihr Einsatz bei Schwerkraftabsenkungen in nichtbindigen Böden ist bei Durchlässigkeitsbeiwerten k zu empfehlen, die zwischen ca. 10^{-4} und 10^{-1} m/s liegen. Zum unteren Grenzwert gehörender Boden ist z. B. Feinsand mit Beimengungen aus gröberem Bodenmaterial.

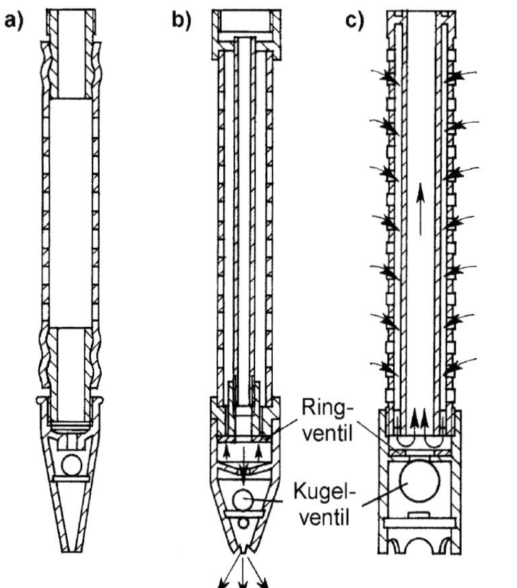

Bild 8-29 Spülfilter (nach [293])

a) Spülfilter mit einzusetzendem Spülrohr
b) Universalfilter beim Einspülen
c) Universalfilter im Betrieb (für größere Wassermengen)

Die Brunnen von Wellpointanlagen werden nicht gebohrt, sondern in den Boden eingespült. Die zum Einsatz kommenden geschlitzten Filterrohre haben Längen von 1 bis 2 m, dienen gleichzeitig als Saugschenkel und sind direkt über einen Regulierschieber mit der Saugleitung verbunden. Die Größe der Brunnendurchmesser liegt zwischen etwa 2" und 4" (50,8 und 101,6 mm). An der Brunnenunterseite ist ein Ventil angeordnet, das sich während des Pumpenbetriebes infolge des Unterdrucks schließt (Bild 8-29). Werden Filterrohre aus Kunststoff mit kleinen Schlitzweiten verwendet, kann auf eine Kiesschüttung oder die Verwendung feinmaschigen Gewebes (Tressengewebe) verzichtet werden.

Die Pumpenanlage muss selbstansaugend sein oder, beim erstmaligen Ansaugen des Wassers, eine kleine separate Luftpumpe im System haben. Bei Schwerkraftentwässerungen wird der Unterdruck nur zum Heben des Wassers benötigt und verbraucht; er wirkt nicht auf den Boden.

8.6.7 Tiefbrunnenanlagen

Im Gegensatz zu Flachbrunnenanlagen ist es beim Einsatz von Tiefbrunnenanlagen möglich, über 3,5 bis 4,0 m hinausgehende Absenkungstiefen in einem Zuge und ohne Staffelung zu realisieren. In jeden Brunnen einer Tiefbrunnenanlage wird eine Pumpe eingebaut, mit der das Wasser aus der berechneten Tiefe hochgedrückt wird. Dies führt dazu, dass solche Anlagen nur Druckleitungen und keine Saugleitungen aufweisen (Bild 8-30).

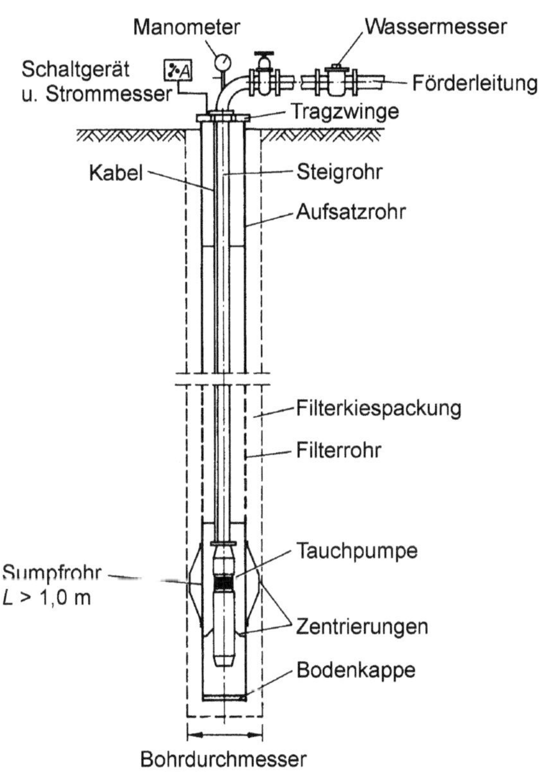

Bild 8-30 Tiefbrunnen mit eingehängter Tauchpumpe (nach [264])

Die Brunnen sind in Bohrlöcher eingebaute Kiesschüttungsbrunnen und können, abhängig von der zu fördernden Wassermenge, in praktisch jedem gewünschten Durchmesser hergestellt werden (üblich sind Bohrdurchmesser von 400 bis 1500 mm und Filterdurchmesser von 200 bis 1250 mm). Als Pumpen werden heute in der Regel elektrisch betriebene Unterwasserpumpen in die Brunnen eingehängt. Mammutpumpen, Kolbenpumpen und Tiefbrunnen-Kreiselpumpen werden nur in Sonderfällen verwendet.

Da die Brunnen in der Regel außerhalb der Baugrube eingebaut werden (Ausnahmebeispiel: wegen angrenzender Bebauung nicht möglich), bleibt die Baugrube selbst frei von den zur Tiefbrunnenanlage gehörenden Einrichtungen. Behinderungen in diesem Bereich ergeben sich damit weder für die Aushubarbeiten noch für die folgenden Bauarbeiten.

Zu den weiteren Vorteilen von Tiefbrunnenanlagen gehört es, dass sich die Förderleistung zu gering bemessener Anlagen durch Nachbohren zusätzlicher Brunnen unproblematisch erhöhen lässt und dass beim Ausfall einer Pumpe nur ein Brunnen ausfällt.

8.7 Unterdruckentwässerung

8.7.1 Allgemeines

Da schluffige oder feinsandige Böden (Korngrößen $d \approx 0{,}006$ bis 0,1 mm, Durchlässigkeitsbeiwerte $k \approx 0{,}5 \cdot 10^{-6}$ bis 10^{-4} m/s) das Grundwasser durch kapillare Kräfte binden, reicht die Wirkung der Schwerkraft allein nicht mehr aus, um das Wasser zur Fassungsanlage hinzubewegen. Der zu entwässernde Boden wird deshalb über Brunnen (Vakuumbrunnen) einem Unterdruck ausgesetzt, der in einem begrenzten Bereich um den jeweiligen Brunnen das Wasser zum Fließen bringt. Da in solchen Fällen nur geringe Grundwassermengen anfallen, wird das Wasser in den Brunnen der Anlage gesammelt und mit Unterbrechungen (intermittierend) gefördert.

Das einwandfreie Funktionieren von Vakuumanlagen setzt u. a. voraus, dass
- der im Brunnen ständig erzeugte Unterdruck auf den zu entwässernden Boden übertragen wird,
- der Boden schwer luftdurchlässig ist und an seiner Oberfläche bzw. an den Baugrubenwandflächen keine nennenswerten Lufteinströmungen oder Lufteinbrüche stattfinden (bei luftdurchlässigen Oberflächen oder Böschungsanschnitten kann dies z. B. durch Abdichtungen wie aufgespritzte Zementbrühe oder aufgelegte Folien erreicht werden).

Vakuumanlagen können z. B. als ein- oder mehrstaffelige Flachbrunnenanlagen oder auch als Tiefbrunnenanlagen eingerichtet werden. Bei Staffelanlagen müssen auch die oberen Staffeln ständig weiterbetrieben werden; ein vom Fortschritt des Baugrubenaushubs bzw. der Wasserabsenkung abhängendes Abschalten, wie bei Schwerkraftanlagen, darf nicht erfolgen.

Bei der Installation von Vakuumanlagen ist dafür zu sorgen, dass der Unterdruck nicht nur von dem Filterstück des Brunnens aus, sondern zusätzlich über einen möglichst großen Bereich der Außenseite des Brunnenrohrs (¾ der ganzen Höhe der zu entwässernden Schicht nach [259]) direkt und gleichmäßig auf den umgebenden Boden einwirken kann. Zu den hierfür geeigneten konstruktiven Maßnahmen gehören z. B. der Einsatz von Kiesfiltern entlang der Brunnen oder die Verwendung von Doppelwandfiltern bzw. Tressengewebehüllen. Am oberen Ende sind die Brunnen durch Tondichtungen gegen den umgebenden Boden abzudichten.

8.7.2 Spülfilteranlagen

Der Durchmesser von Spülfiltern bei Vakuum-Flachbrunnenanlagen beträgt 1½" bis 2½" (38,1 bis 63,5 mm). Der Ein- und Aufbau dieser Anlagen entspricht dem von Punktbrunnenanlagen (Wellpointanlagen). Von ihnen unterscheiden sie sich durch die Tonabdichtungen am oberen Brunnenende (Bild 8-31) und die starke Absaugung, die im Filter und im angrenzenden Boden einen Unterdruck erzeugt, der das Wasser aus dem Boden löst und zum Filter hin transportiert. Da der Unterdruck nur in geringem Umkreis wirksam ist (nach [293] ungefähr 1,0 bis 1,5 m), müssen die Brunnen dicht stehen (üblicher Abstand 1,0 bis 1,25 m, Abstand zur Böschungskante bzw. zum Verbau 0,6 bis 1,0 m).

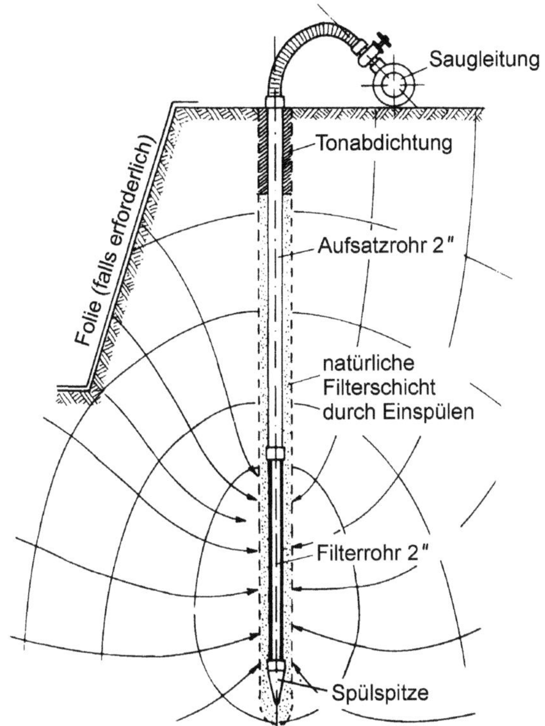

Bild 8-31 Strömungs- und Druckverhältnisse an einem Vakuum-Flachbrunnen (nach [264])

Bei der Inbetriebnahme der Anlage wirkt zunächst der volle von der Pumpe erzeugte Unterdruck im Innern des Punktbrunnens und breitet sich über das Filterrohr auf den Boden aus. Das am Anfang leere Brunnenrohr füllt sich dann ebenso wie das zur Pumpe führende Leitungssystem, sodass eine Wassersäule entsteht, die während des Betriebs ständig an der Pumpe „hängt" und den anfänglich vorhandenen Unterdruck durch ihre Eigenlast entsprechend reduziert. Mit einer Pumpe, die nach Abzug der Verluste einen wirksamen Unterdruck von 0,8 bar (8 m Wassersäule bzw. 80 kN/m^2) am Brunnenkopf erzeugt, lässt sich z. B. eine Absenktiefe von maximal 5 m erreichen, wenn ein Unterdruck von mindestens 0,3 bar auf den Boden wirken soll.

Da sich Punktbrunnen sehr einfach einbringen lassen und die Entwässerung außerdem eine Stabilisierung des Bodens bewirkt (der durch die Sogkraft erzeugte atmosphärische Druck presst die Körner so fest aufeinander, dass selbst Feinsand auf 1 bis 2 m Höhe unter steiler Böschung frei steht) bietet es sich an, tiefere Baugruben mit verhältnismäßig steilen Böschungen (evtl. auch Bermen) anzulegen. Derartige Planungen sind zu verbinden mit eingehenden bodenmechanischen und statischen Untersuchungen, da die Entwässerung des Bodens die Veränderung von bodenmechanischen Kennwerten wie etwa Wichte und Scherwiderstand nach sich zieht. Da die Saugwirkung mit zunehmendem Abstand vom Brunnen stark nachlässt, entstehen zwischen den oberen entwässerten und den unteren nicht entwässerten Baugrundbereichen Übergangszonen geringer Mächtigkeit, die als Trennschichten die Standfestigkeit der Böschungen gefährden können (Böschungsbruch). Aus diesem Grunde müssen die Brunnen die zu entwässernde Schicht in ganzer Stärke erfassen. Noch besser ist es, wenn sie, wenn möglich, 2 bis 3 m über das Absenkziel hinausreichen, um somit eine tiefere Lage der Übergangszonen zu bewirken.

Zur hinreichenden Stabilisierung des auszuhebenden Bodens sollten die Pumpen, abhängig von der Feinheit des Bodens, vor Beginn der Aushubarbeiten ca. 12 bis 48 Stunden (vgl. [293]) ohne Unterbrechung in Betrieb sein. Da bei Ausfall der Pumpen die unterbrochene Sogwirkung nach kurzer Zeit zu einem Ausfließen der Böschung führt, muss während der Bauzeit eine pausenlose Pumparbeit gewährleistet werden, was sich durch die Bereitstellung von je einer Reservepumpe pro Pumpe sicherstellen lässt. Eine Pumpe kann 50 m, maximal 100 m Sammelleitung bedienen. Zur Kontrolle des Unterdrucks sind an der Sammelleitung in 25 bis 50 m Entfernung Manometer anzubringen.

8.7.3 Tiefbrunnenanlagen

Automatisch gesteuerte und überwachte Vakuum-Tiefbrunnen (Bild 8-32) werden eingesetzt, wenn bei größeren Absenktiefen der Einsatz mehrstaffeliger Spülfilteranlagen aus Platzgründen bzw. aus wirtschaftlichen Erwägungen nicht mehr möglich bzw. sinnvoll ist. Die bei Vakuumanlagen verwendeten Brunnen unterscheiden sich von den bei Schwerkraftanlagen eingesetzten Brunnen nur durch die Tondichtung am oberen Brunnenende und den vakuumdichten Abschlussdeckel auf dem Filterrohr. Alle Durchführungen (Steigrohr, Stromkabel, Vakuum- und Steuerleitungen) müssen ebenfalls vakuumdicht ausgeführt sein.

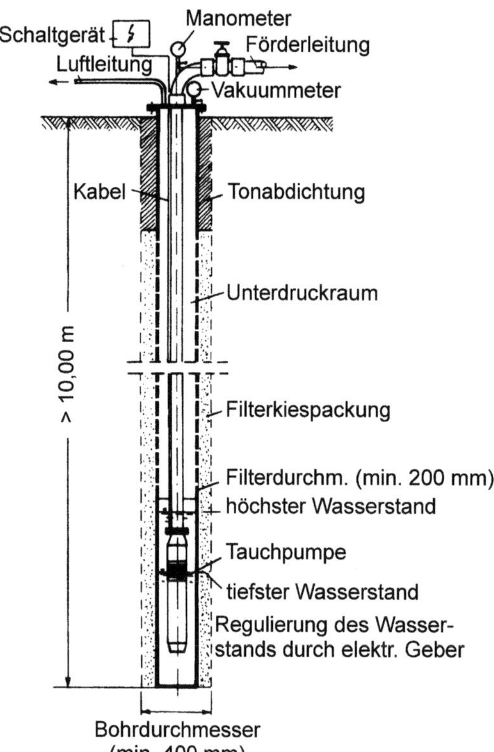

Bild 8-32 Vakuum-Tiefbrunnen (nach [264])

Besonders hohe Wirkungsgrade sind mit Vakuum-Tiefbrunnen erzielbar, wenn ihre Funktionen als Wassersammelbehälter und als Unterdruckkammer getrennt werden. Bei Brunnen, die groß genug sind für den Einbau einer Tauchpumpe (Brunnendurchmesser ≥ 200 mm), ist es möglich, das in den Brunnen eintretende Wasser in einer Kammer unterhalb des Unterdruckraums zu sammeln und durch die Tauchpumpe zu fördern. Der durch die Luftpumpe erzeugte Unterdruck wird dann im Unterdruckraum und im Boden ohne Minderung aufrechterhalten, wodurch jede erforderliche Absenktiefe erreichbar ist.

Vakuum-Tiefbrunnen sind auch zum Entspannen gespannter Wasserhorizonte in Sand- und Schlufflinsen einsetzbar.

8.8 Gesetz von *Darcy*, Gültigkeitsgrenzen

Das Gesetz von *Darcy* für die Filtergeschwindigkeit lautet

$$v = k \cdot i \qquad \text{Gl. 8-46}$$

Bei stationärer Strömung ergibt sich mit ihm die Kontinuitätsgleichung für die Durchflussmenge

$$Q = v \cdot A = k \cdot i \cdot A \qquad \text{Gl. 8-47}$$

Die in den beiden Gleichungen verwendeten Größen sind

v Filtergeschwindigkeit (in m/s)
k Durchlässigkeitsbeiwert (in m/s)
i hydraulisches Gefälle
A durchflossene Filterfläche (in m^2)

Das Gesetz von *Darcy* gilt für gleichmäßig und linear durchströmte Filter. Es verliert seine Gültigkeit, wenn die seiner Herleitung zugrunde gelegten Voraussetzungen nicht mehr zutreffen. Eine scharfe Abgrenzung bezüglich seiner Gültigkeit im Allgemeinen ist nicht möglich. Es ist jedoch davon auszugehen, dass die mit dem Gesetz gewonnenen Größen von der Wirklichkeit umso mehr abweichen, je stärker die Filterströmung durch Trägheitskräfte und Turbulenzen beeinflusst wird (postlinearer Bereich, der oberhalb des linearen Gültigkeitsbereichs der Filtergeschwindigkeiten liegt). Analoges gilt für den zu kleinen Strömungskanalquerschnitten gehörenden prälinearen Bereich, in dem die Wirkung diffuser Wasserhüllen bedeutsam ist (vgl. auch [32]).

Zu dieser Grenzproblematik in nichtbindigen und bindigen Böden liegt eine Vielzahl von Arbeiten vor (siehe z. B. [32], [192] und [224]), wobei vor allem die Aussagen zu kleinen hydraulischen Gradienten in bindigen Böden stark voneinander abweichen (vgl. [276]). Von *Sichardt* [220] werden die Gültigkeitsgrenzen für das Gesetz durch das hydraulische Gefälle und die Filtergeschwindigkeit definiert (Bild 8-33).

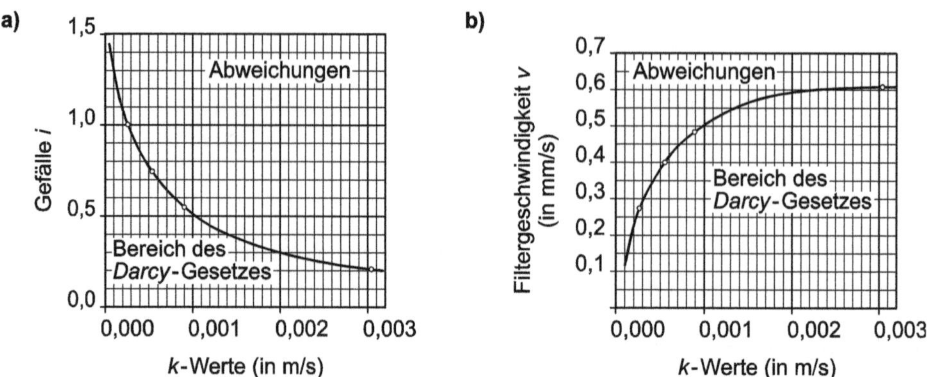

Bild 8-33 Von *Sichardt* angegebene Gültigkeitsgrenzen für das Gesetz von *Darcy* (nach [220])
a) Abhängigkeit von dem hydraulischen Gefälle *i* und dem Durchlässigkeitsbeiwert *k*
b) Abhängigkeit von der Filtergeschwindigkeit *v* und dem Durchlässigkeitsbeiwert *k*

Anwendungsbeispiel

Wie groß darf das hydraulische Gefälle *i* bei einem durchströmten Boden nach *Sichardt* höchstens sein, wenn

- der Wasserdurchlässigkeitsbeiwert des Bodens die Größe $k = 1{,}4 \cdot 10^{-3}$ m/s aufweist,
- der Durchströmungsvorgang nach dem Gesetz von *Darcy* beschrieben werden soll,

und wie groß ist die für einen Filter mit der Filterfläche $A = 3{,}5\ \text{m}^2$ zu erwartende Durchflussmenge pro Sekunde, wenn das Grenzgefälle gerade eingehalten wird?

Lösung

Wenn der Durchströmungsvorgang des Bodens nach dem Gesetz von *Darcy* beschrieben werden soll, darf, bei einem Wasserdurchlässigkeitsbeiwert des Bodens von $k = 1{,}4 \cdot 10^{-3}$ m/s, das hydraulische Gefälle den Wert $i = 0{,}4$ nicht überschreiten (vgl. Bild 8-33 a)).

Für den Fall, dass dieses Grenzgefälle gerade eingehalten wird, ergibt sich für einen Filter mit der Filterfläche $A = 3{,}5\ \text{m}^2$ ein pro Sekunde zu erwartender Durchfluss von (Gl. 8-47)

$$Q = k \cdot i \cdot A = 1{,}4 \cdot 10^{-3} \cdot 0{,}4 \cdot 3{,}5 = 0{,}00196\ \text{m}^3/\text{s} = 1{,}96\ \text{Liter/s}$$

Wird Bild 8-33 b) verwendet, lässt sich aus ihm der zu $k = 1{,}4 \cdot 10^{-3}$ m/s gehörende Grenzwert der Filtergeschwindigkeit $v = 0{,}56$ mm/s $= 5{,}6 \cdot 10^{-4}$ m/s ablesen. Für einen Filter mit der Filterfläche $A = 3{,}5\ \text{m}^2$ ergibt sich damit der Durchfluss (Gl. 8-47)

$$Q = v \cdot A = 5{,}6 \cdot 10^{-4} \cdot 3{,}5 = 0{,}00196\ \text{m}^3/\text{s} = 1{,}96\ \text{Liter/s}$$

8.9 Arten von Grundwasserleitern

Die Bewegung des Grundwassers kann in unterschiedlich angeordneten Grundwasserleitern erfolgen. Zwischen den beiden nachstehend beschriebenen Zuständen sind noch weitere Zustandsformen möglich (vgl. z. B. [192]).

8.9.1 Grundwasserleiter mit freier Grundwasseroberfläche

Ein Grundwasserleiter mit freier Grundwasseroberfläche (Grundwasserdruck- und Grundwasseroberfläche sind identisch) ist eine durchlässige Bodenschicht, die nach unten durch eine nahezu undurchlässige Bodenschicht (Wasserstauer) begrenzt wird und bis zur Höhe *H* mit Wasser gefüllt ist. Der Wasserspiegel, der das Grundwasser nach oben begrenzt, steht unter atmosphärischem Druck (Bild 8-34 a)).

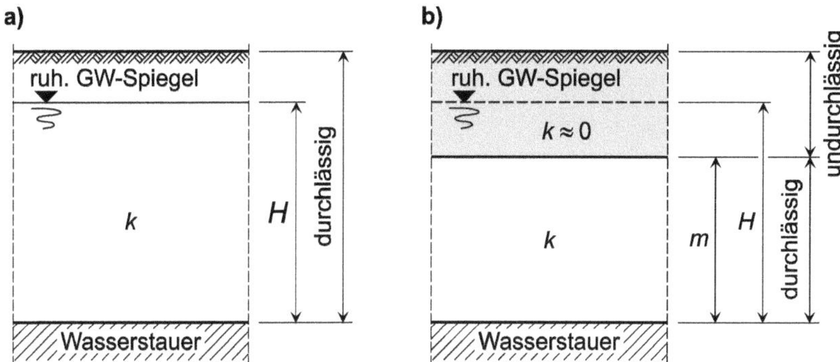

Bild 8-34 Arten von Grundwasserleitern (nach [192])
a) Grundwasserleiter mit freier Oberfläche
b) Grundwasserleiter mit gespanntem Grundwasser

8.9.2 Grundwasserleiter mit gespanntem Grundwasser

Ein Grundwasserleiter mit gespanntem Grundwasser, auch als „gespannter Grundwasserleiter" bezeichnet (die Grundwasserdruckfläche liegt über der Grundwasseroberfläche), ist eine vollkommen mit Wasser gefüllte durchlässige Bodenschicht, die nach oben und unten durch relativ undurchlässige Schichten begrenzt ist (Bild 8-34 b)). Das die Schicht füllende Grundwasser steht unter einem Druck, der höher ist als der atmosphärische Druck. Das Grundwasser ist artesisch gespannt, wenn ein Messpegel in diesen Grundwasserleiter reicht und der gemessene Pegelstand oberhalb des Geländes liegt.

8.10 Berechnungsformeln

Im Folgenden werden für verschiedene Wasserhaltungsmaßnahmen Formeln angegeben, mit denen wesentliche Größen berechnet werden können.

8.10.1 Zufluss zu einem Schlitz, Formel von *Dupuit*

Die Formel von *Dupuit* für den einseitigen Zufluss zu einem Schlitz der Länge *L*, der an eine undurchlässige Schicht anbindet, basiert u. a. darauf, dass

- der Schlitz die ganze Dicke des Grundwasserleiters erfasst (Bild 8-35),
- das Gesetz von *Darcy* gilt,
- die Sickerströmung in einem stationären Zustand erfolgt,
- das Wasser im gesamten benetzten Filterflächenbereich mit gleicher waagerechter Geschwindigkeit in den Schlitz strömt.

Die Gleichung gilt sowohl für offene Wasserhaltungen als auch für Horizontalabsenkungen.

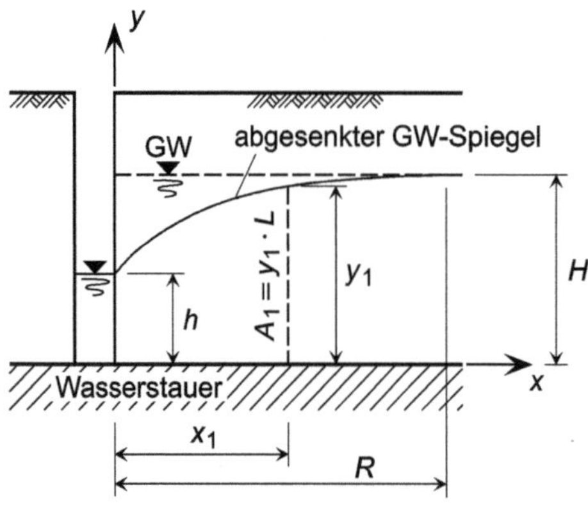

Bild 8-35 Zufluss zu einem Schlitz

Die Kontinuitätsgleichung

$$Q = v \cdot A \qquad \text{Gl. 8-48}$$

die durchströmte Fläche

$$A = y \cdot L \qquad \text{Gl. 8-49}$$

und das Gesetz von *Darcy*

$$v = k \cdot i = k \cdot \frac{\mathrm{d}y}{\mathrm{d}x} \qquad \text{Gl. 8-50}$$

führen zu der Differenzialgleichung 1. Ordnung

$$Q = y \cdot L \cdot k \cdot \frac{\mathrm{d}y}{\mathrm{d}x} \qquad \text{Gl. 8-51}$$

Durch Trennung der Variablen ergibt sich aus der Differenzialgleichung

$$y \cdot \mathrm{d}y = \frac{Q}{L \cdot k} \cdot \mathrm{d}x \qquad \text{Gl. 8-52}$$

und nach Integration

$$\frac{y^2}{2} = \frac{Q}{L \cdot k} \cdot x + C \qquad \text{Gl. 8-53}$$

Die Ermittlung der Integrationskonstanten C durch das Einsetzen der Randbedingungen

$$\begin{aligned} y &= H \quad \text{für} \quad x = R \\ y &= h \quad \text{für} \quad x = 0 \end{aligned} \qquad \text{Gl. 8-54}$$

(Bild 8-35) liefert die Gleichungen für die Zuflussmenge

$$Q = \frac{y^2 - h^2}{2 \cdot x} \cdot L \cdot k = \frac{H^2 - y^2}{2 \cdot (R - x)} \cdot L \cdot k = \frac{H^2 - h^2}{2 \cdot R} \cdot L \cdot k \qquad \text{Gl. 8-55}$$

Die in den obigen Gleichungen verwendete Reichweite R (Abstand vom Schlitz, bei dem keine Absenkung des Grundwasserspiegels mehr stattfindet) kann mit

$$s = H - h \qquad \text{Gl. 8-56}$$

durch die nicht dimensionsreine Formel

$$R = 1500 \cdot s \cdot \sqrt{k} \qquad \text{bis} \qquad R = 2000 \cdot s \cdot \sqrt{k} \qquad \text{Gl. 8-57}$$

ermittelt werden (vgl. [192]). *R* und *s* haben dabei die Dimension m und *k* die Dimension m/s.

8.10.2 Offene Wasserhaltung

Davidenkoff gibt zur angenäherten Berechnung der Zuflussmenge zu einer rechteckigen Baugrube mit den Abmessungen L_1 für die Baugrubenlänge und L_2 für die Baugrubenbreite die Gleichung

$$Q = k \cdot H^2 \cdot \left[\left(1 + \frac{t}{H}\right) \cdot m + \frac{L_1}{R} \cdot \left(1 + \frac{t}{H} \cdot n\right) \right] \qquad \text{Gl. 8-58}$$

an. Mit ihr wird der maximale Zufluss in die Baugrube für den Fall einer offenen Wasserhaltung ermittelt. Die Bedeutung der darin verwendeten Größen *H, t* und *R* lässt sich aus Bild 8-36 entnehmen. Die Größe *t* ist in ihrem Wertebereich nach oben hin begrenzt; bei Baugruben, für deren Abmessungen $t > H$ gilt, ist $t = H$ zu setzen.

Die Größen der Beiwerte *m* und *n* sind den Diagrammen aus Bild 8-37 zu entnehmen.

Für die Ermittlung der Reichweite *R* empfiehlt *Davidenkoff* [35] die Verwendung der zu größeren Zuflussmengen führenden Gleichung von *Kussakin* (Gl. 8-79), von der er annimmt, dass sie auch für den vorliegenden Fall eines weitgehend ebenen Problems gilt und in der die Größe *s* durch die Größe *H* zu ersetzen ist.

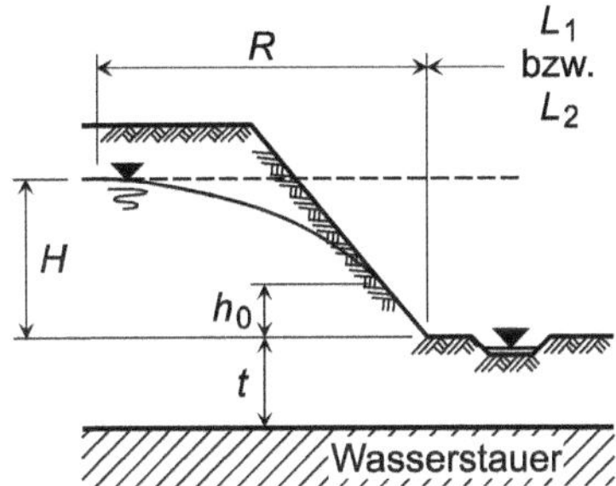

Bild 8-36 Bezeichnungen bei offener Wasserhaltung

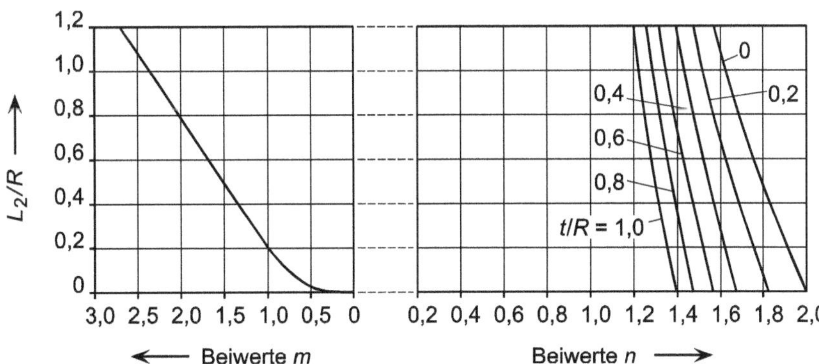

Bild 8-37 Beiwerte *m* und *n* nach *Davidenkoff* [35]

Anwendungsbeispiel

Eine 40 m × 15 m große Baugrube soll in einer Schicht aus sandigem Kies (Durchlässigkeitsbeiwert $k = 10^{-3}$ m/s) hergestellt werden, die über einem Wasserstauer liegt. Die Absenkung des anstehenden Grundwassers ist mit einer offenen Wasserhaltung geplant. Die Sohle der Baugrube liegt um $H = 3{,}0$ m unter dem Grundwasserspiegel und um $t = 2{,}0$ m über dem Wasserstauer (vgl. Bild 8-36).

Zu ermitteln ist die Zuflussmenge (in m³/s), die im stationären Zustand durch die offene Wasserhaltung abzuführen ist, wenn die Höhe der Eintrittsfläche $h_0 = 0{,}0$ m beträgt.

Lösung

Mit der Absenkungshöhe (Bild 8-36)

$$s = H - h_0 = 3{,}0 - 0{,}0 = H = 3{,}0\ \text{m}$$

ergibt sich mit Gl. 8-79 als Reichweite

$$R = 575 \cdot s \cdot \sqrt{k \cdot H} = 575 \cdot 3{,}0 \cdot \sqrt{0{,}001 \cdot 3} = 94{,}5\ \text{m}$$

Mit den Verhältnisgrößen

$$\frac{L_2}{R} = \frac{15}{94{,}5} = 0{,}16 \qquad \text{und} \qquad \frac{t}{R} = \frac{2}{94{,}5} = 0{,}02$$

und den Diagrammen aus Bild 8-37 lassen sich

$$m = 0{,}9 \qquad \text{und} \qquad n = 1{,}92$$

ablesen.

Mit den vorgegebenen und den ermittelten Werten liefert Gl. 8-58 die maximale Zuflussmenge zur Baugrube

$$Q = k \cdot H^2 \cdot \left[\left(1 + \frac{t}{H}\right) \cdot m + \frac{L_1}{R} \cdot \left(1 + \frac{t}{H} \cdot n\right) \right]$$

$$= 0{,}001 \cdot 3^2 \cdot \left[\left(1 + \frac{2}{3}\right) \cdot 0{,}9 + \frac{40}{94{,}5} \cdot \left(1 + \frac{2}{3} \cdot 1{,}92\right) \right] = 0{,}022\ \text{m}^3/\text{s} = 22\ \text{Liter/s}$$

8.10.3 Brunnenformel von *Dupuit-Thiem*, Voraussetzungen

Beim Abpumpen von Grundwasser aus einem Brunnen bildet sich zwischen dem Wasserstand im Brunnen und dem unbeeinflussten Grundwasserspiegel ein trichterförmiges Gefälle aus. Das Wasser fließt dem Brunnen von allen Seiten zu.

Soll dieser Zustand mit Hilfe der Brunnenformel von *Dupuit-Thiem* erfasst werden, sind zunächst die in Abschnitt 8.2.1 für die Grundwasserströmung aufgeführten Voraussetzungen zu berücksichtigen. Weiterhin wird vorausgesetzt, dass

- das strömende Wasser homogen und isotrop ist (gleiche physikalische Eigenschaften nach allen Richtungen),
- die Wassermenge im Einzugsbereich weder durch Verdunsten oder sonstige Verluste noch durch oberirdische Zuflüsse verändert wird,

- die Durchlässigkeit des Grundwasserleiters sowohl in senkrechter als auch in waagerechter Richtung überall gleich groß ist (im Mittel müssen die durchströmten Porenkanäle in beiden Richtungen gleich groß sein),
- der unendlich ausgedehnte Grundwasserleiter im Bereich der Sickerströmung die gleiche Mächtigkeit besitzt,
- bei den Berechnungen der Kapillarsaum nicht berücksichtigt wird,
- das Wasser im Bereich der gesamten benetzten Filterfläche mit gleicher waagerechter Geschwindigkeit in den Brunnen eintritt,
- mit dem Brunnen die ganze Mächtigkeit des Grundwasserleiters erfasst wird (vollkommener Brunnen).

8.10.4 Brunnenformel von *Dupuit-Thiem* bei freier Grundwasseroberfläche

Die Wassermenge Q, die einem vollkommenen Brunnen (reicht bis zur undurchlässigen Schicht) durch einen zylindrischen Querschnitt mit der Fläche

$$A = 2 \cdot \pi \cdot x \cdot y \qquad \text{Gl. 8-59}$$

(Bild 8-38) zufließt, ist konstant. Das sich einstellende Gefälle der Grundwasseroberfläche ist gleich der Neigung der Tangente an die Absenkkurve

$$i = \frac{\mathrm{d}y}{\mathrm{d}x} \qquad \text{Gl. 8-60}$$

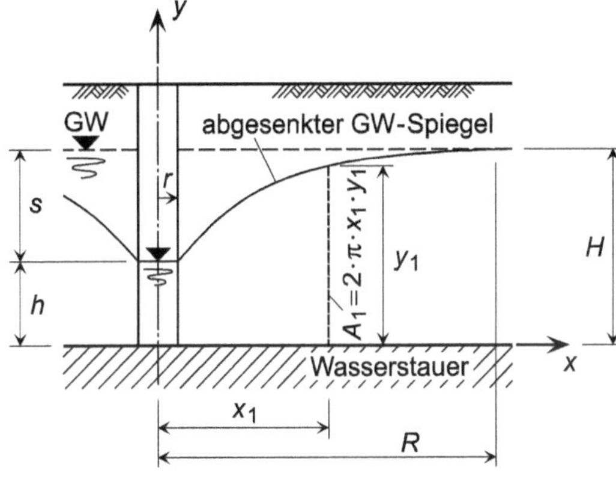

Bild 8-38 Wasserandrang bei freier Grundwasseroberfläche

Die Kontinuitätsgleichung $Q = v \cdot A$ und das Gesetz von *Darcy* ($v = k \cdot i$) liefern die Differenzialgleichung 1. Ordnung

$$Q = k \cdot i \cdot A = k \cdot \frac{\mathrm{d}y}{\mathrm{d}x} \cdot 2 \cdot \pi \cdot x \cdot y \qquad \text{Gl. 8-61}$$

für die Zuflussmenge. Durch Trennung der Variablen ergibt sich aus dieser Differenzialgleichung die Beziehung

$$y \cdot \mathrm{d}y = \frac{Q}{2 \cdot \pi \cdot k} \cdot \frac{\mathrm{d}x}{x} \qquad \text{Gl. 8-62}$$

und durch deren Integration die Gleichung

$$\frac{y^2}{2} = \frac{Q \cdot \ln x}{2 \cdot \pi \cdot k} + C \qquad \text{Gl. 8-63}$$

Werden die Randbedingungen

$$\begin{aligned} y &= H \quad \text{für} \quad x = R \\ y &= h \quad \text{für} \quad x = r \end{aligned} \qquad \text{Gl. 8-64}$$

(Bild 8-38) zur Ermittlung der Integrationskonstanten *C* aus Gl. 8-63 verwendet, ergeben sich daraus die Gleichungen für den Wasserzufluss zu einem vollkommenen Brunnen

$$Q = \frac{\pi \cdot k \cdot (y^2 - h^2)}{\ln x - \ln r} = \frac{\pi \cdot k \cdot (H^2 - y^2)}{\ln R - \ln x} = \frac{\pi \cdot k \cdot (H^2 - h^2)}{\ln R - \ln r} \qquad \text{Gl. 8-65}$$

Ist der Wasserzufluss *Q* bekannt, können die erste und die dritte Variante von Gl. 8-65 auch dazu benutzt werden, Grundwasserstände zu berechnen, die an vorgegebenen Punkten des Absenkungsbereichs zu erwarten sind (zur Ermittlung der Reichweite *R* siehe Abschnitt 0).

Anwendungsbeispiel

Für den vollkommenen Brunnen aus Bild 8-39 wurde bei der Absenkung des Grundwasserspiegels (Höhe über dem Wasserstauer im unbeeinflussten Zustand ist $H = 7{,}50$ m) ein stationärer Zustand erreicht. Die in diesem Zustand gemessenen Wasserstände

$y_1 = 5{,}55$ m und $y_2 = 6{,}05$ m

wurden in zwei Beobachtungsrohren ermittelt, die im Abstand

$x_1 = 6{,}0$ m und $x_2 = 18{,}0$ m

von der Brunnenachse angeordnet waren.

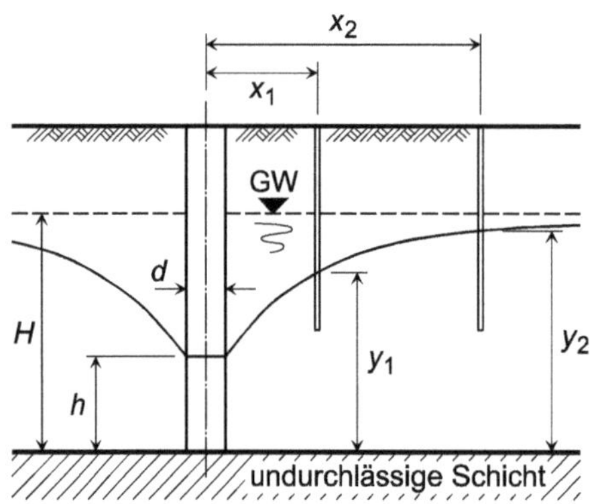

Bild 8-39 Vollkommener Brunnen mit zwei Beobachtungsrohren

Mit der Brunnenformel von *Dupuit-Thiem* ist der Wasserzufluss *Q* für den Durchlässigkeitsbeiwert $k = 8 \cdot 10^{-4}$ m/s des Bodens zu ermitteln. Darüber hinaus ist die Absenkung *s* in dem vollkommenen Brunnen zu berechnen (Brunnendurchmesser $d = 60$ cm).

Lösung

Wird die Brunnenformel von *Dupuit-Thiem* (Gl. 8-65) auf beide Beobachtungsrohre angewendet, ergibt sich

$$Q = \frac{\pi \cdot k \cdot (y_2^2 - y_1^2)}{\ln x_2 - \ln x_1} = \frac{\pi \cdot 8 \cdot 10^{-4} \cdot (6{,}05^2 - 5{,}55^2)}{\ln 18{,}0 - \ln 6{,}0} = 0{,}01327 \text{ m}^3\text{/s} = 13{,}27 \text{ Liter/s}$$

Bezogen auf den Brunnen und das Beobachtungsrohr bei $x_2 = 18{,}0$ m lautet die Gleichung

$$Q = \frac{\pi \cdot k \cdot (y_2^2 - h^2)}{\ln x_2 - \ln r} = \frac{\pi \cdot 8 \cdot 10^{-4} \cdot (6{,}05^2 - h^2)}{\ln 18{,}0 - \ln 0{,}3} = 0{,}01327 \text{ m}^3\text{/s}$$

Ihre Auflösung nach der sich im Brunnen einstellenden Grundwasserspiegelhöhe h führt zu

$$h = \sqrt{6{,}05^2 - \frac{0{,}01327 \cdot (\ln 18 - \ln 0{,}30)}{\pi \cdot 8 \cdot 10^{-4}}} = 3{,}87 \text{ m}$$

und damit zu der gesuchten Absenkung in dem Brunnen

$$s = H - h = 7{,}50 - 3{,}87 = 3{,}63 \text{ m}$$

Bezüglich weiterer Betrachtungen zu diesem Brunnen sei auf das Anwendungsbeispiel von Seite 337 hingewiesen.

8.10.5 **Brunnenformel von *Dupuit-Thiem* bei gespanntem Grundwasser**

Im Gegensatz zum Absenktrichter mit freier Grundwasseroberfläche (Grundwasserspiegel) ist bei einem vollkommenen Brunnen, der in einem Grundwasserleiter mit gespanntem Grundwasser steht, die Höhe m des Durchflussquerschnitts unabhängig von der Entfernung zum Brunnen, d. h., sie ist immer gleich groß (Bild 8-40).

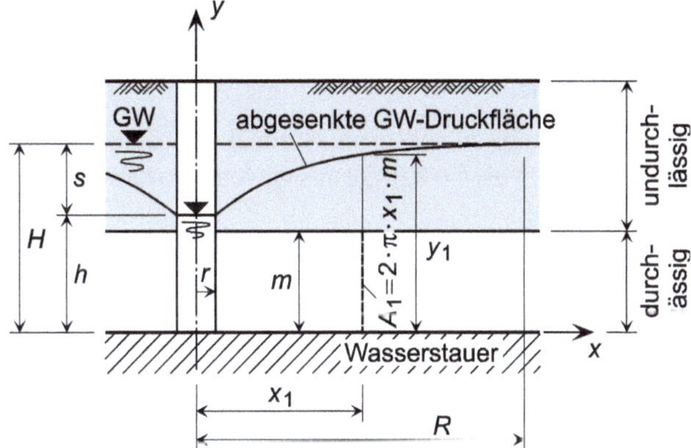

Bild 8-40 Wasserandrang bei einem Grundwasserspeicher mit gespanntem Grundwasser

Mit der Fläche

$$A = 2 \cdot \pi \cdot x \cdot m \qquad \text{Gl. 8-66}$$

eines beliebigen zylindrischen Durchflussquerschnitts mit dem Radius x ergibt sich, analog zum Fall des Brunnens mit freiem Grundwasserspiegel, die Differenzialgleichung 1. Ordnung

$$Q = 2 \cdot \pi \cdot k \cdot m \cdot x \cdot \frac{dy}{dx} \qquad \text{Gl. 8-67}$$

für die Zuflussmenge. Die Trennung der Variablen führt zu der Gleichung

$$dy = \frac{Q}{2\cdot\pi\cdot k\cdot m}\cdot\frac{dx}{x}$$ Gl. 8-68

aus der sich nach Integration

$$y = \frac{Q\cdot\ln x}{2\cdot\pi\cdot k\cdot m} + C$$ Gl. 8-69

ergibt.

Wird die Integrationskonstante C aus Gl. 8-69 mit den Randbedingungen

$$y = H \quad \text{für} \quad x = R$$
$$y = h \quad \text{für} \quad x = r$$ Gl. 8-70

(Bild 8-40) ermittelt, führt das zu den Gleichungen des Wasserzuflusses zu einem vollkommenen Brunnen in gespanntem Grundwasser (beachte: $H - h = s$)

$$Q = \frac{2\cdot\pi\cdot k\cdot m\cdot(y-h)}{\ln x - \ln r} = \frac{2\cdot\pi\cdot k\cdot m\cdot(H-y)}{\ln R - \ln x} = \frac{2\cdot\pi\cdot k\cdot m\cdot s}{\ln R - \ln r}$$ Gl. 8-71

Ist der Wasserzufluss Q bekannt, können die erste und die dritte Variante von Gl. 8-71 auch dazu benutzt werden, Druckhöhen (Grundwasserstände in Beobachtungsrohren) zu berechnen, die an vorgegebenen Punkten des Absenkungsbereichs zu erwarten sind (zur Ermittlung der Reichweite R siehe Abschnitt 0).

Bezüglich der Ermittlung des Wasserzuflusses Q bei einem Grundwasserleiter mit halbgespannter Oberfläche sei z. B. auf [192] verwiesen.

8.10.6 Fassungsvermögen von Einzelbrunnen

Aus den Beobachtungsergebnissen von Grundwasserabsenkungen im stationären Zustand, die in Böden mit Durchlässigkeitsbeiwerten von $k = 0{,}000103$ bis $k = 0{,}0053$ m/s gewonnen wurden, leitet *Sichardt* in [292] die nicht dimensionsreine Gleichung

$$i_0 = \frac{1}{15\cdot\sqrt{k}}$$ Gl. 8-72

für das maximal erreichbare hydraulische Gefälle des Grundwasserspiegels an der äußeren Brunnenmantelfläche her. Der Durchlässigkeitsbeiwert k ist in m/s einzusetzen.

Mit diesem praktisch nicht überschreitbaren Grenzgefälle des Grundwasserspiegels wird von *Sichardt* die Größe

$$q = q(h') = v\cdot A = k\cdot i_0\cdot 2\cdot\pi\cdot r\cdot h' = \frac{\sqrt{k}}{15}\cdot 2\cdot\pi\cdot r\cdot h' = q(h) = \frac{\sqrt{k}}{15}\cdot 2\cdot\pi\cdot r\cdot h$$ Gl. 8-73

abgeleitet. Sie gibt die von einem vollkommenen Brunnen bei freier Grundwasseroberfläche maximal aufnehmbare Wassermenge pro Zeiteinheit an und wird von *Sichardt* als „Fassungsvermögen“ bezeichnet. Die Gleichung basiert auf den Annahmen, dass

- das Gesetz von *Darcy* auch in der unmittelbaren Umgebung des Brunnens gilt,
- die horizontale Eintrittsgeschwindigkeit über die Höhe der benetzten Filterfläche eine konstante Größe besitzt,

– die Wasserspiegelhöhe im Brunnen gleich ist der Wasserspiegelhöhe an der äußeren Brunnenmantelfläche; es existiert also keine Sickerstrecke, und somit gilt $h' = h$ und nicht der allgemeine Fall $h' > h$ (vgl. hierzu [192]).

Anwendungsbeispiel

Es ist zu prüfen, ob die in dem Anwendungsbeispiel von Seite 334 ermittelte Absenkung mit dem dort angegebenen Durchmesser des vollkommenen Brunnens erreichbar ist.

Lösung

Mit der Grundwasserspiegelhöhe h im Brunnen ergibt sich das Fassungsvermögen des vollkommenen Einzelbrunnens mit freiem Grundwasserspiegel nach *Sichardt* (Gl. 8-73) zu

$$q = \frac{\sqrt{k}}{15} \cdot 2 \cdot \pi \cdot r \cdot h' = \frac{\sqrt{8 \cdot 10^{-4}}}{7{,}5} \cdot \pi \cdot 0{,}30 \cdot 3{,}87 = 0{,}0138 \text{ m}^3/\text{s} = 13{,}8 \text{ Liter/s}$$

Da $q = 13{,}8$ Liter/s > 13,3 Liter/s gilt, kann die Absenkung mit einem vollkommenen Einzelbrunnen des Durchmessers $d = 60$ cm erreicht werden.

Wird der Wasserstand im Brunnen abgesenkt, wächst die Absenkhöhe s und damit der Zustrom Q zum Brunnen. Da das Fassungsvermögen q des Brunnens von der Größe der benetzten Filterfläche linear abhängig ist, bewirkt die mit der Absenkung einhergehende Verringerung der Benetzungshöhe h eine gleichzeitige Reduzierung von q. Die in Bild 8-41 gezeigten Kurvenverläufe für Q und q schneiden sich in einem Punkt, der die theoretisch maximale Absenkung s_{max} und das zugehörige maximale Fassungsvermögen des Brunnens angibt.

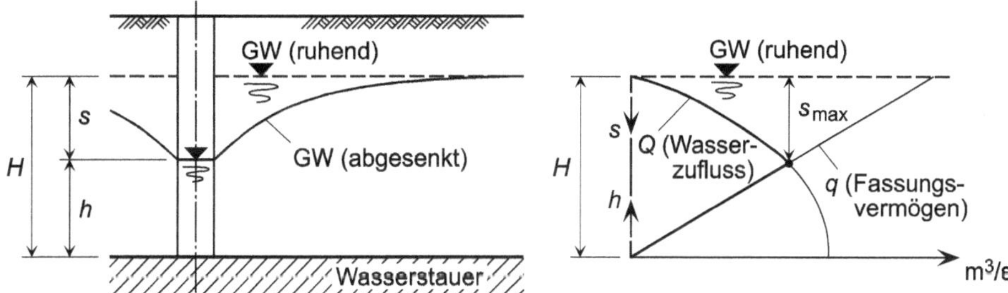

Bild 8-41 Zusammenhang zwischen der Zuströmung Q und dem Fassungsvermögen q eines vollkommenen Einzelbrunnens nach *Sichardt* [292]

Für diesen Punkt gilt die Gleichung

$$Q = \frac{\pi \cdot k \cdot (H^2 - h^2)}{\ln R - \ln r} = 2 \cdot \pi \cdot r \cdot h \cdot \frac{\sqrt{k}}{15} = q = q_{max} \qquad \text{Gl. 8-74}$$

aus der sich mit

$$h = H - s_{max} \qquad \text{Gl. 8-75}$$

die quadratische Gleichung

$$s_{max}^2 - s_{max} \cdot \left(2 \cdot H + \frac{2 \cdot r}{15 \cdot \sqrt{k}} \cdot \ln \frac{R}{r} \right) + \frac{2 \cdot r \cdot H}{15 \cdot \sqrt{k}} \cdot \ln \frac{R}{r} = 0 \qquad \text{Gl. 8-76}$$

mit der Lösung

$$s_{max} = H + \frac{r}{15 \cdot \sqrt{k}} \cdot \ln\frac{R}{r} \pm \sqrt{H^2 + \frac{r^2}{225 \cdot k} \cdot \left(\ln\frac{R}{r}\right)^2} \qquad \text{Gl. 8-77}$$

herleiten lässt. Die maximale Absenkung s_{max} ist nur iterativ ermittelbar, da s in die Berechnung der Reichweite R eingeht (vgl. Abschnitt 0). Als Alternative bietet es sich deshalb an, den Schnittpunkt der Kurve für Q mit der Geraden für q, und damit die Größe von s_{max}, grafisch zu bestimmen.

Die Absenkung mit Hilfe eines Einzelbrunnens lässt sich in geringem Umfang noch durch die Wahl eines größeren Brunnendurchmessers (Vergrößerung der benetzten Filterfläche) steigern; für größere Absenkungen sind allerdings Mehrbrunnenanlagen erforderlich.

Anwendungsbeispiel

Betrachtet wird ein vollkommener Einzelbrunnen (Durchmesser $d = 40$ cm) in einer homogenen Bodenschicht mit dem Durchlässigkeitsbeiwert $k = 0{,}001$ m/s und der anfänglichen Grundwasserhöhe $H = 10{,}0$ m. Für diesen Brunnen ist die maximal erreichbare Absenkhöhe s_{max} zu ermitteln, wobei zur Reichweitenberechnung die Formel von *Sichardt* (Gl. 8-78) zu verwenden ist!

Lösung

Die maximale Absenkhöhe s_{max} des Brunnens ist erreicht, wenn das Fassungsvermögen q des Brunnens dem Zustrom Q entspricht. Die zu dieser Situation gehörende quadratische Gleichung (Gl. 8-76) besitzt die Lösung (Gl. 8-77)

$$s_{max} = H + \frac{r \cdot \ln\frac{R}{r}}{15 \cdot \sqrt{k}} \pm \sqrt{H^2 + \frac{r^2 \cdot \left(\ln\frac{R}{r}\right)^2}{225 \cdot k}} = 10{,}0 + \frac{0{,}2 \cdot \ln\frac{R}{0{,}2}}{15 \cdot \sqrt{10^{-3}}} \pm \sqrt{100 + \frac{0{,}04 \cdot \left(\ln\frac{R}{0{,}2}\right)^2}{225 \cdot 10^{-3}}}$$

Da für die Reichweite

$$R = R(s_{max}) = 3000 \cdot s_{max} \cdot \sqrt{k} = 3000 \cdot s_{max} \cdot \sqrt{10^{-3}}$$

gilt, ist s_{max} iterativ zu ermitteln.

Mit einer ersten Schätzung

$$s_{max} = 4{,}0 \text{ m}$$

ergeben sich im 1. Iterationsschritt

$$R = 3000 \cdot s_{max} \cdot \sqrt{k} = 3000 \cdot 4{,}0 \cdot \sqrt{10^{-3}} = 379{,}5 \text{ m}$$

$$\ln\frac{R}{r} = \ln\frac{379{,}5}{0{,}2} = 7{,}548$$

$$s_{max} = 10{,}0 + \frac{0{,}4 \cdot 7{,}548}{30 \cdot \sqrt{10^{-3}}} \pm \sqrt{100{,}0 + \frac{0{,}16 \cdot 1000}{4 \cdot 225} \cdot 7{,}548^2} = 2{,}69 \text{ m}$$

Wegen der nicht hinreichenden Übereinstimmung von geschätzter und berechneter Absenkhöhe s_{max} erfolgt eine zweite Schätzung mit

$$s_{max} = 2{,}69\ \text{m}$$

mit der sich im 2. Iterationsschritt die Größen

$$R = 255{,}2\ \text{m} \qquad \ln\frac{R}{r} = 7{,}151 \qquad s_{max} = 2{,}57\ \text{m}$$

ergeben.

Da wieder eine nicht hinreichende Übereinstimmung von geschätzter und berechneter Absenkhöhe s_{max} vorliegt, erfolgt eine dritte Schätzung mit

$$s_{max} = 2{,}57\ \text{m}$$

mit der sich im 3. Iterationsschritt die Größen

$$R = 243{,}8\ \text{m} \qquad \ln\frac{R}{r} = 7{,}106 \qquad s_{max} = 2{,}56\ \text{m}$$

ergeben.

Auf weitere Iterationsschritte wird verzichtet, da der Vergleich zwischen geschätzter und berechneter Absenkhöhe s_{max} des letzten Iterationsschritts eine hinreichend genaue Übereinstimmung der beiden Werte erkennen lässt (2,57 m ≈ 2,56 m).

8.10.7 Reichweite *R* der Absenkung bei vollkommenen Einzelbrunnen

In Fällen, in denen der Wasserzufluss Q eines vollkommenen Einzelbrunnens berechnet werden soll, ist die genaue Kenntnis der Absenkungsreichweite R nicht so bedeutungsvoll, da diese mit $\ln R$ in die Formeln eingeht. Dies kommt einer Abschwächung des Einflusses von R gleich (diese Abschwächung gilt übrigens nicht in gleichem Maße für die Ermittlung der Absenkkurve selbst!). Wegen dieser Aspekte kann die Reichweite dann als eine von der Zeit unabhängige Größe mit der Formel von *Sichardt*

$$R = 3000 \cdot s \cdot \sqrt{k} \qquad \text{Gl. 8-78}$$

berechnet werden. Sie wurde auf der Grundlage empirischer Untersuchungen entwickelt und erstmals in [220] mitgeteilt. Mit der so ermittelten Reichweite lassen sich brauchbare Q-Werte berechnen, was auch für Reichweiten gilt, die mit der empirischen Gleichung von *Kussakin* (vgl. z. B. [35])

$$R = 575 \cdot s \cdot \sqrt{k \cdot H} \qquad \text{Gl. 8-79}$$

gewonnen werden. Beide Gleichungen gehen von einem stationären Strömungszustand aus und sind nicht dimensionstreu, da k in m/s und s sowie H in m einzusetzen sind.

Die Berechnung von R als von der Zeit t abhängige Größe kann erforderlich werden, wenn z. B. für eine angrenzende Bebauung oder vorhandene Wasserversorgungsbrunnen der Einfluss einer Grundwasserabsenkung zu bestimmen ist. Erfolgt die Absenkung in einem Grundwasserbereich so, dass dem Wasserreservoir die gepumpte Wassermenge entnommen wird, ohne dass ihm gleichzeitig neues Wasser zufließt, wird sich die Reichweite mit der Entnahmezeit ständig vergrößern. Bei konstanter Entnahmemenge lässt sich diese Zeitabhängigkeit nach *Weber* [308] mittels der Beziehung

$$R = f(t) = 3 \cdot \sqrt{\frac{H \cdot k \cdot t}{n}} \qquad \text{Gl. 8-80}$$

erfassen. Neben den bekannten Größen H und k werden dabei die Zeit t seit Absenkungsbeginn (in Sekunden) und der Porenanteil n des Untergrundes (im Mittel $\approx 0{,}3$) verwendet.

Anwendungsbeispiel

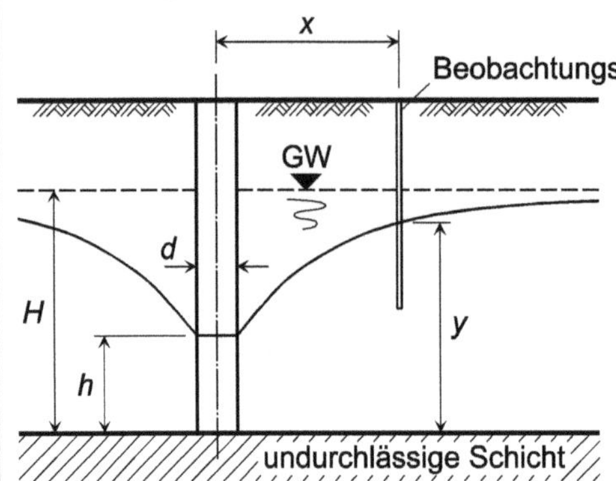

Bild 8-42 Vollkommener Brunnen mit einem Beobachtungsrohr

Mit dem vollkommenen Brunnen aus Bild 8-42 (Durchmesser $d = 60$ cm) soll der Grundwasserspiegel von ursprünglich $H = 10$ m auf $h = 6$ m abgesenkt werden. Der Wasserdurchlässigkeitsbeiwert des Bodens beträgt $k = 2 \cdot 10^{-4}$ m/s und der Porenanteil $n = 0{,}36$.
Zu berechnen sind die

- Absenkzeit, nach der im Beobachtungsrohr (Abstand von Brunnenmitte $x = 30$ m) der Grundwasserspiegel auf $y = 9{,}5$ m abgesenkt ist,
- Zuflussmenge Q, die dem Brunnen zu diesem Zeitpunkt pro Sekunde zufließt,
- Reichweite R, die sich zu diesem Zeitpunkt eingestellt hat.

Lösung

Wird die Brunnenformel von *Dupuit-Thiem* (Gl. 8-65) auf die Koordinaten der abgesenkten Grundwasseroberfläche im Beobachtungsrohr angewendet, ergibt sich als gesuchte Zuflussmenge zum Brunnen

$$Q = \frac{\pi \cdot k \cdot (y^2 - h^2)}{\ln x - \ln \frac{d}{2}} = \frac{\pi \cdot 2 \cdot 10^{-4} \cdot (9{,}5^2 - 6{,}0^2)}{\ln 30 - \ln 0{,}3} = 0{,}007402 \text{ m}^3/\text{s} = 7{,}402 \text{ Liter/s}$$

Aus der Variante der Gleichung von *Dupuit-Thiem* (Gl. 8-65)

$$Q = \frac{\pi \cdot k \cdot (H^2 - h^2)}{\ln R - \ln \frac{d}{2}} = \frac{\pi \cdot 2 \cdot 10^{-4} \cdot (10{,}0^2 - 6{,}0^2)}{\ln R - \ln 0{,}3} = 0{,}007402 \text{ m}^3/\text{s}$$

ergibt sich nach entsprechender Umstellung

$$\ln R = \frac{\pi \cdot 2 \cdot 10^{-4} \cdot (10{,}0^2 - 6{,}0^2)}{0{,}007402} + \ln 0{,}3 = 4{,}229$$

und damit die gesuchte Reichweite des in dieser Form erreichten Absenkzustands

$$R = e^{4{,}229} = 68{,}64 \text{ m}$$

Wird diese Größe als das Ergebnis der Formel von *Weber* (Gl. 8-80) für die zeitabhängige Reichweite

$$R = f(t) = 3 \cdot \sqrt{\frac{H \cdot k \cdot t}{n}}$$

betrachtet, führt das zu der zu Q und R gehörenden Absenkzeit

$$t = \frac{R^2 \cdot n}{3^2 \cdot H \cdot k} = \frac{68{,}64^2 \cdot 0{,}36}{3^2 \cdot 10{,}0 \cdot 2 \cdot 10^{-4}} = 94225 \text{ s} \approx 26 \text{ Std}$$

8.10.8 **Mehrbrunnenformel von *Forchheimer***

Die Formel von *Forchheimer* [155] dient zur Erfassung der Wirkung einer Mehrbrunnenanlage, die aus n vollkommenen Brunnen besteht (Bild 8-43). Zur Herleitung der Formel wird zunächst angenommen, dass jeweils ein einzelner Brunnen arbeitet und dass für diese n Fälle die auf der Formel von *Dupuit-Thiem* für freien Grundwasserspiegel basierenden Gleichungen

$$H^2 - y_i^{\,2} = \frac{q_i \cdot (\ln R_i - \ln x_i)}{\pi \cdot k} \qquad i = 1, \ldots, n \qquad \text{Gl. 8-81}$$

gelten. Die Größe q_i steht dabei für das Fassungsvermögen des Einzelbrunnens, das zur Absenkung auf die Wasserstandshöhe y_i erforderlich ist und das im stationären Zustand gleich ist der Zuflussmenge Q_i.

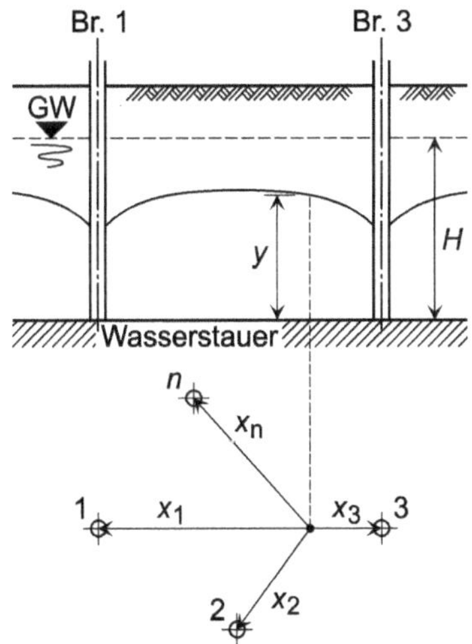

Bild 8-43 Berechnung der Absenkung innerhalb einer Mehrbrunnenanlage (nach *Rappert* [259])

Ausgehend von der Überlegung, dass die Lösung der partiellen Differenzialgleichung der Grundwasserspiegelfläche sich als Summe von Lösungen darstellen lässt, wenn jede der Lösungen für sich diese Differenzialgleichung erfüllt, zeigt *Forchheimer* [155], dass für den gleichzeitigen Betrieb aller n Brunnen

$$H^2 - y^2 = \frac{1}{\pi \cdot k} \cdot \left(q_1 \cdot \ln \frac{R_1}{x_1} + q_2 \cdot \ln \frac{R_2}{x_2} + \ldots + q_n \cdot \ln \frac{R_n}{x_n} \right)$$ Gl. 8-82

gesetzt werden kann.

Wird nun angenommen, dass die von der Gesamtanlage geförderte Wassermenge die Größe q_{ges} aufweist und dass aus allen n Brunnen die gleiche Wassermenge

$$q = \frac{q_{ges}}{n} = q_1 = q_2 = \ldots = q_n$$ Gl. 8-83

gepumpt wird, gilt auch

$$R = R_1 = R_2 = \ldots = R_n$$ Gl. 8-84

und somit statt Gl. 8-82 die Beziehung

$$H^2 - y^2 = \frac{q_{ges} \cdot \sum_{i=1}^{n} (\ln R - \ln x_i)}{\pi \cdot k}$$ Gl. 8-85

aus der sich, durch entsprechende Umstellung,

$$q_{ges} = \frac{\pi \cdot k \cdot (H^2 - y^2)}{\ln R - \frac{1}{n} \cdot \ln(x_1 \cdot x_2 \cdot \ldots \cdot x_n)}$$ Gl. 8-86

ergibt.

Ist die Fördermenge q_{ges} der Gesamtanlage bekannt, kann Gl. 8-85 bzw. Gl. 8-86 auch dazu benutzt werden, an vorgegebenen Punkten zu erwartende Grundwasserstände in Beobachtungsrohren (hydraulische Druckhöhen) zu berechnen.

8.10.9 **Von Brunnen umschlossene Baugrube**

Werden im Bereich einer Baugrube n vollkommene Brunnen mit der jeweils gleichen Fördermenge q in einem Kreis mit dem Radius r_A angeordnet, gilt für den Kreismittelpunkt

$$x_1 = x_2 = \ldots = x_n = r_A$$ Gl. 8-87

Mit dem Wasserstand h in Baugrubenmitte (meist 0,5 bis 1,0 m unter Baugrubensohle), führt die Gleichung von *Forchheimer* (Gl. 8-86) zu

$$q_{ges} = \frac{\pi \cdot k \cdot (H^2 - h^2)}{\ln R - \ln r_A}$$ Gl. 8-88

Aus dem Vergleich von Gl. 8-88 mit Gl. 8-65 geht hervor, dass die von Brunnen umschlossene Baugrube als ein „Ersatzbrunnen" mit dem Radius r_A aufgefasst werden kann, bei dem der Grundwasserspiegel von H auf die in der „Brunnenmitte" zu findende Grundwasserspiegelhöhe h abgesenkt wird. Diese Absenkhöhe

$$s = H - h$$ Gl. 8-89

ist deshalb auch der Ermittlung der Reichweite R des Ersatzbrunnens zugrunde zu legen.

Die Betrachtung von Gl. 8-88 zeigt, dass die Größe der Fördermenge q_{ges} der Gesamtanlage vor allem durch die Absenktiefe und den Durchlässigkeitsbeiwert, und nicht so sehr von der Form und der Größe der trockenzulegenden Absenkfläche beeinflusst wird (kleine Absenkflächen erfordern deshalb unverhältnismäßig große Fassungsanlagen). Demzufolge lässt sich Gl. 8-88 für die Praxis dann vereinfachend einsetzen, wenn q_{ges} nur in Abhängigkeit von der Absenktiefe gesucht wird und keine Notwendigkeit zur Ermittlung der Absenkkurvenverläufe besteht (etwa wegen verschiedener Tiefenlagen der Baugrubensohle). So kann die Gleichung z. B. herangezogen werden, wenn der Wasserandrang für eine allseits von Brunnen umschlossene rechteckige Baugrube mit der Umschließungslänge l_{U} und der Umschließungsbreite b_{U} im Rahmen einer Vorberechnung näherungsweise ermittelt werden soll. Gilt in einem solchen Fall für das Verhältnis der Umschließungsabmessungen $m = l_{\text{U}}/b_{\text{U}} \approx 1$, stellt die Größe r_{A} nach *Weber* [308] den Radius eines flächengleichen Ersatzkreises der Baugrubenumschließungsfläche $A = l_{\text{U}} \cdot b_{\text{U}}$ dar und berechnet sich zu

$$r_{\text{A}} = \sqrt{\frac{A}{\pi}} \qquad \text{Gl. 8-90}$$

Für Vorberechnungen bei Baugruben mit dem Seitenverhältnis $m = l_{\text{U}}/b_{\text{U}} \gg 1$ muss von der Flächengleichheit abgewichen werden. r_{A} ist dann durch

$$r_{\text{A}}' = \eta \cdot b_{\text{U}} \qquad \text{Gl. 8-91}$$

zu ersetzen. Der von *Weber* [308] angegebene Faktor η kann mit sehr guter Näherung durch

$$\eta = 0{,}2 \cdot m + 0{,}37 \qquad \text{Gl. 8-92}$$

ermittelt werden.

Bei sehr schmalen Baugruben (z. B. Leitungsgräben) mit einzelnen Brunnenreihen der Länge L ist in Gl. 8-88 für r_{A} die Größe

$$r_{\text{A}} = \frac{L}{3} \qquad \text{Gl. 8-93}$$

zu setzen. In Gl. 8-88 erfasst h dann den Wasserstand am Ende der Brunnenreihe.

8.10.10 Benetzte Filterflächenhöhe *h'* eines Anlagebrunnens

Die Eintauchtiefe H eines zu einer Brunnenanlage gehörenden Einzelbrunnens kann bei Baugruben durch die Summe

$$H = s + s_{\text{EB}} + h' = s + h \qquad \text{Gl. 8-94}$$

angegeben werden (Bild 8-44). Die einzelnen Summanden der Gleichung sind

- s Absenkung (Grundwasserscheitel sollten 0,5 bis 1 m unter der Baugrubensohle liegen)
- s_{EB} Höhendifferenz zwischen Wasserstand am Brunnenrand und abgesenktem Grundwasserspiegel im meist zwischen zwei Brunnen liegenden ungünstigsten Punkt
- h' benetzte Filterflächenhöhe (legt Fassungsvermögen q des einzelnen Brunnens fest)

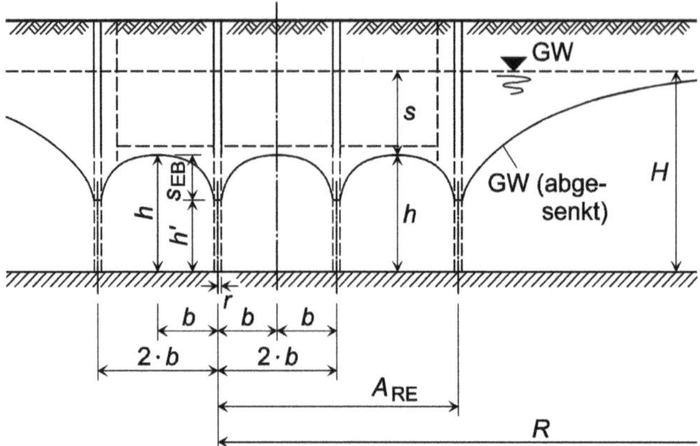

Bild 8-44 Größe s_{EB} in einer Mehrbrunnenanlage (nach [192])

Zu Beginn des Entwurfs einer Brunnenanlage sind von diesen Summanden nur die zu fordernde Absenkungsgröße s des „Ersatzbrunnens" und damit auch die Größe von h bekannt. Mit Gl. 8-88 lässt sich dann zwar die Fördermenge q_{ges} der Gesamtanlage näherungsweise ermitteln, nicht aber die von den Summanden h' bzw. s_{EB} abhängige erforderliche Pumpleistung q_i der Einzelbrunnen. Erst die Schätzung der Größe s_{EB} und damit von h' lässt die Berechnung von q_i mittels Gl. 8-73 zu und damit auch die Ermittlung der für die Absenkung erforderlichen Brunnenanzahl

$$n = \frac{q_{ges}}{q_i} \qquad \text{Gl. 8-95}$$

Nach Festlegung der geometrischen Positionen aller n Brunnen kann die Überprüfung und die in aller Regel erforderliche Korrektur der mit Hilfe der Schätzwerte entworfenen Anlage erfolgen. Die von der Gesamtanlage zu fördernde Grundwassermenge ist dann mit der Mehrbrunnenformel von *Forchheimer* (Gl. 8-86) für den ungünstigsten Absenkpunkt (zu ihm gehört max q_{ges}) zu berechnen. Die zur Ermittlung des Fassungsvermögens der Einzelbrunnen erforderliche Höhendifferenz s_{EB} kann nach [192] mit

$$s_{EB} = h - \sqrt{h^2 - \frac{1{,}5 \cdot q \cdot (\ln b - \ln r)}{\pi \cdot k}} \qquad \text{Gl. 8-96}$$

erfolgen. Der in dieser Gleichung verwendete Erfahrungswert 1,5 ist für halbe Brunnenabstände mit der Größe $b > \pi \cdot r \cdot 5$ einzusetzen. Bei relativ kleinen Abstandswerten von $b \approx \pi \cdot r \cdot 5$ ist dieser Wert durch die Größe 2,0, und bei noch kleineren b-Werten durch die Größe 2,5 zu ersetzen.

Da eine Brunnenanlage mit dem Ziel entworfen wird, die erforderliche Absenkung mit einer minimalen Fördermenge zu erreichen, sind oft mehrere Vergleichsrechnungen erforderlich, was in der Praxis den Einsatz entsprechender EDV-Programme unumgänglich macht. Dies gilt auch im Hinblick auf die Berechnung für den ungünstigsten Absenkpunkt, dessen Lage in der Regel nicht von vornherein eindeutig angegeben werden kann. Sie muss deshalb durch Vergleich der Ergebnisse für verschiedene Punktlagen gefunden werden, was ebenfalls die wiederholte Durchführung entsprechender Rechnungen mit sich bringt.

Anwendungsbeispiel

Für eine Baugrube der Länge $l_B = 70{,}0$ m, der Breite $b_B = 38{,}0$ m und der Tiefe $t_B = 6{,}00$ m ist eine Grundwasserabsenkung mit einer aus vollkommenen Brunnen bestehenden Mehrbrunnenanlage zu konzipieren. Einen Teilschnitt der Baugrube zeigt Bild 8-45.

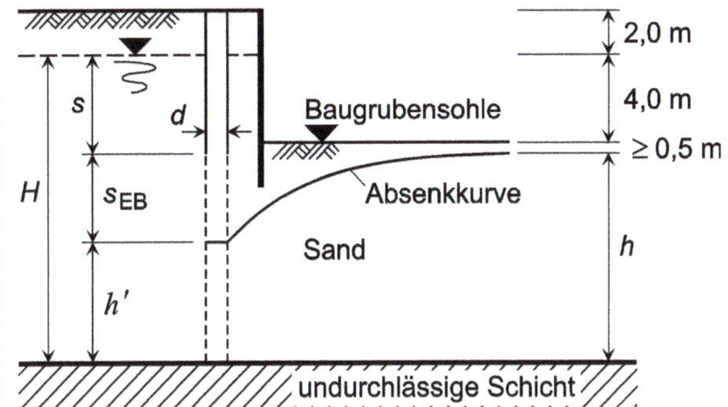

Bild 8-45 Schnitt der Baugrube mit Brunnenanordnung

Für die geplante Maßnahme ist

1) im Zuge einer Vorbemessung die Anzahl der erforderlichen Brunnen unter der Annahme zu berechnen, dass die Brunnen im Abstand von 2 m vom Verbaurand hergestellt werden,
2) die geometrische Anordnung der herzustellenden Brunnen festzulegen,
3) die entworfene Anlage zu überprüfen, wobei die lokale Absenkung s_{EB} mit dem mittleren Brunnenabstand $2 \cdot b$ und der Formel aus Gl. 8-96 zu ermitteln ist (vgl. hierzu [192]).

Für die Planung ist als Durchmesser der Filterbrunnen $d = 40$ cm zu wählen. Für die Kenngrößen der Absenkung gelten

Grundwasserhöhe	$H = 12{,}40$ m
Absenkhöhe	$s = 4{,}50$ m

und als Wasserdurchlässigkeitsbeiwert des Sandes $k = 5 \cdot 10^{-4}$ m/s.

Lösung

1. Berechnung der Anzahl der erforderlichen Brunnen (Vorbemessung)

1.1 Berechnung der Fördermenge q der Gesamtanlage

Da die Baugrube rechteckig ist, ergibt sich mit den Umschließungsabmessungen

$$l_U = l_B + 2 \cdot 2{,}0 = 70{,}0 + 4{,}0 = 74{,}0 \text{ m}$$
$$b_U = b_B + 2 \cdot 2{,}0 = 38{,}0 + 4{,}0 = 42{,}0 \text{ m}$$

sowie dem Seitenverhältnis

$$m = \frac{l_U}{b_U} = \frac{74{,}0}{42{,}0} = 1{,}762 \quad » 1$$

als Radius des Ersatzkreises der Mehrbrunnenanlage (Gl. 8-91 und Gl. 8-92)

$$r_A' = \eta \cdot b_U = (0{,}2 \cdot m + 0{,}37) \cdot b_U = (0{,}2 \cdot 1{,}762 + 0{,}37) \cdot 42{,}0 = 30{,}34 \text{ m}$$

Mit der Höhe des abgesenkten Grundwasserspiegels (Bild 8-45)

$$h = 12{,}4 - 4{,}0 - 0{,}5 = 7{,}9 \text{ m}$$

in der Mitte des nach *Forchheimer* zu betrachtenden „Ersatzbrunnens" berechnet sich nach *Sichardt* die Reichweite dieses Ersatzbrunnens zu (Gl. 8-78 und Gl. 8-89)

$$R = 3000 \cdot s \cdot \sqrt{k} = 3000 \cdot (H - h) \cdot \sqrt{k} = 3000 \cdot (12{,}40 - 7{,}90) \cdot \sqrt{5 \cdot 10^{-4}} = 301{,}87\ \text{m}$$

Mit den ermittelten Größen ergibt sich als Näherungswert der gesuchten Fördermenge der in einem stationären Zustand arbeitenden Gesamtanlage (Gl. 8-88)

$$q_{\text{ges}} = \frac{\pi \cdot k \cdot (H^2 - h^2)}{\ln R - \ln r_A'} = \frac{\pi \cdot 5 \cdot 10^{-4} \cdot (12{,}40^2 - 7{,}90^2)}{\ln 301{,}87 - \ln 30{,}34} = 0{,}0625\ \text{m}^3/\text{s} = 62{,}5\ \text{Liter/s}$$

Um das Absenkziel schneller erreichen zu können, wird für die Dimensionierung der Brunnenanzahl im Folgenden mit einer 10 %igen Erhöhung von q auf

$$\max q_{\text{ges}} = 1{,}1 \cdot q_{\text{ges}} = 1{,}1 \cdot 0{,}0625 = 0{,}0687\ \text{m}^3/\text{s} = 68{,}7\ \text{Liter/s}$$

gerechnet.

1.2 Ermittlung des geschätzten Fassungsvermögens q_i eines Einzelbrunnens

Zur Ermittlung des Fassungsvermögens q_i eines Einzelbrunnens wird die Höhe s_{EB} des lokalen Absenktrichters eines einzelnen Brunnens auf 3,0 m geschätzt, sodass sich die benetzte Filterhöhe eines einzelnen Brunnens zu

$$h' = h - s_{\text{EB}} = 7{,}90 - 3{,}00 = 4{,}90\ \text{m}$$

ergibt (Bild 8-45). Mit dieser Größe und dem Radius der Filterbrunnen

$$r = \frac{d}{2} = \frac{0{,}4}{2} = 0{,}2\ \text{m}$$

errechnet sich nach *Sichardt* das Fassungsvermögen eines vollkommenen Einzelbrunnens mit freiem Grundwasserspiegel durch (Gl. 8-73)

$$q_i = \frac{\sqrt{k}}{15} \cdot 2 \cdot \pi \cdot r \cdot h' = \frac{\sqrt{5{,}0 \cdot 10^{-4}}}{15} \cdot 2 \cdot \pi \cdot 0{,}2 \cdot 4{,}90 = 0{,}0092\ \text{m}^3/\text{s} = 9{,}2\ \text{Liter/s}$$

1.3 Erforderliche Brunnenanzahl auf der Basis des geschätzten q_i-Werts

Mit der von *Forchheimer* getroffenen Voraussetzung, dass aus jedem Brunnen der Anlage die gleiche Wassermenge gefördert wird, sind mit den Größen max q und q_i insgesamt

$$n = \frac{\max q_{\text{ges}}}{q_i} = \frac{0{,}0687}{0{,}0092} = 7{,}5 \quad \Rightarrow \quad \text{Wahl von} \quad n = 8\ \text{Brunnen}$$

erforderlich.

2. Festlegung der geometrischen Anordnung der herzustellenden Brunnen

Bei der geometrischen Anordnung der Brunnen ist zu beachten, dass zunächst Brunnen an den vom Mittelpunkt der Baugrube entferntesten Stellen vorzusehen sind. Die restlichen Brunnen werden dann möglichst gleichmäßig um die Baugrube verteilt (Bild 8-46).

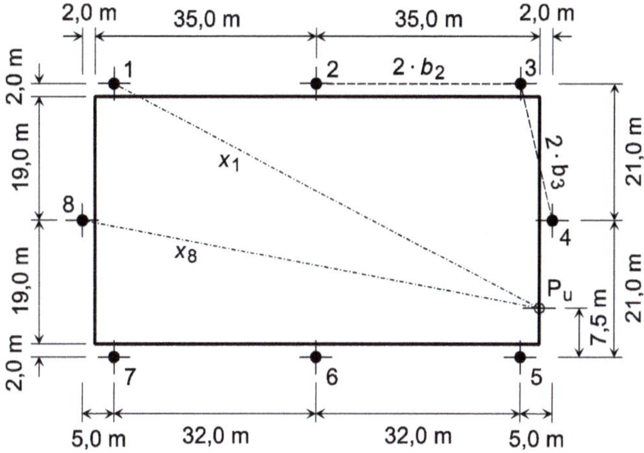

Bild 8-46 Gewählte Anordnung der 8 Brunnen

3. Überprüfung der entworfenen Anlage

Für die gewählte Brunnenanordnung ist sicherzustellen, dass das abgesenkte Grundwasser überall ≥ 0,5 m unterhalb der Baugrubensohle steht.

Es genügt, die Überprüfung der gewählten Brunnenanlage für den ungünstigsten Absenkpunkt P_u durchzuführen. Dieser liegt im Allgemeinen im Eckbereich zwischen zwei Brunnen (im Zweifelsfall müssen mehrere Punkte untersucht werden). Im vorliegenden Fall erfolgt die Untersuchung für das Beispiel des in Bild 8-46 eingezeichneten Punkts P_u.

Mit den zum Punkt P_u gehörenden x-Koordinaten der einzelnen Brunnen (Bild 8-46) und den zugehörigen ln-Werten

$x_1 = 75{,}36\,\text{m} \quad \Rightarrow \quad \ln x_1 = 4{,}322$

$x_2 = 49{,}15\,\text{m} \quad \Rightarrow \quad \ln x_2 = 3{,}895$

$x_3 = 34{,}63\,\text{m} \quad \Rightarrow \quad \ln x_3 = 3{,}545$

$x_4 = 13{,}65\,\text{m} \quad \Rightarrow \quad \ln x_4 = 2{,}614$

$x_5 = 8{,}08\,\text{m} \quad \Rightarrow \quad \ln x_5 = 2{,}089$

$x_6 = 35{,}80\,\text{m} \quad \Rightarrow \quad \ln x_6 = 3{,}578$

$x_7 = 67{,}42\,\text{m} \quad \Rightarrow \quad \ln x_7 = 4{,}211$

$x_8 = 73{,}26\,\text{m} \quad \Rightarrow \quad \ln x_8 = 4{,}294$

ergibt sich

$$\frac{1}{n} \cdot \sum_{i=1}^{n} \ln x_i = \frac{1}{8} \cdot \sum_{i=1}^{8} \ln x_i = \frac{1}{8} \cdot 28{,}55 = 3{,}568$$

3.1 Fördermenge der Anlage bei der Absenkung $s = 4{,}5$ m im Punkt P_u

Unter der Voraussetzung, dass im Punkt P_u um das Mindestmaß $s = 4{,}5$ m abgesenkt wurde, ergibt sich mit der *Forchheimer*'schen Mehrbrunnenformel (Gl. 8-86) die Fördermenge der Anlage zu

$$q_{ges} = \frac{\pi \cdot k \cdot (H^2 - h^2)}{\ln R - \frac{1}{n} \cdot \sum_{i=1}^{n} \ln x_i} = \frac{\pi \cdot 5 \cdot 10^{-4} \cdot (12{,}4^2 - 7{,}9^2)}{\ln 301{,}9 - 3{,}568} = 0{,}0670 \text{ m}^3\text{/s} = 67{,}0 \text{ Liter/s}$$

Damit müssen die 8 Einzelbrunnen mindestens ein Fassungsvermögen von jeweils

$$q_i = \frac{q_{ges}}{8} = \frac{0{,}067}{8} = 0{,}0084 \text{ m}^3\text{/s} = 8{,}4 \text{ Liter/s}$$

und bei 10 %iger Erhöhung zur schnelleren Erreichung des Absenkziels

$$\text{erf}\, q_i = 1{,}1 \cdot q_i = 1{,}1 \cdot 0{,}0084 = 0{,}0092 \text{ m}^3\text{/s} = 9{,}2 \text{ Liter/s}$$

besitzen.

3.2 Fassungsvermögen der Einzelbrunnen

Bei einem mittleren halben Brunnenabstand von

$$b = \frac{1}{2} \cdot \frac{1}{8} \cdot \sum_{i=1}^{8} 2 \cdot b_i = \frac{32{,}0 + 32{,}0 + 21{,}59 + 21{,}59 + 32{,}0 + 32{,}0 + 21{,}59 + 21{,}59}{2 \cdot 8} = 13{,}40 \text{ m}$$

(Bild 8-46) und dem zulässigen Wasserstand an der ungünstigsten Stelle

$$\text{zul}\, h = 7{,}90 \text{ m}$$

beträgt die lokale Absenkung an einem Einzelbrunnen (da $b = 13{,}4 \text{ m} > \pi \cdot r \cdot 5 = 3{,}14 \text{ m}$)

$$s_{EB} = \text{zul}\, h - \sqrt{\text{zul}\, h^2 - \frac{1{,}5 \cdot \text{erf}\, q_i \cdot (\ln b - \ln r)}{\pi \cdot k}}$$

$$= 7{,}9 - \sqrt{7{,}9^2 - \frac{1{,}5 \cdot 0{,}0092 \cdot (\ln 13{,}40 - \ln 0{,}2)}{\pi \cdot 5 \cdot 10^{-4}}} = 7{,}9 - 5{,}04 = 2{,}86 \text{ m}$$

Mit $s_{EB} = 2{,}86$ m verbleibt die benetzte Filterhöhe

$$h' = 7{,}9 - 2{,}86 = 5{,}04 \text{ m}$$

mit der sich nach *Sichardt* das Fassungsvermögen (Gl. 8-73)

$$q_i = \frac{\sqrt{k}}{15} \cdot 2 \cdot \pi \cdot r \cdot h' = \frac{\sqrt{5{,}0 \cdot 10^{-4}}}{15} \cdot 2 \cdot \pi \cdot 0{,}2 \cdot 5{,}4 = 0{,}0094 \text{ m}^3\text{/s} = 9{,}4 \text{ Liter/s} > 9{,}2 \text{ Liter/s}$$

des einzelnen Brunnens der Anlage ergibt.

Handelt es sich bei dem für die Nachrechnung verwendeten Punkt P_u tatsächlich um den ungünstigsten Punkt der Anlage, ist die gewählte Brunnenanlage ausreichend bemessen.

8.10.11 Unvollkommene Brunnen

Im Gegensatz zu den vollkommenen Brunnen stehen die häufig vorkommenden unvollkommenen Brunnen nicht auf einer undurchlässigen Schicht auf und erfassen somit nicht die ganze Mächtigkeit des Grundwasserleiters (Bild 8-47).

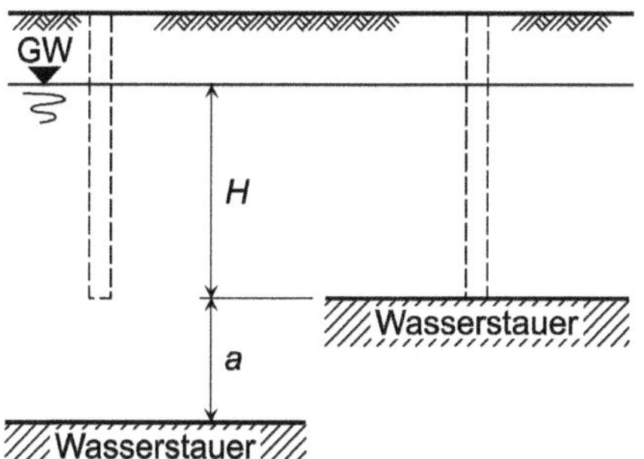

Bild 8-47 Unvollkommener (links) und vollkommener (rechts) Brunnen mit der Beziehung der Zuflussmengen $Q_{unvollkommen} > Q_{vollkommen}$

Ist die Zuflussmenge Q solcher Brunnen zu berechnen, lässt sich anhand von Untersuchungen zeigen, dass sich unzulässig kleine Werte ergäben, wenn mit den für vollkommene Brunnen geltenden Formeln gerechnet würde. Der Grund hierfür ist der zusätzliche Zufluss von unten, der die zuströmende Wassermenge erhöht. Da diese Zuflussvergrößerung den Verlauf der Absenkkurve nicht verändert, können zur Berechnung von Zuflussmenge Q und Wasserspiegelverlauf in der Praxis die zu vollkommenen Brunnen gehörenden Gleichungen benutzt werden, wenn die zu erwartende Erhöhung von Q durch Zuschläge berücksichtigt wird. Die Größe der Zuschläge ist vom Abstand a zwischen Brunnensohle und undurchlässiger Schicht (Bild 8-47) abhängig. Dabei sind nach *Rappert* [259] die Zuflussgrößen

$$Q_{\text{unvollkommen}} = 1{,}1 \cdot Q_{\text{vollkommen}} \quad \text{für} \quad a = H$$
$$Q_{\text{unvollkommen}} = 1{,}3 \cdot Q_{\text{vollkommen}} \quad \text{für} \quad a > 2 \cdot H \qquad \text{Gl. 8-97}$$

als Grenzwerte zu betrachten (bezüglich der Größen a und der Einbautiefe H siehe Bild 8-47).

Ebenfalls nach *Rappert* [259] liefert die von *Széchy* [300] angegebene Formel

$$Q = \frac{\pi \cdot k \cdot (y_2^2 - y_1^2)}{\ln x_1 - \ln x_2} + \frac{\pi \cdot k \cdot a \cdot (y_2 - y_1)}{\ln x_1 - \ln x_2} \qquad \text{Gl. 8-98}$$

gute Ergebnisse, besonders für sehr durchlässige Böden. Die Gleichung gilt unter der Voraussetzung einer gleich großen Wasserdurchlässigkeit in vertikaler und horizontaler Richtung. Genauere Untersuchungen unvollkommener Brunnen sind nur unter Anwendung der Potenzialtheorie möglich.

8.10.12 Einfluss der Eintauchtiefe von wasserdichten Baugrubenwänden

Im Folgenden wird der Einfluss der Eintauchtiefen wasserdichter Baugrubenwände (z. B. Spundwände) auf den Zufluss Q zu gestützten Baugruben behandelt.

Wird eine Baugrube in einem offenen Gewässer so hergestellt, dass die Baugrubenwände in einen ggf. vorhandenen Wasserstauer tief einbinden, ist nach der Trockenlegung der Baugrube nur noch eine Restwasserhaltung erforderlich (unvermeidbare Undichtigkeiten in Wänden und geringer Zufluss durch den nie vollständig dichten Stauer). Reichen die Baugrubenwände jedoch nicht bis zu dem Stauer (Bild 8-48), kann, bei Baugruben mit kleinen Grundflächen A, die zuströmende Wassermenge mit Hilfe der Näherungsgleichung

$$Q = k \cdot \frac{h}{t_1 + t_2} \cdot A \qquad \text{Gl. 8-99}$$

ermittelt werden. Auf die Möglichkeit, den Durchlässigkeitsbeiwert *k* wegen der vorwiegend vertikalen Durchströmung abzumindern (vgl. z. B. [309]), sollte aus Sicherheitsgründen verzichtet werden. Reichen die Wände bis dicht an die stauende Schicht, lässt sich die mit Gl. 8-99 ermittelte Größe *Q* abmindern (siehe hierzu auch die nachfolgenden Ausführungen).

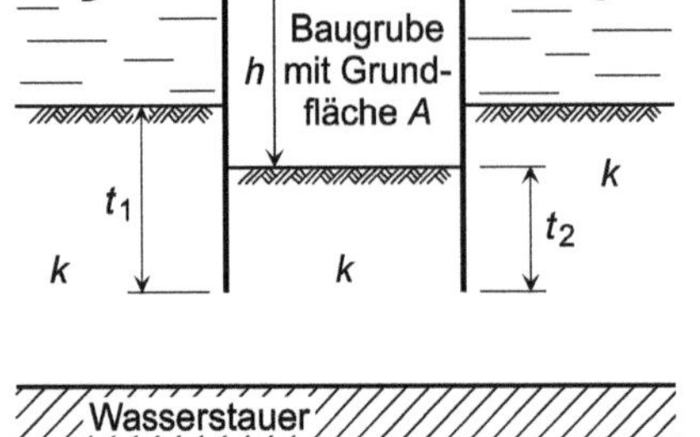

Bild 8-48 Absenkung in einem Gewässer bei undichter Baugrubensohle und einheitlichem Baugrund mit dem Durchlässigkeitsbeiwert *k*

Weisen die Baugruben große Grundflächen auf, ist die zuströmende Wassermenge mit Hilfe entsprechender Strömungsnetze zu ermitteln. In allen Fällen ist für eine hinreichende Sicherheit gegen hydraulischen Grundbruch zu sorgen (siehe Abschnitt 8.3).

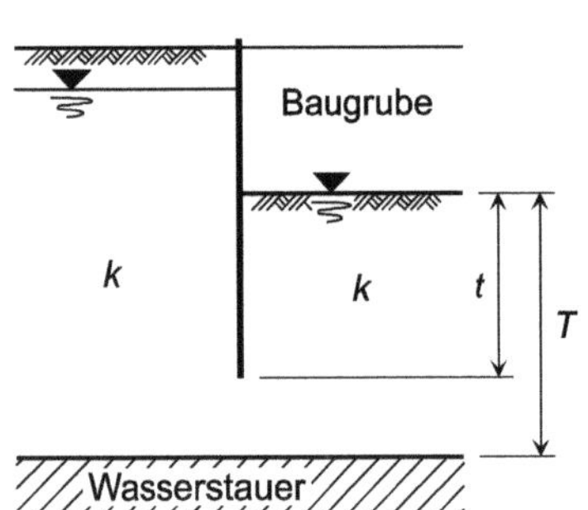

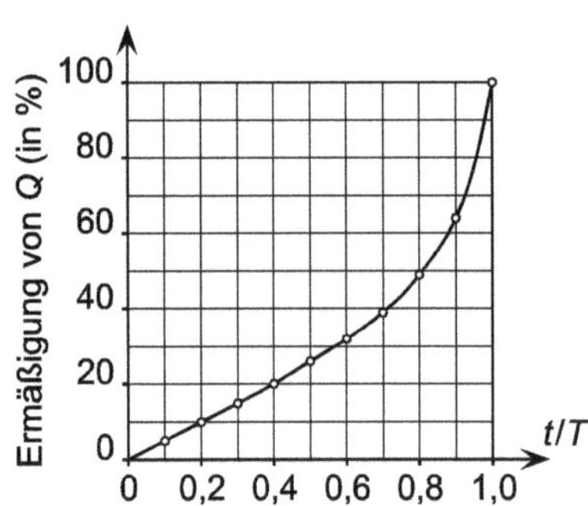

Bild 8-49 Der Einfluss von Spundwänden auf die Grundwasserabsenkung (nach [309])

Bei Baugruben, in denen die zur Wasserhaltung erforderlichen Brunnen innerhalb der Baugrubenwände angeordnet sind und die Wände in den abgesenkten Grundwasserstrom eintauchen, bildet sich ein leichter Stau. Dieser führt dazu, dass das Wasser durch den eingeengten Bereich gedrückt wird. Die so erzeugte Drosselung des Zuflusses *Q* wirkt sich allerdings erst dann nennenswert aus, wenn die Wandunterkante bis dicht über die undurchlässige Schicht reicht. Nach *Weber* [309] ist die Ermäßigung von *Q* gemäß Bild 8-49 von dem Verhältnis *t*/*T* abhängig. Die im rechten Teil der Abbildung gezeigte Kurve verbindet die in [309] angegebenen Stützstellenwerte für die Abminderungsbeziehung, die für jede Bodenart gilt und somit unabhängig ist von der Größe des jeweiligen *k*-Werts.

Liegen die Absenkbrunnen nicht innerhalb, sondern außerhalb der Baugrubenumschließung, verursachen die Wände keine Veränderung der zum Erreichen des Absenkziels zu fördernden Wassermenge.

8.10.13 **Durchlässigkeitsbeiwert, Probewasserabsenkung**

Die Betrachtung der Formeln für die Berechnung des Wasserzuflusses *Q* und der Reichweite *R* zeigt, dass der Durchlässigkeitsbeiwert *k* nicht nur als linearer Faktor in den Berechnungsformeln für *Q* auftritt, sondern auch in den Formeln für *R* zu finden ist. Der Beiwert *k* ist somit die wichtigste Größe bei der Ermittlung von *Q* und damit bei der Auslegung von Grundwasserabsenkungsanlagen. Die möglichst wirklichkeitsnahe Bestimmung des *k*-Werts ist deshalb von besonders hoher Bedeutung.

Aus diesen Gründen ist insbesondere für größere Absenkungen eine im Baugelände durchzuführende Probegrundwasserabsenkung sehr zu empfehlen (Bild 8-50), da sich mit ihr, in Ergänzung zu den üblichen Labor- und Feldmessungen, ein mittlerer *k*-Wert bestimmen lässt.

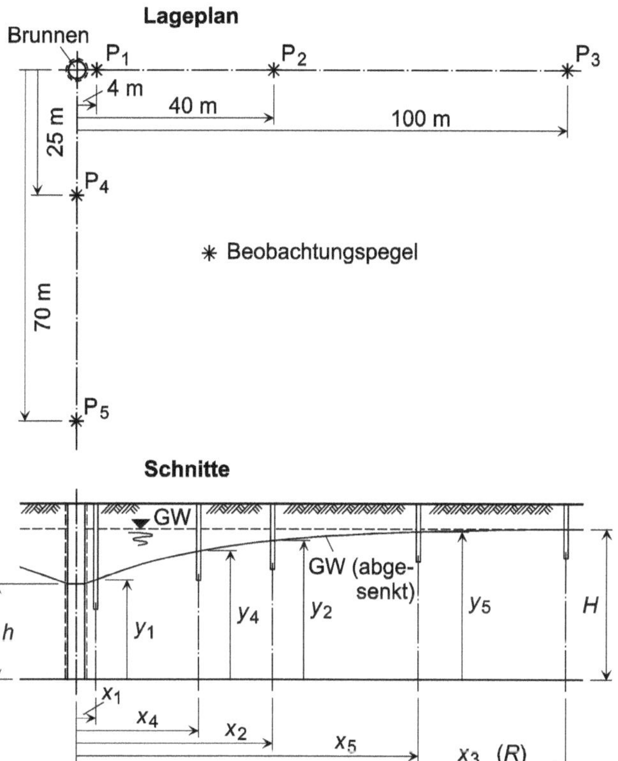

Bild 8-50 Brunnen und Beobachtungspegel für Pumpversuche (nach [259])

Der Grundwasserentnahmebrunnen für die Probeabsenkung und die in verschiedenen Abständen vom Brunnen eingebrachten Beobachtungsrohre sollten so angelegt werden, dass sie auch für die spätere endgültige Anlage und die Kontrolle des zugehörigen Absenkungsvorganges verwendet werden können. Um alle bei der späteren Absenkung durchströmten Bodenschichten zu erfassen, muss die Tiefe des Entnahmebrunnens der Tiefe der späteren Brunnenkonstruktion entsprechen.

Nach [192] sollte die Tiefe der Probeabsenkung mindestens 2 m, besser 30 bis 40 % der geplanten Absenkungstiefe betragen und zu einem stationären Zustand führen, der als erreicht anzusehen ist, wenn in einem ≈ 100 m entfernten Beobachtungsrohr die Veränderung der Wasserspiegelhöhe infolge des Pumpens ≤ 10 cm ist (vgl. [259]). Auf die letzte Forderung kann u. U. verzichtet werden, wenn das raumzeitliche Verhalten des Absenktrichters berücksichtigt wird. Bei entsprechender Auswertung der Messergebnisse genügt dann, bei Grundwasserspiegeln mit freier Oberfläche, eine Laufzeit der Anlage von ≈ 24 bis 36 Stunden (vgl. [192]).

Mit den bei der Probegrundwasserabsenkung gewonnenen Messdaten

- der Wasserstände im Entnahmebrunnen und in den Beobachtungsrohren vor Absenkungsbeginn,
- der entnommenen Wassermenge q und der Wasserstände, die nach Absenkungsbeginn in Abständen von 12 Stunden (vgl. [259]) ermittelt werden,

kann die Berechnung der Durchlässigkeitsbeiwerte mit der Beziehung

$$k = \frac{q}{\pi} \cdot \frac{\ln x_2 - \ln x_1}{y_2^2 - y_1^2} \qquad \text{Gl. 8-100}$$

erfolgen, die sich für $Q = q$ aus den Ausführungen des Abschnitts 8.10.4 ergibt. Für die Absenkungsauswertung sind daher, neben der Entnahmemenge q, die Wasserstände und die Entfernungen vom Entnahmebrunnen von jeweils zwei Messbrunnen heranzuziehen.

Sind mehr als zwei Messbrunnen vorhanden, lassen sich zu den verschiedenen Brunnen-Kombinationen k-Werte berechnen, deren Mittelwert als der für die Baustelle gültige Durchlässigkeitsbeiwert zu betrachten ist. Da die einzelnen k-Werte bei sehr inhomogenen Bodenverhältnissen weit streuen können, muss bei großen Ergebnisunterschieden durch weitere Untersuchungen (Probebohrungen) den diesbezüglichen Ursachen nachgegangen werden.

Muss unregelmäßiger Zulauf zur Baustelle angenommen werden, z. B. beim möglichen Einfluss offener Gewässer, empfiehlt sich die Anordnung der Beobachtungspegel in einem Achsenkreuz, in dessen Ästen jeweils mindestens drei dieser Pegel stehen sollten. Die getrennte Auswertung der Brunnen in den einzelnen Richtungen ermöglicht dann eine genauere Durchlässigkeitsbeurteilung.

Weitere Einzelheiten zu Probeabsenkungen können z. B. [175], Kap. 2.10, [192] und [259] entnommen werden.

8.10.14 Wasserabfluss bei Versickerung

Im Gegensatz zum Entnahmebrunnen, bei dem sich im Grundwasser mit freier Oberfläche ein Entnahmetrichter ausbildet (Bild 8-38), stellt sich bei Versickerungsbrunnen (auch Wiederversickerungsbrunnen) ein Aufstaukegel ein (Bild 8-51).

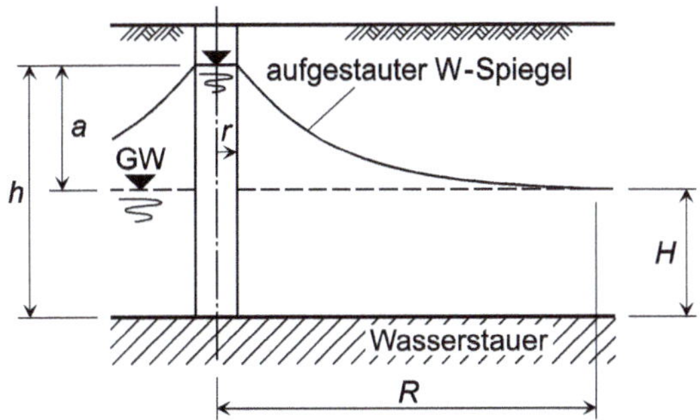

Bild 8-51 Versickerungsbrunnen bei ruhendem Grundwasser mit freier Oberfläche (nach [191])

Zur Erfassung des Wasserabflusses aus einem Aufstaukegel, der zu einem einzelnen Brunnen gehört, kann nach [191] auf Gl. 8-65 zurückgegriffen werden.

Wird in dieser Gleichung der zum Entnahmebrunnen gehörende Wasserzufluss Q durch den zum Sickerbrunnen gehörenden Wasserabfluss Q_S in Form von

$$Q = -Q_s \qquad \text{Gl. 8-101}$$

und die Absenktiefe s durch die Aufstauhöhe a in Form von

$$s = -a \qquad \text{Gl. 8-102}$$

ersetzt, ergibt sich für h der Ausdruck

$$h = H + a \qquad \text{Gl. 8-103}$$

und damit die Gleichung

$$-Q_s = \frac{\eth \cdot k \cdot [H^2 - (H-a)^2]}{\ln R - \ln r} \quad \Rightarrow \quad Q_s = \frac{\eth \cdot k \cdot (2 \cdot H \cdot a + a^2)}{\ln R - \ln r} \qquad \text{Gl. 8-104}$$

Liegt statt des freien ein gespannter Grundwasserspiegel vor, ergibt sich die in Bild 8-52 dargestellte Situation.

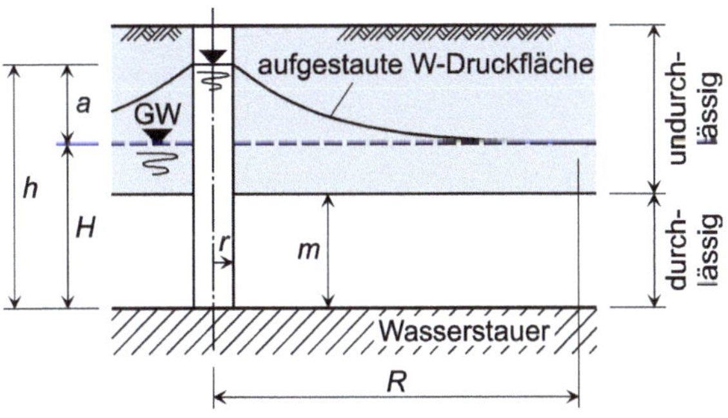

Bild 8-52 Versickerungsbrunnen bei ruhendem Grundwasser mit gespannter Oberfläche (nach [191])

Für diesen Fall kann, nach [191] und in Analogie zum freien Grundwasserspiegel, auf Gl. 8-71 Bezug genommen werden. Aus ihr ergibt sich mit

$$Q = -Q_s$$

und

$$s = -a$$

die Gleichung

$$-Q_{\mathrm{s}} = \frac{2 \cdot \pi \cdot k \cdot m \cdot (-a)}{\ln R - \ln r}$$

und daraus die Gleichung

$$Q_{\mathrm{s}} = \frac{2 \cdot \pi \cdot k \cdot m \cdot a}{\ln R - \ln r}$$

für den Wasserabfluss bei gespannter Grundwasseroberfläche.

9 Stützmauern (Gewichtsstützwände)

9.1 Allgemeines

Stützmauern dienen, neben Stützwänden und aufgelösten Stützkonstruktionen, zur Sicherung von Geländesprüngen, wie sie etwa bei Einschnitten und Dämmen vorkommen. Sie werden u. a. dann angewendet, wenn die Herstellung einer standsicheren Böschung nicht möglich oder, z. B. wegen hoher Grundstückspreise für das betreffende Gelände, wirtschaftlich nicht vertretbar ist. Die dabei auftretenden Einwirkungen aus Erddruck, Eigenlast usw. müssen bei Stützmauern über die Mauersohle (Bild 9-1 a)) auf den Baugrund übertragen werden. Im Gegensatz dazu werden sie, nach [180], Kap. 3.9, bei Stützwänden (z. B. Spund- und Schlitzwänden) auch über Anker, Steifen usw. (Bild 9-1 b)) in das Erdreich eingeleitet.

Hinweis: die im Folgenden als „Schwergewichtsmauern" und „Winkelstützmauern" bezeichneten Konstruktionen werden in DIN EN 1997-1, 9.1.2.1 als „Gewichtsstützwände" bezeichnet. Die oben beschriebenen „Stützwände" werden in DIN EN 1997-1, 9.1.2.2 als „im Boden einbindende Wände" bezeichnet.

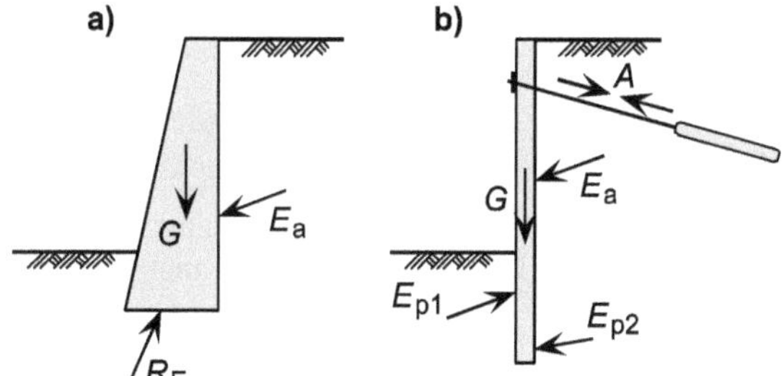

Bild 9-1 Abtragung der Einwirkungen bei Stützmauern (a) und Stützwänden (b)

Für die Einstufung von Stützmauern in Geotechnische Kategorien gilt nach DIN 1054, A 9.1.3 z. B. die Zuordnung zur

- Kategorie GK 1 für Stützbauwerke bei Geländesprunghöhen ≤ 2 m, hinter denen keine hohen Auflasten wirken,
- Kategorie GK 2 für Stützbauwerke bei Geländesprunghöhen ≤ 10 m,
- Kategorie GK 3 für Stützbauwerke bei Geländesprunghöhen > 10 m oder neben dicht angrenzenden, verschiebungs- bzw. setzungsempfindlichen Bauwerken.

9.2 Regelwerke und Begriffe

9.2.1 Regelwerke

Empfehlungen zur Ermittlung der Belastungen von Stützmauern durch Erddruck (insbesondere von Winkelstützmauern) sind in

- DIN 4085 [67]

zu finden.

Für die Führung der Tragfähigkeits- und Gebrauchstauglichkeitsnachweise von Stützmauern können die Normen

- DIN 1054 [44], DIN 4017 [51], DIN 4017 Beiblatt 1 [52], DIN 4084 [66], DIN EN 1997-1 [107] und DIN EN 1997-1/NA [109]

Geotechnik-Grundbau. 3. Auflage. Gerd Möller.

als Regelwerke herangezogen werden.

Auf die Ausführungen in
- EAB [140],
- den Merkblättern
  - über die Anwendung von Geokunststoffen im Erdbau des Straßenbaus, mit den Checklisten für die Anwendung von Geokunststoffen im Erdbau des Straßenbaus [236],
  - über den Einfluss der Hinterfüllung auf Bauwerke [235],
- Richtlinien für die Anlage von Straßen, Teil: Entwässerung (RAS-Ew) [262],
- ZTV E-StB 09 [331],
- ZTV Ew-StB 91 [329]

kann u. a. hinsichtlich Hinterfüllungs- und Entwässerungsmaßnahmen zurückgegriffen werden.

9.2.2 Begriffe

Hinterfüllung Teil des anstehenden Bodens, der für die Zeit der Herstellung der Stützmauer entfernt und nach ihrer Fertigstellung wieder verfüllt wird, sofern dieser Boden als Hinterfüllmaterial geeignet ist (siehe hierzu auch [235] und EAU [142], E 73).

Sporn mit dem stützenden Mauerteil biegesteif verbundene Fußplatte, die in Abhängigkeit von ihrer Lage als „Bergsporn“ oder „Talsporn“ zu bezeichnen ist (Bild 9-2).

Konsole mit dem stützenden Mauerteil biegesteif verbundene Kragplatte, die in Abhängigkeit von ihrer Lage als „Bergkonsole“ (auch „Tornister“ genannt) oder „Talkonsole“ zu bezeichnen ist (Bild 9-2).

Rippe aussteifendes scheibenförmiges (auch pfeilerartiges) Konstruktionselement, das orthogonal zu dem stützenden Mauerteil angeordnet ist und dessen Biegesteifigkeit wesentlich erhöht (Bild 9-2).

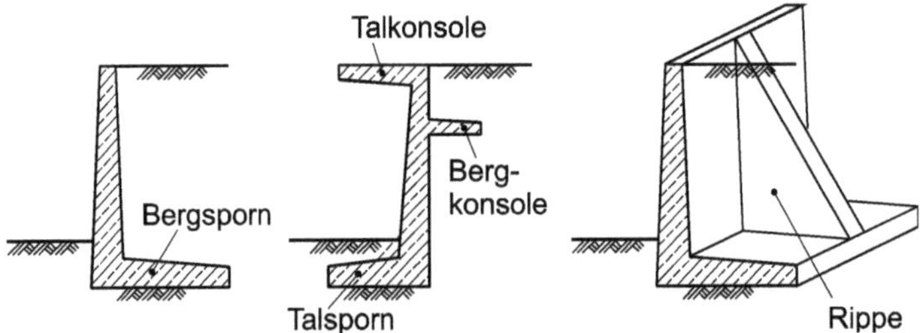

Bild 9-2 Konstruktionselemente „Konsole“, „Sporn“ und „Rippe“ bei Stützmauern

9.3 Bedingungen und Gesichtspunkte beim Entwurf

9.3.1 Allgemeine Bedingungen

Im Rahmen der Planung sind alle die Bedingungen zu klären, die Einfluss haben auf die Wahl des Mauertyps und seine konstruktive Gestaltung. Hierzu gehören u. a.

- die Höhenlage des Geländes, von der es abhängt, ob der geplante Geländesprung mit einem Auf- oder Abtrag von Bodenmaterial verbunden ist und ob das Gelände vor und hinter der Stützmauer Gefälle besitzt,

- die Existenz besonderer Gegebenheiten wie etwa Quellen oder Bäche, durch die die Bauarbeiten und die fertige Mauerkonstruktion beeinflusst werden können,
- Bedingungen, die Grundwasserbewegungen herbeiführen können (führen ggf. zu erforderlichen Dränagemaßnahmen),
- die Rechtssituation hinsichtlich der durch die Baumaßnahmen und die eigentliche Stützkonstruktion betroffenen Geländebereiche (Naturschutz, Landschaftspflege, Nutzungsanforderungen aus Land- und Forstwirtschaft, benachbarte Gebäude und/oder Verkehrswege, kreuzende Leitungen usw.),
- Forderungen bezüglich des visuellen Erscheinungsbilds der Stützkonstruktion (Landschaftsgestaltung usw.),
- die Kosten für Grund und Boden (nicht nutzbare Fläche möglichst klein halten),
- der Abstand zu vorhandener Nachbarbebauung (insbesondere zu verschiebungs- oder setzungsempfindlichen Bauwerken),
- der Aufbau des Baugrunds (Schichtung und Grundwassersituation),
- vorhandene Kennwerte des anstehenden Bodenmaterials wie z. B. dessen Wichte γ, Steifemodul E_s und Scherfestigkeit τ_f (fehlen solche Größen, ist für den Entwurf die Berücksichtigung der in [180], Kap. 3.9 genannten Mindestinformationen für Geländesprünge durch Auffüllung bzw. für Einschnitte zu empfehlen),
- die Tragfähigkeit und Gebrauchstauglichkeit der Stützmauer sowie ihre vorgesehene Lebensdauer,
- die Verfügbarkeit von Baumaterial (Transportwege, Lieferzeiten, Preise usw.) einschließlich der Prüfung des anstehenden Bodenmaterials auf seine Verwendbarkeit bei der Baumaßnahme (z. B. als Baustoff oder Hinterfüllmaterial),
- Möglichkeiten zur Zwischenlagerung von verwendbarem bzw. zur Deponierung von unbrauchbarem anstehendem Bodenmaterial,
- die Zugänglichkeit zur Baustelle und sonstige Bedingungen für den Baubetrieb,
- die zur Verfügung stehende Zeit für die Durchführung der Bauarbeiten, die Jahreszeit, in der diese stattfinden sollen und die dabei zu erwartenden klimatischen Bedingungen,
- die sich aus den verschiedenen Bauleistungen ergebenden Forderungen an den Bauablauf,
- die mit dem gewählten Mauertyp verbundenen Kosten.

Da beim Entwurf von Stützmauern und Flächengründungen oftmals gleiche Gesichtspunkte zu berücksichtigen sind, sei hinsichtlich weiterer Aspekte z. B. auf DIN EN 1997-1, 6.4 verwiesen.

9.3.2 Konstruktive Gesichtspunkte

Beim Entwurf von Stützmauern sollte dafür Sorge getragen werden, dass

- die auf die Konstruktion einwirkenden Erddrücke möglichst klein bleiben,
- bergseitig anfallendes Wasser die Mauer weder in Form von hydrostatischem Druck noch in Form von Strömungsdruck belastet,
- anstehendes Bodenmaterial ggf. auch zur Lastabtragung herangezogen wird.

Die in Bild 9-3 dargestellten Fälle erfassen

a) felsartigen Boden mit hoher effektiver Scherfestigkeit, der so zugfest ist, dass er senkrecht abgeböscht werden kann; zusätzliche Maßnahmen sind in solchen Fällen nur als Sicherung gegen Steinschlag erforderlich (z. B. Futtermauern oder Fangnetze).

b) nur bedingt standfesten Boden mit rechnerischen Böschungswinkeln β von etwa 60°. Die jeweilige Stützkonstruktion kann in solchen Fällen als Schwergewichtsmauer (zugspannungsfreier Block) hergestellt werden (Trockenmauerwerk, unbewehrter Beton usw.).

c) wenig standfesten, aber als Auflast geeigneten Boden. Böden dieser Art lassen Winkelstützkonstruktionen zu, bei denen der Bergsporn ein rückdrehendes Kragmoment überträgt (Konstruktion ist deshalb in Stahlbeton auszuführen). Alternativ kann z. B. auch ein Talsporn (Variante in Bild 9-3 c)) das rückdrehende Moment bewirken.

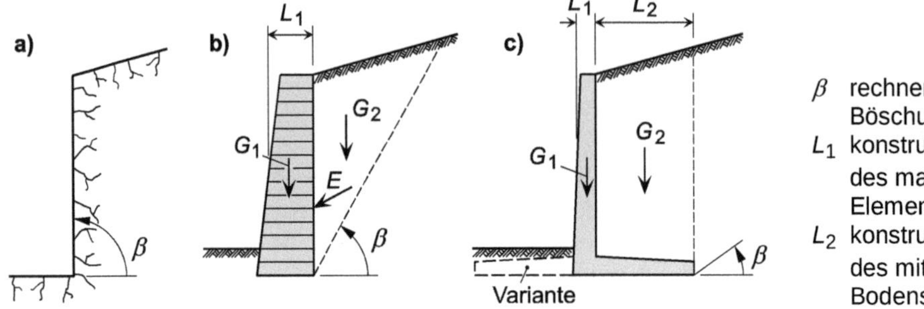

Bild 9-3 Entwicklung des Stützprinzips bei abnehmender Standsicherheit des anstehenden Bodens (nach [180], Kap. 3.9)
a) standfester Boden (großes c'), b) bedingt standfester Boden,
c) hinterfüllter Boden ($c' = 0$)

9.4 Stützmauertypen

In Abhängigkeit von Form und konstruktiver Ausgestaltung sind

- Futtermauern,
- Trockengewichtsmauern,
- Schwergewichtsmauern und
- Winkelstützmauern.

zu unterscheiden.

9.4.1 Futtermauern

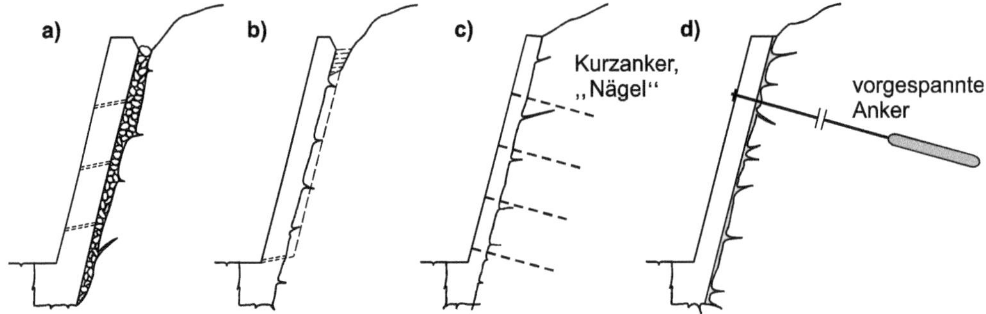

Bild 9-4 Bauarten von Futtermauern in Fels nach [182], Kap. 3.9
a) vorgesetzt, b) anbetoniert, c) angeheftet, d) verankert

Futtermauern dienen nur zum Schutz einer Böschung gegen Verwitterung, Erosion und Steinschlag. Sie übernehmen keine Stützfunktion, sondern fungieren vielmehr als Verkleidung oder Versiegelung der Bodenoberfläche, weshalb sie auch nur bei anstehenden Böden mit ausreichender Scherfestigkeit eingesetzt werden können.

Einige Bauarten von Futtermauern in Fels sind in Bild 9-4 schematisch dargestellt.

9.4.2 Trockengewichtsmauern

Stützmauern dieses Typs werden meist den Schwergewichtsmauern zugeordnet (vgl. z. B. [180], Kap. 3.9). Sie sind für die Sicherung von Geländesprüngen mit geringer Höhe geeignet und kommen heute nur noch für untergeordnete Zwecke in Frage. Trockengewichtsmauern werden aus Natursteinen (ggf. behauen) gefügt (Bild 9-5) oder aus Betonsteinen trocken gemauert.

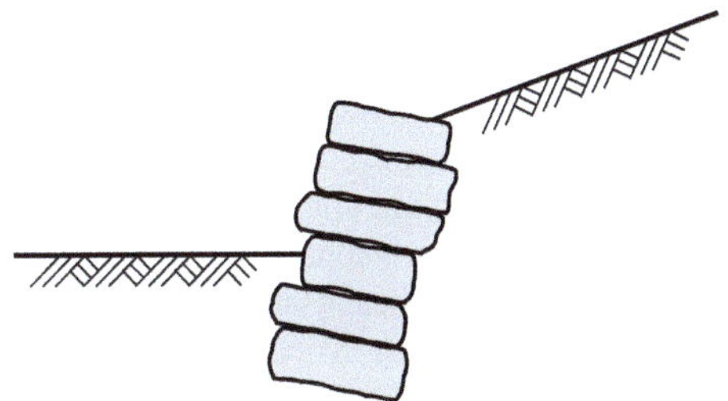

Bild 9-5 Beispiel einer Trockengewichtsmauer aus behauenen Natursteinen

9.4.3 Schwergewichtsmauern

Schwergewichtsmauern sind bezüglich ihrer Abmessungen so zu gestalten, dass die Resultierende der einwirkenden Kräfte (Eigenlast und zusätzliche Wandbelastungen) immer innerhalb des Kerns des jeweiligen Mauerquerschnitts liegt. Die Rückseiten der Mauern können senkrecht, geneigt, gebrochen oder in Stufen abgetreppt verlaufen, ihre Sohlflächen können horizontal oder auch geneigt ausgeführt werden (Bild 9-6).

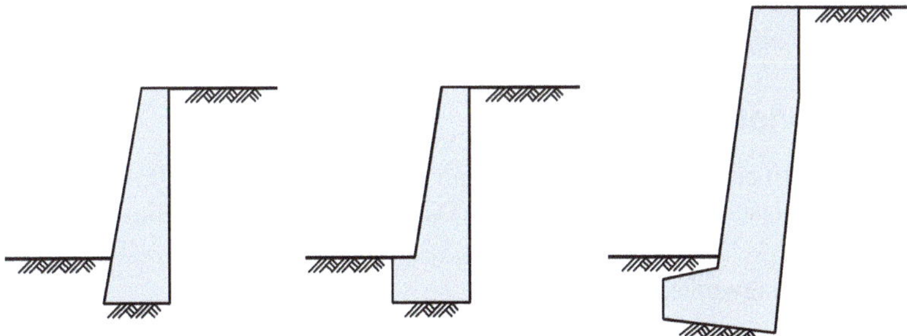

Bild 9-6 Beispiele für Querschnitte von Schwergewichtsmauern

Hergestellt werden Schwergewichtsmauern in der Regel aus unbewehrtem Beton. Ggf. erhalten sie eine leichte Zugbewehrung auf der Mauerrückseite, um eventuell dennoch auftretende Zugkräfte aufzunehmen und somit eine Rissbildung zu verhindern. Da die Herstellung große Mengen Beton erfordert, ist der Einsatz dieses Mauertyps schon seit längerer Zeit stetig zurückgegangen.

9.4.4 Winkelstützmauern

Gegenüber den Schwergewichtsmauern sind Winkelstützmauern durch schlankere Formgebungen und geringere Eigenlasten gekennzeichnet. Charakteristisch für diesen Stützmauertyp ist es, dass die Resultierenden der Normalspannungen aus der Wandbelastung (einschließlich Wandeigenlast) auch außerhalb des Kerns der jeweiligen Mauerquerschnitte liegen. Die damit verbundenen Zugspannungen werden durch Bewehrung aufgenommen.

Die im Vergleich zu Schwergewichtsmauern geringeren Eigenlasten der Winkelstützmauern können ggf. konstruktiv ausgeglichen werden durch Anordnung von einem oder mehreren Kragarmen (Sporne und/oder Konsolen), die sowohl berg- als auch talseitig angeordnet sein können (Bild 9-7) und eine Vertikallasterhöhung durch Erdlasten (vgl. z. B. Bild 9-9) bewirken.

Aufgrund ihrer meist großen Breite (Sohlflächenbreite) sind Winkelstützmauern besonders geeignet für den Einsatz auf wenig tragfähigem Baugrund.

Treten besonders hohe Belastungen auf, können die Verformungen der Wand sowie die in den Wandquerschnitten wirkenden Spannungen durch Aussteifungsrippen begrenzt werden. Ihre Anordnung erfolgt in der Regel zwischen Wand und hinterer Sohlplatte im Abstand von 2 bis 3 m (Bild 9-7). Da bei dieser Bauart dem Vorteil des geringen Materialverbrauchs der Nachteil des sehr hohen Aufwandes für die Rippenherstellung gegenübersteht (Schal- und Bewehrungsarbeiten), werden Wände dieses Typs nur noch in Sonderfällen ausgeführt. Dies gilt auch für die Wände mit Konsolen.

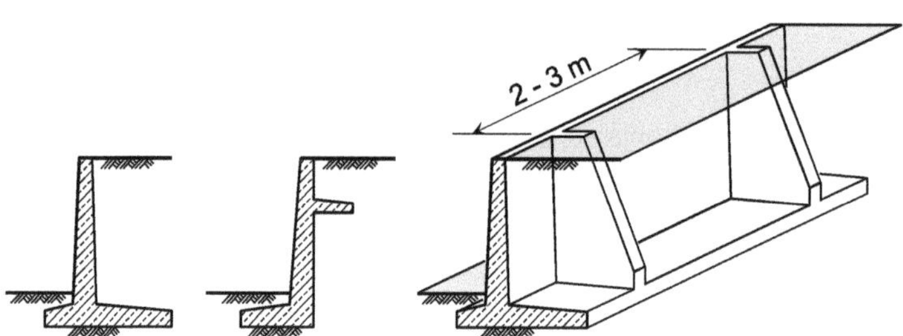

Bild 9-7 Beispiele für Winkelstützmauern

9.5 Einwirkungen und Widerstände

Die wesentlichsten auf Stützmauern einwirkenden Belastungen sind Erddrücke und ggf. auch Wasserdrücke. Hinzu kommt die Eigenlast der Stützkonstruktion. Darüber hinaus können Einwirkungen wie z. B.

- Gründungslasten aufliegender Tragwerke,
- Verkehrslasten und
- dynamische Belastungen (aus Baubetrieb, Verkehr, Aufprall usw.)

auftreten.

9.5.1 Auf Schwergewichtsmauern einwirkender Erddruck

Der auf Schwergewichtsmauern einwirkende Erddruck darf, gemäß DIN 4085, Tabelle A.2, in der Regel als aktiver Erddruck angesetzt werden („nachgiebige" Stützkonstruktionen). Bei Mauern, die als „wenig nachgiebig", „annähernd unnachgiebig" oder gar „unnachgiebig" einzustufen sind, ist für die Bemessung ein erhöhter aktiver Erddruck (Gl. 9-1) anzunehmen (beachte hierzu auch

DIN 1054, A 9.7.1.3 A (3)). In Ausnahmefällen kann dies auch Erdruhedruck und, bei hinterfüllten Stützbauwerken, ggf. ein Verdichtungserddruck sein (vgl. DIN 4085, 6.6.1; dabei ist zu beachten, dass sich die Mauer beim Verfüllen und Verdichten ggf. verschieben und verkanten kann). Auf Festgestein gegründete Stützmauern, die als ebene Systeme behandelt werden können, oder auf Lockergestein gegründete Stützwände als räumliche Systeme (wie z. B. Brückenwiderlager mit biegesteif angeschlossenen Parallel-Flügelmauern) werden in DIN 4085, Tabelle A.2 als „unnachgiebig“ eingestuft. Für sie wird der Ansatz eines erhöhten aktiven Erddrucks mit der horizontalen Komponente der Erddruckkraft

$$E'_{ah} = 0,25 \cdot E_{ah} + 0,75 \cdot E_{0h} \qquad \text{Gl. 9-1}$$

empfohlen. Gegebenenfalls ist dieser Erddruck bis auf den Erdruhedruck zu erhöhen.

Nach DIN 1054, 9.5.1 A (7) darf der Erddruckneigungswinkel δ_a (Winkel zwischen Erddruckkraft und der Normalen zur Wand) gleich dem charakteristischen Wert des Wandreibungswinkels gesetzt werden, sofern eine ausreichend große Relativverschiebung zwischen Wand und Boden zu erwarten ist und es mit dem Gleichgewicht der parallel zur Wand wirkenden Kräfte vereinbar ist. Das Auftreten eines negativen Wandreibungswinkels ist bei der Berechnung der Erddruckgröße zu berücksichtigen.

Aktiver Erddruck aus Bodeneigenlast und ständigen Auflasten sowie ggf. zu berücksichtigender Verdichtungserddruck gehören zu den ständigen Einwirkungen. Aktiver Erddruck und Erdruhedruck aus veränderlichen Belastungen der Geländeoberfläche sind als veränderliche Einwirkungen zu behandeln, soweit diese Lasten eine großflächige Nutzlast von 10 kN/m^2 überschreiten (DIN 1054, 9.5.1 A (10)).

Die Mindestabmessungen von Schwergewichtsmauern, die sich im Zuge der Mauerbemessung ergeben, sind in starkem Maße abhängig von der Größe des sich einstellenden horizontalen Erddrucks E_{ah}. Dieser wird u. a. von dem Neigungswinkel α der Wandrückseite und dem Geländeneigungswinkel β beeinflusst. Dass diese Erddruckgröße durch Veränderungen des Wandneigungswinkels wesentlich stärker beeinflusst wird als durch Veränderungen des Geländeneigungswinkels (insbesondere bei positiven α-Werten), zeigen die folgenden vergleichenden Betrachtungen.

Unter der Voraussetzung, dass die Wand einen trapezförmigen Querschnitt besitzt, ist anhand von Bild 9-8 deutlich zu erkennen, dass eine zur Entlastung führende Neigung der Bergfläche der Wand eine noch stärkere Neigung der Talfläche der Wand bewirkt und damit den entsprechenden Raumbedarf erhöht. Soll hingegen, durch die senkrechte Anordnung der Maueransichtsfläche auf der Talseite, der Raumbedarf reduziert werden, führt das zu einer entsprechenden Erhöhung des Erddrucks.

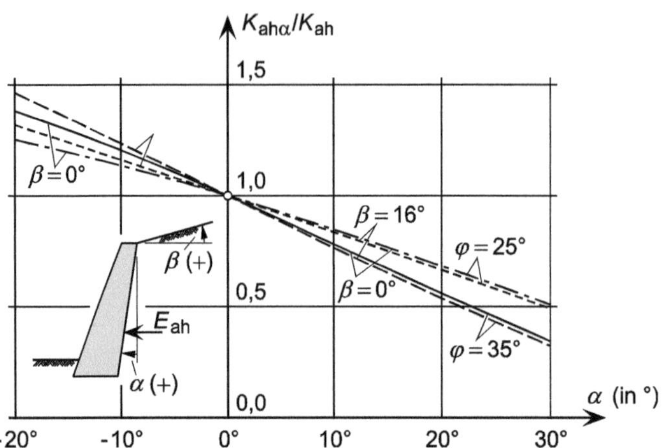

Bild 9-8 Wirkung der Anschrägung α der Bergfläche einer Schwergewichtsmauer auf die Größe des Erddrucks E_{ah} nach *Coulomb* (bei Erddruckneigungswinkeln $\delta_a = 2/3 \cdot \varphi$)

9.5.2 Auf Winkelstützmauern einwirkender Erddruck

Bei auf Winkelstützmauern einwirkenden Erddrücken ist zu unterscheiden zwischen den Erddrücken, die zur Ermittlung der äußeren (Grundbruch, Gleiten usw.), und denen, die zur Ermittlung der inneren Standsicherheit (Materialversagen der Wand) bekannt sein müssen.

Wird für den ersten Fall davon ausgegangen, dass eine Winkelstützmauer mit einem langen bergseitigen Horizontalschenkel dem Erddruck durch eine kleine Horizontalverschiebung nachgibt, stellt sich ein Gleitkeil gemäß Bild 9-9 a) ein. Da dieser Gleitkeil nicht mehr an der Mauerrückwand, sondern innerhalb des Erdreichs gleitet, wird zur rechnerischen Erfassung des Kräfte- und Bruchbilds auch auf die Theorie von *Rankine* zurückgegriffen. Die Gleitkeilgeometrie hängt von dem Gleitflächenwinkel ϑ_{ag} ab, der wiederum abhängig ist von dem Geländeneigungswinkel β sowie dem Reibungswinkel φ des Bodens und durch die Gleichung

$$\begin{aligned}\vartheta_{ag} &= \phi + \text{arc cot}\left[\tan\phi + \frac{1}{\cos\phi}\cdot\sqrt{\frac{\sin(\phi+\beta)}{\sin(\phi-\beta)}}\right]\\ &= \phi + 90° - \text{arc tan}\left[\tan\phi + \frac{1}{\cos\phi}\cdot\sqrt{\frac{\sin(\phi+\beta)}{\sin(\phi-\beta)}}\right]\end{aligned} \qquad \text{Gl. 9-2}$$

ermittelt werden kann. Die sich einstellenden Erdlasten E_{ag} (Erddruck) und G_g (Eigenlast des auf dem Horizontalschenkel verbleibenden Erdkörpers) sind Bild 9-9 b) zu entnehmen.

Liegen keine begrenzten Oberflächenlasten und/oder gebrochener Geländeverlauf vor, lässt sich bei homogenem Boden eine Gegengleitfläche, die sich gemäß Bild 9-9 vollständig im Boden ausbildet, durch eine fiktive lotrechte Wandfläche „ersetzen" (Bild 9-10). In dieser ist eine Ersatz-Erddruckkraft $E_{ag,E}$ anzusetzen, deren Richtung mit der Geländeneigung parallel verläuft ($\delta_a = \beta$). Die vektorielle Addition von $E_{ag,E}$ und der vergrößerten Erdlast $G_{g,E}$ führt zur gleichen Resultierenden R_E wie die Lösung mit der Gegengleitfläche. Beide Vorgehensweisen liefern allerdings nur dann die gleiche R_E-Größe, wenn der Horizontalschenkel der Winkelstützmauer so lang ist, dass sich der rechnerische Gleitkeil voll im Erdreich ausbilden kann; für kürzere Horizontalschenkel gilt die Ersatzlösung (vereinfachte Form) nur näherungsweise.

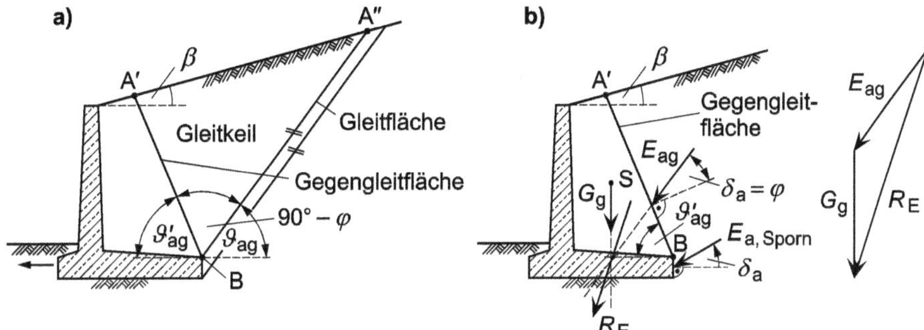

Bild 9-9 Ansatz des aktiven Erddrucks auf Winkelstützwände mit erdseitigem Horizontalschenkel (gemäß DIN 4085)
a) Gleitkeil auf langem Horizontalschenkel
b) Erdlasten auf langem Horizontalschenkel

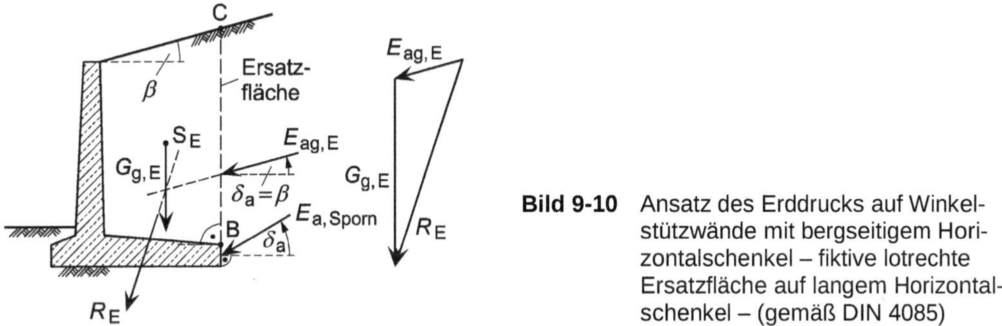

Bild 9-10 Ansatz des Erddrucks auf Winkelstützwände mit bergseitigem Horizontalschenkel – fiktive lotrechte Ersatzfläche auf langem Horizontalschenkel – (gemäß DIN 4085)

Ist eine geringfügige Verschiebung und Verkantung der Winkelstützmauer nicht möglich (z. B. bei auf Fels gegründeter Wand), muss der Erdruhedruck als Belastung angesetzt werden. In diesem Fall empfiehlt sich die Annahme, dass in der lotrechten Ersatzfläche ein Erdruhedruck unter dem Winkel β wirkt.

Für den oben erwähnten zweiten Fall, in dem es um das Materialversagen der Stützkonstruktion selbst bzw. um deren Dimensionierung geht, sind u. a. auch die Schnittlasten im stehenden Schenkel der Stützmauer zu ermitteln. Sie werden vor allem hervorgerufen durch den direkt auf dieses Bauteil einwirkenden Erddruck. Dieser ist, gemäß DIN 4085, Tabelle A.2, als erhöhter aktiver Erddruck anzusetzen, da unterstellt wird, dass er auf eine annähernd unnachgiebige Stützkonstruktion wirkt (beachte hierzu auch DIN 1054, A 9.7.1.3 A (3)). Die zugehörige horizontale Komponente der Erddruckkraft ist im Normalfall mit

$$E'_{\mathrm{ah}} = 0{,}5 \cdot E_{\mathrm{ah}} + 0{,}5 \cdot E_{\mathrm{0h}} \qquad \text{Gl. 9-3}$$

und in Ausnahmefällen mit

$$E'_{\mathrm{ah}} = 0{,}25 \cdot E_{\mathrm{ah}} + 0{,}75 \cdot E_{\mathrm{0h}} \qquad \text{Gl. 9-4}$$

anzusetzen (vgl. das nachstehende Anwendungsbeispiel).

E_a bzw. E_0 sind nach DIN 4085, 6.3 bzw. 6.4 zu berechnen, wobei für die zugehörigen Erddruckneigungswinkel in der Regel

$$\delta_a \neq \delta_0 \qquad \text{Gl. 9-5}$$

gilt.

Mit diesem näherungsweisen Erddruckansatz wird versucht, die sehr komplexen und rechnerisch nicht genügend genau erfassbaren Gegebenheiten in dem Erdkörper im Winkelinneren (Erdkörper, der durch den vertikalen und den horizontalen Wandschenkel sowie die Gegengleitfläche begrenzt wird, Bild 9-9) zu erfassen.

Hinsichtlich der Auflastdrücke auf den horizontalen Schenkel der Winkelstützmauer infolge von Bodeneigenlast und Oberflächenlasten sei auf die Untersuchungen von *Arnold* [4] verwiesen, die an Winkelstützmauern auf nichtbindigem Baugrund und mit nichtbindiger Hinterfüllung durchgeführt wurden (untersucht wurden auch die Erddrücke auf den vertikalen Wandschenkel).

Anwendungsbeispiel

Zu betrachten ist die in Bild 9-11 gezeigte Winkelstützmauer aus Ortbeton. Für sie sind die zu ihrer Bemessung anzusetzenden Größen und Verteilungen der charakteristischen Erddrücke, nebst der Größe und Lage der zugehörigen Erddruckkräfte, zu berechnen, die auf die Rückwandfläche des stehenden Schenkels einwirken. Die Berechnung ist gemäß den Bestimmungen von DIN 4085 durchzuführen; dabei ist vom Normalfall auszugehen.

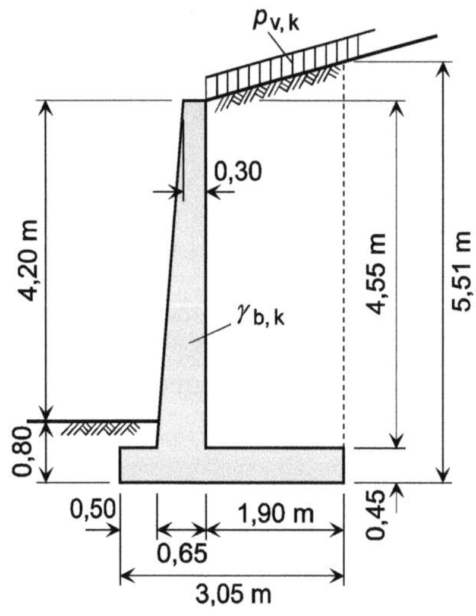

Bild 9-11 Querschnitt einer Winkelstützmauer

Für die Berechnung dienen als Belastung

charakteristische Flächenlast $p_{v,k} = 10$ kN/m²

als Materialkennwert bzw. Neigungswinkel der Winkelstützmauer

charakteristische Wichte $\gamma_{b,k} = 25$ kN/m³

Wandneigungswinkel $\alpha = 0°$

als Kennwerte von Baugrund und Hinterfüllung (mitteldichter Sand) und als Neigungswinkel des Geländes hinter der Winkelstützmauer

charakteristische Wichte $\gamma_k = 18\ \text{kN/m}^3$

charakteristischer Reibungswinkel $\varphi'_k = 32{,}5°$

Geländeneigungswinkel $\beta = 15{,}025°$

Lösung

In DIN 4085, Tabelle A.2 wird die Nachgiebigkeit stehender Schenkel von Winkelstützmauern als „annähernd unnachgiebig“ eingestuft. Für solche Fälle ist ein erhöhter Erddruck anzunehmen, dessen zugehörige Erddruckkraft im Normalfall mit

$$E'_a = 0{,}5 \cdot E_a + 0{,}5 \cdot E_0$$

anzusetzen ist.

Gemäß DIN 4085, 7.2 sind E_a bzw. E_0 nach DIN 4085, 6.3 bzw. DIN 4085, 6.4 zu berechnen, wobei für die zugehörigen Erddruckneigungswinkel in der Regel

$$\delta_a \neq \delta_0$$

gilt.

1. Charakteristische Erddruckkräfte des aktiven Erddrucks

Gemäß DIN 4085, Tabelle A.1 und Tabelle B.4 ergibt sich als Neigungswinkel des aktiven Erddrucks auf die Ortbetonwand (rau, da unbehandelte Betonoberfläche)

$$\delta_a = \frac{2}{3} \cdot \phi'_k = \frac{2}{3} \cdot 32{,}5° = 21{,}667°$$

Mit diesem Winkel und dem Erddruckbeiwert

$$K_{agh} = \frac{\cos^2(\phi'_k - \alpha)}{\cos^2\alpha \cdot \left[1 + \sqrt{\dfrac{\sin(\phi'_k + \delta_a) \cdot \sin(\phi'_k - \beta)}{\cos(\alpha - \beta) \cdot \cos(\alpha + \delta_a)}}\right]^2}$$

$$= \frac{\cos^2(32{,}5° - 0°)}{\cos^2 0° \cdot \left[1 + \sqrt{\dfrac{\sin(32{,}5° + 21{,}667°) \cdot \sin(32{,}5° - 15{,}025°)}{\cos(0° - 15{,}025°) \cdot \cos(0° + 21{,}667°)}}\right]^2} = 0{,}30755$$

berechnen sich, pro lfdm der Winkelstützmauer, die charakteristischen Werte der Horizontal- und der Vertikalkomponente der zum aktiven Erddruck gehörenden Erddruckkraft infolge Bodeneigenlast zu

$$E_{agh,k} = K_{agh} \cdot \gamma_k \cdot \frac{h^2}{2} = 0{,}30755 \cdot 18 \cdot \frac{4{,}55^2}{2} = 57{,}303\ \text{kN/lfdm}$$

und

$$E_{agv,k} = E_{agh,k} \cdot \tan(\alpha + \delta_a) = 57{,}303 \cdot \tan(0° + 21{,}667°) = 22{,}765\ \text{kN/lfdm}$$

Hinsichtlich der Lage dieser Kräfte sei auf Bild 9-12 verwiesen.

Die entsprechenden Werte infolge der charakteristischen vertikalen Oberflächenlast $p_{v,k}$ berechnen sich mit dem Erddruckbeiwert

$$K_{\text{aph}} = \frac{\cos\alpha \cdot \cos\beta}{\cos(\alpha-\beta)} \cdot K_{\text{agh}} = \frac{\cos 0° \cdot \cos 15{,}025°}{\cos(0° - 15{,}025°)} \cdot 0{,}30755 = 0{,}30755$$

zu

$$E_{\text{aph, k}} = K_{\text{aph}} \cdot p_{\text{v, k}} \cdot h = 0{,}30755 \cdot 10 \cdot 4{,}55 = 13{,}994 \text{ kN/lfdm}$$

und

$$E_{\text{apv, k}} = E_{\text{aph, k}} \cdot \tan(\alpha + \delta_{\text{a}}) = 13{,}994 \cdot \tan(0° + 21{,}667°) = 5{,}559 \text{ kN/lfdm}$$

Die Lage dieser Kräfte geht aus Bild 9-13 hervor.

2. Charakteristische Erddruckkräfte des Erdruhedrucks

Mit dem Erdruhedruckneigungswinkel auf die Ortbetonwand gemäß DIN 4085, Tabelle B.4

$$\delta_0 = \beta = 15{,}025°$$

den Größen

$$K_1 = \frac{\sin\phi'_{\text{k}} - \sin^2\phi'_{\text{k}}}{\sin\phi'_{\text{k}} - \sin^2\beta} \cdot \cos^2\beta = \frac{\sin 32{,}5° - \sin^2 32{,}5°}{\sin 32{,}5° - \sin^2 15{,}025°} \cdot \cos^2 15{,}025° = 0{,}49331$$

$$\tan\alpha_1 = \sqrt{\frac{1}{\frac{1}{K_1} + \tan^2\beta}} = \sqrt{\frac{1}{\frac{1}{0{,}49331} + \tan^2 15{,}025°}} = 0{,}69020$$

$$f = 1 - |\tan\alpha \cdot \tan\beta| = 1 - |\tan 0° \cdot \tan 15{,}025°| = 1$$

sowie dem Erdruhedruckbeiwert

$$K_{0\text{gh}} = K_1 \cdot f \cdot \frac{1 + \tan\alpha_1 \cdot \tan\beta}{1 + \tan\alpha_1 \cdot \tan\delta_0} = 0{,}49331 \cdot 1 \cdot \frac{1 + 0{,}69020 \cdot \tan 15{,}025°}{1 + 0{,}69020 \cdot \tan 15{,}025°} = 0{,}49331$$

berechnen sich, pro lfdm der Winkelstützmauer, die charakteristischen Werte der Horizontal- und der Vertikalkomponente der zum Erdruhedruck gehörenden Erddruckkraft infolge Bodeneigenlast zu

$$E_{0\text{gh, k}} = K_{0\text{gh}} \cdot \gamma_{\text{k}} \cdot \frac{h^2}{2} = 0{,}49331 \cdot 18 \cdot \frac{4{,}55^2}{2} = 91{,}915 \text{ kN/lfdm}$$

und

$$E_{0\text{gv, k}} = E_{0\text{gh, k}} \cdot \tan(\alpha + \delta_0) = 91{,}915 \cdot \tan(0° + 15{,}025°) = 24{,}671 \text{ kN/lfdm}$$

Zur Lage der Kräfte siehe Bild 9-12.

Die entsprechenden Werte infolge der charakteristischen vertikalen Oberflächenlast $p_{\text{v, k}}$ berechnen sich mit dem Erddruckbeiwert

$$K_{0\text{ph}} = \frac{\cos\alpha \cdot \cos\beta}{\cos(\alpha-\beta)} \cdot K_{0\text{gh}} = \frac{\cos 0° \cdot \cos 15{,}025°}{\cos(0° - 15{,}025°)} \cdot 0{,}49331 = 0{,}49331$$

zu

$$E_{0\text{ph, k}} = K_{0\text{ph}} \cdot p_{\text{v, k}} \cdot h = 0{,}49331 \cdot 10 \cdot 4{,}55 = 22{,}446 \text{ kN/lfdm}$$

und

$$E_{\text{0pv, k}} = E_{\text{0ph, k}} \cdot \tan(\alpha + \delta_0) = 22{,}446 \cdot \tan(0° + 15{,}025°) = 6{,}025 \text{ kN/lfdm}$$

Die Lage der Kräfte entspricht den Eintragungen in Bild 9-13.

3. Charakteristische Erddruckkräfte des erhöhten aktiven Erddrucks

Mit den bisher ermittelten Erddruckkraftkomponenten aus Bodeneigenlast berechnen sich die entsprechenden Komponenten der Erddruckkraft des anzusetzenden erhöhten aktiven Erddrucks zu

$$E'_{\text{agh, k}} = 0{,}5 \cdot E_{\text{agh, k}} + 0{,}5 \cdot E_{\text{0gh, k}} = 0{,}5 \cdot 57{,}303 + 0{,}5 \cdot 91{,}915 = 74{,}61 \text{ kN/lfdm}$$

und

$$E'_{\text{agv, k}} = 0{,}5 \cdot E_{\text{agv, k}} + 0{,}5 \cdot E_{\text{0gv, k}} = 0{,}5 \cdot 22{,}765 + 0{,}5 \cdot 24{,}671 = 23{,}72 \text{ kN/lfdm}$$

Bezüglich der Lage dieser Erddruckkraftkomponenten sei auf Bild 9-12 verwiesen.

Die Komponenten der Erddruckkraft des anzusetzenden erhöhten aktiven Erddrucks infolge der vertikalen Oberflächenlast $p_{\text{v, k}}$ ergeben sich mit den bisher ermittelten Komponenten zu

$$E'_{\text{aph, k}} = 0{,}5 \cdot E_{\text{aph, k}} + 0{,}5 \cdot E_{\text{0ph, k}} = 0{,}5 \cdot 13{,}994 + 0{,}5 \cdot 22{,}446 = 18{,}22 \text{ kN/lfdm}$$

und

$$E'_{\text{apv, k}} = 0{,}5 \cdot E_{\text{apv, k}} + 0{,}5 \cdot E_{\text{0pv, k}} = 0{,}5 \cdot 5{,}559 + 0{,}5 \cdot 6{,}025 = 5{,}79 \text{ kN/lfdm}$$

Hinsichtlich der Lage dieser Kraftkomponenten ist auf Bild 9-13 hinzuweisen.

4. Erddruckverteilungen

Bezüglich der Verteilung des aktiven Erddrucks infolge der Bodeneigenlast wird von einer Fußpunktdrehung ausgegangen. Der Erddruck verteilt sich damit dreiecksförmig mit den maximalen charakteristischen Erddruckordinaten (Bild 9-12) in horizontaler Richtung (Normalspannungen)

$$e_{\text{agh, k}} = \frac{2 \cdot E_{\text{agh, k}}}{1{,}0 \cdot h} = \frac{2 \cdot 57{,}303}{1{,}0 \cdot 4{,}55} = 25{,}188 \text{ kN/m}^2$$

und in vertikaler Richtung (Schubspannungen)

$$e_{\text{agv, k}} = \frac{2 \cdot E_{\text{agv, k}}}{1{,}0 \cdot h} = \frac{2 \cdot 22{,}765}{1{,}0 \cdot 4{,}55} = 10{,}007 \text{ kN/m}^2$$

Auch für den Erdruhedruck infolge der Bodeneigenlast ergibt sich eine dreiecksförmige Verteilung. Die zugehörigen maximalen charakteristischen Erddruckordinaten sind (Bild 9-12)

$$e_{\text{0gh, k}} = \frac{2 \cdot E_{\text{0gh, k}}}{1{,}0 \cdot h} = \frac{2 \cdot 91{,}915}{1{,}0 \cdot 4{,}55} = 40{,}402 \text{ kN/m}^2$$

und

$$e_{\text{0gv, k}} = \frac{2 \cdot E_{\text{0gv, k}}}{1{,}0 \cdot h} = \frac{2 \cdot 24{,}671}{1{,}0 \cdot 4{,}55} = 10{,}844 \text{ kN/m}^2$$

Der im Bereich der Rückwand des stehenden Schenkels der Winkelstützmauer anzusetzende erhöhte aktive Erddruck infolge der Bodeneigenlast ist damit ebenfalls dreiecksförmig verteilt und besitzt die maximalen charakteristischen Erddruckordinaten (Bild 9-12)

$$e'_{\text{agh, k}} = 0{,}5 \cdot e_{\text{agh, k}} + 0{,}5 \cdot e_{\text{0gh, k}} = 0{,}5 \cdot 25{,}188 + 0{,}5 \cdot 40{,}402 = \frac{2 \cdot 57{,}303}{1{,}0 \cdot 4{,}55} = 32{,}80 \text{ kN/m}^2$$

und

$$e'_{\text{agv, k}} = 0{,}5 \cdot e_{\text{agv, k}} + 0{,}5 \cdot e_{\text{0gv, k}} = 0{,}5 \cdot 10{,}007 + 0{,}5 \cdot 10{,}844 = 10{,}43 \text{ kN/m}^2$$

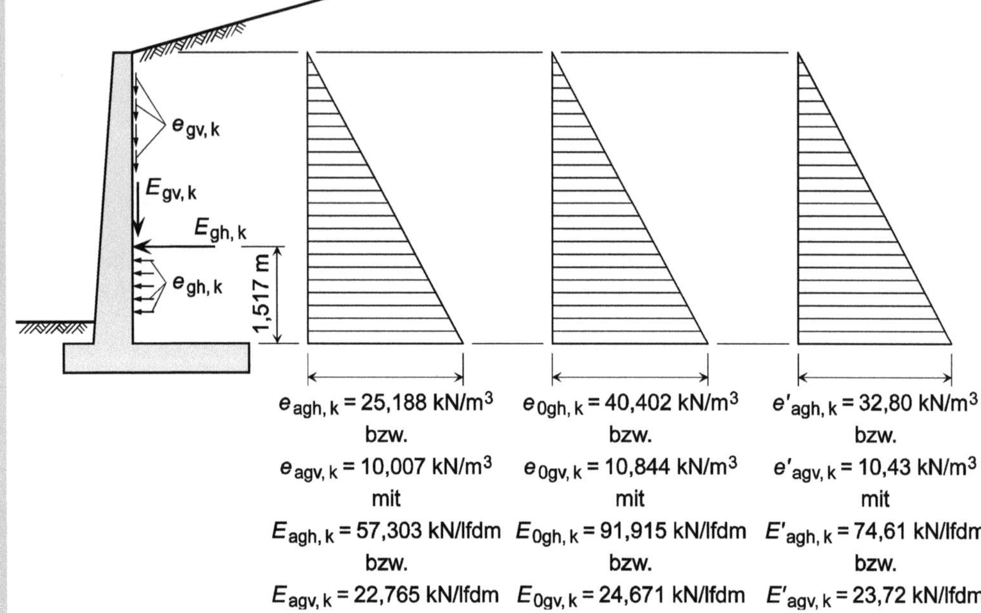

Bild 9-12 Charakteristische Erddrücke und Erddruckkräfte im Bereich der Rückwand des stehenden Schenkels der Winkelstützmauer (infolge Bodeneigenlast)

Der aktive Erddruck infolge der vertikalen Oberflächenlast $p_{\text{v, k}}$ hat über die Höhe der Schenkelrückwand die konstanten charakteristischen Erddruckordinaten (Bild 9-13) in horizontaler Richtung (Normalspannungen)

$$e_{\text{aph, k}} = \frac{E_{\text{aph, k}}}{1{,}0 \cdot h} = \frac{13{,}994}{1{,}0 \cdot 4{,}55} = 3{,}076 \text{ kN/m}^2$$

und in vertikaler Richtung (Schubspannungen)

$$e_{\text{apv, k}} = \frac{E_{\text{apv, k}}}{1{,}0 \cdot h} = \frac{5{,}559}{1{,}0 \cdot 4{,}55} = 1{,}222 \text{ kN/m}^2$$

Infolge der vertikalen Oberflächenlast $p_{\text{v, k}}$ ergeben sich auch für den Erdruhedruck konstante charakteristische Erddruckordinaten (Bild 9-13)

$$e_{\text{0ph, k}} = \frac{E_{\text{0ph, k}}}{1{,}0 \cdot h} = \frac{22{,}446}{1{,}0 \cdot 4{,}55} = 4{,}933 \text{ kN/m}^2$$

und

$$e_{0\text{pv,k}} = \frac{E_{0\text{pv,k}}}{1{,}0 \cdot h} = \frac{6{,}025}{1{,}0 \cdot 4{,}55} = 1{,}324 \text{ kN/m}^2$$

Mit den gewichteten konstanten Ordinaten der Komponenten des aktiven Erddrucks und des Erdruhedrucks infolge der Oberflächenlast $p_{\text{v,k}}$ ergeben sich für den entsprechenden erhöhten aktiven Erddruck die ebenfalls konstanten charakteristischen Erddruckordinaten (Bild 9-13)

$$e'_{\text{aph,k}} = 0{,}5 \cdot e_{\text{aph,k}} + 0{,}5 \cdot e_{0\text{ph,k}} = 0{,}5 \cdot 3{,}076 + 0{,}5 \cdot 4{,}933 = 4{,}00 \text{ kN/m}^2$$

und

$$e'_{\text{apv,k}} = 0{,}5 \cdot e_{\text{apv,k}} + 0{,}5 \cdot e_{0\text{pv,k}} = 0{,}5 \cdot 1{,}222 + 0{,}5 \cdot 1{,}324 = 1{,}27 \text{ kN/m}^2$$

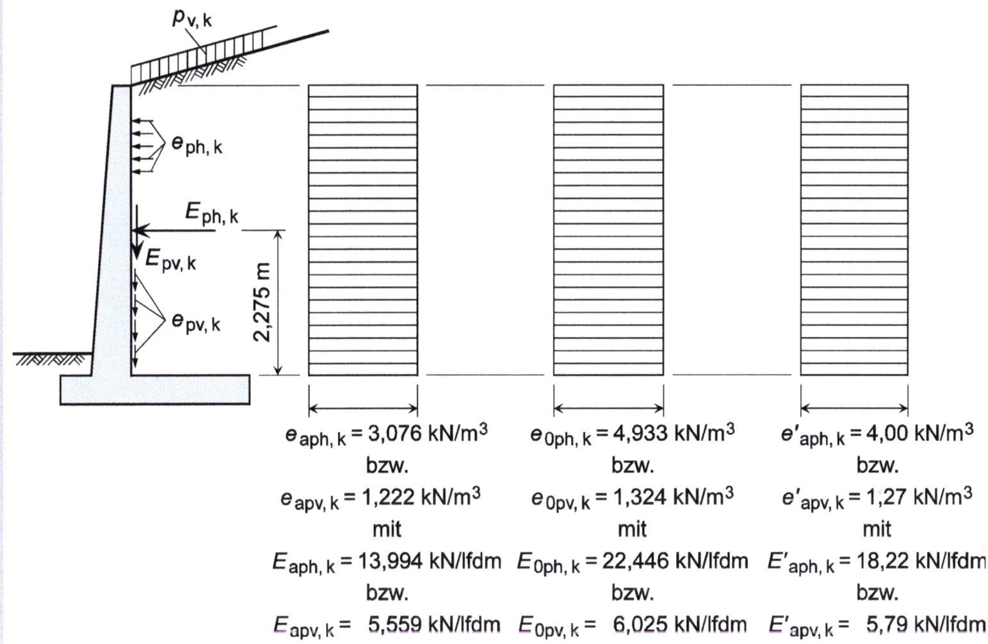

Bild 9-13 Charakteristische Erddrücke und Erddruckkräfte im Bereich der Rückwand des stehenden Schenkels der Winkelstützmauer (infolge der Oberflächenlast $p_{\text{v,k}}$)

9.5.3 Wasserdruck auf Stützmauern

Für Stützmauern, die auch durch Wasserdruck belastet werden gilt, dass zur Ermittlung des charakteristischen Wasserdrucks der jeweils höchste und niedrigste Wasserstand bekannt sein bzw. festgelegt werden muss. Nach DIN 1054, 9.6 A (9) ist der Wasserdruck bei niedrigstem Wasserstand als ständige Einwirkung zu behandeln. Bild 9-13Wasserdrücke, die zu Wasserständen gehören, die über den niedrigsten Wasserstand hinausgehen, müssen in der Bemessungssituation

- BS-P als regelmäßig auftretende veränderliche Einwirkungen,
- BS-T als vorübergehende oder planmäßig einmalige Einwirkungen,
- BS-A als außergewöhnliche Einwirkungen

behandelt werden.

Wasserdrücke können ausschließlich als hydrostatische Drücke auftreten, oder, bei strömendem (sickerndem) Wasser, sich aus hydrostatischem Druck und Strömungsdruck addieren. Sie können sowohl auf die Stützkonstruktion selbst (vgl. auch Abschnitt 10.5.14) als auch auf den sie umgebenden Boden und insbesondere auf die Hinterfüllung einwirken (vgl. Abschnitt 9.8.1).

9.5.4 Widerstände

Schwergewichts- und Winkelstützmauern besitzen mehr oder weniger große flächige Gründungssohlen. Für sie sind für den Grenzzustand GEO-2 die charakteristischen Werte des Grundbruchwiderstands $R_{v,k}$ (nach DIN 4017 mit $R_{n,k}$ zu bezeichnen) sowie des Gleitwiderstands $R_{h,k}$ gemäß DIN 1054 zu ermitteln.

Durch Division dieser charakteristischen Größen durch die entsprechenden Teilsicherheitsbeiwerte der Tabelle 1-3 ergeben sich die zugehörigen Bemessungswerte der Widerstände für den Grenzzustand GEO-2. Ist mit einer vorübergehenden Abgrabung vor dem Fuß einer Stützmauer zu rechnen, bzw. lässt sich eine solche nicht ausschließen, ist von einem Bauzustand auszugehen, für den die zur Bemessungssituation BS-T (vgl. Abschnitt 1.5.1) gehörenden Teilsicherheitsbeiwerte der Tabelle 1-3 zu verwenden sind.

9.6 Nachweis der Tragfähigkeit

Der Nachweis der Tragfähigkeit von Stützmauern betrifft das Bauwerk als Ganzes wie auch seine Einzelteile. Im Einzelnen sind nach DIN EN 1997-1, 9.2 im Grenzzustand ULS insbesondere Nachweise zu führen gegen

- Gleiten (GEO-2),
- Grundbruch (GEO-2),
- Materialversagen (STR).

Neben den genannten Tragfähigkeitsnachweisen ist bei Stützmauern auch der der Sicherheit im Grenzzustand GEO-3 (Gesamtstandsicherheit)

- gegen Geländebruch

sowie der der Sicherheit im Grenzzustand EQU (Kippen) zu führen. Darüber hinaus ist, wenn die Voraussetzungen vorliegen, auch der Nachweis der Sicherheit

- gegen hydraulischen Grundbruch (Grenzzustand HYD)

zu erbringen (vgl. Abschnitt 8.3).

Neben den Einzelnachweisen sind auch Kombinationen der Grenzzustände zu untersuchen, wie z. B. das gleichzeitige Versagen von Baugrund und Bauteil.

9.6.1 Gleitsicherheit

Bei der Führung des Gleitsicherheitsnachweises gemäß Abschnitt 6.5.3 von DIN EN 1997-1 und DIN 1054 (beachte auch DIN EN 1997-1, 9.7.3 (1)P) ist zunächst die Resultierende der Beanspruchungen in

- der Sohlfläche oder
- einer darunter befindlichen Schnittfläche,

die sich aus den auf die Stützmauer wirkenden Einwirkungen (einschließlich der Stützmauereigenlast) ergibt, hinsichtlich ihrer Größe und Wirkungsrichtung zu ermitteln. Besitzt diese Kraft eine in der betrachteten Sohl- bzw. Gleitfläche wirkende Komponente H (Bild 9-14), die größer ist als die ihr entgegenwirkende mobilisierbare Scherkraft R_h, tritt das Gleiten der Stützmauer in dieser Fläche ein. Die Sicherheit gegen das Gleiten der Konstruktion ist demzufolge gewährleistet, wenn nachgewiesen werden kann, dass ein solcher Gleitvorgang, unter Berücksichtigung entsprechender Teilsicherheitsbeiwerte, bei keiner der potenziellen Gleitflächen auftritt (siehe hierzu auch [243]).

Führt der Gleitnachweis nicht zu der erforderlichen Sicherheit, stehen verschiedene Maßnahmen zur Verminderung der Gleitgefahr zur Auswahl. Hierzu gehören u. a.

- das Ansetzen des Erdwiderstands vor dem Stützbauwerk (prüfen, ob dies im jeweiligen Fall zulässig ist!; beachte auch DIN 1054, A 6.6.6),
- die Erhöhung der Reibung in der Sohlfuge durch
  - Aufrauung der Sohlfläche (Ortbeton statt Betonfertigteil),
  - Erhöhung des Reibungswinkels durch Verbesserung des Baugrunds (z. B. Bodenverdichtung oder Bodenaustausch),
- die Anordnung einer geneigten Sohlfuge (für Fälle, in denen die aktivierbare Reibung im Boden höher ist als in der Sohlfuge); beachte auch DIN 1054, 6.5.3 A (14).

Kommen Stützkonstruktionen mit geneigter Sohlfuge zum Einsatz, ist stets auch die Gleitsicherheit in einer unter der Konstruktion horizontal verlaufenden Fläche nachzuweisen. Bei homogenem Baugrund handelt es sich dabei um die Gleitfuge, die durch den tiefsten Punkt der Stützmauer geht (Bild 9-14).

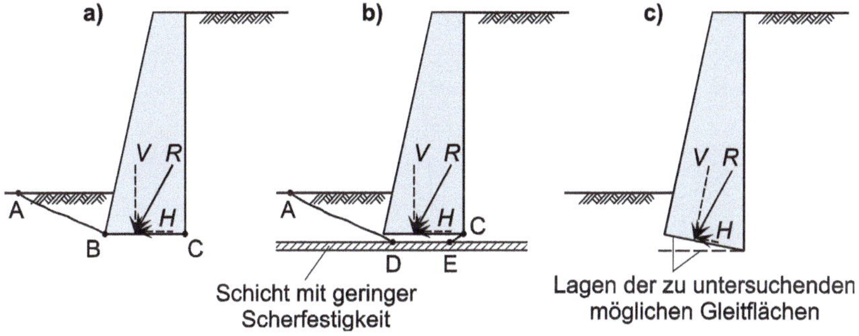

Bild 9-14 Gleitfugen unter Stützmauern
a) und b) mögliche Gleitfugen
c) Erhöhung der Gleitsicherheit durch Neigung der Sohlfläche und Lagen der zu untersuchenden möglichen Gleitflächen

9.6.2 Grundbruchsicherheit

Die Sicherheit von Stützmauern gegen Grundbruch ist gemäß Abschnitt 6.5.2 von DIN EN 1997-1 und DIN 1054 (beachte auch DIN EN 1997-1, 9.7.3 (1)P) mittels

$$V_d \leq R_{v,d} = \frac{R_{v,k}}{\gamma_{R,v}} \quad \text{bzw.} \quad \mu = \frac{V_d}{R_{v,d}} \leq 1 \qquad \text{Gl. 9-6}$$

nachzuweisen. Darin sind V_d der Bemessungswert der Beanspruchung senkrecht zur Sohlfläche der Stützmauer, $R_{v,d}$ der Bemessungswert des Grundbruchwiderstands, $R_{v,k}$ der charakteristische Wert des Grundbruchwiderstands gemäß DIN 4017, $\gamma_{R,v}$ der Teilsicherheitsbeiwert für den Grundbruchwiderstand aus DIN 1054 (vgl. Tabelle 1-3) und μ der Ausnutzungsgrad (siehe auch [243]). Die Größe des Grundbruchwiderstands pro lfdm Stützmauer berechnet sich mit

$$R_{\mathrm{v,k}} = 1{,}0 \cdot b' \cdot (\gamma_2 \cdot b' \cdot N_{\mathrm{b}} + \gamma_1 \cdot d \cdot N_{\mathrm{d}} + c \cdot N_{\mathrm{c}}) \qquad \text{Gl. 9-7}$$

In der Gleichung stehen b' für die rechnerische Breite der in Richtung der Sohlbreite b ausmittig belasteten Stützmauer (Bild 9-15), γ_1 bzw. γ_2 für die Wichte des Bodens oberhalb bzw. unterhalb der Gründungssohle, d für die geringste Gründungstiefe unter Gelände und c für die Kohäsion des Bodens. Die ebenfalls verwendeten Beiwerte N_{b}, N_{d} und N_{c} zur Erfassung des Einflusses von Gründungsbreite, Gründungstiefe und Kohäsion sind gemäß DIN 4017 zu ermitteln.

Generell ist es möglich, die Sohlflächen von Stützmauern horizontal oder auch schräg anzuordnen. Abhängig von dieser Wahl ergeben sich unterschiedliche Verläufe der Gleitlinien (Bild 9-15).

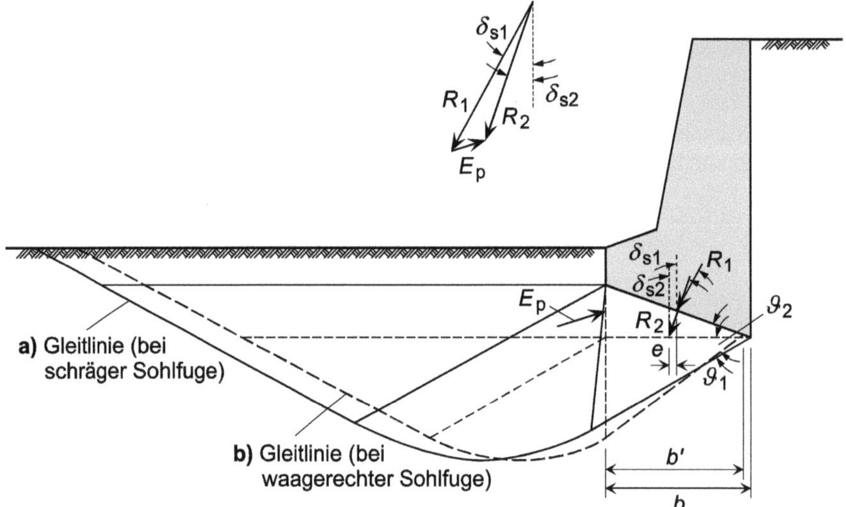

Bild 9-15 Grundbruchgleitlinien bei unterschiedlichen Sohlfugenneigungen (nach [53]) a) schräge Sohlfuge, b) waagerechte Sohlfuge

Mit diesen unterschiedlichen Gleitlinienverläufen sind auch unterschiedlich große Grundbruchwiderstände verbunden. Rechnerisch ergibt sich dies durch die unterschiedlich großen Beiwerte N_{b}, N_{c} und N_{d} (Gl. 9-7). Zur Verdeutlichung sei das Beispiel einer zentrisch wirkenden Belastung betrachtet, die um den Winkel ε gegen die Vertikale geneigt ist. Das hierzu gehörende Bild 9-16 zeigt das Verhältnis der Beiwerte N_{b}, N_{c} und N_{d}, die zu dem Fall der horizontal angeordneten ($N(\varepsilon, \alpha = 0)$) und dem Sonderfall der unter dem Winkel $\alpha = \varepsilon$ geneigten Sohlfläche ($N(\varepsilon, \alpha = \varepsilon)$) gehören. Die Darstellung lässt erkennen, dass die zu $\alpha = \varepsilon$ gehörenden Tragfähigkeitsbeiwerte durchweg größer sind als die sich für $\alpha = 0$ ergebenden Werte, da für alle Verhältniswerte

$$\frac{N(\varepsilon, \alpha = \varepsilon)}{N(\varepsilon, \alpha = 0)} \geq 1{,}0 \qquad \text{Gl. 9-8}$$

gilt. Mit abnehmendem Reibungswinkel φ nehmen die Verhältniswerte zu; alle entsprechenden Funktionen zeigen über ε überlineare Verläufe.

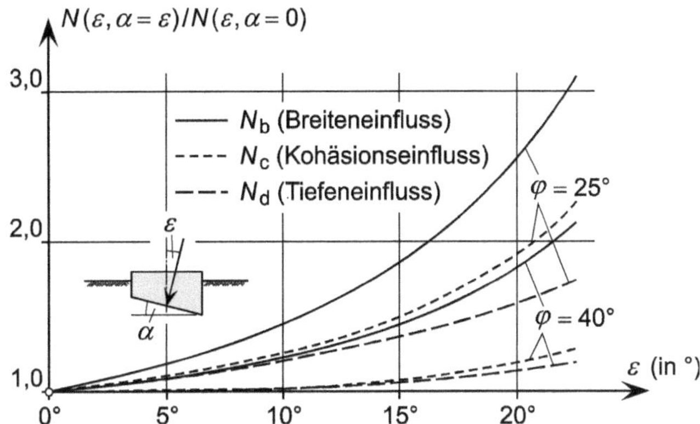

Bild 9-16 Einfluss der Sohlflächenneigung α auf die Größe der Beiwerte N_b, N_c und N_d der Grundbruchgleichung aus DIN 4017 für den Sonderfall $\alpha = \varepsilon$

9.6.3 Kippsicherheit

Bei stark exzentrisch belasteten Gründungen (Ausmittigkeit der Lastresultierenden bei rechteckigen Gründungsflächen > $^1/_3$ der Seitenlänge, bei Kreisfundamenten > 0,6 · Radius) auf nichtbindigen und bindigen Böden müssen gemäß DIN EN 1997-1, 6.5.4 besondere Maßnahmen getroffen werden. Nach DIN 1054, 6.5.4 A (3) bedeutet dies, dass im Grenzzustand EQU der Nachweis der Sicherheit gegen Gleichgewichtsverlust durch Kippen zu erbringen ist (beachte auch DIN EN 1997-1, 9.2 (2)P). Darüber hinaus sind die Bedingungen aus DIN 1054, A 6.6.5 einzuhalten (Begrenzung des Sohlfugenklaffens). Der Kippnachweis darf mit Hilfe von

$$E_{\text{dst, d}} \leq E_{\text{stb, d}} \qquad \text{bzw.} \qquad \mu = \frac{E_{\text{dst, d}}}{E_{\text{stb, d}}} \leq 1 \qquad \text{Gl. 9-9}$$

geführt werden. Darin sind $E_{\text{dst, d}}$ bzw. $E_{\text{stb, d}}$ die Bemessungswerte der destabilisierenden bzw. stabilisierenden Einwirkungen (Momente) um eine fiktive Kippkante am Sohlflächenrand und μ der Ausnutzungsgrad. Da die tatsächliche „Kippkante" in der Sohlfläche liegt (ihr Abstand von der fiktiven Kippkante hängt ab von der Steifigkeit und Scherfestigkeit des Baugrunds), ist der Nachweis mittels Gl. 4-4 um die Nachweise der Gebrauchstauglichkeit gemäß DIN 1054, A 6.6.5 zu ergänzen. Dabei ist für die Bemessungssituation BS-P und ggf. auch für BS-T die maßgebende Sohldruckresultierende zu ermitteln (weist die größte Ausmittigkeit auf). Sie ergibt sich aus der ungünstigsten Kombination der charakteristischen bzw. repräsentativen Einwirkungen und darf,

- bei ausschließlich ständigen Einwirkungen, nicht außerhalb der 1. Kernweite liegen, da sonst ein Klaffen der Sohlfuge auftritt,
- bei ständigen und veränderlichen Einwirkungen, nicht außerhalb der 2. Kernweite liegen, da sonst die Klaffung der Gründungssohle über den Sohlflächenschwerpunkt hinausgeht (die Gründungssohle der Stützmauer bleibt nicht mehr bis zu ihrem Schwerpunkt durch Druck belastet).

Angaben zur 1. und 2. Kernweite sowie zulässigen Ausmittigkeiten sind in DIN 1054, A 6.6.5 zu finden.

9.6.4 Materialversagen bei Schwergewichtsmauern

Schwergewichtsmauern sind so zu dimensionieren, dass sie die einwirkenden Lasten wie etwa Erddruckkräfte und Wandeigenlasten dauerhaft schadensfrei und ohne Verlust ihrer inneren Tragfähigkeit (Bild 9-17) und ihrer Gebrauchsfähigkeit aufnehmen können.

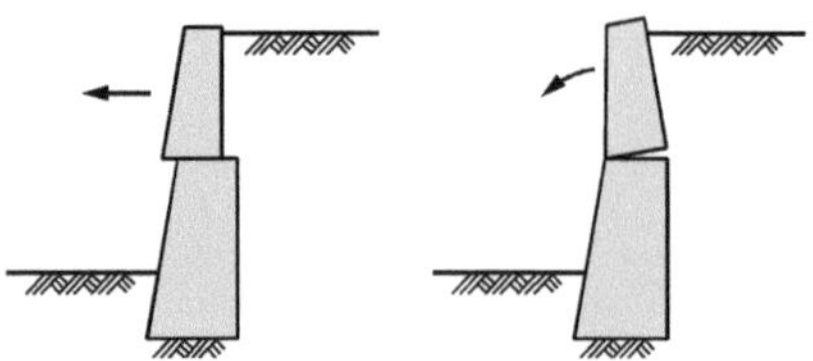

Bild 9-17 Beispiele für inneres Versagen von Schwergewichtsmauern (gemäß DIN EN 1997-1, Bild 9.5)

Die entsprechenden Mauerabmessungen sind daher so zu wählen, dass u. a. die Vorschriften aus DIN EN 1992-1-1, 12 [102] für die Bemessung unbewehrter Betonkonstruktionen nicht verletzt werden. Danach

- darf Betonstahlbewehrung in bestimmten Bereichen der Mauer angeordnet werden (z. B. auf der Mauerrückseite, zur Vermeidung von Schwindrissen), die geringer sein darf als die Mindestbewehrung für Stahlbeton,
- dürfen, sofern Betonzugspannungen in der Berechnung berücksichtigt werden, Spannungs-Dehnungs-Linien des Betons gemäß DIN EN 1992-1-1, 3.1.7 verwendet werden,
- darf eine Mauer als ungerissen angesehen werden, wenn sie im Grenzzustand der Tragfähigkeit vollständig durch Druck beansprucht wird.

Wird lineares Spannungs-Dehnungs-Verhalten vorausgesetzt, treten in der gesamten Mauer keine Zugspannungen auf, wenn an keiner Stelle der Mauer eine klaffende Fuge entsteht. Dies ist der Fall, wenn in dem jeweiligen Bemessungsquerschnitt die Resultierende aller Schnittgrößen die Querschnittsfläche in deren Kern schneidet. Für die Exzentrizität *e* der Resultierenden muss demzufolge die Bedingung

$$e \leq \frac{1}{6} \cdot b \qquad \text{Gl. 9-10}$$

erfüllt sein, wobei *b* die Dicke der Mauer erfasst.

9.6.5 Nachweis für die Grenzzustände HYD und GEO-3

Liegen entsprechende Voraussetzungen vor, sind, neben den bisher aufgeführten Tragfähigkeitsnachweisen, nach DIN EN 1997-1, 9.2 (1)P auch die Standsicherheitsnachweise bezüglich der

- Sicherheit gegen hydraulischen Grundbruch im Grenzzustand HYD (siehe Abschnitt 8.3),
- Gesamtstandsicherheit im Grenzzustand GEO-3 (siehe hierzu auch [243])

zu führen.

Der Nachweis der Gesamtstandsicherheit (Geländebruch) ist nach DIN 1054, 9.7.2 A (3) vor allem dann zu erbringen, wenn

- die Wandrückseite stark zum Erdreich hin geneigt ist,
- das Gelände hinter der Wand ansteigt,
- das Gelände vor der Wand abfällt,
- unterhalb des Wandfußes Boden mit geringer Tragfähigkeit ansteht,
- im steilen Bereich möglicher Gleitflächen besonders große Lasten wirken.

Hinsichtlich des Standsicherheitsverlustes einer Stützmauer durch das Abgleiten eines Erdkeils in Form eines Geländebruchs sind vielfältige Gegebenheiten möglich (Bild 9-18). Eine ausreichende Sicherheit gegen ein solches Versagen ist nach DIN EN 1997-1/NA, NDP Zu 11.5.1 (1)P gegeben, wenn die Gesamtstandsicherheit gemäß DIN 4084 mit dem Nachweisverfahren GEO-3 nachgewiesen wurde (siehe hierzu auch [243] und [269]). Als Teilsicherheitsbeiwerte sind die entsprechenden Größen der Tabelle 1-1, Tabelle 1-2 und Tabelle 1-3 zu verwenden.

Für die Nachweise der Geländebruchsicherheit verlangt DIN 4084, dass auch für die ungünstigste Gleitfläche ausreichende Sicherheit besteht. Für die Nachweise sind nach DIN 4084, 8.2 alle infrage kommenden Bruchmechanismen in Betracht zu ziehen; numerisch zu untersuchen sind die als wesentlich erkannten Mechanismen. Mögliche Bruchmechanismen bestehen aus

- einem Gleitkörper mit
  - gerader Gleitlinie,
  - kreisförmiger Gleitlinie,
  - beliebiger einsinnig gekrümmter Gleitlinie,
- auf der kinematischen Methode beruhenden zusammengesetzten Bruchmechanismen mit mehreren Gleitkörpern (kinematische Elemente) und geraden Gleitlinien.

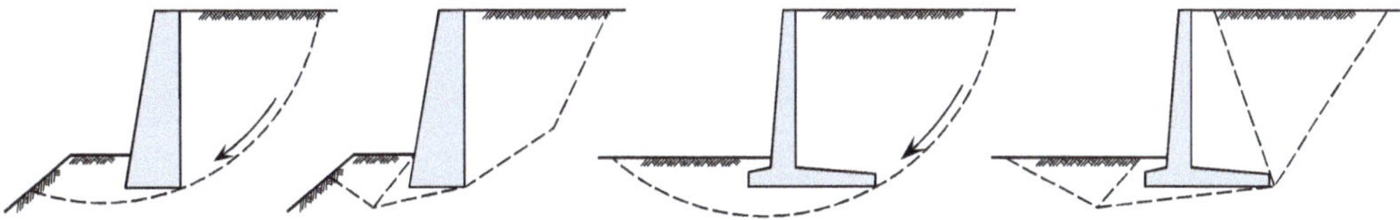

Bild 9-18 Beispiele für Stützmauern mit möglichen Versagensfällen bzw. -mechanismen beim Geländebruch

9.7 Nachweis der Gebrauchstauglichkeit

Nach DIN 1054, A 9.8.1.2 kann in der Bemessungssituation BS-P auf die Führung des Gebrauchstauglichkeitsnachweises für dauerhaft einzusetzende Stützmauern verzichtet werden, wenn sie

- auf mindestens mitteldicht gelagerten nichtbindigen Böden oder
- auf mindestens steifen bindigen Böden

gegründet sind und ihre Tragfähigkeit in den Grenzzuständen GEO-2 und GEO-3 gemäß Abschnitt 9.6 nachgewiesen wurde. Dies gilt nicht für Fälle, in denen erhöhte Anforderungen bezüglich der Verschiebungen und Verkantungen der Konstruktion gestellt werden.

Können Setzungen bzw. Verkantungen von Stützmauern benachbarte Gebäude, Leitungen, andere bauliche Anlagen oder auch Verkehrsflächen gefährden, sind entsprechende gesonderte Gebrauchstauglichkeitsnachweise zu führen.

9.7.1 Zulässige Lage der Sohldruckresultierenden

Schädliche Verkantungen einer Stützmauer werden nach DIN 1054, A 9.8.1.2 A (2) vermieden, wenn in der Sohlfläche der Mauer keine klaffende Fuge infolge der charakteristischen Beanspruchung entsteht, die sich aus ständigen Einwirkungen ergibt (siehe nachstehendes Anwendungsbeispiel).

Anwendungsbeispiel

Für die in Bild 9-19 dargestellte und vor Ort herzustellende Winkelstützmauer aus Stahlbeton (charakteristischer Wert der Wichte $\gamma_{b,k} = 25$ kN/m³) sind die Vertikalkomponente und die Lage der charakteristischen Resultierenden der Belastung in der Sohlfuge zu ermitteln.

Im Rahmen des Gebrauchstauglichkeitsnachweises gemäß DIN 1054, A 9.8.1.2 A (2) ist zu prüfen, ob diese Lage zulässig ist.

Für die Berechnung darf eine Ersatzfläche gemäß DIN 4085 verwendet werden. Die charakteristischen Werte des Reibungswinkels und der Wichte des die Winkelstützmauer umgebenden Bodens sind anzunehmen mit

$$\phi'_k = 32{,}5°$$
$$\gamma_k = 18 \text{ kN/m}^3$$

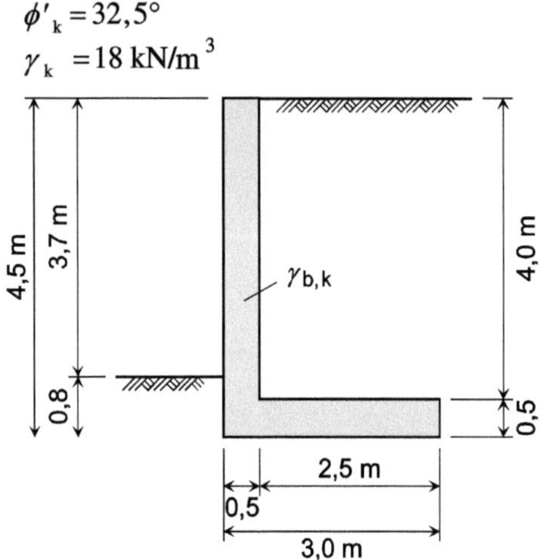

Bild 9-19 Winkelstützmauer mit Abmessungen

Lösung

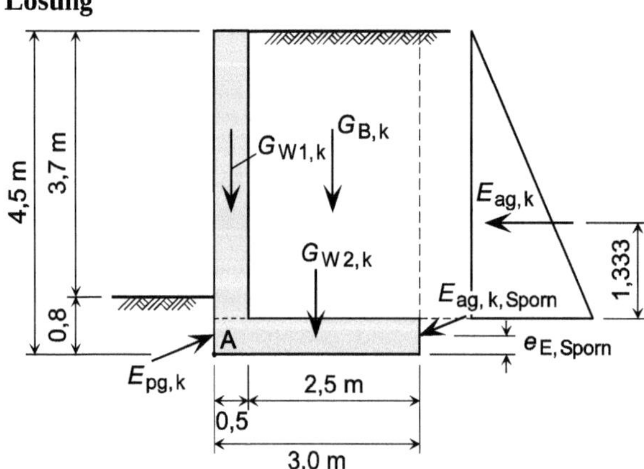

Bild 9-20 Winkelstützmauer mit Belastungskomponenten für die zulässige Lage der Sohldruckresultierenden gemäß DIN 1054

Der Berechnung wird Bild 9-20 zugrunde gelegt. Die Wirkung von E_p wird im Folgenden vernachlässigt, da davon auszugehen ist, dass E_p für die Herstellung des Gleichgewichts der charakteristischen Kräfte parallel zur Sohlfläche nicht erforderlich ist; der zu führende Nachweis liegt damit auf der sicheren Seite.

Mit den Neigungswinkeln der Erddrücke

$$\delta_a = \beta = 0° \qquad \text{(Bereich der Ersatzfläche)}$$

$$\delta_a = \frac{2 \cdot \phi'_k}{3} = \frac{2 \cdot 32{,}5°}{3} \qquad \text{(Bereich der vertikalen Spornfläche)}$$

sowie mit

$$\alpha = \beta = 0°$$

ergeben sich die entsprechenden Erddruckbeiwerte (z. B. aus [243]) zu

$$K_{agh,\,E} = 0{,}301$$

$$K_{agh,\,S} = 0{,}250$$

Als charakteristische Erddruckkräfte ergeben sich pro lfdm Stützmauer

$$E_{ag,\,k;\,Ersatz} = \frac{4{,}0^2}{2} \cdot \gamma_k \cdot K_{agh,\,E} \cdot 1{,}0 = 8{,}0 \cdot 18{,}0 \cdot 0{,}301 \cdot 1{,}0 = 43{,}344 \text{ kN/lfdm}$$

$$E_{agh,\,k,\,Sporn} = \frac{4{,}0 + 4{,}5}{2} \cdot \gamma_k \cdot K_{agh,\,S} \cdot 0{,}5 \cdot 1{,}0 = 4{,}25 \cdot 18{,}0 \cdot 0{,}2506 \cdot 0{,}5 = 9{,}585 \text{ kN/lfdm}$$

$$E_{agv,\,k,\,Sporn} = E_{agh,\,k,\,Sporn} \cdot \tan \delta_a = 9{,}585 \cdot \tan \frac{2 \cdot 32{,}5°}{3} = 3{,}808 \text{ kN/lfdm}$$

Die Höhe der Wirkungslinie der zur dreiecksförmigen Erddruckverteilung in der Ersatzfläche gehörenden Erddruckkraft $E_{ag,\,k,\,Ersatz}$ über der Sohlfläche beträgt (Bild 9-20)

$$\frac{1}{3} \cdot 4{,}00 + 0{,}5 = 1{,}833 \text{ m}$$

und die der Erddruckkraft $E_{ag,\,k,\,Sporn}$

$$e_{E,\,Sporn} = \frac{0{,}5}{3} \cdot \frac{2 \cdot 4{,}0 + 4{,}5}{4{,}0 + 4{,}5} = 0{,}245 \text{ m}$$

Als charakteristische Eigenlasten der Winkelstützmauer und des sie belastenden Bodenmaterials ergeben sich

$$G_{W1,\,k} = 4{,}0 \cdot 0{,}5 \cdot 1{,}0 \cdot \gamma_{b,\,k} = 2{,}0 \cdot 25{,}0 = 50{,}0 \text{ kN/lfm}$$

$$G_{W2,\,k} = 3{,}0 \cdot 0{,}5 \cdot 1{,}0 \cdot \gamma_{b,\,k} = 1{,}5 \cdot 25{,}0 = 37{,}50 \text{ kN/lfm}$$

$$G_{B,\,k} = 2{,}5 \cdot 4{,}0 \cdot 1{,}0 \cdot \gamma_k = 10{,}0 \cdot 18{,}0 = 180{,}0 \text{ kN/lfm}$$

und als Vertikalkomponente der in der Sohlfuge wirkenden Resultierenden

$$V_k = G_{W1,\,k} + G_{W2,\,k} + G_{B,\,k} + E_{agv,\,Sporn} = 50{,}0 + 37{,}5 + 180{,}0 + 3{,}81 = 271{,}31 \text{ kN/lfdm}$$

Mit den um die Achse A (Bild 9-20) wirkenden Momenten pro lfdm Stützmauer infolge der charakteristischen Eigenlasten der Winkelstützmauer und des sie belastenden Bodenmaterials

$$M_{\mathrm{A,G,k}} = G_{\mathrm{W1,k}} \cdot 0{,}25 + G_{\mathrm{W2,k}} \cdot 1{,}50 + G_{\mathrm{B,k}} \cdot 1{,}75$$
$$= 50{,}0 \cdot 0{,}25 + 37{,}5 \cdot 1{,}50 + 180{,}0 \cdot 1{,}75 = 383{,}75\ \mathrm{kN \cdot m/lfdm}$$

und infolge der charakteristischen Erddruckkräfte

$$M_{\mathrm{A,E,k}} = -E_{\mathrm{ag,k,Ersatz}} \cdot 1{,}833 - E_{\mathrm{agh,k,Sporn}} \cdot e_{\mathrm{E,Sporn}} + E_{\mathrm{agv,k,Sporn}} \cdot 3{,}0$$
$$= -43{,}344 \cdot 1{,}833 - 9{,}585 \cdot 0{,}245 + 3{,}808 \cdot 3{,}0 = -70{,}37\ \mathrm{kN \cdot m/lfdm}$$

ergibt sich mit (statische Äquivalenzbetrachtung)

$$e_{\mathrm{A}} = \frac{M_{\mathrm{A,G,k}} + M_{\mathrm{A,E,k}}}{V_{\mathrm{k}}} = \frac{383{,}75 - 70{,}37}{271{,}31} = 1{,}155\ \mathrm{m}$$

der Abstand von V_{k} zur Achse A. Bezogen auf die Sohlflächenmittelachse führt das zu der Exzentrizität

$$e_{\mathrm{M}} = \frac{3{,}0}{2} - 1{,}155 = 0{,}345\ \mathrm{m}$$

Da für sie

$$e_{\mathrm{M}} = 0{,}345\ \mathrm{m} < \frac{3{,}0}{6} = 0{,}50\ \mathrm{m}$$

gilt, ist gezeigt, dass eine klaffende Fuge nicht auftreten kann und somit die Lage der Sohldruckresultierenden zulässig ist.

9.7.2 Unzuträgliche Verschiebungen und unzulässige Setzungen

Zur Vermeidung von unzuträglichen Verschiebungen einer Stützmauer in ihren Sohlflächen ist gemäß DIN 1054, A 9.8.1.2 A (2) nachzuweisen, dass

- die Sicherheit gegen Gleiten auch dann gegeben ist, wenn die Bodenreaktion (Erdwiderstand) vor dem Mauerfuß nicht berücksichtigt wird oder dass
- bei mindestens mitteldicht gelagertem nichtbindigem Boden bzw. bei mindestens steifem bindigem Boden die Herstellung des Gleichgewichts der charakteristischen bzw. repräsentativen Kräfte parallel zur Sohlfläche nicht mehr als
  - $^1/_3$ des auf die Mauerstirnseite wirkenden charakteristischen Erdwiderstands,
  - $^2/_3$ des charakteristischen Gleitwiderstands in der Sohlfläche der Stützmauer

  erfordert.

Lassen sich die genannten Bedingungen nicht einhalten, ist nachzuweisen, dass sich die Stützmauer in ihrer Sohlfläche nicht unzuträglich verschiebt, wenn die charakteristischen bzw. repräsentativen Werte der ständigen und der regelmäßig auftretenden veränderlichen Einwirkungen sowie die charakteristischen bzw. repräsentativen Werte der seltenen oder einmaligen planmäßigen Einwirkungen angesetzt werden.

Unzulässig große Setzungen von Stützmauern werden nach DIN 1054, A 9.8.1.2 A (2) vermieden, wenn die Einhaltung zulässiger Bemessungswerte $\sigma_{\mathrm{R,d}}$ des Sohlwiderstands (vereinfachter Nachweis in Regelfällen) nachgewiesen werden kann (siehe hierzu auch Abschnitt 4.5 und DIN 1054, A 6.10).

9.8 Entwässerung

9.8.1 Belastungen von Stützmauern

Grund-, Kluft- oder eingesickertes Niederschlagswasser, das sich auf den Bergseiten hinter Stützmauern staut und auf die Mauern drückt, kann zu Wasserschäden und Bewegungen der Stützkonstruktionen sowie zur Gefährdung ihrer Standsicherheit führen. Zur Vermeidung solcher Probleme muss dieses Wasser durch Dränagen gesammelt und von den Bauwerken (einschließlich der Gründungen) weggeleitet werden.

Belastungen der Stützmauern können auch durch stationäre Strömungszustände des Wassers im Boden verursacht werden, wie sie z. B. bei Dauerregen oder Grundwasserzufluss auftreten. Die dabei wirksam werdenden Strömungskräfte erhöhen die Wirkung des jeweiligen aktiven Erddrucks, wenn die Wasserbewegungen im Bereich des zu diesem Erddruck gehörenden Bruchkörpers zur Wand hin gerichtet sind. Zur Verhinderung dieses additiven Effekts ist eine schräg und außerhalb des Bruchkörpers verlegte Dränage erforderlich; mit dem Einbau einer vertikalen Filterschicht alleine gelingt dies nicht (zur Erläuterung vgl. Bild 9-21). Trotz dieses Sachverhalts ist es bei Stützkonstruktionen in Einschnitten mit vorübergehend oder dauerhaft standfestem Boden sinnvoll, nur eine senkrecht angeordnete Dränschicht einzubauen. Dies ist darauf zurückzuführen, dass in diesen Böden das bergseitige Wasser in der Regel nur in kleinen Mengen als Quell- oder Sickerwasser anfällt.

Werden die Dränageschichten nicht so dimensioniert, dass sie auch bei starken Niederschlägen in der Lage sind, das gesamte zufließende Wasser abzuführen, tritt ein Stau auf und damit eine zusätzliche Wandbelastung durch hydrostatischen Druck.

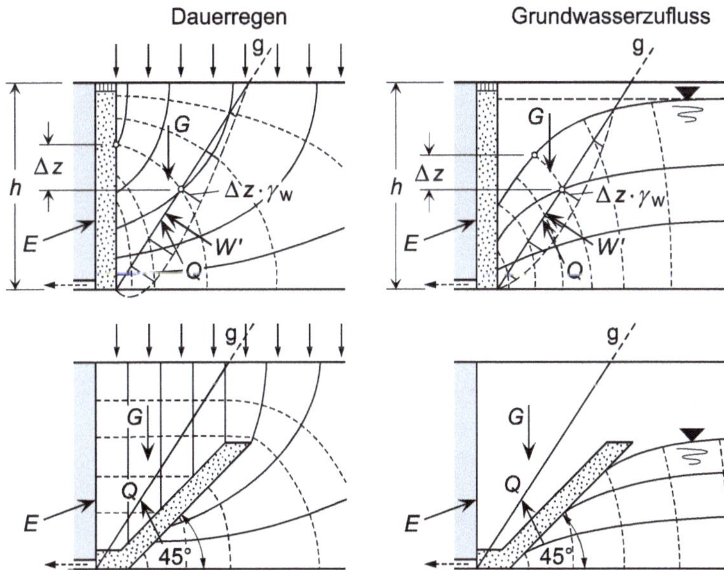

Bild 9-21 Strömungsbilder in der Hinterfüllung von Stützmauern bei senkrechter und geneigter Dränschicht nach *Floss* [153]; g = Gleitfläche des zum aktiven Erddruck gehörenden Bruchkörpers

9.8.2 Anordnung von Dränageeinrichtungen

Bei der Anordnung von Dränageeinrichtungen hinter Stützmauern ist zu unterscheiden zwischen Mauern, die

- auf undurchlässigem bzw. durchlässigem Boden errichtet und hinterfüllt oder
- in Einschnitten mit vorübergehend oder dauerhaft standfestem gewachsenem Boden hergestellt werden.

In Bild 9-22 sind prinzipielle Möglichkeiten zur Anordnung von Filtern in solchen Fällen gezeigt. Die Darstellungen a) bis c) zeigen Filteranordnungen in Einschnitten mit standfestem gewachsenem Boden, die übrigen Bilder Anordnungen im Hinterfüllbereich. Welcher dieser Möglichkeiten bei einer konkreten Baumaßnahme der Vorzug zu geben ist, ist meistens aufgrund der örtlichen Gegebenheiten zu entscheiden.

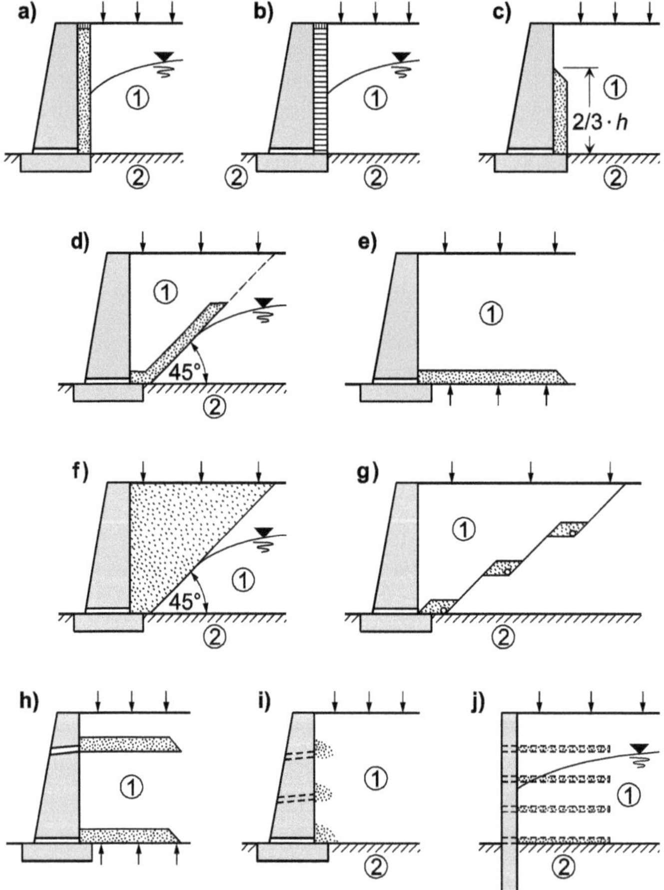

Bild 9-22 Mögliche Anordnungen von Filtern hinter Stützkonstruktionen nach *Floss* [153]
1 bindiger Boden, gewachsen oder hinterfüllt
2 undurchlässiger Untergrund

9.8.3 Anforderungen an Dränageeinrichtungen

Bei Dränschichten aus nichtbindigem Boden muss das Material

- filterstabil sein (vgl. z. B. ZTV E-StB 09, Abschnitte 8.1 und 10.7),
- die Durchlässigkeit von weitgestuftem Kies (Mischkies) besitzen und diese dauerhaft behalten,
- für den Fall, dass kein besonderer Nachweis geführt wird, einen 30 bis 50 cm breiten Durchflussquerschnitt bieten (siehe [180], Kap. 3.9).

Ist das anstehende Grundwasser nicht oder nur in geringem Maße kalkhaltig, können auch mit Geotextil umhüllte Steinpackungen als Dränage eingesetzt werden. Die Problematik einer solchen Lösung liegt, neben der Wasserdurchlässigkeit, vor allem in der Feinmaschigkeit filterstabiler Geotextilien (siehe z. B. ZTV E-StB 09 [331], Abschnitt 3.3.3), die dazu führen kann, dass die Materialmaschen durch ausgefällten Kalk verstopfen und somit die Dränage ihre Funktionstüchtigkeit zunehmend einbüßt. Sind solche Beeinträchtigungen nicht zu erwarten, kann die Filterfunktion von dem Geotextil dauerhaft übernommen werden. Der damit verbundene Vorteil liegt u. a. in der Möglichkeit, enggestuftes grobkörniges Schüttmaterial mit hoher Wasserdurchlässigkeit in die Sickeranlage einbauen zu können.

Für die Erfüllung der

- mechanischen Filterwirksamkeit (Bodenrückhaltevermögen) und
- hydraulischen Filterwirksamkeit (druckverlustarme Wasserableitung auch bei niedrigen hydraulischen Gradienten)

durch das zum Einsatz kommende Geotextil sind vor allem von Bedeutung

- die wirksame Öffnungsweite $O_{90\,\mathrm{w}}$ (Durchmesser einer Prüfkornfraktion, die von dem Geotextil zu 90 % zurückgehalten und zu 10 % hindurchgelassen wird) und
- der Wasserdurchlässigkeitsbeiwert senkrecht zur Ebene k_v.

Detailliertere Ausführungen zur Bemessung geotextiler Filter und Dränsysteme sind z. B. in [236] zu finden.

Weitere Alternativen, vor allem für senkrechte Dränagen, sind aus Sickersteinen hergestellte Schmalwände oder Einkornbeton. Steht hinter der Filtersteinwand feinkörniger Boden an, ist nach [180], Kap. 3.9 allerdings eine Zwischenlage aus Sand zwischen der Wand und dem Boden einzubauen, um so die erforderliche Filterstabilität zu gewährleisten.

Da die Wartung der Dränageeinrichtungen selten erfolgt oder gar nicht durchführbar ist, müssen diese in einem ersten Schritt nach üblichen Filterregeln und aufzunehmenden Wassermengen bemessen werden. Darüber hinaus sind sie so zu konstruieren, dass die Filterwirkung auch langfristig nicht verloren geht (z. B. durch Kalkabscheidungen, s. o.).

In Abhängigkeit von der Menge zufließenden Schichtwassers kann die Anordnung von Mauerdurchlässen (Bild 9-23) als zusätzliche Maßnahme erforderlich werden. Als alleiniges Dränageelement kommen sie aber nur bei Verkleidungsmauern vor Fels mit nur geringen anfallenden Wassermengen zum Einsatz.

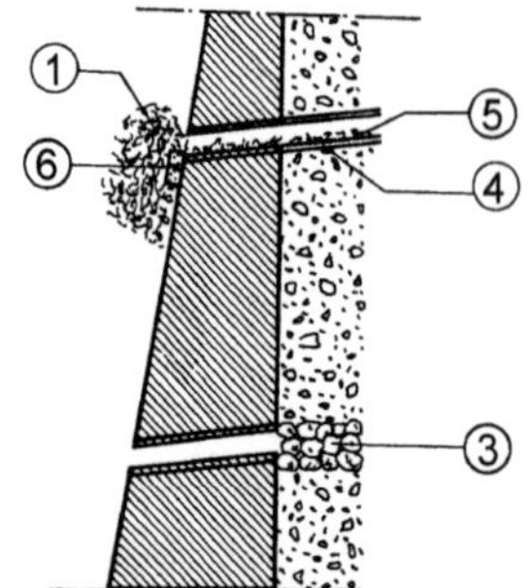

Bild 9-23 Mauerdurchlässe (nach [180], Kap. 3.9)
1 Bepflanzung
2 Rundkies
3 Rohr mit $d_{min} = 10$ cm
4 Humus
5 Betonstein 30/14/8, geklebt

9.8.4 Bedingungen für die Ausführung von Sickeranlagen

Hinterfüllbereiche sind nach ZTV E-StB 09, 10.7.1 so zu entwässern, dass Oberflächen- und Grundwasser gesammelt und ohne Schaden abgeführt werden.

In Fällen, in denen keine grobkörnigen Böden (SW, SI, SE, GW, GI, GE) für die Hinterfüllung verwendet werden, ist an den Rückwänden der hinterfüllten Bauwerksteile ein mindestens 1 m breiter filterstabiler Entwässerungsbereich gleichzeitig mit der Hinterfüllung einzubauen und zu verdichten (vgl. ZTV E-StB 09, 10.7.2). Die Verwendung von Sickersteinen sollte nur dann ins Auge gefasst werden, wenn ihre Funktionstüchtigkeit dauerhaft gewährleistet ist (mögliche Funktionsverluste durch die Einbringung der Hinterfüllung oder durch später einwirkende dynamische Belastungen). Auf die Entwässerungsschicht darf auch dann nicht verzichtet werden, wenn Einkornbetonschichten oder Sickersteine eingebaut werden.

Bei Zuströmung von betonangreifendem Sickerwasser ist es zu empfehlen, die Mauerrückwand durch einen Anstrich zu schützen (Bitumen, Teer oder Kunstharz), dessen Unbedenklichkeit nachgewiesen ist.

Das in die Entwässerungsschichten einsickernde Wasser wird in porösen oder gelochten Sickerrohrleitungen abgeleitet. Die Rohre können als Kunststoff-, Beton- oder Steinzeugrohre eingesetzt werden, wobei Betonrohre nur dann verwendet werden dürfen, wenn das abzuleitende Wasser nicht betonangreifend ist. Der Rohrdurchmesser ist so zu wählen, dass der zu erwartende Wasseranfall abgeleitet werden kann. Nach ZTV Ew-StB 91 sollte er mindestens die Größe DN 100 aufweisen. Ist der Einsatz von Fräsgeräten zur Freihaltung der Sickerrohrleitungen vorzusehen (Beseitigung von Verkrustungen), ist mindestens die Größe DN 200 erforderlich (vgl. [262]).

Der Rohrscheitel der Sickerrohrleitung ist mindestens 0,2 m unter der Sohle der zu entwässernden Schicht anzuordnen. Das Sohlgefälle dieser Leitungen ist gleich dem der Dränagestränge zu wählen. Es sollte nach [262] in der Regel die Größe $I = 0{,}3\,\%$ nicht unterschreiten, um so die Selbstreinigung zu gewährleisten.

Zur Wartung der Sickerrohrleitungen sind Schächte vorzusehen, deren Abstand nach [262] nicht mehr als 80 m betragen sollte.

Sind Sickerrohrleitungen in großer Tiefe zu verlegen, ist deren Eignung erdstatisch nachzuweisen.

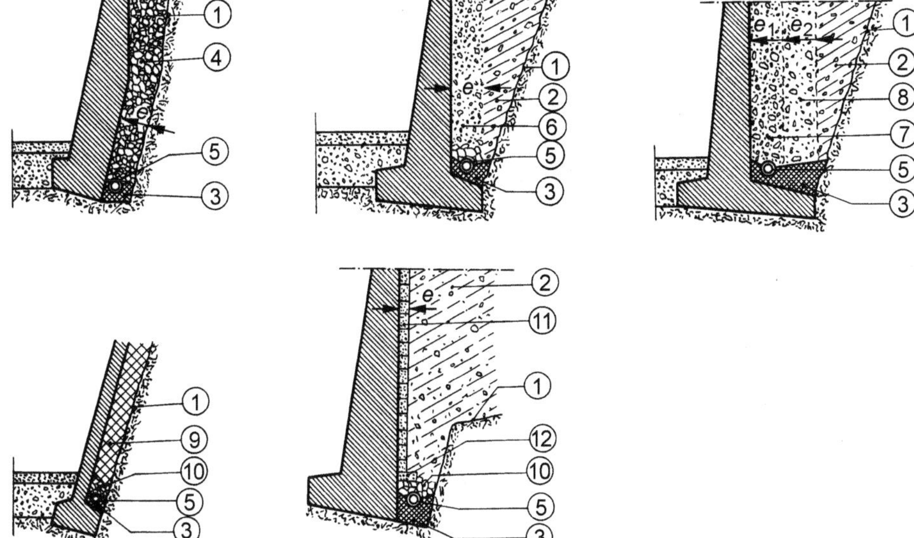

Bild 9-24 In der Schweiz gebräuchliche Ausführungen von Dränageschichten; von links nach rechts: Steinpackung, einfacher Filter, Mehrschichtenfilter, Sickerbeton, Filtersteine (nach [180], Kap. 3.9)
1 Aushub; 2 Hinterfüllung; 3 Füllbeton; 4 Steinpackung oder Rundkies; 5 gelochte oder poröse Leitung, $d_{min} = 20$ cm; 6 Einfachfilter; 7 Filter 1; 8 Filter 2; 9 Sickerbeton; 10 Rundkies, 30 bis 50 mm; 11 Filtersteine oder Filterplatten; 12 Fußstein

9.8.5 Ableitung von Oberflächenwasser

Außer dem in der Hinterfüllung anfallenden Sickerwasser ist auch das Oberflächenwasser der Böschung sauber abzuleiten. Dabei ist dafür zu sorgen, dass dieses Oberflächenwasser nicht in großen Mengen in die Dränageschicht hinein versickern kann.

Verschiedene konstruktive Maßnahmen, mit denen die Abfangung und Ableitung des Oberflächenwassers bei kleinem, mittlerem und großem Wasseranfall möglich ist, zeigt Bild 9-25. Während der dargestellte „Strang" bei Geländeneigungen von weniger als 5 % und kleinen abzuleitenden Wassermengen zu empfehlen ist, stellen die „Rasenmulde" (Dränageschicht mit Kulturboden abgedeckt) und die „Betonschale" den Normalfall bei mittlerer Geländeneigung und mittlerer Wassermenge dar. Erst bei Geländeneigungen von mehr als 20 % und großen Wassermengen kommt die „Rinne" zum Einsatz. Das in den beschriebenen Konstruktionen gesammelte Oberflächenwasser wird in Schlammsammler geleitet und von dort aus in die Sickerleitung geführt. Zu Reinigungszwecken müssen diese Sammler gut zugänglich und einfach entleerbar sein.

Während der Bauzeit ist dafür zu sorgen, dass Niederschlagswasser von der Filterschicht ferngehalten wird, um so zu verhindern, dass diese nicht verschmutzt.

Positiv auf die Entwässerung wirkt sich eine bergseitige Bepflanzung mit stark wasserziehenden Büschen und Bäumen aus.

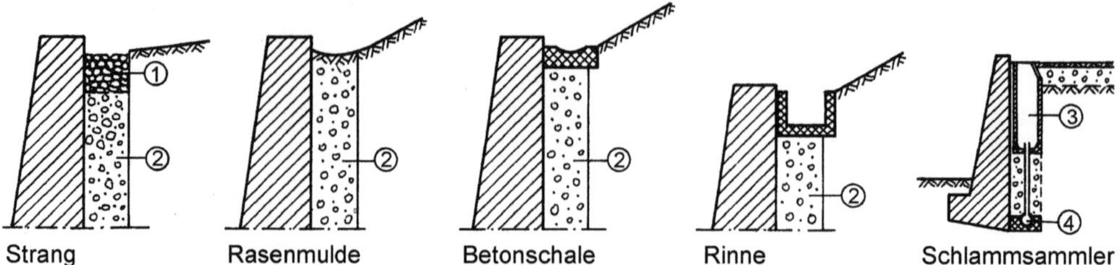

Bild 9-25 Abfangen und Ableiten von Oberflächenwasser hinter Stützmauern (nach [153])
1 Kies oder Schotterstrang, Rundkies mit 30 bis 50 mm Korndurchmesser
2 Dränageschicht oder Filter
3 Schlammsammler
4 Sickerrohr mit dem Mindestdurchmesser $d_{min} = 10$ cm

10 Spundwände

10.1 Allgemeines und Regelwerke

10.1.1 Allgemeines

Früher wurden Spundwandbauwerke unter Verwendung von rammbaren Stahlspundbohlen wie auch mit Hilfe von Holz- (Näheres siehe EAU [142], E 22), Stahlbeton- (Näheres siehe EAU [142], E 21) und Spannbetonspundbohlen ausgeführt. Heute erfolgt ihre Herstellung nahezu ausschließlich mit Stahlspundbohlen, deren Entwicklung im Jahre 1902 begann (vgl. Beitrag von *Roth* in [148]). Dies ist u. a. darauf zurückzuführen, dass sich die Stahlbohlen wegen ihres geringen Querschnitts (im Vergleich zu den übrigen Bohlen) leichter rammen lassen, dabei geringere Bodenerschütterungen verursachen und somit auch noch in vergleichsweise geringem Abstand zu bestehender Bebauung rammend eingebracht werden können.

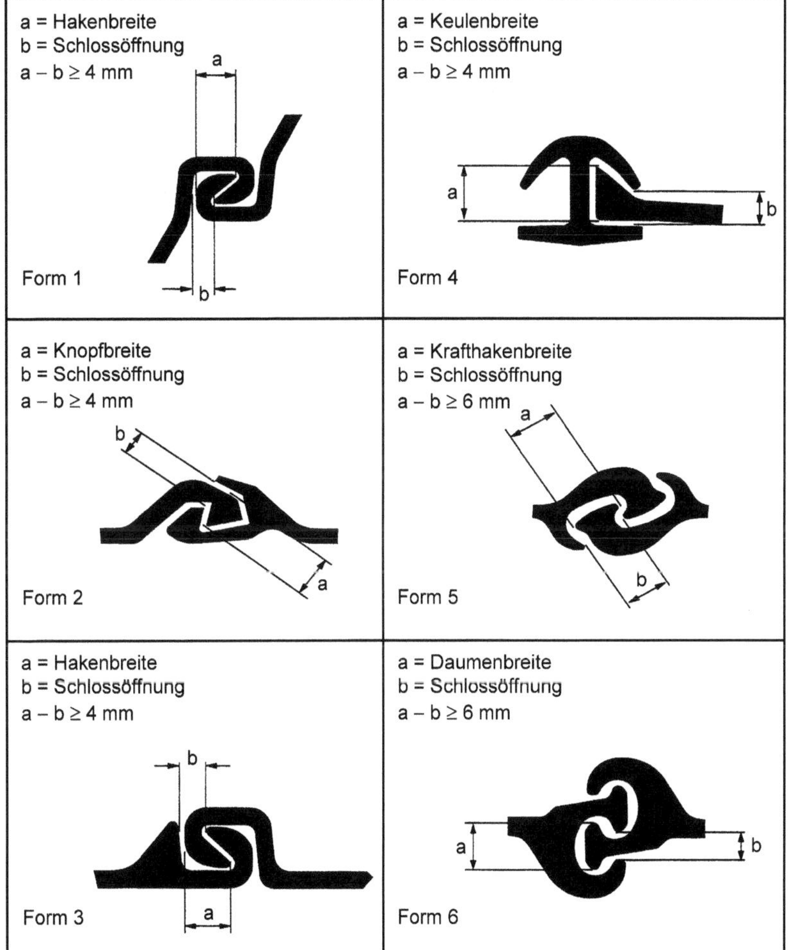

Bild 10-1 Beispiele für bewährte Schlossformen von Stahlspundbohlen (nach EAU [142], E98)

Geotechnik-Grundbau. 3. Auflage. Gerd Möller.

Stahlspundbohlen werden sowohl als U-, Z- oder I-Profile wie auch in Sonderformen hergestellt. Über sogenannte „Schlösser“ (Bild 10-1) lassen sie sich miteinander zu zusammenhängenden Wänden verbinden. Die Schlösser müssen dabei einerseits einen Spielraum besitzen, der groß genug ist, um ein unproblematisches Ineinanderfügen der Bohlen zu gewährleisten, andererseits müssen sie so ausgebildet sein, dass sie die beim Verbund auftretenden statischen Druck-, Zug- und Scherkräfte aufnehmen können.

Zu wandartigen Konstruktionen miteinander verbundene Spundbohlen dienen vor allem zur Abstützung von Geländesprüngen sowie zur Übertragung horizontaler und vertikaler Lasten in den Baugrund. Verwendet werden sie in diesem Zusammenhang u. a. zur Baugrubensicherung, als Stützwände, als Teile von Bauwerken und ihren Gründungen sowie für Wasserbauanlagen wie z. B. Schleusen, Kai- und Ufermauern. Darüber hinaus kommen sie als vertikale Dichtwände etwa bei Deponien und Altlasten zum Einsatz.

10.1.2 Regelwerke

Als europäische Normen für Spundwandkonstruktionen und nationale Normen zu ihrer Berechnung stehen zur Verfügung

- DIN EN 1993-5 [105], DIN EN 1997-1 [107], DIN EN 12063 [112] sowie
- DIN 1054 [44], DIN EN 1993-5/NA [106] und DIN EN 1997-1/NA [109].

Soweit Spundwände im Bereich von

- Baugruben sowie Häfen und Wasserstraßen

zum Einsatz kommen, können als Regelwerke vor allem die

- von der Deutschen Gesellschaft für Geotechnik e. V. herausgegebenen
  - Empfehlungen des Arbeitskreises „Baugruben“ EAB [140]
- und die von der Europäischen Gemeinschaft als technisches Regelwerk verbindlich anerkannten und vom Arbeitsausschuss „Ufereinfassungen“ der Hafenbautechnischen Gesellschaft e. V. und der Deutschen Gesellschaft für Geotechnik e. V. herausgegebenen
  - Empfehlungen des Arbeitsausschusses „Ufereinfassungen“: Häfen und Wasserstraßen; EAU 2012 [142]

verwendet werden.

Die jeweils maßgebenden Empfehlungen der EAB werden in der Literatur durch den Hinweis EB ... (z. B. EB 49) aufgeführt. Die Nennung der entsprechenden Empfehlungen der EAU in der Literatur erfolgt durch den Hinweis E ... (z. B. E 161).

Wird der Einsatz von Spundwänden beim Bau von Deponien oder der Sicherung von Altlasten vorgesehen, sollten auch die

- GDA-Empfehlungen [166]

beachtet werden.

Weiterhin gibt es von Spundwandherstellern herausgegebene Handbücher für die Bemessung von Spundwandbauwerken wie z. B. das von der

- Fa. *HSP Hoesch Spundwand und Profil* [F 15] herausgegebene Spundwand-Handbuch Berechnung [197].

10.2 Einsatz von Stahlspundwänden

10.2.1 Einsatzvorteile

Zu den Vorteilen von Stahlspundwänden gehört es, dass die Bohlen, etwa im Vergleich zu aus Holz-, Stahlbeton- und Spannbetonbohlen ausgeführten Wänden,

- infolge ihrer Festigkeit beim Rammen in steinigem Boden nicht so leicht beschädigt werden und selbst Holz, altes Mauerwerk, Beton und leichten Fels durchschlagen können,
- im Allgemeinen sehr dichte Schlösser besitzen, aus denen sie nur bei ganz schweren Hemmnissen, wie etwa Findlingen oder auch trockenem dichtem Feinsand, springen („Schlosssprengung"); u. U. kann es sogar passieren, dass sie sich beim weiteren Rammen aufrollen (Schlossstörungen dieser Art können durch Einsatz entsprechender Signalgeber festgestellt werden; siehe z. B. EAU, 8.1.13.3 und [320]),
- wegen ihres geringen Querschnitts meist gezogen werden können, ohne dass damit Setzungswirkungen verbunden sind,
- wiederverwendbar sind (z. B. bei abschnittsweiser Herstellung langer Tunnelbauwerke in offener Bauweise), wenn sie beim Rammen oder Ziehen nicht beschädigt wurden (gefährdet sind vor allem der Kopf- und Fußbereich),
- sich bei möglichen Versagensfällen an diskreten Stellen der Wand (z. B. beim Versagen eines Ankers) im Profil auseinanderziehen können („Ziehharmonikaeffekt", Bild 10-2) und damit Folgeschäden wesentlich abmindern („gutmütiges" Wandverhalten).

Bild 10-2 „Ziehharmonikaeffekt" bei einer Spundwand (Bild von der Fa. *ArcelorMittal* [F 1])

10.2.2 Vergleich mit anderen Stützkonstruktionen

Gegenüber Verbauarten wie „Grabenverbau" und „Trägerbohlwand" ist der Verbau aus Stahlspundwänden

- in der Regel teurer und weniger anpassungsfähig (z. B. bei kreuzenden Versorgungsleitungen),
- auch in Böden einsetzbar, die z. B. wegen unzureichender Standfestigkeit den Bau einer Trägerbohlwand nicht zulassen,
- nahezu dicht, was zum bevorzugten Einsatz bei Baugrubenumschließungen im Grundwasser und im offenen Wasser führt (in Fällen, in denen diese Dichtigkeit nicht ausreicht, können zusätzliche Dichtungsmaßnahmen getroffen werden; vgl. Abschnitt 10.2.4).

10.2.3 Mögliche Querschnittsschwächungen

Querschnitt Parkdeck

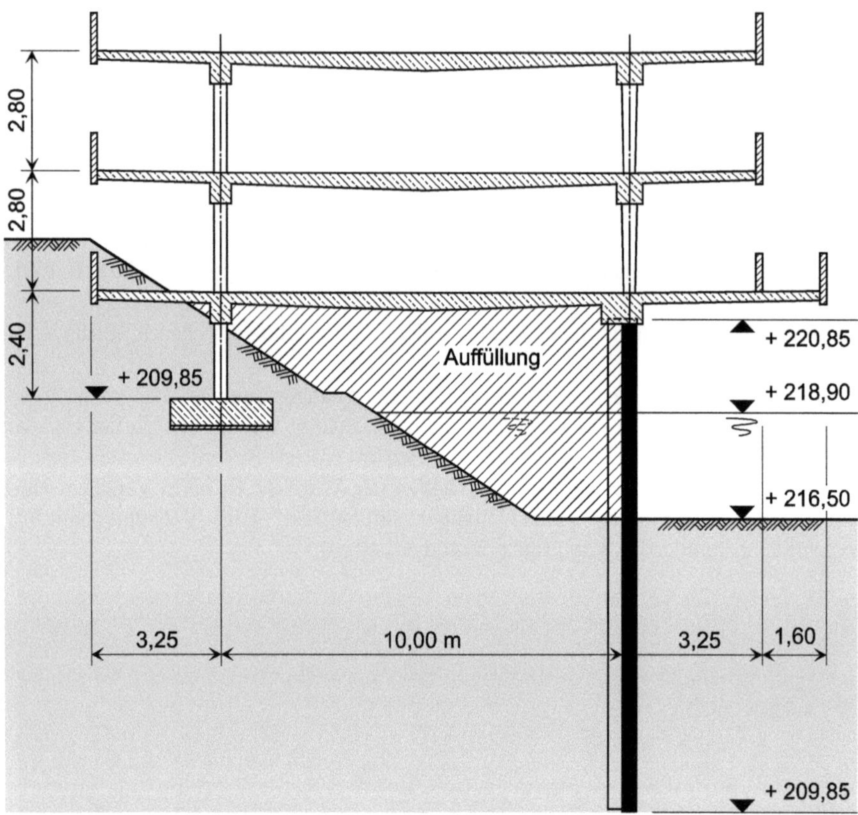

Grundriss

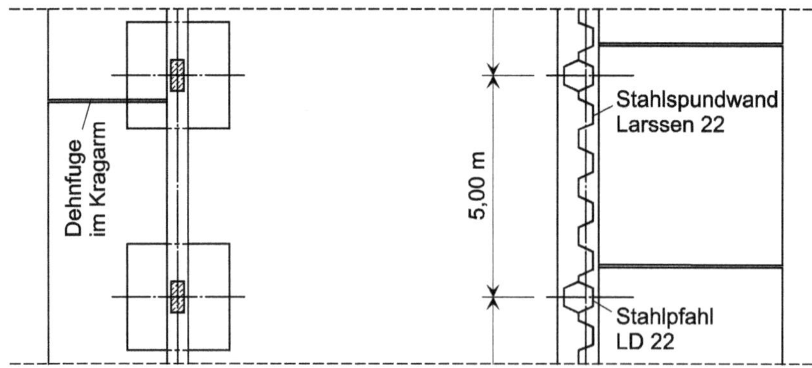

Bild 10-3 Spundwand als wasserseitige Gründung eines Parkdecks der Fa. *Daimler-Benz* in Stuttgart (nach Informationsmaterial der Fa. *HSP* [F 15])

Insbesondere wenn Stahlspundwände dauerhafte Bestandteile des Bauwerks bleiben, können sie z. B. durch Korrosion und, in strömendem Wasser, durch Sandschliff so weit geschwächt werden, dass sie ggf. nicht mehr in der Lage sind, die auf sie einwirkenden Kräfte aufzunehmen (siehe hierzu auch Tabelle 5-3 und Tabelle 5-4).

Für im Wasser stehende Spundwandbauwerke, wie z. B. die in Bild 10-3 gezeigte Stahlspundwand eines 1970 für die Fa. *Daimler-Benz* längs des Neckarkanals in Stuttgart-Untertürkheim gebauten Parkdecks, ist das Korrosionsverhalten der Spundbohlen von besonderer Bedeutung. Untersuchungen haben ergeben, dass die Stärke der Korrosionsintensität (ihr Maß ist die Dickenabnahme oder auch Abrostung in mm) bzw. die Größe der Abrostungsgeschwindigkeit, angegeben in mm/a (Abrostungsrate pro Jahr), in Süß- und Salzwasser unterschiedlich groß ist und darüber hinaus vom Standort abhängt. Letzteres gilt auch bezüglich der Verteilung über die Wandhöhe, wie sich das z. B. für die Standorte Nord- und Ostsee zeigen lässt (siehe hierzu z. B. EAU, 8.1.8 (E 35)).

Zu der Vielzahl spezieller möglicher Standortbedingungen gehören u. a.
- eine salzhaltige Atmosphäre,
- Tausalzeinwirkungen,
- hohe Wasseraggressivität,
- stark wechselnde Wasserstände,
- Temperatur,
- stahlaggressive Bakterien (in Fällen, in denen, wie etwa im Bereich von Hausmülldeponien, organische Stoffe zur Spundwand gelangen),
- der Kontakt mit aggressiven Böden wie etwa Humus oder kohlehaltige Böden.

Alle diese Einflüsse können die Korrosionsintensität erheblich beeinflussen (vgl. auch Tabelle 5-3 und Tabelle 5-4). Zur Bewertung der Aggressivität von Böden und Grundwasser können DIN 50929-1 [92] und DIN 50929-3 [93] herangezogen werden.

Im Rahmen des Entwurfs und der Ausführungsplanung von ungeschützten Spundwandbauwerken ist auch der Einfluss der Korrosion auf deren Tragsicherheit, Gebrauchsfähigkeit und Dauerhaftigkeit zu berücksichtigen. Liegen keine örtlichen Erfahrungen vor, können zur Erfassung dieses Einflusses gemäß EAU, 8.1.8.3 die folgenden Mittelwerte als Abtragungsgeschwindigkeiten angenommen werden:

≈ 0,01 mm/a für die atmosphärische Korrosion oberhalb der Spritzwasserzone von Wasserbauwerken (bei Tausalzeinwirkung, bei Lagerung und Umschlag von den Stahl angreifenden Stoffen usw. sind höhere Werte anzusetzen),

≈ 0,01 mm/a als beidseitige Dickenabnahme für Spundwände, die in nicht aggressiven natürlich gewachsenen Boden eingebunden sind bzw. mit Sand so hinterfüllt sind, dass im gesamten Profilbereich eine satte Einbettung existiert (ist nicht auszuschließen, dass die Spundwände mit aggressivem Boden oder aggressivem Grundwasser in Kontakt kommen, sind höhere Abtragungsgeschwindigkeiten anzunehmen).

Für neu herzustellende und mit Süßwasser bzw. Meerwasser der Nord- und Ostsee in Kontakt stehende ungeschützte Stahlspundwände sind nach EAU, 8.1.8 (E 35) Bemessungswerte der Wanddickenverluste anzunehmen, wie sie sich, abhängig von der Standzeit des Bauwerks, aus Bild 10-4 ergeben (die Werte können auch für die Überprüfung schon vorhandener Spundwände herangezogen werden).

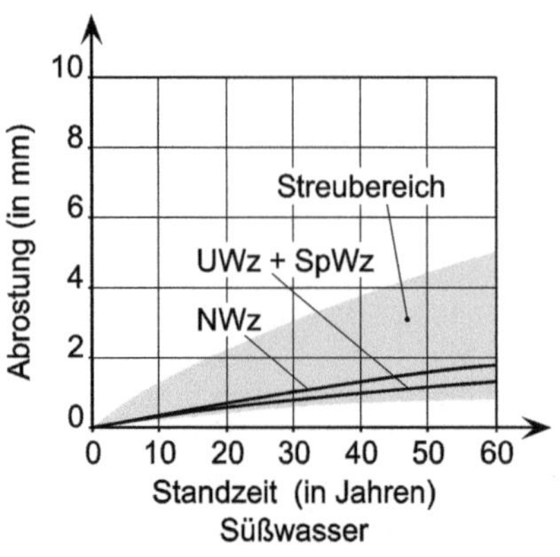

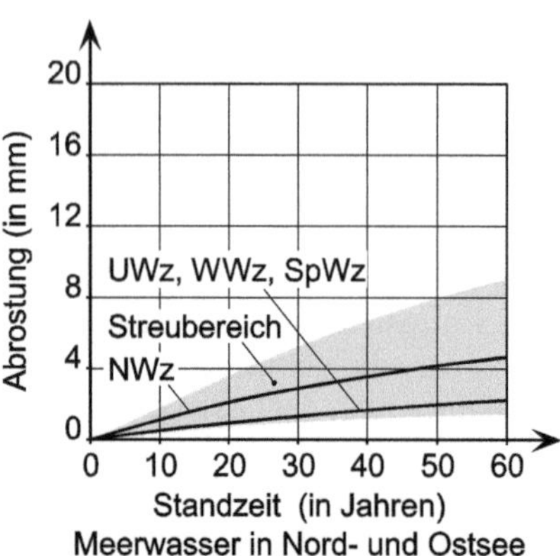

Bild 10-4 Mittelwerte für die Abnahme von Spundwanddicken im Süß- und Meerwasserbereich (nach EAU, 8.1.8.2)
NWz = Niedrigwasserzone, UWz = Unterwasserzone, SpWz = Spritzwasserzone, WWz = Wasserwechselzone, Streubereich = Streubereich der Messwerte der untersuchten Bauwerke

Hinsichtlich weiterer Aspekte zur Korrosion sei auf EAU, 8.1.8 (E 35) und [268] verwiesen. Dies gilt vor allem auch für Regressionskurven, die zu gemessenen Maximalwerten der Dickenabnahme gehören.

Zu den Maßnahmen gegen Querschnittsschwächungen gehören

- die Wahl von anfangs überdimensionierten Profilen, deren statische Reserven für die vorgesehene Nutzungsdauer des Bauwerks ausreichen (hierzu ggf. vorliegende Erfahrungen bezüglich der Korrosion von Bauwerken in der Nachbarschaft heranziehen),
- eine Gestaltung der Wandkonstruktion, die dazu führt, dass die maximale Biegebeanspruchung nicht im Bereich der größten Korrosionsintensität liegt (lässt sich insbesondere durch Ankerlagen beeinflussen),
- Korrosionsschutz der Bohlen durch Anstriche, Verzinkung oder kathodischen Schutz,
- bei starkem Sandschliff vor allem der Einsatz von Stahlbeton- oder Spannbetonbohlen bzw. das Überziehen von Stahlbohlen mit Beschichtungen, die dem Sandschliff dauerhaft standhalten (vgl. hierzu [143], E 23).

10.2.4 Zusätzliche Dichtungsmaßnahmen

Da für das Einbringen der Spundbohlen ein Spielraum in den Schlossverbindungen erforderlich ist, sind die Schlösser, mindestens unmittelbar nach dem Einbringen der Bohlen, nicht sehr wasserdicht. Dennoch reicht diese „normale“ Dichtigkeit der Spundwände in vielen Fällen aus, da sich in der Regel eine fortschreitende „Selbstdichtung“ der Schlösser einstellt, die auf die Verstopfung der engen und mehrfach umgelenkten Sickerwege mit Feinteilen des Bodens zurückzuführen ist.

In Fällen, in denen Böden mit nur geringen Anteilen an Feinkorn anstehen oder in denen Forderungen nach hohen Dichtigkeiten gestellt werden, die insbesondere von Anfang an zu gewährleisten sind, können zusätzliche Dichtungsmaßnahmen getroffen werden. Bauwerke mit solchen erhöhten Forderungen sind z. B.

- Wände von ins Grundwasser reichenden Baugruben, die in Böden mit geringem Feinkornanteil herzustellen sind,

- Dichtwände zur Einkapselung von Deponien oder Altlasten,
- Hochwasserschutzwände,
- Ufersicherungen an Wasserstraßen, die durch Wasserschutzgebiete führen,
- Seitenwände von Tunneln oder Tiefgaragen.

Das Verfahren, das für die zusätzliche Schlossabdichtung verwendet werden soll, ist in Abhängigkeit von den an die Dichtigkeit gestellten Anforderungen auszuwählen. In Frage kommen z. B.

- die nachträgliche Verkeilung der Schlossfugen mit Holzkeilen, deren Dichtwirkung auf ihrer Quellfähigkeit bei Befeuchtung basiert,
- das nachträgliche Einbringen von Gummi- oder Kunststoffschnüren in die Schlossfugen,
- das Verschweißen der Schlossfugen (wenn völlige Wasserdichtheit verlangt wird).

Neben diesen Verfahren werden von den Herstellern der Spundwände weitere Dichtungssysteme angeboten. So kann etwa bei den von der Fa. *HSP* [F 15] vertriebenen Wänden ausgewählt werden zwischen

- der vor dem Rammen erfolgenden Verfüllung der Baustellenfädelschlösser mit bituminösen Materialien (die Einbringung des Materials kann sowohl im Werk als auch auf der Baustelle erfolgen); in Abhängigkeit von dem zur Anwendung kommenden Einbringverfahren empfiehlt sich bei
  - Vibrationsrammungen ein Bitumenheißverguss,
  - schlagenden Rammungen die Verwendung einer bituminösen Spachtelmasse (Bitumenkitt),
- dem Schlossdichtungssystem HOESCH, das bereits ab Werk in Form profilierter Dichtungen in die Fädelschlösser und in Form injizierter Dichtungen in die werkseitig zusammengezogenen Schlösser eingebracht wird.

Der Anwendungsbereich der Verfüllungen liegt vor allem bei temporären Bauwerken, bei denen die Spundbohlen wiederholt eingesetzt werden. Dagegen ist der Einsatz der Schlossdichtung System HOESCH besonders bei bleibenden Bauwerken zu empfehlen, bei denen hohe Anforderungen an die Dichtigkeit gestellt werden. Das dabei verwendete Dichtungsmaterial muss umweltverträglich sein und Eigenschaften aufweisen wie etwa Dauerelastizität, Alterungs- und Witterungsbeständigkeit, Resistenz gegenüber Seewasser, normalen Abwässern, mineralischen Ölen, Säuren, Laugen usw.

Bei der Verwendung von Schlossdichtungen sollten die Bohlen vorzugsweise mit schlagenden Bären eingebracht werden; der Einsatz des Vibrationsverfahrens ist nur in eingeschränktem Maße zu empfehlen.

Neben den aufgeführten Verfahren können auch Kombinationen verschiedener Dichtelemente zum Einsatz kommen. So wird z. B. in [184] über die Möglichkeit berichtet, Spundbohlen in kleine Dichtungspfähle so einzurammen, dass die Dichtung im Bereich der Schlösser der so entstehenden kombinierten Dichtwand durch die Pfähle erfolgt.

Ein Vorschlag zur Berechnung der Dichtigkeit von Stahlspundwänden, einschließlich des diesbezüglichen Vergleichs mit porösen Dichtwänden (z. B. Schlitzwände), wird in [281] unterbreitet.

10.3 Profile von Stahlspundwänden

In Bild 10-5 und in Tabelle 10-1 sind Querschnittsformen (Profile) und Querschnittswerte von Stahlspundbohlen verschiedener Hersteller dargestellt bzw. angegeben. Sie stellen eine Auswahl von Grundelementen dar, die sich in verschiedenen Formen zusammenbauen und verändern lassen (z. B.

durch aufgeschweißte Lamellen). Insbesondere in Verbindung mit Elementen wie Zwischenprofilen sowie Eck- und Abzweigbohlen lassen sie sich in vielfältigen Formen kombinieren; entsprechende Beispiele können der Literatur (vgl. z. B. Bild 10-6) sowie dem von den Herstellern beziehbaren Informationsmaterial entnommen werden.

Union Flachprofile von *HSP* [F 15]

Leichtprofile von *ThyssenKrupp* [F 25]

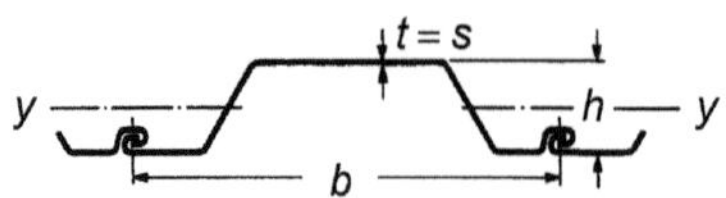

Z-Profile von *HSP* [F 15]

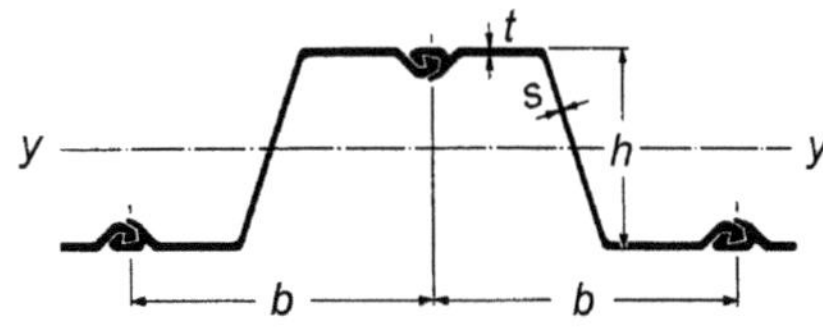

Kanaldielen von *ThyssenKrupp* [F 25]

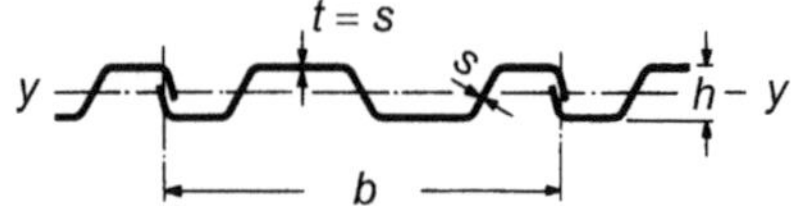

Larssen-Profile von *HSP* [F 15]

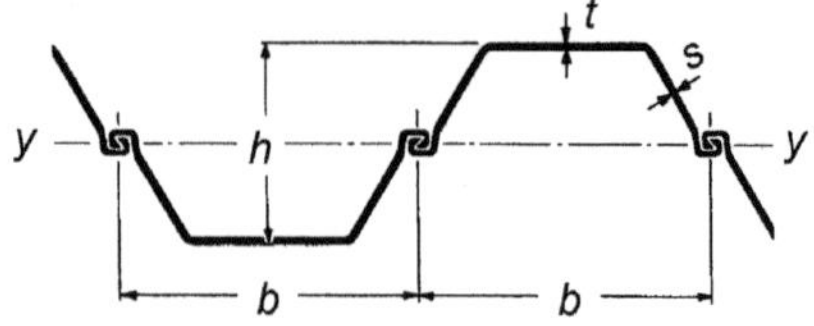

Peiner Kastenprofile von *Peiner Träger* [F 21]

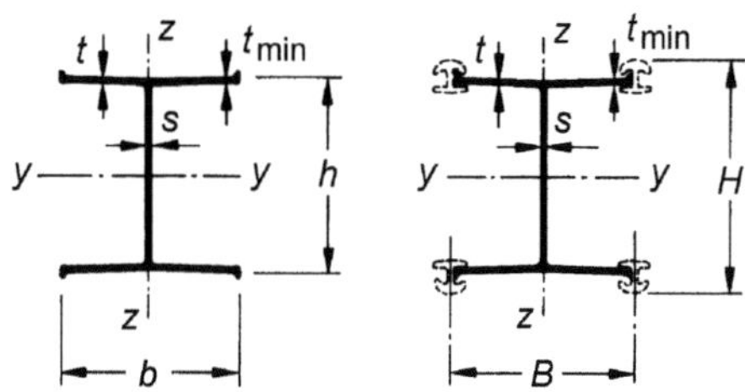

Bild 10-5 Profile von Stahlspundbohlen verschiedener Hersteller

Tabelle 10-1 Querschnittswerte von ausgewählten Spundwandprofilen verschiedener Hersteller

Profilart	Bezeichnung	Breite der Bohle b mm	Höhe der Wand h mm	Rücken- (Flansch-) dicke t mm	Steg-dicke s mm	Querschnittsgrößen je lfdm Wand					
						Eigen-last kg/m²	Beschich-tungs-fläche m²/m	Quer-schnitts-fläche cm²	Trägheits-moment I_y cm⁴	Trägheits-radius i_y cm	Widerstands-moment W_y cm³
UNION-Flachprofile	FL 511	500	88	11,0	–	135,6	2,36	173,0	350	1,42	90
	FL 512	500	88	12,0	–	142,2	2,36	181,2	360	1,41	90
ThyssenKrupp Kanaldielen	KD VI/6	600	78	6,0	6,0	62,5	2,50	80,0	726	3,02	182
	KD VI/8	600	80	8,0	8,0	83,2	2,50	106,0	968	3,02	242
ThyssenKrupp Leichtprofile	KL 3/6	700	148	6,0	6,0	66,0	2,43	84,3	3080	5,90	410
	KL 3/8	700	150	8,0	8,0	87,9	2,43	111,9	4050	6,00	540
HOESCH-Profile	HOESCH 1205	575	260	9,5	9,5	107,0	2,59	135,7	14820	10,40	1140
	HOESCH 1807	700	420	9,2	9,0	109,3	2,60	139,2	37800	16,48	1800
	HOESCH 2607	700	440	12,0	12,0	146,2	2,75	186,2	57200	17,52	2600
	HOESCH 3807	700	500	18,0	12,0	179,8	2,88	229,0	95000	20,37	3800
LARSSEN-Profile	LARSSEN 25	500	420	20,0	11,0	206,0	3,11	262,0	63840	15,61	3040
	LARSSEN 600	600	150	9,5	9,5	94,0	2,25	119,7	3825	5,65	510
	LARSSEN 601	600	310	7,5	6,4	78,0	2,45	98,3	11520	10,83	745
	LARSSEN 603	600	310	9,7	8,2	108,0	2,60	138,3	18600	11,63	1200
	LARSSEN 604n	600	380	10,0	9,0	123,0	2,82	156,7	30400	13,93	1600
	LARSSEN 628	600	456	16,3	9,8	165,5	3,03	210,8	63270	17,32	2775
	LARSSEN 607n	600	452	19,0	10,6	190,0	2,93	241,7	72320	17,30	3200
	LARSSEN 703	700	400	9,5	8,0	96,4	2,51	122,9	24200	13,90	1210
	LARSSEN 720	750	450	12,0	10,0	128,5	2,66	163,7	45000	16,58	2000
Peiner Kasten-spund-bohlen	PSp 900	460	900	18,7	14,0	542,0	2,22	691,0	1018230	38,39	21850
	PSp 1000	460	1000	18,7	14,0	565,0	2,22	720,0	1284310	42,20	24840
	PSp 1035 S	460	1035	31,6	18,0	820,0	2,38	1045,0	1994450	43,69	37670
	PSp 1117	460	1117	31,9	20,0	876,0	2,38	1115,0	2392980	46,33	41940
ArcelorMittal	AU 14	750	408	10,0	8,3	103,8	2,54	132,3	28680	14,73	1405
	AU 26	750	451	15,0	10,5	150,9	2,72	192,2	58140	17,39	2580
	PU 12	600	360	9,8	9,0	116,0	2,64	140,0	21600	12,41	1200
	PU 32	600	452	19,5	11,0	190,2	3,04	242,0	72320	17,28	3200
	AZ 13-770	770	344	9,0	9,0	98,8	2,40	125,8	22360	13,33	1300
	AZ 26-700	700	460	12,2	12,2	146,9	2,76	187,2	59720	17,86	2600
	AZ 50	580	483	20,0	16,0	252,9	3,26	322,2	121060	19,38	5015

Hinweis: Die Beschichtungsflächen der Peiner Kastenspundwände sind die äußeren Abwicklungsflächen der geschlossenen Spundwände, die Querschnittsgrößen je m Wand gehören zur Kombination C 23 (siehe „Spundwandhandbuch" der Fa. *HSP* [F 15]).

10.4 Einbringung von Stahlspundbohlen

Die Spundwandbauweise ist insbesondere dort wirtschaftlich, wo die Spundbohlen durch
- Rammen,
- Rütteln (Vibrieren),
- Einpressen

eingebracht werden können. Die Wahl des eingesetzten Verfahrens ist im Einzelfall abhängig von
- der Beschaffenheit des Baugrunds (vgl. hierzu auch EAU, E 154),
- der Nachbarbebauung,
- den verwendeten Profilen der Spundwand sowie den Längen der Spundbohlen und deren Einbauneigung,
- den Anforderungen der Umwelt (nach § 906 BGB [31] z. B. gilt u. a., dass von einem Grundstück ausgehende Geräusche oder Erschütterungen die Benutzung eines Nachbargrundstücks nicht oder nur unwesentlich beeinträchtigen dürfen).

Spundwände werden aber auch als tragende und dichtende Wände bei schwierigen Baugrundverhältnissen eingesetzt, bei denen keines der genannten Einbringverfahren anwendbar ist (etwa bei mit Steinen durchsetztem, eiszeitlich vorbelastetem Geschiebemergel). Ein Beispiel hierfür bietet der in [5] dokumentierte Fall einer Kaimauer, die als kombinierte Stahlspundwand im südlichen Teil des Hamburger Hafens, am südlichen Reiherstieg, ausgeführt wurde (Bild 10-6). Zur Vermeidung des schweren Rammens und der damit verbundenen Gefahr der Schlosssprengung wurden die bis zu 28 m langen Trag- und Füllbohlen in sich überschneidende Bohrungen (Durchmesser 180 cm) eingebaut.

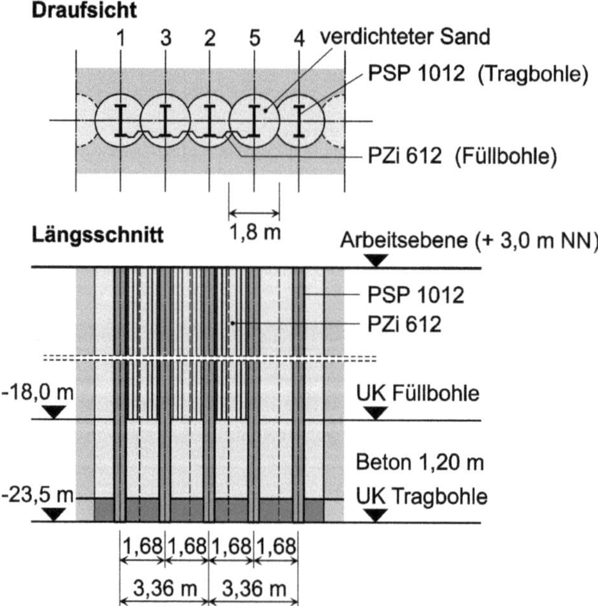

Bild 10-6 Kombinierte Stahlspundwand einer Kaimauer im Südteil des Hamburger Hafens (nach [5])

10.4.1 Rammen

Zum Rammen von Spundbohlen lassen sich Dieselhämmer (Explosionsramme), Fallhämmer (ältester Rammentyp), doppeltwirkende Hydraulikhämmer und Schnellschlaghämmer einsetzen (vgl. z. B. [256]). Die Wahl des jeweils einzusetzenden Typs ist in hohem Maße abhängig von den vorliegenden Bodengegebenheiten. Besonders zu empfehlen ist z. B. die Verwendung von

- langsam schlagenden schweren Bären bei bindigen Böden,
- schweren Rammbären mit kleiner Fallhöhe beim Rammen in Fels,
- Schnellschlaghämmern (100 bis 400 Schläge pro Minute) bei nichtbindigen Böden.

In der Regel werden jeweils zwei zusammengezogene Spundbohlen (Doppelbohle) gerammt (bei I-Profilen ist Einzelbohlenrammung üblich). Manchmal werden sie auch als Dreifach- oder Vierfachbohlen gerammt, wobei die Bohlen in den Schlössern gepresst oder auch miteinander verschweißt werden. Zur besseren Einleitung des Rammschlages in das Rammelement und zum Schutz der Bohlenköpfe gegen Umkrempen können beim Einsatz langsam schlagender Bäre mit großer Rammenergie Rammhauben aus Stahlguss verwendet werden. Sie sind als Einzel-, Doppel-, Dreifach- und Vierfachrammhauben lieferbar, besitzen auf der Unterseite Führungsschlitze, die dem Querschnitt des zu rammenden Bohlentyps angepasst sind und auf der Oberseite eine Vertiefung, in welche das Rammhaubenfutter (in der Regel Hartholzelemente) einzusetzen ist (Bild 10-7). Nicht zu empfehlen ist die Verwendung solcher Rammhauben beim Einsatz von Schnellschlaghämmern, da das Futter die Schläge des Bären dämpft und so eine erhebliche Verminderung des Wirkungsgrades bewirkt.

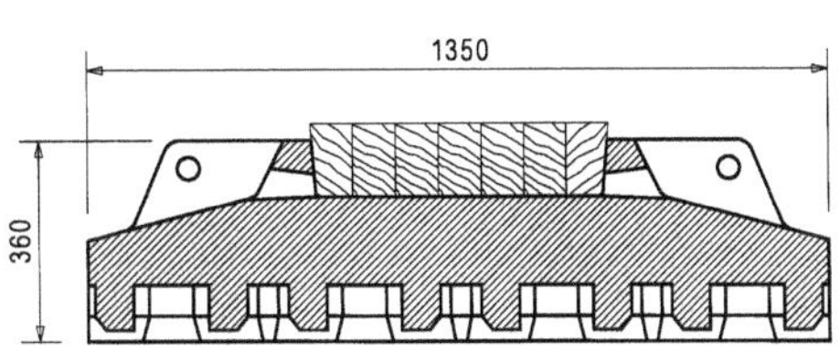

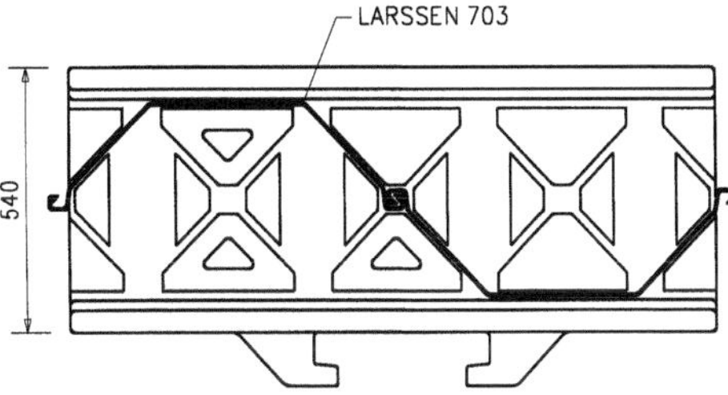

Bild 10-7 Doppelrammhaube LARSSEN 703 (aus Informationsmaterial der Fa. *HSP* [F 15])
links: Längsschnitt, rechts: Untersicht mit eingelegter Doppelbohle

Die Frage nach dem Grad der Eignung, die verschiedene Bodenarten bezüglich der rammenden Einbringung von Stahlspundbohlen aufweisen, kann unter Verwendung von Tabelle 10-2 beantwortet werden. Dabei ist zu beachten, dass der Eindringwiderstand trockener Böden höher ist als der von Böden, die feucht bzw. vollständig gesättigt sind oder unter Wasser liegen.

Bei schweren Böden mit sehr geringem möglichen Rammfortschritt werden, abhängig von der Bodenart, rammbegleitende Einbringhilfen eingesetzt (siehe z. B. [256] und [278]). Hierzu gehören Verfahren wie

- Entspannungsbohrungen, mit denen Böden wie Tone, Schiefer und Sandstein vor Rammbeginn aufgelockert werden können (der Bohrlochdurchmesser sollte mindestens 15 cm betragen, vgl. *Ulrich* [175], Kap. 2.6),
- Nieder- (10 bis 20 bar) oder Hochdruckspülungen (250 bis 500 bar), bei denen über ein oder mehrere Spülrohre ein Wasserstrahl am Fuß des Rammelements ausgepresst wird, der eine Bodenauflockerung und damit eine Verringerung des Eindringwiderstands im Bereich des Bohlenfußes bewirkt,

– Sprengungen, mit denen stark verdichtete Böden, Tonstein, Bänke aus Kalk- oder Sandstein usw. gelockert werden können (durch nacheinander erfolgende Sprengungen in mehreren, reihenartig angeordneten Bohrungen wird ein schmaler aufgelockerter Graben erzeugt).

Tabelle 10-2 Eignung verschiedener Bodenarten zum Einrammen von Stahlspundbohlen (nach EAU, 1.5.2.2)

Leichte Rammung	Mittelschwere Rammung	Schwere bis schwerste Rammung
weiche, breiige Böden: Moor, Torf, Schlick, Klei usw.	steifer Ton und Lehm	halbfester bis fester Ton
locker gelagerte Mittel- und Grobsande; Kiese (ohne Steine)	mitteldicht gelagerte Mittel- und Grobsande; Feinkiese	dicht gelagerte Mittel- und Grobkiese; schluffige und feinsandige Böden
		verwitterter weicher bis mittelharter Fels
		Geröll- und Moräneschichten, Geschiebemergel
		eingelagerte verkittete Schichten

10.4.2 Einrütteln

In nichtbindigen Böden ist das Einrütteln (Einvibrieren), neben dem Rammen mit schneller Schlagfolge, die schnellste und wirtschaftlichste Einbringmethode, da dabei die Bodenkörner in einen Schwebezustand versetzt werden, was beim Vibrieren zu einer Verminderung der Mantelreibung auf etwa 10 bis 25 % des Ruhewerts führt. Das Rammgut wird dynamisch und statisch (Gewicht von Vibrationsbär und Spundbohle) belastet. Dieses Verfahren, das auf ein deutsches Patent aus dem Jahre 1932 zurückgeht [137] und in den letzten Jahren zunehmend an Bedeutung gewann, zeichnet sich aus durch geringe Lärmentwicklung (nach [137] 80 bis 90 dB(A)) und Baugrunderschütterungen sowie schonende Rammgutbehandlung. Mit dem elektrisch oder hydraulisch betreibbaren Vibrationsbären können Spundbohlen sowohl eingebracht als auch gezogen werden; heute verkörpert er nach [307] das Gerät, das in Deutschland am häufigsten für diese Zwecke eingesetzt wird.

Die Rüttelschwingungen werden durch Unwuchten eines Vibrationsbären erzeugt, der durch Klemmzangen fest mit dem Rammgut zu verbinden ist (Bild 10-8). Da diese Unwuchten paarweise gegenläufig rotieren und sich ihre horizontalen Fliehkraftkomponenten dabei gegenseitig aufheben, werden nur die vertikalen Kraftkomponenten wirksam (Weiteres siehe z. B. EAU, 8.1.23 (E 202)).

Welche Bodenarten zum Einvibrieren von Stahlspundbohlen gut, bedingt bzw. nicht geeignet sind, kann unter Zuhilfenahme von Tabelle 10-3 entschieden werden. Dabei ist auch bei diesem Einbringverfahren zu beachten, dass trockene Böden einen höheren Eindringwiderstand besitzen als Böden, die feucht bzw. vollständig gesättigt sind oder unter Wasser liegen.

Wird der Baugrund beim Einrütteln der Bohlen verdichtet, kann dies zu einer so starken Vergrößerung des Eindringwiderstands führen, dass der Einbringvorgang abgebrochen werden muss.

Wie auch beim Rammen können beim Einvibrieren von Stahlspundbohlen Spülhilfen in Form von Nieder- (bei dicht gelagerten nichtbindigen Böden, besonders trockenen gleichkörnigen Böden) oder Hochdruckspülungen (bei felsartigen und sehr dicht gelagerten Böden) eingesetzt werden (vgl. [321]).

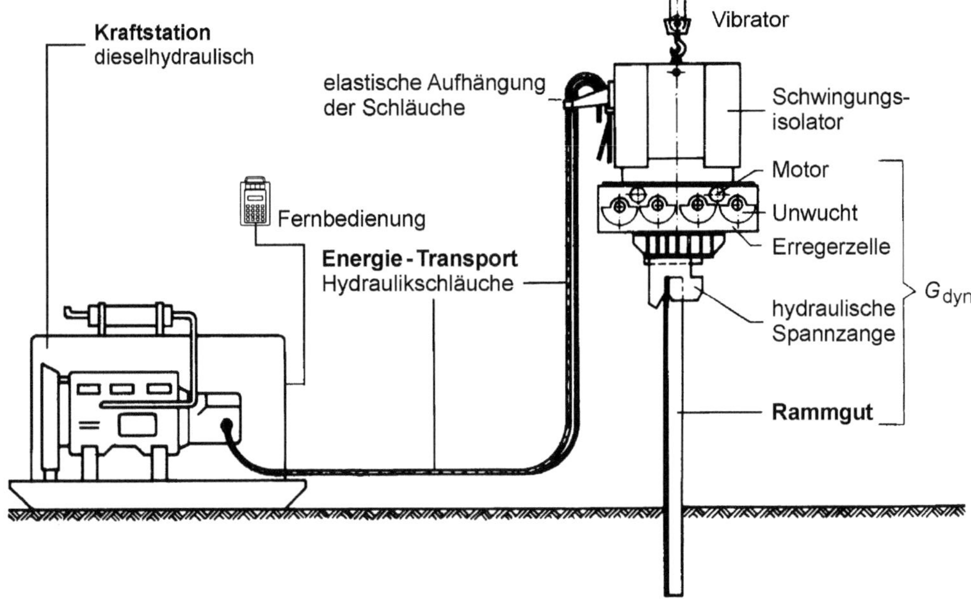

Bild 10-8 Schema des Aufbaus eines Vibrationsbären (aus Prospekt der Fa. *ThyssenKrupp* [F 25])

Tabelle 10-3 Eignung verschiedener Bodenarten zum Einrütteln von Stahlspundbohlen (nach [282])

Eignung von Böden zum Vibrieren (Einrütteln)		
gut	bedingt	nicht geeignet
Kiese und Sande mit runder Kornform breiige bis weiche Böden: Lehm, Löss, Schlick	Kiese und Sande mit kantiger Kornform steife Böden: Lehm, Löss	Kies mit bindigen Beimengungen trockener Sand mit kantiger Kornform steifer Mergel steifer bis fester Ton

Probleme, die mit dem Einrütteln verbunden sein können, sind z. B. (vgl. [137])

- durch die Fortleitung der eingetragenen Schwingungen hervorgerufene mögliche Schädigungen von Gebäuden und/oder Störungen des Betriebs von Anlagen im Nahbereich der Baumaßnahmen, was ggf. entsprechende Erschütterungsmessungen und Beweissicherungen erforderlich macht,
- das Auftreffen der eingerüttelten Bohlen auf große, nicht ausweichende Hindernisse, das ein umgehendes Abstellen des Vibrationsbären erforderlich macht, da sonst eine Erhitzung bis zum Rotglühen im Schloss und ein Ausbrechen der Bohle an der Spannvorrichtung eintreten kann.

10.4.3 Einpressen

In bindigen Böden ist das Einpressen neben dem Rammen mit Rammbären, die langsam (40 bis 60 Schläge pro Minute) und mit hoher Schlagenergie schlagen, die vorteilhafteste Einbringmethode. Sind die Bohlen ohne Erschütterungen und geräuscharm in den Boden einzubringen (z. B. im städtischen Tiefbau), ist das Einpressen dann häufig die einzig mögliche Methode.

Beim Einpressverfahren werden die Spundbohlen ausschließlich durch statischen Druck erschütterungsfrei in den Baugrund gedrückt. Während zu Beginn die Eigenlast der Presse und der Spundbohle selbst als „Widerlager" dienen, kann im weiteren Verlauf zunehmend die Mantelreibung bereits eingepresster Spundbohlen als Reaktionskraft für die hydraulisch erzeugten Pressenkräfte genutzt werden. Dabei muss der Eindringwiderstand der einzupressenden Bohle kleiner sein als die Mantelreibung der Haltebohlen.

Zum Einsatz kommen in der Regel der „Pilemaster" (Bild 10-9), dessen Lärmemissionspegel bei etwa 70 dB(A) liegt, und das „Silent-Piler-Gerät" (vgl. auch [137]).

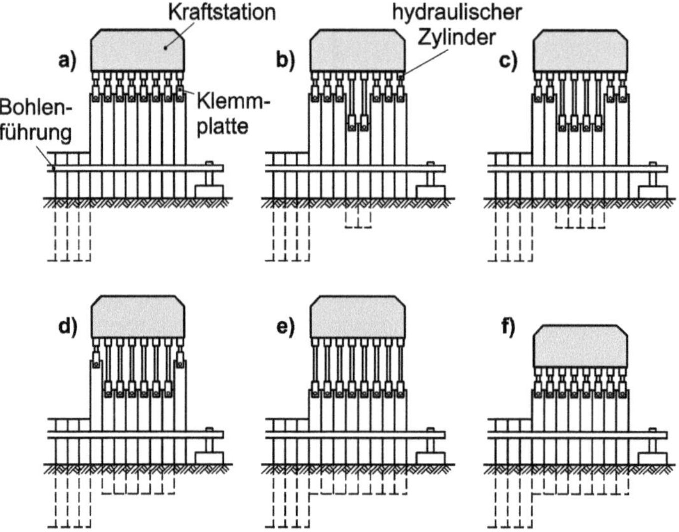

Bild 10-9 Arbeitsweise des Pilemasters (Systemskizze)

Da die zum Einpressen erforderlichen Geräte in der Regel nur einen relativ kleinen Freiraum erfordern, sind sie, nach [278], auch für den Einsatz in Baulücken in innerstädtischen Bereichen recht gut geeignet.

Zur Entscheidung, ob anstehende Bodenarten zum Einpressen von Stahlspundbohlen gut, bedingt bzw. nicht geeignet sind, kann Tabelle 10-4 herangezogen werden.

Wie das Rammen und das Einvibrieren, ist u. U. auch das Einpressen von Stahlspundbohlen erst möglich, wenn Nieder- oder Hochdruckspülungen bzw. das Vorbohren als Einbringhilfe eingesetzt werden. Die nachstehende Tabelle 10-5 dient zur Klärung der Frage, ob bei der Planung von Einpressarbeiten solche Einbringhilfen vorzusehen sind.

Tabelle 10-4 Eignung verschiedener Böden beim Einpressen von Stahlspundbohlen (nach [282])

Eignung von Böden für das Einpressverfahren		
gut	bedingt	nicht geeignet
locker bis mitteldicht gelagerte Kiese und Sande	mitteldicht bis dicht gelagerte Kiese und Sande	sehr dicht gelagerte Kiese und Sande
weiche bis halbfeste Tone und Schluffe	feste Tone und Schluffe	dicht gelagerte Böden mit Steineinschlüssen

Tabelle 10-5 Grenzen der Einpressbarkeit von Stahlspundbohlen (nach EAU, Tabelle E154-1)

Bodenparameter		Ohne Einbringhilfe	Mit Einbringhilfe
CPT Spitzendruck	q_b (in MN/m^2)	< 20	< 35
CPT Mantelreibung	q_s (in MN/m^2)	< 0,1	< 0,3
DHP	N_{10} (in –)	< 25	< 40
Konsistenzzahl	I_c (in –)	< 1,0	> 1,0
Plastizitätszahl	I_c (in –)	< 10	
Verhältniszahl	I_f (in –)	< 1,0	> 1,0
Reibungswinkel	φ' (in °)	< 35	< 45

10.4.4 Einstellen in Schlitzwände

Bei der Herstellung tiefer Baugruben im innerstädtischen Bereich (z. B. Tiefgaragen) werden an den Baugrubenverbau meist hohe Anforderungen gestellt, da er z. B. gemäß § 909 des BGB [31] eine Befestigung erzeugen muss, die dem Nachbargrundstück die erforderliche Stützung verschafft („Ein Grundstück darf nicht in der Weise vertieft werden, dass der Boden des Nachbargrundstücks die erforderliche Stütze verliert, es sei denn, dass für eine genügende anderweitige Befestigung gesorgt ist.“). Hierzu gehört u. a., dass Wasserhaltungsmaßnahmen in der Regel nur in sehr begrenztem Rahmen zugelassen werden und somit die Baugruben als Trogbauwerke auszuführen sind. Dies führt zu großen Belastungen der Baugrubenwände durch Erd- und Wasserdrücke, verbunden mit hohen Forderungen an die Dichtigkeit der Trogkonstruktion (Wände und Sohlen).

Neben den genannten Problemstellungen können außerdem Baugrundverhältnisse wie etwa Auffüllungen oder Böden mit sehr dichter Lagerung oder gröberen Einschlüssen vorliegen, die das Einbringen der Spundbohlen durch Rammen, Vibrieren oder Eindrücken verhindern. In solchen Fällen bietet sich u. U. das Einstellen der Spundbohlen in vorgefertigte Dichtwandschlitze als zweckmäßige Alternative an. Reichen die Wände, z. B. wegen der notwendigen Einbindelänge bis zum natürlichen Grundwasserstauer, bis in große Tiefen, werden die Bohlen in den Schlitz eingehängt, da sie nur bis zu einer begrenzten Tiefe statisch erforderlich sind. Der unterhalb der Spundwand liegende Wandteil wirkt dann ausschließlich als Dichtung (Bild 10-10).

Dass sich diese Verbauform im Vergleich mit anderen Bauverfahren als die nach technischen, wirtschaftlichen und ökologischen Gesichtspunkten günstigste Lösung erweisen kann, wird in [203] gezeigt. Vorteile des Einsatzes von Schlitzwandfräsen bei der Dichtwandherstellung werden in [198] dargestellt.

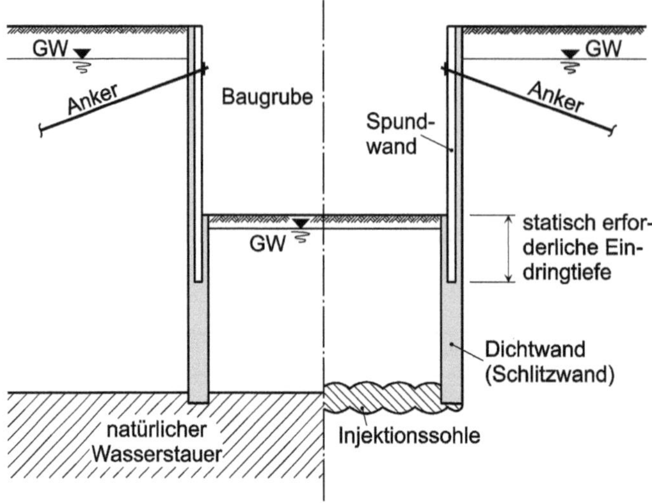

Bild 10-10 Einstellen (Einhängen) einer Spundwand; Kombination von Schlitz- und Spundwand (nach [278])

10.5 Berechnung von Spundwänden

10.5.1 Vorbemerkungen

Bei der Berechnung von Spundwänden kommt vor allem zwei Gesichtspunkten besondere Bedeutung zu, nämlich

- den Lastannahmen (Einwirkungen bzw. Beanspruchungen),
- der Berechnung der Schnittlasten.

Sind die Schnittlasten ermittelt, lässt sich die Bemessung nach den üblichen Regeln des Holz-, Stahlbeton-, Spannbeton- oder Stahlbaus durchführen.

In der Vergangenheit wurden die Einbindetiefe und die Schnittlasten von Spundwänden häufig nach dem Verfahren von *Blum* [13] berechnet (siehe z. B. [242] und Abschnitt 10.5.17). Bei diesem Verfahren werden u. a. der aktive Erddruck e_{ah} (ggf. mit Umlagerung) und der mit einem Globalsicherheitsbeiwert auf e'_{ph} abgeminderte Erdwiderstand ermittelt. Anschließend werden beide Erddrücke überlagert, was zu einer Lastfigur führt, die unabhängig ist von der in dieser Phase noch unbekannten Einbindetiefe der Spundwand. Die Lage des Belastungsnullpunktes und die theoretische Einbindetiefe t_1 lassen sich dann z. B. für den Fall der ungestützten und in den Baugrund eingespannten Wand auf direktem Wege unproblematisch ermitteln.

Da bei der Anwendung des Teilsicherheitskonzepts Einwirkungen und Widerstände getrennt betrachtet und mit verschiedenen Teilsicherheitsbeiwerten beaufschlagt werden, entfällt der eindeutige Belastungsnullpunkt und damit der Bezugspunkt für die Erddruckumlagerung (Einbindetiefe). *Weißenbach* und *Hettler* zeigen in [314] und [317], dass bei der Anwendung des Teilsicherheitskonzepts die Einbindetiefe nicht auf direktem Wege, wie beim Verfahren von *Blum*, sondern auf der Basis einer Iteration zu ermitteln ist. Diese Iteration ist mit einem erheblichen Rechenaufwand verbunden und in der Praxis nur unter Verwendung entsprechender Berechnungsprogramme vertretbar. In EAB, EB 104, Entwurf wird deshalb vorgeschlagen, die Einbindetiefe so lange mit alten, auf *Blum* bzw. dem Konzept der globalen Sicherheiten beruhenden Programmen zu berechnen, bis neue Programme zur Verfügung stehen, mit denen die Iteration unproblematisch und ohne großen Zeitaufwand durchführbar ist. Ist die Einbindetiefe bekannt, kann die weitere Berechnung auf der Basis des Teilsicherheitskonzepts durchgeführt werden. Ausführliche Ausführungen (inkl. Anwendungsbeispiel) zum *Blum*'schen Verfahren sind z. B. in [242] zu finden.

10.5.2 Einwirkungen bei Baugruben

Die Einwirkungen für die Berechnung von Spundwänden, die bei Baugruben eingesetzt werden, sind durch EAB, EB 24 definiert. Danach sind ständige und veränderliche Einwirkungen getrennt zu betrachten. Bei Baugrubenkonstruktionen gehören zu den ständigen Einwirkungen

- Eigenlasten der Baugrubenkonstruktion (ggf. einschließlich Hilfsbrücken und Baugrubenabdeckungen),
- Erddruck infolge
  - von Bodeneigenlasten (ggf. ist auch Kohäsion zu berücksichtigen),
  - einer veränderlichen großflächigen charakteristischen Gleichlast $p_K \leq 10$ kN/m^2 zur Erfassung der Wirkungen von Nutzlasten aus Straßen- und Schienenverkehr (gemäß EAB, EB 55) oder von Nutzlasten aus Baustellenverkehr und Baubetrieb (nach EAB, EB 56) oder von Nutzlasten aus Baggern und Hebezeugen, die in geringem Abstand von der Baugrube arbeiten (vgl. EAB, EB 57),
  - ständiger Eigenlasten benachbarter Bauwerke,
- Wasserdruck infolge der Bemessungswasserstände von Grundwasser oder offenem Wasser (die Stände sind vertraglich festzulegen).

Im Regelfall gemäß EAB, EB 24 sind zusätzlich zu den ständigen Einwirkungen als regelmäßig auftretende veränderliche Einwirkungen

- aus Straßen- und Schienenverkehr (Näheres siehe EB 55), Baustellenverkehr und Baubetrieb (Näheres siehe EB 56) und Baggern und Hebezeugen (Näheres siehe EB 57) sich ergebende
  - Nutzlasten, die unmittelbar auf Hilfsbrücken oder Abdeckungen von Baugruben einwirken,
  - Erddrücke,
- Erddrücke aus Nutzlasten, die im Zusammenhang stehen mit Bauwerken neben der Baugrube,

zu berücksichtigen. Die Einwirkungen sind in Form von Streifenlasten und Einzellasten auf kleiner Aufstandsfläche anzusetzen.

In Sonderfällen sind neben den Einwirkungen des Regelfalls ggf. zu berücksichtigen (vgl. EAB, EB 24):

- Fliehkräfte, Bremskräfte und Seitenstoß (z. B. bei Baugruben neben oder unter Eisen- oder Straßenbahnen),
- selten auftretende Lasten sowie unwahrscheinliche oder selten auftretende Kombinationen von Lastgrößen und Lastangriffspunkten,
- Wasserdrücke aus Wasserständen, die über die vereinbarten Bemessungswasserstände hinausgehen (z. B. Wasserstände, die zu einer Überflutung der Baugrube führen oder ein Fluten der Baugrube erzwingen),
- Temperaturen, die auf Steifen einwirken (z. B. bei aus I-Profilen gefertigten Stahlsteifen ohne Knickhaltung oder bei schmalen Baugruben in frostgefährdetem Boden während der Frostperiode).

In Ausnahmefällen sind u. U., neben den Einwirkungen des Regelfalls, auch außerplanmäßige Lasten zu berücksichtigen. Hierzu gehören z. B. (vgl. EAB, EB 24):

- Lasten, die durch den Ausfall von Betriebs- und Sicherungsvorrichtungen hervorgerufen werden können,
- Anprall von Baugeräten gegen Unterstützungen von Hilfsbrücken oder Baugrubenabdeckungen oder auch gegen Zwischenstützen von Knickhaltungen,
- Lasten infolge von Auskolkungen vor der Baugrubenwand,
- Lasten durch Ausfall besonders gefährdeter Tragglieder (z. B. Steifen oder Anker).

Die ständigen und veränderlichen Lasten des Regelfalls sowie der Sonder- und Ausnahmefälle sind gemäß den mit ihnen verbundenen unterschiedlichen Sicherheitsansprüchen, wie im Weiteren dargestellt, in Bemessungssituationen einzuordnen.

Gemäß EAB, EB 79 gilt für die Einstufung der Einwirkungen und damit der Teilsicherheitsbeiwerte, dass die

- Bemessungssituation BS-T Einwirkungskombinationen mit ständigen Lasten und den oben aufgeführten veränderlichen Lasten des Regelfalls,
- Bemessungssituation BS-A Einwirkungskombinationen mit ständigen Lasten und den in Ausnahmefällen außerplanmäßig auftretenden veränderlichen Lasten (s. oben),
- Bemessungssituation BS-T/A (vgl. hierzu DIN 1054, 2.2 A (6)) Einwirkungskombinationen mit ständigen Lasten und den oben aufgeführten veränderlichen Lasten der Sonderfälle

erfasst. Die Teilsicherheitsbeiwerte der Bemessungssituationen BS-T und BS-A können Tabelle 1-1, Tabelle 1-2 und Tabelle 1-3 entnommen werden. Die Teilsicherheitsbeiwerte der Bemessungssituation BS-T/A sind interpolierte Werte der zu den Bemessungssituationen BS-T und BS-A gehörenden Teilsicherheitsbeiwerte (siehe hierzu EAB, Tabelle 6.1).

Erfolgen die Berechnungen nach den Regeln von DIN EN 1997-1 und DIN 1054, sind die Teilsicherheitsbeiwerte in Abhängigkeit von den Bemessungssituationen festzulegen. Da Baugrubenkonstruktionen zu den Baumaßnahmen für vorübergehende Zwecke zählen, sind sie nach DIN 1054, 2.2 A (4) der Bemessungssituation BS-T zuzuordnen (vgl. auch Abschnitt 1.5.1). Zu der Bemessungssituation BS-A gehören insbesondere veränderliche Lasten, die in Ausnahmefällen außerplanmäßig auftretende veränderliche Lasten erfassen, die zu einer außergewöhnlichen Einwirkungskombination gehören (vgl. Abschnitt 1.5.1).

Bei der Verwendung von Steifen sind, nach DIN 1054, A 9.7.1.3 A (4), die für ihre Bemessung anzusetzenden Beanspruchungen auch dann mit den Teilsicherheitsbeiwerten der Bemessungssituation BS-P zu ermitteln, wenn die Bemessung der übrigen Teile unter Verwendung von Teilsicherheitsbeiwerten der Bemessungssituation BS-T erfolgt. Entsprechendes gilt auch für die Bemessungswerte von eingesetzten Verpressankern und Mikropfählen im Vollaushubzustand der Baugrube (nicht aber für die übrigen Bauzustände).

10.5.3 Grundformen der Spundwandbewegung und Erddruckverteilung

Größe, Richtung und Form der Wandbewegung stellen wesentliche Einflussgrößen für die Größe und die Verteilung des Erddrucks und die damit verbundenen Bruchzustände im Boden (Zonen- oder Linienbruch) dar. So ist eine hinreichend große Wandbewegung vom Erdreich weg eine unerlässliche Voraussetzung für den Abbau des Erdruhedrucks auf den aktiven Erddruck.

Nach *Weißenbach* [312] sind die in Bild 10-11 dargestellten vier Grundformen der Wandbewegung zu unterscheiden. In der Baupraxis ist selbstverständlich eine Vielzahl weiterer Bewegungsmöglichkeiten zu finden. Hierzu gehören u. a. Drehungen um Punkte, die oberhalb der Kopfpunkte, unterhalb der Fußpunkte oder auch zwischen den Kopf- und Fußpunkten liegen, sowie beliebige Kombinationen der vier Grundformen. Bild 10-12 zeigt einige zu einfachen Wandbewegungsfällen gehörende Erddruckverteilungen, die auch durch Messungen bestätigt wurden (vgl. [312]).

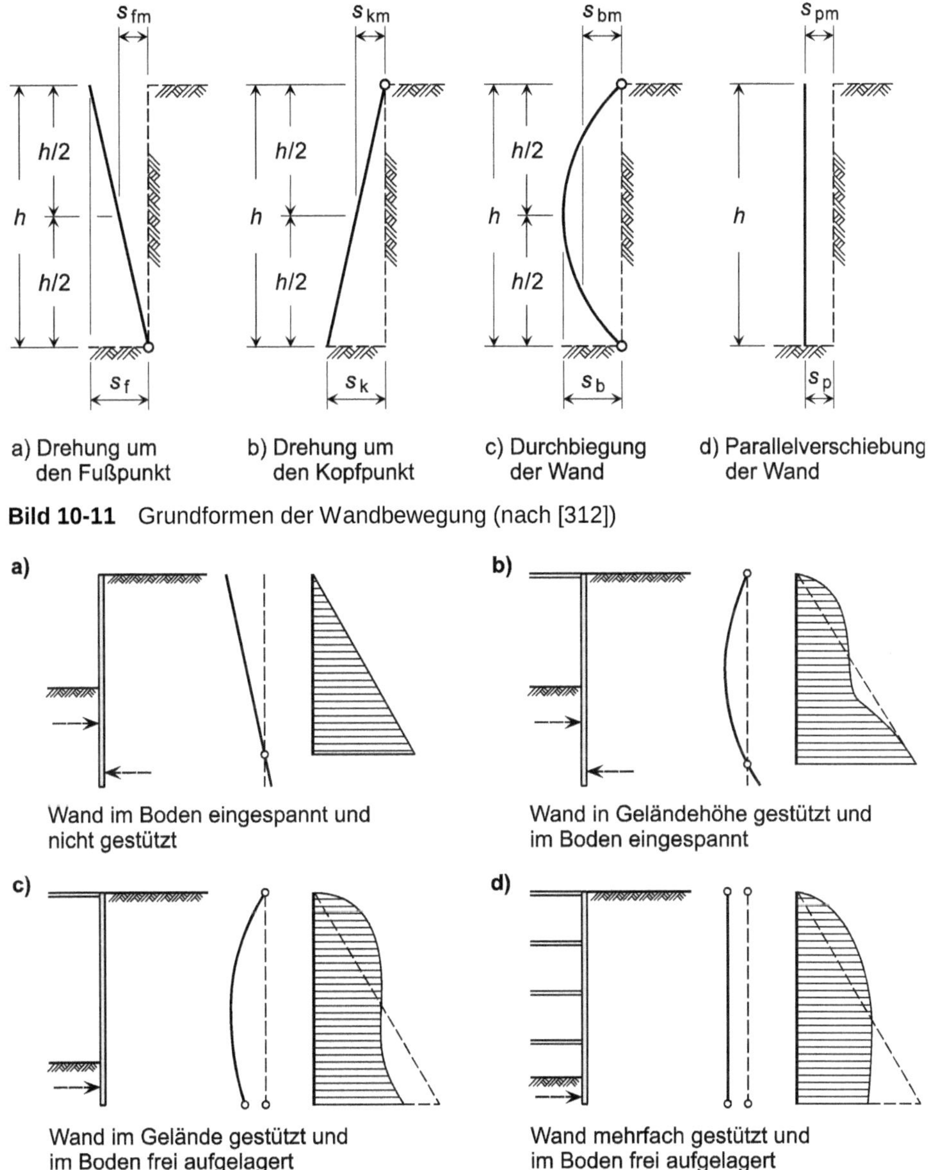

Bild 10-11 Grundformen der Wandbewegung (nach [312])

Bild 10-12 Erddruckverteilung hinter Spundwänden bei einfachen Wandbewegungsfällen (nach [312])

10.5.4 Abhängigkeiten der Erddruckkraftgröße gemäß EAB

Nach EAB, EB 8 hängt die Größe der Erddruckkraft in starkem Maße davon ab, inwieweit sich eine Spundwand beim Baugrubenaushub bewegen und verformen kann (vgl. z. B. *Briske* [27] bis [30]). Maßgebend hierfür sind

- die Nachgiebigkeit der Stützung,
- die Nachgiebigkeit des Erdauflagers,
- der Stützpunkteabstand und die Biegesteifigkeit der Wand.

Bei Spundwänden, die mehrfach ausgesteift sind und einen verhältnismäßig geringen Abstand der Stützpunkte aufweisen, ist mit einem Erddruck zu rechnen, der zwischen dem Erdruhedruck und dem aktiven Erddruck liegt, wenn

- die Steifen mit mehr als 30 % der für den Vollaushubzustand errechneten charakteristischen Kraft vorgespannt sind.

Für Baugruben mit mitteldicht oder dicht gelagerten nichtbindigen Böden bzw. mindestens steifen bindigen Böden, bei denen die Steifenkräfte geringer festgelegt sind, kann angenommen werden, dass

- beim Freilegen der Wand Verformungen und Bewegungen von ≈ 1 ‰ der Wandhöhe auftreten und dadurch
- der Erddruck vom Ruhedruck auf den aktiven Erddruck absinkt.

Bei nicht gestützten Baugrubenwänden, die im Boden eingespannt sind, ist dies im Allgemeinen unabhängig von den anstehenden Bodenarten der Fall.

Die Größe und die Verteilung der zu erwartenden Erddruckkraft bei verankerten Spundwänden hängen vor allem von der Größe der festgelegten Ankerlast, zusätzlich aber auch von der relativen Länge der eingesetzten Anker ab (siehe hierzu EB 42).

Ist die Geländeoberfläche hinter einer Spundwand unbelastet, darf die Größe der aktiven Erddruckkraft aus Bodeneigenlast und ggf. aus Kohäsion gemäß EB 4 nach der klassischen Erddrucktheorie mit ebenen Gleitflächen ermittelt werden. Dies gilt, sofern die in DIN 4085 [67] angegebenen Grenzen für den Wandneigungswinkel α (in Verbindung mit dem Geländeneigungswinkel β, dem Erddruckneigungswinkel δ_a und dem Reibungswinkel φ) eingehalten sind; andernfalls sind gekrümmte Gleitflächen zugrunde zu legen. Entsprechendes ist auch für wechselnde Bodenschichten anzunehmen.

Die Ermittlung der aktiven Erddruckkraft, die zu Nutzlasten gehört, kann nach EB 6 erfolgen. Danach ist für die Berechnung im Allgemeinen der gleiche charakteristische Neigungswinkel des Erddrucks $\delta_{a,k}$ anzusetzen wie bei der Erddruckkraftermittlung aus der Bodeneigenlast. Sofern die Lasten großflächig eingetragen werden, ist darüber hinaus auch die gleiche Gleitfläche anzunehmen wie bei der unbelasteten Geländeoberfläche. Erddruckkräfte, die z. B. zu Linien- oder Streifenlasten gehören, sind unter Beachtung der Ausführungen in EB 6 zu ermitteln.

10.5.5 Neigungswinkel des Erddrucks gemäß EAB und EAU

Die Größe und das Vorzeichen des charakteristischen Erddruckneigungswinkels δ_k sind im Wesentlichen abhängig von der

- Scherfestigkeit des Bodens,
- Oberflächenrauigkeit und der Art des Einbringens der Wand,

- Relativbewegung zwischen Wand und Boden,
- Gleitflächenform (eben oder gekrümmt).

Nach EAB, EB 89 darf näherungsweise angenommen werden, dass die Wandrückseiten von Spundwänden als „verzahnt" einzustufen sind. Dies bedeutet, dass nicht die Wandreibung zwischen Wand und Boden, sondern die Reibung in einer ebenen Bruchfläche maßgebend ist, welche die Wand nur stellenweise berührt. Für solche Wände darf die Größe des charakteristischen Erddruckneigungswinkels δ_k, in Verbindung mit dem charakteristischen Reibungswinkel φ'_k, mit

$$-\phi'_k \leq \delta_k \leq \phi'_k \qquad \text{(gekrümmte Gleitflächen)}$$

$$-\frac{2}{3}\cdot\phi'_k \leq \delta_k \leq \frac{2}{3}\cdot\phi'_k \qquad \text{(ebene Gleitflächen)} \qquad \text{Gl. 10-1}$$

angenommen werden. Das Vorzeichen des Neigungswinkels ist abhängig von der Relativbewegung zwischen Wand und Boden. Ein positiver Neigungswinkel ergibt sich, wenn sich der Boden stärker nach unten bewegt als die Wand; bewegt sich die Wand stärker nach unten als der Boden, ist der Neigungswinkel negativ (Bild 10-13 zeigt diesen Sachverhalt für das Beispiel des aktiven Erddrucks; für passiven Erddruck gilt die Darstellung sinngemäß).

Beeinflusst wird die Relativbewegung zwischen Wand und Boden durch die vertikalen Belastungen des Systems (wie etwa durch Hilfsbrücken oder geneigte Verankerungen). Damit zu verbinden ist die Forderung nach dem vertikalen Gleichgewicht (vgl. hierzu EAU, 8.2.5 (E 4) sowie die zum Versagen des Erdwiderlagers und zum Versinken von Bauteilen gehörenden Ausführungen in DIN 1054, 9.7.5).

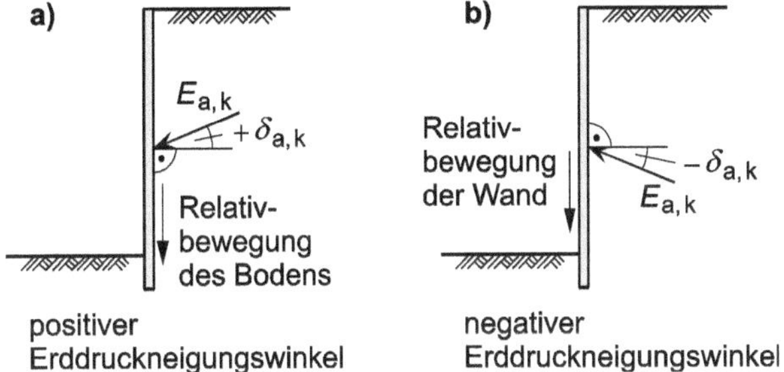

Bild 10-13 Vorzeichendefinitionen für den charakteristischen Erddruckneigungswinkel $\delta_{a,k}$ bei charakteristischem aktivem Erddruck (nach EAB, EB89)

Die Beziehungen aus Gl. 10-1 gelten im Grundsatz auch nach EAU, 8.2.5.1. Allerdings wird dort für den Neigungswinkel $\delta_{a,k}$ des aktiven Erddrucks nur die für ebene Gleitflächen geltenden Ausdrücke

$$-\frac{2}{3}\cdot\phi'_k \leq \delta_{a,k} \leq \frac{2}{3}\cdot\phi'_k \qquad \text{(verzahnte oder raue Wand)}$$

$$-\frac{1}{2}\cdot\phi'_k \leq \delta_{a,k} \leq \frac{1}{2}\cdot\phi'_k \qquad \text{(weniger raue Wand)} \qquad \text{Gl. 10-2}$$

$$\delta_{a,k} = 0 \qquad \text{(glatte Wand)}$$

angegeben. Für den Neigungswinkel $\delta_{p,k}$ des Erdwiderstands ist aber auch nach EAU, 8.2.5.2

$$-\phi'_{k} \leq \delta_{p,k} \leq \phi'_{k} \qquad \text{(gekrümmte Gleitflächen)}$$

$$-\frac{2}{3} \cdot \phi'_{k} \leq \delta_{p,k} \leq \frac{2}{3} \cdot \phi'_{k} \qquad \text{(ebene Gleitflächen)} \qquad \text{Gl. 10-3}$$

anzusetzen.

Bei im Boden frei aufgelagerten Spundwänden dürfen nach EAB, EB 19 nur dann ebene Gleitflächen für den Erdwiderstand angenommen werden, wenn

- die Geländeoberfläche nicht ansteigt,
- der Reibungswinkel des Bodens nicht größer ist als $\varphi'_k = 35°$,
- der Erddruckneigungswinkel von $\delta_{p,k} = -\varphi'_k$ auf $\delta_{p,k} = -2/3 \cdot \varphi'_k$ herabgesetzt wird.

10.5.6 Aktive Erddruckkraft bei unbelasteter Geländeoberfläche gemäß EAB

Nach EB 4 der EAB darf sowohl bei durchgehend gleichbleibenden als auch bei geschichteten Böden die charakteristische aktive Erddruckkraft $E_{a,k}$ infolge von Bodeneigenlast und ggf. von Kohäsion auf der Basis der klassischen Erddrucktheorie mit ebenen Gleitflächen ermittelt werden. Voraussetzung hierfür ist die Einhaltung der diesbezüglichen Grenzwerte von DIN 4085 für die Wand-, Gelände- und Erddruckneigungswinkel (vgl. z. B. [243]). Bei Nichteinhaltung dieser Bedingungen ist die Erddruckkraft unter Verwendung gekrümmter Gleitflächen zu ermitteln.

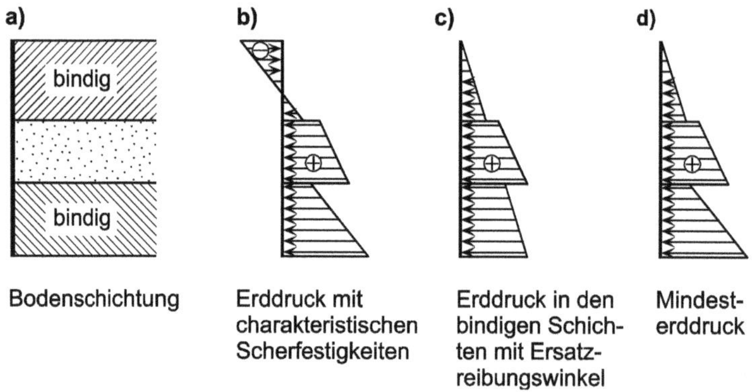

Bild 10-14 Ermittlung der gesamten aktiven Erddruckkraft bei geschichtetem Boden und teilweise bindigen Bodenschichten (nach EAB, EB4)

Die charakteristische Erddruckkraft ist bei geschichtetem Boden auf zweierlei Weise zu berechnen:

a) mit den charakteristischen Scherfestigkeiten entsprechend EB 2 sowohl im Bereich nichtbindiger als auch im Bereich bindiger Schichten (Bild 10-14 b)),

b) mit den charakteristischen Scherfestigkeiten entsprechend EB 2 im Bereich der nichtbindigen Schichten und mit einem Erddruck im Bereich der bindigen Schichten, der sich mit den charakteristischen Ersatzscherparametern

$$\phi'_{Ers,k} = 40° \qquad \text{und} \qquad c'_{Ers,k} = 0 \qquad \text{Gl. 10-4}$$

ergibt (Bild 10-14 c)).

Bei wechselnden Bodenschichten ist in jeder bindigen Schicht als maßgebender charakteristischer Mindesterddruck der mit der jeweils größeren Erddruckkraft anzusetzen. Damit ergibt sich eine Gesamtkraft anhand von Bild 10-14 d).

Für den Fall von durchgehend bindigem Boden ist zwischen einerseits nicht oder nachgiebig gestützten und andererseits wenig nachgiebig gestützten Baugrubenwänden zu unterscheiden. Während im ersten Fall die infolge der Kohäsion entstehenden rechnerischen Zugspannungen nicht berücksichtigt werden dürfen (Bild 10-15 c)), sind sie im zweiten Fall voll zu berücksichtigen und gegen entsprechende Druckspannungen aufzurechnen (Bild 10-15 d)). Für die Ermittlung der charakteristischen aktiven Erddruckkraft ist im ersten Fall entweder der Erddruck gemäß Bild 10-15 c) oder gemäß Bild 10-15 e), und im zweiten Fall entweder der Erddruck gemäß Bild 10-15 d) oder gemäß Bild 10-15 e) anzusetzen, wobei der Erddruck gemäß Bild 10-15 e) unter Verwendung der Ersatzkenngrößen aus Gl. 10-4 berechnet wird. Ist die zu erwartende Größe des Erddrucks durch langfristige Messungen bei ähnlichen Verhältnissen hinreichend bekannt und wird sie im Einzelfall am Verbau überprüft, darf der charakteristische Ersatzreibungswinkel auf

$$\phi'_{\text{Ers, k}} = 45° \qquad \text{Gl. 10-5}$$

hochgesetzt werden.

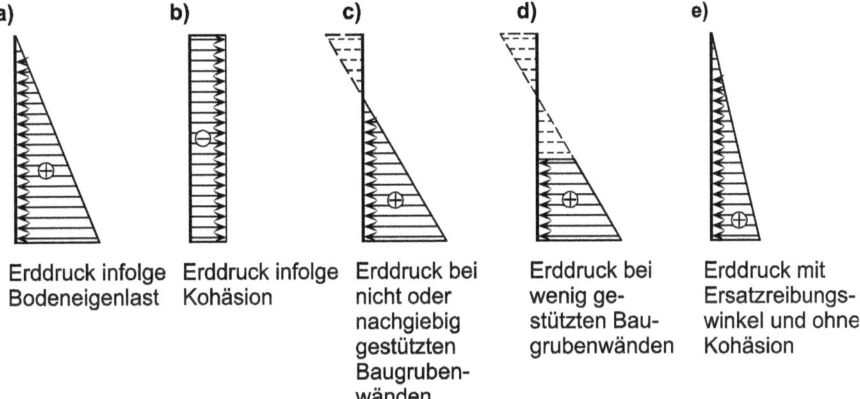

Bild 10-15 Ermittlung der aktiven Erddruckkraft bei durchgehend bindigem Boden (nach EAB, EB4)

10.5.7 Aktive Erddruckverteilung bei unbelasteter Geländeoberfläche nach EAB

Nach EB 5 gilt für den Fall einer unbelasteten Geländeoberfläche, dass sich bei nicht gestützten und im Boden eingespannten oder nachgiebig gestützten Baugrubenwänden eine Drehung um einen tief gelegenen Punkt einstellt und dabei der Erddruck vom Erdruhedruck auf den aktiven Erddruck abfällt. Dementsprechend ist in diesen Fällen bis zur Wandunterkante mit der klassischen Erddruckverteilung infolge Bodeneigenlast zu rechnen (bezüglich der Ansätze bei kohäsiven Böden sind die entsprechenden Ausführungen von EB 4 zu beachten; vgl. auch Abschnitt 10.5.6).

Sind die Baugrubenwände wenig nachgiebig gestützt, treten beim Fortschreiten der Baumaßnahmen Drehbewegungen der Wand um höher gelegene, wechselnde Drehpunkte auf, die verbunden sind mit Parallelbewegungen und Durchbiegungen. In Abhängigkeit vom Zusammenwirken dieser Einflüsse stellt sich fallweise eine jeweils andere Verteilung des Erddrucks ein. Besonders starke Einflussparameter sind dabei die

- Art und die Einbringung der Spundwand,
- Biegesteifigkeit der Spundwand,
- Anzahl und die Anordnung der eingesetzten Steifen bzw. Anker,
- Größe des jeweiligen Aushubabschnitts vor dem Einbau der Steifen bzw. Anker,
- Vorspannung der Steifen bzw. Anker.

Weitere mögliche Parameter sind die

- Gestalt der Geländeoberfläche,
- Art und Schichtung des anstehenden Bodens.

In der Regel weisen die zu gestützten Wänden gehörenden Erddruckverteilungen, in Abweichung von der klassischen Verteilung, im Stützungsbereich Konzentrationen des Erddrucks auf; gleichzeitig werden die Wandbereiche zwischen den Stützpunkten entlastet. Voraussetzung hierfür ist das sich Einstellen entsprechender Durchbiegungen der Wand; als maßgebende Verformung des jeweiligen Bauzustands ist dabei vor allem die jeweils letzte sich einstellende Verformung zu betrachten. Bei nachgiebiger Stützung ist die Umlagerung allgemein geringer; u. U. lagert sich der Erddruck gar nicht um.

Die Vielzahl der Einflüsse bringt es mit sich, dass sich die tatsächlich auftretende Erddruckverteilung nur näherungsweise ermitteln lässt. Für die Ermittlung der Einbindetiefe und der Schnittgrößen ist daher jeweils eine möglichst einfache, von geraden Linien begrenzte Lastfigur anzunehmen. Bild 10-16 zeigt einige Beispiele für solche Lastfiguren bei unbelasteter Geländeoberfläche. Die Knickpunkte und Sprünge der Lastfiguren dürfen zur Vereinfachung an die Stützungspunkte gelegt werden. In EB 5 werden, in Abhängigkeit von den Gegebenheiten des Baugrunds (nichtbindig, bindig usw.) und der Stützung der Wände (ausgesteift, verankert), weitere Regeln zur Erddruckverteilung aufgeführt.

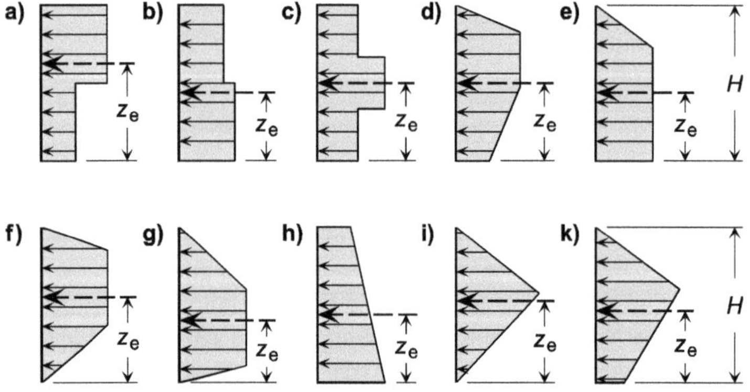

Bild 10-16 Beispiele für Lastfiguren gestützter Baugrubenwände bei unbelasteter Geländeoberfläche (nach EAB, EB5)

10.5.8 Aktive Erddruckkraft aus Nutzlasten gemäß EAB

Der Ermittlung der zu vertikalen veränderlichen Lasten gehörenden Erddruckkraft darf, gemäß EAB, EB 6, im Allgemeinen der Erddruckneigungswinkel zugrunde gelegt werden, der auch bei Erddruckkraftberechnungen infolge Bodeneigenlast verwendet wird.

Der Berechnung der Erddruckkraft aus großflächigen vertikalen ständigen charakteristischen Gleichlasten $p_k \leq 10$ kN/m² oder den in EAB, EB 7 behandelten Gleichlasten q_k dürfen im Allgemeinen die gleichen Gleitflächen zugrunde gelegt werden, wie bei der Berechnung der Erddruckkraft aus Bodeneigenlast (Bild 10-17).

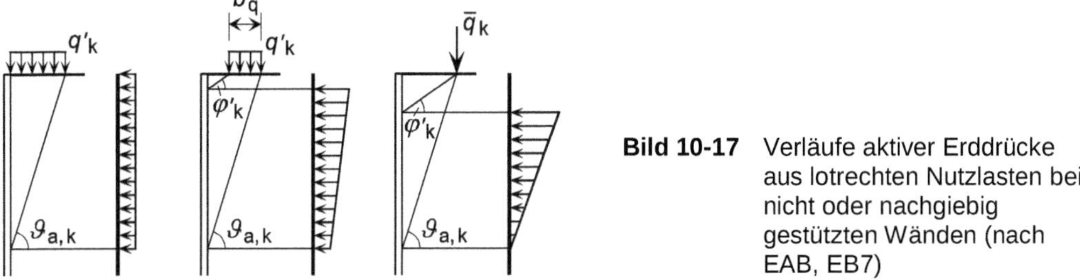

Bild 10-17 Verläufe aktiver Erddrücke aus lotrechten Nutzlasten bei nicht oder nachgiebig gestützten Wänden (nach EAB, EB7)

Sowohl bei nicht gestützten und im Boden eingespannten Wänden als auch bei nachgiebig gestützten Baugrubenwänden ist zur Ermittlung des aktiven Erddrucks aus Linien- und/oder Streifenlasten auch eine Zwangsgleitfläche zu berücksichtigen, die von der Linienlast bzw. der Hinterkante der Streifenlast zum Schnittpunkt von der Wandrückseite und dem tatsächlichen oder theoretischen Fußpunkt der Wand der Baugrubensohle geht (Bild 10-18). Ist die so ermittelte Erddruckkraft infolge Nutzlast und Bodeneigenlast größer als die mit dem Gleitflächenwinkel $\vartheta_{a,k}$ ermittelte, ist sie für die weitere Berechnung als maßgebende Erddruckkraft zu verwenden.

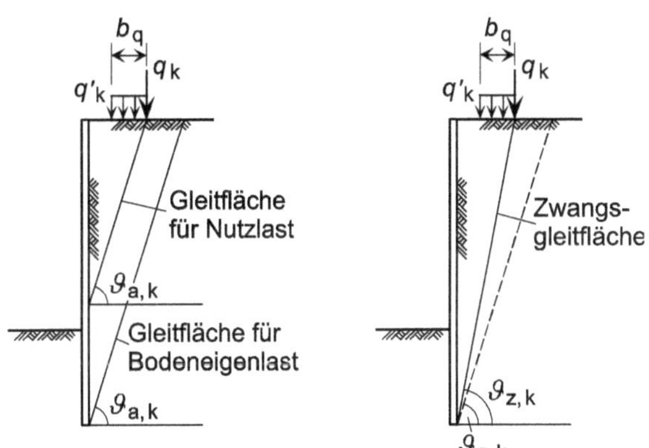

Bild 10-18 Zu berücksichtigende Gleitflächen bei der Ermittlung der gesamten aktiven Erddruckkraft aus Bodeneigenlast und Nutzlast (nach EAB, EB6)

Bei unter dem charakteristischen Winkel $\vartheta_{a,k}$ geneigten Gleitflächen berechnen sich gemäß [314] die horizontalen Komponenten der charakteristischen Erddruckkräfte aus der in Bild 10-18 dargestellten charakteristischen Streifen- und Linienlast mit

$$E_{aqh,k} = q'_k \cdot b_q \cdot K_{aph} \qquad \text{Gl. 10-6}$$

$$E_{aqh,k} = \bar{q}_k \cdot K_{aph} \qquad \text{Gl. 10-7}$$

$$K_{aph} = \frac{\sin(\vartheta_{a,k} - \phi'_k) \cdot \cos\delta_{a,k}}{\cos(\vartheta_{a,k} - \phi'_k - \delta_{a,k})} \qquad \text{Gl. 10-8}$$

(die charakteristischen Größen $\delta_{a,k}$ und φ'_k stehen für den Wandreibungswinkel und den effektiven Reibungswinkel des Bodens).

Die aus der charakteristischen Streifen- bzw. Linienlast und der charakteristischen Eigenlast des Bodens G_k sich ergebenden horizontalen Komponenten der charakteristischen Erddruckkräfte lassen sich, für unter dem charakteristischen Winkel $\vartheta_{z,k}$ geneigte Zwangsgleitflächen, mit

$$E_{azh,k} = (G_k + q'_k \cdot b_q) \cdot K_{azh} \quad \text{Gl. 10-9}$$

$$E_{azh,k} = (G_k + \bar{q}_k) \cdot K_{azh} \quad \text{Gl. 10-10}$$

$$K_{azh} = \frac{\sin(\vartheta_{z,k} - \phi'_k) \cdot \cos\delta_{a,k}}{\cos(\vartheta_{z,k} - \phi'_k - \delta_{a,k})} \quad \text{Gl. 10-11}$$

berechnen.

Wird für bindige Bodenschichten der Erddruck infolge Bodeneigenlast und Kohäsion mittels eines Ersatzreibungswinkels bestimmt (vgl. Abschnitt 10.5.6), darf dieser Winkel nach EB 6 auch für die Erddruckermittlung infolge ständiger großflächiger lotrechter Gleichlasten $p_k \leq 10$ kN/m^2 verwendet werden. Der Erddruckermittlung aus Linien- und Streifenlasten ist hingegen stets der charakteristische Reibungswinkel φ'_k zugrunde zu legen.

Zu weiteren Einzelheiten der Erddruckkraftberechnung siehe z. B. EAB, [312] und [176], Kapitel 1.6.

10.5.9 Aktive Erddruckverteilung aus Nutzlasten nach EAB

Nach EB 7 ist bei nicht oder nachgiebig gestützten Wänden der Erddruck infolge großflächiger Gleichlasten und bei homogenem Boden als Rechteck über die Wandhöhe anzusetzen. Dies gilt sowohl für ständige als auch für veränderliche Einwirkungen. Bei wenig nachgiebig gestützten Wänden ist diese konstante Erddruckverteilung über die Wandhöhe nur bei veränderlichen Einwirkungen anzusetzen. Zu ständigen Gleichlasten gehörender Erddruck ist in die Verteilungen gemäß Bild 10-16 einzubeziehen.

Zu weiteren Einzelheiten der Erddruckverteilung siehe EB 7. Bezüglich der Überlagerung der Erddruckverteilungen aus Bodeneigenlast, unbegrenzter Flächenlast sowie örtlich begrenzten Streifen- und Linienlasten ist auf EB 71 zurückzugreifen.

10.5.10 Vereinfachte Lastfiguren gestützter Wände nach EAB

In Fällen gestützter Wände, in denen

- eine waagerechte Geländeoberfläche vorliegt,
- mitteldicht oder dicht gelagerter nichtbindiger Boden oder mindestens steifer bindiger Boden ansteht,
- von einer wenig nachgiebigen Stützung gemäß EB 67 ausgegangen werden kann,
- vor Einbau der jeweils nächsten Steifenlage nicht tiefer ausgehoben wird, als es in Bild 10-19 dargestellt ist,

können nach EB 70 (auf Basis von EB 5) in den Vorbauzuständen und im Vollaushubzustand für den Ansatz des Erddrucks aus Bodeneigenlast, großflächigen Nutzlasten und ggf. Kohäsion die in Bild 10-20 und Bild 10-21 dargestellten Lastfiguren verwendet werden (vgl. hierzu auch EAU, 8.2.3

(E 77)). Diese für ein- und zweimal gestützte Wände geltenden Figuren dürfen auch durch andere wirklichkeitsnahe Lastfiguren ersetzt werden.

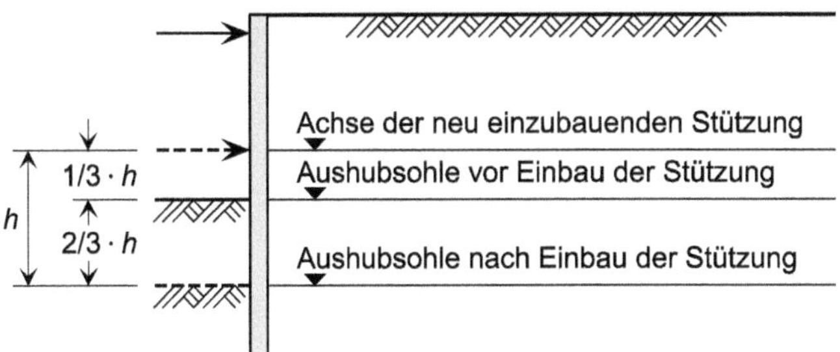

Bild 10-19 Aushubgrenze vor Einbau einer Stützung (nach EAB, EB69)

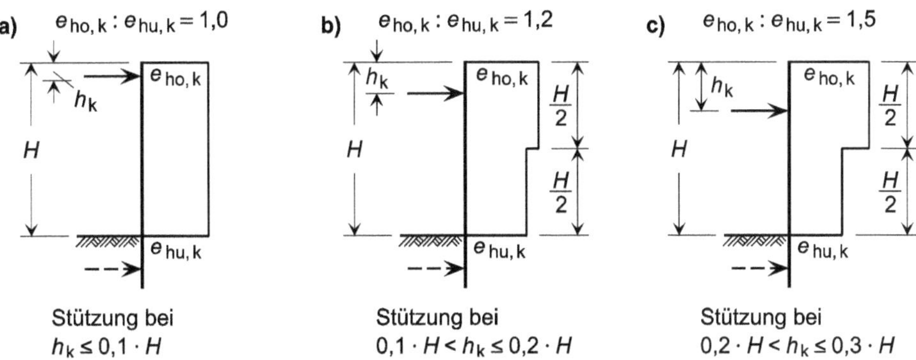

Bild 10-20 Lastfiguren für einmal gestützte Spundwände (bei $h_k > 0{,}3 \cdot H$ ist die Verteilung gemäß Bild 10-16 k) zu empfehlen; maximale Erddruckordinate in Höhe der Stützung)

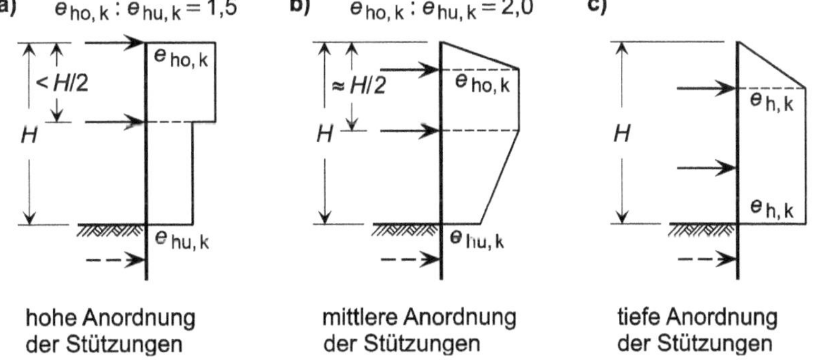

Bild 10-21 Lastfiguren für zweimal gestützte Spundwände

Zu Erddruckverteilungen bei dreimal oder öfter gestützten Wänden siehe EB 70.

10.5.11 Passive Erddruckverteilung im Einbindebereich der Wand nach EAB

Der durch die Einwirkungen hervorgerufene Erdwiderstand beeinflusst durch seine Größe und Verteilung die Gleichgewichtszustände und Schnittlasten und in ganz wesentlichem Maße auch die erforderliche Einbindetiefe der Wand. Zur Ermittlung der passiven Erddruckkraft bei Spundwänden siehe z. B. EAB, EB 19.

Hinsichtlich der Verteilung der Bodenreaktion im Einbindebereich der Wand werden in EAB, EB 80 die Fälle der im Boden

- frei aufgelagerten Wand,
- voll eingespannten Wand,
- teilweise eingespannten Wand

unterschieden.

Für im Boden frei aufgelagerte Wände dürfen, neben einer dreiecksförmigen Verteilung, nach EB 80 auch Verteilungen des passiven Erddrucks im Einbindebereich der Wände angenommen werden, wie sie in Bild 10-22 dargestellt sind. Für die Ermittlung der erforderlichen Einbindetiefe (siehe Abschnitt 10.5.16) dürfen diese Verteilungen mit einem statischen System verbunden werden, für das im Einbindebereich ein festes Auflager in Höhe des Angriffspunkts der passiven Erddruckkraft angenommen wird. Es ist hier darauf hinzuweisen, dass diese Annahme hinsichtlich der Schnittlastenermittlung fehlerhaft ist (vgl. EB 80, EB 82 und EB 11). Nach EB 19 dürfen bei Spundwänden die in Bild 10-22 dargestellte parabelförmige und bilineare Verteilung bei der Wandeinbindung in nichtbindigem Boden und die rechteckige Verteilung bei der Wandeinbindung in mindestens steifem bindigem Boden angenommen werden.

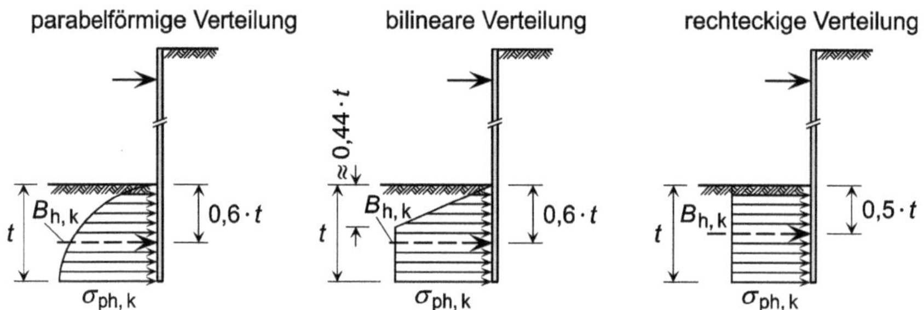

Bild 10-22 Beispiele für Verläufe von anzusetzenden charakteristischen passiven Erddrücken bei freier Auflagerung im Boden (nach EAB, EB80); $B_{h,k}$ ist die Horizontalkomponente der charakteristischen Auflagerkraft (passive Erddruckkraft)

Für Wände, die im Boden voll eingespannt sind, dürfen die Bodenreaktionen nach dem Lastansatz von *Blum* angenommen werden (vgl. EB 80 und Abschnitt 10.5.17). Dieser Ansatz sieht eine mit der Tiefe linear anwachsende passive Erddruckverteilung vor. Darüber hinaus wird bei gestützten Wänden verlangt, dass die Tangente der Biegelinie der Wand in Höhe des theoretischen Fußpunkts senkrecht verläuft.

Hinsichtlich der Vorgehensweise bei teilweise eingespannten Wänden sei auf die Ausführungen in EB 80 hingewiesen.

10.5.12 Vereinfachte Lastfiguren von Spundwänden nach EAB

Sinkt der Erddruck gestützter Wände vom Erdruhedruck auf den aktiven Erddruck ab (siehe hierzu EB 8), sind nach EB 16 die Erddruckordinaten e_{ah} zunächst unter Berücksichtigung der Bodeneigenlast, der unbegrenzten Flächenlast $p_k \leq 10$ kN/m² und ggf. der Kohäsion entsprechend der klassischen Erddrucktheorie zu ermitteln. Sind die Wände im Boden

- frei aufgelagert, erfolgt die Ermittlung bis zur Wandunterkante (Bild 10-23),
- eingespannt, erfolgt die Ermittlung bis zum theoretischen Fußpunkt der Wand.

Nach EB 16 ist die Erddruckverteilung gemäß Bild 10-23 b) bei nicht gestützten und im Boden eingespannten sowie bei nachgiebig gestützten Wänden immer anzusetzen für

- den Nachweis der Einbindetiefe gemäß EAB, EB 80,
- die Schnittgrößenermittlung nach EAB, EB 82.

Bei wenig nachgiebig gestützten Wänden ist diese Verteilung durch eine Verteilung zu ersetzen, die einerseits einfacher ist, und andererseits der zu erwartenden Erddruckumlagerung entspricht. Im Regelfall ist es ausreichend, diesen Ersatz auf H (Baugrubentiefe) zu beschränken (Bild 10-23 c)); hinsichtlich weiterer Erläuterungen hierzu siehe EB 16. Vereinfachte Erddruckverteilungen werden in den Kapiteln 10.5.7, 10.5.10 und 10.5.14 angegeben.

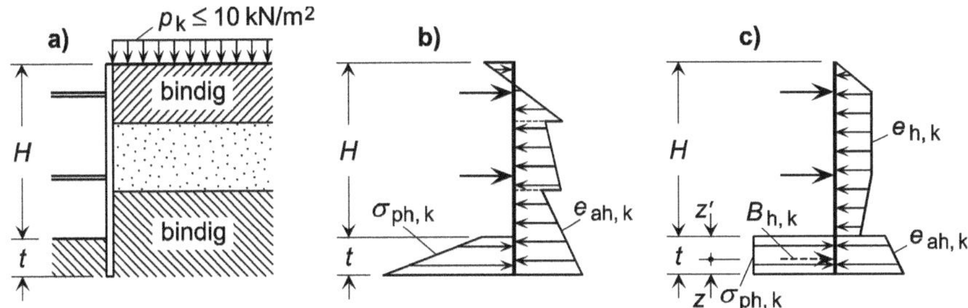

Bild 10-23 Lastbildermittlung für gestützte Spundwände bei Ansatz des aktiven Erddrucks und freier Auflagerung im Boden (nach EAB, EB16)
a) Schnitt durch die Baugrube
b) klassische Verteilung von Erddruck und Bodenreaktion
c) Lastbild bei einer Lastfigur nach Bild 10-21 b)

10.5.13 Baugruben im Wasser

Nach EAB, EB 58 sind in Hinblick auf den Einfluss der Baugrubenkonstruktion und der Wasserhaltungsmaßnahmen bei Baugruben im Wasser im Grundsatz die folgenden Fälle zu unterscheiden:

a) bei Grundwasserabsenkungen gemäß Bild 10-24 a) treten in den für die Belastung der Baugrubenkonstruktionen maßgebenden Bodenkörpern sowohl waagerechte als auch nach unten gerichtete Strömungsdrücke auf,
b) bei Umströmungen von Wandfüßen gemäß Bild 10-24 b) treten auch nach oben gerichtete Strömungsdrücke auf (Gefahr des hydraulischen Grundbruchs),
c) bei einer nahezu wasserundurchlässigen Bodenschicht unterhalb der Baugrubensohle, z. B. im Fall einer dichtenden Injektionssohle gemäß Bild 10-24 c), ist das Wasser am Strömen gehindert und es stellt sich ein hydrostatischer Wasserdruck ein (Gefahr des Aufschwimmens der Baugrubensohle).

Wenn hinter der Baugrubenwand Boden ansteht, der nur eine geringe seitliche Verformbarkeit aufweist (z. B. felsartiger Boden oder fester bzw. halbfester bindiger Boden mit geringem Tongehalt, der infolge seiner Scherfestigkeit mindestens vorübergehend ohne Stützung standfest ist), kann infolge von Wandverformungen zwischen Boden und Baugrubenwand ein Spalt entstehen, in dem sich ggf. Wasser ansammelt. Dieses Wasser übt dann über seine Steighöhe den vollen hydrostatischen Druck auf die Wand aus. Ein solcher Effekt wird verhindert, wenn der Kontakt zwischen Boden und Baugrubenwand nicht verloren geht, wie das bei nichtbindigen und weichen bis steifen bindigen Böden angenommen werden darf.

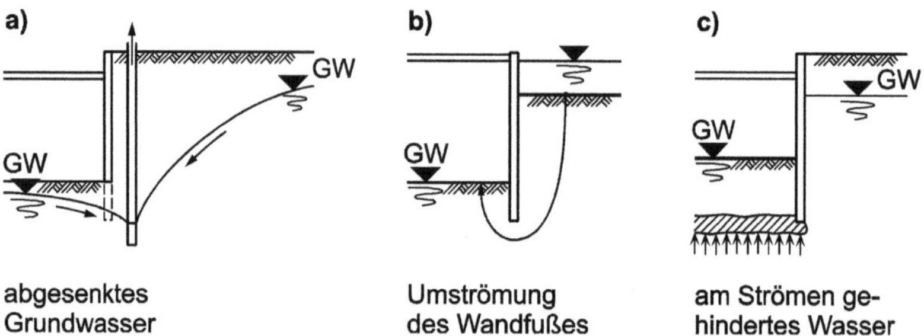

Bild 10-24 Wirkungen des Wassers auf Baugrubenkonstruktionen (nach EAB, EB58)

10.5.14 Lastbilder für Spundwände im Wasser

Wird anstehendes Grundwasser nicht abgesenkt und gleichzeitig eine Umströmung des Wandfußes verhindert (Bild 10-25 a)), ist gemäß EAB, EB 63 der Wasserdruck entsprechend Bild 10-25 b) anzusetzen. Dies bedeutet den Ansatz des vollen hydrostatischen Wasserdrucks auf der Wandaußenseite vom freien Wasserspiegel bzw. vom Grundwasserspiegel aus bis zum Wandfuß in der Tiefe t und auf der Wandinnenseite vom abgesenkten Grundwasserspiegel aus bis zum Wandfuß. In der Regel darf dieser Ansatz als Näherung auch bei umströmtem Wandfuß gewählt werden.

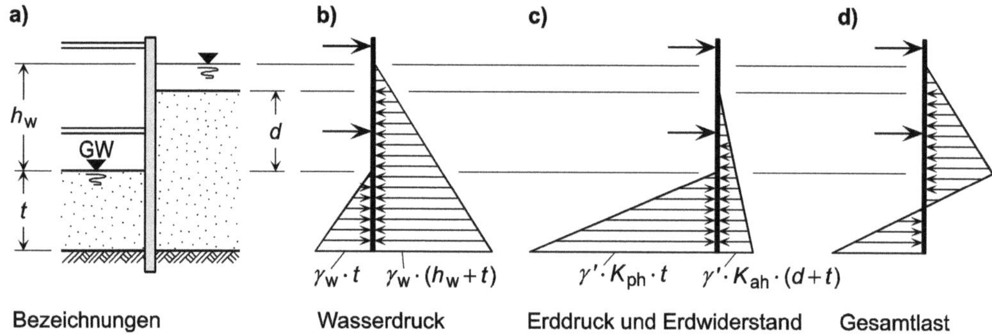

Bild 10-25 Lastbilder bei einer nicht umströmten Baugrubenwand im Wasser in vereinfachter Darstellung (gemäß EAB, EB63)

Ist der Wandfuß umströmt (Bild 10-26 a)) und soll der Strömungseinfluss erfasst werden, ist nach EAB, EB 63 anzunehmen, dass

- der Wasserdruck mit der Tiefe auf die Außenseite der Baugrubenwand ab- und auf die Innenseite zunimmt (Bild 10-26 b)),
- der Erddruck auf die Außenseite der Wand infolge der Wichteerhöhung durch den Strömungsdruck zwar zunimmt (Bild 10-26 c)), der Einfluss in der Regel aber vernachlässigt werden darf,
- der Erdwiderstand auf der Wandinnenseite infolge der Verringerung der Wichte erheblich abnimmt und dieser Einfluss stets zu berücksichtigen ist.

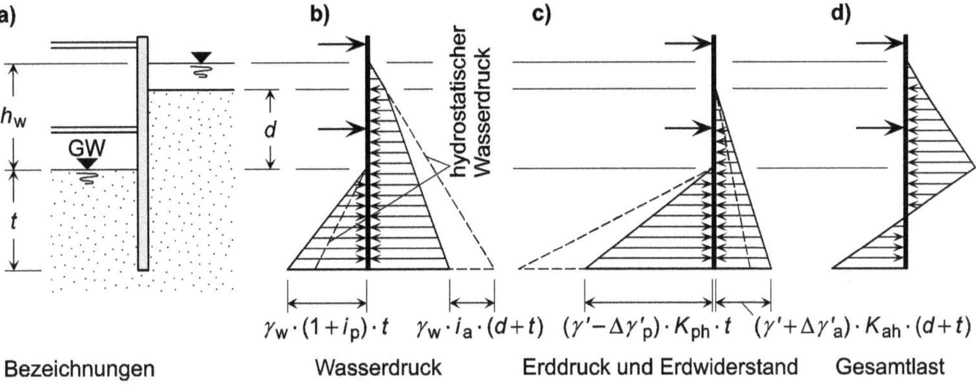

Bild 10-26 Lastbilder bei einer umströmten Baugrubenwand im Wasser in vereinfachter Darstellung (gemäß EAB, EB63)

Die in Bild 10-26 verwendeten Größen i_p und i_a stehen für das mittlere hydraulische Gefälle im Bereich t (Bereich des passiven Erddrucks) und im Bereich $(t + d)$ (Bereich des aktiven Erddrucks). Sie bewirken eine vereinfachte (linearisierte) Erfassung der Strömungswirkung. Für die ebenfalls verwendeten Größen $\Delta\gamma'_p$ und $\Delta\gamma'_a$ gelten

$$\Delta\gamma'_p = i_p \cdot \gamma_w$$
$$\Delta\gamma'_a = i_a \cdot \gamma_w \qquad \text{Gl. 10-12}$$

10.5.15 Tragfähigkeitsnachweise nach DIN EN 1997-1, DIN 1054 und EAB

Zum Nachweis von Spundwänden im Grenzzustand der Tragfähigkeit gehören nach Abschnitt 9.7 von DIN EN 1997-1 und DIN 1054 insbesondere die Nachweise gegen

- Versagen des Erdwiderlagers,
- Versinken der Spundwand (siehe auch Abschnitt 10.5.19 und DIN 1054, 9.7.5),
- Versagen des Materials von Bauteilen des Spundwandbauwerks gemäß Abschnitt 9.7.6 von DIN EN 1997-1 und DIN 1054,
- Versagen der Lastübertragung durch Zugpfähle bzw. Ankerverpresskörper gemäß DIN 1054, 9.7.7 A (5),
- Versagen in der tiefen Gleitfuge (siehe auch Abschnitt 7.12.2 und DIN 1054, A 9.7.9).

Darüber hinaus können Gegebenheiten vorliegen, die Nachweise der

- Sicherheit gegen Aufschwimmen im Grenzzustand UPL,
- Sicherheit gegen hydraulischen Grundbruch im Grenzzustand HYD (vgl. hierzu auch Abschnitt 8.3),
- Gesamtstandsicherheit im Grenzzustand GEO-3 (Geländebruch, siehe auch Abschnitt 9.7.2 von DIN EN 1997-1 und DIN 1054)

erforderlich machen.

In der Empfehlung EB 81 der EAB werden allgemeine Festlegungen hinsichtlich der Standsicherheitsnachweise von Spundwandbauwerken formuliert. Liegen deren Abmessungen und statische Systeme fest, sind die durch die charakteristischen Einwirkungen (z. B. Eigenlast, aktiver Erddruck, erhöhter aktiver Erddruck, Wasserdruck, Nutzlasten und ggf. zu berücksichtigende Vorverformungen) hervorgerufenen charakteristischen Schnittgrößen (Querkräfte, Auflagerkräfte, Bodenreaktionen und Biegemomente) $E_{G,k}$ und $E_{Q,k}$ in all den Konstruktionsbereichen zu ermitteln, die für die Bemessung maßgebend sind. Mit ihnen und den entsprechenden Teilsicherheitsbeiwerten γ_G und γ_Q berechnen sich in jedem maßgebenden Konstruktionsschnitt sowie in den Berührungsflächen zwischen Konstruktion und Boden die Bemessungswerte der Beanspruchungen zu

$$E_d = E_{G,d} + E_{Q,d} = E_{G,k} \cdot \gamma_G + \sum_i E_{Q,k,i} \cdot \gamma_Q \qquad \text{Gl. 10-13}$$

Handelt es sich bei den Einwirkungen um erhöhte Erddrücke ($> E_a$ und $\leq E_0$), dürfen die entsprechenden Bemessungswerte mit Teilsicherheitsbeiwerten ermittelt werden, die zwischen dem Teilsicherheitsbeiwert γ_G und dem zu Erdruhedruck gehörenden Teilsicherheitsbeiwert $\gamma_{G,\,E0}$ zu interpolieren sind (vgl. hierzu Tabelle 1-2 und DIN 1054, A 9.7.1.3 A (3)).

Zu den allgemeinen Festlegungen gehört weiterhin, dass außer den charakteristischen Beanspruchungen noch die charakteristischen Widerstände $R_{k,i}$ ermittelt werden müssen. Es sind dies Widerstände der Konstruktionsteile (aus den charakteristischen Materialkenngrößen und den Materialquerschnittsabmessungen ermittelte Widerstände gegen Biegemomente sowie gegen Druck-, Zug- und Schubkräfte) und Widerstände des Bodens (z. B. durch Berechnung, Probebelastung oder auf der Basis von Erfahrungswerten ermittelte Erd-, Fuß- und Mantelwiderstände der Spundwand sowie Herauszieh-Widerstände von Verpressankern, Bodennägeln und Zugpfählen). Für den Tragfähigkeitsnachweis ergeben sich die Bemessungswerte dieser Widerstände mit den entsprechenden Teilsicherheitsbeiwerten $\gamma_{R,i}$ für das jeweilige Material (z. B. Stahlbeton, Stahl, Holz, Boden) aus

$$R_{d,i} = \frac{R_{k,i}}{\gamma_{R,i}} \qquad \text{Gl. 10-14}$$

Mit den ermittelten Bemessungswerten ist schließlich für jeden zu betrachtenden Konstruktionsschnitt und für jede maßgebende Einwirkungskombination die Gültigkeit von

$$\sum_i E_{d,i} \leq \sum_i R_{d,i} \quad \text{bzw.} \quad \mu_i = \frac{\sum_i E_{d,i}}{\sum_i R_{d,i}} \leq 1 \qquad \text{Gl. 10-15}$$

nachzuweisen. Ergibt sich bei einem dieser Nachweise ein Ausnutzungsgrad $\mu_i > 1$, sind die Konstruktionsabmessungen entsprechend zu vergrößern, bei einem μ_i-Wert < 1 (unwirtschaftliche Konstruktion) ggf. entsprechend zu verkleinern.

Bei Spundwänden, die zur Sicherung von Baugruben dienen, gilt gemäß EAB, EB 11 u. a., dass

- alle beim Ausheben und beim Verfüllen der Baugruben auftretenden Vorbauzustände (alle Zustände vor dem Erreichen der endgültigen Baugrubensohle) und Rückbauzustände (alle Zustände beim Verfüllen der Baugrube, beim Aus- bzw. Umbau von Steifen sowie beim Entspannen von Ankern) zu untersuchen sind,
- in Fällen, in denen nur der Nachweis der Standsicherheit maßgebend ist, sowohl für den Nachweis der Einbindetiefe als auch für die Schnittgrößenermittlung
  - als statisches System ein Träger auf unnachgiebigen Stützen angenommen werden darf,
  - die Auswirkungen der Verformungen in den unterschiedlichen Bauzuständen auf den jeweils folgenden Bauzustand im Regelfall außer Acht gelassen werden dürfen.

10.5.16 Erforderliche Einbindetiefe von Spundwänden

Zum möglichen Versagen des Erdwiderlagers einer Spundwand, deren Standsicherheit teilweise (ausgesteifte oder rückverankerte Wände) oder vollständig (nur in den Baugrund eingespannte Wände) durch mobilisierten Erdwiderstand bewirkt wird, ist auf DIN EN 1997-1, 9.7.4 und DIN 1054, 9.7.4 A (4) hinzuweisen. Dort wird verlangt, dass die Wand so tief in den Baugrund einbindet, dass im Grenzzustand GEO-2 die Tragfähigkeit gesichert ist, die durch ein vorwiegendes Verdrehen der gesamten Stützkonstruktion bzw. eines Bauteils verloren gehen könnte. Diese Forderung gilt nach DIN 1054, 9.7.4 A (4) als erfüllt, wenn die Grenzzustandsbedingung

$$B_{h,d} \leq E_{ph,d} \quad \text{bzw.} \quad \mu = \frac{B_{h,d}}{E_{ph,d}} \leq 1{,}0 \qquad \text{Gl. 10-16}$$

eingehalten wird. Die in dem Ausdruck verwendeten Größen sind, neben dem Ausnutzungsgrad μ, die Bemessungswerte der Horizontalkomponenten der resultierenden Auflagerkraft $B_{h,d}$ und des Erdwiderstands $E_{ph,d}$ (vgl. hierzu auch Abschnitte 10.5.11 und 10.5.12). Im Rahmen des Nachweises der Sicherheit gegen das Versagen des Erdwiderlagers ist auch zu zeigen, dass die Bedingung

$$V_k = \sum_i V_{k,i} \geq B_{v,k} \qquad \text{Gl. 10-17}$$

erfüllt wird (siehe hierzu DIN 1054, A 9.7.8). V_k steht darin für die Vertikalkomponente der beteiligten, nach unten gerichteten charakteristischen Einwirkungen und $B_{v,k}$ für die nach oben gerichtete Vertikalkomponente der charakteristischen Auflagerkraft.

Nach EAB, EB 80 ist die erforderliche Einbindetiefe von Spundwänden iterativ zu ermitteln. Im ersten Iterationsschritt werden für eine gewählte Einbindetiefe der Spundwand die Kräfte des Auflagers im Bereich der Einbindetiefe ermittelt (statisches System: Träger auf unnachgiebigen Stützen). Im Einzelnen sind dies die charakteristischen Lagerkräfte $B_{hG,k}$ infolge Bodeneigenlast und einer ständigen großflächigen Gleichlast $p_k \leq 10$ kN/m² und $B_{hQ,k}$ infolge veränderlicher Einwirkungen. Der hierzu gehörende Bemessungswert dieser Lagerkraft ergibt sich mit den Teilsicherheitsbeiwerten γ_G und γ_Q des Grenzzustands GEO-2 (siehe Tabelle 1-2) zu

$$B_{h,d} = B_{hG,k} \cdot \gamma_G + B_{hQ,k} \cdot \gamma_Q \qquad \text{Gl. 10-18}$$

Für das weitere Vorgehen wird auch die Größe der mobilisierbaren charakteristischen Erdwiderstandskraft $E_{ph,k}$ benötigt. Auf der Basis ebener Gleitflächen berechnet sie sich z. B. für senkrechte Wände ($\alpha = 0$) und horizontale Geländeoberflächen ($\beta = 0$) sowie bei alleiniger Wirkung der Bodeneigenlast (Wichte γ_k) zu

$$E_{ph,k} = \frac{1}{2} \cdot \gamma_k \cdot K_{pgh} \cdot t^2 \qquad \text{Gl. 10-19}$$

(t = Einbindetiefe, vgl. z. B. Bild 10-22). Der in dieser Gleichung verwendete Erdwiderstandsbeiwert K_{pgh} berechnet sich mit dem Reibungswinkel φ'_k des Bodens und dem Erddruckneigungswinkel $\delta_{p,k}$ zu (vgl. [314])

$$K_{pgh} = \frac{\cos^2 \phi'_k}{\left[1 - \sqrt{\dfrac{\sin(\phi'_k - \delta_{p,k}) \cdot \sin \phi'_k}{\cos \delta_{p,k}}}\right]^2} \qquad \text{Gl. 10-20}$$

Gilt mit dem Bemessungswert der Erddruckkraft ($\gamma_{R,e}$ = zum Grenzzustand GEO-2 gehörender Teilsicherheitsbeiwert aus Tabelle 1-3)

$$E_{ph,d} = \frac{E_{ph,d}}{\gamma_{R,e}} \qquad \text{Gl. 10-21}$$

der Ausnutzungsgrad μ gemäß Gl. 10-16 ($\mu \leq 1$), wurde die Einbindetiefe ausreichend groß gewählt. Andernfalls muss mit einem neuen Schätzwert ein weiterer Iterationsschritt durchgeführt werden. Dies ist auch dann zu empfehlen, wenn sich ein nennenswerter Sicherheitsüberschuss (μ deutlich kleiner als 1,0) ergibt, da sonst eine unnötig große (unwirtschaftliche) Einbindetiefe vorliegt. Die Iteration ist so lange fortzusetzen, bis die gewünschte Genauigkeit erreicht ist.

Die Verwendung der oben angenommenen ebenen Gleitflächen ist nach EB 19 zulässig, wenn die Geländeoberfläche nicht ansteigt ($\beta = 0$), für den Reibungswinkel des Bodens $\varphi'_k \leq 35°$ gilt und der Erddruckneigungswinkel, der für gekrümmte Gleitflächen auch mit $\delta_{p,k} = -\varphi'_k$ angesetzt werden darf, auf $\delta_{p,k} = -{}^2/_3 \cdot \varphi'_k$ herabgesetzt wird.

10.5.17 Erforderliche Einbindetiefe mit dem Lastansatz von *Blum*

Die Standsicherheit nicht gestützter Spundwände beruht ausschließlich auf der Einspannung im Baugrund. Infolge des Erddrucks bewegt sich die Wand im oberen Bereich zur Baugrube hin und am Fußpunkt von der Baugrube weg. Der Bewegungsdrehpunkt liegt immer in der unteren Hälfte des Einspannbereichs. Durch die Drehbewegung wird oberhalb des Drehpunkts der Erdwiderstand E_{p1} und unterhalb des Drehpunkts der Erdwiderstand E_{p2} geweckt (Bild 10-27). Versuche haben gezeigt, dass

- die Spannungsordinaten im Bereich unmittelbar unterhalb der Baugrubensohle dem im Bruchzustand des Bodens möglichen Erdwiderstand entsprechen,
- die Spannungen auf der Baugrubenseite der Wand ihren Größtwert etwa in halber Höhe zwischen Baugrubensohle und Drehpunkt erreichen,
- im Drehpunkt, in dem zwar eine Rotation, aber keine Verschiebung der Wand auftritt, keine Erdwiderstandsspannungen entstehen,
- am Fuß der Wand die Spannungsordinate den Größtwert auf der Erdseite der Wand erreicht,
- die Spannungsverteilung zwischen dem Größtwert der Spannungen auf der Baugrubenseite der Wand und dem Größtwert auf der Erdseite durch eine stetig gekrümmte Linie begrenzt wird.

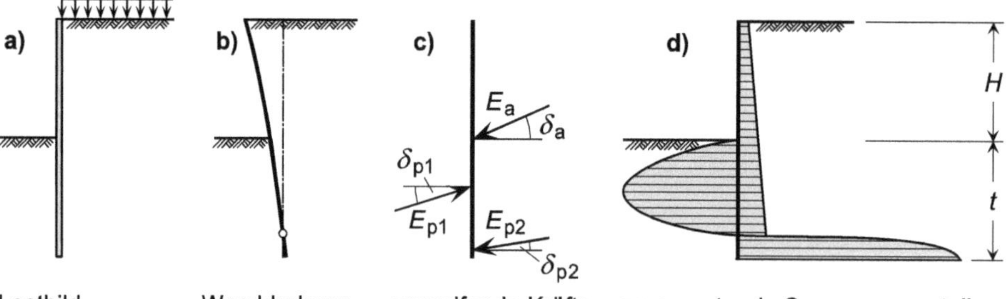

Bild 10-27 Verformung und Belastungen einer nicht gestützten, im Boden eingespannten Spundwand (nach [313])
a) Lastbild, b) Wanddrehung, c) angreifende Erddruckkräfte,
d) zu erwartende Verteilung des Erddrucks

Zur zahlenmäßigen Ermittlung der Einspannwirkung wird von *Blum* eine Vereinfachung im Einspannbereich vorgeschlagen, bei der eine dreiecksförmige Erdwiderstandsfigur mit einer im Drehpunkt wirkenden Gegenkraft C_h angesetzt wird (Bild 10-28).

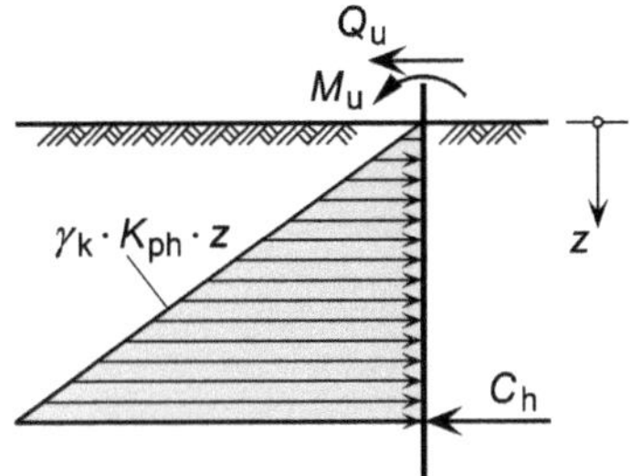

Bild 10-28 Vereinfachter Ansatz der Spannungs-verteilung im Einspannbereich nach *Blum* (nach [313])

Zur Herleitung dieser Belastung wird die zu erwartende Spannungsfigur des Erdwiderstands auf beiden Seiten der Wand durch Spannungsflächen ergänzt, deren Resultierende $\Delta E_{ph\,1}$ und $\Delta E_{ph\,2}$ in gleicher Tiefe liegen (Bild 10-29). Da die Inhalte dieser Ergänzungsflächen gleich groß sind, gilt

$$\Delta E_{ph1} = -\Delta E_{ph2} \qquad \text{Gl. 10-22}$$

Für das im Weiteren zu verwendende Ersatz-Lastbild ergeben sich somit die Kräfte

$$E_{rh} = E_{ph1} + \Delta E_{ph1}$$
$$C_h = E_{ph2} + \Delta E_{ph2} \qquad \text{Gl. 10-23}$$

An dem zur Ermittlung von Schnittlasten und Einbindetiefe maßgebenden Gleichgewicht $\Sigma H = 0$ und $\Sigma M = 0$ wird durch diese Ergänzungen nichts geändert.

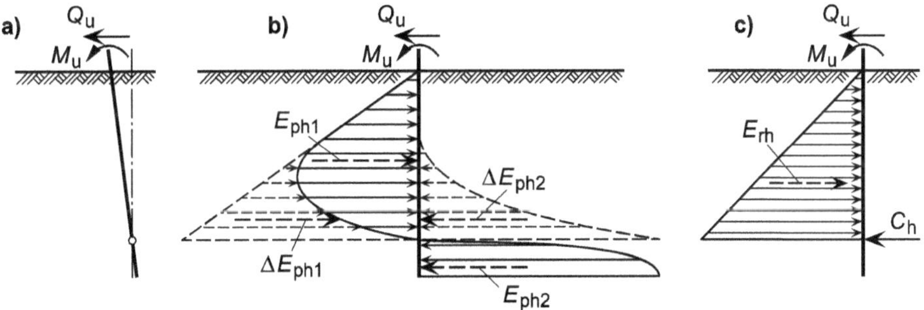

Bild 10-29 Umwandlung der zu erwartenden Spannungsverteilung in das Ersatz-Lastbild von *Blum* (nach [313])
a) Drehung der Wand, b) Ergänzung der zu erwartenden Spannungsverteilung,
c) Ersatz-Lastbild von *Blum*

Mit dem beschriebenen Lastansatz von *Blum* dürfen, nach EAB, EB 26, die Einbindetiefe von Spundwänden sowie deren Schnittlasten berechnet werden. Bild 10-30 zeigt entsprechende charakteristische Last- und Biegemomentenverläufe für eine im Boden eingespannte und nicht gestützte Wand und Bild 10-31 für eine im Boden eingespannte Wand mit zweifacher Stützung, bei der über die Baugrubentiefe (Tiefe H) eine vereinfachte Erddruckverteilung angenommen wird (Bild 10-31 b; vgl. hierzu Abschnitte 10.5.10 und 10.5.12).

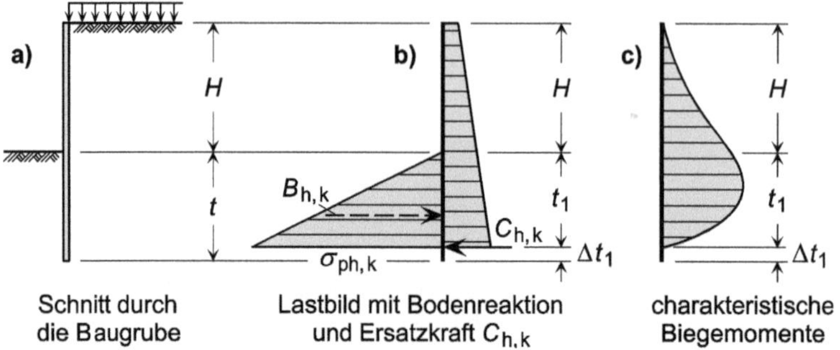

Bild 10-30 System, Belastung und Momentenverlauf beim Lastansatz von *Blum* für eine im Boden eingespannte und nicht gestützte Spundwand (nach EAB, EB26)

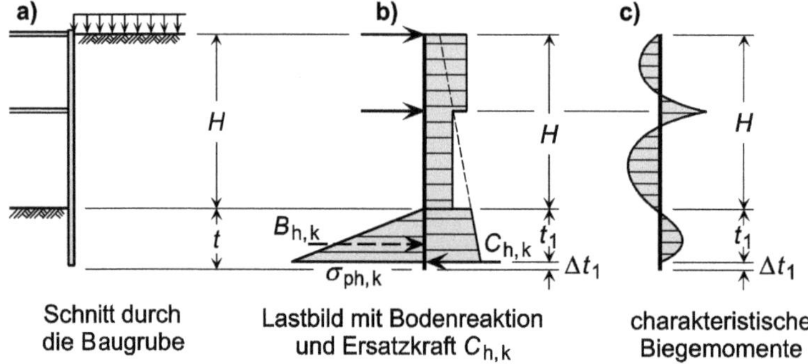

Bild 10-31 System, Belastung und Momentenverlauf beim Lastansatz von *Blum* für eine im Boden eingespannte und zweifach gestützte Spundwand (nach EAB, EB26)

Gemäß der Berechnungsansätze für Baugrubenwände in [317] werden die aktiven Erddrücke und die Erdwiderstände getrennt betrachtet. Bei ungestützten, im Boden eingespannten Spundwänden wirken sie z. B. an einem statischen System, wie es in Bild 10-32 gezeigt ist.

Ist die Größe t_1 durch Schätzung bekannt und liegen die Größe und Verteilung des Erdwiderstands vor, wird die Lage des Auflagers B so festgelegt, dass die Lagerkraftkomponente $B_{h,k}$ durch den Schwerpunkt der Erdwiderstandsfläche verläuft (bei dreiecksförmig verteiltem Erdwiderstand durch den Dreiecksschwerpunkt). Nach der Ermittlung der Größe und Verteilung des aktiven Erddrucks kann dann die Berechnung der zu den charakteristischen Belastungen gehörenden Auflagerkräfte $B_{h,k}$ und $C_{h,k}$ nach den Regeln der Statik erfolgen.

Mit den so ermittelten Lagerkräften ist der Nachweis der Tragfähigkeit im Grenzzustand GEO-2 gegen das Versagen des Erdwiderlagers gemäß Abschnitt 10.5.16 zu führen.

Zur Ermittlung der charakteristischen Schnittgrößen und der Biegelinie der Spundwand sind nicht die Auflagerkräfte B zu verwenden. Statt ihrer sind die zugehörigen Bodenreaktionen $\sigma_{ph,k}$ des aktivierten Erdwiderstands (Bild 10-32 b)) anzusetzen.

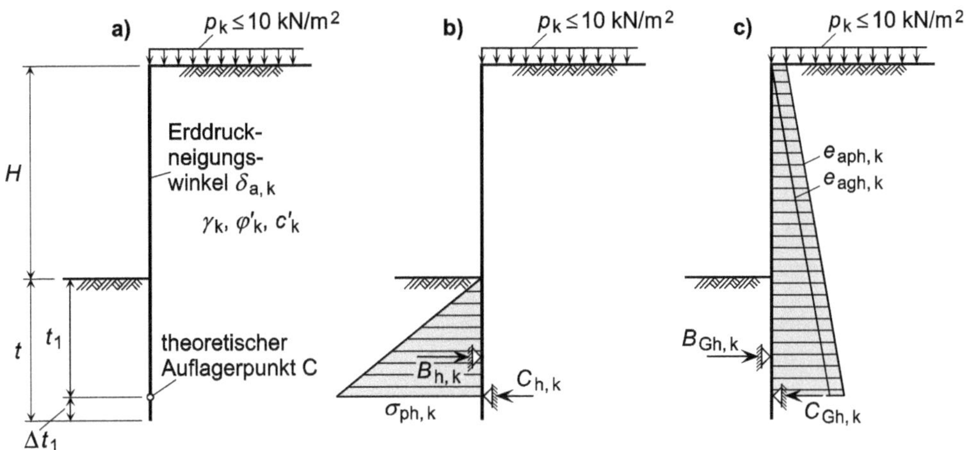

Bild 10-32 Im Boden eingespannte Spundwand mit Belastung der Geländeoberfläche bei Einbindung in nichtbindiges Bodenmaterial (nach [317])
a) Querschnitt mit Auflast
b) statisches System mit dreiecksförmiger Erdwiderstandsverteilung nach *Blum*
c) Lastfigur und Auflagerkräfte aus Bodeneigenlast und großflächiger Auflast p_k

Die Gesamtlänge der Einbindetiefe kann nach EAB, EB 26 näherungsweise mit

$$t = t_1 + \Delta t_1 = t_1 + 0{,}2 \cdot t_1 = 1{,}2 \cdot t_1 \qquad \text{Gl. 10-24}$$

berechnet werden. Zur genaueren Ermittlung von Δt_1 nach *Lackner* siehe z. B. EAB, EB 26, EAU, 8.2.9 (E 56) und [314].

Bezüglich der Nachweisführung zur Gebrauchstauglichkeit sei auf die Ausführungen in Abschnitt 10.5.20 verwiesen.

Das nachstehende Beispiel zeigt die Vorgehensweise bei der Ermittlung der Einbindetiefe *t* und der Schnittgrößen einer eingespannten und ungestützten Spundwand.

Anwendungsbeispiel

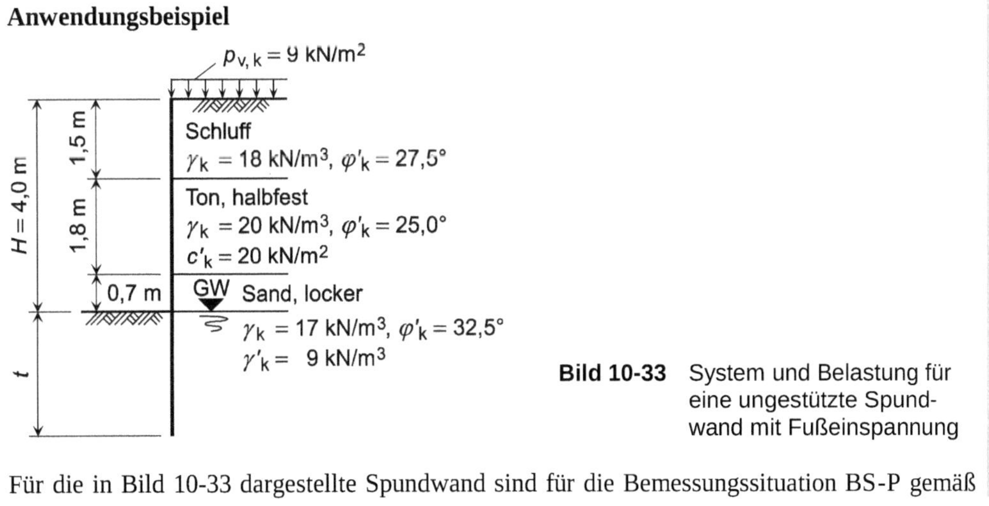

Bild 10-33 System und Belastung für eine ungestützte Spundwand mit Fußeinspannung

Für die in Bild 10-33 dargestellte Spundwand sind für die Bemessungssituation BS-P gemäß

DIN 1054 die Einbindetiefe t zu ermitteln, der Nachweis der Tragfähigkeit gegen das Versagen des Erdwiderlagers zu führen und die Verläufe der charakteristischen Querkräfte und Biegemomente zu bestimmen. Den Berechnungen ist der Lastansatz von *Blum* zugrunde zu legen.

Die Eigenlast der gewählten Spundwand beträgt $g_{\text{Wand, k}} = 1{,}94\ \text{kN/m}^2$.

Lösung

Hinweis: die im Folgenden angegebenen berechneten Zahlenwerte sind Werte, die einem Rechenprogramm entnommen und gerundet wurden.

1. Erddruckbeiwerte und Teilsicherheitsbeiwerte

Mit den angenommenen Erddruckneigungswinkeln

$\delta_{\text{a, k}} = +{}^2/_3 \cdot \varphi'_\text{k}$ (ebene Gleitfläche),

$\delta_{\text{p, k}} = -22° > \varphi'_\text{k}$ (Gleitfläche nach *Sokolovskii* und *Pregl*, vgl. EAB, EB 89 sowie [243])

ergeben sich für den vorliegenden Fall die Erddruckbeiwerte

$K_{\text{agh U}} = 0{,}3109$ (Schluff)

$K_{\text{agh T}} = 0{,}3457$ (Ton)

$K_{\text{ach T}} = 1{,}043$ (Ton)

$K_{\text{agh S}} = 0{,}2506$ (Sand)

$K_{\text{pgh S}} = 6{,}047$ (Sand)

Wegen der großen Kohäsion im Bereich der Tonschicht wird dort mit dem Mindesterddruck gerechnet, der, in Anlehnung an EAB, EB 4, zu dem Ersatzreibungswinkel $\varphi'_{\text{Ers, k}} = 40°$ gehört. Mit dem Neigungswinkel $\delta_{\text{a, k}} = +{}^2/_3 \cdot \varphi'_{\text{Ers, k}}$ ergibt sich der zugehörige Erddruckbeiwert

$K_{\text{agh T}} = 0{,}1786$ (Ton, Ersatzwert)

Als Teilsicherheitsbeiwerte der Bemessungssituation BS-P für den aktiven (Einwirkungen) und den passiven (Widerstände) Erddruck im Grenzzustand GEO-2 nach DIN 1054 ergeben sich

$\gamma_\text{G} = 1{,}35$ (ständige Einwirkungen allgemein, nach Tabelle 1-2)

$\gamma_{\text{R, e}} = 1{,}40$ (Erdwiderstand, nach Tabelle 1-3)

Die zusätzliche Angabe eines Teilsicherheitsbeiwerts für die Verkehrslast $p_{\text{v, k}} = 9\ \text{kN/m}^2$ ist nicht erforderlich, da gemäß DIN 1054, 9.3.1.3 und EAB Lasten $\leq 10\ \text{kN/m}^2$ wie ständig vorhandene Lasten zu behandeln sind.

2. Theoretische Einbindetiefe

Auf die iterative Ermittlung der theoretischen Einbindetiefe t_1 beim Lastansatz nach *Blum* wird hier verzichtet. Stattdessen wird eine theoretische Einbindetiefe $t_1 = 4{,}90$ m gewählt, die auf der Basis eines globalen Sicherheitskonzepts nach *Blum* ermittelt wurde (ein Beispiel für das Vorgehen ist z. B. in [242] zu finden). Mit Gl. 10-24 berechnet sich dann die Einbindetiefe t näherungsweise zu

$$t = t_1 + \Delta t_1 = 1{,}2 \cdot t_1 = 1{,}2 \cdot 4{,}90 \approx 5{,}90\ \text{m}$$

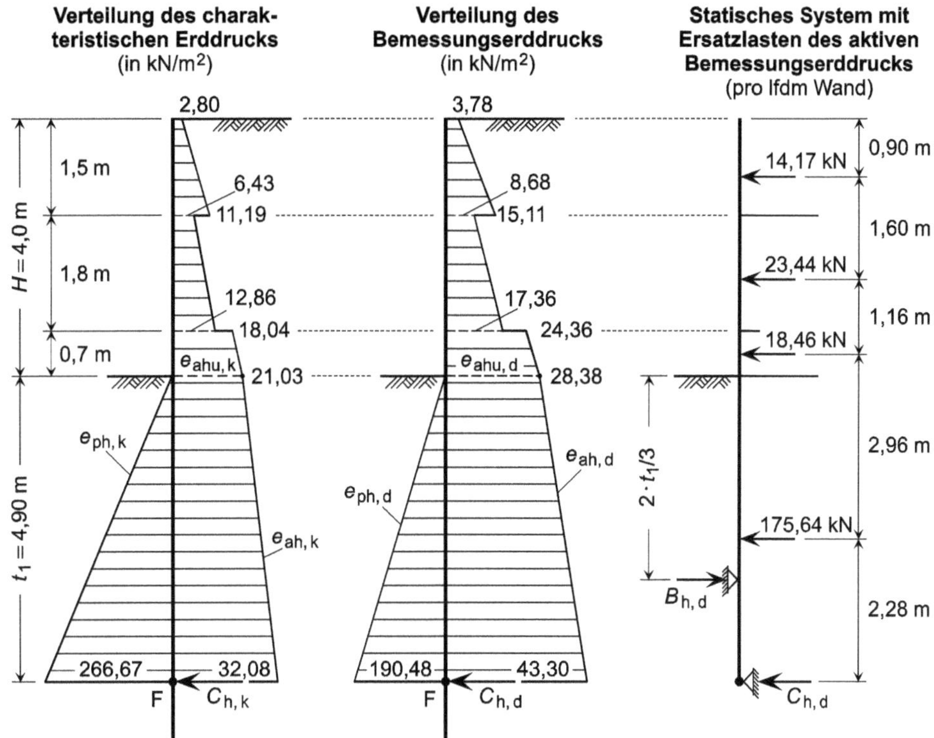

Bild 10-34 Verteilungen des horizontalen aktiven und passiven Erddrucks (unterschiedliche Maßstäbe für aktiven und passiven Erddruck) und statisches System (zweifach gestützter Balken) zur Ermittlung der Auflagerkraft $B_{\mathrm{h,d}}$ infolge der Ersatzlasten des aktiven Bemessungserddrucks

3. Tragfähigkeitsnachweis gegen das Versagen des Erdwiderlagers

Mit dem statischen System aus Bild 10-34 (rechts) und den eingetragenen Resultierenden des aktiven Bemessungserddrucks berechnen sich die Horizontalkomponenten der Auflagerkräfte pro lfdm Wand zu

$B_{\mathrm{h,d}} = 465{,}63$ kN/lfdm (aus Momentengleichgewicht um Punkt F, $M_{\mathrm{F}} = 0$)

und

$C_{\mathrm{h,d}} = 233{,}93$ kN/lfdm (aus Gleichgewicht der horizontalen Kräfte)

Mit $B_{\mathrm{h,d}}$ (repräsentiert den mobilisierten Erdwiderstand) und dem Bemessungswert der Erdwiderstandskraft (repräsentiert den mobilisierbaren Erdwiderstand)

$$E_{\mathrm{ph,d}} = e_{\mathrm{phF,d}} \cdot t_1 \cdot 0{,}5 = 190{,}48 \cdot 4{,}90 \cdot 0{,}5 = 466{,}68 \text{ kN/lfdm}$$

ergibt sich der zum Tragfähigkeitsnachweis gegen das Versagen des Erdwiderlagers gehörende Ausnutzungsgrad des mobilisierbaren passiven Erddrucks

$$\mu = \frac{B_{\mathrm{h,d}}}{E_{\mathrm{ph,d}}} = \frac{465{,}63}{466{,}68} \approx 1$$

Damit ist gezeigt, dass eine ausreichende Sicherheit gegen das Versagen des Erdwiderlagers gegeben ist bzw. eine hinreichend große Einbindetiefe gewählt wurde.

Zur Vervollständigung des Nachweises ist allerdings noch zu zeigen, dass das innere Gleichgewicht der Vertikalkräfte eingehalten wird (vgl. Abschnitt 10.5.18).

Mit der charakteristischen Eigenlast pro lfdm Wand

$$G_{\text{Wand, k}} = g_{\text{Wand, k}} \cdot (H + t) = 1{,}94 \cdot (4{,}00 + 5{,}90) = 19{,}21 \text{ kN/lfdm}$$

der Vertikalkomponente des charakteristischen aktiven Erddrucks

$$E_{\text{av, k}} = E_{\text{ah U, k}} \cdot \tan \delta_{\text{a U,k}} + E_{\text{ah T, k}} \cdot \tan \delta_{\text{a T,k}} + E_{\text{ah S, k}} \cdot \tan \delta_{\text{a S,k}}$$

$$= \frac{E_{\text{ah U, d}}}{\gamma_{\text{G}}} \cdot \tan \delta_{\text{a U,k}} + \frac{E_{\text{ah T, d}}}{\gamma_{\text{G}}} \cdot \tan \delta_{\text{a T,k}} + \frac{E_{\text{ah S, d}}}{\gamma_{\text{G}}} \cdot \tan \delta_{\text{a S,k}}$$

$$= \frac{14{,}17}{1{,}35} \cdot \tan \frac{2 \cdot 27{,}5°}{3} + \frac{23{,}44}{1{,}35} \cdot \tan \frac{2 \cdot 40{,}0°}{3} + \frac{18{,}46 + 175{,}64}{1{,}35} \cdot \tan \frac{2 \cdot 32{,}5°}{3}$$

$$= 69{,}31 \text{ kN/lfdm}$$

der Vertikalkomponente der Auflagerkraft C_{k} (als Erddruckneigungswinkel wird gemäß EAB, EB 9 $\delta_{\text{C, k}} = +\,^1/_3 \cdot \varphi'_{\text{k}} = +\,^1/_3 \cdot 32{,}5°$ verwendet)

$$C_{\text{v, k}} = C_{\text{h, k}} \cdot \tan \delta_{\text{C, k}} = \frac{C_{\text{h, d}}}{\gamma_{\text{G}}} \cdot \tan \delta_{\text{C, k}} = \frac{233{,}93}{1{,}35} \cdot \tan \frac{32{,}5°}{3} = 33{,}16 \text{ kN/lfdm}$$

sowie der nach oben gerichteten Vertikalkomponente der Auflagerkraft B_{k}

$$B_{\text{v, k}} = B_{\text{h, k}} \cdot \tan \delta_{\text{p, k}} = \frac{B_{\text{h, d}}}{\gamma_{\text{G}}} \cdot \tan \delta_{\text{p, k}} = \frac{465{,}63}{1{,}35} \cdot \tan 22{,}0° = 139{,}35 \text{ kN/lfdm}$$

wird durch

$$V_{\text{k}} = G_{\text{Wand, k}} + E_{\text{av, k}} + C_{\text{v, k}} = 121{,}68 \text{ kN/lfdm} < B_{\text{v, k}} = 139{,}35 \text{ kN/lfdm}$$

die Forderung des vereinfachten Nachweises der Vertikalkomponente des mobilisierten Erdwiderstands gemäß EAB, EB 9 nicht erfüllt. Der entsprechende Ausnutzungsgrad

$$\mu = \frac{B_{\text{v, k}}}{G_{\text{Wand, k}} + E_{\text{av, k}} + C_{\text{v, k}}} = \frac{139{,}35}{121{,}68} = 1{,}15 > 1$$

lässt eine deutlich zu große Vertikalkomponente des mobilisierten Erdwiderstands erkennen (nach diesem Nachweisergebnis würde sich die Wand aus dem Boden herausbewegen).

Mit

$$V_{\text{k}} = G_{\text{Wand, k}} + E_{\text{av, k}} + 0{,}5 \cdot C_{\text{v, k}} = 105{,}10 \text{ kN/lfdm}$$

ergibt sich die Ungleichung

$$V_{\text{k}} = 105{,}10 \text{ kN/lfdm} > (B_{\text{h, k}} - 0{,}5 \cdot C_{\text{h, k}}) \cdot \tan \delta_{\text{p, k}} = 104{,}35 \text{ kN/lfdm}$$

mit welcher der genauere Nachweis der Vertikalkomponente des mobilisierten Erdwiderstands gemäß EAB, EB 9 erfüllt wird. Dies zeigt auch der entsprechende Ausnutzungsgrad

$$\mu = \frac{(B_{\text{h, k}} - 0{,}5 \cdot C_{\text{h, k}}) \cdot \tan \delta_{\text{p, k}}}{V_{\text{k}}} = \frac{104{,}35}{105{,}10} = 0{,}99 < 1$$

4. Verläufe der charakteristischen Biegemomente und Querkräfte

Die Verläufe der Schnittgrößen werden an dem statischen System von Bild 10-35 ermittelt. Statt der Auflagerkraft $B_{h,k}$ wird allerdings die zugehörige Bodenreaktion $e_{mph,k}$ des mobilisierten Erdwiderstands angesetzt, deren Komponente im Punkt F die Größe

$$e_{mphF,k} = \frac{2 \cdot B_{h,k}}{t_1} = \frac{2 \cdot 344{,}91}{4{,}90} = 140{,}78 \text{ kN/m}^2$$

besitzt. Die Schnittgrößenverläufe können Bild 10-35 entnommen werden.

An der Stelle des Querkraftnullpunktes, der um das Maß

$$z_{Q0} = 2{,}74 \text{ m}$$

unterhalb der talseitigen Geländeoberfläche liegt, tritt auch das maximale Moment

$$\max M_k = 165{,}17 \text{ kN} \cdot \text{m/lfdm Wand}$$

auf.

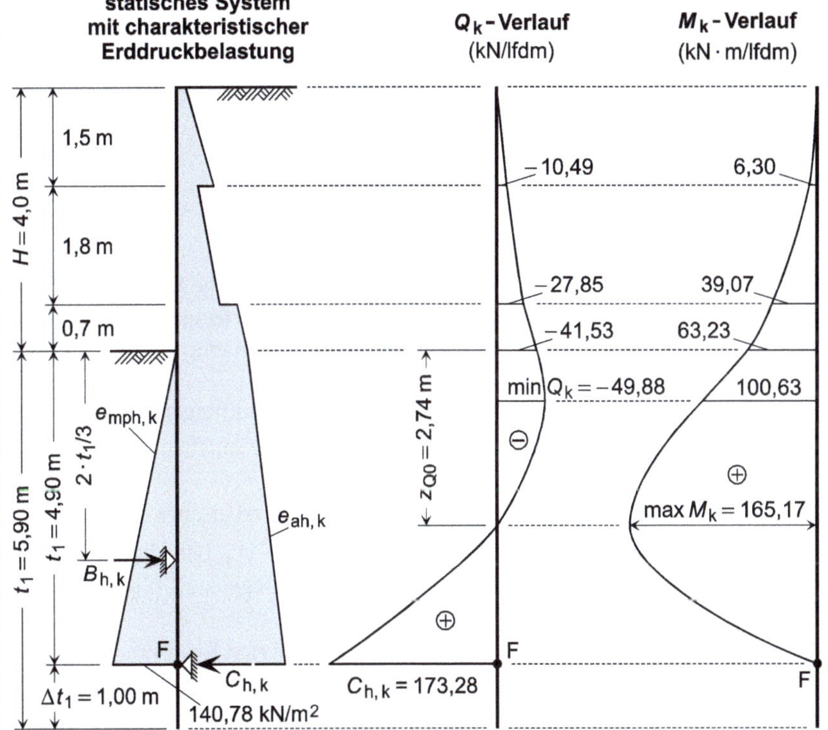

Bild 10-35 Statisches System mit charakteristischen Erddrücken (unterschiedliche Maßstäbe für aktiven und passiven Erddruck) sowie Verläufe der charakteristischen Querkräfte und Momente

10.5.18 Inneres Gleichgewicht der Vertikalkräfte

Die allgemeine Form des Nachweises ist die der Ungleichung (vgl. z. B. EAU, 8.2.5.5.1)

$$V_k = \sum_i V_{k,i} \geq |B_{v,k}| \qquad \text{Gl. 10-25}$$

In ihr sind V_k die Summe aller von oben nach unten gerichteten charakteristischen Einwirkungen und $B_{v,k}$ die nach oben gerichtete Vertikalkomponente der charakteristischen Auflagerkraft B_k. Da B_k den mobilisierten Erdwiderstand repräsentiert, muss ihr Neigungswinkel dem Erddruckneigungswinkel $\delta_{p,k}$ entsprechen. Damit gilt auch die Beziehung

$$B_{v,k} = B_{h,k} \cdot \tan\delta_{p,k} \qquad \text{Gl. 10-26}$$

zwischen der vertikalen und der horizontalen ($B_{h,k}$) Komponente von B_k.

In Fällen, in denen die Einspannung von Spundwänden (gilt auch für Trägerbohlwände und Ortbetonwände) mit dem Ansatz von *Blum* erfasst wird (siehe Abschnitt 10.5.17), kann die Nachweisführung, gemäß EAB, EB 9, in zwei Versionen erfolgen. Bei der als „vereinfachter Nachweis" bezeichneten Version wird die Einhaltung der Ungleichung (vgl. auch Bild 10-36)

$$V_k = E_{av,k} + G_k + P_{G,k} + A_{v,k} + C_{v,k} \geq B_{v,k} \qquad \text{Gl. 10-27}$$

verlangt. Die einzuhaltende Ungleichung der als „genauerer Nachweis" bezeichneten Version hat die Form (vgl. auch Bild 10-36)

$$V_k = E_{av,k} + G_k + P_{G,k} + A_{v,k} + \frac{1}{2} \cdot C_{v,k} \geq (B_{h,k} - \frac{1}{2} \cdot C_{h,k}) \cdot \tan\delta_{p,k} \qquad \text{Gl. 10-28}$$

Die in den Gleichungen verwendeten charakteristischen Größen sind

- $E_{av,k}$ mit positivem charakteristischem Erddruckneigungswinkel $\delta_{a,k}$ (siehe hierzu auch EAU, 8.2.5.1 und Abschnitt 10.5.5) ermittelte Vertikalkomponente der Resultierenden des bis zum theoretischen Fußpunkt (auch theoretischer Auflagerpunkt genannt) gehenden aktiven Erddrucks,
- G_k Eigenlast des Stützbauwerks (einschließlich Gurtungen und Aussteifungen),
- $P_{G,k}$ ständig vorhandene Beanspruchungen, die unmittelbar auf das Stützbauwerk einwirken (z. B. aus Baugrubenabdeckungen oder Hilfsbrücken),
- $A_{v,k}$ Vertikalkomponente einer schräg nach unten gerichteten charakteristischen Ankerkraft,
- $C_{v,k}$ mit dem charakteristischen Neigungswinkel $-\varphi'_k \leq \delta_{C,k} \leq {}^1/_3 \cdot \varphi'_k$ berechnete Vertikalkomponente der nach *Blum* anzusetzenden charakteristischen Gegenkraft C_k am theoretischen Fußpunkt der Wand (siehe hierzu auch EAU, 8.2.5.3),
- $B_{v,k}$ Vertikalkomponente der charakteristischen und zu den aufgeführten Beanspruchungen der Wand gehörende Bodenauflagerkraft B_k bei $\delta_{p,k} < 0$ (zu diesem charakteristischen Winkel siehe auch EAU, 8.2.5.2).

Da die Nichteinhaltung der obigen Bedingungen, also

$$V_k < B_{v,k} \quad \text{bzw.} \quad V_k < (B_{h,k} - \frac{1}{2} \cdot C_{h,k}) \cdot \tan\delta_{p,k} \qquad \text{Gl. 10-29}$$

dem Fall einer sich nach oben schiebenden Wand gleichkäme, muss für den ursprünglich gewählten Erddruckneigungswinkel $\delta_{p,k}$ ein betragsmäßig kleinerer Wert angesetzt werden, mit dem die Bedingung aus Gl. 10-25 bzw. Gl. 10-27 bzw. Gl. 10-28 erfüllt wird.

Weitere Ausführungen zu dieser Problemstellung sind in EAU, 8.2.5 (E 4), in EAB, EB 9 und in [317] zu finden.

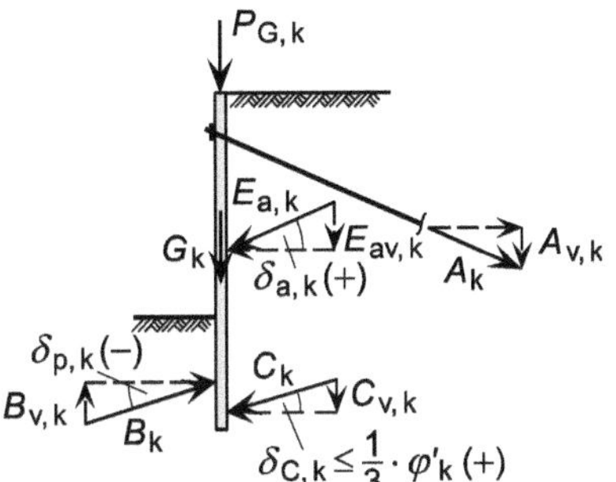

Bild 10-36 Lastbild zum inneren Gleichgewicht der Vertikalkräfte

10.5.19 Äußeres Gleichgewicht der Vertikalkräfte (Versinken der Wand)

Sind die nach unten gerichteten Vertikalkräfte größer als die Vertikalkomponente eines mit negativem Erddruckneigungswinkel ermittelten Erdwiderstands, ist nachzuweisen, dass sie mit ausreichender Sicherheit in den Untergrund übertragen werden können. In solchen, vor allem bei gestützten Wänden vorkommenden Fällen ist gemäß DIN 1054, 9.7.5 und EAB, EB 84 der Nachweis der Sicherheit gegen Versinken der Wand im Grenzzustand GEO-2 zu führen. Die Sicherheit ist gegeben, wenn mit den Bemessungswerten der Resultierenden V_d der wandparallelen, im Regelfall senkrecht nach unten gerichteten Kräfte V_d und der Resultierenden R_d der Widerstände der Wand in wandparalleler, im Regelfall senkrechter Richtung die Ungleichung (μ = Ausnutzungsgrad)

$$V_d \leq R_d \qquad \text{bzw.} \qquad \mu = \frac{R_d}{V_d} \leq 1 \qquad \text{Gl. 10-30}$$

erfüllt wird. Die beiden Bemessungswerte können mit Hilfe von

$$V_d = \sum_i V_{i,d} = (G_k + E_{aGv,k} + F_{G,k} + A_{vG,k}) \cdot \gamma_G + (E_{aQv,k} + F_{Q,k} + A_{vQ,k}) \cdot \gamma_Q \qquad \text{Gl. 10-31}$$

und von

$$R_d = \sum_i R_{i,d} = \frac{R_{b,k}}{\gamma_b} + \frac{R_{s,k}}{\gamma_{R,e}} \qquad \text{Gl. 10-32}$$

bzw. (wählbare Alternative)

$$R_d = \sum_i R_{i,d} = \frac{R_{b,k}}{\gamma_b} + \frac{B_{v,k}}{\gamma_{R,e}} = \frac{R_{b,k}}{\gamma_b} + \frac{B_{h,k} \cdot \tan \delta_{B,k}}{\gamma_{R,e}} \qquad \text{Gl. 10-33}$$

berechnet werden.

Die in den obigen Gleichungen verwendeten Größen sind (vgl. Bild 10-37)

- G_k charakteristische Eigenlast des Stützbauwerks (einschließlich Gurtungen und Aussteifungen),
- $E_{aGv,k}$ mit positivem charakteristischem Erddruckneigungswinkel $\delta_{a,k}$ (siehe hierzu Abschnitt 10.5.5 und DIN 1054, Tabelle A 9.1) ermittelte Vertikalkomponente der Resultierenden

des bis zum theoretischen Fußpunkt gehenden charakteristischen aktiven Erddrucks infolge ständiger Einwirkungen,

$F_{G,k}$ ständig vorhandene charakteristische Beanspruchung, die unmittelbar auf das Stützbauwerk einwirkt (z. B. aus Baugrubenabdeckungen oder Hilfsbrücken),

$A_{vG,k}$ Vertikalkomponente einer schräg nach unten gerichteten charakteristischen Ankerkraft infolge ständiger Beanspruchungen,

$E_{aQv,k}$ mit positivem charakteristischem Erddruckneigungswinkel $\delta_{a,k}$ (siehe hierzu Abschnitt 10.5.5 und DIN 1054, Tabelle A 9.1) ermittelte Vertikalkomponente der Resultierenden des ggf. bis zum theoretischen Fußpunkt gehenden charakteristischen aktiven Erddrucks infolge veränderlicher Einwirkungen,

$F_{Q,k}$ veränderliche charakteristische Beanspruchung, die unmittelbar auf das Stützbauwerk einwirkt,

$A_{vQ,k}$ Vertikalkomponente einer schräg nach unten gerichteten charakteristischen Ankerkraft infolge veränderlicher Beanspruchungen,

γ_G, γ_Q Teilsicherheitsbeiwerte der Tabelle 1-2 für Beanspruchungen aus ständigen bzw. ungünstigen veränderlichen Einwirkungen,

$R_{b,k}$ charakteristischer Fußwiderstand der Wand infolge ihres mobilisierbaren Spitzendrucks $q_{b,k}$ im Grenzzustand GEO-2 (s. Gl. 10-34),

$R_{s,k}$ charakteristischer Reibungswiderstand auf der Innenseite (Baugrubenseite) der Wand infolge ihrer charakteristischen mobilisierbaren Mantelreibung $q_{s,k}$ im Grenzzustand GEO-2 (s. Gl. 10-35),

$B_{h,k}$ Horizontalkomponente der mobilisierten charakteristischen Auflagerkraft B_k,

γ_b, $\gamma_{R,e}$ Teilsicherheitsbeiwert der Tabelle 1-3 für Fuß- bzw. Erdwiderstand,

$\tan\delta_{B,k}$ Reibungsbeiwert zur Ermittlung der Vertikalkomponente $B_{v,k} = B_{h,k} \cdot \tan\delta_{B,k}$ der charakteristischen Auflagerkraft B_k (zum Winkel $\delta_{B,k}$ siehe DIN 1054, Tabelle A 9.1).

Der maximal aktivierbare charakteristische Fußwiderstand der Wand berechnet sich pro lfdm zu

$$R_{b,k} = A_b \cdot q_{b,k} \qquad \text{Gl. 10-34}$$

Zur Ermittlung der Aufstandsfläche A_b ist auf EAB, EB 85 und zur Ermittlung des charakteristischen Spitzenwiderstands $q_{b,k}$ auf EAB, Anhang A 10 (dort mit $q_{b1,k}$ bezeichnet) hinzuweisen.

Der maximal aktivierbare charakteristische Reibungswiderstand der Wand berechnet sich pro lfdm zu

$$R_{s,k} = A_s \cdot q_{s,k} \qquad \text{Gl. 10-35}$$

Zur Ermittlung der Wandfläche A_s ist auf EAB, EB 85 und zur Ermittlung der charakteristischen Mantelreibung $q_{s,k}$ auf EAB, Anhang A 10 (dort mit $q_{s1,k}$ bezeichnet) hinzuweisen.

Handelt es sich um Spundwände (bzw. um Trägerbohlwände oder Ortbetonwände) mit Fußeinspannung, die mit dem Ansatz von *Blum* erfasst wird (siehe Abschnitt 10.5.17), ist beim Wandwiderstand zusätzlich noch die Wirkung der charakteristischen Ersatzkraft C_k zu berücksichtigen, deren Vertikalkomponente $C_{v,k}$, im Gegensatz zu den Betrachtungen beim inneren Gleichgewicht (Abschnitt 10.5.18), nach oben zeigt (vgl. Bild 10-37).

Die Größe von C_k beeinflusst auch die Wirkung der charakteristischen Lagerkraft B_k, da beim Wandwiderstand

$$(B_{h,k} - 0.5 \cdot C_{h,k}) \cdot \tan \delta_{p,k} \qquad \text{Gl. 10-36}$$

anzusetzen ist. Entsprechend ist die Vertikalkomponente der Ersatzkraft

$$C_{v,k} = C_{h,k} \cdot \tan \delta_{C,k} \qquad \text{Gl. 10-37}$$

beim Wandwiderstand nur in halber Größe zu berücksichtigen. Der in der Gleichung verwendete Neigungswinkel $\delta_{C,k}$ darf nicht größer gewählt werden als der Wandreibungswinkel gemäß EAB, EB 89 (vgl. auch Abschnitt 10.5.5).

Damit wird deutlich, dass beim Nachweis des äußeren Gleichgewichts der Vertikalkräfte der Widerstand von im Boden eingespannten Spundwänden nicht mit Gl. 10-33, sondern mit

$$R_d = \sum_i R_{i,d} = \frac{R_{b,k}}{\gamma_b} + \frac{0{,}5 \cdot C_{v,k} + (B_{h,k} - 0{,}5 \cdot C_{h,k}) \cdot \tan \delta_{p,k}}{\gamma_{R,e}} \qquad \text{Gl. 10-38}$$

zu erfassen ist.

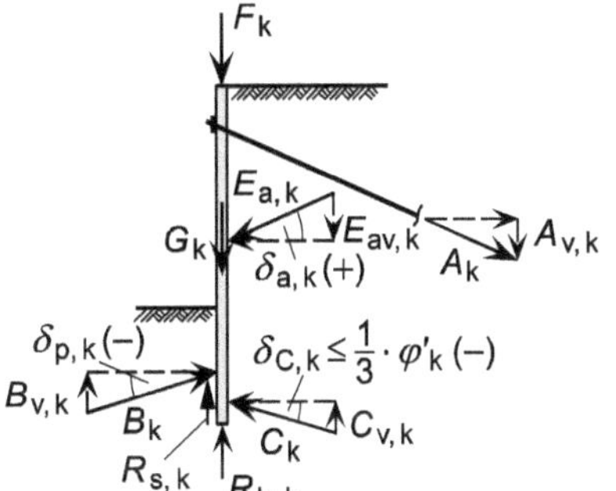

Bild 10-37 Lastbild zum äußeren Gleichgewicht der Vertikalkräfte

10.5.20 Gebrauchstauglichkeitsnachweis nach DIN EN 1997-1, DIN 1054 und EAB

Beim Nachweis der Gebrauchstauglichkeit von Spundwänden wird in DIN 1054 unterschieden zwischen

- rechnerischen Nachweisen (DIN 1054, A 9.8.1.1) und
- dem Nachweis auf der Grundlage von Erfahrungen (DIN 1054, A 9.8.1.2).

Beim Nachweis auf der Basis von Erfahrungen darf bei Dauerbauwerken davon ausgegangen werden, dass die zu erwartenden Verformungen und Verschiebungen von der Spundwand und ihrer Umgebung ohne schädliche Folgen aufgenommen werden können, wenn es sich um Zustände handelt, für die

- in der Bemessungssituation BS-P die in Abschnitt 10.5.15 aufgeführten Tragfähigkeitsnachweise in den Grenzzuständen GEO-2 und GEO-3 erbracht wurden und
- mindestens mitteldicht gelagerter nichtbindiger Boden bzw. mindestens steifer bindiger Boden ansteht.

Werden keine erhöhten Ansprüche gestellt, darf in diesen Fällen auf einen gesonderten Nachweis der Gebrauchstauglichkeit verzichtet werden. Weitere Hinweise siehe DIN 1054, A 9.8.1.2.

Ist davon auszugehen, dass Nachbargebäude, Leitungen, andere bauliche Anlagen oder Verkehrsflächen durch große Verschiebungen einer herzustellenden Spundwand gefährdet werden könnten, sind gesonderte Gebrauchstauglichkeitsnachweise zu führen. Für Stützbauwerke mit ausgeprägter Wechselwirkung zwischen Bauwerk und Baugrund sowie bei komplexen Wechselwirkungen zwischen Baugrund, Baugrubenkonstruktion und angrenzender Bebauung wird in DIN 1054, 2.7 A (6) die Anwendung der Beobachtungsmethode empfohlen.

Bezüglich des Nachweises der Gebrauchstauglichkeit von Spundwänden, die zur Sicherung von Baugruben eingesetzt werden, ist insbesondere auf die Ausführungen der Empfehlung EB 83 der EAB hinzuweisen.

11 Pfahlwände

11.1 Allgemeines

Der Einsatz von Pfahlwänden ermöglicht u. a. die

- Abtragung von horizontalen (vor allem Erd- und Wasserdruck) und vertikalen Lasten,
- Zurückhaltung von Grundwasser,
- Einkapselung von Kontaminationen im Baugrund,
- Abschirmung von Gebäuden gegen Schwingungen im Boden,
- Ausfachung von Bereichen zwischen tragenden Konstruktionen (konstruktiv), um Bodeneinbrüche zu verhindern.

Die Pfähle (mit Durchmessern zwischen 27 und 150 cm, vgl. [182], Kapitel 3.6) werden in der Regel vertikal eingebracht, können aber im Bedarfsfall auch mit Neigungen gegen die Vertikale von ca. 1:10 (gemäß [182], Kapitel 3.6; nach DIN EN 1536 [94] gilt für Pfähle ohne bleibende Verrohrung ≤ 1:4 und für Pfähle mit bleibender Verrohrung ≤ 1:3) ausgeführt werden. Die erreichbaren Bohrtiefen sind durch die zu stellenden Forderungen nach Wirtschaftlichkeit und Genauigkeit begrenzt und liegen bei verrohrter Herstellung im Allgemeinen bei 25 m.

Pfahlwände sind im Grundriss praktisch in jeder geometrischen Form ausführbar. Wandaussparungen, etwa zur Durchführung von Leitungen quer zur Wand, lassen sich durch Weglassen eines Pfahls realisieren, wobei die dadurch verbleibenden Wandöffnungen z. B. durch Injektionen oder mit Düsenstrahlelementen geschlossen werden können.

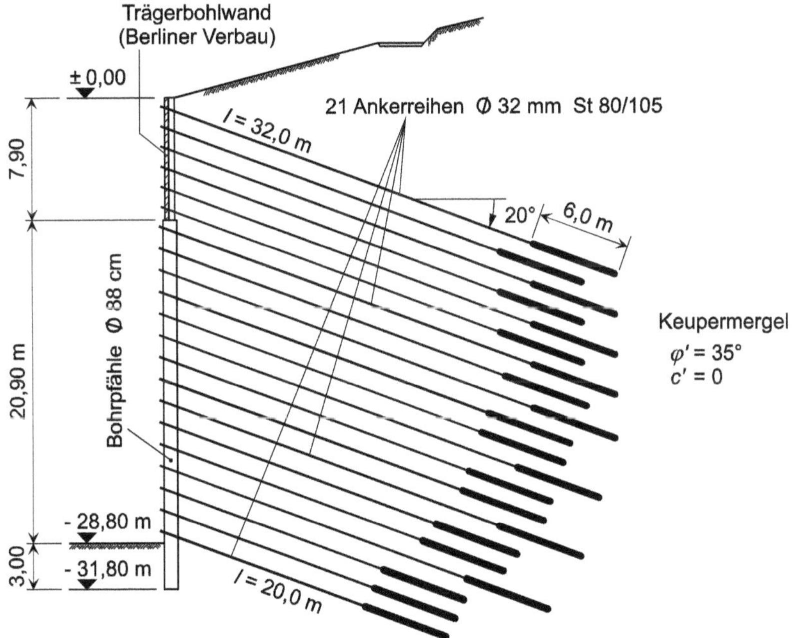

Bild 11-1 Schnitt der hangseitigen Bohrpfahlwand des Allianz-Gebäudes in Stuttgart, Baujahr 1973 (nach [3])

Geotechnik-Grundbau. 3. Auflage. Gerd Möller.

Falls erforderlich, lassen sich Pfahlwände auch mit anderen Verbauarten kombinieren. Ist z. B. die Herstellung der Pfahlwand nicht in voller Höhe erforderlich bzw. sinnvoll (etwa in Fällen, in denen der obere Teil einer Baugrubenwand am Ende der Baumaßnahme wieder zu entfernen ist), kann sie beispielsweise mit einem Steckträger-Verbau kombiniert werden (Bild 11-1). Dazu werden Stahlprofile in den noch weichen Beton bewehrter Pfähle gesteckt und nach der Betonerhärtung mit Bohlen, Kanthölzern oder Ortbeton verbaut. Alternativ können die Stahlprofile auch in dafür vorgesehene Köcher gesteckt und verkeilt werden.

Vergleiche mit dem Träger- bzw. Spundwandverbau zeigen, dass Pfahlwände, mit Ausnahme der aufgelösten Bohrpfahlwände, im Preis höher liegen. Im Vergleich zu Schlitzwänden (siehe Kapitel 12) ergibt sich ein etwa gleiches Preisgefüge.

11.2 Anwendungsbereiche

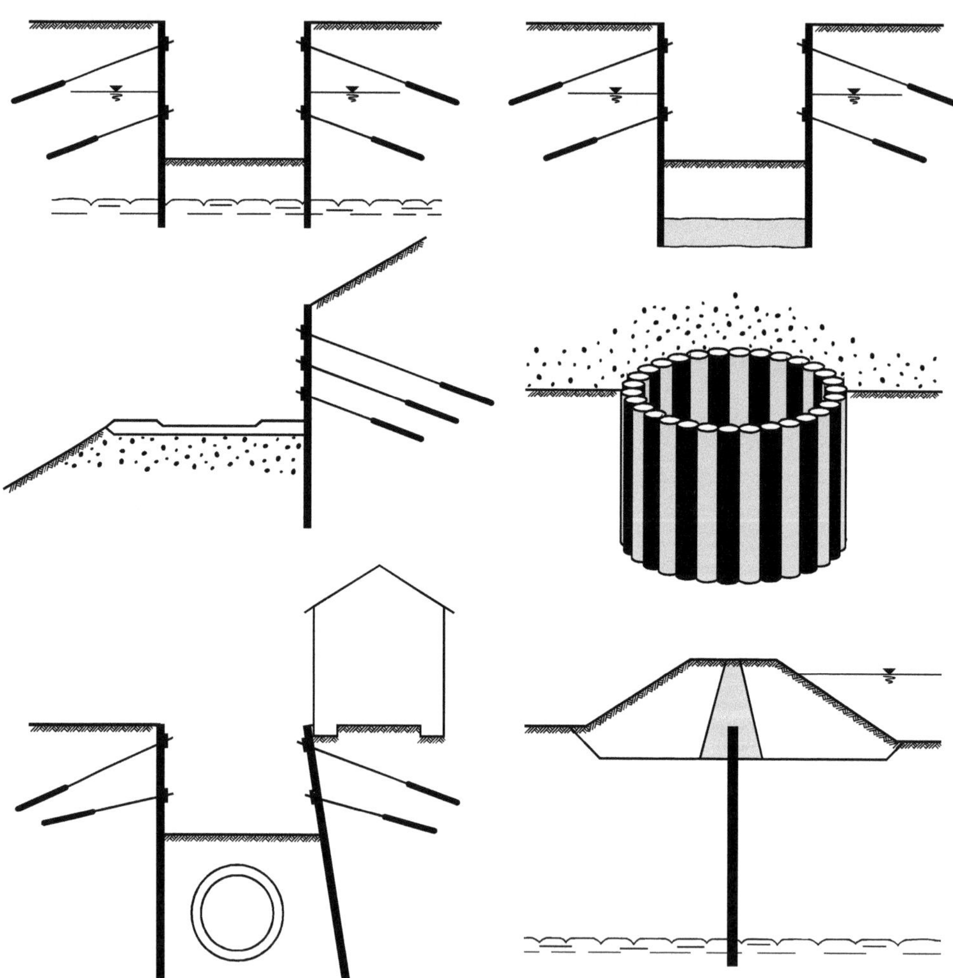

Bild 11-2 Typische Anwendungsfälle für Pfahlwände (nach [181], Kap. 3.5)

Die in der Regel hohe Steifigkeit von Pfahlwänden führt u. a. zu geringen Wandverformungen (Horizontalverformungen sind bei Rückverankerung bzw. Aussteifungen bis auf 1 bis 2 ‰ der freien Wandhöhe begrenzbar) und zur Fähigkeit, große Biegemomente aufnehmen zu können. Charakterisiert durch eine erschütterungs- und geräuscharme Herstellung (bei Böden ohne Hindernisse), kommen sie z. B. bei

- Baugrubensicherungen (Hauptanwendungsgebiet),
- Stützmauern,
- Brückenwiderlagern,
- permanenten Hangsicherungen,
- Schachtbauwerken,
- Tunnel- und Rampenbauwerken

zum Einsatz (Bild 11-2).

Als Dichtwände haben sich Pfahlwände in überschnittener Ausführung, wie übrigens auch die Schlitzwände, u. a. im Wasserbau und als Grundwasserschutzbauwerke (z. B. bei Deponien, vgl. [166]) bewährt.

Zur Baugrubensicherung dienen Pfahlwände vor allem dann, wenn der Verbau verformungsarm (z. B. unmittelbar vor benachbarten Gebäuden) und/oder wasserundurchlässig sein soll (etwa bei unter dem Grundwasserspiegel liegender Aushubsohle). Die geringen Verformungen wirken sich auch vorteilhaft aus, wenn die Sohle der zu sichernden Baugrube unter der Gründungssohle unmittelbar angrenzender bestehender Gebäude liegt, da in solchen Fällen zusätzliche Unterfangungsmaßnahmen in der Regel entfallen können.

Besonders wirtschaftlich ist der Einsatz von Pfahlwänden, wenn sie anfangs zur Baugrubenstützung und danach als bleibende Umfassungsmauer des eigentlichen Bauwerks dienen; die Übernahme dieser Doppelfunktion wird ermöglicht durch ihre Fähigkeit, neben den Horizontallasten auch hohe Vertikallasten abtragen zu können.

11.3 Regelwerke

Da Pfahlwände auch im Bereich von

- Baugruben sowie
- Häfen und Wasserstraßen

zum Einsatz kommen, stehen neben den Normen

- DIN 1054 [44], DIN 4124 [74], DIN 18301 [84], DIN EN 1536 [94], DIN EN 1992-1-1 [102], DIN EN 1992-1-1/NA [104], DIN EN 1997-1 [107], DIN EN 1997-1/NA [109] und DIN SPEC 18140 [132]

vor allem die

- EAB [140],
- EAU 2012 [142],
- GDA-Empfehlungen [166]

als Regelwerke zur Verfügung.

11.4 Wandtypen

Die üblichen Pfahlwände (Bohrpfahlwände) sind Ortbetonwände und können in allen Bodenarten in einer der folgenden drei Formen ausgeführt werden (Bild 11-3):

Aufgelöste Pfahlwände: bei ihnen ist der Achsabstand der Pfähle (meist 1 bis 3 m) erheblich größer als ihr Durchmesser.

Tangierende Pfahlwände mit sehr dicht nebeneinander angeordneten Pfählen, deren Achsabstand sich ergibt aus ihrem Durchmesser zuzüglich eines Spiels von 2 bis 5 cm (abhängig von der Bodenart, in der die Wand hergestellt wird).

Überschnittene Pfahlwände mit Pfählen, deren Achsabstand kleiner ist als ihr Durchmesser, was zu einer Überschneidung der Pfähle führt.

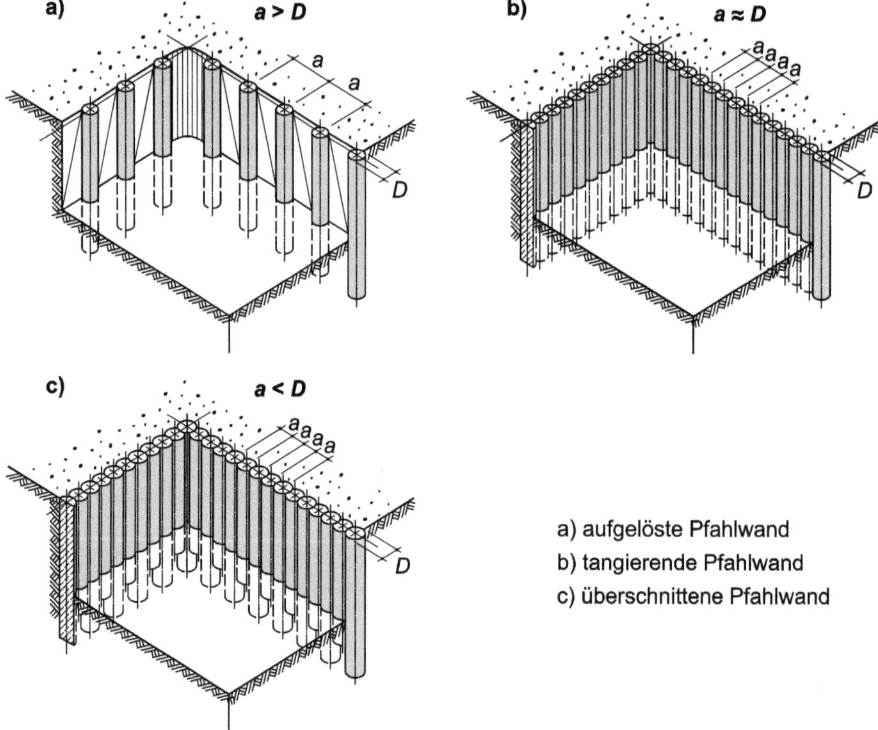

Bild 11-3 Pfahlwand-Typen (nach [181], Kap. 3.5)

11.4.1 Aufgelöste Pfahlwände

Aufgelöste Pfahlwände kommen als Stützbauwerke z. B. dann zum Einsatz, wenn sie Verkehrswege oder leichte Bauwerke sichern sollen und alternativ einsetzbare Trägerbohlwände eine zu geringe Steifigkeit aufweisen oder teurer sind.

Alle Pfähle dieses Wandtyps sind bewehrt. Die Mindestanzahl der Pfähle ergibt sich aus den statischen Erfordernissen der Lastabtragung bzw. der Standfestigkeit der Bodenbereiche, die während des Aushubs nicht abgestützt sind. Die Zwischenräume werden in der Regel während des Aushubs mit Spritzbeton ausgefacht oder vor dem Aushub der Baugrube z. B. mit Mixed-in-Place-Pfählen ausgefüllt (vor allem in nichtbindigen Böden). Letztere werden auch als „Erdbetonsäulen“ bezeichnet (das Bauverfahren „Mixed-in-Place“ ist eine tiefreichende Bodenstabilisierung im Nassmischverfahren; zu Einzelheiten vgl. [190] und DIN EN 14679 [124]).

Bild 11-4 Sicherung der Baugrube einer zweigeschossigen Tiefgarage in Addis Abeba (aus Informationsmaterial der Fa. *BAUER Spezialtiefbau* [F 3])

Wände mit Spritzbeton-Ausfachungen sind einsetzbar, wenn sie oberhalb des Grundwasserspiegels liegen und der anstehende Boden mindestens so lange standfest ist, bis der Bereich zwischen den Pfählen freigelegt und mit der Spritzbetonschicht gesichert ist (Ausführungsbeispiel siehe Bild 11-4). Die Ausführung des Verbaus kann entweder bewehrt (Lastabtragung über Biegung) oder unbewehrt (Lastabtragung über Gewölbewirkung, vgl. Bild 11-5) erfolgen. Beim unbewehrten Verbau ist mehr als der halbe Pfahlumfang so freizulegen, dass an der Pfahloberfläche ein Widerlager entsteht, welches der Spritzbetonschale (Gewölbe) eine einwandfreie Lastübertragung erlaubt. In Fällen mit anstehendem Sickerwasser muss dieses hinter der Spritzbetonschale durch geeignete Filtermaterialien gefasst und abgeleitet werden.

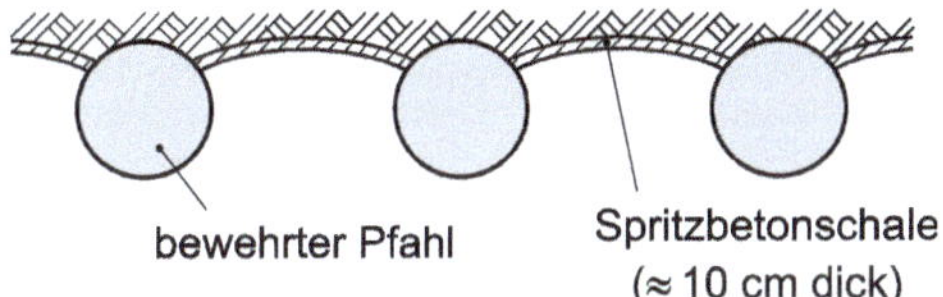

Bild 11-5 Spritzbetonschale bei aufgelöster Pfahlwand

11.4.2 Tangierende Pfahlwände

Tangierende Pfahlwände kommen vor allem in Baugruben zum Einsatz, bei denen es unmittelbar angrenzende Bauwerke zu sichern gilt. Ihre besondere Eignung hierfür beruht auf der dichten Anordnung der Pfähle (Bild 11-6), die

- zu einer hohen Steifigkeit und Lastaufnahmefähigkeit pro lfdm Wand führt, da zudem alle Pfähle dieser Wände bewehrt sind,
- sicherstellt, dass während des Aushubs nur geringe Auflockerungen des Bodens hinter der Wand auftreten.

Wie bei den aufgelösten Pfahlwänden, müssen auch bei den tangierenden Wänden die freizulegenden Wandflächen in der Regel oberhalb des Grundwasserspiegels liegen. Andernfalls ist im Bereich von wasserführenden Schichten mit einem Durchfluss des Wassers durch die Pfahlfugen zu rechnen, sofern dies nicht durch zusätzliche Maßnahmen wie z. B. Injektionen verhindert wird.

Wegen der unvermeidbaren Bohrungenauigkeiten bei der Herstellung tangierender Pfahlwände kann ein Verbund der einzelnen Pfähle und damit ihr scheiben- bzw. plattenartiges Zusammenwirken nicht angenommen werden. Treten diese Ungenauigkeiten in der Wandebene auf, werden u. U. benachbarte Pfähle angeschnitten. Das kann zu Problemen beim Bohren führen („Verlaufen" der dem Bohrfortschritt vorauseilenden Rohrschneide durch seitliches Ausweichen in das weichere Bodenmaterial).

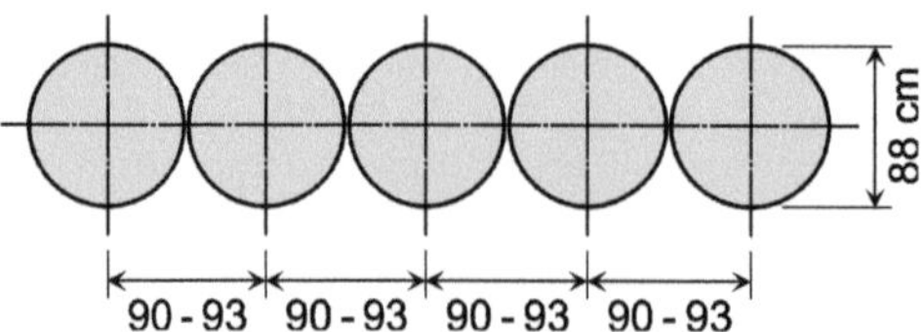

Bild 11-6 Tangierende Pfahlwand (mit Pfahldurchmessern von 88 cm)

11.4.3 Überschnittene Pfahlwände

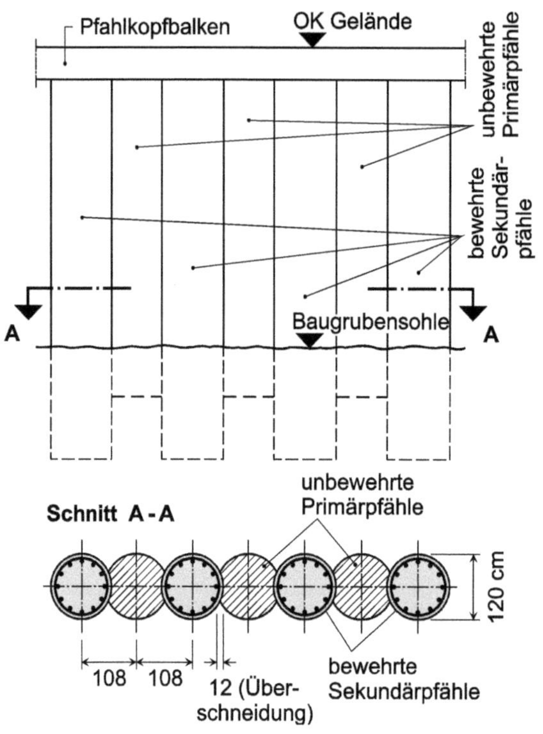

Bild 11-7 Ausbildung einer überschnittenen Pfahlwand (nach *Krubasik* in [8])

Überschnittene Pfahlwände (Beispiel in Bild 11-7) bestehen aus sich abwechselnden Primär- und Sekundärpfählen. Bei der Errichtung dieser Wände im sogenannten „Pilgerschrittverfahren" wird mit der Herstellung der unbewehrten Primärpfähle begonnen. Nach einigen Tagen werden die zu bewehrenden Sekundärpfähle so gebohrt, dass sie jeweils in den noch nicht voll ausgehärteten Beton der beiden angrenzenden Primärpfähle einschneiden. Das Maß der Überschneidung (meist 10 bis 20 % vom Durchmesser der Pfähle) ist u. a. abhängig von

– der Pfahllänge, über die in der Wand keine klaffenden Spalten auftreten dürfen,

- dem Pfahldurchmesser,
- der realisierbaren Genauigkeit bei der Pfahlherstellung (Abweichungen von der Solllage werden z. B. durch die eingesetzte Bohrausrüstung und den anstehenden Boden beeinflusst).

Während die bewehrten Sekundärpfähle die rechnerische Tragfähigkeit der Wand bestimmen, haben die Primärpfähle nur eine ausfachende Wirkung und werden daher meist mit Beton geringerer Güte hergestellt (nach DIN EN 1536, 6.3.1.3 und 8.5.6 liegt die Festigkeitsklasse des Betons von Sekundärpfählen zwischen C20/25 und C45/55, dürfen Primärpfähle statt mit Beton auch mit selbsterhärtender Suspension hergestellt werden). Abgesehen von leichten Durchfeuchtungen an den Überschneidungsflächen haben sich überschnittene Pfahlwände als wasserdichte (wasserdruckhaltende) Wände bewährt.

11.5 Herstellung

11.5.1 Bohrschablonen

Vor allem bei überschnittenen Bohrpfahlwänden, die vorwiegend bei der Herstellung wasserdichter Baugruben zum Einsatz kommen und deren Überschneidung deshalb unbedingt sicherzustellen ist, aber auch bei tangierenden Bohrpfahlwänden, werden hohe Anforderungen an die Richtungsgenauigkeit der Bohrungen gestellt. Diesen Anforderungen wird in der Regel durch eine möglichst steife Verrohrung, eine doppelte Bohrrohrführung und durch den Einsatz von Bohrschablonen (üblich bei tangierenden, generell erforderlich bei überschnittenen Wänden) entsprochen (Bild 11-8).

Bild 11-8 Bohrschablone für eine überschnittene Wand (aus [180], Kap. 3.7)

Die als Bauhilfsmaßnahmen einzustufenden Bohrschablonen ermöglichen ein genaues Ansetzen der Bohrrohre und deren Führung auf den ersten Bohrmetern. Die in der Regel 50 cm hohen Konstruktionen (im Allgemeinen: 40 bis 80 cm) bestehen aus bewehrtem Beton und werden am Einsatzort in Höhe des Bohrplanums hergestellt (Bild 11-9). Ihre stabile Konstruktion ist erforderlich, um die Aufnahme der während der Bohrarbeiten auftretenden hohen Beanspruchungen gewährleisten zu können. Nach Abschluss der Pfahlarbeiten werden die Bohrschablonen wieder abgebrochen.

Bild 11-9 Hergestellte Bohrschablone (a) und Schalelemente (b)
(Bilder der Fa. *BAUER Spezialtiefbau* [F 3])

11.5.2 Wände

Die einzelnen Pfähle von Pfahlwänden können im Grundsatz sowohl verrohrt als auch unverrohrt hergestellt werden, wobei u. a. die in Bild 11-10 gezeigten Verfahren üblich sind. Um die gewünschte Überschneidung der Nachbarpfähle zu gewährleisten, kommen für überschnittene Pfahlwände nur verrohrt gefertigte Pfähle bzw. Schneckenortbetonpfähle in Frage. Der Einsatz von schweren Verrohrungsmaschinen und Bohrschablonen sowie die entsprechende Sorgfalt bei der Ausführung macht die Einhaltung einer Vertikalität der Pfähle von ca. 0,5 % ihrer Länge möglich (nach [180], Kap. 3.7). Dies bedeutet, dass es z. B. bei 20 m langen Pfählen zu einer Abweichung von 10 cm beim Einzelpfahl kommen kann (eine Überschneidung von 20 cm wäre dann im ungünstigsten Fall des Auseinanderlaufens der Pfahlachsen in der Wandebene „aufgebraucht“, vgl. Bild 11-11).

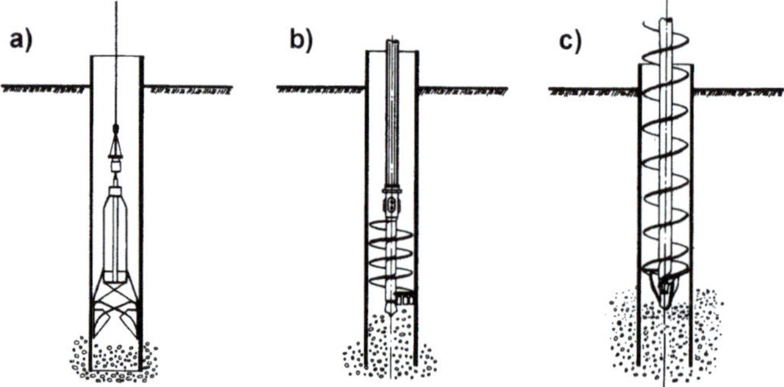

Bild 11-10 Übliche Verfahren zur verrohrten Pfahlherstellung (nach [180], Kap. 3.7)
a) mit Greifer, b) mit Schnecke oder Bohreimer, c) mit durchgehender Schnecke

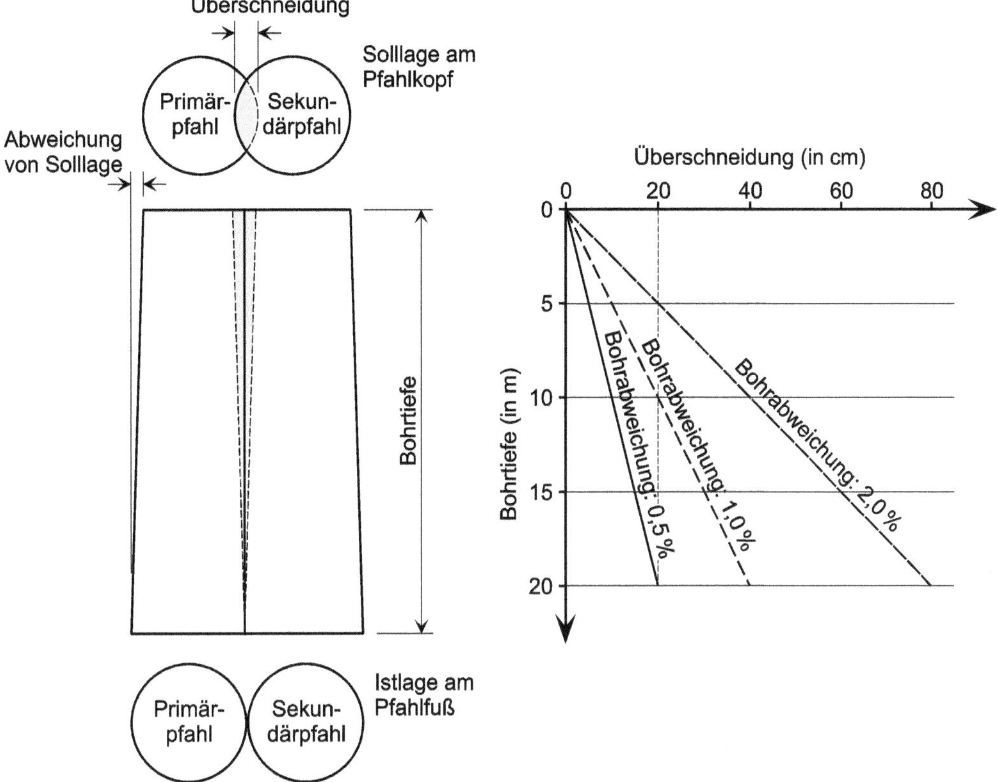

Bild 11-11 Maximale Tiefen überschnittener Pfahlwände bis zum Auseinanderlaufen benachbarter Pfähle im Pfahlfußbereich bei unterschiedlichen Bohrabweichungen und Überschneidungen (Bohrtiefen bei Überschneidungsmaß von 20 cm: 20 m bei 0,5 % Bohrabweichung, 10 m bei 1 % Bohrabweichung und 5 m bei 2 % Bohrabweichung)

Bei der Einzelpfahlherstellung sind die Anforderungen von DIN 1054, DIN 18301, DIN EN 1536, DIN EN 1992-1-1 und DIN EN 1997-1 sowie der entsprechende sonstige Stand der Technik hinsichtlich der Bohr-, Beton- und Bewehrungsarbeiten zu berücksichtigen. Insbesondere

- muss für statisch tragende Pfähle gemäß DIN EN 1536 sichergestellt werden, dass die Festigkeitsklasse des verwendeten Betons im Regelfall mindestens zwischen C20/25 und C45/55 liegt, sofern die Bemessung keine höhere Festigkeitsklasse erfordert (Baugrundverhältnisse und Herstellung müssen dies möglich machen) bzw. in der Leistungsbeschreibung nicht anderes verlangt wird (für die unbewehrten Primärpfähle kann Beton mit niedrigerer Festigkeitsklasse verwendet werden, siehe hierzu auch Abschnitt 11.4.3),
- ist bei Pfählen, die in aggressiven Böden und/oder Grundwasser hergestellt werden, der Beton durch eine geeignete Betonrezeptur (reicht bei stark aggressivem Grundwasser ggf. nicht aus) oder durch Hülsen zu schützen,
- ist bei starker Grundwasserströmung der Frischbeton gegen Auswaschen zu schützen (in der Regel durch bleibende Verrohrung oder Hülse),
- ist bei überschnittenen Pfahlwänden ein möglichst geringer Festigkeitsunterschied des Betons der anzuschneidenden Primärpfähle anzustreben (Festigkeit beim Anschneiden nicht größer als 3 bis 10 MN/m^2), um so Richtungsabweichungen der Sekundärpfähle möglichst klein zu halten,

- ist für Wände mit geringen Toleranzen hinsichtlich ihrer Fertigung und/oder hoher geforderter Dichtigkeit (Wasserdurchlässigkeitsbeiwerte $k < 10^{-7}$ bis 10^{-8} m/s) eine Kontrolle der Vertikalität der Bohrung durch Vermessung zu empfehlen (z. B. mit Neigungssonden), mit deren Hilfe sich u. a. die erreichte Qualität prüfen lässt bzw. nachgewiesen werden kann, dass die angestrebte Qualität erreicht wurde,
- sind bei der Pfahlherstellung im freien Wasser über der Gewässersohle verlorene Hülsenrohre oder vorgefertigte Pfähle zu verwenden,
- muss bei wasserdruckhaltenden überschnittenen Wänden die Verschmutzung der Überschneidungsflächen (Arbeitsfugenflächen) durch Boden bzw. Betonabrieb möglichst gering gehalten werden,
- dürfen nur Bewehrungskörbe verwendet werden, die so stabil sind, dass sie sich beim Transport zur Baustelle und beim Einbau in das Bohrloch nicht bleibend verformen,
- ist bei Tunnelbauwerken die Sohle unmittelbar gegen die Pfahlwände zu betonieren, um so die Horizontalkräfte der Wände in die Sohle abzuleiten,
- ist dafür zu sorgen, dass bei der Herstellung verankerter
  - aufgelöster Pfahlwände alle Einzelpfähle verankert sind und die Ankerkräfte mittels lastverteilender Gurte aufgenommen werden,
  - tangierender Pfahlwände die Anker üblicherweise in den Pfahlzwickeln angeordnet werden (gegebenenfalls auch nur in jedem zweiten Pfahlzwickel),
  - überschnittener Pfahlwände die Anker durch die unbewehrten Primärpfähle gebohrt werden.

11.6 Tragverhalten

Das Tragverhalten aufgelöster Pfahlwände entspricht im Grundsatz dem von Trägerbohlwänden. Bei Verwendung von Spritzbeton-Ausfachungen mit Gewölbewirkung ist im Randbereich der Pfahlwände die Abtragung der Gewölbekräfte in der Wandebene zu beachten und ein entsprechender Nachweis zu führen.

Bei tangierenden Bohrpfahlwänden kann ein statisches Zusammenwirken der einzelnen Pfähle weder bei der Aufnahme von normal zur Wandebene noch von in der Pfahlebene wirkenden Belastungen vorausgesetzt werden. Bei der üblichen Verankerung dieser Wände in den Pfahlzwickeln sind die Pfähle deshalb durch Kopfbalken gegen Herausdrehen zu sichern.

Bei den überschnittenen Bohrpfahlwänden nehmen die bewehrten Sekundärpfähle als Tragelemente die Lasten auf, die direkt auf sie entfallen bzw. die von den als Füllelemente wirkenden unbewehrten Primärpfählen auf sie übertragen werden. Dabei kann, im Gegensatz zu den tangierenden Pfahlwänden, davon ausgegangen werden, dass die Pfähle wenigstens teilweise statisch zusammenwirken. Dies gilt sowohl für die Aufnahme normal zur Wandebene als auch in der Wandebene wirkender Belastungen. So können konzentriert einwirkende Vertikallasten nicht nur durch Kopfbalken, sondern in begrenztem Maße auch über Schubspannungen in den Überschneidungsflächen auf mehrere Pfähle verteilt werden. Voraussetzung hierfür ist aber eine genügende Rauigkeit und Sauberkeit der Überschneidungsflächen. Bei der Bemessung der tragenden Sekundärpfähle bleiben diese Wirkungen jedoch im Allgemeinen unberücksichtigt.

11.7 Bemessung

Pfahlwände werden im Allgemeinen nach den für Baugrubenwände üblichen Methoden berechnet. Dabei sind die einzelnen Pfähle auf der Grundlage von DIN 1054, DIN 4124 und DIN EN 1992-1-1 so zu bemessen, dass sie die ermittelten Schnittlasten aufnehmen können.

Hinsichtlich der Belastungsansätze für die Wände ist auf die jeweiligen Empfehlungen der EAU und der EAB zurückzugreifen. Bei aufgelösten Pfahlwänden ist dabei zu beachten, dass der Erdwiderstand ggf. analog zu dem bei Trägerbohlwänden zu berechnen ist.

11.7.1 Bemessung der Spritzbeton-Ausfachungen

Bei der ebenen Ausbildung der Spritzbeton-Ausfachung ist das als Scheibe wirkende Konstruktionselement nach DIN EN 1992-1-1 zu bemessen. Wird statt der ebenen Form eine als Gewölbe wirkende Schale ausgeführt, kann die Bemessung z. B. gemäß *Weißenbach* [313] erfolgen.

11.7.2 Bemessung von Verankerungen

Werden Pfahlwände mit Verpressankern rückverankert, sind für deren Bemessung die Ausführungen von DIN 1054, DIN EN 1537 und DIN EN 1997-1 zu beachten. Die geforderte Nachgiebigkeit der Wand (wenig nachgiebig, annähernd unnachgiebig, unnachgiebig) bestimmt den Erddruckansatz und damit die Größe der Festlegekraft der Anker (vgl. hierzu EB 67, EB 22 und EB 23 der EAB).

Der sichere Eintrag der Ankerkräfte in die Pfahlwände verlangt sowohl Nachweise bei der Pfahlbewehrung (Querkraftnachweis) als auch hinsichtlich der Ankerplattenauflagerung.

12 Schlitzwände

12.1 Allgemeines

Mit dem Begriff „Schlitzwand" wird in der Regel die abschnittsweise in Bodenschlitzen hergestellte „Ortbetonwand" verbunden. Zwischen Leitwänden werden die Schlitze mit speziellen Aushubwerkzeugen vertikal ausgehoben, wobei fortlaufend eine Stützflüssigkeit eingefüllt wird, um ein Einbrechen der Schlitzwandungen zu verhindern. Nach dem Aushub wird erst die meistens erforderliche Bewehrung in den Schlitz eingehängt und danach der Beton im Kontraktorverfahren eingebracht (vgl. Abschnitt 12.3.2). Die durch den Beton verdrängte Stützflüssigkeit wird dabei ständig weggepumpt. Der beschriebene Arbeitsablauf ist schematisch in Bild 12-1 dargestellt.

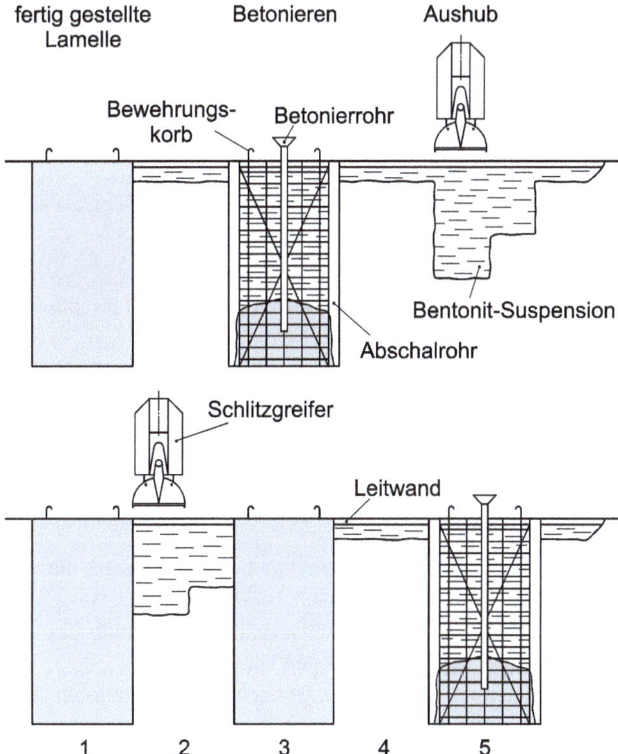

Bild 12-1 Schema des Arbeitsablaufs bei der Schlitzwandherstellung (nach *Beinbrech* [8], Kap. 3.2)

Die Entwicklung der Schlitzwandbauweise erhielt in den Jahren 1950 und 1951 besondere Impulse. Diese sind vor allem in den Arbeiten und Patenten von *H. Lorenz* (Deutschland) und *C. Veder* (Österreich) zu sehen, die Möglichkeiten zum Einsatz thixotroper Flüssigkeiten im Grundbau betrafen. Sie führten in den Folgejahren zu einer sehr schnellen Verbreitung dieser Baumethode, die schon bald über die nationalen Grenzen hinausging und heute weltweit zur Anwendung kommt. In Deutschland wurden die ersten Schlitzwände 1959 und 1960 in Berlin und München ausgeführt.

Die rasche Entwicklung führte zwar in kurzer Zeit zu einer großen Zahl fertiggestellter Schlitzwandbauwerke, doch waren die erzielten Ergebnisse teilweise noch unbefriedigend, da nicht zuletzt auf

Geotechnik-Grundbau. 3. Auflage. Gerd Möller.

ungenügende Kenntnisse des Materialverhaltens von Tonsuspensionen zurückgegriffen werden musste. Diese Lücke wurde im Jahre 1963 vor allem mit der Dissertation von *F. Weiß* [310] geschlossen. Er lieferte erstmals eine vollständige Theorie zur Standfestigkeit flüssigkeitsgestützter Erdwände und eine Technologie der stützenden Flüssigkeiten.

Die genannten Arbeiten und eine Vielzahl weiterer theoretischer Untersuchungen und praktischer Erfahrungen haben zu dem heute geltenden Stand des technischen Regelwerks für alle Schlitzwandbauweisen in Deutschland geführt.

12.2 Anwendungsbereiche

Die in Kapitel 11 dargestellten Pfahlwände sind mit den Schlitzwänden in Form von Ortbetonwänden in vielerlei Hinsicht gut vergleichbar (davon auszunehmen sind die aufgelösten Pfahlwände). Hierzu gehören u. a.

- hohe Wandsteifigkeiten,
- geringe Wandverformungen (insbesondere bei Rückverankerung bzw. Aussteifung),
- die Fähigkeit, große Biegemomente aufnehmen zu können,
- die erschütterungs- und geräuscharme Herstellung (insbesondere beim Einsatz von Schlitzwandfräsen sowie bei Böden ohne Hindernisse).

Auch bezüglich ihrer Einsatzgebiete, wie

- verformungsarme und praktisch wasserundurchlässige Baugrubensicherungen (Hauptanwendungsgebiet),
- Stützmauern,
- Brückenwiderlager,
- permanente Hangsicherungen,
- Ufereinfassungen,
- Schachtbauwerke,
- Tunnel- und Rampenbauwerke,

zeigen sich bei Schlitz- und Pfahlwänden weitgehende Überschneidungen. Allerdings gilt für die Schlitzwand im Vergleich zur Pfahlwand, dass sie bei

- kleinen Wandflächen, geringen Tiefen und/oder beengten Raumverhältnissen, sowie bei die Wand durchdringenden Leitungen meistens wirtschaftlich unterlegen ist,
- Wandtiefen von mehr als 25 m praktisch immer vorzuziehen ist (erreichbare Schlitztiefen: mit Greifer ca. 50 m, mit Fräse ca. 100 m),
- sonst gleichen Verhältnissen schlanker ausführbar ist (statisch günstigere Querschnittsform und günstigere Bewehrungsführung).

Darüber hinaus werden Schlitzwände auch eingesetzt als Einzelelemente zur Abtragung vertikaler Lasten und schräger Zugkräfte.

Die Schlitzwandbauweise ermöglicht es, bewehrte Betonwände in unmittelbarer Umgebung lastabtragender Fundamente herzustellen, ohne dass diese zusätzlich unterfangen werden müssen. Da Schlitzwände hohe Dichtigkeiten besitzen und bis in große Tiefen hergestellt werden können, ist ihr Einsatz bei der grundwasserschonenden Herstellung wasserdichter Baugruben in Form von Trogbauwerken besonders vorteilhaft.

Schlitzwände können mit unterschiedlichen Verfahren auch als Dichtwände (vgl. z. B. Abschnitt 12.5.2) ausgeführt werden. Dieser Wandtyp hat sich u. a. im Wasserbau (Beispiel in Bild 12-2) und für Grundwasserschutzbauwerke (etwa bei Deponien, vgl. [166]) bestens bewährt.

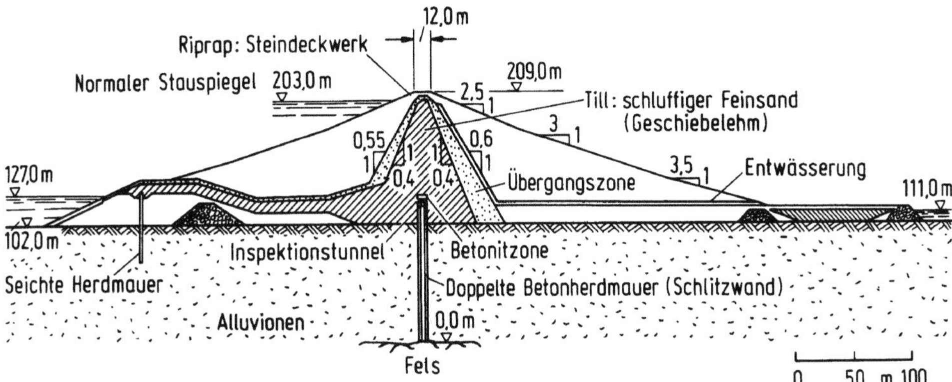

Bild 12-2 Aufbau des Dammes Manicouagan-3 mit Herdmauer (aus [306])

12.3 Regelwerke und Begriffe

12.3.1 Regelwerke

Empfehlungen zur Konstruktion, Ausführung und Berechnung von Schlitzwänden (einschließlich erhärteter Wände) sowie zu Anforderungen, zu Prüfverfahren, zur Lieferung und zur Güteüberwachung von für stützende Flüssigkeiten verwendeten Schlitzwandtonen können den Normen

- DIN 1054 [44], DIN 1055-2 [49], DIN 4124 [74], DIN 4126 [76], DIN 4126 Beiblatt 1 [78], DIN 4127 [79], DIN EN 1538 [97], DIN EN 1992-1-1 [102], DIN EN 1992-1-1/NA [104], DIN EN 1997-1 [107], DIN EN 1997-1/NA [109], DIN EN 1997-2 [110] und DIN EN 1997-2/NA [111]

entnommen werden, in denen auch Erläuterungen und Versuchsbeschreibungen enthalten sind. Ausführungen zum Aufstellen der Leistungsbeschreibung, zur Ausführung, zu Nebenleistungen und besonderen Leistungen sowie zur Abrechnung sind in

- DIN 18313 [87]

zu finden.

Zu weiteren Regelwerken für Schlitzwände gehören

- EAB [140],
- EAU 2012 [142],
- GDA-Empfehlungen [166].

12.3.2 Begriffe

Stützende Flüssigkeit als Aufschlämmung (Suspension) sehr feinkörniger, fester Stoffe im Wasser dient sie zur Stabilisierung der Bodenschlitze während des Bodenaushubs und des Betonierens. Feste Stoffe sind in der Regel quellfähige, vor allem aus Montmorillonit bestehende Bentonite oder auch andere ausgeprägt plastische Tone. Das Mischungsverhältnis von Wasser und Feststoffen ist abhängig von den Baugrundgegebenheiten und der Tonqualität. Anforderungen an die zum Einsatz kommende stützende Flüssigkeit und deren Prüfung sind in DIN 4127 und DIN EN 1538 zu finden. Nach DIN EN 1538, 3.10 gehören hierzu auch Polymerlösungen und selbsterhärtende Suspensionen.

Selbsterhärtende Suspension zeitabhängig erhärtende Suspension, die Zement oder ein anderes Bindemittel und zusätzliche Stoffe wie z. B. Ton, gemahlene Hochofenschlacke, Flugasche, Füller und Zusatzmittel enthält.

Tonbeton für Dichtungswände verwendeter Beton mit einem niedrigen Zementgehalt, der Bentonit und/oder anderes Tonmaterial oder auch Materialien wie Flugasche und Zusatzmittel enthält. Dieser Beton mit niedriger Festigkeit besitzt eine hohe Verformbarkeit (hochplastischer Beton).

Kontraktorverfahren nach diesem Verfahren wird Beton unter stützender Flüssigkeit (ggf. auch unter Wasser) eingebaut. Dies geschieht mit Hilfe eines „Kontraktorrohrs" (aus mehreren „Schüssen" zusammengesetztes Betonierrohr mit wasserdichten Kupplungen). Das Rohr muss dabei so tief in den bereits eingebrachten Beton eintauchen, dass die Betonsäule im Rohr nicht abreißt bzw. keine stützende Flüssigkeit in das Rohr eindringt. Auf diese Weise wird ein Entmischen des Betons verhindert und seine unerwünschte Verunreinigung durch Vermischung mit der Stützflüssigkeit minimiert.

Schlitzwandelement stellt eine Betoniereinheit bei der Herstellung von Schlitzwänden dar. Ein Schlitzwandelement (oder „Schlitzwandlamelle") kann neben der geraden Form auch T-Form, I-Form oder andere Grundrissformen besitzen. Die einzelnen Elemente werden in der Regel durch Abstellkonstruktionen voneinander getrennt. Ihre Abmessungen sind nach DIN 4126 (siehe Bild 12-3):

d_n Nenndicke (Breite des Aushubwerkzeugs),

d_a Ausbruchdicke,

l_E Länge (Achsabstand der Abstellkonstruktionen),

t Tiefe,

h Wandhöhe.

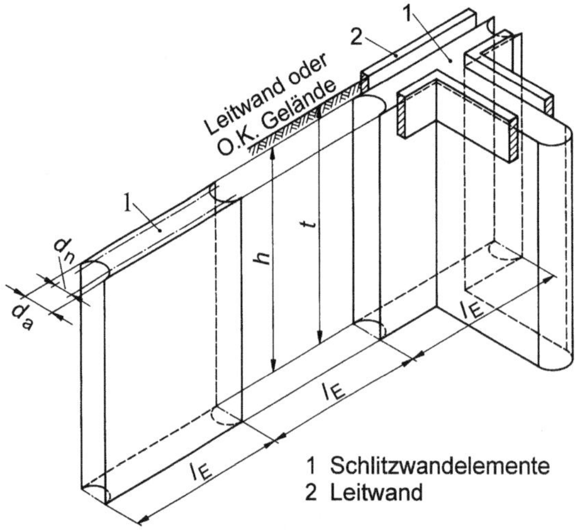

Bild 12-3 Schlitzwandelemente und Leitwände (nach DIN 4126, Bild 1)

Leitwand als Bauhilfsmaßnahme dient sie u. a.

– zur Sicherung der planmäßigen Lage der Schlitzwand,

- zur Positionierung und Führung des Aushubwerkzeugs beim Schlitzaushub,
- zur Sicherung des Schlitzrandes gegen Nachbruch im Bereich des schwankenden Stützflüssigkeitsspiegels,
- als Auflager für in den Schlitz einzubauende Teile (z. B. Bewehrungskörbe) oder Arbeitsgeräte.

Leitwände werden vor Ort oder als Fertigteile hergestellt. Ihre Anordnung erfolgt im Geländeoberflächenbereich, gleichlaufend zu den Längsseiten der auszuhebenden Schlitze.

12.4 Aushubwerkzeuge

Schlitzwände werden in der Regel mit Aushubwerkzeugen hergestellt, deren Breite zwischen 40 cm (Mindestgröße nach DIN EN 1538, 1) und 200 cm liegt. Übliche Zwischengrößen sind 50, 60, 80, 100, 120 und 150 cm. Die Wahl der Aushubgeräte zur Bodenschlitzherstellung ist u. a. abhängig von der anstehenden Bodenart sowie der Schlitztiefe und -breite. Normalerweise kommen entweder Greifer oder Fräsen zum Einsatz; für Wände mit geringerer Tiefe (bis ca. 12 m) werden u. U. auch Hydraulikbagger mit Tieflöffeln verwendet.

12.4.1 Schlitzwandgreifer

Als Greifer stehen zurzeit Seilgreifer (Bild 12-4) und Kellygreifer (auch als „Gestänge-Greifer“ bezeichnet) zur Verfügung.

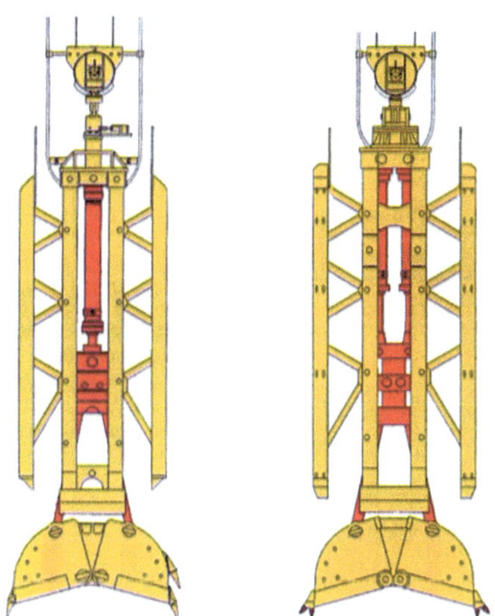

Greiferdaten

	Typenbezeichnung	
	DHG	**DHG HD**
Maulweite	2,80 m	2,80 m
Schlitzbreite	35 – 150 cm	100 – 120 cm
Greiferhöhe	7,36 – 7,72 m	7,80 m
Greifermasse	9 – 21 t	23 – 24 t

Bild 12-4 Beispiele für Schlitzwandgreifer mit hydraulischer Schließmechanik (aus Informationsmaterial der Fa. *BAUER Spezialtiefbau* [F 3])

In Deutschland sind, wegen der vorherrschenden Bodengegebenheiten, die Seilgreifer das Standardgerät. Sie besitzen Öffnungsbreiten (auch „Öffnungsweiten“ oder „Maulweiten“ genannt) bis 4,2 m und Massen bis ≈ 26 t. Mit ihnen lassen sich Schlitzwanddicken zwischen 0,4 und 1,5 m herstellen und Schlitztiefen bis zu 50 m erreichen. Bei Schlitzwänden mit stützender Funktion sind die Aushubarbeiten so durchzuführen, dass die in DIN EN 1538, 8.2.2.3 zugelassenen Abweichungen der Wandaußenfläche von der Sollfläche der Schlitzwandelemente von < 1 % der Wandtiefe in Längs-

und in Querrichtung eingehalten werden. Dies ist unter „normalen“ Umständen (sorgfältige Ausführung mit hinreichend qualifiziertem Personal und dem Stand der Technik entsprechender Ausrüstung, wie z. B. in den Greifer eingebautes Inklinometer) möglich; enthält der Baugrund Hindernisse wie etwa Findlinge, darf die zulässige Abweichung vergrößert werden. Stehen bereichsweise schwere Böden wie z. B. Fels an, lassen sich diese mit Meißeln lösen.

Die teureren Kellygreifer sind an steifen Führungsstangen (Kellystangen) geführte Hydraulikgreifer, mit denen, nach dem Beitrag von *Stötzer* in [148], Schlitztiefen bis ca. 40 m erreichbar sind (andere Autoren geben z. T. deutlich kleinere Werte an). Ihre Konstruktion gestattet eine schnellere Positionierung und Einführung des Greifers in den Schlitz und damit eine kürzere Taktzeit für den einzelnen Arbeitsgang beim Aushub.

12.4.2 Schlitzwandfräsen

Dieser Gerätetyp wurde in den 1960er-Jahren erstmals in Japan vorgestellt und in der Folgezeit ständig weiterentwickelt (Bild 12-5). Dabei wurde vor allem die Antriebstechnik für die Fräsräder (u. a. Wechsel vom elektrischen zum einfacheren und stärkeren hydraulischen Antrieb) verbessert.

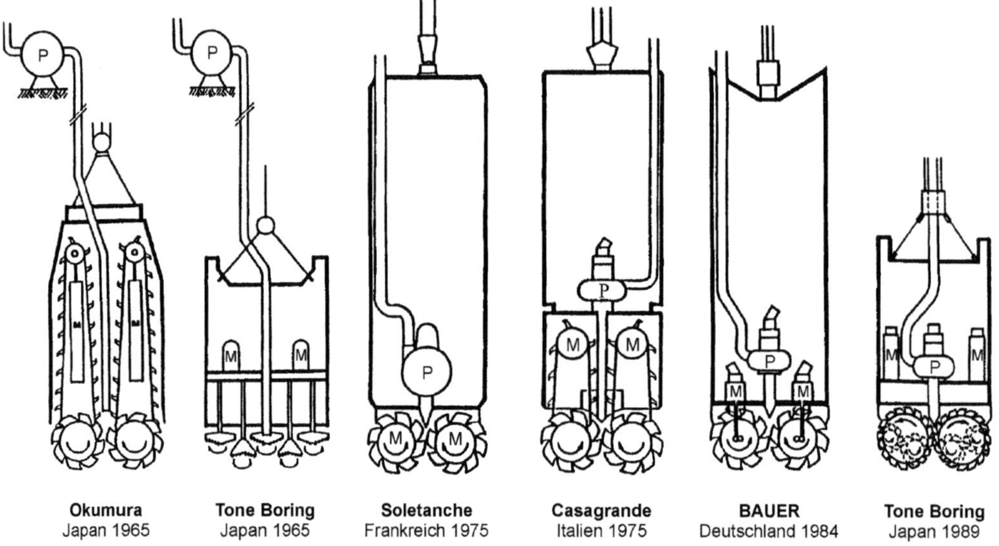

Bild 12-5 Entwicklung der Schlitzwandfräsen in den Jahren 1965 bis 1990; M = Motor und P = Pumpe (aus Beitrag von *Stötzer* in [148])

Mit Schlitzwandfräsen wird das Bodenmaterial in einem kontinuierlichen Arbeitsgang gelöst (größere Steine werden zwischen den Fräsrädern zerkleinert) und, vermischt mit der Tonsuspension, über bewehrte Gummischläuche nach oben gepumpt (Spülförderung).

Zum Einsatz kommen Fräsen

- vor allem in Böden mit höherer Festigkeit (z. B. bei der Dichtwandherstellung in klüftigem Fels unter Staumauern),
- bei großen Schlitztiefen (möglich sind heute Tiefen von über 100 m),

- bei hohen Anforderungen an die Herstellungsgenauigkeit (maximale Abweichung aus der Solllage von weniger als 0,5 % der Schlitztiefe, die nach [186] ohne besondere Aufwendungen sicher erreichbar ist),
- bei relativ erschütterungsarm durchzuführenden Schlitzarbeiten (etwa bei Einphasenwänden, bei denen die sich im Erstarren befindlichen Lamellen empfindlich auf Erschütterungen reagieren können).

Nach [186] stößt der Einsatz von Schlitzwandfräsen an seine wirtschaftlichen Grenzen, wenn, von besonderen Gründen abgesehen,

- die Tiefen der herzustellenden Schlitzwände zu gering sind (weniger als 8 bis 10 m),
- die herzustellenden Wandflächen zu klein sind (weniger als 1500 bis 2000 m²).

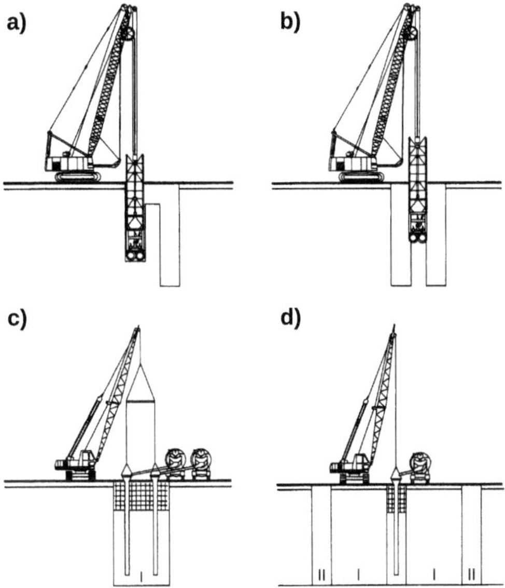

Bild 12-6 Arbeitsablauf (Schema) bei der Herstellung einer gefrästen Schlitzwand (nach [278])
a, b) Herstellung eines dreiteiligen Primärschlitzes
c) Betonieren eines langen Primärschlitzes
d) Betonieren eines kurzen Sekundärschlitzes

12.5 Herstellungsverfahren

Zur Herstellung von Schlitzwänden wurden im Laufe der Zeit verschiedene Verfahren entwickelt, die für spezielle Anwendungsgebiete jeweils besonders geeignet sind.

Bezüglich qualitätssichernder Maßnahmen beim Schlitzwandaushub, wie z. B. Suspensionsprüfungen, der richtige Einsatz von Schlitzwandgreifern oder die Ausrüstung eingesetzter Geräte mit Messeinrichtungen wie Inklinometer zur Kontrolle des Aushubvorgangs, sei auf [303] verwiesen.

12.5.1 Zweiphasenverfahren

Das Zweiphasenverfahren wird angewendet bei der Herstellung von bewehrten Ortbetonschlitzwänden sowie von nicht bewehrten Ortbetonwänden, die nur eine dichtende und keine lastabtragende Funktion zu übernehmen haben (Dichtwände).

In einem ersten Arbeitsgang dieses Verfahrens wird der Schlitz ausgehoben und dabei durch eine nicht erhärtende Stützflüssigkeit (vorzugsweise reine Bentonitsuspension) gesichert (1. Phase). Im zweiten Arbeitsgang wird die stützende Flüssigkeit durch das eigentliche Wandmaterial Beton ersetzt (2. Phase). Das Einbringen dieses Betons im Kontraktorverfahren (vgl. Abschnitt 12.3.2) führt dazu, dass im Zweiphasenverfahren hergestellte Schlitzwände aus annähernd homogenen Baustoffen bestehen, deren Eigenschaften ziemlich genau bekannt sind.

Zu Kontrollen, die während der Ausführung der Arbeiten durchzuführen sind, siehe DIN EN 1538, 9.

12.5.2 Einphasenverfahren

Dieses Verfahren kommt vorwiegend beim Bau von Dichtungsschlitzwänden (Dichtwänden) zur Anwendung.

Die stützende Flüssigkeit wird beim Einphasenverfahren nicht ausgetauscht. Im Schlitz verbleibend muss sie auch die Aufgaben von Wandmaterial übernehmen. Deshalb werden bei diesem Verfahren als Stützflüssigkeiten Ton-Zement-Suspensionen verwendet, die verzögernd erhärten und ggf. auch Beimischungen von Steinmehl, Eisenerzmehl, Sand oder Ähnlichem enthalten. Mit der Beendigung des Aushubs sind beim Einphasenverfahren auch die Herstellungsarbeiten für das jeweilige Schlitzwandelement abgeschlossen.

Nach dem Einphasenverfahren hergestellte Schlitzwände weisen im Wandmaterial u. U. erhebliche Inhomogenitäten auf, da sich der für die Materialqualität maßgebende Wassergehalt über die Wand stark verändern kann. Die Materialkennwerte dieser Wände sind deshalb zur sicheren Seite hin abzuschätzen.

Zu Kontrollen, die während der Ausführung der Arbeiten durchzuführen sind, siehe DIN EN 1538, 9.

12.5.3 Kombinationsverfahren

Die im Folgenden beschriebenen Verfahren werden in DIN EN 1538 dem Einphasenverfahren bzw. der Fertigteilschlitzwand zugeordnet.

Die Wandherstellung erfolgt beim Kombinationsverfahren zunächst wie beim Einphasenverfahren. Nach Abschluss des Aushubs und vor dem Erstarren der selbsterhärtenden Stützflüssigkeit werden jedoch noch Elemente in den Schlitz eingebaut, die tragend (z. B. Stahlspundbohlen) und/oder dichtend (z. B. miteinander verschweißte Folienbahnen) wirken. Die Elemente sind dabei an die Leitwände anzuhängen; ihr Aufsetzen auf die Schlitzwandsohle ist nicht zulässig.

Zu den Kombinationsverfahren zählt auch das der Beton-Fertigteilschlitzwand, bei dem Stahlbetonfertigteile in Schlitze eingehoben werden. Die Schlitzbreite und -tiefe sollte nach *Beinbrech* [8], Kap. 3.2 ca. 10 bis 20 cm größer sein als die Dicke und Länge der Fertigteile (Plazierungsgenauigkeit der Wandelemente). Die Stahlbetonelemente werden auf die Solltiefe abgesenkt und an den

Leitwänden aufgehängt. Die danach selbst erhärtende Stützflüssigkeit dient auch zur Dichtung im Fugen- und Fußbereich der Wand. Sie kann beim späteren einseitigen Freilegen der Wand (Baugrubenaushub) an der Luftseite der Fertigteile entfernt werden, was zu einer glatten und ebenen Wandfläche (gute Betonsichtfläche) führt.

Liegen sehr hohe Forderungen an die Dichtigkeit der Fugen vor (z. B. bei Verbleib der Wand als Bauwerksaußenwand), ist der zusätzliche Einbau von Fugenbändern aus Stahl oder Gummi zu empfehlen. Das an einer Fertigteilstirnseite einbetonierte Fugenband wird beim Absenken in den dazu passenden Schlitz des Nachbarteils eingeschoben (Bild 12-7).

Zu Kontrollen, die während der Ausführung der Arbeiten durchzuführen sind, siehe DIN EN 1538, 9.

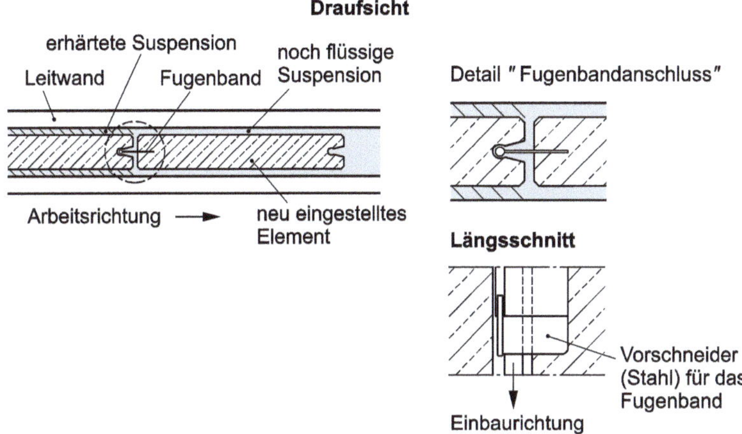

Bild 12-7 Fugenausbildung bei einer Fertigteilschlitzwand (nach [8], Kap. 3.2)

12.6 Herstellung von Schlitzwänden

Bei der Herstellung einer Schlitzwand werden, wie oben schon beschrieben, einzelne Aushub- und Betonierabschnitte zur geschlossenen Gesamtwand aneinandergereiht.

Nach der Fertigstellung der Leitwände sind z. B. zur Errichtung von bewehrten Ortbetonwänden die folgenden Arbeitsgänge erforderlich (vgl. hierzu auch Bild 12-1):

- der Schlitzaushub,
- das Reinigen der Schlitzsohle und der Fugenoberfläche,
- der Einbau von Abstellelementen (meist Stahlrohre, auch „Abschalrohre“ genannt, die ggf. in einzelnen Schüssen zur erforderlichen Gesamtlänge zusammengesetzt werden, siehe aber auch Bild 12-9) zur Begrenzung der Stirnseiten der Vorläuferlamellen (in Bild 12-1 die Lamellen 1, 3 und 5),
- der Bewehrungseinbau,
- das Betonieren,
- das Ziehen der stirnseitigen Abstellelemente (der Beton im Schlitz muss zwar schon standfest sein, darf aber das Ziehen nicht zu stark behindern),
- das Nachbearbeiten (Abspitzen) der Oberfläche des Betons, wenn dieser eine ausreichende Festigkeit erreicht hat.

Beim Herstellen der Nachläuferelemente (in Bild 12-1 die Lamellen 2 und 4) entfällt der Ein- und Ausbau der Abstellkonstruktionen.

Die zwischen den Vor- und Nachläuferlamellen entstehenden Betonierfugen (Bild 12-8) sind Schwachstellen der sonst praktisch wasserundurchlässigen Schlitzwand. Das Auftreten von Feuchtstellen in diesen Lamellenfugenbereichen ist nicht von vornherein auszuschließen; ihre ggf. notwendige Beseitigung macht Zusatzmaßnahmen erforderlich, wie etwa Injektionen im Bereich des hinter der Wand liegenden Bodens oder Verpressen der Fugen mit Kunstharz. Zur Dichtigkeitserhöhung der Arbeitsfugen führt auch die Reinigung der Anschlussflächen bereits hergestellter Schlitzwandelemente (z. B. mit Hilfe exzentrisch aufgehängter Meißel).

Hinsichtlich der Überwachungsmaßnahmen, die während der Ausführung von Schlitzwänden (Ortbeton-, Fertigteil-, Einphasen- und Tonbetonwände) erforderlich sind, sei auf DIN EN 1538, 9 hingewiesen.

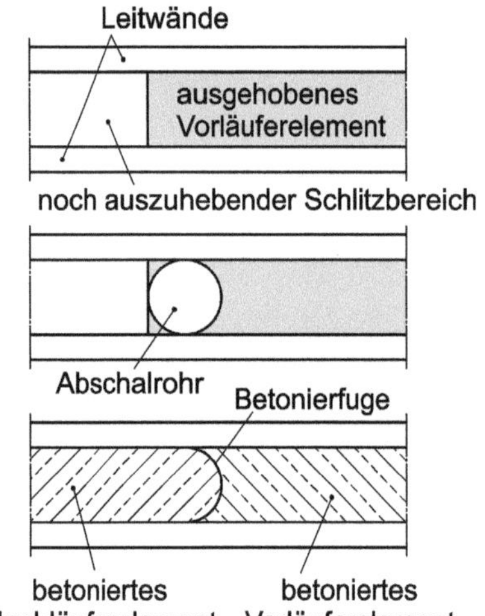

Bild 12-8 Betonierfuge zwischen dem Vor- und Nachläuferelement einer Ortbetonschlitzwand

Dass die Entwicklung der Schlitzwandtechnik ständig weitergeführt wird, kann z. B. an dem in Bild 12-9 dargestellten „Flachfugenelement" der Fa. *Franki Grundbau* [F 12] gezeigt werden. Das Element wird seit 1994 anstelle von Abschalrohren verwendet und unterscheidet sich von diesen vor allem dadurch, dass es

- über eine Führungsschiene in Längsrichtung verfügt, in die sich der am Schlitzwandgreifer stirnseitig befestigte Kloben beim Abteufen des Schlitzes einführen lässt; zielgenau geführt, kann der Greifer so bis auf die Entnahmetiefe abgesenkt und der Boden kontrolliert und ohne die Gefahr des Verlaufens ausgehoben werden (diese „geführte Entnahme" erfolgt in der Regel bei jedem zweiten Aushubvorgang, da der Greifer nach jedem Absenkvorgang um jeweils 180° um seine Längsachse gedreht wird),
- zwei Schlitze aufweist, in die Fugenbänder eingezogen werden, welche in dem gerade betonierten Wandelement verbleiben und die Dichtigkeit der Fuge im Bereich der Anschlussfläche dieses Elements entscheidend erhöhen,
- möglich ist, den Umlaufbeton mit einem Fugenmeißel kontrolliert zu entfernen,

– wegen seiner Querschnittsform relativ biegeweich ist und sich deshalb durch die Hebelwirkung des sich beim Abteufen leicht verkantenden Klobens sukzessive von der Anschlussfläche der gerade betonierten Nachbarlamelle ablösen lässt (dabei öffnen sich die Schlitze und geben die Fugenbänder frei); in einer zweiten Phase wird es zur Seite gekippt und aus dem Stich gehoben.

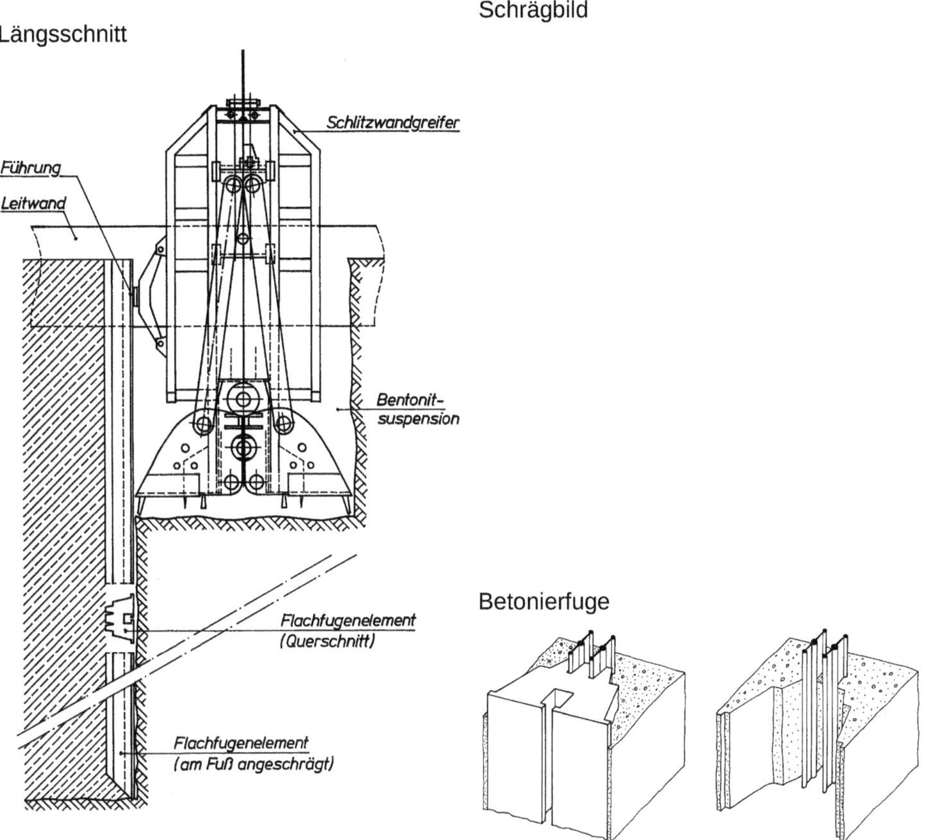

Bild 12-9 Als Abstellelement eingesetztes Flachfugenelement der Fa. *Franki Grundbau* (aus Informationsmaterial der Fa. *Franki Grundbau* [F 12])

Der Einsatz des Flachfugenelements führt u. a. auch dazu, dass die Wandherstellung nicht nach dem üblichen „Pilgerschrittverfahren" erfolgt (zwischen zwei schon fertig gestellten Primärelementen wird jeweils ein Sekundärelement hergestellt, vgl. auch Bild 12-1 und Bild 12-10). Die Aneinanderreihung der Wandelemente erfolgt vielmehr nacheinander (Bild 12-10).

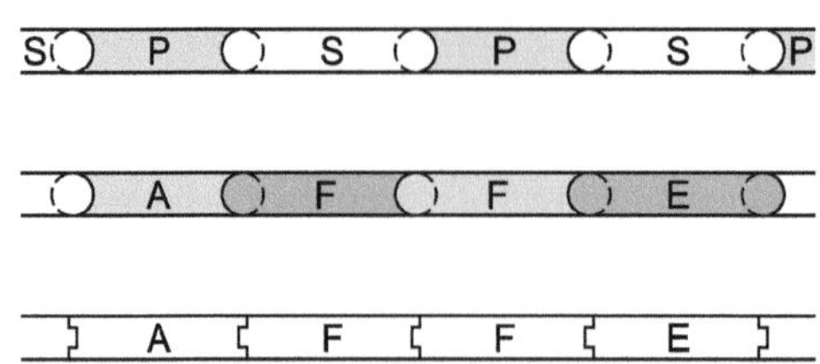

P: Primärelement
S: Sekundärelement
A: Anfangselement
F: Folgeelement
E: Endelement

Bild 12-10 Schematische Beispiele für verschiedene Element- und Fugenarten, dargestellt im Grundriss (nach DIN EN 1538, Bild 2)

12.6.1 Leitwände

Die als Hilfskonstruktionen dienenden Leitwände bestehen in aller Regel aus Stahlbeton mit geringem Bewehrungsgrad. Da die Leitwände den obersten Bodenbereich der Schlitzwände stützen, d. h. den Erddruck in diesem Bereich aufnehmen müssen, ohne dabei ihre Lage zu verändern, werden sie nach ihrer Fertigstellung mit Bodenmaterial verfüllt oder gegeneinander ausgesteift (z. B. mit Kanalspindeln).

Leitwände, die in sich nicht standsicher sind, müssen abgesteift werden.

Nach [77] kann auf Leitwände nur bei unbewehrten Schlitzwänden und nur unter bestimmten Bedingungen verzichtet werden. Danach sind auch Kellerwände oder Nachbarfundamente als „Leitwände“ zulässig, sofern sie sich in einem hierfür geeigneten Zustand befinden und in der Lage sind, den Flüssigkeitsdruck aufzunehmen. Nach DIN EN 1538, 8.3.2.1 können kontinuierlich ausgehobene Dichtwände ohne Leitwände hergestellt werden, wenn es die Baugrundbedingungen erlauben.

Die Leitwandhöhe h_L beeinflusst auch die Maßhaltigkeit der Schlitzwandelemente (Führung des Schlitzwandgreifers bzw. der Schlitzwandfräse) und liegt in der Regel zwischen 0,7 und 1,5 m. Ihre Größe ist u. a. abhängig von den Betriebsschwankungen des Stützflüssigkeitsspiegels, der seitlichen Belastung und der Tiefenlage von Leitungen oder Hindernissen, die vor Beginn der Schlitzwandarbeiten ggf. zu beseitigen sind.

Bild 12-11 zeigt einige Beispiele für Querschnittsformen von Leitwänden bei der Ausführung in Ortbeton. Die Abbildung d) erfasst eine Form, deren Ausführung erforderlich werden kann, wenn gespanntes Grundwasser angeschnitten wird. Die über die Geländeoberfläche ragenden Leitwände ermöglichen einen höher liegenden Suspensionsspiegel und damit eine vergrößerte Stützwirkung der Suspension.

Bei der Herstellung der Leitwände ist sicherzustellen, dass ggf. vorhandene Nachbarbebauung durch die Baumaßnahme nicht gefährdet oder gar beschädigt wird. Welche Bedeutung dabei der für die Leitwandherstellung erforderlichen Aushubtiefe zukommen kann, zeigt z. B. der in [187] beschriebene Einsturz eines Villenanbaus, der auf zu tief reichende Ausschachtungen zurückzuführen war, die im Rahmen der Herstellung einer Leitwand ausgeführt wurden.

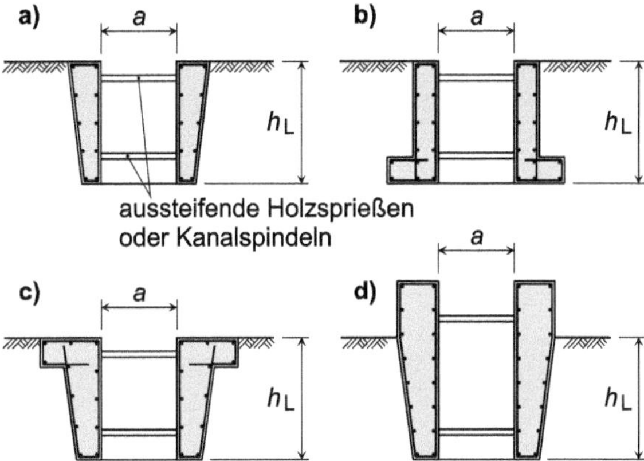

Bild 12-11 Leitwandformen bei Ortbetonausführung (nach *Beinbrech* [8], Kap. 3.2)
a = lichter Abstand der Leitwände = d_n + Übermaß (ca. 5 cm)

a) bei standfesten Böden und normaler Beanspruchung durch Aushubwerkzeuge
b) bei kohäsionslosen oder aufgeschütteten Böden und normaler Beanspruchung durch Aushubwerkzeuge
c) bei standfesten Böden und hoher Beanspruchung durch Aushubwerkzeuge
d) bei standfesten Böden und für höheren Suspensionsspiegel

12.6.2 Schlitzaushub

Theoretisch ist die Tiefe t von Schlitzwandelementen nicht begrenzt. Mit zunehmender Schlitztiefe gewinnt aber die Gefahr des „Verlaufens" von Elementen an Bedeutung, da zu große Abweichungen von der vertikalen Solllage im unteren Wandbereich zu Spaltöffnungen zwischen den Elementen führen können.

Bei Schlitzwänden mit stützender Funktion sind die Aushubarbeiten nach DIN EN 1538, 8.2 so durchzuführen, dass eine Abweichung der Schlitzwandelemente gegenüber der Vertikalen von < 1 % der Aushubtiefe in Längs- und in Querrichtung eingehalten wird (enthält der Baugrund Hindernisse, wie etwa Findlinge, darf die zulässige Abweichung vergrößert werden). Eine Reduzierung der sich im Zuge der Schlitzherstellung ergebenden Abweichungen ist mit Hilfe besonderer Maßnahmen möglich, wie z. B. Führungseinrichtungen, Einsatz von Messtechnik (Inklinometer mit zugehöriger Monitorisierung) und nachträgliches Bearbeiten der Wandoberfläche.

Wird nicht dafür gesorgt, dass die einzelnen Schlitze beim Aushub ineinandergreifen, kann es zwischen zwei benachbarten Schlitzen im ungünstigsten Fall zu Abweichungen kommen, wie sie für ein Beispiel in Bild 12-12 dargestellt sind.

Beim Greiferbetrieb ergibt sich ein sicheres Ineinandergreifen benachbarter Schlitze, wenn beim Aushub gemäß Bild 12-13 verfahren wird. Dabei sollte nach [311] ein Übergreifmaß von 0,5 m nicht unterschritten werden. Steht in den Schlitzen 1 und 2 Stützflüssigkeit mit annähernd gleichbleibenden Eigenschaften bis zum Aushubende von Schlitz 3 an, bewirkt dies während des Aushubs eine Führung des Baggergreifers in den Nachbarschlitzen 1 und 2 und damit die Entstehung einer geschlossenen Wand.

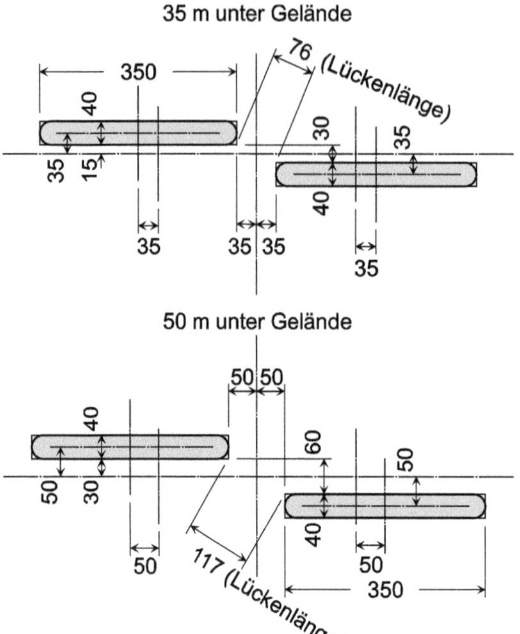

Bild 12-12 Beispiel für mögliche Abweichungen zweier Schlitzwandelemente von der Solllage, bei einer Herstellgenauigkeit gegenüber der Vertikalen von ≤1 % der Aushubtiefe (alle Maße in cm)

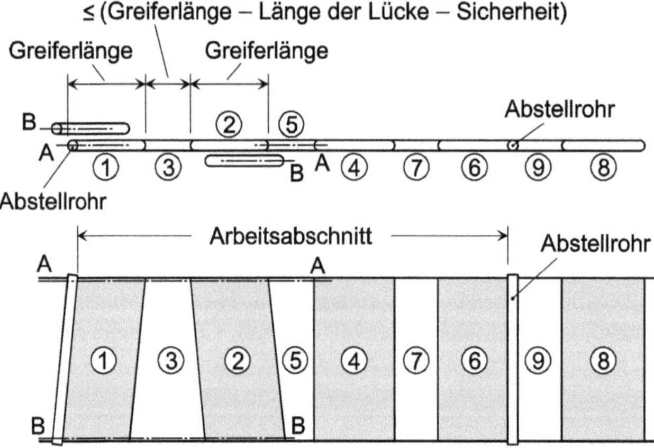

Bild 12-13 Schema des Arbeitsablaufs beim Herstellen fugenloser Schlitzwände mit Schlitzwandgreifern (nach [311])

Nach DIN 4126, 5.1 und DIN EN 1538, 8.4.1 darf der Spiegel der Stützflüssigkeit während des Aushubs und der anschließenden Arbeiten bis zum Betonierende insbesondere nicht unter den Stand absinken, der für die Standsicherheit des ausgehobenen Schlitzes erforderlich ist. Im Regelfall darf der Stützflüssigkeitsspiegel auch nicht unter die Unterkante der Leitwand absinken (Verhinderung von Auskolkungen). Besteht keine Gefahr, dass der Boden unter den Leitwänden ausbricht, kann der Stützflüssigkeitsspiegel auch unter die Unterkante Leitwand absinken, sofern dies die Notwendigkeiten der Standsicherheit nicht verletzt.

Sind längere Schlitzwände herzustellen, die im Grundriss nicht gerade, sondern gekrümmt verlaufen, wird die gerade Aneinanderreihung der einzelnen Wandelemente (Bild 12-13) durch entsprechende Polygonzüge ersetzt (Bild 12-14). Die dabei ansetzbare minimale Länge der einzelnen Polygonzugstrecken (Schlitzwandelementlängen) wird bestimmt von der Breite des zum Einsatz kommenden Aushubwerkzeugs (z. B. die Öffnungsweite des Schlitzwandgreifers).

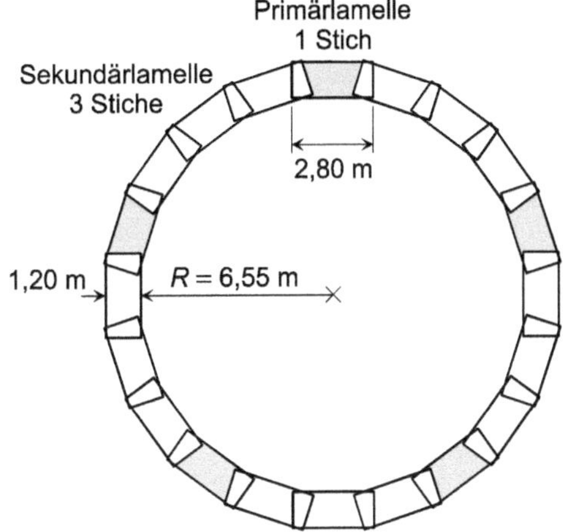

Bild 12-14 Grundriss mit Lamelleneinteilung eines gefrästen, 58 m tiefen Schachts; Schlitzwandtiefe 61 m (nach [296])

Die ausführbare größte horizontale Länge eines Einzelelements ist abhängig von der Standsicherheit des durch die Stützflüssigkeit stabilisierten Schlitzes und damit von Parametern wie

- den Bodenkennwerten,
- den äußeren Lasten,
- dem Grundwasserstand,
- der Dichte der stützenden Flüssigkeit.

So können nach EAU, 10.10.1 Einflüsse wie hoher Grundwasserstand, fehlende Kohäsion im Boden, benachbarte schwerbelastete Gründungen, empfindliche Versorgungsleitungen und dergleichen dazu führen, dass sich das Größtmaß von ungefähr 10 m auf etwa 3,0 m verringert, was im Bereich üblicher Öffnungsweiten von Schlitzwandgreifern liegt.

Aus wirtschaftlichen Aspekten ist es grundsätzlich sinnvoll, die Längen l_E der Einzelschlitze möglichst groß zu wählen, was zudem zur Reduzierung der Anzahl der nie ganz dichten vertikalen Betonierfugen führt. Auszuführende Einzelschlitzlängen liegen in der Regel zwischen 2,50 m und 7,50 m.

Bezüglich möglicher Probleme, die im Zuge der Schlitzwandherstellung bei der Beseitigung von Hindernissen (Baureste, Findlinge usw.) auftreten können, sei auf [303] verwiesen.

12.6.3 Betonieren

Gemäß DIN 4126, 6.3 ist die Zeit zwischen Schlitzaushub- und Betonierbeginn möglichst kurz zu halten. Überschreitet sie 30 Stunden, führt dies zur Verminderung der Wandreibung zwischen Boden und erhärteter Wand (nach DIN 4126, 6.3 ist der Erddruckneigungswinkel für den Standsicherheitsnachweis der erhärteten Wand auf $|\delta| = 0$ zu setzen, wenn davon auszugehen ist, dass vom Aushubbeginn bis zum Beginn des Betonierens regelmäßig mehr als 30 Stunden vergehen). Während des Betonierens sollten nach [77] Unterbrechungszeiten > 15 Minuten vermieden werden, solche > 30 Minuten gefährden Qualität und Standsicherheit des Schlitzwandelements.

Der Beton ist im Kontraktorverfahren mit einer Steiggeschwindigkeit von ≥ 3 m/h einzubringen, wobei sein Ausbreitmaß zwischen 55 und 60 cm liegen sollte (Entmischungsgefahr bei > 63 cm).

Bei diesem Einbringverfahren müssen die Kontraktorrohre (mit Durchmessern ≥ 15 cm bzw. ≥ 6-Fachem des Größtkorns des Zuschlagstoffs) zu Betonierbeginn bis knapp über die Schlitzsohle reichen (ca. 10 cm). Hinsichtlich ihrer Eintauchtiefen während des Betoniervorgangs und ihrer Anordnungen sei auf Bild 12-15 verwiesen (nach DIN EN 1538, 8.8.3 sollte der Kontraktorrohrabstand in der Regel so gewählt werden, dass ein horizontaler Ausbreitweg des Betons von < 3,0 m eingehalten wird; darüber hinaus sollte die Mindestanzahl der eingesetzten Kontraktorrohre in einem Schlitzwandelement der Anzahl der einzubauenden Bewehrungskörbe entsprechen). Beim Arbeiten mit mehreren Kontraktorrohren (Betonierrohren) ist der Beton so einzubringen, dass dessen Oberfläche gleichmäßig ansteigt.

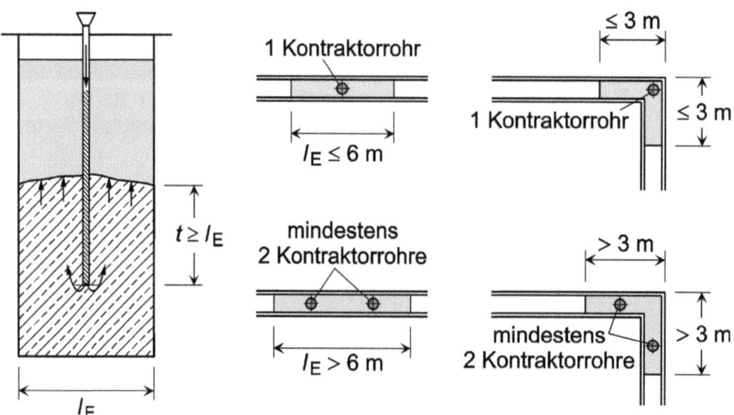

Bild 12-15 Eintauchtiefen und Anordnungen der Kontraktorrohre gemäß [77], Abschnitt 7.5 (nach [8], Kap. 3.2)

Trotz der dargestellten Maßnahmen beim Betonieren ist es meist nicht zu verhindern, dass der Beton in seiner oberen Zone (ca. 50 cm) mit stützender Flüssigkeit und Aushubmaterial durchmischt ist. Wegen seiner geringen Belastbarkeit ist der Beton in diesem Bereich nach seiner Freilegung in der Regel abzubrechen.

12.7 Tonsuspensionen, Fließgrenze und thixotrope Verfestigung

Tonsuspensionen verhalten sich wie thixotrope Flüssigkeiten, das heißt wie Gele, die sich bei mechanischer Einwirkung (z. B. Rühren) verflüssigen. Aufgrund der elektrostatischen „Verbundkräfte", die zwischen den einzelnen Tonpartikeln wirken, sind sie in der Lage, Scherfestigkeiten (Kohäsion) bis zu der maximalen Größe $\tau_{F(t,T)}$ aufzubauen. Diese Scherspannung wird nach DIN 4127 als Fließgrenze bezeichnet und ist von der Zeit t der thixotropen Verfestigung und der Temperatur T abhängig. Sie erfasst den Grenzzustand der aktivierbaren Schubspannung τ, ab dem die stützende Flüssigkeit zu fließen beginnt.

Die thixotrope Verfestigung einer stützenden Flüssigkeit setzt ein mit dem Abschluss von Fließbewegungen ($t = 0$), wie sie z. B. ein durch die Suspension gezogener Schlitzwandgreifer hervorruft. Die mit der Ruhezeit eintretende reversible thixotrope Verfestigung entspricht der Fließgrenzenzunahme gemäß Bild 12-16.

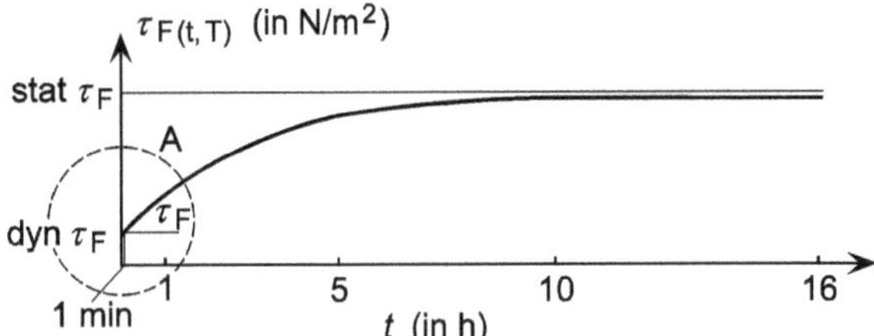

Einzelheit A

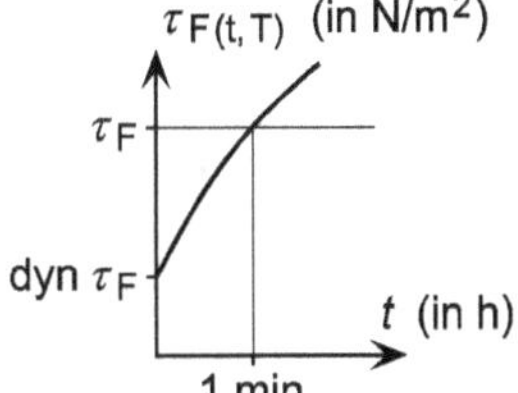

Bild 12-16 Thixotrope Verfestigung (nach DIN 4127, Bild 2)

Spezielle Werte der Fließgrenze sind

- der zur Verfestigungszeit $t = 0$ gehörende und als „dynamische Fließgrenze" bezeichnete Minimalwert dyn τ_F,
- der maximale Asymptotengrenzwert stat τ_F, der „statische Fließgrenze" genannt wird (genügend genau durch $\tau_{F(16h)}$ angenähert),
- die zu der Verfestigungszeit $t = 1$ Minute und der Temperatur $T = 20\,°C$ gehörende Fließgrenze $\tau_{F(1\,min,\,20\,°C)}$, die vereinfachend mit τ_F bezeichnet wird.

12.8 Übertragung des Stützflüssigkeitsdrucks

Soll die Stützflüssigkeit die Schlitzwandungen während der Aushubarbeiten stabilisieren, muss sie zusammen mit dem Bodenmaterial der Schlitzwandungen einen Mechanismus entwickeln können, der es erlaubt, die Differenz aus Stützflüssigkeits- und Grundwasserdruck vollständig auf das Korngerüst des zu stützenden Bodens zu übertragen.

12.8.1 Entstehung von vollkommenen Filterkuchen

Wird eine stützende Flüssigkeit mit Feststoffpartikeln verwendet, deren Durchmesser größer ist als der Durchmesser der Bodenporen in den zu stützenden Schlitzwandungen, werden diese Partikel beim Eindringen der Stützflüssigkeit in die Erdwandungen abgefiltert. Auf der Oberfläche der zu stützenden Schlitzwandungen entsteht so eine fast wasserundurchlässige Membran, die als „Filterkuchen" bezeichnet wird. Bei feinkörnigen Böden mit $d_{10} \leq 0{,}2$ mm (Korndurchmesser bei 10 % Siebdurchgang) und Bentonitsuspensionen als Stützflüssigkeit bilden sich solche Filterkuchen nahezu vollkommen aus. Dies bedeutet, dass die Poreneingänge der Schlitzwandungen praktisch vollständig mit Feststoffpartikeln verstopft werden.

Bildet sich ein solcher vollkommener Filterkuchen an der Schlitzwandoberfläche aus, tritt eine „membranartige" Übertragung der Normalspannungen auf die zu stützende Schlitzwandung ein. Bei einem in das Grundwasser reichenden Schlitz wirken dann auf den Filterkuchen im Grundwasserbereich die entgegengesetzt gerichteten Normalspannungen aus dem hydrostatischen Druck der Suspension einerseits und dem hydrostatischen Druck des Grundwassers andererseits (Bild 12-17).

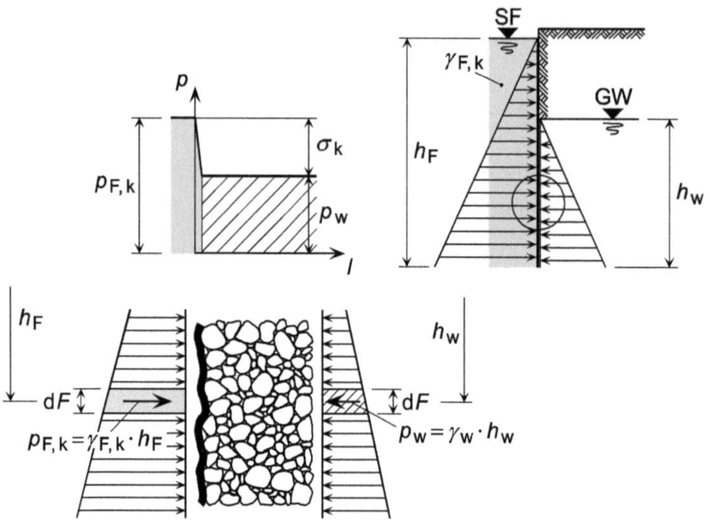

Bild 12-17 Ausbildung eines Filterkuchens (nach *Stocker/Walz* [180], Kap. 3.7)

Steht in der Tiefe h_F unter dem Suspensionsspiegel Grundwasser mit der Spiegelhöhe h_w an, tritt, mit der charakteristischen Dichte $\gamma_{F,k}$ der Stützflüssigkeit und der Dichte γ_w des Grundwassers, in dieser Tiefe der charakteristische Differenzdruck

$$\Delta p_k = \gamma_{F,k} \cdot h_F - \gamma_w \cdot h_w \qquad \text{Gl. 12-1}$$

auf. Er wird über die Dicke des vollkommenen Filterkuchens vollständig auf diesen übertragen und steht auf der Erdseite der Schlitzwandung als charakteristische Druckspannung

$$\sigma_k = \Delta p_k \qquad \text{Gl. 12-2}$$

zur Stützung des Erdkörpers (Stützdruck) zur Verfügung.

12.8.2 Reine Eindringung (fehlender Filterkuchen)

Reine Eindringung tritt auf, wenn der anstehende Boden so grobporig ist, dass er die Feststoffpartikel der in ihn eindringenden Stützflüssigkeit nicht abzufiltern vermag. Das bedeutet, dass aus den Feststoffteilchen der Frischsuspension (ggf. angereichert mit Füllstoffpartikeln) und den durch den Bodenaushub hinzukommenden Bodenteilchen kein Filterkuchen ausgebildet wird.

Zum Stillstand kommt die in den Porenraum eindringende Stützflüssigkeit in solchen Fällen infolge der charakteristischen Schubspannungen $\tau_k = \tau_{F,k}$ (charakteristische Scherfestigkeit der Suspension), die sie an den Kornoberflächen der Porenkanäle entwickelt (Bild 12-18). Über diese Schubspannungen überträgt die eindringende Stützflüssigkeit den Flüssigkeitsdruck so lange auf das Korngerüst des Bodens, bis sie die Eindringtiefe *s* erreicht. Der Eindringvorgang ist dann beendet, da die Resultierende der über die Porenkanaloberfläche verteilten Schubspannungen im Bereich der erreichten Eindringtiefe s (Integral über die Schubspannungen) gleich ist dem hydrostatischen Differenzdruck. Dieser ergibt sich aus der am Porenkanalanfang drückenden Stützflüssigkeit und dem am Ende der Eindringtiefe s drückenden Grundwasser.

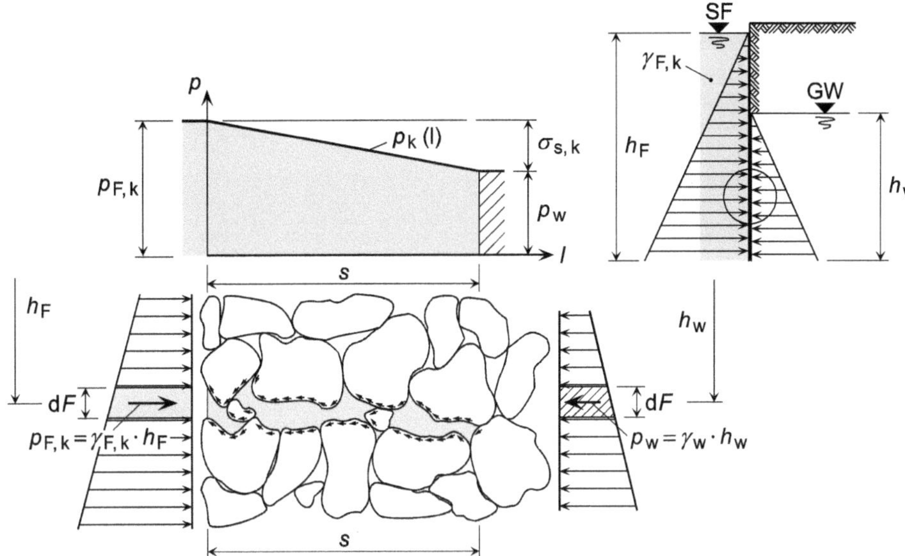

Bild 12-18 Stagnation der Suspension im Korngerüst infolge ihrer Scherfestigkeit und der Übertragung der Druckdifferenz durch statische Schubspannungen (nach [180], Kap. 3.7)

Die charakteristische hydrostatische Druckdifferenz zwischen der Suspension im Schlitz und dem Grundwasser am Ende der Eindringtiefe s ergibt sich für eine Tiefe, in der die Suspensionsspiegelhöhe h_F und die Grundwasserspiegelhöhe h_W beträgt, zu

$$\Delta p_k = \gamma_{F,k} \cdot h_F - \gamma_w \cdot h_w \qquad \text{Gl. 12-3}$$

Δp_k wird im Bereich der Eindringlänge s über Schubspannungen gleichmäßig auf das Korngerüst des Bodens übertragen und wirkt am Ende von s in vollem Umfang als charakteristische effektive Druckspannung

$$\sigma_{s,k} = \Delta p_k \qquad \text{Gl. 12-4}$$

die den Erdkörper stützt (Stützdruck). Bei homogenen Böden stehen die Druckdifferenz Δp_k bzw. Druckspannung $\sigma_{s,k}$ und die Eindringtiefe s über die Schlitztiefe in einem linearen Verhältnis.

12.8.3 Unvollkommene Filterkuchenbildung und verminderte Eindringung

Bei vielen Schlitzwandungen können zwar die Tonpartikel der Stützflüssigkeit in den Porenraum des anstehenden Bodens eindringen, nicht aber das meist grobkörnigere Bodenmaterial, mit dem sich die Suspension bei fortschreitendem Schlitzaushub zunehmend anreichert. Beim Eindringen der „verschmutzten“ Stützflüssigkeit in die Bodenporen werden die Bodenteilchen zusammen mit Tonpartikeln an den Wandungen des Erdschlitzes abgefiltert, was zur Entstehung einer unvollkommenen Filterkuchenschicht führt, durch die in vermindertem Umfang weiterhin Tonsuspension in die Porenkanäle des Boden eindringen kann (Bild 12-19). In solchen Fällen erfolgt die Abtragung der charakteristischen Flüssigkeitsdruckdifferenz

$$\Delta p_k = p_F - p_w \qquad \text{Gl. 12-5}$$

auf das Korngerüst des Bodens zum einen Teil ($\sigma_{d,k}$, siehe Bild 12-19) membranartig über die Filterkuchenschicht (wie bei der vollkommenen Filterkuchenbildung), und zum anderen Teil ($\sigma_{s,k}$, siehe Bild 12-19) über die Eindringtiefe s durch die von der Stützflüssigkeit erzeugten charakteristischen Schubspannungen $\tau_{F,k}$ im Porenkanal.

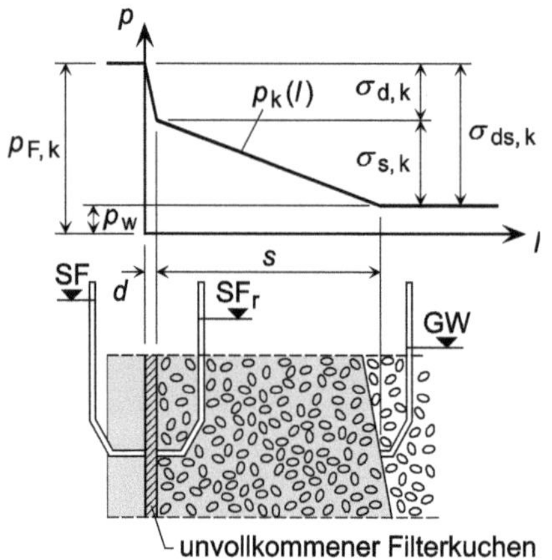

Bild 12-19 Übertragung des Stützflüssigkeitsdrucks bei unvollkommenem Filterkuchen und verminderter Eindringung

Bei unvollkommen ausgebildeten Filterkuchen lässt sich die Eindringtiefe s nicht eindeutig ermitteln, da weder die Filterkuchendicke noch das Druckgefälle im Filterkuchen genügend genau angegeben werden können. Deshalb ist bei solchen Gegebenheiten die Eindringtiefe s entweder durch die Annahme festzulegen, dass eine reine Eindringung ohne Filterkuchenbildung vorliegt, oder sie ist mit Hilfe des Geräts zur Messung des Druckgefälles f_{s0} experimentell zu bestimmen (vgl. [77], Erläuterungen zu Abschnitt 3.11). Die erstgenannte Möglichkeit stellt eine Abschätzung dar, die hinsichtlich der Standsicherheitsberechnungen auf der sicheren Seite liegt. Die zweite Möglichkeit verlangt zwei Versuche, die einmal mit der reinen und einmal mit der verschmutzten Stützflüssigkeit (bei gleicher Tonkonzentration) durchzuführen sind. Ihre Auswertung ermöglicht mit $p_{s,k} = \sigma_{s,k}$ die Angabe des Druckgefälles (siehe hierzu Abschnitt 12.8.5) $f_{s0} = p_{s,k}/s$ sowie des zu $\sigma_{ds,k}$ bzw. $p_{F,k} - p_W$ gehörende Verhältnisses $\sigma_{d,k}/\sigma_{s,k}$.

12.8.4 Geschlossene Systeme

Bei den bisher beschriebenen Stützungsmechanismen wurde vorausgesetzt, dass die Stützflüssigkeit in den offenen Porenraum der zu stützenden Schlitzwandungen („offenes" System) eindringen kann. Nur so kann sie ihre stabilisierende Wirkung entwickeln (über den sich bildenden Filterkuchen oder die Stützdruckübertragung durch Schubspannungen). Eine stützende Wirkung kann die Tonsuspension nicht entfalten, wenn sie z. B. auf wassergesättigten Sand einwirkt, der von wenig wasserdurchlässigem, bindigem Boden umgeben ist („geschlossenes" System). Trifft das Aushubgerät auf einen solchen „geschlossenen" Boden, wird die charakteristische Flüssigkeitsdruckdifferenz Δp_k in diesem Boden sofort durch eine entsprechende Erhöhung des Porenwasserdrucks im geschlossenen System kompensiert. Wegen der dann fehlenden Druckdifferenz kann die Suspension nicht in den Porenraum eindringen, sodass einerseits ein Abfiltern von Feststoffpartikeln nicht eintreten kann, und sich andererseits auch keine Schubspannungen in den Porenkanälen aufbauen können. Dies führt zum Wegfall der Stützwirkung durch die Stützflüssigkeit und zum Auslaufen des Sandes in den Schlitz hinein.

Die Kompensation von Δp_{k} durch Porenwasserdruckerhöhung tritt auch bei wassergesättigten bindigen Böden auf. Aus diesem Grund können solche Böden nur dann mit einer Flüssigkeit gestützt werden, wenn der Aushub so langsam erfolgt, dass sich der kompensierende Porenwasserüberdruck wieder abbauen kann.

12.8.5 Druckgefälle

DIN 4126, 3.5 definiert die entlang der Eindringtiefe s an das Korngerüst gleichmäßig abgegebene Differenz der am Anfang und am Ende der Eindringtiefe im Porenraum herrschenden Flüssigkeitsdrücke mit

$$\Delta p = p_1 - p_2 \qquad \text{Gl. 12-6}$$

Diese Differenz erlaubt dann die Angabe des Druckgefälles

$$f_{\mathrm{s0}} = \frac{\Delta p}{s} \qquad \text{Gl. 12-7}$$

einer im Porenraum eines Bodens zum Stillstand gekommenen stützenden Flüssigkeit. Die Größe f_{s0} verkörpert gleichzeitig eine Kraft, die von der Stützflüssigkeit auf das Korngerüst übertragen wird und auf eine Volumeneinheit des Bodens im Eindringbereich bezogen ist.

In [267] stellt *Ruppert* Ergebnisse von Versuchen mit verschiedenen Bodenarten und Bentonitsorten vor, in denen er die dimensionslose Größe s_{k} mit der Fließgrenze τ_{F} in Beziehung bringt. Im Rückgriff auf diese Versuche übertragen *Stocker/Walz* [180], Kap. 3.7, die Ergebnisse in guter Näherung auf das Druckgefälle, das zu s_{k} in der Beziehung

$$f_{\mathrm{s0}} = \gamma_{\mathrm{F}} \cdot s_{\mathrm{k}} \qquad \text{Gl. 12-8}$$

steht. Für die Ermittlung des tatsächlich vorhandenen Druckgefälles geben sie die Gleichung

$$\text{vorh}\, f_{\mathrm{s0}} = \frac{a \cdot \tau_{\mathrm{F}}}{d_{10}} \qquad \text{Gl. 12-9}$$

an (Bild 12-20). Dabei ist a die Neigung der Ausgleichsgeraden und d_{10} der Korndurchmesser des Bodens bei 10 % Siebdurchgang (maßgebend für den Durchlässigkeitsbeiwert des Bodens). Für den Fall $a = 2$ ergibt sich die Gleichung

$$\text{vorh}\, f_{\mathrm{s0}} = \frac{2 \cdot \tau_{\mathrm{F}}}{d_{10}} \qquad \text{Gl. 12-10}$$

die, gemäß DIN 4126, 5.4.2, für Tonsuspensionen und selbsterhärtende Suspensionen verwendet werden darf, wenn das Druckgefälle nicht genauer ermittelt wird (siehe auch DIN 4126 Bbl 1, Seite 10).

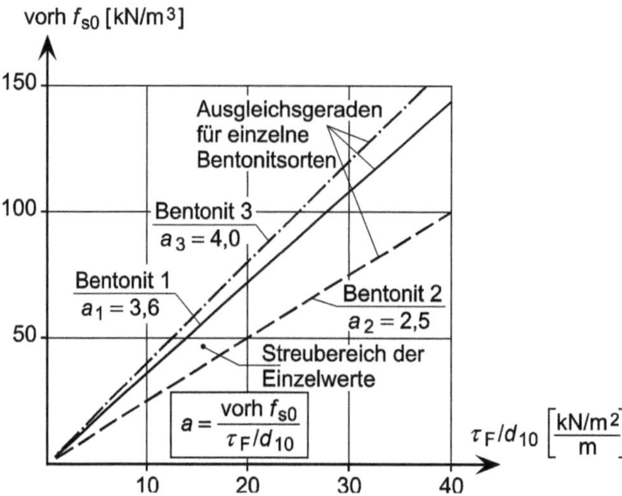

Bild 12-20 Einfluss der Bentonitsorten auf das Druckgefälle f_{s0} (nach [180], Kap. 3.7)

12.9 Standsicherheit des gestützten Schlitzes

12.9.1 Nachweise und Voraussetzungen

Für die Herstellungsphase von Schlitzwänden, in der die Stabilisierung der Schlitzwandungen durch die Stützflüssigkeit erfolgt, muss nach DIN 4126, 5 die Standsicherheit der mit stützender Flüssigkeit gefüllten Schlitze über drei Einzelnachweise aufgezeigt werden. Sie dienen zum Nachweis der Sicherheit gegen

- den Zutritt von Grundwasser in den Schlitz und gegen Verdrängen der Stützflüssigkeit,
- das Abgleiten von Einzelkörnern oder Korngruppen in den Schlitz (auch als „innere“ Standsicherheit bezeichnet),
- den Schlitz gefährdende Gleitflächen im Boden (auch als „äußere“ Standsicherheit bezeichnet).

Bei der Nachweisführung wird vorausgesetzt, dass die in den Abschnitten 12.9.2 und 12.9.4 angesetzte Höhe des Stützflüssigkeitsspiegels nicht unterschritten wird. Die Nichteinhaltung dieser Voraussetzung (Absinken des Spiegels unter das statisch erforderliche Niveau) kann z. B. zur Bildung von Gleitflächen im Boden führen, die den Einsturz des Schlitzes herbeiführen können.

Absinken kann der Stützflüssigkeitsspiegel infolge möglicher Verluste der Stützflüssigkeit, wie sie z. B. beim Anschneiden

- von Hohlräumen (z. B. Abwasserleitung),
- einer neuen Schicht, deren Durchlässigkeit größer ist als die der vorhergehenden Schicht,

entstehen. Durch die Abschätzung der Verluste, die bei solchen Gegebenheiten zu erwarten sind, kann der Unterschreitung der statisch erforderlichen Spiegelhöhe der stützenden Flüssigkeit vorgebeugt werden. So führt z. B. bei angeschnittenen Schichten mit stärkerer Durchlässigkeit der Ansatz

$$s = \frac{\Delta p \cdot d_{10}}{2 \cdot \tau_{F,k}} \qquad \text{Gl. 12-11}$$

zu einer sicheren Abschätzung der Eindringtiefen s der Stützflüssigkeit (vgl. DIN 4126, 5.1). Die Multiplikation dieses s-Werts mit der Eindringfläche A_E und dem Porenanteil n der jeweils angeschnittenen Schicht

$$V_{\text{Suspension}} = s \cdot A_E \cdot n \cdot 2 \qquad \text{Gl. 12-12}$$

liefert einen auf der sicheren Seite liegenden Schätzwert des zu erwartenden Stützflüssigkeitsverlustes (der in Gl. 12-12 verwendete Faktor 2 gilt für den üblichen Fall, dass das Anschneiden der Schicht zu einem Eindringen in beide Seitenflächen der Schlitzwand führt). Nach DIN 4126, 5.1 genügt es für eine Volumenabschätzung im Regelfall, einen Porenanteil von $n = 0{,}25$ anzusetzen. Erst wenn für den Verlust an Stützflüssigkeit eine kritische Größenordnung erreicht wird, ist der Stützflüssigkeitsverlust mit einem genauer bestimmten Wert für den Porenanteil zu berechnen. Ergänzend wird an gleicher Stelle angemerkt, dass Porenanteile von Böden zwischen $n = 0{,}1$ und $n = 0{,}4$ liegen können.

Zur Erläuterung von Gl. 12-11 ist auf Bild 12-21 hinzuweisen. Für die Eindringung der Stützflüssigkeit bis zur Eindringtiefe s gilt das Kräftegleichgewicht

$$p_{F,k} \cdot b \cdot \Delta z = p_w \cdot b \cdot \Delta z + H_k \qquad \text{Gl. 12-13}$$

in dem die Größe H_k die sich infolge des Druckgefälles ergebende charakteristische resultierende Reaktionskraft des Bodenelements erfasst

$$H_k = b \cdot \Delta z \cdot s \cdot f_{s0} \qquad \text{Gl. 12-14}$$

Unter Berücksichtigung eines Druckgefälles gemäß Gl. 12-10 ergibt sich daraus

$$p_{F,k} - p_w = \Delta p = s \cdot \frac{2 \cdot \tau_{F,k}}{d_{10}} \quad \text{bzw.} \quad s = \frac{\Delta p \cdot d_{10}}{2 \cdot \tau_{F,k}} \qquad \text{Gl. 12-15}$$

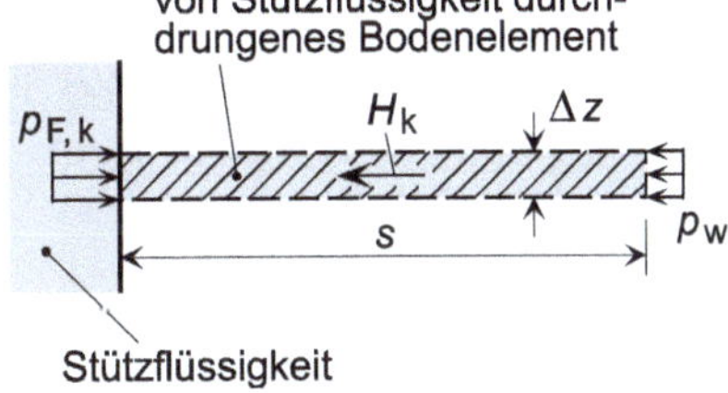

Bild 12-21 Bodenelement der Höhe Δz und der Breite b mit bis zur Länge s eingedrungener Stützflüssigkeit

Die Sicherung der statisch erforderlichen Suspensionsspiegelhöhe basiert u. a. auf

- der Kenntnis von Lage und Größe vorhandener Hohlräume, Rohrleitungen und grobporiger Bodenschichten,
- der ständigen Überwachung des Stützflüssigkeitsspiegels,
- der Vorhaltung einer ausreichenden Reservemenge an Stützflüssigkeit und ggf. an abdichtenden Stoffen wie etwa schon ausgehobenes Bodenmaterial oder Magerbeton,
- dem Ausgleich des Aushubvolumens und des Flüssigkeitsverlustes durch ständiges Zuleiten von Suspension in den Erdschlitz.

Weitere Ausführungen zu diesem Thema sind z. B. in DIN 4126 Bbl 1 zu finden.

12.9.2 Grundwasserzutritt in den Schlitz und Verdrängen der Stützflüssigkeit

In den mit Stützflüssigkeit gefüllten Schlitz darf kein Grundwasser eindringen, da dies das Entstehen eines Filterkuchens bzw. das Eindringen der Stützflüssigkeit in den anstehenden Boden verhindern würde. Die stützende Wirkung der Suspension könnte sich in einem solchen Fall nicht aufbauen. Darüber hinaus käme es zu einer Vermengung von Stützflüssigkeit und Grundwasser und damit zu einer „Verwässerung“ bzw. dem Verlust der Stabilität (siehe Anwendungsbeispiel auf Seite 473) der Stützflüssigkeit. Das Eindringen wird verhindert, wenn über die gesamte Schlitztiefe der hydrostatische Druck p_F der Stützflüssigkeit nicht kleiner ist als der ihm entgegengesetzte hydrostatische Druck p_W des Grundwassers (Bild 12-22), bzw. wenn für das Verhältnis von hydrostatischem Grundwasser- und Stützflüssigkeitsdruck die Beziehung

$$\frac{p_w}{p_F} \leq 1 \qquad \text{Gl. 12-16}$$

gilt. Die schwerere Stützflüssigkeit ($\gamma_F > \gamma_W$) verhindert bei $p_W/p_F = 1$ das Eindringen des Grundwassers in den Schlitz bzw. verdrängt bei $p_W/p_F < 1$ das Grundwasser in den Bodenporen. Gl. 12-16 erfasst den Sachverhalt ohne die Berücksichtigung von Sicherheitsbeiwerten.

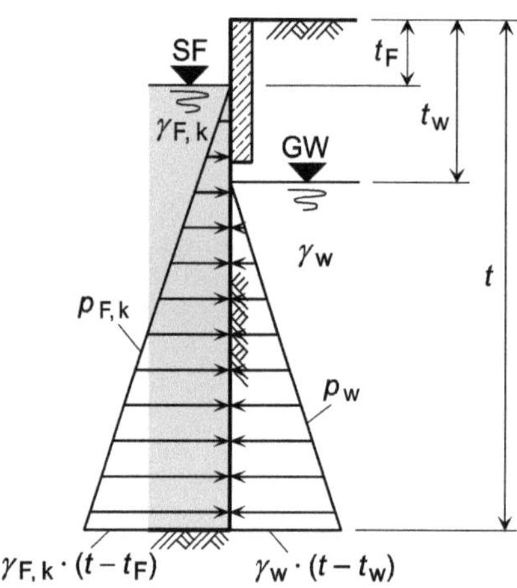

Bild 12-22 Verteilung der hydrostatischen Drücke aus Stützflüssigkeit ($p_{F,k}$) und Grundwasser (p_W) über die Schlitztiefe bei einer ins Grundwasser reichenden Schlitzwand der Tiefe t

Bei Systemen, die dem Bild 12-22 entsprechen, ergibt sich das kleinste Verhältnis der durch die Stützflüssigkeit bzw. das Grundwasser hervorgerufenen hydrostatischen Drücke in der Tiefe t. Deshalb muss der Stützflüssigkeitsdruck gegenüber dem Grundwasserdruck insbesondere in dieser Tiefe so groß sein, dass gemäß Gl. 12-16 die Forderung

$$\frac{p_w}{p_{F,k}} = \frac{\gamma_w \cdot (t - t_w)}{\gamma_{F,k} \cdot (t - t_F)} \leq 1 \qquad \text{Gl. 12-17}$$

eingehalten wird.

In dem entsprechenden Sicherheitsnachweis gemäß DIN 4126, 5.2 (μ ist der Ausnutzungsgrad)

$$p_w \cdot \gamma_{G,dst} \leq p_{F,k} \cdot \gamma_{G,stb} \quad \text{bzw.} \quad \mu = \frac{p_w \cdot \gamma_{G,dst}}{p_{F,k} \cdot \gamma_{G,stb}} \leq 1 \qquad \text{Gl. 12-18}$$

werden als hydrostatische Drücke die Größen p_W und $p_{F,k}$ sowie die Teilsicherheitsbeiwerte $\gamma_{G,stb}$ (stabilisierende ständige Einwirkungen) bzw. $\gamma_{G,dst}$ (destabilisierende ständige Einwirkungen) verwendet. Als Zahlenwerte für $\gamma_{G,stb}$ und $\gamma_{G,dst}$ sind die zu den Grenzzuständen HYD und UPL sowie zur Bemessungssituation BS-A gehörenden Größen zu verwenden. Für die jeweilige Nachweisstelle des Schlitzes gilt:

p_W hydrostatischer Grundwasserdruck, der zu einem Grundwasserspiegel gehört, welcher dem höchsten während der Bauzeit zu erwartenden Spiegel entspricht bzw. welcher während des Schlitzaushubs durch Messung ermittelt wird,

$p_{F,k}$ charakteristischer hydrostatischer Druck der Stützflüssigkeit, deren angesetzter Spiegel zur Leitwandoberkante einen Abstand von ≥ 20 cm aufweisen muss und nach DIN EN 1538, 7.2.1.3 ≥ 1 m über dem Grundwasserspiegel gemäß der Definition von p_W liegen sollte.

Die Ungleichung Gl. 12-17, die keine Sicherheitsbeiwerte enthält, ist dann durch

$$\frac{p_w \cdot \gamma_{G,dst}}{p_{F,k} \cdot \gamma_{G,stb}} = \mu = \frac{\gamma_w \cdot (t - t_w) \cdot \gamma_{G,dst}}{\gamma_{F,k} \cdot (t - t_F) \cdot \gamma_{G,stb}} \leq 1 \qquad \text{Gl. 12-19}$$

zu ersetzen (μ = Ausnutzungsgrad).

Mit den für die Bemessungssituation BS-A geltenden Teilsicherheitsbeiwerten für destabilisierende ständige Einwirkungen

$$\gamma_{G,dst} = 1{,}00 \qquad \text{Gl. 12-20}$$

und stabilisierende ständige Einwirkungen

$$\gamma_{G,stb} = 0{,}95 \qquad \text{Gl. 12-21}$$

die zu den Grenzzuständen HYD und UPL gehören, ergibt sich aus Gl. 12-19

$$\frac{\gamma_w \cdot (t - t_w)}{\gamma_{F,k} \cdot (t - t_F)} \leq \frac{\gamma_{G,stb}}{\gamma_{G,dst}} = \frac{0{,}95}{1{,}00} = 0{,}95 \qquad \text{Gl. 12-22}$$

bzw.

$$t \cdot (\gamma_w - 0{,}95 \cdot \gamma_{F,k}) \leq \gamma_w \cdot t_w - 0{,}95 \cdot \gamma_{F,k} \cdot t_F \qquad \text{Gl. 12-23}$$

Diese Forderung ist im Regelfall leicht einzuhalten, da der Ton-Wasser-Suspension auch Füllstoffe wie z. B. Feinsand beigemengt werden dürfen, womit problemlos Wichten der frisch angemischten Suspension von mindestens $\gamma_{F,k} = 10{,}526$ kN/m³ erreichbar sind (nach Gl. 12-22 erforderlich bei $t_W = t_F$). Zusätzlich wird die Sicherheit während des Aushubs weiter vergrößert, da die Aushubarbeiten eine Anreicherung der Suspension mit Bodenmaterial bewirken, was mit einer Erhöhung der charakteristischen Suspensionswichte $\gamma_{F,k}$ verbunden ist. Für den Sicherheitsnachweis nach Gl. 12-18 bzw. Gl. 12-19 muss dieser Sachverhalt allerdings außer Betracht bleiben.

Bei gespanntem oder unmittelbar unter der Geländeoberkante anstehendem Grundwasser kann der erforderliche Suspensionsdruck meist auch durch die zusätzliche Erhöhung der Leitwandoberkante über Gelände erreicht werden (vgl. Bild 12-11).

In Fällen mit vorgegebener charakteristischer Stützflüssigkeitswichte $\gamma_{F,k}$ führt Gl. 12-22 durch entsprechende Umformung zu der Ungleichung für die zulässige Schlitztiefe gemäß DIN 4126, 5.2

$$\text{zul}\, t \leq \frac{\gamma_w \cdot t_w - 0{,}95 \cdot \gamma_{F,k} \cdot t_F}{\gamma_w - 0{,}95 \cdot \gamma_{F,k}} \qquad \text{Gl. 12-24}$$

(vgl. nachstehendes Anwendungsbeispiel) bzw. für die erforderliche charakteristische Stützflüssigkeitswichte bei vorgegebener Schlitztiefe t (vgl. nachstehendes Anwendungsbeispiel) zu

$$\text{erf}\,\gamma_{F,k} \geq \frac{\gamma_w \cdot (t - t_w)}{0{,}95 \cdot (t - t_F)}$$ Gl. 12-25

Anwendungsbeispiel

In annähernd homogenem Sand (maßgebende Korngröße $d_{10} \leq 0{,}3$ mm) ist ein durch eine Tonsuspension gestützter Schlitz geplant, der in das Grundwasser reicht. Für seine Herstellung gelten die Abmessungen (vgl. Bild 12-22)

$t_F = 0{,}35$ m und $t_w = 1{,}00$ m

und die Materialkennwerte

$\gamma_w = 10{,}0$ kN/m^3 (Wichte des Grundwassers)

$\gamma_{F,k}$ (charakteristische Wichte der Stützflüssigkeit)

$\rho'_s = 2{,}58$ kg/Liter (Korndichte des Suspensionstons)

Aufgrund von Baugrunderkundungen ist davon auszugehen, dass bei der Schlitzherstellung keine Hohlräume und/oder grobporige Bodenschichten angeschnitten werden.

Unter Bezugnahme auf die nach DIN 4126 geltende Sicherheit gegen den Zutritt von Grundwasser in den durch Stützflüssigkeit gestützten Aushubbereich einer Schlitzwand sind zu ermitteln:

1) die zulässige Schlitztiefe bei einer charakteristischen Wichte der Tonsuspension von $\gamma_{F,k} = 10{,}3$ kN/m^3,
2) die aufgeschlämmte Tonmasse (in kg) pro m^3 Tonsuspension, die zu der charakteristischen Wichte der Tonsuspension von $\gamma_{F,k} = 10{,}3$ kN/m^3 gehört (Tabelle 12-1 verwenden!),
3) die charakteristische Wichte $\gamma_{F,k}$ (in kN/m^3) der stützenden Flüssigkeit, die sie für eine Schlitztiefe $t = 50$ m mindestens aufweisen muss,
4) die Masse (in kg) an Feinsand (charakteristische Korndichte = 2,65 kg/Liter), die eine Suspension mit dem Tonanteil $g = 49$ kg/m^3 mindestens enthalten muss, wenn sie für Schlitztiefen bis 50 m verwendet werden soll (Tabelle 12-1 verwenden!).

Tabelle 12-1 Berechnung der Mischrezeptur für 1000Liter stützende Flüssigkeit (nach DIN 4126 Bbl 1, Tabelle 101

Stoff	Masse in kg	Korndichte (in kg/Liter)	Volumen (in Liter)
Ton	g	ρ'_s	$\frac{g}{\rho'_s}$
Füllstoff	g_1	ρ_{s1}	$\frac{g_1}{\rho_{s1}}$
Wasser	$1000-\left(\frac{g}{\rho'_s}+\frac{g_1}{\rho_{s1}}\right)$	1,000	$1000-\left(\frac{g}{\rho'_s}+\frac{g_1}{\rho_{s1}}\right)$
Stütz-flüssigkeit	$g+g_1+1000-\left(\frac{g}{\rho'_s}+\frac{g_1}{\rho_{s1}}\right)$	$\frac{g+g_1+1000-\left(\frac{g}{\rho'_s}+\frac{g_1}{\rho_{s1}}\right)}{1000}$	1000

Lösung

1. Zulässige Schlitztiefe bei $\gamma_{F,k} = 10{,}3$ kN/m³ der Tonsuspension

Nach DIN 4126, 5.2 ist die Sicherheit gegen den Grundwasserzutritt in den Schlitz dann gegeben, wenn rechnerisch nachgewiesen werden kann, dass für den charakteristischen hydrostatischen Druck der stützenden Flüssigkeit und den hydrostatischen Druck des Grundwassers in jeder beliebigen Tiefe die Bedingung

$$p_w \cdot \gamma_{G,dst} \leq p_{F,k} \cdot \gamma_{G,stb}$$

erfüllt ist.

Diese Bedingung muss vor allem für den ungünstigsten Fall erfüllt sein, der bei den vorliegenden Höhenlagen von Suspensions- und Grundwasserspiegel in der noch zu bestimmenden Tiefe t zu finden ist. Für diese Tiefe ergibt sich mit Gl. 12-24 die gesuchte zulässige Größe der Schlitztiefe zu

$$\text{zul}\,t \leq \frac{\gamma_w \cdot t_w - 0{,}95 \cdot \gamma_{F,k} \cdot t_F}{\gamma_w - 0{,}95 \cdot \gamma_{F,k}} = \frac{10{,}0 \cdot 1{,}0 - 0{,}95 \cdot 10{,}3 \cdot 0{,}35}{10{,}0 - 0{,}95 \cdot 10{,}3} = 30{,}58 \text{ m}$$

2. Aufgeschlämmte Tonmasse pro m³ Tonsuspension

Nach Tabelle 12-1 ergibt sich die Masse m (in kg) von 1 m³ reiner Tonsuspension aus

$$m = g + 1000 - \frac{g}{\rho'_s}$$

wobei g die Masse des Tons (in kg pro m³ Suspension) und ρ'_s seine Korndichte (in kg/Liter) angeben. Durch Auflösung nach g und Einsetzen der Größen $m = 1030$ kg/m³ und $\rho'_s = \rho'_{s,k} =$ 2,58 kg/Liter ergibt sich daraus die gesuchte Masse an aufgeschlämmtem Ton pro m³ der Suspension

$$g = \frac{(m-1000) \cdot \rho'_{s,k}}{\rho'_{s,k} - 1} = \frac{(1030-1000) \cdot 2{,}58}{2{,}58 - 1} = 49 \text{ kg}$$

3. Erforderliche charakteristische Wichte $\gamma_{F,k}$ der Stützflüssigkeit für die Schlitztiefe $t = 50$ m

Die charakteristische Wichte der Stützflüssigkeit, die bei einer Schlitztiefe von $t = 50$ m gemäß DIN 4126, 5.2 erforderlich ist, berechnet sich mit Hilfe von Gl. 12-25 zu

$$\text{erf}\,\gamma_{F,k} \geq \frac{\gamma_w \cdot (t - t_w)}{0{,}95 \cdot (t - t_F)} = \frac{10{,}0 \cdot (50{,}0 - 1{,}0)}{0{,}95 \cdot (50{,}0 - 0{,}35)} = 10{,}39 \text{ kN/m}^3$$

4. Feinsandmasse einer Suspension mit dem Tonanteil $g = 49$ kg pro m³

Für den vorliegenden Fall muss nach Abschnitt 3 eine für Schlitztiefen bis 50 m verwendbare Suspension mindestens die Masse $m = 1039$ kg/m³ aufweisen. Nach der Tabelle 12-1 ergibt sich dieser Wert aus

$$m = g + g_1 + 1000 - \left(\frac{g}{\rho'_s} + \frac{g_1}{\rho_{s1}} \right)$$

wobei g_1 die Masse des Feinsands (in kg pro m³ Suspension) und ρ_{s1} dessen Korndichte (in kg/Liter) angeben.

Aufgelöst nach g_1 und mit den Zahlengrößen für m, g, $\rho'_s = \rho'_{s,k}$ und $\rho_{s1} = \rho_{s1,k}$ ergibt sich die gesuchte Mindestmasse an Feinsand

$$\text{erf}\,g_1 = \frac{\left(m + \frac{g}{\rho'_{s,k}} - 1000 - g \right) \cdot \rho_{s1,k}}{\rho_{s1,k} - 1} = \frac{\left(1039 + \frac{49}{2{,}58} - 1000 - 49 \right) \cdot 2{,}65}{2{,}65 - 1} = 14{,}44 \text{ kg}$$

die die Suspension pro m³ mindestens enthalten muss, um für Schlitztiefen bis 50 m verwendet werden zu können.

12.9.3 Innere Standsicherheit (Abgleiten von Einzelkörnern oder Korngruppen)

Bei grobkörnigen Schlitzwandungen ohne oder mit unvollkommener Filterkuchenbildung muss das Abgleiten von Einzelkörnern, Korngruppen oder dünnen Bodenschollen in die Stützflüssigkeit verhindert werden (innere Standsicherheit). Um dies für ein Bodenelement zu erreichen, das unter dem Auftrieb der Stützflüssigkeit steht und somit die Eigenlast G'' aufweist (Bild 12-23), wird eine mobilisierbare Scherkraft

$$\text{erf}\,T \geq G'' \qquad \text{Gl. 12-26}$$

benötigt, wenn keine zusätzlichen Sicherheitsbeiwerte berücksichtigt werden.

Wird in Gl. 12-26 als Eigenlast des Bodenelements

$$G'' = \gamma'' \cdot \Delta s \cdot \Delta z \cdot \Delta b \qquad \text{Gl. 12-27}$$

sowie die Beziehung

$$\text{erf}\,T = \text{erf}\,H \cdot \tan\phi = \text{erf}\,f_{s0} \cdot \Delta s \cdot \Delta z \cdot \Delta b \cdot \tan\phi \qquad \text{Gl. 12-28}$$

eingesetzt, ergibt sich das erforderliche Druckgefälle zu

$$\text{erf}\, f_{s0} \geq \frac{\gamma''}{\tan\phi}$$ Gl. 12-29

und mit Gl. 12-9 die Ungleichung

$$\gamma'' \leq \frac{a \cdot \tau_F}{d_{10}} \cdot \tan\phi \qquad \text{bzw.} \qquad \tau_F \geq \frac{\gamma'' \cdot d_{10}}{a \cdot \tan\phi}$$ Gl. 12-30

Wird gemäß DIN 4126, 5.4.2 $a = 2$ gesetzt (vgl. Abschnitt 12.8.5), nimmt Gl. 12-30 die Form

$$\gamma'' \leq \frac{2 \cdot \tau_F}{d_{10}} \cdot \tan\phi \qquad \text{bzw.} \qquad \tau_F \geq \frac{\gamma'' \cdot d_{10}}{2 \cdot \tan\phi}$$ Gl. 12-31

an.

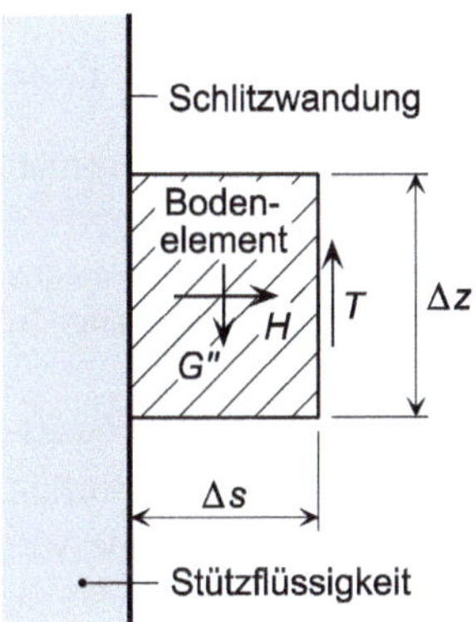

Bild 12-23 Gegen Abgleiten zu sicherndes Bodenelement der Breite Δb

Der entsprechende Sicherheitsnachweis von DIN 4126, 5.3 gegen das Abgleiten von Einzelkörnern oder Korngruppen einer Schicht ist dem Grenzzustand GEO-3 von DIN 1054 zuzuordnen und verlangt die Einhaltung der Bedingung

$$\gamma''_k \cdot \gamma_G \leq \frac{2 \cdot \eta_F \cdot \tau_{F,k}}{d_{10}} \cdot \frac{\tan\phi'_k}{\gamma_{\phi'}}$$ Gl. 12-32

Die sich auch in der Form

$$\mu = \frac{\gamma''_k \cdot \gamma_G \cdot d_{10}}{2 \cdot \eta_F \cdot \tau_{F,k}} \cdot \frac{\gamma_{\phi'}}{\tan\phi'_k} \leq 1$$ Gl. 12-33

darstellen lässt (μ = Ausnutzungsgrad).

Darin verwendet werden

- γ''_k charakteristische Bodenwichte unter dem Auftrieb der Stützflüssigkeit (zul. Näherung nach DIN 4126, 5.3: $\gamma''_k = \gamma'_k$ = charakteristische Bodenwichte unter Wasserauftrieb),
- γ_G 1,00 (Teilsicherheitsbeiwert für ständige Einwirkungen im Grenzzustand GEO-3 und in der Bemessungssituation BS-T),

η_F 0,6 (Anpassungsfaktor für die Fließgrenze wegen ihrer Schwankungen während des Schlitzaushubs und wegen des vereinfachten Messverfahrens für die Fließgrenze auf der Baustelle),

$\tau_{F,k}$ charakteristische Fließgrenze der Tonsuspension oder der selbsterhärtenden Suspension (wird in DIN 4126, 5.1 mit τ_F bezeichnet),

d_{10} Korndurchmesser des Bodens bei 10 % Siebdurchgang (maßgebend für den Durchlässigkeitsbeiwert des Bodens der zu betrachtenden Schicht),

φ'_k charakteristischer Wert des effektiven Reibungswinkels des Bodens der zu betrachtenden Schicht,

$\gamma_{\varphi'}$ 1,15 (Teilsicherheitsbeiwert für den charakteristischen Reibungsbeiwert tan φ'_k des dränierten Bodens im Grenzzustand GEO-3 und in der Bemessungssituation BS-T).

Die charakteristische Wichte des Bodens unter Auftrieb der Stützflüssigkeit berechnet sich nach DIN 4126, 5.3 mit dem Porenanteil n und der Kornwichte γ_s des Bodens der zu betrachtenden Schicht sowie mit der charakteristischen Wichte $\gamma_{F,k}$ der Stützflüssigkeit zu

$$\gamma''_k = (1-n) \cdot (\gamma_s - \gamma_{F,k}) \qquad \text{Gl. 12-34}$$

In DIN 4126, 5.3 wird ausdrücklich darauf hingewiesen, dass auf den Sicherheitsnachweis gemäß Gl. 12-32 bzw. Gl. 12-33 verzichtet werden darf, wenn

- die Mächtigkeit der zu betrachtenden Schicht geringer ist als 0,5 m und über ihr eine mindestens 3-fach mächtigere Schicht vorhanden ist, die ausreichende Sicherheit besitzt (Abgleitvorgänge in so geringem Ausmaß gefährden den mit Stützflüssigkeit gefüllten Schlitz nicht),
- für den Korndurchmesser bei 10 % Siebdurchgang $d_{10} \leq 0{,}2$ mm gilt und die verwendete Tonsuspension einen Tongehalt von $\geq g_{15}$ aufweist (als Massenkonzentration in kg pro m³ Suspension anzugebender Tongehalt, für den sich beim Filterpressversuch eine Filtratwasserabgabe von $f = 15$ cm³ ergibt, vgl. DIN 4127, 3.4).

Darüber hinaus ist zu beachten, dass Kies- und Steinschichten mit $d_{10} > 5$ mm und einer Mächtigkeit von > 0,5 m nur dann standsicher sind, wenn Fließgrenzen von $\tau_{F,k} > 70$ N/m² gewählt werden oder Sondermaßnahmen wie die

- Einbringung von Einpressgut in die Kies- und Steinschicht vor Beginn der Aushubarbeiten,
- Zugabe von Sand, Zement, granuliertem Bentonit oder ähnlichem Material während der Aushubarbeiten

durchgeführt werden.

Unter Beachtung der oben genannten Ausnahmeregelungen ist der Nachweis der Sicherheit gemäß Gl. 12-32 für die grobkörnigste Schicht mit einer Mächtigkeit von > 0,5 m zu führen.

Nach DIN 4126, 5.3 kann der Standsicherheitsnachweis, außer mit Gl. 12-32, auch erbracht werden durch

- die Herstellung eines Versuchsschlitzes in einem für die Baumaßnahmen repräsentativen Bereich; der für die Standsicherheit notwendige Fließgrenzenwert ergibt sich aus dem mit dem Sicherheitswert 1,5 multiplizierten Wert der Fließgrenze, der beim erfolgreichen Versuch vorhanden ist,
- positive Erfahrungen an mindestens 20 Schlitzwandelementen in gleichartigen oder ungünstigeren Böden; in einem solchen Fall sind die Arbeitsweise und die Eigenschaften der Stützflüssigkeit unverändert zu übernehmen.

Wird die erforderliche charakteristische Fließgrenze erf $\tau_{F,k}$ einer Suspension gesucht, mit der das Abgleiten von Einzelkörnern oder Korngruppen in der betrachteten Schicht verhindert werden kann, lässt sich Gl. 12-32 durch Umstellung in die Form

$$\text{erf}\ \tau_{F,k} \geq \frac{\gamma''_k \cdot \gamma_G}{2 \cdot \eta_F} \cdot \frac{d_{10} \cdot \gamma_{\phi'}}{\tan\phi'_k} = \frac{\gamma''_k \cdot 1{,}00}{2 \cdot 0{,}6} \cdot \frac{d_{10} \cdot 1{,}15}{\tan\phi'_k} = 0{,}96 \cdot \frac{\gamma''_k \cdot d_{10}}{\tan\phi'_k} \approx \frac{\gamma''_k \cdot d_{10}}{\tan\phi'_k} \qquad \text{Gl. 12-35}$$

bringen. Soll die entsprechende Eignung einer Suspension mit bekannter Fließgrenze vorh $\tau_{F,k}$ überprüft werden, kann die Gleichung (μ = Ausnutzungsgrad)

$$\mu = \frac{0{,}96}{\text{vorh}\ \tau_{F,k}} \cdot \frac{\gamma''_k \cdot d_{10}}{\tan\phi'_k} \approx \frac{\gamma''_k \cdot d_{10}}{\text{vorh}\ \tau_{F,k} \cdot \tan\phi'_k} \leq 1 \qquad \text{Gl. 12-36}$$

verwendet werden.

Nach DIN 4126 Bbl 1, Seite 11 ist die erforderliche Sicherheit gemäß Gl. 12-32 gegeben, wenn die Mindestfließgrenzen aus Tabelle 12-2 während der Aushubarbeiten nicht unterschritten werden.

Tabelle 12-2 Mindestfließgrenzen $\tau_{F,k}$ in Abhängigkeit von der Bodenart (gemäß DIN 4126 Bbl 1, Tabelle 100)

Zeile	d_{10} in mm	min $\tau_{F,k}$ in N/m^2 während der Aushubarbeiten	Bodenart z. B.
1	$\leq 0{,}6$	10	Mittelsand
2	$\leq 2{,}0$	30	Kies mit mindestens 10 % Sand
3	$\leq 5{,}0$	70	Kies mit weniger als 10 % Sand, aber mit mindestens 15 % Feinkies

Weitere Ausführungen sind in DIN 4126 und DIN 4126 Bbl 1 zu finden.

Anwendungsbeispiel

Für eine Schlitzwand gemäß Bild 12-22 ist die Eindringtiefe s zu ermitteln, die sich in der Tiefe $t = 35{,}0$ m einstellt. Dabei ist davon auszugehen, dass

- der Schlitz in Mittelsand mit $d_{10} \leq 0{,}6$ mm hergestellt wird,
- die Mindestfließgrenzen der Tabelle 12-2 einzuhalten sind,
- als Stützflüssigkeit eine reine Wasser-Ton-Suspension verwendet wird, die gemäß DIN 4127 geprüft wurde (die Prüfergebnisse sind in Bild 12-24 dargestellt).

Für die Ermittlung von s sind die Tiefen $t_F = 0{,}3$ m, $t_W = 4{,}0$ m und die charakteristische Trockendichte des Tons $\rho'_{s,k} = 2{,}58$ t/m^3 = 2,58 kg/Liter anzusetzen.

Lösung

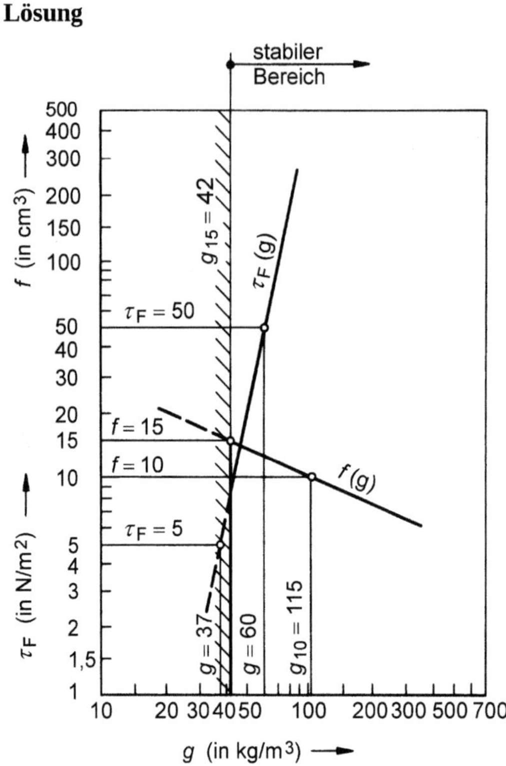

Bild 12-24 Fließgrenze und Filtratwasserabgabe in Abhängigkeit vom Tongehalt (Schlitzwandton DIN 4127–42–115–37–60; nach [80], Bild 2)

Gemäß Tabelle 12-2 ist als Mindestfließgrenze der Wert $\tau_{F,k} \geq 10$ N/m² einzuhalten, wenn der Aushub in Mittelsand mit $d_{10} \leq 0{,}6$ mm erfolgt. Aus Bild 12-24 geht hervor, dass zu dem geforderten Fließgrenzenwert ein Mindesttongehalt von $g_{\text{Ton}} = 43{,}5$ kg pro m³ Suspension gehört und dass eine solche Suspension stabil ist (sie entmischt sich im Laufe der Zeit praktisch nicht). Die Dichte einer Suspension, die pro m³ 43,5 kg Ton enthält, beträgt

$$\rho_{F,k} = \frac{g_{\text{Ton}} + 1000 \cdot 1{,}0 - \dfrac{g_{\text{Ton}}}{\rho'_{s,k}}}{1000} = \frac{43{,}5 + 1000 \cdot 1{,}0 - \dfrac{43{,}5}{2{,}58}}{1000} = 1{,}027 \text{ kg/Liter}$$

$$\triangleq \gamma_{F,k} = 10{,}27 \text{ kN/m}^3$$

Mit der Wichte $\gamma_{F,k}$ ergibt sich die Differenz (siehe Gl. 12-3)

$$\Delta p = \gamma_{F,k} \cdot h_F - \gamma_w \cdot h_w = \gamma_{F,k} \cdot (t + t_F) - \gamma_w \cdot (t + t_w)$$

$$= 10{,}27 \cdot (35{,}0 - 0{,}3) - 10 \cdot (35{,}0 - 4{,}0) = 46{,}37 \text{ kN/m}^3$$

der Flüssigkeitsdrücke, die in der Tiefe t am Anfang und am Ende der Eindringtiefe im Porenraum herrschen.

Die bisher ermittelten Größen führen unter Verwendung von Gl. 12-10 zu

$$\text{vorh}\,f_{s0} = \frac{2 \cdot \tau_{F,k}}{d_{10}} \geq \frac{2 \cdot 10}{6 \cdot 10^{-4}} = 33330\ \text{N/m}^3 = 33{,}33\ \text{kN/m}^3$$

und mit Gl. 12-7 zu der gesuchten Eindringtiefe

$$s \leq \frac{\Delta p}{\text{vorh}\,f_{s0}} = \frac{46{,}37}{33{,}33} = 1{,}39\ \text{m}$$

12.9.4 Äußere Standsicherheit (gefährdende Gleitflächen), Allgemeines

Wenn die Spiegelhöhe der stützenden Flüssigkeit unter den statisch erforderlichen Wert sinkt oder andere Gründe dazu führen, dass die Stützflüssigkeit über die jeweils erreichte Aushubtiefe t_a (bis hin zur Endtiefe *t*) einen zu geringen hydraulischen Druck entwickelt, kann „äußeres“ Versagen eintreten. In solchen Fällen entstehen Gleitflächen in dem Erdkörper, der den Aushubbereich umgibt. Auf ihnen kann der Boden im Wesentlichen als Monolith in den ggf. nicht vollständig mit Suspension gefüllten ausgehobenen Teil des geplanten Schlitzes abrutschen.

Der in Bild 12-25 dargestellte Bruchmechanismus beim Versagen flüssigkeitsgestützter Erdschlitze entspricht Beobachtungen sowie Ergebnissen von Modellversuchen (vgl. [210]).

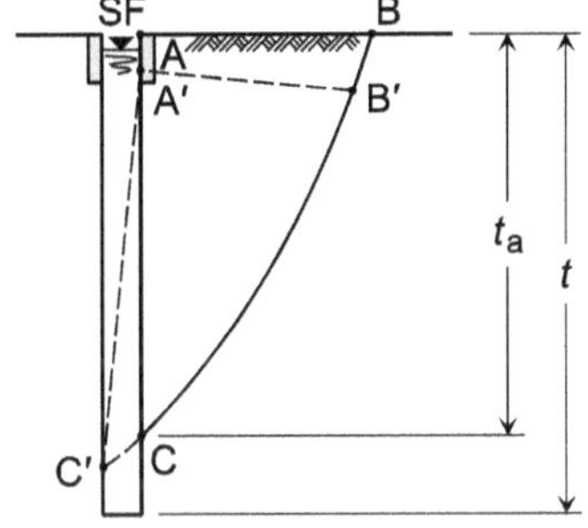

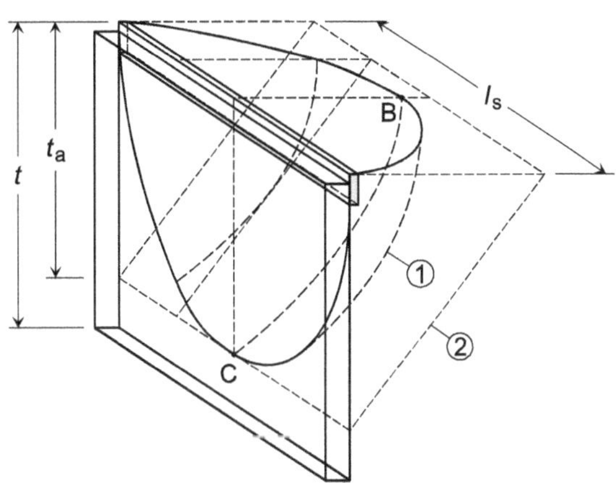

Grundriss

l_s ① Gewölbe-bildung

1) monolithischer Bruchkörper beim endlich langen Erdschlitz
2) entsprechender Bruchkörper eines (theoretisch) unendlich langen Erdschlitzes

Bild 12-25 Bruchmechanismus beim Versagen eines flüssigkeitsgestützten Erdschlitzes infolge Gleitflächenbildung (nach [210])

Zu räumlich begrenzten Schlitzen der Länge l_s gehörende Gleitkörper tragen einen Teil der von ihnen erzeugten aktiven Erddruckkraft durch Gewölbewirkung ab. Diese Wirkung stellt sich über die Schlitzlänge l_s ein, die Abtragung erfolgt auf den an den Schlitzrändern anstehenden Boden. Die hierbei von dem Gleitkörper erzeugte aktive Erddruckkraft E_a des räumlichen Falls (räumliche Erddruckkraft) ist kleiner als die sich nach *Coulomb* ergebende Erddruckkraft des ebenen Falls (bezogen auf einen Abschnitt der Länge l_s eines unendlich langen Erdschlitzes). Die Gewölbebildung führt zu Volumina und damit auch zu Massen räumlich begrenzter Gleitkörper, die geringer sind als die gleichlanger Abschnitte unendlich langer Erdschlitze. Die Differenz der entsprechenden Gleitkörpervolumina wächst mit der Gewölbewirkung, die sich mit größer werdendem Verhältnis von Aushubtiefe t_a zu Schlitzlänge l_s verstärkt.

Im Laufe der Zeit wurden von verschiedenen Autoren vereinfachte Bruchmodelle vorgestellt (vgl. z. B. [210]), mit denen die räumliche Erddruckkraft näherungsweise berechnet werden kann.

Eines dieser Modelle ist das Erdkeilmodell von DIN 4126 (Bild 12-26). Bei ihm wird die aktive Erddruckkraft E_{ah} nicht dadurch verkleinert, dass das Erdkeilvolumen gegenüber dem des ebenen Falls reduziert wird, sondern indem auf den seitlichen Gleitflächen des Erdkeils Schubspannungen τ (mit resultierenden Schubkräften T) angesetzt werden.

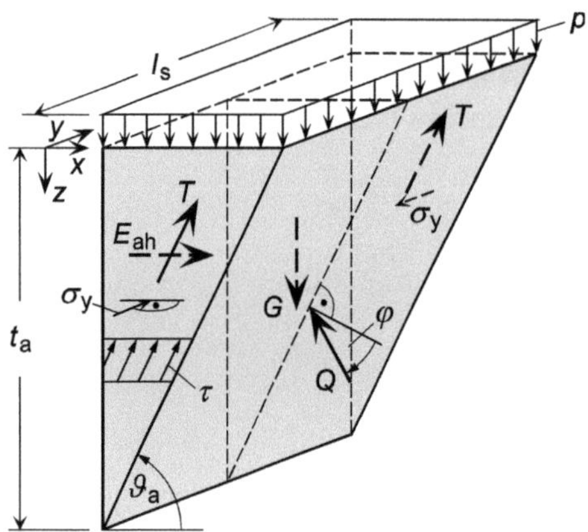

Bild 12-26 Erdkeilmodell gemäß DIN 4126, 5.4.3

Der zum Modell von Bild 12-26 gehörenden aktiven Erddruckkraft E_{ah} wirkt die Resultierende S des auf den Gleitkörper einwirkenden Stützflüssigkeitsdrucks entgegen. Steht Grundwasser an, wird die Resultierende W des zugehörigen Drucks die Größe von S verringern, da S und W gegeneinander gerichtet sind. Soll verhindert werden, dass sich im Boden Gleitflächen bilden, auf denen der Boden in den Schlitz abrutschen könnte, ist, wenn keine entsprechenden Sicherheitsbeiwerte berücksichtigt werden, dafür zu sorgen, dass die Bedingung

$$E_{ah} \leq S \qquad \text{bzw.} \qquad \mu = \frac{E_{ah}}{S} \leq 1 \qquad \text{Gl. 12-37}$$

eingehalten wird (μ = Ausnutzungsgrad).

Werden die Sicherheitsbeiwerte von DIN 4126, 5.4.1 berücksichtigt und statt S und E_{ah} die charakteristischen Größen S_k und $E_{ah,k}$ verwendet, sind die Beziehungen aus Gl. 12-37 durch

$$E_{ah,d} = E_{ah,k} \cdot \gamma_{G,dst} \leq S_d = S_k \cdot \gamma_{G,stb} \qquad \text{Gl. 12-38}$$

bzw. den Ausnutzungsgrad

$$\mu = \frac{E_{ah,k} \cdot \gamma_{G,dst}}{S_k \cdot \gamma_{G,stb}} = \frac{E_{ah,d}}{S_d} \leq 1 \qquad \text{Gl. 12-39}$$

zu ersetzen, mit denen die Sicherheit gegen das Bruchversagen durch Gleitflächenbildung im Falle des räumlichen Erddruckproblems nachzuweisen ist. Darin sind

$E_{ah,d}$ Dimensionierungswert der aktiven Erddruckkraft,

$E_{ah,k}$ charakteristischer Wert der aktiven Erddruckkraft (sind Lasten aus baulichen Anlagen im kritischen Bereich (Bild 12-27) vorhanden, ist die Erddruckkraft im Sinne eines erhöhten Erddrucks bei geringer Wandbewegung mit dem Anpassungsfaktor $\eta_0 = 1{,}2$ zu erhöhen),

S_d Dimensionierungswert der resultierenden Kraft der Stützflüssigkeit, die den Erdkeil stützt,

S_k charakteristischer Wert der resultierenden Kraft der Stützflüssigkeit, die den Erdkeil stützt (das für ihre Ermittlung erforderliche Stützflüssigkeitsspiegelniveau darf gemäß DIN 4126, 5.4.2 nicht höher als 0,2 m unter der Leitwandoberkante angesetzt werden),

$\gamma_{G,dst}$ 1,05 (Teilsicherheitsbeiwert für destabilisierende ständige Einwirkungen entsprechend den Grenzzuständen HYD und UPL in den Bemessungssituationen BS-P und BS-T),

$\gamma_{G,stb}$ 0,95 (Teilsicherheitsbeiwert für stabilisierende ständige Einwirkungen entsprechend den Grenzzuständen HYD und UPL in den Bemessungssituationen BS-P und BS-T).

Mit der Definition ist die Sicherheit der durch die Suspension gestützten Wandung des Schlitzes bei jeder beliebigen Aushubtiefe zu gewährleisten. Im Boden vorhandene Kohäsion darf dabei in der Berechnung nur mit der reduzierten Größe red $c = c_k/1{,}5$ in Ansatz gebracht werden. Zur Auffindung der vom abgleitenden Bodenmonolithen ausgelösten größten charakteristischen Erddruckkraft $E_{ah,k}$ ist für die jeweilige Aushubtiefe der Gleitflächenwinkel ϑ_a (siehe Bild 12-26) zu variieren.

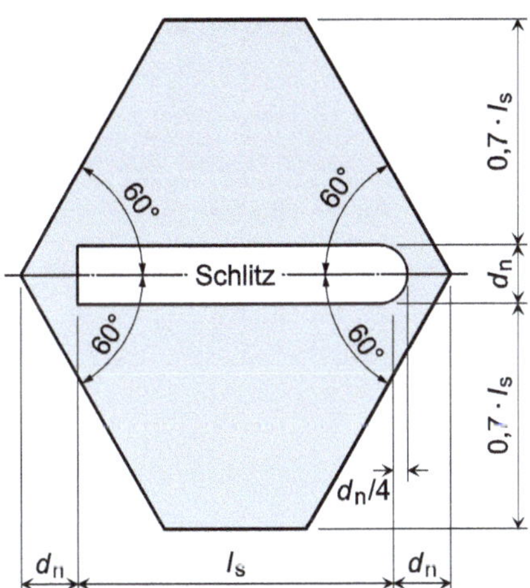

Bild 12-27 Grundrissdarstellung des kritischen Bereichs eines Schlitzes und Ermittlung der Schlitzlänge l_s, links bei rechteckigem, rechts bei gerundetem Abschluss (nach DIN 4126, Bild 4)

12.9.5 Äußere Standsicherheit (gefährdende Gleitflächen), Stützkraft

Die Größe der wirksamen Stützkraft S, mit der die Stützflüssigkeit und die Leitwand bei der jeweils erreichten Aushubtiefe t_a gegen den Gleitkörper drücken, ist abhängig von

- der Länge l_s des Schlitzes,
- der Wichte γ_F der stützenden Flüssigkeit,
- dem sich über t_a einstellenden Verlauf der Eindringlänge s der stützenden Flüssigkeit,
- dem Grundwasserstand,
- der angenommenen Neigung ϑ_a der ebenen Gleitfläche,

– der zwischen gegeneinander ausgesteiften Leitwänden und Boden wirkenden Erddruckkraft E_{ah} aus Bodeneigenlast und ggf. vorhandener ständiger gleichmäßig verteilter Auflast; die anzusetzende Größe von E_{ah} ist auch abhängig von der Bemessung der Leitwände und ihrer Aussteifungen und darf maximal dem Erdruhedruck entsprechen (setzt die entsprechende Bemessung der Leitwände und ihrer Aussteifung voraus).

Bei ausgesteiften Leitwänden und membranartiger Übertragung des Stützdrucks (vollkommene Filterkuchenbildung) ergibt sich die in Bild 12-28 gezeigte Drucksituation. In diesem Fall wirkt im Bereich der Leitwand nicht die Stützflüssigkeit, sondern der zwischen Leitwand und Gleitkörper mobilisierte Erddruck auf den Gleitkörper, der bis zur Höhe des Erdruhedrucks angesetzt werden darf, wenn die Wände und ihre Aussteifung dafür bemessen sind (vgl. DIN 4126, 5.4.2). Somit berechnet sich für einen Schlitz der Länge l_s die zur Wirkung der Stützflüssigkeit (Wichte γ_F) gehörende hydrostatische Druckkraft zu

$$S_H = 0{,}5 \cdot l_s \cdot \gamma_F \cdot h_F^2 - 0{,}5 \cdot l_s \cdot \gamma_F \cdot (h_L - t_F)^2 = 0{,}5 \cdot l_s \cdot [\gamma_F \cdot h_F^2 - \gamma_F \cdot (h_L - t_F)^2] \qquad \text{Gl. 12-40}$$

und die zur Wirkung des Grundwassers (Wichte γ_W) gehörende hydrostatische Druckkraft zu

$$W = 0{,}5 \cdot l_s \cdot \gamma_w \cdot h_w^2 \qquad \text{Gl. 12-41}$$

Wird berücksichtigt, dass die Kräfte S_H und W gegeneinander gerichtet sind, führt dies zu der Stützkraft

$$S = S_H - W = 0{,}5 \cdot l_s \cdot [\gamma_F \cdot h_F^2 - \gamma_w \cdot h_w^2 - \gamma_F \cdot (h_L - t_F)^2] \qquad \text{Gl. 12-42}$$

die für die Stützung des ungünstigsten Gleitkörpers verfügbar bleibt (vgl. DIN 4126, 5.4.2).

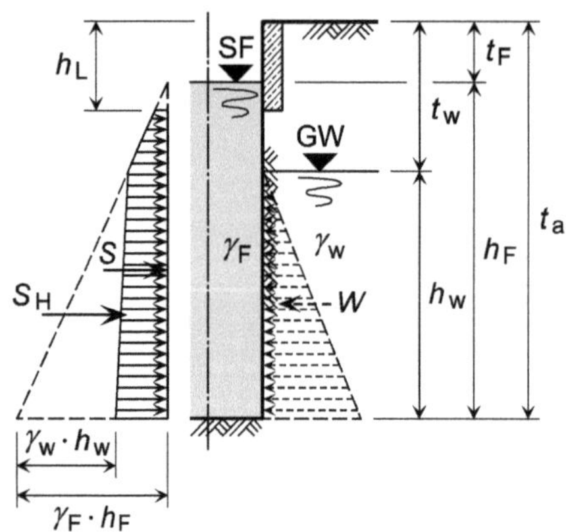

Bild 12-28 Verteilung des zur Stützkraft *S* gehörenden Stützflüssigkeitsdrucks bei ausgesteiften Leitwänden

Wird in Gl. 12-42 die Wichte γ_F durch ihren charakteristischen Wert $\gamma_{F,k}$ ersetzt, führt dies zu der charakteristischen Stützkraft

$$S_k = S_{H,k} - W = 0{,}5 \cdot l_s \cdot [\gamma_{F,k} \cdot h_F^2 - \gamma_w \cdot h_w^2 - \gamma_{F,k} \cdot (h_L - t_F)^2] \qquad \text{Gl. 12-43}$$

die in Gl. 12-38 bzw. Gl. 12-39 benötigt wird. Gemäß DIN 4126, 5.4.2 muss die in der Gleichung verwendete Größe t_F mindestens 0,2 m betragen.

Bei Schlitzen mit ausgesteiften Leitwänden und reiner Eindringung in homogenes Bodengefüge wird der Stützdruck über das Druckgefälle f_{s0} aufgebaut. Bei gleichzeitig anstehendem Grundwasser ergibt sich im Allgemeinen eine der in Bild 12-29 gezeigten Drucksituationen.

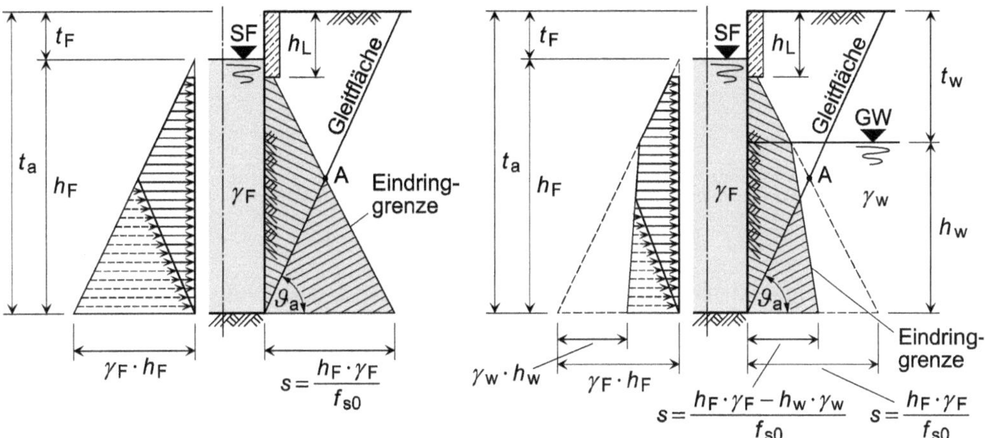

Bild 12-29 Verteilung des zur Stützkraft S gehörenden Stützflüssigkeitsdrucks bei reiner Eindringung in homogenen Boden und ausgesteiften Leitwänden

Im ersten der beiden Fälle (Bild 12-29, links) wirkt auf einen Eindringkörper der Länge l_s die mit Gl. 12-40 berechenbare hydrostatische Druckkraft S_H, die von der Stützflüssigkeit erzeugt wird. Da aber der Teil von S_H, der in dem unterhalb der Gleitfläche liegenden Bereich des Eindringkörpers wirksam ist, keine stützende Wirkung auf den Gleitkörper ausübt, reduziert sich S_H um

$$\Delta S_H = 0{,}5 \cdot l_S \cdot \gamma_F \cdot h_F \cdot (h_F - h_{Fo}) \qquad \text{Gl. 12-44}$$

auf die für die Stützung des ungünstigsten Gleitkörpers verfügbar bleibende Stützkraft

$$S = S_H - \Delta S_H = 0{,}5 \cdot l_S \cdot \gamma_F \cdot \left[h_{Fo} \cdot h_F - (h_L - t_F)^2 \right] \qquad \text{Gl. 12-45}$$

(vgl. hierzu Bild 12-30). Unter Verwendung von Bild 12-30 ergeben sich

$$\tan \vartheta_a = \frac{h_F - h_{Fo}}{h_{Fo} \cdot \gamma_F} \cdot f_{s0} \quad \Rightarrow \quad h_F - h_{Fo} = \frac{\gamma_F \cdot \tan \vartheta_a}{f_{s0}} \cdot h_{Fo} = \xi \cdot h_{Fo} \quad \Rightarrow \quad h_{Fo} = \frac{h_F}{1+\xi} \qquad \text{Gl. 12-46}$$

und damit

$$S = \frac{l_S \cdot \gamma_F}{2} \cdot \left[\frac{h_F^2}{1+\xi} - (h_L - t_F)^2 \right] \qquad \text{Gl. 12-47}$$

Es ist darauf hinzuweisen, dass Gl. 12-47 auch in Fällen gilt, in denen Grundwasser ansteht. Dies gilt unter der Voraussetzung, dass der jeweilige Grundwasserspiegel höchstens bis in die Höhe des Schnittpunkts A (Bild 12-29) reicht.

Die in Gl. 12-38 bzw. Gl. 12-39 einzusetzende charakteristische Stützkraft ist im ersten der beiden Fälle von Bild 12-29 (links) statt mit Gl. 12-47 mit Hilfe von

$$S_k = \frac{l_s \cdot \gamma_{F,k}}{2} \cdot \left[\frac{h_F^2}{1+\xi} - (h_L - t_F)^2 \right] \quad \text{mit} \quad \xi = \frac{\gamma_{F,k} \cdot \tan \vartheta_a}{f_{s0}} \qquad \text{Gl. 12-48}$$

zu berechnen. Zur Ermittlung der charakteristischen Stützkraft, die im zweiten Fall von Bild 12-29 (GW-Spiegel liegt oberhalb des Schnittpunkts A) benötigt wird, ist

$$S_k = \frac{l_s \cdot h_F^2 \cdot \gamma_{F,k}}{2} \cdot \left[1 - \frac{\gamma_w}{\gamma_{F,k}} \cdot \left(\frac{h_w}{h_F} \right)^2 - \frac{\xi \cdot \left(1 - \frac{\gamma_w \cdot h_w}{\gamma_{F,k} \cdot h_F} \right)^2}{1 + \xi \cdot \left(1 - \frac{\gamma_w}{\gamma_{F,k}} \right)} - \left(\frac{h_L - t_F}{h_F} \right)^2 \right] \qquad \text{Gl. 12-49}$$

zu verwenden. In beiden Gleichungen bleibt die stützende Wirkung des mobilisierten Erddrucks auf der Rückseite der Leitwände unberücksichtigt, da eine entsprechende Wandaussteifung unterstellt wird.

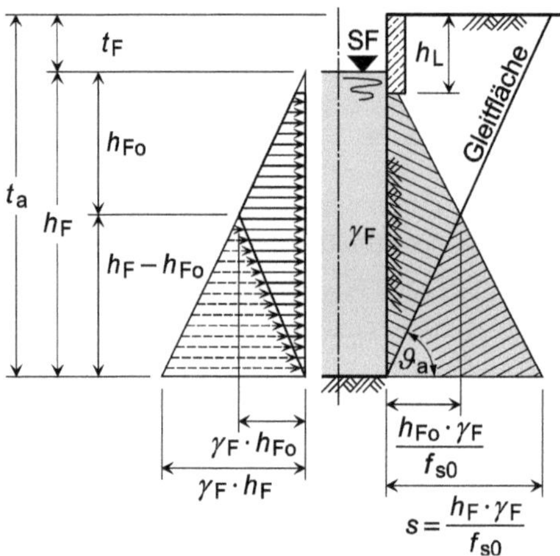

Bild 12-30 Verteilung des zur Stützkraft S gehörenden Stützflüssigkeitsdrucks bei reiner Eindringung in homogenen Boden ohne Grundwasser und bei ausgesteiften Leitwänden

Bei der Ermittlung der charakteristischen Stützkraft S_k ist gemäß DIN 4126, 5.4.2 weiterhin zu beachten, dass

- der Stützflüssigkeitsspiegel nicht höher als 0,2 m unter der Leitwandoberkante angesetzt werden darf ($t_F \geq 0{,}2$ m),
- dynamische Einwirkungen aus den üblichen Verkehrslasten keine Abminderung von S_k bewirken,
- im Bereich ausgesteifter Leitwände statt der von der Stützflüssigkeit bewirkten hydrostatischen Druckkraft die Erddruckkraft angesetzt werden darf, die sich aus Bodeneigenlast und ständiger gleichmäßig verteilter Auflast ergibt (die Leitwände und ihre Aussteifung müssen für diese Belastung bemessen sein, die Erddruckkraft ist bis max. zur Höhe des Erdruhedrucks ansetzbar),

- die Größe von S_k, die sich infolge des Eindringens der stützenden Flüssigkeit in das Korngerüst des Bodens gemäß Bild 12-29 ergibt, gleich der um die Druckkraft W des Grundwassers verminderten charakteristischen hydrostatischen Druckkraft $S_{H,k}$ der Stützflüssigkeit

  $$S_k = S_{H,k} - W \qquad \text{Gl. 12-50}$$

  gesetzt werden darf, wenn in jeder Aushubtiefe bezüglich der charakteristischen Stützkraft S_k bzw. des Druckgefälles f_{s0} mindestens eine der Bedingungen

  $$S_k \geq 0{,}95 \cdot (S_{H,k} - W) \qquad \text{oder} \qquad f_{s0} \geq 200 \text{ kN/m}^3 \qquad \text{Gl. 12-51}$$

  erfüllt ist. Somit darf die Abminderung von S_k um den Stützdruckkraftanteil, der über das Druckgefälle außerhalb des monolithischen Gleitkörpers auf das Korngerüst übertragen wird, vernachlässigt werden, wenn dieser Stützkraftverlust ≤ 5 % ist.
  Wird bei der Überprüfung der Bedingungen das Druckgefälle nicht genauer ermittelt, darf es bei Tonsuspensionen oder selbsterhärtenden Suspensionen berechnet werden mit (siehe hierzu auch Abschnitt 12.8.5)

  $$f_{s0} = \frac{2 \cdot \tau_F}{d_{10}} \qquad \text{Gl. 12-52}$$

Nach DIN 4126, 5.4.2 darf die charakteristische Stützkraft S_k, in Anlehnung an Gl. 12-50, auch mit den Anpassungsfaktoren η_2 nach Tabelle 12-3 in Form von

$$S_k = (S_{H,k} - W) \cdot \eta_2 \qquad \text{Gl. 12-53}$$

berechnet werden.

Tabelle 12-3 Anpassungsfaktoren η_2 zur Verwendung in Gl. 12-53 (nach DIN 4126, Tabelle 2)

f_{s0} (in kN/m³)	η_2
$100 \leq f_{s0} < 200$	0,85
$50 \leq f_{s0} < 100$	0,80
$f_{s0} < 50$	0,70

12.9.6 Äußere Standsicherheit (gefährdende Gleitflächen), Erddruckkraft

Nach DIN 4126, 5.4.3 darf die Erddruckkraft $E_{ah,k}$ dann für einen Bruchkörper gemäß Bild 12-31 berechnet werden, wenn nicht Verfahren zur Anwendung kommen, die eine zutreffendere Erfassung des räumlichen Spannungs- und Bruchzustands erlauben (siehe z. B. Bild 12-25). Zu den Vorteilen des Bruchkörpermodells von DIN 4126 gehört u. a., dass sich Bedingungen wie Bodenschichtung, beliebig geformte Geländeoberfläche, Kohäsion und beliebige Zusatzlasten in einfacher Weise gut erfassen lassen.

Die in Bild 12-31 angegebenen charakteristischen Schubspannungen τ_k (mit der Resultierenden T in der Flankenfläche A_F des Bruchkörpers), die den Bruchkörper stützen und parallel zur Gleitfläche gerichtet sind, dürfen bei der Ermittlung der charakteristischen Erddruckkraft $E_{ah,k}$ gemäß DIN 4126, 5.4.3 berücksichtigt werden, wenn

- die Reibung, gemäß Bild 12-31, höchstens durch einen bilinearen Ansatz für die charakteristischen Normalspannungen $\sigma_{y,g,k}$ aus der Bodeneigenlast und einen dreiecksförmigen Ansatz für die charakteristischen Normalspannungen $\sigma_{y,p,k}$ aus seitlichen Auflasten p_k erfasst wird,

- die charakteristische Kohäsion nur mit dem reduzierten Wert $c_{red,k} = 2/3 \cdot c_k$ berücksichtigt wird,
- der Gleitflächenwinkel ϑ_a zur Auffindung des Höchstwertes der charakteristischen Erddruckkraft $E_{ah,k}$ (führt beim räumlichen Erddruckproblem zur geringsten Sicherheit gegen das Bruchversagen durch Gleitflächenbildung) für jede untersuchte Aushubtiefe variiert wird.

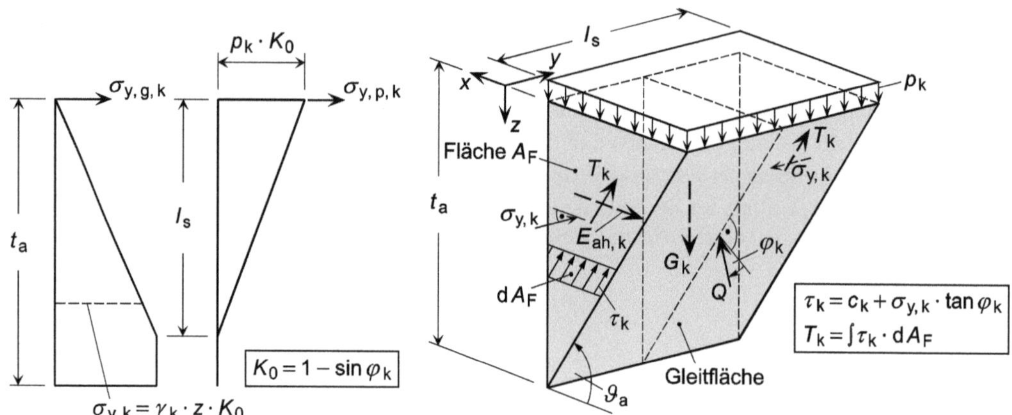

Bild 12-31 Näherung für den Bruchkörper, Ansatz der stützenden Schubspannungen in den dreiecksförmigen Flankenflächen des Bruchkörpers (gemäß DIN 4126, Bild 5)

Bei der Wahl der charakteristischen Scherparameter c_k und φ_k darf berücksichtigt werden, dass der Standsicherheitsnachweis für einen kurzfristigen Bauzustand zu führen ist.

Hinsichtlich der Auflasten p_k ist es nach DIN 4126, 5.4.3 gestattet,

- Lasten aus baulichen Anlagen mit durchgehend tragfähiger Gründung mit einem verminderten Lastansatz sinngemäß nach DIN 1053-1:1996-11, 8.5.3 [43] zu erfassen (Gewölbewirkung über Wandöffnungen),
- Lasten aus Baufahrzeugen und Aushubgeräten unberücksichtigt zu lassen, wenn die Leitwände und deren Aussteifungen für den Erddruck aus diesen Lasten bemessen wurden.

Werden für die Ermittlung der in Gl. 12-38 bzw. Gl. 12-39 einzusetzenden charakteristischen Erddruckkraft $E_{ah,k}$ alle charakteristischen vertikalen Lasten zu der Resultierenden $P_{z,k}$ zusammengefasst und zusätzlich die Resultierende $P_{x,k}$ möglicher charakteristischer horizontaler Lasten eingeprägt, ergibt sich für den Bruchkörper die Situation aus Bild 12-32.

Bei Boden mit den charakteristischen Scherparametern des Reibungswinkels φ_k und der Kohäsion c_k ergibt sich mit Hilfe der Kräftegleichgewichtsbedingungen in x- und z-Richtung (geschlossenes Krafteck) für das Erdprisma gemäß DIN 4126 (Bild 12-32) die zu bestimmende charakteristische Erddruckkraft in Abhängigkeit von dem Gleitflächenwinkel ϑ_a zu

$$E_{ah,k}(\vartheta_a) = \left[V_k - (C_k + 2 \cdot T_k) \cdot \left(\sin\vartheta_a + \frac{\cos\vartheta_a}{\tan(\vartheta_a - \phi_k)} \right) \right] \cdot \tan(\vartheta_a - \phi_k) + P_{x,k} \qquad \text{Gl. 12-54}$$

Die in der Gleichung verwendeten charakteristischen Größen sind definiert als

V_k Summe der charakteristischen Vertikalkräfte,

C_k charakteristische Kohäsionskraft in der schrägen Gleitebene (Resultierende der mit zwei Dritteln anzusetzenden Kohäsion c_k),

T_k parallel zur schrägen Gleitebene gerichtete charakteristische Scherkräfte in den Flankenflächen des Gleitkeils,

$P_{x,k}$ Summe der äußeren horizontalen charakteristischen Lasten.

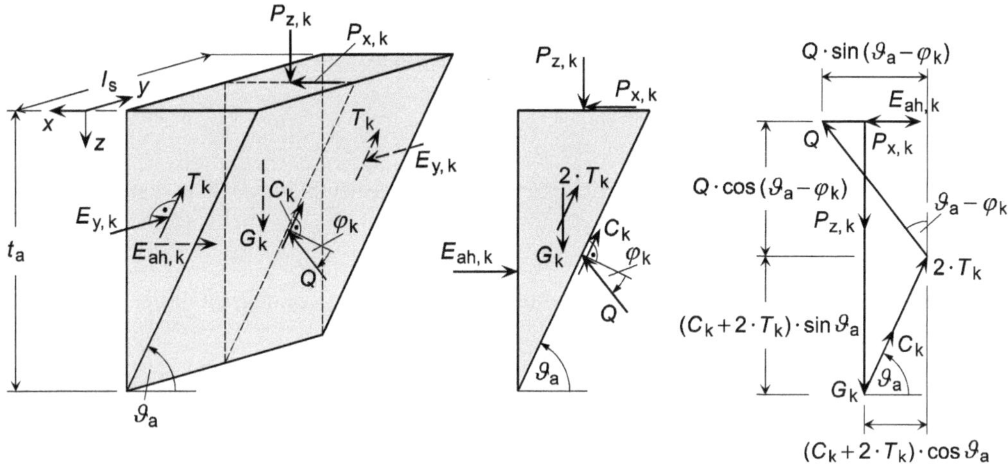

Bild 12-32 Bruchkörpermodell gemäß DIN 4126 mit angreifenden Kräften und Krafteck (nach [210])

Gl. 12-54 lässt sich unter Verwendung des in Bild 12-32 dargestellten Kraftecks leicht nachvollziehen. Aus den Kräftegleichgewichtsbedingungen

$$\begin{aligned} \sum K_x = 0 \quad &\Rightarrow \quad E_{ah,k} = P_{x,k} + Q \cdot \sin(\vartheta_a - \phi_k) - (C_k + 2 \cdot T_k) \cdot \cos\vartheta_a \\ \sum K_z = 0 \quad &\Rightarrow \quad Q \cdot \cos(\vartheta_a - \phi_k) = P_{z,k} + G_k - (C_k + 2 \cdot T_k) \cdot \sin\vartheta_a \end{aligned} \qquad \text{Gl. 12-55}$$

und

$$\begin{aligned} Q \cdot \sin(\vartheta_a - \phi_k) &= Q \cdot \cos(\vartheta_a - \phi_k) \cdot \tan(\vartheta_a - \phi_k) \\ P_{z,k} + G_k &= V_k \end{aligned} \qquad \text{Gl. 12-56}$$

ergibt sich die Gleichung

$$\begin{aligned} E_{ah,k} &= P_{x,k} + Q \cdot \cos(\vartheta_a - \phi_k) \cdot \tan(\vartheta_a - \phi_k) - (C_k + 2 \cdot T_k) \cdot \cos\vartheta_a \\ &= P_{x,k} + [V_k - (C_k + 2 \cdot T_k) \cdot \sin\vartheta_a] \cdot \tan(\vartheta_a - \phi_k) - (C_k + 2 \cdot T_k) \cdot \cos\vartheta_a \end{aligned} \qquad \text{Gl. 12-57}$$

die nach leichten Umformungen zu Gl. 12-54 führt.

Gemäß Gl. 12-56 ergibt sich die Summe aller charakteristischen Vertikalkräfte aus

$$V_k = G_k + P_{z,k} \qquad \text{Gl. 12-58}$$

wobei die charakteristische Eigenlast G_k, die zur erreichten Aushubtiefe t_a des Gleitkörpers gehört, abhängig ist von der nach zwei Fällen zu unterscheidenden Tiefe t_w des Grundwasserspiegels. Mit der charakteristischen Bodenwichte γ_k oberhalb des Grundwasserspiegels bzw. der charakteristischen Auftriebswichte γ'_k des Bodens unterhalb des Grundwasserspiegels berechnen sich die beiden Eigenlastgrößen zu

$$G_{\mathrm{k}}=\frac{1}{2}\cdot l_{\mathrm{s}}\cdot\gamma_{\mathrm{k}}\cdot t_{\mathrm{a}}^{2}\cdot\cot\vartheta_{\mathrm{a}} \qquad t_{\mathrm{a}}\leq t_{\mathrm{w}}$$ Gl. 12-59

und zu

$$G_{\mathrm{k}}=\frac{1}{2}\cdot l_{\mathrm{s}}\cdot\gamma_{\mathrm{k}}\cdot t_{\mathrm{a}}^{2}\cdot\cot\vartheta_{\mathrm{a}}\cdot\left[1-\left(1-\frac{\gamma'_{\mathrm{k}}}{\gamma_{\mathrm{k}}}\right)\cdot\left(1-\frac{t_{\mathrm{w}}}{t_{\mathrm{a}}}\right)^{2}\right] \qquad t_{\mathrm{a}}>t_{\mathrm{w}}$$ Gl. 12-60

Zur Berechnung der in der schrägen Gleitebene wirkenden charakteristischen Kohäsionskraft dient

$$C_{\mathrm{k}}=\frac{c_{\mathrm{k}}\cdot l_{\mathrm{s}}\cdot t_{\mathrm{a}}}{\sin\vartheta_{\mathrm{a}}}$$ Gl. 12-61

Die parallel zur schrägen Gleitebene gerichteten charakteristischen Scherkräfte in den Flankenflächen des Gleitkeils können mit

$$T_{\mathrm{k}}=T_{\mathrm{c,k}}+T_{\phi,\mathrm{k}}=T_{\mathrm{c,k}}+T_{\phi,\mathrm{g,k}}+T_{\phi,\mathrm{p,k}}$$ Gl. 12-62

bestimmt werden, wobei $T_{\mathrm{c,k}}$ den Kohäsionsanteil und $T_{\varphi,\mathrm{k}}$ den Reibungsanteil der Scherkräfte darstellen.

Für homogenen Boden (konstante Größen für Kohäsion c_{k}, Reibungswinkel φ_{k}, Bodenwichte γ_{k}) kann die Berechnung des Kohäsionsanteils mit

$$T_{\mathrm{c,k}}=c_{\mathrm{k}}\cdot A_{\mathrm{F}}=c_{\mathrm{k}}\cdot\frac{1}{2}\cdot t_{\mathrm{a}}^{2}\cdot\cot\vartheta_{\mathrm{a}}$$ Gl. 12-63

erfolgen. Bei der Bestimmung der Reibungsanteile sind allerdings, analog zur Ermittlung der Eigenlast G_{k} des Gleitkeils, Fallunterscheidungen erforderlich, mit denen auch der Stand des Grundwasserspiegels berücksichtigt wird. Für den Fall einer charakteristischen Vertikallast $p_{\mathrm{k}}=$ const. auf der Geländeoberfläche, bei dem der Grundwasserspiegel unter der erreichten Aushubsohle liegt, teilt sich $T_{\varphi,\mathrm{k}}$ in den zur Bodeneigenlast gehörenden Anteil $T_{\varphi,\mathrm{g,k}}$ und den zur Auflast gehörenden Anteil $T_{\varphi,\mathrm{p,k}}$ auf. Zur Berechnung der beiden Anteile sind zwei Fälle zu unterscheiden, die durch das Größenverhältnis der Aushubtiefe t_{a} zur Schlitzlänge l_{s} bestimmt werden (vgl. hierzu auch Bild 12-31). Der erste Fall erfasst Schlitze mit Aushubtiefen $t_{\mathrm{a}}\leq l_{\mathrm{s}}$

$$\begin{aligned}
T_{\phi,\mathrm{g,k}}&=\tan\phi_{\mathrm{k}}\cdot\int_{0}^{t_{\mathrm{a}}}\gamma_{\mathrm{k}}\cdot z\cdot K_{0}\cdot\left(1-\frac{z}{t_{\mathrm{a}}}\right)\cdot t_{\mathrm{a}}\cdot\cot\vartheta_{\mathrm{a}}\cdot\mathrm{d}z\\
&=\frac{1}{6}\cdot K_{0}\cdot\gamma_{\mathrm{k}}\cdot t_{\mathrm{a}}^{3}\cdot\tan\phi_{\mathrm{k}}\cdot\cot\vartheta_{\mathrm{a}}\\
T_{\phi,\mathrm{p,k}}&=\tan\phi_{\mathrm{k}}\cdot\int_{0}^{t_{\mathrm{a}}}p_{\mathrm{k}}\cdot K_{0}\cdot\left(1-\frac{z}{l_{\mathrm{s}}}\right)\cdot\left(1-\frac{z}{t_{\mathrm{a}}}\right)\cdot t_{\mathrm{a}}\cdot\cot\vartheta_{\mathrm{a}}\cdot\mathrm{d}z\\
&=\frac{1}{6}\cdot p_{\mathrm{k}}\cdot K_{0}\cdot t_{\mathrm{a}}^{2}\cdot\left(3-\frac{t_{\mathrm{a}}}{l_{\mathrm{s}}}\right)\cdot\tan\phi_{\mathrm{k}}\cdot\cot\vartheta_{\mathrm{a}}
\end{aligned}$$ Gl. 12-64

und der zweite Fall, in analoger Weise, Schlitze mit Aushubtiefen $t_{\mathrm{a}}>l_{\mathrm{s}}$

$$T_{\phi,g,k} = \frac{1}{6} \cdot K_0 \cdot \gamma_k \cdot t_a^3 \cdot \left[1 - \left(1 - \frac{l_s}{t_a}\right)^3\right] \cdot \tan\phi_k \cdot \cot\vartheta_a$$

Gl. 12-65

$$T_{\phi,p,k} = \frac{1}{6} \cdot p_k \cdot K_0 \cdot l_s \cdot (3 \cdot t_a - l_s) \cdot \tan\phi_k \cdot \cot\vartheta_a$$

In den Gleichungen steht K_0 für den Erdruhedruckbeiwert, der nach DIN 4126 dem Seitendruckbeiwert K_y gleichgesetzt werden darf.

Zur rechnerischen Behandlung weiterer Fälle, wie z. B. der von homogenem Baugrund mit einem über der Aushubsohle des Schlitzes liegenden GW-Spiegel und einer charakteristischen Gleichlast p_k auf der Geländeoberfläche, sei auf [210] verwiesen.

12.9.7 Äußere Standsicherheit (gefährdende Gleitflächen), ohne erf. Nachweis

Bei beliebig langen Schlitzen kann gemäß DIN 4126, 5.4.4 auf die Führung des Nachweises der äußeren Standsicherheit verzichtet werden, wenn

- im gesamten Eindringbereich eine der beiden Bedingungen aus Gl. 12-51 erfüllt wird,
- die Bedingungen aus Bild 12-33 eingehalten sind und
- die Leitwände und ihre Aussteifungen für den Erdruhedruck aus Bodeneigenlast, Baufahrzeugen und Aushubgeräten bemessen wurden.

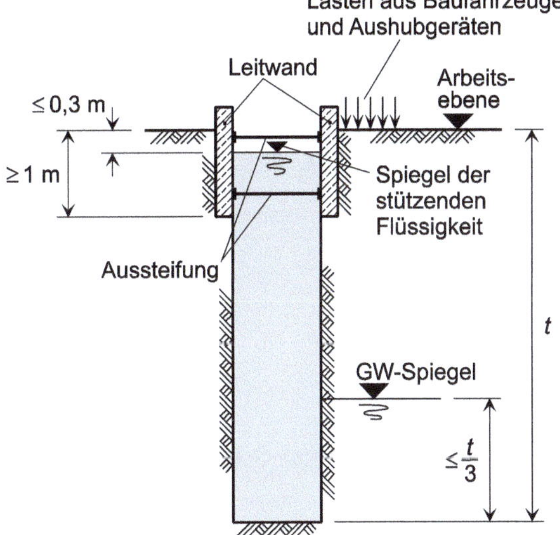

Bild 12-33 Beliebig lange Schlitze in nichtbindigen Böden (nach DIN 1055-2, Tabellen 1 und 2)

Auf den Standsicherheitsnachweis kann auch bei Schlitzen mit Längen von $l_s \leq 3{,}5$ m und unmittelbar angrenzenden Gebäuden verzichtet werden, sofern alle der nachstehenden Bedingungen erfüllt sind (Bild 12-34).

- Zwischen zwei gleichzeitig mit stützender Flüssigkeit gefüllten Schlitzen verbleibt ein lichter Abstand von $\geq 2 \cdot l_s$.
- Im gesamten Eindringbereich wird eine der Bedingungen aus Gl. 12-51 erfüllt.

- Für die anstehenden Bodenarten sind in DIN 1054, A.6.10 [44] Bemessungswerte des Sohlwiderstands festgelegt.
- Die angrenzenden Gebäude sind Wohn- oder Bürogebäude mit nicht mehr als fünf Vollgeschossen oder vergleichbare Bauten entsprechender Höhe mit entsprechenden Fundamenten und Bodenpressungen.
- Die angrenzenden Gebäude sind in statisch einwandfreiem Zustand und auf Streifenfundamenten oder durchgehenden Platten gegründet. Die Wände der Gebäude im Einflussbereich des Gleitkörpers wirken als Scheiben, sodass ein verminderter Lastansatz sinngemäß nach DIN 1053-1:1996-11, 8.5.3 [43] für Lasten aus baulichen Anlagen mit durchgehend tragfähiger Gründung (vgl. auch Seite 482) möglich ist. Bei statisch ungenügendem Zustand der Gebäude sind vor dem Beginn des Schlitzaushubs Sicherungsmaßnahmen sinngemäß nach DIN 4123, 6.6 [73] zu treffen.
- Im kritischen Bereich (Bild 12-27) ist der Baugrund nur mit überwiegend lotrechten Lasten belastet.
- Die geometrischen Bedingungen nach Bild 12-33 sind eingehalten.
- Die Leitwände und ihre Aussteifungen sind für den Erdruhedruck aus Bodeneigenlast, Baufahrzeugen und Aushubgeräten bemessen.

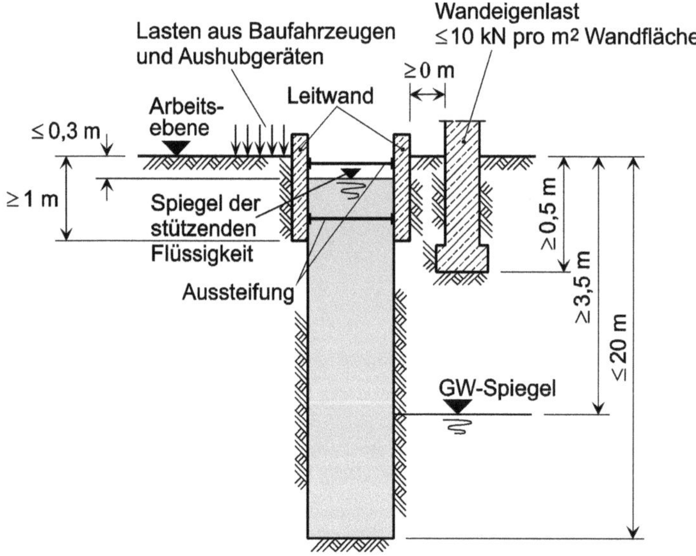

Bild 12-34 Schlitze mit Längen $l_s \leq 3{,}5$ m und unmittelbar angrenzenden Gebäuden (nach E DIN 4126)

12.10 Standsicherheit erhärteter Ortbeton-Schlitzwände

Nach [77] sind die Standsicherheitsnachweise für erhärtete Ortbeton-Schlitzwände nach den anerkannten Regeln der Technik zu führen. Hierzu gehören (unter Berücksichtigung von DIN 1054, DIN 1055-2, DIN 4084, DIN 4124, DIN 4126, DIN EN 1991, DIN EN 1992-1-1, DIN EN 1992-1-1/NA, DIN EN 1997-1, DIN EN 1997-1/NA, DIN EN 1997-2, DIN EN 1997-2/NA, EAB, EAU usw.)

- die Erkundung der Baugrundverhältnisse (einschl. der Grundwasserverhältnisse) sowie die Ermittlung der Bodenkennwerte und Wandreibungswinkel,
- die Ermittlung bzw. Annahme der Wandbelastungen aus Erddruck infolge Bodeneigenlast und äußerer Lasten (z. B. aus benachbarten Bauwerken) sowie aus Wasserdruck,
- die Ermittlung direkt auf die Wand wirkender Lasten (Auflagerkräfte aus Baugrubenabdeckungen usw.),
- die Bestimmung des Erdwiderstands (einschl. des Nachweises der Sicherheit gegen das Erreichen des plastischen Grenzzustands) am Bodenauflager der Schlitzwand (ggf. unter Beachtung der vermindernden Wirkung strömenden Wassers),
- die Schnittlastenermittlung und die Bestimmung der Auflagerreaktionen (Anker- bzw. Steifenkräfte) für die Vorbauzustände, den Endzustand sowie u. U. die Rückbauzustände,
- die Bemessung aller Konstruktionselemente (Schlitzwandelemente, Verbände usw.) für die maßgebenden Schnittlasten,
- die Bemessung der Schlitzwand,
- der Nachweis der Aufnahme der Vertikallasten durch den Baugrund,
- der Nachweis der Sicherheit gegen Geländebruch,
- der Nachweis der Ankertragfähigkeit und der Sicherheit in der tiefen Gleitfuge (bei verankerten Schlitzwänden).

Für die Ermittlung von aktiven und passiven Erddrücken sind nach DIN 4126, 6.3 Erddruckneigungswinkel gemäß DIN 4085 anzusetzen. Liegen zwischen dem Aushubbeginn und dem Beginn des Betonierens nicht mehr als 30 Stunden, muss keine Abminderung zur Berücksichtigung des Stützflüssigkeitseinflusses auf die Wandreibung vorgenommen werden. Ist allerdings davon auszugehen, dass bei einem Wandabschnitt der 30-Stunden-Abstand regelmäßig überschritten wird, ist der Erddruckneigungswinkel für diesen Wandabschnitt mit $|\delta| = 0$ zu vereinbaren (vgl. Abschnitt 12.6.3).

Beim Standsicherheitsnachweis der erhärteten Stahlbetonwände dürfen nach DIN 4126, 6.1 weder höhere Betonfestigkeitsklassen als C30/37 noch Druckbewehrungen berücksichtigt werden. Zu weiteren Angaben bezüglich der Stahlbetonbemessung und der Verbundfestigkeit siehe DIN 4126, 6.2.

13 Aufgelöste Stützwände

13.1 Allgemeines

Bei Geländesprüngen (Baugruben, Hänge, Dämme, Einschnitte, Gräben usw.) sind Sicherungsmaßnahmen immer dann erforderlich, wenn ihre

- Standsicherheit,
- Gebrauchstauglichkeit

im ungesicherten Zustand auf Dauer nicht gewährleistet werden kann.

Sind die Geländesprünge geböscht, gelten sie als standsicher, wenn der jeweilige Böschungswinkel β (Bild 13-1) kleiner ist als ein Grenzwinkel, dessen Größe u. a. beeinflusst wird durch

- die anstehende Bodenart (bindig, nichtbindig usw.),
- die Böschungshöhe h,
- den Reibungswinkel φ des Bodens,
- die Belastung der Böschung,
- die Durchströmung der Böschung.

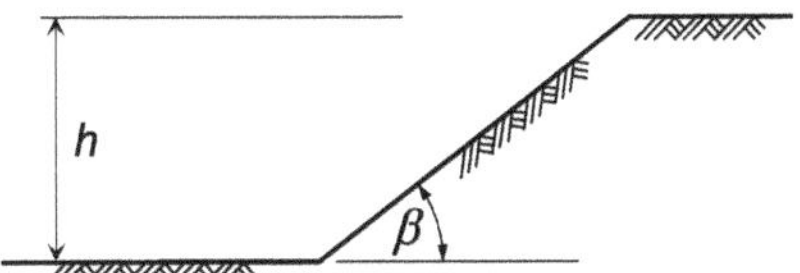

Bild 13-1 Böschungswinkel β und Böschungshöhe h

Bei einer Überschreitung des Grenzwinkels werden Sicherungsmaßnahmen erforderlich, die u. a. in Form „aufgelöster Stützwände" ausgeführt werden können. Bei ihnen handelt es sich um Verbundkonstruktionen, deren Tragwirkung der von Schwergewichtsmauern ähnlich ist und bei denen

- einerseits Elemente wie Anker, Bewehrungsglieder, Nägel usw.,
- andererseits der Boden selbst

zur Abtragung der auftretenden Seitendruckkräfte herangezogen werden.

Hinweis: „aufgelöste Stützwände" werden in DIN EN 1997-1, 9.1.2.3 als „zusammengesetzte Stützkonstruktionen" bezeichnet.

Die mittragende Wirkung des als

- Füllung oder
- gewachsener Boden

verwendeten Bodenmaterials stellt sich schon mit Beginn der Wandherstellung ein.

Beispiele für aufgelöste Stützwände sind

- Raumgitterwände,
- Bewehrte Erde,
- mit Geokunststoffen bewehrte Erdkörper,
- Bodenvernagelungen,

die sich u. a. auszeichnen durch

- schnelle und preisgünstige Herstellung,
- Unempfindlichkeit gegenüber Setzungen und Verformungen,
- gute Anpassungsfähigkeit an örtlich unregelmäßige Gelände-, Erddruck- und Auflastverhältnisse

Geotechnik-Grundbau. 3. Auflage. Gerd Möller.

(problemlose Abtreppung oder Höhenstaffelung der Wände, insbesondere bei Raumgitterwänden).

Spezielle Gründungen können bei aufgelösten Stützwänden normalerweise entfallen; bei Bewehrter Erde und bei Raumgitterwänden sind meistens nur einfache Streifenfundamente auf einem Untergrund herzustellen, der nach den anerkannten Regeln des Erdbaus vorzubereiten ist.

13.2 Zulässige Böschungswinkel β nach DIN-Normen

Im Folgenden wird gezeigt, unter welchen Bedingungen nach DIN 1054 [44], DIN 4124 [74] und DIN 4084 [66] auf eine Sicherung von Böschungen verzichtet werden kann.

13.2.1 Nach DIN 4084, DIN 1054 und DIN EN 1997-1/NA

Die Frage der Standsicherheit ungesicherter Böschungen kann mit Hilfe der nach DIN 4084 erforderlichen Böschungsbruchberechnungen beantwortet werden. Als Verfahren stehen dabei Lamellenverfahren, lamellenfreie Verfahren und Bruchmechanismen mit geraden Gleitlinien zur Verfügung.

Für den Sonderfall von unbelasteten Böschungen aus konsolidierten einheitlichen nichtbindigen Böden kann nach DIN 4084, 9.1 und DIN EN 1997-1/NA, NDP Zu 11.5.1 (1)P die Sicherheit gegen Böschungsbruch mittels der Gleichung

$$\mu = \frac{E_d}{R_d} = \frac{\gamma_G \cdot \sin\beta}{\dfrac{\tan\phi'_k \cdot \cos\beta}{\gamma_{\phi'}}} = \frac{\gamma_G \cdot \tan\beta}{\dfrac{\tan\phi'_k}{\gamma_{\phi'}}} \le 1 \quad \Rightarrow \quad \text{zul}\,\beta \le \arctan\left(\frac{\tan\phi'_k}{\gamma_G \cdot \gamma_{\phi'}}\right) \qquad \text{Gl. 13-1}$$

dann nachgewiesen werden, wenn die Böschung gerade verläuft und nicht durchströmt ist.

Findet eine Durchströmung parallel zur Böschungsoberfläche statt, ist die zulässige Größe des Böschungswinkels nicht mit Gl. 13-1, sondern mit Hilfe der Beziehung

$$\text{zul}\,\beta \le \arctan\left(\frac{1}{\gamma_G \cdot \gamma_{\phi'}} \cdot \frac{\gamma'_k \cdot \tan\phi'_k}{\gamma_w + \gamma'_k}\right) \qquad \text{Gl. 13-2}$$

zu berechnen. Entsprechende Ungleichungen lassen sich mit den Formeln aus DIN 4084, 9.1 auch für andere Durchströmungsrichtungen ableiten.

Die in Gl. 13-1 und Gl. 13-2 verwendeten Teilsicherheitsbeiwerte $\gamma_{\varphi'}$ und γ_G gehören zum Grenzzustand des Verlustes der Gesamtstandsicherheit GEO-3. Ihre Zahlenwerte können Tabelle 13-1 entnommen werden.

Die Anwendung der Gl. 13-1 ist nicht erlaubt, wenn es sich bei dem Böschungsmaterial um einheitlichen bindigen Boden handelt, der ebenfalls außerhalb des Grundwasserbereichs liegt. In solchen Fällen kann der zulässige Böschungswinkel unter Verwendung des Diagramms aus Bild 13-3 ermittelt werden, das auf Berechnungen des Modells aus Bild 13-2 mit der Kinematischen-Element-Methode (KEM) basiert, bei denen die Modellgeometrie voll variiert wurde. Das Diagramm liefert u. a. den Ausnutzungsgrad μ, bei dessen Ermittlung die Teilsicherheitsbeiwerte von DIN 1054 aber noch zu berücksichtigen sind. Eine mögliche Benutzung des Diagramms wird anhand des im Folgenden aufgeführten Anwendungsbeispiels erläutert.

Tabelle 13-1 Teilsicherheitsbeiwerte für den Grenzzustand des Verlustes der Gesamtstandsicherheit GEO-3 (nach DIN 1054)

Bemessungs-situation	γ_G (Einwirkung)	$\gamma_{\varphi'}$ (Widerstand)
BS-P	1,0	1,25
BS-T	1,0	1,15
BS-A	1,0	1,10

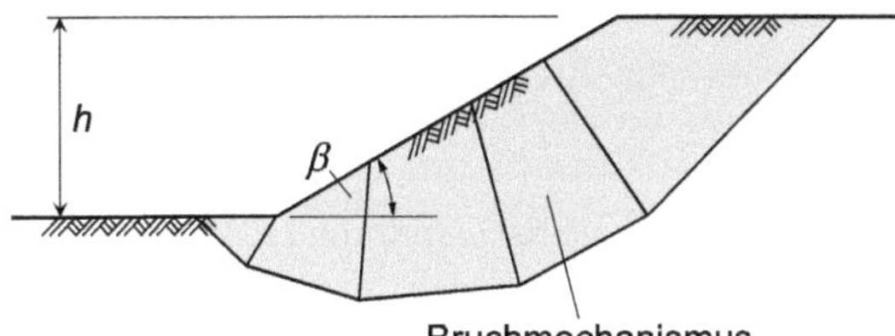

Bild 13-2 KEM-Modell für das Standsicherheitsdiagramm aus Bild 13-3

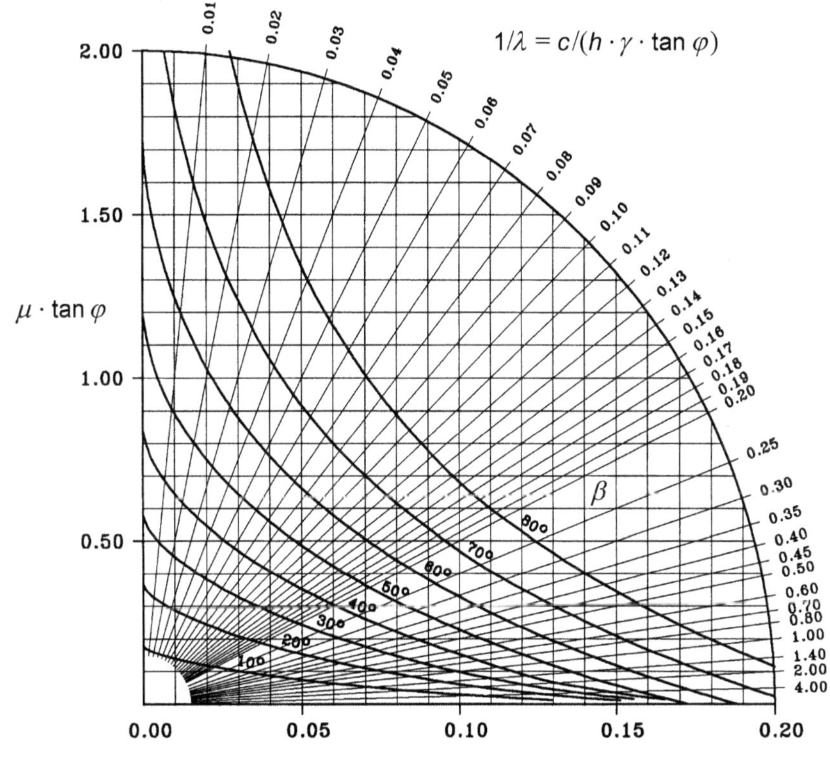

Bild 13-3 Auf der Basis von KEM-Berechnungen des Modells von Bild 13-2 erstelltes Standsicherheitsdiagramm für Böschungen mit Reibung und Kohäsion (nach *Gußmann* [175], Kap. 1.10 und [185])

Anwendungsbeispiel

Für eine Böschung mit der Höhe $h = 6{,}0$ m, die aus steifem mittelplastischem Ton (TM) mit den charakteristischen Materialkennwerten

- Wichte $\gamma_k = 19{,}0\ \mathrm{kN/m^3}$
- Reibungswinkel $\varphi_k = 26{,}0°$
- Kohäsion $c_k = 14{,}0\ \mathrm{kN/m^2}$

besteht und für die als Böschungswinkel

- $\beta = 60°$

gewählt wurde, ist der Ausnutzungsgrad μ für die Bemessungssituation BS-P zu ermitteln.

Lösung

Mit den zur Bemessungssituation BS-P gehörenden Teilsicherheitsbeiwerten von DIN 1054 (Tabelle 1-1 und Tabelle 1-2)

$$\gamma_G = 1{,}00 \qquad \text{(Einwirkungen)}$$

$$\gamma_{\phi'} = \gamma_{c'} = 1{,}25 \qquad \text{(geotechnische Kenngrößen, Widerstände)}$$

ergeben sich die Dimensionierungsgrößen

$$\gamma_d = \gamma_G \cdot \gamma_k = 1{,}00 \cdot 19{,}0 = 19{,}0\ \mathrm{kN/m^3}$$

$$\phi_d = \arctan\left(\frac{\tan\phi_k}{\gamma_{\phi'}}\right) = \arctan\left(\frac{\tan 26{,}0°}{1{,}25}\right) = 21{,}32°$$

$$c_d = \frac{c_k}{\gamma_{c'}} = \frac{14{,}0}{1{,}25} = 11{,}2\ \mathrm{kN/m^3}$$

und damit die Größe

$$\frac{1}{\lambda} = \frac{c_d}{h \cdot \gamma_d \cdot \tan\phi_d} = \frac{11{,}2}{6{,}00 \cdot 19{,}0 \cdot \tan 21{,}32°} = 0{,}201$$

Mit ihr und dem gewählten Neigungswinkel der Böschung $\beta = 60°$ ergibt sich mit dem Standsicherheitsdiagramm aus Bild 13-3 die Standsicherheitszahl

$$\frac{1}{N} = \frac{c_d \cdot \mu}{h \cdot \gamma_d} = \frac{11{,}2 \cdot \mu}{6{,}00 \cdot 19{,}0} \approx 0{,}084$$

und damit der gesuchte Ausnutzungsgrad

$$\mu = \frac{1}{N} \cdot \frac{h \cdot \gamma_d}{c_d} = 0{,}084 \cdot \frac{6{,}00 \cdot 19{,}0}{11{,}2} = 0{,}855 < 1{,}0$$

Die Größe von μ zeigt, dass die Böschungshöhe und/oder der Böschungswinkel ohne Gefährdung der Standsicherheit noch vergrößert werden können, da der Standsicherheitsgrenzwert die Größe $\mu = 1$ besitzt. Wie unproblematisch nachvollziehbar, ergibt sich, bei Beibehaltung der Böschungshöhe $h = 6{,}0$ m, der Grenzneigungswinkel $\beta \approx 70°$ (Schnitt von $1/\lambda = 0{,}201$ und $1/N = 0{,}098$) und, bei Beibehaltung des Böschungswinkels $\beta = 60°$, die Grenzhöhe $h \approx 6{,}7$ m (Schnitt von $\tan\varphi \cdot \mu = 0{,}39$ und $\beta = 60°$).

13.2.2 Nach DIN 4124

Nach 4.1 der für verbaute und nicht verbaute Baugruben und Gräben geltenden DIN 4124 sind Erd- und Felswände so abzuböschen, zu verbauen oder anderweitig zu sichern, dass ihre Standsicherheit während aller Bauzustände gewährleistet ist und darüber hinaus die Standsicherheit und Gebrauchstauglichkeit benachbarter Gebäude, Leitungen, anderer baulicher Anlagen oder Verkehrsflächen nicht beeinträchtigt wird. Findet der Aushub im Bereich benachbarter baulicher Anlagen statt, sind die Bedingungen von DIN 4123 [73] einzuhalten oder ggf. andere Sicherungsmaßnahmen vorzunehmen.

Gemäß Abschnitt 4.2.2 und 4.2.3 von DIN 4124 dürfen nicht verbaute Baugruben und Gräben (weder ganz noch teilweise verbaut) ohne besondere Sicherung

- bis zu einer Tiefe von 1,25 m mit senkrechten Wänden hergestellt werden (Bild 13-4 a)), wenn die anschließende Geländeoberfläche
  - bei nichtbindigen und weichen bindigen Böden nicht stärker als 1:10,
  - bei mindestens steifen bindigen Böden nicht stärker als 1:2

  geneigt ist
- bis zu einer Tiefe von 1,75 m ausgehoben werden (Bild 13-4 b)), wenn
  - mindestens steifer bindiger Boden oder Fels ansteht,
  - der mehr als 1,25 m über der Sohle liegende Bereich der Wand unter einem Winkel $\beta \leq 45°$ abgeböscht wird (Bild 13-4 b)),
  - die anschließende Geländeoberfläche nicht stärker als 1:10 geneigt ist.

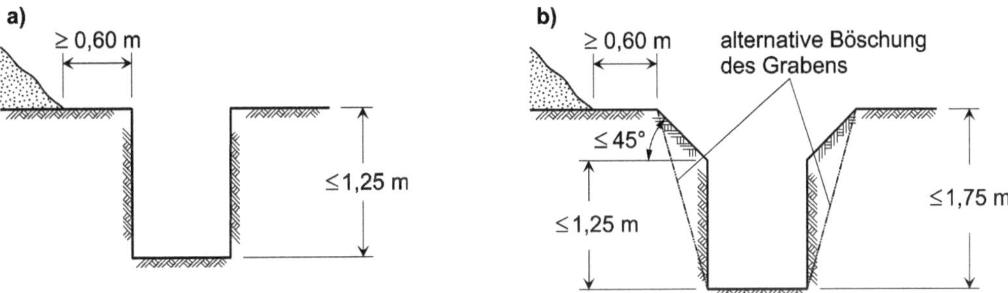

Bild 13-4 Gräben, die weder ganz noch teilweise verbaut werden müssen (nach DIN 4124, 4.2)
a) mit senkrechten Wänden
b) mit abgeböschten Kanten (in mindestens steifem bindigem Boden oder Fels)

Nach DIN 4124, 4.2.4 sind Baugruben oder Gräben mit Tiefen > 1,25 m bzw. > 1,75 m (s. oben) mit abgeböschten Wänden herzustellen. Dabei hängt die Größe des Böschungswinkels β, unabhängig von der Lösbarkeit des Bodenmaterials, ab von

- den bodenmechanischen Eigenschaften des Böschungsmaterials,
- den äußeren Einflüssen, die während der Offenhaltung von Baugrube oder Graben auf die Böschung wirken.

Der Winkel darf ohne rechnerischen Nachweis der Standsicherheit den Wert

- $\beta = 45°$ bei nichtbindigen oder weichen bindigen Böden,
- $\beta = 60°$ bei mindestens steifen bindigen Böden,
- $\beta = 80°$ bei Fels

nicht überschreiten.

Nach DIN 4124, 4.2.5 ist die Anwendung der Angaben aus 4.2.2 bis 4.2.4 von DIN 4124 nur dann zulässig, wenn u. a.

- Baugeräte bis zu 12 t Gesamtgewicht sowie Fahrzeuge, deren Achslasten der Straßenverkehrszulassungsordnung (§ 34, Abs. 4) entsprechen, einen Abstand von ≥ 1,0 m zwischen der Außenkante ihrer Aufstandsfläche und der Graben- bzw. Böschungskante einhalten,
- Baugeräte mit > 12 bis ≤ 40 t Gesamtgewicht sowie Fahrzeuge mit Achslasten, die denen der Straßenverkehrszulassungsordnung nicht mehr entsprechen, einen Abstand von ≥ 2,0 m zwischen der Außenkante ihrer Aufstandsfläche und der Graben- bzw. Böschungskante einhalten.

Davon abweichende Bedingungen für Baugruben und Gräben bis 1,75 m Tiefe sowie Baumaschinen und Baugeräte mit Gesamtgewichten von > 12 bis ≤ 18 t sind ebenfalls in DIN 4124, 4.2.5 aufgeführt.

Die nach den Abschnitten 4.2.2 bis 4.2.4 von DIN 4124 zulässigen Wandhöhen bzw. Böschungsneigungen gelten nicht mehr, wenn die Standsicherheit der Wand oder der Böschung durch ungünstige Einflüsse wie z. B.

- Störungen des Bodengefüges wie Klüfte oder Verwerfungen,
- zur Einschnittssohle hin einfallende Schichtung oder Schieferung,
- erhebliche Anteile an Seeton, Beckenschluff, organischen Bestandteilen oder ähnlichen festigkeitsmindernden Bodenarten in anstehendem weichem bindigen Boden,
- nicht oder nur wenig verdichtete Verfüllungen oder Aufschüttungen,
- Grundwasserabsenkung durch offene Wasserhaltung in Feinsand- oder Schluffboden,
- Zufluss von Schichtenwasser,
- nicht entwässerter, im wassergesättigten Zustand zum Fließen neigender Boden,
- den Verlust der Kapillarkohäsion eines nichtbindigen Bodens infolge Austrocknung,
- starke Erschütterungen aus Verkehr, Rammarbeiten, Verdichtungsarbeiten oder Sprengungen

gefährdet ist (vgl. DIN 4124, 4.2.7).

Ist damit zu rechnen, dass die Oberfläche einer Böschung durch

- Oberflächenwasser,
- Trockenheit,
- Frost oder Ähnliches

gefährdet wird,

- sind die freigelegten Flächen gegen derartige Einflüsse zu sichern oder
- der in DIN 4124, 4.2.4 angegebene maximale Böschungswinkel β (s. oben) zu reduzieren.

In DIN 4124, 4.2.8 wird gefordert, dass, gemäß DIN EN 1997-1, DIN 1054 bzw. DIN 4084 oder auch durch ein entsprechendes geotechnisches Gutachten (wenn sich der Nachweis nicht mit den Verfahren von DIN 4084 führen lässt), die Standsicherheit nicht verbauter Wände u. a. dann nachgewiesen wird, wenn

- bei senkrechten Wänden die Bedingungen aus DIN 4124, 4.2.2 und 4.2.3 nicht erfüllt sind,
- Böschungshöhen > 5 m anstehen,
- bei geböschten Wänden die in DIN 4124, 4.2.4 für nichtbindige und bindige Böden sowie für Fels angegebenen Böschungswinkel überschritten werden (in keinem Fall zulässig sind Böschungsneigungen von > 80° bei nichtbindigen oder bindigen Böden bzw. von > 90° bei Fels),
- vorhandene Gebäude, Leitungen, andere bauliche Anlagen oder Verkehrsflächen gefährdet werden können,

- unmittelbar neben dem Schutzstreifen von 0,6 m eine stärker als 1 : 2 geneigte Erdaufschüttung bzw. Stapellasten von mehr als 10 kN/m^2 zu erwarten sind,
- einer der Einflüsse aus DIN 4124, 4.2.7 vorliegt und die zulässige Wandhöhe bzw. der Böschungswinkel nach vorliegenden Erfahrungen nicht zuverlässig festgelegt werden kann,
- die in DIN 4124, 4.2.5 angegebenen (vorausgesetzten) Abstände unterschritten werden.

Für nicht verbaute Gräben und Baugruben gelten alle genannten Bedingungen von DIN 4124 nur dann, wenn die Gräben bzw. Baugruben betreten werden können und/oder durch sie Menschen, Gebäude, Leitungen oder andere bauliche Anlagen bzw. Verkehrsflächen, Fahrzeuge oder Baugeräte gefährdet werden (DIN 4124, 4.2.11).

Wird bei der Planung einer geböschten Baugrube z. B. das
- Auffangen abrutschender Steine, Felsbrocken, Findlinge, Bauwerksreste usw.,
- Einrichten von Wasserhaltungsanlagen

als erforderlich betrachtet, kann dies durch die Anordnung von Bermen ermöglicht werden.

Zum Auffangen abrutschender Teile dienende Bermen können konstruktiv angeordnet werden. Geschieht dies z. B. gemäß Bild 13-5, sind sie wenigstens 1,5 m breit und in Stufen von höchstens 3,0 m Höhe herzustellen. Für die Festlegung der maximalen Größe der Böschungswinkel β der einzelnen Stufen gelten die obigen Ausführungen.

Auf die Bermen abgerutschter Boden usw. ist unverzüglich zu entfernen.

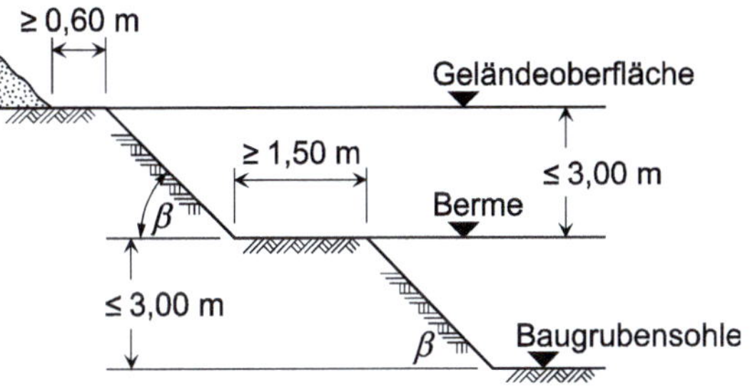

Bild 13-5 Baugrubenböschung mit Berme zum Auffangen abrutschender Teile

Anwendungsbeispiel

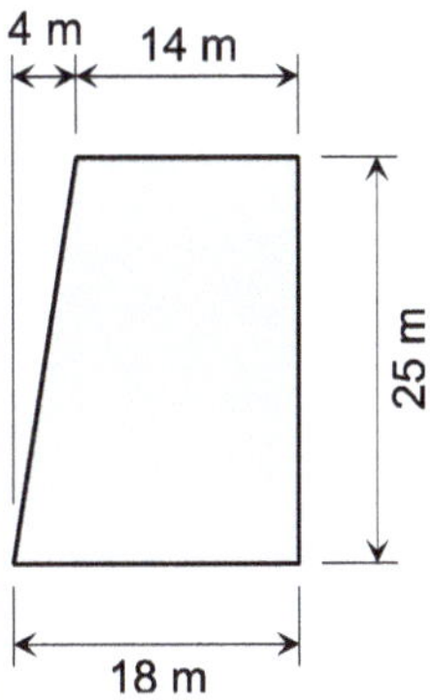

4 m 14 m

25 m

18 m

Bild 13-6 Sohlfläche der geplanten Baugrube

Für eine geplante 5 m tiefe Baugrube ist mit der in Bild 13-6 gezeigten Sohlfläche der Mindestaushub (Angabe in m^3) unter der Voraussetzung zu berechnen, dass die Baugrube gemäß DIN 4124 und Bild 13-5

- durch Böschungen so zu sichern ist, dass deren Standsicherheit rechnerisch nicht nachgewiesen werden muss,
- ggf. abrutschende Teile durch Bermen aufgefangen werden können,
- der auszuhebende Boden als nichtbindiger Boden ansteht.

Die Aushubsituation ist grafisch darzustellen.

Lösung

Da für den geplanten Baugrubenaushub die Bestimmungen von DIN 4124 so anzuwenden sind, dass auf den rechnerischen Nachweis der Standsicherheit verzichtet werden kann, dürfen die Böschungswinkel den für nichtbindigen Boden geltenden Wert

$\beta = 45°$

nicht überschreiten (DIN 4124, 4.2.4).

Die zur Abfangung ggf. abrutschender Teile geforderten Bermen sind gemäß Bild 13-5 in Breiten von ≥ 1,50 m auszuführen und in Stufen von ≤ 3,0 m anzuordnen.

Mit den angegebenen Bedingungen für den Mindestaushub ergibt sich die in Bild 13-7 dargestellte Aushubsituation.

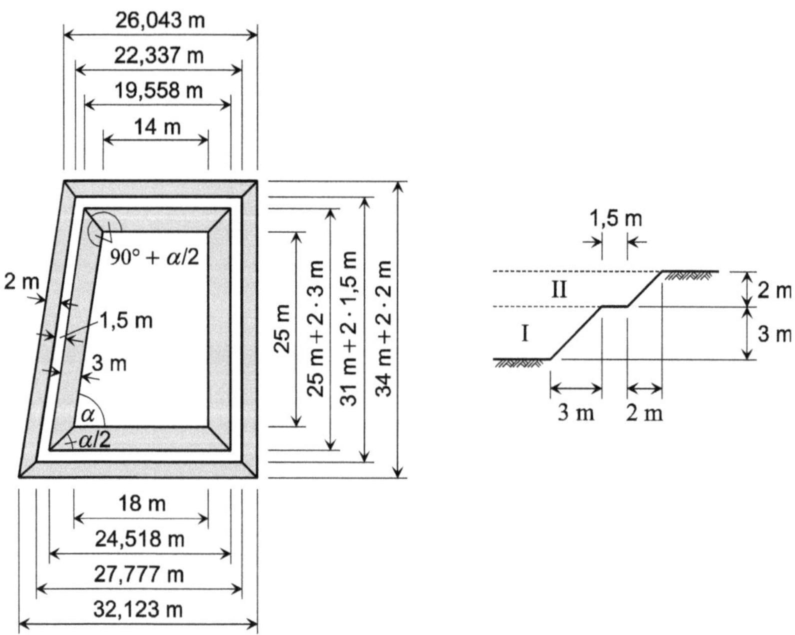

Bild 13-7 Grundriss und Böschungsprofil für die Aushubsituation der ausgehobenen Baugrube

Das Aushubvolumen ergibt sich aus der Addition der Volumina von zwei Pyramidenstümpfen (Bereiche I und II in Bild 13-7). Die Grundflächen des Pyramidenstumpfs I haben die Größen

$$D_{\mathrm{I}} = \frac{14{,}0+18{,}0}{2} \cdot 25{,}0 = 400\ \mathrm{m}^2$$

$$G_{\mathrm{I}} = \frac{19{,}558+24{,}518}{2} \cdot (25{,}0+2 \cdot 3{,}0) = 683{,}18\ \mathrm{m}^2$$

und die des Pyramidenstumpfs II die Größen

$$D_{\mathrm{II}} = \frac{22{,}337+27{,}777}{2} \cdot (31{,}0+2 \cdot 1{,}5) = 851{,}94\ \mathrm{m}^2$$

$$G_{\mathrm{II}} = \frac{26{,}043+32{,}123}{2} \cdot (34{,}0+2 \cdot 2{,}0) = 1105{,}15\ \mathrm{m}^2$$

Mit dem Volumen des Pyramidenstumpfs I

$$V_{\mathrm{I}} = \frac{h_{\mathrm{I}}}{3} \cdot \left(G_{\mathrm{I}}+D_{\mathrm{I}}+\sqrt{G_{\mathrm{I}} \cdot D_{\mathrm{I}}}\right) = \frac{3{,}0}{3} \cdot \left(683{,}18+400+\sqrt{683{,}18 \cdot 400}\right) = 1606\ \mathrm{m}^3$$

und dem des Pyramidenstumpfs II

$$V_{\mathrm{II}} = \frac{h_{\mathrm{II}}}{3} \cdot \left(G_{\mathrm{II}}+D_{\mathrm{II}}+\sqrt{G_{\mathrm{II}} \cdot D_{\mathrm{II}}}\right) = \frac{2{,}0}{3} \cdot \left(1105{,}15+851{,}94+\sqrt{1105{,}15 \cdot 851{,}94}\right) = 1952\ \mathrm{m}$$

ergibt sich das gesamte Aushubvolumen zu

$$V_{\mathrm{Aushub}} = V_{\mathrm{I}}+V_{\mathrm{II}} = 1606+1952 = 3558\ \mathrm{m}^3$$

13.3 Grundlagen

Eines der grundlegenden Unterscheidungsmerkmale der verschiedenen Typen aufgelöster Stützwände ist in der Bauausführung zu finden. Die Richtung des Arbeitsablaufs kann entweder von unten nach oben oder von oben nach unten erfolgen (Bild 13-8).

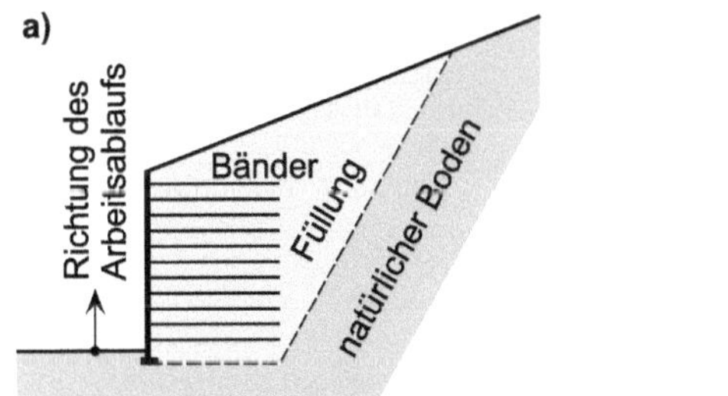

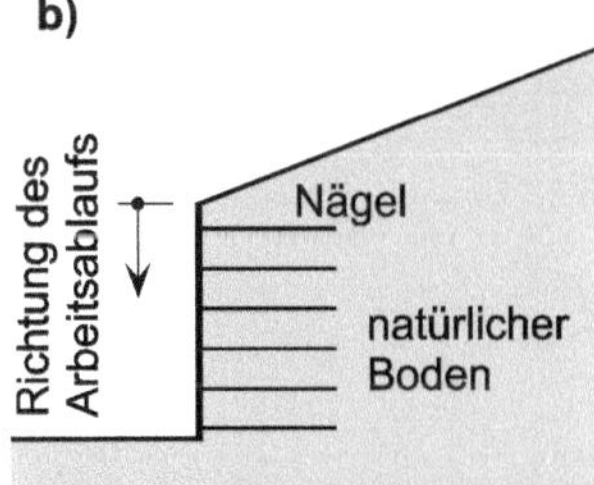

Bild 13-8 Mögliche Richtungen der Arbeitsabläufe bei Stützkonstruktionen nach dem Boden-Anker-Verbundprinzip (nach [182], Kap. 3.9)
a) Wandherstellung von unten nach oben (z. B. „Bewehrte Erde")
b) Wandherstellung von oben nach unten (z. B. „Bodenvernagelung")

Bei der konventionell von unten nach oben erfolgenden Wandherstellung ist ein verhältnismäßig großer Arbeitsraum für die Herstellung des Geländeeinschnitts und die anschließende Verfüllung mit bewehrtem Füllboden erforderlich. In Fällen, in denen weniger stabile Hänge gestützt werden sollen oder in denen nur ein begrenzter Arbeitsraum für die Errichtung der Stützkonstruktion zur Verfügung steht, bietet sich die Wandherstellung von oben nach unten an. Bei ihr wird gewachsener Boden bewehrt.

Bei der statischen Berechnung aufgelöster Stützwände wird in der Regel von einem sich als Monolith verhaltenden Verbundkörper ausgegangen, für den die

- innere Stabilität (Bemessung der Betonfertigteile, der Bewehrung oder der Nägel; siehe hierzu auch DIN 1054, A 11.5.4.2 und A 11.5.4.3),
- äußere Standsicherheit (Gleit-, Grundbruch- und Geländebruchsicherheitsnachweis),
- Gebrauchstauglichkeit

zu gewährleisten sind. Soweit für die entsprechenden Nachweise in einschlägigen Empfehlungen bzw. in bauaufsichtlichen Zulassungen keine Regelungen bestehen, sollte die Nachweisführung der Standsicherheit des Monolithen nach den Regeln aus DIN 1054, A 11.5.4 und DIN EN 1997-1, 11 erfolgen. Für die äußere Tragfähigkeit bedeutet dies die Führung der Nachweise hinsichtlich der zulässigen

- Horizontalbelastung gemäß Abschnitt 6.5.3 von DIN EN 1997-1 und DIN 1054 (Gleiten),
- Vertikalbelastung gemäß Abschnitt 6.5.2 von DIN EN 1997-1 und DIN 1054 (Grundbruch)

im Grenzzustand GEO-2. Mit dem Nachweis der Geländebruchsicherheit gemäß Abschnitt 11.5.1 von DIN EN 1997-1 und DIN 1054 ist die Gesamtstandsicherheit des Monolithen im Grenzzustand GEO-3 nachzuweisen.

13.4 Raumgitterwände

13.4.1 Allgemeines

Die Vorläufer der Raumgitterwände sind die aus Holz hergestellten „Krainerwände", die auch „Grünschwellen" oder „Holzkästen" genannt werden. Diese Holzbauweise wurde in Europa (Österreich) ca. 1965 abgelöst durch die Verwendung serienmäßig produzierter Betonfertigteile, die in den USA seit Ende des 2. Weltkriegs als „Crib-Walls" bekannt sind.

Heute dienen Baukastensystemteile aus Beton, Stahlbeton, Stahl oder auch Recyclingstoffen zur Herstellung von Raumgitterkonstruktionen (Bild 13-9).

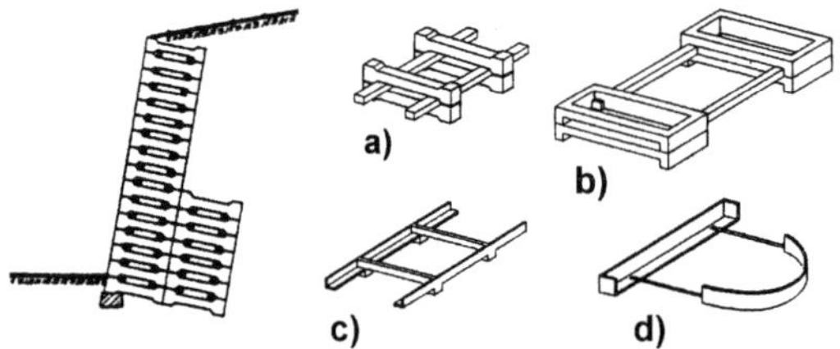

Bild 13-9 Verschiedene Systeme von Raumgitterwänden (aus Beitrag von *Stocker* in [148])
a) Einzelelemente, b) Rahmen-Balken-Elemente, c) Rahmen,
d) Schlaufen-Balken-Elemente

13.4.2 Regelwerke

Empfehlungen zum Entwurf und zur Herstellung von Raumgitterwänden und -wällen sind in

- dem Merkblatt für Raumgitterkonstruktionen [233],
- den ZTV E-StB 09 [331]

zu finden. Weiterhin zu beachten sind die DIN-Normen

- DIN 1054 [44], DIN 18196 [83], DIN 18915 [89], DIN 4017 [51], DIN 4017 Beiblatt 1 [52], DIN 4084 [66], DIN 4085 [67], DIN EN 1991-4 [100], DIN EN 1991-4/NA [101], DIN EN 1992-1-1 [102], DIN EN 1992-1-1/NA [104], DIN EN 1997-1 [107] und DIN EN 1997-1/NA [109]

sowie das

- Merkblatt über den Einfluß der Hinterfüllung auf Bauwerke [235].

13.4.3 Begriffe

Raumgitterkonstruktionen Verbundsysteme aus Fertigteilelementen und verdichtetem Boden. Die Fertigteilelemente werden so aufeinandergelegt, dass ein räumlich geschlossenes Gitter entsteht, dessen Hohlräume mit zu verdichtendem Boden verfüllt werden, der luftseitig begrünbar ist. Die mittragende Wirkung dieses Erdfüllkörpers, der den größten Teil des Gesamtquerschnitts ausmacht, ergibt sich aus der umhüllenden Wirkung des Gitters.

Raumgitterwände (auch *Raumgittermauern* oder *Elementstützmauern*) Raumgitterkonstruktionen, die lagenweise hinterfüllt werden und z. B. an Verkehrswegen sowohl berg- als auch talseitig angeordnet werden können. Der in die Hohlräume des geschlossenen Gitters eingebrachte Boden ist an der Lastabtragung beteiligt, sodass die Wand als Verbundkörper wirkt und in der Lage ist, auch horizontale Erddrücke durch die Massenkraft des Gesamtkörpers abzuleiten.

Raumgitterwälle frei stehende, meist symmetrische Raumgitterkonstruktionen mit übersteilen „Böschungen“ (Steilwälle), bei denen eine Begrünung von beiden Seiten möglich ist. Sie werden vor allem als Lärm- und Immissionsschutzanlagen eingesetzt.

13.4.4 Einsatzvorteile und Anwendungsbereiche

Zu den Vorzügen des Einsatzes von Raumgitterkonstruktionen gehört u. a. die

- schnelle und praktisch witterungsunabhängige Herstellungsmöglichkeit (auch in schlecht zugänglichem Gelände),
- unproblematische Anpassung an örtlich veränderliche Geländeformen und variierende Erddrücke und Verkehrslasten durch Abtreppungen, Höhenstaffelungen und ggf. einzubauende Verpressanker,
- Fähigkeit, große Setzungen und Verformungen mitzumachen (aus der Literatur sind Horizontalverformungen von 1 m und mehr bekannt (vgl. z. B. [182], Kap. 3.9), sodass ein „unangekündigtes“ plötzliches Versagen nicht befürchtet werden muss,
- einfache Entwässerung des Hinterfüllungsbereiches durch den Boden, der die Hohlräume des Gitters ausfüllt (zusätzliche Bepflanzung kann diesen Effekt unterstützen und erhöhen),
- Umweltfreundlichkeit dieser Bauweise,
- gute Absorption von Schall.

Werden die Wände und Wälle bepflanzt (was ggf. auch durch Samenanflug bewirkt werden kann), erhöht dies die Möglichkeiten zu ihrer Gestaltung. Bei sinnvoller Wahl geeigneter Pflanzen können sie dann

- ziemlich unauffällig in die Landschaft eingefügt werden (Verdeckung der sichtbaren Konstruktionsteile durch Bewuchs),
- das Orts- und/oder Landschaftsbild bereichern,
- die Vielfalt der biologischen Lebensräume vergrößern,

– das Mikroklima günstig beeinflussen (geringe Aufheizung an heißen Tagen, Abminderung der Windgeschwindigkeiten in Konstruktionsnähe, „Ausfilterung" von Staub).

Aufgrund der aufgeführten Eigenschaften von Raumgitterkonstruktionen kommen diese als Raumgitterwände und -wälle (auch in Kombination mit anderen Bauverfahren; vgl. z. B. Bild 13-10) zum Einsatz

– bei der Sicherung von Hängen im Straßen-, Eisenbahn-, Landschafts- und Siedlungsbau,
– als Uferbefestigungen,
– beim Verbau von Wildbächen,
– als Schutzbauwerke gegen Lawinen und Steinschläge,
– als Sicht- und Lärmschutzwälle.

Die Zusammenstellung zeigt, dass Raumgitterkonstruktionen als Raumgitterwände vor allem Stützfunktionen übernehmen. Mit Neigungen von 10 : 1 bis 5 : 1 zum Hang lassen sich diese Wände anstelle von Schwergewichtsmauern, Winkelstützmauern usw. bis zu Höhen von ca. 25 m (abgetreppt bis etwa 50 m) einsetzen.

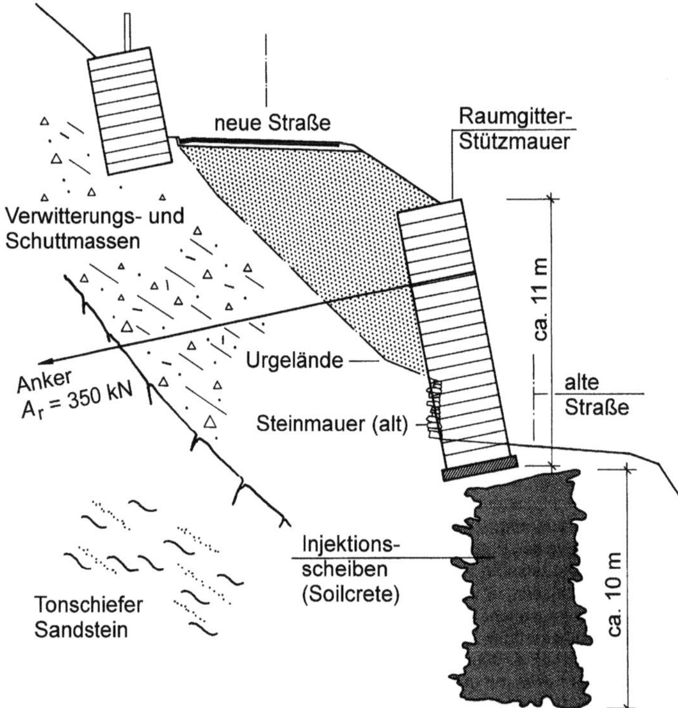

Bild 13-10 Kombination von unverankerter und verankerter Raumgitterwand mit eingesetzten Düsenstrahl-Stützscheiben (Jet Grouting) zur Erhöhung der Grundbruchsicherheit eines instabilen Steilhangs (nach [22])

13.4.5 Planung und Gestaltung

Im Zuge der Planung von Raumgitterkonstruktionen sind Aspekte zu berücksichtigen wie z. B.

- erd- und grundbautechnische Erfordernisse (Wahl des Verfüll- und Hinterfüllmaterials, Standsicherheiten usw.),
- die Wirtschaftlichkeit der Konstruktion (Baukosten, Lebensdauer, Unterhaltung),
- das Orts- und Landschaftsbild,
- Belange der Anlieger,
- der Naturschutz und die Landschaftspflege,
- die Verkehrssicherheit (beim Einsatz im Verkehrsbau).

Bei der Festlegung der Konstruktionsgestalt von Raumgitterwänden ist u. a. ein naturnahes Erscheinungsbild anzustreben. Verbunden mit der Forderung nach Begrünung statt Oberflächenversiegelung (Beton- und Asphaltflächen usw.) ergeben sich Empfehlungen wie z. B.

- die optische Abschwächung von Wandhöhen über 3 m durch Staffelung und Rückversetzung der Konstruktionen,
- die Bepflanzung von Bermen,
- das Einbinden der Wandenden in anstehendes Gelände durch Abknicken,
- die Nutzung von Niederschlagswasser durch Wahl geringerer Wandneigungen (4:1 bis 5:1),
- das Abtreppen oberer Mauerkanten (in Wandlängsrichtung ≤ 1 m pro Versatz),
- die Anordnung des Wandfußpunkts um mindestens 0,5 m außerhalb des Lichtprofils,
- die Anordnung einer durchgehenden Sockelplatte neben Wänden an Straßen mit Gefälle, was vorteilhaft ist für die optische Wirkung der Konstruktion sowie zur Verhinderung von Schmutzansammlungen in tief liegenden Wandzwickeln.

Hinsichtlich der genannten Punkte ist auch auf [233] und [302] hinzuweisen.

13.4.6 Gründung

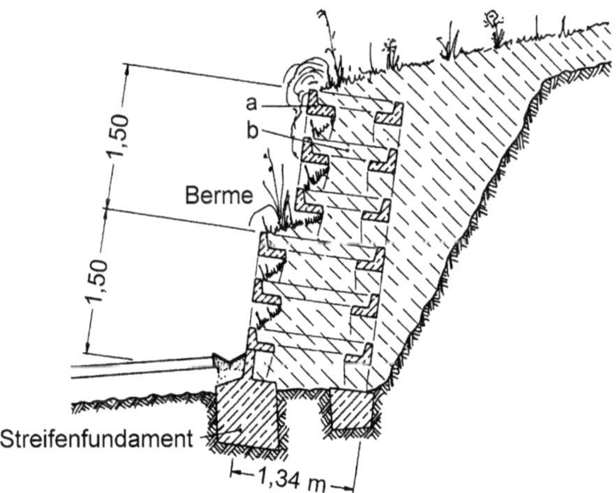

Bild 13-11 Schnitt durch eine Evergreen-Pflanzenwand (aus [274])
a: Längsträger, b: Querträger

Wegen der großen Auflagerungsflächen der die geschlossenen Gitter bildenden Fertigteilelemente ergeben sich relativ kleine Bodenpressungswerte. Deshalb kann bei niedrigen Mauern und gutem Baugrund auf spezielle Fundamentkonstruktionen verzichtet werden. Die Wandlasten werden in solchen Fällen direkt über die untersten Elemente auf den darunter anstehenden Boden übertragen. Erst bei Wandhöhen von mehr als 6 m oder bei weniger tragfähigem Untergrund sowie bei Baugrundgegebenheiten, die zu unregelmäßig sind, müssen auf dem Gründungsplanum Streifenfundamente unter den Längsträgern (Längsriegeln) oder auch über die gesamte Mauertiefe hergestellt werden, um so die Wandlasten stärker zu verteilen und ungleichmäßige Setzungen zu reduzieren (Bild 13-11). Der für die Fundamente verwendete Beton muss nach [233] mindestens die Betonfestigkeitsklasse C20/25 aufweisen.

In Bild 13-12 sind Elemente der Evergreen-Pflanzenwand aus Bild 13-11 gezeigt.

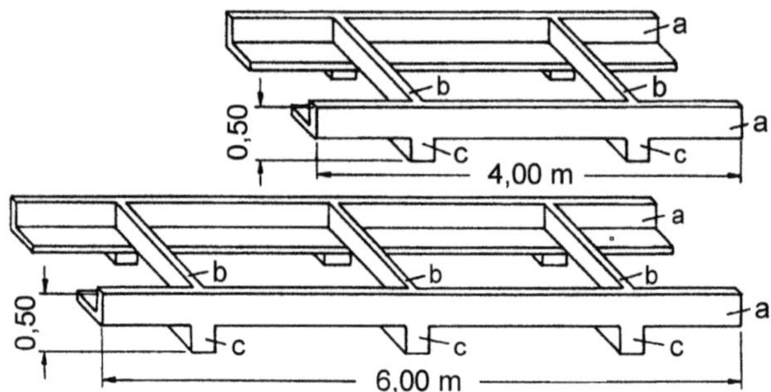

Bild 13-12 Elemente der Evergreen-Pflanzenwand (nach [274])
a) Längsträger, b) Querträger, c) Fuß

13.4.7 Verfüll- und Hinterfüllboden

Zur Schaffung des tragenden Verbundkörpers sind die beim Aufbau des Fertigteilgitters entstehenden Hohlräume mit geeignetem Material lagenweise zu verfüllen, wobei die zu wählende Lagendicke zwischen 25 und maximal 50 cm liegt. Um größere Kopfauslenkungen der Wände zu vermeiden, muss der Verfüllboden zugleich mit dem Hinterfüllmaterial eingebracht und verdichtet werden ($D_{Pr} = 95$ bis 97 % in Zellenmitte; ist bei engen Raumgitterzellen nicht ohne weiteres zu erreichen, vgl. Versuchsergebnisse von *Thamm* [302]). Ist für die gewählte Bepflanzung neben dem Verfüllboden auch Oberboden erforderlich, muss dieser den Anforderungen von DIN 18915 genügen.

Für den ausreichend wasserdurchlässigen Verfüllboden sind grob- und gemischtkörnige Bodenarten gemäß DIN 18196 zu verwenden, wobei das Größtkorn so zu begrenzen ist, dass beim Verfüllen und Verdichten keine Konstruktionsschäden entstehen. Bei Bodenarten mit einem Massenanteil von mehr als 15 % an Korn mit Durchmessern < 0,063 mm (der Korndurchmesser von Feinsand liegt zwischen 0,06 und 0,2 mm) sind besondere bodenmechanische Untersuchungen hinsichtlich der Durchlässigkeit und der Scherfestigkeit des Bodens erforderlich. In der Regel sollte dabei für den Winkel der inneren Reibung $\varphi' \geq 25°$ gelten. Beim Einbau enggestufter Sande und Kiese kann die Verdichtung in einem teilweise offenen Gitter schwierig sein.

Bezüglich der Hinterfüllung sind z. B. die Bedingungen aus [233], [235] und [331] zu berücksichtigen. Dabei ist zu beachten, dass auch Bodenarten verwendet werden können, bei denen der Massenanteil an Korn mit Durchmessern < 0,063 mm (Schluff und Ton) > 15 % und < 40 % ist. Dies gilt unter der Voraussetzung, dass sie die oben genannten Bedingungen für den Verfüllboden in entsprechender Weise erfüllen.

Generell sind nach [233] nur solche Bodenarten zu verwenden, die
– keine löslichen, grundwasserschädigenden Stoffe enthalten,

- keine schädlichen Verformungen für das Bauwerk selbst sowie seine Nutzung verursachen,
- eine vorgesehene Begrünung ermöglichen.

13.4.8 Verformungen der Wand

Die üblichen Bemessungsregeln für Raumgitterwände stützen sich auf eine Vielzahl von Versuchen sowie auf Beobachtungen und Messungen, die im Zuge realer Baumaßnahmen durchgeführt wurden. Dabei hat sich gezeigt, dass die Tragfähigkeit der Konstruktionen wesentlich beeinflusst wird durch

- ihre Neigung gegen den Hang,
- ihr Verformungsverhalten,
- die am System angreifenden Erddrücke (sowohl die auf die Rückseite des Gesamtsystems als auch die innerhalb der Zellen des Fertigteilgitters wirkenden),
- die Größe und den Verlauf der Sohlspannungen,
- die Herstellungsart des Stützbauwerks,
- den Verdichtungsgrad von Ver- und Hinterfüllung.

Größe und Verlauf der horizontalen Wandverformungen hängen u. a. von der Frage ab, ob die Wandhinterfüllung gleichzeitig mit der Verfüllung der Raumgitter oder erst nachträglich erfolgt. Entsprechende Versuche führen zu Ergebnissen, wie sie Bild 13-13 zeigt; mit zunehmendem Neigungswinkel α der Wand gegen den Hang nehmen diese Verformungen ab.

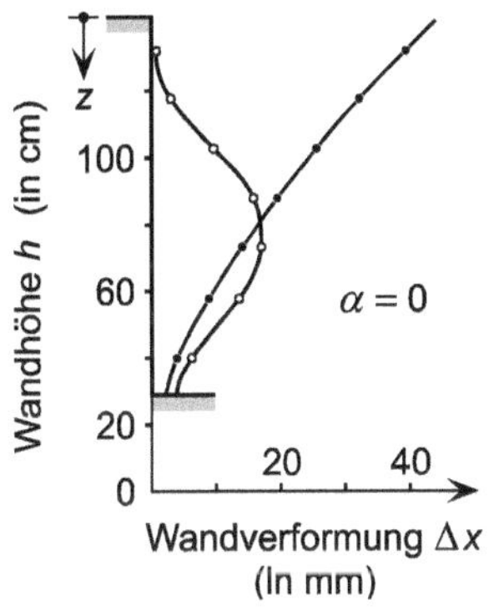

Bild 13-13 Horizontale Verformungen Δx vertikaler Modellwände (22 Fertigteilscharen, $h = 142$ cm); horizontales unbelastetes Gelände; Mittelwerte aus Versuchsreihen (nach [21])

13.4.9 Einwirkungen auf das Gesamtbauwerk

Die Einwirkungen auf das aus der Stützkonstruktion und dem Fundament bestehende Gesamtbauwerk betreffen den Erddruck, den Wasserdruck und sonstige Einwirkungen.

Erddruck

Der auf die Rückseite von Raumgitterwänden wirkende charakteristische Erddruck darf, wie z. B. auch bei Schwergewichtsmauern, in der Regel als aktiver Erddruck mit Hilfe der für ebene Gleitflächen geltenden Gleichungen von DIN 4085 berechnet werden. Der Neigungswinkel δ_a des Erddrucks, der dabei die Wirkungsrichtung der Erddruckkraft bestimmt, ist, wie bei Stützwänden mit geschlossenen ebenen Rückflächen, abhängig vom charakteristischen Wert φ'_k des inneren Reibungswinkels des dränierten Hinterfüllbodens und der Rauigkeit der Wandrückfläche (Verzahnung). Dabei wirkt sich auch das Verhältnis der Betonflächen zu den Bodenflächen auf die Größe von δ_a aus. Zahlenmäßig ergeben sich daraus δ_a-Werte, die im Bereich $0{,}75 \cdot \varphi'_k \leq \delta_a \leq 1{,}0 \cdot \varphi'_k$ liegen.

Bei ungünstigen Bodenverhältnissen, sehr steilem Gelände, engem Hinterfüllbereich und bei vorgesehener Verankerung ist es bei Raumgitterwänden (anders als bei herkömmlichen Stützmauerkonstruktionen) zu empfehlen, den Angriffspunkt der Erddruckresultierenden aus Sicherheitsgründen in der halben Wandhöhe anzunehmen.

Wasserdruck

Bedingt durch die Forderung, dass ausreichend durchlässiger Füllboden für die Ver- und Hinterfüllung verwendet wird, sowie durch die gute Durchlässigkeit bzw. Entwässerungsfunktion des Gesamtsystems ist es in der Regel nicht erforderlich, auf die Wandrückseite wirkenden Wasserdruck als Belastung anzusetzen. Ist allerdings ein Rückstau von Wasser nicht auszuschließen, muss entsprechender Wasser- bzw. Strömungsdruck angenommen werden.

Sonstige Einwirkungen

Außer den aufgeführten Einwirkungen sind bei den Sicherheitsnachweisen ggf. auch Einwirkungen wie

- Gründungslasten von aufliegenden Tragwerken, aufgeteilt in die Anteile E_G aus ständigen und E_Q aus veränderlichen Einwirkungen,
- veränderliche statische Einwirkungen auf die Stützwand, wie sie etwa durch Nutzlasten, Wind (bei Raumgitterwällen anzusetzen), Schnee usw. hervorgerufen werden,
- dynamische Einwirkungen

so anzunehmen, wie das auch für vergleichbare Stützkonstruktionen (z. B. Schwergewichtsmauern usw.) üblich ist (vgl. hierzu [45], Abschnitt 10.3.3).

13.4.10 Einwirkungen an den Raumgitterzellen

Zur Bemessung der Raumgitterelemente sind u. a. die innerhalb der Verfüllung der Raumgitterzellen herrschenden Spannungsverhältnisse zu berechnen, um so die Einwirkungen auf die inneren Flächen der Zellen bzw. der Raumgitterelemente zu ermitteln. Hierzu kann als gute Näherung die Silotheorie herangezogen werden. Mit der Tiefe z werden danach z. B. die vertikal wirkenden Innendrücke p_v durch eine e-Funktion beschrieben, die asymptotisch gegen den maximalen Wert

$$p_{\text{vmax}} = \gamma \cdot z_0 \quad \text{Gl. 13-3}$$

verläuft (Bild 13-14), dessen Faktoren weiter unten erläutert werden. Zur Problematik der Anwendung dieser Theorie auf die Gegebenheiten der Raumgitter-Stützmauer sei auf die Ausführungen von *Thamm* [302] hingewiesen.

Die heute üblichen Bemessungsregeln für Raumgitterwände liefern im Regelfall auf der sicheren Seite liegende Ergebnisse, wenn sie auf den nachstehend angegebenen Beziehungen basieren. Diese entsprechen im Wesentlichen der Silotheorie von DIN EN 1991-4, 5.2, die für Einwirkungen bezüglich des Entwurfs und der Bemessung von schlanken Silos gilt, in denen Schüttgüter und Flüssigkeiten gelagert werden.

Über die Raumgitterhöhe h werden als konstant angenommen:

γ Wichte des Verfüllmaterials,
φ' Reibungswinkel des Verfüllmaterials,

$K_0 = 1 - \sin\varphi'$ Erdruhedruckbeiwert (Annahme für die Größe $K = p_h/p_v$ aus DIN EN 1991-4),

$\delta = {}^2/_3 \cdot \varphi'$ Neigungswinkel des Erddrucks an den Zelleninnenwänden (vereinfachende Annahme für die Größe $\mu = p_w/p_h = \tan\delta$ aus DIN EN 1991-4, 5.2.1.1).

Mit diesen Werten und der Größe

$$z_0 = \frac{A}{U} \cdot \frac{1}{K_0 \cdot \tan\delta} \quad \text{Gl. 13-4}$$

gelten (zu *A* und *U* siehe Bild 13-14), bei kohäsionslosem Verfüllmaterial, die Gleichungen für die Zelleninnendrücke in vertikaler Richtung

$$p_v(z) = \gamma \cdot z_0 \cdot (1 - e^{-z/z_0}) \quad \text{Gl. 13-5}$$

und in horizontaler Richtung

$$p_h(z) = p_v(z) \cdot K_0 \quad \text{Gl. 13-6}$$

sowie für die zugehörigen Schubspannungen an den Zelleninnenwänden

$$p_w(z) = p_h(z) \cdot \tan\delta = p_v(z) \cdot K_0 \cdot \tan\delta \quad \text{Gl. 13-7}$$

Diese Größen sind bei der Bemessung der Raumgitterelemente als die Einwirkungen anzusetzen, die auf deren innere Flächen einwirken.

Über die Querschnittsfläche *A* der Silozelle verläuft der Zelleninnendruck p_v aus Gl. 13-5 in der Regel zwar konvex (die Verfüllung setzt sich stärker als das Raumgitter), doch führen Berechnungen mit einem als konstant angenommenen Mittelwert in der Praxis zu hinreichend genauen Ergebnissen (vgl. hierzu [182], Kap. 3.9).

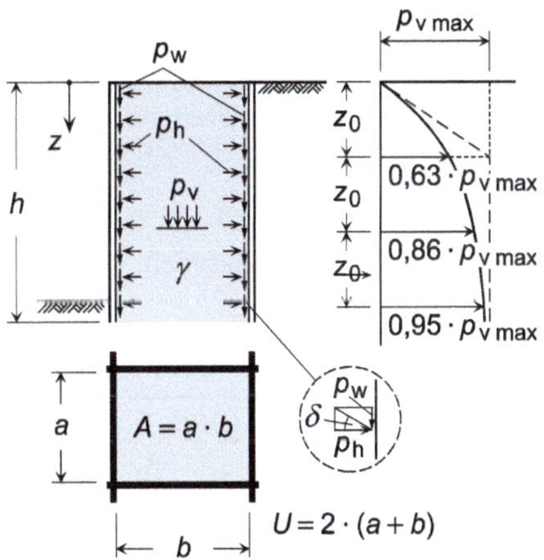

Bild 13-14 Ermittlung des Silodrucks in den Zellen von Raumgitter-Stützmauern

13.4.11 Nachweise zur äußeren Standsicherheit und Gebrauchstauglichkeit

Die zu führenden äußeren Standsicherheitsnachweise für das aus der eigentlichen Stützkonstruktion und dem Fundament bestehende Gesamtbauwerk entsprechen denen für eine vergleichbare Schwergewichtsmauer. Die Raumgitterwand wird dabei als monolithischer Verbundkörper aufgefasst, dessen Wichte durch entsprechende Mittelwertbildung über die Verbundkörperelemente gewonnen wird.

Die im Einzelnen zu erbringenden Nachweise betreffen im Fall des Grenzzustands GEO-2 die

- Gleitsicherheit in der Sohlfuge und in den Kontaktflächen der Raumgitterelemente gemäß Abschnitt 6.5.3 von DIN EN 1997-1 und DIN 1054,
- Grundbruchsicherheit in der Sohlfuge gemäß DIN 4017 und Abschnitt 6.5.2 von DIN EN 1997-1 und DIN 1054,

im Fall des Grenzzustands EQU die

- Kippsicherheit in der Sohlfuge gemäß DIN EN 1997-1, 9.2 2(P)

und im Fall des Grenzzustands GEO-3 die

- Sicherheit gegen Geländebruch gemäß DIN 4084 sowie Abschnitt 11.5.1 von DIN EN 1997-1 und DIN 1054 (beachte hierzu auch DIN 1054, 9.7.2 A (3)).

Die Kippsicherheit ist nach [233] um eine Drehachse am luftseitigen oder erdseitigen Fuß der Wand nachzuweisen (vgl. hierzu auch Abschnitt 4.5 und DIN 1054, 6.5.4 A (3)). Nach DIN 1054, 11.6 A (6) darf bei Stützkonstruktionen, die als Gewichtsstützwand modelliert werden, von einer ausreichenden Sicherheit gegen Kippen ausgegangen werden, wenn die Sohldruckresultierende im Kern liegt. Beim Vorliegen belegbarer Erfahrungen zur Tragfähigkeit (Grundbruch und Gleiten) sowie zur Gesamtstandsicherheit des Stützbauwerks kann nach DIN 1054, A 11.5.4.3 A (2) auf die entsprechenden Nachweisführungen verzichtet werden.

Bezüglich des Grenzzustands der Gebrauchstauglichkeit (SLS) ist grundsätzlich dafür zu sorgen, dass

- die Größe der Verschiebungen und Verformungen der Wand deren Gebrauchstauglichkeit bzw. die Gebrauchstauglichkeit benachbarter baulicher Einrichtungen nicht beeinträchtigt (siehe auch DIN EN 1997-1, 11.6).

Nach DIN 1054, A 9.8.1.2 werden schädliche Verkantungen bei Stützbauwerken mit Flach- bzw. Flächengründung vermieden, wenn die zulässige Lage der Sohldruckresultierenden gemäß DIN 1054, A 6.6.5 eingehalten wird. Nach DIN 1054, 11.6 A (4) ist für die Wand eine ausreichende Sicherheit gegen den Grenzzustand der Gebrauchstauglichkeit gegeben, wenn sie auf mindestens mitteldicht gelagertem nichtbindigem bzw. auf mindestens steifem bindigem Boden hergestellt wird und die Sicherheit gegen Geländebruch (s. oben) für die Bemessungssituation BS-P nachgewiesen wurde.

Für die Einzelnachweise sind die Teilsicherheitsbeiwerte von Tabelle 13-2 zu verwenden.

Tabelle 13-2 Teilsicherheitsbeiwerte von DIN 1054 für Nachweise gegen Gleiten, Grundbruch und Geländebruch (vgl. Tabelle 1-1, Tabelle 1-2 und Tabelle 1-3)

Bemessungs-situation	Gleiten (GEO-2)			Grundbruch (GEO-2)			Geländebruch (GEO-3)					
	γ_G	γ_Q	$\gamma_{R,h}$	γ_G	γ_Q	$\gamma_{R,e}$	γ_G	γ_Q	$\gamma_{\varphi'}$	$\gamma_{\varphi u}$	$\gamma_{c'}$	γ_{cu}
BS-P	1,35	1,50	1,10	1,35	1,50	1,40	1,00	1,30	1,25	1,25	1,25	1,25
BS-T	1,20	1,30	1,10	1,20	1,30	1,30	1,00	1,20	1,15	1,15	1,15	1,15
BS-A	1,10	1,00	1,10	1,10	1,00	1,20	1,00	1,00	1,10	1,10	1,10	1,10

Die genannten Sicherheitsnachweise sind auch an „Teilbauwerken“ (Teile des Gesamtbauwerks, die oberhalb maßgebender Schnitte – etwa einer Querschnittsänderung – liegen) zu führen.

Hinsichtlich weiterer Einzelheiten zur zulässigen Lage der Resultierenden in der Sohlfuge sowie zum Nachweis der Sicherheiten gegen Gleiten und Geländebruch sei auf DIN 1054, A 11.5.4.1, [233] und [302] verwiesen.

13.4.12 Nachweise zur inneren Standsicherheit

Der Nachweis der inneren Standsicherheit von Raumgitterwänden ist identisch mit der Bemessung der Raumgitterelemente (siehe auch DIN 1054, A 11.5.4.3). Handelt es sich dabei um Betonfertigteile, sind diese nur als werkmäßig hergestellte Betonfertigteile gemäß DIN EN 1992-1-1 und mit einer Betonfestigkeitsklasse von mindestens C35/45 zu verwenden, wobei die Betonzusammensetzung den Bedingungen der ZTV-K [328] entsprechen muss.

Aus Bild 13-15 geht hervor, dass zur Bemessung der einzelnen Raumelemente der Gitterkonstruktion, außer der Eigenlast, bei

- luftseitigen Längsträgern die Silodruckkräfte auf der Innenseite,
- erdseitigen Längsträgern (Längsriegeln) der aktive Erddruck aus der Hinterfüllung, Silodruckkräfte auf der Innenseite und Vertikalkräfte auf der Oberseite,
- Querträgern die Silodruckkräfte auf den Seitenflächen

als Einwirkungen anzusetzen sind.

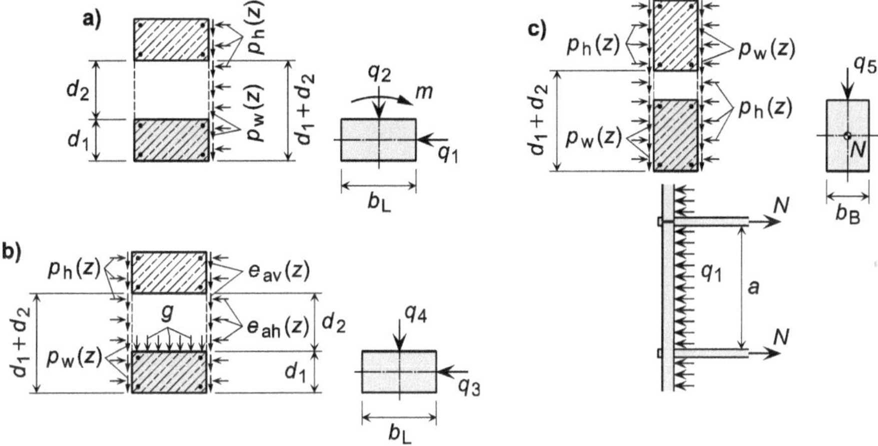

Bild 13-15 Belastung der Elemente einer Raumgitter-Stützmauer (nach [21])
a) Belastung der tal- bzw. luftseitigen Längselemente (Läufer)
b) Belastung der berg- bzw. erdseitigen Längselemente (Läufer)
c) Belastung der Querelemente (Binder)

Für luftseitige Läufer ergibt sich die horizontale Belastung zu

$$q_1 = q_1(z) = (d_1 + d_2) \cdot p_h(z) \qquad \text{Gl. 13-8}$$

Die Vertikallast darf, bei kleinen Öffnungsweiten d_2 und nicht zu großen Längen a, mit

$$q_2 = q_2(z) = (d_1 + d_2) \cdot p_w(z) \qquad \text{Gl. 13-9}$$

berechnet werden. Bei schlanken Elementen und großen Öffnungsweiten ist ggf. zusätzlich die Eigenlast des Verfüllmaterials zu berücksichtigen, das in Form dreiecksförmiger Zwickel zwischen den Läufern liegt. Das Versatzmoment, das wegen der Verschiebung der Belastung q_2 in die Symmetrieebene des Läuferquerschnitts anzusetzen ist, ergibt sich aus

$$m = m(z) = q_2(z) \cdot \frac{b_L}{2} = (d_1 + d_2) \cdot p_w(z) \cdot \frac{b_L}{2} \qquad \text{Gl. 13-10}$$

Für bergseitige Läufer kann die Horizontallast mit

$$q_3 = q_3(z) = (d_1 + d_2) \cdot [e_{ah}(z) - p_h(z)] \qquad \text{Gl. 13-11}$$

berechnet werden. Die vertikale Belastung liefert die Gleichung

$$q_4 = q_4(z) = (d_1 + d_2) \cdot [e_{av}(z) + p_w(z)] + g \cdot b_L \qquad \text{Gl. 13-12}$$

in der die Größe

$$g = \gamma \cdot d_2 \qquad \text{Gl. 13-13}$$

für die vertikale Druckspannung aus der Eigenlast des zwischen den Läufern liegenden Verfüllmaterials steht. Die Wirkung des Versatzmoments, das sich aus den in der Regel ungleichen Größen von e_{av} und p_W ergibt, wird hier vernachlässigt, da diese Unterschiede im Allgemeinen nicht sehr groß sind.

Bei den quer liegenden Bindern hebt sich die horizontale Wirkung der Silodrücke auf, sodass nur die vertikale Belastung

$$q_5 = q_5(z) = (d_1 + d_2) \cdot p_w(z) \qquad \text{Gl. 13-14}$$

verbleibt, wobei die Wirkung der Eigenlast des zwischen den Bindern liegenden Verfüllmaterials vernachlässigt wird. Die in den Bindern wirkenden Normalkräfte sind mit der Größe

$$N = N(z) = q_1 \cdot a \qquad \text{Gl. 13-15}$$

anzusetzen.

Da es aus Kostengründen und auch logistischen Gründen sinnvoll ist, jedes der zum Einsatz kommenden Fertigteile an jeder beliebigen Stelle der Wand einbauen zu können, müssen alle Fertigteile für die extremalen Belastungen bemessen werden, wobei u. a. die maximalen Silodrücke $p_{v\,max}$ (Gl. 13-3) und

$$p_{hmax} = p_{vmax} \cdot K_0 \qquad \text{Gl. 13-16}$$

zu verwenden sind.

Zu den Ansätzen der Elementbelastungen und insbesondere zu entsprechenden Grenzwertbetrachtungen siehe auch [233] und [302].

Bezüglich der konstruktiven Ausbildung der Knotenpunkte der Einzelteile ist zu fordern, dass die Übertragung der vertikalen Knotenkräfte einwandfrei erfolgen kann. Zur Berechnung der Kräfte wird angenommen, dass die gesamte von den Betonfertigteilen übertragene Vertikallast der Stützmauer über die Betonfertigteile abgetragen wird. *Thamm* gibt in [302] Formeln zur Abschätzung der Kraftgrößen eines Teilbauwerks an, die für maßgebende Schnittfugen gelten, welche in der Tiefe z unterhalb der Raumgitterwandoberkante liegen. Danach ergibt sich mit der Vertikalkraft

$$V_B = V_{GB} + V_W = V_{GB} + A \cdot (\gamma \cdot z - p_v) \qquad \text{Gl. 13-17}$$

für die luftseitigen Knoten

$$V_{KL} = \frac{V_B}{2} + \frac{E_{ah} \cdot z}{3 \cdot b_K}$$ Gl. 13-18

und für die auf der Erdseite angeordneten Knoten

$$V_{KE} = \frac{V_B}{2} - \frac{E_{ah} \cdot z}{3 \cdot b_K} + E_{av}$$ Gl. 13-19

Mit der Kraftgröße V_{GB} aus Gl. 13-17 wird die Eigenlast der Betonfertigteile des Teilbauwerks erfasst, die in den beiden letzten Gleichungen verwendeten Größen b_K sowie E_{ah} und E_{av} sind der Hebelarm der Knotenpunktauflagerung sowie die horizontale und vertikale Komponente der Erddruckkraft des oberhalb der maßgebenden Schnittfuge wirkenden Erddrucks.

13.5 Bewehrte Erde

13.5.1 Allgemeines

Zu den prähistorischen Vorläufern des Bauverfahrens „Bewehrte Erde“ gehören u. a. luftgetrocknete Lehmziegel, die durch die Beimischung von Stroh eine höhere Zugfestigkeit erhielten.

Im Allgemeinen hat sich der Begriff „bewehrte Erde“ eingebürgert für Verbundkörper aus Boden und „Bewehrung“. Als Bewehrung können dabei so verschiedene Elemente wie dünne Injektionspfähle, Stahl- oder Kunststoffstäbe, Reibungsbänder, Matten, Gitter, Geotextilien usw. zum Einsatz kommen. Sie werden in unterschiedlichster Art und Richtung eingebracht und demzufolge auch unterschiedlich beansprucht.

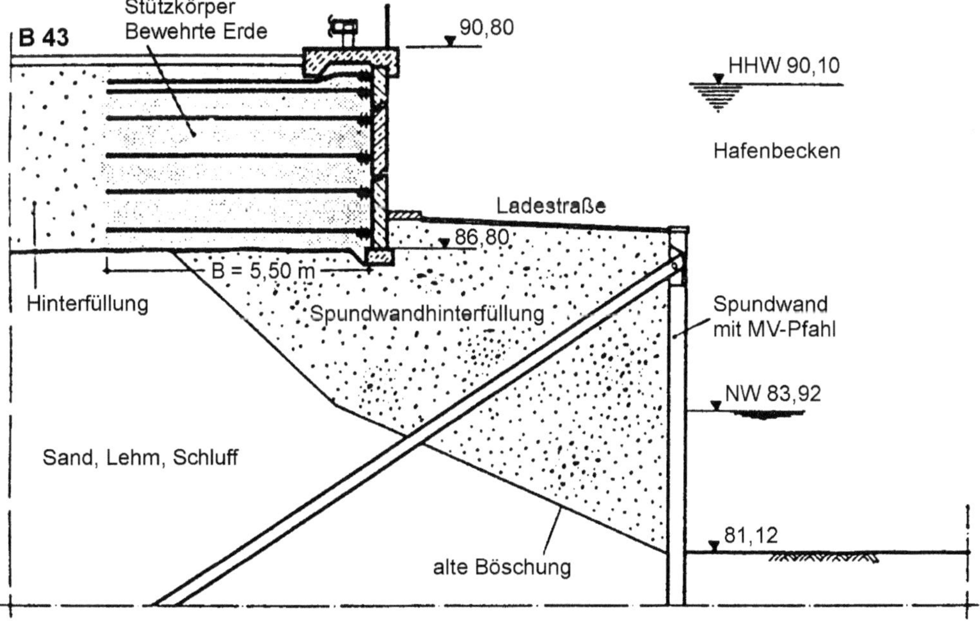

Bild 13-16 Schnitt durch das Gesamtbauwerk der ersten deutschen Stützwand nach dem Bauverfahren „Bewehrte Erde" bei Raunheim (nach [16])

Das heute unter dem Namen „Bewehrte Erde" bekannte Bauverfahren stellte erstmalig der französische Ingenieur *Henri Vidal* 1963 in seiner Dissertation vor. Es ermöglicht die einfache und relativ schnelle Herstellung von Stützkonstruktionen, die u. a. unempfindlich sind gegen unterschiedlich große Setzungen. Während schon 1964 das weltweit erste Stützbauwerk in Pragnères, Frankreich, nach dieser Methode ausgeführt wurde, erfolgte in der Bundesrepublik Deutschland erst im Jahre 1975 die erste Projektrealisierung beim Bau der Umgehung Raunheim im Zuge der Bundesstraße 43. Bei ihr wurde eine ca. 380 m lange und rund 4,0 m hohe Stützwand errichtet (vgl. [16] und Bild 13-16).

Die inzwischen über die ganze Welt verbreitete Baumethode „Bewehrte Erde" ist sehr vielfältig anwendbar. Nach *Stocker* (Beitrag in [148]) wurden bis 1986 weltweit 10300 Stützkonstruktionen mit etwa 5 Millionen m^2 Wandfläche ausgeführt. Davon wurden zwar 33 % in Europa, aber, in insgesamt 44 Projekten (55 Projekte bis 1992), nur 0,4 % in der Bundesrepublik Deutschland ausgeführt. Vermutlich ist dieser geringe deutsche Anteil u. a. einer gewissen „Ungläubigkeit" hinsichtlich der Korrosionsbeständigkeit der Zugbänder (einschließlich ihrer Verbindung mit der „Wandhaut") und damit der Lebensdauer der Gesamtkonstruktion zuzuschreiben. Von dem genannten gesamten Bauvolumen entfielen

- 48 % auf Straßen- und Eisenbahnen im städtischen Bereich,
- 21 % auf Verkehrswege im Bergland,
- 11 % auf Anwendungen im Siedlungsbau,
- 13 % auf Schutzdämme und Behälterbauten im Industrie- und Militärbau und
- 7 % auf Uferschutzwände.

Nach Auskunft der Fa. *Bewehrte Erde* [F 5] hat sich die Zahl der weltweit ausgeführten „Bewehrte Erde"-Projekte mittlerweile auf mehr als 25000 erhöht. Die zugehörige Wandfläche betrug am Ende des Jahres 2004 ca. 26,7 Millionen m^2, die weltweit ausgeführte Wandfläche im Jahre 2004 ca. 2 Millionen m^2.

Anhand dieser Zahlen wird deutlich, dass die „Bewehrte Erde" weltweit zu den bewährten Baumethoden zählt. Die oben erwähnte „Ungläubigkeit" ist nach nahezu 50 Jahren Erfahrung nicht mehr nachvollziehbar, da keine Probleme mit der Dauerhaftigkeit solcher Stützbauwerke auftreten, wenn bei der Planung und Ausführung die entsprechenden anerkannten Regeln eingehalten werden (vgl. hierzu auch [182], Kapitel 3.9).

13.5.2 Regelwerke

Empfehlungen zu Entwurf und Herstellung von „Bewehrte Erde"-Konstruktionen sind in

- dem Merkblatt über Stützkonstruktionen aus stahlbewehrten Erdkörpern [239],
- den ZTV E-StB 09 [331]

zu finden. Weiterhin zu beachten sind

- die Normen DIN 1054 [44], DIN 4017 [51], DIN 4017 Beiblatt 1 [52], DIN 4084 [66], DIN 4085 [67], DIN 18196 [83], DIN 18915 [89], DIN EN 1992-1-1 [102], DIN EN 1992-1-1/NA [104], DIN EN 1997-1 [107], DIN EN 1997-1/NA [109], DIN EN 14475 [119] nebst Berichtigung 1 [120],
- das Merkblatt über den Einfluß der Hinterfüllung auf Bauwerke [235].

13.5.3 Konstruktionsprinzip

Bei der Baumethode „Bewehrte Erde“ wird die Stützwirkung mit einem Verbundkörper realisiert, der auf vorbereitetem Untergrund lagenweise von unten nach oben aufgebaut wird (Bild 13-17). Die einzelnen Lagen bestehen aus

- geschüttetem und verdichtetem Verfüllboden und darauf
- schlaff aufgelegten streifenförmigen Bewehrungsbändern (Zugbändern) in regelmäßiger Anordnung.

Die Bewehrungsbänder werden mittels Schrauben mit einer an der Luftseite des jeweiligen Verbundkörpers befindlichen Außenhaut verbunden (Bild 13-18), die unterschiedlich gestaltet werden kann. Derzeit stehen zur Außenhautgestaltung z. B.

- kreuzförmige (System Terra Class, vgl. auch Bild 13-22) oder T-förmige (System Freyssisol) Stahlbeton-Fertigteilelemente,
- Stahlgitterelemente, die mit Steinen oder Begrünungsmatten hinterlegt werden (System Terra Trel),
- Stahlbleche (System Terra Met, vgl. auch [154]),
- bepflanzbare Stahlbeton-Fertigteil-Elemente (System Terra Vert)

zur Verfügung, die in der Regel auf ein durchgehendes unbewehrtes Streifenfundament (Montagefundament) aus Beton gestellt werden. Ihre Hauptaufgabe ist es, das Abböschen des Füllbodens zwischen den einzelnen Lagen der Bewehrungsbänder zu verhindern. Konstruktionen mit den halbelliptisch geformten Stahlblechen kommen hauptsächlich bei Industriebauten zum Einsatz. Für die Herstellung des Montagefundaments genügt ein Beton der Festigkeitsklasse C12/15, wenn Fertigteilplatten geringer Bauhöhe verwendet werden und keine zusätzlichen vertikalen Lasten über die Außenhaut abzutragen sind. In Fällen, in denen Fertigteile in voller Bauhöhe eingesetzt werden und/oder vertikale Lasten über die Außenhaut abgetragen werden müssen, ist mindestens Beton der Festigkeitsklasse C20/25 zu verwenden und darüber hinaus das Fundament zu bemessen (vgl. [239]).

Bild 13-17 Einbringung von Verfüllmaterial bei der Herstellung eines mit Stahlbändern bewehrten Erdkörpers beim Bauverfahren „Bewehrte Erde“ (Bild von der Fa. *Bewehrte Erde* [F 5])

Bild 13-18 Anschluss von Stahlbetonaußenhautelementen beim Bauverfahren „Bewehrte Erde" (Bild von der Fa. *Bewehrte Erde* [F 5])

In Bild 13-19 sind schematisch die Konstruktion und der Bau einer Außenwand aus Stahlbeton-Fertigteilplatten dargestellt. Bild 13-17 zeigt die Einbringung von Verfüllmaterial eines bewehrten Erdkörpers.

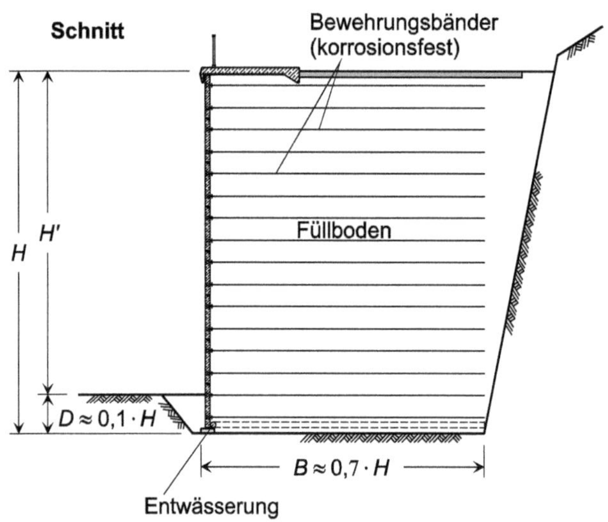

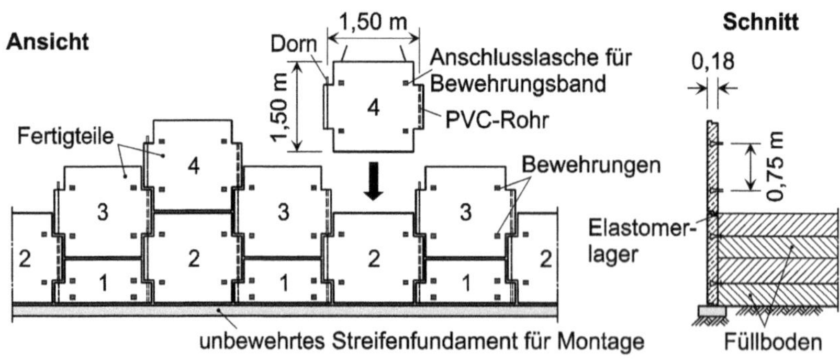

Bild 13-19 Verbundkörper mit Außenwand aus Stahlbeton-Fertigteilplatten (nach Angaben der Fa. *Bewehrte Erde* [F 5])

13.5.4 Anforderungen an den Füllboden

Der Füllboden der Stützwand ist in Lagen von ca. 0,3 bis 0,4 m Dicke so einzubauen, dass er gleichbleibende Qualität und gleichmäßige Verdichtung aufweist. Für seine Kornfraktionen gelten gemäß [239] die Grenzwerte (Angabe in Massenprozent)

- ≤ 15 % Korn mit Korndurchmessern $d < 0{,}063$ mm,
- ≤ 25 % Korn mit Korndurchmessern $d > 100$ mm,
- Größtkorn mit dem Korndurchmesser $d_{max} = 250$ mm.

Diesen Forderungen genügen nach den Klassifizierungskriterien von DIN 18196

- alle grobkörnigen Böden (GE, GW, GI, SE, SW und SI),
- die gemischtkörnigen Bodengruppen GU, GT, SU und ST.

Das als Füllboden verwendete Material muss witterungsbeständig sein. Beim Einbau ist sicherzustellen, dass die Mindestwerte für den Verdichtungsgrad D_{Pr} und den Verformungsmodul E_{v2} gemäß Tabelle 13-3 eingehalten werden. Diese Werte gelten für den Bereich des bewehrten Erdkörpers mit Ausnahme eines etwa 0,5 bis 1,0 m breiten Streifens, der unmittelbar hinter der Außenhaut beginnt und in dem das Bodenmaterial nur mit leichtem Gerät möglichst gleichmäßig zu verdichten ist.

Tabelle 13-3 Mindestwerte des Verdichtungsgrads D_{Pr} und des Verformungsmoduls E_{v2} für den Einbau von Füllboden bei Stützkonstruktionen aus „Bewehrter Erde“ (nach [239])

Nr.	Bodengruppe nach DIN 18196	Verdichtungsgrad D_{Pr} in %	Verformungsmodul E_{v2} in kN/m^2
1	GE	97	80
2	GW	100	100
3	GI	100	100
4	SE	97	80
5	SW	97	80
6	SI	97	80
7	GU	100	60
8	GT	100	60
9	SU	97	45
10	ST	97	45

Außer den genannten Bedingungen gilt für den Füllboden, dass er keine organischen oder sonstigen Bestandteile aufweist, welche die Außenhaut (Stahlbeton- bzw. Stahlelemente) und Bewehrungsbänder nebst Anschlussteilen schädigen können. Hierzu gehören u. a. Mutterboden, Torf, Schlamm sowie Kohle-, Koks-, Sulfid- und Schwefelwasserstoffanteile.

Hinsichtlich seines Angriffsvermögens auf die Außenhautelemente (Frontelemente) der Konstruktion und der Bewehrungsbänder kann der Füllboden gemäß [239] beurteilt werden (siehe aber auch DIN EN 14475, Tabelle B.1). Danach ist die durch den Füllboden ggf. herbeigeführte Korrosionsgefährdung der Bewehrungsbänder und ihrer Anschlüsse an die Außenhaut vor allem vom spezifischen Bodenwiderstand, dem Chlorid- und Sulfatgehalt sowie dem pH-Wert des Füllbodens abhängig. Werden für die Wandbewehrung feuerverzinkte Stahlbänder und Anschlussteile verwendet, ist sicherzustellen, dass der Füllboden beim Einbau einen

- spezifischen Bodenwiderstand von ≥ 1000 Ohm · cm bei Bewehrte-Erde-Körpern, die nicht in das Grundwasser reichen,
- spezifischen Bodenwiderstand von ≥ 3000 Ohm · cm bei Bewehrte-Erde-Körpern, die in das Grundwasser reichen,
- Chlorid- (Cl) und Sulfatgehalt (SO_4) von $5 \cdot Cl + SO_4 \leq 1000$ ppm bei Bewehrte-Erde-Körpern, die nicht in das Grundwasser reichen,
- Chlorid- (Cl) und Sulfatgehalt (SO_4) von $5 \cdot Cl + SO_4 \leq 500$ ppm bei Bewehrte-Erde-Körpern, die in das Grundwasser reichen,
- pH-Wert ≥ 5 und ≤ 10 (unabhängig vom Grundwasserstand)

besitzt und dass diese Grenzwerte auch später nicht in unzulässiger Weise verändert werden (z. B. durch Grundwasserschwankungen oder Einleitung schädlicher Stoffe wie Tausalz, Düngemittel, Chemikalien u. a.). Diese Forderungen können z. B. durch Anordnung von Dichtungsbahnen und von Dränagen gewährleistet werden (Bild 13-20).

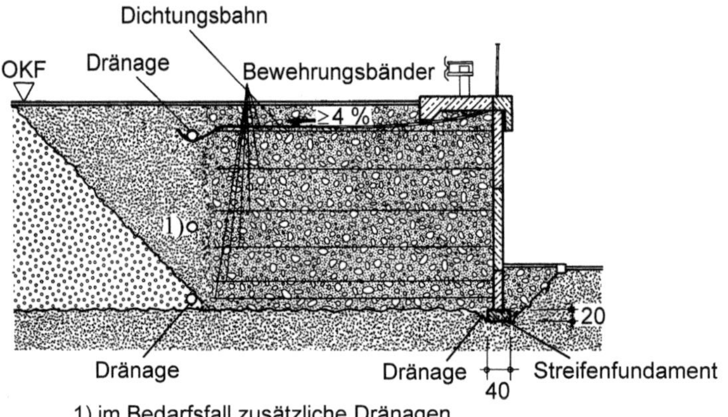

Bild 13-20 Einbau von Dichtungsbahn und Dränagen bei bewehrten Erdkörpern (nach [12])

13.5.5 Anforderungen an den Hinterfüll- und Überschüttboden

Außer dem Füllboden im Bereich des bewehrten Erdkörpers ist auch Hinterfüll- und Überschüttboden einzubringen (Bild 13-23). Für den Einbau und die Verdichtung dieser Böden gelten die Anforderungen aus ZTV E-StB 09.

Hinsichtlich der Bodenchemie sind an den Boden im Hinterfüll- und Überschüttbereich die gleichen Anforderungen zu stellen wie an den Füllboden, sofern der bewehrte Erdkörper nicht durch Dichtungsbahn und Dränagen von den übrigen Bereichen getrennt wird.

13.5.6 Anforderungen an die Bewehrungsbänder

Die in den Füllboden eingelegten Bewehrungsbänder erhöhen dessen Scherfestigkeit so stark (anisotrope „Kohäsion" in Richtung der Bewehrung), dass Stützkonstruktionen aus bewehrter Erde in der Lage sind, aus Eigenlast und Verkehrslast entstehende Seitenkräfte über Schubspannungen aufzunehmen.

Kommen Bewehrungsbänder und Laschen aus Stahl zum Einsatz, ist als Material gewalzter S355 zu verwenden. Die Bänder sind mit rechteckigem Querschnitt und gerippt mit der in Bild 13-21 gezeigten regelmäßigen Rippenanordnung herzustellen.

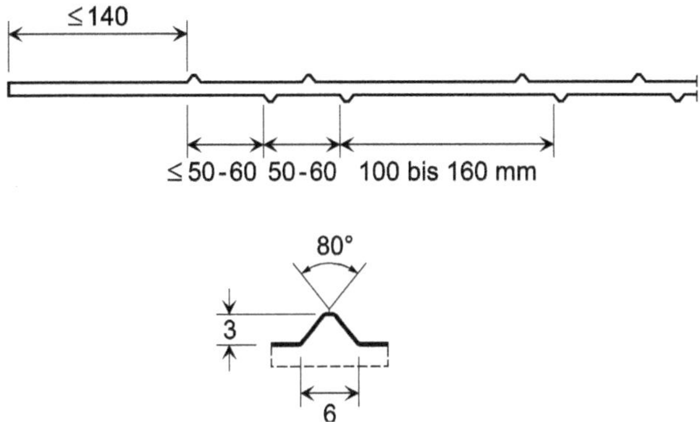

Bild 13-21 Anordnung der Rippen bei einem gerippten Bewehrungsband (nach [12])

Der Korrosionsschutz der Stahlteile erfolgt u. a. durch Feuerverzinkung, wobei ausnahmslos eine flächenbezogene Masse von > 500 g/m^2 (entspricht einer Schichtdicke von ≥ 70 µm) gewährleistet sein muss (für Schrauben und Unterlegscheiben wird eine Schichtdicke von ≥ 40 µm gefordert). Bei einer Gebrauchsdauer der Stützkonstruktion von ≤ 5 Jahre kann auch unbehandelter Stahl eingesetzt werden. Darüber hinaus müssen Bewehrungsbänder und Laschen zusätzlich einen Korrosionszuschlag e_s zur statisch erforderlichen Stahldicke aufweisen, dessen Größe von der geplanten Gebrauchsdauer, von der Art des Korrosionsschutzes sowie dem Auftreten bzw. Nichtauftreten von Wasser (Grundwasser) im Bereich des Bewehrte-Erde-Körpers abhängt. Gemäß Tabelle 1 in [239] ergibt sich für feuerverzinkte Stahlteile $e_s = 0$ mm für eine Gebrauchsdauer von maximal 5 Jahren (Auftritt von Wasser ist nicht bedeutend) und $e_s = 2{,}1$ mm für eine Gebrauchsdauer von 100 Jahren bei eingetretenem Wasser iin den Bewehrte-Erde-Körper (bei gleicher Gebrauchsdauer und Nichteintritt von Wasser während der gesamten Gebrauchszeit gilt $e_s = 1{,}5$ mm).

13.5.7 Anforderungen an die Außenhaut

Massive Außenhaut

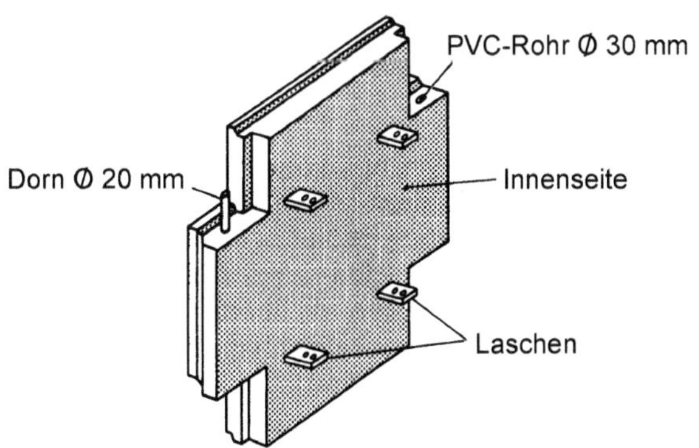

Bild 13-22 Ansicht der Rückseite eines Außenhautelements aus Stahlbeton (nach Beitrag von *Bertram* in [8])

Die am häufigsten zur Anwendung kommende Wandverkleidung wird aus Fertigteilen aufgebaut (Bild 13-22), die als wasserundurchlässiger Stahlbeton nach DIN EN 1992-1-1 und mindestens mit Beton der Festigkeitsklasse C25/30 herzustellen sind (siehe [239], 6.1.1). Bei Konstruktionen in der Nähe tausalzbestreuter Straßen ist für die Außenhautelemente im Sprüh- und Spritzbereich Beton gemäß DIN EN 1992-1-1 zu verwenden (Expositionsklasse XF).

Weitere Einzelheiten zu den Anforderungen an die massive Außenhaut sind [239] und DIN EN 14475, F.1 zu entnehmen.

Stählerne Außenhaut

Zur Herstellung der Elemente einer stählernen Außenhaut ist Stahl S355 zu verwenden, der durch Feuerverzinkung gegen Korrosion zu schützen ist. Bei schalenförmigen Außenhautelementen muss die entsprechende Schichtdicke, wie bei den Bewehrungsbändern, mindestens 70 μm betragen (vgl. DIN EN 14475, F.5).

13.5.8 Nachweise zur äußeren Standsicherheit und Gebrauchstauglichkeit

Für die Berechnung der äußeren Standsicherheit eines Bewehrte-Erde-Körpers (Bild 13-23) wird vereinfachend und auf der sicheren Seite liegend angenommen, dass er sich wie ein Monolith verhält. Für diesen wird dann die Standsicherheit wie bei herkömmlichen konventionellen Schwergewichtsmauern berechnet, wobei nachzuweisen ist, dass im Fall des Grenzzustands GEO-2 die

- Gleitsicherheit gemäß Abschnitt 6.5.3 von DIN EN 1997-1 und DIN 1054,
- Grundbruchsicherheit gemäß DIN 4017 und Abschnitt 6.5.2 von DIN EN 1997-1 und DIN 1054,

im Fall des Grenzzustands EQU die

- Kippsicherheit in der Sohlfuge gemäß DIN EN 1997-1, 6.5.4 und 9.2 2(P) sowie DIN 1054, 6.5.4

und im Fall des Grenzzustands GEO-3 die

- Sicherheit gegen Geländebruch gemäß DIN 4084 sowie Abschnitt 11.5.1 von DIN EN 1997-1 und DIN 1054 (beachte hierzu auch DIN 1054, 9.7.2 A (3))

eingehalten ist. Zur Kippsicherheit vgl. auch Abschnitt 4.5 und DIN 1054, 6.5.4 A (3). Bezüglich der Geländebruchsicherheit ist zu beachten, dass auch Bruchmechanismen zu betrachten sind, deren Begrenzungsflächen zum stehenbleibenden Erdreich hin den Bewehrte-Erde-Körper schneiden (siehe hierzu z. B. [239], 10.2.6).

Nach DIN 1054, 11.6 A (6) darf bei Stützkonstruktionen, die als Gewichtsstützwand modelliert sind, von einer ausreichenden Sicherheit gegen Kippen ausgegangen werden, wenn die Sohldruckresultierende im Kern liegt. Beim Vorliegen belegbarer Erfahrungen zur Tragfähigkeit (Grundbruch und Gleiten) sowie zur Gesamtstandsicherheit des Stützbauwerks kann nach DIN 1054, A 11.5.4.3 A (2) auf die entsprechenden Nachweisführungen verzichtet werden.

Die Größe der in Bild 13-23 angegebenen und bei den Berechnungen zu berücksichtigenden Einbindetiefe D ist im Regelfall mit

$$D \geq 0{,}1 \cdot H_{\mathrm{m}} \qquad \text{Gl. 13-20}$$

zu vereinbaren. Für ihren Mindestwert (in [239] mit D_{m} bezeichnet) gelten die Forderungen

$D_{\mathrm{m}} \geq 0{,}4$ m bei Stützwänden und Brückenlagern

$D_{\mathrm{m}} \geq 0{,}6$ m bei Stützwänden als Ufereinfassungen an Flüssen, Seen und im Meerwasserbereich

Gl. 13-21

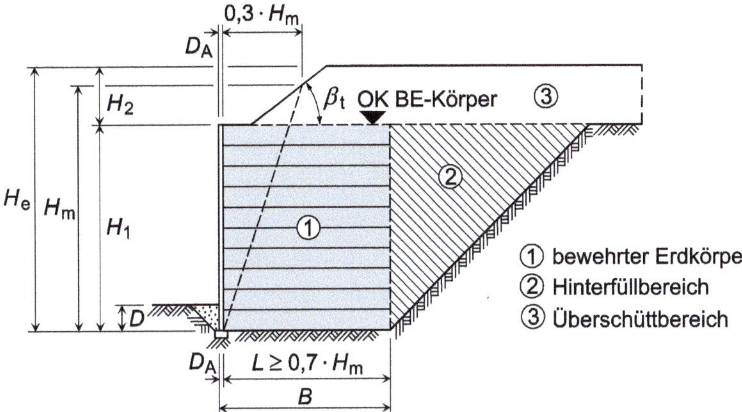

Bild 13-23 Definitionen und Anhaltswerte der geometrischen Abmessungen zur Festlegung des bewehrten Erdkörpers beim Bauverfahren „Bewehrte Erde" (nach [239])

Im Grenzzustand der Gebrauchstauglichkeit (SLS) ist grundsätzlich dafür zu sorgen, dass

- die Größe der Verschiebungen und Verformungen der Wand deren Gebrauchstauglichkeit bzw. die Gebrauchstauglichkeit benachbarter baulicher Einrichtungen nicht beeinträchtigt.

(siehe auch DIN EN 1997-1, 11.6). Nach DIN 1054, A 9.8.1.2 werden schädliche Verkantungen bei Stützbauwerken mit Flach- bzw. Flächengründung vermieden, wenn die zulässige Lage der Sohldruckresultierenden gemäß DIN 1054, A 6.6.5 eingehalten wird. Nach DIN 1054, 11.6 A (4) ist für die Wand eine ausreichende Sicherheit gegen den Grenzzustand der Gebrauchstauglichkeit gegeben, sofern sie auf mindestens mitteldicht gelagertem nichtbindigem bzw. auf mindestens steifem bindigem Boden hergestellt wird und die Sicherheit gegen Geländebruch (siehe oben) für die Bemessungssituation BS-P nachgewiesen wurde.

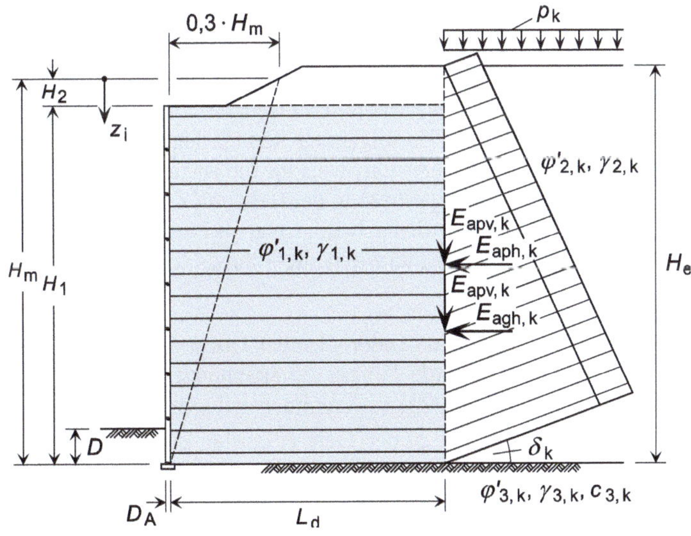

Bild 13-24 Belastung der Rückwand des Bewehrte-Erde-Körpers durch aktiven Erddruck (nach [239])

Für die Berechnungen in den Grenzzuständen GEO-2 und EQU ist auf der Rückseite des Stützkörpers, analog zu herkömmlichen Stützmauern, nach DIN 4085 zu berechnender aktiver Erddruck infolge der charakteristischen Eigenlast des Bodens und ggf. vorhandener charakteristischer Auflasten p_k anzusetzen (Bild 13-24). Der Ansatz von Wasserdruck auf die Außenhaut ist in der Regel nicht erforderlich. Dies gilt aber nicht für Konstruktionen, die als Ufereinfassungen von Flüssen, Seen usw. zum Einsatz kommen; bei ihnen ist ein Wasserdruck gemäß der entsprechenden Empfehlungen der EAU anzusetzen.

Die Größe des in Bild 13-24 angegebenen charakteristischen Erddruckneigungswinkels δ_k ergibt sich im Normalfall gemäß [239] aus

$$\delta_k = \min \begin{cases} 0{,}8 \cdot \left(1 - 0{,}7 \cdot \dfrac{L_d}{H_e}\right) \cdot \phi'_{1,k} \\ \dfrac{2}{3} \cdot \phi'_{2,k} \end{cases} \qquad \text{Gl. 13-22}$$

Weiteres hierzu siehe [239].

Hinsichtlich weiterer Einzelheiten zur äußeren Standsicherheit und Gebrauchstauglichkeit sei verwiesen auf DIN 1054, A 11.5.4.1 [182], Kapitel 3.9 und insbesondere auf [239] (beinhaltet auch ein ausführlich dargestelltes Beispiel).

13.5.9 Innere Standsicherheit, Nachweis der Bewehrungsbänder

Bei der Aufnahme des Erddrucks durch die Gesamtkonstruktion entstehen Zugkräfte in den Bewehrungsbändern, die diese über Reibung (Schubspannungen) in den Füllboden abtragen. Auf dieser Basis kann das Herausziehen der Bänder verhindert werden. Die Größe der übertragbaren Reibung ist dabei u. a. abhängig von der Resultierenden des auf die Bandoberfläche wirkenden Anpressdrucks. Ist die Größe der Resultierenden der mobilisierbaren Schubspannungen groß genug, wird ein Herausziehen der Bänder aus dem Füllboden verhindert.

Nach DIN 1054, A 11.5.4.3 ist ausreichende Sicherheit gegen das Herausziehen bzw. das Materialversagen von Bewehrungselementen nachzuweisen (Grenzzustand GEO-2 bzw. STR). Dabei sind grundsätzlich einschlägige Empfehlungen zu beachten. Die folgenden Ausführungen basieren auf den Empfehlungen in [239], nach denen der Standsicherheitsnachweis für die einzelnen Lagen der Bewehrungselemente zu führen ist. Die Nachweisführung erfolgt in der Regel für die Bemessungssituation BS-P. Die Bemessungssituation BS-A wird z. B. maßgebend, wenn als Einwirkungen auch große konzentrierte Lasten zu berücksichtigen sind (z. B. Kranlasten), die während der Herstellphase des Stützbauwerks auftreten.

Infolge des auf die Rückwand des Stützkörpers wirkenden Erddrucks, der Überschüttung und der Eigenlast des Füllbodens ergibt sich in dem Bewehrte-Erde-Körper ein Spannungszustand, dessen vertikale charakteristische Normalspannungen $\sigma_{v,k}$ in [239] in vereinfachter Form angesetzt werden. So ergeben sich z. B. für die i-te Bewehrungsebene in der Tiefe z_i infolge Eigenlastwirkung des Bodens die in Bild 13-25 gezeigte Lage der resultierenden charakteristischen Vertikalkraft $N_{v,k}(z_i)$ und die Verteilung der zugehörigen vertikalen Normalspannungen mit

$$\sigma_{v,k}(z_i) = \frac{N_{v,k}(z_i)}{L_d - 2 \cdot e_{zi,k}} \qquad \text{Gl. 13-23}$$

Wird in Gl. 13-23 die charakteristische Vertikalkraft durch deren Bemessungswert

$$N_{v,d}(z_i) = N_{v,k}(z_i) \cdot \gamma_G \qquad \text{Gl. 13-24}$$

ersetzt (γ_G = zum Grenzzustand GEO-2 gehörender Teilsicherheitsbeiwert, siehe Tabelle 1-2), ergibt sich

$$\sigma_{v,d}(z_i) = \frac{N_{v,d}(z_i)}{L_d - 2 \cdot e_{zi}} \qquad \text{Gl. 13-25}$$

Würden zusätzlich zur Eigenlast des Bodens auch veränderliche Einwirkungen berücksichtigt, müsste Gl. 13-24 ersetzt werden durch

$$N_{v,d}(z_i) = N_{vG,k}(z_i) \cdot \gamma_G + N_{vQ,k}(z_i) \cdot \gamma_Q \qquad \text{Gl. 13-26}$$

(γ_Q = zum Grenzzustand GEO-2 gehörender Teilsicherheitsbeiwert, siehe Tabelle 1-2). Darüber hinaus müsste in Gl. 13-25 die zu diesem Bemessungswert gehörende Exzentrizität e_{zi} verwendet werden.

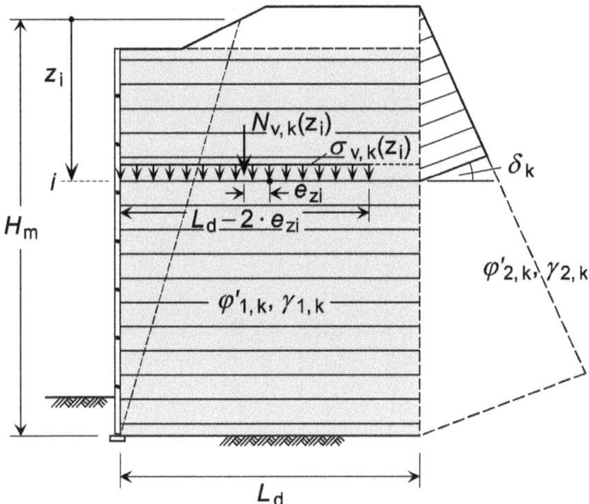

Bild 13-25 Vereinfachter Vertikalspannungszustand in der i-ten Bewehrungsebene des Bewehrte-Erde-Körpers in der Tiefe z_i (nach [239])

Die Führung des Nachweises der Sicherheit gegen das Herausziehen bzw. das Materialversagen von Bewehrungselementen basiert auf einem Versagensmechanismus, bei dem sich eine durch den bewehrten Erdkörper verlaufende Bruchlinie einstellt, die identisch ist mit der Linie der maximalen Zugkräfte (Bild 13-26). Der links von dieser Linie befindliche „aktive" Bereich des bewehrten Körpers bewegt sich relativ zum rechts von dieser Linie befindlichen „passiven" Bereich (bleibt in Ruhe) und wird durch den Widerstand der im passiven Bereich angeordneten Bewehrungsbänder bzw. Bewehrungsbandteile in dieser Bewegung behindert. Im Versagensfall müssen die Bewehrungsbänder entweder abreißen (Materialversagen) oder aus dem passiven Bereich herausgezogen werden (Schubversagen). Der mobilisierbare Materialwiderstand ist abhängig von der Streckgrenze des Bewehrungsbandmaterials und der Querschnittsfläche des Bewehrungsbandes. Der mobilisierbare Widerstand beim Herausziehen jedes einzelnen Bandes hängt ab von der Größe der Kontaktfläche zwischen Bewehrungsband und Füllboden sowie der in dieser Fläche aktivierbaren Schubspannung. Die Größe dieser Schubspannung berechnet sich mit Hilfe des Reibungsbeiwerts

Bewehrungsband–Füllboden und der vom Boden auf das Bewehrungsband übertragenen Normalspannung (Anpressdruck des Bodens).

Der in Bild 13-26 dargestellte Zugkraftverlauf über die Bandlänge L_d macht deutlich, dass die von den Bändern auf den Boden ausgeübten Schubspannungen zwischen dem Bandanschluss und dem Bandkraftmaximum von der Außenhaut weg gerichtet und zwischen dem Bandkraftmaximum und dem Bandende zur Außenhaut hin gerichtet sind. Im Boden wird dadurch eine „Verspannung" erzeugt.

Aus Bild 13-26 geht hervor, dass der im Innern des Bewehrte-Erde-Körpers sich einstellende Erddruck nicht nach den üblichen Regeln der Erddruckermittlung (DIN 4085) erfolgt. Der aufgrund der „Verspannung" (Verdichtung) des Bodens sich ergebende Erddruck ist mit Erddruckbeiwerten zu ermitteln, die maximal die Größe von K_0 und minimal die Größe von K_a besitzen. Aus dem Bild lässt sich somit entnehmen, dass der Erddruck mit der Tiefe vom Erdruhedruck auf den aktiven Erddruck abfällt. Der in Bild 13-26 angegebene Erddruckbeiwert K_{zi} in der Tiefe z_i berechnet sich mit den Beiwerten (gelten für $\delta_k = 0°$)

$$K_0 = 1 - \sin\phi'_{1,k}$$

$$K_a = \tan^2\left(45° - \frac{\phi'_{1,k}}{2}\right) \qquad \text{Gl. 13-27}$$

zu

$$K_{zi} = K_0 \cdot \left(1 - \frac{z_i(\text{in m})}{6}\right) + \frac{K_a \cdot z_i(\text{in m})}{6} \qquad \text{Gl. 13-28}$$

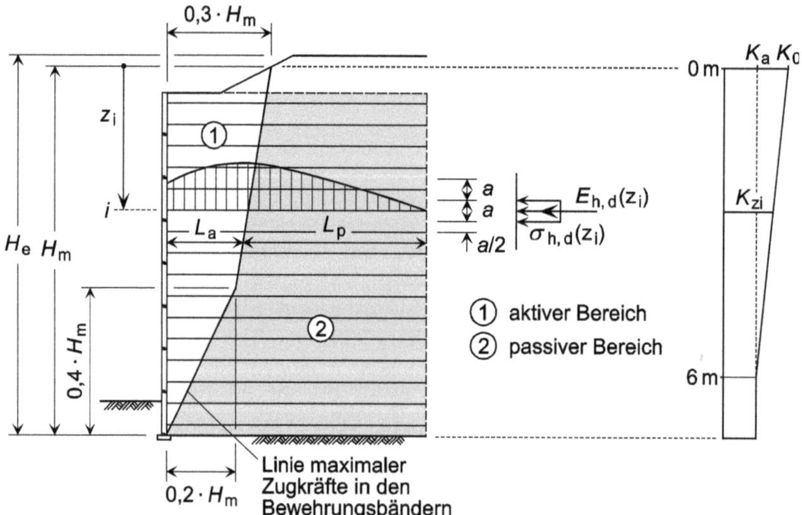

Bild 13-26 Linie maximaler Zugkräfte in den Bewehrungsbändern, über die Tiefe z_i sich verändernde Beiwerte für die Ermittlung des auf die Rückseite des aktiven Bereichs wirkenden Erddrucks und auf die Bewehrungsbänder in der Tiefe z_i entfallender Anteil dieses Erddrucks (nach [239])

Wie oben schon ausgeführt, muss der auf die Rückwand des aktiven Bereichs wirkende Erddruck von den Bewehrungsbändern aufgenommen werden, um so den Versagensfall zu verhindern. Der Bemessungswert des von den Bändern der einzelnen Bewehrungsebenen aufzunehmenden Erddrucks $\sigma_{h,d}(z_i)$ bzw. dessen Resultierender $E_{h,d}(z_i)$ (pro lfdm Wand) berechnet sich mit dem Bemessungswert der Vertikalspannungen $\sigma_{v,d}(z_i)$ gemäß Bild 13-26 und Gl. 13-25 zu

$$\sigma_{h,d}(z_i) = \sigma_{v,d}(z_i) \cdot K_{zi}$$ Gl. 13-29

bzw.

$$E_{h,d}(z_i) = \sigma_{h,d}(z_i) \cdot a$$ Gl. 13-30

Mit der Anzahl n_i der Bewehrungsbänder pro lfdm in der i-ten Bewehrungsebene ergibt sich aus Gl. 13-30 der Bemessungswert der auf das einzelne Band dieser Bewehrungsebene entfallenden Zugkraft (maximale Zugkraft im Band)

$$T_{m,d}(z_i) = \frac{E_{h,d}(z_i)}{n_i}$$ Gl. 13-31

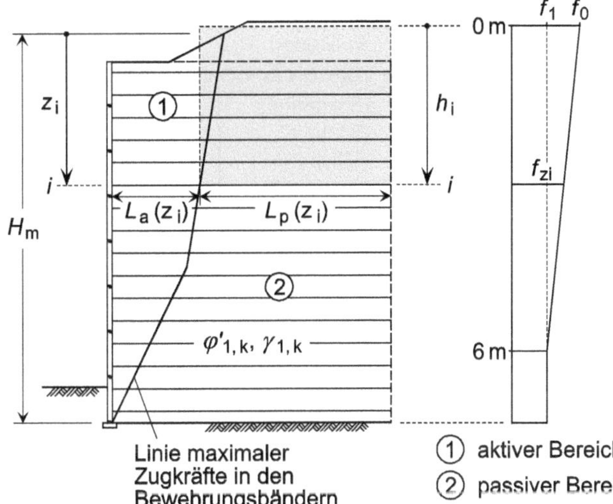

Bild 13-27 Wirksame Überschütthöhe der in den passiven Bereich eingebundenen Bewehrungsbandabschnitte der i-ten Bewehrungsebene und Verlauf des Reibungsbeiwerts f_{zi} (nach [239])

Die Sicherheit gegen das Herausziehen des Bewehrungsbandes durch diese Zugkraft muss über einen hinreichend großen Widerstand nachgewiesen werden. Seine charakteristische Größe ergibt sich als Resultierende $R_{f,k}$ der aktivierbaren charakteristischen Schubspannungen in der Kontaktfläche

$$F_T(z_i) = 2 \cdot b \cdot L_p(z_i)$$ Gl. 13-32

zwischen Bewehrungsband und Füllboden des passiven Bereichs des bewehrten Erdkörpers (die in Gl. 13-32 verwendeten Größen sind die Bandbreite b, die Einbindelänge $L_p(z_i)$ des Bandes in den passiven Bereich des bewehrten Erdkörpers (vgl. Bild 13-27) und der Faktor 2, mit dem berücksichtigt wird, dass der Anpressdruck auf das Band von oben und unten wirkt). Mit der Größe h_i (über die Länge $L_p(z_i)$ gemittelte Überschütthöhe der Bewehrungsbänder der i-ten Bewehrungsebene, vgl. Bild 13-27) und dem Reibungsbeiwert f_i ergibt sich dann der Widerstand zu

$$R_{f,k}(z_i) = F_T(z_i) \cdot h_i \cdot \gamma_{1,k} \cdot f_i \qquad \text{Gl. 13-33}$$

Sein Bemessungswert berechnet sich mit dem zum Grenzzustand GEO-2 gehörenden Teilsicherheitsbeiwert γ_a (siehe Tabelle 1-3) zu

$$R_{f,d}(z_i) = \frac{R_{f,k}(z_i)}{\gamma_a} \qquad \text{Gl. 13-34}$$

Für den in Gleichung Gl. 13-33 verwendeten Reibungsbeiwert gilt gemäß Bild 13-27

$$f_{zi} = f_0 \cdot \left(1 - \frac{h_i(\text{in m})}{6}\right) + \frac{f_a \cdot h_i(\text{in m})}{6} \qquad \text{Gl. 13-35}$$

wobei die Zahlenwerte der Größen f_0 und f_1 der Tabelle 13-4 entnommen werden können.

Tabelle 13-4 Reibungsbeiwerte f_0 und f_1 zwischen gerippten Bewehrungsbändern und Füllboden (gemäß [239])

<table>
<tr><td colspan="2" rowspan="2"></td><td colspan="3">Füllboden
(Bodendefinition gemäß DIN EN 14475:2006, Tabelle A.1)</td></tr>
<tr><td>Dränage-material
(Typ 1)</td><td>grobkörniges Material
(Typ 2)</td><td>gemischtkörniges Material
(Typ 3)</td></tr>
<tr><td>Reibungsbeiwert</td><td>Ungleichförmig-keitszahl</td><td></td><td></td><td></td></tr>
<tr><td rowspan="4">f_0</td><td>$C_U \le 2$</td><td>1,2</td><td>1,2</td><td>$1{,}2 \cdot \frac{\tan\phi'_{1,k}}{\tan 36°}$</td></tr>
<tr><td>$2 < C_U \le 10$</td><td>1,5</td><td>1,5</td><td rowspan="3">$1{,}5 \cdot \frac{\tan\phi'_{1,k}}{\tan 36°}$</td></tr>
<tr><td>$10 < C_U \le 20$</td><td>2,2</td><td>2,2</td></tr>
<tr><td>$C_U > 20$</td><td>2,5</td><td>2,5</td></tr>
<tr><td>f_1</td><td>-</td><td>$\min\begin{cases}0{,}8\\ \tan\phi'_{1,k}\end{cases}$</td><td>$\min\begin{cases}0{,}8\\ \tan\phi'_{1,k}\end{cases}$</td><td>$\tan\phi'_{1,k}$</td></tr>
</table>

Für Wände mit n Bewehrungsebenen über die Höhe H_1 ist somit die Sicherheit gegen Herausziehen der Bewehrungsbänder auf allen Bewehrungsebenen gegeben, wenn die Ungleichung

$$T_{m,d}(z_i) \le R_{f,d}(z_i) \qquad \text{bzw.} \qquad \mu = \frac{T_{m,d}(z_i)}{R_{f,d}(z_i)} \le 1 \qquad i = 1,2,...,n \qquad \text{Gl. 13-36}$$

erfüllt wird (μ = Ausnutzungsgrad).

In entsprechender Weise gilt für den Sicherheitsnachweis gegen Bruch der Bewehrungsbänder

$$T_{m,d}(z_i) \le R_{r,d} \qquad \text{bzw.} \qquad \mu = \frac{T_{m,d}(z_i)}{R_{r,d}} \le 1 \qquad i = 1,2,...,n \qquad \text{Gl. 13-37}$$

Der Widerstand $R_{r,d}$ ist für alle Bewehrungsbänder gleich, sofern sie aus dem gleichen Material bestehen und die gleichen Querschnittsabmessungen (Breite *b* und Dicke *d*, Achtung: Korrosionszuschlag darf nicht berücksichtigt werden!) aufweisen. Mit der charakteristischen Streckgrenze $f_{y,k}$ des Bandmaterials und dem Teilsicherheitsbeiwert γ_M (nach [239] gilt $\gamma_M = 1{,}1$ für alle Bemessungssituationen im Grenzzustand STR) lässt sich der Bemessungswiderstand mit

$$R_{r,d} = \frac{R_{r,k}}{\gamma_M} = \frac{f_{y,k} \cdot b \cdot d}{\gamma_M} \qquad \text{Gl. 13-38}$$

berechnen.

13.5.10 Innere Standsicherheit, Nachweis der Anschlüsse an die Außenhaut

Neben einer ausreichenden Sicherheit gegen das Herausziehen bzw. das Materialversagen von Bewehrungselementen wird in [239] ausdrücklich darauf hingewiesen, dass Schraubverbindungen und die Verankerungen im Außenhautelement ebenfalls nachzuweisen sind.

Für diesen Nachweis wird die Größe der Zugkraft am Anschlusspunkt der Bewehrungsbänder an die Außenhaut benötigt. Nach [239] sind diese Kräfte abhängig vom Bemessungswert der maximalen Zugkraft $T_{0,d}$ in den Bändern. Es gilt die Beziehung

Gl. 13-39

mit (vgl. Bild 13-28)

$$\alpha_i = \alpha_0 \qquad \text{für } 0 \le z_i \le 0{,}6 \cdot H_m \qquad \text{Gl. 13-40}$$

und

$$\alpha_i = \frac{2{,}5 \cdot z_i}{H_m} \cdot (1 - \alpha_0) + 2{,}5 \cdot \alpha_0 - 1{,}5 \qquad \text{für } 0{,}6 \cdot H_m \le z_i \le H_m \qquad \text{Gl. 13-41}$$

Die Größe von α_0 hängt vom Typ der eingesetzten Außenhaut ab. Es gelten:

$\alpha_0 = 0{,}75$ bei flexibler Außenhaut (z. B. Stahlgittermatten oder elliptische Stahlprofilbleche),

$\alpha_0 = 0{,}85$ bei Außenhaut mit mittlerer Steifigkeit (z. B. Betonfertigteilplatten mit geringer Bauhöhe),

$\alpha_0 = 1{,}00$ bei starrer Außenhaut (z. B. über die volle Wandhöhe durchgehende Betonplatten).

Hinsichtlich weiterer Einzelheiten zu den Anschlussnachweisen siehe [239].

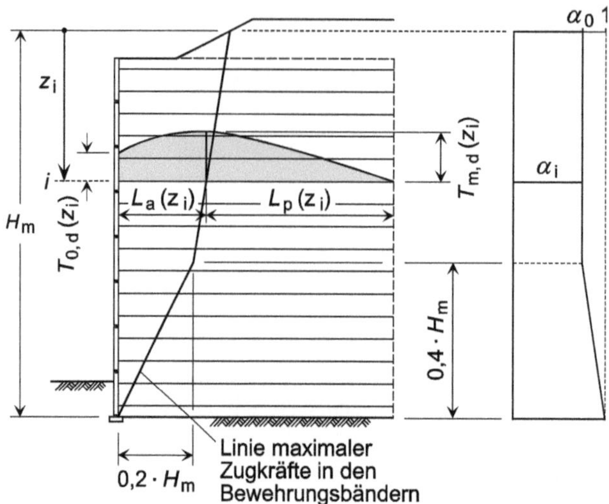

Bild 13-28 Zugkraftverlauf in einem Bewehrungsband der *i*-ten Bewehrungsebene und Verlauf des Abminderungsfaktors α_i für die Ermittlung der Zugkraft am Anschluss an die Außenhaut (nach [239])

13.6 Bewehrung mit Geokunststoffen

13.6.1 Allgemeines

Nach *Saathoff/Zitscher* [175], Kap. 2.15 werden Geokunststoffe in Form von Geotextilien und Dichtungsbahnen seit Ende der 1950er-Jahre vor allem im Erd- und Wasserbau eingesetzt. Seit dieser Zeit wurden die Entwicklung und die Einsatzmöglichkeiten von Geokunststoffen ständig vorangetrieben, und so sind heute Geokunststoffe z. B. beim Bau von

- Dämmen und Böschungen,
- Deponien,
- Straßen, Wegen und sonstigen Verkehrsflächen

zu finden. Auch im Tunnelbau, im Küstenschutz und im Kulturwasserbau werden sie eingesetzt.

13.6.2 Regelwerke

Empfehlungen für die Anforderungen, die an mit Geokunststoffen bewehrte Konstruktionen zu stellen sind, sowie für die Berechnung, die Prüfung und Kontrolle solcher Konstruktionen sind, nebst Berechnungsbeispielen, in den

- EBGEO [146]

zu finden. Zu den weiteren Regelwerken gehören u. a.

- die Normen DIN 1054 [44], DIN 4017 [51], DIN 4017 Beiblatt 1 [52], DIN 4084 [66], DIN 18196 [83], DIN EN 14475 [119] nebst Berichtigung 1 [120], DIN EN 1992-1-1 [102], DIN EN 1992-1-1/NA [104], DIN EN 1997-1 [107] und DIN EN 1997-1/NA [109],
- die Merkblätter
  - über die Anwendung von Geokunststoffen im Erdbau des Straßenbaues, mit den Checklisten für die Anwendung von Geokunststoffen im Erdbau des Straßenbaues [236],
  - über den Einfluß der Hinterfüllung auf Bauwerke [235],

  - über Straßenbau auf wenig tragfähigem Untergrund [238],
- die GDA-Empfehlungen [166],
- die ZTV E-StB 09 [331].

13.6.3 Einteilung von Geokunststoffen

Eine mögliche Einteilung von Geokunststoffen zeigt Bild 13-29.

Bild 13-29 Einteilung von Geokunststoffen (nach *Saathoff/Zitscher* [180], Kap. 2.15)

Bei den wasserdurchlässigen Geokunststoffen handelt es sich um polymere Materialien. Zu unterscheiden sind

- Geotextilien als
  - Gewebe (zwei oder mehr sich rechtwinklig kreuzende Fadensysteme – Kette und Schuss),
  - Vliesstoffe (regellos aufeinander abgelegte und verfestigte feingekräuselte Spinnfasern oder nicht gekräuselte Endlosfasern – Filamente),
  - Maschenware (z. B. schleifenförmig miteinander verbundene (vermaschte) Fadensysteme),
  - Verbundstoffe (mehrere flächenhaft verbundene Schichten aus unterschiedlichen Materialien wie z. B. Gewebe und Vließstoffe),
- Geogitter (geotextilverwandte Produkte als regelmäßig offene Netzwerke aus vollständig verbundenen zugbeständigen Elementen) als
  - gestreckte Geogitter (Streckung gelochter Kunststoffbahnen),
  - gewebte Geogitter (Gewebe mit Öffnungen > 10 mm),
  - gelegte Geogitter (kreuzweise gelegte Bänder, Stäbe oder stabförmige Elemente, die z. B. durch Ummantelung oder Reibschweißung an ihren Kreuzungspunkten verbunden werden),
- geogitterähnliche Produkte als
  - Bänder, Stäbe und stabförmige Elemente,
  - Geonetze,
  - Geozellen,
- Verbundstoffe (zusammengesetztes Material mit mindestens einer Komponente aus Geokunststoff).

Zu Dichtungsbahnen und dichtungsbahnverwandten Produkten sei z. B. auf [179], Kap. 2.12 verwiesen.

Als Ausgangsmaterialien zur Herstellung von Geokunststoffen dienen gemäß den EBGEO, 2.2.2 u. a. die Polymere

- Aramide (AR),
- Polyamide (PA),
- Polyester (Polyethylenterephthalat) (PET),
- Polyolefine

  - Polyethylen (PE, PEHD),
  - Polypropylen (PP),
- Polyvinylalkohol (PVA).

13.6.4 Einsatzgebiete von Geokunststoffen

Mit dem Einsatz von Geokunststoffen werden Aufgaben übernommen wie

- Trennen: Einsatz im Straßen- und Wegebau beim Bau von Verkehrsflächen sowie im Gleis-, Wasser- und Deponiebau.
  Beispiel: durch Einbau von Geweben oder Vliesstoffen als Trennschicht wird die Durchmischung von Bodenmaterial einer Dammschüttung mit dem Material des darunterliegenden weichen Untergrunds verhindert.
- Filtern: Hauptanwendungsgebiete sind der Wasserbau und die Herstellung von Filtern für Dränsysteme.
  Bemerkung: eingesetzte Geotextilien verhindern einerseits das Einspülen von Bodenbestandteilen des zu entwässernden Bodens in das gröbere Filtermaterial und ermöglichen andererseits den Durchfluss des Wassers senkrecht zur Filterebene (Sicherung der Filterstabilität).
- Entwässern (Dränen) flächige Fassung von Sickerwasser.
  Beispiel: Flächendränage in Verbindung mit einer Abdichtung im Deponiebau.
- Bewehren: unter oder zwischen Bodenschichten eingebaute Geokunststoffe wie Geotextilien oder Geogitter können Zugkräfte aufnehmen und dadurch die mechanischen Eigenschaften der Bodenschichten verbessern.
  Beispiel: Bewehrung von Stützkonstruktionen, Stabilisierung von Erddämmen auf wenig tragfähigem Untergrund.
- Schützen: Verhinderung mechanischer Beschädigungen von Kunststoffdichtungsbahnen, Bauwerksteilen oder von Bauwerksteilbeschichtungen.
  Beispiel: Schutz von Kunststoffdichtungsbahnen im Deponiebau oder von Rohrleitungen.
- Dichten: Herstellung von technischen Barrieren gegen Flüssigkeiten und Gase, insbesondere im Deponie-, Tunnel- und Wasserbau.
- Verpacken: Umhüllung von Erdstoffen in Form von Schläuchen, Säcken und Containern.
- Erosionsschutz: Verhinderung von Bodenabtrag durch Wasser und Wind.
  Beispiel: Beschleunigung bzw. Sicherung des natürlichen Aufbaus einer Vegetationsschicht durch Erosionsschutzmatten.

13.6.5 Allgemeines und Begriffe zum Bewehren mit Geokunststoffen

Das Bewehren von Erdkörpern mit Geokunststoffen lehnt sich stark an die Baumethode „Bewehrte Erde“ an. Die Vielfalt der Einsatzgebiete geht ansatzweise aus Bild 13-30 hervor.

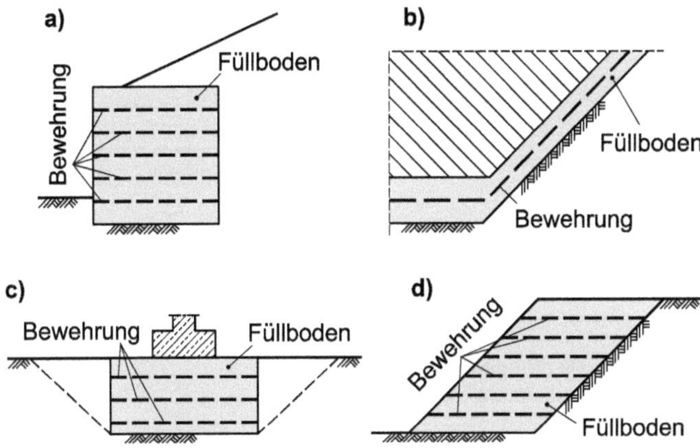

Bild 13-30 Beispiele für bewehrte Erdkörper (nach [145])
a) bewehrte Stützwand, b) bewehrte Stützwand im Deponiebau,
c) bewehrtes Gründungspolster, d) bewehrte Böschung

Begriffe

Bewehrter Erdkörper ein- oder mehrlagig bewehrter Verbundkörper aus Erdstoff und Geokunststoffen.

Bewehrung lagenweise in den Erdkörper eingebaute gerichtete Streifen oder Bahnen, die vollflächig oder gitterförmig sein können.

Füllboden Boden innerhalb eines bewehrten Erdkörpers.

Frontausbildung luftseitige Verblendung eines bewehrten Erdkörpers, die den Füllboden zwischen den Bewehrungslagen zurückhält und vor Erosion schützt.

Hinterfüllbereich außerhalb eines bewehrten Erdkörpers liegender Teil des Bodens bis zur Oberkante dieses Körpers.

Überschüttbereich oberhalb eines bewehrten Erdkörpers liegender Boden.

Stützkonstruktion bewehrter Erdkörper, mit dem ein Geländesprung, eine Böschung oder ein Hang vorübergehend oder auch dauerhaft gesichert wird (Beispiele in Bild 13-31 und Bild 13-32).

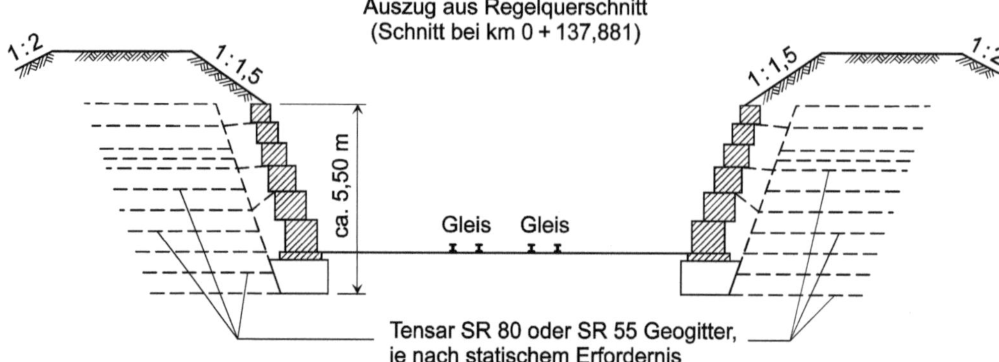

Bild 13-31 Mit Natursteinblöcken verblendetes und mit Geogittern bewehrtes Stützbauwerk des Projekts „Stadtbahn Stuttgart" (nach Informationsmaterial der Fa. *Naue Fasertechnik* [F 20])

Bild 13-32 Mit Natursteinblöcken verblendetes und mit Geogittern bewehrtes Stützbauwerk des Projekts „Stadtbahn Stuttgart", Streckenabschnitt mit beginnender Begrünung (Bild von der Fa. *Tensar International* [F 20])

13.6.6 Anforderungen an das Material bewehrter Konstruktionen

Bodenmechanische und -chemische Anforderungen an Füllboden (nach EBGEO)

Das für Füllböden verwendete Material muss von gleichmäßiger Qualität und frei von schädlichen Bestandteilen sein. Es darf weder die Bewehrung, noch die Frontausbildung und die Verbindungsmittel angreifen oder gar schädigen. Die bodenchemischen Eigenschaften dürfen weder kurz- noch langfristig verändert werden, z. B. durch Grundwasserschwankungen oder die Einleitung schädlicher Stoffe.

Sollen Füllböden ohne weitergehende Nachweise für Dauerbauwerke verwendet werden, muss ihr pH-Wert der Bedingung

$$4 < \text{pH-Wert} < 9$$

genügen.

Wird Niederschlags- oder Grundwasser nicht durch andere Maßnahmen gefasst, muss das Füllbodenmaterial ausreichend wasserdurchlässig, filterstabil und verwitterungsbeständig sein.

Wird das Bauwerk vorwiegend statisch beansprucht, sind gemäß den EBGEO, 2.1.2.1.1 die nach DIN 18196 eingestuften

- grobkörnigen Böden SW, SI, SE, GW, GI, GE,
- gemischtkörnigen Böden SU, ST, GU, GT, SU*, GT*, GU*, ST*,
- feinkörnigen Böden UL, UM, TL, TM

als Füllboden grundsätzlich verwendbar. Dabei muss das Größtkorn die Bedingung

$\leq {}^{2}/_{3}$ der Schüttlagenstärke

erfüllen.

Bei Bauwerken, die vorwiegend dynamisch beansprucht werden (dynamische Bemessungsfälle 2 und 3 gemäß EBGEO, 12.5), müssen die schon genannten Bedingungen erfüllt werden. Darüber hinaus muss nach EBGEO 12.9.1 die Körnungslinie des Füllbodens möglichst weitgestuft sein (nahe der *Fuller*-Parabel) und eine Kornzusammensetzung mit

- weniger als 7 Massen-% an Korn mit $d < 0{,}063$ mm (im eingebauten Zustand),
- weniger als 25 Massen-% an Korn mit $d > 100$ mm,
- einem Größtkorn von max $d < 150$ mm

aufweisen. Bezüglich des charakteristischen effektiven Reibungswinkels sollte der Boden bei dem zu fordernden Verdichtungsgrad die Bedingung $\varphi'_k \geq 30°$ erfüllen.

Anforderungen an Geokunststoffe (nach EBGEO)

Als Bewehrung einzusetzende Geokunststoffe müssen die auf sie entfallenden Kräfte, bei Beachtung zulässiger Verformungen des Gesamtsystems, dauerhaft aufnehmen können. Bei der Auswahl entsprechender Geokunststoffe ist deshalb neben ihrem Zug-Dehnungs-Verhalten (Kurzzeitverhalten) auch ihre Zeitstandfestigkeit (zeitabhängige Reduzierung der Belastbarkeit) und ihr Kriechverhalten (viskoses, zeitabhängiges Kriechen) zu beachten.

Bei Vorbemessungen können für die Übertragung der Zugkräfte vom Geokunststoff auf den ihn umgebenden Füllboden (mit den charakteristischen Größen φ'_k des effektiven Reibungswinkels, c'_k der effektiven Kohäsion und c_u der Kohäsion des undränierten Bodens) als charakteristische Reibungsbeiwerte

$$f_{sg,k} = 0{,}50 \cdot \tan \phi'_k \quad \text{(Geokunststoff/Füllboden)}$$

$$f_{cg,k} = 0{,}50 \cdot c'_k \text{ bzw. } c_u \quad \text{(Geokunststoff/Füllboden)} \qquad \text{Gl. 13-42}$$

$$f_{gg,k} = 0{,}20 \quad \text{(Geokunststoff/Geokunststoff)}$$

angesetzt werden. Bezüglich der genaueren Ermittlung der Reibungsbeiwerte sei auf die EBGEO, 2.2.4.11 verwiesen.

Die Geokunststoffe müssen im Weiteren

- beständig sein gegen mechanische Beschädigungen beim Transport und beim Einbau,
- eine ausreichende Durchlässigkeit zur Verhinderung des Aufstaus von Wasser aufweisen,
- beständig sein gegen chemische und mikrobiologische Beanspruchungen (z. B. gegen den Einfluss von Pilzen und Bakterien),
- eine hinreichende Witterungsbeständigkeit (UV-Beständigkeit) besitzen.

Anforderungen an Hinterfüll- und Überschüttboden (nach EBGEO)

Für im Hinterfüll- und Überschüttbereich verwendeten Boden gelten die Anforderungen der ZTV E-StB 09.

Sollten diese Bereiche vom bewehrten Erdkörper konstruktiv nicht zuverlässig getrennt sein, gelten für die Böden in solchen Bereichen die Anforderungen der EBGEO, 2.1.2.2 (bodenchemische Anforderungen).

13.6.7 Konstruktive Gestaltung und Herstellung bewehrter Geländesprünge

Der Aufbau von mit Geokunststoffen bewehrten Böschungen und Stützkonstruktionen (Bild 13-30) erfolgt lagenweise durch abwechselndes Einbringen von zu verdichtendem Füllboden und Verlegen der Bewehrung. Die zunehmende Bedeutung für landschaftsgerechtes Bauen hat dazu geführt, dass die Gestaltung der Außenhaut eine wichtige Rolle spielt.

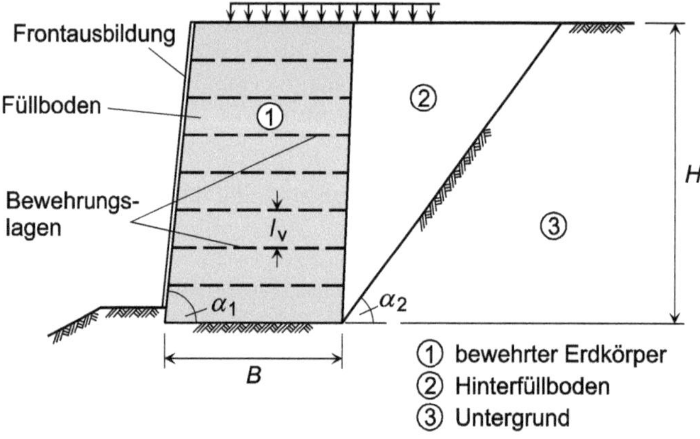

Bild 13-33 Bezeichnungen und Geometrie für eine Stützkonstruktion (nach EBGEO, 7)

Für Stützkonstruktionen bei normalen Baugrundverhältnissen und annähernd horizontalem Gelände wird in den EBGEO, 7.2.2 empfohlen, im Rahmen von Vorentwürfen eine Bewehrungslänge von 70 % der Konstruktionshöhe *H* (siehe Bild 13-33) zu wählen. Der vertikale Abstand zwischen den Bewehrungslagen sollte in der Regel zwischen 0,3 m und 0,6 m liegen. Ausdrücklich darauf hingewiesen wird, dass sich unter anderen Randbedingungen deutlich andere Abmessungverhältnisse ergeben können.

Für die Gründung von Stützkonstruktionen ist eine Sohlfläche herzustellen, die frei ist von Vegetation, größeren Felsbrocken, Baumstümpfen usw. und bei der Unebenheiten durch Verfüllung beseitigt sind. Wenig tragfähige Stellen sind auszuheben und mit geeignetem Füllmaterial wiederzuverfüllen. Der Fundamentbereich ist zu einem möglichst gleichförmigen Planum einzuebnen. Erforderlich werden Fundamente z. B. beim Einsatz von Gabionen oder geotextilen Säcken, oder auch bei einer Außenhaut, die aus Betonfertigteilelementen (Bild 13-34) oder Natursteinblöcken (Beispiel in Bild 13-31 und Bild 13-32) hergestellt wird.

Bild 13-34 Herstellung eines bewehrten Erdkörpers mit bepflanzbaren Betonfertigteilen beim Bau der A4 bei Gera (Bild von der Fa. *Naue Fasertechnik* [F 20])

Bei der Bewehrung von Böschungen kann die erste Bewehrungslage direkt auf den natürlichen Untergrund gelegt werden, sofern keine speziellen Dränage- oder Frostschutzmaßnahmen erforderlich sind. Die Geokunststoffe sind in Richtung der zu erwartenden Zugbeanspruchung und somit in der Regel senkrecht zur Außenfläche der Böschung zu verlegen. Die gesamte horizontale Bewehrungslage (Streifen oder Bänder, Bahnen oder Gitter) ist, einschließlich der Außenhautüberlappungen und Wiedereinbettungsteile, ohne interne Stöße oder Nähte einzubauen. Bei Polsterböschungen (Böschungen mit einer polsterförmigen Außenhaut) mit geringerer Erdkörperbreite kann die Verlegung der Bahnen oder Gitter parallel zur Böschungsaußenfläche sinnvoll sein, da sich so Nähte oder andere feste Verbindungen vermeiden lassen. In solchen Fällen ist bei der Bemessung als Zugfestigkeit die quer zur Bahn- bzw. Gitterlängsrichtung ermittelte Festigkeit anzusetzen.

Werden Überlappungen benachbarter Geokunststoffbahnen oder -gitter außerhalb der Hauptbeanspruchungsrichtung dennoch erforderlich (wie das z. B. bei Polsterböschungen häufig der Fall ist), sind z. B. Geogitter mit mindestens 0,3 m zu überlappen. Sind größere Setzungen der Konstruktion zu erwarten, sollten benachbarte Bahnen oder Gitter auf der Baustelle vernäht oder in anderer Form fest miteinander verbunden werden. Bei der Überlappung benachbarter Streifen, Bahnen oder Gitter ist zu berücksichtigen, dass für die entsprechende Reibung die zu Geokunststoff–Geokunststoff gehörenden Kenngrößen zu verwenden sind.

Die Gestaltung der Außenhaut kann in Form von Polstern (Polsterböschung bzw. Polsterwand) erfolgen. Es können aber auch Gabionen, geotextile Säcke, Betonfertigteilelemente oder Natursteinblöcke zum Einsatz kommen. Für die Gestaltung des konstruktiven Anschlusses von Bewehrungslagen an Fertigteilelemente bietet sich eine große Zahl von Möglichkeiten an. In Bild 13-35 ist ein Beispiel für eine solche Gestaltungsmöglichkeit dargestellt.

Bild 13-35 Detail zu Bild 13-34, Betonfertigteil und Steckstabanschluss (Bild von der Fa. *Naue Fasertechnik* [F 20])

13.6.8 Tragfähigkeit und Gebrauchstauglichkeit bei Stützkonstruktionen

Nach den EBGEO, 7.3.1 sind für eine geokunststoffbewehrte Stützkonstruktion sowohl die Tragfähigkeit (Grenzzustände STR, GEO-2 und GEO-3) als auch die Gebrauchstauglichkeit (Grenzzustand SLS) nachzuweisen.

Bei den im Grenzzustand SLS zu führenden Nachweisen sind auftretende Verformungen und Setzungen zu berücksichtigen. Zu Einzelheiten der Nachweise sei auf die EBGEO, 7.5 verwiesen.

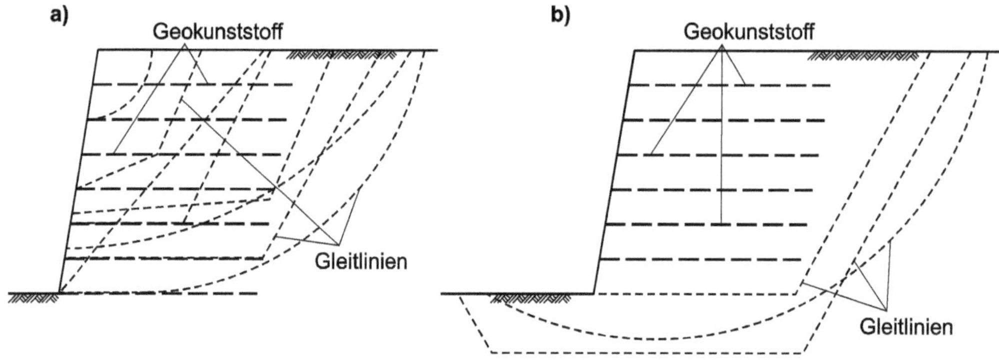

Bild 13-36 Mögliche Gleitlinien (nach EBGEO, 7.3.2)
a) durch eine Stützkonstruktion
b) um eine Stützkonstruktion

Für den Nachweis der Standsicherheit sind alle zu der Stützkonstruktion gehörenden Bruchmechanismen und Gleitlinien zu untersuchen, die möglich sind. Dabei ist zu unterscheiden zwischen solchen (siehe Bild 13-36),

- welche die Bewehrungslagen schneiden (wurden früher beim Nachweis „innere Standsicherheit" untersucht),
- welche die Bewehrungslagen nicht schneiden (wurden früher beim Nachweis „äußere Standsicherheit" untersucht),

– bei denen der Gleitkörper direkt auf einer Bewehrungslage abgleitet, ohne diese zu schneiden.

Der beim Scherversagen abgleitende Bereich des bewehrten Erdkörpers wird in den EBGEO, 7.1 als „aktiver Bereich" bezeichnet. Er bewegt sich relativ zum „passiven Bereich" (Bild 13-37).

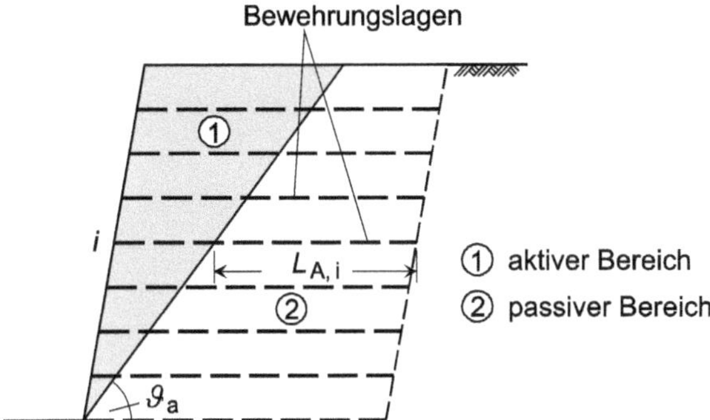

Bild 13-37 Bewehrter Erdkörper mit möglichem aktiven und passiven Bereich und der Verankerungslänge $L_{A,i}$ der *i*-ten Bewehrungslage (nach EBGEO, 7.1)

Mit den in den EBGEO beschriebenen Tragfähigkeitsnachweisen werden nur bewehrte Erdkörper behandelt, deren Bewehrungsenden sich durch eine Gerade verbinden lassen (vgl. auch DIN 1054, A 11.5.4.3). Damit kann im Berechnungsmodell eine „Rückwand" angenommen werden, die geometrisch sinnvoll ist. Der so begrenzte Stützkörper wird bei den Nachweisen als quasi-monolithischer Körper behandelt (Bild 13-38).

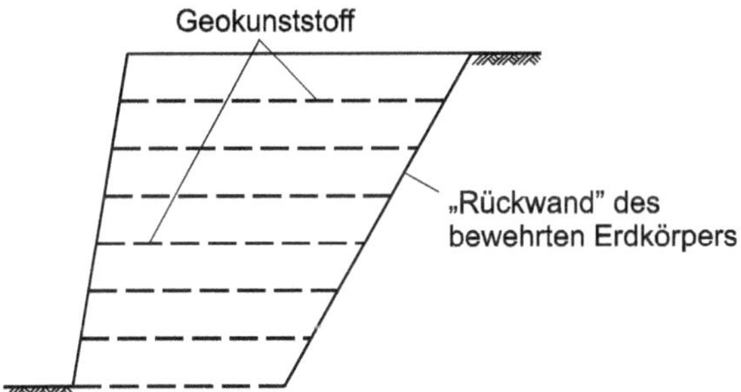

Bild 13-38 Beispiel eines quasi-monolithischen Modellkörpers für Tragfähigkeitsnachweise (nach EBGEO, 7.3.3)

13.6.9 Tragfähigkeitsnachweise (um Stützkonstruktion verlaufende Gleitlinien)

Die Tragfähigkeitsnachweise für eine bewehrte Stützkonstruktion, die mit Gleitlinien verbunden sind, welche um die Konstruktion herum verlaufen und die früher beim Nachweis „äußere Standsicherheit" untersucht wurden, betreffen die Nachweise der Sicherheit gegen

- Gleiten (Bild 13-39 a)) gemäß Abschnitt 6.5.3 von DIN EN 1997-1 und DIN 1054 (Grenzzustand GEO-2),
- Grundbruch (Bild 13-39 b)) gemäß Abschnitt 6.5.2 von DIN EN 1997-1 und DIN 1054 sowie DIN 4017 (Grenzzustand GEO-2),

- Kippen (Bild 13-39b)) gemäß DIN EN 1997-1, 6.5.4 und 9.2 2(P) sowie DIN 1054, 6.5.4 (Grenzzustand EQU)
- Geländebruch (Bild 13-39d)) gemäß Abschnitt 11.5.1 von DIN EN 1997-1 und DIN 1054 sowie DIN 4084 (Grenzzustand GEO-3).

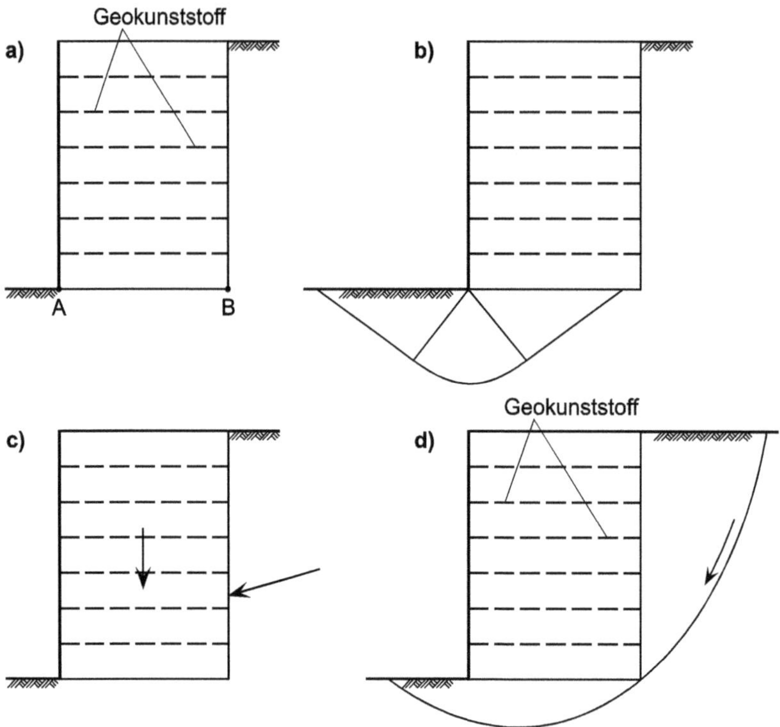

Bild 13-39 Beispiele für den Nachweis der Sicherheit gegen (nach EBGEO, 7.3.3)
a) Gleiten in der Fläche A-B (Grenzzustand GEO-2)
b) Grundbruch (Grenzzustand GEO-2)
c) Kippen (Grenzzustand EQU)
d) Geländebruch (Grenzzustand GEO-3)

13.6.10 Tragfähigkeitsnachweise (durch Stützkonstruktion verlaufende Gleitlinien)

Ist das mögliche Versagen der Stützkonstruktion mit einer Gleitfläche verbunden, die durch den bewehrten Erdkörper verläuft und die Bewehrung schneidet oder wenigstens tangiert, muss zur Verhinderung des Versagens dieser Körper (in Bild 13-40 mit „1“ gekennzeichnet) durch Scherwiderstände in seiner Gleitfläche und ggf. auch durch die in den geschnittenen Bewehrungslagen wirkenden Zugkräfte am Abgleiten gehindert werden (erf. Nachweis von Gleichgewichtszustand mittels geschlossenem Krafteck, Bild 13-40). Beim Beispiel eines aus zwei Körpern zusammengesetzten Bruchmechanismus (Bild 13-40) sind, außer den schon genannten Kräften, auch die Kräfte zu berücksichtigen, die der Bruchkörper 2 auf den Bruchkörper 1 ausübt. Dabei handelt es sich um die aktive Erddruckkraft E_a infolge Bodeneigenlast und Verkehrslast p. Die mögliche Relativverschiebung zwischen den beiden Bruchkörpern darf gemäß den EBGEO, 7.4.1 als so groß angenommen werden, dass sich als maximaler Neigungswinkel des Erddrucks $\delta_a = {}^2/_3 \cdot \varphi'$ einstellen kann.

Beim Nachweis ausreichender Sicherheit gegen Materialversagen (Grenzzustand STR) bzw. gegen Herausziehen der Bewehrungselemente ist die zu dem Bruchmechanismus gehörende erforderliche Widerstandskraft der Bewehrungselemente erf ΣR (lässt sich mit einem Krafteck gemäß Bild 13-40 ermitteln) der mobilisierbaren Widerstandskraft mob ΣR gegenüberzustellen. Mit den für den endgültigen Tragfähigkeitsnachweis erforderlichen Dimensionierungswerten R_d ergibt sich die einzuhaltende Ungleichung (μ = Ausnutzungsgrad)

$$\text{erf}\sum R_d \leq \text{mob}\sum R_d \qquad \text{bzw.} \qquad \mu = \frac{\text{mob}\sum R_d}{\text{erf}\sum R_d} \leq 1 \qquad \text{Gl. 13-43}$$

Als mobilisierbare Widerstandskraft ist die kleinere der beiden Kräfte einzusetzen, die sich für die Widerstände der Geokunststoffe beim Versagen des Materials bzw. bei ihrem Herausziehen (Herauszieh-Widerstände gemäß DIN 1054, A 11.5.4.2) ergeben. Beim Herauszieh-Widerstand sind die Bemessungswerte aus den entsprechenden charakteristischen Werten zu berechnen, die mit den zum Grenzzustand GEO-3 gehörenden Teilsicherheitsbeiwerten abgemindert werden (vgl. die Ausführungen weiter unten).

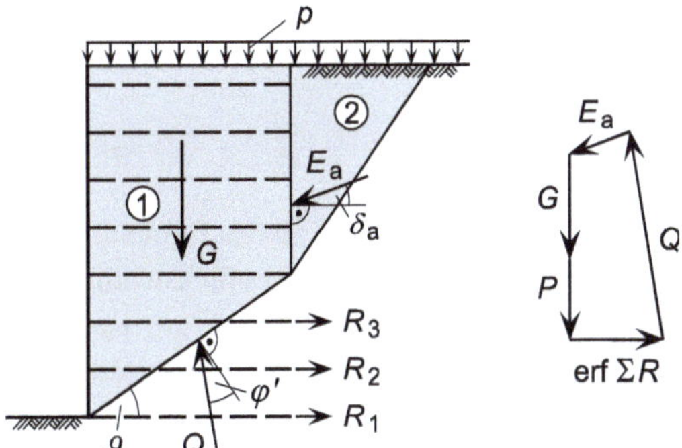

Bild 13-40 Beispiel für einen aus zwei Teilkörpern zusammengesetzten Bruchmechanismus mit den auf den bewehrten Erdkörper (1) einwirkenden Kräften und dem zugehörigen Krafteck für den Gleichgewichtszustand (gemäß EBGEO, 7.4.1)

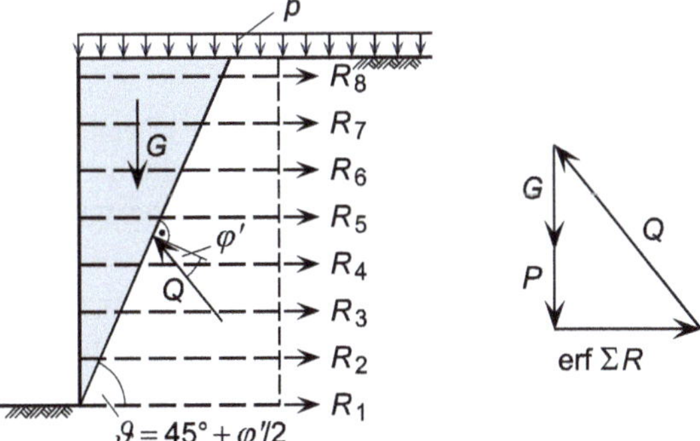

Bild 13-41 Alternativer Bruchmechanismus zum Beispiel von Bild 13-40 (gemäß EBGEO, 7.8.3.4)

In Bild 13-41 wird ein weiterer Bruchmechanismus gezeigt, der für den Tragfähigkeitsnachweis alternativ zu dem Mechanismus aus Bild 13-40 herangezogen werden kann. Für die beiden Mechanismen ist, wie für alle ebenfalls zu untersuchenden Fälle, ein Ausnutzungsgrad $\mu \leq 1$ gemäß Gl. 13-43 einzuhalten. Es sei hier darauf hingewiesen, dass in den EBGEO, 7.8 ein Stützkonstruktionsbeispiel behandelt wird, in dem die in Bild 13-40 und Bild 13-41 dargestellten Mechanismen berechnet werden.

Bemessungsfestigkeit

Für die *i*-te Bewehrungslage wird die Materialfestigkeit des in dieser Lage verwendeten Geokunststoffs durch den Bemessungswert seiner Zugfestigkeit $R_{B,i,d}$ erfasst (EBGEO, 3.3.1)

$$R_{B,i,d} = \frac{R_{B,i,k}}{\gamma_M} \qquad \text{Gl. 13-44}$$

Die in der Gleichung verwendete Größe γ_M ist der Teilsicherheitsbeiwert für den Materialwiderstand der Bewehrung. Gemäß den EBGEO, 3.4 und DIN 1054, Tabelle A 2.3 (bzw. Tabelle 1-3) sind für γ_M Werte von 1,40 (Bemessungssituation BS-P), 1,30 (Bemessungssituation BS-T) und 1,20 (Bemessungssituation BS-A) zu verwenden. Der ebenfalls zu der *i*-ten Bewehrungslage gehörende charakteristische Wert $R_{B,i,k}$ der Langzeitzugfestigkeit des verwendeten Geokunststoffs berechnet sich zu

$$R_{B,i,k} = \frac{R_{B,i,k0}}{A_1 \cdot A_2 \cdot A_3 \cdot A_4 \cdot A_5} \qquad \text{Gl. 13-45}$$

Dabei stehen $R_{B,i,k0}$ für den charakteristischen Wert der Kurzzeitzugfestigkeit des Geokunststoffs (entspricht dem 5 %-Quantil) und die Abminderungsfaktoren A_1 bis A_5 für die Berücksichtigung

- der Kriechdehnung (wenn keine entsprechenden Herstellernachweise vorliegen, gilt nach den EBGEO, 2.2.4.5.3 z. B. für Polyester $A_1 \geq 3{,}5$; übliche Werte aus produktspezifischen Nachweisen: 1,5 bis 2,5),
- einer möglichen Beschädigung des Geokunststoffs beim Transport, beim Einbau und bei der Verdichtung (nach den EBGEO, 2.2.4.6.2 ist für Dauerbauwerke $A_2 \geq 1{,}5$ bzw. $A_2 \geq 2{,}0$ zu setzen, wenn feinkörniger Boden bzw. gemischt- und grobkörniger Boden mit rundem Korn verwendet wird),
- der Verarbeitung (liegen weder Fugen noch Nähte oder Verbindungen in Kraftrichtung vor und sind keine Anschlüsse an andere Bauteile zu bemessen, darf, nach den EBGEO 2.2.4.7.2, $A_3 = 1{,}0$ gesetzt werden),
- von Umgebungseinflüssen (dies sind Witterungsbeständigkeit, Beständigkeit gegen Chemikalien, Mikroorganismen und Tiere; liegen keine produktspezifischen Angaben vor, gilt nach den EBGEO, 2.2.4.8.1 für die Erfassung der chemischen Beständigkeit von Dauerbauwerken und z. B. für Polyester: $A_4 \geq 2{,}0$),
- der Wirkung dynamischer Einwirkungen (bei vorwiegend ruhender Belastung darf $A_5 = 1{,}0$ gesetzt werden, bezüglich vorwiegend nicht ruhender Einwirkungen sei auf die EBGEO, 12 verwiesen).

Herauszieh-Widerstand

Der Bemessungswert der mobilisierbaren Reibungskraft des Geokunststoffs im Bereich der verbleibenden Einbindelänge der *i*-ten Bewehrungslage berechnet sich nach den EBGEO, 3.3.3 (bezogen auf 1 lfdm Stützkörperbreite) mit

$$R_{\mathrm{A,i,d}} = \frac{R_{\mathrm{A,i,k}}}{\gamma_{\mathrm{a}}} = \frac{1}{\gamma_{\mathrm{a}}} \cdot \sigma_{\mathrm{v,i,k}} \cdot L_{\mathrm{A,i}} \cdot f_{\mathrm{sg,k}} \cdot 2 \qquad \text{Gl. 13-46}$$

und

$$f_{\mathrm{sg,k}} = \lambda \cdot \tan\phi_{\mathrm{k}} = \frac{\tan\delta}{\tan\phi} \cdot \tan\phi_{\mathrm{k}} \qquad \text{Gl. 13-47}$$

In diesen Gleichungen sind

- γ_{a} Teilsicherheitsbeiwert für den Herauszieh-Widerstand flexibler Bewehrungselemente im Grenzzustand GEO-3 (Tabelle 1-3),
- $\sigma_{\mathrm{v,i,k}}$ charakteristischer Wert der Normalspannung infolge Auflast auf der Bewehrungslage,
- $L_{\mathrm{A,i}}$ Verankerungslänge der Bewehrung hinter der zu betrachtenden Bruchfuge (Bild 13-37),
- $f_{\mathrm{sg,k}}$ charakteristischer Wert des mittleren Reibungskoeffizienten zwischen Füllboden und der vom Geokunststoff und dem dazwischenliegenden Erdreich gebildeten Fläche,
- $\tan\delta$ Reibungsbeiwert Geokunststoff/Füllboden (Messergebnis),
- $\tan\varphi$ Reibungsbeiwert Füllboden (Messergebnis),
- $\tan\varphi_{\mathrm{k}}$ charakteristischer Reibungsbeiwert des Füllbodens.

13.6.11 Nachweis der Frontausbildung

Der Nachweis der Frontausbildung ist u. a. abhängig vom Typ des jeweils verwendeten Frontelements. In den EBGEO, 7.6 werden drei Varianten unterschieden:

- nicht verformbare Frontelemente (Paneele mit voller oder teilweiser Bauhöhe sowie miteinander verbundene Blockelemente und Formsteine),
- bedingt verformbare Frontelemente (geschweißte Stahlgitter, Gabionen sowie gegeneinander verschiebliche Blockelemente und Formsteine),
- verformbare Frontelemente (Umschlagmethode oder Polsterbauweise, Bild 13-42).

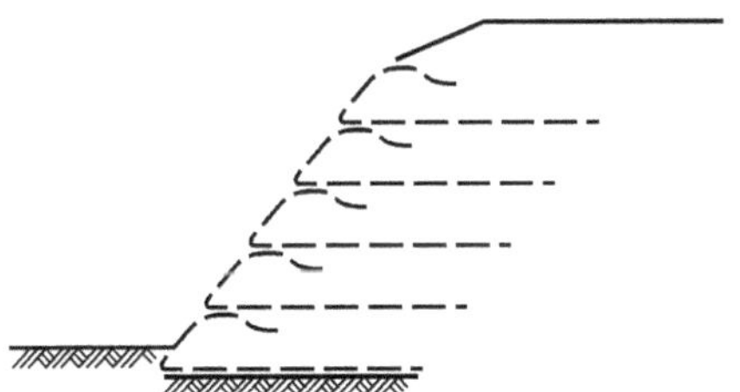

Bild 13-42 In Polsterbauweise (Umschlagmethode) hergestellte Stützkonstruktion (gemäß EBGEO, 7.6)

Bei der Nachweisführung wird von einem auf die Frontausbildung (Außenhaut) wirkenden aktiven Erddruck ausgegangen, der nach den Grundsätzen von DIN 4085 berechnet und, in Abhängigkeit von dem eingesetzten Frontelementtyp, mit Anpassungsfaktoren η_{g} und η_{q} den Außenhautgegebenheiten angepasst wird (EBGEO, Tabelle 7.2). Die Anpassung betrifft auch den für die Erddruckberechnung zu verwendenden Erddruckneigungswinkel δ und ist ebenfalls in den EBGEO, Tabelle 7.2 vorgegeben (z. B. $\delta = 0$ bei verformbaren Frontelementen).

Der Bemessungswert der Erddruckkraft, die von der i-ten Füllbodenschicht infolge Bodeneigenlast und Auflast p auf die Außenhaut ausgeübt wird, berechnet sich nach den EBGEO, 7.6 mittels (Bild 13-43)

$$E_{\mathrm{ah,d,i,Frontausbildung}} = (K_{\mathrm{agh}} \cdot \gamma_{\mathrm{k}} \cdot h_{\mathrm{i}} \cdot \eta_{\mathrm{g}} \cdot \gamma_{\mathrm{G}} + K_{\mathrm{aph}} \cdot p \cdot \eta_{\mathrm{q}} \cdot \gamma_{\mathrm{Q}}) \cdot l_{\mathrm{v}} \qquad \text{Gl. 13-48}$$

Der eigentliche Nachweis des Anschlusses hat nach den EBGEO, 7.6 die Form

$$E_{\text{ah, d, i, Frontausbildung}} \leq R_{\text{Bi, d}} \quad \text{bzw.} \quad R_{\text{Ai, d}} \qquad \text{Gl. 13-49}$$

wobei $R_{\text{Bi, d}}$ wieder für den Bemessungswert der Langzeitzugfestigkeit des Geokunststoffes in der i-ten Bewehrungslage steht (siehe Abschnitt 13.6.10). $R_{\text{Ai, d}}$ ist der Bemessungswert des gesamten Herauszieh-Widerstands, der über Reibung oder auch als Anschlusskraft zur Verfügung steht.

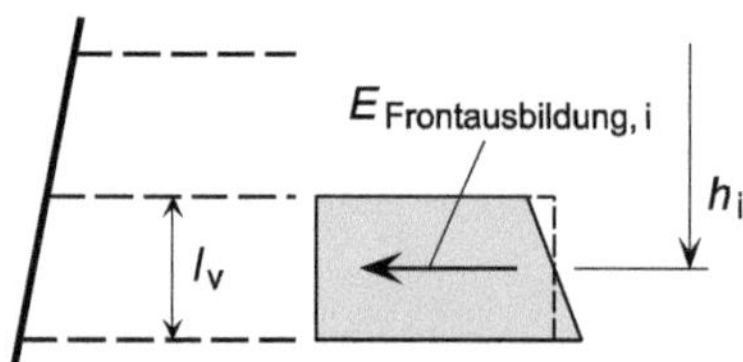

Bild 13-43 Erddruck auf *i*-ten Frontelementbereich (gemäß EBGEO, 7.6)

13.7 Bodenvernagelung

13.7.1 Allgemeines

Die Baumethode „Bodenvernagelung“ dient hauptsächlich zur Herstellung von Stützkonstruktionen (vor allem bei Böschungen und Baugrubenwänden) oberhalb des Grundwasserspiegels, die als „Nagelwände“ bezeichnet werden. Bei ihnen handelt es sich jeweils um einen von oben nach unten hergestellten Verbundkörper

- aus gewachsenem Boden („Bodenvernagelung“) oder Fels („Felsvernagelung“),
- der üblicherweise mit Stahlstäben, gelegentlich aber auch mit Stäben aus Materialien wie faserverstärkten Kunststoffen oder Geokunststoffen („Bodennägeln“) schlaff bewehrt (vernagelt) ist,
- der an der Luftseite der Wände durch eine Schutzschicht (Außenhaut) gesichert wird,
- der sich unter äußerer Belastung ähnlich wie ein Monolith verhält, sofern eine ausreichende Nageldichte vorliegt.

Durch die Bodennägel, die mit ihrer nahezu horizontalen Anordnung günstig zur Hauptdehnungsrichtung von Geländesprüngen liegen, wird die Scherfestigkeit und die Schubsteifigkeit des anstehenden Bodens anisotrop erhöht (vgl. [161]).

Neben der Anwendung zur Sicherung von Hängen und Baugrubenwänden kann diese Methode auch dazu eingesetzt werden, die Tragfähigkeit des Untergrunds zu verbessern, d. h. seine Sicherheit gegen Grundbruch zu erhöhen und die Setzungen sowie die Setzungsunterschiede zu verringern. Ein weiteres Einsatzgebiet betrifft die Wiederherstellung der Standsicherheit alter Stützmauern aus Natursteinen, die sich im Laufe der Zeit infolge des Erddrucks stark verformt haben (vgl. hierzu [288], [289] und [319]); auch „Bewehrte Erde“-Bauwerke, deren Zugbänder versagt haben, sind schon erfolgreich durch Bodenvernagelung saniert worden.

Nach *Stocker* (Beitrag in [148]) wurde 1973 als vermutlich erste europäische Vernagelungswand bei Versailles, Frankreich, eine bis zu 15 m hohe temporäre Hangsicherung ausgeführt (Bild 13-44). Die Vernagelung erfolgte dabei mit 4 bzw. 6 m langen Baustählen, die in vorgebohrte und mit Zementleim aufgefüllte Bohrlöcher gesteckt wurden. Zur Sicherung der Wandfläche diente eine leicht bewehrte Spritzbetonschicht, vor die eine Stahlbetonwinkelstützmauer gesetzt wurde, nachdem die Aushubarbeiten abgeschlossen waren.

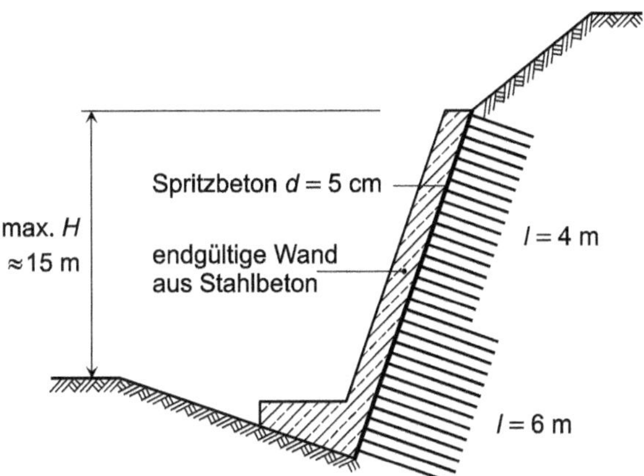

Bild 13-44 Bodenvernagelungsprojekt bei Versailles, Frankreich, 1973 nach *Stocker* (Beitrag in [148])

In Deutschland begann die Entwicklung im Jahre 1975 mit gemeinsamen Forschungsaktivitäten der Firma *BAUER Spezialtiefbau* [F 3] und dem Institut für Bodenmechanik und Felsmechanik der Universität Karlsruhe (vgl. [161]). Im Rahmen dieser Arbeiten wurde auch erstmals der Begriff „Bodenvernagelung" („soil nailing") für das Bauverfahren verwendet (siehe auch [298]), dessen Tauglichkeit unter statischer und auch dynamischer Belastung mit Modell- und Großversuchen erforscht wurde.

Als erste Vernagelungsprojekte in Deutschland wurden 1977 eine temporäre 4,50 m hohe Baugrubenumschließung in München und ebenfalls 1977, als erste Dauermaßnahme, eine 6 m hohe Hangsicherung im Zuge einer Ortsdurchfahrt in Lanzendorf realisiert.

Nach der heute international verbreiteten Methode wurde inzwischen eine Vielzahl weiterer Nagelwände ausgeführt, die als Kies-, Sand-, Schluff- und Lösslehmwände mit Höhen von 3 m bis 18 m zur vorübergehenden oder dauerhaften Sicherung zum Einsatz kamen (vgl. hierzu [162], [194], [278]). So wurden nach *Stocker* (in [148]) in Deutschland bis 1992 schätzungsweise 250 Projekte mit etwa 140 000 m^2, in den USA seit 1983 etwa 250 000 m^2, in Frankreich ungefähr 100 000 m^2 bis 1989, in Großbritannien 5 000 bis 10 000 m^2, in der Schweiz etwa 55 000 m^2 und in Japan von 1985 bis 1993 allein durch eine Firma 190 Projekte mit etwa 92 000 m^2 verwirklicht.

Beispiele für heute übliche Ausführungsformen von Nagelwänden lassen sich Bild 13-45 entnehmen.

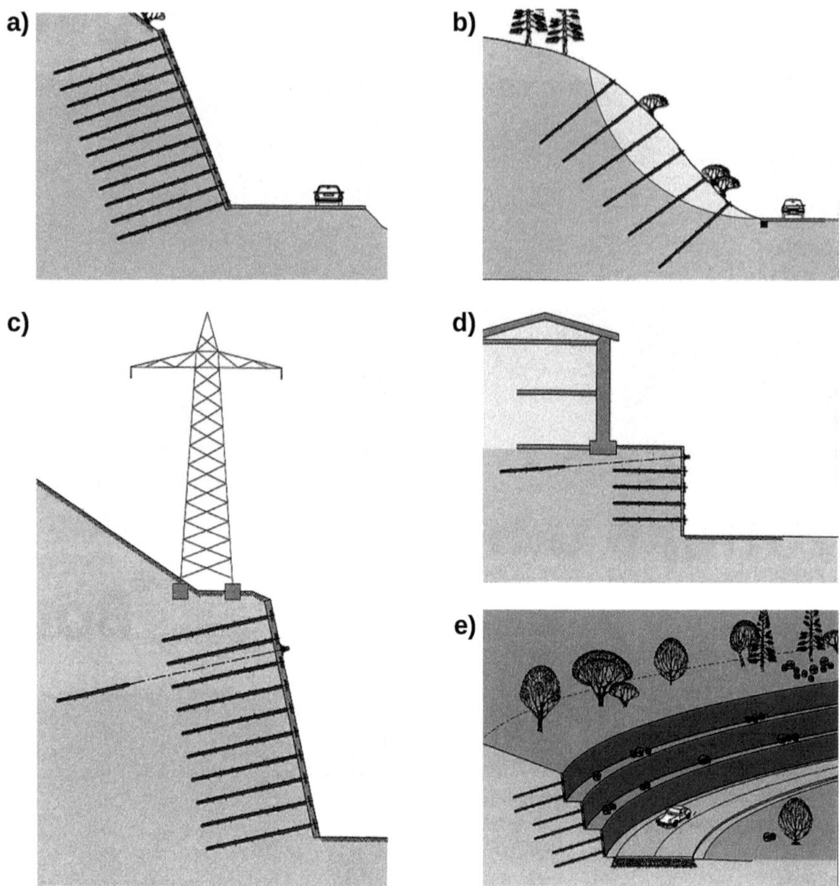

Bild 13-45 Anwendungsbeispiele für Bodenvernagelungen (aus Firmenprospekt der Fa. *BAUER Spezialtiefbau* [F 3])
a) Vernagelung einer Böschung
b) Stabilisierung eines Rutschhangs
c) Böschungsvernagelung mit Verankerung
d) Verankerte Nagelwand als Baugrubensicherung
e) Dauerhafte Sicherung eines Hanganschnitts mit Bermen zur Begrünung

Eine ziemlich spektakuläre Anwendung einer Bodenvernagelung ist in Bild 13-46 zu sehen. Es handelt sich um eine Baumaßnahme in der Nürnberger Altstadt, bei der die gezeigte Hauptbaugrube eine Fläche von 1 520 m^2 aufweist und auf 35,5 m unter die Geländeoberfläche reicht. Die Anwendung der Vernagelungsbauweise bot sich an, da es sich bei dem anzuschneidenden Baugrund um verformungsarmen Coburger Sandstein sowie Lehrbergschichten handelte und nur Schichtwasser in geringen Mengen anfiel.

Die Baugrubenwände mit einer Fläche von 6 000 m^2 wurden durch 250 Anker mit Längen von 26 m und 1 100 GEWI-Nägel gehalten. Zur Rückverankerung der Baugrubensohle wurden 42 Bohrpfähle der Durchmesser 88 und 120 cm eingesetzt, die bis zur Tiefe von 49 m unter Geländeoberfläche reichten.

Bild 13-46 Anwendungsbeispiel für eine Bodenvernagelung, Baugrube für das IMAX-Kino in der Nürnberger Altstadt (Bild von der Fa. *BAUER Spezialtiefbau* [F 3])

13.7.2 Regelwerke

Hinsichtlich der technischen Regelwerke zur Bodenvernagelung ist darauf hinzuweisen, dass

- in Deutschland seit dem 2. Januar 1984 allgemeine technische Zulassungen (mit Angaben zur Herstellung und Güteüberwachung der Einzelnägel sowie zum Entwurf, zur Bemessung und zur Ausführung der vernagelten Wände) existieren,
- seit November 2010 die europäische Norm DIN EN 14490 [123] vorliegt, in der allgemeine Grundsätze für die Bauausführung, Prüfung, Aufsicht und Überwachung von Bodenvernagelungen festgelegt werden,
- zur Berechnung der Standsicherheit von Nagelwänden DIN 1054, A 11.1.1 und A 11.5.4 [44] als Grundlage verwendet werden können.

Beispielsweise stammt die derzeit gültige allgemeine bauaufsichtliche Zulassung (vgl. [199], §18) Z-20.1-101 der Fa. *BAUER Spezialtiefbau* [F 3] aus dem Jahre 2006 und wurde 2011 bis zum Jahr 2016 verlängert [39].

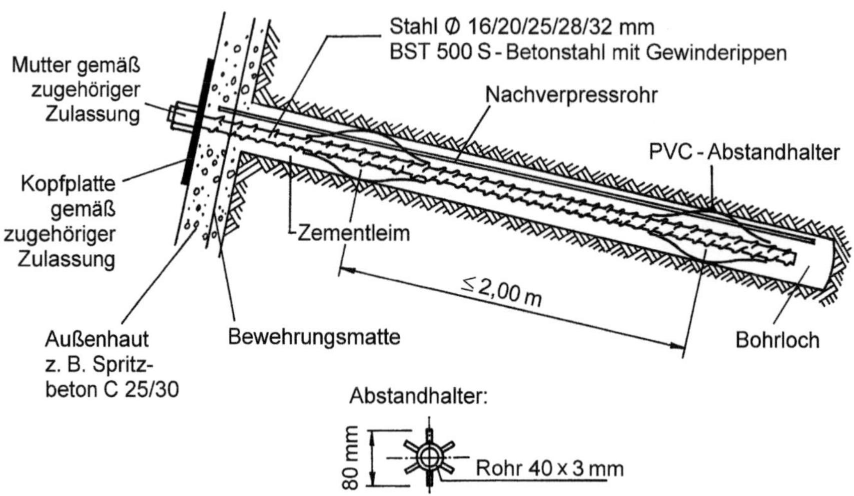

Bild 13-47 Kurzzeitbodennagel (nach [39])

13.7.3 Konstruktionsprinzip und Herstellung

Bei einer Bodenvernagelung wird der Verbundkörper abschnittsweise von oben nach unten hergestellt (Bild 13-48). Zu diesem Zweck wird der gewachsene Boden oder sich wie Lockergestein verhaltender Fels in einzelnen Etagen freigelegt, deren jeweilige Höhe sich nach den Baugrundverhältnissen (kurzzeitige Standfestigkeit des Bodens) und dem Nagelabstand richtet und in der Regel 1 m bis 2 m beträgt. Wesentlich beeinflusst wird diese Höhe durch die Bodenkennwerte Reibungswinkel φ' und Kohäsion c' sowie, bei feuchten Sanden und Kiessanden, durch die von Kapillarkräften erzeugte Kapillarkohäsion (auch scheinbare Kohäsion genannt).

Die Luftseite jeder ausgehobenen Lage ist baldmöglichst durch eine Schutzschicht gegen Abböschen zu sichern. Diese wird in der Regel aus mit Baustahl bewehrtem Spritzbeton, ggf. aber auch aus Betonfertigteilen hergestellt. Nach [182], Kap. 3.9 kann die Sicherung der Frontfläche alternativ zum bewehrten Spritzbeton auch mit Hilfe von Faserspritzbeton erfolgen. Bei dauerhaft eingesetzten Nagelwänden können die Schutzschichten auch aus normalem bewehrtem Ortbeton mit Schalung hergestellt werden. Die Dicke der Spritzbetonschicht beträgt ungefähr 10 bis 15 cm für vorübergehende Zwecke und ca. 15 bis 25 cm für bleibende Wände. Bezüglich der Anforderungen bei der Ausführung von Spritzbetonkonstruktionen sei auf DIN EN 14487-2 [122] verwiesen; Einzelheiten zum Spritzbeton selbst können DIN EN 14487-1 [121] entnommen werden.

Nach der Erhärtung des Spritzbetons werden, annähernd senkrecht zur Wandfläche, Löcher in den Boden bzw. Fels gebohrt (mit Verrohrung, außer bei standfesten Bohrlöchern), in die die Nägel eingebaut werden. Der Verbund zwischen den Nägeln und dem Boden wird, ähnlich wie bei Verpressankern, durch Zementmörtel hergestellt, mit dem die Ringräume zwischen den Bohrlochwänden und den Nägeln vollständig verfüllt bzw. verpresst und ggf. auch nachverpresst werden; freie Stahllängen wie bei Verpressankern entstehen somit nicht. Mit der Verwendung von Abstandhaltern wird dabei eine Mindestdicke der Zementsteinüberdeckung der Nägel sichergestellt. Hat der abbindende Zementmörtel eine genügende Festigkeit erreicht, werden die Nagelköpfe jeweils mittels einer Ankermutter und einer Unterlegplatte mit der Spritzbetonhaut kraftschlüssig, aber ohne Vorspannung verbunden. Nach der Herstellung dieser Verbindungen kann mit dem Aushub einer neuen Lage begonnen werden.

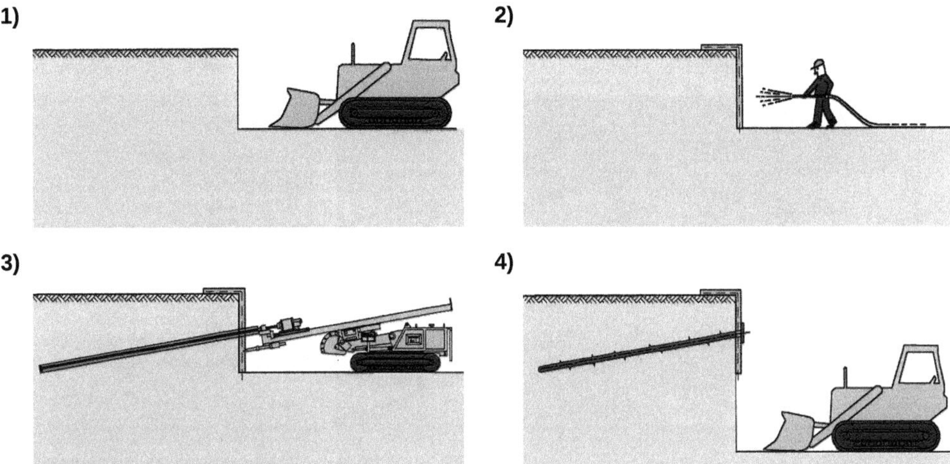

Bild 13-48 Arbeitsphasen bei der Herstellung einer Nagelwand (aus Firmenprospekt der Fa. *BAUER Spezialtiefbau* [F 3])
1) Lagenweiser Abtrag (Aushub der ersten Lage) 2) Bewehren und Spritzen
3) Einbau der Bodennägel 4) Aushub der nächsten Lage

Einzubauende metallische Bodennägel bestehen in der Regel aus Betonstabstahl BSt 500 S mit Gewinderippen und Durchmessern, die zwischen 16 und 32 mm liegen können. Gegen Korrosion werden sie durch eine Schutzschicht gesichert (bei vorübergehendem Einsatz eine mindestens 15 mm dicke Zementsteinschicht). Die Längen der Nägel entsprechen meistens dem 0,5- bis 0,7fachen der Wandhöhe und sind abhängig von den

- Eigenschaften des zu stabilisierenden Bodens (bei rutschgefährdeten Hängen können ggf. wesentlich längere Nägel erforderlich werden),
- geometrischen Gegebenheiten (z. B. Wandneigung, Neigung der Böschung oberhalb der Wand),
- Belastungsverhältnissen der Wand (bei hohen Wänden empfiehlt sich u. U. eine Abstufung der Nagellängen über die Wandhöhe).

Pro m^2 Wandfläche werden im Allgemeinen 0,5 bis 1 Nägel in den Boden eingebaut (vgl. [161]); Nagelabstände von mehr als 1,5 m in horizontaler und vertikaler Richtung sind nach den Zulassungen nicht erlaubt, kommen aber in der Praxis vor. Die zu treffende Festlegung der Nageldichte einer Wand wird von bodenmechanischen und wirtschaftlichen Aspekten beeinflusst. So geht der Einsatz von mehr Nägeln (mit entsprechend geringerer Tragfähigkeit des Einzelnagels) zwar einerseits mit höheren Einbaukosten einher, andererseits führt er aber zu einer stärkeren Verbundwirkung, was aus der Sicht der Bodenmechanik vorteilhaft ist.

Bei der Herstellung von Nagelwänden mit langfristig zu gewährleistenden Gebrauchstauglichkeiten sind die Nägel, analog zu Daueranker, gegen Korrosion zu schützen (z. B. wird ein in das Bohrloch eingebauter GEWI-Stahl werkmäßig mit einem zementmörtelverfüllten gerippten Hüllrohr mit einer

Wanddicke von ≥ 1 mm überzogen, das im Bohrloch von mindestens 10 mm Zementmörtel überdeckt werden muss). Die Nagelköpfe werden in solchen Fällen mit einer leicht bewehrten und mindestens 5 cm dicken Spritzbetonschicht überdeckt (Bild 13-50).

Statt der beschriebenen Reihenfolge der „Standardausführung" können die Nägel auch vor der Aufbringung des Spritzbetons eingebracht werden (vgl. *Brandl* [180], Kap. 3.8 und Bild 13-49).

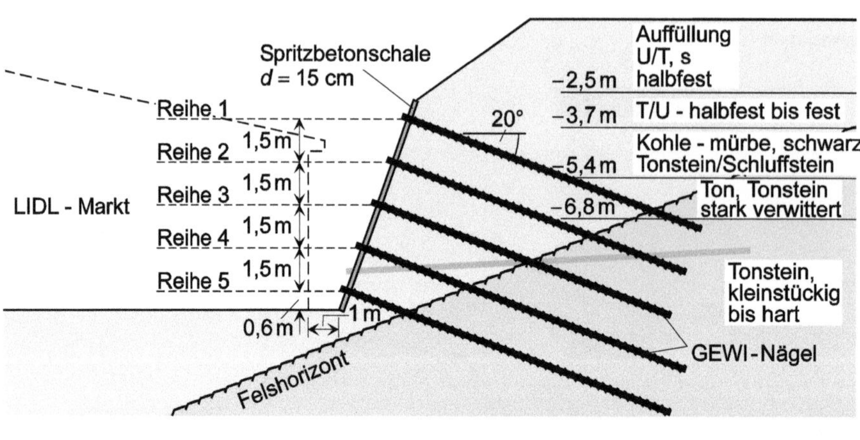

Bild 13-49 Hangsicherung mit Dauernägeln und Spritzbeton, bei einem Lebensmittelmarkt in Neunkirchen, Saarland
oben: System der vernagelten Wand (nach Prospekt der Fa. *Keller Grundbau* [F 16])
unten: Bild von der Baustelle (Bild von der Fa. *Keller Grundbau* [F 16])

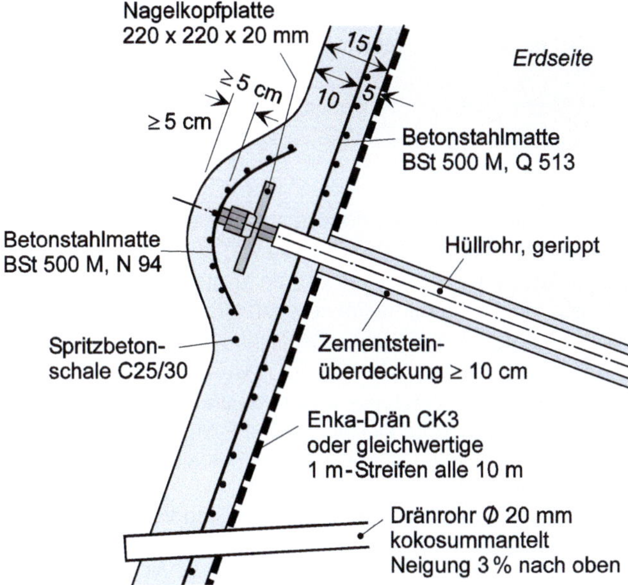

Bild 13-50 Nagelkopfbereich; Detail zu Bild 13-49 (nach Prospekt der Fa. *Keller Grundbau* [F 16])

13.7.4 Vorteile und Grenzen der Anwendung

Besonders bei langgestreckten Konstruktionen erweist sich der Einsatz des Verfahrens der Bodenvernagelung gegenüber herkömmlichen Stützkonstruktionen oft als vorteilhaft, da u. a.

- die Vernagelung eine Beteiligung des anstehenden gewachsenen Bodens an der Lastabtragung bewirkt; speziell ausgesuchtes Schüttmaterial wird, im Gegensatz z. B. zu den Raumgitterwänden und dem System „Bewehrte Erde", als mitwirkendes Bodenmaterial nicht benötigt,
- durch die abschnittsweise von oben nach unten erfolgende Wandherstellung (lagenweiser Aushub) ein tiefgehender Anschnitt des anstehenden Bodens vermieden wird und so, verbunden mit der stabilisierenden Wirkung von Vernagelung und Spritzbetonhaut, unerwünschte Entspannungsbewegungen eines zu stützenden Hanges (auch im angeschnittenen Zustand) weitgehend verhindert werden,
- bei der Wandherstellung kein Bodenaushub hinter der Wand erforderlich ist,
- die Wände an beliebig vorgegebene Grundrissgeometrien leicht angepasst werden können,
- nur kleine, leichte Baugeräte zur Herstellung der Wände erforderlich sind, was z. B. bei schlecht zugänglichen Baustellen oder beengten Arbeitsraumverhältnissen besonders günstig ist,
- die einzusetzenden Baugeräte geräuscharm und praktisch erschütterungsfrei arbeiten,
- die Bodenvernagelung als sehr „gutmütige" Bauweise anzusehen ist; die Nagelwände sind in der Lage, ggf. auch größere Horizontalverschiebungen mitzumachen, ohne dabei schlagartig zu versagen,
- auf ein Fundament bzw. auf eine Einbindung der Wand in den Baugrund unterhalb der Aushubsohle verzichtet werden kann,
- die z. B. im Vergleich zu Ankern relativ kurze Nagellänge weniger Grunddienstbarkeitsrechte im Nachbargrund erforderlich macht und zu geringeren Problemen führt, wenn bei der Ausführung auf Konstruktionen wie etwa Rohrleitungen zu achten ist, die im Baugrund vorhanden sind,

- die bisher vorliegenden Erfahrungen mit der Errichtung und der Dauerhaftigkeit der Nagelkonstruktionen nach *Stocker* (Beitrag in [148]) ganz hervorragend sind und sich das Verfahren in der Praxis bestens bewährt hat,
- die Wirtschaftlichkeit des Verfahrens bei jedem anstehenden Boden im Allgemeinen gegeben ist, wenn es dessen Standfestigkeit erlaubt, ihn vorübergehend in Tiefen von 1,0 bis 1,5 m freizulegen.

Zu den Nachteilen der klassischen Bodenvernagelung gehört die ästhetisch wenig ansprechende Spritzbetonhaut. Zur Behebung dieses Mangels wurden, nach dem Beitrag von *Stocker* [148], in den USA und in Japan stellenweise Fertigbetonplatten oder Mauerwerk vor die Spritzbetonhaut gestellt. In Frankreich wird der Spritzbeton durch sehr viele Fertigteilplatten ersetzt. Großrastrige Gitter aus Stahlbetonfertig- bzw. Ortbetonbalken wurden in Japan und auch in Deutschland für geneigte Hangsicherungen verwendet, wobei die Nägel in den Kreuzungspunkten platziert wurden; die freie Fläche zwischen den Balken lässt sich begrünen. Eine weitere Variante zur raschen und vollständigen Begrünung der Wände mit Kletter- und Hängepflanzen wird in Deutschland in Form von abgestuften, mit Abständen von 0,5 bis 0,8 m nach rückwärts versetzten Nagelwänden immer häufiger eingesetzt.

Für die technische Verwirklichung und die Wirtschaftlichkeit des Verfahrens sind vor allem
- die kurzzeitige Standfestigkeit des anstehenden Bodens beim Abgraben der einzelnen Lagen,
- die Standfestigkeit und das Verfüllen der Bohrlöcher,
- die zu erwartende Wandverformung

von Bedeutung. Dabei
- ist in steifen und noch mehr in halbfesten bindigen Böden sowohl das Abgraben bis zu Tiefen von 1,5 m und mehr als auch das unverrohrte Bohren mit Schnecke und die anschließende Ringraumverfüllung mit Zementleim bzw. -mörtel im Allgemeinen vollkommen problemlos,
- sind in mitteldichten und dichten Sanden und Kiessanden, bei sehr steilen Böschungen, Abgrabungstiefen bis zu 1,5 m ausführbar, da diese Böden durch die Kapillarkohäsion hinreichend stabilisiert werden,
- ist die Vernagelung flacher Böschungen bei geringem Andrang von Schichtwasser und dem Einsatz weit reichender Dränbohrungen durchaus möglich.

Die Herstellung von Nagelwänden stößt an technische und wirtschaftliche Grenzen, wenn etwa
- der zu vernagelnde Boden im Grundwasser liegt (Herstellung ist unmöglich),
- der Boden oder das Grundwasser Stoffe enthält, die nach DIN 4030-1 [65] als betonangreifend einzustufen sind,
- Böden mit Schichtwasser anstehen, in denen steile oder sogar senkrechte Vernagelungen ausgeführt werden sollen,
- Sande und Kiessande mit lockerer Lagerungsdichte ($I_D < 0{,}5$) anstehen, da beim Abgraben mit Ausbrüchen zu rechnen ist, die entsprechend geringe Aushubtiefen erzwingen,
- grobe Kiese anstehen, da diese leicht ausrollen und nur unwirtschaftlich geringe Abgrabungstiefen zulassen,
- lockergesteinsähnlicher Felsboden bzw. lockerer Fels ansteht, in dem das Injektionsgut durch offene Klüfte in größeren Mengen aus dem Bohrloch wegfließen kann,
- die unverrohrten Bohrlöcher nicht auf ganzer Länge stehen bleiben und ein unvollständiger Verbund zwischen dem Boden und den Nägeln zu befürchten ist, was etwa in nichtbindigen Böden

mit lockerer Lagerung, geringer Kapillarkohäsion oder unzureichender Korngerüstverkittung der Fall sein kann.

Gäßler warnt in [162] vor möglichen Problemen aus Wandverformungen bei

- Gebäuden in Lockerböden, die allein durch Vernagelungen unterfangen werden sollen. Hier sind stets begleitende Maßnahmen wie z. B. Injektionen zur Stabilisierung des Untergrunds oder zusätzliche vorgespannte Injektionsanker erforderlich.
- Vernagelungen, die in geringem Abstand zu bestehender Bebauung geplant sind.

Bei der Unterfangung sind die gründliche Erkundung des Baugrunds, eine realistische Abschätzung der Wandverformung und der Setzungsempfindlichkeit der bestehenden Bausubstanz sowie die messtechnische Kontrolle während und nach der Herstellung erforderlich. Darüber hinaus sind stets begleitende Maßnahmen durchzuführen, wie z. B. die Stabilisierung des Untergrunds durch Injektionen oder der Einbau zusätzlicher vorgespannter Injektionsanker. Die vorbereitenden Maßnahmen der Erkundung und Systemabschätzung sind auch für die Vernagelung des zweiten Falls erforderlich, bei dem außerdem der Einbau von vorgespannten Injektionsankern, möglichst in Höhe der ersten oder zweiten Nagelreihe, dringend geboten ist, wenn ungünstige Bodenverhältnisse, wie z. B. lockere Auffüllungen, vorliegen.

Hinsichtlich einwirkender dynamischer Lasten infolge schweren Lkw-Verkehrs weist *Gäßler* in [162] darauf hin, dass diese, aufgrund der Ergebnisse eines Großversuchs, bedenkenlos auch durch Vernagelungen von mitteldichten und dichten Sanden aufgenommen werden können.

13.7.5 Trag- und Verformungsverhalten

Im Gegensatz zu den eingelegten Bewehrungsbändern bei „Bewehrte Erde“-Bauwerken sind die Stahl- bzw. Kunststoffnägel in der Lage, außer Zugkräften auch Scherkräfte und Biegemomente zu übernehmen. Die axialen Nagelkräfte Z liegen meist zwischen 50 und 300 kN pro Nagel.

Das Verformungsverhalten der Wände im Bauzustand ist durch geringe Wandverformungen unter hohen Gebrauchslasten charakterisiert. Nach *Gäßler* [163] ist die Vorhersage der Verformungen im Gebrauchszustand derzeit nur empirisch möglich, wobei Messergebnisse an inzwischen ausgeführten Wänden als Grundlage heranzuziehen sind.

Vorliegende Ergebnisse von Großversuchen zeigen, dass z. B. eine 6 m hohe Nagelwand in Sand und unter Eigenlast maximale Verformungen von etwa 2,5 ‰ der Wandhöhe aufweist. Hinzu kommen Verformungen von etwa 4 ‰ der Wandhöhe beim Erreichen der Bruchlast (vgl. [161]).

13.7.6 Nachweis der äußeren Standsicherheit

Zu den Zielen der Vernagelung gehört es, durch eine ausreichende Nageldichte die Zug- und Scherfestigkeit des natürlich anstehenden Bodens so weit zu erhöhen, dass der als Verbundkörper wirkende vernagelte Bodenkörper als monolithischer Block angesehen werden kann. Einen entsprechenden Block zeigt Bild 13-51 im Querschnitt. Seine „Rückwand“ wird gemäß DIN 1054, A 11.5.4.3 durch das Ende der Nägel definiert. Die Lastabtragung dieses geometrisch so definierten Körpers kann somit gleichgesetzt werden mit jener von herkömmlichen massiven Stützkonstruktionen. Deshalb lassen sich die Nachweise für seine äußere Standsicherheit in der gleichen Weise führen wie z. B. für Schwergewichtsmauern oder andere aufgelöste Stützwände. Für Stützkörper, die dem Bild 13-51 entsprechen, sind im Fall des Grenzzustands GEO-2 die

- Gleitsicherheit gemäß Abschnitt 6.5.3 von DIN EN 1997-1 und DIN 1054,
- Grundbruchsicherheit gemäß DIN 4017 sowie Abschnitt 6.5.2 von DIN EN 1997-1 und DIN 1054,

im Fall des Grenzzustands EQU die

- Kippsicherheit in der Sohlfuge (siehe DIN EN 1997-1, 6.5.4 und 9.2 2(P) sowie DIN 1054, 6.5.4)

und im Fall des Grenzzustands GEO-3 die

- Sicherheit gegen Geländebruch gemäß DIN 4084 sowie Abschnitt 11.5.1 von DIN EN 1997-1 und DIN 1054 (beachte hierzu auch DIN 1054, 9.7.2 A (3))

einzuhalten. Zur Kippsicherheit vgl. auch Abschnitt 4.5 und DIN 1054, 6.5.4 A (3).

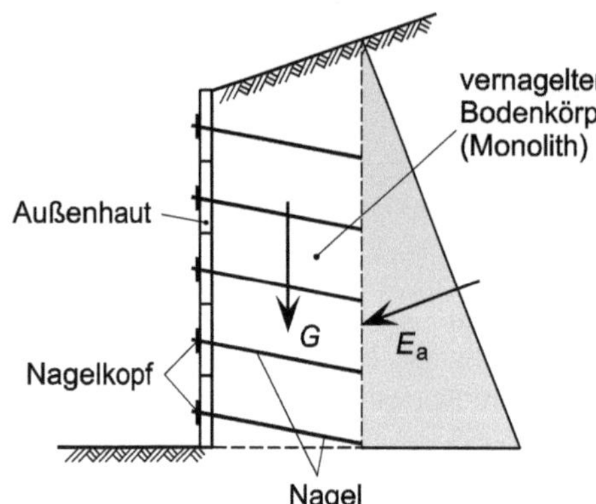

Bild 13-51 Ansatz der Lasten für den Nachweis der Gleit-, Kipp- und Grundbruchsicherheit eines vernagelten Bodenkörpers in der Sohlfuge (nach [39])

Nach DIN 1054, 11.6 A (6) darf bei Stützkonstruktionen, die als Gewichtsstützwand modelliert sind, von einer ausreichenden Sicherheit gegen Kippen ausgegangen werden, wenn die Sohldruckresultierende im Kern liegt. Beim Vorliegen belegbarer Erfahrungen zur Tragfähigkeit (Grundbruch und Gleiten) sowie zur Gesamtstandsicherheit des Stützbauwerks kann nach DIN 1054, A 11.5.4.3 A (2) auf die entsprechenden Nachweisführungen verzichtet werden.

Im Grenzzustand der Gebrauchstauglichkeit (SLS) ist grundsätzlich dafür zu sorgen, dass

- die Größe der Verschiebungen und Verformungen der Wand deren Gebrauchstauglichkeit nicht beeinträchtigt.

Nach DIN 1054, A 9.8.1.2 werden schädliche Verkantungen bei Stützbauwerken mit Flach- bzw. Flächengründung vermieden, wenn die zulässige Lage der Sohldruckresultierenden gemäß DIN 1054, A 6.6.5 eingehalten wird. Nach DIN 1054, 11.6 A (4) ist für die Wand eine ausreichende Sicherheit gegen den Grenzzustand der Gebrauchstauglichkeit gegeben, sofern sie auf mindestens mitteldicht gelagertem nichtbindigem bzw. auf mindestens steifem bindigen Boden hergestellt wird und die Sicherheit gegen Geländebruch (s. oben) für die Bemessungssituation BS-P nachgewiesen wurde.

Für die Berechnungen in den Grenzzuständen GEO-2 und EQU ist auf der Rückseite des Stützkörpers, analog zu herkömmlichen Stützmauern, nach DIN 4085 zu berechnender aktiver Erddruck infolge der charakteristischen Eigenlast des Bodens und ggf. vorhandener charakteristischer Auflasten p_k anzusetzen.

13.7.7 Nachweis der inneren Standsicherheit, Regelprofil

In [161] wird von *Gäßler* das in Bild 13-52 dargestellte Regelprofil definiert, an dem er verschiedene Bruchmechanismen, gekoppelt mit unterschiedlichen Sicherheitsdefinitionen, untersucht.

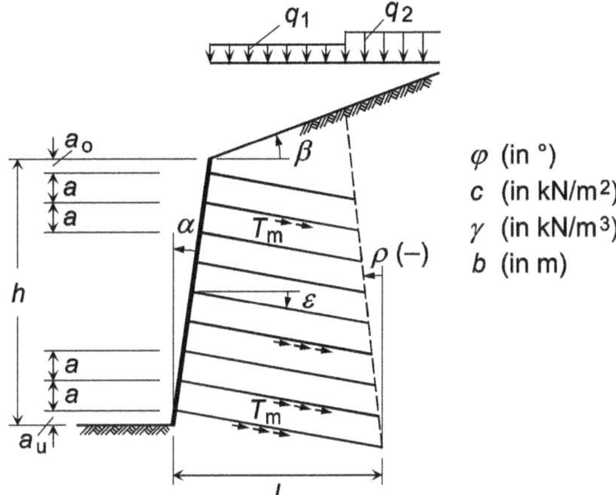

Bild 13-52 Regelprofil für Standsicherheitsanalysen (nach *Gäßler* [161])

Die Geometrie der Wand wird beschrieben durch

- die Höhe h,
- den Wandneigungswinkel α,
- den Geländeneigungswinkel β.

Zur Angabe der Vernagelung dienen

- der Neigungswinkel ρ, den die bergseitige Randfläche des Vernagelungsbereichs mit der Vertikalen einschließt (Vorzeichen beachten; Winkel ρ in Bild 13-52 ist negativ),
- die Neigung ε, mit der die Nägel zur Horizontalen eingebaut sind,
- die auf die Horizontale projizierte Nagellänge l,
- die auf die Vertikale projizierten Höhenabstände
  - a_0 (zwischen Wandkante und oberster Nagelreihe),
  - a (zwischen den einzelnen Nagelreihen),
  - a_u (zwischen Wandfuß und unterster Nagelreihe),
- der Seitenabstand b der Nägel in der horizontalen Nagelreihe,
- die durch Ausziehversuche an 3 bis 5 % aller eingebauten Nägel (vgl. [39]) zu bestimmende axial wirkende Grenzschubkraft T_m (in kN/m) zwischen Nagel und Boden (pro Einheitslänge der Nägel).

Die auf die Wand einwirkenden Flächenlasten sind die vordere, im vernagelten Bereich wirksame Größe q_1 und die hintere, im unvernagelten Bereich eingeprägte Größe q_2.

Die Kennwerte des Bodenmaterials sind

- die Wichte γ des feuchten Bodens,
- der Reibungswinkel φ,
- die Kohäsion c.

13.7.8 Nachweis der inneren Standsicherheit mit zwei starren Bruchkörpern

Die Untersuchungen von *Gäßler* in [161] zeigen, dass vernagelte Wände Versagensformen „bevorzugen", die

- durch Linien- und nicht durch Zonenbrüche gekennzeichnet sind,
- sowohl einfache als auch zusammengesetzte Mechanismen verkörpern (ein einziger, für alle Untersuchungen geltender Versagenstyp ist nicht nachweisbar),
- eine Beschreibung mit der Starrkörpertheorie (vgl. z. B. [171]) zulassen.

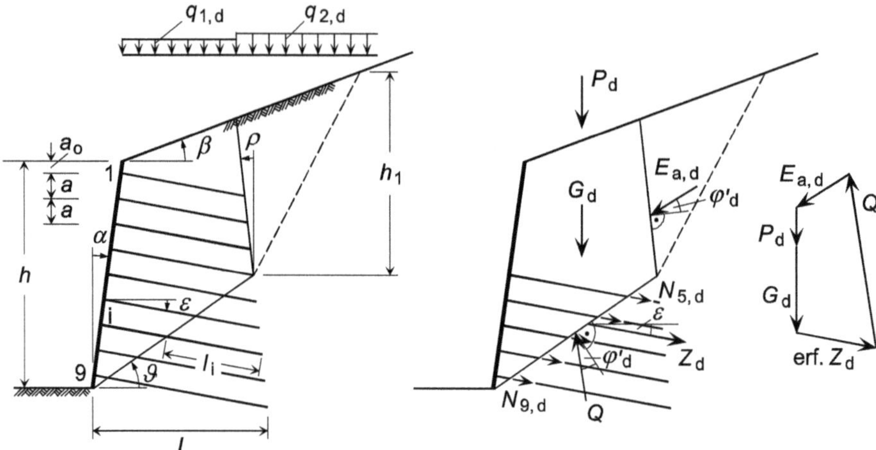

Bild 13-53 Bruchmechanismus eines vernagelten Geländesprungs mit zwei starren Bruchkörpern (nach [161])

Einer der von *Gäßler* untersuchten Bruchmechanismen ist der aus zwei starren Bruchkörpern mit ebenen Gleitfugen aufgebaute Mechanismus, dessen Körper ausschließlich translatorische Bewegungen ausführen können (Translationsmechanismus). Seine zum Regelprofil aus Bild 13-52 gehörende Form ist, für den Fall kohäsionslosen Materials, in Bild 13-53 gezeigt. Die Lage der Gleitfuge zwischen dem ersten und zweiten Körper wird dabei so gewählt, dass sie mit dem hinteren Vernagelungsrand der Wand zusammenfällt (wird auch in DIN 1054, A 11.5.4.3 gefordert). Der sich so ergebende Versagensmechanismus nimmt damit eine Form an, wie sie sich auch in mehreren entsprechenden Modell- und Großversuchen eingestellt hat.

Die folgenden Ausführungen beziehen sich auf einen Vorschlag von *Gäßler* [164] für Standsicherheitsnachweise vernagelter Konstruktionen mit Teilsicherheitsbeiwerten auf der Basis von DIN 1054. Mit ihnen wird das Ziel verfolgt, unter bestimmten Vorgaben die wirtschaftlichste Lösung zu finden. So könnte beispielsweise die Konstruktion bis auf den Seitenabstand *b* der Nägel in der horizontalen Nagelreihe festgelegt sein. Mit der auf der rechten Seite von Bild 13-53 dargestellten Vorgehensweise wäre dann die Größe des Winkels ϑ zu ermitteln, zu der der größte Wert für Z_d und damit der kleinste Wert für den Seitenabstand *b* gehört. Zur Lösung dieser Problemstellung gehört die Variation des Winkels ϑ.

Das grundsätzliche Ziel der Berechnungen ist es, ausreichende Sicherheit gegen

- das Herausziehen (im Grenzzustand GEO-2) bzw.
- das Materialversagen (im Grenzzustand STR)

für jeden Bodennagel nachzuweisen.

Im Weiteren wird 1 lfdm Nagelwand mit vorgewählten Nagelabständen a und b sowie vorgewählten Nagellängen l betrachtet. Für eine solche in Bild 13-53 dargestellte Wand ergeben sich die Bemessungswerte der Herauszieh-Widerstände $N_{i,d}$ der Nägel 5 bis 9 mit dem Bemessungswert der Grenzschubkraft des Nagels $T_{m,d}$ pro lfdm Nagel zu

$$N_{i,d} = T_{m,d} \cdot l_{i,ges} = T_{m,d} \cdot l_i \cdot \frac{1{,}0}{b_i} \qquad i = 5, 6, \dots, 9 \qquad \text{Gl. 13-50}$$

($l_{i,ges}$ ist dabei die Gesamtlänge der in der i-ten Nagelreihe vorhandenen Nägel pro lfdm Wand und b_i der Seitenabstand der Nägel in dieser Nagelreihe). Für die zu ihnen gehörende und aus dem Krafteck sich ergebende erforderliche Resultierende gilt

$$\text{erf}\,Z_d = \sum_{i=5}^{i=9} N_{i,d} = T_{m,d} \cdot \sum_{i=5}^{i=9} l_{i,ges} \quad \text{bzw.} \quad T_{m,d} = \frac{\text{erf}\,Z_d}{\sum_{i=5}^{i=9} l_{i,ges}} \qquad \text{Gl. 13-51}$$

und, bei gleich großem Seitenabstand b der Nägel in allen i Nagelreihen,

$$\text{erf}\,Z_d = \sum_{i=5}^{i=9} N_{i,d} = T_{m,d} \cdot \frac{1}{b} \cdot \sum_{i=5}^{i=9} l_i \quad \text{bzw.} \quad T_{m,d} = \frac{\text{erf}\,Z_d}{\frac{1}{b} \cdot \sum_{i=5}^{i=9} l_i} \qquad \text{Gl. 13-52}$$

Mit dem Teilsicherheitsbeiwert γ_a für Herauszieh-Widerstände von Bodennägeln im Grenzzustand GEO-2 (Tabelle 1-3 entnehmbar) lässt sich im Weiteren der charakteristische Wert der erforderlichen Grenzschubkraft der Nägel

$$\text{erf}\,T_{m,k} = \gamma_a \cdot T_{m,d} \qquad \text{Gl. 13-53}$$

definieren. Da erf $T_{m,k}$ auch von der Größe des Gleitfugenwinkels abhängt, ist dieser zu variieren, um so den maximalen erforderlichen Grenzwert der Schubkraft zu erhalten.

Wird der charakteristische Wert $T_{m,k}$ der Grenzschubkraft gemäß den Zulassungen für Bodenvernagelungen durch stichprobenartige Nagelprüfungen ermittelt, muss

$$\max\,\text{erf}\,T_{m,k} \le T_{m,k} \qquad \text{Gl. 13-54}$$

gelten. Für eine gerade ausreichende Vernagelung sind beide Größen gleich. Ist $T_{m,k}$ erheblich größer als max erf $T_{m,k}$, wurde eine zu aufwändige Vernagelung gewählt; dann ist z. B. die Nageldichte durch Vergrößerung der vorgewählten Nagelabstände a und/oder b zu reduzieren. Eine Erhöhung der Nageldichte wird erforderlich, wenn $T_{m,k}$ kleiner ist als max erf $T_{m,k}$. Der größte Seitenabstand b der Nägel, der für alle Nagelreihen gleich groß gewählt wird, zu einem vorgegebenen Nagelabstand a gehört und die wirtschaftlichste (kleinste) Nagelanzahl liefert, berechnet sich mit

$$\max b = \frac{T_{m,k} \cdot \sum_{i=5}^{i=9} l_i}{\gamma_a \cdot \max\,\text{erf}\,Z_d} \qquad \text{Gl. 13-55}$$

Neben dem Nachweis des ausreichenden Herauszieh-Widerstands ist auch sicherzustellen, dass kein Materialversagen der Nägel auftritt. Alle Nägel müssen also die auf sie entfallenden Herauszieh-Widerstände $N_{i,d}$ aufnehmen können, ohne dabei zu versagen. Nachgewiesen werden muss dies im Grenzzustand STR für den ungünstigsten Fall, der beim Beispiel von Bild 13-53 zum Nagel 9 gehört (unterstellt werden gleiche Nagelquerschnitte). Da es sich bei dem zum ungünstigsten Gleitfugenwinkel gehörenden Herauszieh-Widerstand max $N_{9,\,d}$ um eine Beanspruchung des Nagels handelt, die für alle Nägel den ungünstigsten Fall darstellt, wird die für alle Nägel geltende Bemessungsgröße

$$E_{m,\,d} = \max N_{9,\,d} \qquad \text{Gl. 13-56}$$

eingeführt. Für sie muss mit dem Bemessungswert des Nagelwiderstands

$$R_{m,\,d} = \frac{R_{m,\,k}}{\gamma_M} \qquad \text{Gl. 13-57}$$

($R_{m,\,k}$ und γ_M sind der charakteristische Nagelwiderstand und der zum Grenzzustand STR gehörende Teilsicherheitsbeiwert des Nagelwiderstands, siehe hierzu Tabelle 1-3, Anmerkungen) die Beziehung

$$E_{m,\,d} \leq R_{m,\,d} \qquad \text{Gl. 13-58}$$

gelten. Der Nachweis nach Gl. 13-58 beruht auf der Nagelbeanspruchung, die sich aus der Gleichgewichtsforderung für den Gleitkörper im Grenzzustand GEO-2 ergibt.

Ist auch der Nachweis für die Beanspruchung der Nägel zu führen, die sich aus dem Bemessungserddruck $e_{a,\,d}$ auf die Spritzbetonoberfläche ergibt, berechnet sich diese Beanspruchung für den einzelnen Nagel aus der Erddruckgröße und der Größe der ihm zuzuordnenden Teilfläche ΔA_N der Spritzbetonaußenhaut; bei gleichmäßiger Nagelverteilung gilt

$$\Delta A_N = \frac{a \cdot b}{\cos \alpha} \qquad \text{Gl. 13-59}$$

Mit dem nach DIN 4085 und DIN 1054 zu ermittelnden Bemessungserddruck $e_{a,\,d}$ und dem aus den Zulassungsbescheiden des DIBt [F 10] für Bodenvernagelungen entnehmbaren Abminderungsfaktor 0,85 ergibt sich die Bemessungsbeanspruchung des einzelnen Nagels zu

$$E_{N,\,d} = 0{,}85 \cdot e_{a,\,d} \cdot \Delta A_N = 0{,}85 \cdot e_{a,\,d} \cdot \frac{a \cdot b}{\cos \alpha} \qquad \text{Gl. 13-60}$$

Gilt $E_{N,\,d} > E_{m,\,d}$, ist für den Tragfähigkeitsnachweis nach Gl. 13-58 statt $E_{m,\,d}$ der Bemessungswert $E_{N,\,d}$ zu verwenden.

Es sei hier noch vermerkt, dass *Gäßler* in [164] Bedenken äußert gegen die Ermittlung des Bemessungswerts $R_{m,\,d}$ gemäß Gl. 13-57 mit Teilsicherheitsbeiwerten $\gamma_M = 1{,}15$ (siehe hierzu Tabelle 1-3, Anmerkungen). Das damit verbundene Sicherheitsniveau für Fälle wie etwa den Totalausfall eines Nagels und die damit insbesondere einhergehenden anteiligen Zusatzbeanspruchungen der Nachbarnägel hält er für zu gering.

13.7.9 Bemessung der Spritzbetonschale

Die Bemessung der Spritzbetonschale ist nach den Regeln von DIN EN 1992-1-1 [102] und DIN EN 1992-1-1/NA [104] durchzuführen.

Als belastender Erddruck darf der mit dem Faktor 0,85 (gemäß der Zulassungsbescheide des DIBt [F 10] für Bodenvernagelungen) verminderte aktive Erddruck nach *Coulomb* angesetzt werden. Seine Ermittlung ist mit dem Erddruckneigungswinkel $\delta_a = 0$ durchzuführen und seine Verteilung darf, auch bei geschichtetem Boden, in Form eines Rechtecks angenommen werden.

Wasserdruck braucht nicht angesetzt zu werden, wenn durch eine ausreichende Dränage (Löcher oder Schlitze in sowie Dränrohre oder -matten hinter der Spritzbetonwand) dafür gesorgt ist, dass sich hinter der Außenhaut kein Wasser anstauen kann.

Im Bereich der Nagelköpfe ist der Nachweis gegen Durchstanzen und der Teilflächenpressungen gemäß DIN EN 1992-1-1 [102] und DIN EN 1992-1-1/NA [104] zu erbringen.

14 Europäische Normung in der Geotechnik

14.1 Allgemeines

In der ersten Hälfte der 1970er-Jahre entwickelte sich die Idee, die Normung für das Bauwesen europaweit zu vereinheitlichen. Nach nunmehr fast 40 Jahren werden die Eurocodes in Deutschland verbindlich eingeführt (vgl. hierzu Abschnitt 14.6).

Damit werden die europäischen Normen

- in die Liste der Technischen Baubestimmungen der einzelnen Bundesländer aufgenommen und als verbindliche Mindestanforderungen definiert,
- ergänzt durch die zugehörigen nationalen Normen und Nationalen Anwendungsdokumente (NA), als eingeführte technische Regeln ausschließlich gültig sein, da eine parallele Gültigkeit der bisherigen und der neuen Normen nicht vorgesehen ist (keine Übergangszeit).

14.2 Deutsche und europäische Normung

In Deutschland erfolgt die Normung im technisch-wissenschaftlichen Bereich über DIN-Normen. Zuständig für diese Normungsarbeit ist das DIN Deutsches Institut für Normung e. V. (im Folgenden kurz DIN genannt). Der Bereich des Bauwesens obliegt im DIN dem Normenausschuss Bauwesen (NABau).

Diese rein nationale Normenarbeit veränderte sich 1975 mit einem Beschluss der Europäischen Gemeinschaft (KEG), durch ein entsprechendes Aktionsprogramm für das Bauwesen europaweit

- technische Handelshindernisse zu beseitigen,
- technische Ausschreibungen zu harmonisieren.

1989 beschlossen die Mitgliedsstaaten der EU (Europäische Union) und der EFTA (Europäische Freihandelsassoziation) sowie die Kommission, die bis dahin für die Entwicklung einer ersten Generation Europäischer Normen sorgte, dem CEN (Europäisches Komitee für Normung) die Ausarbeitung und Veröffentlichung der Eurocodes als Europäische Normen (EN) zu übertragen. Das den konstruktiven Ingenieurbau betreffende Eurocode-Programm umfasst inzwischen

- EN 1990 Eurocode Grundlagen der Tragwerksplanung,
- EN 1991 Eurocode 1 Einwirkung auf Tragwerke,
- EN 1992 Eurocode 2 Entwurf, Berechnung und Bemessung von Stahlbetonbauten,
- EN 1993 Eurocode 3 Entwurf, Berechnung und Bemessung von Stahlbauten,
- EN 1994 Eurocode 4 Entwurf, Berechnung und Bemessung von Stahl-Beton-Verbundbauten,
- EN 1995 Eurocode 5 Entwurf, Berechnung und Bemessung von Holzbauten,
- EN 1996 Eurocode 6 Entwurf, Berechnung und Bemessung von Mauerwerksbauten,
- EN 1997 Eurocode 7 Entwurf, Berechnung und Bemessung in der Geotechnik,
- EN 1998 Eurocode 8 Auslegung von Bauwerken gegen Erdbeben,
- EN 1999 Eurocode 9 Entwurf, Berechnung und Bemessung von Aluminiumkonstruktionen

und wird vom Technischen Komitee (TC) 250 koordiniert. Bis auf die EN 1990 bestehen die aufgeführten Eurocodes aus mindestens zwei Teilen, ergänzt durch den jeweiligen Nationalen Anhang. Insgesamt bestehen die Codes aus 58 einzelnen Normen mit einem Umfang von mehr als 5200 Seiten (ohne die Nationalen Anhänge).

Geotechnik-Grundbau. 3. Auflage. Gerd Möller.

Jeder Eurocode hat den Status einer nationalen Norm und ist von den nationalen Normungsinstituten (in Deutschland vom DIN) zu übernehmen. Den Codes entgegenstehende nationale Normen sind zurückzuziehen. Von dieser Pflicht sind die Normungsinstitute von 28 Ländern betroffen, nämlich: Belgien, Dänemark, Deutschland, Estland, Finnland, Frankreich, Griechenland, Irland, Island, Italien, Lettland, Litauen, Luxemburg, Malta, Niederlande, Norwegen, Österreich, Polen, Portugal, Schweden, Schweiz, Slowakei, Slowenien, Spanien, Tschechische Republik, Ungarn, Vereinigtes Königreich und Zypern. Ergänzend ist darauf hinzuweisen, dass weiterhin nationale Normen zulässig sind, sofern sie europäische Normen ergänzen und diesen nicht widersprechen.

Ein wesentliches Merkmal der Eurocodes ist die Festlegung freier Parameter, die dazu führt, dass

- mit den Codes alleine eine Bemessung von Baukonstruktionen nicht möglich ist,
- die freien Parameter auf nationaler Ebene festzulegen sind (auf der Basis ergänzender nationaler Normen und Nationaler Anhänge, wie z. B. DIN 1054 und DIN EN 1997-1/NA).

Für die in der Praxis tätigen Ingenieurinnen und Ingenieure führt dies dazu, dass sie beim Entwurf, der Berechnung und der Bemessung von Baukonstruktionen neben den Eurocodes eine Reihe weiterer Normen beachten müssen.

Wie oben schon angedeutet, hat sich der Seitenumfang der Normen enorm vergrößert. So umfasst z. B. DIN 1054:1976-11, einschließlich des zugehörigen Beiblatts, 40 Seiten. Die Norm DIN 1054:2010-12 umfasst hingegen 105 Seiten, obwohl sie nur ergänzende Regelungen zu DIN EN 1997-1:2009-09 [108] enthält und daher nur in Verbindung mit DIN EN 1997-1 [108] und DIN EN 1997-1/NA [109] anwendbar ist (**Hinweis:** mit der Bekanntgabe von DIN EN 1997-1 [107] wurde DIN EN 1997-1 [108] zurückgezogen). Für in der Praxis tätige Menschen bedeutet dies, dass sie mit mehreren Normen statt, wie früher, mit einer Norm arbeiten müssen und dass diese Normen ein Mehrfaches des bisherigen Seitenumfangs aufweisen. Aus diesen Gründen wurden inzwischen „Normen-Handbücher" herausgegeben, in denen jeweils mehrere Normen zusammengestellt sind. Damit soll den in der Praxis Tätigen ein anwenderfreundlicheres Arbeiten mit den Normen ermöglicht werden.

Allen Eurocodes und allen ergänzenden nationalen Normen liegt als Sicherheitskonzept das der Teilsicherheiten zugrunde. Nach ihm sind aus charakteristischen Werten F_k der Einwirkungen (z. B. Kräfte und Temperaturänderungen), unter Verwendung entsprechender Teilsicherheitsbeiwerte γ_F, zugehörige Bemessungswerte der Einwirkungen mit

$$F_d = \gamma_F \cdot F_k \qquad \text{Gl. 14-1}$$

zu ermitteln. Analog hierzu können Bemessungswerte des Widerstands mit dem Verhältnis

$$R_d = \frac{R_k}{\gamma_R} \qquad \text{Gl. 14-2}$$

von charakteristischem Widerstand R_k und Teilsicherheitsbeiwert γ_R bestimmt werden. Für den einfachsten Fall mit nur einer Einwirkung und nur einem Widerstand ergibt sich für den Grenzzustand der Tragfähigkeit die Beziehung

$$F_d \leq R_d \quad \Rightarrow \quad F_k \leq \frac{R_k}{\gamma_F \cdot \gamma_R} \qquad \text{Gl. 14-3}$$

14.3 Eurocode 7

Für die Normen des Eurocode 7 ist das Technische Subkomitee CEN/TC 250/SC 7 „Entwurf, Berechnung und Bemessung in der Geotechnik“ zuständig. Der Eurocode gliedert sich in die beiden Teile

- Entwurf, Berechnung und Bemessung in der Geotechnik – Teil 1: Allgemeine Regeln,
- Entwurf, Berechnung und Bemessung in der Geotechnik – Teil 2: Erkundung und Untersuchung des Baugrunds,

denen als Nationale Anhänge

- DIN EN 1997-1/NA [109] und
- DIN EN 1997-2/NA [111]

zugeordnet sind.

Die Zusammenstellung dieser Normen mit entsprechenden nationalen Normen erfolgt in der Geotechnik über die beiden „Normen-Handbücher“

- Handbuch Eurocode 7 Geotechnische Bemessung, Band 1: Allgemeine Regeln [245] (beinhaltet DIN EN 1997-1 [108], DIN EN 1997-1/NA [109] und DIN 1054 [44]),
- Handbuch Eurocode 7 Geotechnische Bemessung, Band 2: Erkundung und Untersuchung [246] (beinhaltet DIN EN 1997-2 [110], DIN EN 1997-2/NA [111] und DIN 4020 [61]).

Es sei hier erwähnt, dass die mit den Handbüchern angestrebte anwenderfreundliche Form (vgl. Abschnitt 14.2) insbesondere mit zwei Problemen verbunden ist. Im Band 1 (256 Seiten) sind eine Reihe von Ausführungen zu finden, die in Deutschland belanglos sind. So wird z. B. das in DIN EN 1997-1 [108] dargestellte Nachweisverfahren 1 vollständig in das Handbuch übernommen, obwohl es, gemäß DIN EN 1997-1/NA, NDP Zu 2.4.7.3.4.1 (1)P [109], in Deutschland nicht anzuwenden ist. Im Band 2 (215 Seiten) werden in den Anhängen B, D, E, F, H und K Verfahren dargestellt (anhand von Beispielen), die nach DIN EN 1997-2/NA [109] in Deutschland nicht gebräuchlich sind. Es stellt sich somit die Frage: Hätte das Weglassen solcher Passagen der Anwenderfreundlichkeit der Handbücher geschadet?

Mit DIN EN 1997-1 [107] ist es nicht gelungen, eine im Wesentlichen einheitliche Norm vorzulegen, die europaweit gilt. Dies ist dem Umstand zuzuschreiben, dass die Norm einerseits zwar auf dem Konzept der Teilsicherheiten basiert, andererseits aber drei unterschiedliche Sicherheitsnachweisverfahren zulässt, zwischen denen im Zuge der Erstellung des Nationalen Anhangs (siehe nächsten Abschnitt) eines jeden Mitgliedslands gewählt werden kann. Für Deutschland gilt, dass die Nachweisverfahren 2 und 3 angewendet werden (siehe auch vorigen Absatz).

14.3.1 Nationaler Anhang (NA)

Ein wesentliches Element der Eurocodes bildet der jeweilige „Nationale Anhang“ (NA), der eine Anwendung auf nationaler Ebene überhaupt erst ermöglicht, da die CEN-Mitglieder es sich vorbehalten haben, einzelne Sicherheitsaspekte in Abweichung vom Eurocode festzulegen. So liegt z. B. die Bestimmung des Sicherheitsniveaus für Ingenieur- und Hochbauwerke, einschließlich der Dauerhaftigkeits- und Wirtschaftlichkeitsaspekte, generell in der Zuständigkeit der Mitgliedsstaaten.

Für jeden Nationalen Anhang gilt, dass er den Inhalt eines Eurocodes in keiner Weise ändern, sondern nur ergänzen darf. Diese Ergänzungen betreffen Informationen, mit denen die nationale Anwendung des zugehörigen Eurocodes geregelt wird. Für den Nationalen Anhang der DIN EN 1997-1 [107] bedeutete das z. B., dass nur

- die Zahlenwerte für Teilsicherheitsbeiwerte (Regelung durch entsprechenden Hinweis auf DIN 1054 [44]),
- die Entscheidung bezüglich der in Deutschland anzuwendenden Nachweisverfahren (siehe hierzu den vorigen Abschnitt),
- ergänzende Regeln zu Sicherheitsnachweisen (Beispiel: beim Auftrieb bzw. beim hydraulischen Grundbruch durch entsprechende Hinweise auf DIN 1054 [44] geregelt),
- die Entscheidungen hinsichtlich der Anwendung informativer Anhänge (Beispiel: das Zulassen des Anhangs C als Ergänzung zu DIN 4085 [67] und den EAB [140])

an den Textstellen aufgenommen wurden, an denen dies durch DIN EN 1997-1 [108] eingeräumt wird.

14.3.2 Deutsche Normen und Empfehlungen, die DIN EN 1997-1 ergänzen

Da die spezifisch deutschen Erfahrungen

- vor allem in DIN 1054 [44] enthalten sind, wurde diese Norm als nationale Ergänzung in die normativen Verweisungen von DIN EN 1997-1/NA [109] aufgenommen (Hinweis: DIN 1054 [44] wurde inzwischen durch die Änderungen DIN 1054/A1 [46] und DIN 1054/A2 [47] ergänzt).

Entsprechendes gilt für die deutschen Berechnungsnormen

- DIN 4017 [51] (Grundbruchwiderstand von Flachgründungen),
- DIN 4019 [56] (Setzungsberechnungen; mit der Bekanntgabe dieser Norm wurden DIN 4019-1 [57] und DIN 4019-2 [59] zurückgezogen),
- DIN 4019-1 Bbl 1 [58] (Setzungsberechnungen bei lotrechter, mittiger Belastung; Erläuterungen und Berechnungsbeispiele),
- DIN 4019-2 Bbl 1 [60] (Setzungsberechnungen bei schräg und bei außermittig wirkender Belastung; Erläuterungen und Berechnungsbeispiele),
- DIN 4084 [66] (Gelände- und Böschungsbruchberechnungen),
- DIN 4085 [67] (Berechnung des Erddrucks)

sowie für die EAB [140]. Hinzuzufügen ist, dass in DIN EN 1997-1/NA [109], NDP Zu Anhang C darauf hingewiesen wird, dass der Anhang C von DIN EN 1997-1 [108] als Ergänzung zu DIN 4085 [67] und zur EAB [140] angewendet werden darf.

Die Aufnahme der EAB [140] in die normativen Verweisungen von DIN EN 1997-1/NA [109] erscheint zunächst sinnvoll, da in DIN 1054 [44] oftmals auf die EAB hingewiesen wird und nur mit DIN EN 1997-1 [107], DIN EN 1997-1/NA [109] und DIN 1054 [44] eine Bemessung entsprechender Baukonstruktionen nicht möglich wäre. Da Gleiches aber auch für die EA-Pfähle [141], die EAU [142] und die EBGEO [146] gilt, bleibt unklar, warum diese nicht ebenfalls in die normativen Verweisungen von DIN EN 1997-1/NA [109] aufgenommen wurden. Unklar bleibt auch, warum dies in gleicher Weise auch für DIN 4018 [54] (Sohldruckverteilung unter Flächengründungen) gilt.

Unter Bezugnahme auf die Ausführungen unter 14.3 sei hier darauf hingewiesen, dass die genannten Empfehlungen durch die vielfältigen Verweisungen der DIN 1054 [44] zu „Nebennormen“ wurden, die mit ihren ca. 1650 Seiten den zu kennenden Normenumfang noch erheblich vergrößern.

14.4 Europäische geotechnische Ausführungsnormen

Mit der Erarbeitung der Europäischen Normen (EN) auf dem Gebiet der Geotechnik, die in den Bereich der Ausführung gehören, befasst sich das 1991 eingerichtete Technische Komitee CEN/TC 288 „Ausführung von Arbeiten im Spezialtiefbau“. Als aktuelle Arbeitsergebnisse liegen inzwischen vor

- DIN EN 1536 [94] (Bohrpfähle),
- DIN EN 1537 [95] (Verpressanker),
- DIN EN 1538 [97] (Schlitzwände),
- DIN EN 12063 [112] (Spundwandkonstruktionen),
- DIN EN 12699 [113] (Verdrängungspfähle),
- DIN EN 12715 [114] (Injektionen; beachte DIN SPEC 18187 [133]),
- DIN EN 12716 [115] (Düsenstrahlverfahren),
- DIN EN 14199 [118] (Mikropfähle),
- DIN EN 14475 [119] (bewehrte Stützkörper; beachte Berichtigung 1 [120]),
- DIN EN 14490 [123] (Bodenvernagelung),
- DIN EN 14679 [124] (tiefreichende Bodenstabilisierung; beachte Berichtigung 1 [125]),
- DIN EN 14731 [126] (Baugrundverbesserung durch Tiefenrüttelverfahren),
- DIN EN 15237 [127] (Vertikaldräns).

14.5 Weitere europäische geotechnische Normen

Neben den Technischen Komitees CEN/TC 250 (konstruktiver Ingenieurbau) und CEN/TC 288 (Ausführung von Arbeiten im Spezialtiefbau) besteht noch das Komitee CEN/TC 341 „Geotechnische Erkundung und Untersuchung“, das im Jahre 2000 von Deutschland initiiert wurde (vgl. [287], A 3). Seine Arbeitsgebiete sind

- Benennung und Klassifizierung von Boden und Fels,
- Laborversuche an Böden,
- Bohrungen,
- Probenentnahmen und Grundwassermessungen,
- Versuche an geotechnischen Bauteilen,
- Versuche in Bohrungen,
- Flügel- und Spitzendrucksondierungen.

Zum inzwischen erarbeiteten und veröffentlichten Normenstand siehe die Homepage von CEN/TC 250. Die dort zu findenden Ausführungen sind ein „Zwischenbericht“, aus dem hervorgeht, dass derzeit eine größere Zahl von DIN EN ISO-Normen (ISO: **I**nternational **S**tandard **O**rganization) vorliegt, die den Status nationaler Normen haben. Entsprechende entgegenstehende nationale Normen wurden zurückgezogen.

Aus der Rubrik „Arbeitsprogramm“ der Homepage geht hervor, dass sich eine Reihe weiterer Normen in Vorbereitung bzw. im Status der Genehmigung befinden.

14.6 Bauaufsichtliche Einführung

14.6.1 Allgemeines

Nach § 3, Absatz 1 der Musterbauordnung (MBO) [199] sind bauliche Anlagen so anzuordnen, zu errichten, zu ändern und instandzuhalten, dass die öffentliche Sicherheit oder Ordnung, insbesondere Leben, Gesundheit oder die natürlichen Lebensgrundlagen, nicht gefährdet werden. Im Rahmen dieser Maßnahmen sind gemäß § 3, Absatz 3 der MBO die technischen Regeln zu beachten, die von den obersten Baubehörden der einzelnen Bundesländer der Bundesrepublik Deutschland durch öffentliche Bekanntmachung als Technische Baubestimmungen eingeführt werden. Für praktisch tätige Ingenieurinnen und Ingenieure stellen die technischen Regeln verbindliche Mindestanforderungen dar, da von ihnen nur abgewichen werden kann, wenn mit anderen Lösungen in gleichem Maße die allgemeinen Anforderungen von § 3, Absatz 1 der MBO (siehe oben) erfüllt werden.

In jedem einzelnen Bundesland erfolgt die öffentliche Bekanntmachung der Technischen Baubestimmungen durch die oberste Baubehörde in Form der Veröffentlichung der „Liste der Technischen Baubestimmungen“ im Amtsblatt des Bundeslandes (erst dann sind die Baubestimmungen rechtskräftig). Die Liste gliedert sich in

- Teil I: Technische Regeln für die Planung, Bemessung und Konstruktion baulicher Anlagen und ihrer Teile,
- Teil II: Anwendungsregeln für Bauprodukte und Bausätze nach europäischen technischen Zulassungen und harmonisierten Normen nach der Bauproduktenrichtlinie,
- Teil III: Anwendungsregelungen für Bauprodukte und Bausätze nach europäischen technischen Zulassungen und harmonisierten Normen,
- Anlagen.

Der Teil I umfasst Technische Regeln

- zu Lastannahmen und Grundlagen der Tragwerksplanung,
- zur Bemessung und zur Ausführung,
- zum Brandschutz,
- zum Wärme- und zum Schallschutz,
- zum Bautenschutz,
- zum Gesundheitsschutz,
- als Planungsgrundlagen.

Die Technischen Regeln zur Bemessung und zur Ausführung beinhalten dabei

- Grundbau,
- Mauerwerksbau,
- Beton-, Stahlbeton- und Spannbetonbau,
- Metallbau,
- Holzbau,
- Bauteile,
- Sonderkonstruktionen.

Die Einführung der Liste der Technischen Baubestimmungen erfolgte im Oktober 1997 und ging einher mit der Erstellung einer „Muster-Liste der Technischen Baubestimmungen“, mit der das Ziel verfolgt wird, eine deutschlandweit weitestgehende Angleichung öffentlichen Baurechts in Form der Listen der einzelnen Bundesländer zu initiieren. Die Muster-Liste dient als zu empfehlender Orientierungsrahmen für die Auswahl der in die Liste des jeweiligen Bundeslandes aufzunehmenden

Bestimmungen. Sie wird von der „Projektgruppe Technische Baubestimmungen“ der „Bauministerkonferenz“ (Zusammenschluss aller der für das Bau-, Wohnungs- und Siedlungswesen zuständigen Minister und Senatoren, vormals ARGEBAU) fortgeschrieben und kann auf der Homepage des „Deutsches Institut für Bautechnik“ (https://www.dibt.de) unter der Rubrik „Technische Baubestimmungen“ und der Unterrubrik „Teil I: Muster-Liste der Technischen Baubestimmungen“ kostenlos eingesehen bzw. heruntergeladen werden. Dass die Muster-Liste von den einzelnen Bundesländern nicht zeitgleich in deren Liste übernommen wird, lässt sich aus dem zur Unterrubrik „Umsetzung der Muster-Liste in den Ländern“ gehörenden File entnehmen.

In die Liste eingeführt werden nur die technischen Regeln, die zur Erfüllung der Grundsatzforderungen des Bauordnungsrechts unerlässlich sind. Die aktuelle Liste des jeweiligen Bundeslands kann auf der Internetseite von dessen Oberster Baubehörde eingesehen werden. Darüber hinaus besteht die Möglichkeit, die gesamten Technischen Baubestimmungen im MS-Word-Format herunterzuladen. Der Zugang kann auch über die Internetadresse http://www.is-argebau.de, verbunden mit dem Mouseclick auf den Button „Länder“, hergestellt werden; über diesen Zugang sind auch die entsprechenden Informationen der übrigen Bundesländer erreichbar. Gleichzeitig kann über diese Internetadresse auch der aktuelle Stand der „Muster-Liste der Technischen Baubestimmungen“ und der Musterbauordnung eingesehen und ggf. heruntergeladen werden. Zugänglich sind die Dokumente mit den aufeinanderfolgenden Mouseclicks auf den Button „Mustervorschriften/Mustererlasse“ und den Button „Bauaufsicht/Bautechnik“.

Es ist noch darauf hinzuweisen, dass über mehrere Jahre die bauaufsichtliche Einführung der DIN 4020 (Geotechnische Untersuchungen für bautechnische Zwecke) als „Produktnorm“ angestrebt wurde (vgl. den Beitrag „Zur geplanten bauaufsichtlichen Einführung der DIN 4020“ von *Klauke* in [260]). Bisher allerdings wurden weder DIN 4020 [61] noch DIN EN 1997-2 [110] und DIN EN 1997-2/NA [111] in die Liste der Technischen Baubestimmungen aufgenommen. Als „Trost“ ist zu bemerken, dass in den „Liste-Normen“ DIN EN 1997-1 [108] und DIN 1054 [44] des Öfteren auf DIN 4020 [61] und DIN EN 1997-2 [110] Bezug genommen wird.

Literaturverzeichnis

[1] *Achterberg, G.*: Frostschäden am Rohbau und ihre Verhütung.
Architekt + Ingenieur (1959), August-Heft, S. VIII/134 – VIII/140.

[2] *Agatz, A.*; *Lackner, E.*: Erfahrungen mit Grundbauwerken.
2. Auflage, Springer-Verlag, Berlin 1977.

[3] *Andrä, W.*; *Kunzl, W.*; *Rojek, R.*: Bohrpfahlwand für die Allianz-Neubauten in Stuttgart.
Bautechnik 50 (1973), H. 8, S. 258 – 264.

[4] *Arnold, M.*: Zur Berechnung des Erd- und Auflastdrucks auf Winkelstützwände im Gebrauchszustand.
Mitteilungen – Institut für Geotechnik, Technische Universität Dresden, Herausgeber: *I. Herle*, H. 13, Dresden 2004.

[5] *Arz, P.*; *Miller, Ch.*: Ungewöhnlicher Bodenaustausch für die kombinierte Stahlspundwand beim Bau der 650 m langen Kaimauer Reiherstieg Süd in Hamburg.
Vorträge der Baugrundtagung 1988 in Hamburg, S. 5 – 18, Deutsche Gesellschaft für Erd- und Grundbau e. V., Essen.

[6] *Arz, P.*; *Schmidt, H. G.*; *Seitz, J.*; *Semprich, S.*: Grundbau.
In: Beton-Kalender 1991, Teil II, S. 381 – 634, Ernst & Sohn, Berlin 1991.

[7] *Bachmann, H.*; *Steinle, A.*; *Hahn, V.*: Bauen mit Betonfertigteilen im Hochbau.
In: Beton-Kalender 2009 (98. Jahrgang), Teil I, S. 151 – 335, Ernst & Sohn, Berlin 2009.

[8] *Baldauf, H.*; *Timm, U.*: Betonkonstruktionen im Tiefbau.
Ernst & Sohn, Berlin 1988.

[9] Beispiele zur Bemessung nach Eurocode 2 (Herausgeber: Deutscher Beton- und Bautechnik-Verein E. V.)
Band 1: Hochbau
Ernst & Sohn, Berlin 2011.

[10] *Bergfelder, J.*: Hilfsmittel zur Auswertung horizontaler Pfahlprobebelastungen.
geotechnik 3 (1994), S. 141 – 149.

[11] *Beskow, G.*: Soil freezing and frost heaving with special application to roads and railroads.
Swedish Geological Society, Ser. C., Nr. 375, 26th Yearbook, Nr. 3 (1935). With a special supplement for the English translation of progress from 1935 to 1946.
Evanston, III.: Northwestern University, Technical Institute, Nov. 1947 (Translation by J. O. Osterberg).

[12] „Bewehrte Erde“. Bedingungen für die Anwendung des Bauverfahrens „Bewehrte Erde“.
Ausgabe 1985, Aufgestellt von der Bundesanstalt für Straßenwesen, der Bundesminister für Verkehr, Abteilung Straßenbau, Verkehrsblatt-Verlag.

[13] *Blum, H.*: Beitrag zur Berechnung von Bohlwerken.
Bautechnik 27 (1950), H. 2, S. 45 – 52.

[14] *Böhme, M.*: Wasserwirtschaftliche Konsequenzen der Neubebauung des Potsdamer Platzes in Berlin.
gwf Wasser Abwasser 135 (1994), Nr. 10, S. 565 – 572.

[15] *Bonarens, R.*: Baugrubensicherung und Sohlplatte des BfG-Hochhauses in Frankfurt.
Bauingenieur 49 (1974), H. 6, S. 214 – 218.

Geotechnik-Grundbau. 3. Auflage. Gerd Möller.

[16] *Bongartz, W.*: Erste deutsche Stützwand nach dem Bauverfahren „Bewehrte Erde“ bei Raunheim. Straße und Autobahn 27 (1976), H. 5, S. 190 – 197.

[17] *Borowicka, H.*: Druckverteilung unter elastischen Platten. Ingenieur-Archiv 10 (1939), H. 2, S. 113 – 125.

[18] *Borowicka, H.*: Über ausmittig belastete, starre Platten auf elastisch-isotropem Untergrund. Ingenieur-Archiv 14 (1943), H. 1, S. 1 – 8.

[19] *Brandt, V.; Kirstein, J.F.; Nörenberg, G.; Wittorf, N.*: Sieger Deutscher Ingenieurpreis Straße und Verkehr Kategorie Innovation: „Aus Moorboden wird tragfähiger Baugrund einer Bundesstraße mit Hilfe des Vakuum – Verfahrens“.
Vorträge der Baugrundtagung 2014 in Berlin, S. 281 – 288, Deutsche Gesellschaft für Geotechnik e. V., Essen.

[20] *Brandl, H.*: Ein Mineralkriterium zur Beurteilung der Frostgefährdung von Kiesen. Straße und Autobahn 27 (1976), H. 9, S. 348 – 349.

[21] *Brandl, H.*: Tragverhalten und Dimensionierung von Raumgitterstützmauern (Krainerwänden).
Bundesministerium für Bauten und Technik, Schriftenreihe „Straßenforschung“, H. 141.
Forschungsgesellschaft für das Straßenwesen im Österreichischen Ingenieur- und Architektenverein, Wien 1980.

[22] *Brandl, H.*: Schadensfälle an Raumgitter-Stützmauern.
Bundesministerium für Bauten und Technik, Schriftenreihe „Straßenforschung“, H. 251, Teil 2.
Forschungsgesellschaft für das Straßenwesen im Österreichischen Ingenieur- und Architektenverein, Wien 1984.

[23] *Brauns, J.*: Die Anfangstraglast von Schottersäulen im bindigen Untergrund. Bautechnik 55 (1978), H. 8, S. 263 – 271.

[24] *Brauns, J.*: Untergrundverbesserung mittels Sandpfählen oder Schottersäulen. Tiefbau Ingenieurbau Straßenbau 22 (1980), H. 8, S. 678 – 683.

[25] *Breitschaft, G.*: Harmonisierung technischer Regeln des konstruktiven Ingenieurbaues als Beitrag zur Schaffung des Europäischen Binnenmarktes von 1992; Zielvorgaben, Organisation, Entwicklungsstand.
In: Beton-Kalender 1994 Teil 2, S. 1 – 17.
Ernst & Sohn, Berlin 1994.

[26] *Brinch Hansen, J.*: Earth pressure calculations. The Danish Technical Press, Kopenhagen 1953.

[27] *Briske, R.*: Anwendung von Erddruckumlagerungen bei Spundwandbauwerken. Bautechnik 34 (1957), H. 7, S. 264 – 271.

[28] *Briske, R.*: Anwendung von Erddruckumlagerungen bei Spundwandbauwerken. Bautechnik 34 (1957), H. 10, S. 376 – 380.

[29] *Briske, R.*: Anwendung von Druckumlagerungen bei Baugrubenumschließungen. Bautechnik 35 (1958), H. 6, S. 242 – 244.

[30] *Briske*, R.: Anwendung von Druckumlagerungen bei Baugrubenumschließungen. Bautechnik 35 (1958), H. 7, S. 279 – 281.

[31] *Bürgerliches Gesetzbuch.* 44. Auflage, Stand: 1. Januar 1999, Deutscher Taschenbuch Verlag, München 1999.

[32] *Busch, K.-F.*; *Luckner, L.*; *Tiemer, K.*: Geohydraulik.
3. Auflage, Lehrbuch der Hydrogeologie, Band 3.
Gebrüder Borntraeger, Berlin 1993.

[33] *Chaumeny, J.-L.*; *Hecht, T.*; *Kirstein, J. F.*; *Krings, M.*; *Lutz, B.*: Dynamische Intensivverdichtung (DYNIV) für die Kreuzung eines aktiven Erdfallgebietes im Zuge der Bundesautobahn BAB A 71.
Vortrag zum 4. Hans Lorenz Symposium am 9.10.2008; abgedruckt in: Veröffentlichungen des Grundbauinstitutes der Technischen Universität Berlin, H. 42 (2008), S. 167 – 182.

[34] *Dachroth, W. R.*: Baugeologie.
3. Auflage, Springer-Verlag, Berlin 2002.

[35] *Davidenkoff, R.*: Angenäherte Ermittlung des Grundwasserzuflusses zu einer in einem durchlässigen Boden ausgehobenen Grube.
Mitteilungsblatt der Bundesanstalt für Wasserbau, Nr. 7, Karlsruhe 1956.

[36] *Davidenkoff, R.*: Zur Berechnung des hydraulischen Grundbruches.
Wasserwirtschaft 46 (1956), H. 9, S. 230 – 235.

[37] *Deutler, T.*: Erläuterungen zu den Anforderungen der neuen ZTVE-StB 94 an den Verdichtungsgrad in Form einer 10 %-Mindestquantile.
Straße und Autobahn 46 (1995), H. 4, S. 210 – 218.

[38] Deutscher Ausschuss für Stahlbeton DAfStb (Herausgeber): Erläuterungen zur DIN 1045-1.
Deutscher Ausschuss für Stahlbeton (DAfStb), H. 525, Beuth Verlag, Berlin 2003.

[39] Deutsches Institut für Bautechnik (DIBt): Allgemeine bauaufsichtliche Zulassung für die Bodenvernagelung System „Bauer".
Zulassung Z-20.1-101, Berlin 2006.

[40] *Dieterle, H.*: Zur Bemessung quadratischer Stützenfundamente aus Stahlbeton unter zentrischer Belastung mit Hilfe von Bemessungsdiagrammen.
Deutscher Ausschuß für Stahlbeton (DAfStb), H. 387, Beuth Verlag, Berlin 1987.

[41] *Dieterle, H.*; *Rostásy, F. S.*: Tragverhalten quadratischer Einzelfundamente aus Stahlbeton.
Deutscher Ausschuß für Stahlbeton (DAfStb), H. 387, Beuth Verlag, Berlin 1987.

[42] DIN 1045-3 (Juli 2013): Tragwerke aus Beton, Stahlbeton und Spannbeton – Teil 3: Bauausführung – Anwendungsregeln zu DIN EN 13670.

[43] DIN 1053-1 (November 1996): Mauerwerk – Teil 1: Berechnung und Ausführung.

[44] DIN 1054 (Dezember 2010): Baugrund – Sicherheitsnachweise im Erd- und Grundbau – Ergänzende Regelungen zu DIN EN 1997-1.

[45] DIN 1054 (Januar 2005): Baugrund – Sicherheitsnachweise im Erd- und Grundbau.

[46] DIN 1054/A1 (August 2012): Baugrund – Sicherheitsnachweise im Erd- und Grundbau – Ergänzende Regelungen zu DIN EN 1997-1:2010; Änderung A1:2012.

[47] DIN 1054/A2 (November 2015): Baugrund – Sicherheitsnachweise im Erd- und Grundbau – Ergänzende Regelungen zu DIN EN 1997-1; Änderung 2.

[48] DIN 1054 Beiblatt (November 1976): Baugrund; Zulässige Belastung des Baugrunds; Erläuterungen.

[49] DIN 1055-2 (November 2010): Einwirkungen auf Tragwerke – Teil 2: Bodenkenngrößen.

[50] DIN 4014 (März 1990): Bohrpfähle; Herstellung, Bemessung und Tragverhalten.

[51] DIN 4017 (März 2006): Baugrund – Berechnung des Grundbruchwiderstands von Flachgründungen.

[52] DIN 4017 Beiblatt 1 (November 2006): Baugrund – Berechnung des Grundbruchwiderstands von Flachgründungen – Berechnungsbeispiele.

[53] DIN 4017-2 Beiblatt 1 (August 1979): Baugrund; Grundbruchberechnungen von schräg und außermittig belasteten Flachgründungen; Erläuterungen und Berechnungsbeispiele.

[54] DIN 4018 (September 1974): Baugrund; Berechnung der Sohldruckverteilung unter Flächengründungen.

[55] DIN 4018 Beiblatt 1 (Mai 1981): Baugrund; Berechnung der Sohldruckverteilung unter Flächengründungen; Erläuterungen und Berechnungsbeispiele.

[56] DIN 4019 (Mai 2015): Baugrund – Setzungsberechnungen.

[57] DIN 4019-1 (April 1979): Baugrund; Setzungsberechnungen bei lotrechter, mittiger Belastung.

[58] DIN 4019-1 Beiblatt 1 (April 1979): Baugrund; Setzungsberechnungen bei lotrechter, mittiger Belastung; Erläuterungen und Berechnungsbeispiele.

[59] DIN 4019-2 (Februar 1981): Baugrund; Setzungsberechnungen bei schräg und bei außermittig wirkender Belastung.

[60] DIN 4019-2 Beiblatt 1 (Februar 1981): Baugrund; Setzungsberechnungen bei schräg und bei außermittig wirkender Belastung; Erläuterungen und Berechnungsbeispiele.

[61] DIN 4020 (Dezember 2010): Geotechnische Untersuchungen für bautechnische Zwecke – Ergänzende Regelungen zu DIN EN 19972-2.

[62] DIN 4020 Beiblatt 1 (Oktober 2003): Geotechnische Untersuchungen für bautechnische Zwecke – Anwendungshilfen, Erklärungen.

[63] DIN 4022-1 (September 1987): Baugrund und Grundwasser; Benennung und Beschreibung von Boden und Fels.

[64] DIN 4026 (August 1975): Rammpfähle; Herstellung, Bemessung und zulässige Belastung.

[65] DIN 4030-1 (Juni 2008): Beurteilung betonangreifender Wässer, Böden und Gase – Teil 1: Grundlagen und Grenzwerte.

[66] DIN 4084 (Januar 2009): Baugrund – Geländebruchberechnungen.

[67] DIN 4085 (Mai 2011): Baugrund – Berechnung des Erddrucks.

[68] DIN 4093 (November 2015): Bemessung von vorgefertigten Bodenkörpern – Hergestellt mit Düsenstrahl-, Deep-Mixing- oder Injektions-Verfahren.

[69] DIN 4093 (September 1987): Baugrund; Einpressen in den Untergrund; Planung, Ausführung, Prüfung.

[70] DIN 4094-2 (Mai 2003): Baugrund – Felduntersuchungen – Teil 2: Bohrlochrammsondierung.

[71] DIN 4094-3 (Januar 2002): Baugrund – Felduntersuchungen – Teil 3: Rammsondierungen.

[72] DIN 4094-4 (Januar 2002): Baugrund – Felduntersuchungen – Teil 4: Flügelscherversuche.

[73] DIN 4123 (April 2013): Ausschachtungen, Gründungen und Unterfangungen im Bereich bestehender Gebäude.

[74] DIN 4124 (Januar 2012): Baugruben und Gräben – Böschungen, Verbau, Arbeitsraumbreiten.

[75] DIN 4125 (November 1990): Verpreßanker; Kurzzeitanker und Daueranker; Bemessung, Ausführung und Praxis.

[76] DIN 4126 (September 2013): Nachweis der Standsicherheit von Schlitzwänden.

[77] DIN 4126 (August 1986): Ortbeton-Schlitzwände; Konstruktion und Ausführung.

[78] DIN 4126 Beiblatt 1 (September 2013): Nachweis der Standsicherheit von Schlitzwänden – Beiblatt 1: Erläuterungen.

[79] DIN 4127 (Februar 2014): Erd- und Grundbau – Prüfverfahren für Stützflüssigkeiten im Schlitzwandbau und für deren Ausgangsstoffe.

[80] DIN 4127 (August 1986): Erd- und Grundbau; Schlitzwandtone für stützende Flüssigkeiten; Anforderungen, Prüfverfahren, Lieferung, Güteüberwachung.

[81] DIN 18126 (November 1996): Baugrund, Untersuchung von Bodenproben – Bestimmung der Dichte nichtbindiger Böden bei lockerster und dichtester Lagerung.

[82] DIN 18130-1 (Mai 1998): Baugrund, Untersuchung von Bodenproben; Bestimmung des Wasserdurchlässigkeitsbeiwerts; Teil 1: Laborversuche.

[83] DIN 18196 (Mai 2011): Erd- und Grundbau – Bodenklassifikation für bautechnische Zwecke.

[84] DIN 18301 (August 2015): VOB Vergabe- und Vertragsordnung für Bauleistungen – Teil C: Allgemeine Technische Vertragsbedingungen für Bauleistungen (ATV) – Bohrarbeiten.

[85] DIN 18302 (August 2015): VOB Vergabe- und Vertragsordnung für Bauleistungen – Teil C: Allgemeine Technische Vertragsbedingungen für Bauleistungen (ATV) – Arbeiten zum Ausbau von Bohrungen.

[86] DIN 18305 (August 2015): VOB Vergabe- und Vertragsordnung für Bauleistungen – Teil C: Allgemeine Technische Vertragsbedingungen für Bauleistungen (ATV) – Wasserhaltungsarbeiten.

[87] DIN 18313 (August 2015): VOB Vergabe- und Vertragsordnung für Bauleistungen – Teil C: Allgemeine Technische Vertragsbedingungen für Bauleistungen (ATV) – Schlitzwandarbeiten mit stützenden Flüssigkeiten.

[88] DIN 18321 (August 2015): VOB Vergabe- und Vertragsordnung für Bauleistungen – Teil C: Allgemeine Technische Vertragsbedingungen für Bauleistungen (ATV) – Düsenstrahlarbeiten.

[89] DIN 18915 (August 2002): Vegetationstechnik im Landschaftsbau – Bodenarbeiten.

[90] DIN 21521-1 (Juli 1990): Gebirgsanker für den Bergbau und den Tunnelbau; Begriffe.

[91] DIN 21521-2 (Februar 1993): Gebirgsanker für den Bergbau und den Tunnelbau; Allgemeine Anforderungen für Gebirgsanker aus Stahl; Prüfungen, Prüfverfahren.

[92] DIN 50929-1 (September 1985): Korrosion der Metalle, Korrosionswahrscheinlichkeit metallischer Werkstoffe bei äußerer Korrosionsbelastung; Allgemeines.

[93] DIN 50929-3 (September 1985): Korrosion der Metalle, Korrosionswahrscheinlichkeit metallischer Werkstoffe bei äußerer Korrosionsbelastung; Rohrleitungen und Bauteile in Böden und Wässern.

[94] DIN EN 1536 (Oktober 2015): Ausführung von Arbeiten im Spezialtiefbau – Bohrpfähle; Deutsche Fassung EN 1536:2010+A1:2015.

[95] DIN EN 1537 (Juli 2014): Ausführung von Arbeiten im Spezialtiefbau – Verpressanker; Deutsche Fassung EN 1537:2013.

[96] DIN EN 1537 (Januar 2001): Ausführung von besonderen geotechnischen Arbeiten (Spezialtiefbau) – Verpressanker; Deutsche Fassung EN 1537:1999 + AC:2000.

[97] DIN EN 1538 (Oktober 2015): Ausführung von Arbeiten im Spezialtiefbau – Schlitzwände; Deutsche Fassung EN 1538:2010 + A1:2015.

[98] DIN EN 1990 (Dezember 2010): Eurocode: Grundlagen der Tragwerksplanung; Deutsche Fassung EN 1990:2002 + A1:2005 + A1:2005/AC:2010.

[99] DIN EN 1990/NA (Dezember 2010): Nationaler Anhang – National festgelegte Parameter – Eurocode: Grundlagen der Tragwerksplanung.

[100] DIN EN 1991-4 (Dezember 2010): Eurocode 1: Einwirkungen auf Tragwerke – Teil 4: Einwirkungen auf Silos und Flüssigkeitsbehälter; Deutsche Fassung EN 1991-4:2006.

[101] DIN EN 1991-4/NA (Dezember 2010): Nationaler Anhang – National festgelegte Parameter – Eurocode 1: Einwirkungen auf Tragwerke – Teil 4: Einwirkungen auf Silos und Flüssigkeitsbehälter.

[102] DIN EN 1992-1-1 (Januar 2011): Eurocode 2: Bemessung und Konstruktion von Stahlbeton- und Spannbetontragwerken – Teil 1-1: Allgemeine Bemessungsregeln und Regeln für den Hochbau; Deutsche Fassung EN 1992-1-1:2004 + AC:2010.

[103] DIN EN 1992-1-1/A1 (März 2015): Eurocode 2: Bemessung und Konstruktion von Stahlbeton- und Spannbetontragwerken – Teil 1-1: Allgemeine Bemessungsregeln und Regeln für den Hochbau; Deutsche Fassung EN 1992-1-1:2004/A1:2014.

[104] DIN EN 1992-1-1/NA (Januar 2011): Nationaler Anhang – National festgelegte Parameter – Eurocode 2: Bemessung und Konstruktion von Stahlbeton- und Spannbetontragwerken – Teil 1-1: Allgemeine Bemessungsregeln und Regeln für den Hochbau.

[105] DIN EN 1993-5 (Dezember 2010): Eurocode 3: Bemessung und Konstruktion von Stahlbauten – Teil 5: Pfähle und Spundwände; Deutsche Fassung EN 1993-5:2007 + AC:2009.

[106] DIN EN 1993-5/NA (Dezember 2010): Nationaler Anhang – National festgelegte Parameter – Eurocode 3: Bemessung und Konstruktion von Stahlbauten – Teil 5: Pfähle und Spundwände.

[107] DIN EN 1997-1 (März 2014): Eurocode 7 – Entwurf, Berechnung und Bemessung in der Geotechnik – Teil 1: Allgemeine Regeln; Deutsche Fassung EN 1997-1:2004 + AC:2009 + A1:2013.

[108] DIN EN 1997-1 (September 2009): Eurocode 7: Entwurf, Berechnung und Bemessung in der Geotechnik – Teil 1: Allgemeine Regeln; Deutsche Fassung EN 1997-1:2004 + AC:2009.

[109] DIN EN 1997-1/NA (Dezember 2010): Nationaler Anhang – National festgelegte Parameter – Eurocode 7: Entwurf, Berechnung und Bemessung in der Geotechnik – Teil 1: Allgemeine Regeln.

[110] DIN EN 1997-2 (Oktober 2010): Eurocode 7: Entwurf, Berechnung und Bemessung in der Geotechnik – Teil 2: Erkundung und Untersuchung des Baugrunds; Deutsche Fassung EN 1997-2: 2007 + AC:2010.

[111] DIN EN 1997-2/NA (Dezember 2010): Nationaler Anhang – National festgelegte Parameter – Eurocode 7: Entwurf, Berechnung und Bemessung in der Geotechnik – Teil 2: Erkundung und Untersuchung des Baugrunds.

[112] DIN EN 12063 (Mai 1999): Ausführung von besonderen geotechnischen Arbeiten (Spezialtiefbau) – Spundwandkonstruktionen; Deutsche Fassung EN 12063:1999.

[113] DIN EN 12699 (Juli 2015): Ausführung von Arbeiten im Spezialtiefbau – Verdrängungspfähle; Deutsche Fassung EN 12699:2015.

[114] DIN EN 12715 (Oktober 2000): Ausführung von besonderen geotechnischen Arbeiten (Spezialtiefbau) – Injektionen; Deutsche Fassung EN 12715:2000.

[115] DIN EN 12716 (Dezember 2001): Ausführung von besonderen geotechnischen Arbeiten (Spezialtiefbau) – Düsenstrahlverfahren (Hochdruckinjektion, Hochdruckbodenvermörtelung, Jetting); Deutsche Fassung EN 12716:2001.

[116] DIN EN 12794 (August 2007): Betonfertigteile – Gründungspfähle; Deutsche Fassung EN 12794: 2005 + A1:2007.

[117] DIN EN 12794 Berichtigung 1 (April 2009): Betonfertigteile – Gründungspfähle; Deutsche Fassung EN 12794:2005 + A1:2007, Berichtigung zu DIN EN 12794:2007-08; Deutsche Fassung EN 12794:2005 + A1:2007/AC:2008.

[118] DIN EN 14199 (Juli 2015): Ausführung von Arbeiten im Spezialtiefbau – Mikropfähle; Deutsche Fassung EN 14199:2015.

[119] DIN EN 14475 (April 2006): Ausführung von besonderen geotechnischen Arbeiten (Spezialtiefbau) – Bewehrte Stützkörper; Deutsche Fassung EN 14475:2006.

[120] DIN EN 14475 Berichtigung 1 (Dezember 2006): Ausführung von besonderen geotechnischen Arbeiten (Spezialtiefbau) – Bewehrte Stützkörper; Deutsche Fassung EN 14475:2006.

[121] DIN EN 14487-1 (März 2006): Spritzbeton – Teil 1: Begriffe, Festlegungen und Konformität; Deutsche Fassung EN 14487-1: 2005.

[122] DIN EN 14487-2 (Januar 2007): Spritzbeton – Teil 2: Ausführung; Deutsche Fassung EN 14487-2: 2006.

[123] DIN EN 14490 (November 2010): Ausführung von Arbeiten im Spezialtiefbau – Bodenvernagelung; Deutsche Fassung EN 14490:2010.

[124] DIN EN 14679 (Juni 2005): Ausführung von besonderen geotechnischen Arbeiten (Spezialtiefbau) – Tiefreichende Bodenstabilisierung; Deutsche Fassung EN 14679:2005.

[125] DIN EN 14679 Berichtigung 1 (September 2006): Ausführung von besonderen geotechnischen Arbeiten (Spezialtiefbau) – Tiefreichende Bodenstabilisierung; Deutsche Fassung EN 14679: 2005.

[126] DIN EN 14731 (Dezember 2005): Ausführung von besonderen geotechnischen Arbeiten (Spezialtiefbau) – Baugrundverbesserung durch Tiefenrüttelverfahren; Deutsche Fassung EN 14731: 2005.

[127] DIN EN 15237 (Juni 2007): Ausführung von besonderen geotechnischen Arbeiten (Spezialtiefbau) – Vertikaldräns; Deutsche Fassung EN 15237:2007.

[128] DIN EN 16907-4, Entwurf (Dezember 2015): Bodenbehandlung mit Kalk und/oder hydraulischen Bindemitteln; Deutsche und Englische Fassung prEN 16907-4:2015.

[129] DIN EN ISO 14688-1 (Dezember 2013): Geotechnische Erkundung und Untersuchung – Benennung, Beschreibung und Klassifizierung von Boden – Teil 1: Benennung und Beschreibung (ISO 14688-1:2002 + Amd 1:2013); Deutsche Fassung EN ISO 14688-1:2002 + A1:2013.

[130] DIN EN ISO 22476-2 (April 2005): Geotechnische Erkundung und Untersuchung – Felduntersuchungen – Teil 2: Rammsondierungen (ISO 22476-2:2005); Deutsche Fassung EN ISO 22476-2:2005.

[131] DIN EN ISO 22477-5, Entwurf (Dezember 2009): Geotechnische Erkundung und Untersuchung – Prüfung von geotechnischen Bauwerken und Bauwerksteilen – Teil 5: Ankerprüfungen (ISO/DIS 22477-5:2009); Deutsche Fassung prEN ISO 22477-5:2009.

[132] DIN SPEC 18140 (Februar 2012): Ergänzende Festlegungen zu DIN EN 1536:2000-12, Ausführung von Arbeiten im Spezialtiefbau – Bohrpfähle.

[133] DIN SPEC 18187 (August 2015): Ergänzende Festlegungen zu DIN EN 12715:2000-10, Ausführung von besonderen geotechnischen Arbeiten (Spezialtiefbau) – Injektionen.

[134] DIN SPEC 18537 (Februar 2012): Ergänzende Festlegungen zu DIN EN 1537:2001-01, Ausführung von besonderen geotechnischen Arbeiten (Spezialtiefbau) – Verpressanker.

[135] DIN SPEC 18538 (Februar 2012): Ergänzende Festlegungen zu DIN EN 12699:2001-05, Ausführung spezieller geotechnischer Arbeiten (Spezialtiefbau) – Verdrängungspfähle.

[136] DIN SPEC 18539 (Februar 2012): Ergänzende Festlegungen zu DIN EN 14199:2012-01, Ausführung von besonderen geotechnischen Arbeiten (Spezialtiefbau) – Pfähle mit kleinen Durchmessern (Mikropfähle).

[137] *Döhl, G.*; *Roth, S.*: Einbringen von Stahlspundbohlen.
geotechnik 12 (1989), H. 3, S. 117 – 126.

[138] *Donel, M.*: Bodeninjektionstechnik.
3. Auflage, Studienunterlagen für das Fachgebiet Grundbau und Bodenmechanik, herausgegeben von Prof. Dr.-Ing. *W. Richwien*, Universität-Gesamthochschule Essen, Verlag Glückauf GmbH, Essen 1995.

[139] *Ehl, G.*: Gezieltes Nachverpressen zur Erhöhung der Tragfähigkeit von Verpreßankern in bindigen Böden.
Bautechnik 63 (1986), H. 8, S. 278 – 282.

[140] Empfehlungen des Arbeitskreises „Baugruben" EAB.
Herausgegeben von der Deutschen Gesellschaft für Geotechnik e. V.
4. Auflage, Ernst & Sohn, Berlin 2006.

[141] Empfehlungen des Arbeitskreises „Pfähle": EA-Pfähle.
Herausgegeben von der Deutschen Gesellschaft für Geotechnik e. V.
2. Auflage, Ernst & Sohn, Berlin 2012.

[142] Empfehlungen des Arbeitsausschusses „Ufereinfassungen" Häfen und Wasserstraßen: EAU 2012.
Herausgegeben vom Arbeitsausschuss „Ufereinfassungen" der Hafenbautechnischen Gesellschaft e. V. und der Deutschen Gesellschaft für Geotechnik e. V.
11. Auflage, Ernst & Sohn, Berlin 2012.

[143] Empfehlungen des Arbeitsausschusses „Ufereinfassungen" Häfen und Wasserstraßen: EAU 2004.
Herausgegeben vom Arbeitsausschuss „Ufereinfassungen" der Hafenbautechnischen Gesellschaft e. V. und der Deutschen Gesellschaft für Geotechnik e. V.
10. Auflage, Ernst & Sohn, Berlin 2005.

[144] Empfehlungen des Arbeitsausschusses „Ufereinfassungen" Häfen und Wasserstraßen: EAU 1996.
Herausgegeben vom Arbeitsausschuß „Ufereinfassungen" der Hafenbautechnischen Gesellschaft e. V. und der Deutschen Gesellschaft für Geotechnik e. V.
9. Auflage, Ernst & Sohn, Berlin 1997.

[145] Empfehlungen für Bewehrungen aus Geokunststoffen – EBGEO.
Herausgegeben von der Deutschen Gesellschaft für Geotechnik e. V. (DGGT).
Ernst & Sohn, Berlin 1997.

[146] Empfehlungen für den Entwurf und die Berechnung von Erdkörpern mit Bewehrungen aus Geokunststoffen – EBGEO.
Herausgegeben von der Deutschen Gesellschaft für Geotechnik e. V. (DGGT).
2. Auflage, Ernst & Sohn, Berlin 2010.

[147] *Englert, K.*; *Bauer, K.*: Rechtsfragen zum Baugrund.
Baurechtliche Schriften (Hrsg.: *Korbion, H.*; *Locher, H.*)
2. Auflage, Werner-Verlag, Düsseldorf 1991.

[148] *Englert, K.*; *Stocker, M.* (Hrsg.): 40 Jahre Spezialtiefbau 1953–1993.
Werner-Verlag GmbH, Düsseldorf 1993.

[149] Entstehung und Verhütung von Frostschäden an Straßen.
Forschungsarbeiten aus dem Straßenwesen, herausgegeben von der Forschungsgesellschaft für Straßen- und Verkehrswesen e. V. Köln, H. 105, Kirschbaum Verlag, Bonn 1994.

[150] *Fedders, H.*: Seitendruck auf Pfähle durch Bewegungen von weichen, bindigen Böden; Empfehlungen für Entwurf und Bemessung.
geotechnik 1 (1978), S. 100–104.

[151] *Fingerlos, F.*: Grundlagen der Bemessung nach Eurocode 2 – Vergleich mit DIN 1054 und DIN 4227.
In: Beton-Kalender 1996, Teil I, Ernst & Sohn, Berlin 1996.

[152] *Fischer, K.*: Beispiele zur Bodenmechanik; Aufsätze mit Formeln, Tafeln und Schaubildern.
Verlag von Wilhelm Ernst & Sohn, Berlin 1965.

[153] *Floss, R.*: ZTVE-StB 94, Kommentar mit Kompendium Erd- und Felsbau.
Kirschbaum Verlag, Bonn 1997.

[154] *Floß, R.*; *Thamm, B. R.*: Bewehrte Erde – Ein neues Bauverfahren im Erd- und Grundbau.
Bautechnik 53 (1976), H. 7, S. 217–226.

[155] *Forchheimer, P.*: Grundwasserspiegel bei Brunnenanlagen.
Zeitschrift des österr. Ingenieur- und Architekten-Vereines, L. Jahrgang (1898) Nr. 44, S. 629–635 und Nr. 45, S. 645–648.

[156] *Frank, A.*; *Varaksin, S.*: Verdichtung von Böden durch dynamische Einwirkung mit Fallgewichten über und unter Wasser.
Baumaschine und Bautechnik 24 (1977), H. 9, S. 531–539.

[157] *Franke, E.*: Pfähle.
In: Grundbau-Taschenbuch Teil 3, 5. Auflage, S. 189–286, Ernst & Sohn, Berlin 1997.

[158] *Franke, E.*; *Gollub, P.*: Zur Berechnung von Pfahlgruppen, insbesondere von Zugpfahlgruppen.
Bautechnik 73 (1996), H. 9, S. 605–613.

[159] *Franke, E.*; *Heibaum, M.*: Ein Beitrag zum Nachweis der Standsicherheit auf der tiefen Gleitfuge.
Bauingenieur 63 (1988), S. 391–398.

[160] *Franke, E.*; *Seitz, J. M.*: Empfehlungen des Arbeitskreises 5 der DGEG für dynamische Pfahlprüfungen.
geotechnik 14 (1991), H. 3, S. 139–153.

[161] *Gäßler, G.*: Vernagelte Geländesprünge – Tragverhalten und Standsicherheit.
Veröffentlichungen des Institutes für Bodenmechanik und Felsmechanik der Universität Fridericiana in Karlsruhe, Herausgeber: *G. Gudehus* und *O. Natau*, H. 108, Karlsruhe 1987.

[162] *Gäßler, G.*: Planung, Ausschreibung und Überwachung von Vernagelungsprojekten.
Tiefbau Ingenieurbau Straßenbau 31 (1989), H. 10, S. 626–640.

[163] *Gäßler, G.*: Trag- und Bruchverhalten vernagelter Wände und Böschungen.
In: Seminar über „Bodenvernagelung – Entwurf und Ausführung", Haus der Technik e. V., München 1998.

[164] *Gäßler, G.*: Standsicherheitsnachweise bei Bodenvernagelungen.
In: Geotechnik-Seminar München, veranstaltet am 17.10.2003 von der Technischen Universität München, der Universität der Bundeswehr München und der Fachhochschule München (FHM).

[165] *Garras, A.*: Das Moorsprengverfahren.
In: Grundbau-Taschenbuch Band I, 2. Auflage, S. 1033–1046, Verlag von Wilhelm Ernst & Sohn, Berlin 1966.

[166] GDA-Empfehlungen Geotechnik der Deponien und Altlasten.
Herausgegeben von der Deutschen Gesellschaft für Geotechnik e. V. (DGGT), 3. Auflage, Ernst & Sohn, Berlin 1997.

[167] *Gipperich, Ch.*; *Triantafyllidis, Th.*: Entwicklung eines rückbaubaren Ankers.
Bauingenieur 72 (1997), H. 5, S. 221–234.

[168] *Girnau, G.*; *Klawa, N.*: Fugen und Fugenbänder.
Forschung + Praxis, U-Verkehr und unterirdisches Bauen, Band 13, herausgegeben von der Studiengesellschaft für unterirdische Verkehrsanlagen e. V. (STUVA), Alba-Buchverlag, Düsseldorf 1972.

[169] *Girnau, G.*; *Klawa, N.*: Empfehlungen zur Fugengestaltung im unterirdischen Bauen.
Bautechnik 50 (1973), H. 10, S. 325–332.

[170] *Gödecke, H.-J.*: Der gezielte Einsatz der Dynamischen Konsolidation zur Baugrundverdichtung.
Bautechnik 57 (1980), H. 4, S. 109–116.

[171] *Goldscheider, M.*; *Gudehus, G.*: Verbesserte Standsicherheitsnachweise.
Vorträge der Baugrundtagung 1974 in Frankfurt/Main-Höchst, S. 99–118, Deutsche Gesellschaft für Erd- und Grundbau e. V., Essen.

[172] *Grasser, E.*; *Thielen, G.*: Hilfsmittel zur Berechnung der Schnittgrößen und Formänderungen von Stahlbetontragwerken.
Deutscher Ausschuß für Stahlbeton (DAfStb), H. 240.
3. Auflage, Beuth Verlag GmbH, Berlin 1991.

[173] *Graßhoff, H.*: Einflußlinien für Flächengründungen.
Verlag von Wilhelm Ernst & Sohn, Berlin 1978.

[174] *Gruhle, H.-D.*: Setzungen eines Stützenfundamentes und Sohlnormalspannungen, Meßergebnisse und Vergleich mit berechneten Werten.
Bautechnik 54 (1977), H. 8, S. 274–281.

[175] Grundbau-Taschenbuch (Herausgeber und Schriftleiter: *Ulrich Smoltczyk*).
Teil 1, 6. Auflage, Ernst & Sohn, Berlin 2001.

[176] Grundbau-Taschenbuch (Herausgeber und Schriftleiter: *Karl Josef Witt*).
Teil 1, 7. Auflage, Ernst & Sohn, Berlin 2008.

[177] Grundbau-Taschenbuch (Herausgeber und Schriftleiter: *Ulrich Smoltczyk*).
Teil 2, 5. Auflage, Ernst & Sohn, Berlin 1996.

[178] Grundbau-Taschenbuch (Herausgeber und Schriftleiter: *Ulrich Smoltczyk*).
Teil 2, 6. Auflage, Ernst & Sohn, Berlin 2001.

[179] Grundbau-Taschenbuch (Herausgeber und Schriftleiter: *Karl Josef Witt*).
Teil 2, 7. Auflage, Ernst & Sohn, Berlin 2009.

[180] Grundbau-Taschenbuch (Herausgeber und Schriftleiter: *Ulrich Smoltczyk*).
Teil 3, 5. Auflage, Ernst & Sohn, Berlin 1997.

[181] Grundbau-Taschenbuch (Herausgeber und Schriftleiter: *Ulrich Smoltczyk*).
Teil 3, 6. Auflage, Ernst & Sohn, Berlin 2001.

[182] Grundbau-Taschenbuch (Herausgeber und Schriftleiter: *Karl Josef Witt*).
Teil 3, 7. Auflage, Ernst & Sohn, Berlin 2009.

[183] *Gudehus, G.*; *Schwarz, W.*: Stabilisierung von Kriechhängen durch Pfahldübel. Vorträge der Baugrundtagung 1984 in Düsseldorf, S. 669–681, Deutsche Gesellschaft für Erd- und Grundbau e. V., Essen 1985.

[184] *Güttler, U.*; *Zentgraf, J.*: Kombiniertes Dichtwandsystem aus Stahlspundbohlen und Dichtpfählen. Bautechnik 71 (1994), H. 5, S. 274–280.

[185] *Gußmann, P.*; *Schanz, T.*; *Smoltczyk, U.*; *Willand, E.*: Beiträge zur Anwendung der KEM. Universität Stuttgart, Institut für Geotechnik Stuttgart (IGS), Mitteilung 32, Stuttgart 1990.

[186] *Haugwitz, H.-G.*; *Itzeck, H.*: Herstellung von gefrästen Einphasen-Dichtwänden mit der Schlitzfräse. In: Vorträge zum 2. Darmstädter Geotechnik-Kolloquium am 30. März 1995; Mitteilungen des Institutes und der Versuchsanstalt für Geotechnik der Technischen Hochschule Darmstadt, H. 34, Darmstadt 1995.

[187] *Heckötter, Chr.*: Schäden aus Fehlern bei Planung – Bauausführung - Verfüllmaterial. In: Beiträge zum 13. Christian Veder Kolloquium „Schadensfälle in der Geotechnik“; Technische Universität Graz, Institut für Bodenmechanik und Grundbau, Mitteilungsheft 16, herausgegeben von Prof. Dr. *Semprich*, Graz 1998.

[188] *Heerten, G.*; *Paul, A.*; *Reuter, E.*; *Völzke, B.*: Geogitterummantelte Mineralstopfsäulen – ein neues System für Gründung und Baugrundverbesserung. Vorträge der Baugrundtagung 2004 in Leipzig, S. 205–212, Deutsche Gesellschaft für Geotechnik e. V., Verlag Glückauf, Essen 2004.

[189] *Hellenschmidt, H.*: Der Bau einer Kaianlage für große Seeschiffe in der Elbe bei Brunsbüttelkoog. Bauingenieur 44 (1969), H. 9, S. 313–321.

[190] *Herrmann, R.*; *Hilmer, K.*; *Kaltenecker, H.*: Die Entwicklung des Bauverfahrens Mixed-in-Place (MIP) auf der Basis der Rotary-Auger-Soil-Mixing-Methode (RASM). Vorträge der Baugrundtagung 1992 in Dresden, S. 123–332, Deutsche Gesellschaft für Erd- und Grundbau e. V., Verlag Glückauf, Essen 2004.

[191] *Herth, W.*; *Arndts, E.*: Theorie und Praxis der Grundwasserabsenkung. 2. Auflage, Ernst & Sohn, Berlin 1985.

[192] *Herth, W.*; *Arndts, E.*: Theorie und Praxis der Grundwasserabsenkung. 3. Auflage, Ernst & Sohn, Berlin 1994.

[193] *Hettler, A.*; *Meiniger, W.*: Einige Sonderprobleme bei Verpreßankern. Bauingenieur 65 (1990), H. 9, S. 407–412.

[194] *Hilmer, K.*; *Knappe, M.*; *Nowack, F.*: Kontrollmessungen an einer vernagelten Wand. Bautechnik 64 (1987), H. 2, S. 37–40.

[195] Hinweise zum Straßenbau in Erdfallgebieten. Ausgabe 2010, Forschungsgesellschaft für Straßen- und Verkehrswesen e. V., Arbeitsgruppe Erd- und Grundbau, FGSV Verlag, Köln 2010.

[196] *Hohwiller, F.*; *Apostolopoulos, C.*: STYROPOR-Hartschaumplatten als Frostschutzschicht im Fahrbahnbau. Straßenbau-Technik 26 (1973), H. 3, S. 31–41.

[197] HSP Hoesch Spundwand und Profil GmbH: Spundwand-Handbuch; Berechnung. Firmenbroschüre; zu beziehen bei HSP Hoesch Spundwand und Profil GmbH, Alte Radstraße 27, D-44147 Dortmund.

[198] *Itzeck, H.*: Herstellung von Baugruben durch gefräste Einphasendichtwände mit eingestellter Spundwand.
In: Dokumentation 542 „Stahlspundwände (2) – Planung und Anwendung“, herausgegeben vom Stahl-Informations-Zentrum, Breite Straße 69, 40213 Düsseldorf, 1. Auflage 1997, S. 25–27.

[199] *Jäde, H.*: Musterbauordnung (MBO 2002).
Verlag C. H. Beck, München 2003.

[200] *Jelinek, R.*; *Ostermayer, H.*: Zur Berechnung von Fangedämmen und verankerten Stützwänden.
Bautechnik 44 (1967), H. 5, S. 167–171.

[201] *Jessberger, H. L.*: Vergleichende Beurteilung der gebräuchlichen Frostkriterien für Frostschutz-Kies-Sande anhand der Originalveröffentlichungen.
Forschung Straßenbau und Straßenverkehrstechnik, H. 208, herausgegeben vom Bundesminister für Verkehr, Bonn-Bad Godesberg 1976.

[202] *Jessberger, H. L.*: Bodenverfestigung durch Einpressung und Vereisung.
In: Grundbau-Taschenbuch Teil 2, 3. Auflage, S. 175–210, Verlag von Wilhelm Ernst & Sohn, Berlin 1982.

[203] *Jörger, R.*; *Wieners, A.*: Wasserdichter Baugrubenverbau mit eingestellter Stahlspundwand für eine Tiefgarage in Wiesbaden.
Tiefbau Berufsgenossenschaft 105 (1993), H. 11, S. 816–819.

[204] *Jonas, E.*: Subsurface Stabilization of Organic Silty Clay by Precompression.
Journal of the Soil Mechanics and Foundations Division, Proceedings of the ASCE (1964), SM 5, S. 363–376.

[205] *Jundt, E.*; *Lege, K.-H.*; *Poetsch, D.*: Hotelhochhaus Maritim in Travemünde.
Beton- und Stahlbetonbau (1974), H. 4.

[206] *Kany, M.*: Berechnung von Flächengründungen.
1. Band, 2. Auflage, Verlag von Wilhelm Ernst & Sohn, Berlin 1974.

[207] *Kany, M.*: Berechnung von Flächengründungen.
2. Band, 2. Auflage, Verlag von Wilhelm Ernst & Sohn, Berlin 1974.

[208] *Kempfert, H.-G.*: Bemessung und Ausführung von Pfahlgründungen nach DIN 1054 und Europäischen Normen.
Referatesammlung – Bemessung und Erkundung in der Geotechnik, neue Entwicklungen im Zuge der Neuauflage der DIN 1054 und DIN 4020 sowie der europäischen Normung. S. 4-1 bis 4-20, DIN Deutsches Institut für Normung e. V., Berlin 2003.

[209] *Kempfert, H.-G.*: Pfahlgründungen.
In: Grundbau-Taschenbuch Teil 3, 7. Auflage, S. 73–277, Ernst & Sohn, Berlin 2009.

[210] *Kilchert, M.*; *Karstedt, J.*: Schlitzwände als Trag- und Dichtungswände.
Band 2: Standsicherheitsberechnung von Schlitzwänden nach DIN 4126.
1. Auflage, Beuth Verlag GmbH, Berlin 1984.

[211] *Kirsch, K.*: Erfahrungen mit der Baugrundverbesserung durch Tiefenrüttler.
geotechnik 2 (1979), H. 1, S. 21–32.

[212] *Klawa, N.*; *Haack, A.*: Tiefbaufugen: Fugen- und Fugenkonstruktionen im Beton- und Stahlbetonbau.
Herausgeber: Hauptverband der Deutschen Bauindustrie und Studiengesellschaft für Unterirdische Verkehrsanlagen e. V. (STUVA); Ernst & Sohn, Berlin 1990.

[213] *Kleinsang, J.*: Stahlbetonrammpfähle.
Tiefbau Ingenieurbau Straßenbau 13 (1971), H. 8, S. 756–758.

[214] *Klingmüller, O.*: Dynamische Integritätsprüfung und Qualitätssicherung bei Bohrpfählen.
geotechnik 16 (1993), H. 2, S. 72–80.

[215] *Klöckner, W.*; *Arz, P.*; *Schmidt, H. G.*; *Ziese, H.*: Grundbau.
In: Beton-Kalender 1987, Teil II, S. 429–640, Ernst & Sohn, Berlin 1987.

[216] *Kluckert, K. D.*: 20 Jahre HDI in Deutschland – Von den Fehlerquellen über die Schäden zur Qualitätssicherung.
Vorträge der Baugrundtagung 1996 in Berlin, S. 235–258, Deutsche Gesellschaft für Geotechnik e. V., Essen.

[217] *Kranz, E.*: Über die Verankerung von Spundwänden.
Mitteilungen aus dem Gebiet des Wasserbaues und der Baugrundforschung, H. 11.
2. Auflage, Verlag von Wilhelm Ernst & Sohn, Berlin 1953.

[218] *Krubasik, K.*: Maßnahmen zur Tragkrafterhöhung an Großbohrpfählen.
Baumaschine und Bautechnik 32 (1985), H. 7/8, S. 299–303.

[219] *Kutzner, C.*: Injektionen im Baugrund.
Ferdinand Enke Verlag, Stuttgart 1991.

[220] *Kyrieleis, W.*: Grundwasserabsenkung bei Fundierungsarbeiten.
2. Auflage, neubearbeitet von *W. Sichardt*.
Verlag von Julius Springer, Berlin 1930.

[221] *Leonhardt, F.*; *Mönnig, E.*: Vorlesungen über Massivbau.
Dritter Teil, 3. Auflage, Springer-Verlag, Berlin 1977.

[222] *Litzner, H.-U.*: Grundlagen der Bemessung nach Eurocode 2 – Vergleich mit DIN 1054 und DIN 4227.
In: Beton-Kalender 1996, Teil I, Ernst & Sohn, Berlin 1996.

[223] *Lorenz, W.*: Die Dichtungsschürze des Staudammes am Sylvenstein.
Baumaschine und Bautechnik 6 (1959), H. 10, S. 366–371.

[224] *Ludewig, M.*: Die Gültigkeitsgrenzen des Darcyschen Gesetzes bei Sanden und Kiesen.
Wasserwirtschaft-Wassertechnik 15 (1965), H. 12, S. 415–421.

[225] *Lund, N.-CH.*; *Küster, V.*: Airbus-Werkserweiterung: Anwendung von Bodenverbesserungsmaßnahmen zur Landgewinnung in kürzester Bauzeit.
Vorträge der Baugrundtagung 2002 in Mainz, S. 71–79, Deutsche Gesellschaft für Geotechnik e. V., Essen.

[226] *Mainka, G.-W.*; *Paschen, H.*: Untersuchungen über das Tragverhalten von Köcherfundamenten.
Deutscher Ausschuß für Stahlbeton (DafStb), H. 411, Beuth Verlag GmbH, Berlin 1990.

[227] MathSoft Inc.: Mathcad, Benutzerhandbuch *Mathcad 8* und *Mathcad Plus 8*.

[228] Merkblatt für die Ausführung von Fahrbahnbefestigungen mit Wärmedämmschichten aus harten Schaumstoffen.
Ausgabe 1984, Forschungsgesellschaft für Straßen- und Verkehrswesen e. V., Arbeitsgruppe Erd- und Grundbau, Köln.

[229] Merkblatt für die Untergrundverbesserung durch Tiefenrüttler.
Ausgabe 1979, Forschungsgesellschaft für das Straßenwesen, Arbeitsgruppe Untergrund-Unterbau, Köln.

[230] Merkblatt für die Untersuchung von Bodenverdichtern (Standard-Gerätetest).
Ausgabe 1974, Forschungsgesellschaft für das Straßenwesen, Arbeitsgruppe Untergrund-Unterbau, Köln.

[231] Merkblatt für die Verdichtung des Untergrundes und Unterbaues im Straßenbau.
Ausgabe 2003, Forschungsgesellschaft für Straßen- und Verkehrswesen, Arbeitsgruppe Erd- und Grundbau, FGSV Verlag, Köln 2003.

[232] Merkblatt für die Verhütung von Frostschäden an Straßen.
Ausgabe 1991, Forschungsgesellschaft für Straßen- und Verkehrswesen, Arbeitsgruppe „Erd- und Grundbau", FGSV Verlag, Köln 1991.

[233] Merkblatt für Raumgitterkonstruktionen.
Ausgabe 2006, Forschungsgesellschaft für Straßen- und Verkehrswesen e. V., Arbeitsgruppe Erd- und Grundbau, FGSV Verlag, Köln 2006.

[234] Merkblatt über Bodenverfestigungen und Bodenverbesserungen mit Bindemitteln.
Ausgabe 2004, Forschungsgesellschaft für Straßen- und Verkehrswesen e. V., Arbeitsgruppe Erd- und Grundbau, FGSV Verlag, Köln 2004.

[235] Merkblatt über den Einfluß der Hinterfüllung auf Bauwerke.
Ausgabe 1994, Forschungsgesellschaft für Straßen- und Verkehrswesen, Arbeitsgruppe Erd- und Grundbau, Köln.

[236] Merkblatt über die Anwendung von Geokunststoffen im Erdbau des Straßenbaues mit den Checklisten für die Anwendung von Geokunststoffen im Erdbau des Straßenbaues.
Ausgabe 2005, Forschungsgesellschaft für Straßen- und Verkehrswesen e. V., Arbeitsgruppe Erd- und Grundbau, FGSV Verlag, Köln 2005.

[237] Merkblatt über flächendeckende dynamische Verfahren zur Prüfung der Verdichtung im Erdbau.
Ausgabe 1993, Forschungsgesellschaft für Straßen- und Verkehrswesen, Arbeitsgruppe Erd- und Grundbau, Köln.

[238] Merkblatt über Straßenbau auf wenig tragfähigem Untergrund.
Ausgabe 2010, Forschungsgesellschaft für Straßen- und Verkehrswesen e. V., Arbeitsgruppe Erd- und Grundbau, FGSV Verlag, Köln 2010.

[239] Merkblatt über Stützkonstruktionen aus stahlbewehrten Erdkörpern.
Ausgabe 2010, Forschungsgesellschaft für Straßen- und Verkehrswesen e. V., Arbeitsgruppe Erd- und Grundbau, FGSV Verlag, Köln 2010.

[240] *Meyer, M.*; *Tietje, T.*: Möglichkeiten der Wasserhaltung mit dem HORI-Dränverfahren.
Tiefbau Ingenieurbau Straßenbau 34 (1992), H. 3, S. 172–177.

[241] *Möller, G.*: Geotechnik.
Teil 2: Grundbau, Werner Verlag, Düsseldorf 1999.

[242] *Möller, G.*: Geotechnik-Grundbau.
Ernst & Sohn, Berlin 2006.

[243] *Möller, G.*: Geotechnik-Bodenmechanik.
Ernst & Sohn, Berlin 2016.

[244] *Nendza, H.*; *Placzek, D.*: Die Erhöhung der Pfahltragfähigkeit durch gezieltes Nachverpressen – Stand der Erfahrungen.
Vorträge der Baugrundtagung 1988 in Hamburg, S. 323–339, Deutsche Gesellschaft für Erd- und Grundbau e. V., Essen.

[245] Normen-Handbuch Eurocodes, Handbuch Eurocode 7, Geotechnische Bemessung, Band 1: Allgemeine Regeln.
Beuth Verlag, Berlin 2011.

[246] Normen-Handbuch Eurocodes, Handbuch Eurocode 7, Geotechnische Bemessung, Band 2: Erkundung und Untersuchung.
Beuth Verlag, Berlin 2011.

[247] *Ostermayer, H.*; *Werner, H.-U.*: Neue Erkenntnisse und Entwicklungstendenzen in der Verankerungstechnik.
Vorträge der Baugrundtagung 1972 in Stuttgart, S. 235–267, Deutsche Gesellschaft für Erd- und Grundbau e. V., Essen.

[248] *Petersen, G.*; *Schmidt, H.*: Untersuchungen über die Standsicherheit verankerter Baugrubenwände an Beispielen des Hamburger Schnellbahntunnelbaues.
Straße Brücke Tunnel 23 (1971), H. 9, S. 225–233.

[249] *Placzek, D.*: Schadensfälle auf dem Gebiet des Grundbaus.
In: Beiträge zum 13. Christian Veder Kolloquium „Schadensfälle in der Geotechnik"; Technische Universität Graz, Institut für Bodenmechanik und Grundbau, Mitteilungsheft 16, herausgegeben von Prof. Dr. *Semprich*, Graz 1998.

[250] *Potts, D. M.*; *Zdravković, L.*: Finite element analysis in geotechnical engineering: theory.
Thomas Telford, London 1999.

[251] *Potts, D. M.*; *Zdravković, L.*: Finite element analysis in geotechnical engineering: application.
Thomas Telford, London 2001.

[252] *Priebe, H.*: Abschätzung des Setzungsverhaltens eines durch Stopfverdichtung verbesserten Baugrundes.
Bautechnik 53 (1976), H. 5, S. 160–162.

[253] *Priebe, H.*: Zur Abschätzung des Scherwiderstandes eines durch Stopfverdichtung verbesserten Baugrundes.
Bautechnik 55 (1978), H. 8, S. 281–284.

[254] *Priebe, H.*: Zur Abschätzung des Setzungsverhaltens eines durch Stopfverdichtung verbesserten Baugrundes.
Bautechnik 65 (1988), H. 1, S. 23–26.

[255] *Priebe, H.*: Die Bemessung von Rüttelstopfverdichtungen.
Bautechnik 72 (1995), H. 3, S. 183–191.

[256] Rammfibel für Stahlspundbohlen.
Ausgabe 1994, Technical European Sheet Piling Association (TESPA); zu beziehen bei HSP Hoesch Spundwand und Profil GmbH, Alte Radstraße 27, D-44147 Dortmund.

[257] *Range, R.*; *Koenning, R.*: Entwicklung neuer Richtbohrsysteme für lange, zielgenaue Horizontalbohrungen im Bauingenieurwesen.
Vorträge der Baugrundtagung 1992 in Dresden, S. 335–357, Deutsche Gesellschaft für Erd- und Grundbau e. V., Essen.

[258] *Ranke, A.*; *Ostermayer, H.*: Beitrag zur Stabilitätsuntersuchung mehrfach verankerter Baugrubenumschließungen.
Bautechnik 45 (1968), H. 10, S. 341–350.

[259] *Rappert, C.*: Grundwasserströmung – Grundwasserhaltung.
In: Grundbau-Taschenbuch, Teil 2, 4. Auflage, S. 357–414, Ernst & Sohn, Berlin 1991.

[260] Referatesammlung – Bemessung und Erkundung in der Geotechnik, neue Entwicklungen im Zuge der Neuauflage der DIN 1054 und DIN 4020 sowie der europäischen Normung.
Gemeinschaftstagung der DGGT Deutsche Gesellschaft für Geotechnik e. V., der Bundesfachabteilungen Spezialtiefbau und Leitungsbau im Hauptverband der Deutschen Bauindustrie e. V. (HVBI), des Bundesverbands der Deutschen Bohrunternehmen in der Baugrund-, Grundwasser- und Lagerstättenerkundung e. V. (BDBohr) und des DIN Deutsches Institut für Normung e. V. am 4. und 5. Februar 2003 in Heidelberg.
DIN Deutsches Institut für Normung e. V., Berlin 2003.

[261] *Reiner, J.*; *Kußmaul, M.*: Ergebnisse der geotechnischen Langzeitmessungen im Zusammenhang mit der Flächenaufhöhung im Mühlenberger Loch in Hamburg.
Vorträge der Baugrundtagung 2010 in München, S. 87 – 94, Deutsche Gesellschaft für Geotechnik e. V., Essen.

[262] Richtlinien für die Anlage von Straßen, Teil: Entwässerung (RAS-Ew).
Ausgabe 1987, Forschungsgesellschaft für Straßen- und Verkehrswesen, Arbeitsgruppe Erd- und Grundbau, FGSV Verlag, Köln 2005.

[263] Richtlinien für die Standardisierung des Oberbaues von Verkehrsflächen, Ausgabe 2001 (RStO 01).
Forschungsgesellschaft für Straßen- und Verkehrswesen e. V., Arbeitsgruppe Fahrzeug und Fahrbahn, FGSV Verlag, Köln 2001.

[264] *Rieß, R.*: Grundwasserströmung – Grundwasserhaltung.
In: Grundbau-Taschenbuch, Teil 2, 6. Auflage, S. 359 – 481, Ernst & Sohn, Berlin 2001.

[265] *Rizkallah, V.*: Entwicklungstendenzen bei Baugrundverbesserungen.
Bauingenieur 53 (1978), H. 5, S. 179 – 184.

[266] *Rizkallah, V.*; *Hilmer, K.*: Bauwerksunterfangung und Baugrundinjektion mit hohen Drücken (Düsenstrahlinjektion).
Mitteilungen Institut für Grundbau, Bodenmechanik und Energiewasserbau (IGBE), Universität Hannover, H. 26, 1989.

[267] *Ruppert, F.-R.*: Bentonitsuspensionen für die Schlitzwandherstellung.
Tiefbau Ingenieurbau Straßenbau 22 (1980), H. 8, S. 684 – 686.

[268] *Rust, H.*: Stahl im Wasserbau – ein Dauerthema im HTG-Ausschuß für Korrosionsfragen.
geotechnik 35 (1992), H. 4, S. 215 – 217.

[269] *Sadgorski, W.*; *Smoltczyk, U.*: Sicherheitsnachweise im Erd- und Grundbau; Kommentar u. a. zu DIN V ENV 1997-1: Eurocode 7.
Beuth Verlag GmbH, Berlin 1966.

[270] *Samson, L.*; *La Rochelle, P.*: Design and Performance of an Expressway Constructed Over Peat by Preloading.
Canadian Geotechnical Journal, 9 (1972), S. 447 – 466.

[271] *Schaible, L.*: Betonstraße und Untergrund.
Straßen- und Tiefbau 8 (1954), H. 7, S. 319 – 327.

[272] *Schenck, W.*; *Smoltczyk, U.*: Pfahlroste, Berechnung und Ausführung.
In: Grundbau-Taschenbuch, Band 1, 2. Auflage, S. 658 – 715, Verlag von Wilhelm Ernst & Sohn, Berlin 1966.

[273] *Schenck, W.*; *Smoltczyk, U.*; *Lächler, W.*: Pfahlroste, Berechnung und Konstruktion.
In: Grundbau-Taschenbuch, Teil 3, 4. Auflage, S. 269 – 331, Verlag von Wilhelm Ernst & Sohn, Berlin 1992.

[274] *Scheuch, G.*: Evergreen-Pflanzenwand/Stützmauer.
Bautechnik 56 (1979), H. 6, S. 212–213.

[275] *Schiffer, W.*; *Varaksin, S.*; *Chaumeny, J.-L.*: Vakuumkonsolidierung von frisch aufgeschüttetem Boden am Beispiel des Ausbaus Vorwerker Hafen Lübeck.
Vorträge der Baugrundtagung 1994 in Köln, S. 233–240, Deutsche Gesellschaft für Geotechnik e. V., Essen.

[276] *Schildknecht, F.*; *Schneider, W.*: Über die Gültigkeit des Darcy-Gesetzes in bindigen Sedimenten bei kleinen hydraulischen Gradienten – Stand der wissenschaftlichen Diskussion –
In: Geologisches Jahrbuch, Reihe C, H. 48, S. 3–21.
E. Schweitzerbart'sche Verlagsbuchhandlung, Hannover 1987.

[277] *Schmidt, H. G.*: Beitrag zur Ermittlung der horizontalen Bettungszahl für die Berechnung von Großbohrpfählen unter waagerechter Belastung.
Bauingenieur 46 (1971), H. 7, S. 233–237.

[278] *Schmidt, H. G.*; *Seitz, J.*: Grundbau.
In: Beton-Kalender 1998, Teil II, S. 469–719, Ernst & Sohn, Berlin 1998.

[279] *Schmidt, H. G.* u. a.: Empfehlungen für statische horizontale Pfahlprobebelastungen.
In: Empfehlungen für statische und dynamische Pfahlprüfungen.
Deutsche Gesellschaft für Geotechnik e. V. (DGGT), Arbeitskreis 2.1 „Pfähle", 1998.

[280] *Schmiedel, U.*: Seitendruck auf Pfähle.
Bauingenieur 59 (1984), H. 2, S. 61–66.

[281] *Schmitt, A.*: Rechnerische Behandlung der Dichtigkeit von Spundwandbauwerken.
In: Dokumentation „Stahlspundwände – Planung und Anwendung", herausgegeben vom Stahl-Informations-Zentrum, Breite Straße 69, 40213 Düsseldorf, 1. Auflage 1995, S. 43–46.

[282] *Schnell, W.*: Verfahrenstechnik zur Sicherung von Baugruben.
B. G. Teubner, Stuttgart 1990.

[283] *Schnell, W.*; *Vahland, R.*: Verfahrenstechnik der Baugrundverbesserung.
B. G. Teubner, Stuttgart 1997.

[284] *Schubach, K.*: Bodenfrost in verschiedenen Böden nach mehrjährigen Beobachtungen.
Straße und Autobahn 22 (1971), H. 6, S. 244–248.

[285] *Schultze, E.*: Zur Definition der Steifigkeit des Bauwerks und des Baugrundes sowie der Systemsteifigkeit bei der Berechnung von Gründungsbalken und -platten.
Bauingenieur 39 (1964), H. 6, S. 222–227.

[286] *Schulz, H.*: Überlegungen zur Führung des Nachweises der Standsicherheit in der tiefen Gleitfuge.
Mitteilungsblatt der Bundesanstalt für Wasserbau, Nr. 41, S. 153–171, Karlsruhe 1977.

[287] *Schuppener, B.* (Hrsg.): Kommentar zum Handbuch Eurocode 7 – Geotechnische Bemessungen: Allgemeine Regeln.
Ernst & Sohn, Berlin 2012.

[288] *Schwing, E.*: Standsicherheit historischer Stützwände.
Veröffentlichungen des Institutes für Bodenmechanik und Felsmechanik der Universität Fridericiana in Karlsruhe, Herausgeber: *G. Gudehus* und *O. Natau*, H. 121, Karlsruhe 1991.

[289] *Schwing, E.*: Sicherung von Gewichtsmauern aus Naturstein.
geotechnik 16 (1993), H. 4, S. 170–177.

[290] *Seitz, J. M.*: Low-Strain Integritätsprüfungen bei Bohrpfählen.
Bautechnik 69 (1992), H. 10, S. 551–557.

[291] *Seitz, J. M.; Schmidt, H.-G.*: Bohrpfähle.
Ernst & Sohn, Berlin 2000.

[292] *Sichardt, W.*: Das Fassungsvermögen von Rohrbrunnen und seine Bedeutung für die Grundwasserabsenkung, insbesondere für größere Absenkungstiefen.
Dissertation, Technische Hochschule zu Berlin, Verlagsbuchhandlung Julius Springer, Berlin 1927.

[293] *Simmer, K.*: Grundbau.
Teil 2, 18. Auflage, bearbeitet von *Gerlach, J.; Pulsfort, M.; Walz, B.*, B. G. Teubner, Stuttgart 1999.

[294] *Smoltczyk, U.*: Hat die europäische Normung in der deutschen Geotechnik eine Chance?
Bautechnik 73 (1996), H. 3, S. 134–146.

[295] *Stetza, G.*: Ein finnischer Flughafen baut frostunempfindliche Startbahnen.
Straße und Autobahn 23 (1972), H. 6, S. 273–274.

[296] *Stötzer, E.; Schöpf, M.; Schwank, S.; Nakajima, Y.*: Tiefe, runde Schächte – hergestellt im Schlitzwandverfahren.
Vorträge der Baugrundtagung 1998 in Stuttgart, S. 79–90, Deutsche Gesellschaft für Geotechnik e. V., Essen.

[297] *Stötzer, E.; Schwank, S.*: Suspensionsbehandlung – Suspensionsentsorgung.
Vorträge der Baugrundtagung 1996 in Berlin, S. 561–569, Deutsche Gesellschaft für Geotechnik e. V., Essen.

[298] *Stocker, M.*: Bodenvernagelung.
Vorträge der Baugrundtagung 1976 in Nürnberg, S. 639–652, Deutsche Gesellschaft für Erd- und Grundbau e. V., Essen.

[299] *Stocker, M.*: Zum Stand der Technik der Hochdruckinjektion unter besonderer Berücksichtigung der Berliner Erfahrungen.
In: Tiefe Baugruben, VDI-Berichte 1436, S. 187–203, VDI Verlag, Düsseldorf 1999.

[300] *Széchy, K.*: Der Grundbau.
2. Band/1. Teil: Die Baugrube.
Springer-Verlag, Wien 1965.

[301] *Terzaghi, K.; Peck, R. B.*: Die Bodenmechanik in der Baupraxis.
Springer-Verlag, Berlin 1961.

[302] *Thamm, B.*: Sicherung übersteiler Böschungen mit Raumgitterwänden.
Bautechnik 63 (1986), H. 9, S. 294–304.

[303] *Triantafyllidis, T.*: Planung und Bauausführung im Spezialtiefbau.
Ernst & Sohn, Berlin 2004.

[304] *Trostel, R.*: Beitrag zum Thema Pfahlrostberechnung.
Bauingenieur 34 (1959), H. 3, S. 110–113.

[305] *Varaksin, S.; Scherk, H.*: Bodenverbesserung durch Dynamische Intensivverdichtung.
Tiefbau Berufsgenossenschaft 105 (1993), H. 8, S. 528–533.

[306] *Veder, Ch.*: Beispiele neuzeitlicher Tiefgründungen.
Bauingenieur 51 (1976), H. 3, S. 89–91.

[307] *Walter, L.*: Vibrationstechnik im Graben- und Baugrubenverbau.
Tiefbau Berufsgenossenschaft 103 (1991), H. 6, S. 386–392.

[308] *Weber, H.*: Untersuchungen über die Reichweite von Grundwasserabsenkungen mittels Rohrbrunnen. Dissertation, Technische Hochschule zu Berlin, Verlagsbuchhandlung Julius Springer, Berlin 1928.

[309] *Weber, H.*; *Rappert, C.*: Wasserhaltung.
In: Grundbau-Taschenbuch, Band I, 2. Auflage, S. 889–941, Verlag von Wilhelm Ernst & Sohn, Berlin 1966.

[310] *Weiß, F.*: Die Standfestigkeit flüssigkeitsgestützter Erdwände.
Bauingenieur-Praxis, H. 70. Verlag von Wilhelm Ernst & Sohn, Berlin 1967.

[311] *Weiß, F.*; *Winter, K.*: Schlitzwände als Trag- und Dichtungswände.
Band 1: Erläuterungen zu den Schlitzwandnormen DIN 4126, DIN 4127, DIN 18313.
1. Auflage, Beuth Verlag GmbH, Berlin 1985.

[312] *Weißenbach, A.*: Baugruben.
Teil II: Berechnungsgrundlagen, Ernst & Sohn, Berlin 1985.

[313] *Weißenbach, A.*: Baugruben.
Teil III: Berechnungsverfahren, Ernst & Sohn, Berlin 1977.

[314] *Weißenbach, A.*; *Hettler, A.*: Baugruben, Berechnungsverfahren.
2. Auflage, Ernst & Sohn, Berlin 2011.

[315] *Weißenbach, A.*: Umsetzung des Teilsicherheitskonzepts im Erd- und Grundbau.
Bautechnik 75 (1998), H. 9, S. 637–651.

[316] *Weißenbach, A.*: Gedanken zur Einführung des Teilsicherheitskonzeptes im Grundbau.
Bautechnik 78 (2001), S. 655–660.

[317] *Weißenbach, A.*; *Hettler, A.*: Berechnung von Baugrubenwänden nach der neuen DIN 1054.
Bautechnik 80 (2003), H. 12, S. 857–874.

[318] *Wichter, L.*; *Meiniger, W.*: Verankerungen und Vernagelungen im Grundbau.
Ernst & Sohn, Berlin 2000.

[319] *Wichter, L.*; *Meiniger, W.*: Umsetzung des Teilsicherheitskonzepts im Erd- und Grundbau.
geotechnik 27 (2004), Nr. 3, S. 292–301.

[320] *Wieners, A.*: Vermeidung und Eingrenzung von Umweltschäden durch dauerhafte Einkapselung kontaminierter Bereiche mit Stahlspundbohlen.
In: Dokumentation „Stahlspundwände – Planung und Anwendung“, herausgegeben vom Stahl-Informations-Zentrum, Breite Straße 69, 40213 Düsseldorf, 1. Auflage 1995, S. 31–41.

[321] *Wind, H.*; *Wieners, A.*: Stahlspundwände – Entwicklung und Anwendung.
In: Dokumentation 542 „Stahlspundwände (2) – Planung und Anwendung“, herausgegeben vom Stahl-Informations-Zentrum, Breite Straße 69, 40213 Düsseldorf, 1. Auflage 1997, S. 5–12.

[322] *Witt, K. J.*; Wudtke, *R.-B.*: Versagensmechanismen des Hydraulischen Grundbruchs an einer Baugrubenwand.
In: Beiträge zum 22. Christian Veder Kolloquium „Schadensfälle in der Geotechnik“; Technische Universität Graz, Institut für Bodenmechanik und Grundbau, Mitteilungsheft 16, herausgegeben von Prof. Dr. *Semprich*, Graz 2007, S. 229–242.

[323] *Wittke, W.*: Stand und Entwicklung der Geotechnik in Deutschland.
Heritage Lecture, gehalten auf der 14. Internationalen Konferenz für Bodenmechanik und Grundbau. Sonderdruck der Geotechnik, vorgelegt anlässlich der 25. Baugrundtagung der DGGT, Stuttgart, 21. bis 24. September 1998.

[324] *Wölfer, K.-H.*: Elastisch gebettete Balken und Platten, Zylinderschalen. 4. Auflage, Bauverlag GmbH, Wiesbaden 1978.

[325] *Ziegler, M.*; *Aulbach, B.*; *Heller, H.*; *Kuhlman, D.*: Der Hydraulische Grundbruch – Bemessungsdiagramme zur Ermittlung der erforderlichen Einbindetiefe. Bautechnik 86 (2009), H. 9, S. 529 – 541.

[326] *Ziegler, M.*; *Aulbach, B.*: Sicherheitsnachweise für den Hydraulischen Grundbruch. Abschlussbericht, Bauforschungsbericht T 3211, Fraunhofer IRB Verlag, Stuttgart 2009.

[327] *Zurmühl, R.*: Matrizen und ihre technischen Anwendungen. 4. Auflage, Springer-Verlag, Berlin 1964.

[328] Zusätzliche Technische Vertragsbedingungen für Kunstbauten (ZTV-K). Ausgabe 1996, Herausgeber: Bundesministerium für Verkehr, Abteilung Straßenbau, Abteilung Binnenschiffahrt und Wasserstraßen, Verkehrsblatt-Verlag, Dortmund.

[329] Zusätzliche Technische Vertragsbedingungen und Richtlinien für den Bau von Entwässerungseinrichtungen im Straßenbau (ZTV Ew-StB 91). Ausgabe 1991, Herausgeber: Der Bundesminister für Verkehr, Abteilung Straßenbau, Forschungsgesellschaft für Straßen- und Verkehrswesen, Köln.

[330] Zusätzliche Technische Vorschriften und Richtlinien für die Ausführung von Bodenverfestigungen und Bodenverbesserungen im Straßenbau (ZTVV-StB 81). Ausgabe 1981, Herausgeber: Der Bundesminister für Verkehr, Forschungsgesellschaft für Straßen- und Verkehrswesen, Köln.

[331] Zusätzliche Technische Vertragsbedingungen und Richtlinien für Erdarbeiten im Straßenbau (ZTV E-StB 09). Ausgabe 2009, Herausgeber: Bundesministerium für Verkehr, Bau und Stadtentwicklung, Forschungsgesellschaft für Straßen- und Verkehrswesen, Arbeitsgruppe Erd- und Grundbau, Köln.

Firmenverzeichnis

[F 1] ArcelorMittal Commercial RPS S.àr.l.
Spundwand
66 rue de Luxembourg, L-4221 Esch-sur-Alzette (Luxemburg)
Telefon: +352 5313/3105
Telefax: +352 5313/3290
Homepage: http://spundwand.arcelormittal.com/

[F 2] Karl Bachl GmbH & Co. KG
Betonwerke
Deching 3, D-94133 Röhrnbach
Telefon: +49 (0) 85 82/18-0
Telefax: +49 (0) 85 82/18-20 50
Homepage: http://www.bachl.de

[F 3] BAUER Spezialtiefbau GmbH
BAUER-Straße 1, D-86529 Schrobenhausen
Telefon: +49 (0) 82 52/97 0
Telefax: +49 (0) 82 52/97 14 96
Homepage: http://www.bauer.de/de/bst

[F 4] BBV Systems GmbH
Industriestraße 98, D-67240 Bobenheim-Roxheim
Telefon: +49 (0) 62 39/99 81 0
Telefax: +49 (0) 62 39/99 81 39
Homepage: http://www.bbv-systems.com

[F 5] Bewehrte Erde Ingenieurgesellschaft mbH
An der Strusbek 60-62, D-22926 Ahrensburg
Telefon: +49 (0) 41 02/457 220
Telefax: +49 (0) 41 02/457 221
Homepage: http://www.bewehrte-erde.de

[F 6] Bilfinger SE
Carl-Reiß-Platz 1-5, D-68165 Mannheim
Telefon: +49 (0) 621/45 90
Homepage: http://www.bilfinger.com

[F 7] Brückner Grundbau GmbH
Am Lichtbogen 8, D-45141 Essen
Telefon: +49 (0) 201/31 08 0
Telefax: +49 (0) 201/31 08 290
Homepage: http://www.brueckner-grundbau.de

[F 8] BVT DYNIV GmbH
Hittfelder Kirchweg 2, D-21220 Seevetal
Telefon: +49 (0) 41 05/66 48-0
Telefax: +49 (0) 41 05/66 48-66
Homepage: http://www.dyniv.com

[F 9] CentrumPfähle GmbH
Friedrich-Ebert-Damm 111, D-22047 Hamburg
Telefon: +49 (0) 40/69 67 20
Telefax: +49 (0) 40/69 67 22 22
Homepage: http://www.centrum.de

Geotechnik-Grundbau. 3. Auflage. Gerd Möller.

[F 10] Deutsches Institut für Bautechnik
Kolonnenstraße 30 L, D-10829 Berlin
Telefon: +49 (0) 30/78 73 00
Telefax: +49 (0) 30/78 73 03 20
Homepage: http://www.dibt.de

[F 11] DYWIDAG-SYSTEMS International GmbH
Siemensstraße 8, D-85716 Unterschleißheim
Telefon: +49 (0) 89/30 90 50 100
Homepage: http://www.dywidag-systems.com

[F 12] Franki Grundbau GmbH & Co. KG
Hittfelder Kirchweg 24-28, D-21220 Seevetal
Telefon: +49 (0) 41 05/86 90
Telefax: +49 (0) 41 05/86 92 99
Homepage: http://www.franki.de

[F 13] GGU Gesellschaft für Grundbau und Umwelttechnik mbH
Am Hafen 22, D-38112 Braunschweig
Telefon: +49 (0) 531/31 28 95
Telefax: +49 (0) 531/31 30 74
Homepage: http://www.ggu.de

[F 14] Spezialtiefbau Paul Hammers GmbH
Müggenburger Straße 26, D-20539 Hamburg
Telefon: +49 (0) 40/780 46 60
Telefax: +49 (0) 40/780 46 666

[F 15] HSP Hoesch Spundwand und Profil GmbH
Alte Radstraße 27, D-44147 Dortmund
Telefon: +49 (0) 231/185 60
Telefax: +49 (0) 231/185 64 55
Homepage: http://www.spundwand.de

[F 16] Keller Grundbau GmbH
Kaiserleistraße 8, D-63067 Offenbach
Telefon: +49 (0) 69/80 51 0
Telefax: +49 (0) 69/80 51 24 4
Homepage: http://www.kellergrundbau.com

[F 17] Ménard
2 rue Gutenberg, Zone Industrielle de la Butte – BP, F-91620 Cedex Nozay
Telefon: +33 01 69 01 37 38
Telefax: +33 01 69 01 75 05
Homepage: http://www.menard-web.com

[F 18] Josef Möbius Bau-Aktiengesellschaft
Brandstücken 18, D-22549 Hamburg
Telefon: +49 (0) 40/80 09 03 - 0
Telefax: +49 (0) 40/80 04 81 0
Homepage: http://www.moebiusbau.de

[F 19] MathSoft Engineering & Education Inc.
101 Main Street, Cambridge, Massachusetts 02142-1521, USA
Homepage: http://www.mathsoft.com

[F 20] Naue Fasertechnik GmbH & Co. KG
Wartturmstraße 1, D-32312 Lübbecke
Telefon: +49 (0) 57 41/40 08 0
Telefax: +49 (0) 57 41/40 08 40
Homepage: http://www.naue.com

[F 21] Peiner Träger GmbH
Gerhard-Lucas-Meyer-Straße 10, D-31226 Peine
Telefon: +49 (0) 51 71/91 01
Telefax: +49 (0) 51 71/91 92 62
Homepage: http://www.peiner-traeger.de

[F 22] SPANTEC Spann- & Ankertechnik GmbH
In der Scherau 1, D-86529 Schrobenhausen
Telefon: +49 (0) 82 52/97 34 00
Telefax: +49 (0) 82 52/97 34 20
Homepage: http://www.spantec-gmbh.de

[F 23] Stump Spezialtiefbau GmbH
Valeska-Gert-Straße 1, D-10243 Berlin
Telefon: +49 (0) 30/754 904-0
Telefax: +49 (0) 30/754 904-420
Homepage: http://www.stump.de

[F 24] Tensar International GmbH
Brühler Straße 9, D-53119 Bonn
Telefon: +49 (0) 228/913 92 0
Telefax: +49 (0) 228/913 92 11
Homepage: http://www.tensar.de

[F 25] ThyssenKrupp GfT Bautechnik GmbH
Bünnerhelfstraße 10, D-44379 Essen
Telefon: +49 (0) 231/557 51 51 0
Telefax: +49 (0) 231/557 51 51 0
Homepage: http://www.thyssenkrupp-bautechnik.de

Geotechnik-Grundbau. 3. Auflage. Gerd Möller.

Stichwortverzeichnis

E

F

G

H

I

J

K

L

M

N

O

P

Q

R

S

T

U

V

W

Z